中文版

超值套装
超长细致视频讲解+专业技巧
DVD

全面学 TArch2014 天正建筑设计从入门到精通

天地书院　编著

精通 软件操作
高手 活学活用
全能 职场选手

专门为零基础渴望自学成才在职场出人头地的你设计的书

天正建筑又名天正 CAD，采用了全新的开发技术，利用 AutoCAD 图形平台开发的最新一代建筑软件——TArch 2014，继续以先进的建筑对象概念服务于建筑施工图设计，成为建筑 CAD 的首选软件。

本书共分为 5 篇，22 章。第 1 篇（1~2 章），讲解了 TArch 天正建筑的概述、天正的设置与帮助；第 2 篇（3~10 章），讲解了天正建筑的轴网、柱子、墙体、门窗、房间与屋顶、楼梯与其他、立面、剖面等；第 3 篇（11~14 章），讲解了天正建筑的文字、表格、尺寸、符号、图层控制等；第 4 篇（15~19 章），讲解了天正的工具、三维建模、图案与图库、文件与布图、其他等；第 5 篇（20~22 章），讲解了城镇住宅楼、教学楼、室内装潢等施工图实例案例。

本书内容全面，结构明确，图文并茂，案例丰富。本书适合初、中级读者学习，可以作为大中专或高职高专院校师生的教辅用书，也可供培训机构及在职工作人员学习使用。配套多媒体 DVD 光盘中，包含相关素材案例、大量工程图、视频讲解、配套电子图书等；另外开通 QQ 高级群，以开放更多的共享资料，以便读者们能够互动交流和学习。

图书在版编目（CIP）数据

全面学 TArch 2014 天正建筑设计从入门到精通/天地书院编著. —北京：机械工业出版社，2014.10
ISBN 978-7-111-48142-3

Ⅰ. ①全… Ⅱ. ①天… Ⅲ. ①建筑设计－计算机辅助－应用软件 Ⅳ. ①TU201.4

中国版本图书馆 CIP 数据核字（2014）第 227519 号

机械工业出版社（北京市百万庄大街 22 号 邮政编码 100037）
策划编辑：刘志刚　责任编辑：刘志刚 吴苏琴
封面设计：张　静　责任校对：王翠荣　责任印制：李洋
北京振兴源印务有限公司印制
2015 年 4 月第 1 版第 1 次印刷
184mm×260mm·33 印张·819 千字
标准书号：ISBN 978-7-111-48142-3
ISBN 978-7-89405-731-0（光盘）
定价：69.80 元（含 1DVD）

凡购本书，如有缺页、倒页、脱页，由本社发行部调换

电话服务	网络服务
服务咨询热线：(010)88361066	机工官网：www.cmpbook.com
读者购书热线：(010)68326294	机工官博：weibo.com/cmp1952
(010)88379203	教育服务网：www.cmpedu.com
封面无防伪标均为盗版	金书网：www.golden-book.com

前　言

天正建筑又名天正 CAD，是采用全新的开发技术，利用 AutoCAD 图形平台开发的最新一代建筑软件——TArch 2014，于 2013 年 8 月发布。它继续以先进的建筑对象概念服务于建筑施工图设计，已成为建筑 CAD 的首选软件。

TArch 2014 支持 32 位 AutoCAD 2004~2014 平台，及 64 位 AutoCAD 2010~2014 平台，能够为建筑工程人员提供海量的常用图库，并拥有轴网柱子、墙体、门窗、房屋屋项、楼梯、立面、剖面、文字表格、三维建模、文件布图等特色功能，可以极大地提高工作效率，是目前建筑行业中最适用的 CAD 软件。

《全面学——TArch 2014 天正建筑设计从入门到精通》一书，共分为 5 篇，22 章，是一本全面学习天正建筑的工具图书。本书的基本内容如下：

第 1 篇（1~2 章）新手入门篇	主要讲解 TArch 天正建筑软件的基础知识，包括天正的功能概述，操作界面，天正与 AutoCAD 的关联与区别，天正自定义设置，天正选项设置，天正帮助等
第 2 篇（3~10 章）天正绘图篇	主要讲解了天正自定义对象，包括天正轴网的创建编辑，轴网的标注，轴号的编辑，天正柱子的创建与编辑，天正墙体的创建与编辑，天正墙体编辑工具，天正门窗的创建与编辑，门窗工具，门窗库，房间屋顶的操作，房间的布置，屋顶的创建，各种楼梯的创建，电梯、自动扶梯、台阶、阳台、坡道等的操作，天正工程管理，天正立面的创建与编辑，天正剖面的创建与编辑，剖面楼梯与栏杆等
第 3 篇（11~14 章）天正注释篇	主要讲解了天正图形文字、尺寸与符号的标注等，包括天正文字的创建与编辑，表格的创建与编辑，尺寸标注的创建，尺寸标注的编辑，坐标标高的创建与编辑，工程符号的标注，图层的管理，图层的转换，图层的控制等
第 4 篇（15~19 章）天正工具篇	主要讲解了天正的相关工具内容，包括天正的常用工具，曲线工具，观察工具，其他工具，三维造型对象，体量建模工具，三维建模工具，天正图块工具，天正图库管理，天正构件库，天正图案工具，图纸布局命令，格式转换导出，图形转换工具，总图的操作，日照分析，渲染设置等
第 5 篇（20~22 章）案例实战篇	对前面所学的知识内容，进行综合性、实战性的演练，包括城镇住宅施工图的创建，教学楼施工图的创建，室内装潢施工图的创建等

本书内容全面，结构明确，专家讲解，图文并茂，案例丰富。适合初、中级读者学习，可作为广大从事建筑、城市规划、房地产、土木工程施工等设计人员和工程技术人员的实用培训教材，也可作为各大院校师生的教学用书。配套多媒体 DVD 光盘中，包含相关素材案例、视频讲解等；另外开通 QQ 高级群及微信平台（见封底），以开放更多的共享资料，以便读者们能够互动交流和学习。

本书由天地书院主持编写，参加编写的人员有姜先菊、牛姜、马燕琼、王函瑜、雷芳、李科、李贤成、李镇均、刘霜霞、张菊莹、杨吉明、罗振镰、张琴、张武贵、李盛云、刘本琼、何娟、谭双、杨红、尹兴华、潘飞、李江、曾朝冉、高有弟、李长杰、张永忠、姜先英。

由于编者水平有限，书中难免有疏漏与不足之处，敬请专家与读者批评指正。

编　者

目 录

第1篇 新手入门篇

1 TArch 天正建筑的概述

本章导读

天正建筑又名天正 CAD，是采用全新的开发技术，利用 AutoCAD 图形平台开发的最新一代建筑软件——TArch 2014,继续以先进的建筑对象概念服务于建筑施工图设计，成为建筑 CAD 的首选软件。本篇主要讲述的是天正建筑的基本绘图情况。

本章内容

- 天正建筑简介
- 天正建筑的操作界面
- 天正建筑与室内设计流程
- 天正与 CAD 的关联与区别
- 综合练习——公共卫生间一层图的绘制实例

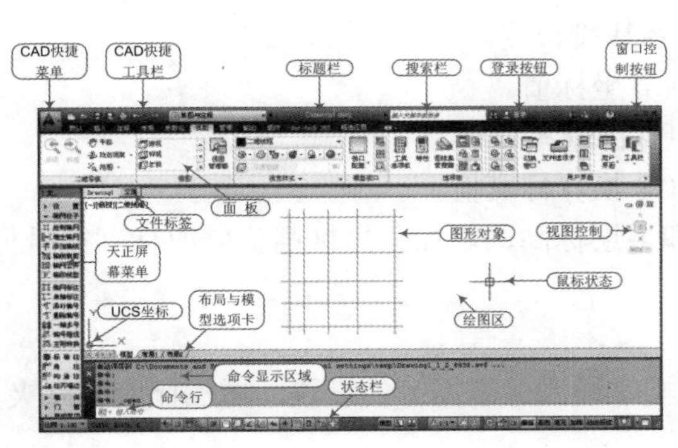

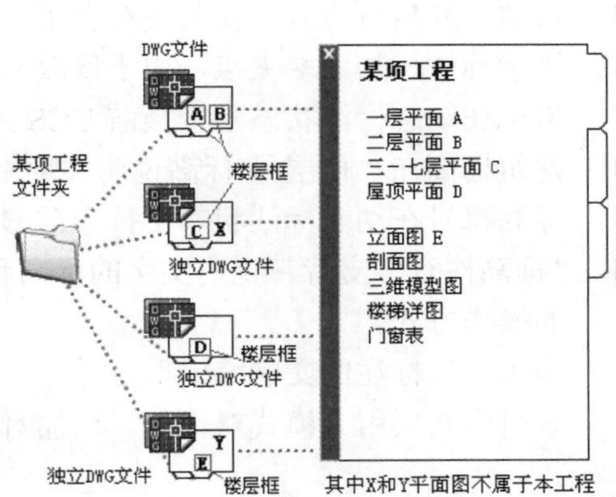

1.1 天正建筑简介

天正公司是具有建筑设计行业背景的资深专家发起成立的高新技术企业，自 1994 年开始以 AutoCAD 为图形平台成功开发建筑、暖通、电气、给水排水等专业软件。

十多年来，天正公司的建筑 CAD 软件在全国范围内取得了极大的成功，可以说天正建筑软件已成为国内建筑 CAD 的行业规范，它的建筑对象和图档格式已经成为设计单位之间、设计单位与甲方之间图形信息交流的基础。近年来，随着建筑设计市场的需要，天正日照设计、建筑节能、规划、土方、造价等软件也相继推出，公司还应邀参与了《房屋建筑制图统一标准》《建筑制图标准》等多项国家标准的编制。

天正建筑又名天正 CAD，其最新产品为天正建筑 2014，于 2013 年 8 月出品。它继续以先进的建筑对象概念服务于建筑施工图设计，成为建筑 CAD 的首选软件。其 TArch 2014 天正建筑的新增功能主要体现在以下几个方面：

1.配合新的制图规范和实际工程需要完善天正注释系统

- 增加“快速标注”命令，用于一次性批量标注框选实体的尺寸。
- 增加“弧弦标注”命令，通过鼠标位置切换要标注的尺寸类型，可标注弧长、弧度和弦长。
- 增加“双线标注”命令，可同时标注第一道和第二道尺寸线。
- 改进“等式标注”命令，可以自动进行计算。
- 优化“取消尺寸”命令，不仅可以取消单个区间，也可框选删除尺寸。
- 优化“两点标注”命令，通过点选门窗、柱子增补或删除区间。
- “合并区间”支持点选区间进行合并。
- 尺寸标注支持文字带引线的形式。
- “逐点标注”支持通过键盘精确输入数值来指定尺寸线位置，在布局空间操作时支持根据视口比例自动换算尺寸值。
- “连接尺寸”支持框选。
- “角度标注”取消逆时针点取的限制，改为手工点取标注侧。
- 弧长标注可以设置其尺寸界线是指向圆心(新国标)还是垂直于该圆弧的弦(旧国标)。
- 角度、弧长标注支持修改箭头大小。
- 修改尺寸自调方式，使其更符合工程实际需要。
- 坐标标注增加线端夹点，用于修改文字基线长度。
- 坐标在动态标注状态下按当前 UCS 换算坐标值。
- 建筑标高在“楼层号/标高说明”项中支持输入“/”。
- 标高符号在动态标注状态下按当前 UCS 换算标高值。
- “标高检查”支持带说明文字的标高和多层标高，增加根据标高值修改标高符号位置的操作方式。
- 增大做法标注的文字编辑框。
- 索引图名采用无模式对话框，增加对文字样式、字高等的设置，增加比例文字夹点。

2.支持代理对象显示，解决导出低版本问题并优化功能

- 解决 2013 图形导出天正 8.0 以后，再用 9.0 打开崩溃的问题。
- 解决 2013 图形导出天正 8.0 以后，用 8.0 打开门窗、洞口丢失的问题。
- 解决构件导出命令无法导出天正对象信息的问题。
- 解决批量转旧命令在选取某些图形后退出命令的问题。
- 解决设置为文字可出圈这种形式的索引图名，在导出 T8 格式时不用分解的问题。
- 新增选中图形“部分导出”的功能。
- 解决图形导出 T3 后不支持用户自定义尺寸样式、文字样式的问题。
- 解决符号标注对象在导出低版本时可设置分解出来的文字是随符号所在图层，还是统一到文字图层。
- 解决门窗图层关闭后在打印时仍会被打印出来的问题。

3.改进墙、柱、门窗等核心对象及部分相关功能

- “墙体分段”命令采用更高效的操作方式，允许在墙体外取点，可以作用于玻璃幕墙对象。
- 将原“转为幕墙”命令更名为“幕墙转换”，增加玻璃幕墙转为普通墙的功能。
- “绘制轴网”增加通过拾取图中的尺寸标注得到轴网开间和进深尺寸的功能。
- 门窗检查设置对话框中的所有参数改为永久保存直到再次手工修改。
- 在门窗检查对话框中修改门窗的二、三维样式后，原图门窗改为“更新原图”后再修改。
- 转角凸窗支持在两段墙上设置不同的出挑长度。
- 普通凸窗支持修改挑板尺寸。
- 门窗对象编辑时，同编号的门窗支持选择部分编辑修改。
- 改进了门窗、转角窗、带形窗按尺寸自动编号的规则。
- 门窗检查外部参照中的门窗时，对话框中所有外部参照中的门窗参数改为灰显。
- 解决门窗对中绘制台阶点了沿墙偏移绘制后再点“矩形单面台阶”“矩形三面台阶”或者“圆弧台阶”时，“起始无踏步”和“终止无踏步”项依然亮显的问题。
- 修改柱子的边界计算方式，以柱子的实际轮廓计算其所占范围。
- 解决带形窗在通过丁字相交的墙时，在相交处的显示问题。
- 解决删除与带形窗所在墙体相交的墙，带形窗也会被错误删除的问题。
- 解决钢筋混凝土材料的门窗套加粗和填充显示问题。
- 解决墙体线图案填充存在的各种显示问题。

4.其他新增改进功能

- 改进“局部可见”命令，在执行“局部隐藏”命令后仍可执行命令。
- 解决打开文档时，原空白的 drawing1.dwg 文档不会自动关闭的问题。
- “关闭图层”和“冻结图层”支持选择对象后空格确定。

- “查询面积”当没有勾选“生成房间对象”一项时，生成的面积标注支持屏蔽背景，其数字精度受天正基本设定的控制。
- 支持图纸直接拖拽到天正图标处打开。
- 新增“踏步切换”右键菜单命令用于切换台阶某边是否有踏步。
- 新增“栏板切换”右键菜单命令用于切换阳台某边是否有栏板。
- 新增“图块改名”命令用于修改图块名称。
- 新增“长度统计”命令用于查询多个线段的总长度。
- 增加“布停车位”命令用于布置直线与弧形排列的车位。
- 增加“总平图例”命令用于绘制总平面图的图例块。
- 新增“图纸比对”和“局部比对”命令用于对比两张 DWG 图纸内容的差别。
- 新增“备档拆图”命令可把一张 dwg 中的多张图纸按图框拆分为多个 dwg 文件。
- “图层转换”命令解决某些对象内部图层、图层颜色、线型无法正常转换的问题。
- 解决打开文档时，原空白的 drawing1.dwg 文档不会自动关闭的问题。

1.2 天正建筑的操作界面

同所有计算机操作界面一样，TArch 2014 天正建筑的操作界面也包括了标题栏、菜单栏、命令栏、状态栏以及绘图窗口等，特别是针对建筑设计的实际需要，天正 CAD 对 AutoCAD 的交互界面作出了必要的扩充，建立了自己的菜单系统和快捷键、新提供了可由用户自定义的折叠式屏幕菜单、新颖方便的在位编辑框、与选取对象环境关联的右键菜单和图标工具栏，同时保留 AutoCAD 的所有下拉菜单和图标菜单，从而保持 AutoCAD 的原有界面体系，如图 1-1 所示。

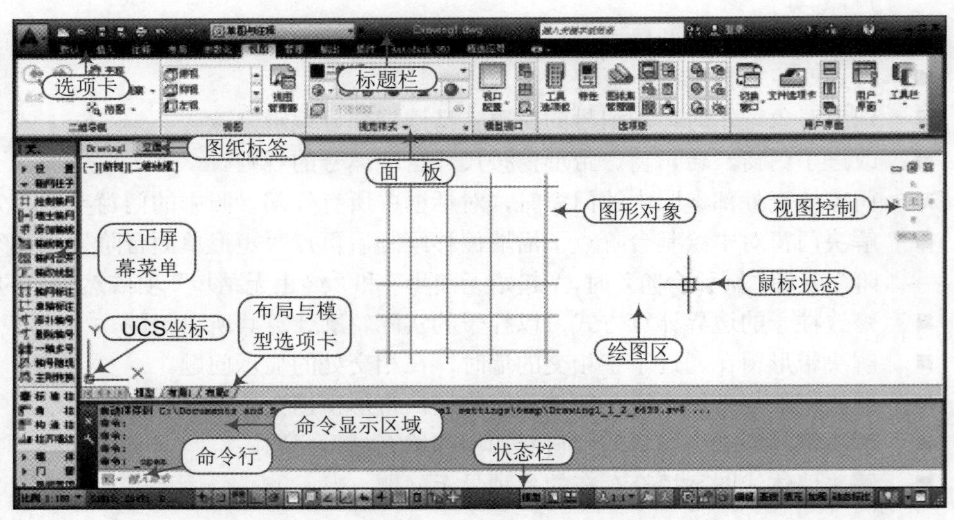

图 1-1 天正建筑 TArch 2014 的操作界面

1.2.1 标题栏

知识要点 在天正建筑 TArch 2014 中，最上侧的是标题栏，从左至右依次为“快捷访问工具栏”“工作空间列表”“自定义按钮”“软件名称”“文件名称”“搜索框”“登录区”“窗口控制区”，如图 1-2 所示。

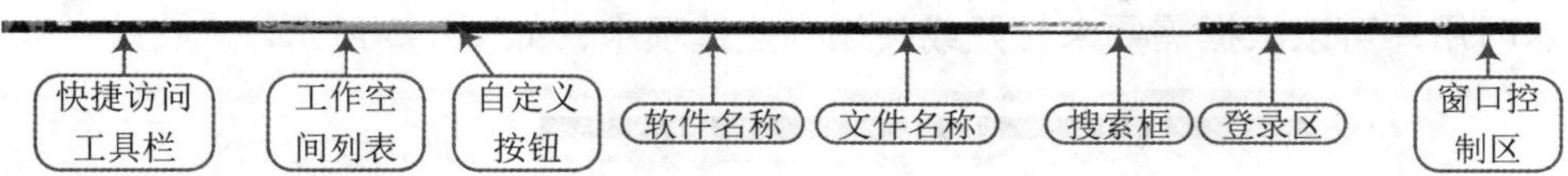

图 1-2 标题栏

提示：CAD 菜单栏的显示

对于以前使用低版本 CAD 的用户来讲，习惯使用 CAD 的菜单栏来执行某些命令操作，而在 CAD 的“草图与注释”空间模式下并没有显示出“菜单栏”，这时用户可以单击“自定义按钮”，从弹出的菜单中可以选择“显示菜单栏”命令，从而可以将该菜单栏显示与隐藏操作，如图 1-3 所示。

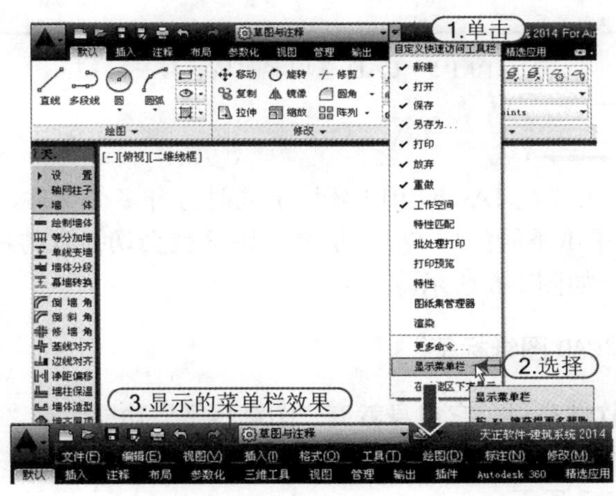

图 1-3 CAD 菜单栏的显示

1.2.2 选项卡和面板

知识要点在菜单栏的下方为 CAD 的选项卡，包括默认、插入、注释、布局、参数化、视图、管理、插件、Autodesk 360、精选应用等。而在每个选项区下方有多个面板，从而可以方便用户能够更加快捷地来执行相应的命令，如图 1-4 所示。

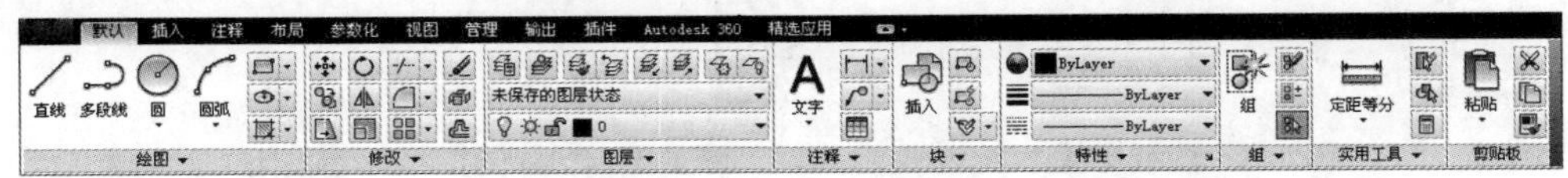

图 1-4 CAD 的选项卡面板

提示：打开关闭选项卡

针对 CAD 的默认选项卡只包括 11 个，实质上用户可以将选项卡进行关闭与打开操作。将鼠标移至面板上右击，从弹出的菜单中选择“显示选项卡”项，将显示下级菜单，这时用户可以根据需要来打开或关闭一些选项卡，如图 1-5 所示。

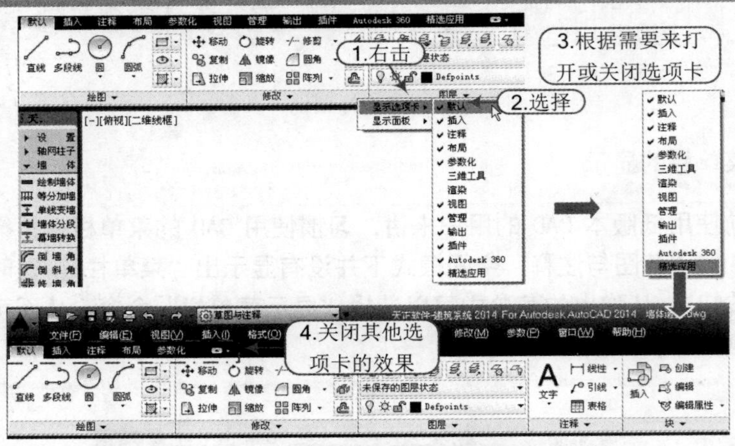

图 1-5　CAD 选项卡的显示与关闭

1.2.3　图纸标签

知识要点 当在天正建筑 TArch 2014 环境下同时打开多个文件，系统就会在绘图区的上侧自动生成文件标签，单击不同的标签，在屏幕绘图区就会切换到与标签相对应的文件，这个区域即为“图纸标签”，如图 1-6 所示。

提示：打开/关闭“CAD 图纸标签”

针对天正建筑软件来讲，它自身就有“图纸标签”功能。在“视图”选项卡的“用户界面”面板中，用户可以单击“文件选项卡”按钮，可以打开或关闭“CAD 图纸标签”区域的显示，如图 1-7 所示。

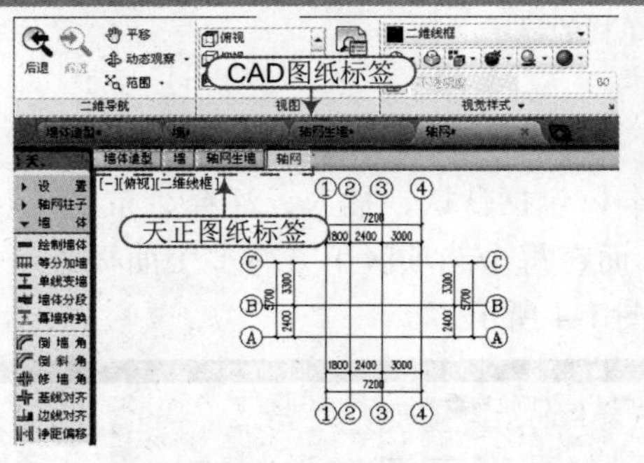

图 1-6　图纸标签

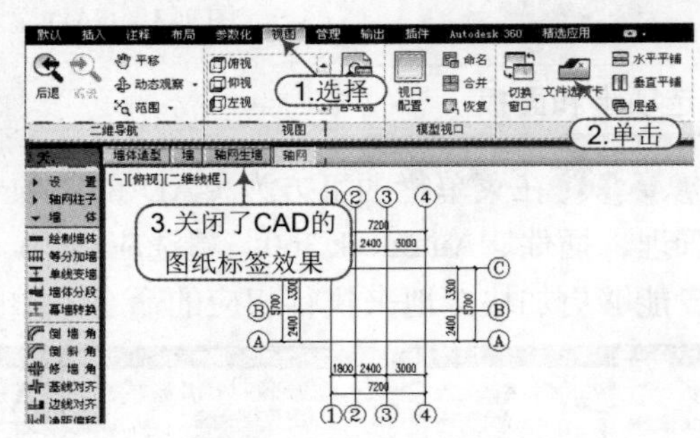

图 1-7　CAD 的图纸标签关闭

1.2.4　绘图窗口

知识要点 绘图窗口位于天正界面最中间的部分，是用于显示图形、绘制图形和编辑图形的区域，如图 1-8 所示。绘图窗口中图形对象的放大缩小，可以用滚动鼠标的方式实现，平移图形则可以通过按住鼠标中键（即滚珠）拖动来实现。

提示： 视图控件和视觉控件

在窗口的左上侧有两个控件，即“视图控件”和“视觉控件”。单击该控件，用户可以从弹出的菜单中来执行相应的命令，如图 1-9 所示。

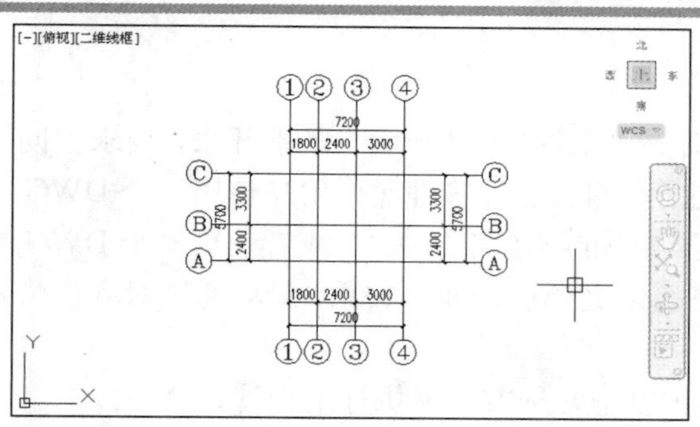

图 1-8 绘图窗口

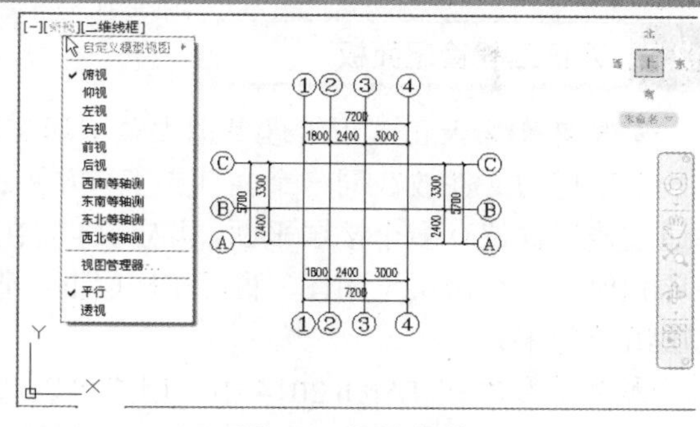

图 1-9 控件菜单

1.2.5 天正屏幕菜单

知识要点 在绘图区域的左侧为“天正屏幕菜单”，它承担着天正建筑绘图的所有命令和功能，如轴网、墙体、柱子、楼梯等功能，它一般竖直排列，用户也可以将其排列在绘图区的右侧，如图 1-10 所示。

天正屏幕菜单下都有多个子菜单，子菜单内容丰富，功能齐全。单击子菜单可进行相应操作。同级菜单互相关联，即在选择下一屏幕菜单时，上一个已经展开的菜单会自动隐藏，大幅度增加了菜单的完整可视性，如图 1-11 所示。

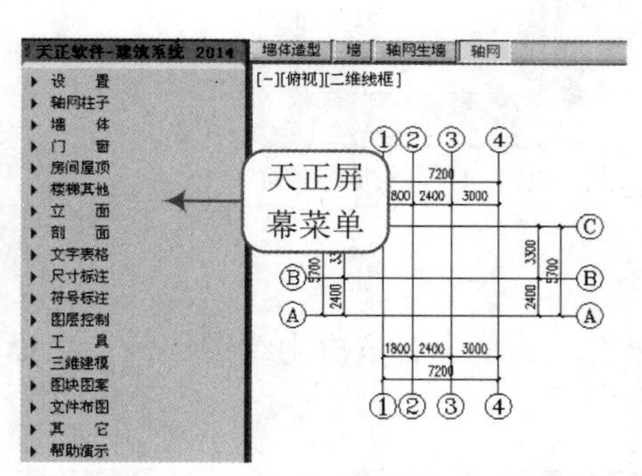

图 1-10 天正屏幕菜单

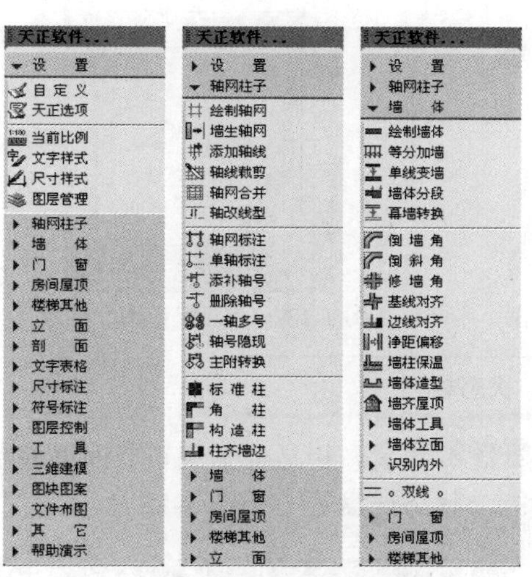

图 1-11 天正屏幕菜单部分命令

1.2.6 命令栏

知识要点 在绘图区窗口的下侧是命令行，用于输入命令及进行相关操作，如图 1-12 所示。可以根据自己的习惯，用改变窗口大小的方式，将命令行的大小进行调整。此外，还可以将其推动到屏幕的其他位置，或者用快捷键方式使其变为文本窗口模式，使其显示在操作的上方。

```
命令: TWall
起点或 [参考点(R)]<退出>:
直墙下一点或 [弧墙(A)/矩形画墙(R)/闭合(C)/回退(U)]<另一段>:
直墙下一点或 [弧墙(A)/矩形画墙(R)/闭合(C)/回退(U)]<另一段>:
键入命令
```

图 1-12　天正建筑 TArch 2014 的命令栏

1.2.7　天正工程管理面板

知识要点 天正工程管理是把大量图形文件按“工程”或“项目”区别开来，要求把同属于一个工程的文件放在同一个文件夹下，方便进行管理，工程管理允许用户使用一个 DWG 文件通过楼层框保存多个楼层平面，并定义自然层与标准层之间的关系。或者使用一个 DWG 文件单独保存一个楼层平面图，然后在楼层框中直接定义楼层之间的关系，最后通过对齐点将各楼层组装起来。

执行方法 在 TArch 2014 中，用户可以通过以下几种方式来执行工程管理命令：

- 屏幕菜单：选择“文件布图｜工程管理”菜单命令。
- 命令行：在命令行中输入“GCGL”（“工程管理”的汉语拼音首字母）。

操作实例 例如，执行“文件布图｜工程管理”命令，将弹出“工程管理”命令面板，如图 1-13 所示。在上侧的“工程管理”组合框中单击，将弹出工程管理的下级菜单，包括新建工程…、打开工程…、导入楼层表…、导出楼层表、最近工程、保存工程和工程设置…命令，如图 1-14 所示，选择相应项可执行相应操作。

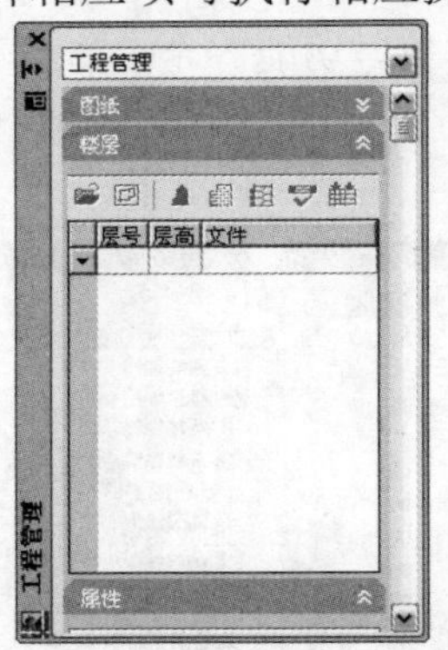

图 1-13　“工程管理”面板

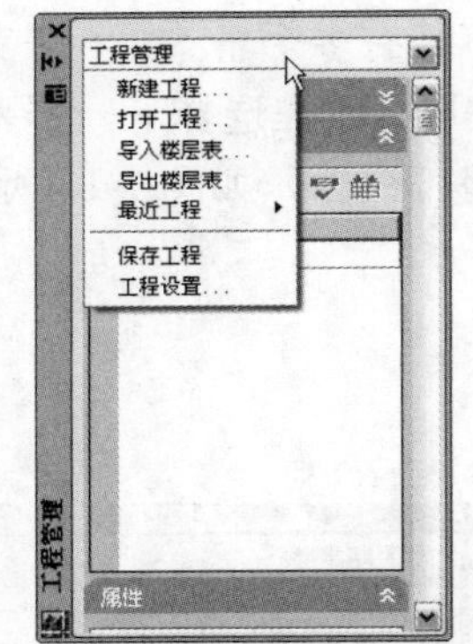

图 1-14　工程管理相关命令

1.2.8　状态栏

知识要点 状态栏是位于天正界面最底部的一栏，从左至右依次为绘图比例、坐标显示、辅助功能、状态托盘等，如图 1-15 所示。

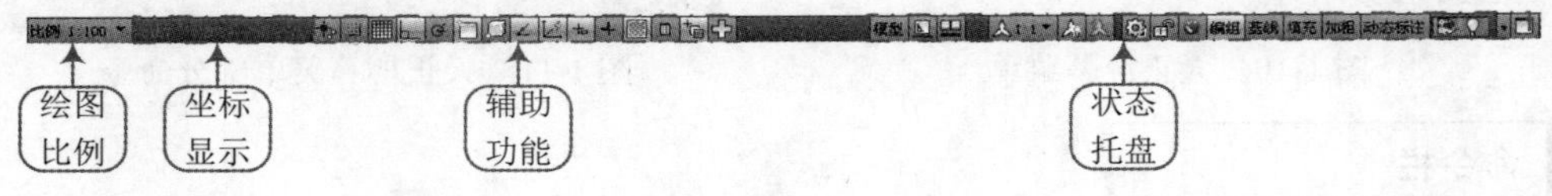

图 1-15　状态栏

选项含义 在状态栏的“辅助功能”区，用于显示图形对象的各种开关状态，部分重要功能状态显示按钮功能如下：

- 推断约束：控制其他模式的开关按钮是否显示在状态栏中。
- 栅格显示：栅格显示出当前绘图环境的图形界限。
- 正交模式：控制所绘制的直线均是水平线或是垂直线。
- 对象捕捉：用于精准捕捉端点、中点、象限点等数学元素点。
- 对象捕捉追踪：根据原有图元的路径走向，继续捕捉延长线上的点。
- 动态输入：打开动态输入后，会在十字光标的第四象限区域显示命令行的输入指令。
- 线宽显示：打开线宽显示后，在图层中设置好的各线型的线宽就会在图中以不同粗细显示出来。

1.3 天正建筑与室内设计流程

在天正屏幕菜单中，天正满足了建筑设计在各个阶段的需要，并且所绘图形都是根据设计而定的，从屏幕菜单的排列顺序，可以看出，绘制图形是需要一定的步骤的，按正确的操作步骤会让图形更加完善。如图 1-16 所示为一般建筑图设计的流程。

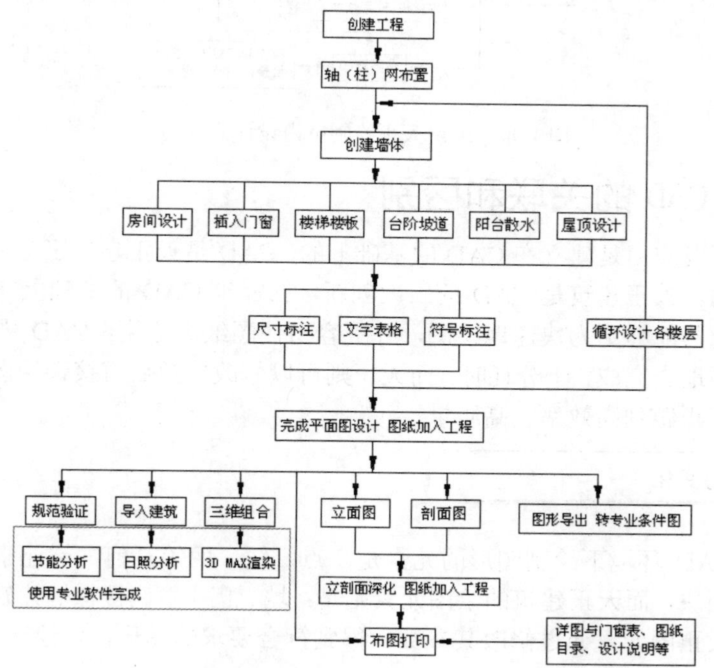

图 1-16 运用天正绘制建筑设计的流程

相对于建筑设计，室内设计虽不用对各楼层进行复制与组合操作，但是室内设计的内容十分广泛，包括墙、顶面、地面、窗户、门、表面处理、材质、灯光、空调、水电、环境控制系统、视听设备、家具与装饰品的规划，正因为其细小繁杂，天正建筑的方便性再次让天正建筑成为设计师的设计首选。同样的，室内设计的设计流程也有一定的规定，如图 1-17 所示为一般室内设计图设计的流程。

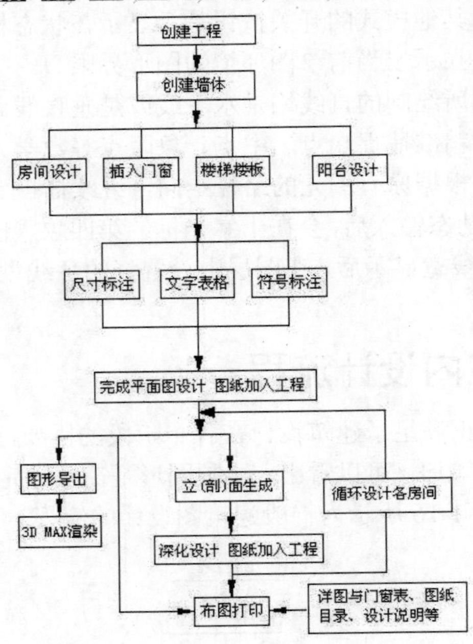

图 1-17 运用天正绘制室内设计的流程

1.4 天正与 CAD 的关联和区别

天正建筑的开发应用是建立在 CAD 的基础上的，CAD 是天正建筑正常使用的保证，天正是不能单独使用的。天正建筑是 CAD 的二次创新，在原来 CAD 的基础上，将软件功能智能化、方便化了，使其能够更为快速地绘图，并更容易使图纸规范化。CAD 中绘制任何的图元都是需要一笔一画地去完成，十分耗时；而天正则可以修改参数后直接调用图块图形，大大缩短了绘图时间，真正做到高效率、高质量。

1.4.1 绘图要素的变化

知识要点 CAD 环境下绘制图形的元素是：点、线、面等几何二维元素，由几何要素有机组合形成图形图块，而天正建筑的绘图元素则是：墙、门、窗、楼梯等建筑元素，根据设计需要，直接调用天正图元，通过修改其参数，得到符合要求的图形，使绘图变得简单。

提示：点、线、面的特点

点动成线（一维），线动成面（二维），面动成体（三维）。也就是说 CAD 用点与线组成的图形只能是二维图形，而天正建筑所绘制的图形则可以是二维也可以是三维图形。

1.4.2 尽量保证天正作图的完整性

知识要点 天正建筑软件是 CAD 的升级版，CAD 的所有功能以及操作技巧都能在天正的环境下用同样的办法操作出来，也就是说，如果不使用天正屏幕菜单，天正就是 CAD。天正就是在 CAD 的基础上加入了相应的应用工具和图库，对于绘图更方便。所以，在绘制图形时，最大程度地使用天正建筑 TArch 绘制，小地方用 CAD 功能加以修饰。

1.4.3 天正与 CAD 文档

知识要点 正如低版本软件无法打开用高版本保存的文件一样，用天正建筑软件绘制出的文件在纯 CAD 环境中是无法打开的。无法打开的意思是：打开后会出现乱码，无法完全显示文件的所有信息；如若真需要在 CAD 上打开天正文档，仅需要对天正文档进行导出即可。与之相对应的，天正建筑可以打开所有 CAD 文档。

技巧：天正文件导入 CAD

将天正文档导入 CAD 的方法有三个。

方法一：天正屏幕菜单中执行“文件布图 | 图形导出”命令，并将其保存为“t3.dwg”格式。方法二：选择绘制的全部图形，在天正屏幕菜单中执行“文件布图 | 分解对象”命令，并将其保存。方法三：在天正屏幕菜单中执行“文件布图 | 批量转旧”命令，将图形文件转换为“t3.dwg”格式。

1.4.4 二维绘图三维对象

知识要点 天正较之 CAD 的伟大之处在于：天正建筑在绘制二维图形的同时也生成了三维图形，无需另行建模，其中自带了快速建模工具，减少了绘图量，也大大提高了绘图的规范性，利用二维与三维的相互对比，使图形更直观，便于纠错。在二维与三维的保存中，不需用到表现二维和三维所需具体的空间坐标等信息，天正绘图时使用二维视口比三维视口速度快，而三维视口表现的线条更多。

1.5 综合练习——公共卫生间一层图的绘制实例

案例 公共卫生间一层图.dwg 视频 公共卫生间一层图的绘制实例.avi

实战要点：①绘制公共卫生间的轴网；②绘制公共卫生间的墙体；③公共卫生间的布置；④公共卫生间的标注。

操作步骤

步骤 01 正常启动 TArch 2014 软件，系统自动创建一个“dwg”文件，在“快速访问”工具栏中单击“保存”按钮，将弹出“图形另存为”对话框，将其文件保存为“案例\01\公共卫生间一层图.dwg”文件，如图 1-18 所示。

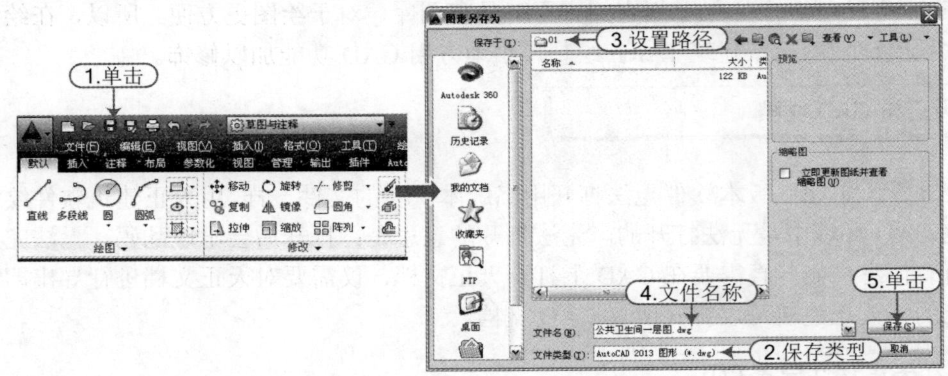

图 1-18 保存文件

步骤 02 在天正屏幕菜单中执行“轴网柱子 | 绘制轴网”命令（HZZW），将弹出“绘制轴网”对话框，按照表 1-1 给出的数值来输入值，从而绘制轴网效果，如图 1-19 所示。

表 1-1 轴网数据

直线轴网	上开间	2×5400
	下开间	3×3600
	左进深	2100，3900

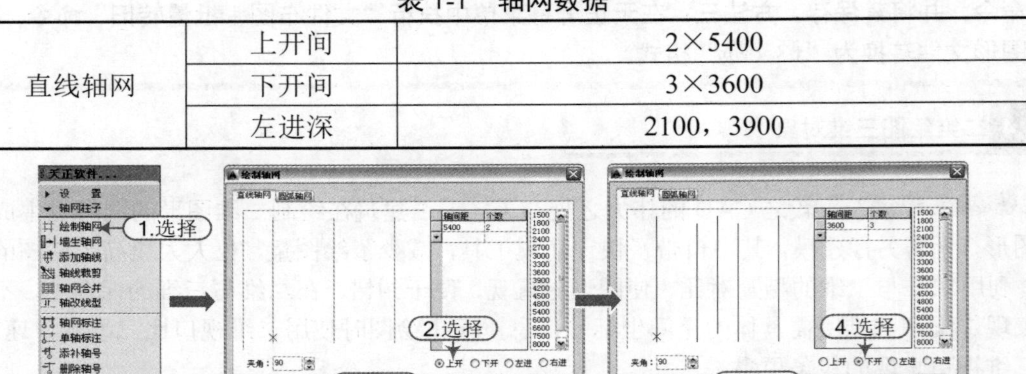

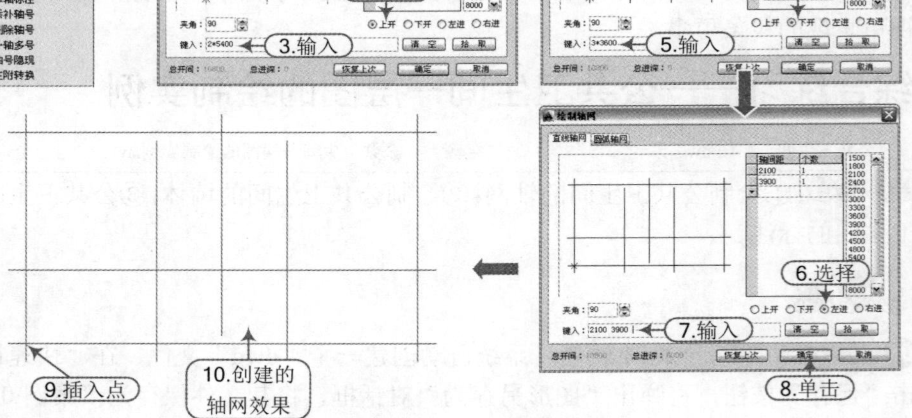

图 1-19 创建的轴网

步骤 03 在天正屏幕菜单中执行“轴网柱子 | 轴网标注”命令（ZWBZ），将弹出“轴网标注”对话框，选择“双侧标注”，其他按默认值，按照命令行提示，选择左侧和右侧竖直轴线，选中后按“回车键”或“空格键”确定；继续选择下侧和上侧的水平轴线，然后按“空格键”或“回车键”确认，最后，再次按“空格键”或“回车键”结束命令，如图 1-20 所示。

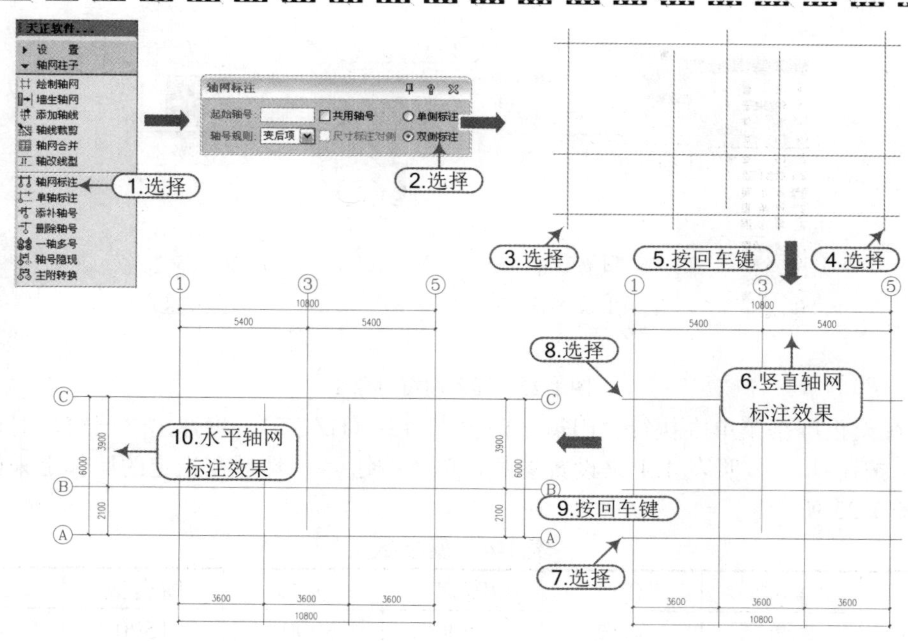

图 1-20 轴网标注

步骤 04 在天正屏幕菜单中执行“墙体｜绘制墙体”命令（HZQT），将弹出“绘制墙体”对话框，按照表 1-2 给出的进行参数设置，单击“绘制直墙”按钮，然后依次捕捉轴网的交点来绘制 240 墙体，如图 1-21 所示。

表 1-2 墙体数据

高度	底高	材料	用途	左宽	右宽
当前层高	0	填充墙	一般墙	120	120

图 1-21 绘制墙体

步骤 05 在天正屏幕菜单中执行“门窗｜门窗”命令（HZQT），将弹出“门窗”对话框，单击“插门”按钮，按照表 1-3 来设置参数，单击按钮，然后在指定的墙体上来创建门窗对象，如图 1-22 所示。

表 1-3 门参数

编号	类型	门宽	门高	门槛高	距离
自动编号	普通门	1000	2100	0	180

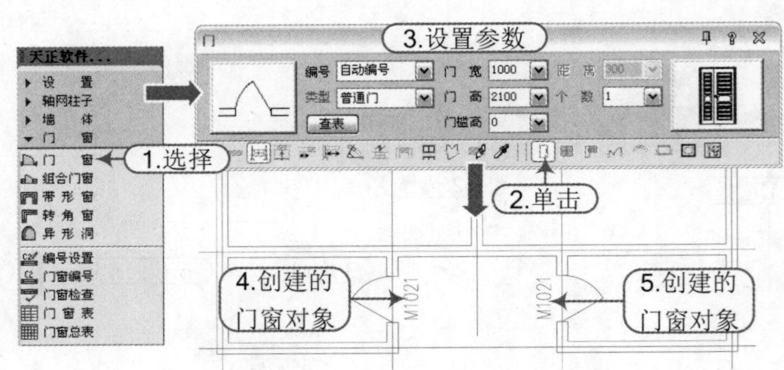

图 1-22 插入门窗对象 1

步骤 06 在天正屏幕菜单中执行“门窗｜门窗”命令（HZQT），将弹出“门窗”对话框，单击“插窗”按钮，按照表 1-4 来设置参数，单击按钮，然后在指定的墙体上来创建门窗对象，如图 1-23 所示。

表 1-4 窗参数

编号	类型	高窗	窗宽	窗高	窗台高	距离
自动编号	普通窗	勾选	1500	900	1500	无
自动编号	普通窗	勾选	1200	900	1500	无

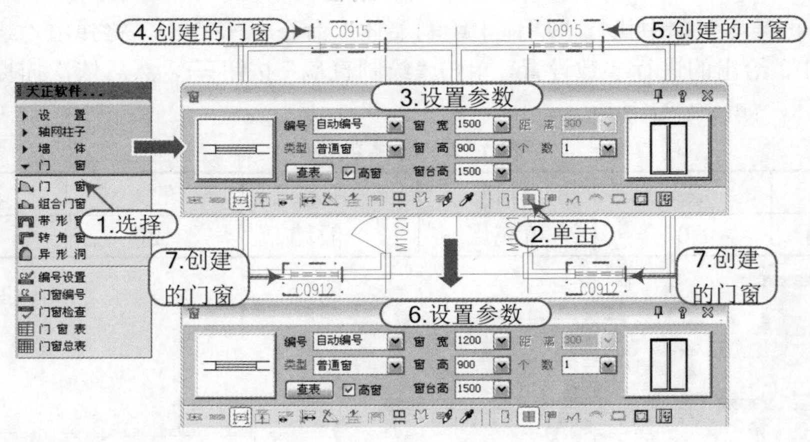

图 1-23 插入门窗对象 2、3

提示：高窗

> 由于本图为卫生间，所以应将“高窗”复选框勾选上。

步骤 07 执行 CAD 的“偏移”命令（O），将 2 号轴线向左偏移 2020，将 4 号轴线向右偏移 2020；再执行“修剪”（TR）命令和“删除”命令（E），绘制出通道洞口效果，如图 1-24 所示。

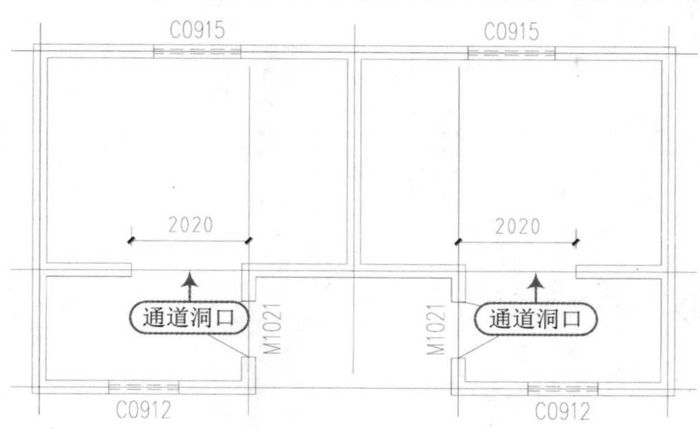

图 1-24 绘制通道洞口

步骤 08 在天正屏幕菜单中执行“房间屋顶｜房间布置｜布置洁具”命令（BZJJ），按照如图 1-25 所示来布置蹲便器；按照蹲便器的布置方法布置其他洁具，剩余洁具的布置尺寸如图 1-26 所示；布置洁具效果如图 1-27 所示。

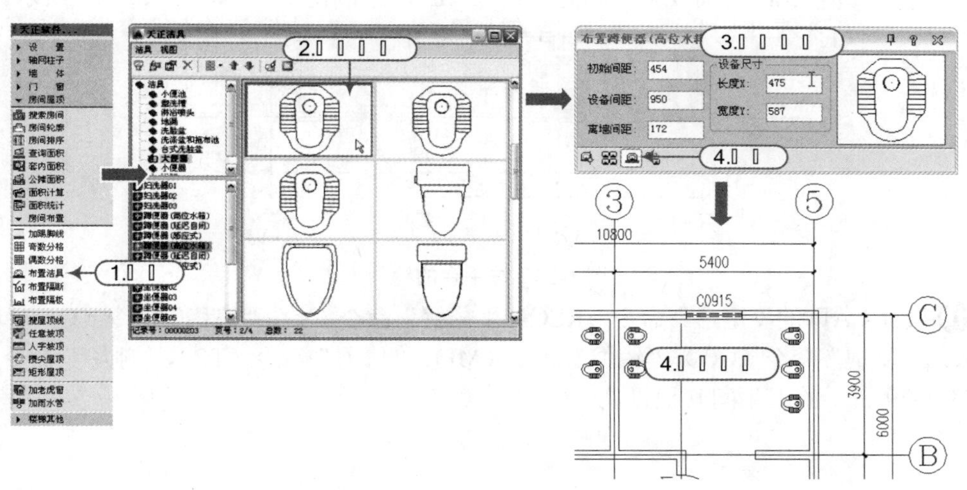

图 1-25 布置蹲便器

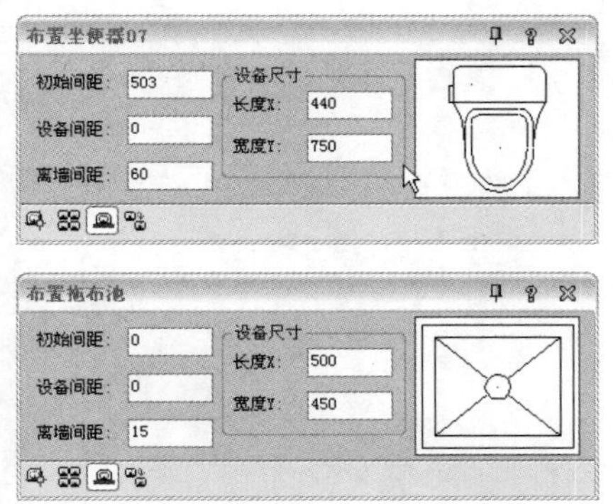

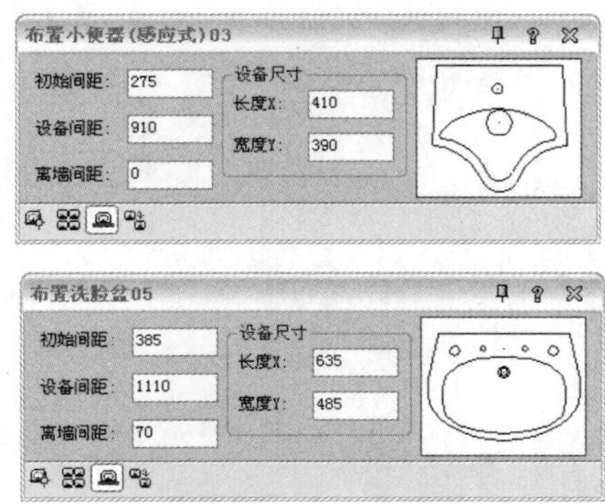

图 1-26 剩余洁具的布置尺寸

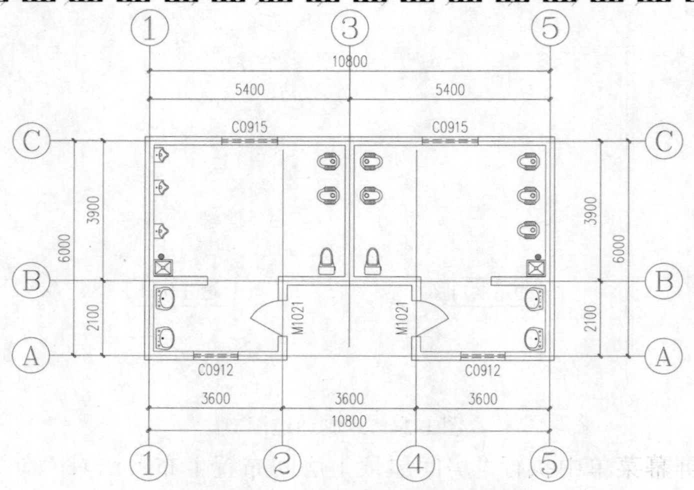

图 1-27　洁具布置效果图

步骤 09 执行 CAD 的“偏移”命令（O），将 1 号轴线向右偏移 720，将 5 号轴线向左偏移 720；再执行“修剪”（TR）命令和“删除”命令（E），绘制出洗手台，如图 1-28 所示。

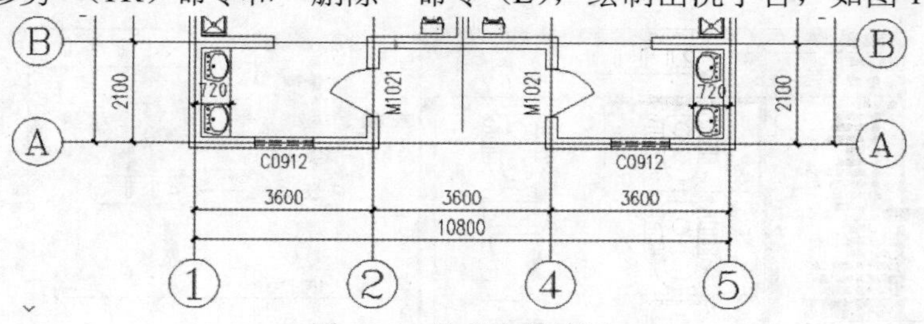

图 1-28　洗手台的绘制

步骤 10 执行 CAD 的“矩形”命令（REC），“分解”命令（X），“偏移”命令（O），“圆弧”命令（A），“复制”命令（CO），“镜像”命令（MI），“修剪”命令（TR），“删除”命令（E），绘制如图 1-29 所示的卫生间其他设施。

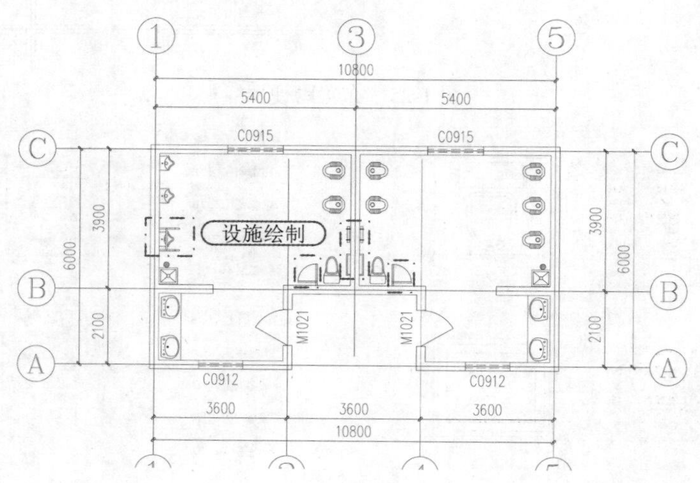

图 1-29　绘制其他设施

步骤 11 在天正屏幕菜单中执行“房间屋顶 | 房间布置 | 布置隔断”命令（BZGD），按照命令行提示输入：“隔板长度”为 1450，“隔板门宽”为 650；布置上蹲便器的隔断；执行天正屏幕菜单下“墙体 | 绘制墙体”命令（HZQT）绘制坐便器的隔墙；再执行“门窗 | 门窗”命令（MC）插入如图 1-30 所示的卫生间门。最后隔断布置的效果图如图 1-31 所示。

图 1-30 插门尺寸

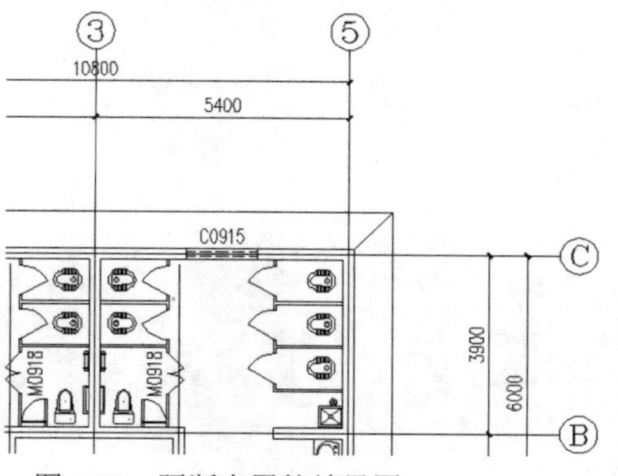

图 1-31 隔断布置的效果图

提示：布置隔断

通过两点选取已经插入的洁具，布置卫生间隔断，要求先布置洁具才能执行，隔板与门采用了墙对象和门窗对象，支持对象编辑。命令行提示中的名词含义如图 1-32 所示。

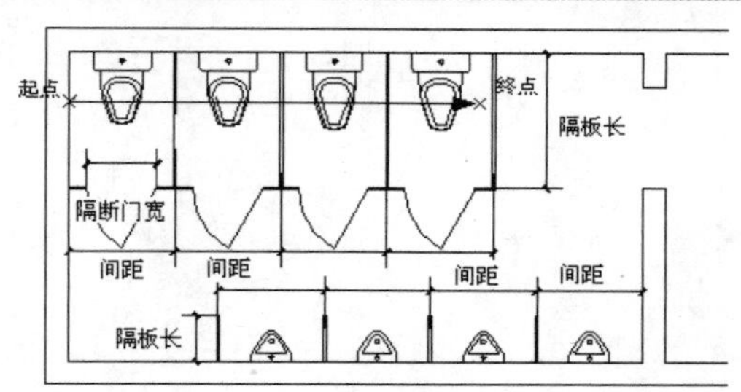

图 1-32 布置隔断名词含义

步骤 12 在天正屏幕菜单中执行“楼梯其他 | 坡道”命令（PD），弹出“坡道”对话框，如图 1-33 所示设置坡道参数；在图中合适位置插入坡道，如图 1-34 所示。

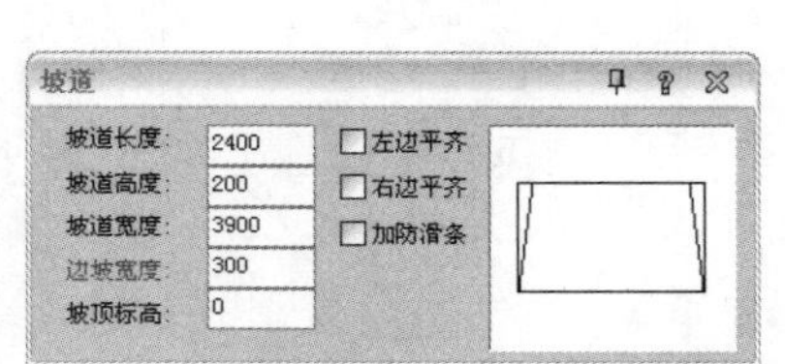

图 1-33 坡道尺寸

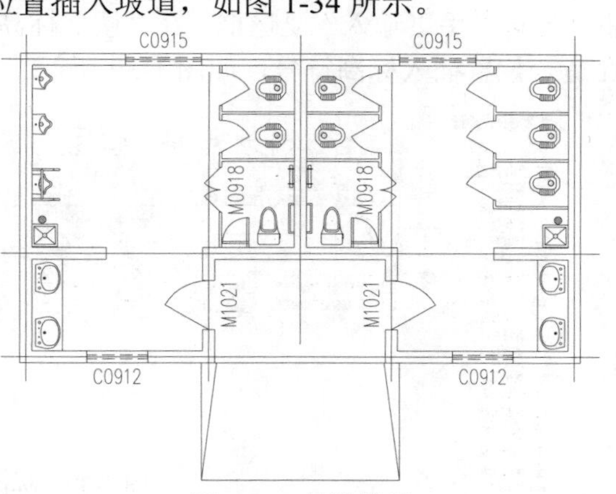

图 1-34 坡道效果

步骤 13 在天正屏幕菜单中首先对坡道处无外墙的地方执行夹点操作，绘制外墙，执行“楼梯其他 | 散水”命令（SS），弹出“散水”对话框，如图 1-35 所示设置散水参数；按照命令行提示选中所有墙体绘制散水；最后删除之前绘制的那面墙，如图 1-36 所示。

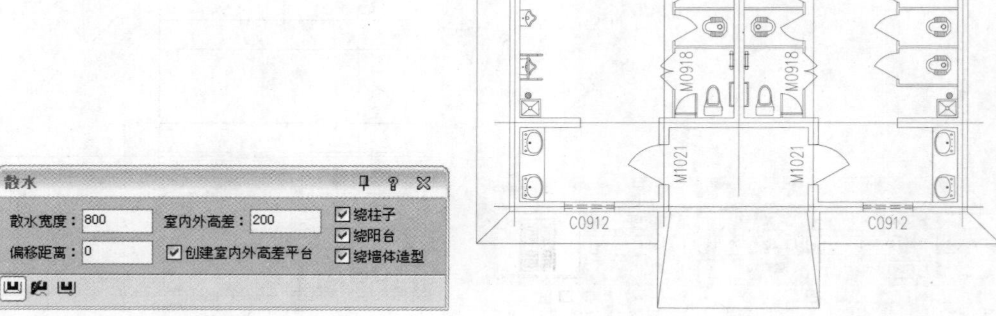

图 1-35　散水尺寸

图 1-36　散水效果

步骤 14 在天正屏幕菜单中执行“符号标注 | 剖切符号”命令（PQFH），弹出“剖切符号”对话框如图 1-37 所示，单击“正交转折剖切”按钮绘制剖切符号，如图 1-38 所示。

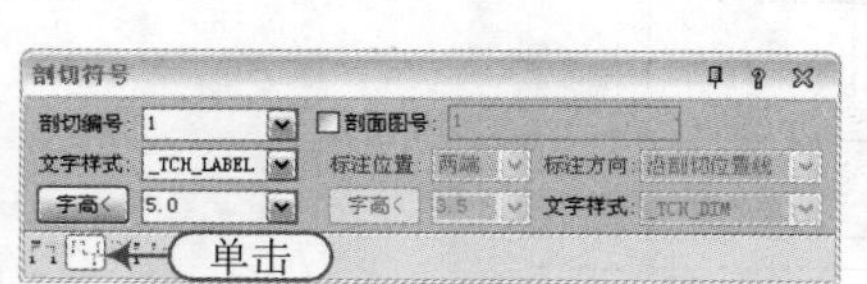

图 1-37　“剖切符号”对话框

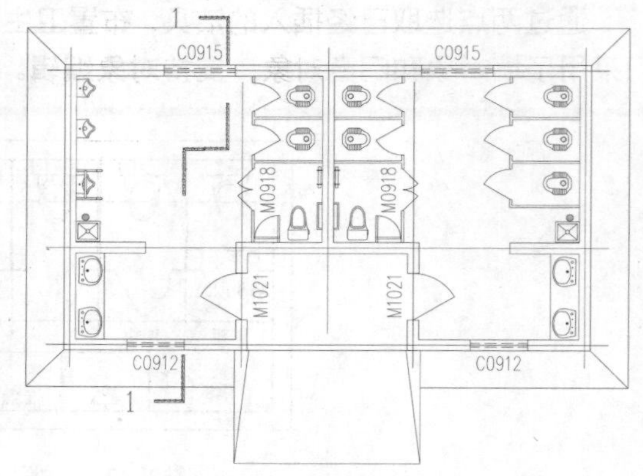

图 1-38　剖切效果

步骤 15 在天正屏幕菜单中执行“符号标注 | 标高标注”命令（BGBZ），弹出“标高标注”对话框，勾选“手工输入”复选框，在“楼层标高”处依次输入“0.000”“0.020”“0.200”，并依次在适合位置插入标高符号，如图 1-39 所示。

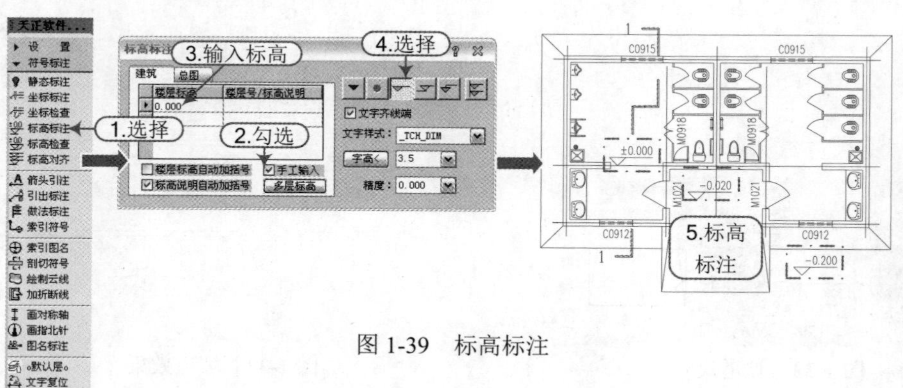

图 1-39　标高标注

步骤 16 在天正屏幕菜单中执行“门窗｜门窗工具｜门口线”命令（MKX），弹出“门口线”对话框如图 1-40 所示，绘制卫生间门口线，如图 1-41 所示。

图 1-40 “门口线”对话框

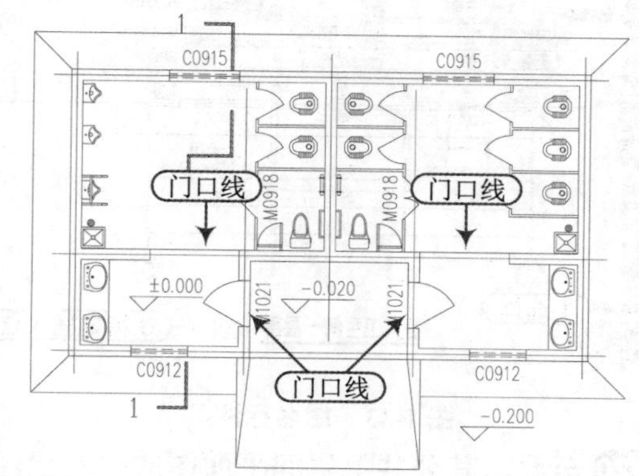

图 1-41 门口线绘制

步骤 17 在天正屏幕菜单中执行“符号标注｜门窗标注”命令（MCBZ），对 C0912、C0915 和 M1021 进行标注，标注效果如图 1-42 所示。

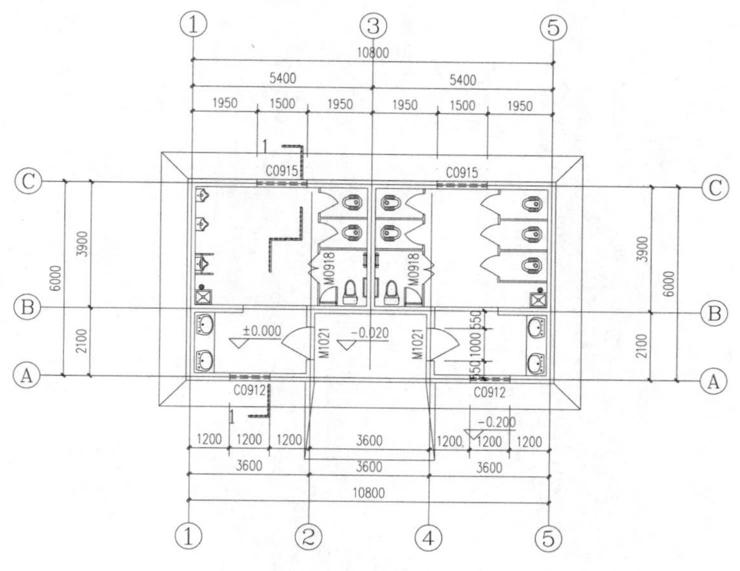

图 1-42 门窗标注

提示：尺寸标注

> **在建筑平面图中，需有三道尺寸线，在轴网标注完成后，就只剩下“门窗标注”这一道尺寸线未标。**

步骤 18 在天正屏幕菜单中执行“符号标注｜图名标注”命令（TMBZ），弹出“图名标注”对话框，设置图名标注参数后，在平面图下侧中间部位插入图名，如图 1-43 所示。

步骤 19 在天正命令行输入“3DO”命令，图形对象由二维变成三维图形，如图 1-44 所示。

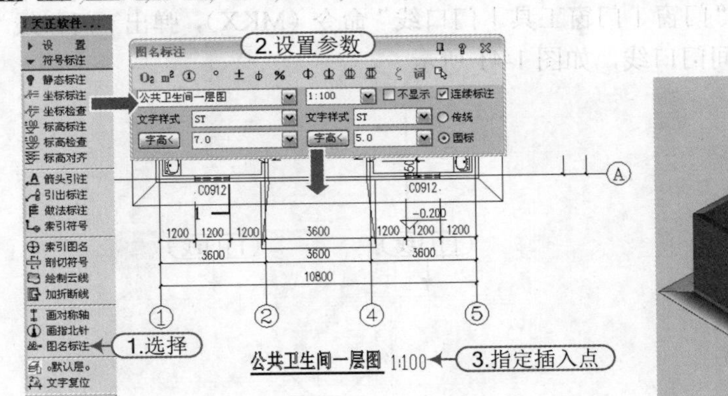

图 1-43　图名标注

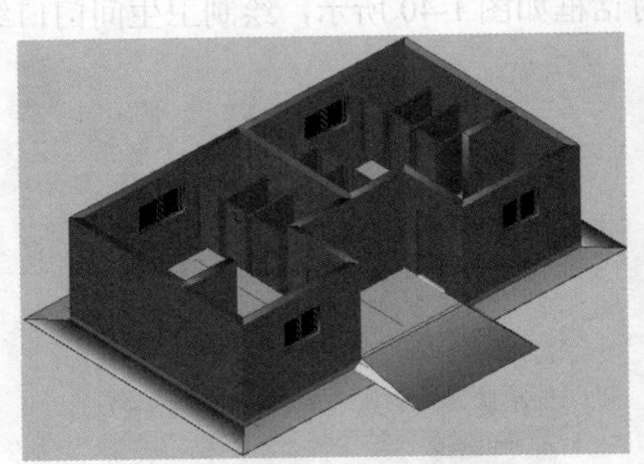

图 1-44　三维图形

步骤 20 至此，其公共卫生间平面图的绘制已经完成，按“Ctrl+S”进行保存。

2

设置与帮助

本章导读

不同的人绘图习惯不一样，习惯的绘图环境不一样，为了在陌生的天正建筑环境下得心应手地绘图，天正软件人性化地开发了不同的绘图环境，以满足不同的用户需求，使用户可以依据自己的习惯来设置绘图环境。

本章内容

- 自定义参数设置
- 样式与图层设置
- 天正帮助信息
- 综合练习——天正绘图环境设置

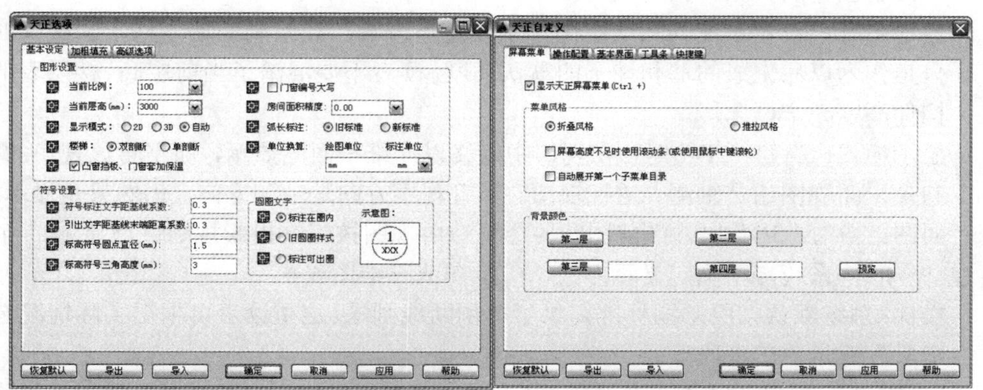

2.1 自定义参数设置

天正给用户提供了多种绘图参数的选择，用户可以根据自己的习惯设置绘图参数。

2.1.1 天正选项

知识要点 在 TArch 2014 中，通过“天正选项”对话框的设置，可以帮助用户来进行一些基本参数的设置，以及一些线宽的加粗操作和一些标注样式的设置等。

执行方法 在 TArch 2014 中，可以通过以下两种方法来执行“天正选项”命令：

- 屏幕菜单：选择“设置 | 天正选项”菜单命令。
- 命令行：在命令行中输入“TZXX”（“天正选项”汉语拼音首字母）。

当执行“天正选项”命令过后，将打开“天正选项”对话框，如图 2-1 所示。

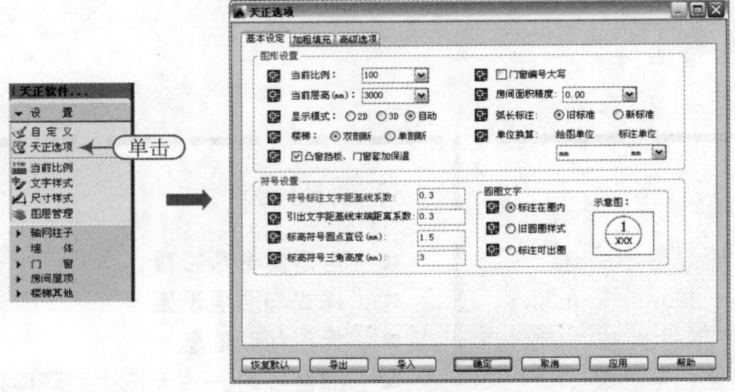

图 2-1 打开“天正选项”对话框

选项含义 在“天正选项”对话框中，包括有“基本设定”“加粗填充”和“高级选项”三个选项卡。

1）在如图 2-1 所示的“基本设定”选项卡中，包括“图形设置”和“符号设置”两个选项组，其主要选项的含义如下。

- 当前比例：设定此后新创建的对象所采用的出图比例，同时显示在 AutoCAD 状态栏的最左边。默认的初始比例为 1:100。本设置对已存在的图形对象的比例没有影响，只被新创建的天正对象所采用。
- 当前层高：设定本图的默认层高。本设定不影响已经绘制的墙、柱子和楼梯的高度，只是作为以后生成的墙和柱子的默认高度。读者不要混淆了当前层高、楼层表的层高、构件高度三个概念。
- 显示模式：当勾“2D”时，在视口中始终以二维平面图显示，而不管该视口的视图方向是平面视图还是轴测、透视视图。尽管观察方向是轴测方向，仍然只是显示二维平面图。当勾“3D”时，当前图和各个视口内视图按三维投影规则进行显示。当勾“自动”时，系统自动确定显示方式，二维图或三维图。
- 楼梯：系统默认按照制图标准提供了单剖断线画法。这里读者可根据实际情况选择“双剖段”或是“单剖段”。
- 单位换算：提供了适用于在米(m)单位图形中进行尺寸标注和坐标标注以及道路绘制、

倒角的单位换算设置，其他天正绘图命令在米(m)单位图形下并不适用。

2）在如图 2-2 所示的“加粗填充”选项卡中，其主要选项的含义如下。

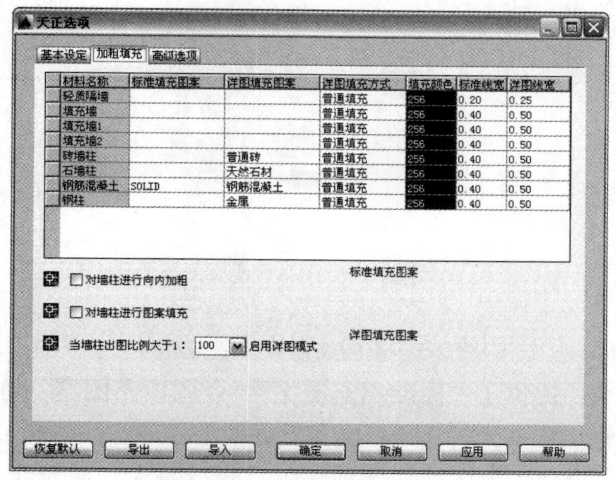

图 2-2　“加粗填充”选项卡

- 材料名称：在墙体和柱子中使用的材料名称，用户可根据材料名称不同选择不同的加粗宽度和国标填充图例。
- 标准填充图案：设置在建筑平面图和立面图下的标准比例，如 1:100 等显示的墙柱填充图案。
- 详图填充图案：设置在建筑详图比例，如 1:50 等显示的墙柱填充图案，由用户在本界面下设置比例界限，默认为 1:100。
- 详图填充方式：提供了“普通填充”与“线图案填充”两种方式，专用于填充沿墙体长度方向延伸的线图案。
- 填充颜色：提供了墙柱填充颜色的直接选择新功能，避免因设置不同颜色更改墙柱的填充图层的麻烦，默认 256 色号表示“随层”即随默认填充图层 pub_hatch 的颜色，单击此处可修改为其他颜色。
- 标准线宽：设置在建筑平面图和立面图下的非详图比例，如 1:100 等显示的墙柱加粗线宽。
- 详图线宽：设置在建筑详图比例，如 1:50 等显示的墙柱加粗线宽。
- 对墙柱进行向内加粗：墙柱轮廓线加粗的开关，勾选后启动墙柱轮廓线加粗功能，加粗的线宽由电子表格控制；如图 2-3 所示为两种不同状态的效果对比。
- 对墙柱进行图案填充：墙柱图案填充的开关，勾选后启动墙柱图案填充功能，填充的图案由电子表格控制；如图 2-4 所示为两种不同状态的效果对比。

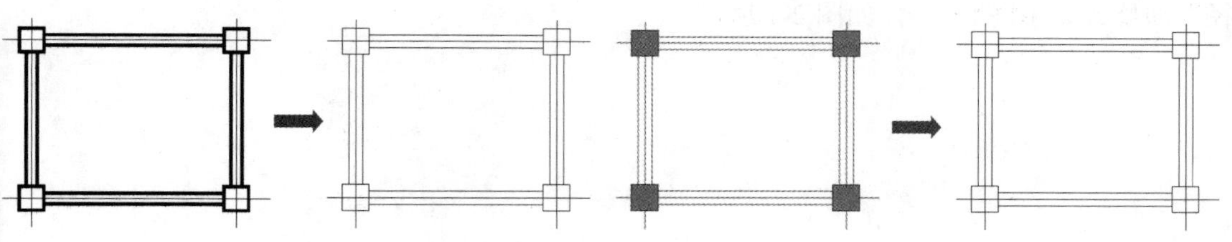

图 2-3　墙柱向内加粗对比　　　　图 2-4　墙柱填充图案对比

■ 启用详图模式比例：本参数设定按详图比例填充的界限，在比例较小，如 1:100 时采用实心填充的方法。在比例较大，如 1:50 时采用图案填充的方法。如图 2-5 所示为两种不同状态的效果对比。

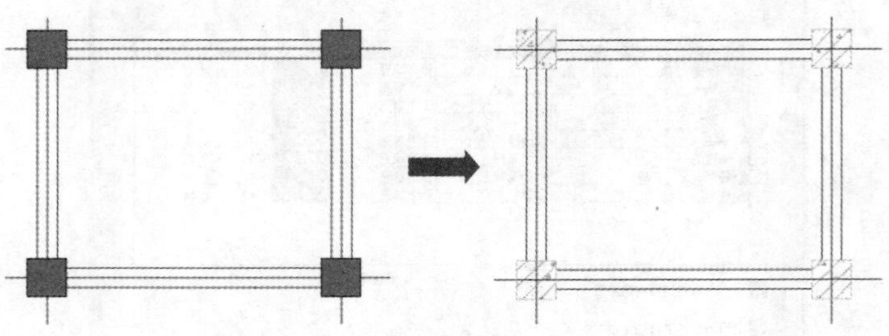

图 2-5 不同比例填充图案对比

■ 填充图案预览框：提供了“标准填充图案”“详图填充图案”与“线图案填充图案”三种填充图案的预览。

3）在如图 2-6 所示的“高级选项”选项卡中，是控制天正建筑全局变量的用户自定义参数的设置界面，除了尺寸样式需专门设置外，这里定义的参数保存在初始参数文件中，不仅用于当前图形，对新建的文件也起作用，高级选项和选项是结合使用的。

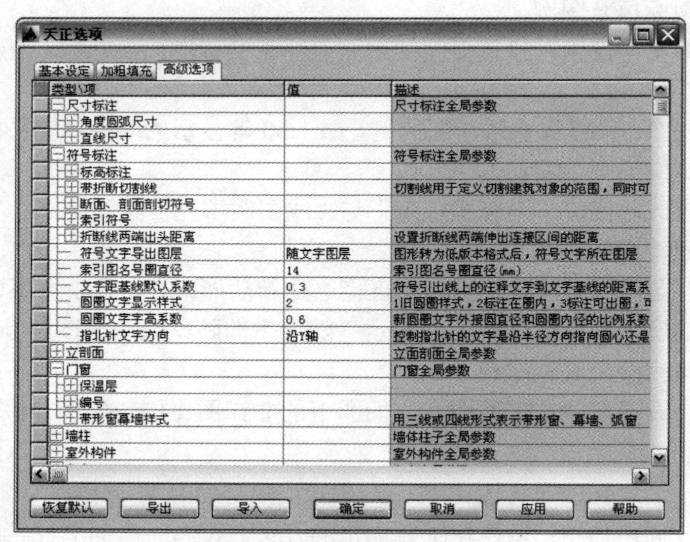

图 2-6 “高级选项”选项卡

操作实例 例如，在“高级选项”选项卡中，单击“+”展开“轴线”项，选择“轴圈直径”项，并修改其后的值为 10，然后单击“应用”和“确定”按钮，则当前图形中的“轴圈直径”即修改为 10 的大小，如图 2-7 所示。

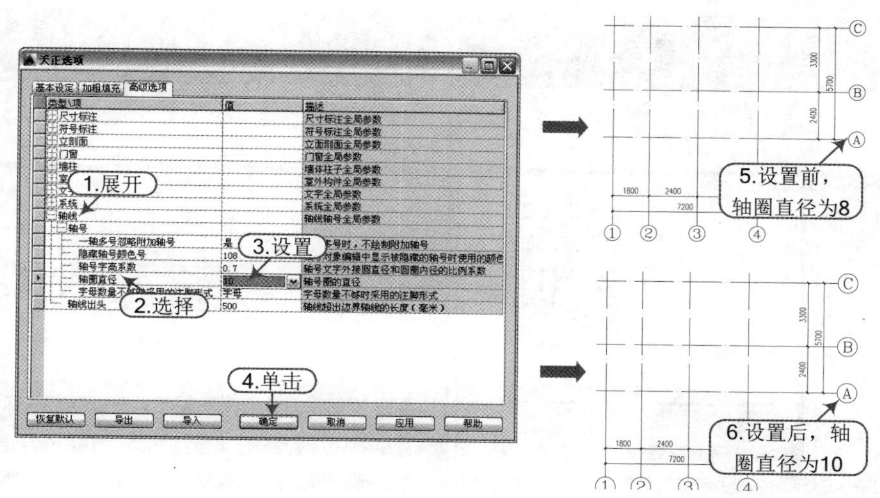

图 2-7 轴线参数的设置

2.1.2 自定义选项

知识要点 在 TArch 2014 的操作界面中，单击屏幕菜单里的“设置”菜单（▶设 置），展开菜单，即可对绘图环境及全局参数进行设置。选择“自定义”选项（自定义），打开“天正自定义”对话框，如图 2-8 所示。对其下的“屏幕菜单”“操作配置”“基本页面”“工具条”“快捷键”选项卡进行参数设置。自定义设置还可以导出并保存为“.XML”格式文件，以后就可以通过导入该文件恢复绘图环境的自定义设置。

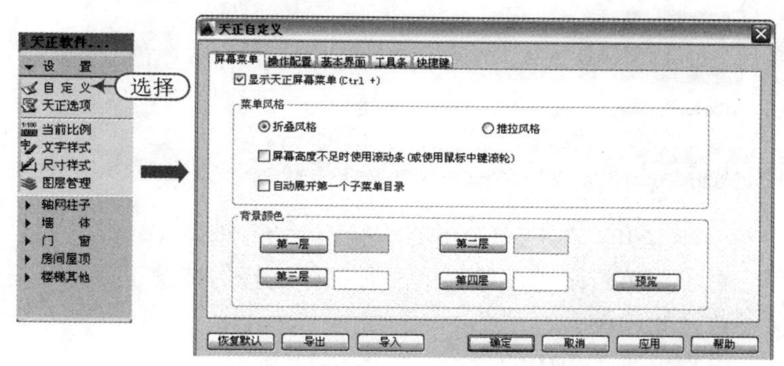

图 2-8 “天正自定义”对话框

选项含义 在“天正自定义”对话框中，包括有“屏幕菜单”“ 操作配置”“基本界面”“工具条”和“快捷键”五个选项卡。

1）在“屏幕菜单”选项卡中，是天正绘图的主要菜单，起到至关重要的作用，各主要选项的含义如下。

技巧：屏幕菜单显现与隐藏

显示天正屏幕菜单（Ctrl+“+”）：可在键盘上按 Ctrl+“+”组合键控制天正屏幕菜单的显示，如图 2-9 所示为效果对比。

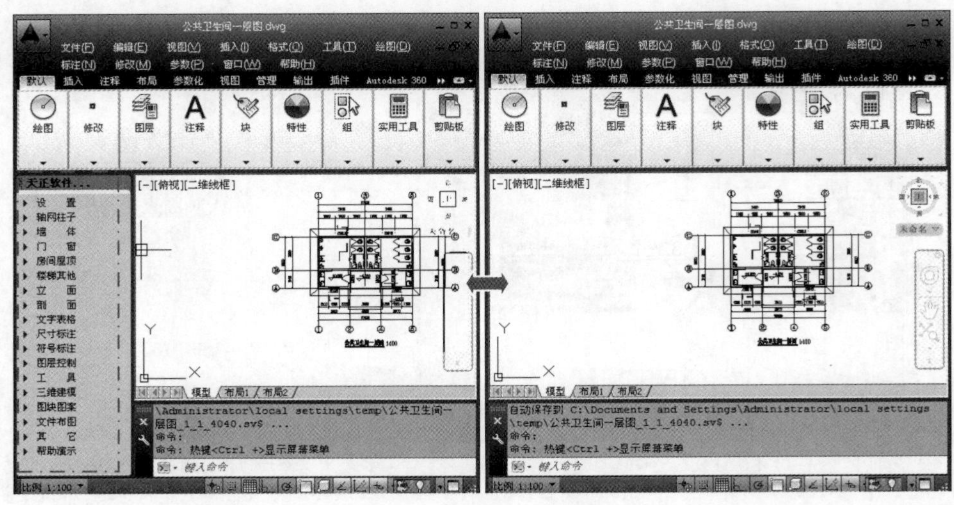

图 2-9　Ctrl+“+”组合键效果对比

■ 菜单风格：有两种风格可选，即折叠风格和推拉风格，改变风格对绘图环境会有影响。

■ 屏幕高度不足时使用滚动条（或使用鼠标中键滚动）：勾选上此项，当屏幕高度小于菜单高度时，右侧出现滚动条，可以滚动移动菜单，如图 2-10 所示。

图 2-10　“屏幕高度不足时使用滚动条”效果示意图

■ 自动展开一个子菜单目录：在对菜单没有进行选择的情况下，打开第一个“设置”菜单自定义参数开始绘图。

■ 背景颜色：设置屏幕菜单中的颜色，如图 2-11 所示。

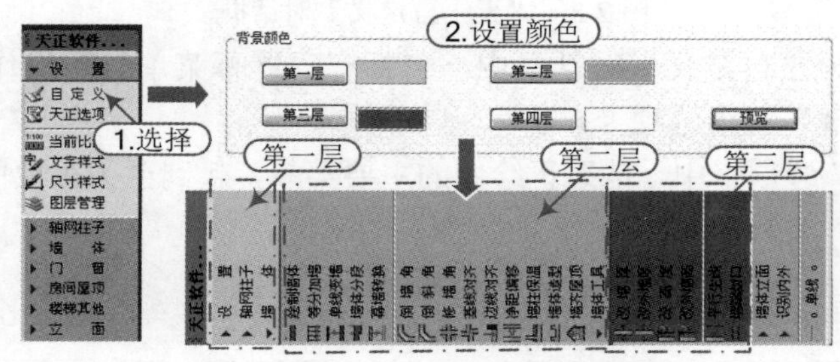

图 2-11　背景颜色

（注意：由于版幅原因，特将屏幕菜单向左转 90°）

■　预览：对当前设置的屏幕颜色进行预览，如有不符合自己绘图环境的设置可以修改。

■　恢复默认：对菜单进行修改后，按此键可以恢复到菜单默认的菜单颜色，如图 2-12 所示。

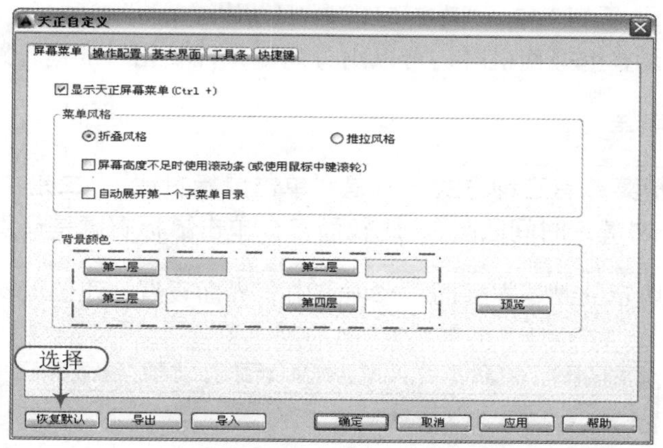

图 2-12　“恢复默认”

2）在如图 2-13 所示的“操作配置”选项卡中，可用于选择习惯的绘图选项，各主要选项的含义如下。

■　启用天正右键快捷菜单：在没有选择图元时，单击鼠标右键，将出现一个菜单，如图 2-14 所示。

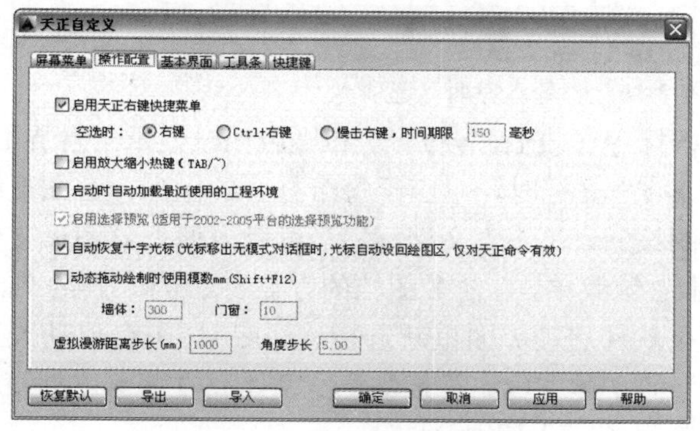

图 2-13　“操作配置”选项卡　　　　图 2-14　天正右键菜单

■　启用放大缩小热键（Tab/~）：勾选后，按“Tab”可放大屏幕，按“~”可缩小屏幕。

■　启动时自动加载最近使用的工程环境：勾选上此项，正常启动天正后，系统会自动加载上次使用的工程环境。

■　启用选择预览：此选项为默认选项，当十字光标移动到目标物体上时，物体的显示会与其他物体不一样，能准确选中物体，这时右键会出现一个相对应的菜单。

■　自动恢复十字光标（光标移出无模式对话框时，光标自动回到绘图区，仅对天正命令有效）：当十字光标移出对话框时，当前控制自动回到绘图区。

■　动态拖动绘制时使用模数 mm（Shift+F12）：动态拖动鼠标绘制图形时可按照如图 2-15 所示的数据进行编辑，数据以毫米为单位。

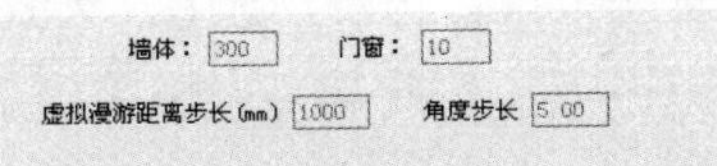

图 2-15 “动态拖动绘制时使用模数 mm”参数

■ 虚拟漫游：调整虚拟相机时，可以用方向键来控制相机的运行距离和角度。

技巧：右键快捷菜单

> 弹出右键快捷菜单有三种方式。一是“单击鼠标右键”，二是“Ctrl+单击鼠标右键”，三是“慢击右键，时间限制”。比较而言，单击鼠标右键是最直接的一种方式。

3）在如图 2-16 所示的“基本界面”选项卡中有界面设置、在位编辑与字体高度选项，各主要选项的含义如下。

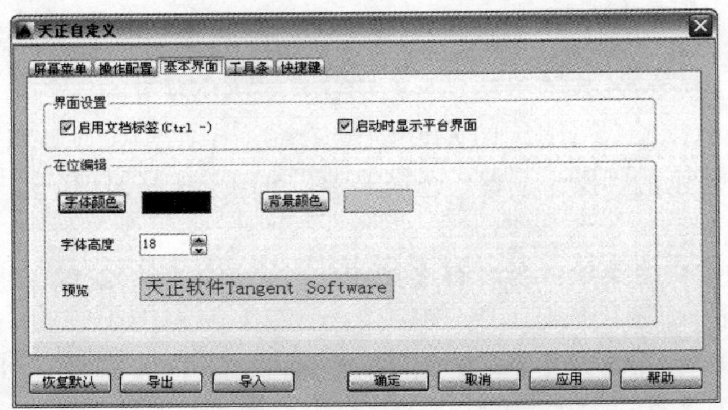

图 2-16 “基本界面”选项卡

■ 界面设置：包括“启用文档标签（Ctrl+“-”）”和“启动时显示平台界面”。勾选前项时，可控制打开多个“.dwg”文档时，对应于每个打开的图形，在图形编辑区上方各显示一个标有文档名称的按钮，单击“文档标签”可以方便把该图形文件切换为当前文件，在该区域右击显示右键菜单，方便多图档的存盘、关闭和另存；勾选后项时，下次启动 TArch 2014，可在软件启动界面重新选择 AutoCAD 平台启动天正建筑。

■ 在位编辑：在位编辑状态下的字体颜色、背景颜色、字体高度都可以调整，在位编辑的下方有更改后的效果预览，如图 2-17 所示。

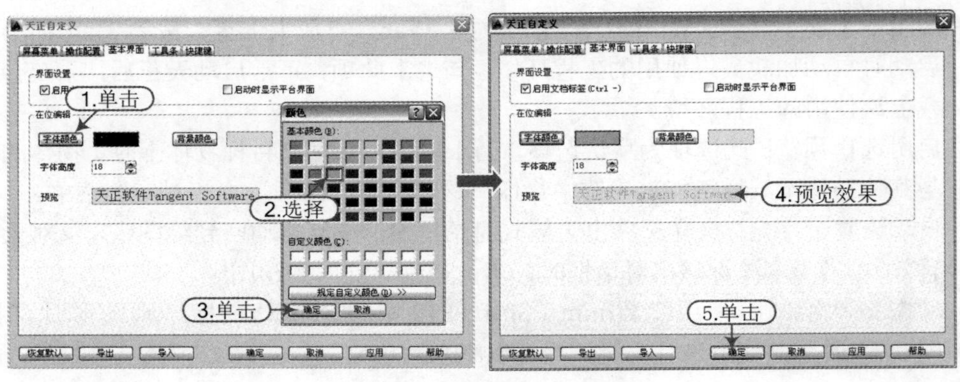

图 2-17 “在位编辑”参数修改效果示意图

4）在如图 2-18 所示的“工具条”选项卡中，其主要选项的含义如下。

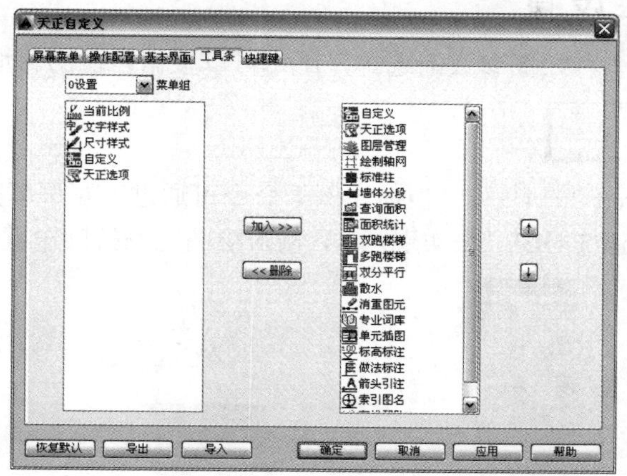

图 2-18 “工具条”选项卡

- “加入”按钮：从下拉列表中选择菜单组的名称，在左侧显示该菜单组的全部图标，每次选择一个图标，单击 加入 >> 按钮，即可把该图标添加到右侧读者自定义工具区。
- “删除”按钮：在右侧读者自定义工具区中选择图标，单击 << 删除 按钮，可把已经加入的图标删除。
- 图标排序：在右侧读者自定义工具区中选择图标，单击最右边的箭头，即可上下移动该工具图标的位置，每次移动一格。

5）在如图 2-19 所示的“快捷键”选项卡中，为天正建筑软件命令功能设置一键快捷键，可用数字和字母设置。快捷键有两种模式，一种是一键快捷键，另一种是普通快捷键。普通快捷键由命令的汉语拼音首字母组成，如无特殊说明，本书选择使用一般快捷键。

天正自定义

屏幕菜单 操作配置 基本界面 工具条 快捷键

○普通快捷键(PGP) ◉一键快捷 ☑启用一键快捷

快捷键	命令名	备注
0	TResetLayer	图层恢复
1	TOffLayer	关闭图层
2	TSelObj	对象选择
4	TMkHide	局部隐藏
5	TLocVis	局部可见
6	TUnHide	恢复可见
7	TDragCopy	自由复制
8	TDragMove	自由移动
9	TPasteClip	自由粘贴

恢复默认 导出 导入 确定 取消 应用 帮助

图 2-19 “快捷键”选项卡

提示：快捷键注意

一键快捷键：请注意，在自定义快捷键不要使用数字 3，避免与 3 开头的 AutoCAD 三维命令 3DXXX 冲突。

普通快捷键：请注意，当修改普通快捷键后，并不能马上启用该快捷键定义，请执行 Reinit 命令，在其中勾选“PGP 文件”复选框才能启用该快捷键，否则需要退出天正建筑再次启动进入。

2.2 样式与图层设置

天正给用户提供了多种绘图参数的选择，用户可以根据自己的习惯设置绘图参数。

2.2.1 当前比例

知识要点在 TArch 2014 中，“当前比例”命令可通过天正屏幕菜单中执行“设置|当前比例”命令或者用快捷键“DQBL”来实现。然后输入绘图比例按回车键即可，如图 2-20 所示。

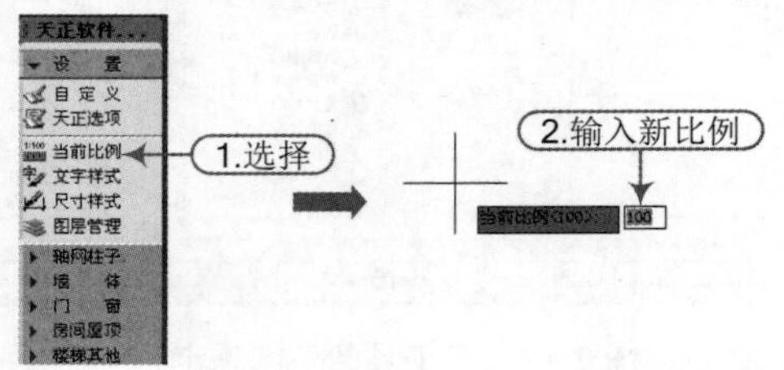

图 2-20　当前比例

提示：当前比例显示

输入新比例并“回车”后，会在天正屏幕下方状态栏的最左侧比例 1:100 显示出来。

2.2.2 文字样式

知识要点在 TArch2014 中，“文字样式”命令可通过执行“设置|文字样式”命令或者用快捷键“WZYS”来实现。然后根据要求设置“样式名”“中文参数”“西文参数”等，如图 2-21 所示。

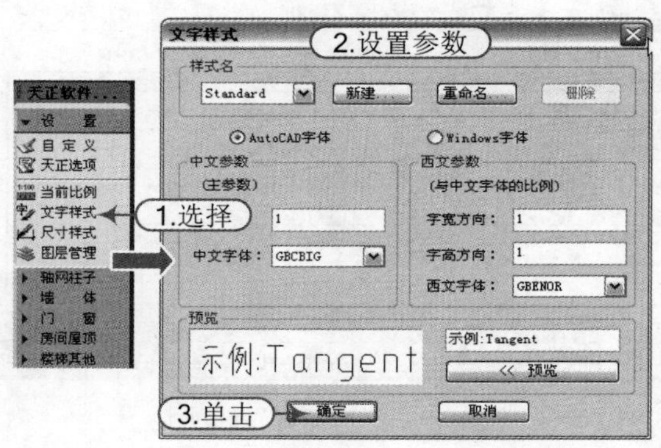

图 2-21　文字样式

选项含义在“文字样式”对话框中，各选项的功能与含义如下。

1）样式名：其下有样式名文本框 ASHADE、“新建”按钮 新建...、“重命名”按钮 重命名...、“删除”按钮 删除 等几个选项。

- 样式名文本框：在天正默认情况下，文字样式名是 Standard，另外，还有一种是天正系统自带的文字样式—ASHADE，这两种文字样式可以通过单击文本框右侧的向下箭头进行切换。

■　“新建”按钮：单击 新建... 按钮，将弹出“新建文字样式”对话框，输入样式名，后单击“确定”按钮，可进行该样式的其他参数设置，如图 2-22 所示。

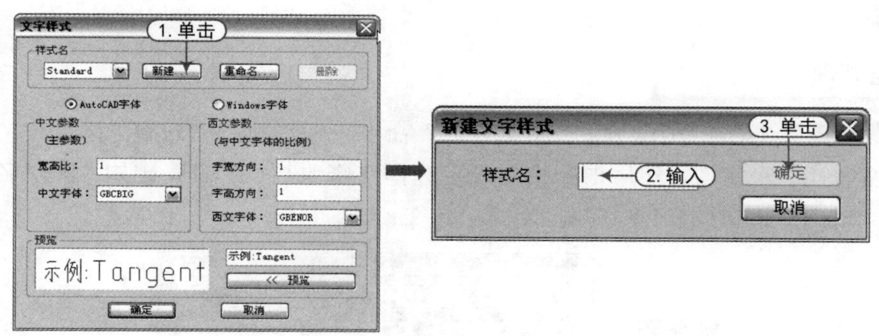

图 2-22　新建文字样式

■　“重命名”按钮 重命名... ：单击此按钮，将弹出“重命名文字样式”对话框，输入重命名的样式名，后单击“确定”按钮，可进行该样式的其他参数设置，如图 2-23 所示。

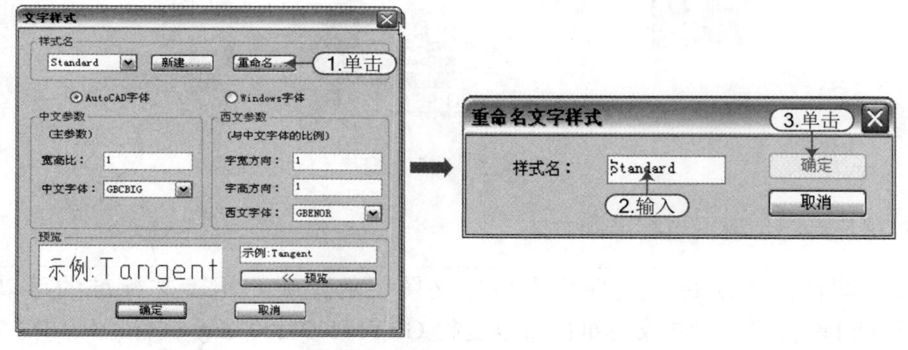

图 2-23　重命名文字样式

■　“删除”按钮：选中某一个文字样式，单击 删除 按钮，将弹出“警告”对话框，选择“确定”按钮，删除该文字样式；选择“取消”按钮，则不删除该文字样式，如图 2-24 所示。

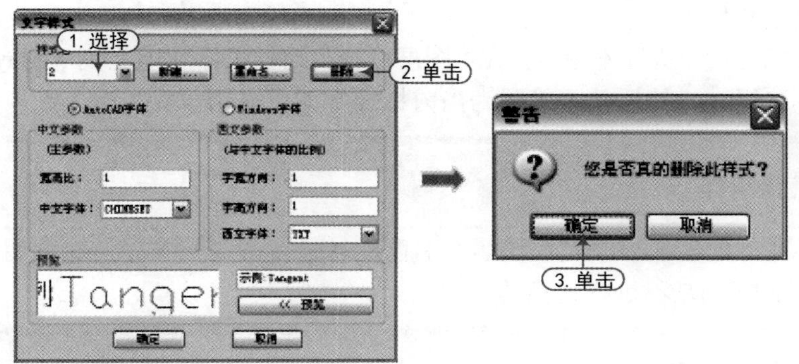

图 2-24　删除文字样式

2）中文参数：其下有宽高比及中文字体两个参数设置。

3）西文参数：西文参数是相对于中文参数来进行设置的，其下有“字宽方向”“字高方向”

及西文字体三个参数设置。

4）预览：通过此按钮，可以对所设置的文字样式进行预览，不满意可以修改，满意则单击确定按钮。

2.2.3 图层管理

知识要点 在 TArch 2014 中，“图层管理”命令可通过执行“设置|图层管理”命令或者用快捷键“TCGL”来实现。然后根据绘图规定选择性修改某些选项，比如“图层名”“颜色”“线型”等，如图 2-25 所示。

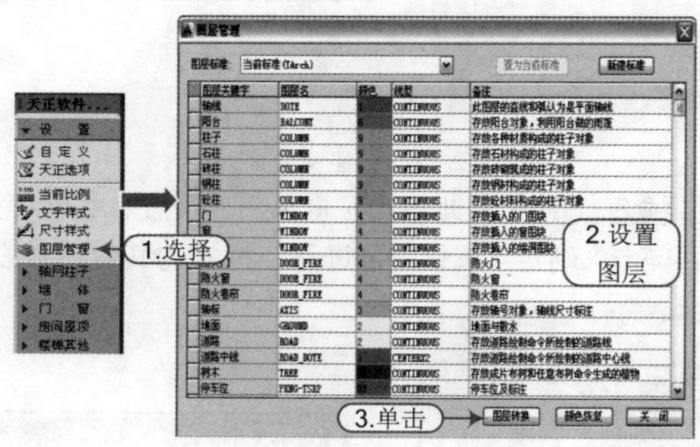

图 2-25 图层管理

技巧：用户自己创建图层标准的方法

1) 复制默认的图层标准文件作为自定义图层的模板，用英文标准的可以复制 TArch.lay 文件，用中文标准的可以复制 GBT18112-2000.lay 文件，例如把文件复制为 Mylayer.lay。
2) 确认自定义的图层标准文件保存在天正安装文件夹下的 sys 文件夹中。
3) 使用文本编辑程序例如“记事本”编辑自定义图层标准文件 Mylayer.lay，注意在改柱和墙图层时，要按材质修改各自图层，例如砖墙、混凝土墙等都要改，只改墙线图层不起作用。
4) 改好图层标准后，执行本命令，在“图层标准”列表里面就能看到 Mylayer 这个新标准了，选择它，然后单击“置为当前标准”就可以用了。

注意：图层转换操作

图层转换命令的转换方法是图层名全名匹配转换，图层标准中的组合用图层名(如 3T_、S_、E_等前缀)是不进行转换的。

2.3 天正帮助信息

天正建筑 TArch 2014 在原来的版本上又有新的改进和升华，随着建筑设计市场的需要，天正日照设计、建筑节能、规划、土方、造价等软件也相继推出，公司还应邀参与了《房屋建筑制图统一标准》《建筑制图标准》等多项国家标准的编制。为了让用户快速了解及掌握天正的更新，天正提供了帮助信息。

2.3.1 在线帮助

知识要点 此命令启动天正建筑的在线帮助系统，即电子文档，此文档随软件版本升级同步更新，比纸面文档内容更能反映软件的最新功能，如图 2-26 所示。

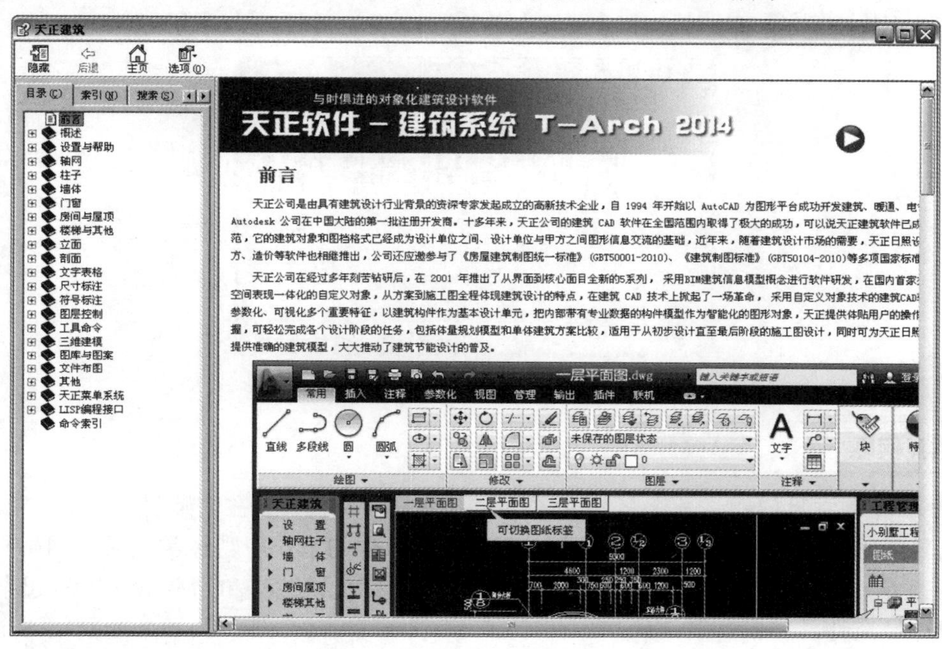

图 2-26 天正建筑“在线帮助系统”

2.3.2 教学演练

知识要点 此命令启动 IE 浏览器，观察 Flash 动画教学演示，如果没有在安装时选择安装本软件的教学演示文件，此命令执行无效，网上下载的试用版本由于文件大小的限制，不包含本教学演示内容，可以从天正官方网站下载单独的教学演示，如图 2-27 所示。

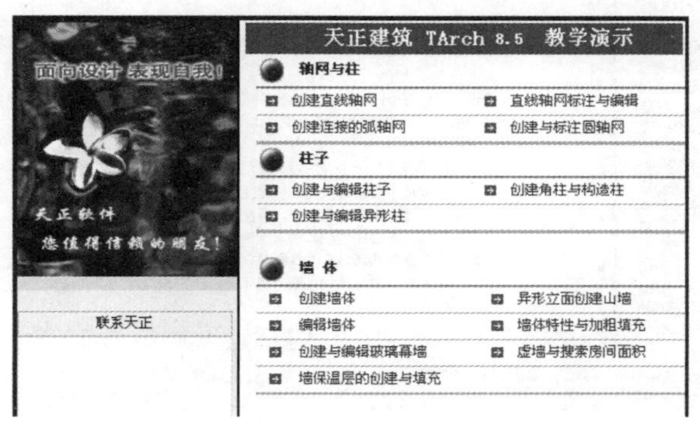

图 2-27 天正建筑“教学演练”

2.3.3 日积月累

知识要点 此命令是软件的欢迎界面，每次进入天正建筑软件时提示一项新功能的说明使用本命令可以随时显示这个界面，并作出是否显示的设置。其中的提示内容存在天正建筑的系统目录下名为 TCHTIPS.TXT 的文本文件中，也可以使用文本编辑工具修改这个文件，给天正增加一些新功能的简介。单击“日积月累”菜单命令，即显示命令的界面，其中去除“在启动时显示”的勾选，就可以停止本命令的自动执行功能，如图 2-28 所示。

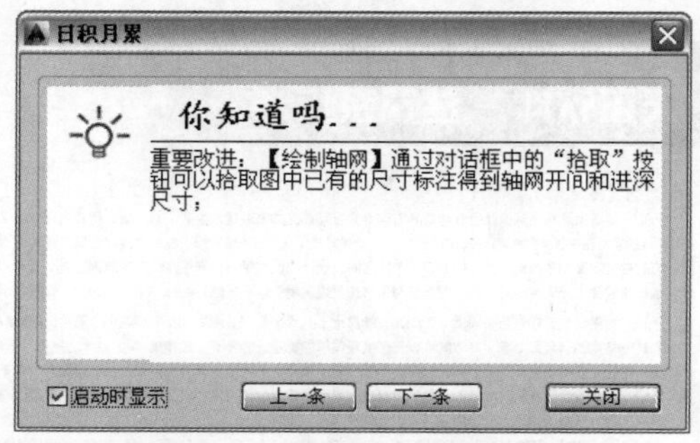

图 2-28　天正建筑“日积月累”

2.3.4 常见问题

知识要点 常见问题是一个名为 FAQ 的 Word 格式文件，放在安装目录下的 SYS 子目录下，天正公司积累用户的反馈意见更新这个文件。有条件的用户应当经常上天正网站与特约论坛了解更新情况。单击“常见问题”菜单命令，系统调用已经安装的 Microsoft Word 软件，打开 FAQ.DOC 文件，如图 2-29 所示。

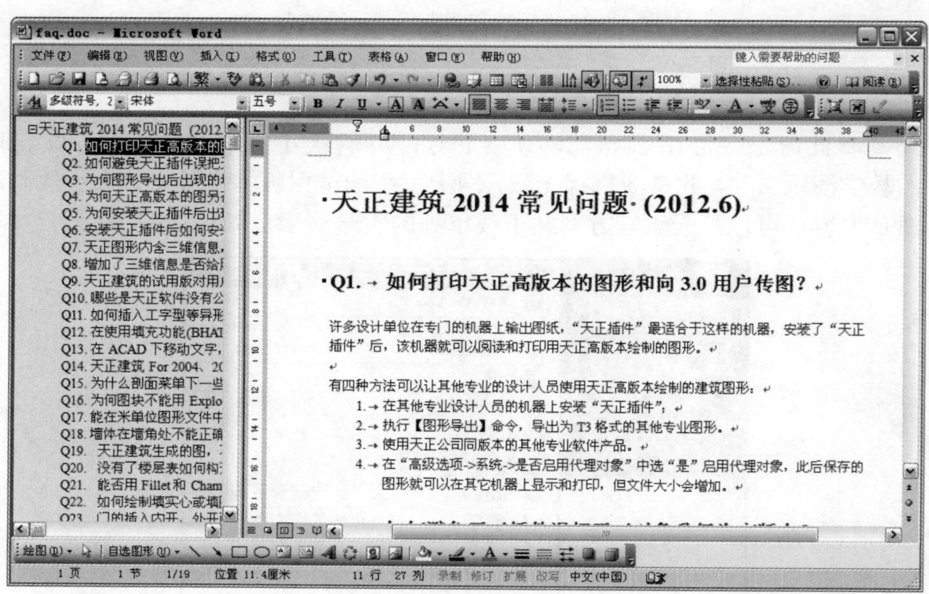

图 2-29　天正建筑“常见问题”

2.3.5 问题报告

知识要点 通过本命令还可以直接发送电子邮件到天正公司的支持部门，天正的支持人员会对提出的问题及时研究解决，邮件中请附带有出错的dwg图形，以便让天正公司技术部门能重复问题的发生环境。单击问题报告命令，即可弹出如图2-30所示的Outlook的新邮件写作框，在其中编写邮件内容，然后单击“发送”发出邮件，本命令的执行条件是具有Internet的联网条件，而且Outlook已经设置好可发送邮件的账户，如图2-30所示。

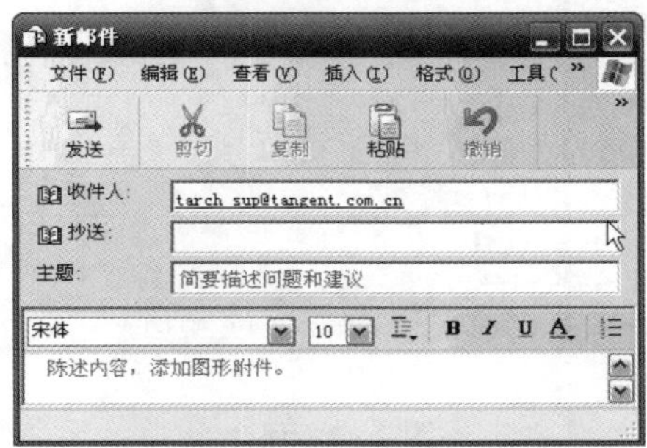

图2-30　天正建筑“问题报告”

2.3.6 版本信息

知识要点 不论是通过到天正论坛发帖还是打电话给天正公司技术支持部门进行技术咨询，常常要知道当前使用什么版本号，本命令提供详细的版本信息，以便天正的支持人员准确回答用户遇到的问题；单击“产品版本信息”菜单命令，在弹出的对话框上列出软件的详细版本号，如TArch2014的新版本号全名包括：2014 Build130701，如图2-31所示。

图2-31　天正建筑“版本信息”

2.4 综合练习——天正绘图环境设置

案例	天正绘图环境设置.dwg	视频	天正绘图环境设置.avi

实战要点：①天正选项设置；②样式与图层设置。

操作步骤

步骤01 正常启动TArch 2014软件，系统自动创建一个“.dwg”文件。在“快捷访问”工具栏中单击“保存”按钮，将弹出“图形另存为”对话框，将其文件保存为“案例\02\天正绘图环境设置.dwg”文件，如图 2-32 所示。

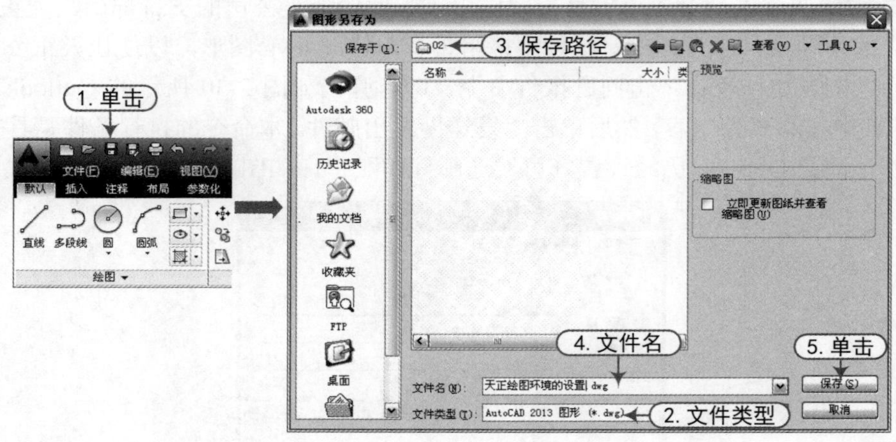

图 2-32　保存

步骤 02 在天正屏幕菜单中执行“设置 | 天正选项”命令（TZXX），设置“当前层高”为 3600，“弧长标注”点选“新标准”，一般情况下，建筑图比例是 1:100；其他选项均默认即可，如图 2-33 所示。

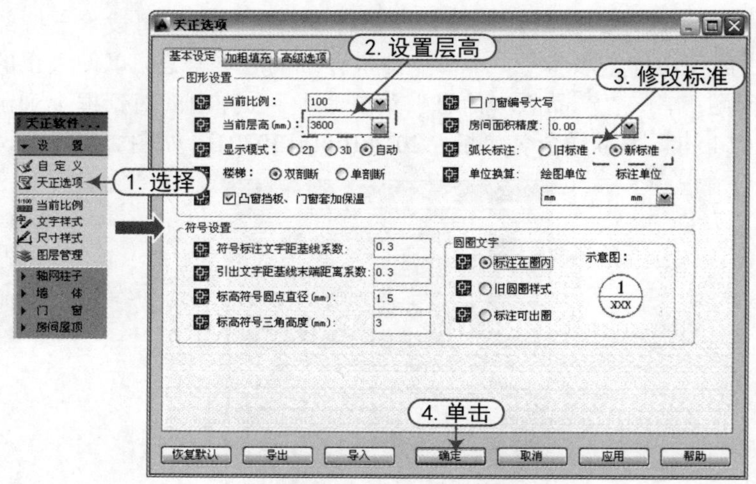

图 2-33　天正选项

步骤 03 在天正屏幕菜单中执行“设置 | 图层管理”命令（TCGL），可按照个人习惯对图层下的各选项进行修改，如图 2-34 所示为修改英文名称为中文名称。

图 2-34　图层管理示意

步骤 04 至此，在天正系统下需要设置的项已经设置好了；至于其他的选项，天正系统很强大的，已经按照规范设置好了；最后按“Ctrl+S”保存绘图环境。

第2篇 天正绘图篇

3 轴网

本章导读

轴网是建筑物单体平面布置和墙柱构件定位的依据。轴网是由两组到多组轴线与轴号、尺寸标注组成的平面网格，完整的轴网由轴线、轴号和尺寸标注三个相对独立的系统构成。

本章内容

- 轴网的创建
- 轴网的标注
- 轴号的编辑
- 综合练习——某住宅楼轴网

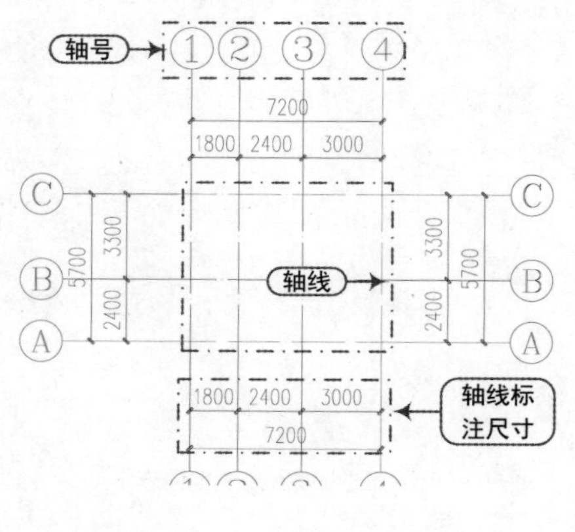

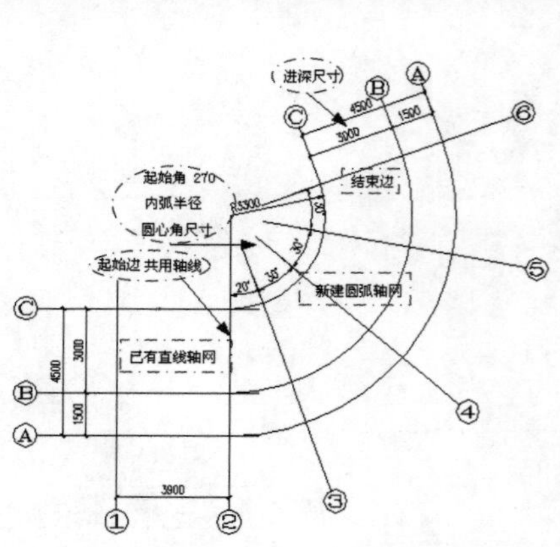

3.1 轴网的创建

轴网由定位轴线（建筑结构中的墙或柱的中心线）、轴线标注尺寸（标注建筑物定位轴线之间的距离大小）和轴号组成。轴网是建筑制图的主体框架，建筑物的主要支承构件按照轴网定位排列，达到井然有序，轴网是联系建筑构件的必不可少的因素，轴网在建筑绘图起到骨架的作用，如图 3-1 所示为轴网结构组成。

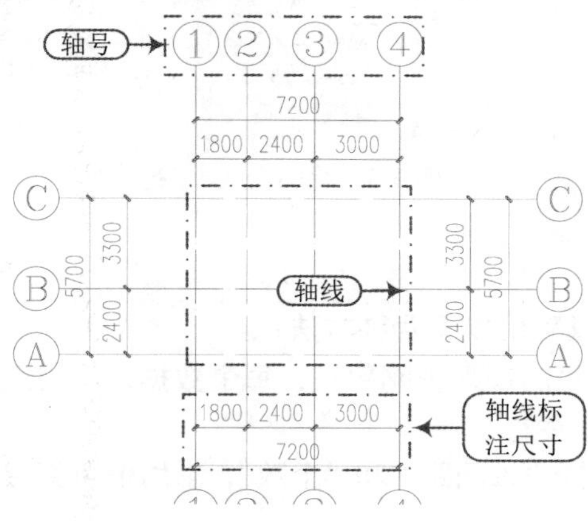

图 3-1 轴网结构组成

3.1.1 绘制直线轴网

知识要点 直线轴网是绘制出的所有线都是直线，此命令可以用来生成正交轴网、斜交轴网和单向轴网，如图 3-2 所示。

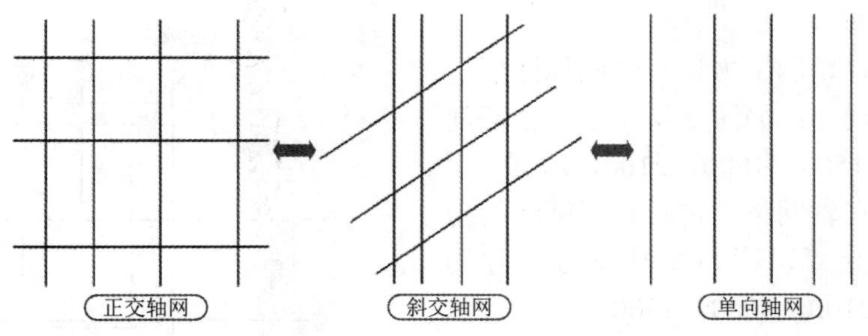

图 3-2 直线轴网

执行方法 在天正屏幕菜单下，执行“轴网柱子 | 绘制轴网”命令（快捷键 HZZW）。

操作实例 例如，绘制一个直线轴网，执行“轴网柱子 | 绘制轴网”命令（HZZW），在随后弹出的“绘制轴网”对话框中选择“直线轴网”选项卡，按照表 3-1 所示的参数绘制轴网，如图 3-3 所示。

表 3-1 轴网数据

直线轴网	上\下开间	1800，2400，3000
	左\右进深	2400，3000

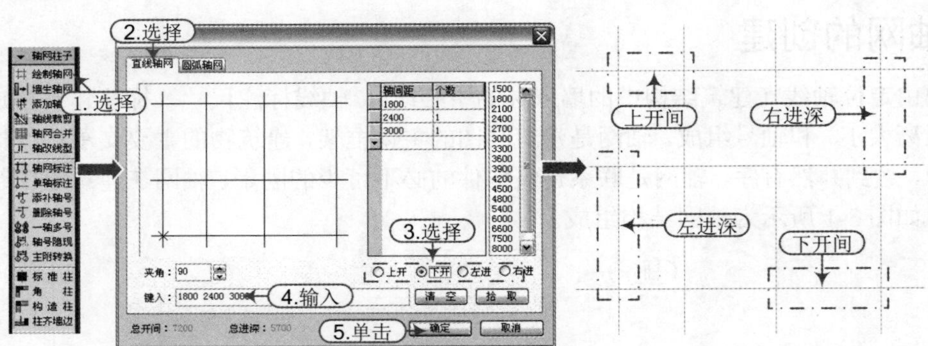

图 3-3　绘制直线轴网

技巧：绘制轴网

在输入轴网数据时，可以采用以下两种方法：

1）直接在“键入”栏内键入轴网数据，每个数据之间用空格或英文逗号(,)隔开，输入完毕后按“回车键”生效。

2）在电子表格中选择“轴间距”和“个数”，常用值可直接点取右方数据栏或下拉列表的预设数据。

选项含义 在“绘制轴网”对话框下“直线轴网”选项卡中，各选项的功能与含义如下：

- 轴间距：表示开间或进深的尺寸数据，点击右方数值栏或下拉列表获得，也可以键入。
- 个数：表示栏中数据的重复次数，点击右方数值栏或下拉列表获得，也可以键入。
- 夹角：表示输入开间与进深轴线之间的夹角数据，默认为夹角 90° 的正交轴网，根据实际情况，如果轴线与轴线间出现一定的角度，单击“夹角”微调按钮，调节出相应的角度即可。
- 上开：在轴网上方进行轴网标注的房间开间尺寸；如图 3-4 所示，上开间尺寸为 1500，1800，2100，2700。
- 下开：在轴网下方进行轴网标注的房间开间尺寸，图 3-4 中下开尺寸为 1500，2100，3000，1500。
- 左进：表示在轴网左侧进行轴网标注的房间进深尺寸，图 3-4 中左进尺寸为 1800，3000，3600。
- 右进：表示在轴网右侧进行轴网标注的房间进深尺寸，图 3-4 中右进尺寸为 1500，3000，3900。
- 键入：键入一组尺寸数据，用空格或英文逗点隔开，回车数据输入到电子表格中。

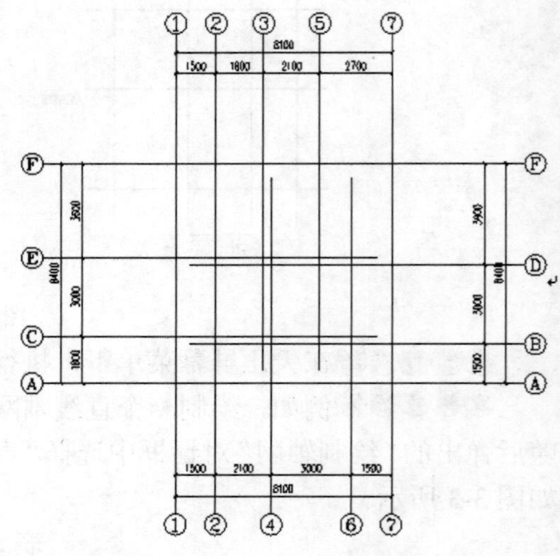

图 3-4　直线轴网开间进深示意图

- 拾取：单击此按钮可以将已有的轴线尺寸显示到“绘制轴网”对话框的电子表格中。

- 清空：单击此按钮表示把某一组开间或者某一组进深数据栏清空，保留其他组的数据。
- 恢复上次：单击按钮 恢复上次 把上次绘制直线轴网的参数恢复到对话框中。
- 确定/取消：单击 确定 按钮后开始绘制直线轴网并保存数据，单击 取消 按钮取消绘制轴网并放弃输入数据。

3.1.2 墙生轴网

知识要点 墙生轴网，顾名思义，是从已有的直墙生成轴网，墙是对象，轴网是目标。此操作的实用性在于：在方案设计中，建筑师需反复修改平面图，如加、删墙体，改开间、进深等，用轴线定位有时并不方便，为此天正提供根据墙体生成轴网的功能，建筑师可以在参考栅格点上直接进行设计，待平面方案确定后，再用本命令生成轴网。也可用墙体命令绘制平面草图，然后生成轴网。

操作实例 正常启动天正后，打开“资料\墙.dwg”文件，执行“轴网柱子丨墙生轴网”命令后，根据命令栏提示“请选取要从中生成轴网的墙体”选择好需要生成轴网的墙体后，按“Enter”键完成操作，如图 3-5 所示。

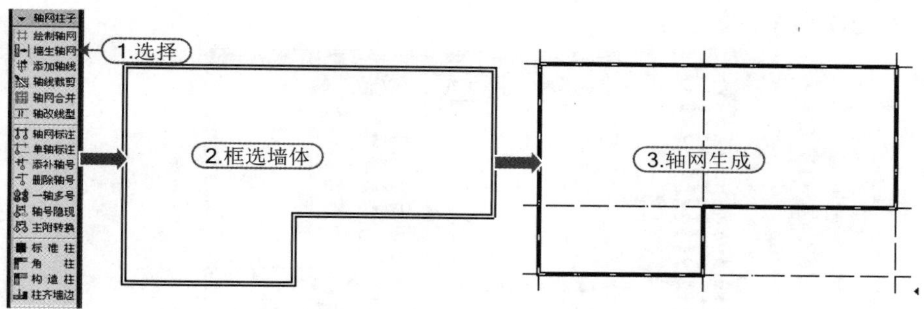

图 3-5 墙生轴网的操作

3.1.3 轴网合并

知识要点 轴网合并用于将多组轴网的轴线，按指定的一个到四个边界延伸，合并为一组轴线，同时将其中重合的轴线清理。目前本命令不对非正交的轴网和多个非正交排列的轴网进行处理。此命令可用于平面图十分复杂，将其分为两个或几个平面图绘制，最后将其组合起来。

执行方法 在天正屏幕菜单中，选择“轴网柱子|轴网合并”命令（快捷键 ZWHB）。

操作实例 打开“资料\轴网合并.dwg”文件，执行“轴网柱子丨轴网合并”命令后，根据如下命令栏提示完成操作，如图 3-6 所示。

命令栏提示	说明
请选择需要合并对齐的轴线<退出>:	\\ 这里请圈选多个轴网里面的轴线，对同一个轴网内的轴线没有合并必要
请选择需要合并对齐的轴线<退出>:	\\ 接着选取或者回车结束选择
请选择对齐边界<退出>:	\\ 在图上显示出四条对齐边界，点取需要对齐的边界，命令开始合并轴线
请选择对齐边界<退出>:	\\ 接着继续点取其他对齐边界
请选择对齐边界<退出>:	\\ 回车结束合并

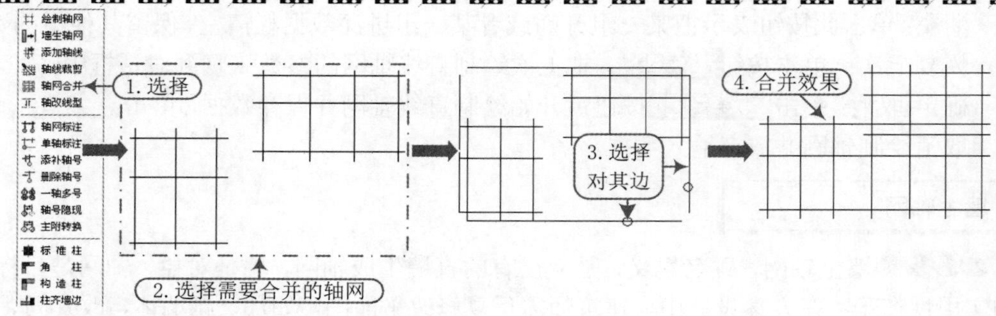

图 3-6　轴网合并示意

3.1.4 绘制圆弧轴网

知识要点 圆弧轴网由一组同心弧线和不过圆心的径向直线组成，常组合其他轴网，端径向轴线由两轴网共用，由“绘制轴网”命令中的“圆弧轴网”选项卡执行。

执行方法 在天正屏幕菜单下，执行“轴网柱子 | 绘制轴网”命令（HZZW）下“圆弧轴网”选项卡，如图 3-7 所示。

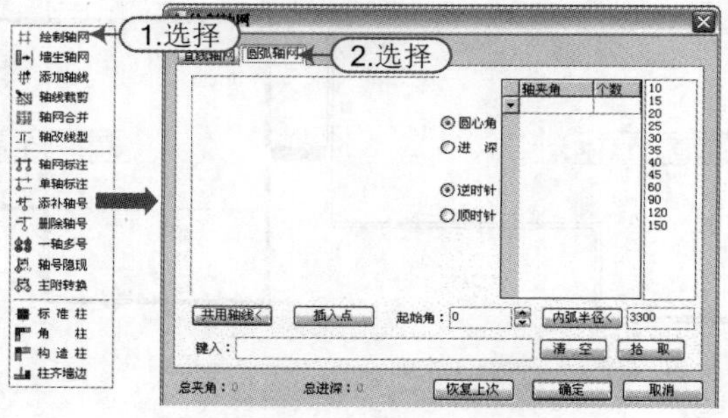

图 3-7　圆弧轴网

操作实例 在天正屏幕菜单下，执行“轴网柱子 | 绘制轴网”命令下“圆弧轴网”选项卡，根据图纸要求选择各参数；如图 3-8 所示为进深:1500, 3000;圆心角:3*30;内弧半径:3300 的圆弧轴网。

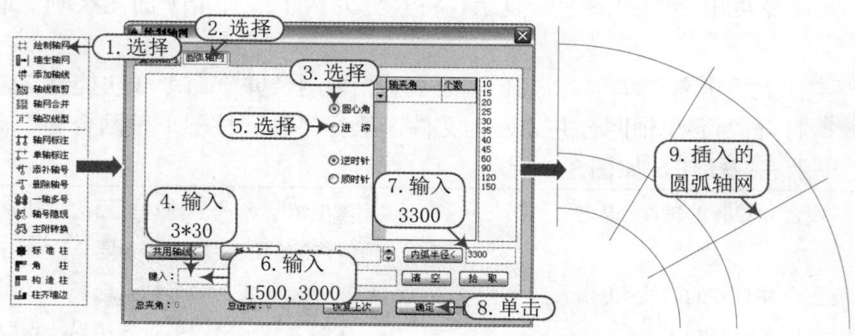

图 3-8　圆弧轴网

选项含义 在“圆弧轴网”选项卡下，有很多选项，包括“圆心角”“进深”“逆时针/顺时针”“共用轴线<”“插入点”“起始角”“内弧半径<”“键入”“清空”“轴夹角”“个数”“恢复

上次”“确定/取消”；现在将各项功能含义解释如下：

- 圆心角：由起始角起算，按旋转方向排列的轴线开间序列，单位为角度。
- 进深：在轴网径向，由圆心起算到外圆的轴线尺寸序列，单位毫米。
- 逆时针/顺时针：径向轴线的旋转方向。
- 共用轴线<：在与其他轴网共用一根径向轴线时，从图上指定该径向轴线不再重复绘出，点取 共用轴线< 时通过拖动圆轴网确定与其他轴网连接的方向。
- 插入点：单击按钮 插入点 ，可改变默认的轴网插入基点位置。
- 起始角：X 轴正方向到起始径向轴线的夹角（按旋转方向定）。
- 内弧半径<：从圆心起算的最内侧环向轴线圆弧半径，可单击 内弧半径< 按钮后从图上取两点获得，也可以为 0。
- 键入：键入一组尺寸数据，用空格或英文逗点隔开，回车数据输入到电子表格中。
- 清空：把某一组圆心角或者某一组进深数据栏清空，保留其他数据。
- 轴夹角：进深的尺寸数据，点击右方数值栏或下拉列表获得，也可以键入。
- 个数：栏中数据的重复次数，点击右方数值栏或下拉列表获得，也可以键入。
- 恢复上次：把上次绘制圆弧轴网的参数恢复到对话框中。
- 确定/取消：单击 确定 按钮后开始绘制圆弧轴网并保存数据，单击 取消 按钮取消绘制轴网并放弃输入数据。

技巧：输入轴网数据的方法

> **1）直接在[键入]栏内键入轴网数据，每个数据之间用空格或英文逗号隔开，输入完毕后按回车键生效。**
>
> **2）在电子表格中键入[轴夹角]和[个数]，常用值可直接点取右方数据栏或下拉列表的预设数据。**

实战练习：绘制直线轴网与圆弧轴网

案例	轴网的创建.dwg	视频	轴网的创建.avi

本例通过使用“绘制轴线”命令绘制直线轴线和圆弧轴线的组合轴网，意在能够熟练掌握绘制轴线的方法。

实战要点：①“进深”“开间”选项的理解；②直线轴线与圆弧轴线的组合。

操作步骤

步骤 01　正常启动 TArch 2014 软件，系统自动创建一个空白文档，在“快捷访问”工具栏中按“保存”按钮，将其保存为“案例\03\轴网的创建.dwg”文件。

步骤 02　执行屏幕菜单下“轴网柱子｜绘制轴网”命令（HZZW），选择“直线轴网”选项卡，输入：上开 1800, 2100; 下开 1500, 3000, 3600; 左右进深 3600, 3000, 3300。

步骤 03　单击“确定”按钮，根据命令行提示，在绘图区的空白处指定一个基点，从而将直线轴网绘制完成，如图 3-9 所示。

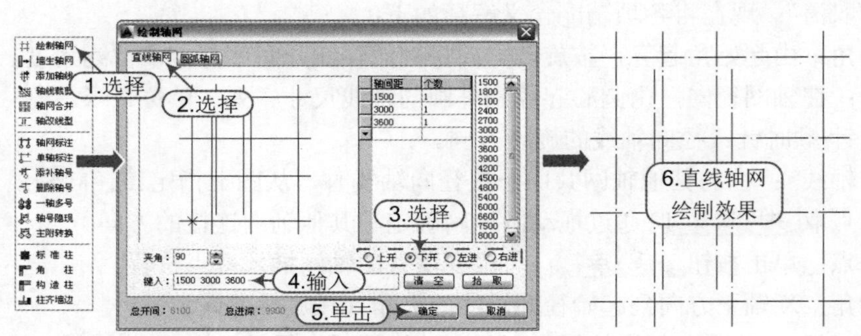

图 3-9　直线轴网案例

步骤 04　切换“圆弧轴网”选项卡，开始圆弧轴网的创建。

步骤 05　选择“圆心角”输入参数：4*45；选择“进深”输入参数：3000，2100，1800；选择“逆时针”；在“起始角”文本框中输入 30；在内弧半径文本框中输入 2500。

步骤 06　单击“共用轴线”按钮，根据命令行提示，选择之前绘制的直线轴网最右侧竖直轴线为共用轴线，选择好插入方向后，单击“确定”按钮，完成圆弧轴网的创建，如图 3-10 所示。

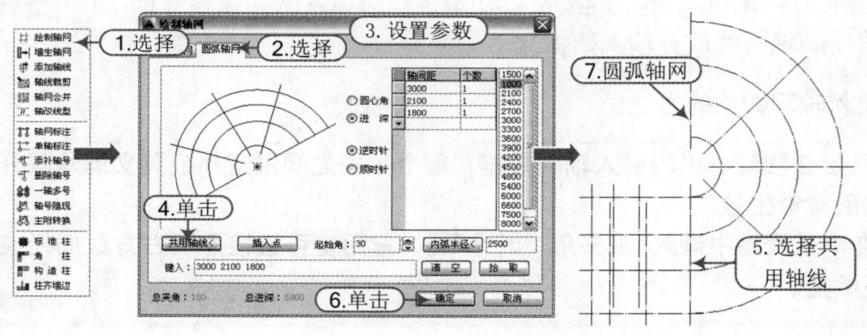

图 3-10　圆弧轴网案例

注意：命令提示行

> 在对话框中输入所有尺寸数据后，点击[确定]按钮，命令行显示：
> 点取位置或[转 90 度(A)/左右翻(S)/上下翻(D)/对齐(F)/改转角(R)/改基点(T)]<退出>:此时可拖动基点插入轴网，直接点取轴网目标位置或按选项提示回应。

3.1.5 添加轴线

知识要点 在设计过程中，有时会遇到需要修改和添加轴线的地方，此命令是参考某一根已经绘制完成的轴线，在其任意一侧添加一根新的轴线，同时根据需要，选择是否赋予其新的轴号，可以完美完成添加及修改轴线的操作任务。此命令同时取代 6.5 版本的“添加径轴”命令，添加轴线应在轴网标注完成后进行。

执行方法 可以通过以下两种方式来添加轴线：

- 屏幕菜单：选择“轴网柱子|添加轴线”菜单命令。
- 命令行：在命令行中输入“TJZX”（“添加轴线”汉语拼音的首字母）。

操作实例 添加轴线命令分为添加直线轴线和添加圆弧轴线，打开“资料\轴网.dwg”文件，执行命令。

1）单击“添加轴线”菜单命令后，对于直线轴网，命令交互如下：

选择参考轴线 <退出>:	\\ 点取要添加轴线相邻，距离已知的轴线作为参考轴线
新增轴线是否为附加轴线?[是(Y)/否(N)]<N>:	\\ 回应 Y，添加的轴线作为参考轴线的附加轴线，按规范要求标出附加轴号，如图 3-11 所示；回应 N，添加的轴线作为一根主轴线插入到指定的位置，标出主轴号，其后轴号自动重排，如图 3-12 所示
偏移方向<退出>:	\\ 在参考轴线两侧中，单击添加轴线的一侧
距参考轴线的距离<退出>: 1200	\\ 键入 1200

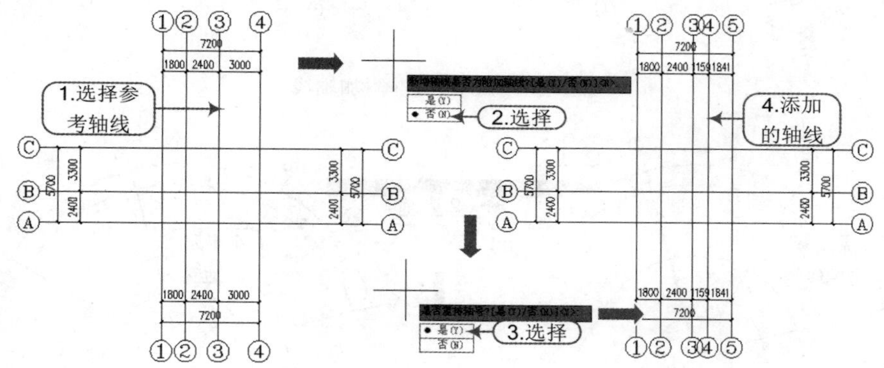

图 3-11 添加直线非附加轴线

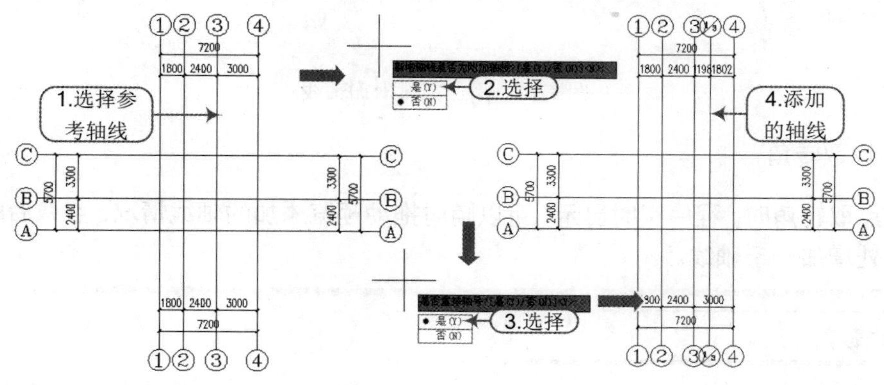

图 3-12 添加直线附加轴线

2）单击“添加轴线”菜单命令后，对于圆弧轴网，命令交互如下：

选择参考轴线 <退出>:	\\ 点取要添加轴线相邻，距离已知的轴线作为参考轴线
新增轴线是否为附加轴线? [是(Y)/否(N)]<N>:	\\ 回应 Y，添加的轴线作为参考轴线的附加轴线，按规范要求标出附加轴号，如图 3-13 所示；

回应 N，添加的轴线作为一根主轴线插入到指定的位置，标出主轴号，其后轴号自动重排，如图 3-14 所示

输入转角<退出>: 20　　\\ 键入输入转角度数或在图中点取

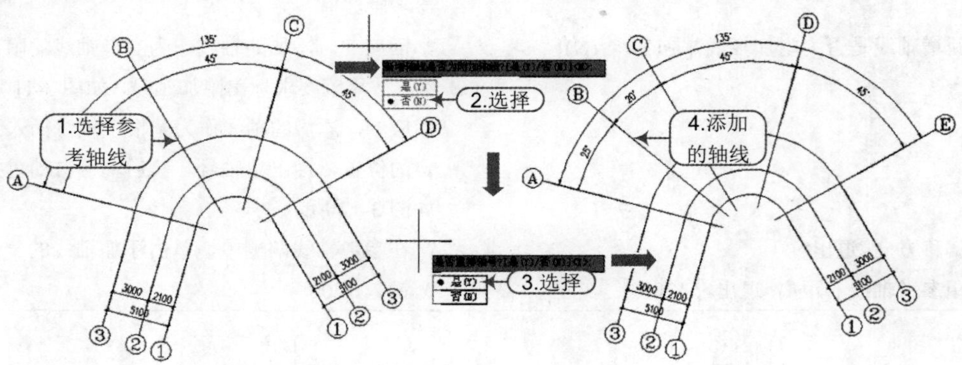

图 3-13　添加圆弧非附加轴线

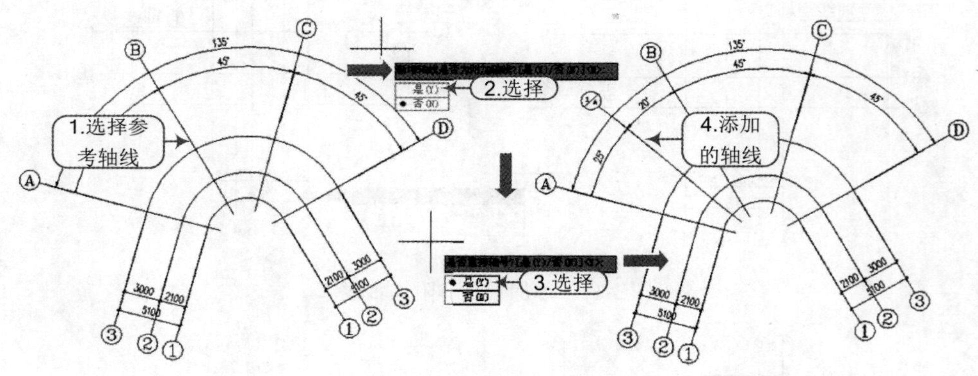

图 3-14　添加圆弧附加轴线

提示：点取转角

> 在点取转角时，程序实时显示，可以随时拖动预览添加的轴线情况，点取后即在指定位置处增加一条轴线。

3.1.6 轴线裁剪

知识要点 此命令可根据设定的多边形与直线范围，裁剪多边形内的轴线或者直线某一侧的轴线。

执行方法 通过以下两种方式来执行命令：

- 天正屏幕菜单：选择“轴网柱子|轴线裁剪”菜单命令。
- 命令行：在命令行中输入“ZXCJ”（“轴线裁剪”汉语拼音的首字母）。

操作实例 轴线裁剪有三种方式：矩形裁剪、多边形裁剪及取齐线裁剪，打开“资料\轴网.dwg”文件，执行命令。

1）单击“轴线裁剪”菜单命令后，按照命令行提示进行操作，用矩形裁剪时，如图 3-15 所示，命令交互如下：

矩形的第一个角点或 [多边形裁剪(P)/轴线取齐(F)]<退出>:　　\\ 指定第一个角点
矩形的第二个角点<退出>:　　\\ 指定第二个角点结束裁剪

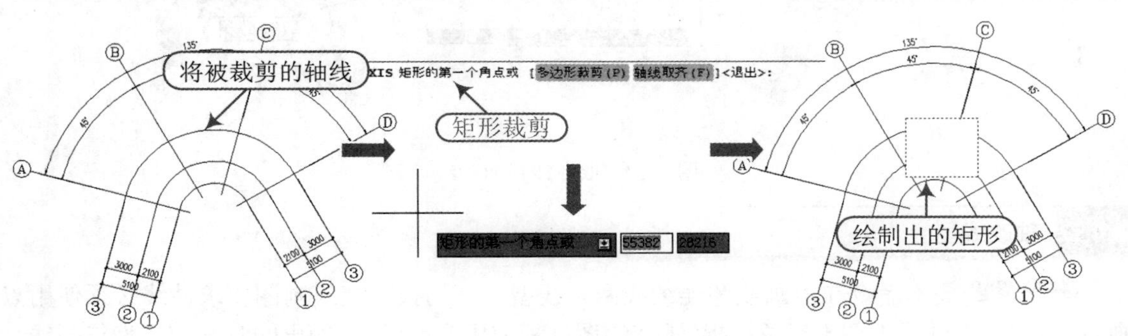

图 3-15　矩形裁剪轴线

2）单击“轴线裁剪”菜单命令后，按照命令行提示进行操作，用多边形裁剪时，如图 3-16 所示，命令交互如下：

矩形的第一个角点或[多边形裁剪(P)/轴线取齐(F)]<退出>:　　\\ 键入 P
多边形的第一点<退出>:　　\\ 选取多边形第一点
下一点或[回退(U)]<退出>:　　\\ 选取第二点及下一点
……　　……
下一点或[回退(U)]<封闭>:　　\\ 选取下一点或回车，命令自动封闭该多边形结束裁剪

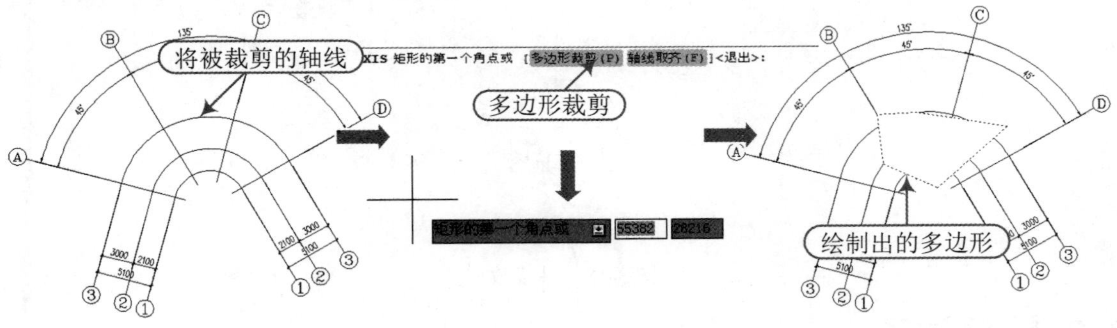

图 3-16　多边形裁剪轴线

3）单击“轴线裁剪”菜单命令后，按照命令行提示进行操作，用取齐线裁剪时，如图 3-17 所示，命令交互如下：

矩形的第一个角点或[多边形裁剪(P)/轴线取齐(F)]<退出>:　　\\ 键入 F
请输入裁剪线的起点或选择一裁剪线:　　\\ 点取取齐的裁剪线起点
请输入裁剪线的终点:　　\\ 点取取齐的裁剪线终点
请输入一点以确定裁剪的是哪一边:　　\\ 单击轴线被裁剪的一侧结束裁剪

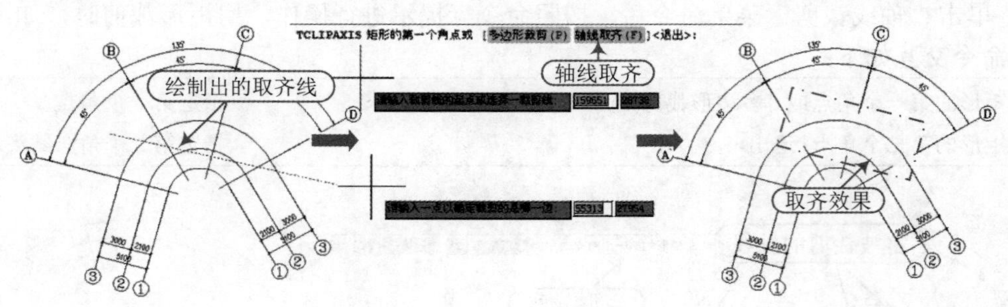

图 3-17　取齐线裁剪轴线

3.1.7 轴改线型

知识要点 本命令在点画线和连续线两种线型之间切换。建筑制图要求轴线必须使用点画线，但由于点画线不便于对象捕捉。常在绘图过程使用连续线，在输出的时候切换为点画线。

执行方法 通过以下两种方式来执行命令：

- 天正屏幕菜单：选择“轴网柱子|轴改线型”菜单命令。
- 命令行：在命令行中输入“ZGXX”（“轴改线型”汉语拼音的首字母）。

操作实例 打开“资料\轴网.dwg”文件，在天正屏幕菜单中执行“轴改线型”命令（ZGXX）即可，如图 3-18 所示。

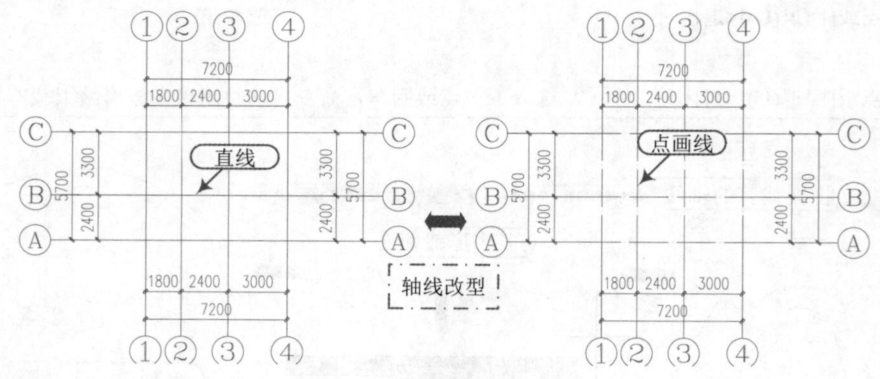

图 3-18　轴线改型

3.2 轴网柱子

轴网的标注包括轴号标注和尺寸标注，轴号可按规范要求用数字、大写字母等方式标注，可适应各种复杂分区轴网的编号规则，系统按照《房屋建筑制图统一标准》7.0.4 条的规定，字母 I、O、Z 不用于轴号，在排序时会自动跳过这些字母。

3.2.1 轴网标注

知识要点 此命令对始末轴线间的一组平行轴线(直线轴网与圆弧轴网的进深)或者径向轴线(圆弧轴线的圆心角)进行轴号和尺寸标注，将自动删除重叠的轴线。

执行方法 可以通过以下两种方式来执行命令：

■ 屏幕菜单：选择“轴网柱子|轴网标注”菜单命令。

■ 命令行：在命令行中输入“ZWBZ”（“轴网标注”汉语拼音的首字母）。

操作实例 在天正建筑环境下，打开“资料\轴网.dwg”文件。在天正屏幕菜单下选择“轴网柱子|轴网标注”命令，弹出“轴网标注”对话窗，如图 3-19 所示；在对话窗中输入“起始轴号”比如 1(或其他)，根据实际情况选择“单侧标注”或者“双侧标注”，一般情况下，直线轴网均要求双侧标注；之后按照如下命令行提示操作，如图 3-20 所示。

```
请选择起始轴线<退出>:            \\ 选择最左侧轴线
请选择终止轴线<退出>:            \\ 选择最右侧轴线
请选择不需要标注的轴线:          \\ 选择不需要标注的轴线，空格键确定结束标注
请选择起始轴线<退出>:            \\ 选择最下侧轴线
请选择终止轴线<退出>:            \\ 选择最上侧轴线
请选择不需要标注的轴线:          \\ 选择不需要标注的轴线，空格键确定结束标注
```

图 3-19 轴网标注

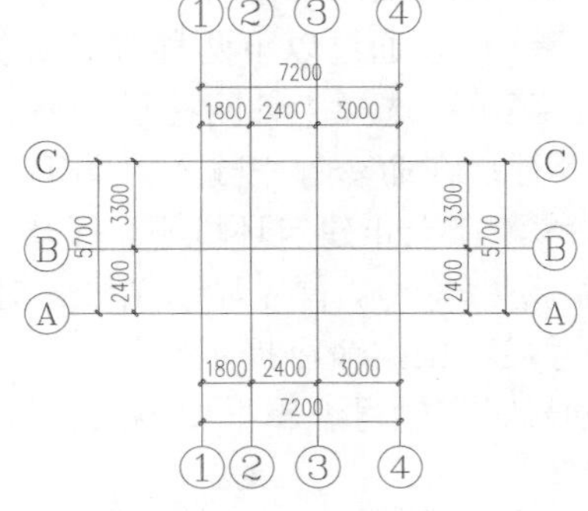

图 3-20 轴网标注效果

选项含义 在“轴网标注”对话框中，各选项的含义如下：

■ 起始轴号：希望起始轴号不是默认值 1 或者 A 时，可在此处输入自定义的起始轴号，可以使用字母和数字组合轴号。

■ 共用轴号：勾选后表示起始轴号由所选择的已有轴号后继数字或字母决定，如图 3-21 所示。

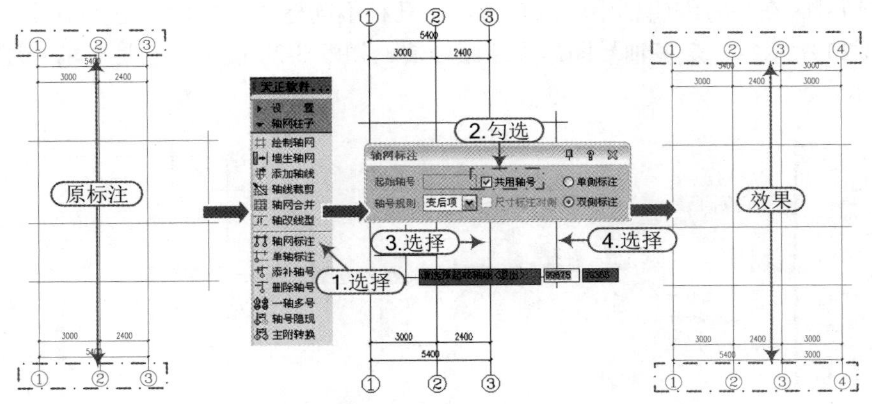

图 3-21 勾选“共用轴号”

■ 轴号规则：使用字母和数字的组合表示分区轴号，共有两种情况“变前项”和“变后

项”，一般默认“变后项”。

- 尺寸标注对侧：用于单侧标注，勾选此复选框，尺寸标注不在轴线选取一侧标注，而在另一侧标注。
- 单侧标注：表示在当前选择一侧的开间（进深）标注轴号和尺寸，在单侧标注的情况下，选择轴线的哪一侧就标在哪一侧。
- 双侧标注：表示在两侧的开间（进深）均标注轴号和尺寸。

3.2.2 单轴标注

知识要点 此命令只对单个轴线标注轴号，轴号独立生成，不与已经存在的轴号系统和尺寸系统发生关联。不适用于一般的平面图轴网，常用于立面与剖面、详图等个别单独的轴线标注，按照制图规范的要求，可以选择几种图例进行表示，如果轴号编辑框内不填写轴号，则创建空轴号；本命令创建的对象编号是独立的，其编号与其他轴号没有关联，如需要与其他轴号对象有编号关联，请使用“添补轴号”命令。

执行方法 可以通过以下两种方式来执行命令：

- 屏幕菜单：选择“轴网柱子|单轴标注”菜单命令。
- 命令行：在命令行中输入“DZBZ”（“单轴标注”汉语拼音的首字母）。

操作实例 在天正建筑环境下，打开“资料\轴网.dwg”文件，在天正屏幕菜单中执行“轴网柱子|单轴标注”命令，首先显示无模式对话框，在其中单击“单轴号”或“多轴号”单选按钮，输入轴号后，根据命令提示操作。

1）单轴号时在轴号编辑框中输入轴号，如图 3-22 所示。

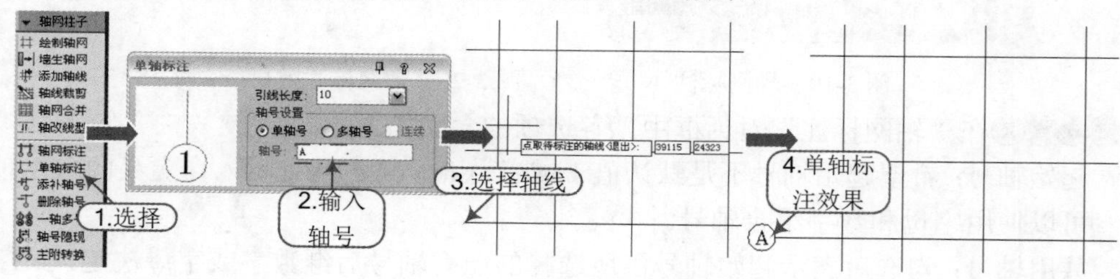

图 3-22 单轴号标注

2）多轴号时在轴号编辑框中输入轴号，有几种不同标注效果，一是多轴号文字不连续标注，如图 3-23 所示。二是多轴号图形不连续标注，如图 3-24 所示。三是多轴号连续标注，如图 3-25 所示。

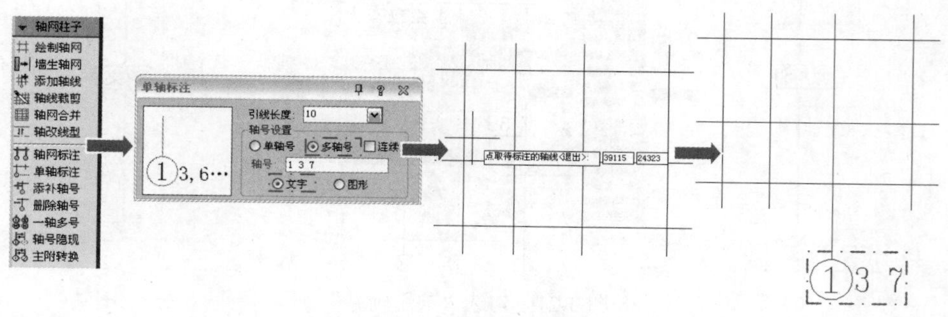

图 3-23 多轴号文字不连续标注

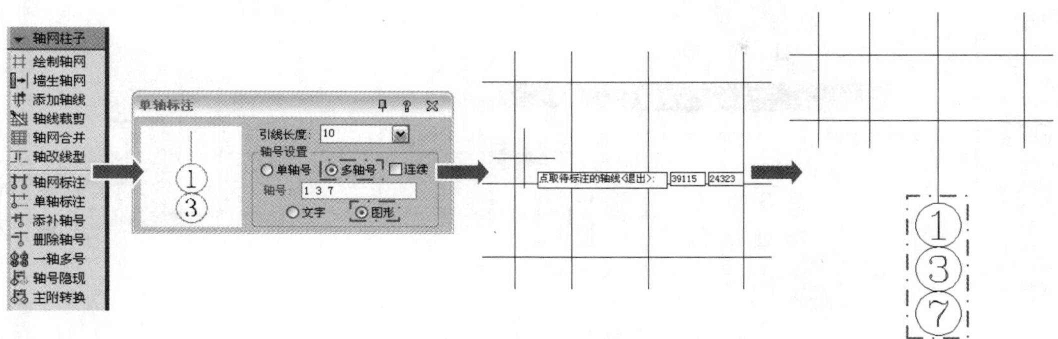

图 3-24 多轴号图形不连续标注

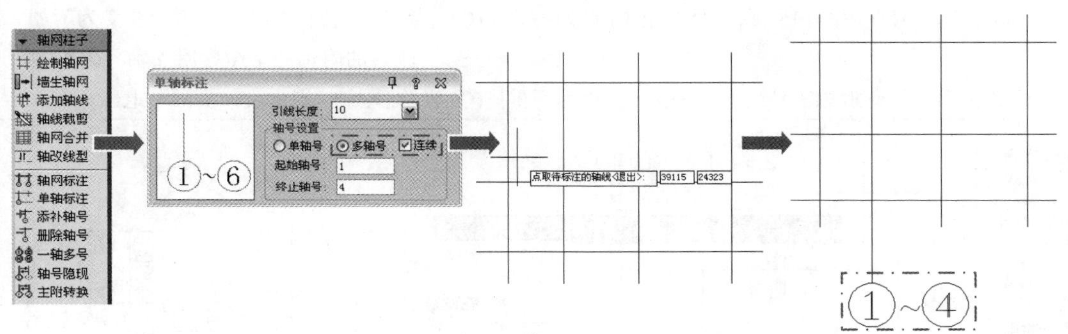

图 3-25 多轴号连续标注

3.2.3 主附转换

知识要点 此命令用于在平面图中将主轴号转换为附加轴号或者反过来将附加轴号转换为主轴号，本命令的默认重排模式对轴号编排方向的所有轴号进行重排。

执行方法 可以通过以下两种方式来执行命令：

- 屏幕菜单：选择“轴网柱子|主附转换”菜单命令。
- 命令行：在命令行中输入“ZFZH”（“主附转换”汉语拼音的首字母）。

操作实例 在天正建筑环境下，打开“资料\轴网.dwg”文件，在天正屏幕菜单中执行“轴网柱子|主附转换”命令，然后按照命令行提示进行操作。

1）单击“主附转换”菜单命令后，选择“主号变附”后，如图 3-26 所示，命令交互如下：

```
请选择需附号变主的轴号或[主号变附(F)/设为不重排(Q), 当前: 重排]<退出>: \\ 选择“F”选项
请选择需主号变附的轴号或[附号变主(F)/设为不重排(Q), 当前: 重排] <退出>: \\ 框选要变为附加
                                                              轴号的主轴号 B(含
                                                              附加轴号无影响)
请选择需主号变附的轴号或[附号变主(F)/设为不重排(Q), 当前: 重排] <退出>: \\ 回车退出命令
```

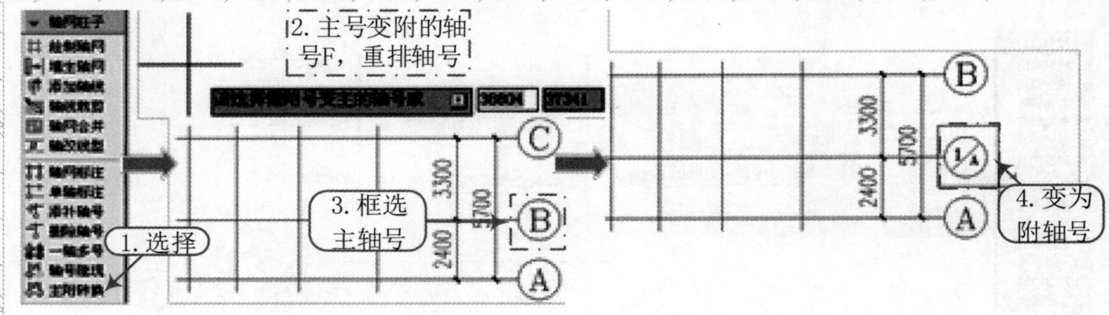

图 3-26　主号变附

2）单击“主附转换”菜单命令后，选择“附号变主”，如图 3-27 所示，命令交互如下：

请选择需主号变附的轴号或[附号变主(F)/设为不重排(Q), 当前: 重排]<退出>: \\ 框选要变为附加轴号的附轴号 1/A(含附加轴号无影响)

请选择需主号变附的轴号或[附号变主(F)/设为不重排(Q),当前:重排] <退出>: \\ 回车退出命令

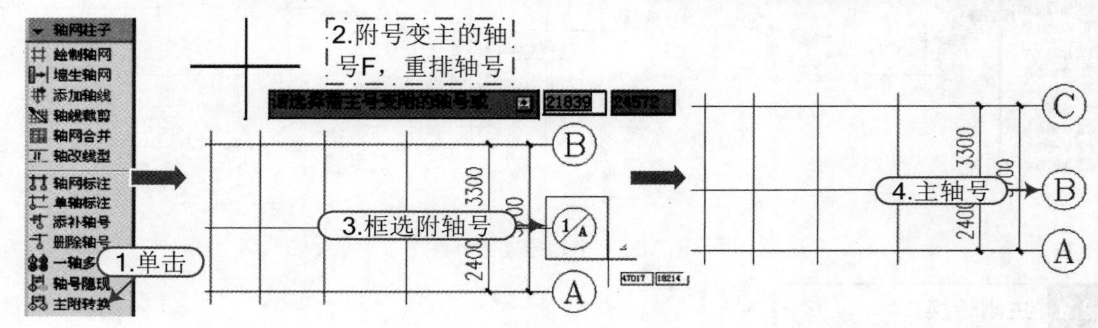

图 3-27　附号变主

3.3 轴号的编辑

轴号对象是一组专门为建筑轴网定义的标注符号，通常就是轴网的开间或进深方向上的一排轴号。按国家制图规范，即使轴间距上下不同，同一个方向轴网的轴号是统一编号的系统，以一个轴号对象表示，但一个方向的轴号系统和其他方向的轴号系统是独立的对象。

天正轴号对象中的任何一个单独的轴号可设置为双侧显示或者单侧显示，也可以一次关闭打开一侧全体轴号，不必为上下开间(进深)各自建立一组轴号，也不必为关闭其中某些轴号而炸开对象进行轴号删除。

天正建筑提供了“选择预览”特性，光标经过轴号上方时亮显轴号对象，此时右击即可启动智能感知右键菜单，在右键菜单中列出轴号对象的编辑命令供用户选择使用，修改轴号本身可直接双击轴号文字，即可进入在位编辑状态修改文字。

本节将介绍添补轴号、删除轴号、重排轴号等几个轴号编辑命令的使用，如图 3-28 所示。

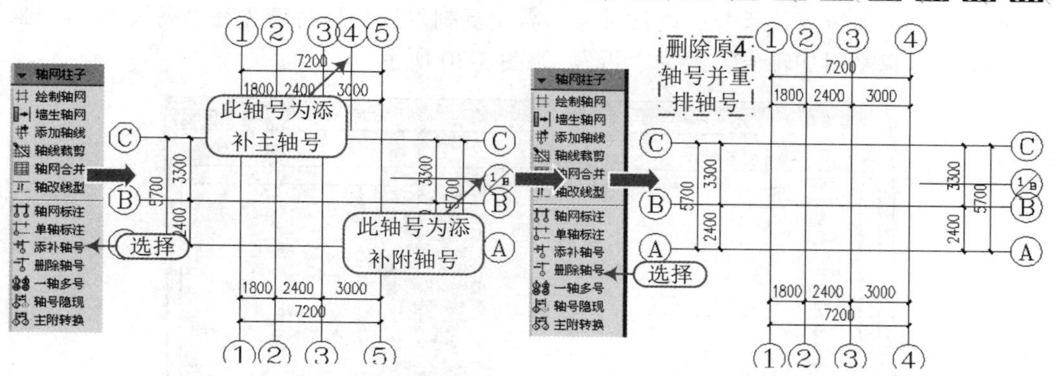

图 3-28 添补轴号及删除轴号

3.3.1 添补轴号

知识要点 添补轴号命令可在矩形、弧形、圆形轴网中对新增轴线添加轴号，新添轴号成为原有轴网轴号对象的一部分，但不会生成轴线，也不会更新尺寸标注，适合为以其他方式增添或修改轴线后进行的轴号标注。

执行方法 可以通过以下两种方式来执行命令：

- 屏幕菜单：选择“轴网柱子|添补轴号”菜单命令。
- 命令行：在命令行中输入“TBZH”（“添补轴号”汉语拼音的首字母）。

操作实例 在天正建筑环境下，打开“资料\轴网.dwg”文件，在天正屏幕菜单中执行“轴网柱子|添补轴号”命令，然后按照命令行提示进行操作，其命令交互如下，如图 3-29 所示。

```
请选择轴号对象<退出>:                        \\ 点取与新轴号相邻的已有轴号对象，不要点取原有轴线
请点取新轴号的位置或[参考点(R)]<退出>:        \\ 光标位于新增轴号的一侧正交同时键入轴间距
新增轴号是否双侧标注?(Y/N) [Y]:              \\ 根据要求键入 Y 或 N，为 Y 时两端标注轴号
新增轴号是否为附加轴号?(Y/N) [N]:            \\ 根据要求键入 Y 或 N，为 N 时其他轴号重排，Y 时不重排
```

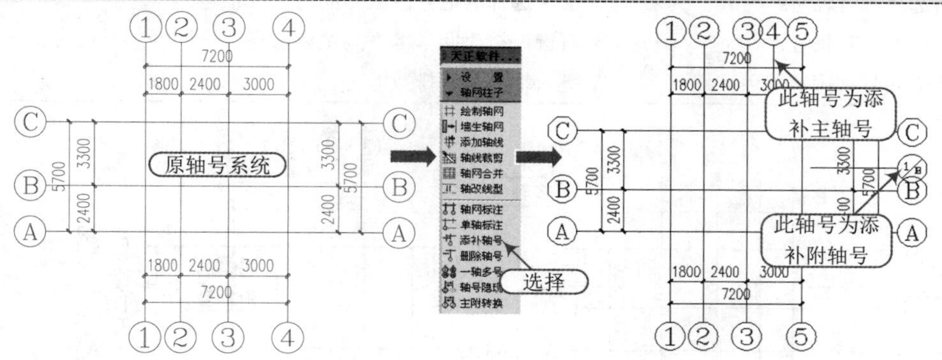

图 3-29 添补主轴号和附轴号

3.3.2 一轴多号

知识要点 用于平面图中同一部分由多个分区公用的情况，利用多个轴号共用一根轴线可以节省图面和工作量，本命令将已有轴号作为源轴号进行多排复制，进一步对各排轴号编辑

获得新轴号系列。系统默认不复制附加轴号，需要复制附加轴号时请先在“高级选项->轴线->轴号->一轴多号忽略附加轴号”改为“否”，如图 3-30 所示。

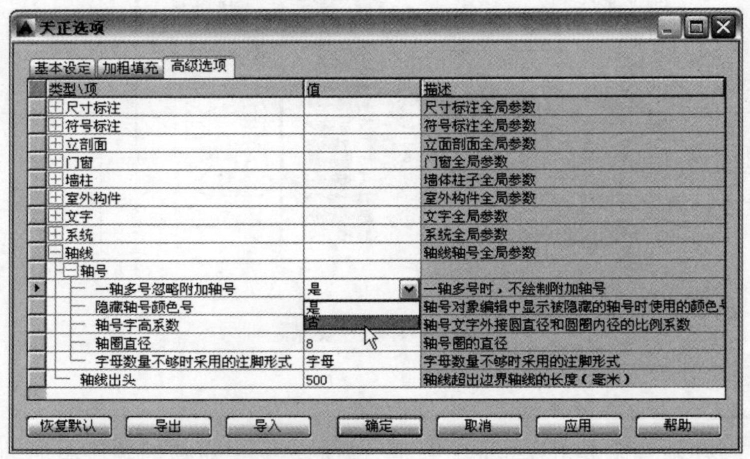

图 3-30 “一轴多号忽略附加轴号”修改

执行方法 在天正 CAD 中，用户可以通过以下两种方式来。

- 屏幕菜单：选择“轴网柱子|一轴多号”菜单命令。
- 命令行：在命令行中输入“YZDH”（“一轴多号”汉语拼音的首字母）。

操作实例 打开“资料\一轴多号.dwg”文件，在天正屏幕菜单中选择“轴网柱子｜一轴多号”命令，然后按照如下命令提示操作即可，如图 3-31 所示。

```
请选择已有轴号或[框选轴圈局部操作(F)/双侧创建多号(Q)]<退出>:
                                \\ 通过两点框定一个轴号即可全选该分区或方向的整体轴号对象
请选择已有轴号或[框选轴圈局部操作(F)/双侧创建多号(Q)]<退出>:
                                \\ 右键或按“回车键”直接退出命令
请选择已有轴号:                  \\ 继续选择其他分区或方向的已有轴号
请选择已有轴号:                  \\ 右键或按“回车键”为结束选择
请输入复制排数<1>:               \\ 键入轴号复制排数即可
```

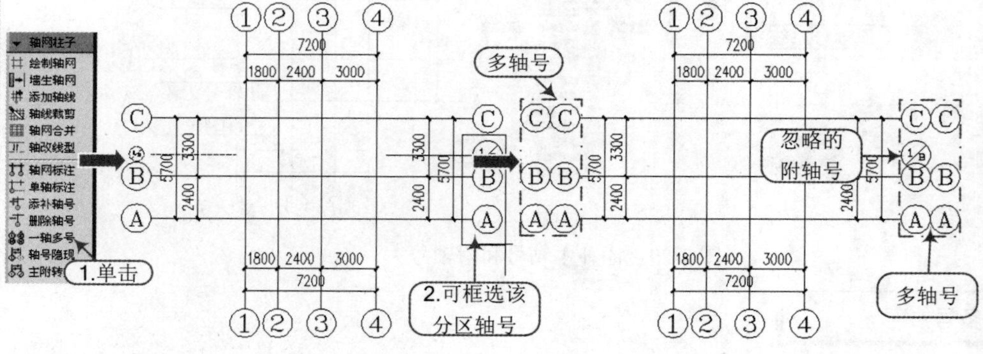

图 3-31 一轴多号

提示：重排轴号

复制得到的各排新轴号和源轴号的编号是相同的，接着需使用“重排轴号”命令分别修改为新的轴号系列，键入选项 Q 时，会在原轴号对象两侧同时生成新轴号。“重排轴号”命令在后面会讲解。

3.3.3 轴号隐现

知识要点 用于在平面轴网中控制单个或多个轴号的隐藏与显示，功能相当于轴号的对象编辑操作中的“变标注侧”和“单轴变标注侧”，为了方便使用，成为独立命令。

本命令分两个模式操作，其中“单侧隐藏”和“单侧显示”意思是隐藏和显示你选择的一侧轴号，另一侧轴号不变，键入 Q 后改为“双侧隐藏”或“双侧显示”模式，一起关闭/显示两侧的轴号。要注意，轴线和轴号不是同一个对象，轴线的显示可用“局部隐藏”命令来单独处理。

执行方法 可以通过以下两种方式来执行命令：

- 屏幕菜单：选择“轴网柱子|轴号隐现”菜单命令。
- 命令行：在命令行中输入“ZHYX”（“轴号隐现”汉语拼音的首字母）。

操作实例 接上例，在屏幕菜单中选择“轴网柱子｜轴号隐现”命令，然后按照命令栏提示来操作即可，如图 3-32 所示。

请选择需隐藏的轴号或[显示轴号(F)/设为双侧操作(Q)，当前:单侧隐藏]<退出>: \\ 给出两点框选
请选择需隐藏的轴号或[显示轴号(F)/设为双侧操作(Q)，当前:单侧隐藏] <退出>: \\ 空格键确定

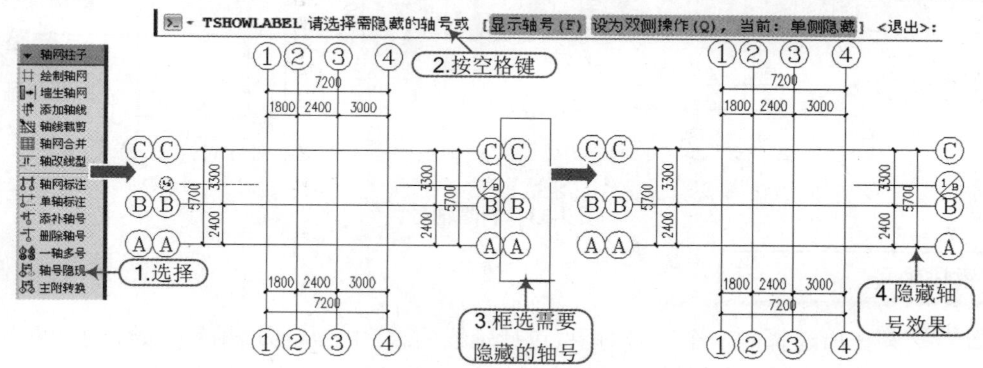

图 3-32 隐藏轴号

技巧：重新显示隐藏的轴号命令交互

请选择需隐藏的轴号或［显示轴号(F)/设为双侧操作(Q)，当前：单侧隐藏］<退出>:
\\ 键入 F 命令功能改为显示轴号
请选择需显示的轴号或［隐藏轴号(F)/设为双侧操作(Q)，当前：单侧显示］<退出>:
\\ 给出两点框选轴号
请选择需显示的轴号或［隐藏轴号(F)/设为双侧操作(Q)，当前：单侧显示］<退出>:

\\按回车键确定并退出

3.3.4 删除轴号

知识要点 用于在平面图中删除个别不需要轴号的情况，被删除轴号两侧的尺寸应并为一个尺寸，并可根据需要决定是否调整轴号，可框选多个轴号一次删除。

执行方法 可以通过以下两种方式来执行命令：

- 屏幕菜单：选择“轴网柱子|删除轴号”菜单命令。
- 命令行：在命令行中输入“SCZH”（“删除轴号”汉语拼音的首字母）。

操作实例 接上例，在天正屏幕菜单中选择“轴网柱子 | 删除轴号”命令，然后按照命令栏提示来操作删除轴号命令即可，如图 3-33 所示。

```
请框选轴号对象<退出>:          \\ 使用窗选方式选取多个需要删除的轴号
请框选轴号对象<退出>:          \\ 按回车键退出选取状态
是否重排轴号?(Y/N) [Y]:        \\ 根据要求键入 Y 或 N，为 Y 时其他轴号重排，N 时不重排
```

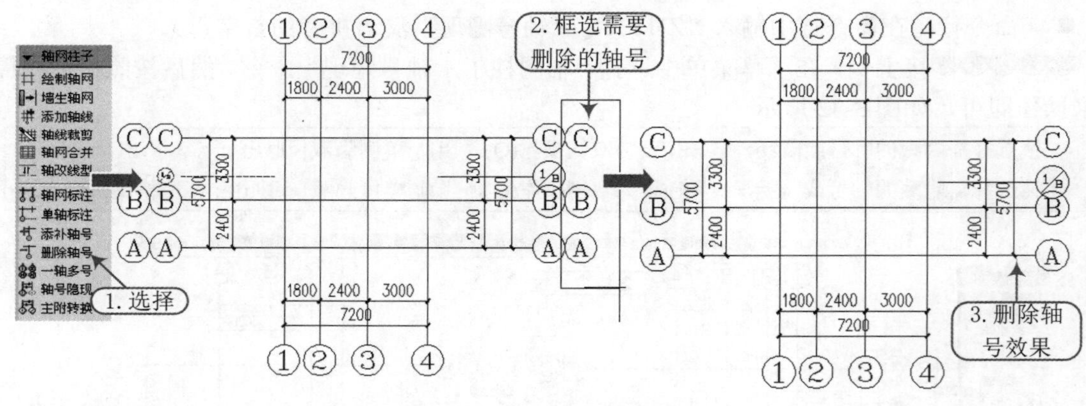

图 3-33　删除轴号

3.3.5 重排轴号

知识要点 在所选择的一个轴号对象（包括轴线两端）中，从所选轴号开始，对轴网的开间（或进深）按输入的新轴号重新排序，方向默认从左到右或从下到上；在此新轴号左（下）方的其他轴号不受本命令影响；应注意：轴号对象事先执行过倒排轴号，则重排轴号的排序方向按当前轴号的排序方向。

执行方法 在天正 CAD 中，执行此命令应选择轴号后，右键菜单选择“重排轴号”。

操作实例 打开准备的“资料\重排轴号.dwg”文件，在天正屏幕菜单中执行“重排轴号”命令（CPZH），然后按照命令栏提示来操作即可，如图 3-34 所示。

```
请选择需重排的第一根轴号<退出>:          \\ 点取需要重排范围内的左(下)第一个轴号
请输入新的轴号(空号)<1>: C              \\ 键入新的轴号(数字、字母或它们的组合)
```

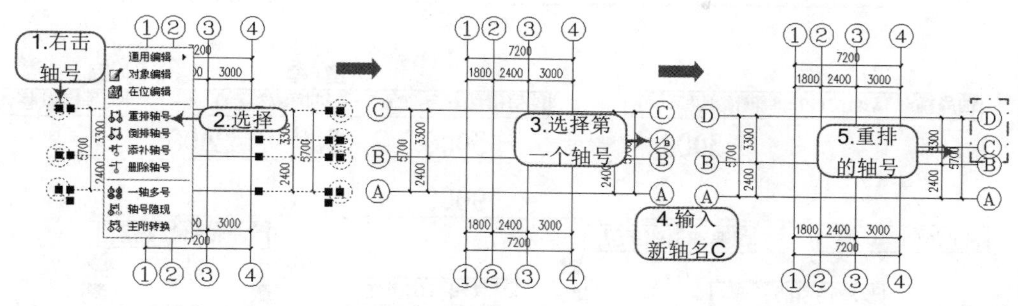

图 3-34 重排轴号

3.3.6 倒排轴号

知识要点 改变下图中一组轴线编号的排序方向，该组编号自动进行倒排序，即原来右到左 1-3 排序改为从左到右 1-3 排序，保持原附加轴号依然为附加轴号，同时影响到今后该轴号对象的排序方向，如果倒排为右到左的方向后，重排轴号会按照右到左进行。

执行方法 在天正 CAD 中，执行此命令用右键菜单选择“倒排轴号”。

操作实例 打开“资料\重排轴号.dwg”文件，选中轴号对象，单击右键，选择右键菜单中的“倒排轴号”命令(DPZH)即可，如图 3-35 所示。

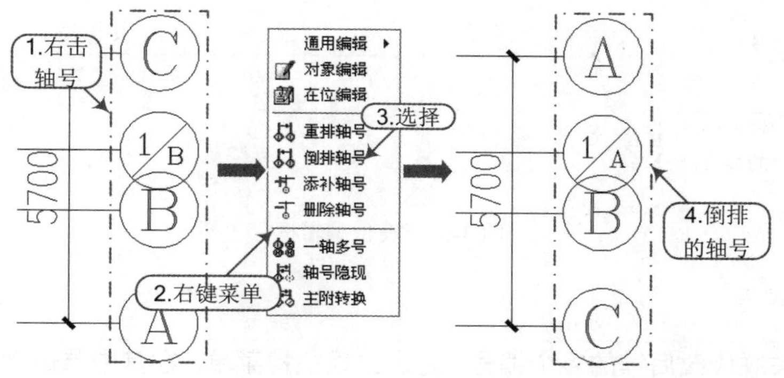

图 3-35 倒排轴号

3.3.7 轴号夹点编辑

知识要点 轴号对象预设了专用夹点，可以用鼠标拖拽这些夹点编辑轴号，解决以前众多命令才能解决的问题，如轴号的外偏与恢复、成组轴号的相对偏移都直接拖动完成。对象每个夹点的用途均在光标靠近时出现提示，其中轴号的横移是两侧号圈一致的，而纵移仅是对单侧号圈有效的，拖动每个轴号引线端夹点都能拖动一侧轴号一起纵向移动。

操作实例 选中轴号对象，即出现轴号的夹点状态，根据各夹点的作用及需要进行的操作，推动相应的夹点即可，如图 3-36 所示。

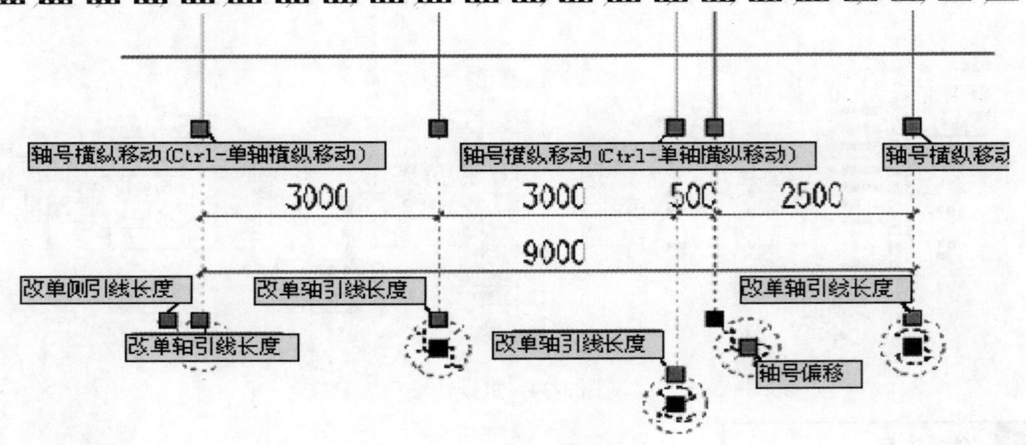

图 3-36 轴号夹点

3.3.8 轴号在位编辑

知识要点 可方便地使用在位编辑来修改轴号，光标在轴号对象范围内，然后双击轴号文字，即可进入在位编辑状态，在轴号上出现编辑框，修改当前编号，如图 3-37 所示。

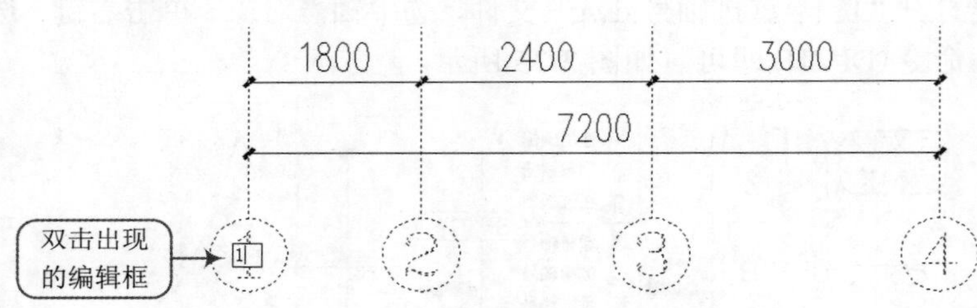

图 3-37 在位编辑框

技巧：关联轴号

如果要关联修改后续的多个编号，右击出现快捷菜单，在其中单击“重排轴号”命令即可完成轴号排序，否则只修改当前编号。

重排轴号也可以通过在编辑框中键入默认符号“＜ ”和“ ＞”执行，如图 3-38 所示在编辑框里面键入 A＜，然后框外单击，即可完成从左到右的重排轴号；如在其中键入＞1，则表示从右到左倒排当前的轴号。光标移动到轴号上方时轴号对象亮显，右击出现智能感知快捷菜单中单击“倒排轴号”命令即可完成倒排轴号。

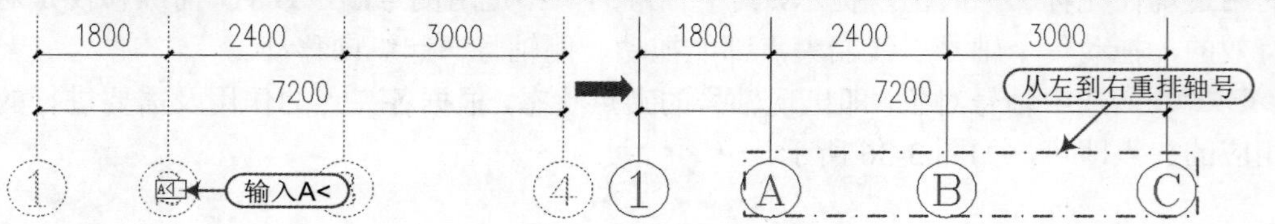

图 3-38 符号重排轴号示例

（注意:为了使效果更加明显，轴号重排未按照轴号标注规范执行。）

3.3.9 轴号对象编辑

知识要点 对象编辑提供变标注侧、单轴变标注侧、添补轴号、删除轴号、单轴变号、重排轴号及轴圈半径编辑选项。

执行方法 选中轴号对象，右击出现智能感知快捷菜单，在其中单击“对象编辑”命令即可启动轴号对象编辑命令。

选项含义 在“对象编辑”命令下，有很多选项，包括变标注侧、单轴变标注侧、添补轴号、删除轴号、单轴变号、重排轴号及轴圈半径。选择重要选项介绍如下，其余几种功能与同名命令一致，在此不再赘述。

- 变标注侧：用于控制轴号显示状态，在本侧标轴号(关闭另一侧轴号)，对侧标轴号(关闭一侧轴号)和双侧标轴号(打开轴号)间切换。
- 单轴变标注侧：此功能是任由逐个点取要改变显示方式的轴号(在轴号关闭时点取轴线端点)，轴号显示的三种状态立刻改变，被关闭的轴号在编辑状态变虚线，回车结束后隐藏，如图 3-39 所示。

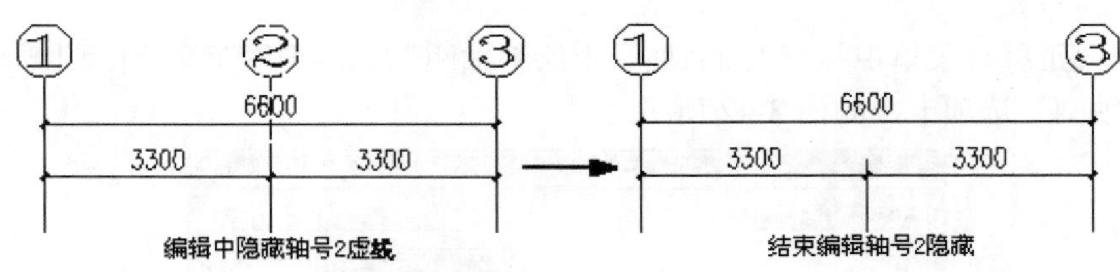

图 3-39 编辑隐藏轴号虚线

3.4 综合练习——某住宅楼轴网

案例	某住宅楼轴网.dwg	视频	某住宅楼轴网.avi

实战要点：①绘制住宅楼的轴网；②编辑住宅楼的轴网，如图 3-40 所示。

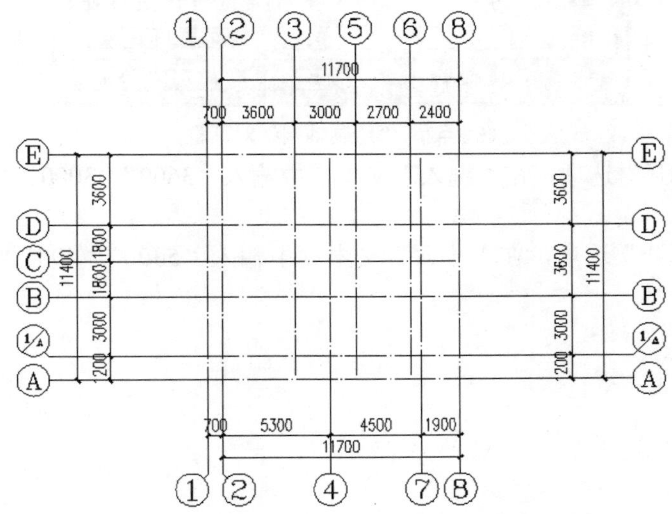

图 3-40 某住宅楼轴网

操作步骤

步骤 01 正常启动 TArch 2014 软件，系统自动创建一个“.dwg”文档，在“快捷访问”工具栏中单击“保存”按钮，将其保存为“案例\03\某住宅楼轴网”文件，如图 3-41 所示。

图 3-41　保存

步骤 02 在天正屏幕菜单中执行“轴网柱子｜绘制轴网”命令（HZZW），将弹出一个对话框，选择“直线轴网”选项卡，如图 3-42 所示。

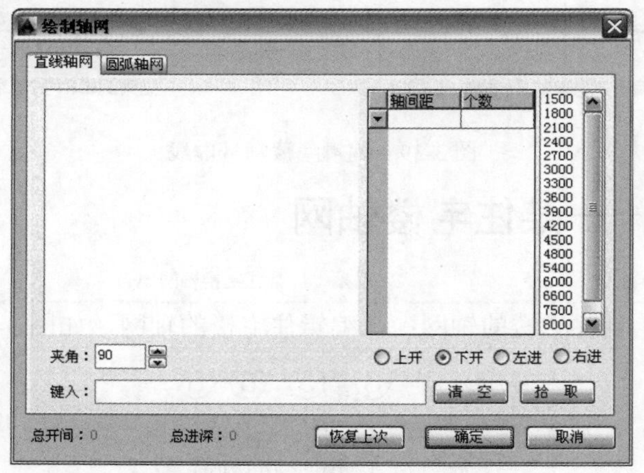

图 3-42　“绘制轴网”对话框

步骤 03 选择“上开”选项，在“键入”文本框中输入“3600”“3000”“2700”和“2400”，如图 3-43 所示。

步骤 04 选择“下开”选项，在“键入”文本框中输入“5300”“400”“1900”，如图 3-44 所示。

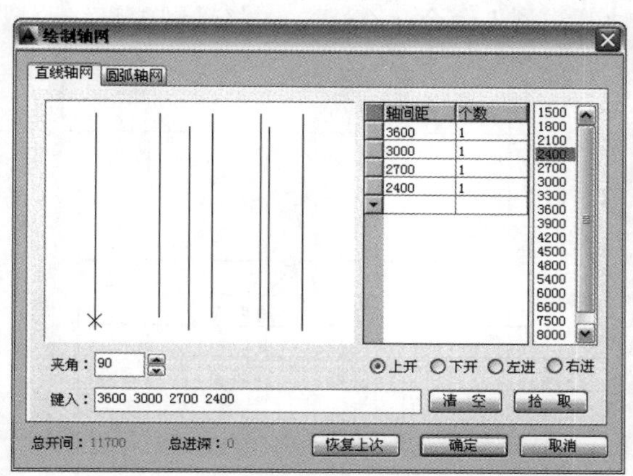

图 3-43 “上开”输入值

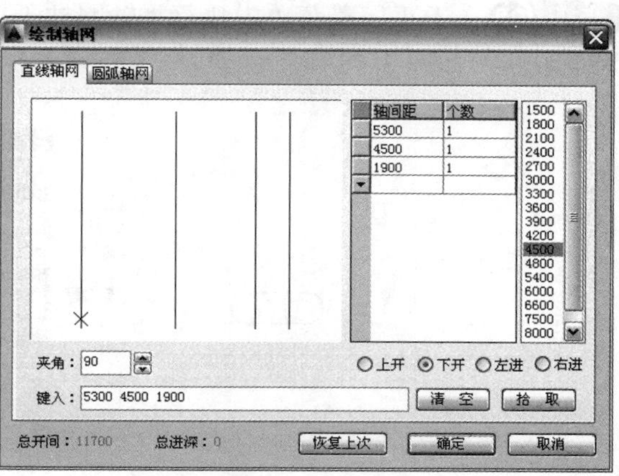

图 3-44 “下开”输入值

步骤 05 选择“左进”选项，在“键入”文本框中输入“4200”“2*1800”“3600”，如图 3-45 所示。

步骤 06 选择“右进”选项，在“键入”文本框中输入“4200”“2*3600”，如图 3-46 所示。

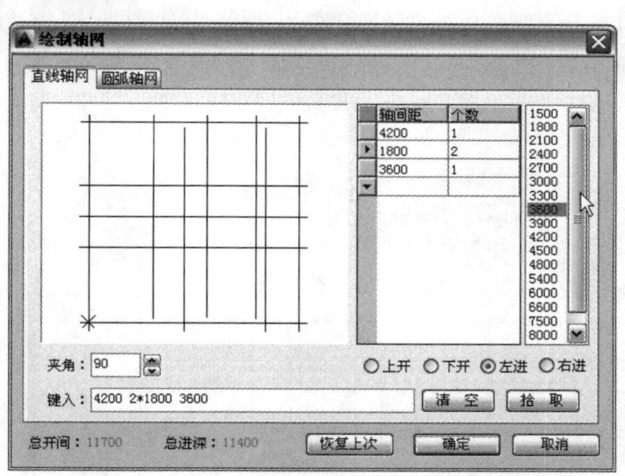

图 3-45 “左进”输入值

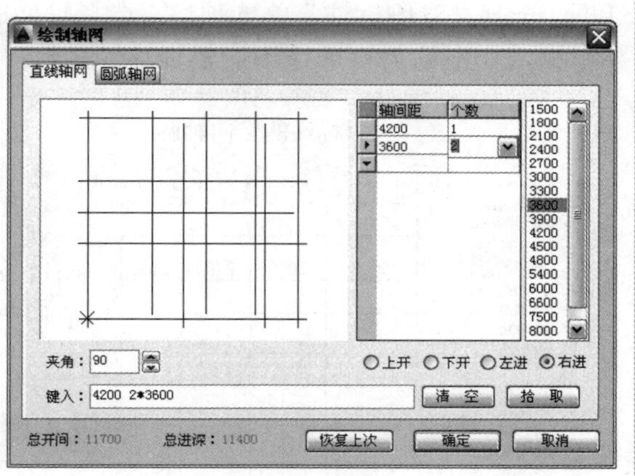

图 3-46 “右进”输入值

步骤 07 单击“确定”按钮，在绘图区域空白处指定插入点，插入图形，如图 3-47 所示。

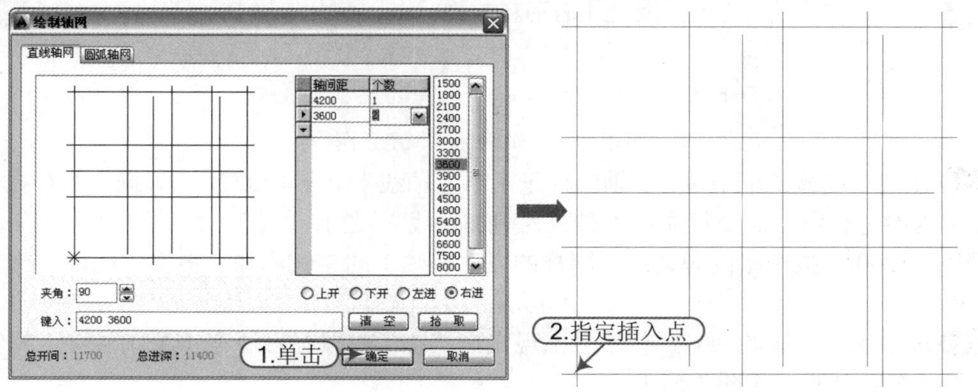

图 3-47 插入轴网

步骤 08 在天正屏幕菜单中执行“轴网柱子｜轴改线型”命令（ZGXX），将轴网中直线改型为点画线，如图 3-48 所示。

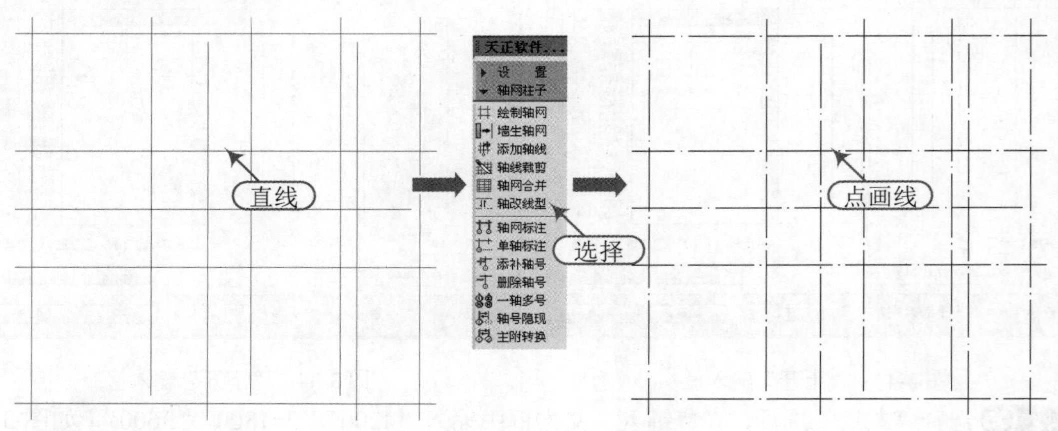

图 3-48　轴改线型

步骤 09 在天正屏幕菜单中执行“轴网柱子｜轴网标注”命令（ZWBZ），弹出“轴网标注”对话框，选择“双侧标注”单选项后，选择轴网的左下侧竖直轴线处和右下侧竖直轴线，根据命令行提示，根据需要选择不需要标注的轴线，则按空格键确认，标注效果如图 3-49 所示。

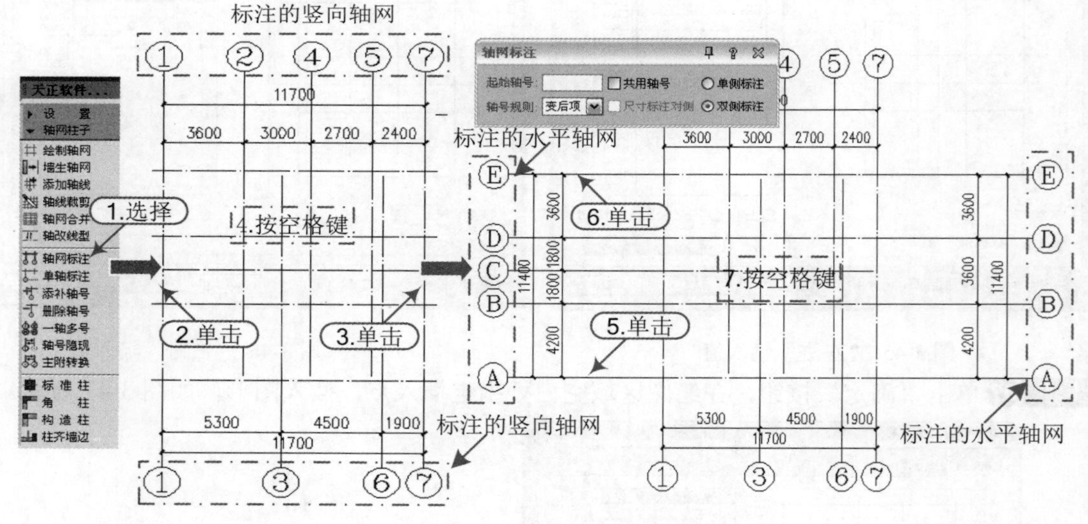

图 3-49　“轴网标注”示意图

步骤 10 在天正屏幕菜单中执行“轴网柱子｜添加轴线”命令（TJZX），根据命令行提示，选择轴线 A 为参考轴线，命令行显示“是否为附加轴线”，选择“是”，并重排轴号，在 A 与 B 轴之间输入 1200 后按空格键确认；用同样的方法在轴 1 的左侧添加一根主轴线，重排轴号，如图 3-50 所示。

步骤 11 选中水平轴线的轴号，使轴号出现夹点状态，将鼠标悬浮在 1/A 轴号上，将轴号偏移，使之与 A 轴分开，如图 3-51 所示。

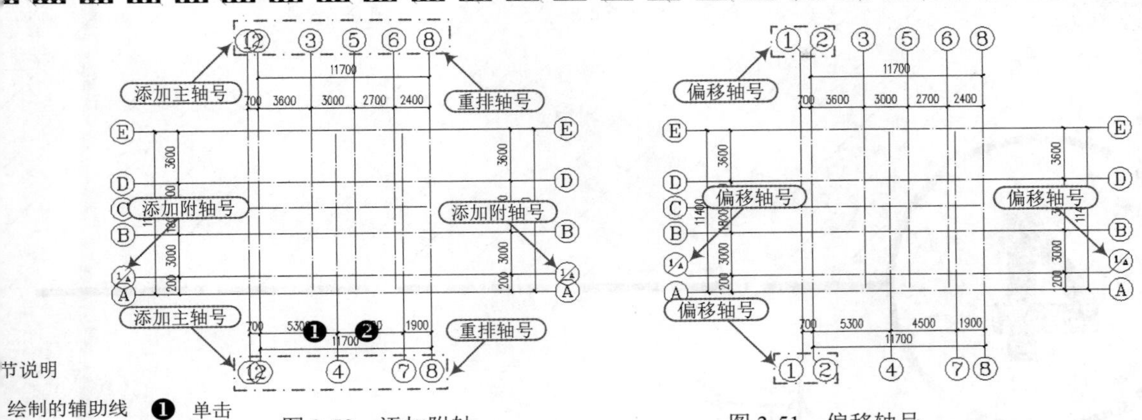

图 3-50　添加附轴　　　　图 3-51　偏移轴号

步骤 12 至此，住宅楼的轴网绘制完成，最后，在键盘上按“Ctrl+S”组合键进行保存。

柱子

本章导读

柱子在建筑设计中主要起到结构支撑作用，有些时候柱子也用于纯粹的装饰。本软件以自定义对象来表示柱子，但各种柱子对象定义不同，标准柱用底标高、柱高和柱截面参数描述其在三维空间的位置和形状，构造柱用于砖混结构，只有截面形状而没有三维数据描述，只服务于施工图。

本章内容

- 柱子的创建
- 柱子的编辑
- 综合练习——某住宅楼柱子

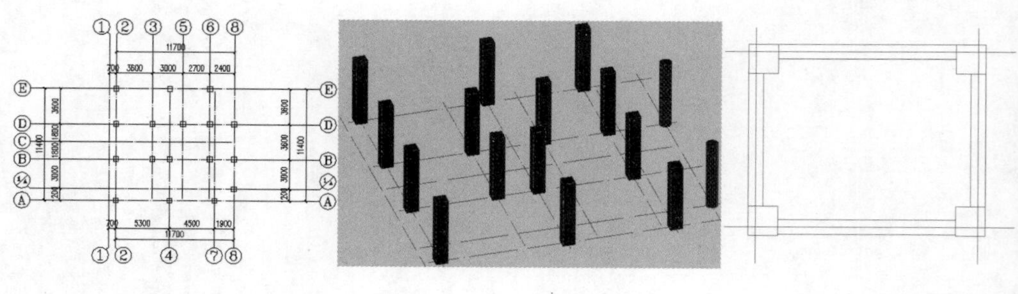

4.1 柱子的创建

柱与墙相交时按墙柱之间的材料等级关系决定柱自动打断墙或者墙穿过柱，如果柱与墙体同材料，墙体被打断的同时与柱连成一体，如图 4-1 所示。

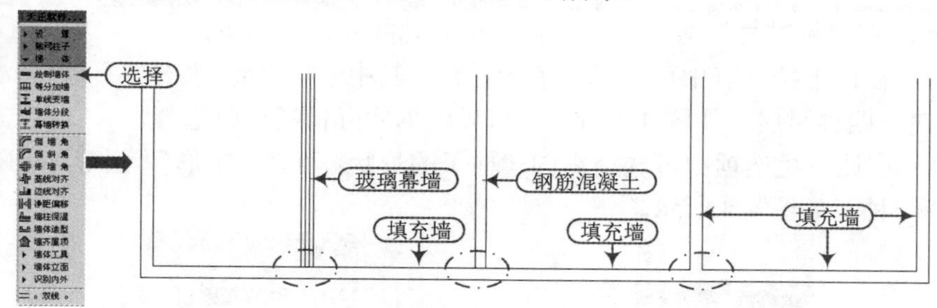

图 4-1 不同墙的连接

柱子的填充方式与柱子和墙的当前比例有关，当前比例大于预设的详图模式比例，柱子和墙的填充图案按详图填充图案填充，否则按标准填充图案填充。

柱子的常规截面形式有矩形、圆形、多边形等。异形截面柱由“标准柱”命令中“选择 Pline 线创建异形柱”图标定义，或从截面下拉列表中的“异形柱”取得，与单击“标准构件库”按钮 标准构件库... 相同。

4.1.1 标准柱

知识要点 在轴线的交点或任何位置插入矩形柱、圆柱或正多边形柱，后者包括常用的三、五、六、八、十二边形断面，还包括创建异形柱的功能。8.5 版本开始柱子也能通过“墙柱保温”命令添加保温层。

执行方法 通过以下两种方式来执行命令：

- 屏幕菜单栏：选择“轴网柱子 | 标准柱”菜单命令。
- 命令行：在命令行中输入“BZZ”（“标准柱”汉语拼音的首字母）。

操作实例 例如，打开“资料\轴网.dwg”文件，单击“另存为”按钮，将其另存为“资料\标准柱.dwg”文件，执行“标准柱”命令过后，将弹出“标准柱”对话框，设置标准柱尺寸参数为“500×500×3000”，设置柱子材料为“钢筋混凝土”，形状选为“矩形”，用“点选插入柱子”按钮 方式完成插入柱子操作，如图 4-2 所示。

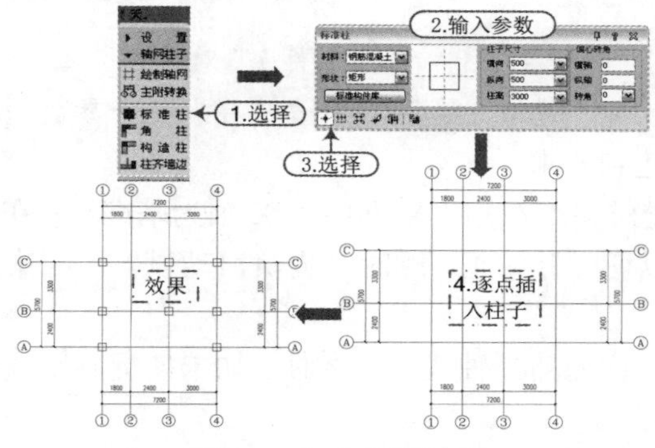

图 4-2 标准柱的创建

注意：插入柱子的基准方向

插入柱子的基准方向总是沿着当前坐标系的方向，如果当前坐标系是 UCS，柱子的基准方向自动按 UCS 的 X 轴方向，不必另行设置。

选项含义 在“标准柱”对话框中，各选项的功能与含义如下：

■ 材料：在该下拉列表中可选择柱子的材料，其中包括“砖”“石材”“钢筋混凝土”和“金属”四种材质，如图 4-3 所示，可以根据实际情况进行选择。

■ 形状：在该下拉选项中可选择需创建柱子的形状，可在“矩形”“圆形”等图形中任意选择一种，如图 4-4 所示。

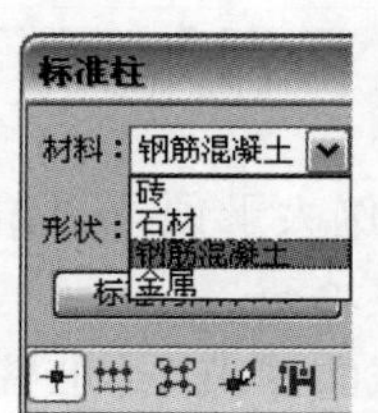

图 4-3　材料下拉选项

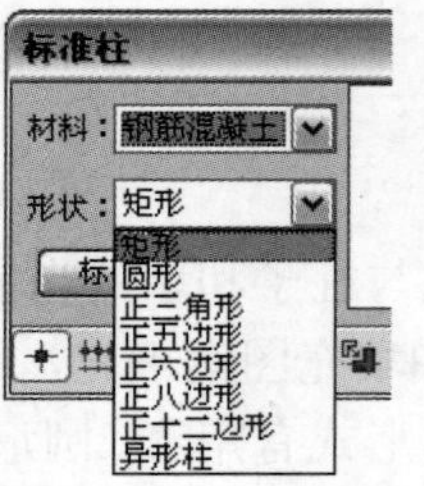

图 4-4　形状下拉选项

■ 标准构件库：单击按钮后，将弹出“天正构件库”对话框，在该对话框中可根据实际情况在该对话框中双击某一截面形状后，就可返回到“标准柱”对话框中，同时在“形状下拉表中将自动显示“异形柱”选项，可对其选择。另一种情况：先选择形状为“异形柱”也会弹出“天正构件库”对话框，如图 4-5 所示。

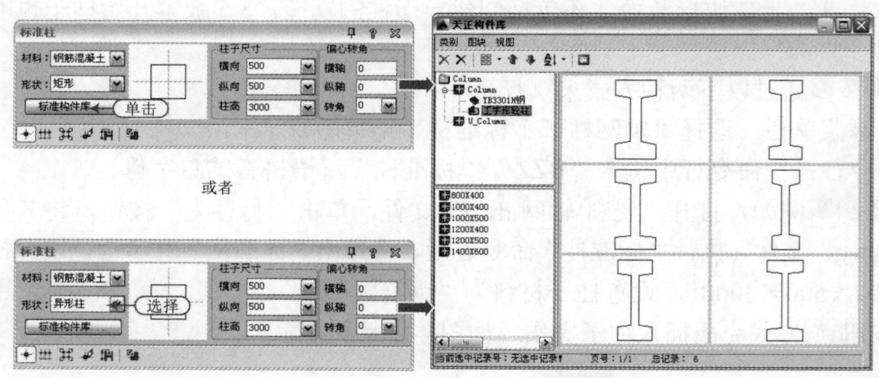

图 4-5　“天正构件库”对话框

■ 柱子尺寸：该区域有“横向”“纵向”和“柱高”三个参数。可根据实际情况对这三个参数的修改从而达到要求。

■ 偏心转角：其中旋转角度在矩形轴网中以 X 轴为基准线；在弧形、圆形轴网中以环向弧线为基准线，以逆时针为正，顺时针为负自动设置。可输入数值达到对柱子的转角设置。

■ 点选插入柱子：优先捕捉轴线交点插柱，如未捕捉到轴线交点，则在点取位置按当前 UCS 方向插柱。

■ 沿一根轴线布置柱子：在选定的轴线与其他轴线的交点处插柱，在轴网中的任意一根轴线上单击，此时即可在所选的轴线的各个节点上分别创建柱子，如图 4-6 所示。

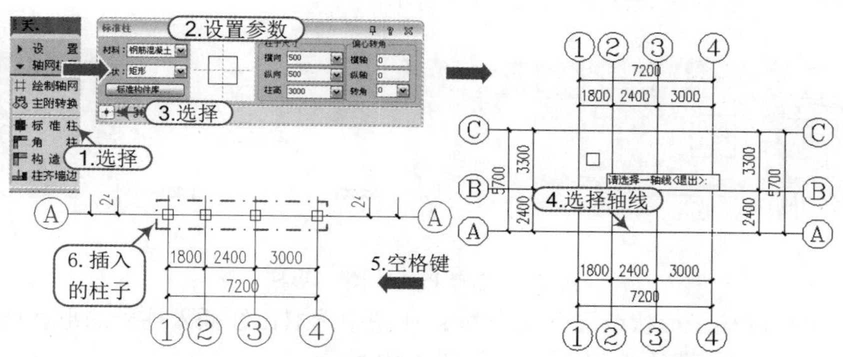

图 4-6 沿着一根轴线布置柱子

■ 指定区域内交点创建柱子：在指定的矩形区域内，所有的轴线交点处插柱，如图 4-7 所示。

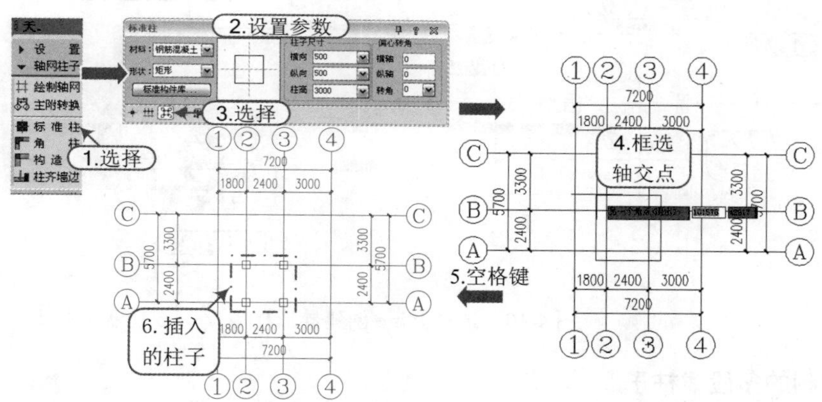

图 4-7 指定区域内交点创建柱子

■ 替换图中已插入柱子：以当前参数的柱子替换图上的已有柱，可以单个替换或者以窗选成批替换，如图 4-8 所示。

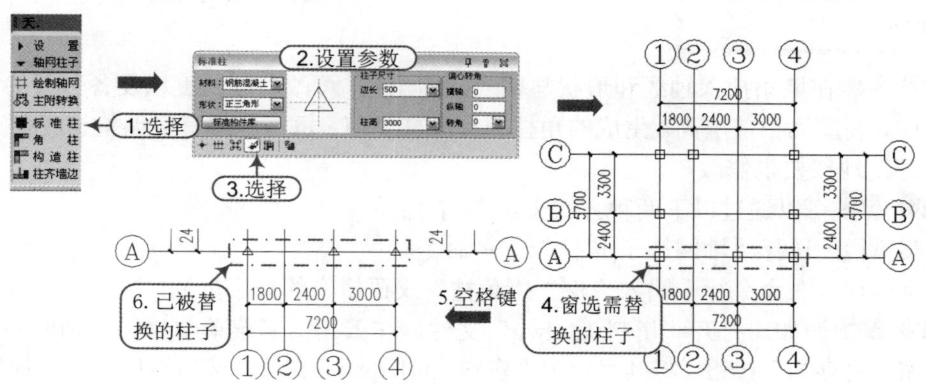

图 4-8 替换图中已插入的柱子

■ 选择 Pline 创建异形柱：将绘制好的闭合 Pline 线或者已有柱子作为当前标准柱读入界面，接着创建成柱子，如图 4-9 所示。

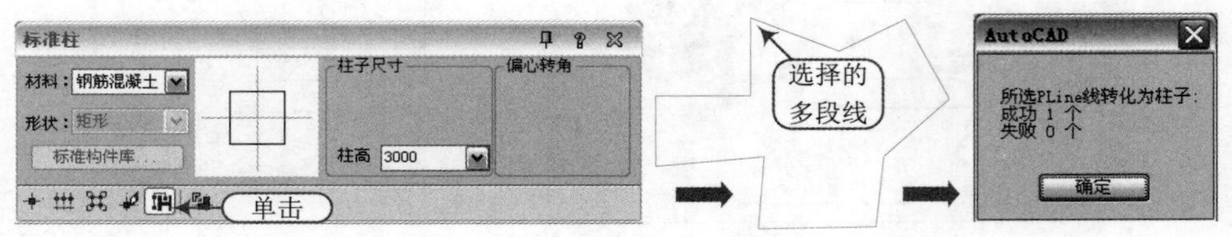

图 4-9　选择 Pline 创建异形柱

■ 在图中拾取柱子形状或已有柱子：在图中选取已经插入柱子的形状或图中已存在的柱子，从而直接绘制成柱子，如图 4-10 所示。

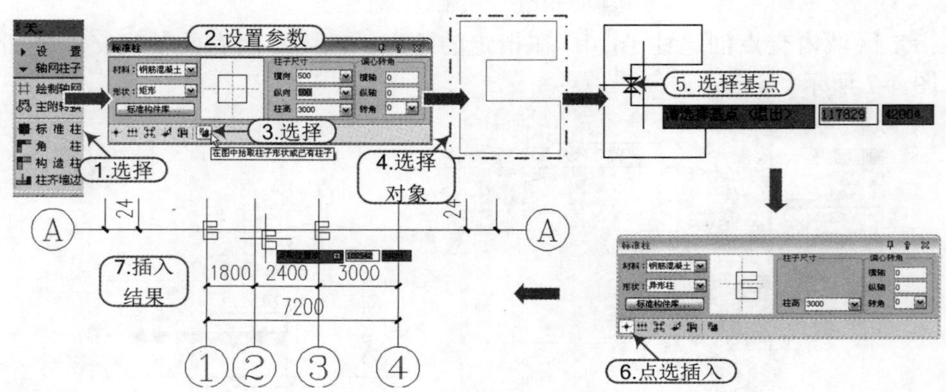

图 4-10　选择 Pline 创建异形柱

技巧：绘制的多段线柱子

> 使用直线、圆弧、修剪等命令绘制出来的异形样子的形状，然后选择“修改 | 对象 | 多段线”命令将绘制好的图形转换为多段线，并选择“合并”（J）选项进行合并。

4.1.2 角柱

知识要点 在墙角插入轴线和形状与墙一致的角柱，可改各肢长度以及各分肢的宽度，宽度默认居中，高度为当前层高。生成的角柱与标准柱类似，每一边都有可调整长度和宽度的夹点，可以方便地按要求修改。

执行方法 可以通过以下两种方式来绘制角柱：

■ 菜单栏：选择“轴网柱子|角柱”菜单命令。

■ 命令行：在命令行中输入“JZ”（“角柱”汉语拼音的首字母）。

操作实例 例如，打开“资料\墙.dwg”文件，在天正屏幕菜单中执行“轴网柱子|角柱”命令，单击“另存为”按钮，将其另存为“资料\角柱.dwg”文件，然后根据命令行提示“选取墙角”后，弹出“转角柱参数”对话框，输入合适的参数，单击“确定”按钮，完成角柱的创建，如图 4-11 所示。

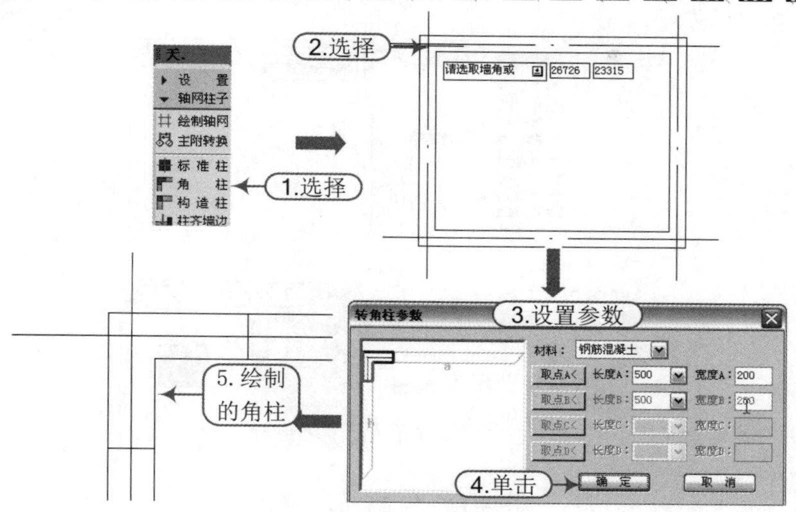

图 4-11 角柱的创建

选项含义在“转角柱参数”对话框中，各选项的功能与含义如下：

■ 材料：由下拉列表选择材料，柱子与墙之间的连接形式以两者的材料决定，目前包括“砖”“石材”“钢筋混凝土”和“金属”，默认为钢筋混凝土。
■ 长度：这其中旋转角度在矩形轴网中以 X 轴为基准线；在弧形、圆形轴网中以环向弧线为基准线，以逆时针为正，顺时针为负自动设置。
■ 取点 A<：单击“取点 A<”按钮，可通过墙上取点得到真实长度。
■ 宽度：各分肢宽度默认等于墙宽，改变柱宽后默认对中变化，可根据实际情况设置柱宽，要求偏心变化在完成后以夹点修改。

4.1.3 构造柱

知识要点在墙角交点处或墙体内插入构造柱，依照所选择的墙角形状为基准，输入构造柱的具体尺寸，指出对齐方向，默认为钢筋混凝土材质，仅生成二维对象。目前本命令还不支持在弧墙交点处插入构造柱。

执行方法可以通过以下两种方式来执行构造柱操作。

■ 菜单栏：选择“轴网柱子 | 构造柱”菜单命令。
■ 命令行：在命令行中输入“GZZ”(“构造柱”汉语拼音的首字母)。

操作实例例如，打开“资料\墙.dwg”文件，在天正屏幕菜单中执行“轴网柱子|构造柱”命令，单击“另存为”按钮，将其另存为“资料\构造柱.dwg”文件，然后根据命令行提示“选取墙角”后，弹出“构造柱参数”对话框，输入合适的参数，单击“确定”按钮，完成角柱的创建，如图 4-12 所示。

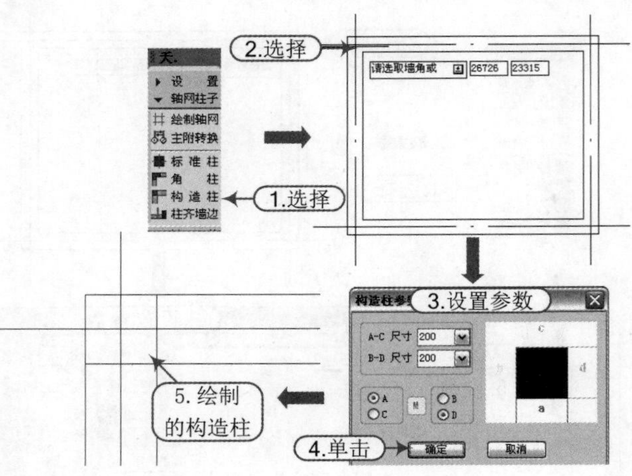

图 4-12 构造柱的创建

选项含义 在“构造柱参数”对话框中，各选项的功能与含义如下：

- A-C 尺寸：沿着 A-C 方向的构造柱尺寸，在本软件中尺寸数据可超过墙厚。
- B-D 尺寸：沿着 B-D 方向的构造柱尺寸。
- A/C 与 B/D：对齐边的互锁按钮，用于对齐柱子到墙的两边。

注意：夹点编辑构造柱

> **如果构造柱超出墙边，可使用夹点拉伸或移动。**

4.1.4 布尔运算创建异形柱

知识要点 此命令是结合新扩展的布尔运算功能，利用已有的柱子与其他闭合轮廓线，创建各种异形截面柱的新功能，异形柱在标准柱对话框的图标工具中创建。

执行方法 选择“柱子”，右键快捷菜单，执行“布尔运算”。

操作实例 打开“资料\标准柱.dwg”文件，选择柱子对象后，单击右键，执行“布尔运算”命令，显示其对话框，单击其中互锁按钮的“差集”，默认勾选“删除第二运算对象”，然后按照如下命令提示操作，如图 4-13 所示。

```
选择其他闭合轮廓对象(pline、圆、平板、柱子、墙体造型、房间、屋顶、散水等):
                                        \\ 选取闭合矩形 1
选择其他闭合轮廓对象(pline、圆、平板、柱子、墙体造型、房间、屋顶、散水等):
                                        \\ 选取闭合矩形 2
选择其他闭合轮廓对象(pline、圆、平板、柱子、墙体造型、房间、屋顶、散水等):
                                        \\ 回车即可创建一个工字形柱
```

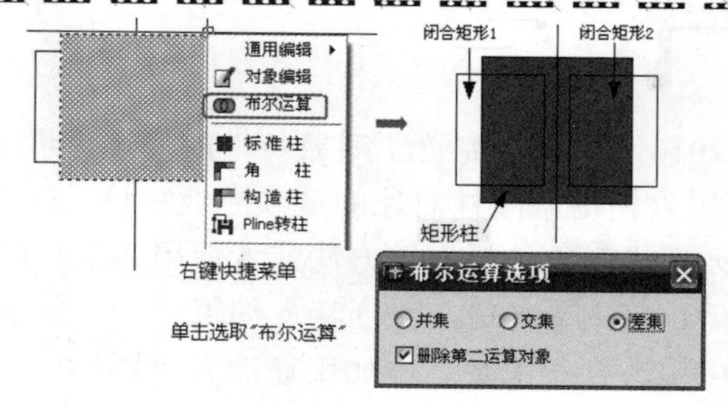

图 4-13 布尔运算

技巧：布尔运算

> 可以使用“构件入库”命令把创建好的常用异形柱保存到构件库，使用时从构件库中直接选取。

4.2 柱子的编辑

已经插入图中的柱子，用户如需要成批修改，可使用柱子替换功能或者特性编辑功能，当需要个别修改时应充分利用夹点编辑和对象编辑功能。

4.2.1 柱子的替换

知识要点 柱子的替换可以单个替换也可以框选替换选中的所有柱子，是利用“标准柱”对话框下的“替换图中已插入的柱子”按钮来完成的。此功能在之前介绍“标准柱”对话框下的各个控件选项已有较为详尽的介绍，在此就不再赘述。

4.2.2 柱子的对象编辑

知识要点 双击要编辑的柱子，即可显示出对象编辑对话框，与标准柱对话框类似。

执行方法 可以双击要编辑的柱子，即可显示出对象编辑对话框。

操作实例 例如，打开“资料\标准柱.dwg”文件，双击要编辑的柱子，在显示出的对象编辑对话框中按照需要重新输入参数，如图 4-14 所示。

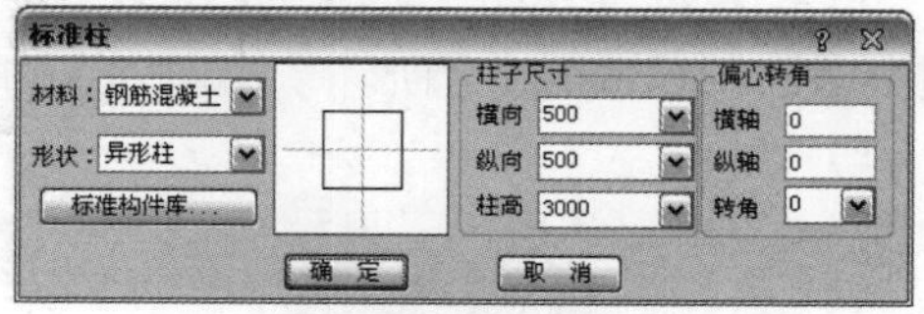

图 4-14 双击柱子显示的对话框

技巧：对象编辑与特性编辑

> 对象编辑只能逐个对象进行修改，如果要一次修改多个柱子，就应该使用特性编辑(Ctrl+1)功能了。

4.2.3 柱子的特性编辑

知识要点 在 TArch 2014 中，柱子完善了对象特性的描述，通过 AutoCAD 的对象特性表（快捷键为“Ctrl+1”），可以方便地修改柱对象的多项专业特性，而且便于成批修改参数。

执行方法 首先，用天正“对象选择”等方法或者使用各个点取的方法，选取要修改特性的多个柱子对象；然后，键入 Ctrl+1，激活特性编辑功能，使 AutoCAD 显示柱子的特性表；最后，在特性表中修改柱子参数，例如用途改为“矮柱”，各柱子自动更新。

技巧：对象选择

> “对象选择”可以准确的选择某一对象，不会出现多选的情况；对于经常需要修改的建筑图来说，这个命令很实用，如图 4-15 所示。

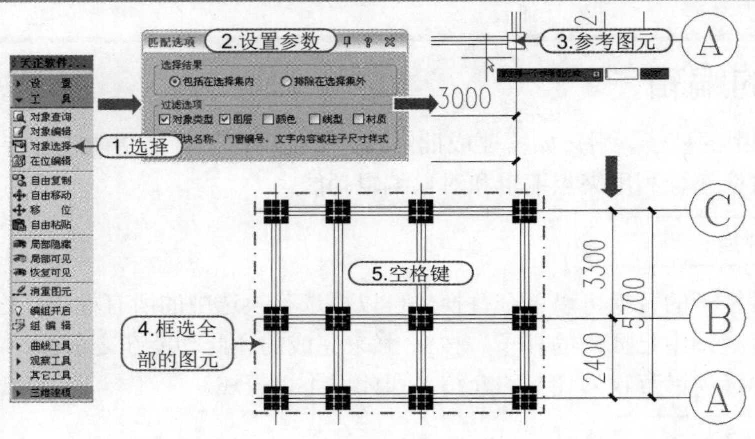

图 4-15　对象选择

注意：特性栏

> 特性栏增加了保温层与保温层厚等新参数。

操作实例 例如，打开“资料\标准柱.dwg”文件，选中多个柱子对象，“Ctrl+1”组合键，按照需要修改参数，如外观中截面形状改为“圆形”，如图 4-16 所示。

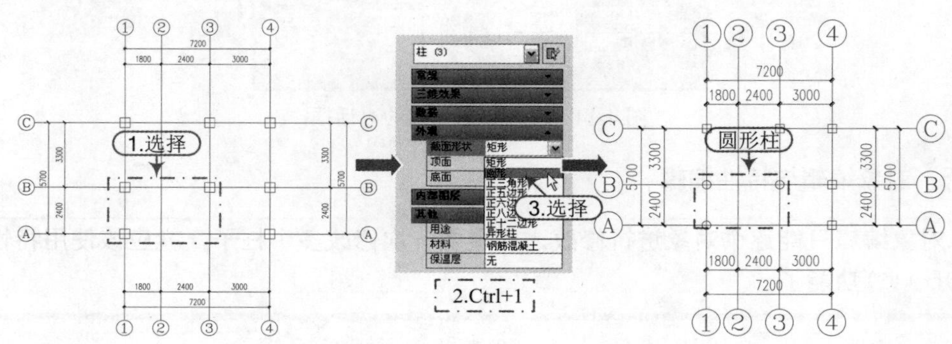

图 4-16　特性编辑面板

4.2.4 柱齐墙边

知识要点 此命令是将柱子边与指定墙边对齐，可一次选多个柱子一起完成墙边对齐，执行条件是各柱都在同一墙段，且对齐方向的柱子尺寸相同。

执行方法 执行此操作，可用以下方法：

- 屏幕菜单栏：选择“轴网柱子丨柱齐墙边”菜单命令。
- 命令行：在命令行中输入“ZQQB”（“柱齐墙边”汉语拼音的首字母）。

操作实例 例如，打开“资料\墙.dwg”文件，首先布置标准柱，在天正屏幕菜单中执行“轴网柱子丨柱齐墙边”命令（ZQQB），按照命令行提示继续操作，如图 4-17 所示，命令行的命令交互如下：

```
请点取墙边<退出>:                        \\ 取作为柱子对齐基准的墙边
选择对齐方式相同的多个柱子<退出>:          \\ 选择多个柱子
选择对齐方式相同的多个柱子<退出>:          \\ 按回车或空格键确定并结束选择
请点取柱边<退出>:                        \\ 点取柱子的对齐边
请点取墙边<退出>:                        \\ 重复命令或者按回车键退出命令
```

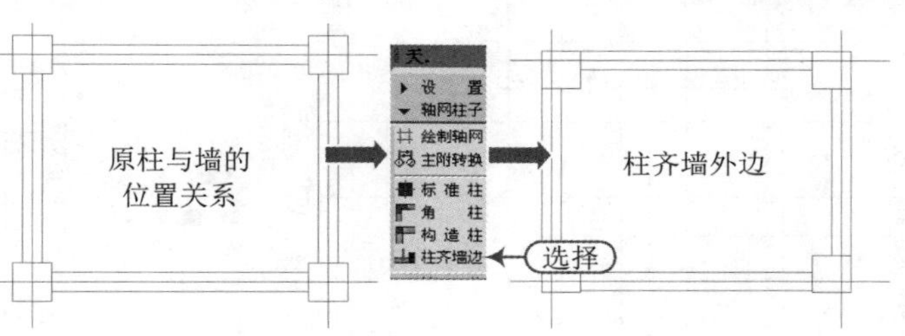

图 4-17 柱齐墙边示意图

4.3 综合练习——某住宅楼柱子

案例	某住宅楼柱子.dwg	视频	某住宅楼柱子.avi

实战要点：①柱子的绘制；②柱子的编辑。

操作步骤

步骤 01 正常启动 TArch 2014 软件，单击“快捷访问”工具栏下的“打开”按钮，将“案例\03\某住宅楼轴网.dwg”文件打开，如图 4-18 所示。在天正快捷工具栏中单击“另存为”按钮，将文件另存为“案例\04\某住宅楼柱子.dwg”文件。

步骤 02 在天正屏幕菜单中执行“轴网柱子丨标准柱”命令（BZZ），弹出“标准柱”对话框，按照表 4-1 所示设置参数，然后按要求在指定的轴网交点位置依次单击鼠标，从而完成柱子的创建，如图 4-19 所示。

表 4-1 标准柱参数

形状	材料	柱高	横向	纵向
矩形	钢筋混凝土	3000	500	500

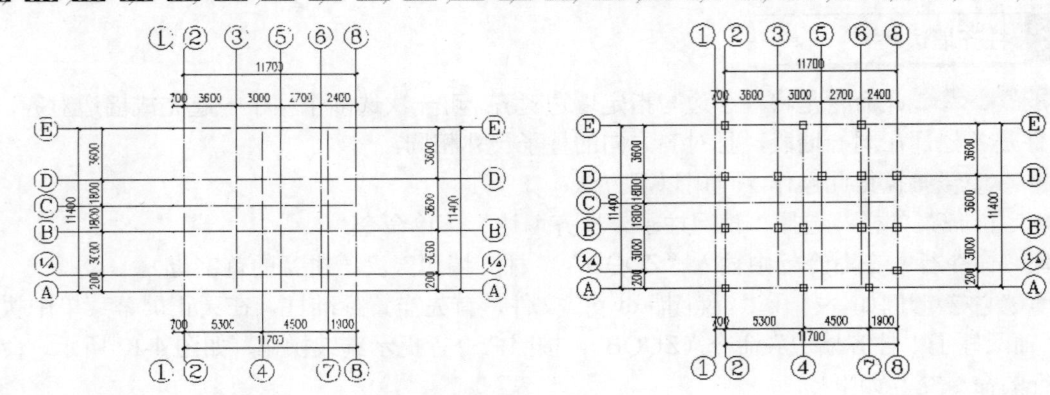

图 4-18　某住宅楼轴网　　　　图 4-19　插入某住宅楼柱子

步骤 03 执行 CAD 菜单“删除”命令(E)，删除 B 轴与 8 轴交点处标准柱。

步骤 04 选取 8 轴分别与 D 轴和 1/A 轴交点处的柱子为对象，然后键入 Ctrl+1，激活特性编辑功能，显示柱子的特性表；最后，在特性表中修改标注矩形柱为圆柱，如图 4-20 所示。

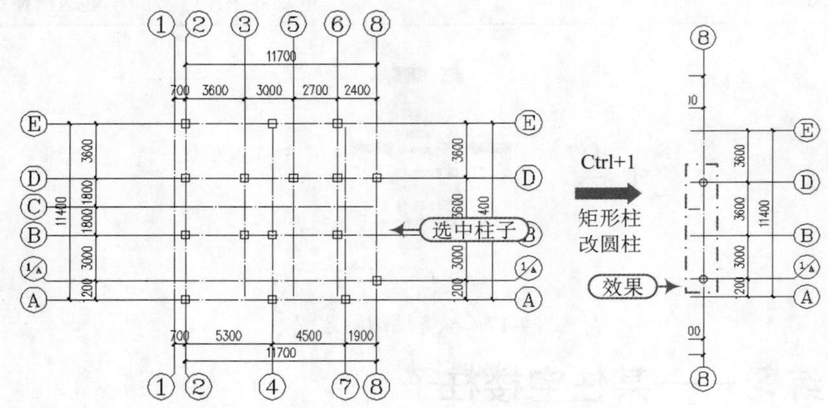

图 4-20　删除柱子及柱子特性编辑

步骤 05 在天正屏幕菜单中执行“3DO”命令，观察在 3D 模式下绘制的柱子，如图 4-21 所示。

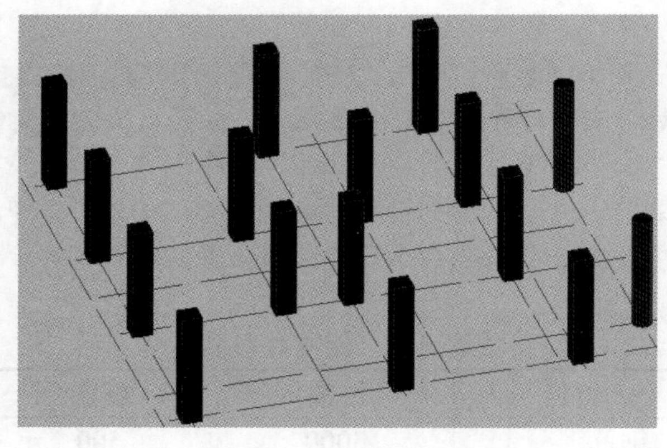

图 4-21　3D 视图

步骤 06 因未生成墙，天正屏幕菜单中的“柱齐墙边”编辑命令无法执行，延后到“墙体的创建”完成后执行。

步骤 07 至此，轴网柱子创建完毕，可按“Ctrl+S”组合键或是单击“快捷访问”工具栏中的“保存”按钮进行保存。

墙体

本章导读

一个墙对象是柱间或墙角间具有相同特性的一段直墙或弧墙单元，墙对象与柱子围合而成的区域就是房间，墙对象中的“虚墙”作为逻辑构件，围合建筑中挑空的楼板边界与功能划分的边界(如同一空间内餐厅与客厅的划分)，可以查询得到各自的房间面积数据。

本章内容

- 墙体的创建
- 墙体的编辑
- 墙体编辑工具
- 墙体立面工具
- 内外识别工具
- 综合练习——某住宅楼墙体

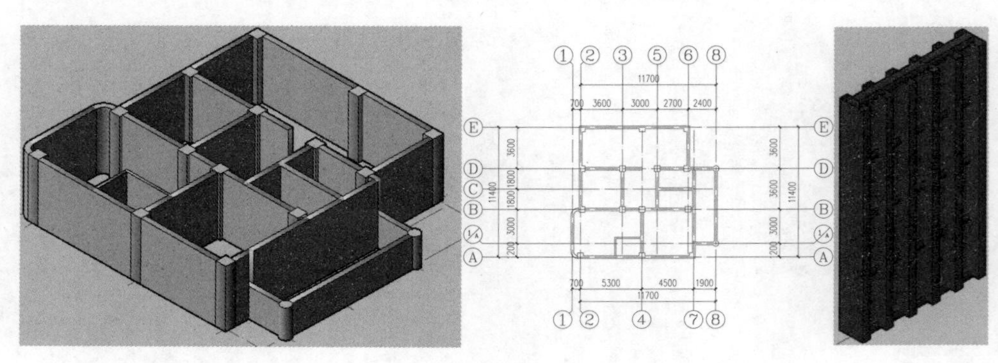

5.1 墙体的创建

墙体是建筑房间的划分依据，在天正建筑软件中，墙体是核心对象，它模拟实际墙体的专业特性构建而成，可实现墙角的自动修剪、墙体之间按材料特性连接、与柱子和门窗互相关联等智能特性；是建筑物竖直方向的主要构件，起分隔、围护和承重等作用，还有隔热、保温、隔声等功能；在墙体的创建中，墙对象不仅包含位置、高度、厚度这样的几何信息，还包括墙类型、材料、内外墙这样的内在属性。墙体可使用【绘制墙体】命令创建或由【单线变墙】命令从直线、圆弧或轴网转换。

5.1.1 绘制墙体

知识要点 执行此命令将弹出一个对话框，在这个对话框中可以设定墙体参数，不必关闭对话框即可直接使用“直墙”“弧墙”和“矩形布置”三种方式绘制墙体对象，墙线相交处自动处理，墙宽随定义、墙高改变，在绘制过程中墙端点可以回退。

执行方法 可以通过以下两种方式来执行命令：

- 屏幕菜单栏：选择“墙体 | 绘制墙体”菜单命令。
- 命令行：在命令行中输入“HZQT”（“绘制墙体”汉语拼音首字母）。

操作实例 打开“资料\轴网.dwg”文件，在“快捷访问”工具栏中按“另存为”按钮，将文件另存为“资料\墙体的绘制.dwg”文件；在天正屏幕菜单中执行“墙体 | 绘制墙体”命令（HZQT），在弹出的“绘制墙体”对话框中，按照表 5-1 所示设置墙体参数，然后按照命令行提示选择轴网交点为起点、终点后，空格键或回车键确认并退出命令，完成墙体的绘制，如图 5-1 所示。

表 5-1 墙体参数

高度	底高	材料	用途	左宽	右宽
对其层高	0	填充墙	一般墙	120	120

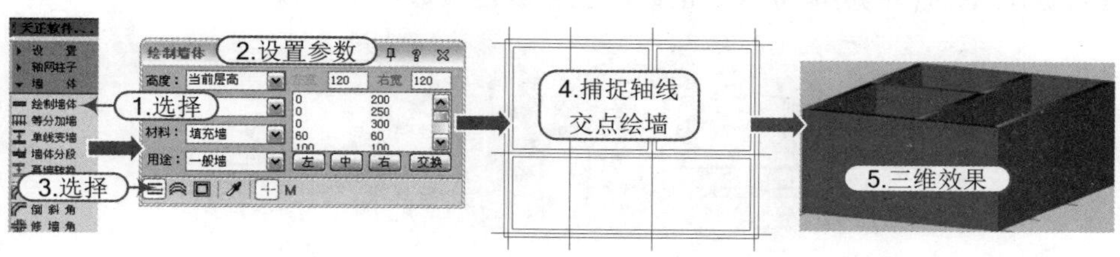

图 5-1 绘制墙体

技巧：交点捕捉

在天正系统中，可以按“对象捕捉”的快捷键“F3”，打开“对象捕捉”功能；如果“对象捕捉”功能已经打开，却还是不能捕捉到交点，那么就需要执行 CAD 菜单下的“草图设置”命令，勾选上“交点”选项，如图 5-2 所示。

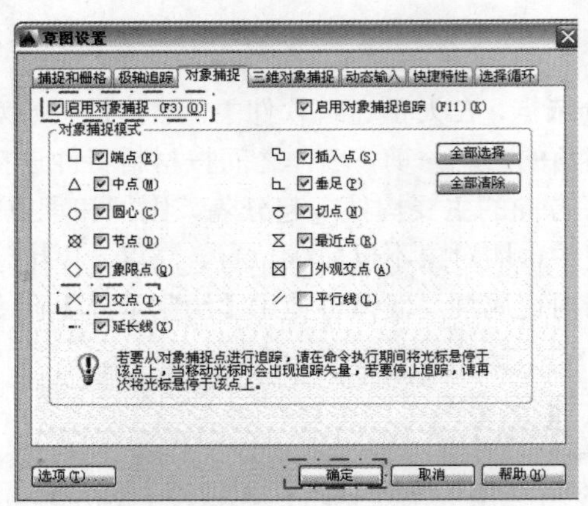

图 5-2 “对象捕捉”设置

选项含义 在“绘制墙体”对话框（如图 5-3 所示）中，各选项的功能与含义如下：

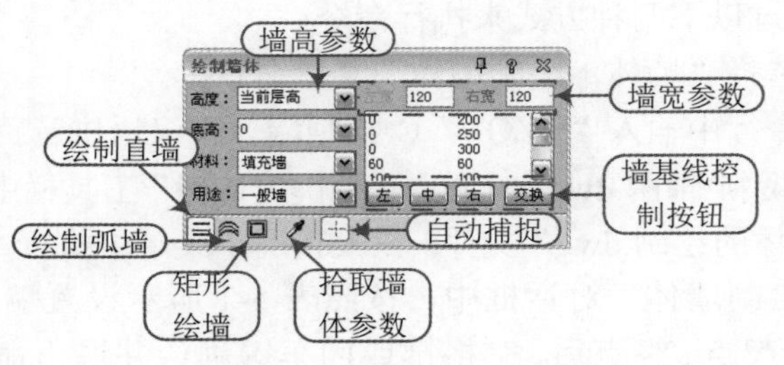

图 5-3 “绘制墙体”对话框

- 墙宽参数：包括“左宽”“右宽”两个参数，其中墙体的左、右宽度，是指沿墙体定位点顺序，基线左侧和右侧部分的宽度，对于矩形布置方式，则分别对应基线内侧宽度和基线外侧的宽度，对话框相应提示改为“内宽”“外宽”，如图 5-4 所示。其中左宽(内宽)、右宽(外宽)都可以是正数，也可以是负数，也可以为零。

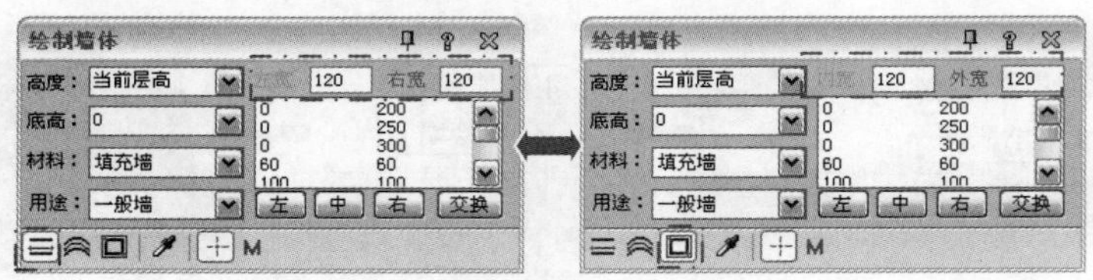

图 5-4 “墙宽参数”变化

- 墙宽组：在数据列表预设有常用的墙宽参数，每一种材料都有各自常用的墙宽组系列供选用，如果新的墙宽组定义使用后会自动添加进列表中，可选择其中某组数据，按<Del>键可删除当前这个墙宽组。
- 墙基线 ：基线位置设“左”“中”“右”“交换”共四种控制，“左”“右”是计算当前墙体总宽后，全部左偏或右偏的设置，例如当前墙宽组为 120、240，按按钮 左 后即可改为 360、0，按按钮 中 是当前墙体总宽居中设置，上例单击“中”按钮后即可改为 180、180，按按钮 交换 就是把当前左右墙厚交换方向，把上例数据改为 240、120。

■ 高度/底高：高度是墙高，从墙底到墙顶计算的高度，底高是墙底标高，从本图零标高(Z=0)到墙底的高度，如图 5-5 所示。

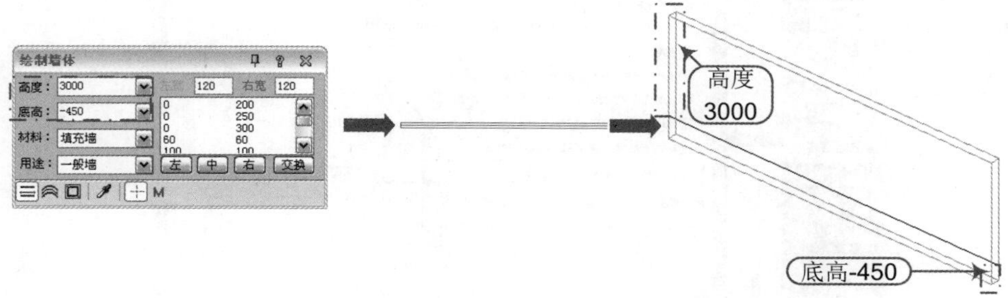

图 5-5　墙高和底高示意图

■ 材料：包括从轻质隔墙、玻璃幕墙、填充墙到钢筋混凝土墙共八种材质，按材质的密度预设了不同材质之间的遮挡关系，通过设置材料绘制玻璃幕墙。

■ 用途：包括一般墙、卫生隔断、虚墙和矮墙四种类型，其中矮墙是新添的类型，具有不加粗、不填充、墙端不与其他墙融合的新特性。

■ 拾取墙体参数：用于从已经绘制的墙中提取其中的参数到本对话框，按已有墙一致的参数继续绘制，如图 5-6 所示。

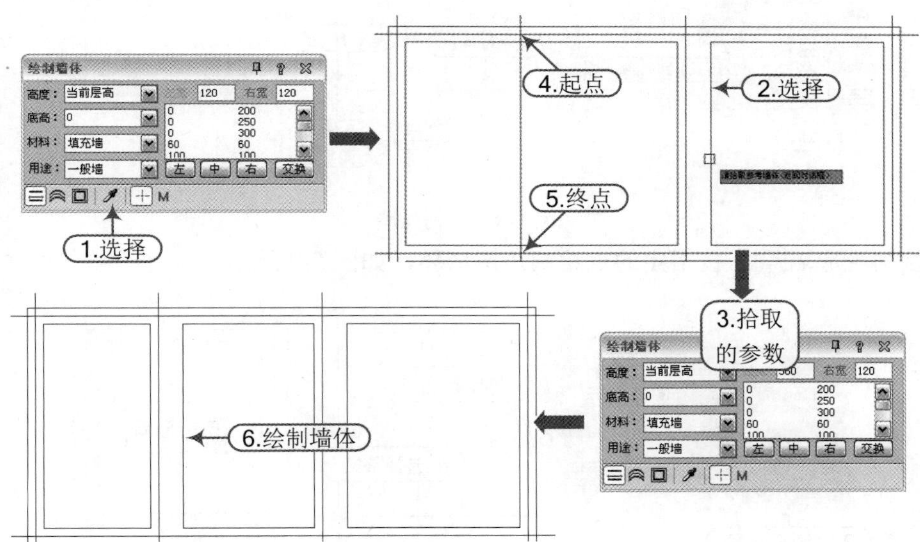

图 5-6　拾取墙体参数示意

■ 自动捕捉：用于自动捕捉墙体基线和交点绘制新墙体，自动捕捉不按下时执行 AutoCAD 默认捕捉模式，此时可捕捉墙体边线和保温层线。

■ 模数开关M：在工具栏提供模数开关，打开模数开关，墙的拖动长度按“自定义→操作配置”页面中的模数变化，如图 5-7 所示。

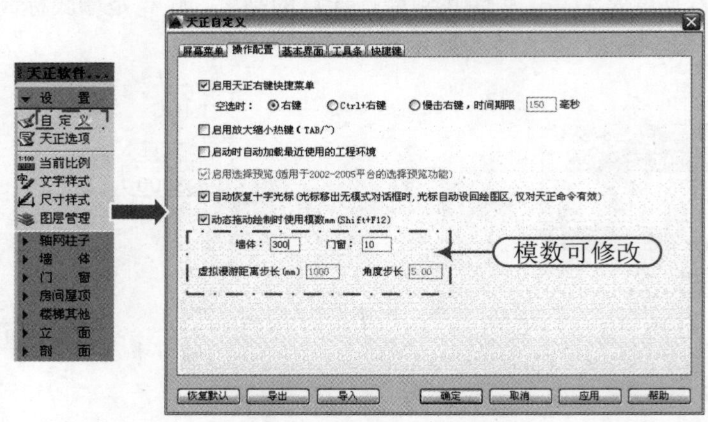

图 5-7　模数修改示意

■　绘制直墙：沿选定点绘制水平或竖直的墙体。

■　绘制弧墙：按指定的点绘制弧形墙体，如图 5-8 所示。

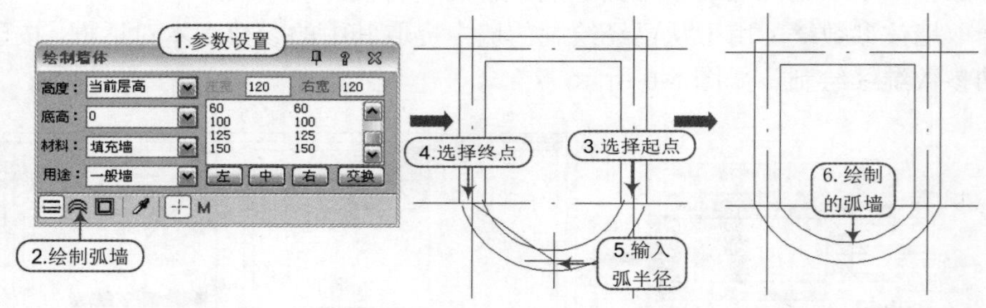

图 5-8　绘制弧墙

■　绘制矩形墙：按指定的点绘制矩形墙体，如图 5-9 所示。

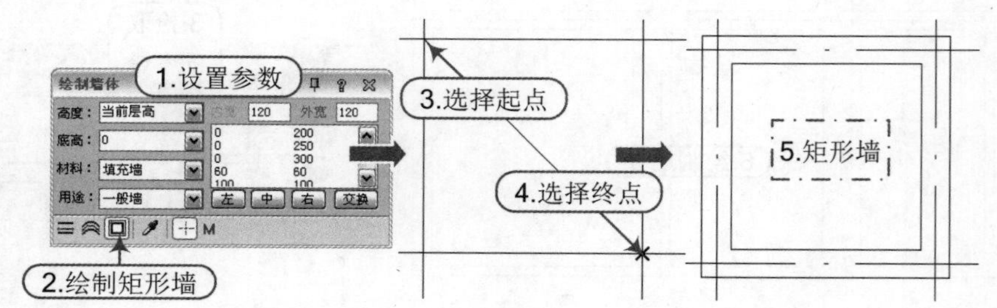

图 5-9　绘制矩形墙

技巧：柱齐墙边的操作

绘制好墙后，执行“标准柱”命令，在合适地方绘制柱子，执行“柱齐墙边”命令，依照命令行提示，选取对齐墙边，再选取柱子对象，选好后，按空格键确认，最后点选柱子的对齐边，重复选取对齐墙边，或者按空格键确认操作并退出，如图 5-10 所示。

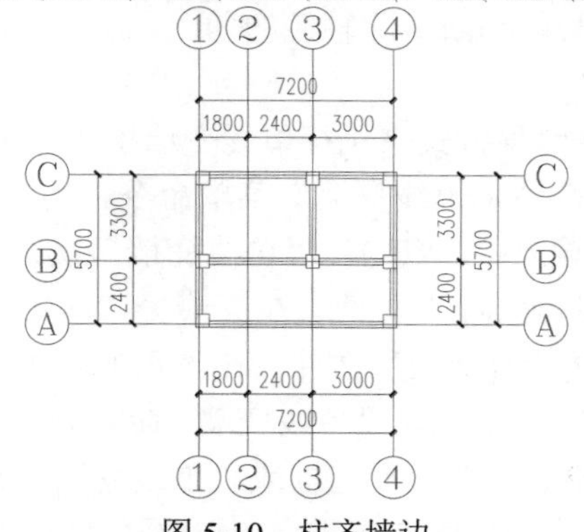

图 5-10 柱齐墙边

5.1.2 等分加墙

知识要点 此命令用于在已有的大房间按等分的原则划分出多个小房间。将一段墙在纵向等分，垂直方向加入新墙体，同时新墙体延伸到给定边界。本命令有三种相关墙体参与操作过程，有参照墙体、边界墙体和生成的新墙体。

执行方法 可以通过以下两种方式来执行“等分加墙”命令：

- 屏幕菜单栏：选择“墙体|等分加墙”菜单命令。
- 命令行：在命令行中输入“DFJQ”（“等分加墙”汉语拼音首字母）。

操作实例 打开“资料\墙.dwg”文件，在“快捷访问”工具栏中单击“另存为”按钮，将文件另存为“资料\等分加墙.dwg”文件；在天正屏幕菜单中执行“墙体 | 等分加墙”命令，根据命令行提示“选择等分所参照的墙段<退出>”，选择要准备等分的墙段，显示“等分加墙”对话框，设置墙厚为 200，等分数为 2，然后按照命令行提示“选择作为另一边界的墙段<退出>”，选择与要准备等分的墙段相对的墙段为边界绘图，按回车键退出命令，完成等分加墙命令的执行，如图 5-11 所示。

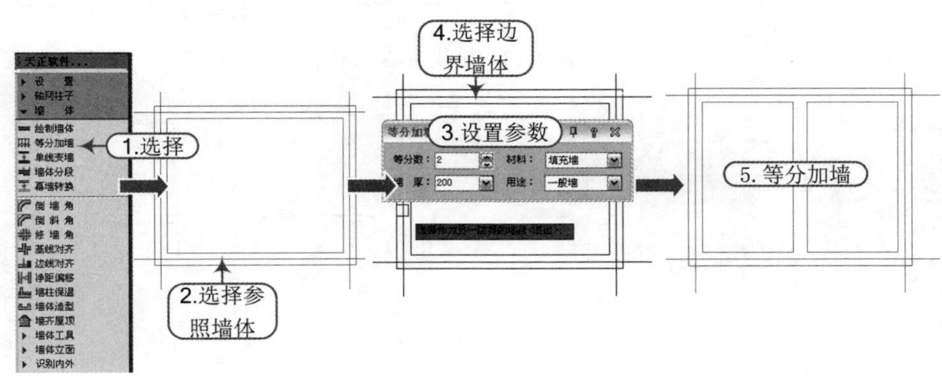

图 5-11 等分加墙

5.1.3 单线变墙

知识要点 此命令有两个功能：一是将 LINE、ARC、PLINE 绘制的单线转为墙体对象，其中墙体的基线与单线相重合，即单线变墙。二是在基于设计好的轴网创建墙体，然后进行编辑，创建墙体后仍保留轴线，智能判断清除轴线的伸出部分，本命令可以自动识别新旧两种多段线，即轴网生墙。

执行方法 可以通过以下两种方式来执行单线变墙操作：

- 屏幕菜单栏：选择“墙体 | 单线变墙”菜单命令。
- 命令行：在命令行中输入“DXBQ”（“单线变墙”汉语拼音首字母）。

操作实例 打开“资料\轴网.dwg”文件，在“快捷访问”工具栏中单击“另存为”按钮，将文件另存为“资料\单线变墙.dwg”文件；在天正屏幕菜单中执行“墙体 | 单线变墙”命令（DXBQ），弹出“单线变墙”对话框，“单线变墙”命令分为“单线变墙”和“轴网生墙”，如图 5-12 所示。首先勾选“轴线生墙”复选框或“单线变墙”复选框，按照如下命令行提示和绘图要求输入参数，完成操作，如图 5-13 所示为轴网生墙；如图 5-14 所示为单线变墙。

```
选择要变成墙体的直线、圆弧或多段线:            \\ 指定两个对角点指定框选范围
选择要变成墙体的直线、圆弧或多段线:            \\ 按回车键退出选取，创建墙体
```

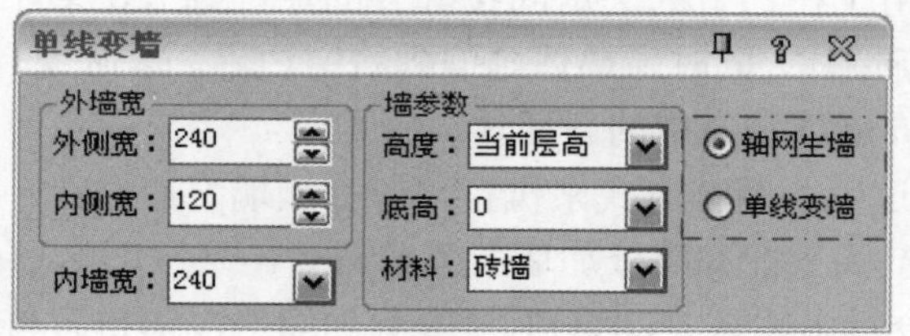

图 5-12 单线变墙对话框

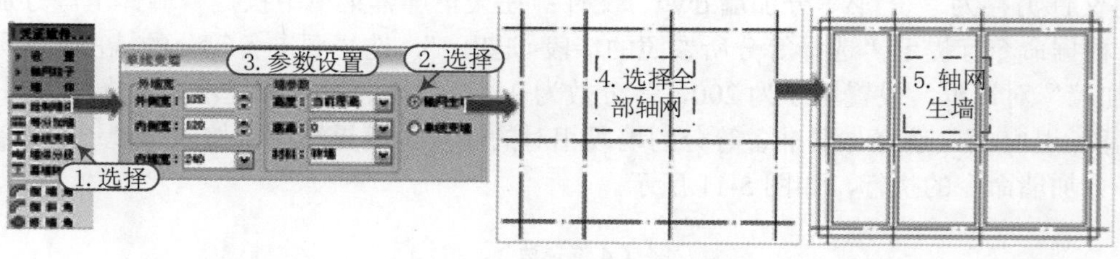

图 5-13 轴线生墙

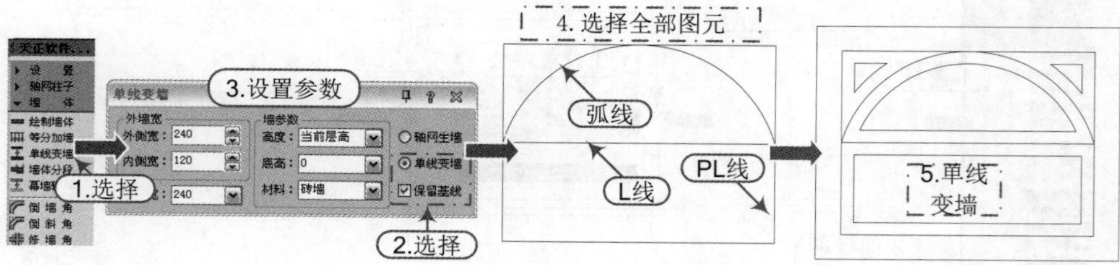

图 5-14 单线变墙

提示：对象选择

勾选“轴线生墙”复选框后，只能选取轴线图层为对象。去除“轴线生墙”勾选，此时可选取任意图层对象，命令提示相同，根据线之间的几何关系搜索到按外墙处理的外围闭合线，从外墙伸出的墙肢不作为外墙处理。

5.1.4 墙体分段

知识要点“墙体分段”命令在 8.5 开始新增保温层分段功能，墙段中可对保温层厚度不同的墙段进行分段，可将原来的一段墙按给定的两点分为两段或者三段，两点间的墙段按新给定的材料、保温层厚度、左右墙宽重新设置。此命令暂时不适用于玻璃幕墙对象的分段，但可以把其他墙体分段为玻璃幕墙对象。

执行方法可以通过以下两种方式来执行“墙体分段”操作：

- 屏幕菜单栏：选择“墙体 | 墙体分段”菜单命令。
- 命令行：在命令行中输入“QTFD”（“墙体分段”汉语拼音首字母）。

操作实例打开“资料\墙.dwg”文件，在“快捷访问”工具栏中单击“另存为”按钮，将文件另存为“资料\墙体分段.dwg”文件，在天正屏幕菜单中执行“墙体 | 墙体分段”命令，弹出“墙体分段”对话框，设置参数以及是否增加保温墙体，根据命令行提示进行操作，选取要等分的墙体，再按照如下命令交互操作完成后，会显示墙体编辑对话框，并把修改中的墙段显示在其中，如图 5-15 所示。

```
请选择一段墙 <退出>:              \\ 选取需要分段的墙体
选择起点<返回>:                   \\ 在墙体中点取要修改的那段墙的起点
选择终点<返回>:                   \\ 在墙体中点取要修改的那段墙的终点
```

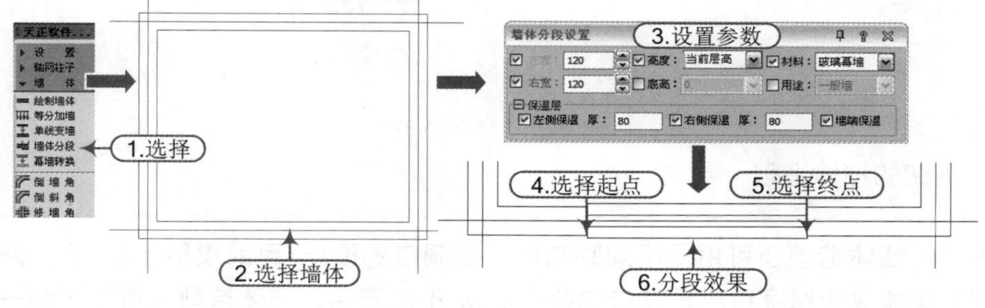

图 5-15　墙体分段

5.1.5 墙体造型

知识要点“墙体造型”命令根据指定多段线外框生成与墙关联的造型，常见的墙体造型是墙垛、壁炉、烟道一类与墙砌筑在一起，平面图与墙连通的建筑构造，“墙体造型”的高度与其关联的墙高一致，但是可以双击加以修改。“墙体造型”可用于墙角或墙柱连接处，包括跨过两个墙体端部的情况，除了正常的外凸造型外还提供了向内开洞的“内凹造型”(仅用于平面)。

执行方法可以通过以下两种方式来执行“墙体造型”操作：

- 屏幕菜单栏：选择“墙体 | 墙体造型”菜单命令。
- 命令行：在命令行中输入“QTZX”（“墙体造型”汉语拼音首字母）。

操作实例打开“资料\墙.dwg”文件，在“快捷访问”工具栏中单击“另存为”按钮，将文件另存为“资料\墙体造型.dwg”文件，在天正屏幕菜单中执行“墙体 | 墙体造型”命令（QTZX），根据命令栏提示操作，其命令交互如下，最后生成矩形墙体造型效果图，如图 5-16 所示。

选择[外凸造型(T)/内凹造型(A)]<外凸造型>:　　\\ 按回车键默认采用外凸造型
墙体造型轮廓起点或[点取图中曲线(P)/点取参考点(R)]<退出>:　　\\ 绘制墙体造型的轮廓线第一点或点取已有的闭合多段线作轮廓线
直段下一点或[弧段(A)/回退(U)]<结束>:　　\\ 造型轮廓线的第二点
直段下一点或[弧段(A)/回退(U)]<结束>:　　\\ 造型轮廓线的第三点
直段下一点或[弧段(A)/回退(U)]<结束>:　　\\ 造型轮廓线的第四点
直段下一点或[弧段(A)/回退(U)]<结束>:　　\\ 右击回车键结束命令，命令绘制出矩形的墙体造型

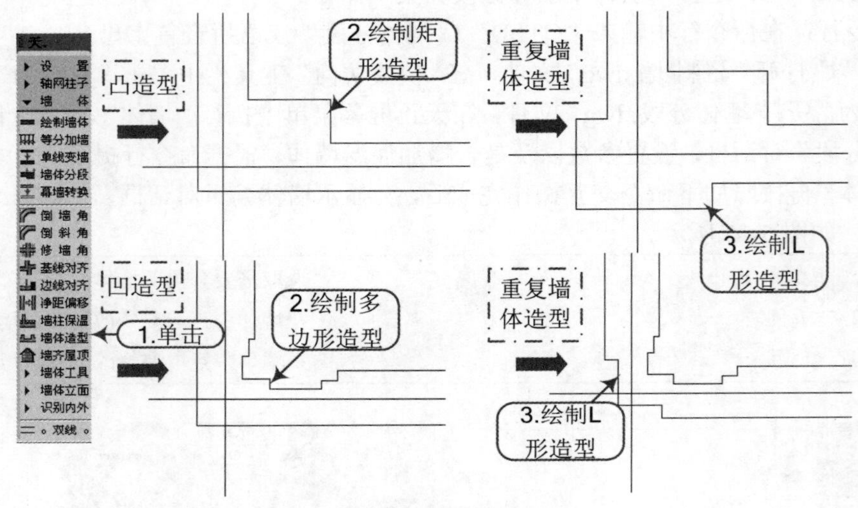

图 5-16　墙体造型

技巧：内凹的墙体造型

内凹的墙体造型还可用于不规则断面门窗洞口的设计(目前仅用于二维)，外凸造型可用于墙体改变厚度后出现缺口的补齐。从 8.5 开始，墙体造型也可以跟墙一样，通过“墙柱保温”命令添加保温层。

提示：“修墙角”命令

1) 使用“修墙角”命令可修复和更新复制或镜像后导致墙体造型不能融合的问题。

2) 修改墙体造型的夹点、对造型进行复制、镜像、移动后应执行“修墙角”命令更新墙体关系，否则造型无法融合墙体，例如，将 L 形凹造型镜像一次，造型无法与墙体融合，执行“修墙角”使之融合，如图 5-17 所示。

3) 删除墙体造型只要使用 Erase 命令，选择造型对象即可，用框选窗口可选择内凹造型。

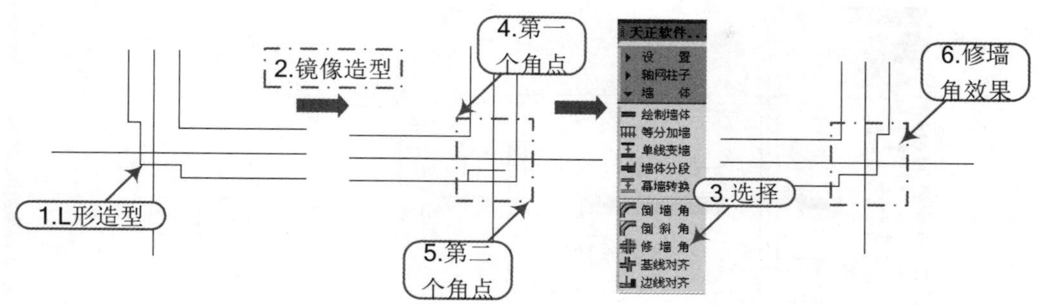

图 5-17 造型与墙融合

5.1.6 净距偏移

知识要点 "净距偏移" 功能类似 AutoCAD 的 Offset(偏移)命令(O)，可以用于室内设计中，以测绘净距建立墙体平面图的场合。

提示：墙体交叉处理办

> **执行"净距偏移"命令会自动处理墙端交接，但不处理由于多处净距偏移引起的墙体交叉，如有墙体交叉，请使用"修墙角"命令自行处理，如图 5-18 所示。**

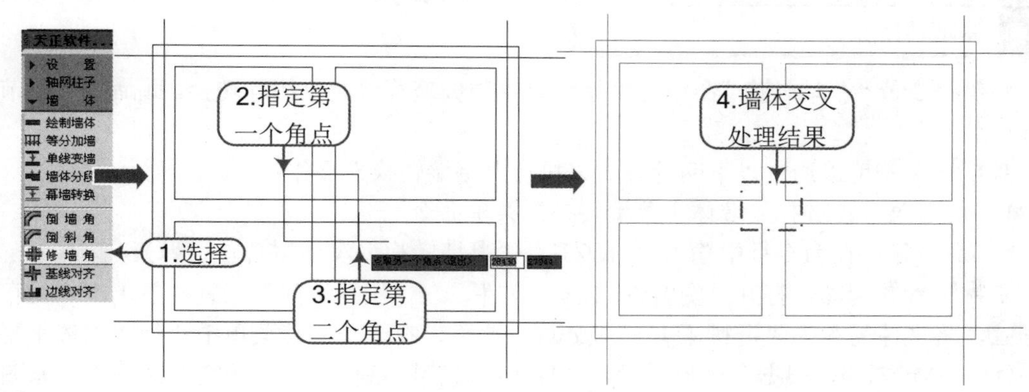

图 5-18 墙体交叉处理

执行方法 可以通过以下两种方式来执行"净距偏移"操作：

- 屏幕菜单：选择"墙体｜净距偏移"菜单命令。
- 命令行：在命令行中输入"JJPY"("净距偏移"汉语拼音首字母)。

操作实例 例如，打开"资料\墙.dwg"文件，在"快捷访问"工具栏中单击"另存为"按钮，将文件另存为"资料\净距偏移.dwg"文件，在天正屏幕菜单中执行"墙体｜净距偏移"命令（JJPY），根据命令栏提示操作，最后偏移出墙体造型效果，如图 5-19 所示。

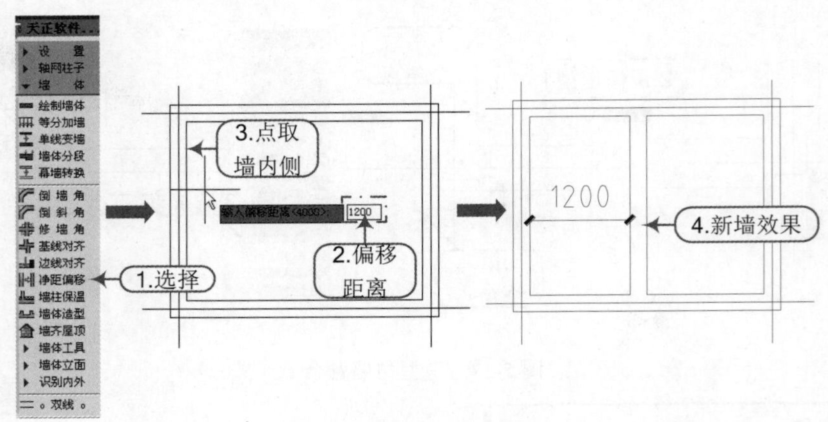

图 5-19 净距偏移

注意：偏移距离

在 CAD 里，偏移的对象是 L 线或 PL 线，总之一句话，其偏移对象是没有厚度的。而在天正系统下的“净距偏移”对象是墙体，墙体有厚度，作为墙其边线有两条，基线有一条，在执行“净距偏移”操作时“偏移距离”是指两墙体之间的净距离，也就是两墙体相临墙边线之间的距离。

5.1.7 幕墙转换

知识要点“幕墙转换”命令可以使墙对象与玻璃幕墙对象相互转换，此命令方便节能分析的操作。

执行方法可以通过以下两种方式来执行“幕墙转换”操作：

- 屏幕菜单：选择“墙体 | 幕墙转换”菜单命令。
- 命令行：在命令行中输入“MQZH”（“幕墙转换”汉语拼音首字母）。

操作实例例如，打开“资料\墙.dwg”文件，在“快捷访问”工具栏中单击“另存为”按钮，将文件另存为“资料\幕墙转换.dwg”文件，在天正屏幕菜单中执行“墙体 | 幕墙转换”命令（MQZH），根据命令栏提示，选择需要转换的墙体，最后按空格键确定，如图 5-20 所示。

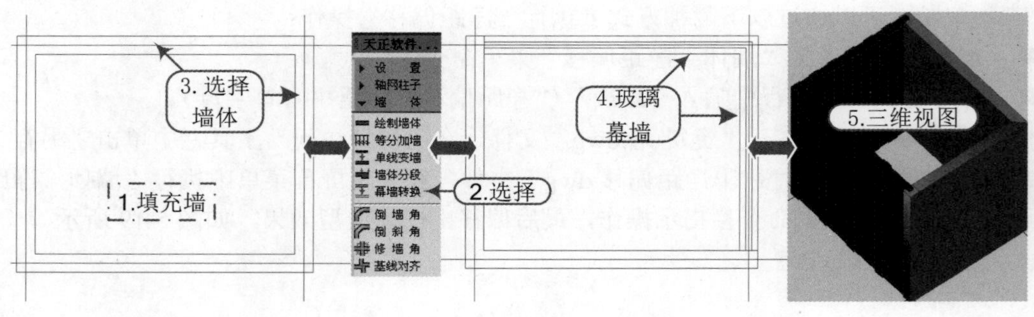

图 5-20 幕墙转换

提示：幕墙转墙

幕墙转墙的操作和墙转幕墙基本一样，只是在选择幕墙并按空格键确定后，会有一个命令行提示："请选择转换墙体材料：填充墙（0） 填充墙（1） 填充墙（2） 轻质隔墙（3） 砖墙（4） 石材（5） 混凝土（6）"，输入对应的数字就可将幕墙转化为相应材料的墙。

5.2 墙体的编辑

天正墙体对象支持 AutoCAD 的通用编辑命令，可使用包括偏移(Offset)、修剪(Trim)、延伸(Extend)等命令进行修改，对墙体执行以上操作时均不必显示墙基线。也可直接使用删除(Erase)、移动(Move)和复制(Copy)命令进行多个墙段的编辑操作。软件中也有专用编辑命令对墙体进行专业意义的编辑，比如"倒墙角""倒斜角""修墙角""基线对齐""墙保温层""墙齐屋顶"等；简单的参数编辑只需要双击墙体即可进入对象编辑对话框；拖动墙体的不同夹点可改变长度与位置。

5.2.1 倒墙角

知识要点 "倒墙角"命令功能与 AutoCAD 的圆角（Fillet）命令相似，专门用于处理两段不平行的墙体的端头交角，使两段墙以指定圆角半径进行连接，圆角半径按墙中线计算。

执行方法 可以通过以下两种方式来执行"倒墙角"的操作：

- 屏幕菜单：选择"墙体 | 倒墙角"命令。
- 命令行：在命令行中输入"DQJ"命令（"倒墙角"汉语拼音的首字母）。

操作实例 打开"资料\墙.dwg"文件，在"快捷访问"工具栏中单击"另存为"按钮，将文件另存为"资料\倒墙角.dwg"文件，在天正屏幕菜单中执行"墙体 | 倒墙角"命令（DQJ），根据命令栏提示操作，如图 5-21 所示。

```
选择第一段墙或[设圆角半径(R)，当前=300]<退出>:      \\ 输入 R
请输入倒角半径<300>:  250                         \\ 键入圆角的半径如 250
选择第一段墙或[设圆角半径(R)，当前=250]<退出>:      \\ 选择圆角的第一段墙体
选择另一段墙<退出> :                    \\ 选择圆角的第二段墙体，按空格键结束命令
```

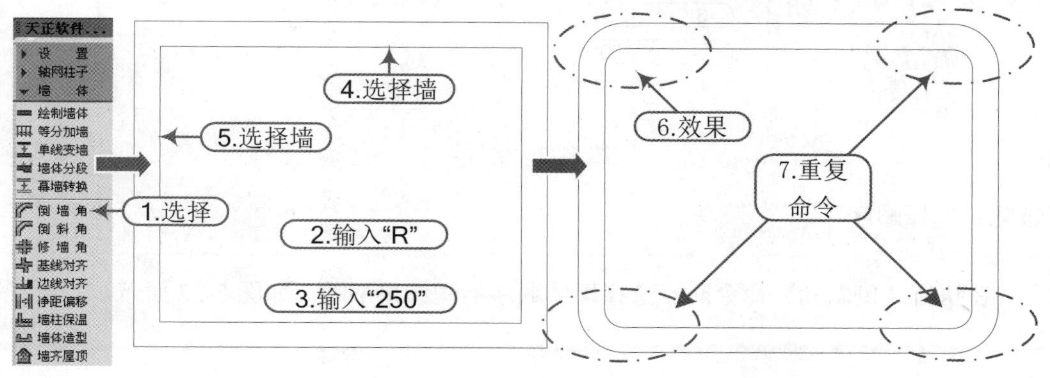

图 5-21 倒墙角

注意：倒角操作

> 当圆角半径不为 0，两段墙体的类型、总宽和左右宽(两段墙偏心)必须相同，否则不进行倒角操作；当圆角半径为 0 时，自动延长两段墙体进行连接，此时两墙段的厚度和材料可以不同，当参与倒角两段墙平行时，系统自动以墙间距为直径加弧墙连接；在同一位置不应反复进行半径不为 0 的圆角操作，在再次圆角前应先把上次圆角时创建的圆弧墙删除。

5.2.2 倒斜角

知识要点 “倒斜角”命令功能与 AutoCAD 的倒角（Chamfer）命令相似，专门用于处理两段不平行的墙体的端头交角，使两段墙以指定倒角长度进行连接，倒角距离按墙中线计算。

执行方法 可以通过以下两种方式来执行“倒斜角”操作：

- 屏幕菜单：选择“墙体 | 倒斜角”菜单命令。
- 命令行：在命令行中输入“DXJ”(“倒斜角”汉语拼音的首字母)。

操作实例 打开“资料\墙.dwg”文件，在“快捷访问”工具栏下按“另存为”按钮，将文件保存为“资料\倒斜角.dwg”文件。在天正屏幕菜单中执行“墙体 | 倒斜角”命令（DXJ）依照如下命令行提示进行“倒斜角”操作，如图 5-22 所示。

```
选择第一段直墙或[设距离(D),当前距离 1=0,距离 2=0]<退出>:          \\ 输入 D 设定倒角的长度
指定第一个倒角距离<0>:                                          \\ 键入倒角的第一段长度如 1500
指定第二个倒角距离<0>:                                          \\ 键入倒角的第二段长度如 800
选择第一段直墙或[设距离(D),当前距离 1=1500,距离 2=800]<退出>:   \\ 选择倒角的第一段墙体
选择另一段直墙<退出>:                                           \\ 选择倒角的第二段墙体
```

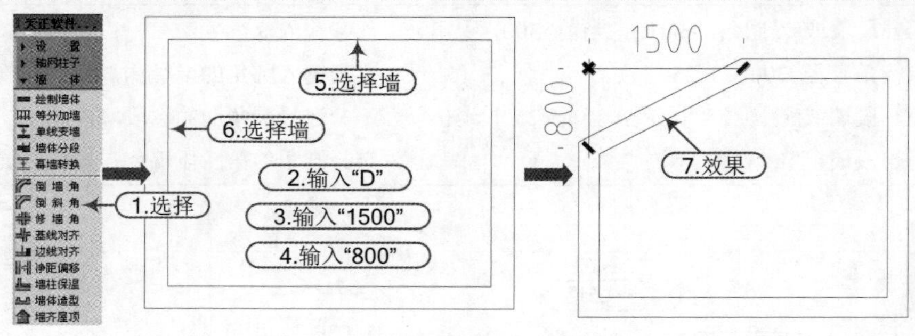

图 5-22 倒斜角

技巧：选择顺序

> 在执行“倒斜角”命令时，选择墙体顺序不同结果不同，如图 5-23 所示。

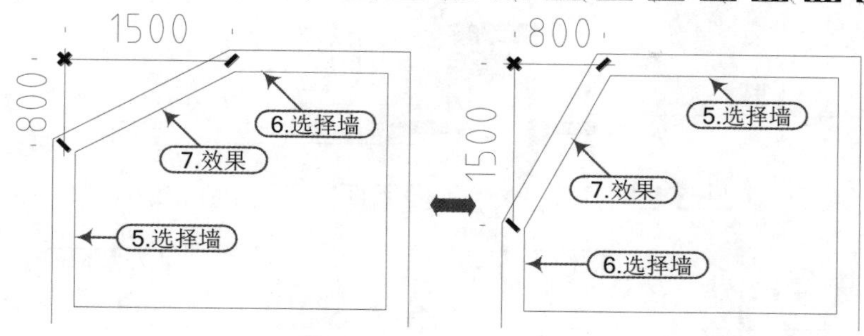

图 5-23 选择顺序的影响

（注意：前步骤 1~4 与图 5-22“倒斜角”中的步骤 1~4 相同，这儿就没表示出来。）

5.2.3 修墙角

知识要点 “修墙角”命令提供对属性完全相同的墙体相交处的清理功能，当用户使用 AutoCAD 的某些编辑命令，或者夹点拖动对墙体进行操作后，墙体相交处有时会出现未按要求打断的情况，采用本命令框选墙角可以轻松处理，本命令也可以更新墙体、墙体造型、柱子、以及维护各种自动裁剪关系，如柱子裁剪楼梯，凸窗一侧撞墙情况。

执行方法 可以通过以下两种方式来执行“修墙角”操作：

■ 屏幕菜单：选择“墙体｜修墙角”菜单命令。

■ 命令行：在命令行中输入“XQJ”（“修墙角”汉语拼音的首字母）。

操作实例 见“5.1 墙体的创建”下“5.1.5 墙体造型”提示，在此不再重复举例。

5.2.4 基线对齐

知识要点 “基线对齐”命令用于纠正以下两种情况的墙线错误：①由于基线不对齐或不精确对齐而导致墙体显示或搜索房间出错；②由于短墙存在而造成墙体显示不正确情况下去除短墙并连接剩余墙体。

执行方法 可以通过以下两种方式来执行“基线对齐”操作：

■ 屏幕菜单：选择“墙体｜基线对齐”菜单命令。

■ 命令行：在命令行中输入“JXDQ”（“基线对齐”汉语拼音的首字母）。

操作实例 打开“资料\基线对齐墙.dwg”文件。在天正屏幕菜单中执行“墙体｜基线对齐”命令（JXDQ）。依照如下命令行提示进行操作，如图 5-24 所示。

```
请点取墙基线的新端点或新连接点或[参考点(R)]<退出>:     \\ 点取作为对齐点的一个基线端点，
                                                       不应选取端点外的位置
请选择墙体(注意:相连墙体的基线会自动联动!)<退出>:       \\ 选择要对齐该基线端点墙体对象
请选择墙体(注意:相连墙体的基线会自动联动!)<退出>:       \\ 继续选择后回车退出
请点取墙基线的新端点或新连接点或[参考点(R)]<退出>:     \\ 点取其他基线交点作为对齐点
```

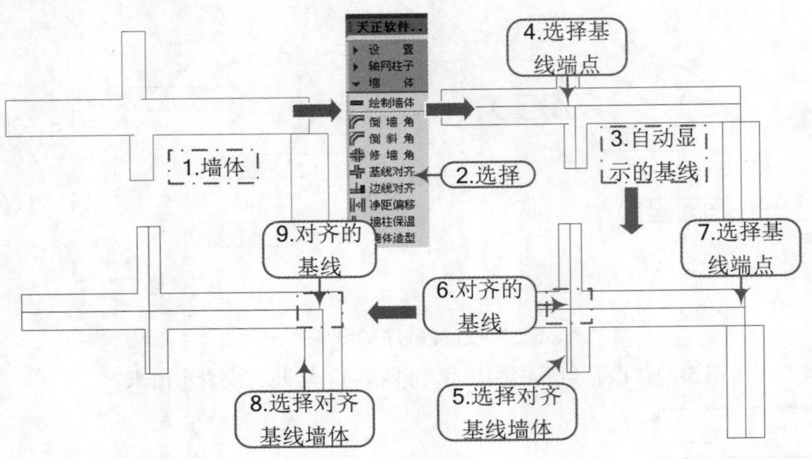

图 5-24　基线对齐

提示：选择顺序

在执行“基线对齐”命令时，选择顺序不同结果也会不同，如图 5-25 所示。

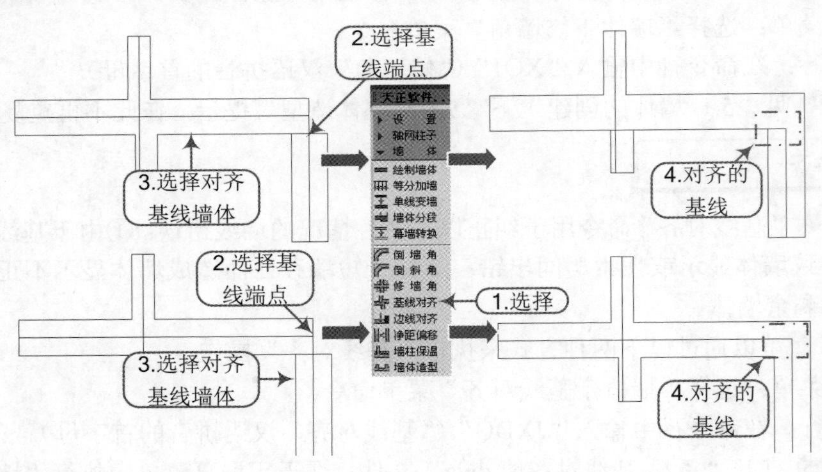

图 5-25　操作顺序影响

注意：基线对齐效果

“基线对齐”命令执行完成后，其墙体的位置和墙总宽都不会发生变化，但由于基线位置变化，所以墙体的左右宽发生了变化。

5.2.5　墙柱保温

知识要点 “墙柱保温”命令可在图中已有的墙段、墙体造型或柱子指定一侧加入或删除保温层线。遇到门，该线自动打断；遇到窗，自动把窗厚度增加。

执行方法 可以通过以下两种方式来执行“墙柱保温”操作：

- 屏幕菜单：选择“墙体 | 墙柱保温”菜单命令。
- 命令行：在命令行中输入“QZBW”（“墙柱保温”汉语拼音的首字母）。

操作实例 打开“资料\墙柱保温.dwg”文件，在天正屏幕菜单中执行“墙体 | 墙柱保温”命令（QZBW），依照命令行提示点取墙做保温的一侧，按空格键确定完成操作，如图 5-26 所示。

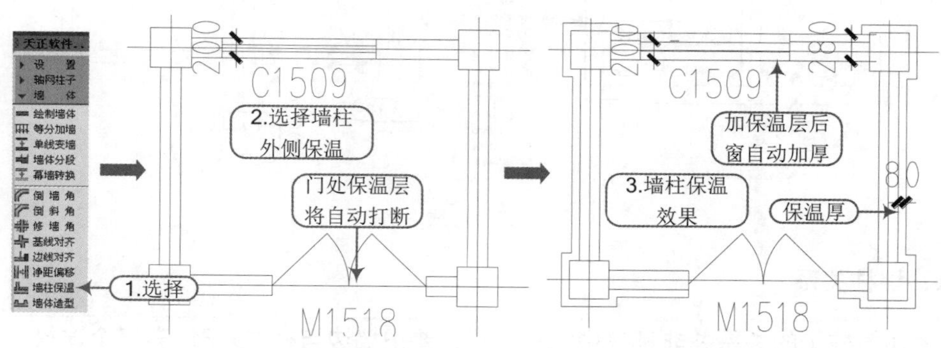

图 5-26 墙柱保温

技巧：命令行

> “墙柱保温”命令执行时，命令行提示：“指定墙、柱、墙体造型保温一侧或[内保温(I)/外保温(E)/消保温层(D)/保温层厚(当前=80)(T)]<退出>:”，这时，可直接选择墙体一侧，逐段点取，每次处理一个墙段；如果键入字母“I”或“E”，提示选择外(内)墙(注意：在此之前，已经执行过“墙体 | 识别内外”命令)，系统将自动排除内(外)墙，再对选中外(内)墙的内侧或外侧加保温层线；如果键入字母“D”，就可以将已经加上的保温层选择性删除；如果选择键入字母“T”，则可以按实际情况修改保温层的厚度。

注意：删除保温层

> “墙柱保温”在某段出错需要删除时，不能用 CAD 菜单下的“删除”命令(E)，如果执行“删除”命令(E)删除某段墙体保温时，会将保温层连同该保温层的墙也一并删除。只能按照上面命令行所说的执行“消保温层(D)”选项进行操作。

5.2.6 边线对齐

知识要点 “边线对齐”命令用来对齐墙边，并维持基线不变，仅将边线偏移到指定的位置。换句话说，就是维持基线位置和总宽不变，通过修改左右宽度达到边线与指定位置对齐的目的。通常用于处理墙体与某些特定位置的对齐，特别是和柱子的边线对齐。

执行方法 通过以下两种方式来执行“边线对齐”操作：

- 屏幕菜单：选择“墙体 | 边线对齐”菜单命令。
- 命令行：在命令行中输入“BXDQ”（“边线对齐”汉语拼音的首字母）。

操作实例 打开“资料\边线对齐柱.dwg”文件，在天正屏幕菜单中执行“墙体 | 边线对齐”命令（BXDQ），依照命令行提示，首先选择全部通过的点，继而选择墙体即可，如图 5-27 所示。

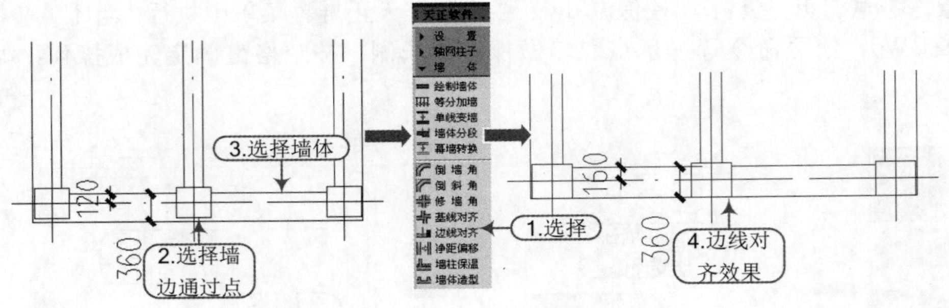

图 5-27 边线对齐

提示：墙柱关系

> 墙体与柱子的关系并非都是中线对中线，要把墙边与柱边对齐，有三个途径，一是直接用基线对齐柱边绘制。二是先不考虑对齐，而是先沿轴线绘制墙体，待绘制完毕后用“边线对齐”命令(BXDQ)处理，此命令可以把同一延长线方向上的多个墙段一次取齐，方便快捷。三是执行“柱齐墙边”命令(ZQQB)。

5.2.7 墙齐屋顶

知识要点 “墙齐屋顶”命令用来对齐墙边，并维持基线不变，仅将边线偏移到指定的位置。换句话说，就是维持基线位置和总宽不变，通过修改左右宽度达到边线与指定位置对齐的目的。通常用于处理墙体与某些特定位置的对齐，特别是和柱子的边线对齐。

执行方法 可以通过以下两种方式来执行“墙齐屋顶”操作：

- 屏幕菜单：选择“墙体 | 墙齐屋顶”菜单命令。
- 命令行：在命令行中输入“QQWD”(“墙齐屋顶”汉语拼音的首字母)。

操作实例 打开“资料\墙齐屋顶.dwg”文件，在天正屏幕菜单中执行“墙体 | 墙齐屋顶”命令(QQWD)，依照命令行提示，在平面图上，首先选择天正屋顶，继而选择将与屋顶相齐的墙柱即可，如图 5-28 所示。

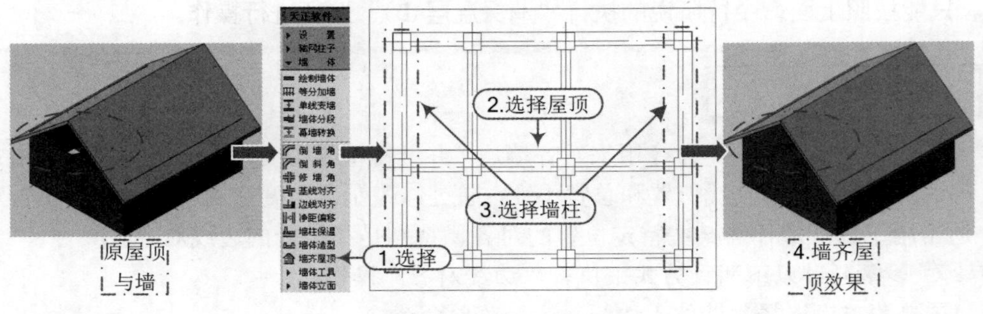

图 5-28 墙齐屋顶

提示：墙齐屋顶

在之前还没有“墙齐屋顶”命令时，要执行此操作是很复杂的。需要在三维模式下操作，首先修改齐屋顶的墙高，使其任意高出屋顶；然后在立面 UCS 环境下，沿屋顶绘制 PL 线；接下来执行“墙体｜墙体立面｜异型立面”命令(YXLM)，选中绘制的 PL 线，继而选中高出屋顶的墙。至此，才能使墙对齐屋顶。

5.2.8 普通墙的对象编辑

知识要点 对于已经建立好的墙体，如果需要修改墙体的某些参数，仅需要双击需要编辑的墙体，就会弹出“墙体编辑”对话框，在对话框中修改参数即可。

执行方法 在 TArch 2014 中，双击墙体即可对墙体进行编辑操作。

操作实例 打开“资料\墙.dwg”文件。双击墙体，在弹出的“墙体编辑”对话框中修改参数，如图 5-29 所示。

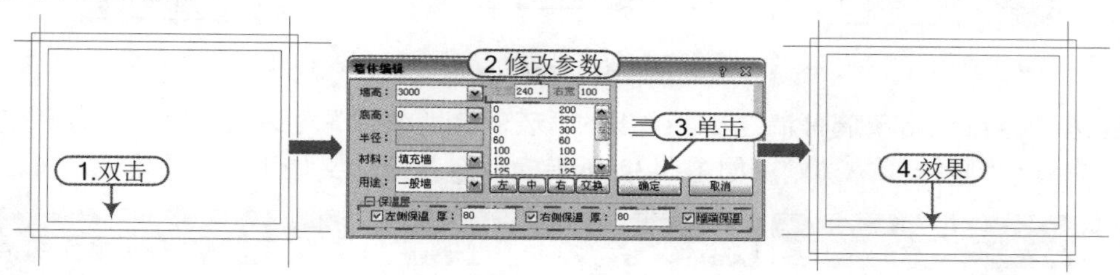

图 5-29 普通墙编辑

5.2.9 墙的反向编辑

知识要点 墙的反向编辑可将墙对象的起点和终点反向，既翻转了墙的生成方向，同时相应调整了墙的左右宽，且其边界不会发生变化。

执行方法 首先选择要反向的墙体，单击右键菜单的“曲线编辑”子菜单下的“反向”命令执行，如图 5-30 所示。

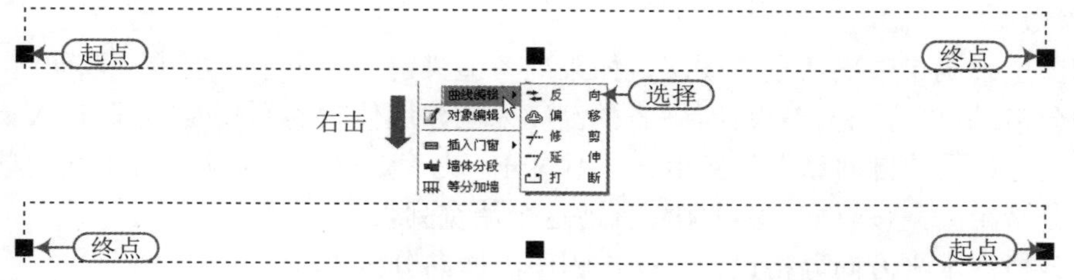

图 5-30 反向编辑

5.2.10 玻璃幕墙的编辑

知识要点 幕墙是建筑物的外墙护围，不承重，像幕布一样挂着，故而又称为悬挂墙。相同默认绘制玻璃幕墙以墙体形式绘制，默认三维下按“详细”构造显示，平面下按“示意”构造显示，通过对象编辑可修改幕墙分格形式与参数。

执行方法 双击玻璃幕墙，弹出“玻璃幕墙编辑”对话框，即可对其进行编辑操作。

操作实例 打开“资料\墙.dwg”文件，双击墙体，在弹出的“玻璃幕墙编辑”对话框中修改参数，如图 5-31 所示。

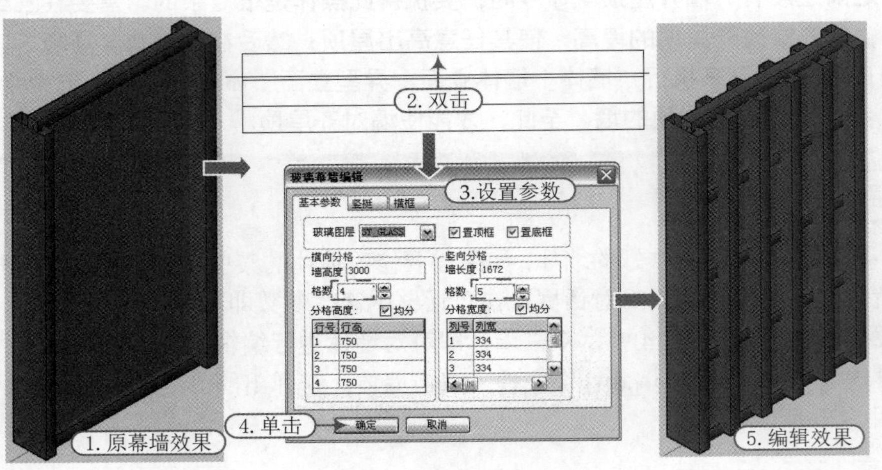

图 5-31　幕墙编辑

选项含义 在双击玻璃幕墙之后，弹出的“玻璃幕墙编辑”对话框下有三个选项卡，分别是“基本参数”“竖挺”“横框”，如图 5-32 所示，各选项的含义如下：

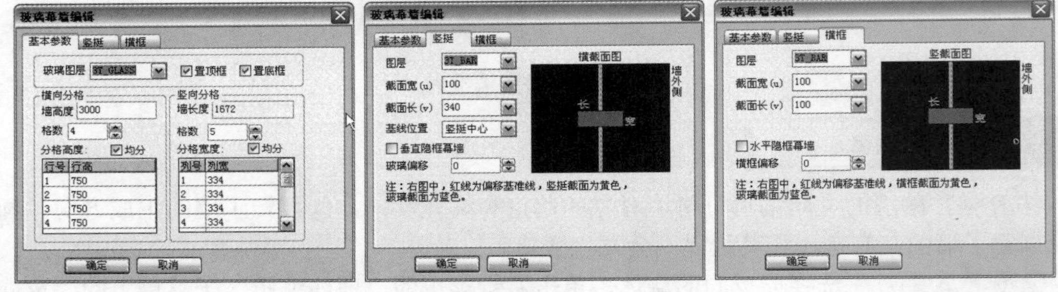

图 5-32　“玻璃幕墙编辑”选项卡

1）基本参数

■　玻璃图层：确定玻璃放置的图层，如果准备渲染请单独置于一层中，以便附给材质。

■　横向分格：高度方向分格设计。缺省的高度为创建墙体时的原高度，可以输入新高度，如果均分，系统自动算出分格距离；不均分，先确定格数，再从序号 1 开始顺序填写各个分格距离，按<Del>键可删除当前这个墙宽列表。

■　竖向分格：水平方向分格设计，操作程序同横向分格一样。

■　2）竖挺、横框

■　图层：确定竖挺或者横框放置的图层，如果进行渲染请单独置于一层中，以方便附材质。

■　截面宽/截面长：竖挺或横框的截面尺寸，见对话框示意窗口，其中竖挺的“截面长”默认等于幕墙的总宽度(忽略玻璃厚)。

■　垂直/水平隐框幕墙：勾选此项，竖挺或横框向内退到玻璃后面。如果不选择此项，分别按“对齐位置”和“偏移距离”进行设置。

- 玻璃偏移/横框偏移：定义本幕墙玻璃/横框与基准线之间的偏移，默认玻璃/横框在基准线上，偏移为 0。
- 基线位置：选下拉列表中预定义的墙基线位置，默认为竖挺中心。

提示：玻璃幕墙

幕墙和墙重叠时，幕墙可在墙内绘制，通过对象编辑修改墙高与墙底高，表达幕墙不落地或不通高的情况。

幕墙与普通墙类似，可以在其插入门窗，如图 5-33 所示。

幕墙中常常要求插入上悬窗用于通风。

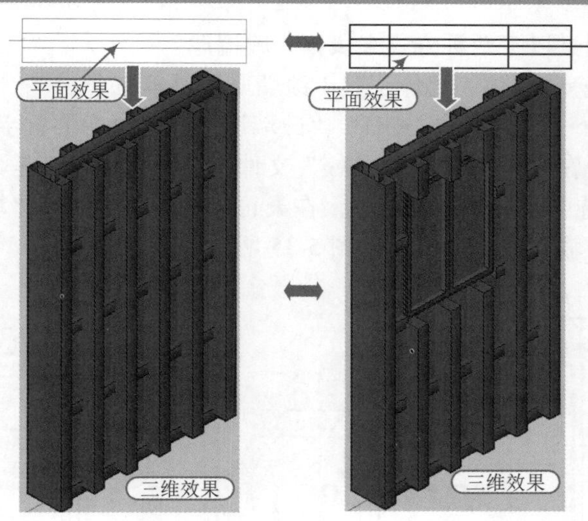

图 5-33　玻璃幕墙加窗

提示：设置幕墙显示

通过 Ctrl＋1 进入特性编辑，可设置玻璃幕墙的"外观→平面显示→"样式，默认为"示意"，可设置为"详图"，如图 5-34 所示。

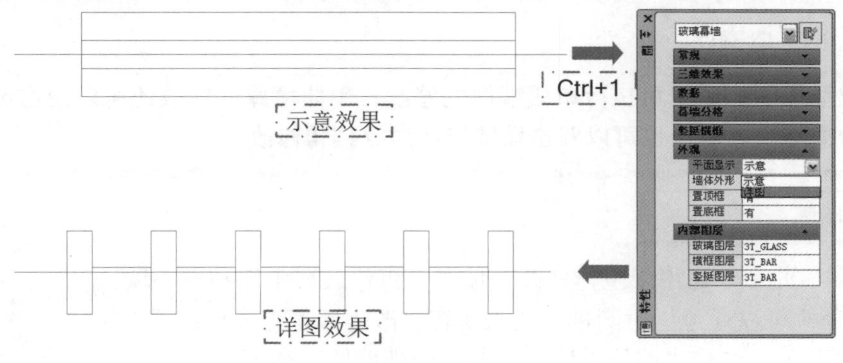

图 5-34　幕墙外观显示修改

5.3 墙体编辑工具

前面介绍过双击某段墙体，弹出“墙体编辑”对话框，就可对该段墙体进行修改，但是，如果需要对多个墙体进行同样的修改，用这个方法就太过麻烦；因此，天正还设计了“墙体工具”菜单用以一次性修改多个墙体对象。“墙体工具”菜单下包括“改墙厚”“改外墙厚”“改高度”“改外墙高”“平行生线”以及“墙端封口”几个工具命令。

5.3.1 改墙厚

知识要点 此命令按照墙基线居中的规则批量修改多段墙体的厚度，但不适合修改偏心墙。

执行方法 可以通过以下两种方式来执行“改墙厚”操作。

- 屏幕菜单：选择“墙体 | 墙体工具 | 改墙厚”菜单命令。
- 命令行：在命令行中输入“GQH”（“改墙厚”汉语拼音的首字母）。

操作实例 例如，在“资料\改墙厚.dwg”文件中，所有墙体都是240墙体，想要将其外墙改为370墙，首先选中需要修改的墙体，在天正屏幕菜单中执行“墙体 | 墙体工具 | 改墙厚”命令(GQH)，然后输入参数即可，如图5-35所示。

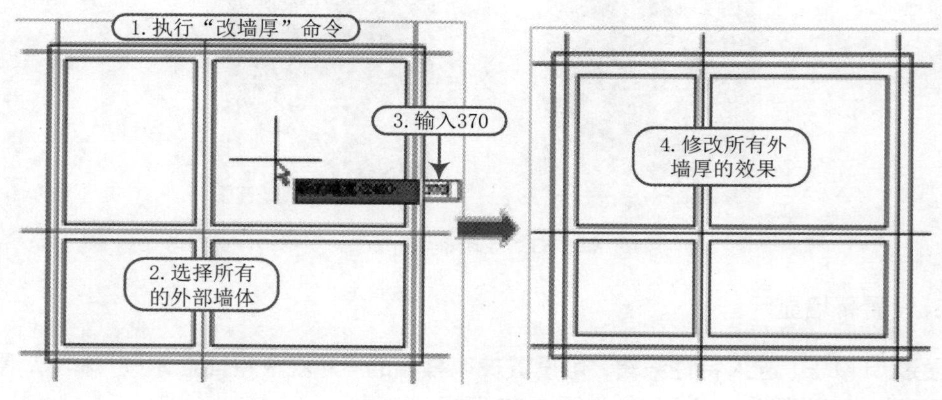

图 5-35　多段墙体修改

提示：单段修改墙厚

> “改墙厚”命令也可执行单段墙厚的修改；单段墙厚的修改还可以用右键菜单中的“对象编辑”命令，也可以双击墙体进行对象编辑修改。

5.3.2 改外墙厚

知识要点 此命令可用于整体修改外墙厚，可修改居中墙和偏心墙。

执行方法 可以通过以下两种方式来执行“改外墙厚”操作：

- 屏幕菜单：选择“墙体 | 墙体工具 | 改外墙厚”菜单命令。
- 命令行：在命令行中输入“GWQH”（“改外墙厚”汉语拼音的首字母）。

操作实例 例如，打开“资料\改墙厚.dwg”文件，在“快捷访问”工具栏下单击“另存为”按钮，将文件保存为“资料\改外墙厚.dwg”，在天正屏幕菜单中选择“墙体｜墙体立面｜改外墙厚” 命令(GWQH)，将其外墙均改为370墙，按照如下命令交互进行操作。

请选择外墙：	\\光标框选墙体，只有外墙亮显
内侧宽<120>：	\\输入外墙基线到外墙内侧边线距离，按空格键
外侧宽<120>：	\\输入外墙基线到外墙外侧边线距离 240

提示：识别内外

执行“改外墙厚”命令前应事先识别外墙，否则无法找到外墙进行处理。执行“识别内外”命令，识别外墙，如图 5-36 所示。

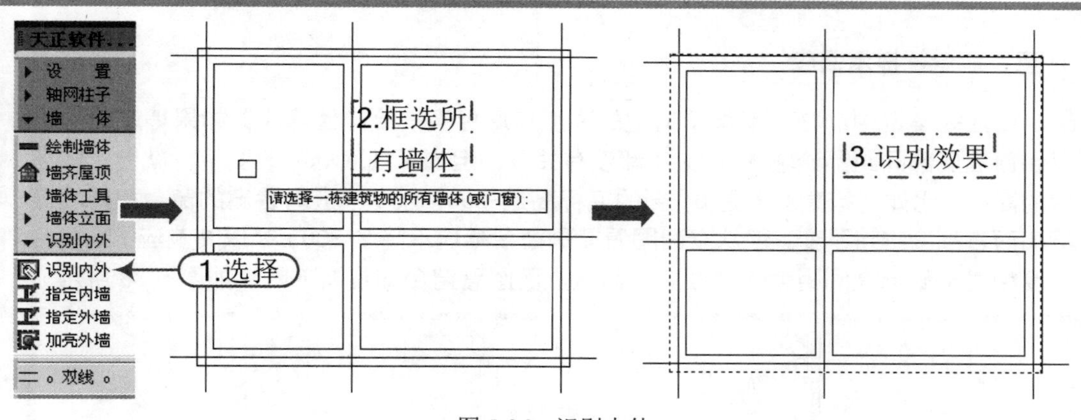

图 5-36 识别内外

5.3.3 改高度

知识要点 此命令可对选中的柱、墙体及其造型的高度和底标高成批进行修改，是调整这些构件竖向位置的主要手段。修改底标高时,门窗底的标高可以和柱、墙联动修改。

执行方法 可以通过以下两种方式来执行“改高度”操作：

- 屏幕菜单：选择“墙体｜墙体工具｜改高度”菜单命令。
- 命令行：在命令行中输入“GGD”(“改高度”汉语拼音的首字母)。

操作实例 例如打开“资料\改外墙厚.dwg”文件，在“快捷访问”工具栏下单击“另存为”按钮，将文件保存为“资料\改高度.dwg”，在天正屏幕菜单中选择“墙体｜墙体立面｜改高度”命令(GGD)，将其外墙高由原来的3000改为3300，按照如下命令交互进行操作，如图 5-37 所示。

选择墙体、柱子或墙体造型:	\\选择需要修改的建筑对象
新的高度<3000>:	\\输入新的对象高度 3300
新的标高<0>:	\\输入新的对象底面标高(相对于本层楼面的标高)
是否维持窗墙底部间距不变?(Y/N) [N]:	\\输入 Y 或 N，认定门窗底标高是否同时修改

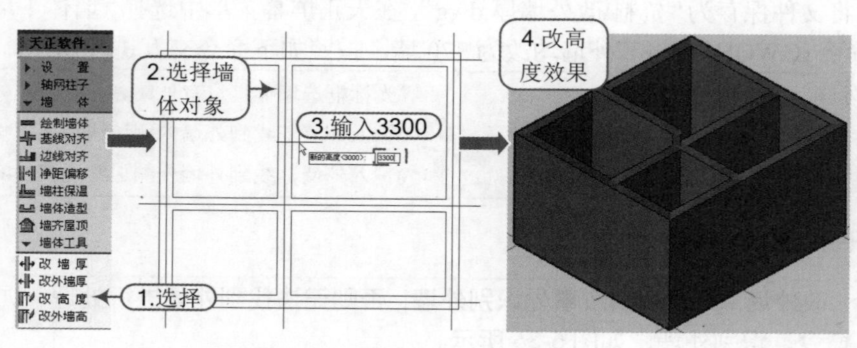

图 5-37　改高度

注意：命令行提示回应

> 回应完毕选中的柱、墙体及造型的高度和底标高按给定值修改。如果墙底标高不变，窗墙底部间距不论输入 Y 或 N 都没有关系，但如果墙底标高改变了，就会影响窗台的高度，比如底标高原来是 0，新的底标高是-300，以 Y 响应时各窗的窗台相对墙底标高而言高度维持不变，但从立面图看就是窗台随墙下降了 300；如以 N 响应，则窗台高度相对于底标高间距就作了改变，而从立面图看窗台却没有下降，如图 5-38 所示。

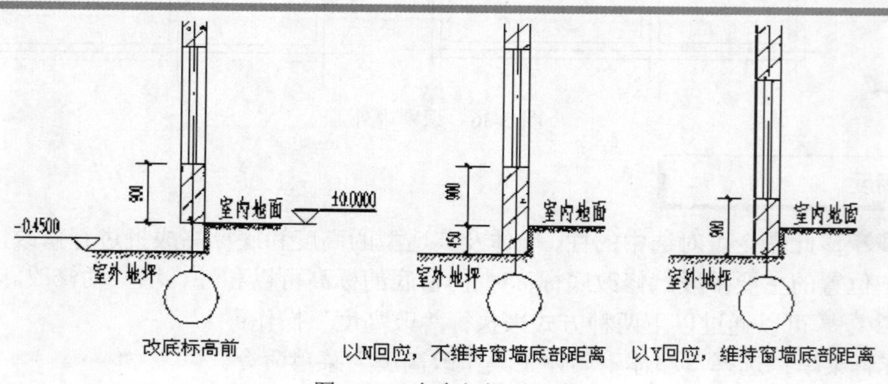

图 5-38　命令行提示示意

5.3.4　改外墙高

知识要点 此命令通常用在无地下室的首层平面，把外墙从室内标高延伸到室外标高，执行方法同“改高度”；执行“改外墙高”命令前应事先识别外墙，执行“墙体｜识别内外｜识别内外”命令，之前已介绍，不再累述。

执行方法 可以通过以下两种方式来执行“改外墙高”操作：

- 屏幕菜单：选择“墙体｜墙体工具｜改外墙高”菜单命令。
- 命令行：在命令行中输入“GWQG”（“改外墙高”汉语拼音的首字母）。

操作实例 例如，打开“资料\改高度.dwg”文件，在“快捷访问”工具栏下单击“另存为”按钮，将文件保存为“资料\改外墙高.dwg”，在天正屏幕菜单中选择“墙体｜墙体立面｜改外墙高”命令（GWQG），将其外墙高由原来的 3000 改为 3600，按照“改高度”命令交互进行操作，如图 5-39 所示。

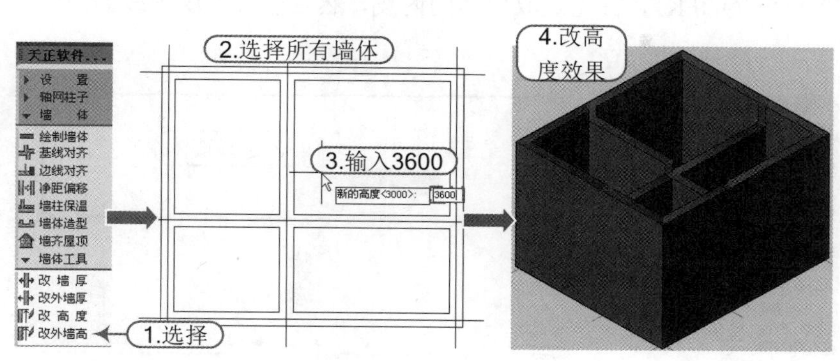

图 5-39　改外墙高

5.3.5 平行生线

知识要点“平行生线”命令类似 CAD 菜单命令偏移 Offset（O），生成一条与墙线(分侧)平行的曲线，也可以用于柱子，生成与柱子周边平行的一圈粉刷线。

执行方法可以通过以下两种方式来执行“平行生线”操作：

- 屏幕菜单：选择“墙体｜墙体工具｜平行生线”菜单命令。
- 命令行：在命令行中输入“PXSX”(“平行生线”汉语拼音的首字母)。

操作实例例如打开“资料\墙.dwg”文件，在“快捷访问”工具栏下单击“另存为”按钮，将文件保存为“资料\平行生线.dwg”，在天正屏幕菜单中选择“墙体｜墙体立面｜平行生线”命令(PXSX)，首先点取墙体的内皮，然后输入墙皮到线的净距，如图 5-40 所示。

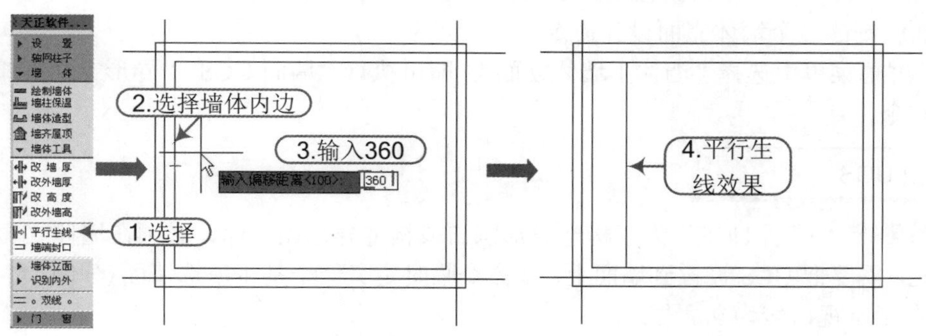

图 5-40　平行生线

5.3.6 墙端封口

知识要点“墙端封口”命令可改变墙体对象自由端的显示形式，使用本命令可以使其在封闭和开口两种形式间相互转换。

执行方法可以通过以下两种方式来执行“墙端封口”操作：

- 屏幕菜单：选择“墙体｜墙体工具｜墙端封口”菜单命令。
- 命令行：在命令行中输入“QDFK”(“墙端封口”汉语拼音的首字母)。

操作实例例如打开“资料\墙端封口.dwg”文件，在天正屏幕菜单中选择“墙体｜墙体立面｜墙端封口”命令(QDFK)，首先点取墙体的内皮，然后输入墙皮到线的净距，如图 5-41 所示。

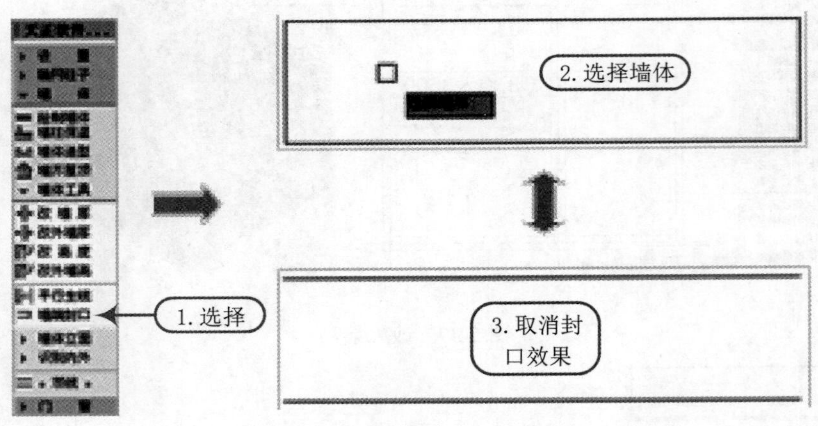

图 5-41　墙端封口效果

注意：执行条件

> **“墙端封口”命令不影响墙体的三维效果，并且对已经与其他墙相接的墙端不起作用。**

5.4 墙体立面工具

墙体立面工具并不是在立面施工图上执行的命令，而是在平面图绘制时，为立面或三维建模做准备而编制的几个墙体立面设计命令。

在天正屏幕菜单中选择“墙体｜墙体立面”，即可执行“墙面 UCS”“异形立面”和“矩形立面”等命令。

5.4.1 墙面 UCS

知识要点 “墙面 UCS”为了构造异形洞口或构造异形墙立面，必须在墙体立面上定位和绘制图元，需要把 UCS 设置到墙面上，本命令临时定义一个基于所选墙面(分侧)的 UCS 用户坐标系,在指定视口转为立面显示。

执行方法 可以通过以下两种方式来执行“墙面 UCS”操作：

- 屏幕菜单：选择“墙体｜墙体立面｜墙面 UCS”菜单命令。
- 命令行：在命令行中输入“QMUCS”。

操作实例 例如，打开“资料\单线变墙.dwg”文件，在“快捷访问”工具栏下单击“另存为”按钮，将文件保存为“资料\墙面 UCS.dwg”，在天正屏幕菜单中选择“墙体｜墙体立面｜墙面 UCS”命令（QMUCS），按照命令行提示，“请点取墙体一侧<退出>:”，点取墙体的外皮，如图 5-42 所示。

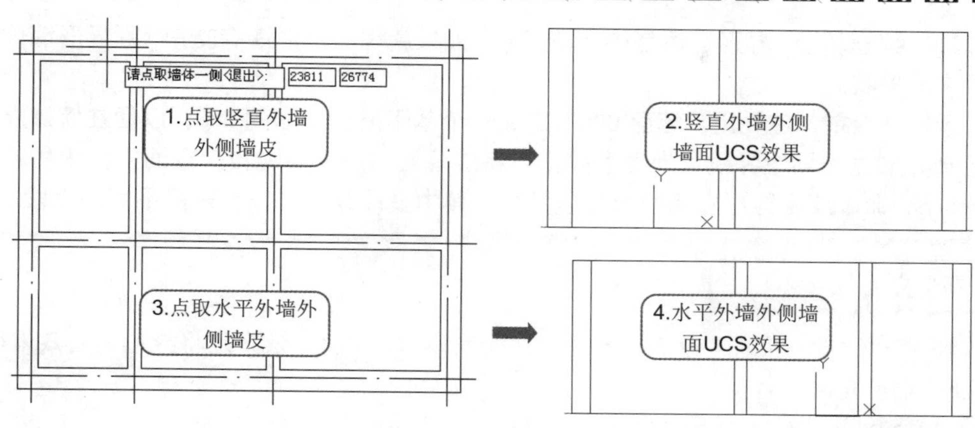

图 5-42 墙面 UCS

5.4.2 异形立面

知识要点 “异形立面”命令通过对矩形立面墙的适当剪裁构造出不规则立面形状的特殊墙体，如创建双坡或单坡山墙与坡屋顶底面相交。

执行方法 可以通过以下两种方式来执行“异形立面”操作：

- 屏幕菜单：选择“墙体 | 墙体立面 | 异形立面”菜单命令。
- 命令行：在命令行中输入“YXLM” （“异形立面”汉语拼音的首字母）。

操作实例 例如，打开“资料\墙面 UCS.dwg”文件，在“快捷访问”工具栏下单击“另存为”按钮，将文件保存为“资料\异形立面.dwg”，在天正屏幕菜单中选择“墙体 | 墙体立面 | 异形立面”命令(YXLM)，按照命令行提示进行操作，如图 5-43 所示。

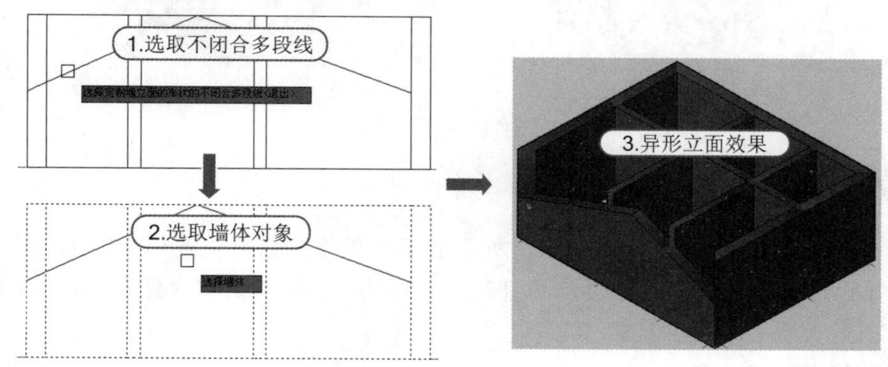

图 5-43 异形立面

技巧：异形立面

异形立面的剪裁边界依据墙面上绘制的多段线(Pline)表述，如果想构造后保留矩形墙体的下部，多段线从墙两端一边入一边出即可；如果想构造后保留左部或右部，则在墙顶端的多段线端头指向保留部分的方向。

墙体变为异形立面后，夹点拖动等编辑功能将失效。异形立面墙体生成后如果接续墙端延续画新墙，异形墙体能够保持原状，如果新墙与异形墙有交角，则异形墙体恢复原来的形状。

运行命令前，应先用“墙面 UCS”定义一个基于所选墙面的 UCS，以便在墙体立面上绘制异形立面墙边界线，为便于操作可将屏幕置为多视口配置，立面视口中用多段线(Pline)命令绘制异形立面墙剪裁边界线，其中多段线的首段和末段不能是弧段。

5.4.3 矩形立面

知识要点“矩形立面”命令是异形立面的反命令，即命令效果是将异形立面效果墙体恢复为标准的矩形立面墙。

执行方法可以通过以下两种方式来执行“矩形立面”操作：

- 屏幕菜单：选择“墙体 | 墙体立面 | 矩形立面”菜单命令。
- 命令行：在命令行中输入“JXLM”（“矩形立面”汉语拼音的首字母）。

操作实例例如，打开“资料\异形立面.dwg”文件，在“快捷访问”工具栏下单击“另存为”按钮，将文件保存为“资料\矩形立面.dwg”，在天正屏幕菜单中选择“墙体 | 墙体立面 | 矩形立面”命令(JXLM),按照命令行提示进行操作，如图 5-44 所示。

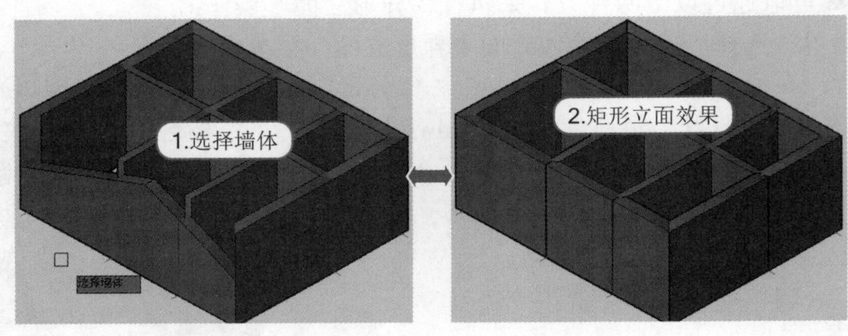

图 5-44　矩形立面

5.5 内外识别工具

在天正 TArch 2014 中“墙体 | 识别内外”的子菜单下的命令主要用于对墙的内外之分进行区别，在执行这些命令后，系统会自动判断内、外墙；包括“识别内外”“指定内墙”“指定外墙”和“加亮外墙”四项工具命令。

5.5.1 识别内外

知识要点“识别内外”命令可自动识别内、外墙，同时可设置墙体的内外特征，在节能设计中要使用外墙的内外特征。

执行方法可以通过以下两种方式来执行“识别内外”操作：

- 屏幕菜单：选择“墙体 | 识别内外”菜单命令。
- 命令行：在命令行中输入“SBNW”（“识别内外”汉语拼音的首字母）。

操作实例例如，打开“资料\单线变墙.dwg”文件，在“快捷访问”工具栏下单击“另

存为”按钮，将文件保存为“资料\识别内外.dwg”，在天正屏幕菜单中选择“墙体 | 识别内外”命令（SBNW），按照命令行提示，框选全部墙体即可；此时，识别出的外墙用红色的虚线示意。

5.5.2 指定内墙

知识要点“指定内墙”命令用手工选取方式将选中的墙体置为内墙，内墙在三维组合时不参与建模，可以减少三维渲染模型的大小与内存消耗。

执行方法可以通过以下两种方式来执行“指定内墙”操作：

- 屏幕菜单：选择“墙体 | 识别内外 | 指定内墙”菜单命令。
- 命令行：在命令行中输入“ZDNQ”（“指定内墙”汉语拼音的首字母）。

操作实例例如，打开“资料\单线变墙.dwg”文件，在“快捷访问”工具栏下单击“另存为”按钮，将文件保存为“资料\指定内墙.dwg”，在天正屏幕菜单中选择“墙体 | 识别内外 | 指定内墙”命令（ZDNQ），自主选取墙体，指定为内墙即可。

5.5.3 指定外墙

知识要点“指定外墙”命令将选中的普通墙体内外特性置为外墙，除了把墙指定为外墙外，还能指定墙体的内外特性用于节能计算，也可以把选中的玻璃幕墙两侧翻转，适用于设置了隐框(或框料尺寸不对称)的幕墙，调整幕墙本身的内外朝向。

执行方法可以通过以下两种方式来执行“指定外墙”操作：

- 屏幕菜单：选择“墙体 | 识别内外 | 指定外墙”菜单命令。
- 命令行：在命令行中输入“ZDWQ”（“指定外墙”汉语拼音的首字母）。

操作实例例如，打开“资料\单线变墙.dwg”文件，在“快捷访问”工具栏下单击“另存为”按钮，将文件保存为“资料\指定外墙.dwg”，在天正屏幕菜单中选择“墙体 | 识别内外 | 指定外墙”命令（ZDWQ），按照命令行提示，点取外墙的外皮一侧或幕墙框边线，此时，选中墙体的外边线亮显。

5.5.4 加亮外墙

知识要点“加亮外墙”命令将选中的普通墙体内外特性置为外墙，除了把墙指定为外墙外，还能指定墙体的内外特性用于节能计算，也可以把选中的玻璃幕墙两侧翻转，适用于设置了隐框(或框料尺寸不对称)的幕墙，调整幕墙本身的内外朝向。

执行方法可以通过以下两种方式来执行“加亮外墙”操作。

- 屏幕菜单：选择“墙体 | 识别内外 | 加亮外墙”菜单命令。
- 命令行：在命令行中输入“JLWQ”（“加亮外墙”汉语拼音的首字母）。

操作实例例如，打开“资料\单线变墙.dwg”文件，在天正屏幕菜单中选择“墙体 | 识别内外 | 加亮外墙”命令(JLWQ)即可，图中外墙墙体的外边线全部亮显。

5.6 综合练习——某住宅楼墙体

案例	某住宅楼墙体.dwg	视频	某住宅楼墙体.avi

实战要点：①绘制墙体；②编辑墙体；③修改墙体；④异形立面墙体。

操作步骤

步骤 01 正常启动 TArch 2014 软件，单击“快捷访问”工具栏下的“打开”按钮，将“案例\04\某住宅楼柱子.dwg”文件打开,再单击“另存为”按钮，将文件另存为“案例\05\某住宅楼墙体.dwg”文件。

步骤 02 在天正屏幕菜单中执行“墙体｜绘制墙体”命令(HZQT)，弹出“绘制墙体”对话框，设置墙体参数如图 5-45 所示，捕捉轴网交点绘制此住宅楼外墙如图 5-46 所示。

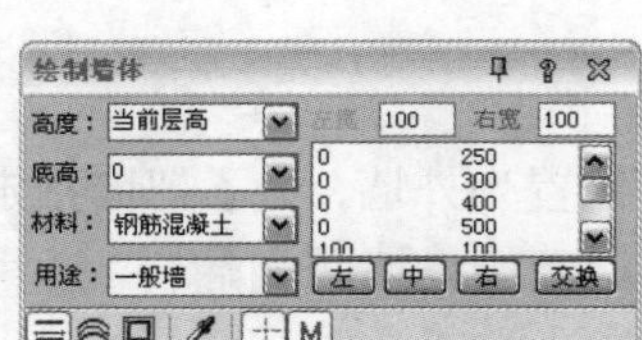

图 5-45 外墙绘制参数

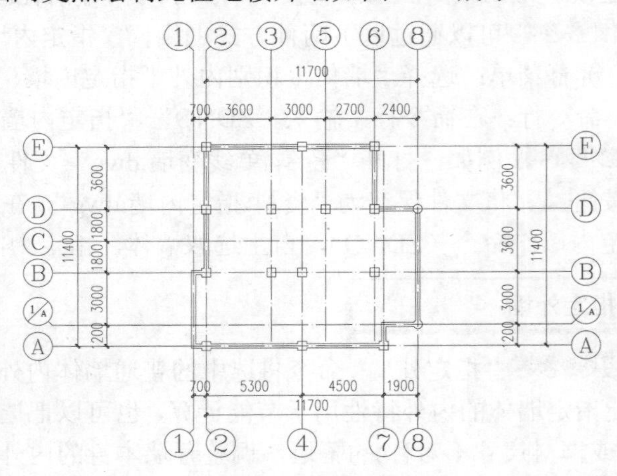

图 5-46 绘制的外墙

步骤 03 重复执行“墙体｜绘制墙体”命令(HZQT)绘制内墙，设置参数，如图 5-47 所示，捕捉轴网交点绘制此住宅楼内墙，如图 5-48 所示。

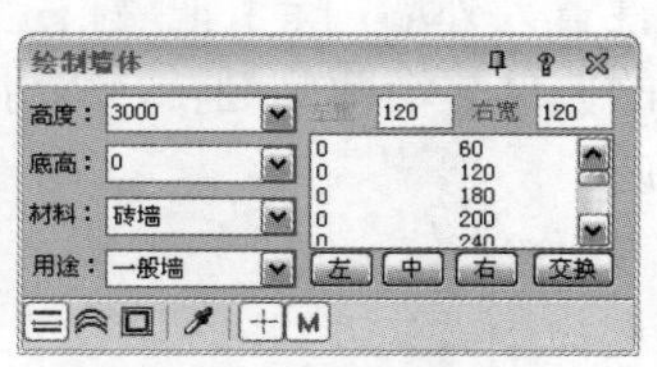

图 5-47 内墙绘制参数

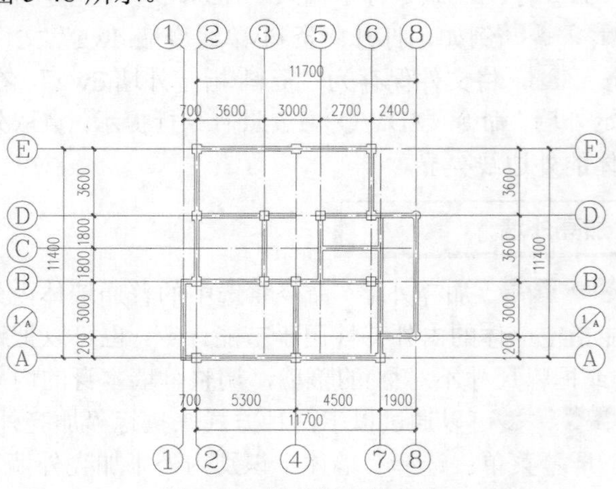

图 5-48 继续绘制的内墙

步骤 04 在天正屏幕菜单中执行“墙体｜净距偏移”命令（JJPY），将墙段 A4 到 B4 向左偏移 2100，将偏移得到的墙体和 4 号轴之间的墙体向上偏移 1500；偏移结束后，选中偏移墙体的上半部分，执行 CAD 菜单下的“删除”命令(E)，双击墙体，设置墙体的材料为“砖墙”，效果如图 5-49 所示。

步骤 05 选中上一步中绘制的墙体，在天正屏幕菜单中执行“墙体｜墙体工具｜改墙厚”命令(GQH)，将墙厚修改为 120，如图 5-50 所示。

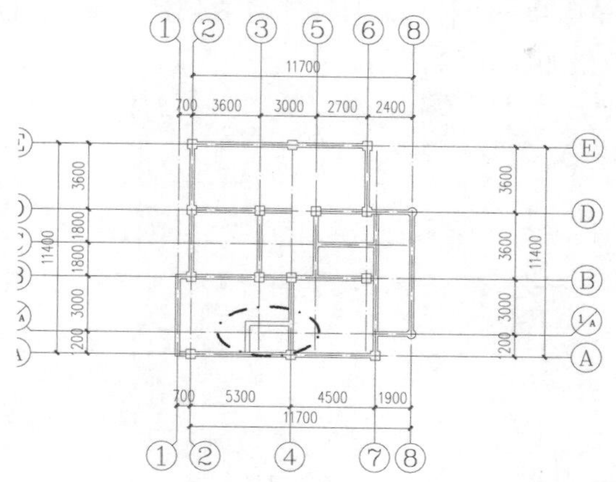

图 5-49 “净距偏移”和“删除”效果

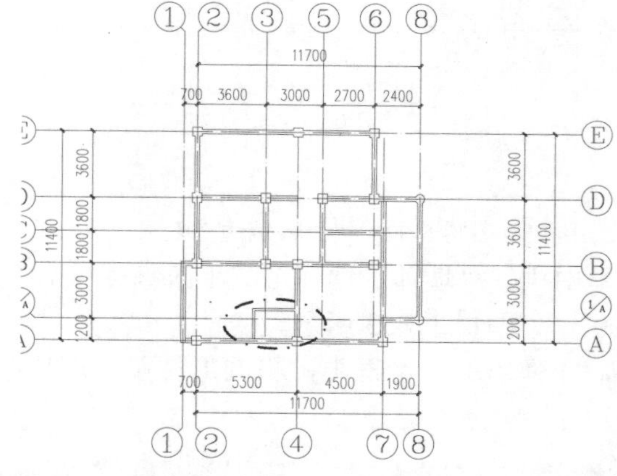

图 5-50 改墙厚

步骤 06 在天正屏幕菜单中执行“墙体 | 倒墙角”命令(DQJ)，设置“半径(R)”为 500，效果如图 5- 51 所示。

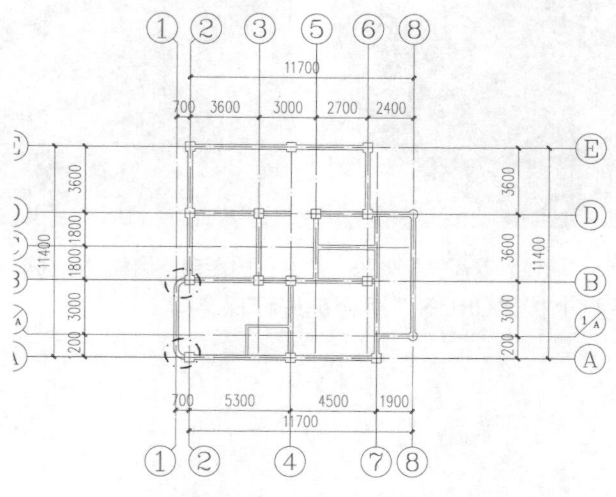

图 5-51 “倒墙角”效果

步骤 07 在天正屏幕菜单中执行“轴网和柱子｜柱齐墙边”命令(ZQQB)，将外墙上的柱子的外边和外墙外边对齐，效果如图 5-52 所示。

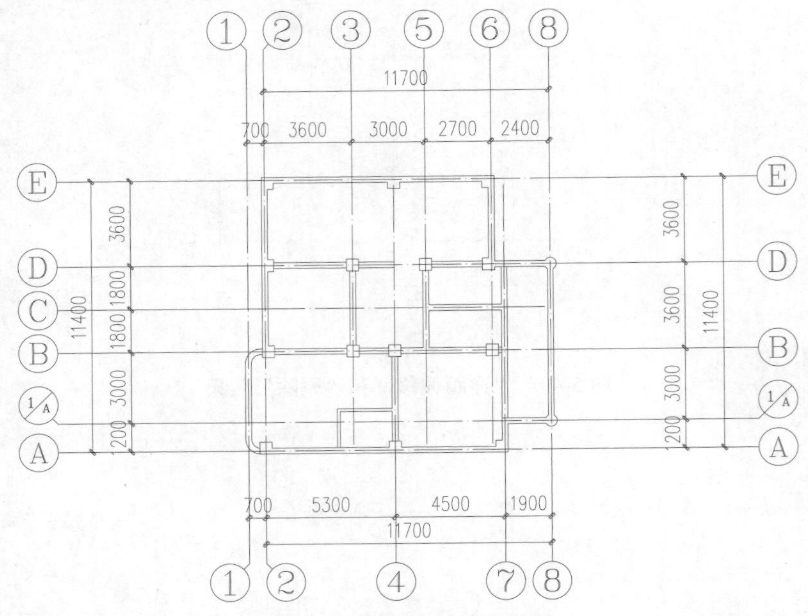

图 5-52 “柱齐墙边”效果

步骤 08 在天正屏幕菜单中执行“墙体｜墙体工具｜改高度”命令(GGD)，将与圆形柱子相连的墙体高度均改为 1500，效果如图 5-53 所示。

步骤 09 双击圆形柱子，在弹出的对话框中，将圆形柱子高度均改为 1500，效果如图 5-54 所示。

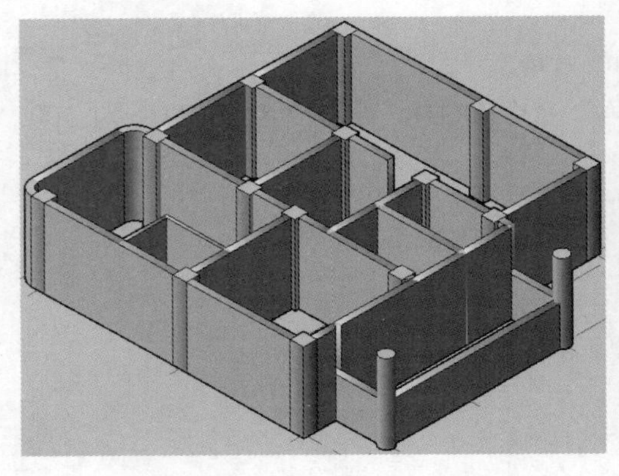

图 5-53 墙体“改高度”效果

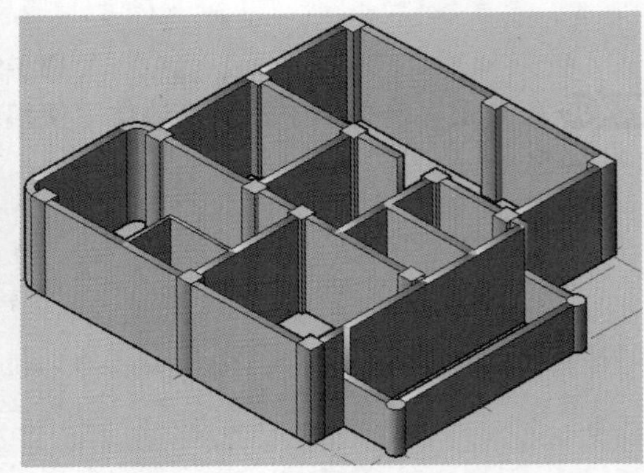

图 5-54 圆柱“改高度”效果

步骤 10 最后，在键盘上按“Ctrl+S”组合键进行保存。

6

门窗

本章导读

天正门窗是一种附属于墙体并需要在墙上开启洞口，带有编号的天正 CAD 自定义对象，它包括通透的和不通透的墙洞在内；门窗和墙体建立了智能联动关系，门窗插入墙体后，墙体的外观几何尺寸不变，但墙体对象的粉刷面积、开洞面积已经立刻更新以备查询。

本章内容

- 门窗的创建
- 门窗的编辑
- 门窗编号与门窗表
- 门窗工具
- 门窗库
- 综合练习——某住宅楼门窗

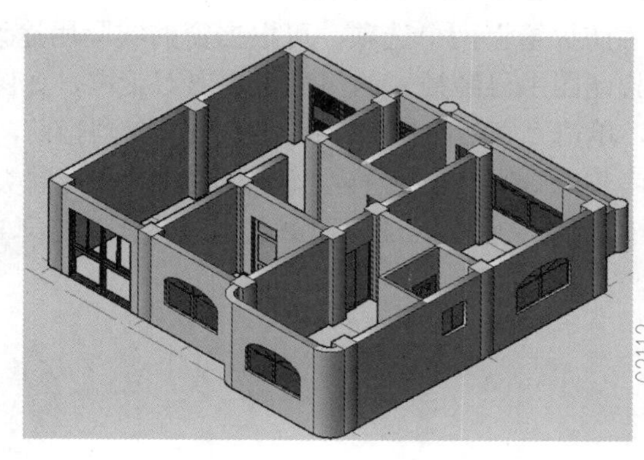

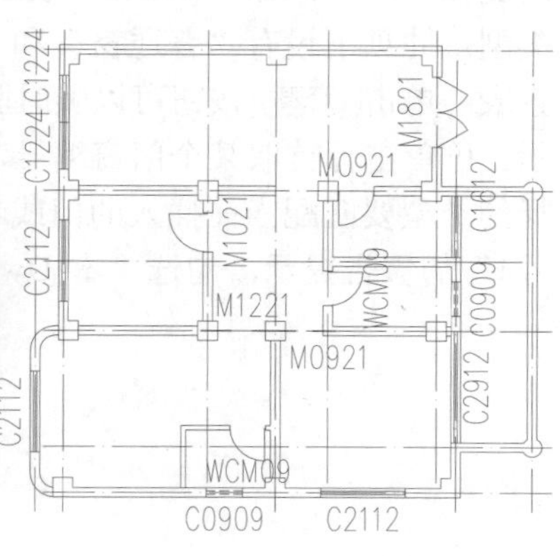

6.1 门窗的创建

门窗是天正建筑软件中的核心对象之一，类型和形式非常丰富，然而大部分门窗都使用矩形的标准洞口，并且在一段墙或多段相邻墙内连续插入，规律十分明显。创建这类门窗，就是要在墙上确定门窗的位置。

6.1.1 门窗

知识要点 在 TArch 2014 中，因其定位方式基本相同，包括普通门、普通窗、弧窗、凸窗和矩形洞等类型门窗可用“门窗”命令（MC）创建。

执行方法 可以通过以下两种方式来执行绘制“门窗”操作：

- 屏幕菜单：选择“门窗 | 门窗”菜单命令。
- 命令行：在命令行中输入“MC”（“门窗”汉语拼音的首字母）。

操作实例 例如，打开“资料\墙.dwg”文件，在天正屏幕菜单中执行“门窗 | 门窗”命令后，将弹出“门窗”对话框，单击“插窗”按钮，设置窗参数如图 6-1 所示，单击“依据点取位置两侧的轴线进行等分插入”按钮，插入窗如图 6-2 所示。

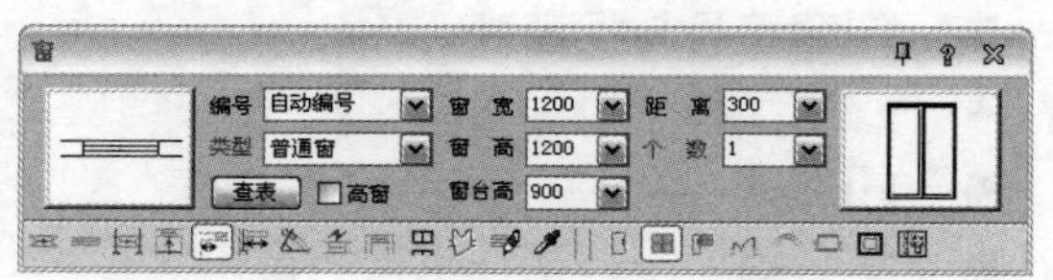

图 6-1　设置窗参数

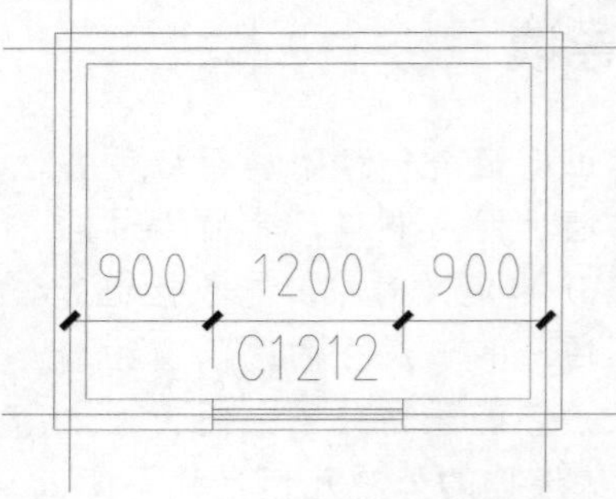

图 6-2　插入窗

选项含义 在“门窗”对话框中，分隔条左边是定位模式图标，右边是门窗类型图标，对话框上侧是待创建门窗的参数。定位模式图标和待创建门窗的参数中各选项的功能与含义如下：

- 编号：可输入简单编号如 M1、C1，或者选择“自动编号”，天正系统就会按照门窗的高宽自动编号，如“C1212”表示“窗宽 1200，窗高 1200”。
- 类型：此项下设有“普通窗”和“防火窗”两个选项，可根据窗的实际用途设置。
- 查表：单击 查表 按钮可以随时验证图中已经插入的门窗，弹出对话框，如图 6-3 所示。可单击行首取某个门窗编号，单击“确定”把这个编号的门窗取到当前，注意选择的类型要匹配当前插入的门或者窗，否则会出现“类型不匹配，请选择同类门窗编号！”的警告提示，勾选“本 Dwg 门窗”后，验证门窗就仅选择本图已插入的门窗。

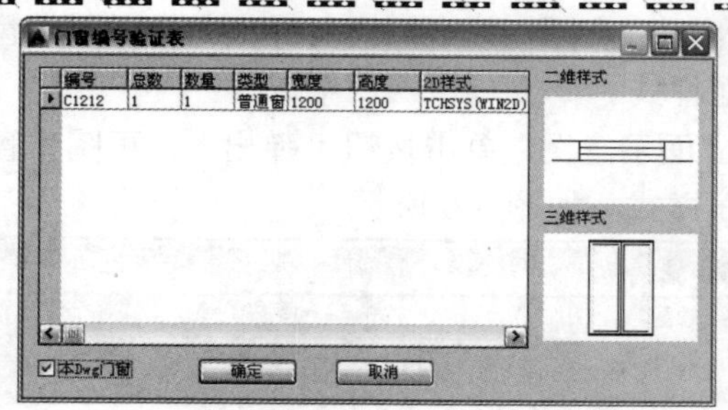

图 6-3 查表

（注意：在本 Dwg 文件中，仅插入了一个门窗，所以表项只有一个。）

- 高窗：勾选后按规范图例以虚线表示高窗。
- 窗宽：插入窗的宽度，可在其下拉列表中选择符合要求的值，如果下拉列表中没有符合的，则可手工输入值。
- 窗高：插入窗的高度，可在其下拉列表中选择符合要求的值，如果下拉列表中没有符合的，则可手工输入值。
- 窗台高：插入窗的下侧与地面或楼面的距离，可在其下拉列表中选择符合要求的值，如果下拉列表中没有符合的，则可手工输入值。
- 距离：在单击“垛宽定距插入”按钮或“轴线定距插入”按钮前提下，才能激活此选项，输入数值表示插入门窗时的垛宽定距值，如图 6-4 所示。

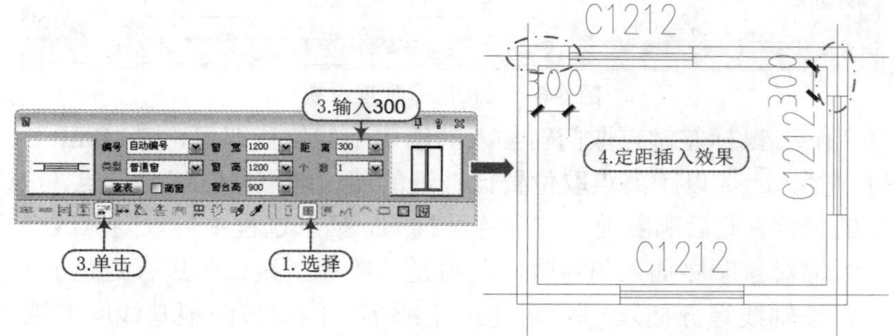

图 6-4 “定距插入”与“距离”

- 个数：此项表示同时插入门窗的数量，可在其下拉列表中选择符合要求的值，如果下拉列表中没有符合的，则可手工输入值，如图 6-5 所示。

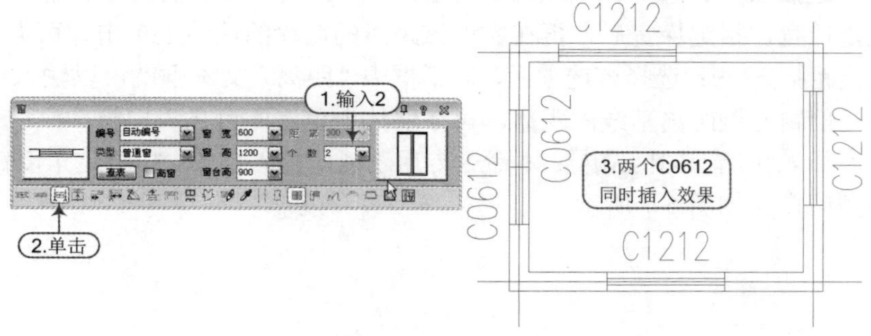

图 6-5 个数

■ 左侧[button]：门窗的平面示意图，单击按钮可弹出“天正图库管理系统”对话框，在其中可选择门窗的平面样式。

■ 右侧[button]：门窗的立面示意图，单击按钮可弹出“天正图库管理系统”对话框，在其中可选择门窗的立面样式，如图 6-6 所示。

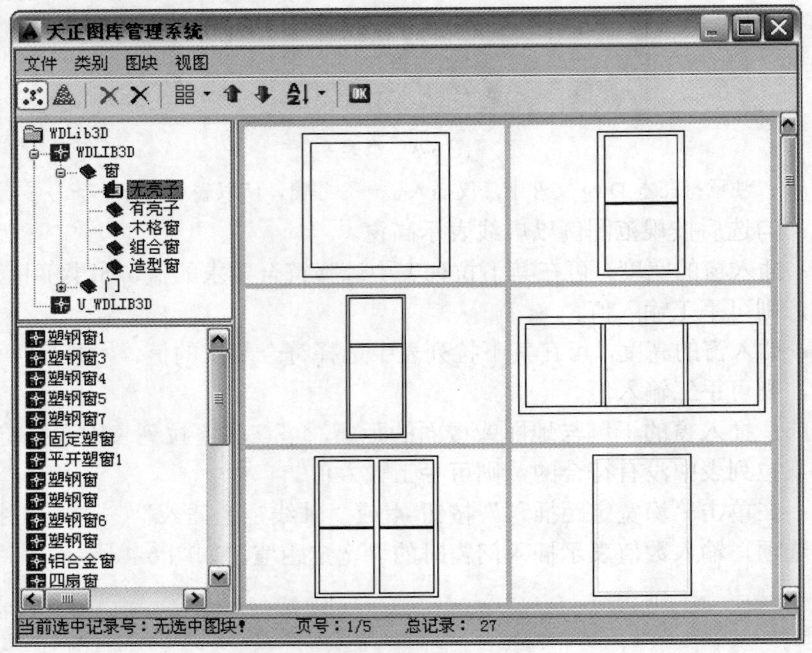

图 6-6 天正图库管理系统

■ 自由插入[button]：鼠标左键点取门窗插入的墙体中的位置即可，按“Shift 键”改变开向。

■ 沿墙顺序插入[button]：以距离点取位置比较近的墙边端点或基线为起点，按给定的距离插入选定的门窗，此后顺着前进方向连续插入，插入过程中可以随意改变门窗类型和参数。在弧墙对象顺序插入门窗时，门窗是按照墙基线弧长进行定位的。

■ 点取位置按轴线等分插入[button]：可将一个或多个门窗按两根基线间的墙段等分中间插入，如果该墙段没有轴线，则会按墙段基线等分插入。

■ 点取位置按墙段等分插入[button]：与轴线等分插入相似，是按照某一墙段上按该段墙体较短的一侧边线插入一个或多个门窗，使各个门窗之间墙垛的间距相等。

■ 垛宽定距插入[button]：选择该选项后，对话框中“距离”文本框就可以输入一个数值，该值就是垛宽，指定垛宽后，再在靠近该距离的墙垛的墙体上单击即可插入门窗。

■ 轴线定距插入[button]：选择该选项后，对话框中“距离”文本框就可以输入一个数值，该值就是门窗左侧距离基线的距离，再在墙体上单击即可插入门窗。

■ 按角度插入弧墙上的门窗[button]：本命令专用于弧墙插入门窗，按给定角度在弧墙上插入直线型门窗，如图 6-7 所示。

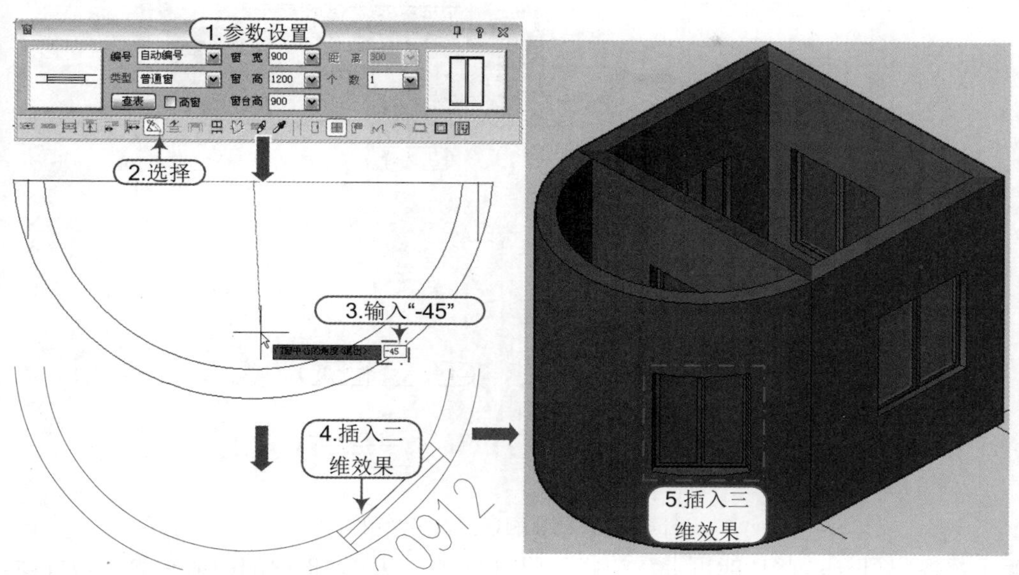

图 6-7 按角度插入弧墙上的门窗

■ 根据鼠标位置居中或定距插入门窗：选择该方式，命令栏会提示“键入 Q”，选择按墙体或轴线定距离插入门窗，同时，系统会给出标识，大概居中位置，然后供读者自行选择插入门窗的位置。

■ 充满整个墙段插入门窗：表示门窗在门窗宽度方向上完全充满一段墙，使用这种方式时，门窗宽度参数由系统自动确定。

■ 插入上层门窗：在墙段上现有的门窗上方再加一个宽度相同、高度不同的门或窗，这种情况常常出现在高大的厂房外墙中，如图 6-8 所示。

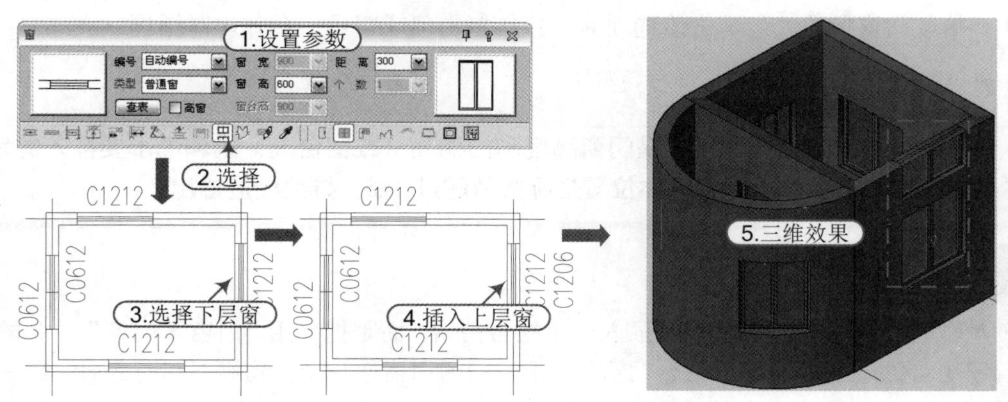

图 6-8 插入上层门窗

■ 在已有洞口插入多个门窗：在同一段墙体已有的门窗洞口内再插入其他样式的门窗，常用于防火门、密闭门、户门和车库门中，如图 6-9 所示。

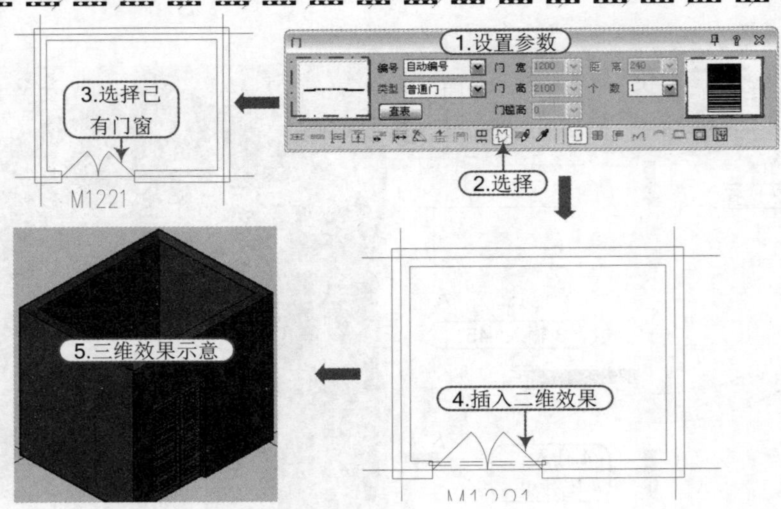

图 6-9 在已有洞口插入多个门窗

■ 替换门窗：此功能可批量的修改门窗类型，用对话框内的当前参数作为目标参数，替换图中已经插入的门窗。在对话框右侧会出现参数过滤开关，如图 6-10 所示。如果不打算改变某一参数，可去除该参数开关，对话框中该参数按原图保持不变。

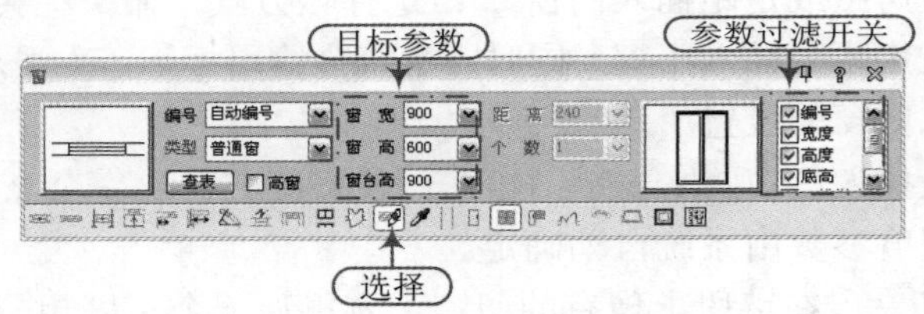

图 6-10 替换门窗

■ 拾取门窗参数：单击该选项后，直接单击门或窗后，会弹出对话框。

注意：门窗插入失败

门窗创建失败的原因可能是门窗高度和门槛高（或窗台高）的和高于要插入的墙体高度；或者是插入门窗的墙体位置坐标数值超过 1E5，导致精度溢出。

6.1.2 组合门窗

知识要点 此命令并不是直接插入一个组合门窗，而是把使用“门窗丨门窗”命令插入的多个门窗组合为一个整体的“组合门窗”，组合后的门窗按一个门窗编号进行统计，在三维显示时子门窗之间不再有多余的墙面；还可以使用构件入库命令把将创建好的常用组合门窗入构件库，使用时从构件库中直接选取。

执行方法 可以通过以下两种方式来执行“组合门窗”命令：

■ 屏幕菜单：选择“门窗|组合门窗”菜单命令。

■ 命令行：在命令行中输入“ZHMC”（“组合门窗”汉语拼音首字母）。

操作实例 例如，打开“资料\门窗.dwg”文件，在天正屏幕菜单中执行“门窗|组合门窗”

命令（ZHMC）后，然后根据如下命令行提示进行操作，如图 6-11 所示。

选择需要组合的门窗和编号文字: \\ 选择要组合的第一个门窗
选择需要组合的门窗和编号文字: \\ 选择要组合的第二个门窗
选择需要组合的门窗和编号文字: \\ 选择要组合的第三个门窗
选择需要组合的门窗和编号文字: \\ 按回车键结束选择
输入编号: \\ 输入“MC-01”并按回车键结束

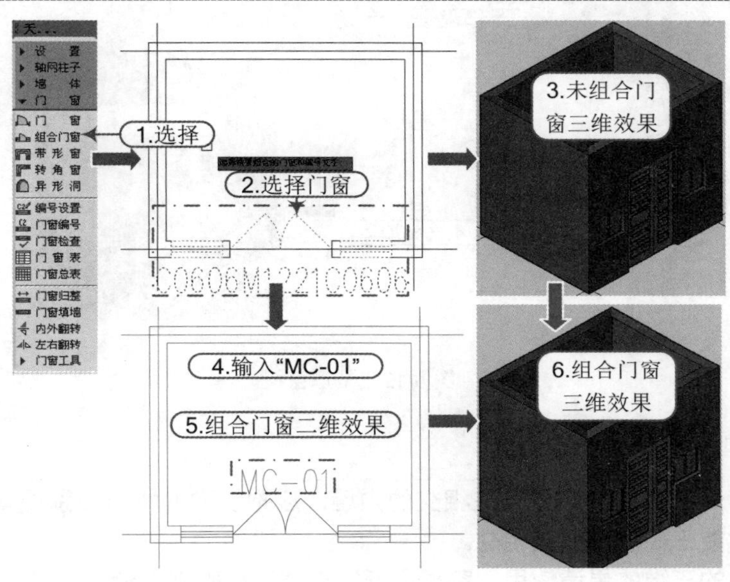

图 6-11 组合门窗

注意：组合门窗的高度问题

组合门窗命令不会自动对各子门窗的高度进行对齐，要使其高度对齐，需对组合门窗执行“分解”命令（X），将其分解为子门窗，修改各子门窗参数后重新执行“组合门窗”命令(ZHMC)。建议在组合前实现按照需要将高度参数调整好。

本命令用于绘制复杂的门连窗与子母门，简单的情况可直接用“门窗”命令下的“插门连窗”绘制，不必使用组合门窗命令。

6.1.3 带形窗

知识要点 此命令创建窗台高与窗高相同，沿墙连续的带形窗对象，按一个门窗编号进行统计，带形窗转角可以被柱子、墙体造型遮挡。

执行方法 可以通过以下两种方式来执行“带形窗”命令：

- 屏幕菜单：选择“门窗|带形窗”菜单命令。
- 命令行：在命令行中输入“DXC”（“带形窗”汉语拼音首字母）。

操作实例 例如，打开“资料\门窗.dwg”文件，在天正屏幕菜单中执行“门窗|带形窗”命令（DXC），将弹出“带形窗”对话框，在对话框中设置参数，然后按照如下命令行提示进行操作，如图 6-12 所示。

起始点或[参考点(R)]<退出>:	\\ 在带形窗开始墙段点取准确的起始位置
终止点或[参考点(R)]<退出>:	\\ 在带形窗结束墙段点取准确的结束位置
选择带形窗经过的墙:	\\ 选择带形窗经过多个墙段
选择带形窗经过的墙:	\\ 按回车键结束

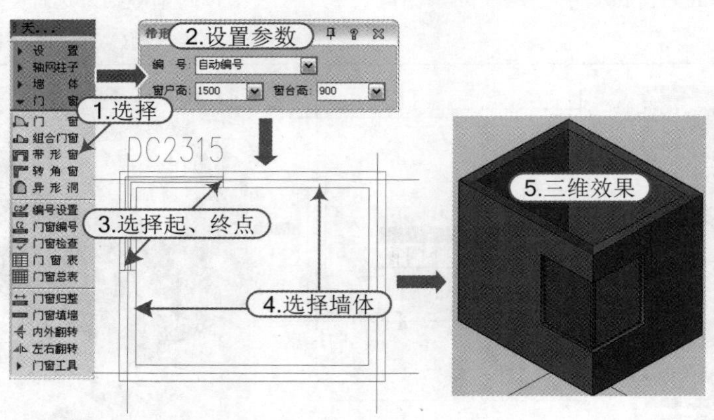

图 6-12　带形窗

注意：带形窗的处理

如果在带形窗经过的路径存在相交的内墙，应把它们的材料级别设置得比带形窗所在墙低，才能正确表示窗墙相交。

玻璃分格的三维效果请使用“窗棂展开”与“窗棂映射”命令处理。

带形窗暂时还不能设置为洞口。

带形窗本身不能被 Stretch(拉伸)命令拉伸，否则会消失。

转角处插入柱子可以自动遮挡带形窗，其他位置应先插入柱子后创建带形窗。

6.1.4 转角窗

知识要点 此命令创建在墙角位置插入窗台高、窗高相同、长度可选的一个角凸窗对象，可输入一个门窗编号。在 TArch8.5 中可设角凸窗两侧窗为挡板，挡板厚度参数可以设置，转角窗支持外墙保温层的绘制，如外墙带保温时加转角窗，在挡板外侧会根据天正选项->基本设定的图形设置内容决定是否加保温层。

执行方法 可以通过以下两种方式来执行“转角窗”操作：

- 屏幕菜单：选择“门窗 | 转角窗”菜单命令。
- 命令行：在命令行中输入“ZJC”（“转角窗”汉语拼音首字母）。

操作实例 例如，打开“资料\门窗.dwg”文件，在天正屏幕菜单中执行“门窗 | 转角窗”命令（ZJC），将弹出“绘制角窗”对话框，在对话框中按设计要求选择转角窗的三种类型：角窗、角凸窗与落地的角凸窗（不按下“凸窗”按钮，就是普通角窗，窗随墙布置；按下“凸窗”按钮，但是不勾选“落地凸窗”，就是普通的角凸窗；按下“凸窗”按钮，再勾选“落地凸窗”，就是落地的角凸窗），比如按下“凸窗”按钮，再勾选“落地凸窗”，然后按照命令行提示进行操作，如图 6-13 所示。

请选取墙内角<退出>:	\\ 点取转角窗所在墙内角，窗长从内角起算
转角距离 1<1000>:	\\ 当前墙段变虚，输入从内角计算的窗长
转角距离 2<1000>:	\\ 另一墙段变虚，输入从内角计算的窗长
请选取墙内角<退出>:	\\ 执行本命令绘制角窗，按回车键退出命令
转角距离 2<1000>:	\\ 另一墙段变虚，输入从内角计算的窗长

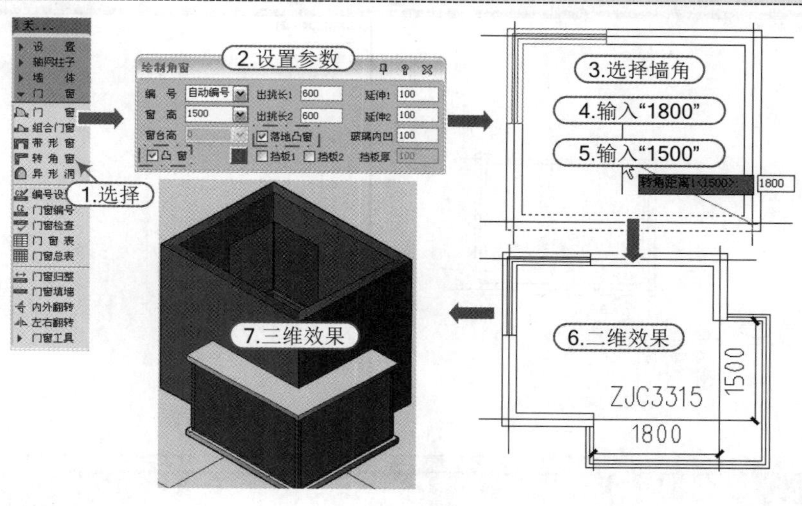

图 6-13　落地凸窗

注意：凸窗

在侧面碰墙、碰柱时角凸窗的侧面玻璃会自动被墙或柱对象遮挡；特性表中可设置转角窗“作为洞口”处理；玻璃分格的三维效果请使用“窗棂展开”与“窗棂映射”命令处理。

有保温层墙上绘制无挡板的转角凸窗前，请先执行“内外识别”或“指定外墙”命令指定外墙外皮位置，保温层和凸窗关系才能正确处理，否则保温层线和玻璃的绘制有问题。

6.1.5 异形洞

知识要点 此命令在直墙面上按给定的闭合 PLINE 轮廓线生成任意形状的洞口，平面图例与矩形洞相同。建议先将屏幕设为两个或更多视口，分别显示平面和正立面，然后用“墙面 UCS”命令把墙面转为立面 UCS，在立面用闭合多段线画出洞口轮廓线，最后使用本命令创建异形洞。

执行方法 可以通过以下两种方式来执行“异形洞”操作：

- 屏幕菜单：选择“门窗 | 异形洞”菜单命令。
- 命令行：在命令行中输入“YXD”（异形洞汉语拼音首字母）。

操作实例 例如，打开“资料\墙.dwg”文件，在“快捷访问”工具栏中单击“另存为”按钮，另存为“资料\异形洞.dwg”文件。

第一步，将视图转换为左视图和俯视图两个窗口：首先将鼠标放置在屏幕边缘，鼠标光标

出现 ↔ 样式后直接拖拽屏幕边缘即可，然后将视口分别显示为平面和正立面，最后用天正屏幕菜单中的“墙面 UCS”命令把墙面转为立面 UCS，如图 6-14 所示。

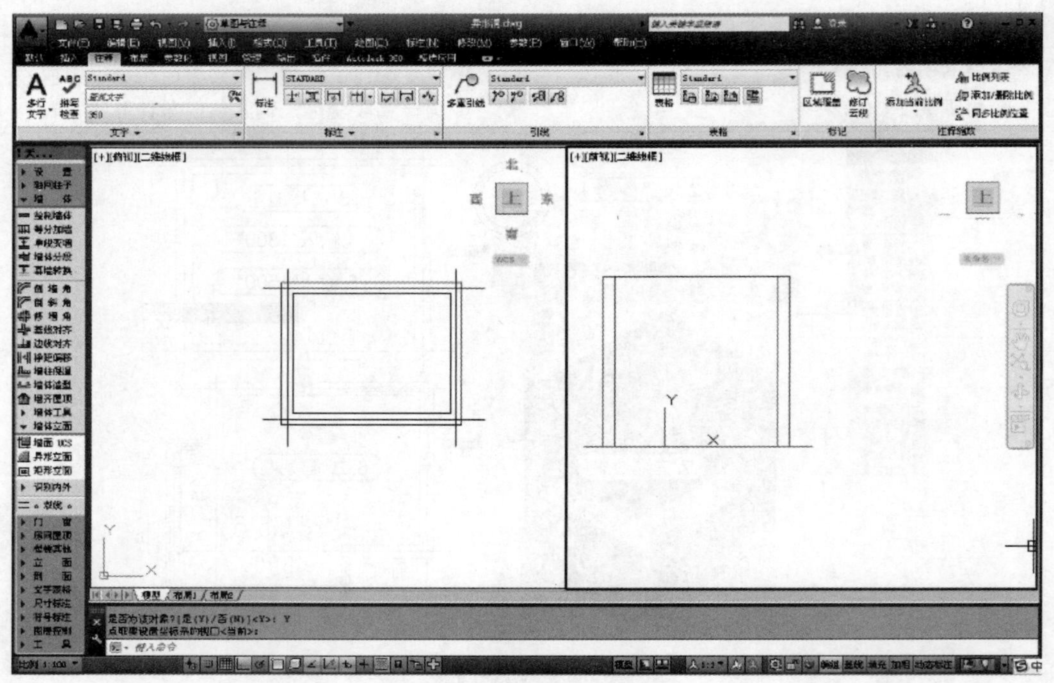

图 6-14　多视口操作

第二步，将在立面图中执行 CAD 的矩形命令(REC)，绘制一个矩形，如图 6-15 所示。

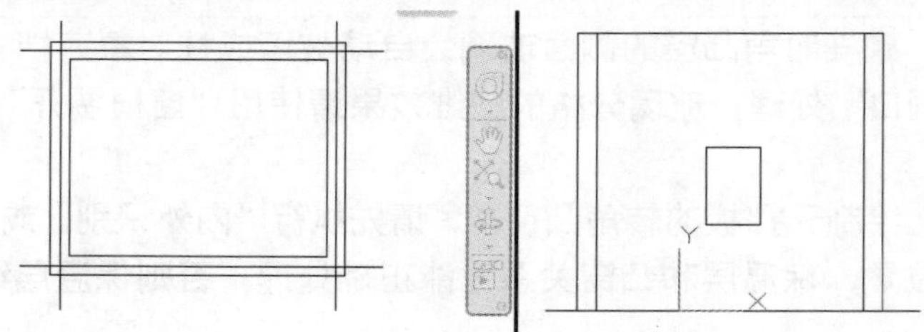

图 6-15　REC 命令绘制矩形

第三步，在天正屏幕菜单中执行“门窗 | 异形洞”命令(YXD)，根据命令栏提示，在平面图中选择相应的墙体后，再在立面图中选择闭合矩形，然后在弹出的“异形洞”对话框中设置参数，如图 6-16 所示，单击“确定”按钮后完成异形洞的创建，效果如图 6-17 所示。

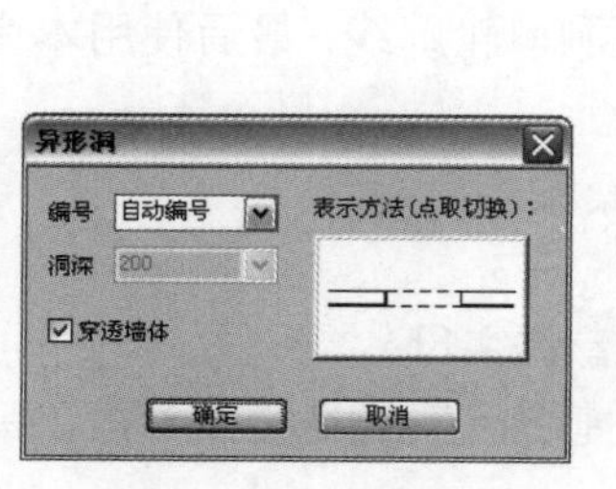

图 6-16　“异形洞”对话框

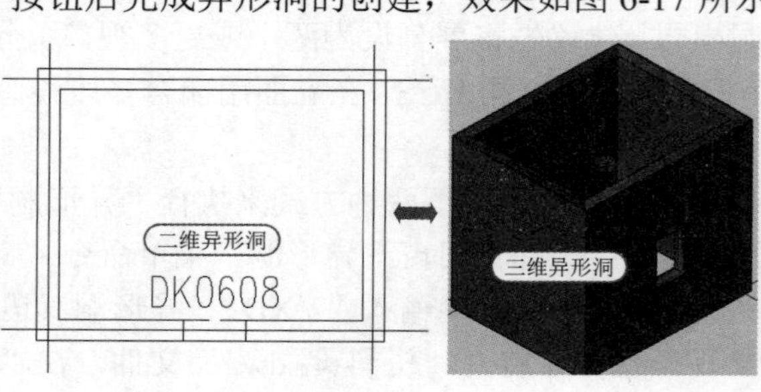

图 6-17　“异形洞”效果

注意：异形洞绘制

> 此命令中矩形的绘制需在立面墙体上进行，且最好用 CAD 菜单命令下的“矩形”命令(REC)等多边形命令，尽量避免用多段线命令(PL)，因为用 PL 命令可能绘制出的图形不与墙面在同一平面上。
>
> 另外，此命令不适用于弧墙。

6.2 门窗的编辑

在门窗的编辑中，最简单的门窗编辑方法是选取门窗可以激活门窗夹点，拖动夹点进行夹点编辑不必使用任何命令，还有右键菜单中的编辑方法，以及天正屏幕菜单中的菜单命令。

6.2.1 门窗的夹点编辑

知识要点 普通门、普通窗都有若干个预设好的夹点，拖动夹点时门窗对象会按预设的行为作出动作，熟练操纵夹点进行编辑是用户应该掌握的高效编辑手段，夹点编辑的缺点是一次只能对一个对象操作，而不能一次更新多个对象。

选项含义 以普通门、普通窗和门连窗为例，在门窗的夹点编辑状态下，各夹点的功能含义如图 6-18、图 6-19、图 6-20 所示。

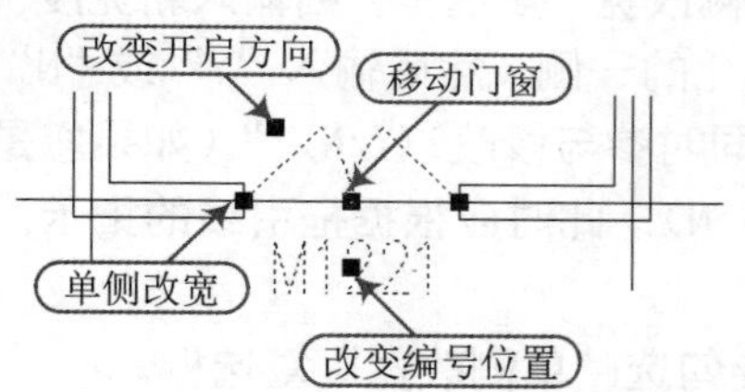

图 6-18 普通门夹点编辑

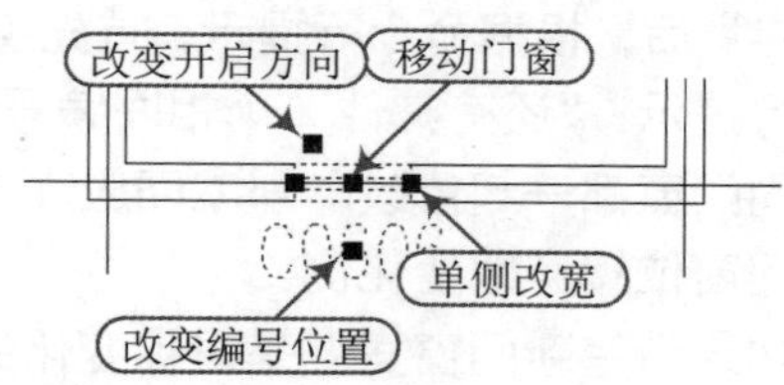

图 6-19 普通窗夹点编辑

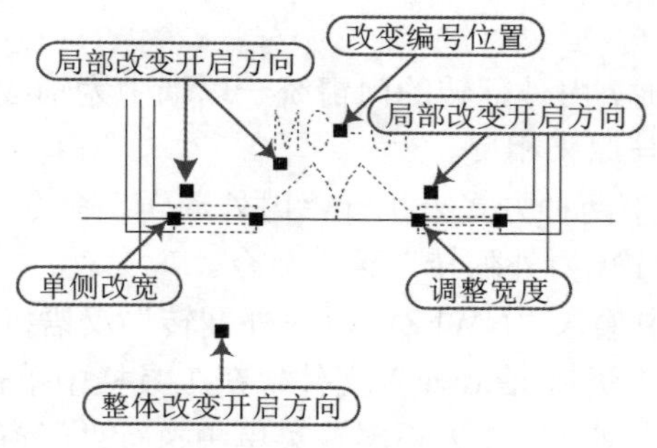

图 6-20 门连窗夹点编辑

注意：夹点编辑切换

> 夹点“单侧改宽”编辑功能可用 Ctrl 来切换到“移动门窗”功能。

6.2.2 对象编辑与特性编辑

执行方法 双击门窗对象即可执行“对象编辑”命令，进入“门窗”对话框，从而对门窗进行参数修改；选择门窗对象右击菜单可以选择“对象编辑”或者“通用编辑｜对象特性”（快捷键“Ctrl+1”），虽然两者都可以用于修改门窗属性，但是特性编辑可以批量修改门窗的参数，并且可以控制一些其他途径无法修改的细节参数。如门口线、编号的文字样式和内部图层等；而“对象编辑”启动了类似创建门窗的对话框，参数比较直观，而且可以替换门窗的外观样式，如图 6-21 所示。

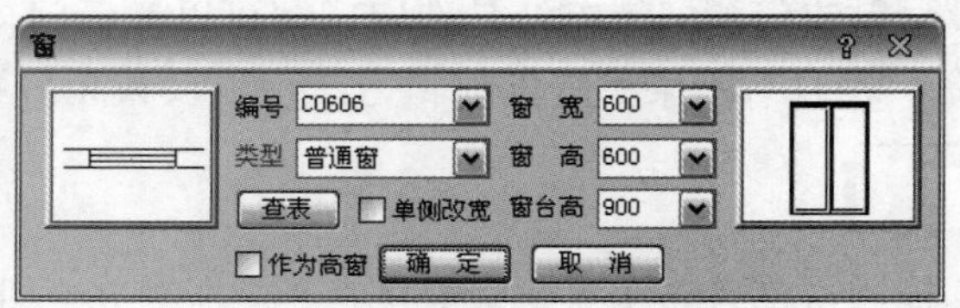

图 6-21　门窗对象编辑对话框

注意：选项“单侧改宽”

在“门窗”对象编辑对话框如果勾选了“单侧改宽”复选框，则输入新宽度，单击“确定”后，根据命令行提示，首先点取发生变化的一侧，然后输入“Y”或“N”回应命令行提示：“还有其他 X 个相同编号的门窗也同时参与修改?(Y/N):”（如果您是要所有相同门窗都一起修改，那就回应 Y，否则回应 N)；此时应根据拖引线的指示，平移到该门窗位置点取变化侧。

如果希望新门窗宽度是对称变化的，则不要勾选“单侧改宽”复选框。

6.2.3 内外翻转

知识要点 此命令执行时，内外翻转的门窗统一以墙中为轴线进行翻转，适用于一次处理多个门窗的情况，方向总是与原来相反。

执行方法 可以通过以下两种方式来执行“内外翻转”命令：

- 屏幕菜单：选择“门窗|内外翻转”菜单命令。
- 命令行：在命令行中输入“NWFZ”（“内外翻转”汉语拼音首字母）。

操作实例 例如，打开“资料\墙.dwg”文件，在工具栏中单击“另存为”按钮，另存为“资料\内外翻转.dwg”文件；在天正屏幕菜单中执行“门窗｜门窗”命令（MC），首先绘制开启方向不一的门，然后执行“门窗｜内外翻转”命令(NWFZ)选择全部门窗对象，空格键确定即可，如图 6-22 所示。

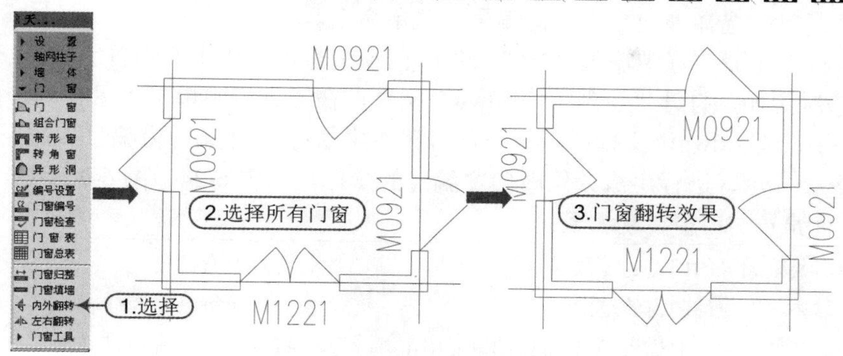

图 6-22 门窗内外翻转

6.2.4 左右翻转

知识要点 此命令执行时，左右翻转的门窗统一以墙中为轴线进行翻转，适用于一次处理多个门窗的情况，方向总是与原来相反。

执行方法 可以通过以下两种方式来执行“左右翻转”命令：

- 屏幕菜单：选择“门窗|左右翻转”菜单命令。
- 命令行：在命令行中输入“ZYFZ”（“左右翻转”汉语拼音首字母）。

操作实例 例如，打开“资料\内外翻转.dwg”文件，在工具栏中单击“另存为”按钮，另存为“资料\左右翻转.dwg”文件；在天正屏幕菜单中执行“门窗 | 左右翻转”命令（ZYFZ），选择全部门窗对象，按空格键确定即可，如图 6-23 所示。

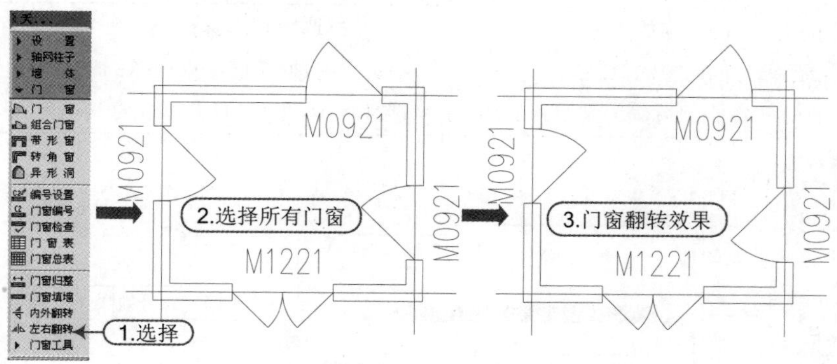

图 6-23 门窗左右翻转

6.3 门窗编号与门窗表

在门窗的编辑中，最简单的门窗编辑方法是选取门窗可以激活门窗夹点，拖动夹点进行夹点编辑不必使用任何命令，还有右键菜单中的编辑方法，以及天正屏幕菜单中的菜单命令。

6.3.1 门窗编号

知识要点 “门窗编号”命令用于生成或者修改门窗编号，即对没有编号的门窗自动编号或对已经编号的门窗重新编号。

执行方法 可以通过以下两种方式来执行“门窗编号”操作：

■ 屏幕菜单：选择“门窗｜门窗编号”菜单命令。

■ 命令行：在命令行中输入“MCBH”（“门窗编号”汉语拼音的首字母）。

操作实例 例如，打开“资料\门窗.dwg”文件，在工具栏中单击“另存为”按钮，另存为“资料\门窗编号.dwg”文件；在天正屏幕菜单中执行“门窗|门窗编号”命令（MCBH），根据如下命令行提示，进行生成或修改门窗编号的操作，如图 6-24、图 6-25 所示。

1）对没有编号的门窗自动编号：

```
请选择需要改编号的门窗的范围:                      \\ 框选所有门窗
请选择需要改编号的门窗的范围:                      \\ 按回车键结束选择
请选择需要修改编号的样板门窗或[自动编号(S)]:       \\ 键入 S 后按空格键确定
```

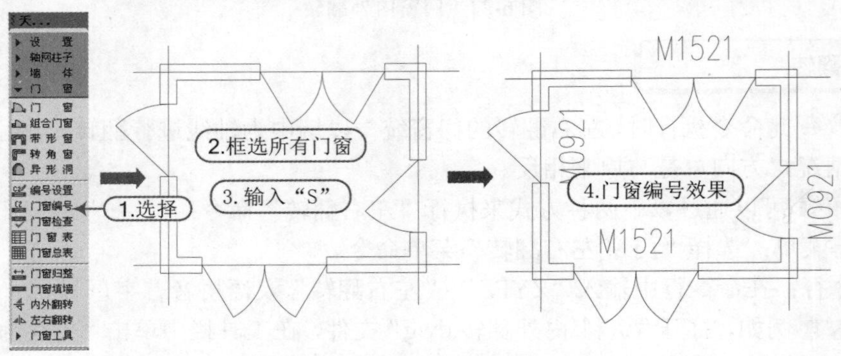

图 6-24 生成门窗编号

2）对已经编号的门窗重新编号：

```
请选择需要改编号的门窗的范围:                      \\ 框选所有门窗
请选择需要改编号的门窗的范围:                      \\ 按回车键结束选择
请输入新的门窗编号(删除编号请输入 NULL)<M1521>:  \\ 键入 M1 后按空格键确定
```

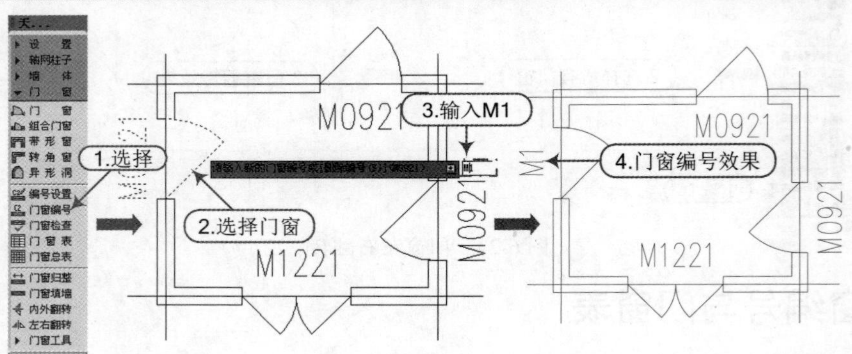

图 6-25 修改门窗编号

注意：默认编号规则

转角窗的默认编号规则为 ZJC1、ZJC2...，带形窗为 DC1、DC2...。

6.3.2 门窗检查

知识要点 “门窗检查”命令执行后，将生成“门窗检查”对话框，在其中的电子表格中可检查当前图和当前工程中已插入的门窗数据是否合理，并可以即时调整图上指定门窗的尺寸。

执行方法 可以通过以下两种方式来执行“门窗检查”操作：

- 屏幕菜单：选择“门窗丨门窗检查”菜单命令。
- 命令行：在命令行中输入“MCJC”（“门窗检查”汉语拼音的首字母）。

操作实例 接上例，在天正屏幕菜单中执行“门窗|门窗检查”命令(MCJC)，将弹出“门窗检查”对话框，如图 6-26 所示，在对话框中可检查当前图和当前工程中已插入的门窗数据是否合理，并可以即时调整图上指定门窗的尺寸。

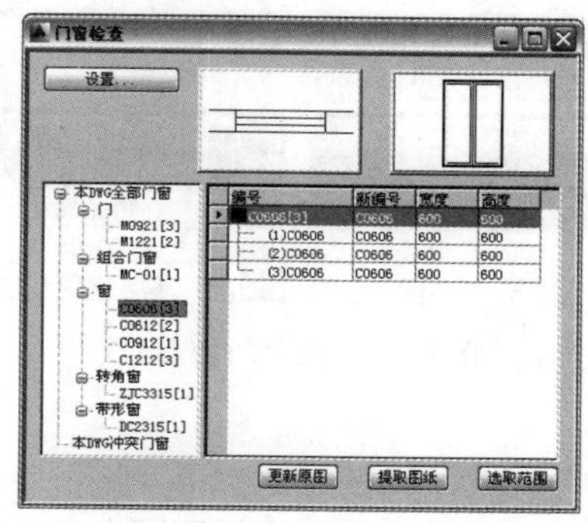

图 6-26 “门窗检查”对话框

技巧：检查纠正

系统自动按当前对话框“设置”中的搜索范围将当前图纸或当前工程中含有的门窗搜索出来，列在右边的表格里面供用户检查，其中，如果普通门窗洞口宽高与编号不一致，或同编号的门窗中，二维或三维样式不一致，同编号的凸窗样式或者其他参数(如出挑长等)不一致，都会在表格中显示“冲突”，同时在左边下部显示冲突门窗列表；这时可选择修改冲突门窗的编号，然后单击“更新原图”对图纸中的门窗编号实时进行纠正，然后单击“提取图纸”重新进行检查。

选项含义 在“门窗检查”对话框中，各控件的功能与含义如下：

- 设置：单击此按钮后进入“设置”对话框，如图 6-27 所示，可设置搜索范围，并将搜索结果列在右边的表格里面以供检查。

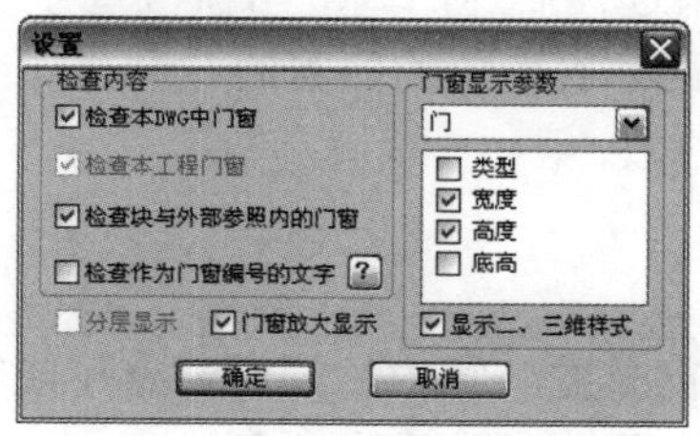

图 6-27 “设置”对话框

- 门窗放大显示：在“设置”对话框中，勾选后单击门窗表行首，会自动在当前视口内把当前光标所在表行的门窗放大显示出来，不勾选时会平移图形，把当前门窗加红色虚框显示在屏幕中。但当门窗在块内和外部参照内时，此功能无效。
- 编号：根据门窗编号设置命令的当前设置状态对图纸中已有门窗自动编号。
- 新编号：显示图纸中已编号门窗的编号，没有编号的门窗此项空白。
- 宽度/高度：命令搜索到的门窗洞口宽高尺寸，用户可以修改表格中的宽度和高度尺寸，单击更新原图对图内门窗即时更新，转角窗、带形窗等特殊门窗除外。

技巧：修改门窗参数

> 在电子列表中，当前光标位于子编号行首，表示改当前门窗的样式；光标位于主编号行首，表示改属于主编号的所有门窗样式，如图 6-28 所示。

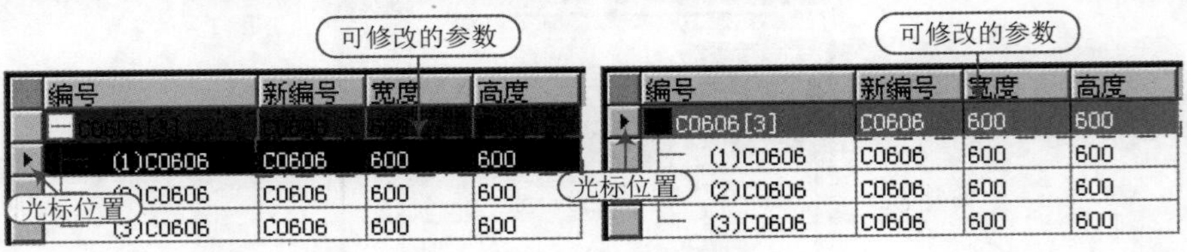

可修改的参数

编号	新编号	宽度	高度
— C0606[3]			
(1)C0606	C0606	600	600
(2)C0606	C0606	600	600
(3)C0606	C0606	600	600

光标位置

可修改的参数

编号	新编号	宽度	高度
C0606[3]	C0606	600	600
(1)C0606	C0606	600	600
(2)C0606	C0606	600	600
(3)C0606	C0606	600	600

光标位置

图 6-28　修改门窗参数

注意：更新原图

> 在仅修改门窗的宽高参数后，再单击“更新原图”可以更新图形的门窗宽高，但不会自动更新这些门窗的编号，建议在表格里修改门窗宽高后接着修改新编号，然后再“更新原图”。

- 更新原图：在电子表格里面修改门窗参数、样式后单击更新原图按钮，可以更新当前打开的图形包括块参照内的门窗。更新原图的操作并不修改门窗参数表中各项的相对位置，也不修改“编号”一列的数值。但目前还不能对外部参照的门窗进行更新。
- 提取图纸：点取 提取图纸 按钮后，树状结构图和门窗参数表中的数据按当前图中或当前工程中现有门窗的信息重新提取，最后调入“门窗检查”对话框中的门窗数据受设置中检查内容中四项参数的控制。更新原图后，表格中与原图中不一致的以品红色显示的新参数值在点取“提取图纸”按钮后变为黑色。
- 选取范围：点取 选取范围 按钮后，“门窗检查”对话框临时关闭，命令行提示：“请选择待检查的门窗:”，点选或框选待检查的门窗“……此步在命令行反复提示，直到右键回车结束选择”，结束选择后返回到“门窗检查”对话框。
- 平面图标/3D 图标：对话框右上角的门窗的二维与三维样式预览图标，双击可以进入“天正图库管理系统”修改。

技巧：“门窗检查”功能

> 门窗检查对话框中的门窗参数与图中的门窗对象可以实现双向的数据交流。
> 可以支持块参照和外部参照内部的门窗对象。

支持把指定图层的文字当成门窗编号进行检查。在电子表格中可检查当前图和当前工程中已插入的门窗数据是否合理，并可以即时调整图上指定门窗的尺寸。

注意：文字门窗编号的要求

该文字是天正或 AutoCAD 的单行文字对象。
该文字所在图层是天正建筑当前默认的门窗文字图层(如 WINDOW_TEXT)。
该文字的格式符合编号设置中当前设置的规则。

6.3.3 门窗表

知识要点 此命令可统计本图中使用的门窗参数，检查后生成传统样式门窗表或者符合国家标准《建筑工程设计文件编制深度规定》样式的标准门窗表。

执行方法 可以通过以下两种方式来执行“门窗表”命令：

- 屏幕菜单：选择“门窗|门窗表”菜单命令。
- 命令行：在命令行中输入“MCB”(“门窗表”汉语拼音首字母)。

操作实例 例如，打开“资料\门窗.dwg”文件，在工具栏中单击“另存为”按钮，另存为“资料\门窗表.dwg”文件；在天正屏幕菜单中执行“门窗 | 门窗表”命令(MCB)，根据命令行提示，框选全部门窗对象，按空格键确定，然后在天正屏幕绘图空白区指定一个插入点，插入门窗表，如图 6-29 所示。

门窗表

类型	设计编号	洞口尺寸(mm)	数量	图集名称	页次	选用型号	备注
普通门	M1221	1200X2100	2				
普通窗	C0606	600X600	3				
	C0612	600X1200	2				
	C0912	900X1200	1				
	C1212	1200X1200	3				
转角窗	ZJC3315	(1800+1500)X1500	1				
带形窗	DC2315	2272X1500	1				
组合门窗	MC-01	2400X2100	1				

图 6-29 门窗表

技巧：命令行提示

在执行“门窗表”命令(MCB)后，命令行第一个提示“请选择门窗或[设置(S)]<退出>:”时，键入 S 将弹出“选择门窗表样式”对话框，如图 6-30 所示，在其中单击按钮 选择表头 ，弹出“天正构件库”对话框，如图 6-31 所示，可选择另外的表头样式；勾选“统计作为门窗编号的文字”还可以把在门窗图层里的单行文字作为门窗编号。

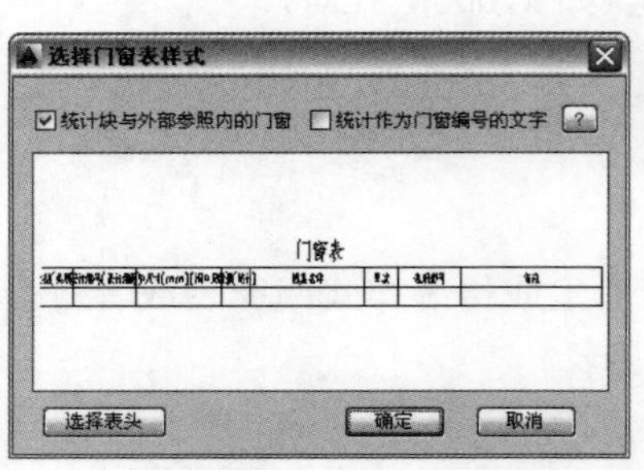

图 6-30 “选择门窗表样式”对话框

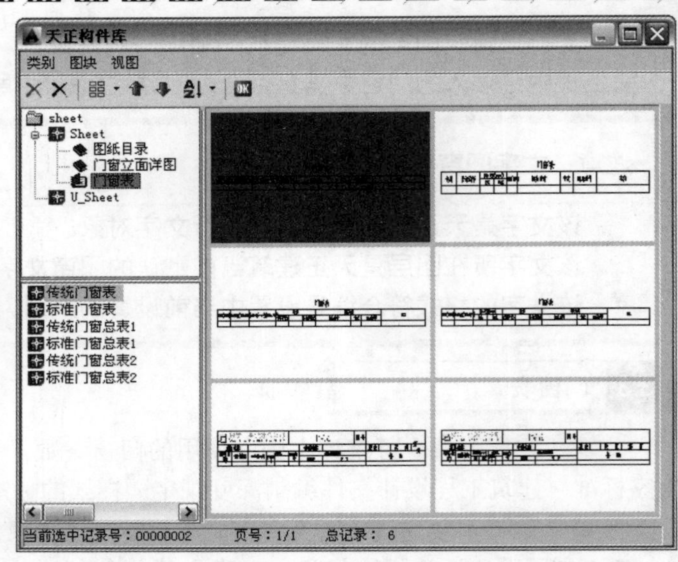

图 6-31 “天正构件库”对话框

技巧：门窗表

如果门窗中有数据冲突的，程序则自动将冲突的门窗按尺寸大小归到相应的门窗类型中，同时在命令行提示哪个门窗编号参数不一致。

如果需要对门窗表进行修改，可在插入门窗表后通过右键菜单下的“对象编辑”进行修改，如图 6-32 所示，或双击表格内容进入在位编辑，直接进行修改，也可以拖动某行到其他位置。

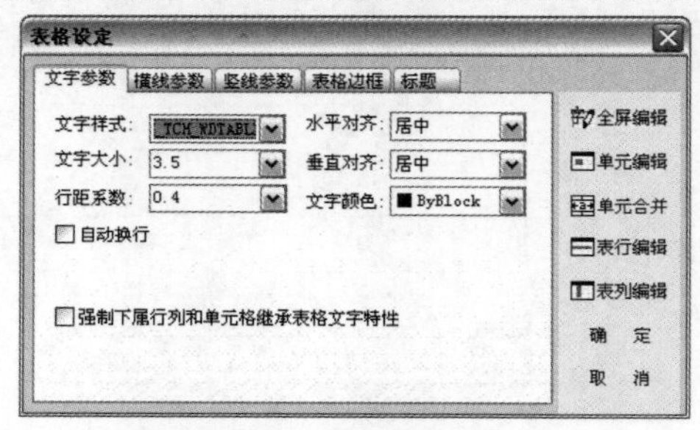

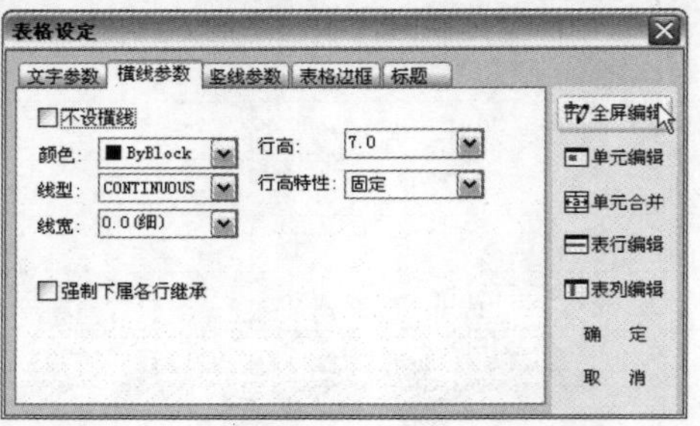

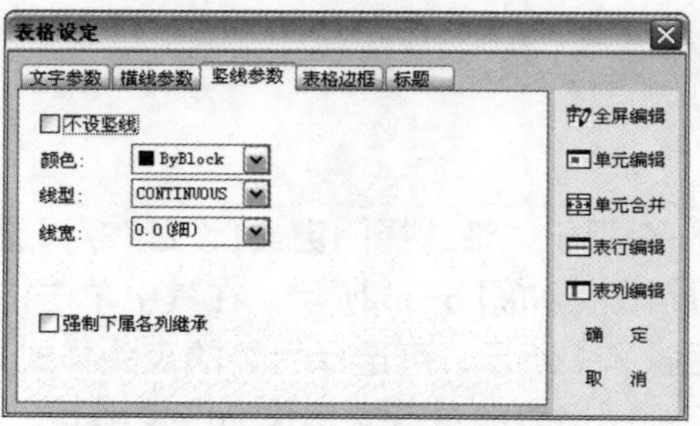

图 6-32 对象编辑部分选项卡

技巧：表格设定选项含义

选项含义 在“表格设定”对话框中，部分重要使用功能介绍如下：

- “文字参数”选项卡：在此选项卡下，可对表格中内容文字进行调整，包括“文字样式”“文字大小”“文字颜色”等。
- “横线参数”\“竖线参数”\“表格边框”选项卡：在天正默认情况下，门窗表是有横纵线的，在对应选项卡下可对表格中横线（竖线）参数进行调整，包括“线型”“线宽”“颜色”等；如果不需要横线(竖线)显示，可在此选项卡下，勾选“不设横线（竖线)”。
- “标题”选项卡：可对表格标题进行修改，包括表格名称修改及表格位置的特性修改。
- 全屏编辑：单击“全屏编辑”按钮，将弹出“表格内容”对话框，如图 6-33 所示，在此对话框中，可修改表格文字内容、输入文字以及进行插入列、删除列、新建列等指令。
- 单元编辑：单击“单元编辑”按钮，将弹出“单元格编辑”对话框，如图 6-34 所示，在此对话框中，可修改任一单元格的文字内容、输入文字等指令。

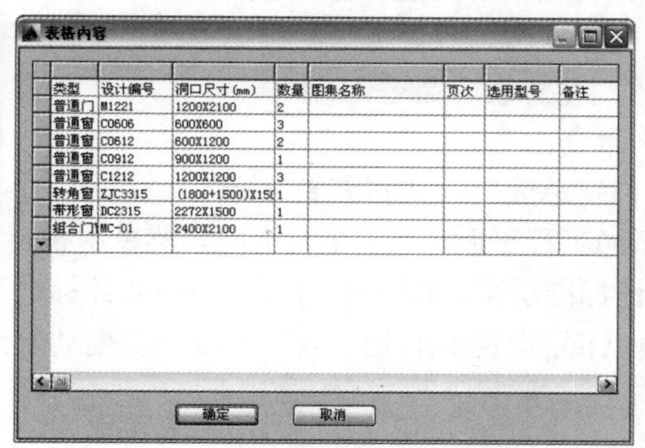

类型	设计编号	洞口尺寸(mm)	数量	图集名称	页次	选用型号	备注
普通门	M1221	1200X2100	2				
普通窗	C0606	600X600	3				
普通窗	C0612	600X1200	2				
普通窗	C0912	900X1200	1				
普通窗	C1212	1200X1200	3				
转角窗	ZJC3315	(1800+1500)X150	1				
带形窗	DC2315	2272X1500	1				
组合门	MC-01	2400X2100	1				

图 6-33 全屏编辑

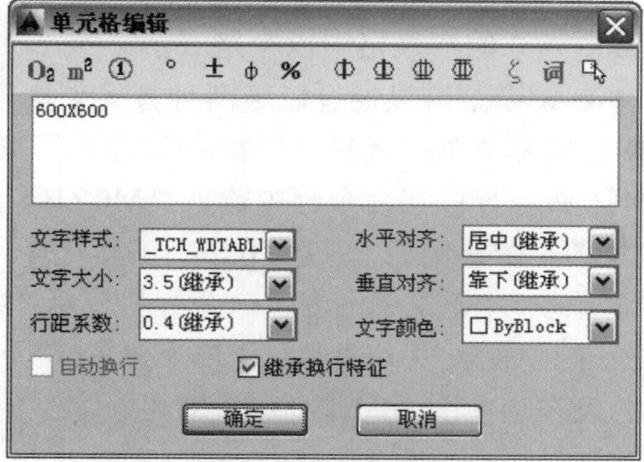

图 6-34 单元编辑

- 单元合并：单击“单元合并”按钮，根据命令行提示选择第一个角点及另一个角点，即可将角点范围内的单元格合并为一个单元格，如图 6-35 所示。

门窗表

数量	图集名称	页次	选用型号	备注
2				
3				
2				
1				
3				
1				
1				
1				

选择第一个角点
选择第二个角点

门窗表

数量	图集名称	页次	选用型号	备注
2				
3				
2	合并效果			
1				
3				
1				
1				
1				

图 6-35 单元合并

- 表行编辑：单击“表行编辑”按钮，根据命令行提示选择任意一行，将弹出对话框，如图 6-36 所示，在对话框中可以对这一行内容进行编辑。
- 表列编辑：单击“表列编辑”按钮，根据命令行提示选择任意一列，将弹出对话框，如图 6-37 所示，在对话框中可以对这一列内容进行编辑。

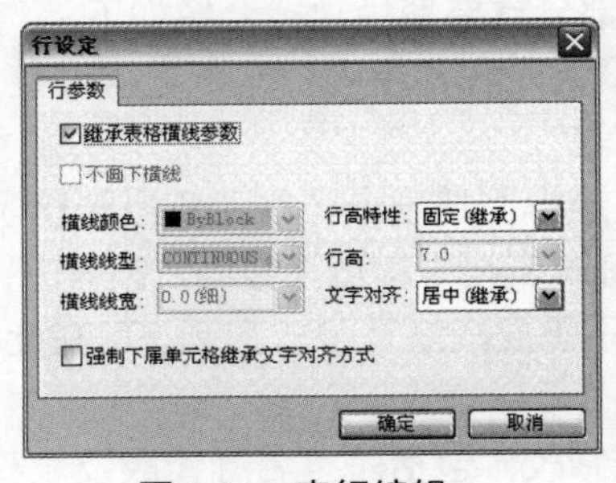

图 6-36　表行编辑

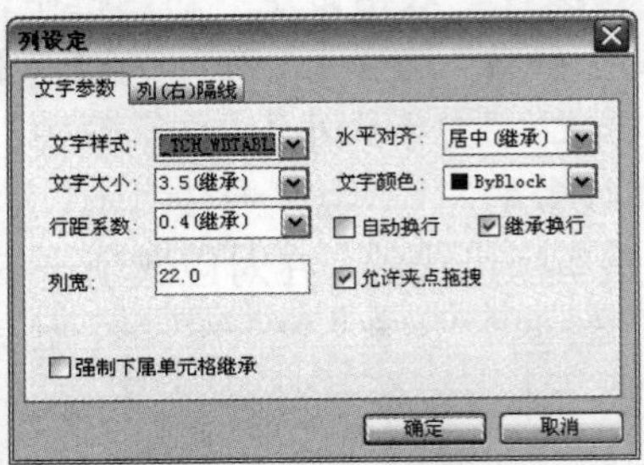

图 6-37　表列编辑

6.3.4 门窗总表

知识要点 此命令用于统计本工程中多个平面图使用的门窗编号，生成门窗总表，适用于在一个 dwg 图形文件上存放多楼层平面图的情况，也可指定分别保存在多个不同 dwg 图形文件上的不同楼层平面；此命令同样有检查门窗并报告错误的功能，输出时按照国标门窗表的要求，数量为 0 的在表格中以空格表示。

执行方法 可以通过以下两种方式来执行“门窗总表”命令：

- 屏幕菜单：选择“门窗|门窗总表”菜单命令。
- 命令行：在命令行中输入“MCZB”（“门窗总表”汉语拼音首字母）。

操作实例 例如，新建“0.tpr”工程文件，添加工程平面图纸，在天正屏幕菜单中执行“门窗|门窗总表”(MCZB)命令，命令行将显示“统计标准层平面图 1 的门窗表……统计标准层平面图 2 的门窗表……请点取门窗表位置(左上角点)或[设置(S)]<退出>:”此时只需拖动给出的门窗总表在当前图面的排列位置即可。

技巧：修改门窗总表

如果需要对门窗总表进行修改，请在插入门窗表后通过表格对象编辑修改；但是由于采用新的自定义表头，不能对表列进行增删，修改表列需要重新制作表头加入门窗表库。

注意：门窗总表

点取菜单命令后，如果当前工程没有建立或没有打开，系统会提示用户新建工程，如图 6-38 所示。

图 6-38　天正提示

6.4 门窗工具

之前提到过，在门窗的编辑中，最简单的方法是夹点编辑，当然还有另外的专门的门窗编辑工具，天正屏幕菜单中“门窗｜门窗工具”菜单命令下门窗编辑工具包括“编号复位”“编号后缀”“门窗套”“门口线”“加装饰套”“窗棂展开”“ 窗棂映射”“门窗原型”和“门窗入库”。

6.4.1 编号复位

知识要点 “编号复位”命令把门窗编号恢复到默认位置，特别适用于解决门窗“改变编号位置”夹点与其他夹点重合，而使两者无法分开的情况。

执行方法 可以通过以下两种方式来执行“编号复位”操作：

- 屏幕菜单：选择“门窗｜门窗工具｜编号复位”菜单命令。
- 命令行：在命令行中输入“BHFW”（“编号复位”汉语拼音的首字母）。

操作实例 例如，打开“资料\门窗.dwg”文件，首先利用夹点编辑功能，将门编号“M1221”拖动到其他位置，如图 6-39 所示；然后在天正屏幕菜单中执行“门窗｜门窗工具｜编号复位”命令（BHFW），根据命令行提示选择门窗对象后按回车键即可将编号位置恢复到原来的位置，如图 6-40 所示。

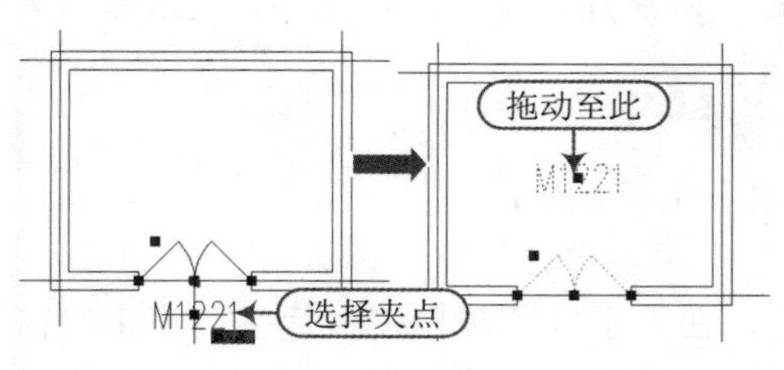

图 6-39 夹点编辑拖动

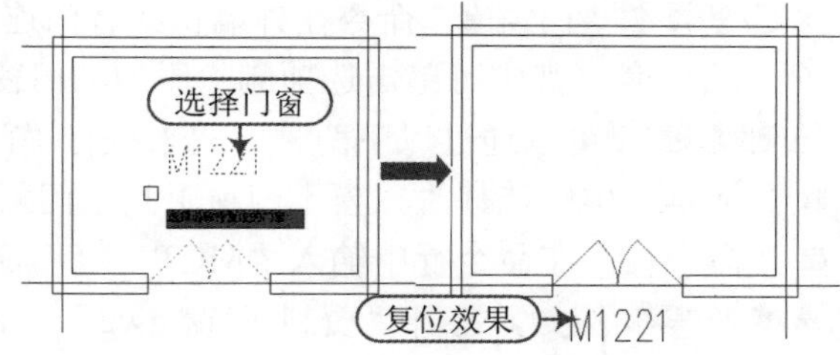

图 6-40 编号复位

6.4.2 编号后缀

知识要点 “编号后缀”命令把选定的一批门窗编号添加指定的后缀。适用于对称的门窗在编号后增加“反”缀号的情况，添加后缀的门窗与原门窗独立编号。

执行方法 可以通过以下两种方式来执行“编号后缀”操作：

- 屏幕菜单：选择“门窗｜门窗工具｜编号后缀”菜单命令。
- 命令行：在命令行中输入“BHHZ”（“编号后缀”汉语拼音的首字母）。

操作实例 例如，打开“资料\门窗.dwg”文件，在天正屏幕菜单中执行“门窗｜门窗工具｜编号后缀”命令（BHHZ），根据命令行提示选择门窗对象“M1221”后输入后缀内容，如“双”即可，如图 6-41 所示。

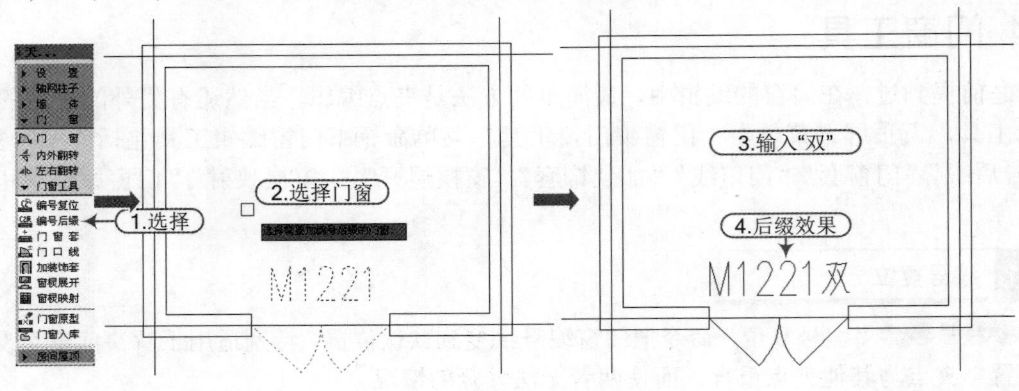

图 6-41　编号后缀

技巧：编号后缀

> 此命令适用于对称的门窗在编号后增加"反"缀号的情况，添加后缀的门窗与原门窗独立编号。

6.4.3 门窗套

知识要点"门窗套"命令在外墙窗或者门连窗两侧添加向外凸出的墙垛，三维显示为四周加全门窗框套，其中可单击选项删除添加的门窗套。

执行方法可以通过以下两种方式来执行"门窗套"操作：

- 屏幕菜单：选择"门窗｜门窗工具｜门窗套"菜单命令。
- 命令行：在命令行中输入"MCT"（"门窗套"汉语拼音的首字母）。

操作实例例如，打开"资料\门窗.dwg"文件，在天正屏幕菜单中执行"门窗｜门窗工具｜门窗套"命令(MCT)，将弹出"门窗套"对话框，设置门窗套参数后，根据命令行提示选择门窗对象"M1221"，再点取外侧为门窗套所在侧即可，如图 6-42 所示。

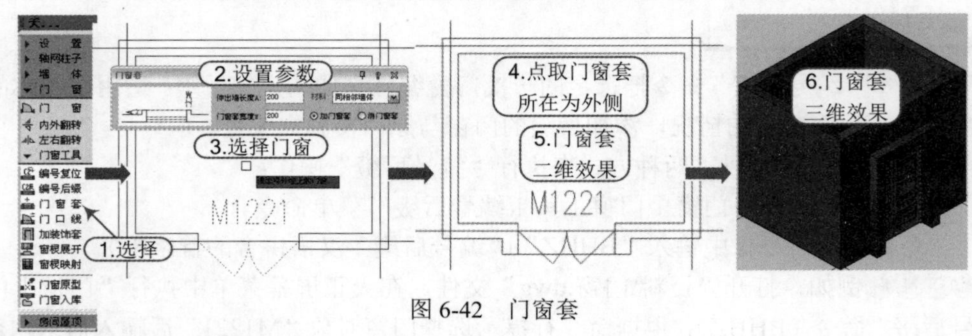

图 6-42　门窗套

6.4.4 门口线

知识要点"门口线"命令在平面图上指定的一个或多个门的某一侧添加门口线，也可以一次为门加双侧门口线，新增偏移距离用于门口有偏移的门口线，表示门槛或者门两侧地面标高不同。

执行方法可以通过以下两种方式来执行"门口线"操作：

■ 屏幕菜单：选择“门窗｜门窗工具｜门口线”菜单命令。

■ 命令行：在命令行中输入“MKX”（“门口线”汉语拼音的首字母）。

操作实例 例如，打开“资料\门窗.dwg”文件，在天正屏幕菜单中执行“门窗｜门窗工具｜门口线”命令（MKX），将弹出“门口线”对话框，设置门口线参数后如图 6-43 所示，根据命令行提示选择对象，再点取外侧为门窗套所在侧即可，如图 6-44 所示。

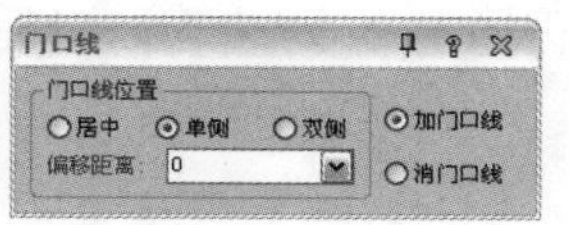

图 6-43 “门口线”对话框

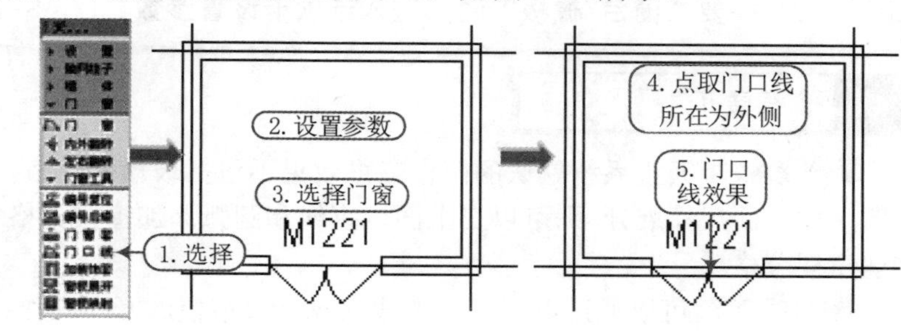

图 6-44 门口线

提示：门口线和门

门口线是门的对象属性，因此门口线会自动随门复制和移动。
门口线与开门方向互相独立，改变开门方向不会导致门口线的翻转。

6.4.5 加装饰套

知识要点“加装饰套”命令用于添加装饰门窗套线，装饰套细致地描述了门窗附属的三维特征，包括各种门套线与筒子板、檐口板和窗台板的组合，主要用于室内设计的三维建模以及通过立面、剖面模块生成立剖面施工图中的相应部分；如果不要装饰套，可直接删除(Erase)装饰套对象。

执行方法 可以通过以下两种方式来执行“加装饰套”操作：

■ 屏幕菜单：选择“门窗｜门窗工具｜加装饰套”菜单命令。

■ 命令行：在命令行中输入“JZST”（“加装饰套”汉语拼音的首字母）。

操作实例 例如，打开“资料\门窗.dwg”文件，在天正屏幕菜单中执行“门窗｜门窗工具｜加装饰套”命令（JZST），将弹出“门窗套设计”对话框，在门窗套设计对话框中选择各种装饰风格和参数的装饰套后单击“确定”按钮，然后根据命令行提示选择门窗对象，再点取外侧为门窗套所在侧即可，如图 6-45 所示。

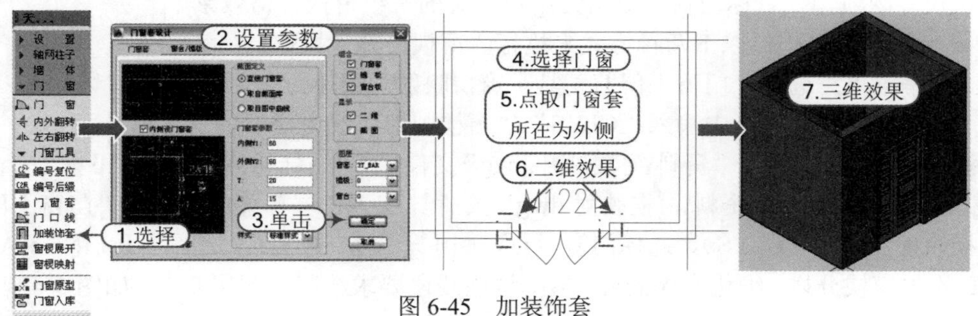

图 6-45 加装饰套

技巧：参数设置

加装饰套的对话框参数设置步骤：
1）确定门窗套的位置(内侧与外侧)。
2）确定门窗套截面的形式和尺寸参数。
3）需要“窗台/檐板”时，进入选项卡设置参数。

6.4.6 窗棂展开

知识要点 天正系统默认的门窗三维效果不包括玻璃的分格，“窗棂展开”命令把窗玻璃在图上按立面尺寸展开，则可以在上面以直线和圆弧添加窗棂分格线，再通过命令“窗棂映射”创建窗棂分格。

执行方法 可以通过以下两种方式来执行“窗棂展开”操作：

■ 屏幕菜单：选择“门窗丨门窗工具丨窗棂展开”菜单命令。

■ 命令行：在命令行中输入“CLZK”(“窗棂展开”汉语拼音的首字母)。

操作实例 例如，打开“资料\门窗.dwg”文件，在“快捷访问”工具栏下按“另存为”按钮，将文件保存为“资料\窗棂展开.dwg”文件。在天正屏幕菜单中执行“门窗丨门窗工具丨窗棂展开”命令(CLZK)，选择门窗后点取图中一个空白位置，然后使用LINE，ARC和CIRCLE添加窗棂分格，细化窗棂的展开图，这些线段要求绘制在图层0上，如图6-46所示。

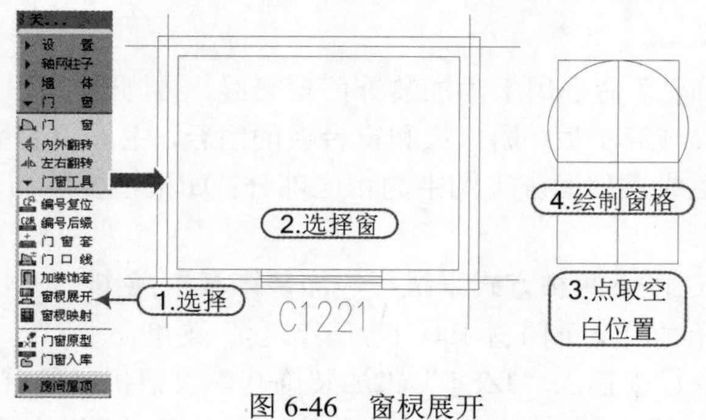

图6-46 窗棂展开

6.4.7 窗棂映射

知识要点 “窗棂映射”把门窗立面展开图上由用户定义的立面窗棂分格线，在目标门窗上按默认尺寸映射，在目标门窗上更新为用户定义的三维窗棂分格效果。

执行方法 可以通过以下两种方式来执行“窗棂展开”操作：

■ 屏幕菜单：选择“门窗丨门窗工具丨窗棂映射”菜单命令。

■ 命令行：在命令行中输入“CLYS”(“窗棂映射”汉语拼音的首字母)。

操作实例 例如，打开“资料\窗棂展开.dwg”文件，在“快捷访问”工具栏下按“另存为”按钮，将文件保存为“资料\窗棂映射.dwg”文件。在天正屏幕菜单中执行“门窗丨门窗工具丨窗棂映射”命令(CLYS)，选择门窗后点取图中一个空白位置，然后使用LINE，ARC和CIRCLE添加窗棂分格，细化窗棂的展开图，这些线段要求绘制在图层0上，如图6-47所示。

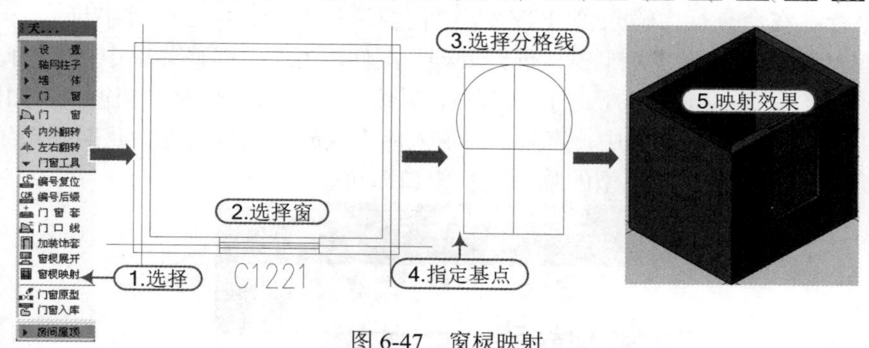

图 6-47 窗棂映射

6.5 门窗库

为方便门窗的制作，系统提供了“门窗原型”命令和“门窗入库”命令，在二维门窗入库时，系统自动把门窗原型转化为单位门窗图块，特别注意的是用户制作平面门窗时，应按同一类型门窗进行制作，例如应以原有的推拉门作为原型制作新的推拉门，而不能跨类型进行制作，但与二维门窗库的位置无关。

6.5.1 平面门窗图块

天正建筑从第一个版本开始，平面门窗图块的定义就与普通的图块不同，有着如下特点：

（1）门窗图块基点与门窗洞的中心对齐。

（2）门窗图块是 1×1 的单位图块，用在门窗对象时按实际尺寸放大。

（3）门窗对象用宽度作为图块的 X 方向的比例，按不同用途选择宽度或墙厚作为图块 Y 方向的比例。

提示：门窗图块入库类型

> **使用门窗宽度还是墙厚作为图块 Y 向放大比例与门窗图块入库类型有关，窗和推拉门、密闭门的 Y 方向和墙厚有关，用墙厚作为图块 Y 缩放比例；平开门的 Y 方向与墙厚无关，用门窗宽度作为图块 Y 缩放比例。**

注意：墙厚因素

> **普通平面门因门铰链默认墙中，图块可用于不同墙厚，而密闭门的门铰链位于墙皮处，用于不同墙厚时门和墙相对位置不能对齐，图块应按不同墙厚分别制作。**

6.5.2 门窗原型

知识要点 根据当前视图状态，构造门窗制作的环境，轴侧视图构建的是三维门窗环境，否则是平面门窗环境，在其中把用户指定的门窗分解为基本对象，作为新门窗改绘的样板图，即为“门窗原型”。

执行方法 可以通过以下两种方式来执行“门窗原型”操作：

■ 屏幕菜单：选择“门窗｜门窗工具｜门窗原型”菜单命令。

■ 命令行：在命令行中输入“MCYX”（“门窗原型”汉语拼音的首字母）。

操作实例 例如，打开“资料\窗棂展开.dwg”文件，在天正屏幕菜单中执行“门窗 | 门窗工具 | 门窗原型”命令（MCYX），选择门窗后，系统将打开一个临时文档窗口，如图 6-48 所示，并将选中的门窗原型放置其中，直到“门窗入库”或放弃制作门窗，此期间系统不允许切换文档，放弃入库时关闭门窗原型的临时文档窗口即可。

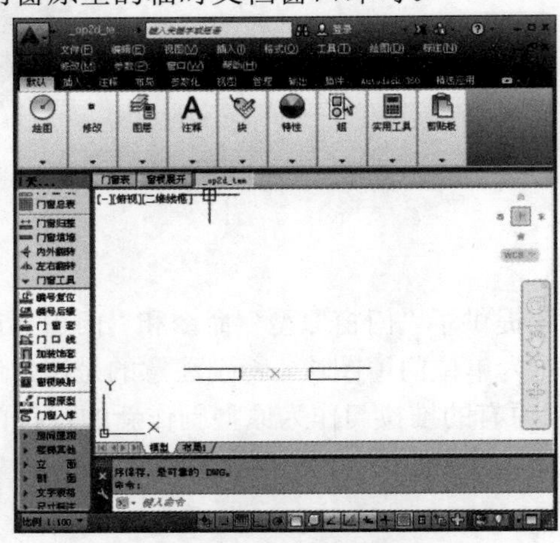

图 6-48 临时文档窗口

注意：门窗原型

如果点取的视图是二维，则进入二维门窗原型，如图 6-49 所示，点取的视图是三维，则进入三维门窗原型，如图 6-50 所示。

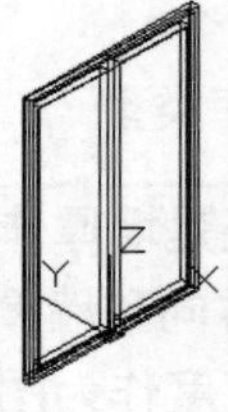

图 6-49 二维门窗原型　　图 6-50 三维门窗原型

二维门窗原型：如图 6-49，选中的门（或窗）被水平地放置在一个墙洞中。还有一个用红色“×”表示的基点，门窗尺寸与样式完全与用户所选择的一致，但此时门(窗)不再是图块，而是由 LINE（直线）、ARC（弧线）、CIRCLE（圆）、PLINE(多段线)等容易编辑的图元组成，用户用上述图元可在墙洞之间绘制自己的门窗。

三维门窗原型：系统将提问是否按照三维图块的原始尺寸构造原型。如果按照原始尺寸构造原型，能够维持该三维图块的原始模样。否则门窗原型的尺寸采用插入后的尺寸，并且门窗图块全部分解为 3DFACE。对于非矩形立面的门窗，需要在_TCH_BOUNDARY 图层上用闭合 PLINE 描述出立面边界。

6.5.3 门窗入库

知识要点 “门窗入库”命令用于将门窗制作环境中制作好的平面及三维门窗加入到用户

门窗库中，新加入的图块处于未命名状态，应打开图库管理系统，从二维或三维门窗库中找到该图块，并及时对图块命名。系统能自动识别当前用户的门窗原型环境，平面门入库到U_DORLIB2D中，平面窗入库到U_WINLIB2D中，三维门窗入库到U_WDLIB3D中，以此类推。

执行方法 可以通过以下两种方式来执行“门窗入库”操作：

- 屏幕菜单：选择“门窗丨门窗工具丨门窗入库”菜单命令。
- 命令行：在命令行中输入“MCRK”（“门窗入库”汉语拼音的首字母）。

操作实例 接上例，窗口显示在系统自动创建的临时窗口时，在天正屏幕菜单中执行“门窗丨门窗工具丨门窗入库”命令（MCRK），弹出“天正图库管理系统”对话框，可以看到门窗原型已经入库，图库名称为“新名字”，在对话框中“新名字”处单击右键弹出右键菜单，选择重命名，输入门窗名如“C1”即可，如图6-51所示。

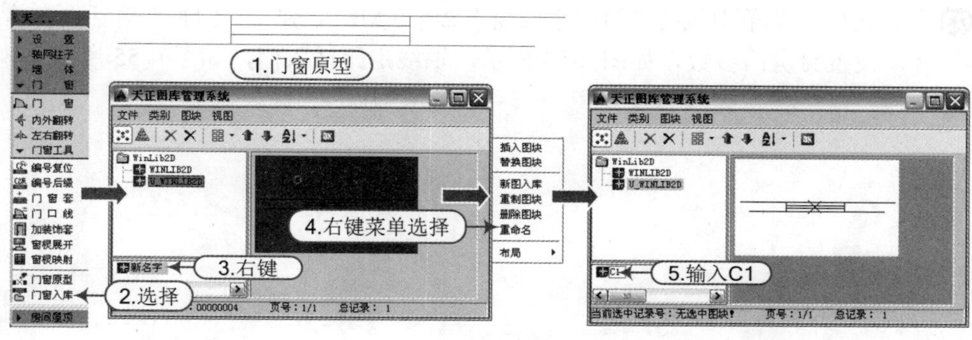

图6-51 门窗入库

6.6 综合练习——某住宅楼门窗

案例	某住宅楼门窗.dwg	视频	某住宅楼门窗.avi

实战要点：①插入各式窗；②门窗原型和门窗入库；③编辑门窗。

操作步骤

步骤01 正常启动TArch 2014软件，单击“快捷访问”工具栏下的“打开”按钮，将“案例\04\某住宅楼墙体.dwg”文件打开，再单击“另存为”按钮，将文件另存为“案例\05\某住宅楼门窗.dwg”文件。

步骤02 在天正屏幕菜单中执行“门窗丨门窗”命令（MC），弹出“门窗”对话框，单击“插门”按钮，设置入户门参数，如图6-52所示，垛宽定距插入门，如图6-53所示。

图6-52 入户门参数

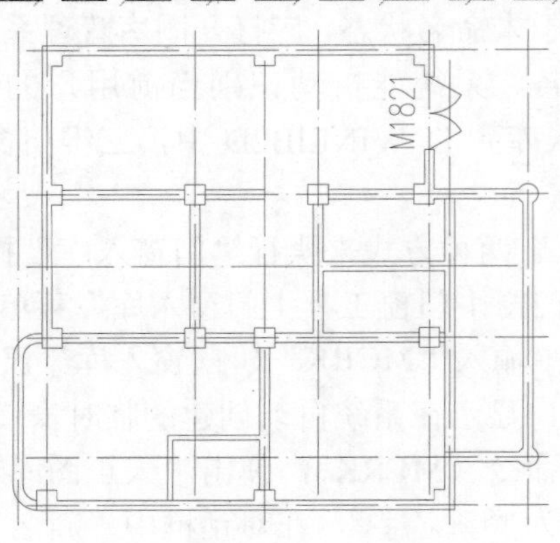

图 6-53 插入入户门

步骤 03 在天正屏幕菜单中执行“门窗｜门窗”命令（MC），弹出“门窗”对话框，单击“插门”按钮，设置厨房门参数，如图 6-54 所示，轴线定距插入门，如图 6-55 所示。

图 6-54 厨房门参数

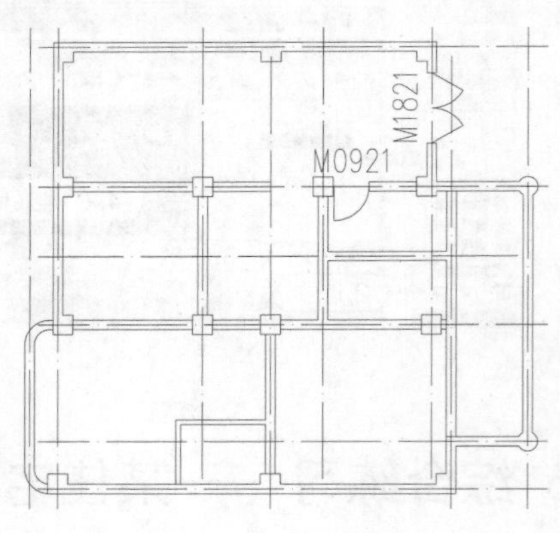

图 6-55 插入厨房门

步骤 04 在天正屏幕菜单中执行“门窗｜门窗”命令（MC），弹出“门窗”对话框，单击“插门”按钮，设置卫生间门参数，如图 6-56 所示，轴线定距插入门，如图 6-57 所示。

图 6-56 卫生间门参数

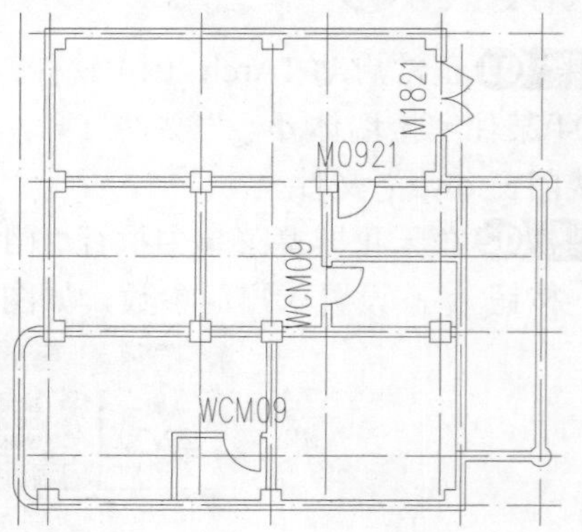

图 6-57 插入卫生间门

步骤 05 在天正屏幕菜单中执行“门窗｜门窗”命令（MC），弹出“门窗”对话框，单击“插门”按钮，设置卧室 3 门参数，如图 6-58 所示，轴线定距插入门，如图 6-59 所示。

图 6-58 卧室 3 门参数

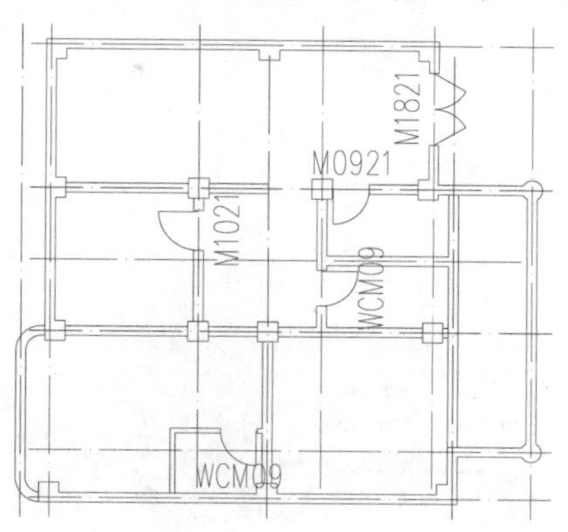

图 6-59 插入卧室 3 门

步骤 06 在天正屏幕菜单中执行“门窗 | 门窗”命令（MC），弹出“门窗”对话框，单击“插门”按钮，设置卧室 1、2 门参数，如图 6-60 所示，满墙段插入门，如图 6-61 所示。

图 6-60 卧室 1、2 门参数

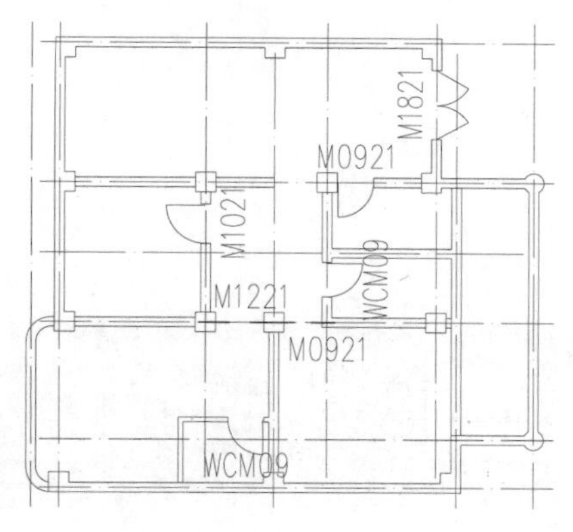

图 6-61 插入卧室 1、2 门

步骤 07 在天正屏幕菜单中执行“门窗 | 门窗”命令（MC），弹出“门窗”对话框，单击“插门”按钮，设置卧室窗参数，如图 6-62 所示，墙段等分插入窗，如图 6-63 所示。

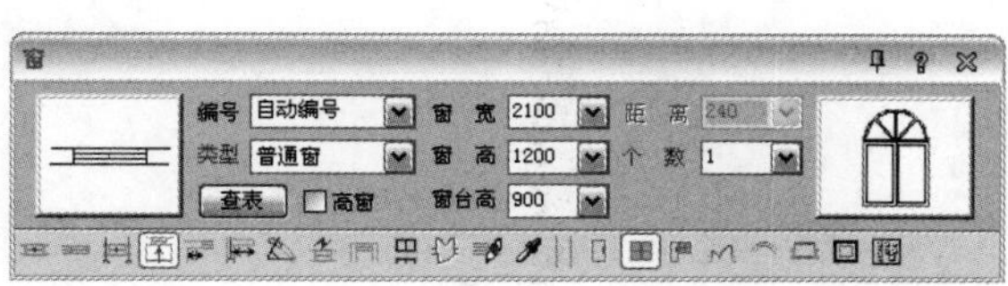

图 6-62 卧室窗参数

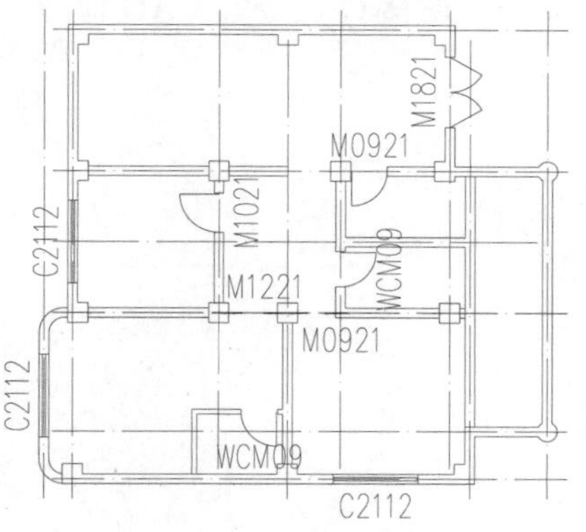

图 6-63 插入卧室窗

步骤 08 在天正屏幕菜单中执行“门窗 | 门窗”命令（MC），弹出“门窗”对话框，单击“插门”按钮，设置卫生间窗参数，如图 6-64 所示，墙段等分插入卫生间窗，如图 6-65 所示。

图 6-64　卫生间窗参数

图 6-65　插入卫生间窗

步骤 09 在天正屏幕菜单中执行“门窗｜门窗”命令（MC），弹出“门窗”对话框，单击“插门”按钮，设置阳台窗参数，如图 6-66 所示，满墙段插入阳台窗，如图 6-67 所示。

图 6-66　阳台窗参数

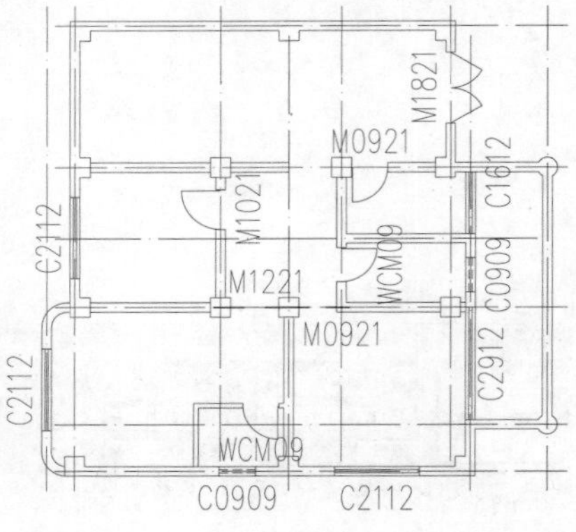

图 6-67　插入阳台窗

步骤 10 将视图切换至“西南轴视图”，在天正屏幕菜单中执行“门窗｜门窗工具｜门窗原型”命令（MCYX），选择三维窗，在临时窗口中将视图切换至“前视”，如图 6-68 所示，执行直线 L 命令、偏移 O 命令等 CAD 命令，绘制落地窗的三维图形，如图 6-69 所示。

图 6-68　门窗原型

图 6-69　绘制的门窗

步骤 11 不关闭临时窗口，在天正屏幕菜单中执行“门窗｜门窗工具｜门窗入库”命令（MCRK），将绘制好的落地窗的三维图形加入到“天正图库管理系统”，并重命名为“落地窗”，如图 6-70 所示。

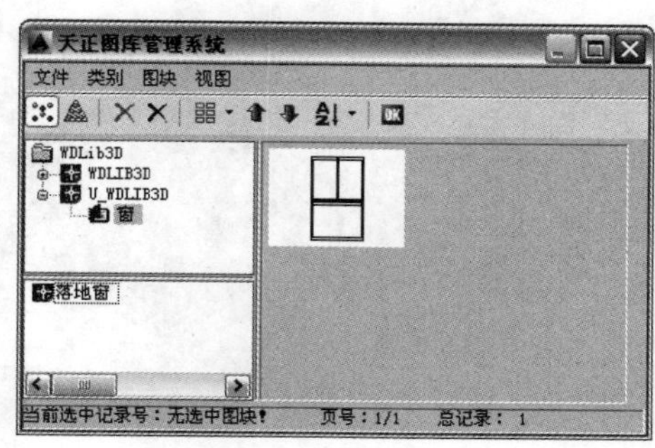

图 6-70 门窗入库

步骤 12 在天正屏幕菜单中执行“门窗｜门窗”命令（MC），弹出“门窗”对话框，单击“插门”按钮，设置落地窗参数，如图 6-71 所示，墙段等分插入落地窗，如图 6-72 所示。

图 6-71 落地窗参数

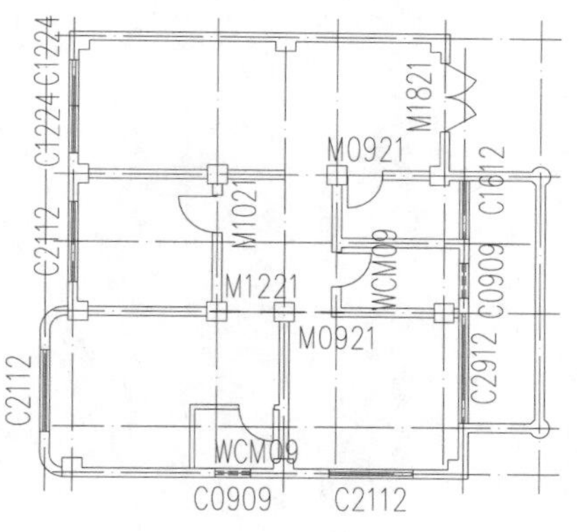

图 6-72 插入落地窗

步骤 13 系统“自动编号”的结果使得图形很紧密，不方便观察，所以需要在天正屏幕菜单中执行“门窗｜门窗编号”命令（MCBH），将一些门窗重新编号，对比效果如图 6-73 所示。

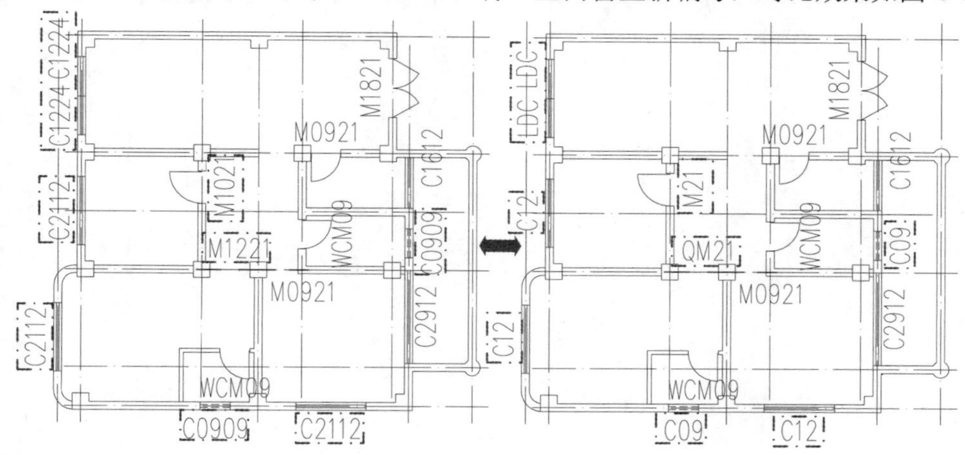

图 6-73 修改门窗编号对比

步骤 14 在天正屏幕菜单中执行“3DO”命令，进入三维观察，如图 6-74 所示。

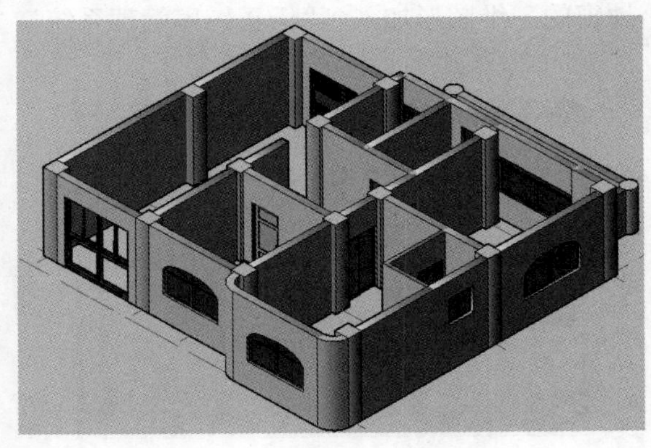

图 6-74　三维效果展示

步骤 15 至此，此住宅楼的门窗绘制完成。最后，在键盘上按“Ctrl+S”组合键进行保存。

7 房间与屋顶

本章导读

建筑各个区域的面积计算、标注和报批是建筑设计中的一个必要环节，房间是一个由墙体、门窗、柱子围合而成的闭合区域，按房间对象所在的图层识别为不同的含义。

本章内容

- 房间面积的创建
- 房间的布置
- 洁具的布置
- 屋顶的创建
- 综合练习——某住宅楼房间与屋顶

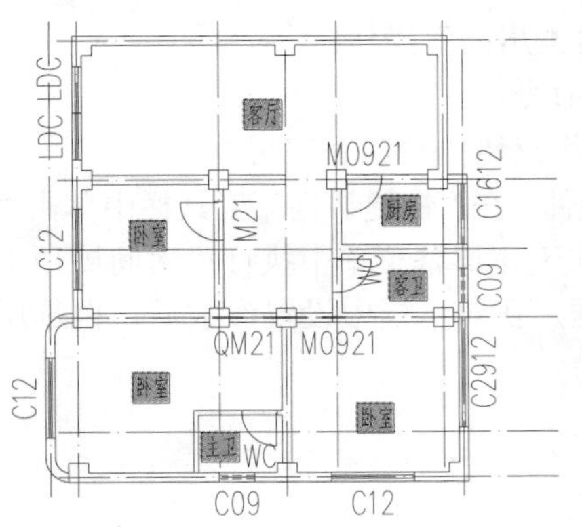

7.1 房间面积的创建

建筑各个区域的面积计算、标注和报批是建筑设计中的一个必要环节。TArch8 的房间对象用于表示不同的面积类型，房间是一个由墙体、门窗、柱子围合而成的闭合区域，按房间对象所在的图层识别为不同的含义，包括有：房间面积、套内面积、建筑轮廓面积、洞口面积、公摊面积和其他面积，不同含义的房间使用不同的文字标识。

房间面积是一系列符合房产测量规范和建筑设计规范统计规则的命令，按这些规范的不同计算方法，获得多种面积指标统计表格，分别用于房产部门的面积统计和设计审查报批，此外为创建用于渲染的室内三维模型，房间对象提供了一个三维地面的特性，开启该特性就可以获得三维楼板，一般建筑施工图不需要开启这个特性。

面积指标统计使用“搜索房间”“套内面积”“查询面积”“公摊面积”和“面积统计”命令执行。

释义：房间面积

房间面积：在房间内标注室内净面积，即使用面积，阳台用外轮廓线按建筑设计规范标注一半面积。

套内面积：按照国家房屋测量规范的规定，标注由多个房间组成的住宅单元住宅，由分户墙以及外墙的中线所围成的面积。

公摊面积：按照国家房屋测量规范的规定，套内面积以外，作为公共面积由本层各户分摊的面积，或者由全楼各层分摊的面积。

建筑面积：整个建筑物的外墙皮构成的区域，可以用来表示本层的建筑总面积，可以按要求选择是否包括出墙面的柱子面积，注意此时建筑面积不包括阳台面积在内，在“面积统计”表格中最终获得的建筑总面积包括按《建筑工程面积计算规范》计算的阳台面积。

7.1.1 搜索房间

知识要点 “搜索房间”命令可用来批量搜索建立或更新已有的普通房间和建筑面积，建立房间信息并标注室内使用面积，标注位置自动置于房间的中心。

执行方法 可以通过以下两种方式来执行绘制“搜索房间”操作。

- 屏幕菜单：选择“房间屋顶 | 搜索房间”菜单命令。
- 命令行：在命令行中输入“SSFJ”（“搜索房间”汉语拼音的首字母）。

操作实例 例如，打开“资料\墙体的绘制.dwg”文件，在“快捷访问”工具栏中单击“另存为”按钮，另存为“资料\搜索房间.dwg”文件；在天正屏幕菜单中执行“房间屋顶 | 搜索房间”命令（SSFJ）后，将弹出“搜索房间”对话框，在对话框中设置参数后，框选所有墙体即可，如图 7-1 所示。

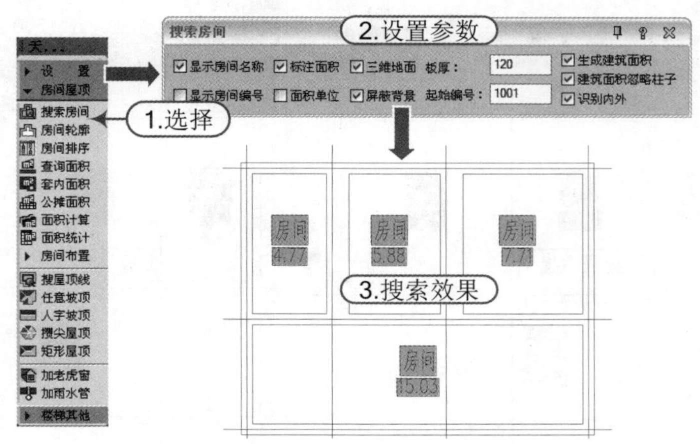

图 7-1 搜索房间

选项含义 在“搜索房间”对话框中，各选项的功能与含义如下：

- 标注面积：房间使用面积的标注形式，是否显示面积数值。
- 面积单位：是否标注面积单位，默认以平方米(m^2)为标注单位。
- 显示房间名称/显示房间编号：房间的标识类型，建筑平面图标识房间名称，其他专业标识房间编号，也可以同时标识。
- 三维地面：勾选则表示同时沿着房间对象边界生成三维地面，效果如图 7-2 所示。

图 7-2 “三维地面”效果（俯视）

- 板厚：生成三维地面时，给出地面的厚度。
- 生成建筑面积：在搜索生成房间的同时，计算建筑面积。
- 建筑面积忽略柱子：根据建筑面积测量规范，建筑面积包括凸出的结构柱与墙垛，也可以选择忽略凸出的装饰柱与墙垛；如图 7-3 所示为建筑面积忽略柱子与不忽略柱子的边界效果对比。

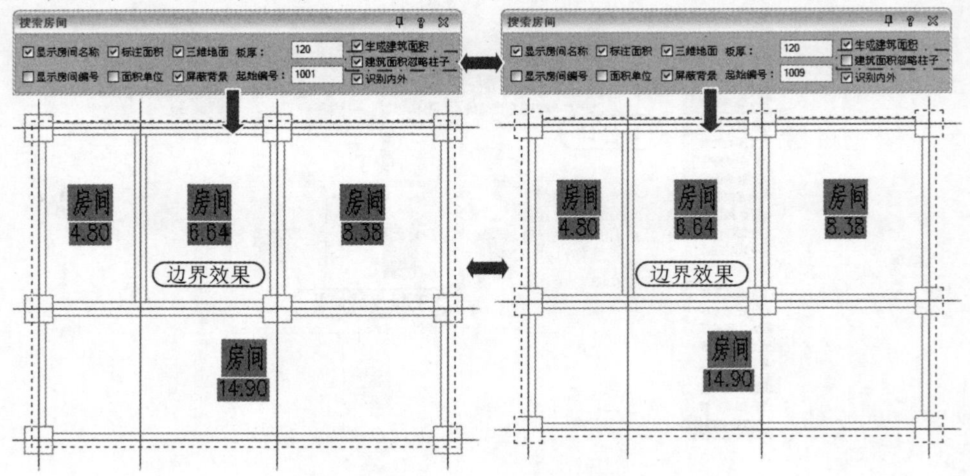

图 7-3　忽略柱子与不忽略柱子的边界效果对比

■　屏蔽背景：勾选利用 Wipeout 的功能屏蔽房间标注下面的填充图案，如图 7-4 所示。

图 7-4　“屏蔽背景”选项效果

■　识别内外：勾选后同时执行识别内外墙功能，用于建筑节能设计。

注意：房间信息

> 如果在命令执行后，因再编辑墙体而改变了房间边界，房间信息不会自动更新，可以通过再次执行本命令更新房间或拖动边界夹点，使之与当前边界保持一致。
>
> 当在执行命令弹出的对话框中勾选“显示房间编号”选项时，会依照默认的排序方式对编号进行排序，编辑或删除房间造成房间号不连续、重号或者编号顺序不理想，可用后面介绍的“房间排序”命令（FJPX）重新排序。

7.1.2 房间对象编辑方法

知识要点 在生成所有房间标注信息后，系统默认情况下房间名称统一都为“房间”，然而，房间按功能划分区域，房间名称应与其功能一致，应将其进行编辑。

执行方法 如果只需要对单个房间各项数据进行修改，只需要双击被修改的房间对象。如果需要修改多个，可以在选中被修改对象后单击鼠标右键，在弹出的下拉列表中选择“对象编辑”命令，弹出“编辑房间”对话框，进行相应的修改即可。

操作实例 例如，打开“资料\搜索房间.dwg”文件，双击“房间 15.03”进入在位编辑，输入“客厅”即可；或者选中“房间 15.03”对象后单击鼠标右键，在弹出的下拉列表中选择“对象编辑”命令，弹出“编辑房间”对话框，从右侧的常用房间列表选择房间名称为“客厅”，单击“确定”按钮即可，如图 7-5 所示。

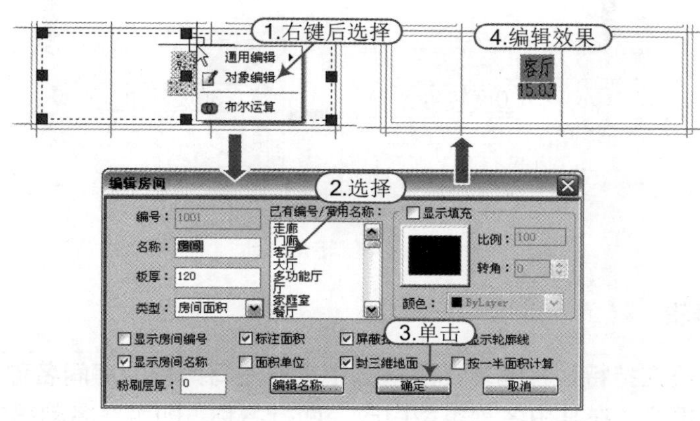

图 7-5 右键菜单编辑房间

选项含义在右键菜单下“对象编辑”命令弹出的“编辑房间”对话框中，各选项的功能与含义如下。

- 编号：对应每个房间的自动数字编号，用于其他专业标识房间。
- 名称：用户对房间给出的名称，可从右侧的常用房间列表选取，房间名称与面积统计的厅室数量有关，类型为洞口时默认名称是“洞口”，其他类型为“房间”。
- 粉刷层厚：房间墙体的粉刷层厚度，用于扣除实际粉刷厚度，精确统计房间面积。
- 板厚：生成三维地面时，给出地面的厚度。
- 类型：可以通过本列表修改当前房间对象的类型为“套内面积”“建筑轮廓面积”“洞口面积”“分摊面积”“套内阳台面积”。
- 封三维地面：勾选则表示同时沿着房间对象边界生成三维地面。
- 标注面积：勾选可标注面积数据。
- 面积单位：勾选可标注面积单位平方米。
- 显示轮廓线：勾选后显示面积范围的轮廓线，否则选择面积对象才能显示。
- 按一半面积计算：勾选后该房间按一半面积计算，用于净高小于 2.1m，大于 1.2m 的房间。
- 屏蔽掉背景：勾选利用 Wipeout 的功能屏蔽房间标注下面的填充图案。
- 显示房间编号/名称：选择面积对象显示房间编号或者房间名称。
- 编辑名称：光标进入“名称”编辑框时，该按钮可用，单击进入对话框列表，修改或者增加名称。
- 显示填充：勾选后可以当前图案对房间对象进行填充，可在其下的选项中选择图案比例、颜色、图案和图案显示时的转角，转角对比如图 7-6 所示，单击图像框进入图案管理界面选择其他图案或者下拉颜色列表改颜色。

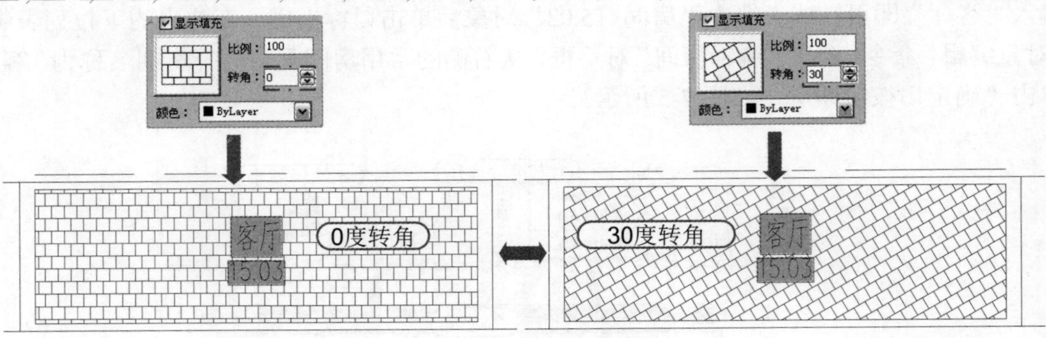

图 7-6　转角对比

技巧：特性编辑

房间对象还支持特性栏编辑，用户选中需要注写两行的房间名称，按“Ctrl＋1”组合键打开特性栏，在其中名称类型中改为两行名称，即可在名称第二行中写入内容，满足涉外工程标注中英文房间名称的需要，如图 7-7 所示。

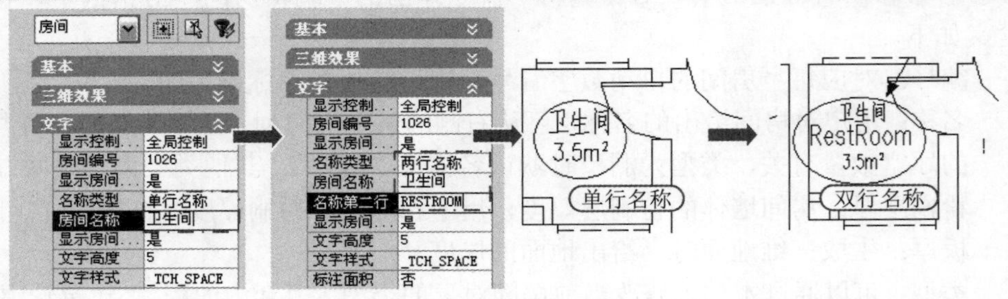

图 7-7　特性编辑

7.1.3 查询面积

知识要点“查询面积”命令可查询房间面积，并以单行文字的方式标注在房间内部。可查询由天正墙体组成的房间使用面积、套内阳台面积以及闭合多段线面积，即时创建面积对象标注在图上，光标在房间内时显示的是使用面积。

执行方法可以通过以下两种方式来执行绘制“查询面积”操作。

- 屏幕菜单：选择“房间屋顶 | 查询面积”菜单命令。
- 命令行：在命令行中输入“CXMJ”（“查询面积”汉语拼音的首字母）。

操作实例例如，打开“资料\搜索房间.dwg”文件，在天正屏幕菜单中执行“房间屋顶 | 查询面积”命令(CXMJ)后，将弹出“查询面积”对话框，在对话框中设置参数后，然后框选所有房间，在建筑平面图外指定基点即可，如图 7-8 所示。

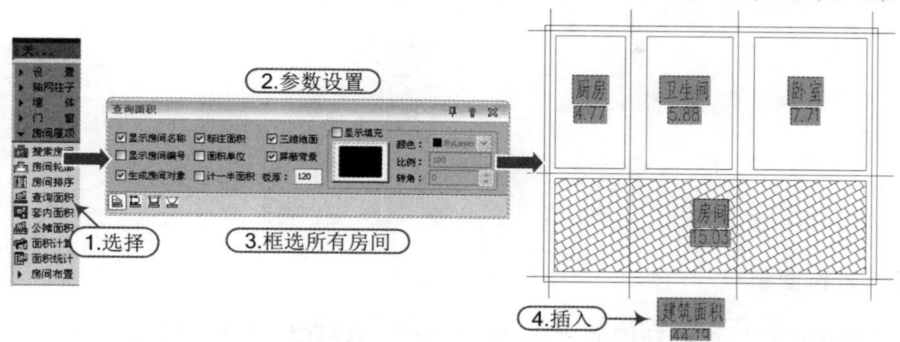

图 7-8　查询面积

选项含义 在“查询面积”对话框中，各控件按钮的功能与命令交互如下。

■　房间面积查询：命令默认功能是查询房间，单击此按钮，命令行提示：

请选择查询面积的范围:	\\ 请给出两点框选要查询面积的平面图范围，可在多个平面图中选择查询
请在屏幕上点取一点<返回>:	\\ 光标移动到房间同时显示面积，如果要标注，请在图上给点，光标移到平面图外面会显示和标注该平面图的建筑面积

■　封闭曲线面积查：单击此按钮，命令行提示：

选择闭合多段线或圆<退出>:	\\ 此时可选择表示面积的闭合多段线或者圆，光标处显示面积
请点取面积标注位置<中心>:	\\ 此时可按回车键在该闭合多段线中心标注面积

■　阳台面积查询：单击此按钮，命令行提示：

选择阳台<退出>:	\\ 此时选取天正阳台对象，光标处显示阳台面积
请点取面积标注位置<中心>:	\\ 此时可在面积标注位置给点，或者按回车键在该阳台中心标注面积

注意：阳台面积

阳台面积的计算是算一半面积还是算全部面积，各地不尽相同，用户可修改“天正选项”的“基本设定”选项卡的“阳台按一半面积计算”的设定。个别不同的，通过阳台面积对象编辑修改。

技巧：不规则阳台

在阳台平面不规则，无法用天正阳台对象直接创建阳台面积时，可使用“绘制任意多边形面积查询”创建多边形面积，然后将对象编辑为“套内阳台面积”。

■　绘制任意多边形面积查询：单击此按钮，如图 7-9 所示，命令行提示：

多边形起点<退出>:	\\ 点取或绘制需要查询的多边形的第一个角点
直段下一点或[弧段(A)/回退(U)]<结束>:	\\ 点取或绘制需要查询的多边形的第二个角点
直段下一点或[弧段(A)/回退(U)]<结束>:	\\ 点取或绘制需要查询的多边形的第三个角点
......	......
直段下一点或[弧段(A)/回退(U)]<结束>:	\\ 按回车键封闭需要查询的多边形

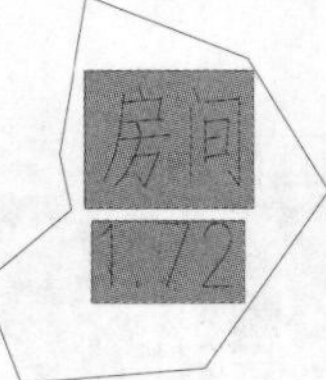

图 7-9　绘制任意多边形面积查询

注意：查询面积

"查询面积"命令获得的建筑面积不包括墙垛和柱子凸出部分，勾选"计一半面积"复选框，房间对象可以不显示编号和名称，仅显示面积。

7.1.4 房间轮廓

知识要点 房间轮廓线以封闭 PLINE 线表示，轮廓线可以用在其他用途，如把它转为地面或用来作为生成踢脚线等装饰线脚的边界。

执行方法 可以通过以下两种方式来执行绘制"房间轮廓"操作。

- 屏幕菜单：选择"房间屋顶 | 房间轮廓"菜单命令。
- 命令行：在命令行中输入"FJLK"（"房间轮廓"汉语拼音的首字母）。

操作实例 例如，打开"资料\搜索房间.dwg"文件，在天正屏幕菜单中执行"房间屋顶 | 房间轮廓"命令（FJLK）后，根据命令行提示在房间内指定一点后，按空格键即可，如图 7-10 所示。

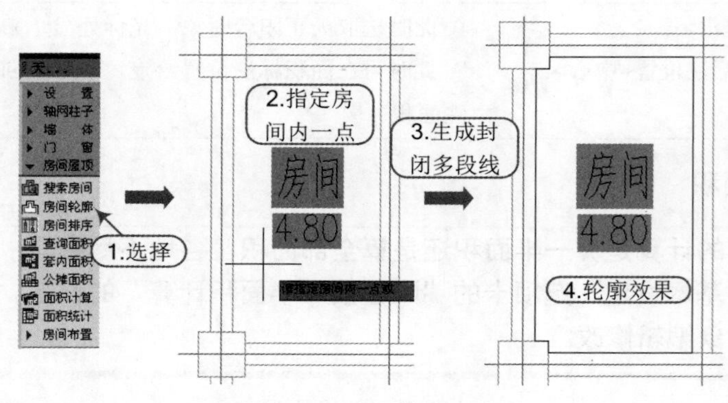

图 7-10　房间轮廓

注意：轮廓线图层

命令交互完毕后在 SPACE_SHARE 图层生成房间轮廓线。

7.1.5 房间排序

知识要点 "房间排序"命令可以按某种排序方式对房间对象编号重新排序，参加排序的除了普通房间外，还包括公摊面积、洞口面积等对象，这些对象参与排序主要用于节能和暖通设计。

执行方法 可以通过以下两种方式来执行绘制“房间排序”操作。

- 屏幕菜单：选择“房间屋顶丨房间排序”菜单命令。
- 命令行：在命令行中输入“FJPX”（“房间排序”汉语拼音的首字母）。

操作实例 例如，打开“资料\搜索房间.dwg”文件，在天正屏幕菜单中执行“房间屋顶丨房间排序”命令(FJPX)后，根据如下命令行提示进行操作，如图 7-11 所示。

> 请选择房间对象<退出>: \\ 常使用两对角点框选出本次排序的范围，对于有分区编号要求时，可通过选择区域多次排序实现分区编号
> 请选择房间对象<退出>: \\ 回车结束选择
> 指定 UCS 原点<使用当前坐标系>: \\ 给点选择本次排序的起始原点，此处的 UCS 是用于房间排序的临时用户坐标系，对其他命令不起作用
> 指定绕 Z 轴的旋转角度<0>: \\ 默认优先是按 X 排序，按其他方向排序要定义角度，如按 Y 排序，应旋转 90°
> 起始编号<1001>: \\ 首次执行命令默认的编号，当你连续执行本命令时会自动增加
> 请选择房间对象<退出>: \\ 完成第一次排序后重复命令继续执行，回车退出

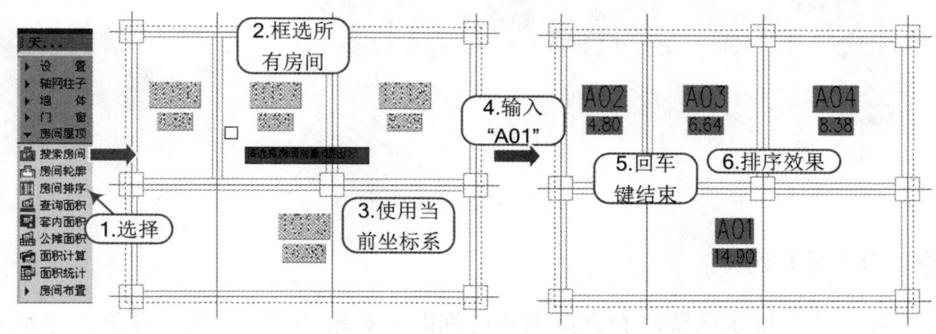

图 7-11 房间排序

注意：天正房间排序原则

> 1）按照“Y 坐标优先；Y 坐标大，编号大；Y 坐标相等，比较 X 坐标，X 坐标大，编号大”的原则排序。
> 2）X、Y 的方向支持用户设置，相当于设置了 UCS。
> 3）根据用户输入的房间编号，可分析判断编号规则，自动增加编号。可处理的情况如下：
> 1001、1002、1003......，01、02、03......，(全部为数字)。
> A001、A002、A003.....，1-1、1-2、1-3.......(固定字符串加数字)。
> a1、a2、a3......，1001a、1002a、1003a......，1-A、2-A、3-A......，(数字加固定字符串)。

7.1.6 套内面积

知识要点 套内面积由多个部分组成：套内使用面积、套内其他面积和阳台建筑面积。执行天正“套内面积”命令可计算住宅单元的套内面积，并创建套内面积的房间对象。按照房

产测量规范的要求，自动计算分户单元墙中线计算的套内面积。

执行方法 通过以下两种方式来执行绘制“套内面积”操作：

- 屏幕菜单：选择“房间屋顶丨套内面积”菜单命令。
- 命令行：在命令行中输入“TNMJ”（“套内面积”汉语拼音的首字母）。

操作实例 例如，打开“资料\搜索房间.dwg”文件，在“快捷访问”工具栏中单击“另存为”按钮，另存为“资料\套内面积.dwg”文件；在天正屏幕菜单中执行“房间屋顶丨套内面积”命令(TNMJ)后，在弹出的“套内面积”对话框中设置参数，根据如下命令行提示进行操作，如图 7-12 所示。

请选择同属一套住宅的所有房间面积对象与阳台面积对象：\\ 逐个选择或给点 P1、P2 框选应包括在 1-A 套内的各房间面积对象
请点取面积标注位置<中心>: \\ 按回车键或者给点在适当位置标注套型编号和面积

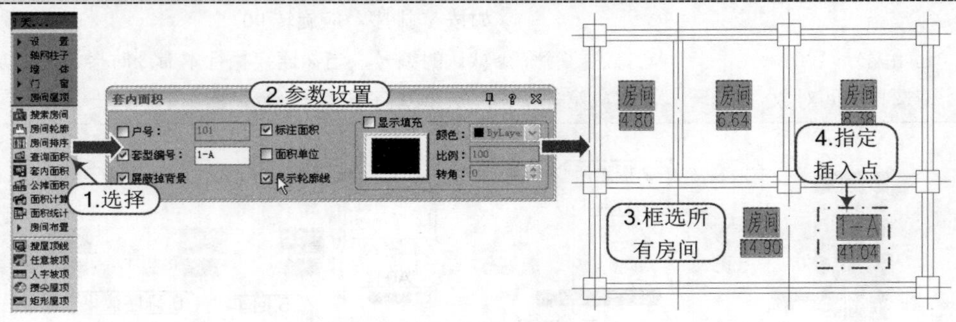

图 7-12 套内面积

注意：套内面积选择

> **选择时注意仅仅选取本套套型内的房间面积对象(名称)，而不要把其他房间面积对象(名称)包括进去，本命令获得的套内面积不含阳台面积，选择阳台面积对象目的是指定阳台所归属的户号。**

7.1.7 面积计算

知识要点 “面积计算”命令用于统计“查询面积”或“套内面积”等命令获得的房间使用面积、阳台面积、建筑面积等，用于不能直接测量得到所需面积的情况，取面积对象或者标注数字均可。

执行方法 可以通过以下两种方式来执行绘制“面积计算”操作：

- 屏幕菜单：选择“房间屋顶丨面积计算”菜单命令。
- 命令行：在命令行中输入“MJJS”（“面积计算”汉语拼音的首字母）。

操作实例 例如，打开“资料\套内面积.dwg”文件，在天正屏幕菜单中执行“房间屋顶丨面积计算”命令(MJJS)后，根据如下命令行提示进行操作，如图 7-13 所示。

请选择求和的房间面积对象或面积数值文字或[对话框模式(Q)]<退出>: \\ 点取第一个面积对象或数字(多选表示累加)
请选择求和的房间面积对象或面积数值文字： \\ 继续选择求和的房间面积对象或面积数值文字
请选择求和的房间面积对象或面积数值文字： \\ 给点选择本次排序的起始原点，此处的 UCS 是用

	于房间排序的临时用户坐标系，对其他命令不起作用
指定绕 Z 轴的旋转角度<0>:	\\ 按回车键结束
点取面积标注位置<退出>:	\\ 给点标注"XX.XXm²"的累加结果

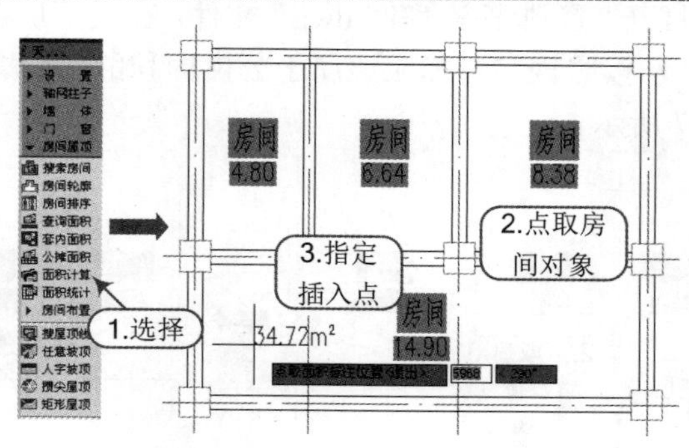

图 7-13　面积计算

技巧：对话框模式

如果在命令行第一行输入"Q"，就进入对话框模式，如图 7-14 所示。在对话框中，点取的房间面积将自动添加到计算器的显示栏中，各面积数字之间以加号(+)相连，如图 7-15 所示；可以选择加号单击其他运算符，单击等号"="得到结果，并随时单击"面积对象＜"按钮增添面积，单击"标在图上＜"将显示栏的结果在图上标注，如图 7-16 所示。

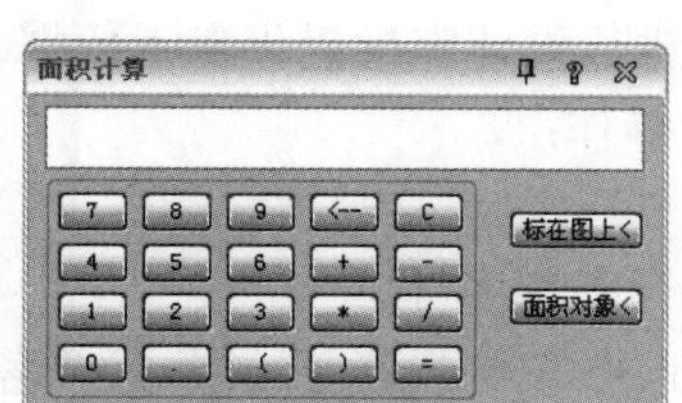

图 7-14　"面积计算"对话框模式

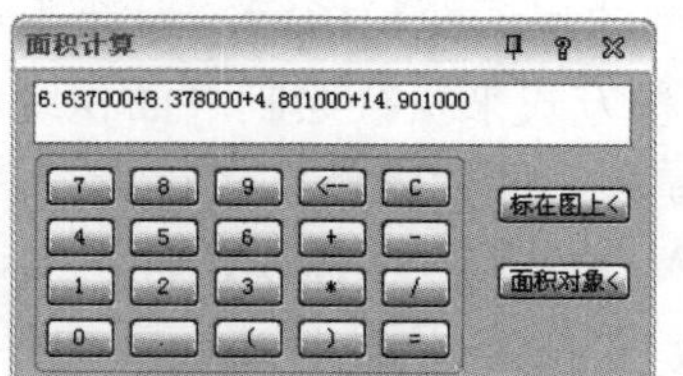

图 7-15　显示

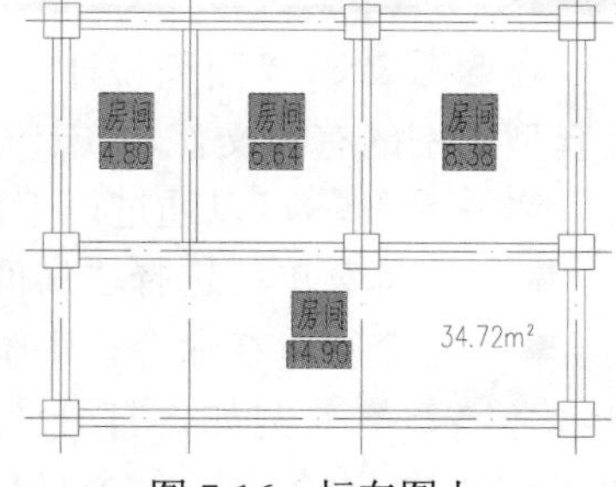

图 7-16　标在图上

注意：精度

面积精度的说明：当取图上面积对象和运算时，命令会取得该对象的面积不加精度折减，在单击"标在图上＜"对面积进行标注时按用户设置的面积精度位数进行处理。

7.1.8　公摊面积

知识要点 "公摊面积"命令用于定义按本层或全楼(幢)进行公摊的房间面积对象，需要预先通过"搜索房间"或"查询面积"命令创建房间面积，标准层自身的共用面积不需要执行本命令进行定义，没有归入套内面积的部分自动按层公摊。

执行方法 可以通过以下两种方式来执行绘制“公摊面积”操作：

- 屏幕菜单：选择“房间屋顶 | 公摊面积”菜单命令。
- 命令行：在命令行中输入“GTMJ”（“公摊面积”汉语拼音的首字母）。

操作实例 例如，打开“资料\搜索房间.dwg”文件，在天正屏幕菜单中执行“房间屋顶 | 公摊面积”命令(GTMJ)，按照规定选择应该属于公摊面积的部分即可（可多选，但应自己判断是否该选），如图 7-17 所示。

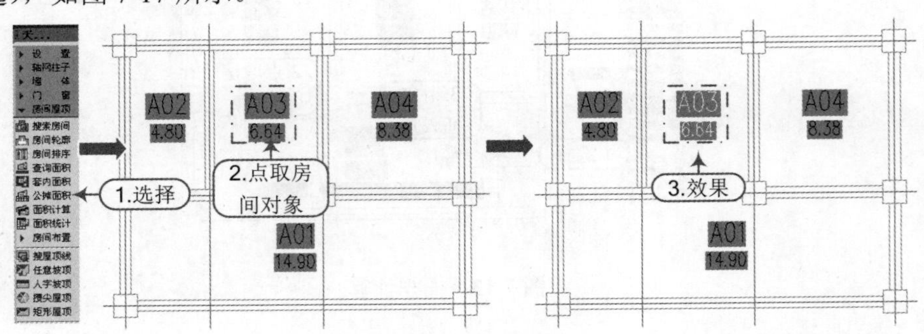

图 7-17 公摊面积

注意：显示

“公摊面积”命令可把面积对象由原图层变为 SPACE_SHARE 图层，公摊的房间名称不变。

7.1.9 面积统计

知识要点 “面积统计”命令按《房产测量规范》和《住宅设计规范》以及住建部限制大套型比例的有关文件，统计住宅的各项面积指标，为管理部门进行设计审批提供参考依据。

执行方法 可以通过以下两种方式来执行绘制“面积统计”操作：

- 屏幕菜单：选择“房间屋顶 | 面积统计”菜单命令。
- 命令行：在命令行中输入“MJTJ”（“面积统计”汉语拼音的首字母）。

操作实例 例如，打开“资料\住宅平面图.dwg”文件，在天正屏幕菜单中执行“房间屋顶 | 面积统计”命令(MJTJ)后，弹出“面积统计”对话框，有两种统计方式，如图 7-18、图 7-19 所示。

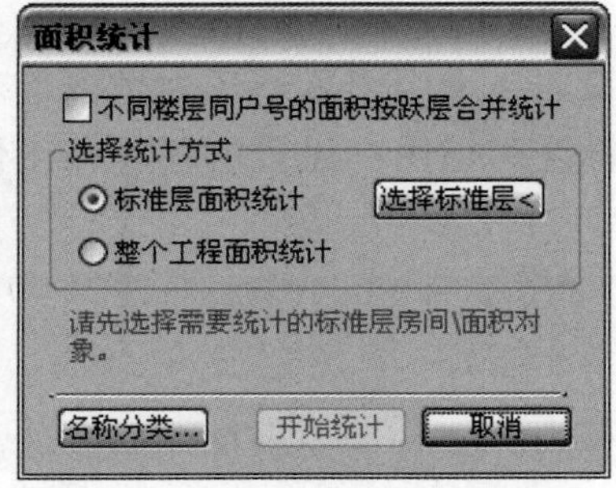

图 7-18 标准层面积统计

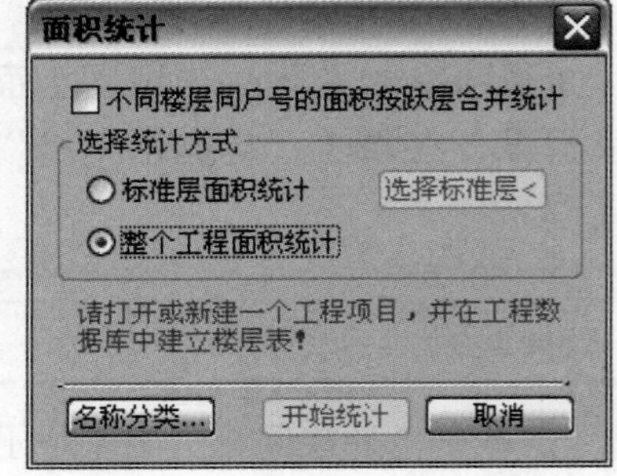

图 7-19 整个工程面积统计

选择统计类型为“标准层面积统计”，此时右边的“选择标准层<”按钮可用，单击该按

钮后选择当前平面图。

然后在面积统计中房间面积是按名称分类的，名称的分类可以由用户自定义，单击“名称分类…”按钮进入名称分类对话框定义分类，如图 7-20 所示。

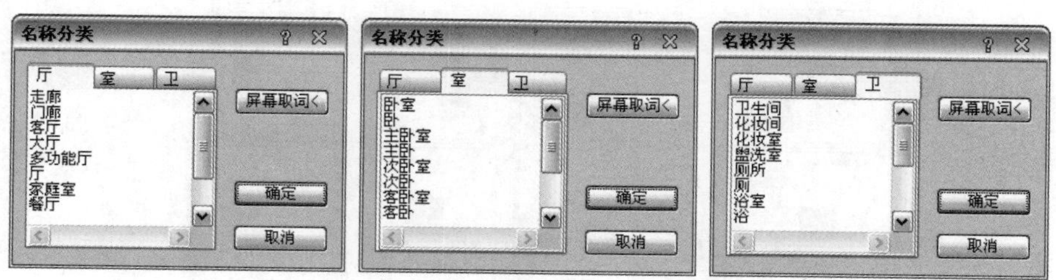

图 7-20 “名称分类”的三个选项卡

最后，单击“开始统计”按钮，弹出“统计结果”对话框，如图 7-21 所示。

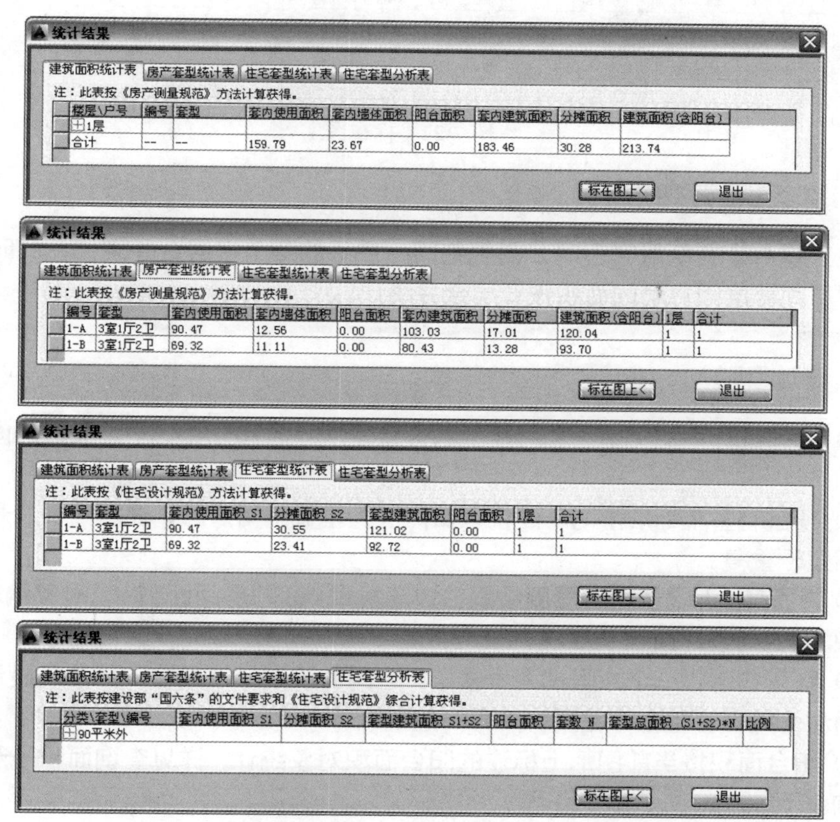

图 7-21 统计结果

单击按钮“标在图上<”，可将统计结果以天正表格形式标在平面图的空白位置，如图 7-22 所示。

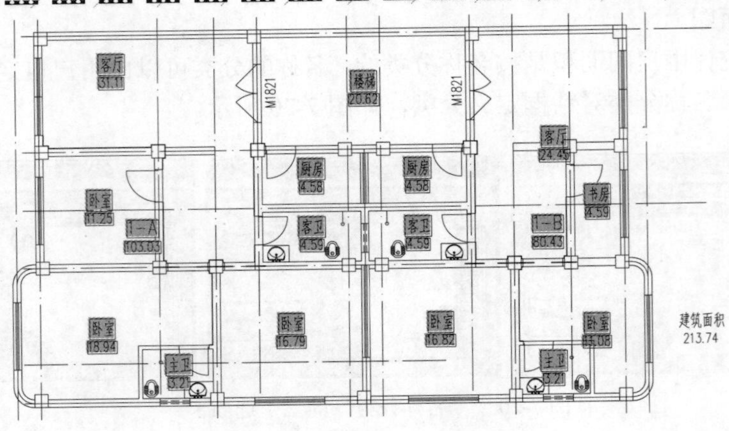

住宅套型分析表(m^2)

分类	套型	编号	套内使用面积 S1	分摊面积 S2	套型建筑面积 S1+S2	阳台面积	套数 N	套型总面积 (S1+S2)*N	比例
90平米外	3室1厅2卫	1-A	90.47	30.55	121.02	0.00	1	121.02	56.6%
		1-B	69.32	23.41	92.72	0.00	1	92.72	43.4%
		合计	159.79	53.96	213.74	0.00	2	213.74	100.0%
	合计	--	159.79	53.96	213.74	0.00	2	213.74	100.0%

图 7-22　标在图上

注意：整个工程面积统计

在工程中含有跃层套型时，需要把同一户号的两个楼层合并统计，此时勾选对话框中“不同楼层同户号的面积按跃层合并统计”。

注意：统计原则

1）套型统计中的“室”和“厅”的数量是从“名称分类”中定义的房间名称中提取的。

2）项目有多个标准层时，建议以自然层为基础编写户号，注意使得户号在不同标准层不至于重复。

3）有通高大厅，要把上层围绕洞口自动搜索到的“房间面积”以对象编辑设为“洞口面积”，否则统计面积不准确。

4）跃层住宅，一个户号占两个楼层，它的面积统计结果在下面楼层显示，上一楼层的面积分摊、套型合并在同一户号一起统计。

5）阳台面积按当前图形上标注的阳台面积对象统计，详见查询面积一节的阳台面积查询。

6）阳台面积在各地设计习惯中使用不同的术语，在本命令的输出表格中以“阳台面积”表示，可自行按各单位或项目要求修改。

技巧：顺序

在执行“面积统计”前应先预先执行“套内面积”和“建筑面积”的命令对整建筑房间分户，否则系统将提示“未找到分户房间”并退出该命令。

7.2 房间的布置

通过对房间内其他设施的布置，能使一个房间显得更完整并且美观，天正屏幕菜单中“房间屋顶 | 房间布置”下的命令用于房间与顶棚的布置，添加踢脚线等操作。

7.2.1 加踢脚线

知识要点 “加踢脚线”命令自动搜索房间轮廓，按用户选择的踢脚截面生成二维和三维一体的踢脚线，门和洞口处自动断开，可用于室内装饰设计建模，也可以作为室外的勒脚使用，踢脚线支持 CAD 的 Break(打断)命令。

执行方法 可以通过以下两种方式来执行绘制“加踢脚线”操作：

- 屏幕菜单：选择“房间屋顶 | 房间布置 | 加踢脚线”菜单命令。
- 命令行：在命令行中输入“JTJX”(“加踢脚线”汉语拼音的首字母)。

操作实例 例如，打开“资料\套内面积.dwg”文件，在天正屏幕菜单中执行“房间屋顶 | 房间布置 | 加踢脚线”命令(JTJX)后，将弹出“踢脚线生成”对话框；单击“截面选择”按钮后弹出“天正图库管理系统”对话框，选择踢脚截面；单击“拾取房间内部点”按钮后，拾取房间内部点即可，如图 7-23 所示。

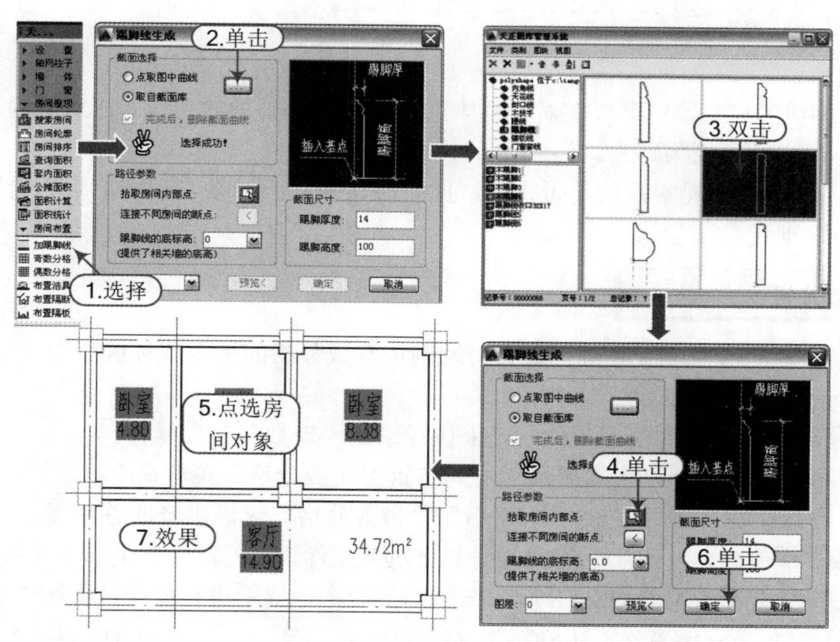

图 7-23　加踢脚线

选项含义 在“踢脚线生成”对话框中，各选项的含义如下：

- 取自截面库：点取本选项后，用户单击右边按钮 ... 进入踢脚线图库，在右侧预览区双击选择需要的截面样式。
- 点取图中曲线：点取本选项后，用户单击右边按钮 ... 进入图形中选取截面形状，命令行提示。

```
请选择作为断面形状的封闭多段线:                \\ 选择断面线后随即返回对话框
```

■ 拾取房间内部点：单击此按钮，命令行提示如下：

```
请指定房间内一点或[参考点(R)]<退出>:          \\ 在加踢脚线的房间里点取一个点
请指定房间内一点或[参考点(R)]<退出>:          \\ 按回车键结束取点，创建踢脚线路径
```

■ 连接不同房间的断点 <：单击此按钮，命令行提示如下(如果房间之间的门洞是无门套的做法，应该连接踢脚线断点)，如图 7-24 所示。

```
第一点<退出>:          \\ 点取门洞外侧一点 P1
下一点<退出>:          \\ 点取门洞内侧一点 P2
下一点<退出>:          \\ 点取门洞外侧一点 P3
下一点<退出>:          \\ 点取门洞外侧一点 P4
```

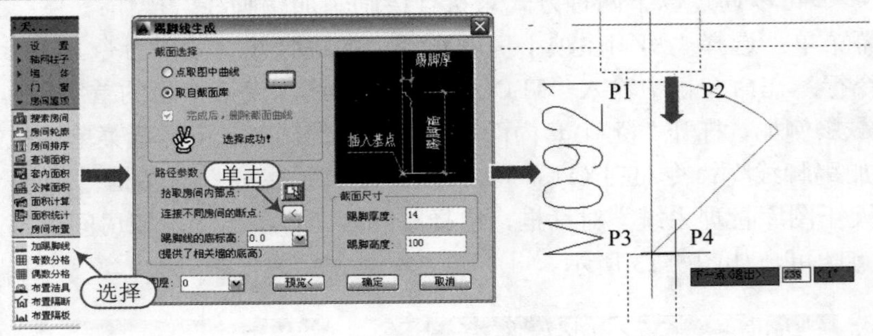

图 7-24　连接不同房间的断点

■ 踢脚线的底标高：可以在对话框中选择输入踢脚线的底标高，在房间内有高差时在指定标高处生成踢脚线。

■ 预览<：用于观察参数是否合理，此时应切换到三维轴测视图，否则看不到三维显示的踢脚线。

7.2.2 奇数分格

知识要点 使用“奇数分格”命令可绘制按奇数分格的地面或顶棚平面，分格使用 CAD 对象直线(line)绘制。

执行方法 可以通过以下两种方式来执行绘制“奇数分格”操作：

■ 屏幕菜单：选择“房间屋顶 | 房间布置 | 奇数分格”菜单命令。

■ 命令行：在命令行中输入“JSFG”(“奇数分格”汉语拼音的首字母)。

操作实例 例如，打开“资料\奇数分格.dwg”文件，在天正屏幕菜单中执行“房间屋顶 | 房间布置 | 奇数分格”命令(JSFG)后，按照如下命令行提示进行操作，如图 7-25 所示。

```
请用三点定一个奇数分格的四边形，第一点<退出>:          \\ 点取四边形的第一个角点
第二点<退出>:          \\ 点取四边形的第二个角点
第三点<退出>:          \\ 点取四边形的第三个角点
第一、二点方向上的分格宽度(小于 100 为格数) <500>:          \\ 输入 600
第二、三点方向上的分格宽度(小于 100 为格数)<500>:          \\ 输入 600 并按回车键结束
```

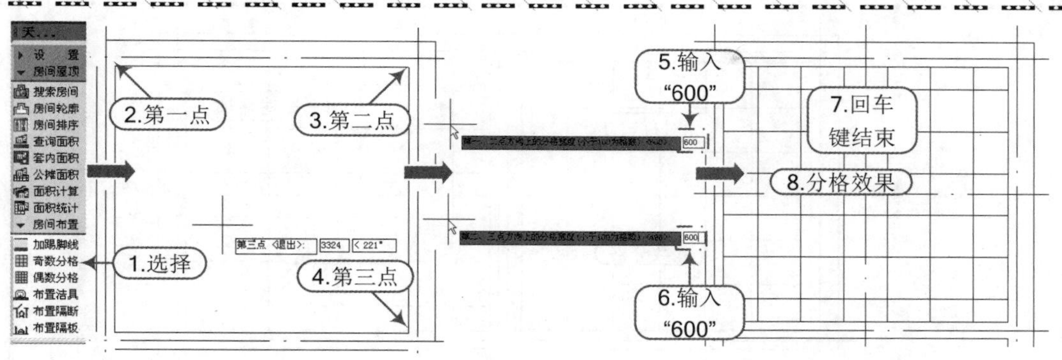

图 7-25 奇数分格

技巧：小于 100 为格数

当命令行提示“第一、二点方向上的分格宽度(小于 100 为格数) <500>:”、“第二、三点方向上的分格宽度(小于 100 为格数)<500>:”时，如果键入的值小于 100 为分格数，命令行将显示：“分格宽度为<xxx>: 键入新值或回车接受系统计算出的默认值”，如图 7-26 所示。

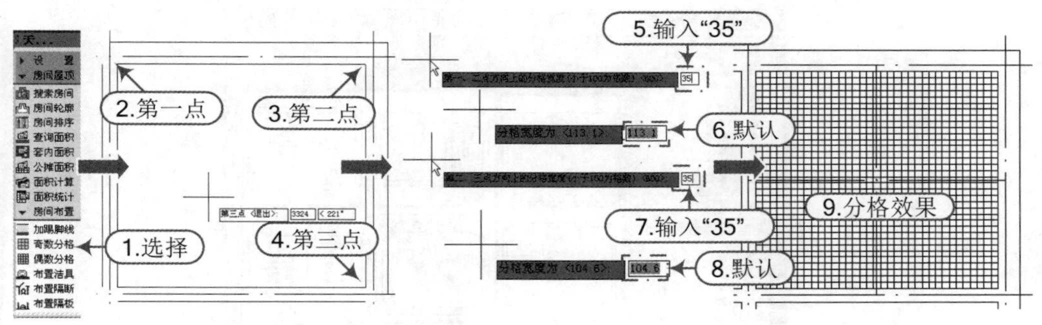

图 7-26 技巧“奇数分格”

（注意：步骤 6、8 中的默认数值是计算机根据“一、二两点间距”除以“35”得来。）

7.2.3 偶数分格

知识要点 使用“偶数分格”命令可绘制按偶数分格的地面或顶棚平面，分格使用 CAD 对象直线(Line)绘制。

执行方法 可以通过以下两种方式来执行绘制“偶数分格”操作：

- 屏幕菜单：选择“房间屋顶 | 房间布置 | 偶数分格”菜单命令。
- 命令行：在命令行中输入“OSFG”（“偶数分格”汉语拼音的首字母）。

操作实例 在天正屏幕菜单中执行“房间屋顶 | 房间布置 | 偶数分格”命令(OSFG)与“奇数分格”命令(JSFG)的命令行提示相同，只是分格是偶数，不出现对称轴，效果对比如图 7-27 所示。

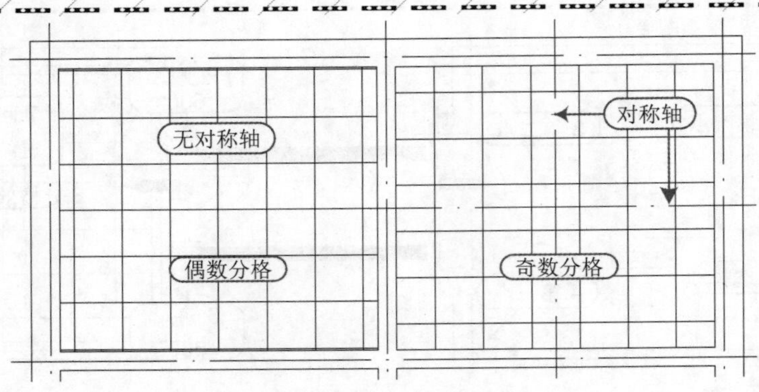

图 7-27 “偶数分格”与“奇数分格”

7.3 洁具的布置

家庭洁具是指在卫生间、厨房应用的陶瓷及五金家居专用设备，卫生间是每个家庭的重要区域，浴室和卫生间一般离得很近，甚至是设为一体，使得这个区间中可使用的区域十分有限，所以必须合理安排洁具的布置。为此，天正设计了“布置洁具”屏幕菜单命令。通过“布置洁具”命令提供的多种工具命令，可在卫生间布置各种不同洁具，包括洗脸盆、马桶、洗手池等。同时可调用天正图库中的多种洁具类型在卫生间或浴室中布置洁具，如图 7-28 所示。

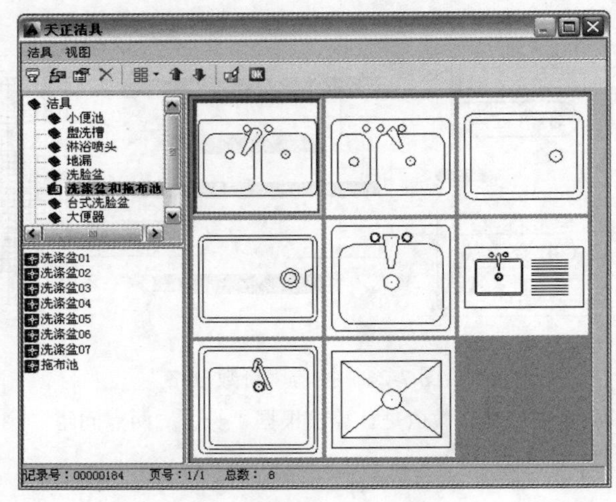

图 7-28 天正洁具

7.3.1 布置洁具

知识要点 “布置洁具”命令可在“天正洁具”窗口中选择不同类型的洁具进行布置。

执行方法 可以通过以下两种方式来执行“布置洁具”操作：

- 屏幕菜单：选择“房间屋顶｜房间布置｜布置洁具”菜单命令。
- 命令行：在命令行中输入“BZJJ（“布置洁具”汉语拼音的首字母）。

操作实例 例如，打开“资料\搜索房间.dwg”文件，在“快捷访问”工具栏中单击“另存为”按钮，另存为“资料\布置洁具.dwg”文件；在房间名称为“卫生间”的房间内布置洁具。在天正屏幕菜单中执行“房间屋顶｜房间布置｜布置洁具”命令（BZJJ）后，将弹出

“天正洁具”对话框；双击洁具图例选择洁具的类型，如图 7-29 所示，弹出的对话框如图 7- 30 所示，设置参数后沿墙布置洁具即可，其他洁具也是如此布置，如图 7-31 所示。

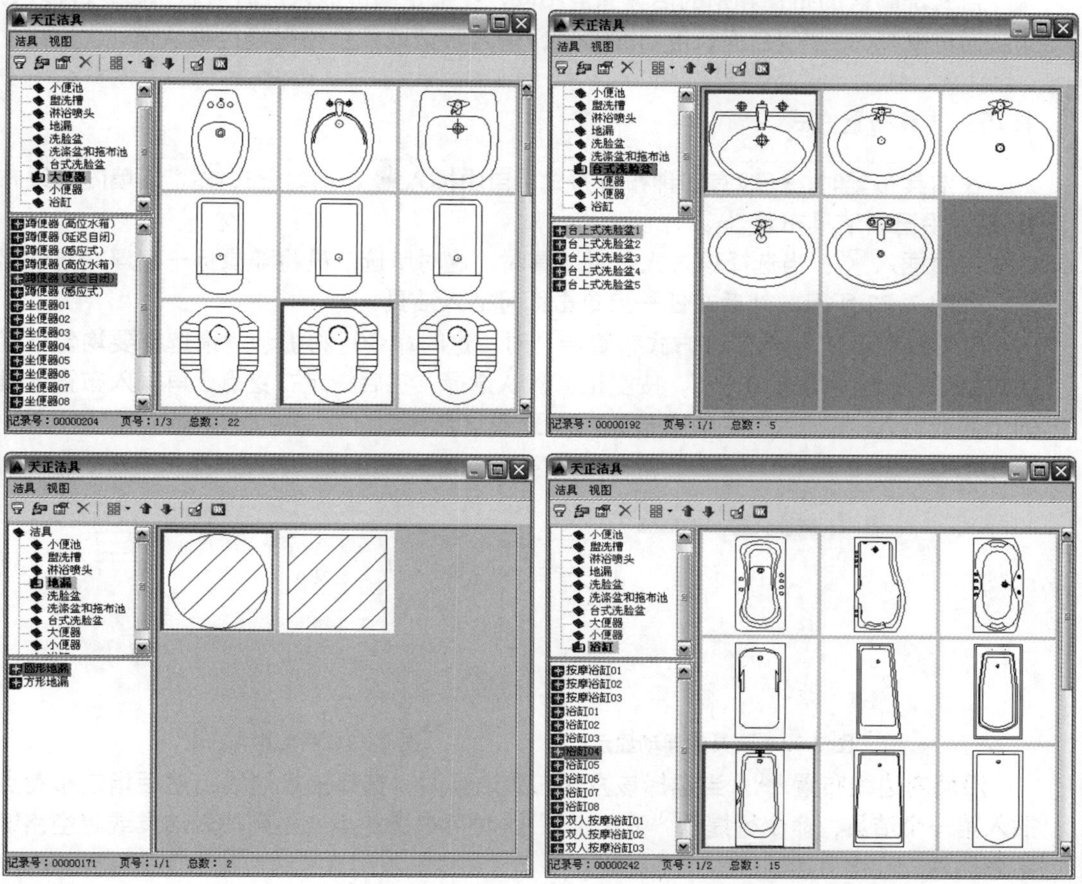

图 7-29 选择洁具

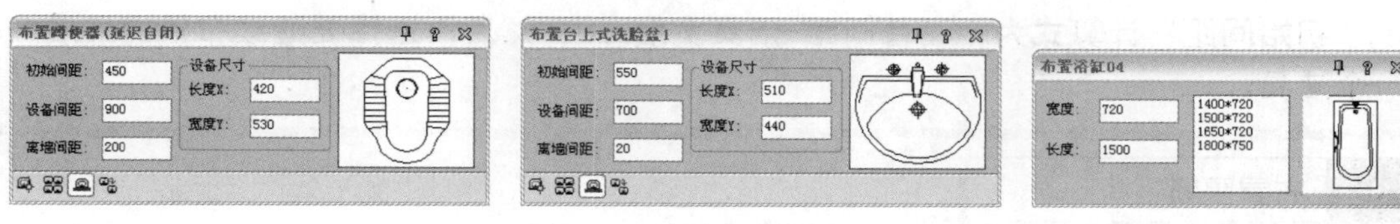

图 7-30 洁具参数设置

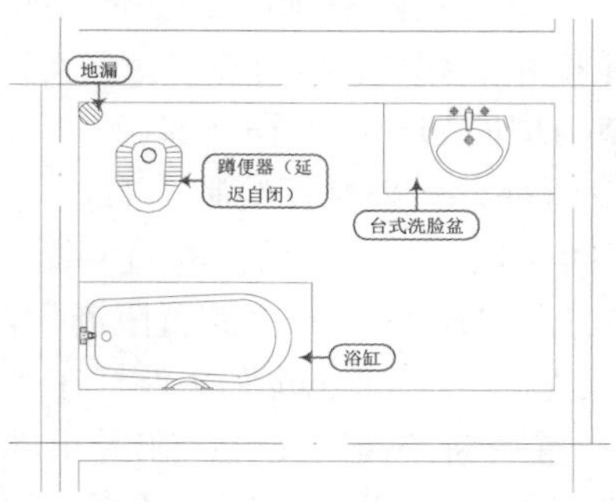

图 7-31 卫生间洁具布置（注意：因版幅原因，将卫生间向左旋转 90°。）

技巧：台式洗脸盆

台式洗脸盆的布置和别的洁具有点不同，在指定墙边插入洗脸盆后，命令行提示："台面宽度<600>:""台面长度<1800>:"，输入数值或按空格键确定默认值。

技巧：洁具布置方式

在洁具布置时，一般有四种布置方式：自由插入、均匀分布、沿墙内边线布置、沿已有洁具布置。

自由插入：当选择该方式布置洁具时，这时所选洁具将随鼠标一起浮动显现出来，如图 7-32 所示，然后在任一点单击即可插入洁具。

均匀分布：当选择该方式布置洁具时，这时命令行将提示"请选择要均匀布置的对象或[两点间均布(D)]:"，按空格键默认选择，然后指定布置点，再输入布置洁具的个数或输入"D"后指定两点布置，如图 7-33 所示。

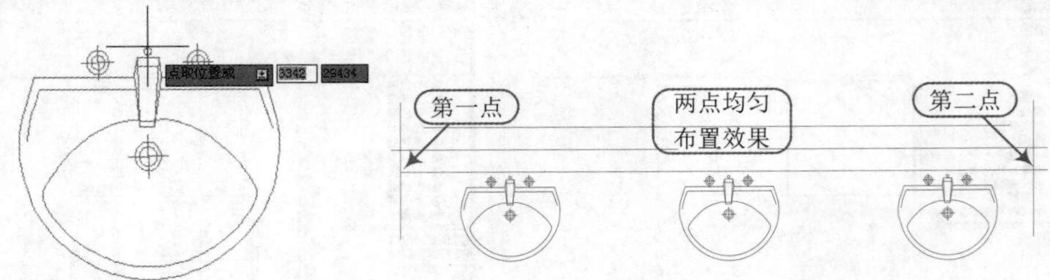

图 7-32　洁具的浮动显示　　　图 7-33　两点均匀布置

沿墙内边线布置：当选择该方式布置洁具时，选择沿墙边线，然后指定布置点插入第一个洁具，命令行提示"下一个:"这时可在指定点或距离插入洁具或者空格键结束插入。

沿已有洁具布置：当选择该方式布置洁具时，注意确认参数"离墙间距"为"0"。"初始间距"计算式为"设备间距-洁具宽度/2"，然后再选择要继续布置的最后一个洁具。

7.3.2 布置隔断

知识要点"布置隔断"命令通过两点选取已经插入的洁具，布置卫生间隔断，要求先布置洁具才能执行，隔板与门采用了墙对象和门窗对象，支持对象编辑；墙类型由于使用卫生隔断类型，隔断内的面积不参与房间划分与面积计算。

执行方法可以通过以下两种方式来执行绘制"布置隔断"操作：

- 屏幕菜单：选择"房间屋顶｜房间布置｜布置隔断"菜单命令。
- 命令行：在命令行中输入"BZGD"（"布置隔断"汉语拼音的首字母）。

操作实例例如，打开"资料\卫生间.dwg"文件，在"快捷访问"工具栏中单击"另存为"按钮，另存为"资料\布置隔断.dwg"文件；在天正屏幕菜单中执行"房间屋顶｜房间布置｜布置隔断"命令(BZGD)后，指定两点绘制一条直线穿过靠近端墙的洁具外侧，输入隔板长度为"1200"，输入隔断门宽为"600"，按回车键结束，如图 7-34 所示。

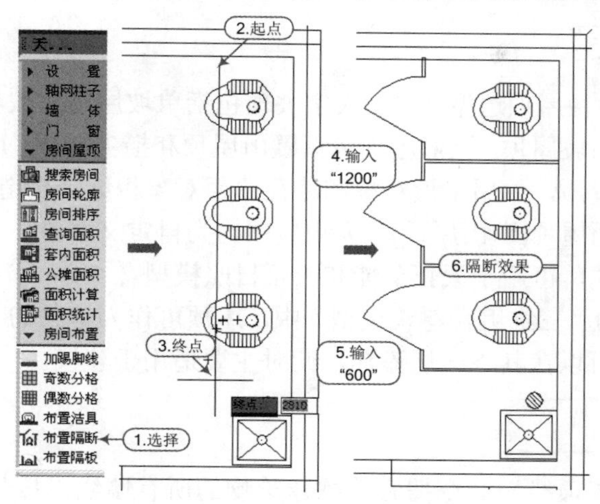

图 7-34 布置隔断

技巧：隔断门的修改

通过“内外翻转”“门口线”等命令对门进行修改。

7.3.3 布置隔板

知识要点“布置隔板”命令通过两点选取已经插入的洁具，布置卫生洁具，主要用于小便器之间的隔板。

执行方法可以通过以下两种方式来执行绘制“布置隔板”操作：

- 屏幕菜单：选择“房间屋顶 | 房间布置 | 布置隔板”菜单命令。
- 命令行：在命令行中输入“BZGB”（“布置隔板”汉语拼音的首字母）。

操作实例例如，打开“资料\卫生间.dwg”文件，在“快捷访问”工具栏中单击“另存为”按钮，另存为“资料\布置隔板.dwg”文件；在天正屏幕菜单中执行“房间屋顶 | 房间布置 | 布置隔板”命令(BZGB)后，指定两点绘制一条直线穿过靠近端墙的洁具外侧，输入隔板长度为“400”，按回车键结束命令，如图 7-35 所示。

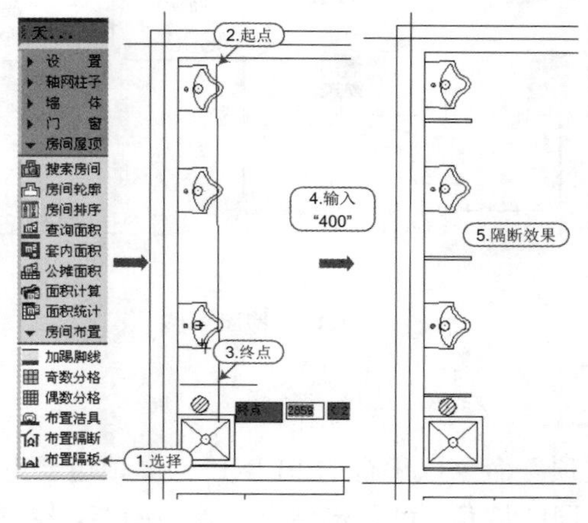

图 7-35 布置隔板

7.4 屋顶的创建

天正软件提供了多种屋顶造型功能。人字坡顶包括单坡屋顶和双坡屋顶。任意坡顶是指任意多段线围合而成的四坡屋顶。矩形屋顶包括歇山屋顶和攒尖屋顶，用户也可以利用三维造型工具自建其他形式的屋顶，如用平板对象和路径曲面对象相结合构造带有复杂檐口的平屋顶，利用路径曲面构建曲面屋顶(歇山屋顶)。天正屋顶均为自定义对象，支持对象编辑、特性编辑和夹点编辑等编辑方式，可用于天正节能和天正日照模型。

在工程管理命令的“三维组合建筑模型”中，屋顶可作为单独的一层添加，楼层号＝顶层的自然楼层号+1，也可以在其下一层添加，此时主要适用于建模。

7.4.1 搜屋顶线

知识要点 “搜屋顶线”命令搜索整栋建筑物的所有墙线，按外墙的外皮边界生成屋顶平面轮廓线。屋顶线在属性上为一个闭合的 PLINE 线，可以作为屋顶轮廓线，进一步绘制出屋顶的平面施工图，也可以用于构造其他楼层平面轮廓的辅助边界或用于外墙装饰线脚的路径。

执行方法 可以通过以下两种方式来执行绘制“搜屋顶线”操作：

- 屏幕菜单：选择“房间屋顶｜搜屋顶线”菜单命令。
- 命令行：在命令行中输入“SWDX”（“搜屋顶线”汉语拼音的首字母）。

操作实例 例如，打开“资料\搜索房间.dwg”文件，在“快捷访问”工具栏中单击“另存为”按钮，另存为“资料\搜屋顶线.dwg”文件；在天正屏幕菜单中执行“房间屋顶｜搜屋顶线”命令(SWDX)后，命令行提示“请选择构成一完整建筑物的所有墙体(或门窗)：”框选建筑物，命令行提示“偏移外皮距离：”时输入“600”即可，如图 7-36 所示。

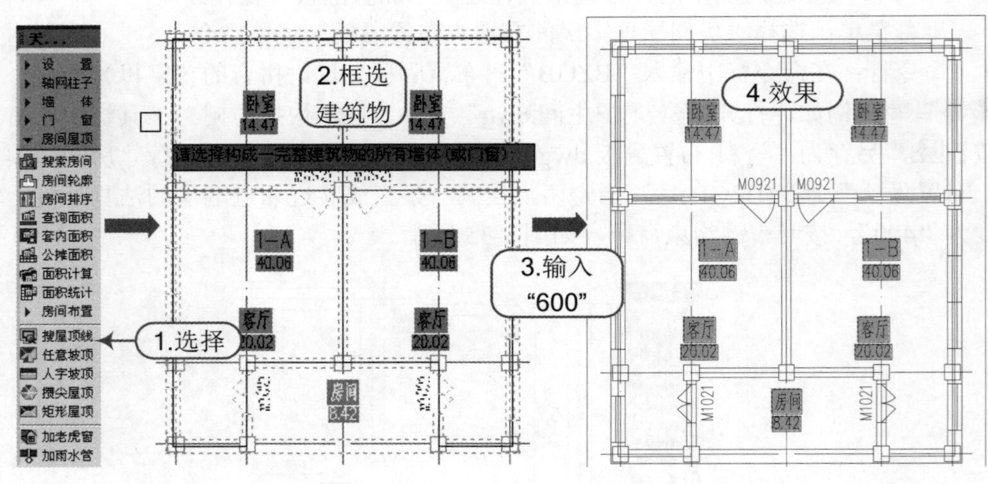

图 7-36　搜屋顶线

7.4.2 人字坡顶

知识要点 “人字坡顶”命令以闭合的 PLINE 为屋顶边界生成人字坡屋顶和单坡屋顶。两侧坡面的坡度可具有不同的坡角，可指定屋脊位置与标高，屋脊线可随意指定和调整，因此两侧坡面可具有不同的底标高，除了使用角度设置坡顶的坡角外，还可以通过限定坡顶高度的方式自动求算坡角，此时创建的屋面具有相同的底标高。

执行方法 可以通过以下两种方式来执行绘制“人字坡顶”操作：

- 屏幕菜单：选择“房间屋顶 | 人字坡顶”菜单命令。
- 命令行：在命令行中输入“RZPD”（“人字坡顶”汉语拼音的首字母）。

操作实例 例如，打开“资料\搜屋顶线.dwg”文件，在“快捷访问”工具栏中单击“另存为”按钮，另存为“资料\人字坡顶.dwg”文件；在天正屏幕菜单中执行“房间屋顶 | 人字坡顶”命令(RZPD)后，根据如下命令行提示进行操作。

```
请选择一封闭的多段线<退出>:            \\选择作为坡屋顶边界的多段线
请输入屋脊线的起点<退出>:              \\在屋顶一侧边界上给出一点作为屋脊起点
请输入屋脊线的终点<退出>:              \\在屋顶一侧边界上给出一点作为屋脊终点
```

进入“人字坡顶”对话框，在其中设置屋顶参数（如果已知屋顶高度，选择勾选“限定高度”，然后输入高度值或者输入已知坡角，输入屋脊标高或者单击“参考墙顶标高<”进入图形中选取墙)，单击按钮 参考墙顶标高< 进入图形中选取外墙，返回对话框后单击“确定”绘制坡顶，如图 7-37 所示。

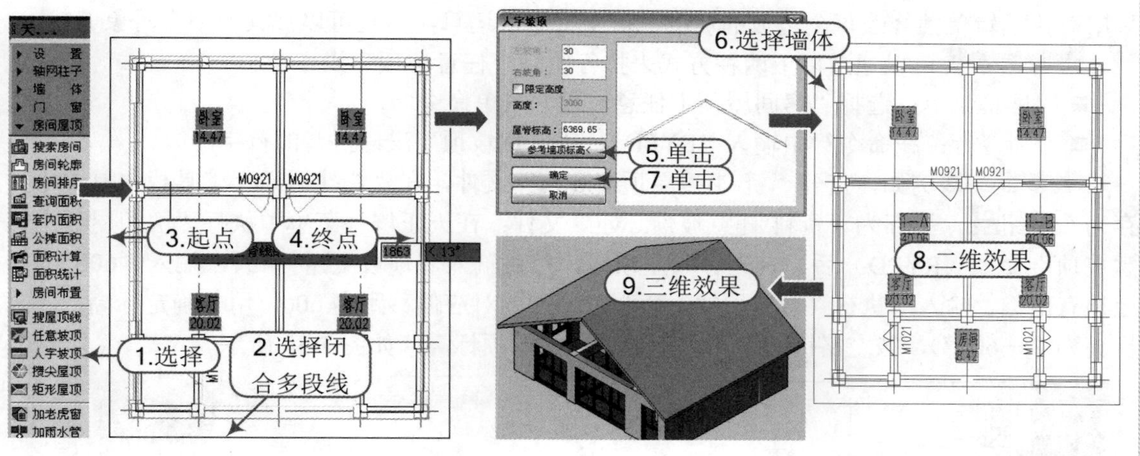

图 7-37 人字坡顶

选项含义 在“人字坡顶”对话框中，各选项的含义如下：

- 左坡角/右坡角：在各栏中分别输入坡角，无论脊线是否居中，默认左右坡角都是相等的。
- 限定高度：勾选限定高度复选框，用高度而非坡角定义屋顶，脊线不居中时左右坡角不等。
- 高度：勾选限定高度后，在此输入坡屋顶高度。
- 屋脊标高：以本图 Z=0 起算的屋脊高度。
- 参考墙顶标高<：选取相关墙对象可以沿高度方向移动坡顶，使屋顶与墙顶关联。
- 图像框：在其中显示屋顶三维预览图，拖动光标可旋转屋顶，支持滚轮缩放、中键平移。

技巧：“人字坡顶”

“人字坡顶”对话框中的预览框支持鼠标拖动旋转、滚轮缩放、中键平移操作。

可以通过“墙齐屋顶”命令改变山墙立面对齐屋顶，也可以独立在屋顶楼层创建，以三维组合命令合并为整体三维模型。

注意：“人字坡顶”选项

1）勾选“限定高度”后可以按设计的屋顶高创建对称的人字坡顶，此时如果拖动屋脊线，屋顶依然维持坡顶标高和檐板边界范围不变，但两坡不再对称，屋顶高度不再有意义。

2）屋顶对象在特性栏中提供了可修改檐板厚参数，该参数的变化不影响屋脊标高。

3）“坡顶高度”是以檐口起算的，屋脊线不居中时坡顶高度没有意义。

7.4.3 任意坡顶

知识要点 “任意坡顶”命令由封闭的任意形状 PLINE 线生成指定坡度的坡形屋顶，可采用对象编辑单独修改每个边坡的坡度，可支持布尔运算，而且可以被其他闭合对象剪裁。

执行方法 可以通过以下两种方式来执行绘制“任意坡顶”操作：

- 屏幕菜单：选择“房间屋顶 | 任意坡顶”菜单命令。
- 命令行：在命令行中输入“RYPD”（“任意坡顶”汉语拼音的首字母）。

操作实例 例如，打开“资料\搜屋顶线.dwg”文件，在“快捷访问”工具栏中单击“另存为”按钮，另存为“资料\任意坡顶.dwg”文件；在天正屏幕菜单中执行“房间屋顶 | 任意坡顶”命令（RYPD）后，首先点取屋顶线，然后输入屋顶坡度角“45”，输入“600”（因屋顶有出檐，输入与执行“搜屋顶线”命令时输入的对应偏移距离 600，用于确定标高，此时标高为“－600”），按空格键确定即可，最后修改屋顶标高，如图 7-38 所示。

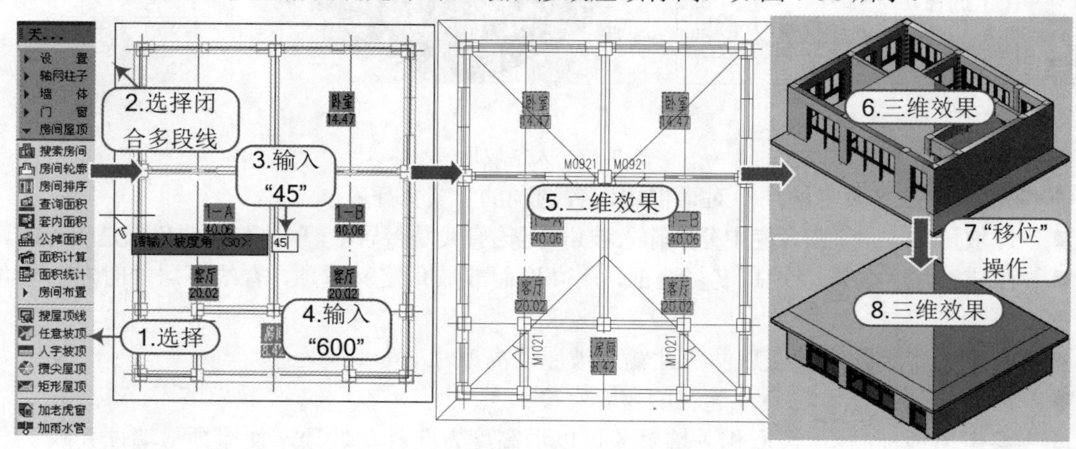

图 7-38　任意坡顶

技巧：坡顶编辑

可通过夹点和对话框方式进行修改。屋顶夹点有两种，一是顶点夹点，二是边夹点；拖动夹点可以改变屋顶平面形状，但不能改变坡度，如图 7-39 所示。

双击坡屋顶进入对象编辑对话框，“底标高”是坡顶各顶点所在的标高，由于出檐的原因，这些点都低于相对标高±0.00，如图 7-40 所示，在对话框中可对各个坡面的坡度进行修改，单击行首可看到图中对应该边号的边线显示红色标志，可修改坡度参数，在其中把端坡的坡角设置为 90°（坡度为“无”）时为双坡屋顶，修改参数后单击新增的“应用”按钮，可以马上看到坡顶的变化，如图 7-41 所示。

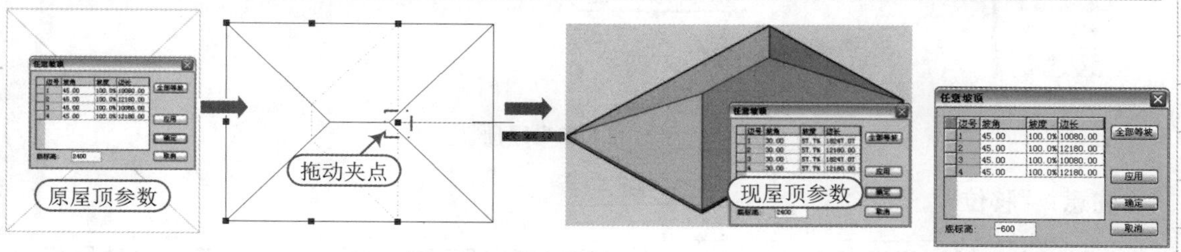

图 7-39　夹点编辑　　　　图 7-40　对象编辑对话框

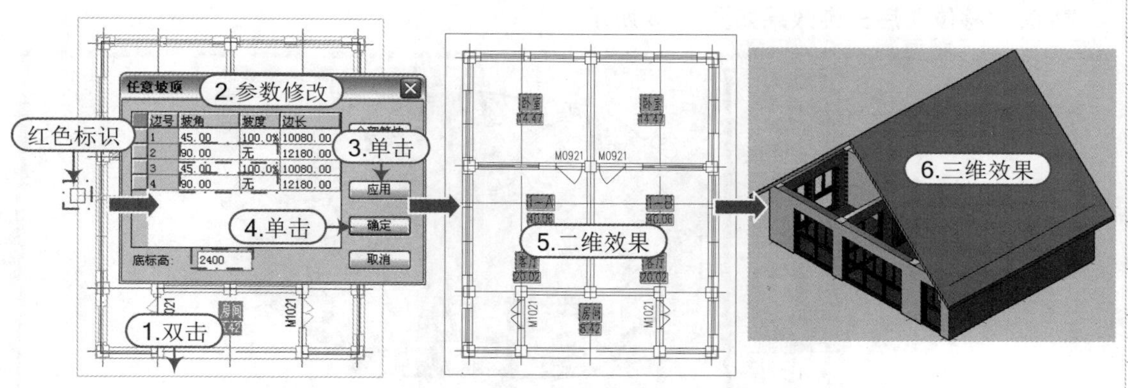

图 7-41　坡顶参数修改

7.4.4　攒尖屋顶

知识要点 “攒尖屋顶”命令提供了构造攒尖屋顶三维模型，但不能生成曲面构成的中国古建亭子顶，此对象对布尔运算的支持仅限于作为第二运算对象，它本身不能被其他闭合对象剪裁。

执行方法 可以通过以下两种方式来执行绘制“攒尖屋顶”操作：

■　屏幕菜单：选择“房间屋顶｜攒尖屋顶”菜单命令。

■　命令行：在命令行中输入“CJWD”（“攒尖屋顶”汉语拼音的首字母）。

操作实例 例如，打开“资料\攒尖屋顶.dwg”文件；在天正屏幕菜单中执行“房间屋顶｜攒尖屋顶”命令（CJWD）后，将弹出“攒尖屋顶”对话框，设置参数后根据命令提示，先点取屋顶中心位置，再指定第二点即可，如图 7-42 所示。

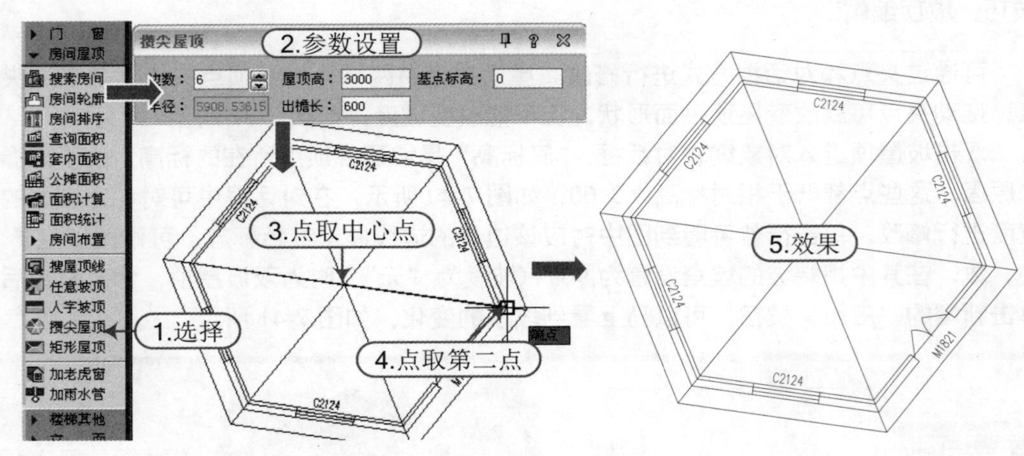

图 7-42　攒尖屋顶

注意："移位"

现在的攒尖屋顶没有执行"移位"命令，所以屋顶上皮处的屋面标高，为楼层标高 0，"移位"后三维效果如图 7-43 所示。

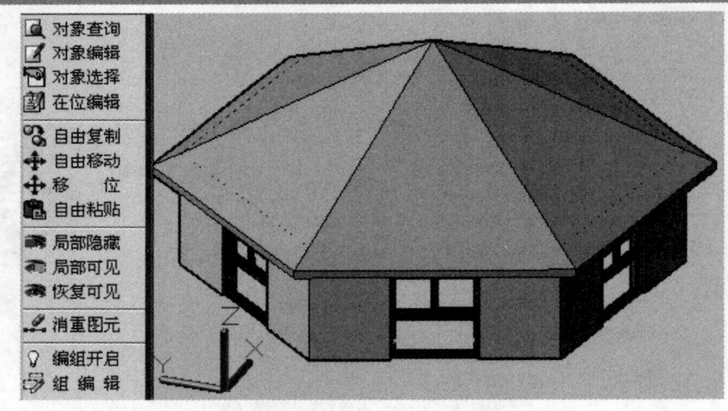

图 7-43　攒尖屋顶"移位"后三维效果

选项含义 在"攒尖屋顶"对话框中，各选项的含义如下：

- 屋顶高：攒尖屋顶净高度。
- 边数：屋顶正多边形的边数。
- 出檐长：从屋顶中心开始偏移到边界的长度，默认 600，可以为 0。
- 基点标高：与墙柱连接的屋顶上皮处的屋面标高，默认该标高为楼层标高 0。
- 半径：坡顶多边形外接圆的半径。

注意：夹点编辑新功能

从 TArch8 开始，攒尖屋顶提供了新的夹点，如图 7-44 所示，拖动夹点可以调整出檐长，特性栏中提供了可编辑的檐板厚度参数。

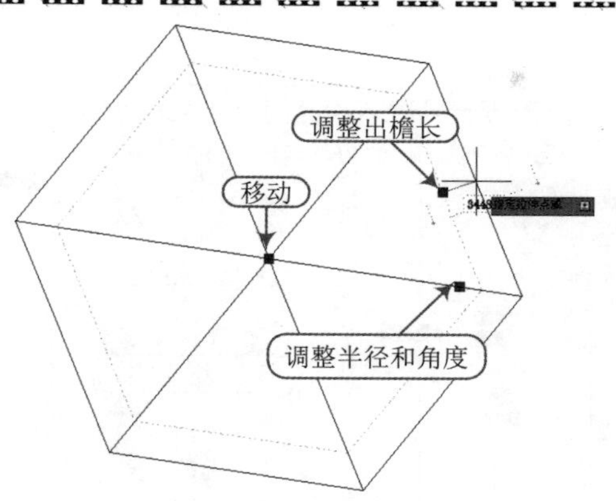

图 7-44　攒尖屋顶夹点功能

7.4.5 矩形屋顶

知识要点 “矩形屋顶”命令提供一个能绘制歇山屋顶、四坡屋顶、双坡屋顶和攒尖屋顶的新屋顶命令，与人字坡顶不同，本命令绘制的屋顶平面限于矩形；此对象对布尔运算的支持仅限于作为第二运算对象，它本身不能被其他闭合对象剪裁。

执行方法 可以通过以下两种方式来执行绘制“矩形屋顶”操作：

- 屏幕菜单：选择“房间屋顶｜矩形屋顶”菜单命令。
- 命令行：在命令行中输入“JXWD”（“矩形屋顶”汉语拼音的首字母）。

操作实例 例如，打开“资料\搜索房间.dwg”文件，在“快捷访问”工具栏中单击“另存为”按钮，另存为“资料\矩形屋顶.dwg”文件；在天正屏幕菜单中执行“房间屋顶｜矩形屋顶”命令（JXWD）后，将弹出“矩形屋顶”对话框如图 7-45 所示，在对话框中设置参数后，根据如下命令行提示进行操作，如图 7-46 所示。

```
点取主坡墙外皮的左下角点<退出>:          \\ 就是矩形墙长边的角点
点取主坡墙外皮的右下角点<返回>:          \\ 就是矩形墙长边的另一角点
点取主坡墙外皮的右上角点<返回>:          \\ 与第二点相邻的短边的另一角点
```

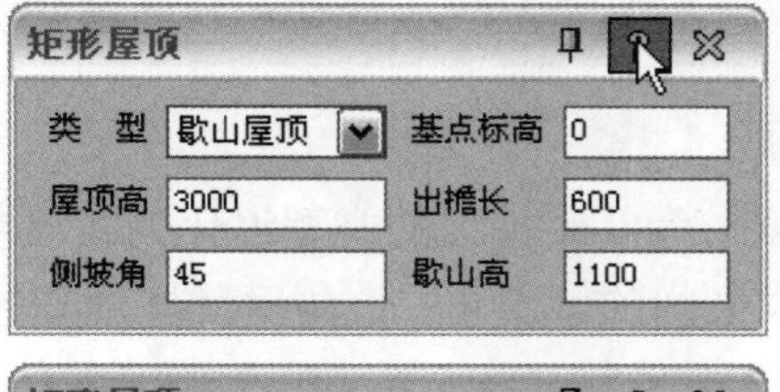

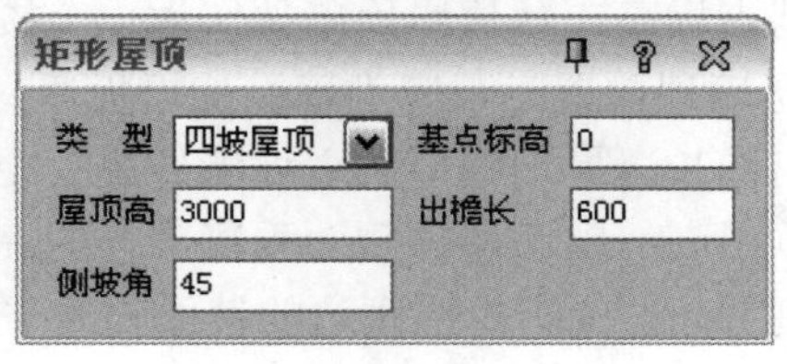

矩形屋顶
类　型　人字屋顶　基点标高　0
屋顶高　3000　出檐长　600
侧坡角　45　出山长　0

矩形屋顶
类　型　攒尖屋顶　基点标高　0
屋顶高　3000　出檐长　600

图 7-45　“矩形屋顶”对话框

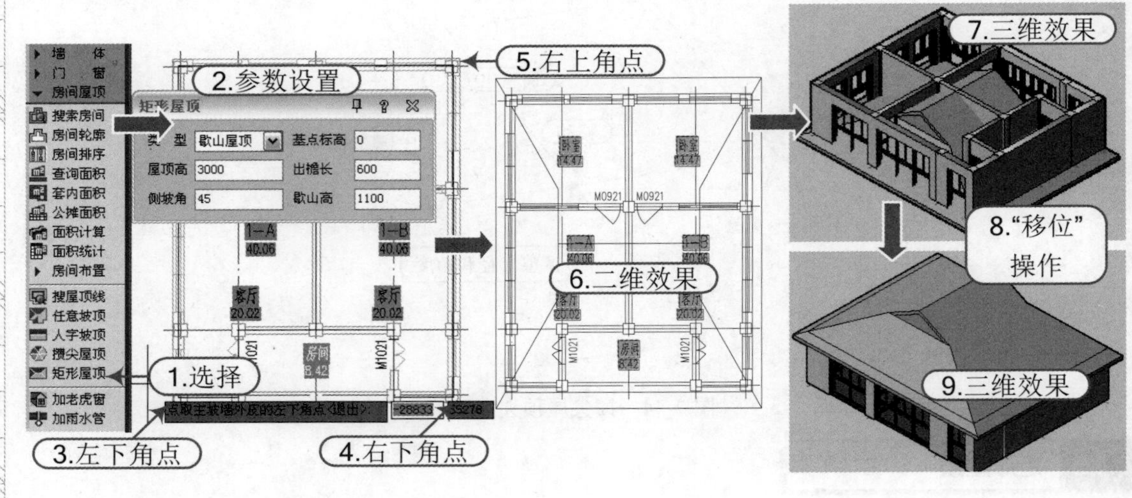

图 7-46　矩形屋顶

选项含义在"矩形屋顶"对话框中，各选项的含义如下：

- 类型：有歇山、四坡、人字、攒尖共计四种类型。
- 屋顶高：是从插入基点开始到屋脊的高度，如图 7-47 所示。

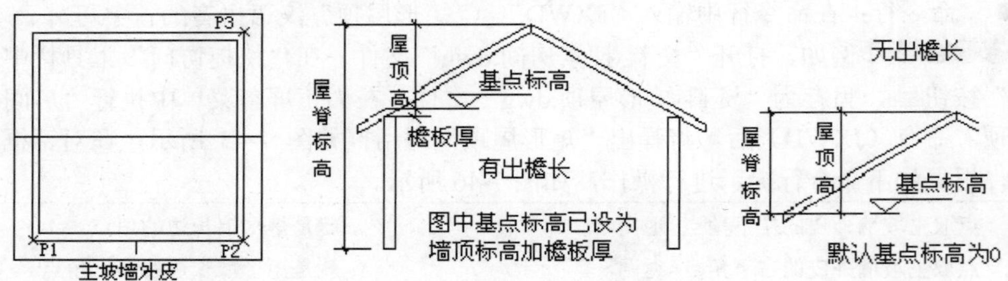

图 7-47　屋顶高示意图

- 基点标高：默认屋顶单独作为一个楼层，默认基点位于屋面，标高是 0，屋顶在其下层墙顶放置时，应为墙高加檐板厚。
- 出檐长：屋顶檐口到主坡墙外皮的距离。
- 歇山高：歇山屋顶侧面垂直部分的高度，为 0 时屋顶的类型退化为四坡屋顶。
- 侧坡角：位于矩形短边的坡面与水平面之间的倾斜角，该角度受屋顶高的限制，两者之间的配合有一定的取值范围。
- 出山长：人字坡顶时短边方向屋顶的出挑长度。
- 檐板厚：屋顶檐板的厚度垂直向上计算，默认为 200，在特性栏（Ctrl+1）修改。
- 屋脊长：屋脊线的长度，由侧坡角算出，在特性栏修改。

7.4.6 加老虎窗

知识要点"加老虎窗"命令在三维屋顶生成多种老虎窗形式，老虎窗对象提供了墙上开窗功能，并提供了图层设置、窗宽、窗高等多种参数，可通过对象编辑修改，本命令支持米单位的绘制，便于日照软件的配合应用。

执行方法 可以通过以下两种方式来执行绘制“加老虎窗”操作：

- 屏幕菜单：选择“房间屋顶 | 加老虎窗”菜单命令。
- 命令行：在命令行中输入“JLHC”（“加老虎窗”汉语拼音的首字母）。

操作实例 例如，打开“资料\矩形屋顶.dwg”文件，在“快捷访问”工具栏中单击“另存为”按钮，另存为“资料\加老虎窗.dwg”文件；在天正屏幕菜单中执行“房间屋顶 | 加老虎窗”命令（JLHC）后，将弹出“加老虎窗”对话框，设置参数后插入老虎窗即可，如图 7-48 所示。

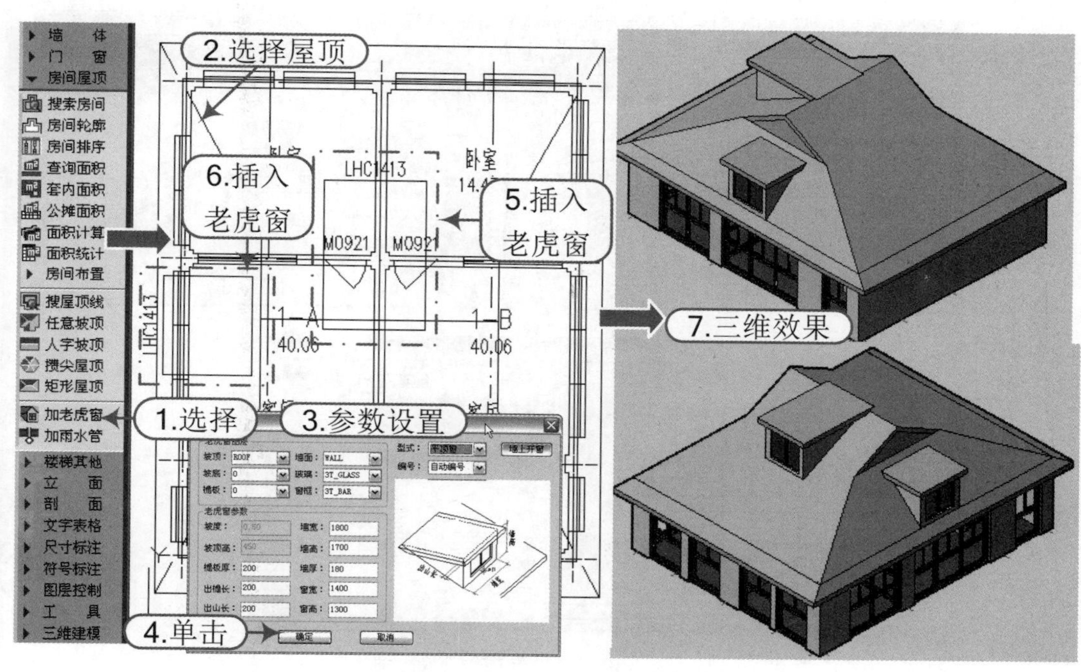

图 7-48 加老虎窗

选项含义 在“加老虎窗”对话框中，各选项的含义如下：

- 型式：有双坡、三角坡、平顶窗、梯形坡和三坡共计五种类型，如图 7-49 所示。
- 编号：老虎窗编号，用户给定。
- 窗高/窗宽：老虎窗开启的小窗高度与宽度。
- 墙宽/墙高：老虎窗正面墙体的宽度与侧面墙体的高度。
- 坡顶高/坡度：老虎窗自身坡顶高度与坡面的倾斜度。
- 墙上开窗：此按钮是默认打开的属性，如果关闭，老虎窗自身的墙上不开窗。

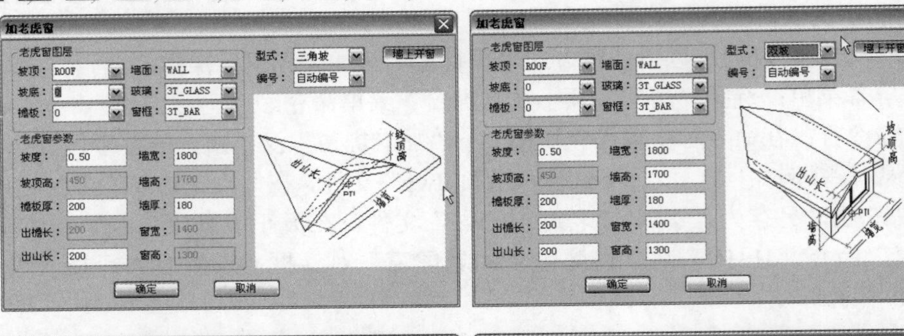

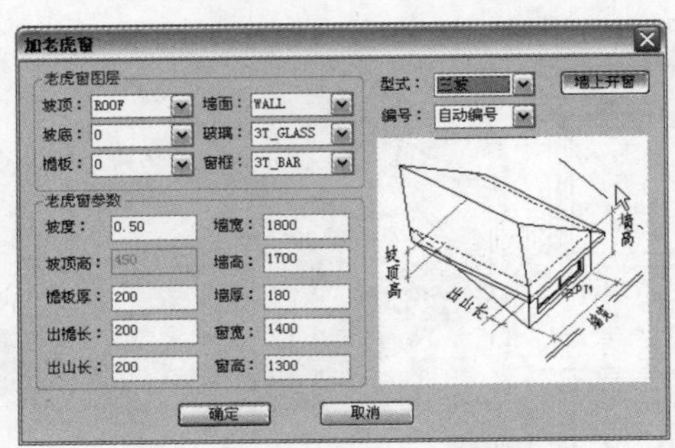

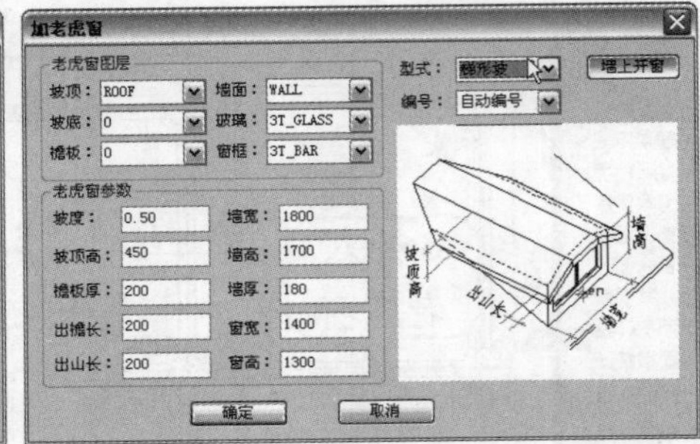

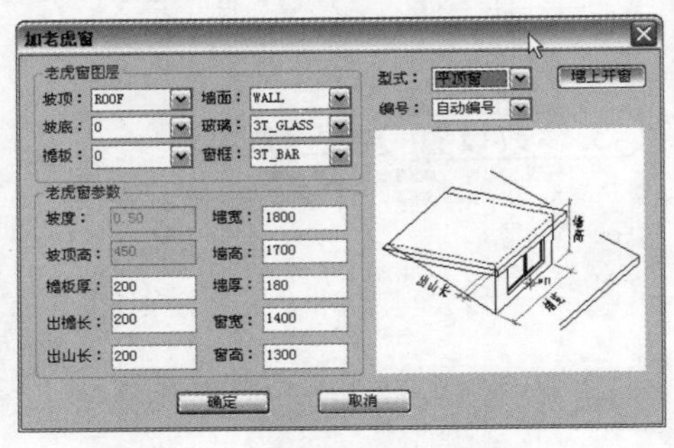

图 7-49　“加老虎窗”对话框

注意：修改老虎窗

> 双击老虎窗进入对象编辑即可在对话框进行修改，也可以选择老虎窗，按“Ctrl+1”进入特性表进行修改。

7.4.7　加雨水管

知识要点 “加雨水管”命令在屋顶平面图中绘制雨水管穿过女儿墙或檐板的图例，从8.2 版本开始提供了洞口宽和雨水管的管径大小的设置。

执行方法 可以通过以下两种方式来执行绘制“加雨水管”操作：

- 屏幕菜单：选择“房间屋顶 | 加雨水管”菜单命令。
- 命令行：在命令行中输入“JYSG”（“加雨水管”汉语拼音的首字母）。

操作实例 例如，打开“资料\平屋顶.dwg”文件，在“快捷访问”工具栏中单击“另存为”按钮，另存为“资料\加雨水管.dwg”文件；在天正屏幕菜单中执行“房间屋顶 | 加雨水管”命令（JYSG）后，根据如下命令行提示进行操作，如图 7-50 所示。

当前管径为 200，洞口宽 140
请给出雨水管入水洞口的起始点[参考点(R)/管径(D)/洞口宽(W)]<退出>:
\\ 点取雨水管入水洞口的起始点
出水口结束点[管径(D)/洞口宽(W)]<退出>: \\ 点取雨水管出水洞口的结束点

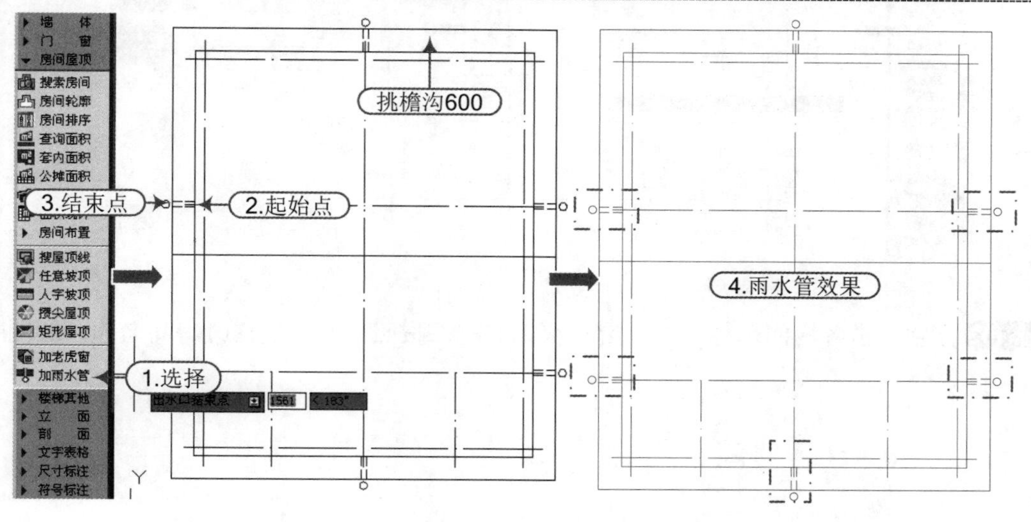

图 7-50 加雨水管

技巧：洞口宽和管径大小的设置

在命令执行过程中键入 D 可以改变雨水立管的管径，键入 W 可以改变雨水洞口的宽度，键入 R 给出雨水管入水洞口起始点的参考定位点。

7.5 综合练习——某住宅楼房间与屋顶

案例	某住宅楼房间与屋顶.dwg	视频	某住宅楼房间与屋顶.avi

实战要点：①绘制踢脚线；②布置洁具；③创建屋顶；④加老虎窗；⑤搜屋顶线。

操作步骤

步骤 01 正常启动 TArch 2014 软件，单击“快捷访问”工具栏下的“打开”按钮，将“案例\06\某住宅楼门窗.dwg”文件打开，再单击“另存为”按钮，将文件另存为“案例\07\某住宅楼房间与屋顶.dwg”文件。

步骤 02 在天正屏幕菜单中执行“房间屋顶 | 搜索房间”命令(SSFJ)，根据命令行提示框选一组完整的建筑物的墙体或门窗，按空格键结束选择，如图 7-51 所示。

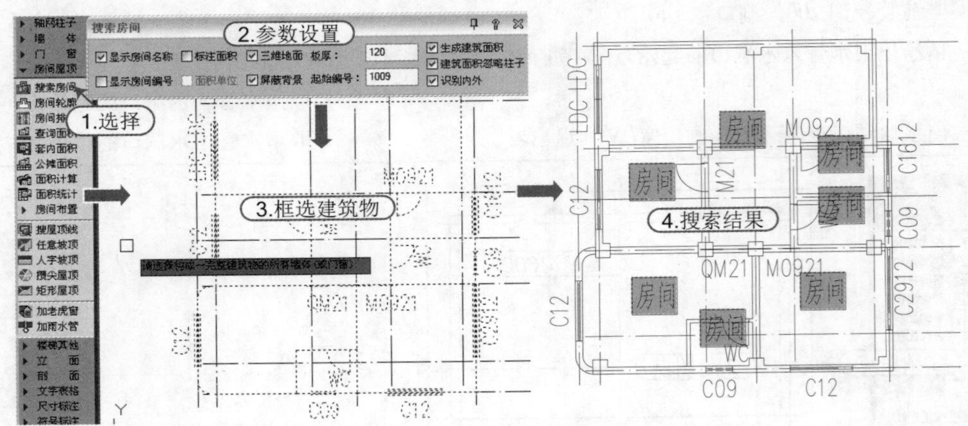

图 7-51　搜索房间

步骤 03 分别双击各房间名称，在位编辑房间名称，按照房间功能修改房间名称，如图 7-52 所示。

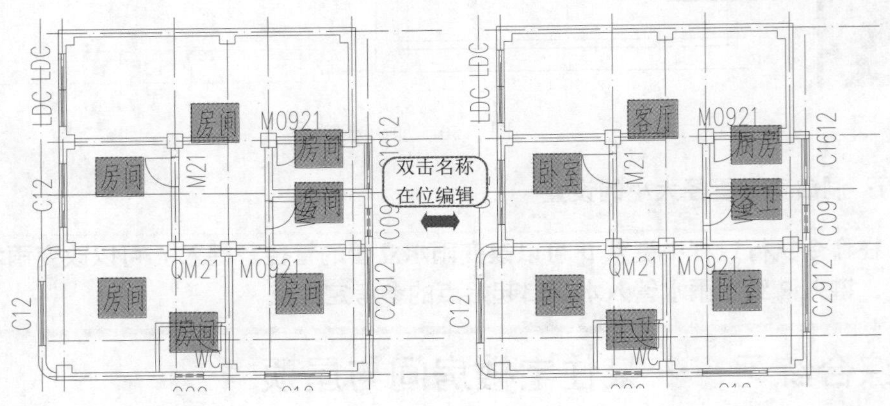

图 7-52　在位编辑

步骤 04 选中全部房间名称，按“Ctrl+1”组合键打开“特性”面板，修改“文字/文字高度”为 3，如图 7-53 所示。

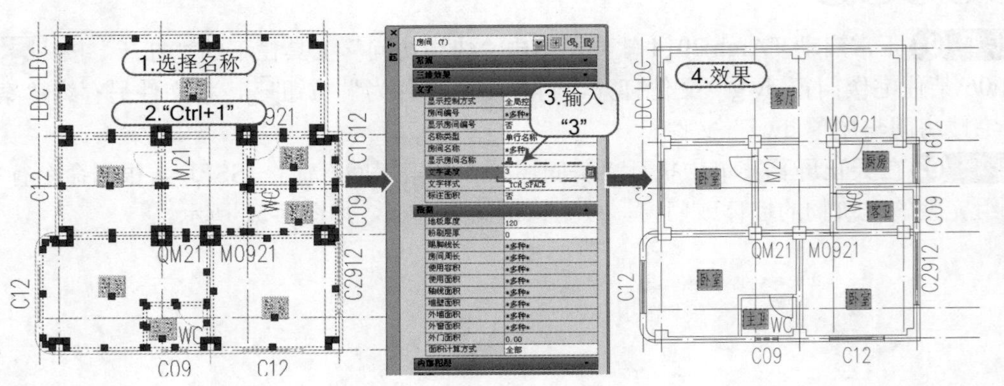

图 7-53　特性编辑

步骤 05 在天正屏幕菜单中执行“房间屋顶 | 房间布置 | 加踢脚线”命令(JTJX)，在弹出的“踢脚线生成”对话框中选取踢脚线样式，再点选相应房间内部区域，最后单击“确定”按钮即可，如图 7-54 所示。

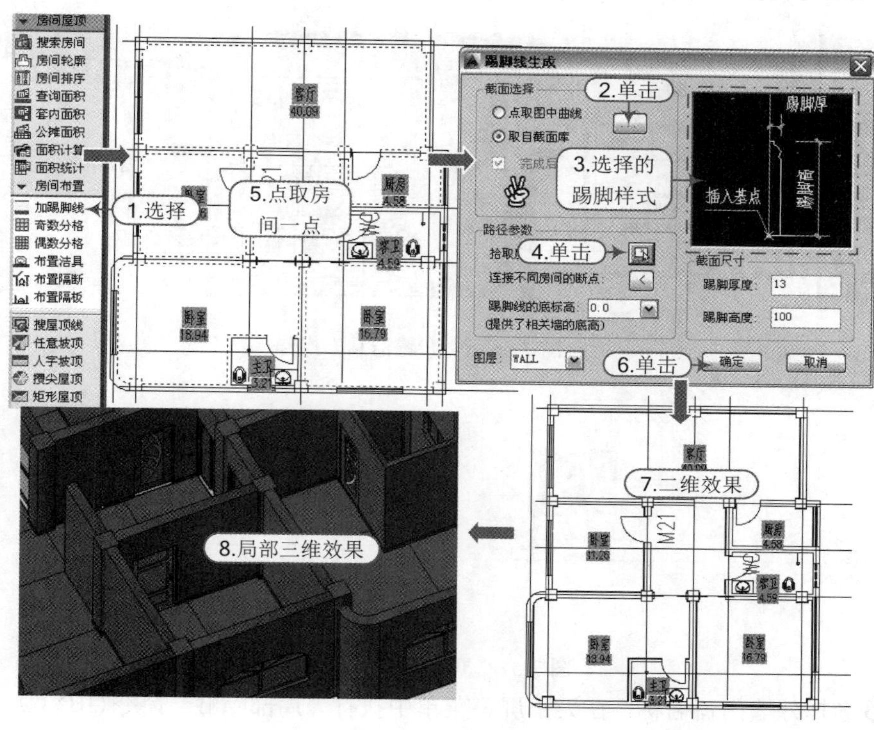

图 7-54 加踢脚线

步骤 06 在天正屏幕菜单中执行“房间屋顶 | 套内面积”命令(TNMJ)，将弹出“套内面积”对话框，在对话框中设置好参数后，根据命令行提示选择同一套型住宅的房间面积对象与阳台面积对象，按空格键结束选择，然后插入套内面积，如图 7-55 所示。

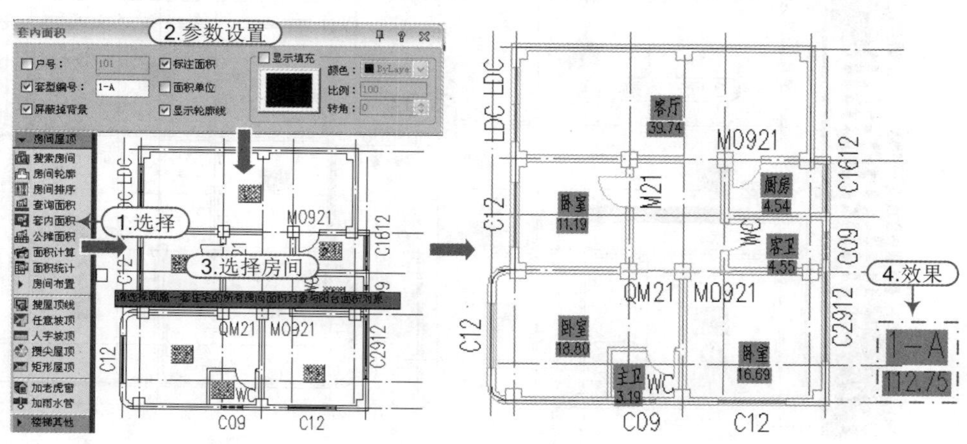

图 7-55 套内面积

步骤 07 在卫生间布置洁具，在天正屏幕菜单中选择“房间屋顶 | 房间布置 | 布置洁具”命令(BZJJ)，在弹出的“天正洁具”对话框中选择洁具样式，双击选择对象，弹出相应的对话

框，设置参数，再单击左下角的“自由插入”按钮，然后在指定位置插入洁具即可，（注意：这里将尺寸标注线和基线执行“局部隐藏”命令隐藏，需要显示时在命令栏键入“HFKJ”即可，隐藏后方便操作），如图 7-56 所示，卫生间局部放大效果如图 7-57 所示。

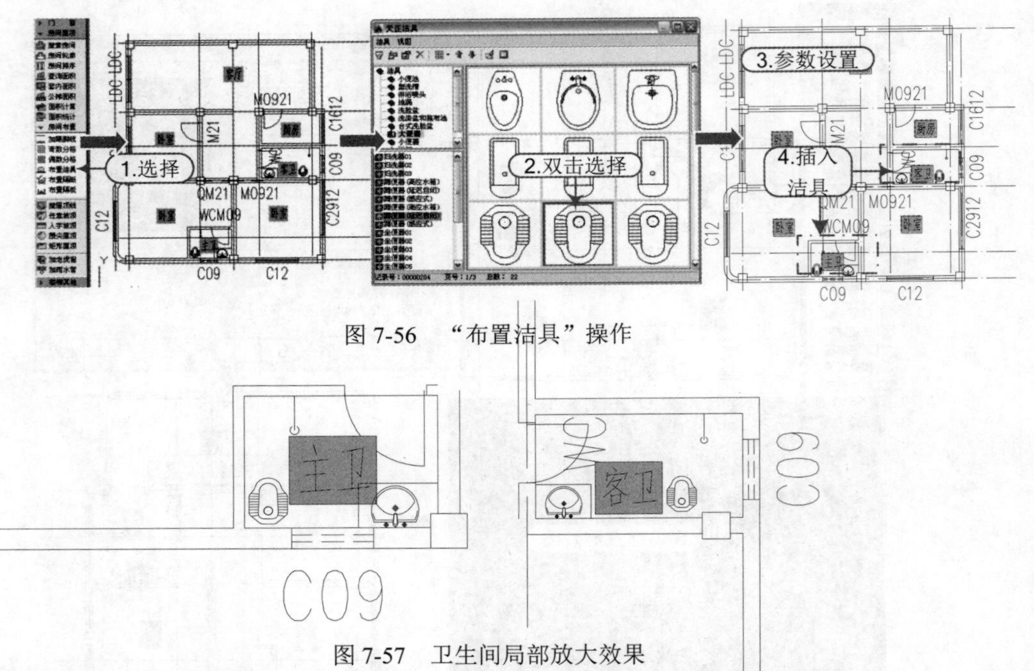

图 7-56 “布置洁具”操作

图 7-57 卫生间局部放大效果

步骤 08 选择外墙门窗名称，在天正屏幕菜单中执行“局部隐藏”命令(JBYC)。在天正屏幕菜单中执行“房间屋顶 | 搜屋顶线”命令(SWDX)，根据命令行提示，选择构成一完整建筑物的所有墙体(或门窗)后按空格键结束选择，再输入偏移外皮距离值为“600”，按回车键结束命令，如图 7-58 所示。

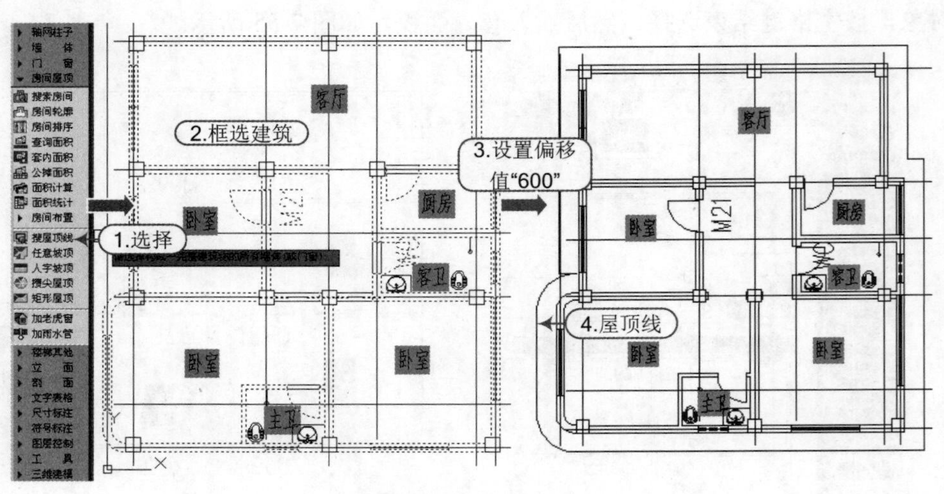

图 7-58 搜屋顶线

步骤 09 在天正屏幕菜单中执行“房间屋顶 | 人字坡顶”命令(RZPD)，根据命令行提示，选择闭合多段线后点取屋脊线起点和终点，将弹出“人字坡顶”对话框，设置坡脚参数，单击按

钮 参考墙顶标高< ，选择外墙外皮，返回对话框单击按钮 确定 即可，如图 7-59 所示。

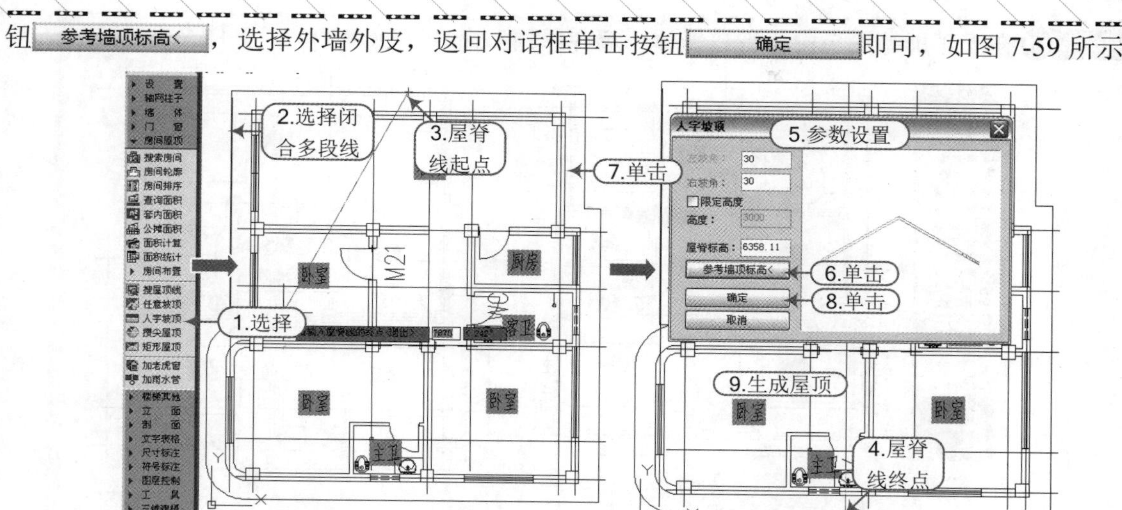

图 7-59 人字坡顶

步骤 10 在天正屏幕菜单中执行“房间屋顶 | 加老虎窗”命令(JLHC)，根据命令行提示，选择屋顶，将弹出“加老虎窗”对话框，选择老虎窗类型及设置参数，单击按钮 确定 ，在平面图中插入老虎窗即可，如图 7-60 所示。

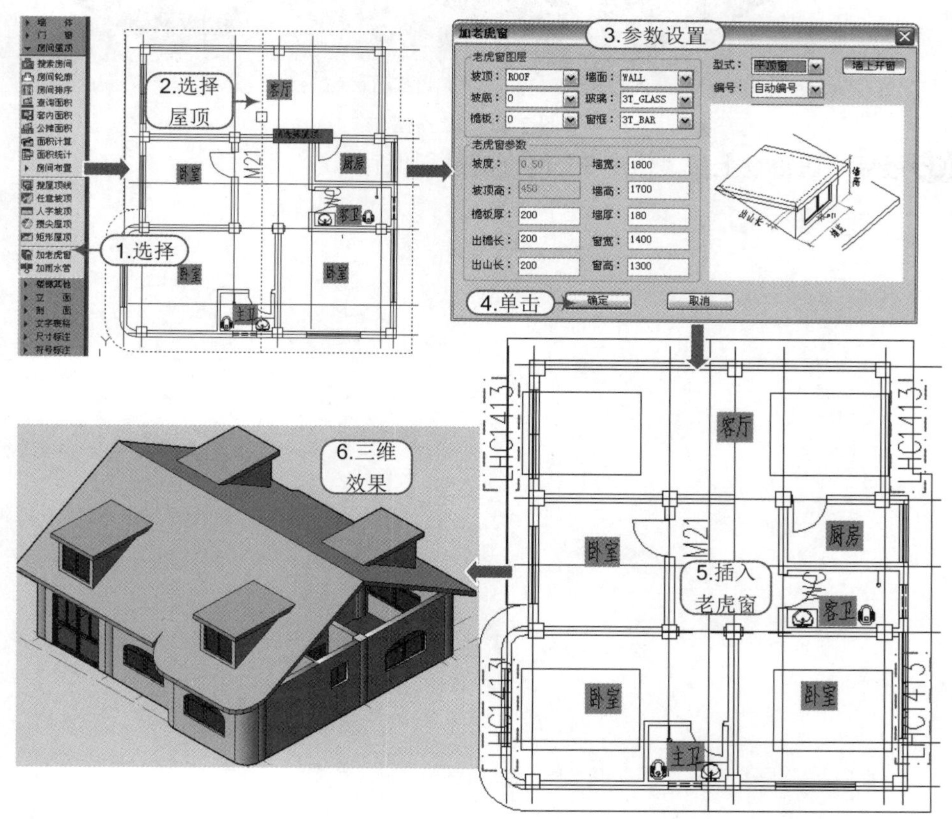

图 7-60 加老虎窗

步骤 11 在天正屏幕菜单中执行“墙体 | 墙齐屋顶”命令（QQWD），如图 7-61 所示。

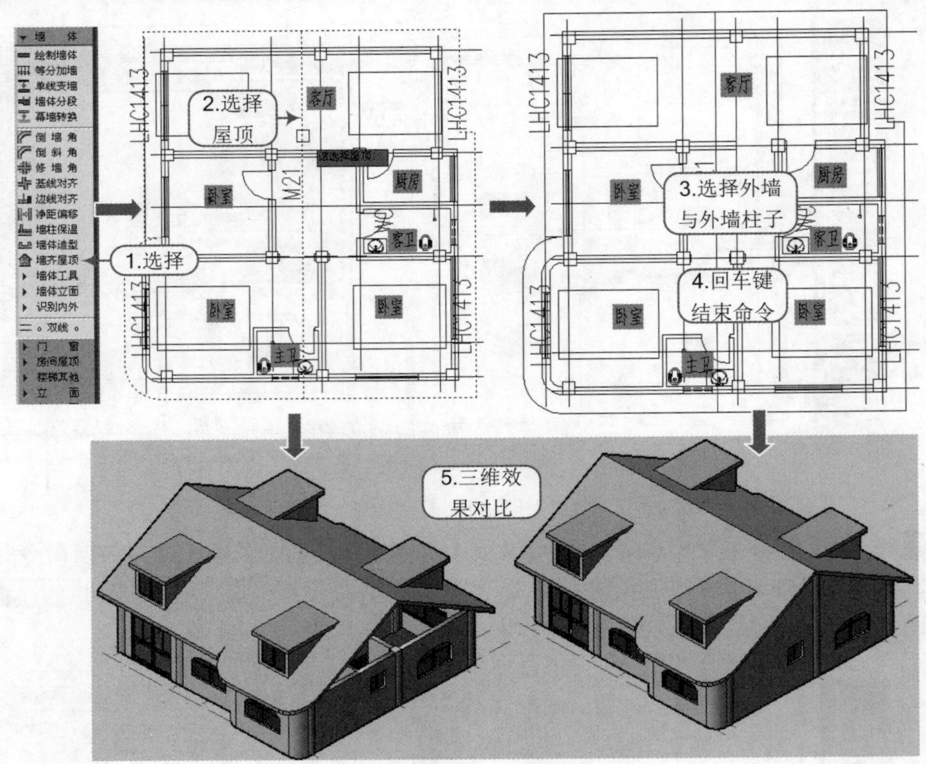

图 7-61　墙齐屋顶

步骤 12 最后，在键盘上按“Ctrl+S”组合键进行保存。

8 楼梯与其他

本章导读

楼梯作为建筑物中楼层间垂直交通用的构件，用于楼层之间和高差较大时的交通联系；在设有电梯、自动梯作为主要垂直交通手段的多层和高层建筑中也要设置楼梯，高层建筑尽管采用电梯作为主要垂直交通工具，但仍然要保留楼梯供火灾时逃生之用。

本章内容

- 各种楼梯的创建
- 楼梯扶手与栏杆
- 电梯、自动扶梯与其他
- 综合练习——某住宅楼楼梯与其他

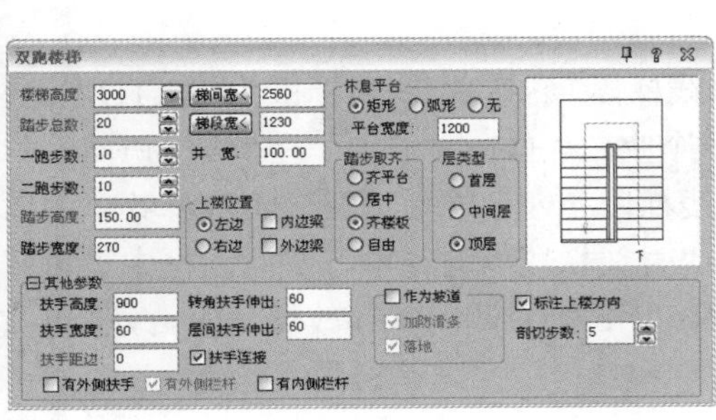

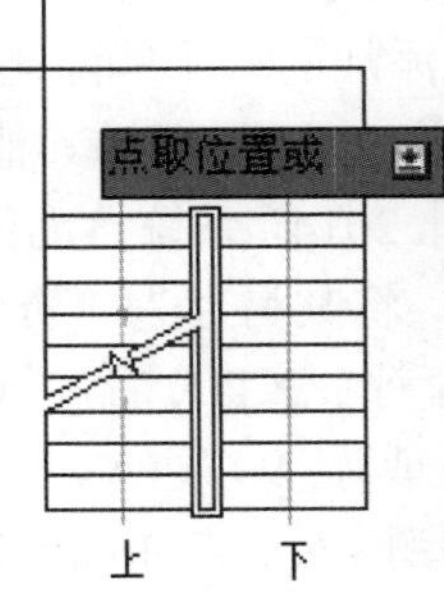

8.1 各种楼梯的创建

楼梯由连续梯级的梯段（又称梯跑）、平台（休息平台）和围护构件等组成。楼梯的最低和最高一级踏步间的水平投影距离为梯长，梯级的总高为梯高，每个楼梯段上的踏步数不得超过 18 级，不得少于 3 级。

从功能上讲，作为垂直交通的工具，楼梯将层与层之间紧密地联系在一起，但除了满足实用功能之外，还应该把它作为一件艺术品来设计。

楼梯成为现代住宅中复式、错层和别墅以及多楼层的垂直交通连接工具。在当今居家装饰风格越来越受人们的重视，楼梯也成为许多设计师笔下的一层之灵魂。时尚、精致、典雅、气派的楼梯已不再是单纯的上下空间的交通工具了，它融洽了家居的血脉，成为家居装潢中的一道亮丽的风景点，也成为家居的一件灵动的艺术品，如图 8-1 所示。

图 8-1　楼梯艺术

天正建筑提供了基于楼梯对象的多种特殊楼梯，包括双分平行楼梯、双分转角楼梯、双分三跑楼梯、交叉楼梯、剪刀楼梯、三角楼梯和矩形转角楼梯，考虑了各种楼梯在不同边界条件下的扶手和栏杆设置，楼梯和休息平台、楼梯扶手的复杂关系的处理。各种楼梯与柱子在平面相交时，楼梯可以被柱子自动剪裁；可以自动绘制楼梯的方向箭头符号，楼梯的剖切位置可通过剖切符号所在的踏步数灵活设置。

8.1.1 直线梯段

知识要点 "直线梯段"命令在对话框中输入梯段参数绘制直线梯段，可以单独使用或用于组合复杂楼梯与坡道，在天正中，以"添加扶手"命令可以为梯段添加扶手，对象编辑显示上下剖断后重生成(Regent)，添加的扶手能随之切断。

执行方法 在天正屏幕菜单中选择"楼梯其他 | 直线梯段"菜单命令(快捷键为"ZXTD")。

操作实例 正常启动 TArch 2014，系统自动创建一个空白".DWG"文件，在"快捷访问"工具栏中单击"保存"按钮，将其另存为"资料\直线梯段.dwg"文件；在天正屏幕菜单中执行"楼梯其他 | 直线梯段"命令(ZXTD)后，将弹出"直线梯段"对话框，在对话框中设置参数后，命令行提示"点取位置或[转 90 度(A)/左右翻(S)/上下翻(D)/对齐(F)/改转角(R)/改基点(T)]<退出>:"，输入"A"后指定插入点，如图 8-2 所示。

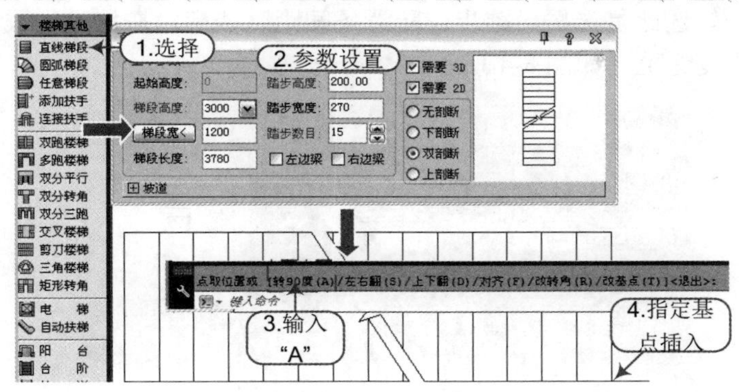

图 8-2 设置点样式的操作

选项含义 在“直线梯段”对话框中，各选项的功能与含义如下。

- 梯段宽<：梯段宽度，可在图中点取两点获得梯段宽。
- 起始高度：相对于本楼层地面起算的楼梯起始高度，梯段高以此算起。
- 梯段长度：直段楼梯的踏步宽度×(踏步数目－1)=平面投影的梯段长度。
- 梯段高度：直段楼梯的总高，始终等于踏步高度的总和，如果梯段高度被改变，自动按当前踏步高调整踏步数，最后根据新的踏步数重新计算踏步高。
- 踏步高度：输入一个概略的踏步高设计初值，由楼梯高度推算出最接近初值的设计值（由于踏步数目是整数，梯段高度是一个给定的整数，因此踏步高度并非总是整数；在给定一个概略的目标值后，系统经过计算确定踏步高的精确值）。
- 踏步数目：该项可直接输入或者步进调整，由梯段高和踏步高概略值推算取整获得，同时修正踏步高，也可改变踏步数，与梯段高一起推算踏步高。
- 踏步宽度：楼梯段的每一个踏步板的宽度。
- 需要 3D/2D：用来控制梯段的二维视图和三维视图，某些梯段只需要二维视图，某些梯段则只需要三维。
- 剖断设置：包括无剖断、下剖断、双剖断和上剖断四种设置，如图 8-3 所示，下(上)剖断表示在平面图保留下(上)半梯段，双剖断用于剪刀楼梯，无剖断用于顶层楼梯。剖断设置仅对平面图有效，不影响梯段的三维显示效果。

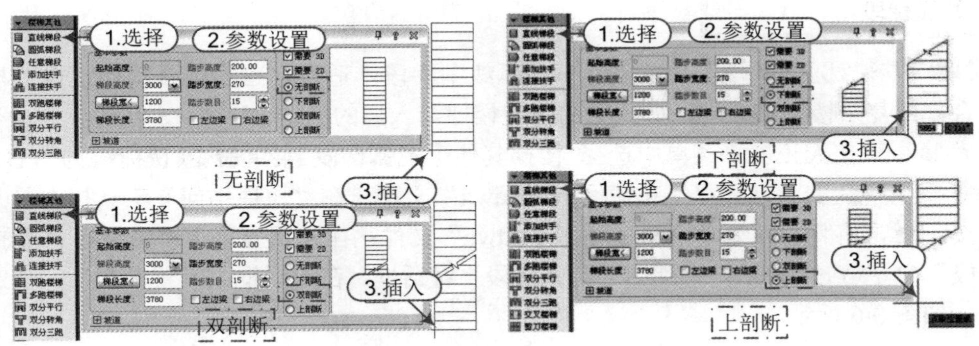

图 8-3 剖段设置

■ 作为坡道：勾选此复选框，踏步作防滑条间距，楼梯段按坡道生成；有“加防滑条”和“落地”复选框，如图 8-4 所示。

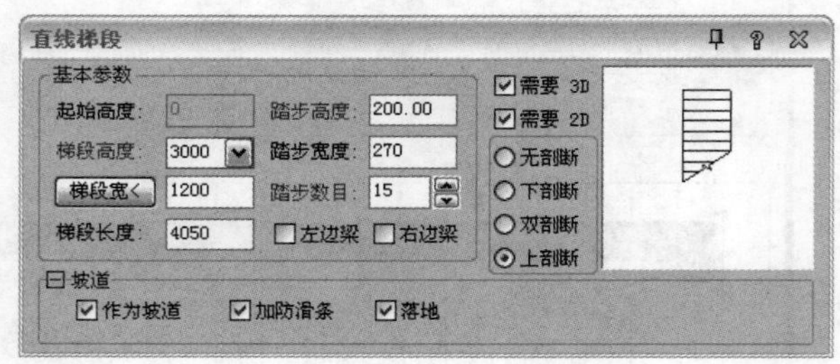

图 8-4　作为坡道

■ 左边梁/右边梁：勾选此选项，将在直线梯段的左（右）侧生成边梁，如图 8-5 所示。

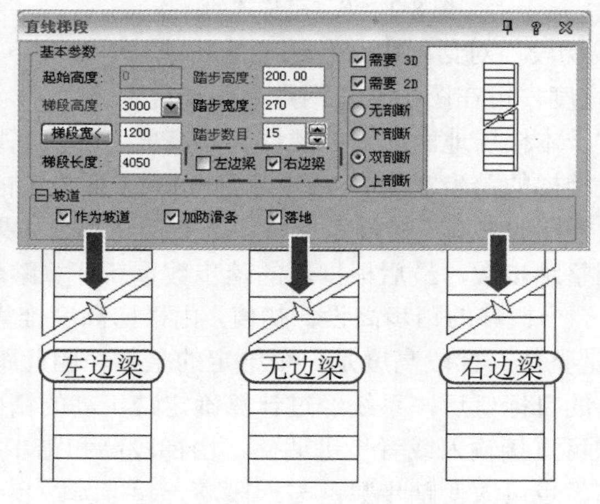

图 8-5　“左边梁”与“右边梁”

提示：编辑楼梯

> **直线梯段为自定义的构件对象，因此具有夹点编辑的特征，同时可以用对象编辑重新设定参数。**

8.1.2 圆弧梯段

知识要点 “圆弧梯段”命令创建单段弧线型梯段，适合单独的圆弧楼梯，也可与直线梯段组合创建复杂楼梯和坡道，如大堂的螺旋楼梯与入口的坡道。

执行方法 在天正屏幕菜单中选择“楼梯其他 | 圆弧梯段”菜单命令(快捷键为“YHTD”)。

操作实例 例如，打开“资料\直线梯段.dwg”文件，在“快捷访问”工具栏中单击“另存为”按钮，将其另存为“资料\圆弧梯段.dwg”文件；在天正屏幕菜单中执行“楼梯其他|圆弧梯段”命令(YHTD)后，将弹出“圆弧梯段”对话框，在对话框中设置参数后，指定插入点即可，如图 8-6 所示。

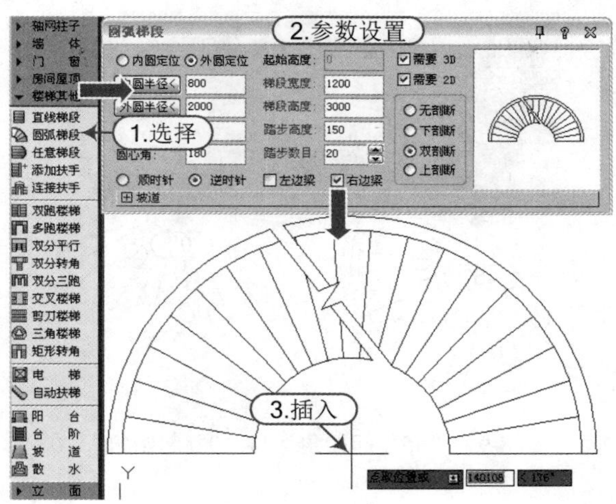

图 8-6　圆弧梯段

选项含义 在“圆弧梯段”对话框中，大部分选项的功能与含义都和“直线梯段”一致，现在，只将部分选项解释如下：

- 顺时针/逆时针：勾选此选项后，顺（逆）时针反向观察判断圆弧梯段的左（右）侧，从而生成边梁，如图 8-7 所示。

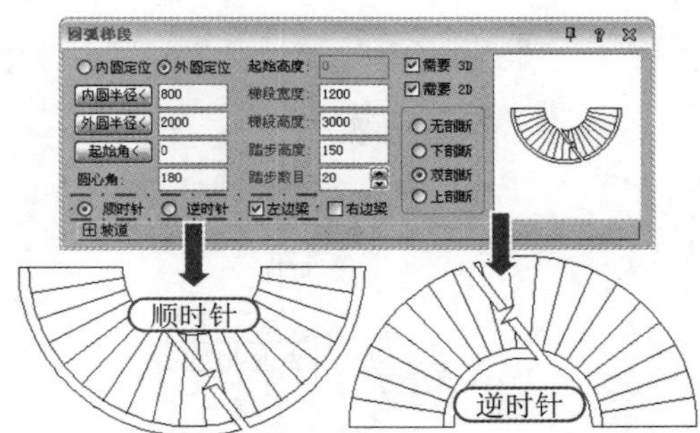

图 8-7　“顺时针”与“逆时针”

- 左边梁/右边梁：勾选此选项，将在圆弧梯段的左（右）侧生成边梁，即内（外）圆边梁，如图 8-8 所示。

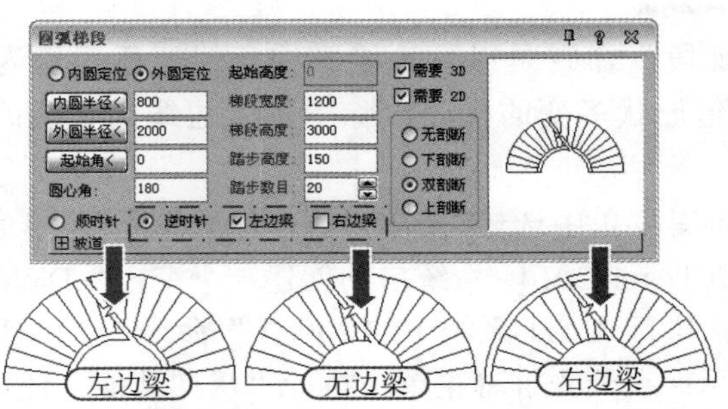

图 8-8　“左边梁”与“右边梁”

- 起始角：梯段起始转角，可在其后的文本框中输入数值，也可在图中点取两点获得梯段宽，如图 8-9 所示。

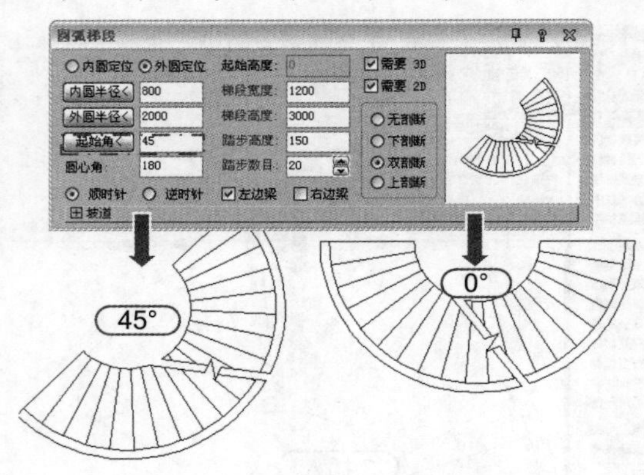

图 8-9　“45°起始角”与“0°起始角”

提示：夹点编辑

> 圆弧梯段具有夹点编辑的特征，拖动夹点可执行相应操作，各夹点功能如图 8-10 所示。

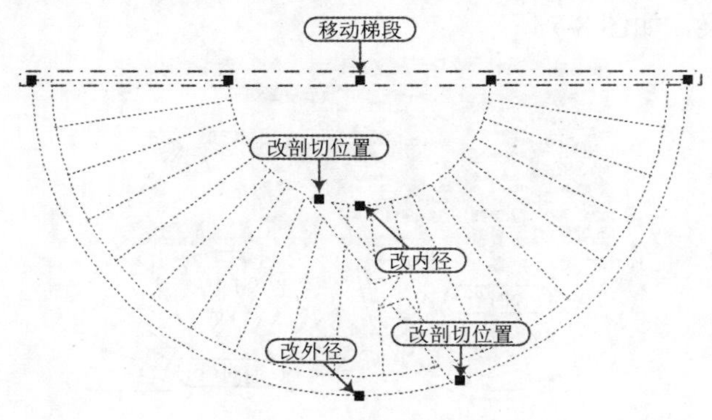

图 8-10　圆弧梯段夹点功能

8.1.3 任意梯段

知识要点 “任意梯段”命令是以预先绘制的直线或弧线作为梯段两侧边界，在对话框中输入踏步参数，创建形状多变的梯段，除了两个边线为直线或弧线外，其余参数与直线梯段相同。

执行方法 在天正屏幕菜单中选择“楼梯其他｜任意梯段”菜单命令（快捷键为“RYTD”）。

操作实例 正常启动 TArch 2014，系统自动创建一个空白“.DWG”文件，将其另存为“资料\任意梯段.dwg”文件；执行 CAD 系统下的“圆弧”命令（A）和“直线”命令（L）绘制梯段左右边线，如图 8-11 所示；在天正屏幕菜单中执行“楼梯其他｜任意梯段”命令（RYTD）后，按照命令行提示，连续点选梯段的左侧边线和右侧边线后，将弹出“任意梯段”对话框，在对话框中设置参数，单击“确定”按钮即可，如图 8-12 所示。

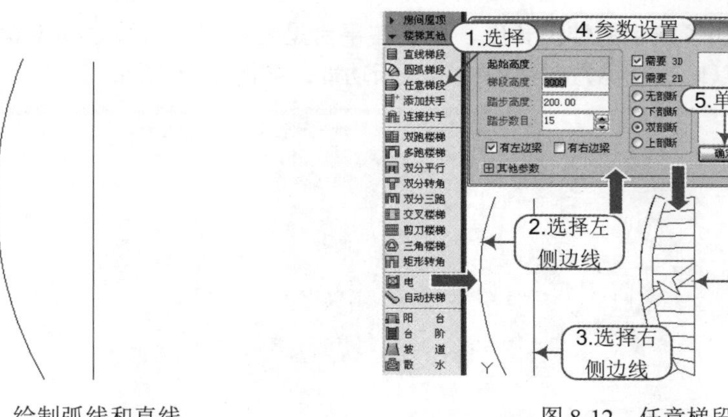

图 8-11 绘制弧线和直线　　　　图 8-12 任意梯段

提示：夹点编辑

> 任意梯段也具有夹点编辑的特征，拖动夹点可执行相应操作，各夹点功能如图 8-13 所示。

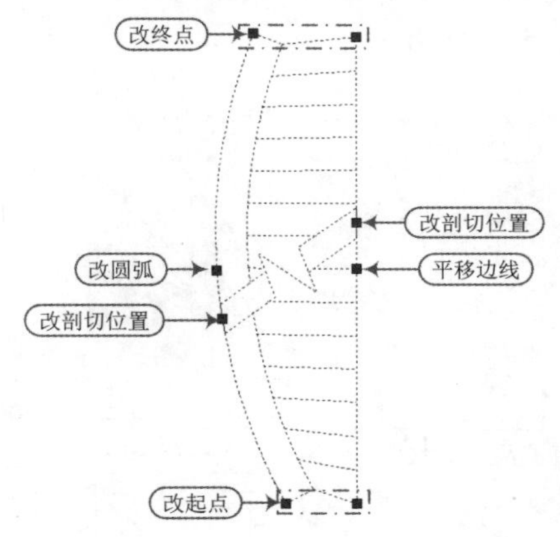

图 8-13 任意梯段夹点功能

8.1.4 双跑楼梯

知识要点 双跑楼梯是最常见的楼梯形式，由两跑直线梯段、一个休息平台、一个或两个扶手和一组或两组栏杆构成的自定义对象，具有二维视图和三维视图。

双跑楼梯对象内包括常见的构件组合形式变化，如是否设置两侧扶手、中间扶手在平台是否连接、设置扶手伸出长度、有无梯段边梁(尺寸需要在特性栏中调整)、休息平台是半圆形或矩形等，尽量满足建筑的个性化要求。

技巧：双跑楼梯

> 双跑楼梯可分解(EXPLODE)为基本构件即直线梯段、平板和扶手栏杆等，楼梯方向线在天正建筑中属于楼梯对象的一部分，方便随着剖切位置改变自动更新位置和形式，

在天正建筑还增加了扶手的伸出长度、扶手在平台是否连接、梯段之间位置可任意调整、特性栏中可以修改楼梯方向线的文字等新功能，如图 8-14 所示。

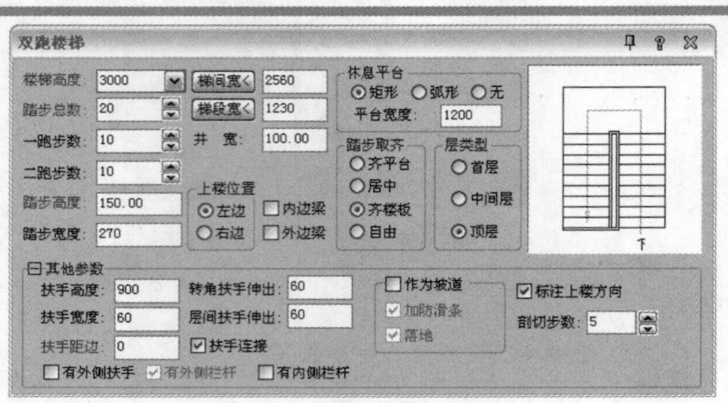

图 8-14　新增参数

执行方法在天正屏幕菜单中选择“楼梯其他 | 双跑楼梯”菜单命令（快捷键为“SPLT”）。

操作实例例如，正常启动 TArch 2014，系统自动创建一个空白“.DWG”文件，另存为“资料\双跑楼梯.dwg”文件；在天正屏幕菜单中执行“楼梯其他 | 双跑楼梯”命令（SPLT）后，将弹出“双跑楼梯”对话框，在对话框中设置参数后，插入双跑楼梯即可，首层楼梯、中间层楼梯、顶层楼梯绘制效果如图 8-15 所示。

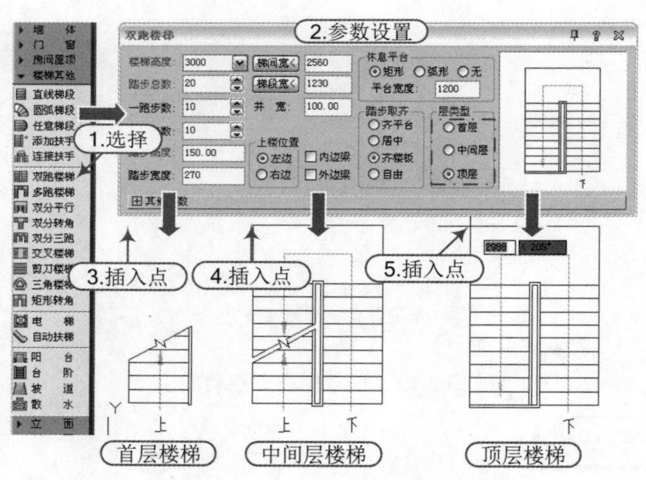

图 8-15　双跑楼梯

选项含义在“双跑楼梯”对话框中，大部分选项的功能与含义都和“直线梯段”一致，现在，只将部分选项解释如下：

- 梯间宽<：双跑楼梯的总宽。单击梯间宽<按钮，可从平面图中直接量取楼梯间净宽作为双跑楼梯总宽。
- 梯段宽<：默认宽度或由总宽计算，余下二等分作梯段宽初值。单击梯段宽<按钮，可从平面图中直接量取。
- 楼梯高度：双跑楼梯的总高，默认自动取当前层高的值，对相邻楼层高度不等时应按实际情况调整。

- 井宽：设置井宽参数，最小井宽可以等于 0，“井宽”“梯段宽”和“梯间宽”这三个数值互相关联，关联等式为：井宽＝梯间宽－(2×梯段宽)。
- 踏步总数：默认踏步总数 20，是双跑楼梯的关键参数，可自行输入其他数值。
- 一跑步数：以踏步总数推算一跑与二跑步数，总数为奇数时先增二跑步数。
- 二跑步数：二跑步数默认与一跑步数相同，两者都允许用户修改。
- 踏步高度：可先输入大约的初始值，由楼梯高度与踏步数推算出最接近初值的设计值，推算出的踏步高有均分的舍入误差。
- 踏步宽度：踏步沿梯段方向的宽度，是用户优先决定的楼梯参数，但在勾选“作为坡道”后，仅用于推算出的防滑条宽度。
- 休息平台：有矩形、弧形和无三种选项，在非矩形休息平台时，可以选无平台，以便自己用平板功能设计休息平台。
- 平台宽度：按建筑设计规范，休息平台的宽度应大于“梯段宽度”，在选弧形休息平台时应修改宽度值，最小值不能为零。
- 踏步取齐：除了两跑步数不等时可直接在“齐平台”“居中”“齐楼板”中选择两梯段相对位置外，也可以通过拖动夹点任意调整两梯段之间的位置，此时踏步取齐为“自由”。
- 层类型：在平面图中按楼层分为三种类型绘制：①首层只给出一跑的下剖断；②中间层的一跑是双剖断；③顶层的一跑无剖断，如图 8-16 所示。

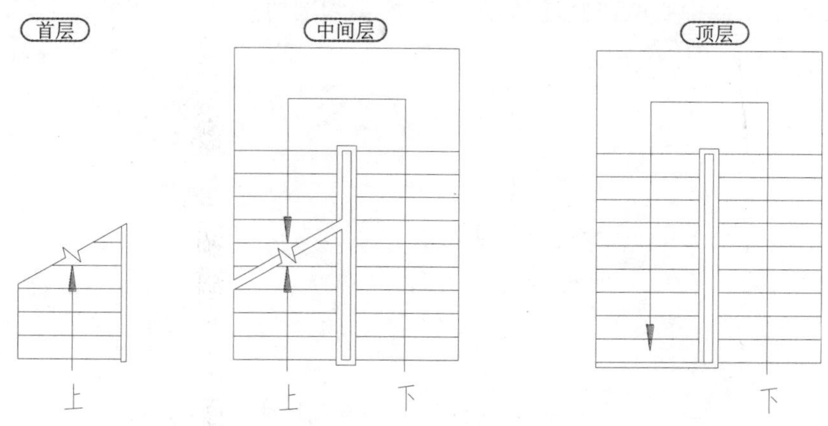

图 8-16　层类型

- 扶手高宽：默认值分别为 900 高，60×100 的扶手断面尺寸。
- 扶手距边：在 1:100 图上一般取 0，在 1:50 详图上应标以实际值。
- 转角扶手伸出：设置在休息平台扶手转角处的伸出长度，默认 60，为 0 或者负值时扶手不伸出。
- 层间扶手伸出：设置在楼层间扶手起末端和转角处的伸出长度，默认 60，为 0 或者负值时扶手不伸出。
- 扶手连接：默认勾选此项，扶手过休息平台和楼层时连接，否则扶手在该处断开，如图 8-17 所示。

图 8-17 “扶手连接”对比

- 有外侧扶手：在外侧添加扶手，但不会生成外侧栏杆，在室外楼梯时需要选择以下项添加。
- 有外侧栏杆：外侧绘制扶手也可选择是否勾选绘制外侧栏杆，边界为墙时常不用绘制栏杆。
- 有内侧栏杆：默认创建内侧扶手，勾选此复选框自动生成默认的矩形截面竖栏杆。
- 标注上楼方向：默认勾选此项，在楼梯对象中，按当前坐标系方向创建标注上楼下楼方向的箭头和“上”“下”文字。
- 剖切步数(高度)：作为楼梯时按步数设置剖切线中心所在位置，作为坡道时按相对标高设置剖切线中心所在位置，如图 8-18 所示为剖切步数为 5 和剖切步数为 7 的效果。

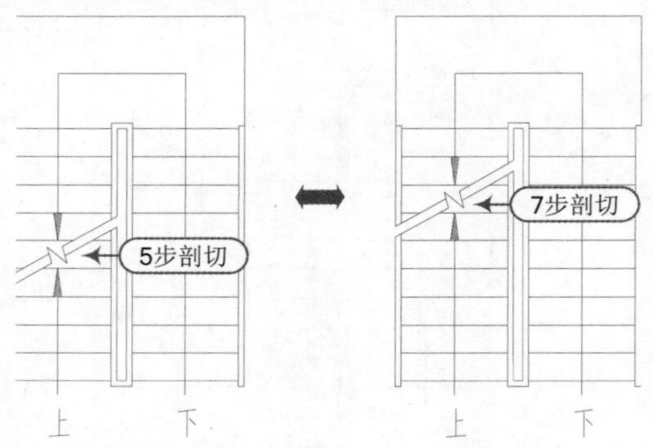

图 8-18 5 步剖切与 7 步剖切对比

- 作为坡道：勾选此选项框，楼梯段按坡道生成，有“加防滑条”和“落地”复选框。

注意：参数设置

1）勾选“作为坡道”前要求楼梯的两跑步数相等，否则坡长不能准确定义。

2）坡道的防滑条的间距用步数来设置，要在勾选“作为坡道”前设置好。

注意：插入时命令行提示

点取位置或[转 90°(A)/左右翻(S)/上下翻(D)/对齐(F)/改转角(R)/改基点(T)]<退出>：键入关键字改变选项，给点插入楼梯，如图 8-19 所示。

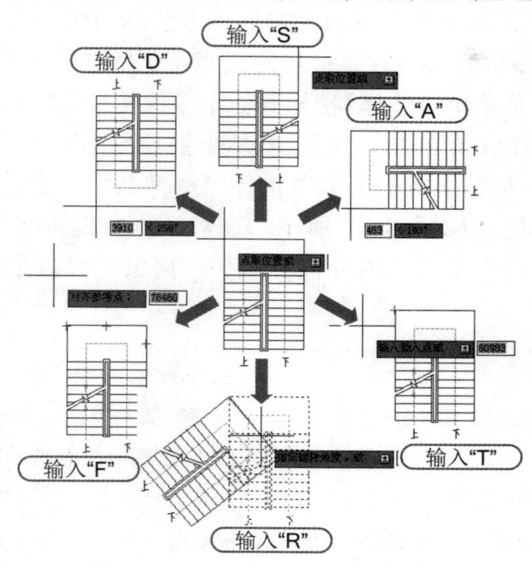

图 8-19　插入楼梯

提示：夹点编辑

双跑楼梯也具有夹点编辑的特征，拖动夹点可执行相应操作，各夹点功能如图 8-20 所示。

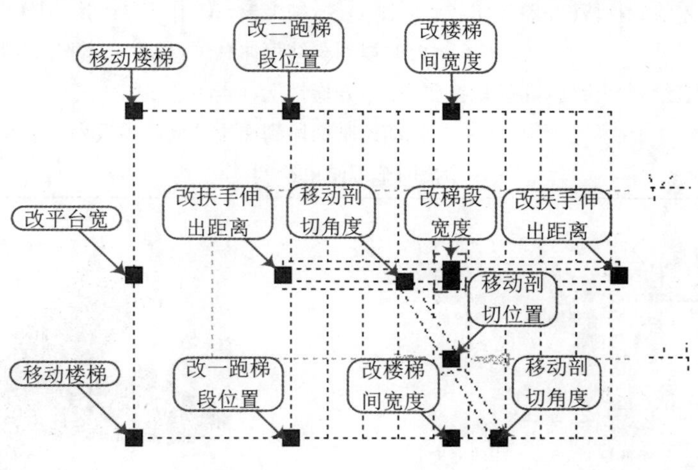

图 8-20　楼梯夹点功能

（注意：由于版幅原因，将图片向左旋转 90°。）

8.1.5 多跑楼梯

知识要点 "多跑楼梯"命令创建由梯段开始且以梯段结束、梯段和休息平台交替布置、各梯段方向自由的多跑楼梯，要点是先在对话框中确定"基线在左"或"基线在右"的绘制方向，在绘制梯段过程中能实时显示当前梯段步数、已绘制步数以及总步数，便于设计中决定梯段起止位置，绘图交互中的热键切换基线路径左右侧的命令选项，便于绘制休息平台间走向左右改变的 Z 型楼梯，天正建筑中在对象内部增加了上楼方向线；可定义扶手的伸出长度，剖切位置可以根据剖切点的步数或高度设定；可定义有转折的休息平台。

执行方法 在天正屏幕菜单中选择“楼梯其他 | 多跑楼梯”菜单命令（快捷键为“DPLT”）。

操作实例 正常启动 TArch 2014，系统自动创建一个空白“.DWG”文件，另存为“资料\多跑楼梯.dwg”文件；在天正屏幕菜单中执行“楼梯其他 | 多跑楼梯”命令（DPLT）后，将弹出“多跑楼梯”对话框，如图 8-21 所示。在对话框中设置参数后，按照如下命令行提示进行操作，在“其他参数”里选上内外栏杆扶手，提供三维效果图，如图 8-22 所示，操作如图 8-23 所示。

```
起点<退出>:                                   \\ 在辅助线处点取首梯段起点 P1 位置
输入下一点或[路径切换到左侧(Q)]<退出>:        \\ 在楼梯转角处点取首梯段终点 P2
                                                 (此时过梯段终点显示当前 9/20 步)
输入下一点或[路径切换到左侧(Q)/撤销上一点(U)]<退出>:     \\ 拖动楼梯正交向上取 P3
输入下一点或[路径切换到左侧(Q)/撤销上一点(U)]<退出>:     \\ 拖动楼梯转角后在休息平台结束
                                                          处点取 P4 作为第二梯段起点
输入下一点或[绘制梯段(T)/路径切换到左侧(Q)/撤销上一点(U)]<切换到绘制梯段>:
                                              \\ 此时以回车结束休息平台绘制，切换到绘制梯段
输入下一点或[绘制平台(T)/路径切换到右侧(Q)/撤销上一点(U)]<退出>:
                          \\ 拖动绘制梯段到显示踏步数为 4，13/20 给点作为梯段结束点 P5
输入下一点或[路径切换到右侧(Q)/撤销上一点(U)]<退出>:          \\ 拖动楼梯正交向右取 P6
输入下一点或[绘制梯段(T)/路径切换到右侧(Q)/撤销上一点(U)]<切换到绘制梯段>:
                                \\ 此时以回车结束休息平台绘制，切换到绘制梯段
输入下一点或[绘制平台(T)/路径切换到右侧(Q)/撤销上一点(U)]<退出>:
                                \\ 拖动绘制梯段到梯段结束，步数为 7，20/20 梯段结束点 P7
起点<退出>:                          \\按回车键结束绘制
```

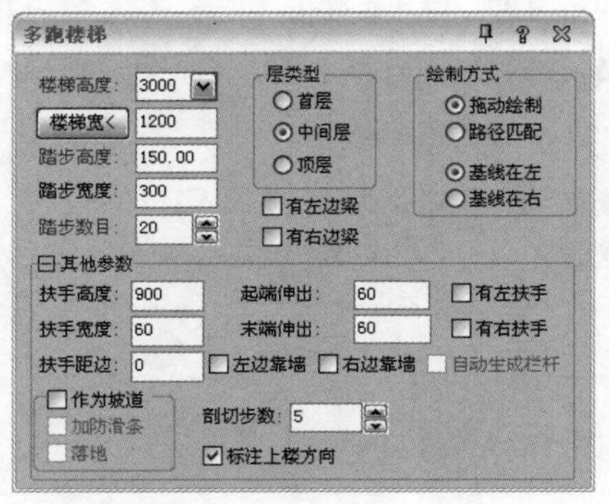

图 8-21 “多跑楼梯”对话框

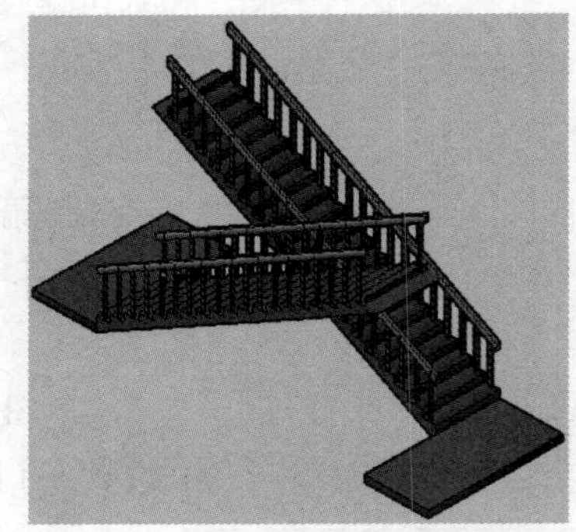

图 8-22 多跑楼梯三维效果

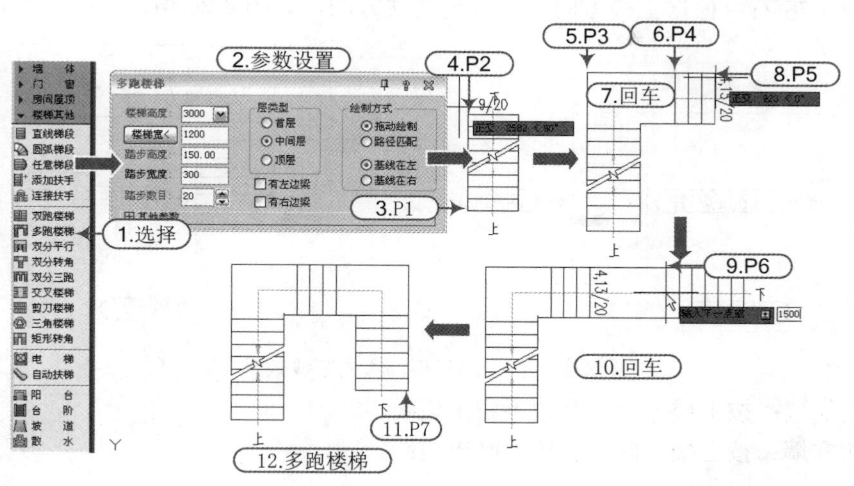

图 8-23 “多跑楼梯”操作

注意：基线

多跑楼梯由给定的基线来生成，基线就是多跑楼梯左侧或右侧的边界线。基线可以事先绘制好，也可以交互确定，但不要求基线与实际边界完全等长，按照基线交互点取顶点，当步数足够时结束绘制，基线的顶点数目为偶数，即梯段数目的两倍。多跑楼梯的休息平台是自动确定的，休息平台的宽度与梯段宽度相同，休息平台的形状由相交的基线决定，默认的剖切线位于第一跑，可拖动改为其他位置，如图 8-24 所示。其中如图 8-25 所示选路径匹配绘制多跑楼梯，基线在左时的转角楼梯生成，注意即使 P2、P3 为重合点，但绘图时仍应分开两点绘制。

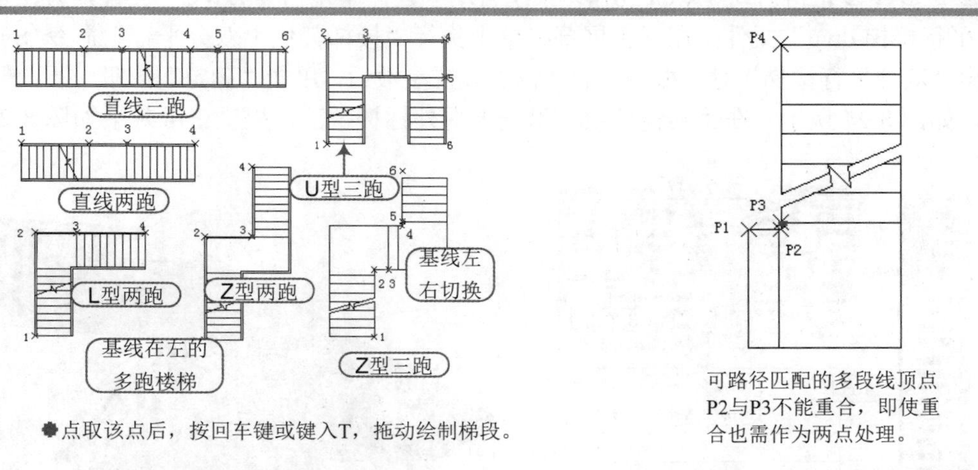

图 8-24 拖动绘制“多跑楼梯”　　　　图 8-25 “路径匹配”绘制

选项含义 在“多跑楼梯”对话框，部分选项解释如下：

■ 拖动绘制：移动鼠标光标来量取楼梯间净宽作为双跑楼梯总宽。

■ 路径匹配：按照已绘制好的多段线作为基线绘制楼梯，以上楼方向为准，分“基线在左”和“基线在右”两种情况，如图 8-26 所示。

■ 基线在左/右：根据上楼方向，可确定基线方向，如图 8-26 所示。

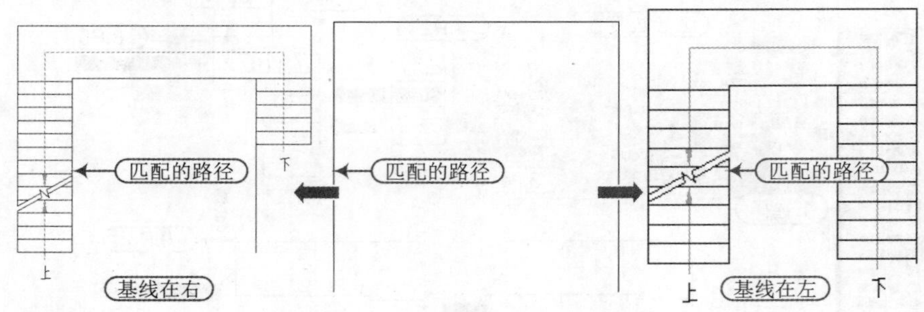

图 8-26 同一路径不同方向基线效果

■ 左边靠墙：按上楼方向，左边不画出边线。

■ 右边靠墙：按上楼方向，右边不画出边线。

技巧：夹点编辑

多跑楼梯也具有夹点编辑的特征，拖动夹点可执行相应操作，移动夹点可以改变休息平台和梯段的踏步，但是做选择梯段的总踏步数量不会因移动夹点而发生变化，移动夹点不能改变楼梯休息平台的宽度，但可以改其长度。

8.1.6 双分平行楼梯

知识要点 “双分平行”命令在对话框中输入梯段参数绘制双分平行楼梯，可以选择从中间梯段上楼或者从边梯段上楼，通过设置平台宽度可以解决复杂的梯段关系。

执行方法 在天正屏幕菜单中选择“楼梯其他 | 双分平行”菜单命令（快捷键为“SFPX”）。

操作实例 正常启动 TArch 2014，系统自动创建一个空白“.DWG”文件，另存为“资料\双分平行楼梯.dwg”文件；在天正屏幕菜单中执行“楼梯其他 | 双分平行”命令（SFPX）后，将弹出“双分平行楼梯”对话框；在对话框中设置参数后，单击“确定”按钮，插入平行双分楼梯，如图 8-27 所示。在“其他参数”里选上内外栏杆扶手，提供三维效果如图 8-28 所示。

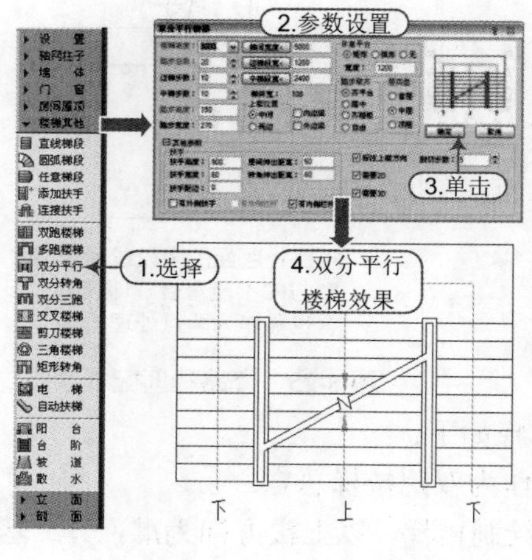

图 8-27 “双分平行”操作

图 8-28 双分平行楼梯三维效果

选项含义 在“双分平行楼梯”对话框中，部分选项解释与含义如下：

- 边梯步数/中梯步数：双分平行楼梯两个楼梯梯段各自的步数，默认两个梯段步数相等，可由用户改变。
- 梯间宽度<：梯间宽度既可输入，也可以直接从图上量取，等于中梯段宽＋2×(边梯段宽＋梯井宽)。
- 中梯段宽/边梯段宽：两类楼梯梯段各自的梯段宽度。
- 梯井宽：显示梯井宽参数，它等于梯间宽减两倍的梯段宽，修改梯间宽时，梯井宽自动改变。
- 宽度：休息平台的宽度，从中跑和边跑计算，有两个宽度。
- 踏步取齐：有齐平台、居中、齐楼板、自由四种对齐选项，后者是为夹点编辑改梯段位置后再作对象编辑而设置的。
- 上楼位置：可以绘制从边跑和中跑上楼两种上楼位置，自动处理剖切线和上楼方向线的绘制，如图 8-29 所示。

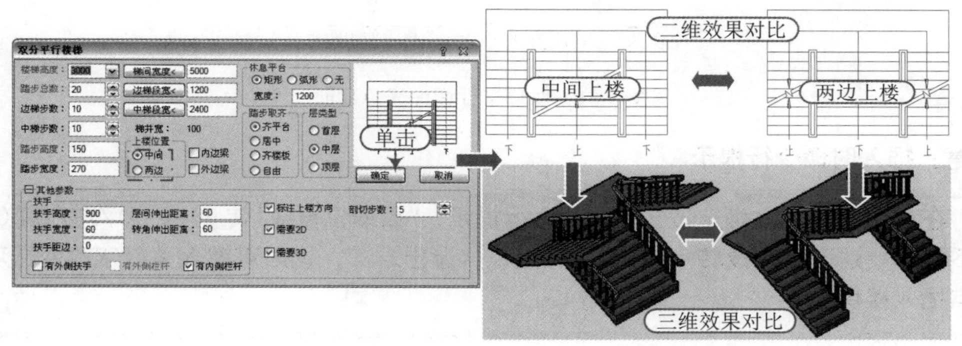

图 8-29　上楼位置效果对比

- 内边梁/外边梁：用于绘制梁式楼梯，可分别绘制内侧边梁和外侧边梁，梁宽和梁高参数在特性栏中修改。
- 层类型：可以按当前平面图所在的楼层，以建筑制图规范的图例绘制楼梯的对应平面表达形式，如图 8-30 所示。

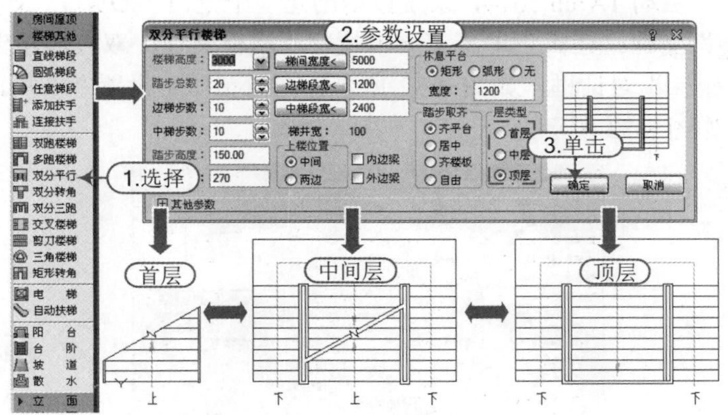

图 8-30　层类型效果对比

提示：夹点编辑

双分平行楼梯也具有夹点编辑的特征，拖动夹点可执行相应操作，各夹点功能如图 8-31 所示。

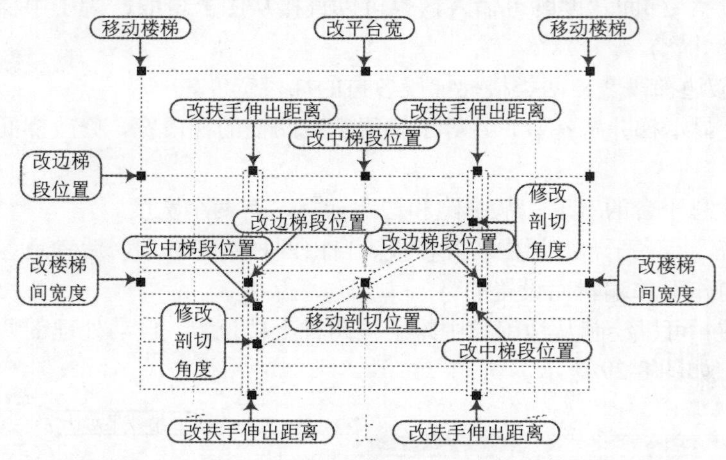

图 8-31 双分平行楼梯夹点功能

注意：插入时命令行提示

在对话框中单击确定按钮后，命令行提示："点取位置或[转 90 度(A)/左右翻(S)/上下翻(D)/对齐(F)/改转角(R)/改基点(T)]<退出>："，这时可键入关键字改变选项，给点插入楼梯。

8.1.7 双分转角楼梯

知识要点 "双分转角"命令在对话框中输入梯段参数绘制双分转角楼梯，可以选择从中间梯段上楼或者从边梯段上楼。

执行方法 在天正屏幕菜单中选择"楼梯其他｜双分转角"菜单命令（快捷键为"SFZJ"）。

操作实例 正常启动 TArch 2014，系统自动创建一个空白".DWG"文件，另存为"资料\双分转角楼梯.dwg"文件；在天正屏幕菜单中执行"楼梯其他｜双分转角"命令(SFZJ)后，将弹出"双分转角楼梯"对话框，如图 8-32 所示，在对话框中设置参数后，单击确定按钮，指定插入点即可，如图 8-33 所示。

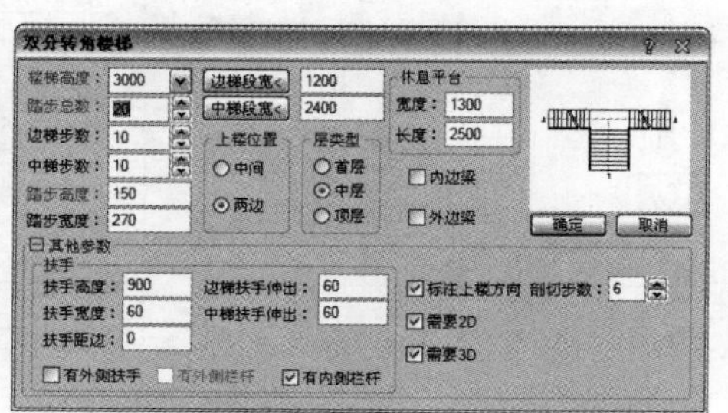

图 8-32 "双分转角楼梯"对话框

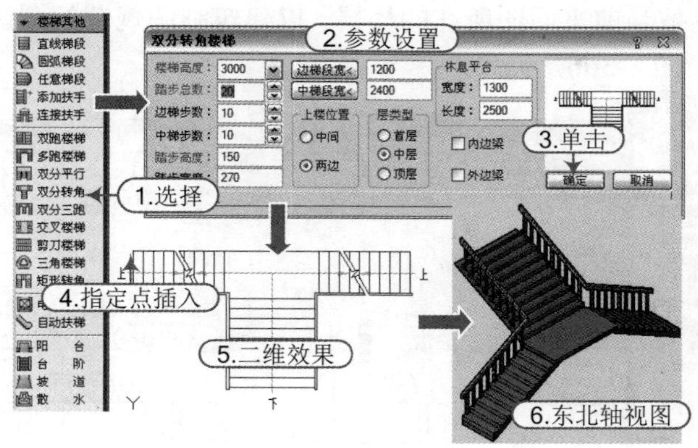

图 8-33 “双分转角”操作

选项含义 在“双分转角楼梯”对话框中，各部分选项解释与含义如下：

- 楼梯高度：由用户输入的双分转角楼梯两个楼梯梯段的总高度，有常用层高列表可供选择，如图 8-34 所示。

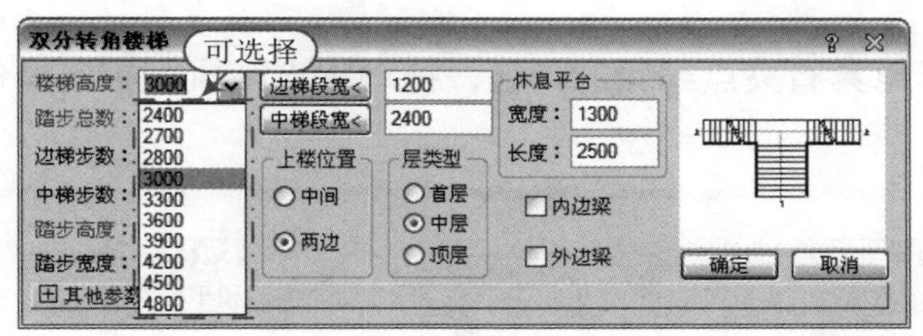

图 8-34 常用层高列表

- 休息平台宽度/长度：休息平台的宽度是边跑的外侧到中跑边线，长度是两个边跑之间的距离。
- 上楼位置：可以绘制从边跑和中跑上楼两种上楼位置，自动处理剖切线和上楼方向线的绘制，如图 8-35 所示。

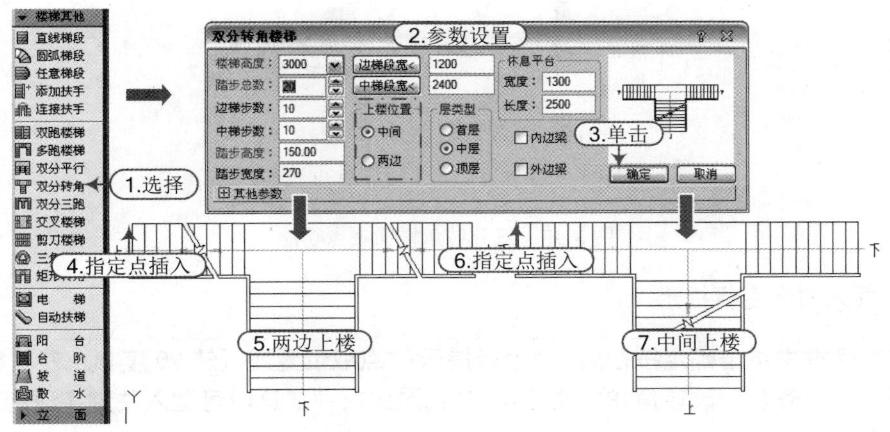

图 8-35 上楼位置效果对比

- 内边梁/外边梁：用于绘制梁式楼梯，可分别绘制内侧边梁和外侧边梁，梁宽和梁高参数在特性栏中修改。

■ 层类型：可以按当前平面图所在的楼层，以建筑制图规范的图例绘制楼梯的对应平面表达形式，如图 8-36 所示。

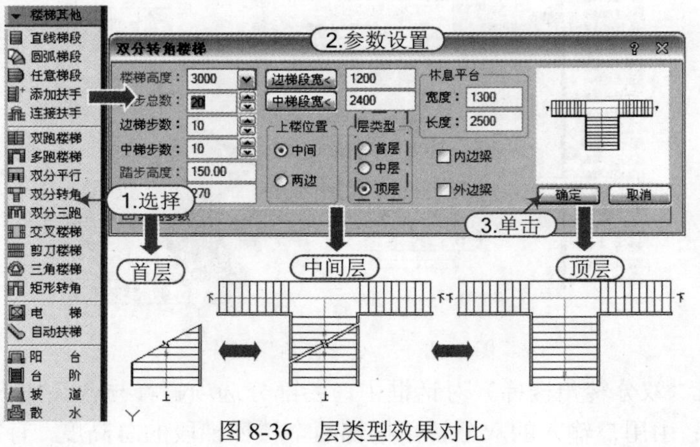

图 8-36 层类型效果对比

提示：夹点编辑

双分转角楼梯也具有夹点编辑的特征，拖动夹点可执行相应操作，各夹点功能如图 8-37 所示。

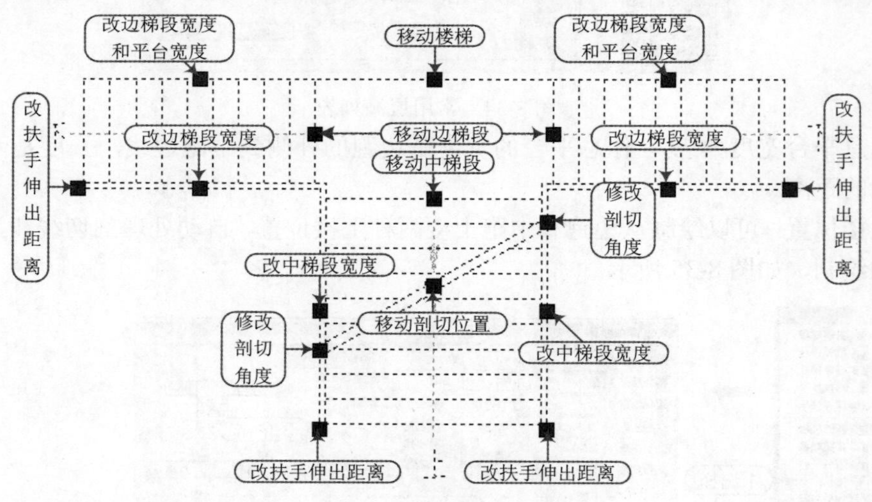

图 8-37 双分转角楼梯夹点功能

注意：插入时命令行提示

在对话框中单击确定按钮后，命令行提示：“点取位置或 [转 90 度(A)/左右翻(S)/上下翻(D)/对齐(F)/改转角(R)/改基点(T)]<退出>：”，这时可键入关键字改变选项，给点插入楼梯。

8.1.8 双分三跑楼梯

知识要点 “双分三跑”命令在对话框中输入梯段参数绘制双分平行楼梯，可以选择从中间梯段上楼或者从边梯段上楼，通过设置平台宽度可以解决复杂的梯段关系。

执行方法 在天正屏幕菜单中选择“楼梯其他｜双分三跑”菜单命令（快捷键为“SFSP”）。

操作实例 正常启动 TArch 2014，系统自动创建一个空白“.DWG”文件，另存为“资料\双分三跑楼梯.dwg”文件；在天正屏幕菜单中执行“楼梯其他｜双分三跑”命令(SFSP)后，将弹出“双分三跑楼梯”对话框。在对话框中设置参数后，单击确定按钮，指定插入点即可，如图 8-38 所示。在“其他参数”里选上内外栏杆扶手，提供三维效果如图 8-39 所示。

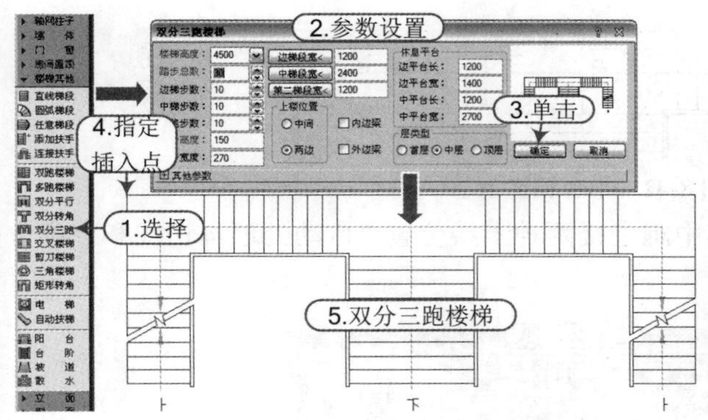

图 8-38 “双分三跑”操作

图 8-39 双分三跑楼梯三维效果

选项含义 在如图 8-40 所示的“双分三跑楼梯”对话框中，各选项解释与含义如下：

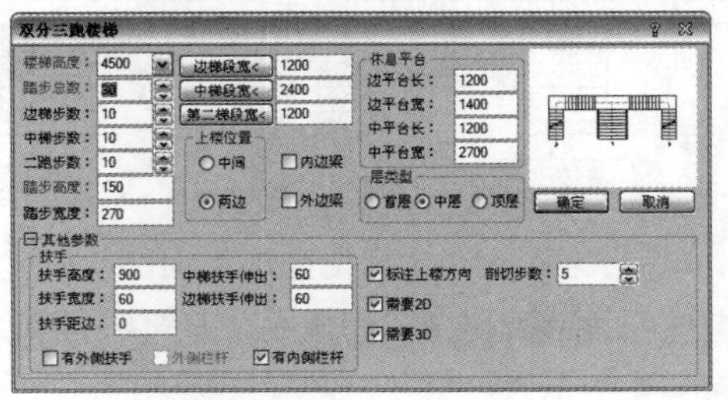

图 8-40 “双分三跑楼梯”对话框

- 楼梯高度：输入的双分三跑楼梯三个楼梯梯段的总高度，有常用层高列表可供选择，如图 8-41 所示。

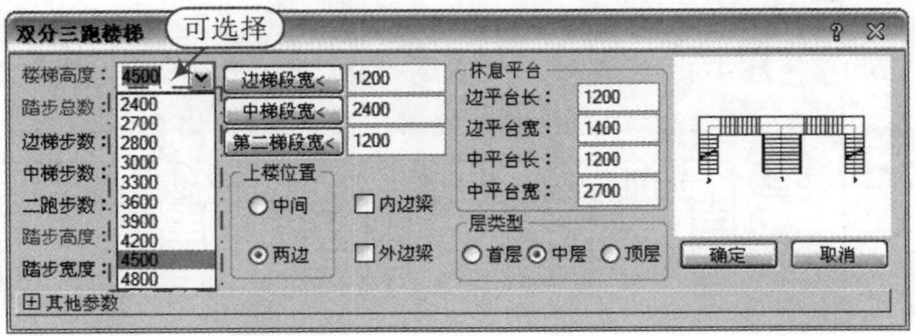

图 8-41 常用层高列表

■ 踏步总数：即楼梯高度。在建筑设计中，常用踏步高合理数值范围内，程序计算获得的踏步总数。

■ 边梯步数/中梯步数/二跑步数：双分三跑楼梯三个梯段各自的步数，默认边梯和中梯步数一致，可以修改。

■ 边平台长/边平台宽：边平台长是边梯段端线到第二梯段外侧的距离，边平台宽是边梯段外侧到第二梯段端线距离。

■ 中平台长/中平台宽：中平台长是第二梯段外侧到中梯段边线的距离，中平台宽是两个第二梯段端线间的距离，如图 8-42 所示。

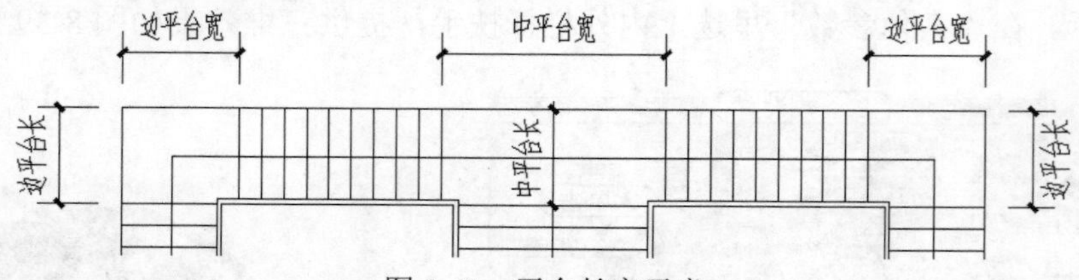

图 8-42　平台长宽示意

■ 上楼位置：可以绘制从边跑和中跑上楼两种上楼位置，自动处理剖切线和上楼方向线的绘制，如图 8-43 所示。

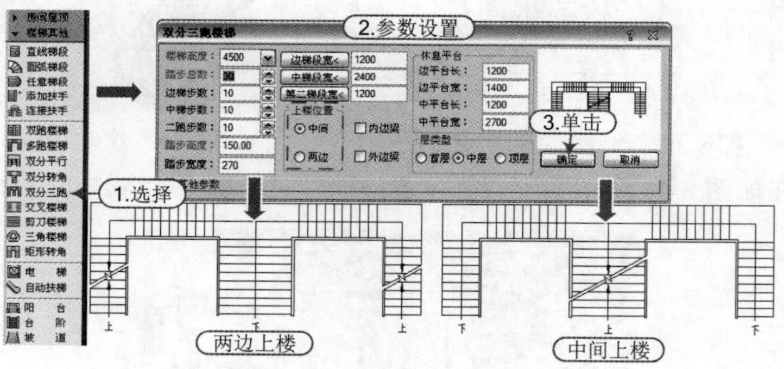

图 8-43　上楼位置效果对比

■ 层类型：可以按当前平面图所在的楼层，以建筑制图规范的图例绘制楼梯的对应平面表达形式，如图 8-44 所示。

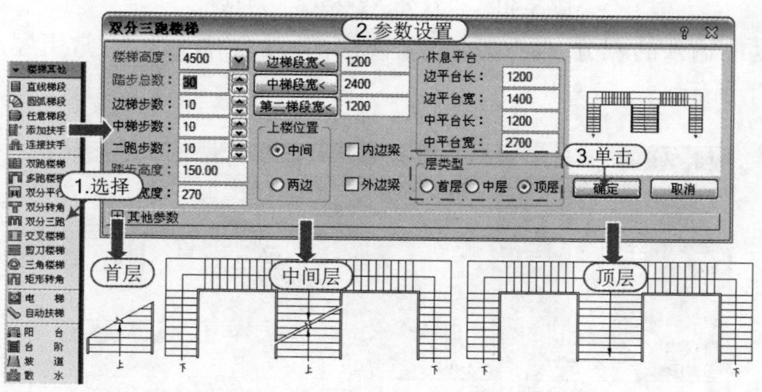

图 8-44　层类型效果对比

提示：夹点编辑

双分三跑楼梯也具有夹点编辑的特征，拖动夹点可执行相应操作，各夹点功能如图 8-45 所示。

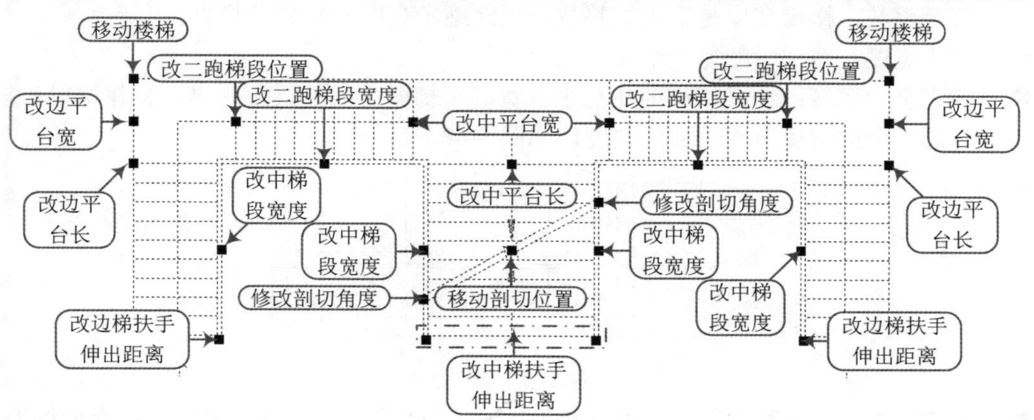

图 8-45　双分三跑楼梯夹点功能

注意：插入时命令行提示

在对话框中单击确定按钮后，命令行提示：“点取位置或[转 90 度(A)/左右翻(S)/上下翻(D)/对齐(F)/改转角(R)/改基点(T)]<退出>：”，这时可键入关键字改变选项，给点插入楼梯。

8.1.9 交叉楼梯

知识要点 “交叉楼梯”命令在对话框中输入梯段参数绘制交叉楼梯，可以选择不同的上楼方向。

执行方法 在天正屏幕菜单中选择“楼梯其他｜交叉楼梯”菜单命令（快捷键为“JCLT”）。

操作实例 正常启动 TArch 2014，系统自动创建一个空白“.DWG”文件，另存为“资料\交叉楼梯.dwg”文件；在天正屏幕菜单中执行“楼梯其他｜交叉楼梯”命令（JCLT）后，将弹出“交叉楼梯”对话框。在对话框中设置参数后，单击确定按钮，插入即可，如图 8-46 所示。在“其他参数”里选上内外栏杆扶手，提供三维效果如图 8-47 所示。

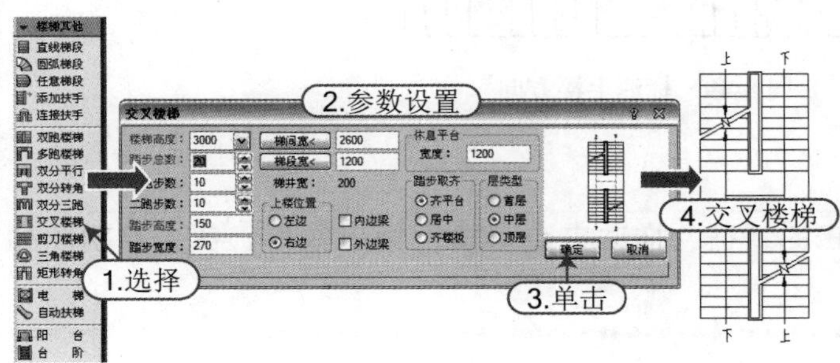

图 8-46　“交叉楼梯”操作

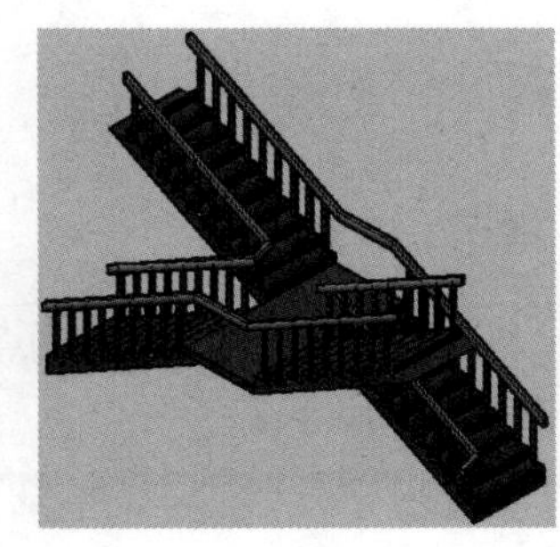

图 8-47　交叉楼梯三维效果

选项含义 在“交叉楼梯”对话框中，各部分选项解释与含义如下：

- 一跑步数：以踏步总数推算一跑与二跑步数，总数为偶数时两跑步数相等。
- 二跑步数：二跑步数默认与一跑步数相同，总数为奇数时先增二跑步数。
- 踏步高：根据楼梯高度，由程序推算出符合建筑规范合理范围的设计值。由于踏步数目是整数，楼梯高度是给定的整数，因此踏步高度并非总是整数。
- 踏步宽度：楼梯段的每一个踏步板的宽度。
- 休息平台宽度：交叉楼梯的休息平台宽等于梯段之间的最短距离，按建筑设计规范，休息平台的宽度应大于梯段宽度，如图 8-48 所示。

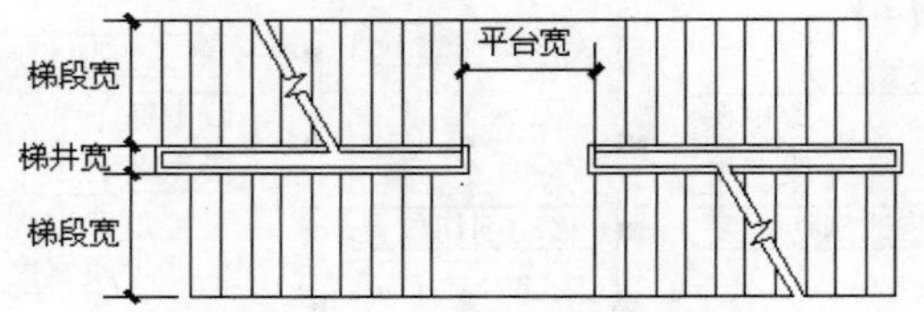

图 8-48　休息平台宽

- 踏步取齐：当一跑步数与二跑步数不等时，两梯段的长度不一样，因此有两梯段的对齐要求，可选择三种取齐方式之一。
- 标注上楼方向：可选择是否标注上楼方向箭头线，如图 8-49 所示。

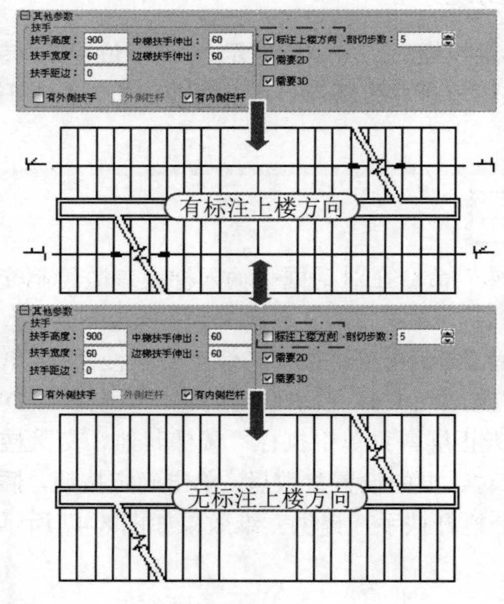

图 8-49　标注上楼方向

提示：夹点编辑

交叉楼梯也具有夹点编辑的特征，拖动夹点可执行相应操作，各夹点功能如图 8-50 所示。

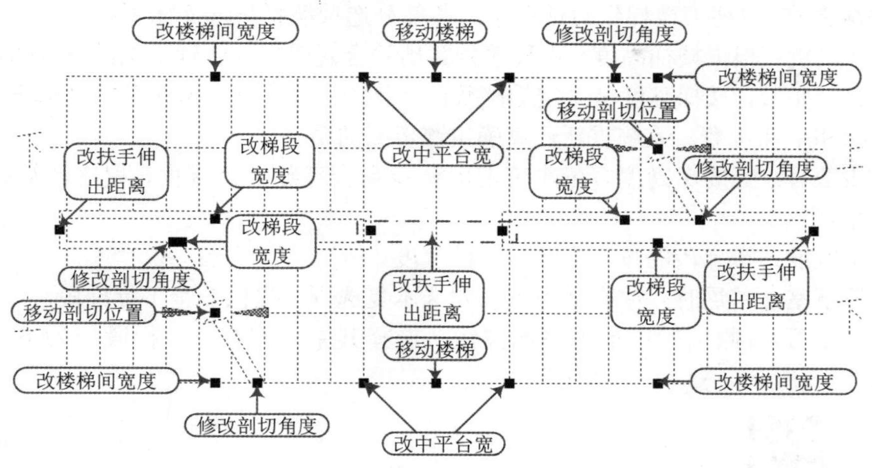

图 8-50　交叉楼梯夹点功能

注意：插入时命令行提示

> **在对话框中单击确定按钮后，命令行提示：“点取位置或[转 90 度(A)/左右翻(S)/上下翻(D)/对齐(F)/改转角(R)/改基点(T)]<退出>：”，这时可键入关键字改变选项，给点插入楼梯。**

8.1.10 剪刀楼梯

知识要点 “剪刀楼梯”命令在对话框中输入梯段参数绘制剪刀楼梯，考虑作为防火楼梯使用，两跑之间需要绘制防火墙，因此本楼梯扶手和梯段各自独立，在首层和顶层楼梯有多种梯段排列可供选择。

执行方法 在天正屏幕菜单中选择“楼梯其他｜剪刀楼梯”菜单命令（快捷键为“JDLT”）。

操作实例 正常启动 TArch 2014，系统自动创建一个空白“.DWG”文件，另存为“资料\剪刀楼梯.dwg”文件；在天正屏幕菜单中执行“楼梯其他｜剪刀楼梯”命令（JDLT）后，将弹出“剪刀楼梯”对话框。在对话框中设置参数后，单击确定按钮，插入即可，如图 8-51 所示。在“其他参数”里选上内外栏杆扶手，提供三维效果如图 8-52 所示。

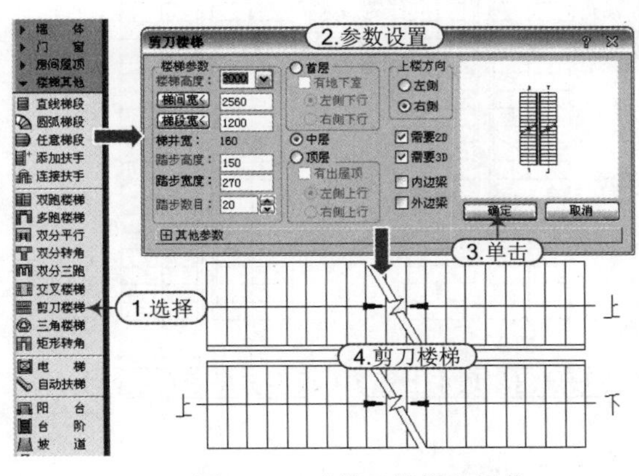

图 8-51　“剪刀楼梯”操作

图 8-52　剪刀楼梯三维效果

选项含义 在 “剪刀楼梯”对话框中，各部分选项解释与含义如下：

- 踏步高度：根据楼梯高度，由程序推算出符合建筑规范合理范围的设计值。由于踏步数目是整数，楼梯高度是给定的整数，因此踏步高度并非总是整数。用户也可以给定边梯和中梯步数，系统重新计算确定踏步高的精确值。
- 踏步数目：由楼梯高度，在建筑常用踏步高合理数值范围内，程序计算获得的踏步总数。
- 踏步宽度：楼梯段的每一个踏步板的宽度。
- 有地下室：首层时，如有地下室，勾选本复选框，提供一个下行梯段。
- 左侧下行/右侧下行：单击单选按钮，选择其中一侧有一个梯段作为下行梯段，如图 8-53 所示。

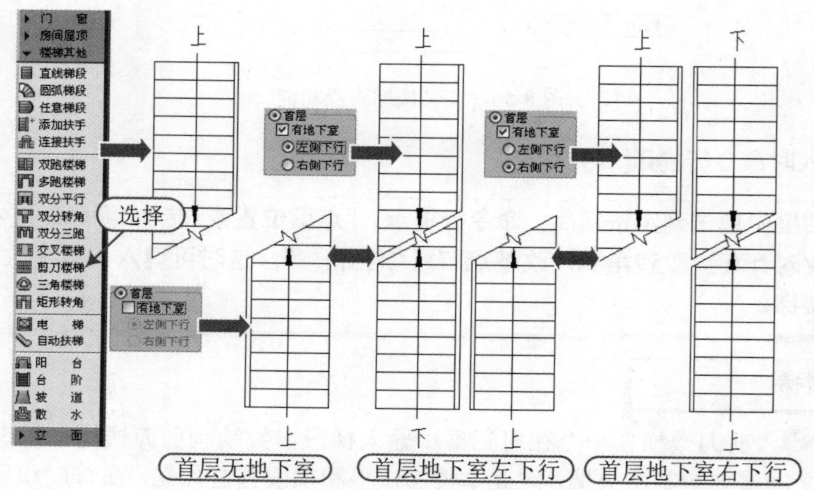

图 8-53　首层

- 有出屋顶：顶层时，如有出屋顶，勾选本复选框，提供一个上行梯段。
- 左侧上行/右侧上行：单击单选按钮，选择其中一侧有一个梯段作为上行梯段，如图 8-54 所示。

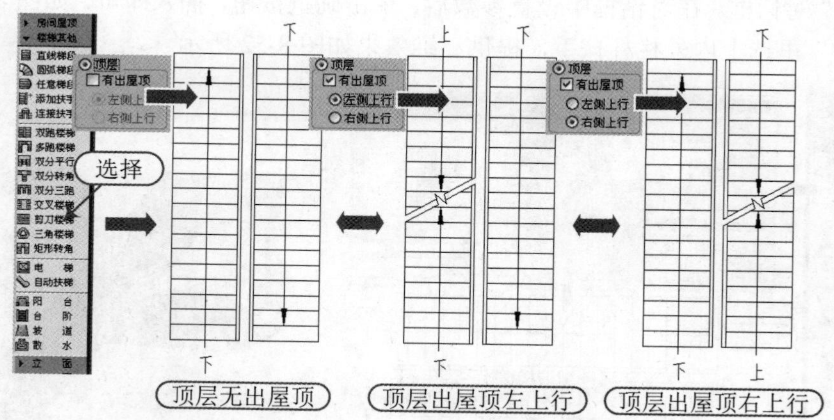

图 8-54　顶层

提示：夹点编辑

剪刀楼梯也具有夹点编辑的特征，拖动夹点可执行相应操作，各夹点功能如图 8-55 所示。

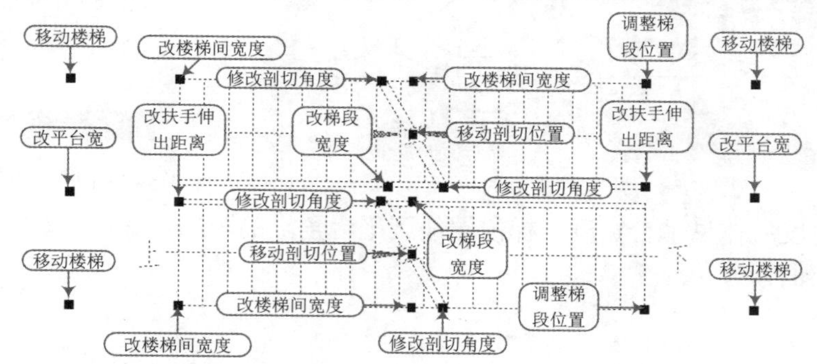

图 8-55　剪刀楼梯夹点功能

注意：插入时命令行提示

在对话框中单击确定按钮后，命令行提示："点取位置或[转 90 度(A)/左右翻(S)/上下翻(D)/对齐(F)/改转角(R)/改基点(T)]<退出>："，这时可键入关键字改变选项，给点插入楼梯。

8.1.11　三角楼梯

知识要点 "三角楼梯"命令在对话框中输入梯段参数绘制双分平行楼梯，可以选择从中间梯段上楼或者从边梯段上楼，通过设置平台宽度可以解决复杂的梯段关系。

执行方法 在天正屏幕菜单中选择"楼梯其他 | 三角楼梯"菜单命令(快捷键为"SJLT")。

操作实例 正常启动 TArch 2014，系统自动创建一个空白".DWG"文件，另存为"资料\三角楼梯.dwg"文件；在天正屏幕菜单中执行"楼梯其他 | 三角楼梯"命令(SJLT)后，将弹出"三角楼梯"对话框，在对话框中设置参数后，单击确定按钮，插入即可，如图 8-56 所示。在"其他参数"里选上内外栏杆扶手，提供三维效果如图 8-57 所示。

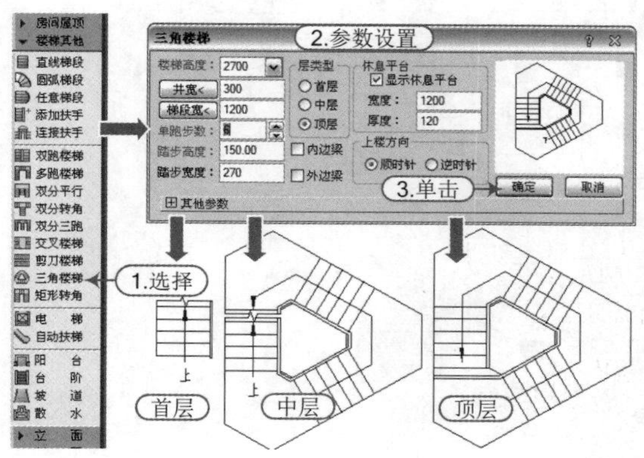

图 8-56　"三角楼梯"操作

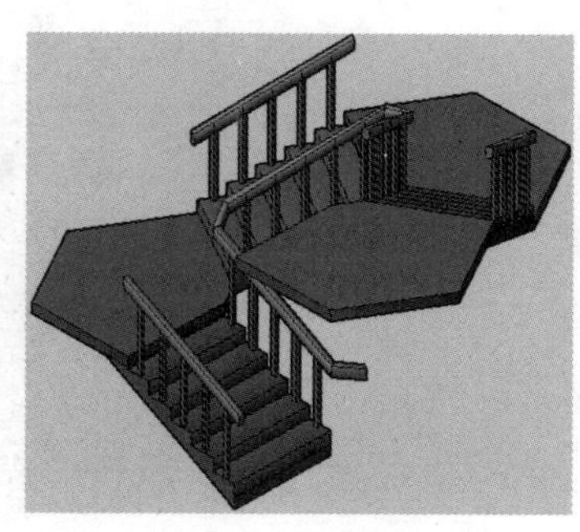

图 8-57　三角楼梯三维效果

选项含义 在“三角楼梯”对话框中，各部分选项解释与含义如下：

- 井宽<：由于三角楼梯的井宽参数是变化的，这里的井宽是两个梯段连接处起算的初始值，井宽必须为正且非零，如图 8-58、图 8-59 所示。

图 8-58　井宽改为 0 时

图 8-59　在图上点取井宽时

- 宽度/厚度：休息平台宽度是梯段端线到平台角点的距离，如图 8-60 所示，厚度是平台的三维厚度。

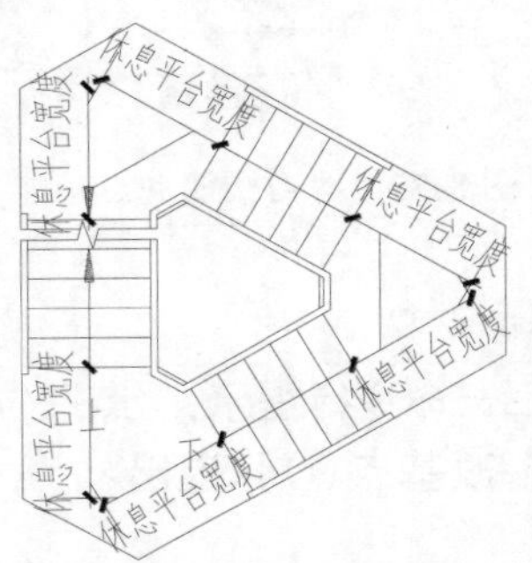

图 8-60　休息平台宽度

提示：夹点编辑

三角楼梯也具有夹点编辑的特征，拖动夹点可执行相应操作，各夹点功能如图 8-61 所示。

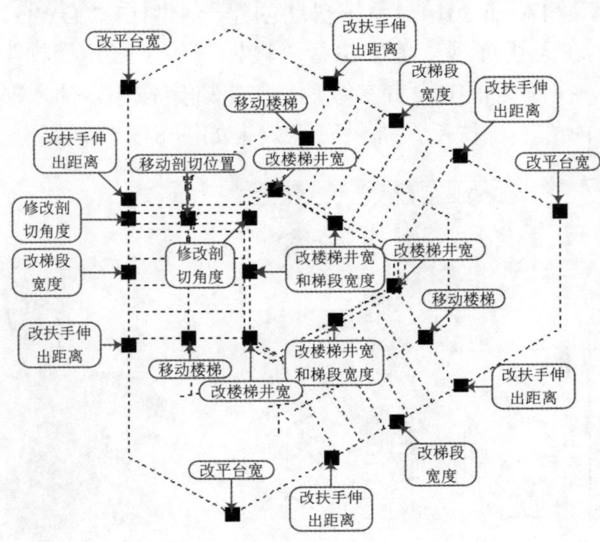

图 8-61　三角楼梯夹点功能

注意：插入时命令行提示

在对话框中单击确定按钮后，命令行提示："点取位置或[转 90 度(A)/左右翻(S)/上下翻(D)/对齐(F)/改转角(R)/改基点(T)]<退出>: "，这时可键入关键字改变选项，给点插入楼梯。

8.1.12 矩形转角

知识要点 "矩形转角"命令在对话框中输入梯段参数绘制矩形转角楼梯，梯跑数量可以从两跑到四跑，可选择两种上楼方向。

执行方法 在天正屏幕菜单中选择"楼梯其他 | 矩形转角"命令（快捷键"JXZJ"）。

操作实例 例如，要创建矩形转角对象，可按如图 8-62 所示来进行操作（"资料\矩形转角.dwg"）。

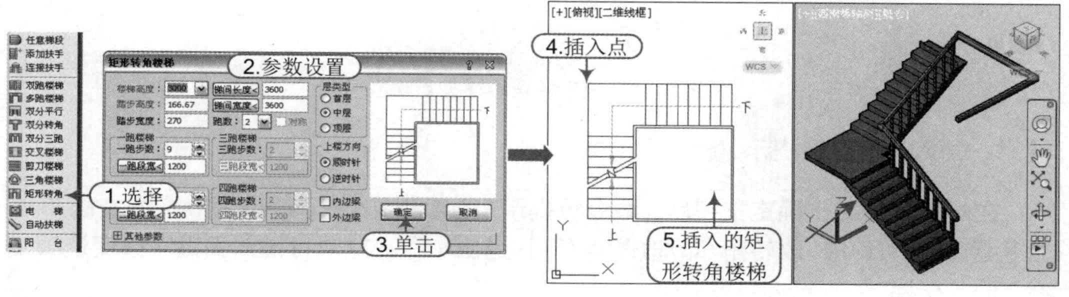

图 8-62 矩形转角楼梯的操作

选项含义 在"矩形转角楼梯"对话框中，各选项解释与含义如下：

- 梯间长度：第二跑梯段长度加两端休息平台的长度，可以从图中直接点取，如图 8-63 所示。如果输入参数小于容许最小长度时，自动取最小长度创建平台。

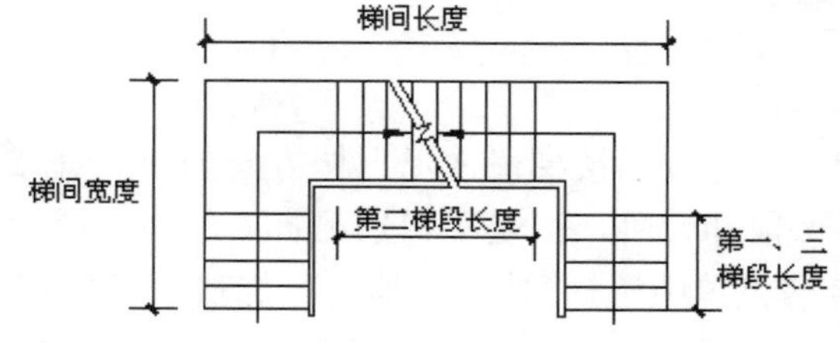

图 8-63 梯间长度

- 梯间宽度：第一跑梯段长度加休息平台的宽度，可以从图中直接点取；在对称时起作用，非对称时暗显；如果输入参数小于容许最小宽度时，自动取最小宽度创建平台。
- 层类型：可以按当前平面图所在的楼层，以建筑制图规范的图例绘制楼梯的对应平面表达形式。

提示：夹点编辑

矩形转角楼梯也具有夹点编辑的特征，拖动夹点可执行相应操作，各夹点功能如图 8-64 所示。

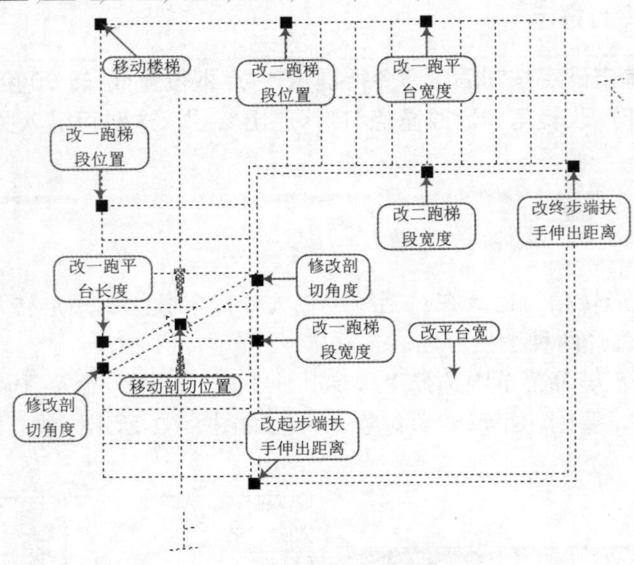

图 8-64　矩形转角楼梯夹点功能

注意：插入时命令行提示

> **在对话框中单击确定按钮后，命令行提示："点取位置或[转 90 度(A)/左右翻(S)/上下翻(D)/对齐(F)/改转角(R)/改基点(T)]<退出>："，这时可键入关键字改变选项，给点插入楼梯。**

8.2 楼梯扶手与栏杆

扶手作为与梯段配合的构件，与梯段和台阶产生关联。放置在梯段上的扶手，可以遮挡梯段，也可以被梯段的剖切线剖断，通过连接扶手命令把不同分段的扶手连接起来。

8.2.1 添加扶手

知识要点 "添加扶手" 命令以楼梯段或沿上楼方向的 PLINE 路径为基线，生成楼梯扶手；本命令可自动识别楼梯段和台阶，但是不识别组合后的多跑楼梯与双跑楼梯。

执行方法 在天正屏幕菜单中选择"楼梯其他 | 添加扶手"菜单命令（快捷键为"TJFS"）。

操作实例 例如，打开"资料\矩形转角楼梯.dwg" 文件，在"快捷访问"工具栏中单击"另存为"按钮，将其另存为"资料\添加扶手.dwg" 文件；执行 CAD 命令"多段线"命令(PL)，沿楼梯左边线绘制一条多段线；在天正屏幕菜单中执行"楼梯其他 | 添加扶手"命令(TJFS)后，按照如下命令行提示进行操作，如图 8-65 所示。

```
请选择梯段或作为路径的曲线(线/弧/圆/多段线):                 \\ 选取 PL 线
扶手宽度<60>:100                                             \\ 键入"100"
扶手顶面高度<900>:                                           \\ 按回车键接受默认值
输入对齐方式[中间对齐(M)/左边对齐(L)/右边对齐(R)]<M>:        \\ 选择"中间对齐"
```

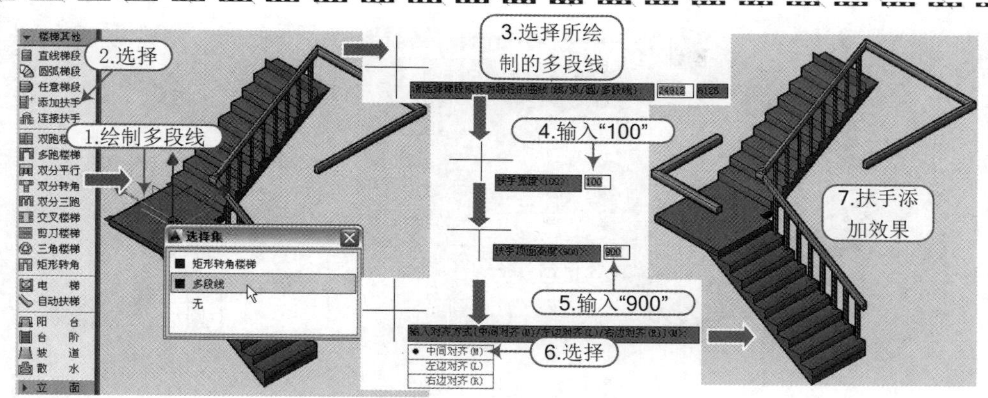

图 8-65 路径曲线“添加扶手”

注意：选择梯段添加扶手

从命令行提示“请选择梯段或作为路径的曲线(线/弧/圆/多段线)：”，知道楼梯添加扶手建立在两种基础上，即立面梯段和 PL 线段。在以梯段为对象的基础上，扶手的添加操作最好在多视图(平面视图和三维视图)环境中进行，在天正屏幕菜单中执行“楼梯其他｜添加扶手”命令(TJFS)过后，按照如下命令行提示进行操作，如图 8-66 所示。

```
请选择梯段或作为路径的曲线(线/弧/圆/多段线):    \\ 选取梯段
扶手宽度<60>:100                              \\ 键入“100”
扶手顶面高度<900>:                             \\ 按回车键接受默认值
扶手距边<0>:                                   \\ 按回车键接受默认值
```

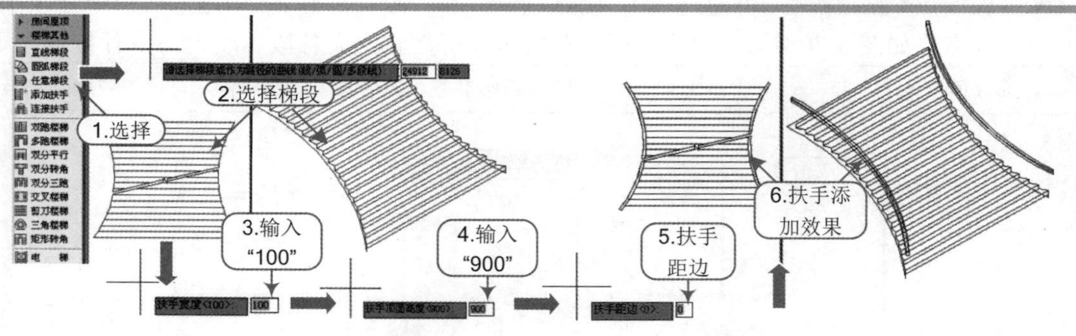

图 8-66 选择梯段“添加扶手”

选项含义 在“添加扶手”绘制完成后，双击添加的扶手，将弹出“扶手”对话框，如图 8-67 所示，在对话框中各选项的含义如下：

■ 形状：扶手的形状可选矩形、圆形和栏板三种，在“尺寸”处可分别输入适当的尺寸，如图 8-68 所示为将方形扶手改为圆形扶手。

图 8-67 “扶手”对话框

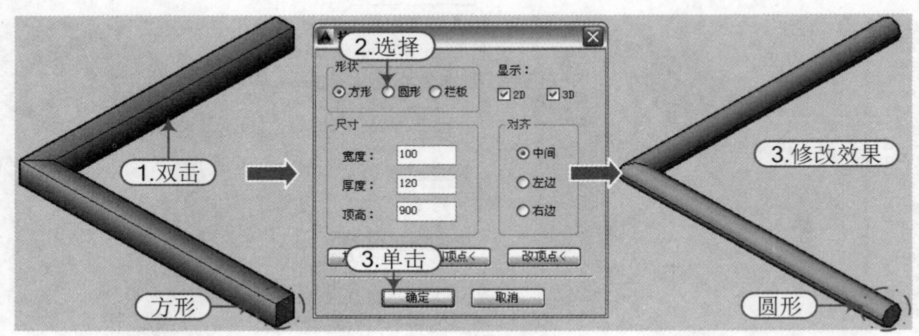

图 8- 68　扶手形状修改

■　对齐：仅对 PLINE、LINE、ARC 和 CIRCLE 作为基线时起作用。PLINE 和 LINE 用作基线时，以绘制时取点方向为基准方向；对于 ARC 和 CIRCLE 内侧为左，外侧为右，如图 8-69 所示；而楼梯段用作基线时对齐默认为对中，为与其他扶手连接，往往需要改为一致的对齐方向。

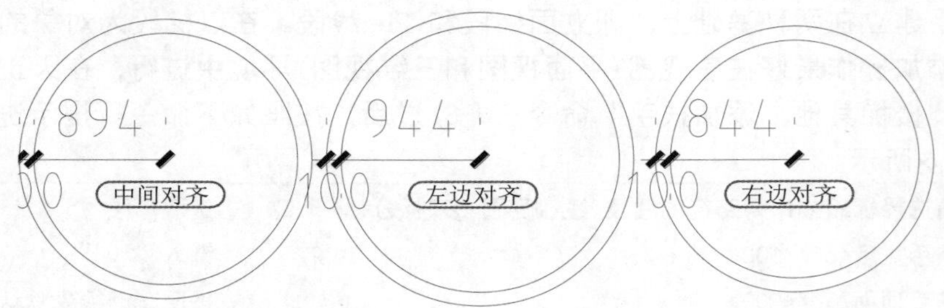

图 8-69　对齐方式效果对比

■　加顶点</删顶点<：可通过单击“加顶点<”和“删顶点<”按钮进入图形中修改扶手顶点，如图 8-70 所示为“加顶点<”操作，可重新定义各段高度，命令行提示如下：

选取顶点：	\\ 光标移到扶手上，显示各个顶点位置，可增加或删除顶点

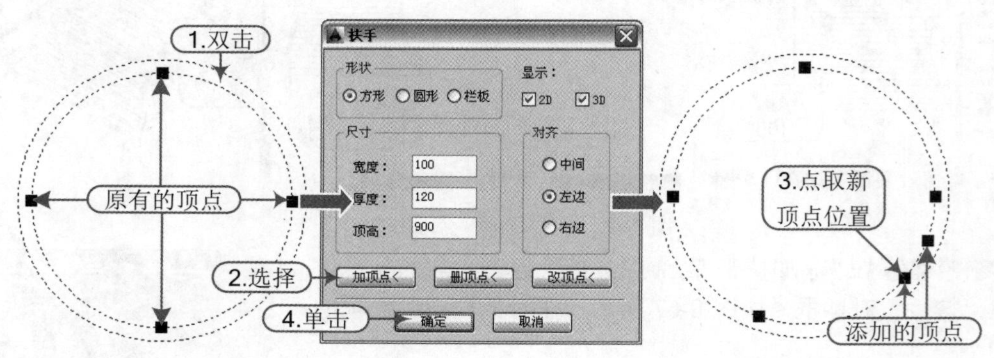

图 8-70　加顶点

■　改顶点：改顶点如图 8-71 所示，会进一步显示下面的提示：

“改夹角(A)/“点取(P)/顶点标高<0>”：	\\ 输入顶点标高值或者键入 P 取对象标高

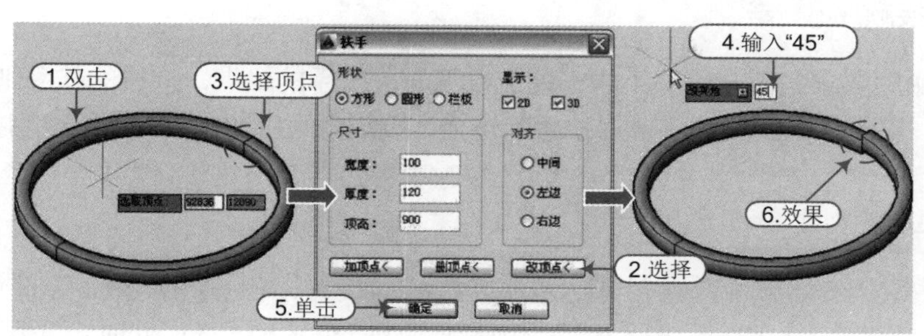

图 8-71　改顶点

提示：夹点编辑

拖动扶手夹点可执行相应操作，各夹点功能如图 8-72 所示。

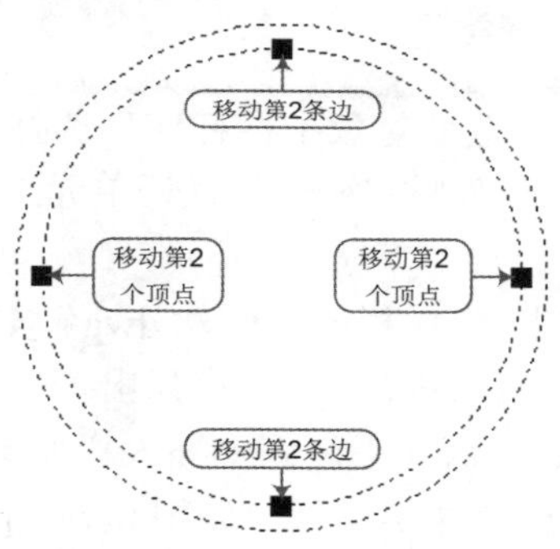

图 8-72　夹点功能

8.2.2 连接扶手

知识要点 "连接扶手"命令把未连接的扶手彼此连接起来，如果准备连接的两段扶手的样式不同，连接后的样式以第一段为准。

执行方法 在天正屏幕菜单中选择"楼梯其他 | 连接扶手"菜单命令（快捷键为"LJFS"）。

操作实例 例如，打开"资料\连接扶手.dwg"文件，在天正屏幕菜单中执行"楼梯其他 | 连接扶手"命令（LJFS）后，按照命令行提示选取待连接的第一段扶手和选取待连接的第二段扶手，按空格键结束选择；重复"连接扶手"命令，将另一侧扶手连接，如图 8-73 所示。

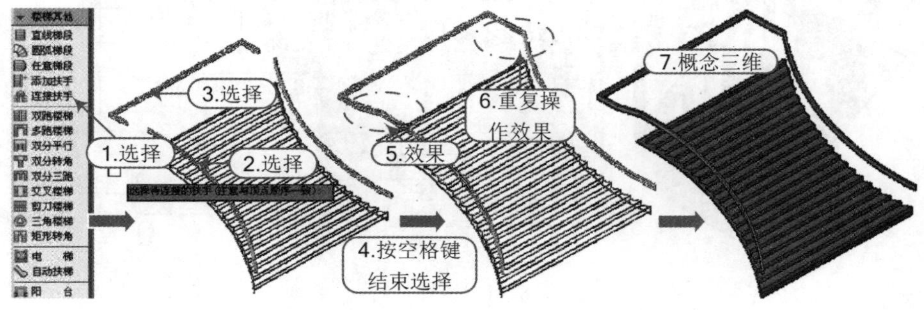

图 8-73　连接扶手

技巧：连接顺序

连接顺序要求是前一段扶手的末端连接下一段扶手的始端，梯段的扶手则按上行方向为正向，需要从低到高顺序选择扶手的连接，接头之间应留出空隙，不能相接和重叠。

8.2.3 楼梯栏杆的创建

知识要点 双跑楼梯对话框有自动添加竖栏杆的设置，但有些楼梯命令仅可创建扶手或者栏杆与扶手都没有(比如“直线梯段”“圆弧梯段”与“任意梯段”)，此时可先用“添加扶手”和“连接扶手”的方法创建扶手，然后使用天正屏幕菜单下“三维建模 | 造型对象 | 路径排列”命令(LJPL)来绘制栏杆。

提示：视图类型

由于栏杆在施工平面图上不必表示，主要用于三维建模和立剖面图，在平面图中没有显示栏杆时，注意选择视图类型。

执行方法 先用“三维建模 | 造型对象 | 栏杆库”选择栏杆的造型效果；在平面图中插入合适的栏杆单元(也可用其他三维造型方法创建栏杆单元)；使用“三维建模 | 造型对象 | 路径排列”命令来构造楼梯栏杆。

操作实例 例如，打开 “资料\楼梯栏杆的创建.dwg”文件，在天正屏幕菜单中执行“三维建模 | 造型对象 | 栏杆库”命令(LGK)过后，将弹出“天正图库管理系统”对话框，在对话框中双击选择栏杆的造型效果；然后在平面图中插入栏杆单元；最后使用“三维建模 | 造型对象 | 路径排列”命令(LJPL)来构造楼梯栏杆，如图 8-74 所示。

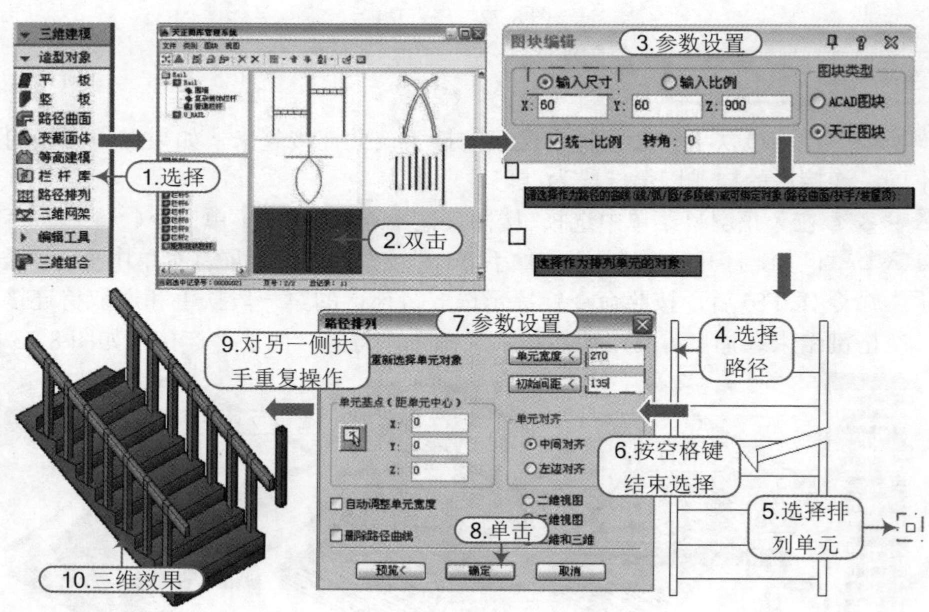

图 8-74 楼梯栏杆

8.3 电梯、自动扶梯与其他

天正建筑提供了由自定义对象创建的自动扶梯对象，分为自动扶梯和自动坡道两个基本类型，后者可根据步道的倾斜角度为零，自动设为水平自动步道，改变对应的交互设置，使得设计更加人性化。自动扶梯对象根据扶梯的排列和运行方向提供了多种组合供设计时选择，适用于各种商场、车站和机场等复杂的实际情况。

8.3.1 电梯

知识要点 “电梯”命令创建的电梯图形包括轿厢、平衡块和电梯门，其中轿厢和平衡块是二维线对象，电梯门是天正门窗对象；绘制条件是每一个电梯周围已经由天正墙体创建了封闭房间作为电梯井，如要求电梯井贯通多个电梯，需临时加虚墙分隔。电梯间一般为矩形，梯井道宽为开门侧墙长。

执行方法 在天正屏幕菜单中选择“楼梯其他 | 电梯”菜单命令(快捷键为“DT”)。

操作实例 例如，打开“资料\电梯.dwg”文件，在天正屏幕菜单中执行“楼梯其他 | 电梯”命令(DT)后，将弹出“电梯参数”对话框。设置参数完成后，不必关闭对话框，根据如下命令行提示进行操作，如图 8-75 所示。

```
请给出电梯间的一个角点或[参考点(R)]<退出>:        \\ 点取第一角点
再给出上一角点的对角点:                           \\ 点取开门墙线
请点取开电梯门的墙线<退出>:                       \\ 指定角的起点位置
请点取平衡块的所在的一侧<退出>:             \\ 点取平衡块所在的一侧的墙体后，按回车键开始绘制
请点取其他开电梯门的墙线<无>:                     \\ 按回车键，返回角点提示，绘制另一座电梯
```

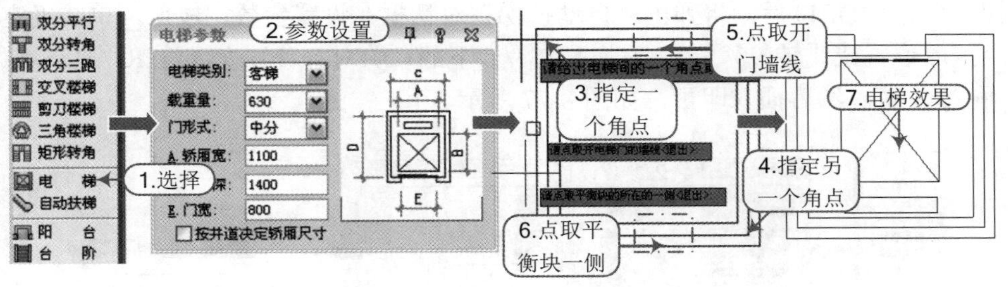

图 8-75 电梯

技巧：按井道决定轿厢尺寸

对不需要按类别选取预设计参数的电梯，可以按井道决定适当的轿厢与平衡块尺寸，勾选对话框中的“按井道决定轿厢尺寸”复选框，对话框把不用的参数虚显，保留门形式和门宽两项参数由用户设置，同时把门宽设为常用的 1100，门宽和门形式会保留用户修改值，如图 8-76 所示。去除复选框勾选后，门宽等参数恢复由电梯类别决定。

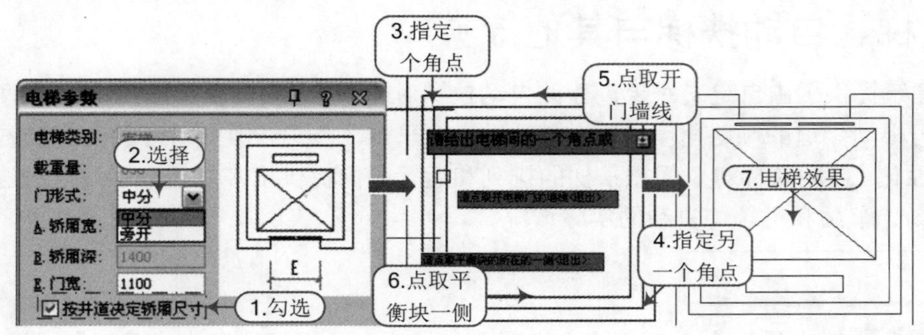

图 8-76　按井道决定轿厢尺寸

技巧：微调电梯

> 可根据需要，使用“门口线”命令在电梯门外侧添加和删除门口线；将电梯轿箱与平衡块的图层改为“建筑-电梯/EVTR”，与楼梯图层分开了。

8.3.2 自动扶梯

知识要点“自动扶梯”命令在对话框中输入自动扶梯的类型和梯段参数绘制，可以用于单梯和双梯及其组合，在顶层还设有洞口选项，拖动夹点可以解决楼板开洞时，扶梯局部隐藏的绘制。

执行方法选择“楼梯其他｜自动扶梯”天正屏幕菜单命令(快捷键“ZDFT”)。

操作实例例如，打开“资料\自动扶梯.dwg”文件，在天正屏幕菜单中执行“楼梯其他｜自动扶梯”命令(ZDFT)后，将弹出“自动扶梯”对话框。设置参数完成后，单击确定，命令行提示“点取位置或［转 90°(A)/左右翻(S)/上下翻(D)/对齐(F)/改转角(R)/改基点(T)]<退出>:”，输入“A”，然后插入即可，如图 8-77 所示。

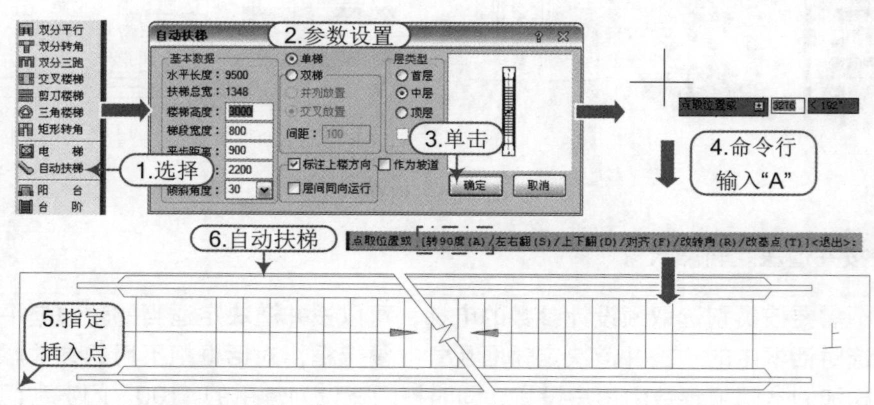

图 8-77　自动扶梯

选项含义在“自动扶梯”对话框中，如图 8-78 所示为名词示意，各选项解释与含义如下：

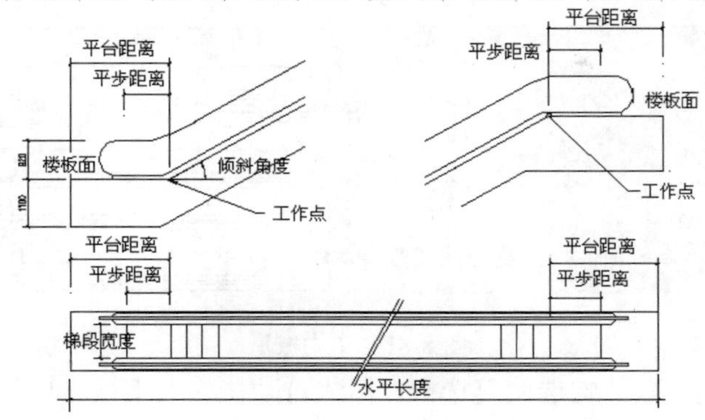

图 8-78　名词示意

- 楼梯高度：相对于本楼层自动扶梯第一工作点起，到第二工作点止的设计高度。
- 梯段宽度：是指自动扶梯不算两侧裙板的活动踏步净长度作为梯段的净宽。
- 平步距离：从自动扶梯工作点开始到踏步端线的距离，当为水平步道时，平步距离为 0。
- 平台距离：从自动扶梯工作点开始到扶梯平台安装端线的距离，当为水平步道时，平台距离请用户重新设置。
- 倾斜角度：自动扶梯的倾斜角，商品自动扶梯为 30°、35°，坡道为 10°、12°，当倾斜角为 0° 时作为步道，交互界面和参数相应修改。
- 单梯与双梯：可以一次创建成对的自动扶梯或者单台的自动扶梯，如图 8-79 所示。

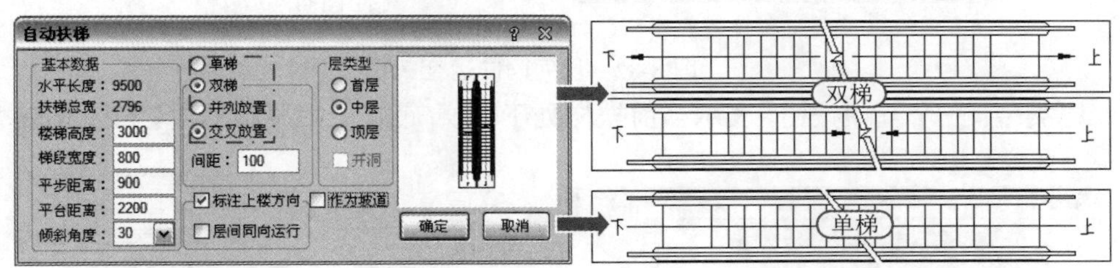

图 8-79　单梯与双梯

- 并列放置/交叉放置：双梯两个梯段的倾斜方向可选方向一致或者方向相反，如图 8-80 所示。

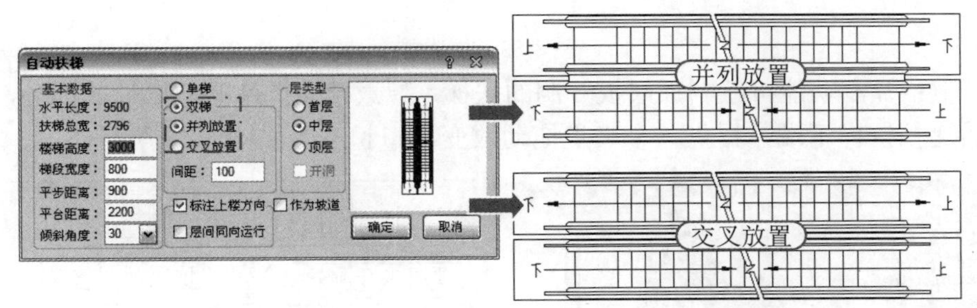

图 8-80　并列与交叉放置

- 间距：双梯之间相邻裙板之间的净距。
- 作为坡道：勾选此复选框，此时扶梯按坡道的默认角度 10° 或 12° 取值，长度重新计算，如图 8-81 所示为作为坡道时，双梯与单梯的平面图。

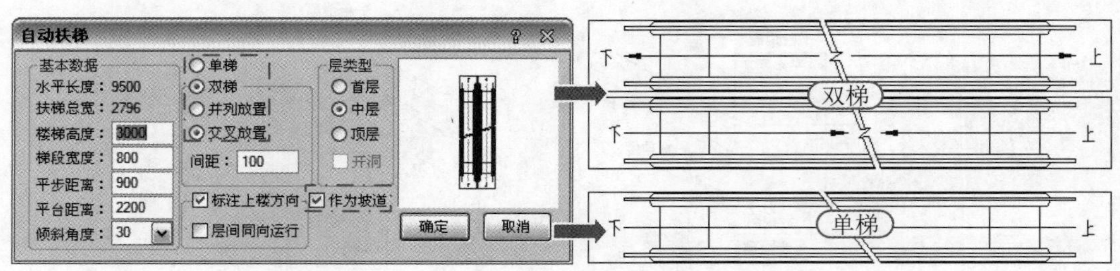

图 8-81　作为坡道

- 标注上楼方向：默认勾选此复选框，标注自动扶梯上下楼方向，默认中层时剖切到的上行和下行梯段运行方向箭头表示相对运行(上楼/下楼)。
- 层间同向运行：勾选此复选框后，中层时剖切到的上行和下行梯段运行方向箭头表示同向运行(都是上楼)，如图 8-82 所示。

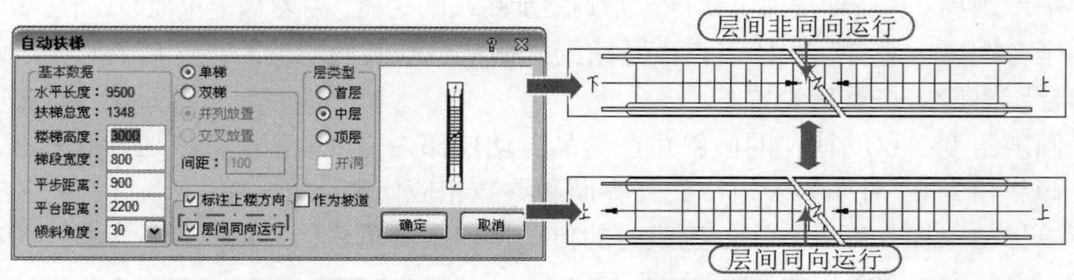

图 8-82　层间同向运行

- 层类型：三个互锁按钮，表示当前扶梯处于首层(底层)、中层和顶层，如图 8-83 所示。

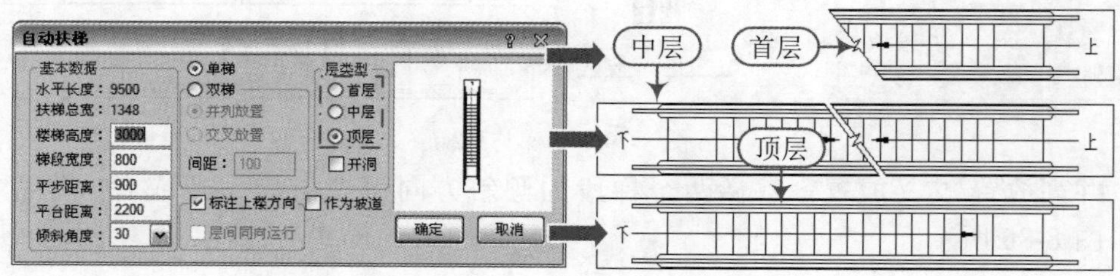

图 8-83　层类型

- 开洞：开洞功能可绘制顶层板开洞的扶梯，隐藏自动扶梯洞口以外的部分，勾选开洞后遮挡扶梯下端，提供一个夹点拖动改变洞口长度，如图 8-84 所示。

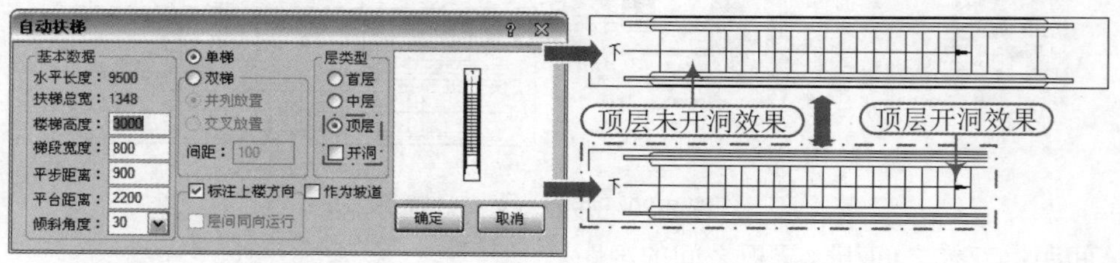

图 8-84　顶层开洞

（注意：开洞表示洞口外扶梯梯段被楼板遮挡。）

技巧：设定扶梯的方向

在对话框中不一定能准确设置扶梯的运行和安装方向，如果希望设定扶梯的方向，请在插入扶梯时键入选项，对扶梯进行各向翻转和旋转，必要时不标注运行方向，另行用箭头引注命令添加，上下楼方向的注释文字还可在特性栏(Ctrl+1)进行修改。

提示：夹点编辑

自动扶梯也具有夹点编辑的特征，拖动夹点可执行相应操作，双梯顶层自动扶梯夹点功能如图 8-85 所示；中层自动扶梯夹点功能如图 8-86 所示；水平自动步道夹点功能如图 8-87 所示。

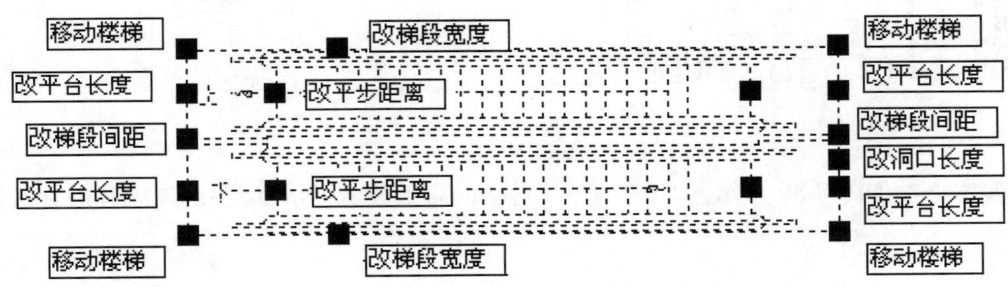

图 8-85　双梯顶层自动扶梯夹点功能

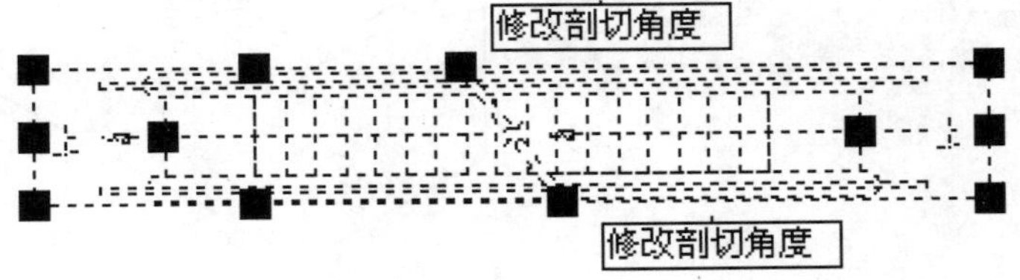

图 8-86　中层自动扶梯夹点功能

（注意：其他未标注的夹点功能与双梯顶层自动扶梯对应相同。）

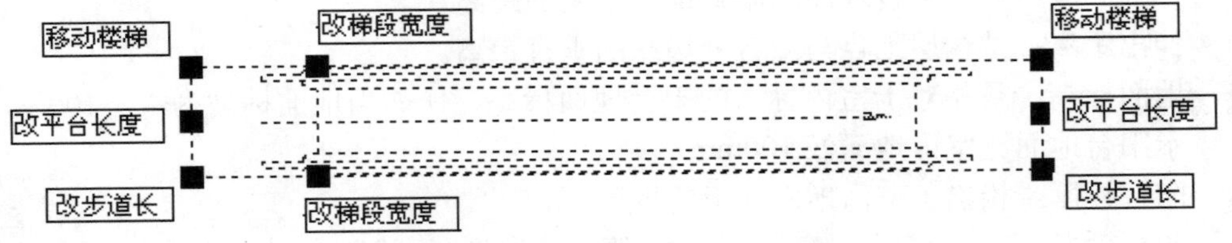

图 8-87　水平自动步道夹点功能

8.3.3 阳台

知识要点 “阳台”命令以几种预定样式绘制阳台，或选择预先绘制好的路径转成阳台，或以任意绘制方式创建阳台。一层的阳台可以自动遮挡散水，阳台对象可以被柱子局部遮挡。

执行方法 在天正屏幕菜单中选择“楼梯其他｜阳台”菜单命令(快捷键为“YT”)。

操作实例 例如，打开“资料\阳台.dwg”文件，在天正屏幕菜单中执行“楼梯其他｜阳台”命令(YT)，将弹出“绘制阳台”对话框设置参数，单击“矩形三面阳台”按钮，然后根据命令行提示，点取阳台起点和终点即可，如图 8-88 所示。

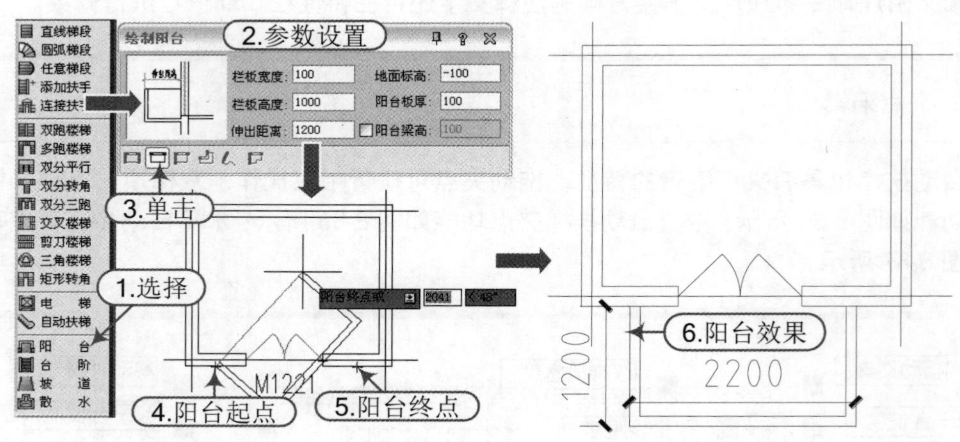

图 8-88　阳台

选项含义 如图 8-89 所示为“绘制阳台”对话框与部分名词示意，各选项解释与含义如下：

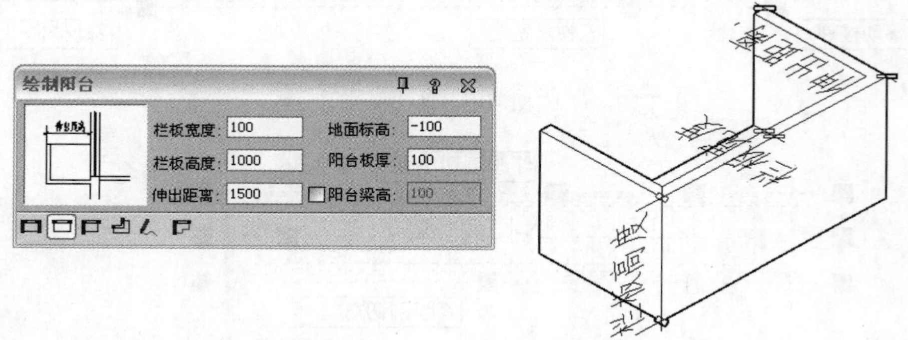

图 8-89　“绘制阳台”对话框与部分名词示意

- 栏板宽度：阳台栏板内边缘与外边缘距离即为栏板宽度。
- 栏板高度：阳台栏板顶面与阳台地面之间的距离。
- 伸出距离：结构层上点与阳台外边缘的垂直距离。
- 地面标高：是相对于室内标高的阳台地面标高，比如当地面标高为“－100”时，表示阳台地面比室内地面低 100mm。
- 阳台板厚：相当于室内地面地板的板厚。
- 阳台梁高：勾选“阳台梁高”后，输入阳台梁高度即可创建梁式阳台，如图 8-90 所示。

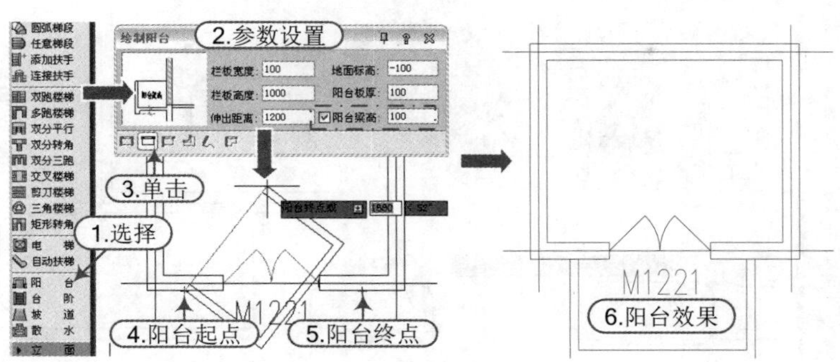

图 8-90 阳台梁高

■ 凹阳台：绘制向里凹的阳台，单击凹阳台图标后，操作如图 8-91 所示。

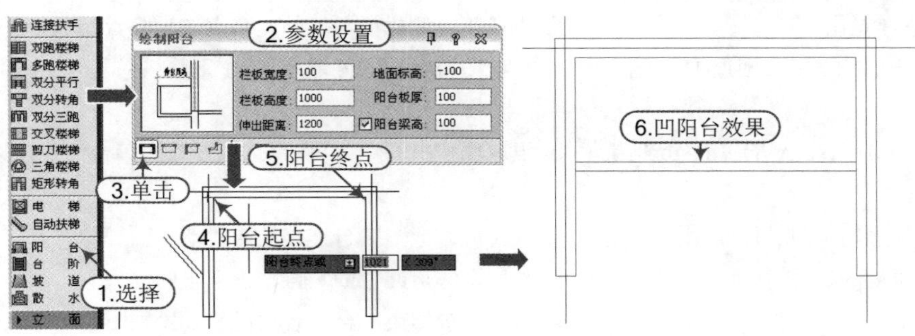

图 8-91 凹阳台

■ 矩形三面阳台：两点绘制矩形三面的阳台。

■ 阴角阳台：绘制阴角阳台。单击阴角阳台图标后，根据如下命令行提示操作，如图 8-92 所示。

```
阳台起点<退出>:                         \\ 给出外墙阴角点，沿着阳台长度方向拖动
阳台终点或 [翻转到另一侧(F)]:            \\ 给出阳台终点
阳台起点<退出>:                         \\ 按回车键退出命令或者绘制其他阳台
```

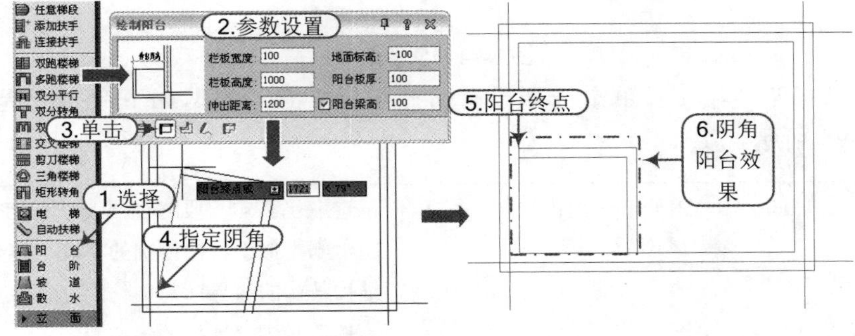

图 8-92 阴角阳台

■ 沿墙偏移绘制：沿墙偏移绘制设置好的伸出距离的阳台，单击沿墙偏移绘制图标后，根据命令行提示进行操作，如图 8-93 所示。

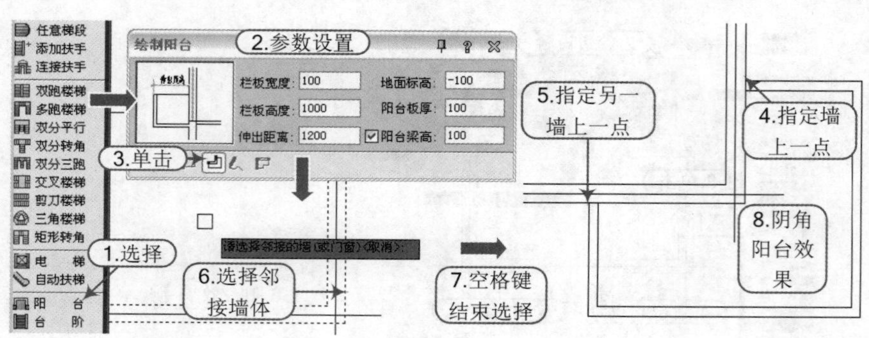

图 8-93　沿墙偏移绘制

■　任意绘制：单击任意绘制图标后，根据如下命令行提示操作，如图 8-94 所示。

阳台起点<退出>:	\\ 点取阳台侧栏板与墙外皮交点作为阳台起点
直段下一点[弧段(A)/回退(U)]<结束>:	\\ 点取阳台经过的外墙角点 P1
......	......
直段下一点[弧段(A)/回退(U)]<结束>:	\\ 点取侧栏板与墙外皮的交点 P5 作为阳台终点，按回车键结束
请选择邻接的墙(或门窗)和柱:	\\ 此时应选取与阳台连接的两段墙
请点取接墙的边:	\\ 按回车键，红色的是自动识别出的墙边
起点<退出>:	\\ 按回车键结束阳台或者在另一处绘制阳台

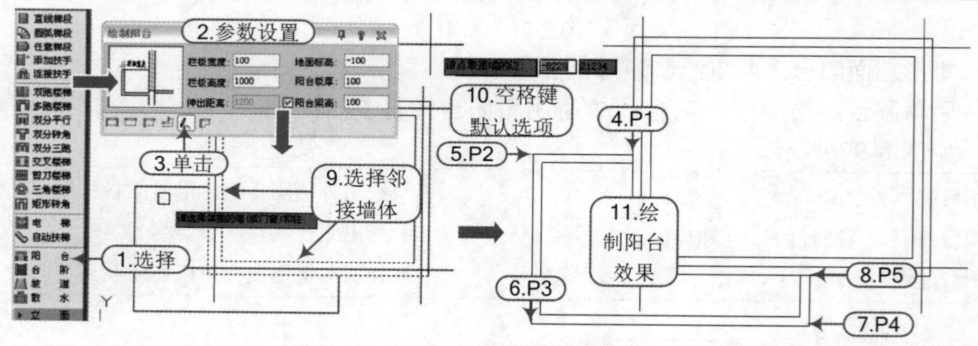

图 8-94　任意绘制

■　选择已有路径绘制：单击选择已有路径图标后，根据如下命令行提示操作，如图 8-95 所示。

选择一曲线(LINE/ARC/PLINE):<退出>	\\ 选取已有的一段路径曲线（如果 PLINE 不封闭，则类似于直接绘制的情况，需要搜索沿着维护结构的边界）
选择所邻接的墙(或窗)柱:	\\ 选取与阳台连接的墙或窗
请点取接墙的边:	\\ 一一点取与墙边重合的边

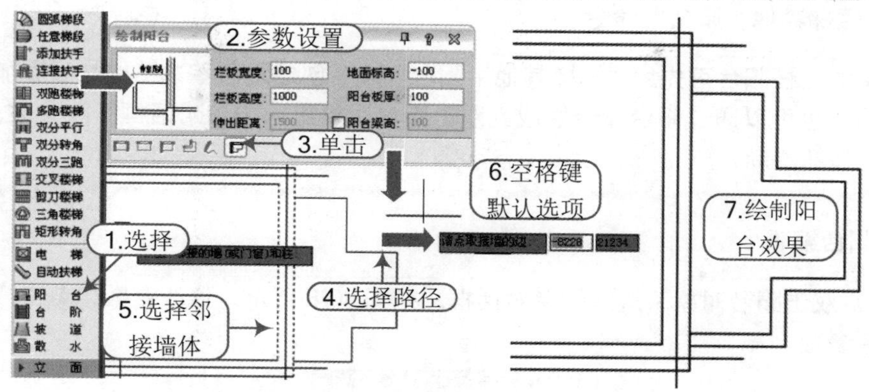

图 8-95　选择已有路径绘制

技巧：高级选项

阳台栏板能按不同要求处理保温墙体的保温层的关系，在“高级选项”中用户可以设定阳台栏板是否遮挡墙保温层，如图 8-96 所示。

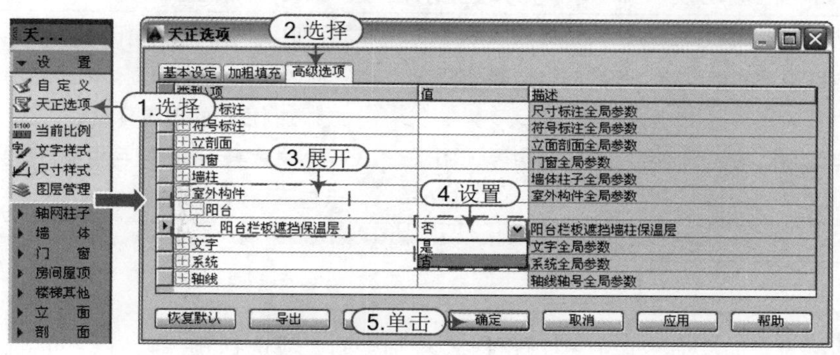

图 8-96　高级选项

注意：有外墙外保温层

有外墙外保温层时，应注意阳台绘制时的定位点定义在结构层线而不是在保温层线，如图 8-97 所示的起点和终点位置，因此“伸出距离”应从结构层起算，这样做的好处是因为结构层的位置是相对固定的，调整墙体保温层厚度时不影响已经绘制的阳台对象。

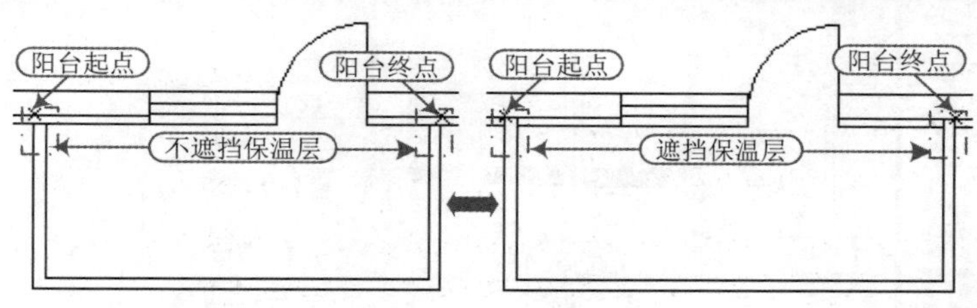

图 8-97　保温层“阳台”

技巧："楼梯其他 | 阳台"命令

复杂的栏杆阳台可先用"楼梯其他 | 阳台"命令创建阳台基本结构然后添加栏杆；简单的雨篷也可以通过阳台命令生成。双击阳台对象进入阳台对话框修改参数，单击"确定"按钮更新。

技巧：阳台编辑

（1）双击阳台对象，进入阳台对话框，如图 8-98 所示，修改参数，单击"确定"按钮更新参数。

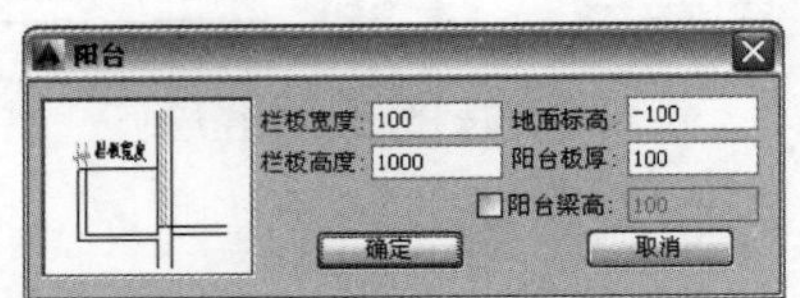

图 8-98 "阳台"对话框

（2）选择阳台对象后，右击出现右键菜单，选择命令，按照命令行提示进行相应操作，比如"栏板切换"命令，可分段显示栏板，命令行提示如下：

请选择阳台<退出>:	\\ 点取要切换栏板的阳台对象
请点取需添加或删除栏板的阳台边界<退出>:	\\ 此时阳台栏板变虚，单击要切换（删除或添加）栏板的边界分段
请点取需添加或删除栏板的阳台边界<退出>:	\\ 此时重复点取的阳台栏板分段会在显示与不显示之间来回切换

8.3.4 台阶

知识要点 "台阶"命令以几种预定样式绘制台阶，或选择预先绘制好的路径转成台阶，以任意绘制方式创建台阶；一层的台阶可以自动遮挡散水，台阶对象可以被柱子局部遮挡。

执行方法 在天正屏幕菜单中选择"楼梯其他 | 台阶"菜单命令（快捷键为"TJ"）。

操作实例 打开预先准备好的"资料\台阶.dwg"文件，在天正屏幕菜单中执行"楼梯其他 | 台阶"命令(TJ)，将弹出"台阶"对话框。设置参数，单击"矩形单面台阶"按钮，然后根据命令行提示，点取台阶第一点和第二点即可，如图 8-99 所示。

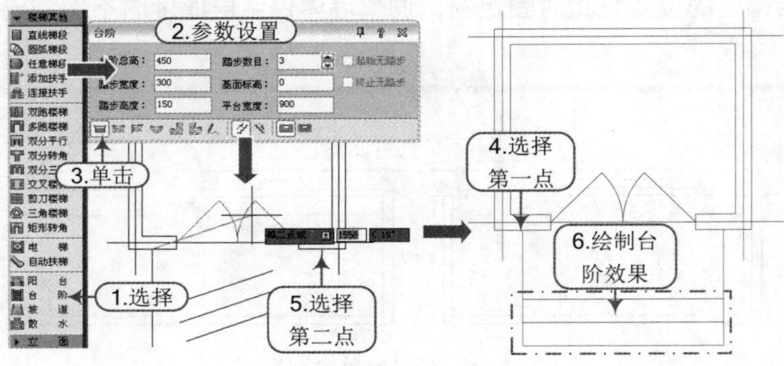

图 8-99 台阶

选项含义 如图 8-100 所示为“台阶”对话框与部分名词示意，其按钮选项解释与含义如下：

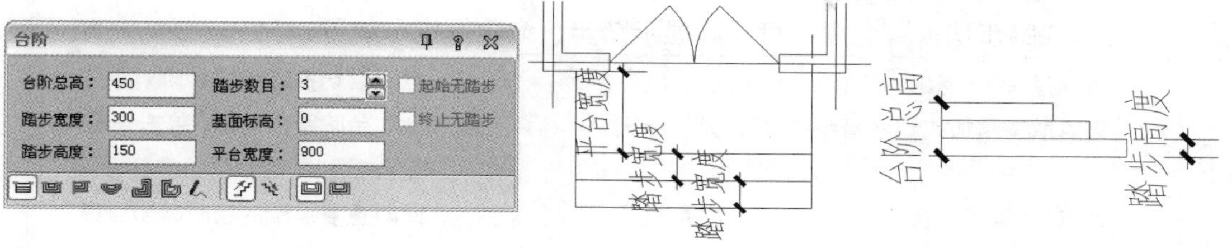

图 8-100 “台阶”对话框与部分名词示意

- 绘制方式：“矩形单面台阶”、“矩形三面台阶”（如图 8-101 所示）、“矩形阴角台阶”（如图 8-102 所示）、“圆弧台阶”（如图 8-103 所示）、“沿墙偏移绘制”（如图 8-104 所示）、“选择已有路径绘制”（如图 8-105 所示）、“任意绘制”（如图 8-106 所示）。

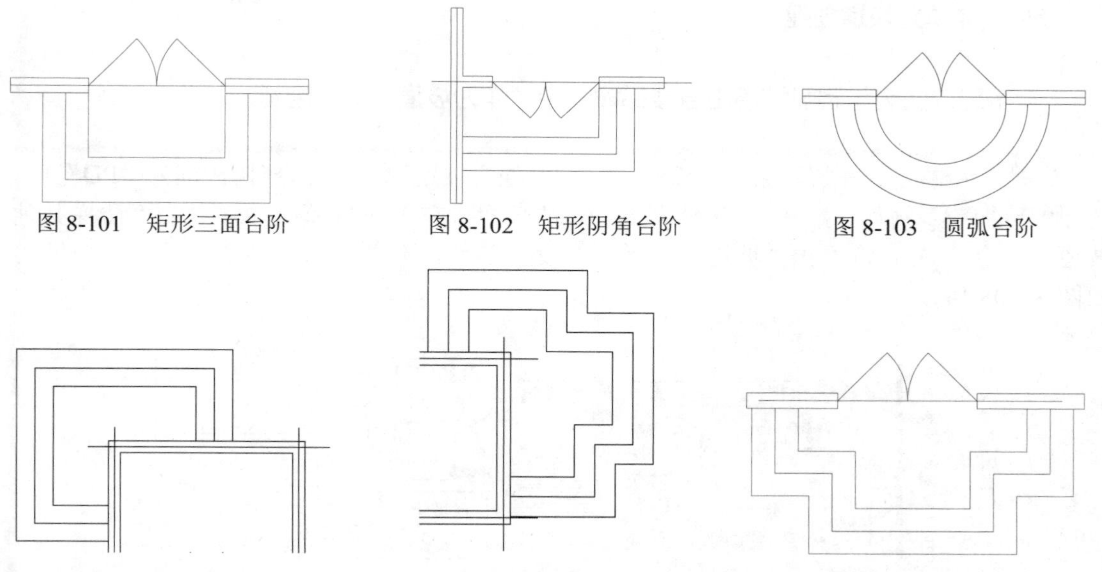

图 8-101 矩形三面台阶

图 8-102 矩形阴角台阶

图 8-103 圆弧台阶

图 8-104 沿墙偏移绘制台阶

图 8-105 选择已有路径绘制台阶

图 8-106 任意绘制台阶

- 楼梯类型：普通台阶与下沉式台阶两种，前者用于门口高于地坪的情况，后者用于门口低于地坪的情况。
- 基面定义：平台面和外轮廓面两种，后者多用于下沉式台阶。

技巧：台阶编辑

（1）双击台阶对象，进入台阶对话框，如图 8-107 所示修改参数，单击“确定”按钮更新参数。

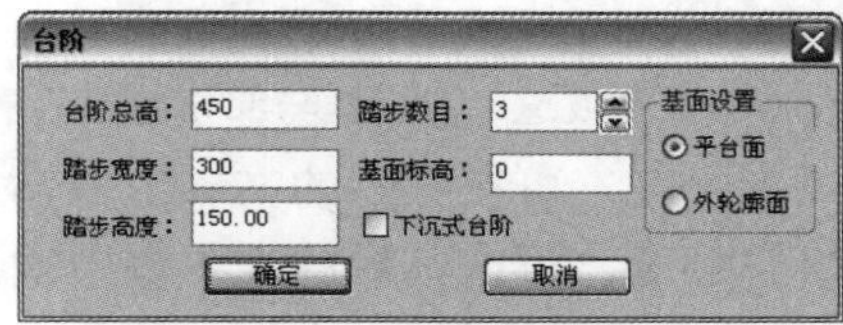

图 8-107 台阶对话框

（2）选择台阶对象后右击出现右键菜单，选择命令，按照命令行提示进行相应操作，比如“踏步切换”命令，可分段显示踏步，命令行提示如下：

请选择台阶<退出>:	\\ 点取要切换踏步的台阶对象
请点取需添加或删除踏步的台阶边界<退出>:	\\ 此时台阶踏步变虚，单击要切换（删除或添加）踏步的边界分段
请点取需添加或删除踏步的台阶边界<退出>:	\\ 此时重复点取的台阶踏步分段会在显示与不显示之间来回切换

8.3.5 坡道

知识要点 通过参数构造单跑的入口坡道，坡道也可以遮挡之前绘制的散水。

技巧：非单跑坡道创建

多跑、曲边与圆弧坡道由各楼梯命令中“作为坡道”选项创建。

执行方法 在天正屏幕菜单中选择“楼梯其他｜坡道”菜单命令(快捷键为“PD”)。

操作实例 例如，打开 “资料\坡道.dwg”文件，在天正屏幕菜单中执行“楼梯其他｜坡道”命令(PD)，将弹出“坡道”对话框。设置参数，不必关闭对话框，插入坡道即可，如图 8-108 所示。

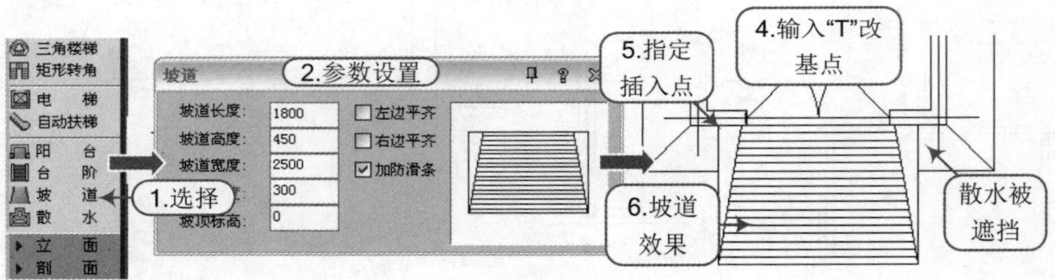

图 8-108 坡道

选项含义 如图 8-109 所示为“坡道”对话框与部分名词示意，其选项解释与含义如下：

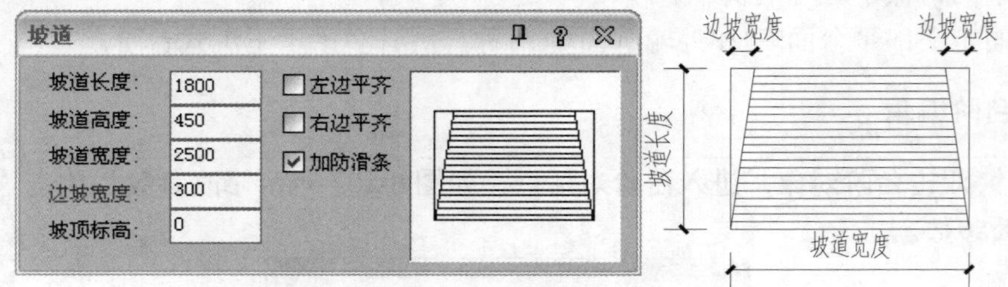

图 8-109 “坡道”对话框与部分名词示意

- 坡道长度：坡道水平投影长度，可在其后的文本框中输入具体数值。
- 坡道高度：坡道垂直投影长度，可在其后的文本框中输入具体数值。
- 坡道宽度：坡道开间数值，可在其后的文本框中输入具体数值。
- 边坡宽度：可在其后的文本框中输入具体数值，可正可负也可为零，如图 8-110 所示。

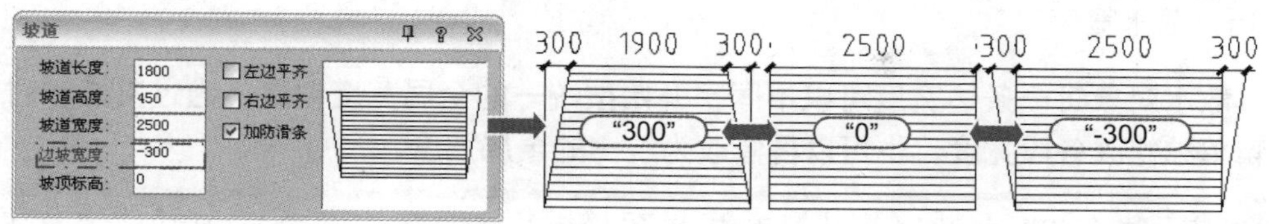

图 8-110　边坡宽度

- 坡顶标高：相对于室内地面为±0.000 的坡道顶的标高。
- 左边平齐：用于控制边坡与坡道左边平齐与否，如图 8-111 所示。

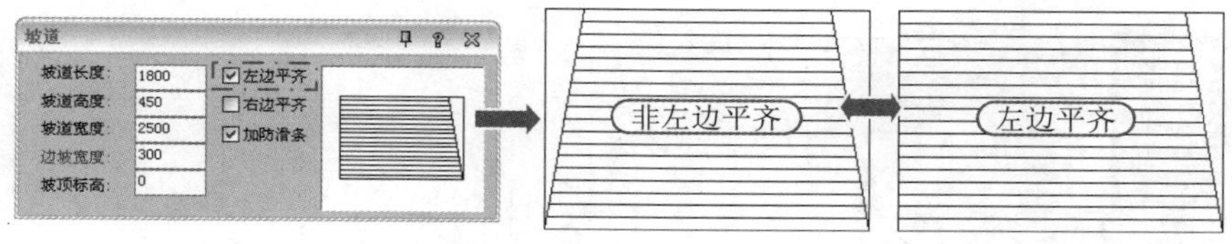

图 8-111　左边平齐

- 右边平齐：用于控制边坡与坡道右边平齐与否，如图 8-112 所示。

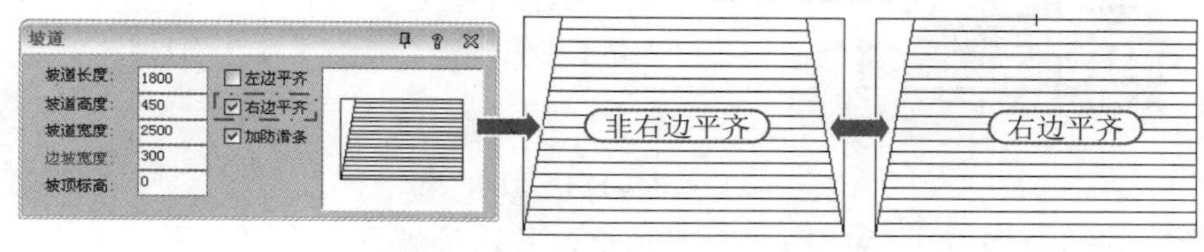

图 8-112　右边平齐

- 加防滑条：勾选上此选项，将在坡道上加上防滑条，如图 8-113 所示为防滑条有无的坡道效果对比。

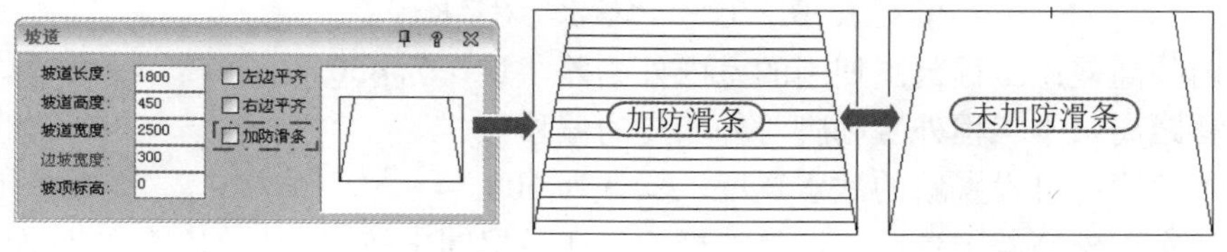

图 8-113　防滑条效果对比

注意：插入时命令行提示

> 在对话框中单击确定按钮后，命令行提示："点取位置或[转 90 度(A)/左右翻(S)/上下翻(D)/对齐(F)/改转角(R)/改基点(T)]<退出>："，这时可键入关键字改变选项，给点插入坡道。

8.3.6 散水

知识要点 "散水"命令通过自动搜索外墙线绘制散水对象，可自动被凸窗、柱子等对象裁剪，也可以通过勾选复选框或者对象编辑，使散水绕壁柱、绕落地阳台生成；阳台、台阶、坡道、柱子等对象自动遮挡散水，位置移动后遮挡自动更新。

技巧：散水宽度

散水对象每一条边宽度可以不同，开始按统一的全局宽度创建，通过夹点和对象编辑单独修改各段宽度，也可以再修改为统一的全局宽度。

执行方法 在 TArch 2014 屏幕菜单中选择"楼梯其他丨散水"菜单命令（快捷键为"SS"）。

操作实例 例如，打开"资料\散水.dwg"文件，在天正屏幕菜单中执行"楼梯其他丨散水"命令（SS），将弹出"散水"对话框。设置参数，按照命令行提示框选一完整的建筑物，按空格键结束选择即可，如图 8-114 所示。

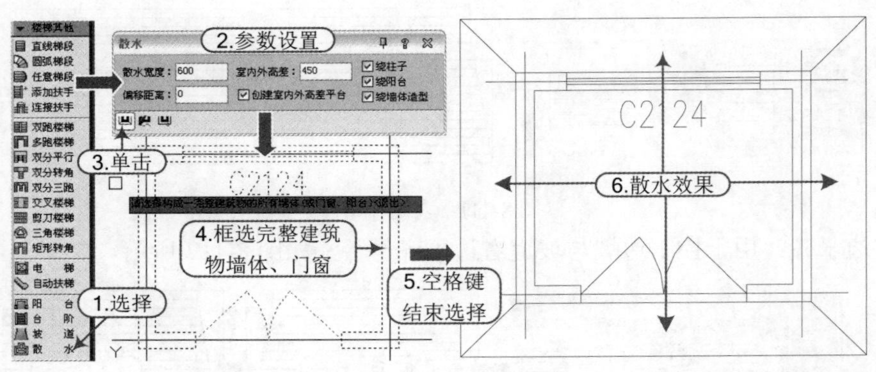

图 8-114　散水

选项含义 如图 8-115 所示为"散水"对话框，各选项解释与含义如下：

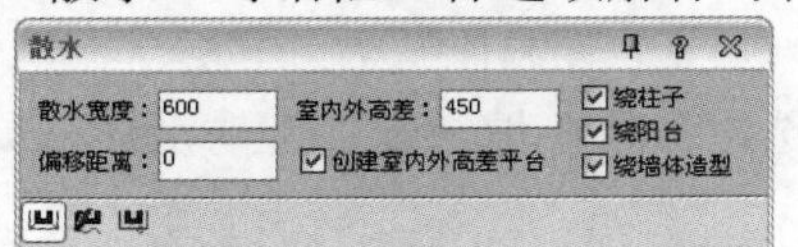

图 8-115　"散水"对话框

- 室内外高差：工程范围使用的室内外高差，默认为 450。
- 偏移距离：本工程外墙勒脚对外墙皮的偏移值。
- 散水宽度：可设置新的散水宽度，默认为 600。
- 创建室内外高差平台：勾选复选框后，在各房间中按零标高创建室内地面。
- 绕柱子/绕阳台/绕墙体造型：勾选复选框后，散水绕过柱子、阳台、墙体造型创建，否则穿过这些构件创建。按设计实际要求勾选，如图 8-116 所示为效果对比。

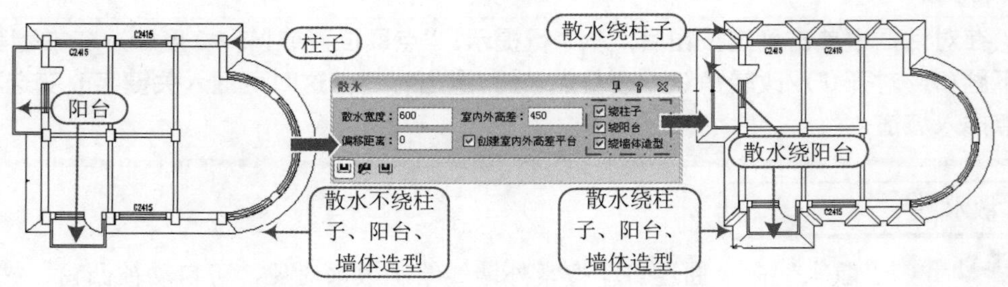

图 8-116　散水绕柱子、阳台、墙体造型效果对比

■ 搜索自动生成：第一个图标是搜索墙体自动生成散水对象。

■ 任意绘制：第二个图标是逐点给出散水的基点，动态地绘制散水对象，如图 8-117 所示。

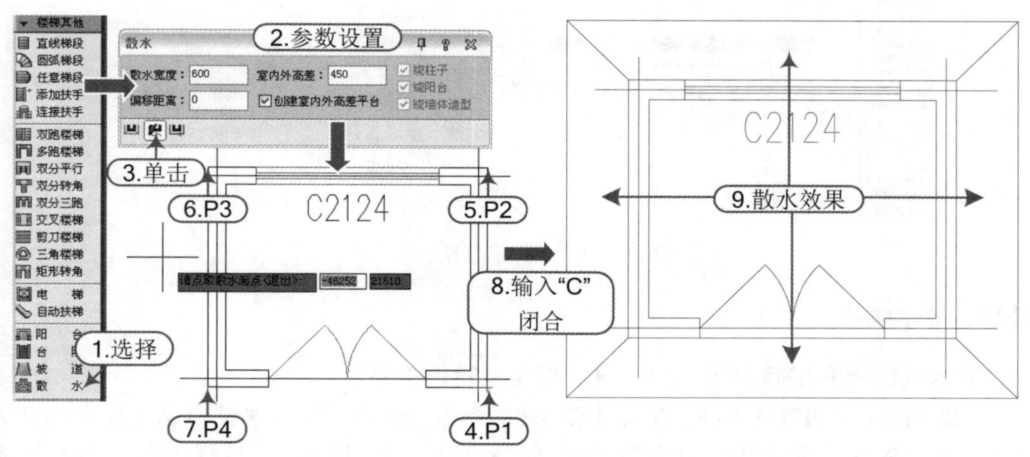

图 8-117 任意绘制

技巧：散水生成

注意散水在绘制路径方向的右侧生成，如在“任意绘制”图示中，路径方向是逆时针方向，散水在路径的右侧即外侧生成；如果路径方向是顺时针，路径的右侧即其内侧会生成散水，如图 8-118 所示。

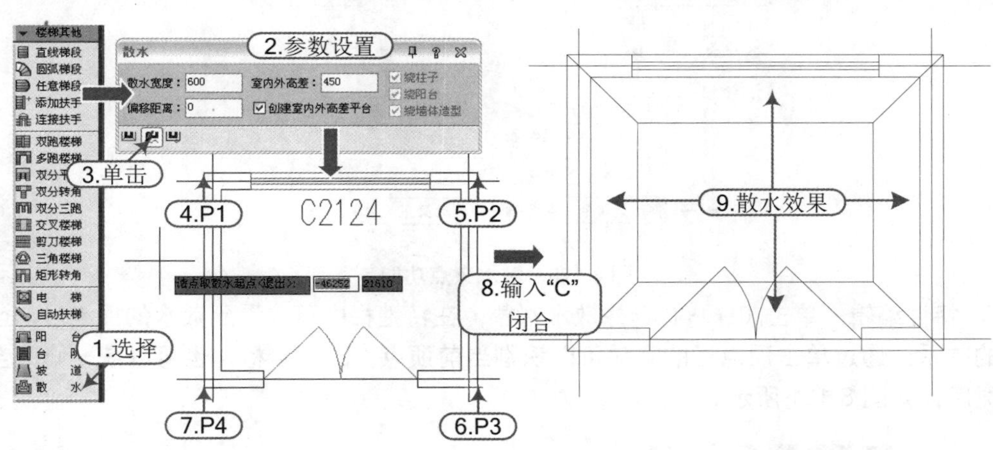

图 8-118 任意绘制路径的顺时针方向生成

■ 选择已有路径生成：第三个图标是选择已有的多段线或圆作为散水的路径生成散水对象，多段线不要求闭合，如图 8-119 所示。

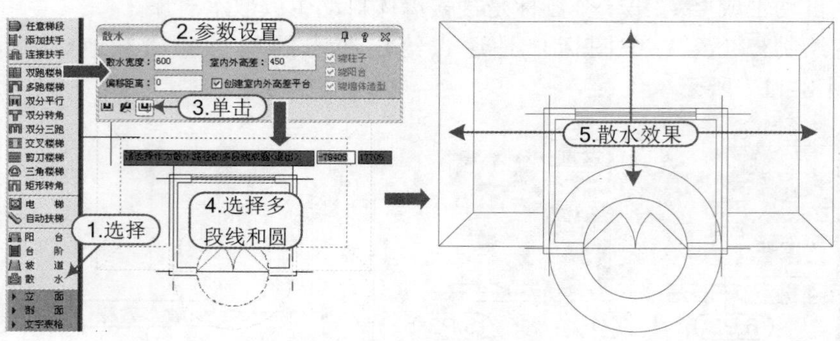

图 8-119　选择已有路径生成

技巧：散水编辑

散水的编辑方法有对象编辑、夹点编辑及特性编辑。

对象编辑：双击散水对象，进入对象编辑的命令行选项“选择[加顶点(A)/减顶点(D)/改夹角(S)/改单边宽度(W)/改全局宽度(Z)/改标高(E)]<退出>”，选择项目后按照命令行提示进行编辑。

夹点编辑：单击散水对象，激活夹点，拖动夹点即可进行夹点编辑，独立修改各段散水的宽度，各夹点功能如图 8-120 所示。

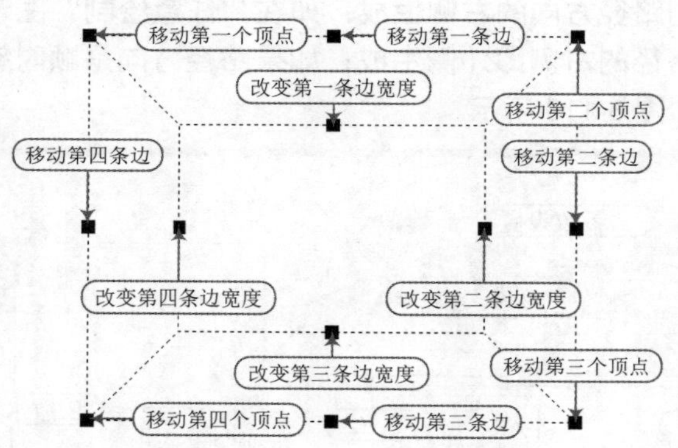

图 8-120　散水夹点功能

特性编辑：单击 Ctrl+1 选择散水对象，在特性栏中可以看到散水的顶点号与坐标的关系，通过单击顶点栏的箭头可以识别当前顶点，改变坐标，也可以统一修改全局宽度，如图 8-121 所示。

常规	
颜色	ByLayer
图层	0
线型	ByLayer
线型比例	1
打印样式	ByColor
线宽	ByLayer
EntityTransparency	ByLayer
超级链接	
材质	ByLayer
出图比例	100
布局转角	0

数据	
内侧高度	20
外侧高度	10
标高	0
长度	11600.00
全局宽度	600.00
侧面面积	14.27
体积	0.104

其他	
是否闭合	是
几何图形	
顶点	1
顶点 X	-38745
顶点 Y	16747
夹角	0

图 8-121　散水特性功能

8.4 综合练习——某住宅楼楼梯与其他

案例	某住宅楼楼梯与其他.dwg	视频	某住宅楼楼梯与其他.avi

实战要点：①绘制楼梯；②绘制阳台；③绘制台阶；④绘制散水。

操作步骤

步骤 01 正常启动 TArch 2014 软件，单击“快捷访问”工具栏下的“打开”按钮，将“案例\06\某住宅楼门窗.dwg”文件打开，再单击“另存为”按钮，将文件另存为“案例\08\某住宅楼楼梯与其他.dwg”文件。

步骤 02 执行 CAD 中的“删除”命令(E)，删除后平面图效果如图 8-122 所示。

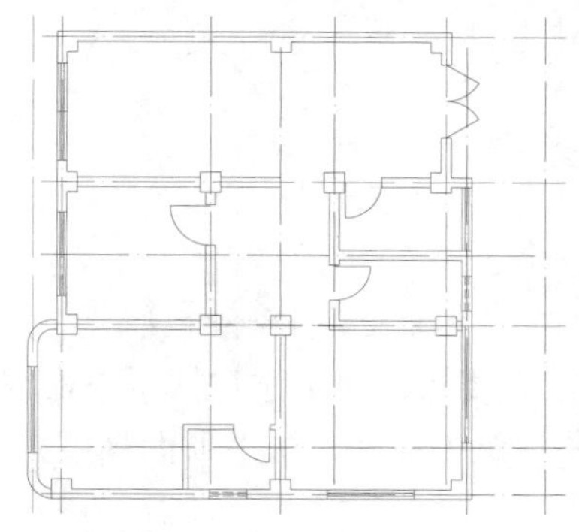

图 8-122　底层平面图

步骤 03 在天正屏幕菜单中执行“楼梯其他｜双跑楼梯”命令(SPLT)，在弹出的对话框中按照表 8-1 进行参数设置，根据命令行提示，输入“A”使之转 90°后，指定点插入楼梯，如图 8-123 所示。

表 8-1　楼梯参数

楼梯高度	一踏步数	层类型	踏步高度	踏步宽度	梯间宽	梯段宽	上楼位置	平台宽度
3000	10	10	150	300	3000	1440	右边	1200

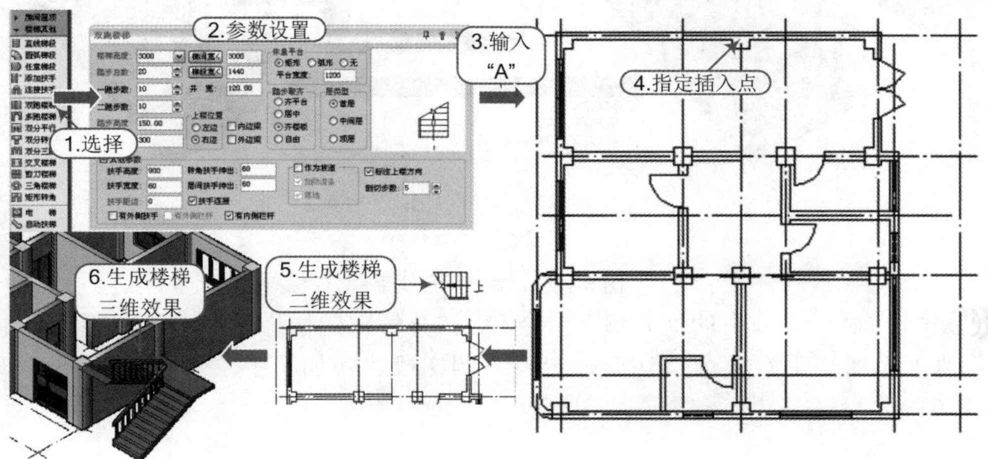

图 8-123　创建首层双跑楼梯

步骤 04 在天正屏幕左上角，将试图切换到“东北等轴测”，在三维视图下执行 CAD 的多段线命令(PL)，沿休息平台外边缘绘制多段线，如图 8-124 所示。

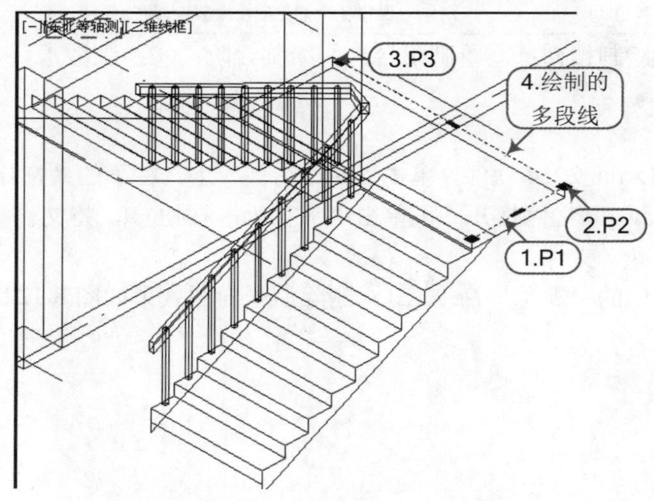

图 8-124 绘制多段线

步骤 05 在天正屏幕菜单中执行“楼梯其他 | 添加扶手”命令(TJFS)，根据命令行提示，选择上一步绘制的多段线，设置扶手宽度为 60，扶手顶面高度为 900，对齐方式为右边对齐，如图 8-125 所示。

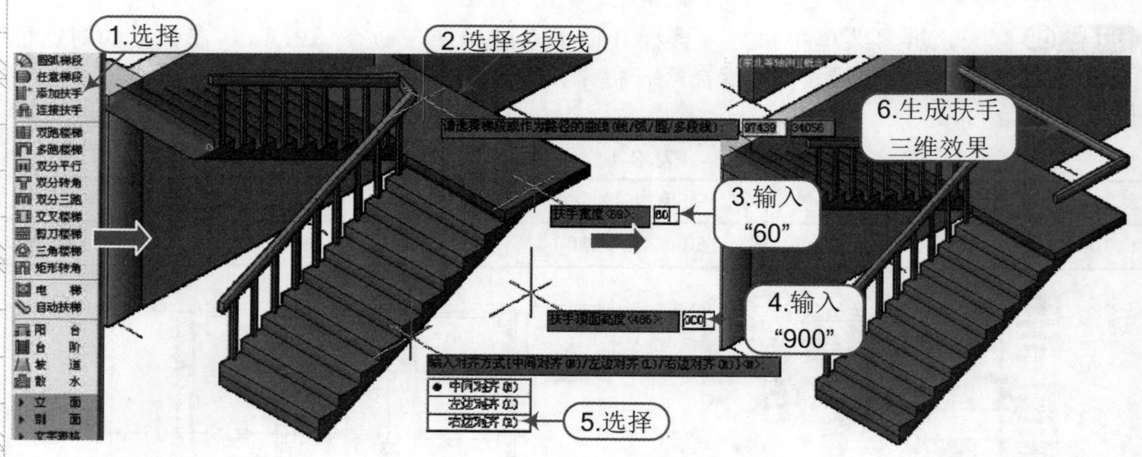

图 8-125 添加平台扶手

步骤 06 执行 CAD 命令中的“分解”命令(X)，分解双跑楼梯。在天正屏幕菜单中执行“楼梯其他 | 添加扶手”命令(TJFS)，选择右侧梯段，添加扶手,扶手参数同平台扶手，如图 8-126 所示。

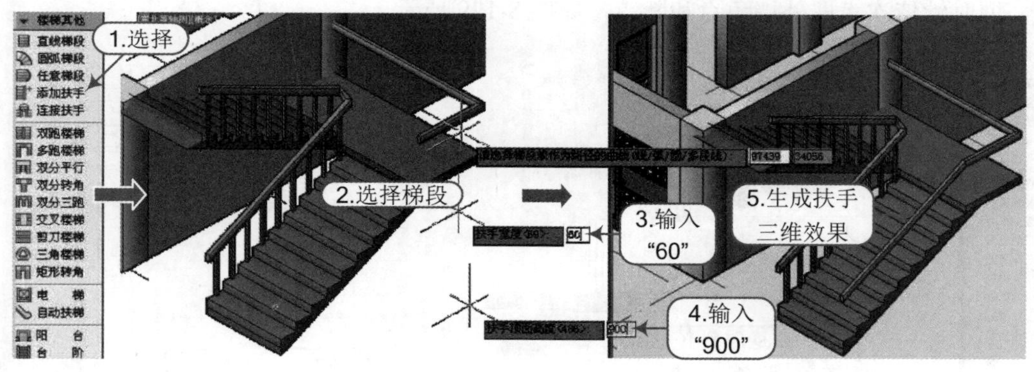

图 8-126　添加梯段扶手

步骤 07 在天正屏幕菜单中执行“三维建模｜路径排列”命令(LJPL)，以扶手为路径，栏杆为单元对象，在“路径排列”对话框中设置参数，单击“确定”即可，如图 8-127 所示。

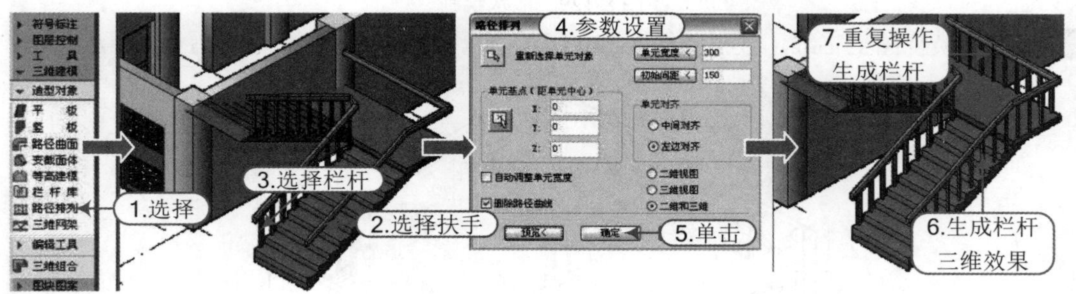

图 8-127　生成梯段和平台栏杆

步骤 08 在天正屏幕菜单中执行“楼梯其他｜台阶”命令(TJ)，按照表 8-2 所示的参数绘制台阶，如图 8-128 所示。

表 8-2　台阶参数

台阶总高	踏步宽度	踏步高度	踏步数目	平台宽度
450	300	150	3	2400

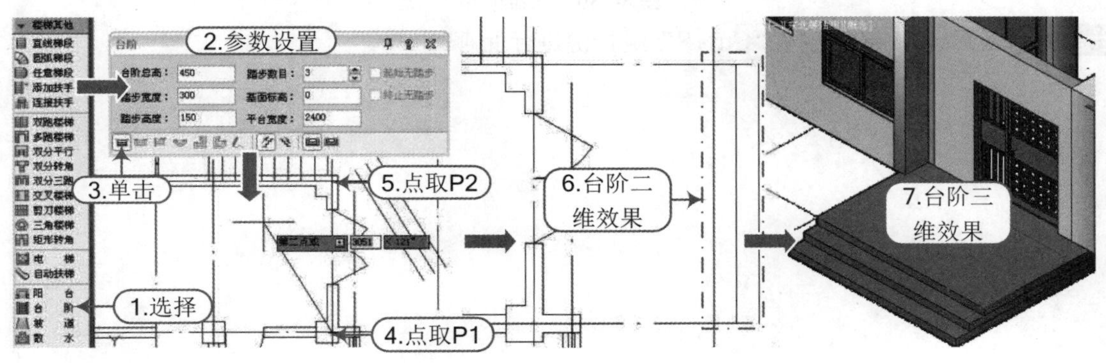

图 8-128　生成台阶

步骤 09 在天正屏幕菜单中执行“楼梯其他｜散水”命令(SS)，单击“任意绘制”按钮绘制散水，逆时针依次点取外墙角点和断点，如图 8-129 所示。

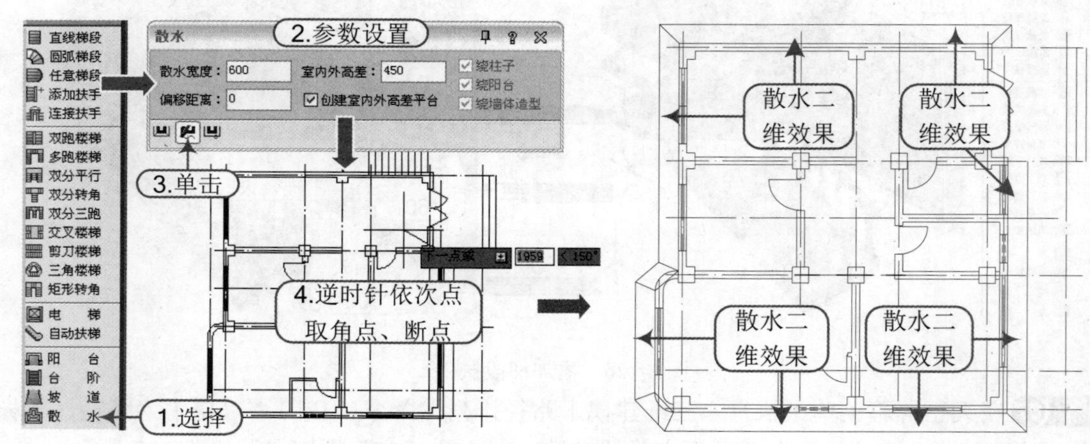

图 8-129　散水绘制

步骤 10 切换视图至三维，效果如图 8-130 所示。

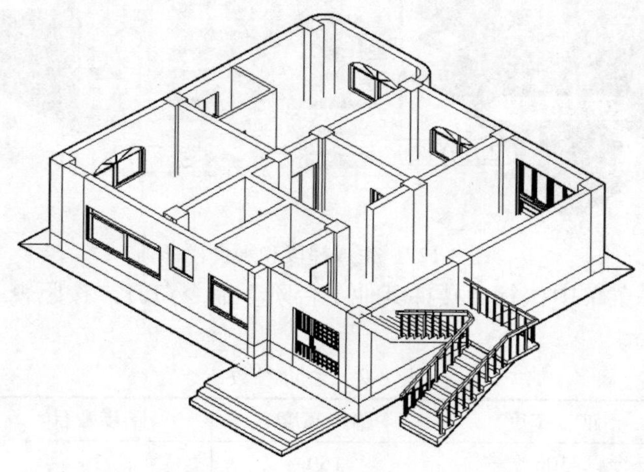

图 8-130　三维效果

步骤 11 最后，在键盘上按“Ctrl+S”组合键进行保存。

9 立面

本章导读

天正立面图形是通过平面图构件中的三维信息进行消隐获得的纯粹二维图形，除了符号与尺寸标注对象以及门窗阳台图块是天正自定义对象外，其他图形构成元素都是 AutoCAD 的基本对象。

本章内容

- 天正工程管理
- 立面的创建
- 立面的编辑
- 综合练习——某住宅楼立面生成与编辑

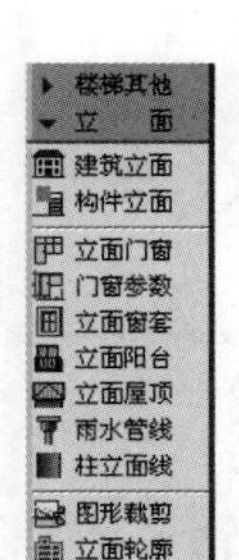

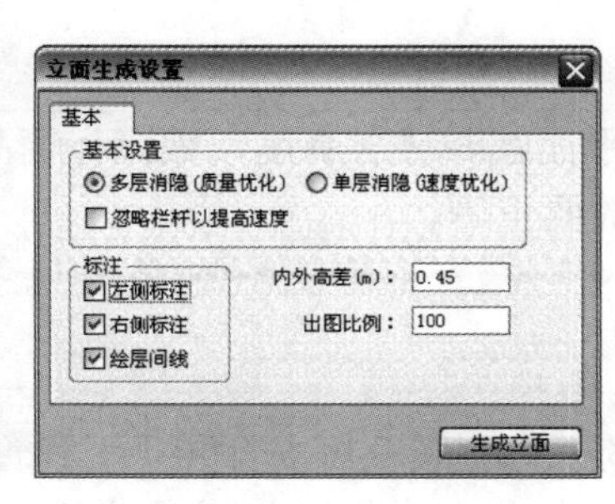

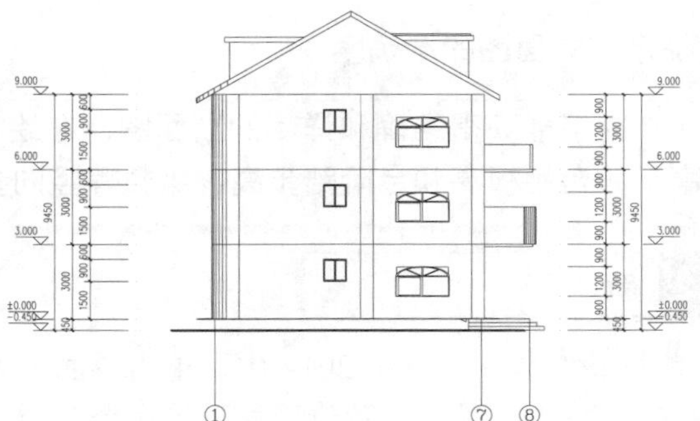

9.1 天正工程管理

设计好一套工程的各层平面图后，需要绘制立面图表达建筑物的立面设计细节，立剖面的图形表达和平面图有很大的区别，立剖面表现的是建筑三维模型的一个投影视图，受三维模型细节和视线方向建筑物遮挡的影响。

9.1.1 工程管理

知识要点 在 TArch 2014 中，软件通过工程数据库文件(*.TPR)记录、管理与工程总体相关的数据，包含图纸集、楼层表、工程设置参数等，提供了“导入楼层表”命令，从楼层表创建工程，在工程管理界面中以楼层下面的表格定义标准层的图形范围以及和自然层的对应关系，双击楼层表行即可把该标准层加红色框，同时充满屏幕中央，方便查询某个指定楼层平面。

执行方法 在天正屏幕菜单栏中选择“文件布图 | 工程管理”菜单命令（快捷键为“GCGL”）。

操作实例 在天正屏幕菜单栏中选择“文件布图 | 工程管理”菜单命令（快捷键为“GCGL”），通过“新建工程”建立工程“某住宅楼立面”，在工程的基础上定义平面图与楼层的关系，从而建立平面图与立面楼层之间的关系，如图 9-1 所示。

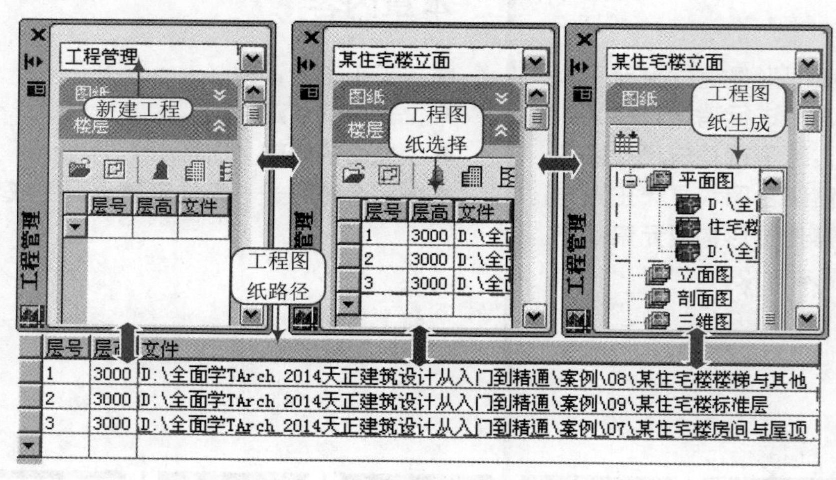

图 9-1 建立平面图与立面楼层关系

提示：立面图的准确度

为了能获得准确和详尽的立面图，在绘制平面图时楼层高度、墙高、窗高、窗台高、阳台栏板高和台阶踏步高、级数等竖向参数要正确。

9.1.2 新建工程

知识要点 在 TArch 2014 中，单击界面上方的下拉列表，可以打开“工程管理”菜单，其中选择“打开工程”“新建工程”等命令。“新建工程”命令为当前图形建立一个新的工程，并为工程命名，如“资料\新建工程”，如图 9-2 所示。

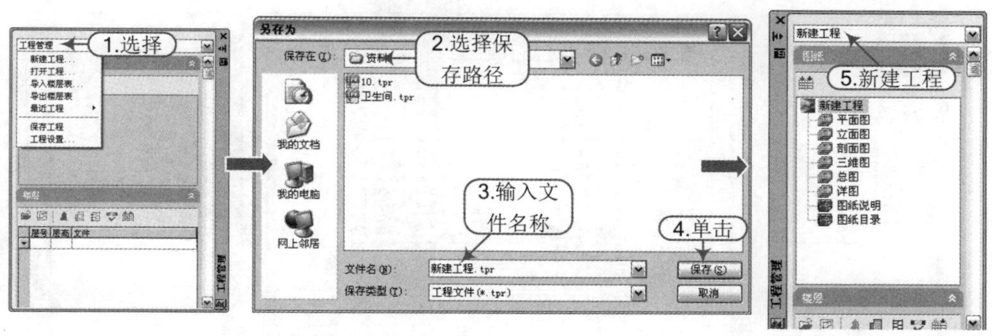

图 9-2　新建工程

9.1.3 打开工程

知识要点 下拉列表中选择“打开工程”选项，可打开非当前且已经建立好的“*.TPR”工程文件。

9.1.4 导入\导出楼层表

知识要点 下拉列表中选择“导入\导出楼层表”选项，可将“*.TPR”工程文件的流程关系表导出后导进工程。

注意：导入楼层表

> 用于把以前采用楼层表的天正建筑早期版本工程升级为天正建筑的工程，命令要求该工程的文件夹下要存在 building.dbf 楼层表文件，否则会显示“没有发现楼层表”的警告框。命令应在“新建工程”后执行，没有交互过程，结果自动导入天正建筑早期版本创建的楼层表数据，自动创建天正图纸集与楼层表。

注意：导出楼层表

> 当工程存在一个 DWG 下保存多个楼层平面的局部楼层，会显示“导出楼层表失败”的提示，因为此时无法做到与旧版本兼容。

9.1.5 图纸集

案例	无	视频	图纸集.avi

知识要点 在工程任意类别右击，出现右键菜单，功能也是添加图纸或分类，只是添加在该类别下，也可以把已有图纸或分类移除。

操作实例 例如，在“工程管理”面板下打开“新建工程.tpr”工程文件，在“图纸”栏中右击“平面图”项，从弹出的快捷菜单中选择“添加图纸”命令，然后从弹出的“选择图纸”对话框中，将某些平面图选中，然后单击“打开”按钮，则这些平面图将添加到“平面图”项中，如图 9-3 所示。

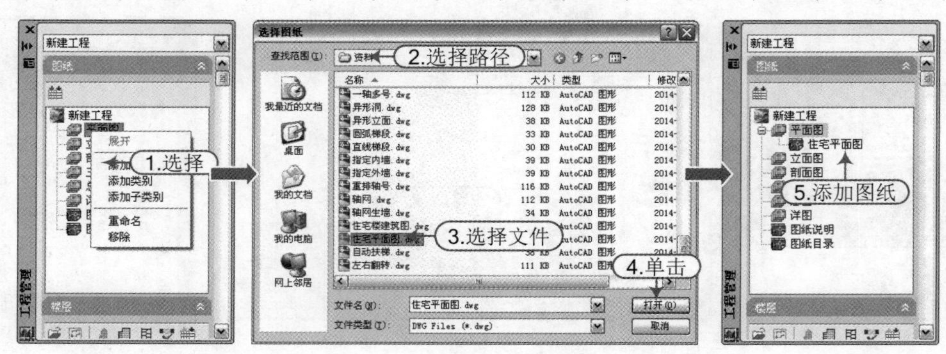

图 9-3 图纸集

9.1.6 楼层表

知识要点 楼层栏的功能是取代旧版本沿用多年的楼层表定义功能，在软件中以楼层栏中的图标命令控制属于同一工程中的各个标准层平面图，如图 9-4 所示，允许不同的标准层存放于一个图形文件下，通过图中所示的第二个图标命令，在本图上框选标准层的区域范围，具体命令的使用详见立面、剖面等命令。在下面的电子表格中输入“起始层号-结束层号”，定义为一个标准层，并取得层高，双击左侧的按钮可以随时在本图预览框选的标准层范围；对不在本图的标准层，则单击空白文件名栏后出现按钮，单击按钮后在文件对话框中，以普通文件选取方式点取图形文件，如图 9-5 所示。

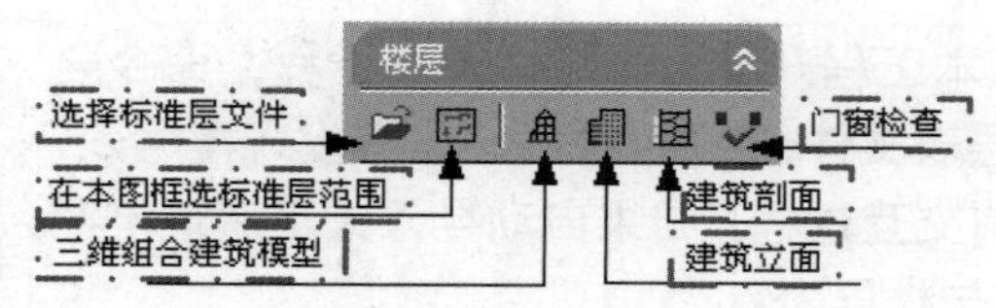

图 9-4 楼层表

图 9-5 生成楼层表

9.1.7 三维组合

知识要点 楼层栏中的第三个图标，属于同一工程中的三维组合模型，如图 9-6 所示。

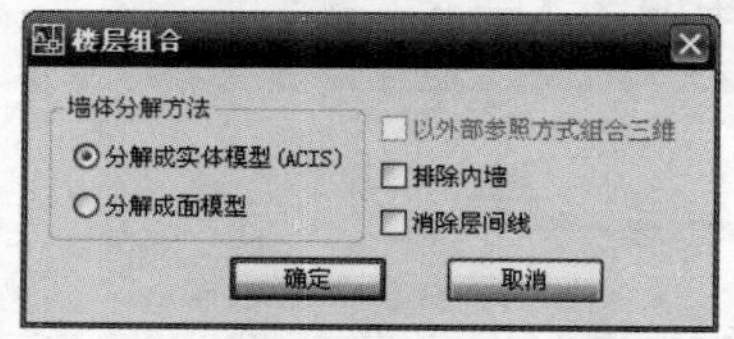

图 9-6 楼层组合对话框

9.1.8 绑定参照

知识要点 “绑定参照”命令把当前图形的所有外部参照绑定于本图后，当前图形成为不依赖外部参照的图形，避免在复制移交图形文件时因遗忘外部参照而丢失图内的内容。

执行方法 在天正屏幕菜单中执行“文件布图｜绑定参照”命令(快捷键为“BDCZ”)。

操作实例 点取菜单命令后，根据如下命令行提示执行：

请选择绑定方式[绑定(B)/插入(I)<退出>:　　\\I 用户根据自己的要求选择绑定 B 或者插入 I 外部参照 XXXX 绑定成功!

.....外部参照 YYYY 绑定成功!

9.1.9 重载参照

知识要点 “重载参照”命令把当前图形中已卸载的外部参照重新恢复加载。

执行方法 在天正屏幕菜单中执行“文件布图｜重载参照”命令(快捷键为“CZCZ”)。

操作实例 点取菜单命令后，如果图形中有已卸载的外部参照，命令提示：“外部参照 XXXX 重新加载! .....外部参照 YYYY 重新加载!”，图形中没有外部参照或者所有外部参照都已经加载，此时退出命令，不出现提示。

9.2 立面的创建

在生成立面图时，可以设置标注的形式，如在图形的哪一侧标注立面尺寸和标高；同时可以设置门窗和阳台的式样，其方法与标准层立面设置相同；设定是否在立面图上绘制出每层平面的层间线；设定首层平面的室内外高差；在楼层表设置中可以修改标准层的层高。

注意：内外高差

立面生成使用的“内外高差”需要同首层平面图中定义的一致，用户应当通过适当更改首层外墙的 Z 向参数(即底标高和高度)或设置内外高差平台，来实现创建室内外高差的目的。

9.2.1 建筑立面

知识要点 “建筑立面”命令按照“工程管理”命令中的数据库楼层表格数据，一次生成多层建筑立面，在当前工程为空的情况下执行本命令，会出现警告对话框：“请打开或新建一个工程管理项目，并在工程数据库中建立楼层表!”。

执行方法 在天正屏幕菜单中执行“立面｜建筑立面”命令(快捷键为“JZLM”)。

操作实例 在天正屏幕菜单中执行“立面｜建筑立面”命令(JZLM)后，根据如下命令行提示操作，如图 9-7 所示。

请输入立面方向或[正立面(F)/背立面(B)/左立面(L)/右立面(R)]<退出>:

\\ 键入快捷键 F 或者按视线方向给出两点指出生成建筑正立面的方向

请选择要出现在立面图上的轴线:

\\ 一般是选择同立面方向上的开间或进深轴线，选轴号无效

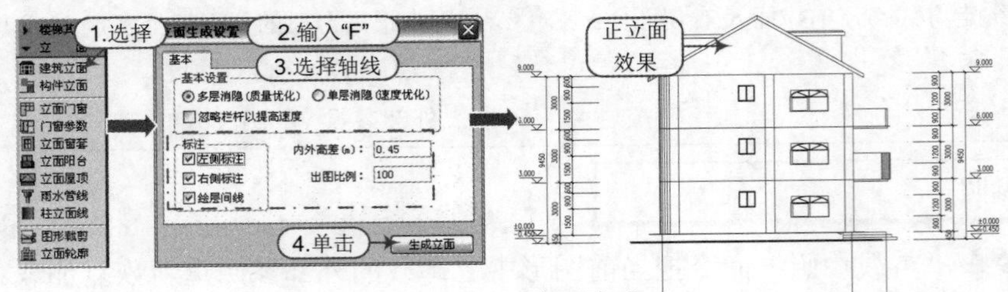

图 9-7　正立面生成

选项含义在“立面生成设置”对话框中，各选项的含义如下：

■ 多层消隐/单层消隐：前者考虑到两个相邻楼层的消隐，速度较慢，但可考虑楼梯扶手等伸入上层的情况，消隐精度比较好。

■ 内外高差：室内地面与室外地坪的高差。

■ 出图比例：立面图的打印出图比例。

■ 左/右侧标注：是否标注立面图左右两侧的竖向标注，含楼层标高和尺寸。

■ 绘层间线：楼层之间的水平横线是否绘制。

■ 忽略栏杆以提高速度：勾选此复选框，为了优化计算，忽略复杂栏杆的生成。

注意：存盘

> **执行本命令前必须先行存盘，否则无法对存盘后更新的对象创建立面。**

技巧：生成准确立面条件

> **1）先要确定是否每个标准层都有共同的对齐点，默认的对齐点在原点(0，0，0)的位置，可以修改，建议使用开间与进深方向的第一轴线交点。**
>
> **2）有事先创建好的楼层表。**
>
> **3）图纸类型 UCS 下的“世界（W）”坐标，即“WCS”。**

9.2.2 构件立面

知识要点“构件立面”命令用于生成当前标准层、局部构件或三维图块对象在选定方向上的立面图与顶视图。生成的立面图内容取决于选定对象的三维图形。本命令按照三维视图对指定方向进行消隐计算，优化的算法使立面生成快速而准确，生成立面图的图层名为原构件图层名加 E-前缀。

执行方法在天正屏幕菜单中执行“立面｜构件立面”命令(快捷键为“GJLM”)。

操作实例例如，绘制任一楼梯对象，使生成楼梯立面，执行“立面｜构件立面”命令(GJLM)后，按照如下命令行提示操作，如图 9-8 所示。

```
请输入立面方向或[正立面(F)/背立面(B)/左立面(L)/右立面(R)/顶视图(T)]<退出>:
                                        \\ 键入 F 生成正立面
请选择要生成立面的建筑构件:              \\ 点取楼梯平面对象
请选择要生成立面的建筑构件:              \\ 按回车键结束选择
请点取放置位置:                          \\ 拖动生成后的立面图，在合适的位置给点插入
```

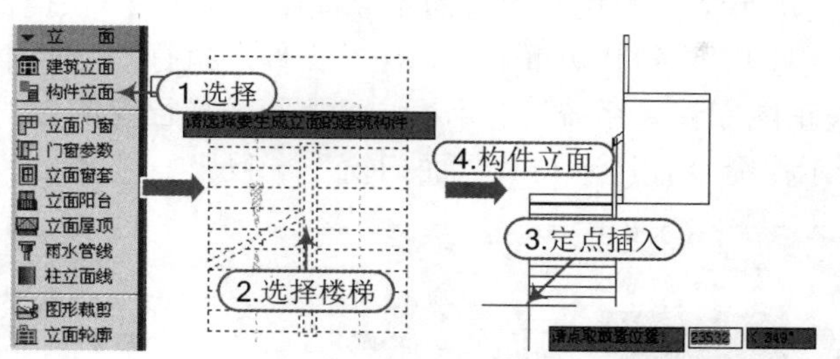

图 9-8 楼梯构件正立面

9.2.3 立面门窗

知识要点 “立面门窗”命令用于替换、添加立面图上门窗,同时也是立剖面图的门窗图块管理工具，可处理带装饰门窗套的立面门窗，并提供了与之配套的立面门窗图库。

执行方法 在天正屏幕菜单中执行“立面｜立面门窗”命令(快捷键为“LMMC”)。

操作实例 单击菜单命令后，显示“天正图库管理系统”对话框，可执行替换已有门窗的操作和直接插入门窗的操作，如图 9-9 所示（资料\立面阳台.dwg)。

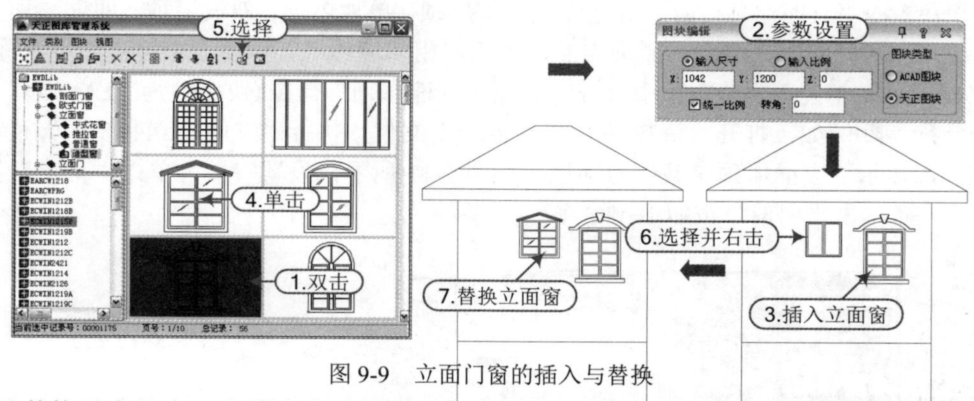

图 9-9 立面门窗的插入与替换

1）替换已有门窗：在图库中选择所需门窗图块，然后单击上方的门窗替换图标，命令行提示如下：

```
选择图中将要被替换的图块:                    \\ 在图中选择一次要替换的门窗
选择对象:                                  \\ 接着选取其他图
选择对象:                                  \\ 按回车键退出
```

2）直接插入门窗的操作：除了替换已有门窗外，本命令在图库中双击所需门窗图块，然后键入 E，通过“外框 E”选项可插入与门窗洞口外框尺寸相当的门窗 ，命令行提示如下：

```
点取插入点[转 90(A)/左右(S)/上下(D)/对齐(F)/外框(E)/转角(R)/基点(T)/更换(C)]<退出>: \\键入 E
第一个角点或 [参考点(R)]<退出>:              \\ 选取门窗洞口方框的左下角点
另一个角点:                                \\ 选取门窗洞口方框的右上角点
```

9.2.4 立面阳台

知识要点 “立面阳台”命令用于替换、添加立面图上阳台的样式，同时也是对立面阳台图块的管理的工具。

执行方法 在天正屏幕菜单中执行“立面｜立面阳台”命令(快捷键为“LMYT”)。

操作实例 例如，打开“资料\立面阳台.dwg”文件，执行“立面｜立面阳台”菜单命令(LMYT)后，显示“天正图库管理系统”对话框，可执行替换已有阳台的操作和直接插入阳台的操作，如图 9-10 所示；命令行提示与“立面门窗”一致。

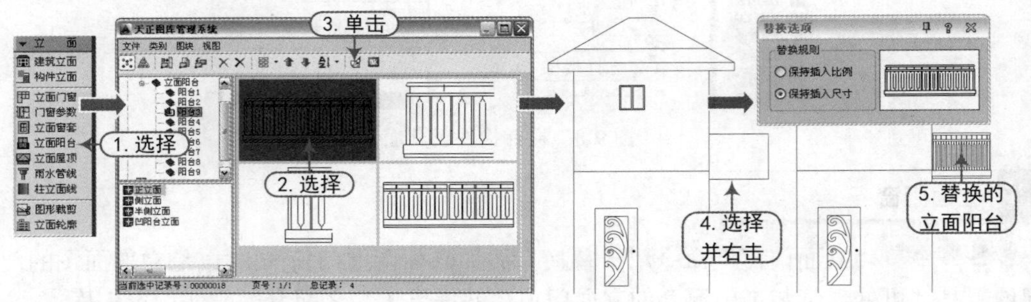

图 9-10 替换“立面阳台”

9.2.5 立面屋顶

知识要点 “立面屋顶”命令可完成包括平屋顶、单坡屋顶、双坡屋顶、四坡屋顶与歇山屋顶的正立面和侧立面、组合的屋顶立面、一侧与相邻墙体或其他屋面相连接的不对称屋顶。

执行方法 在天正屏幕菜单中执行“立面｜立面屋顶”命令(快捷键为“LMWD”)。

操作实例 例如，打开“资料\立面阳台.dwg”文件，执行“立面｜立面屋顶”菜单命令(LMWD)，显示“立面屋顶参数”对话框，如图 9-11 所示，设置参数，单击“确定”按钮继续执行，或者单击“取消”按钮退出命令。

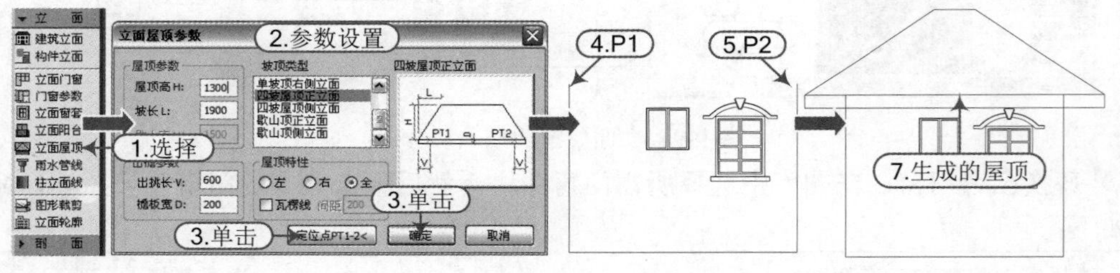

图 9-11 立面屋顶

选项含义 在“立面屋顶参数”对话框中，各选项的含义文字解释如下：

- 屋顶高：屋顶的高度，即从定位基点 PT1 到屋脊的高度。
- 坡长：坡屋顶倾斜部分的水平投影长度。
- 屋顶特性：屋顶特性表示屋顶与相邻墙体的关系，“全”表示屋顶不与相邻墙体连接，完全显示。“左”表示屋顶左侧显示，右侧与其他墙体连接。
- 出挑长：在正立面时为出山长；在侧立面时为出檐长。

技巧：参数设置步骤

（1）先从“坡顶类型”列表框中选择所需类型。
（2）单击屋顶特性“左”“右”“全”互锁按钮选择其一。

（3）在“屋顶参数”区与“出檐参数”区中键入必要的参数。

（4）单击“定位点 PT1-2<”按钮，在图形中点取屋顶的定位点；若没有给出定位点即单击“确定”按钮，会在对话框出现“基点未定义”的提示。

（5）勾选“瓦楞线”选项，右侧的编辑框“间距”亮显，可输入瓦楞线的填充间距。

（6）最后按“确定”按钮继续执行，或者按“取消”按钮退出命令。

9.3 立面的编辑

生成后的立面图是纯二维图形，提供门窗套、雨水管、轮廓线等立面细化功能；主要立面编辑菜单命令有门窗参数、立面窗套、雨水管线、柱立面线、立面轮廓。

9.3.1 门窗参数

知识要点 “门窗参数”命令把已经生成的立面门窗尺寸以及门窗底标高作为默认值，用户修改立面门窗尺寸，系统按尺寸更新所选门窗。

执行方法 在天正屏幕菜单中执行“立面｜门窗参数”命令(快捷键为“MCCS”)。

操作实例 执行“立面｜门窗参数”菜单命令(MCCS)后，按照如下命令行提示操作：

```
选择立面门窗:        \\ 选择要改尺寸的门窗
选择立面门窗:        \\ 按回车键结束
底标高<3600>:        \\ 需要时键入新的门窗底标高，从地面起算
高度<1400>:          \\ 键入“1800”按回车键
宽度<2400>:          \\ 键入“1800”按回车键后，各个选择的门窗均以底部中点为基点对称
                        更新
```

注意：门窗尺寸不一

如果在交互时选择的门窗大小不一，会出现这样的提示：

```
底标高从 X 到 XX00 不等；高度从 XX00 到 XX00 不等；宽度从 X00 到 XX00 不等。
```

用户输入新尺寸后，不同尺寸的门窗会统一更新为新的尺寸。

9.3.2 立面窗套

知识要点 “立面窗套”命令为已有的立面窗创建全包的窗套或者窗楣线和窗台线。

执行方法 在天正屏幕菜单中执行“立面｜立面窗套”命令(快捷键为“LMCT”)。

操作实例 首先绘制任一窗，多复制几份后，执行“立面｜立面窗套”菜单命令(LMCT)，显示“窗套参数”对话框，如图 9-12 所示。设置参数，单击“确定”按钮继续执行，在对话框中输入合适的参数，单击“确定”按钮绘制窗套，也可根据需要将若干个门窗连在一起生成窗套、窗上沿线与窗下沿线，如图 9-13 所示。

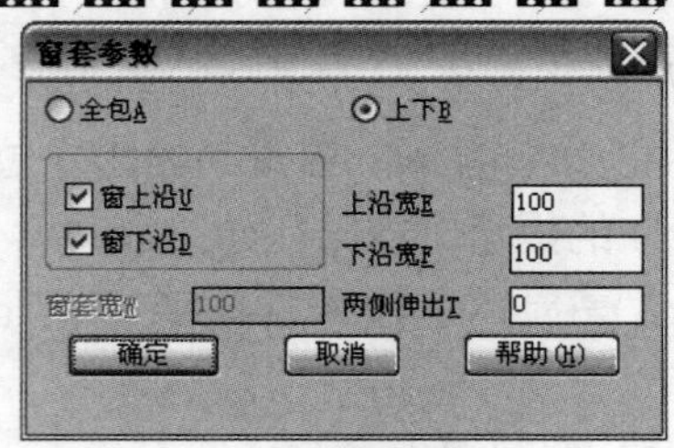

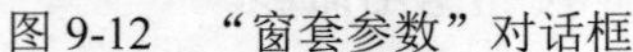

图 9-12 “窗套参数”对话框

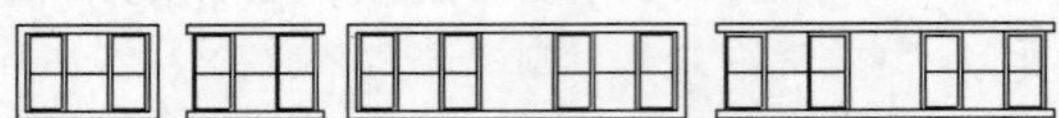

图 9-13 门窗连在一起生成窗套示意

选项含义 在“窗套参数”对话框中，各选项的含义文字解释如下：

- 全包：环窗四周创建矩形封闭窗套。
- 上下：在窗的上下方分别生成窗上沿与窗下沿。
- 窗上沿/窗下沿：在选中“窗上沿”或“窗下沿”时有效；分别表示仅要窗上沿或仅要窗下沿。
- 上沿宽/下沿宽：表示窗上沿线与窗下沿线的宽度。
- 两侧伸出：窗上、下沿两侧伸出的长度。
- 窗套宽：除窗上、下沿以外部分的窗套宽。

9.3.3 雨水管线

知识要点 “雨水管线”命令在立面图中按给定的位置生成编组的雨水斗和雨水管，新改进的雨水管线可以转折绘制，自动遮挡立面上的各种装饰格线，移动和复制后可保持遮挡，必要时右键设置雨水管的“绘图次序”为“前置”恢复遮挡特性，由于提供了编组特性，作为一个部件一次完成选择，便于复制和删除的操作。

执行方法 在天正屏幕菜单中执行“立面 | 雨水管线”命令(快捷键为“YSGX”)。

操作实例 执行“立面 | 雨水管线”菜单命令(YSGX)后，根据如下命令行提示进行操作，如图 9-14 所示：

请指定雨水管的起点[参考点(R)/管径(D)]<退出>:	\\ 点取雨水管的起点，键入 D 修改管径或键入 R 指定参考点
请指定雨水管的参考点:	\\ 点取容易获得的一个点作为参考点
请指定雨水管的起点[管径(D)]<退出>:	\\ 在不容易直接定位时，往往需要找到一个已知点作为参考点，给出与起点的相对位置
请指定雨水管的下一点[管径(D)/回退(U)]<退出>:	\\ 点取雨水管的下一点，随即画出平行的雨水管，其间的墙面装饰线自动被雨水管遮挡
请指定雨水管的下一点[管径(D)/回退(U)]<退出>:	\\ 在雨水管的终点回车结束绘制

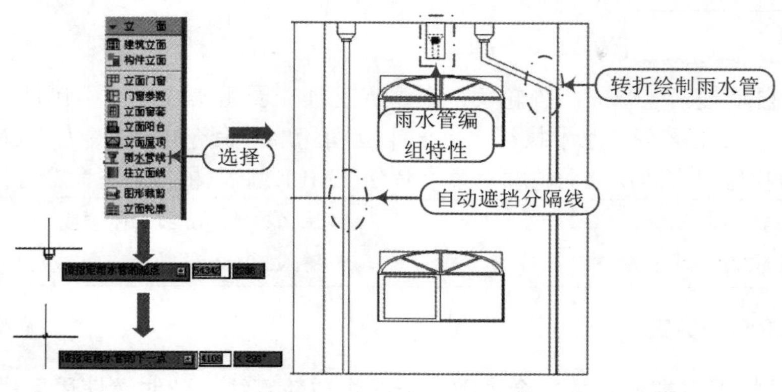

图 9-14 雨水管线

9.3.4 柱立面线

知识要点 “柱立面线”命令按默认的正投影方向模拟圆柱立面投影，在柱子立面范围内画出有立体感的竖向投影线。

执行方法 在天正屏幕菜单中执行“立面丨柱立面线”命令(快捷键为“ZLMX”)。

操作实例 绘制一个(240,1200)的矩形，作为柱子，执行“立面丨柱立面线”菜单命令(ZLMX)后，根据如下命令行提示进行操作，如图 9-15 所示。

```
输入起始角<180>:                          \\ 输入平面圆柱的起始投影角度或取默认值
输入包含角<180>:                          \\ 输入平面圆柱的包角或取默认值
输入立面线数目<12>:                       \\ 输入立面投影线数量或取默认值
输入矩形边界的第一个角点<选择边界>:         \\ 给出柱立面边界的第一角点
输入矩形边界的第二个角点<退出>:             \\ 给出柱立面边界的第二角点
```

提示：设置起始点

在创建柱立面线时，所设置的起始角与起始角点不同时，则柱立面的投影效果不同，如图 9-16 所示。

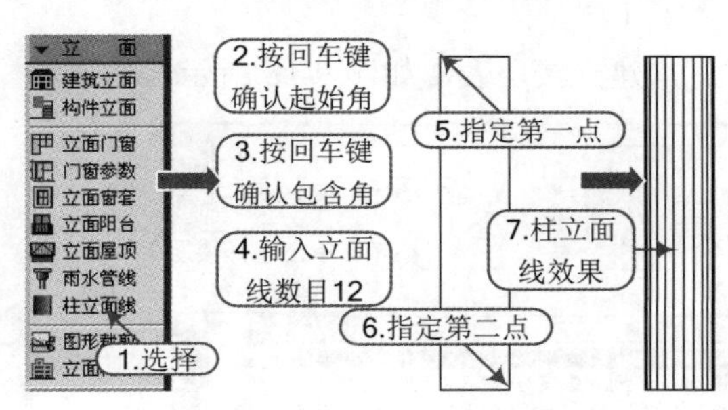

图 9-15 柱立面线

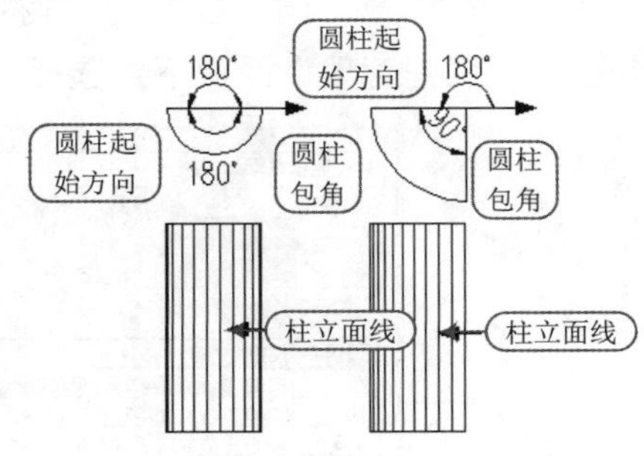

图 9-16 不同起始点效果对比

9.3.5 立面轮廓

知识要点 自动搜索建筑立面外轮廓，在边界上加一圈粗实线，但不包括地坪线在内。

执行方法 在天正屏幕菜单中执行“立面丨立面轮廓”命令(快捷键为“LMLK”)。

操作实例 执行“立面丨立面轮廓”菜单命令(LMLK)后，根据如下命令行提示进行操作：

```
选择二维对象：                      \\ 选择外墙边界线和屋顶线
请输入轮廓线宽度<0>:               \\ 键入 30~50 的数值
```

注意：搜索轮廓线失败

在复杂的情况下搜索轮廓线会失败，无法生成轮廓线，此时请使用多段线绘制立面轮廓线。

9.4 综合练习——某住宅楼立面生成与编辑

案例	某住宅楼立面.dwg	视频	某住宅楼立面.avi

实战要点：①工程管理生成楼层表；②生成建筑立面；③对立面进行编辑。

操作步骤

步骤 01 正常启动 TArch 2014 软件，打开“案例\07\某住宅楼房间与屋顶.dwg”“案例\08\某住宅楼楼梯与其他.dwg”“案例\09\某住宅楼标准层.dwg”文件。

步骤 02 在天正屏幕菜单中执行“文件布图丨工程管理”命令(GCGL)，新建工程“某住宅楼立面.tpr”，如图 9-17 所示。

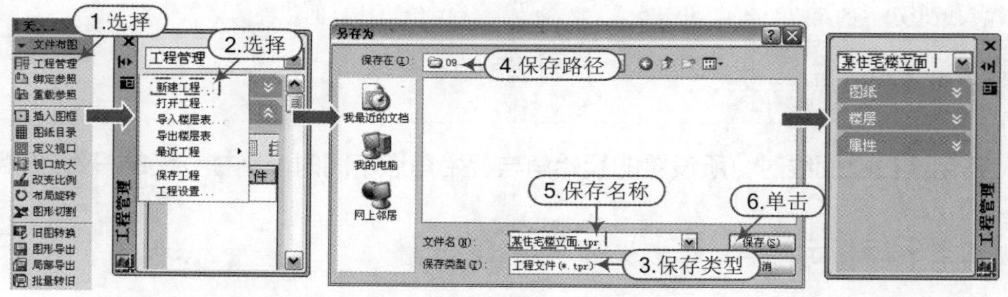

图 9-17 新建工程

步骤 03 在“工程管理”面板下，选择“楼层”，建立楼层表，如图 9-18 所示。

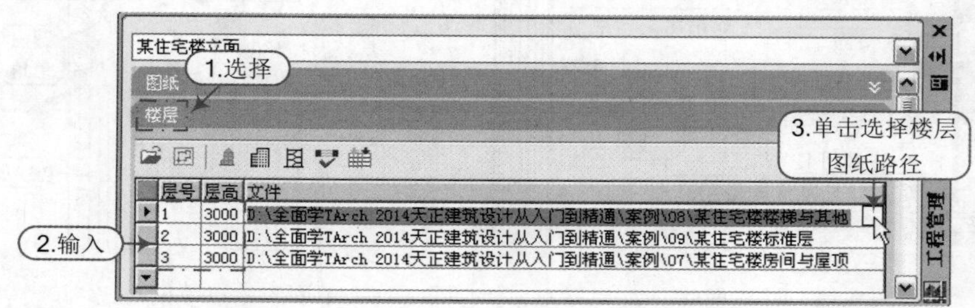

图 9-18 建立楼层表

步骤 04 执行“UCS”命令，将打开的三个平面图均设置为“世界 UCS”；对三个平面图，均执行 CAD“移动”命令(M)，将 2 号轴与 A 号轴交点置于(0.000，0.000)处，如图 9-19 所示。

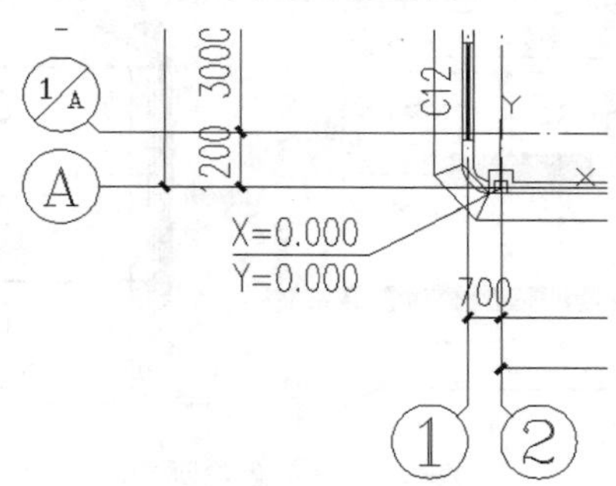

图 9-19 共同点坐标对齐

步骤 05 在天正屏幕菜单中执行“立面 | 建筑立面”菜单命令(JZLM)后，选择正立面绘制输入“F”，选择轴号为“1”“7”“8”的轴线为将在立面显示的轴号，如图 9-20 所示；并将正立面图保存为“案例\09\某住宅楼正立面.dwg”。

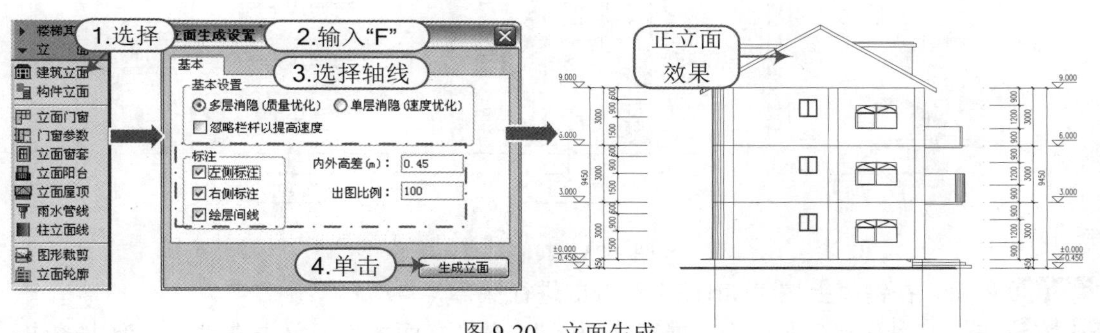

图 9-20 立面生成

步骤 06 在天正屏幕菜单中执行“立面 | 雨水管线”命令(YSGX)，指定雨水管的第一点和下一点绘制雨水管，如图 9-21 所示。

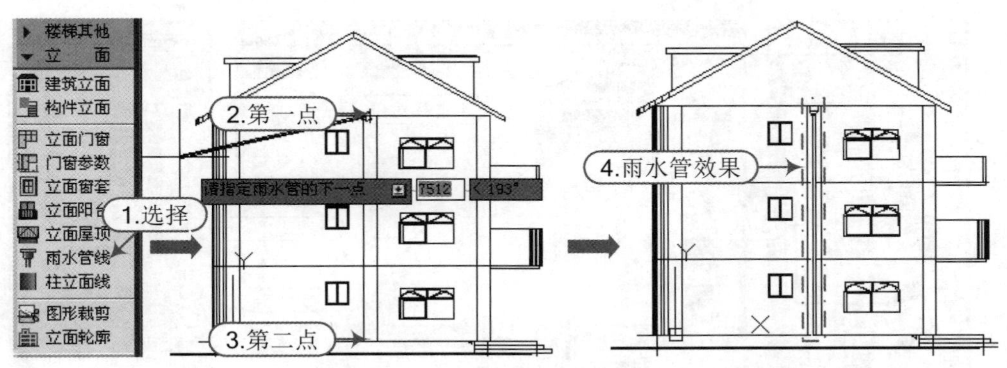

图 9-21 雨水管线

步骤 07 在天正屏幕菜单中执行“立面 | 立面轮廓”命令(LMLK)，框选所有建筑构件，并设置轮廓加粗线宽为“30”，如图 9-22 所示。

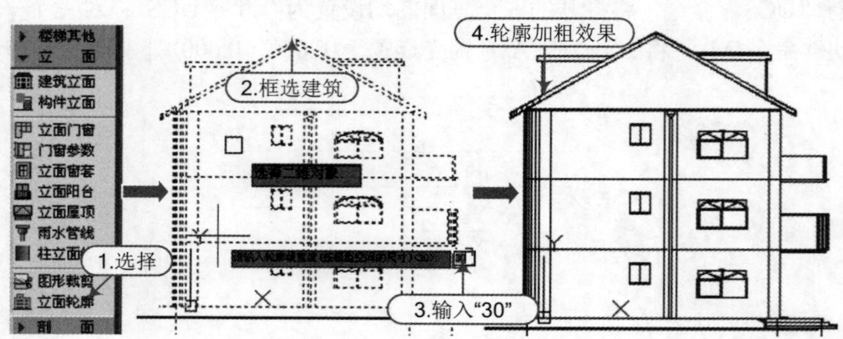

图 9-22　立面轮廓

步骤 08 同样的在天正屏幕菜单中执行“立面丨建筑立面”命令(JZLM)绘制“某住宅楼背立面”“某住宅楼左立面”“某住宅楼右立面”，如图 9-23 所示。

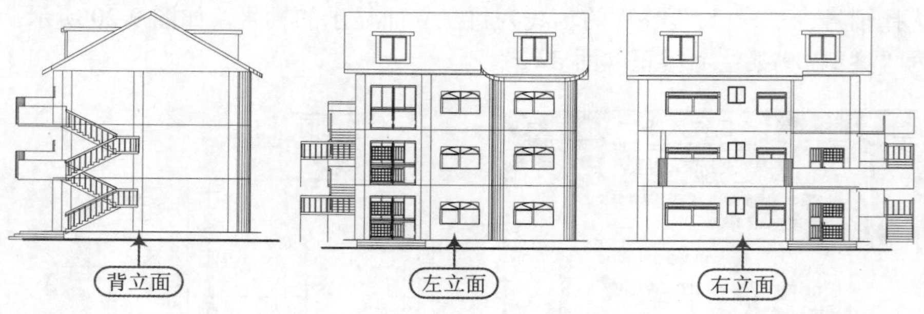

图 9-23　其他立面

步骤 09 最后，在键盘上按“Ctrl+S”组合键进行保存。

步骤 10 在“工程管理”面板中，展开“图纸”，在“立面图”上单击右键，从弹出的快捷菜单中执行“添加图纸”命令，将“案例\09\某住宅楼正立面.dwg”等立面文件置入其中，如图 9-24 所示。

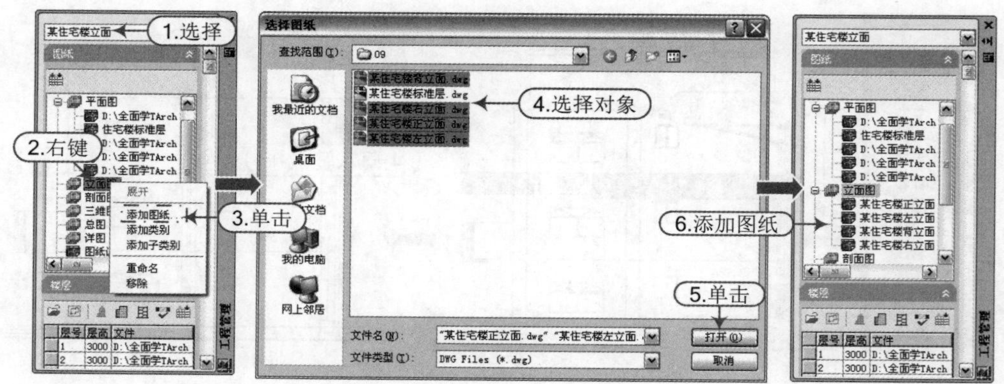

图 9-24　添加图纸

10

剖面

本章导读

设计好一套工程的各层平面图后，需要绘制剖面图表达建筑物的剖面设计细节，立剖面的图形表达和平面图有很大的区别，立剖面表现的是建筑三维模型的一个剖切与投影视图，与立面图同样受三维模型细节和视线方向建筑物遮挡的影响。

本章内容

- 剖面的创建
- 剖面楼梯与栏杆
- 剖面加粗与填充
- 综合练习——某住宅楼剖面

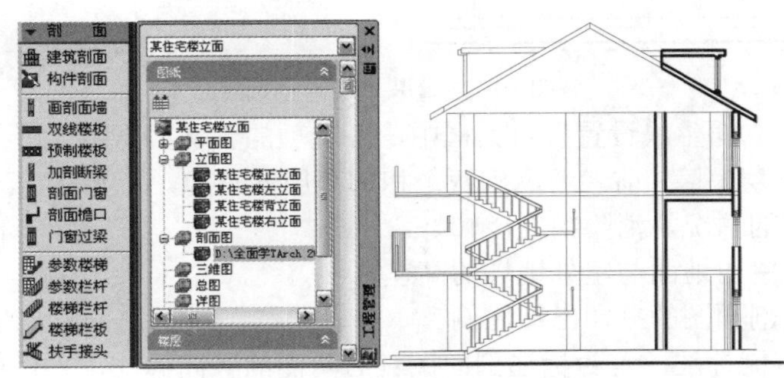

10.1 剖面的创建

天正建筑的剖面图和立面图一样是由本工程的多个平面图中的参数，建立三维模型后进行剖切与消隐计算生成的。本章节剖面生成操作实例是在“卫生间.tpr”工程下演示的。

10.1.1 建筑剖面

知识要点 “建筑剖面”命令按照“工程管理”命令中的数据库楼层表格数据，一次生成多层建筑剖面，在当前工程为空的情况下执行本命令，会出现警告对话框：“请打开或新建一个工程管理项目，并在工程数据库中建立楼层表！”。

执行方法 在天正屏幕菜单中执行“剖面 | 建筑剖面”命令(快捷键为“JZPM”)。

操作实例 例如，打开“资料\卫生间.dwg”文件，在天正屏幕菜单中执行“剖面 | 建筑剖面”菜单命令(JZPM)后，根据如下命令行提示操作后，屏幕将显示“剖面生成设置”对话框，设置其中基本参数与楼层表参数，单击“生成剖面”按钮后在弹出的“输入要生成的文件”对话框中，将文件命名为“公共卫生间剖面”，如图 10-1 所示。

请点取一剖切线以生成剖视图:	\\ 点取首层需生成剖面图的剖切线
请选择要出现在立面图上的轴线:	\\ 一般点取首末轴线或按回车键不要轴线

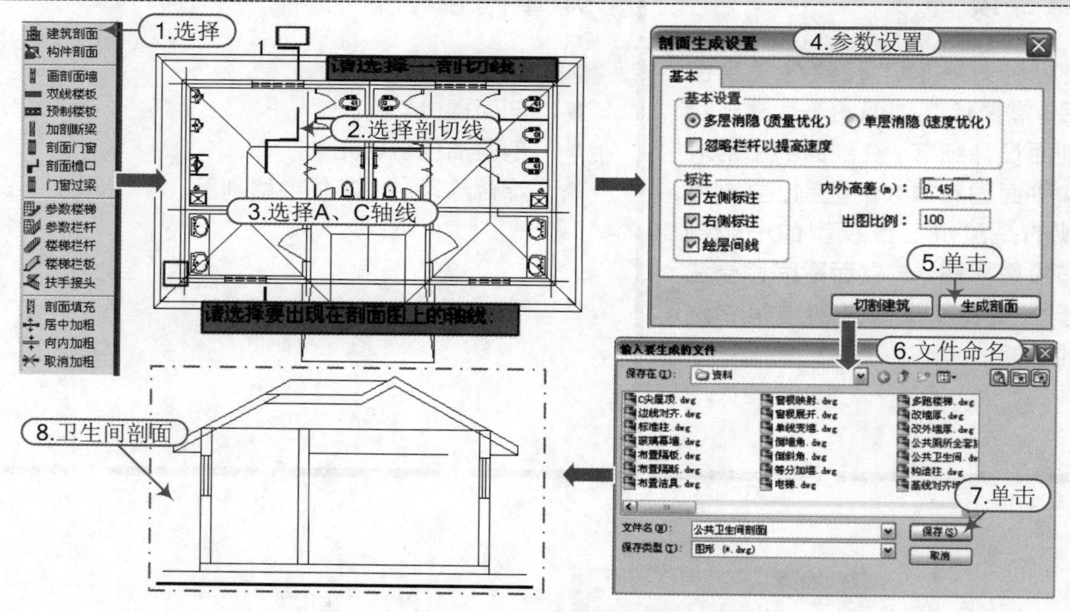

图 10-1　公共卫生间剖面

选项含义 在“立面生成设置”对话框中，各选项的含义如下：

- 多层消隐/单层消隐：前者考虑到两个相邻楼层的消隐，速度较慢，但可考虑楼梯扶手等伸入上层的情况，消隐精度比较好。
- 内外高差：室内地面与室外地坪的高差。
- 出图比例：剖面图的打印出图比例。
- 左侧标注/右侧标注：是否标注剖面图左右两侧的竖向标注，含楼层标高和尺寸。
- 绘层间线：楼层之间的水平横线是否绘制。
- 忽略栏杆以提高速度：勾选此复选框，为了优化计算，忽略复杂栏杆的生成。

技巧：切割建筑

在“剖面生成设置”对话框中，单击“切割建筑”后，立刻开始三维模型的切割，完成后命令行提示：

请点取放置位置:	\\ 在本图上拖动生成的剖切三维模型，给出插入位置

注意：剖面楼板

由于建筑平面图中不表示楼板，而在剖面图中要表示楼板，天正软件可以自动添加层间线，用户自己用偏移(Offset)命令创建楼板厚度，如果已用平板或者房间命令创建了楼板，本命令会按楼板厚度生成楼板线。

10.1.2 构件剖面

知识要点 “构件剖面”命令用于生成当前标准层、局部构件或三维图块对象在指定剖视方向上的剖视图。

执行方法 在天正屏幕菜单中执行“剖面｜构件剖面”命令(快捷键为“GJPM”)。

操作实例 例如，打开“资料\10 章-剖面.dwg”文件，将楼梯平面生成楼梯立面，执行“剖面｜构件剖面”命令(GJPM)后，按照如下命令行提示操作，如图 10-2 所示。

请选择一剖切线:	\\ 点取用符号标注菜单中的剖面剖切命令定义好的剖切线
请选择需要剖切的建筑构件:	\\ 选择与该剖切线相交的构件以及沿剖视方向可见的构件
请选择需要剖切的建筑构件:	\\ 按回车键结束剖切
请点取放置位置:	\\ 拖动生成后的立面图，在合适的位置给点插入

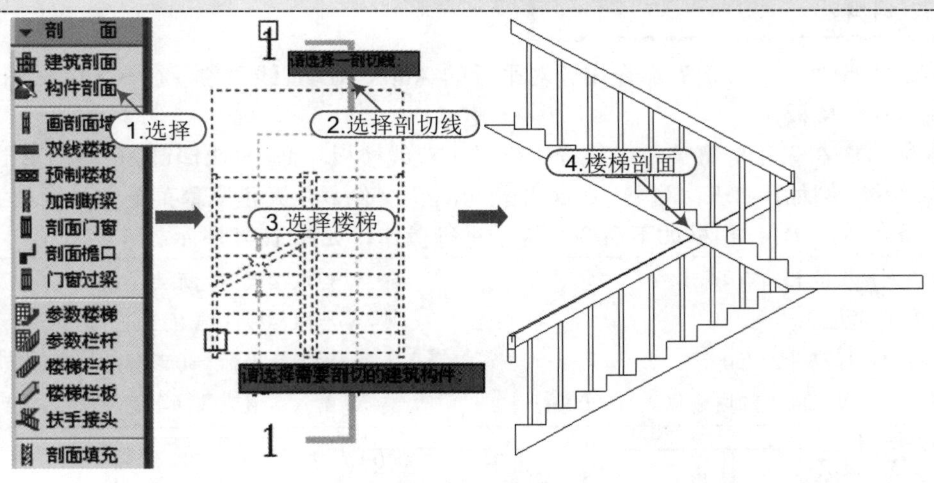

图 10-2　楼梯剖面

10.1.3 画剖面墙

知识要点 “画剖面墙”命令用一对平行的 AutoCAD 直线或圆弧对象，在 S_WALL 图层直接绘制剖面墙。

执行方法 在天正屏幕菜单中执行“剖面｜画剖面墙”命令(快捷键为“HPMQ”)。

操作实例 在天正屏幕菜单中执行“剖面｜画剖面墙”命令(HPMQ)，按照如下命令行提示进行操作，如图 10-3 所示。

请点取墙的起点(圆弧墙宜逆时针绘制)/ F-取参照点/ D-单段/ <退出>:	\\ 点取剖面墙起点位置
请点取直墙的下一点/ A-弧墙/ W-墙厚/ F-取参照点/ U-回退/ <结束>:	\\ 点取剖面墙下一点位置
请点取直墙的下一点/ A-弧墙/ W-墙厚/ F-取参照点/ U-回退/ <结束>:	\\ 按回车键结束剖面墙

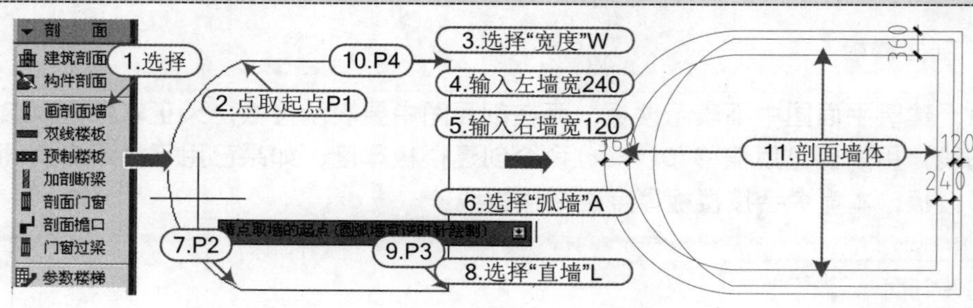

图 10-3　画剖面墙

技巧：命令行选项含义

> A—弧墙：进入弧墙绘制状态。
>
> W—墙厚：修改剖面墙宽度。
>
> F—取参照点：如直接取点有困难，可键入“F”，取一个定位方便的点作为参考点。
>
> U—回退：当在原有道路上取一点作为剖面墙墙端点时，本选项可取消新画的那段剖面墙，回到上一点等待继续输入。

10.1.4 双线楼板

知识要点 “双线楼板”命令用一对平行的 AutoCAD 直线对象，在 S_FLOORL 图层直接绘制剖面双线楼板。

执行方法 在天正屏幕菜单中执行“剖面｜双线楼板”命令(快捷键为“SXLB”)。

操作实例 例如，打开“资料\10 章-剖面.dwg”文件，在天正屏幕菜单中执行“剖面｜双线楼板”命令(SXLB)，根据如下命令行提示进行操作，如图 10-4 所示。

请输入楼板的起始点<退出>:	\\ 点取楼板的起始点
结束点<退出>:	\\ 点取楼板的结束点
楼板顶面标高 <23790>:	\\ 输入从坐标 y=0 起算的标高或按回车键
楼板的厚度（向上加厚输负值）<200>:	\\ 键入新值或按回车键接受默认值

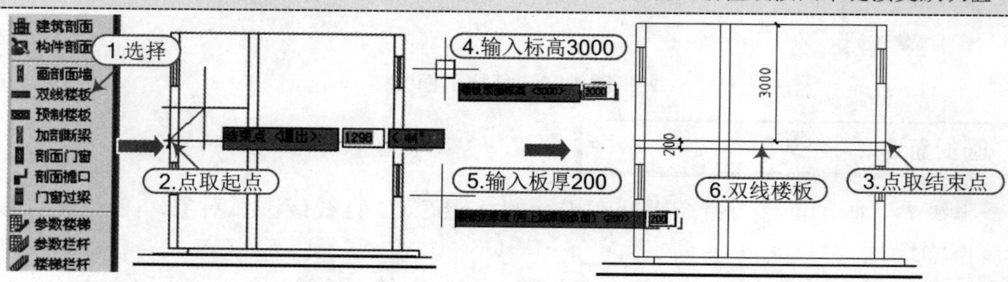

图 10-4　双线楼板

10.1.5 预制楼板

知识要点 “预制楼板”命令用一系列预制板剖面的 AutoCAD 图块对象，在 S_FLOORL 图层按要求尺寸插入一排剖面预制板。

执行方法 在天正屏幕菜单中执行“剖面｜预制楼板”命令(快捷键为“YZLB”)。

操作实例 例如，打开“资料\10 章-剖面.dwg”文件，在天正屏幕菜单中执行“剖面｜预制楼板”命令(YZLB)，将弹出“剖面楼板参数”对话框，设置参数并单击“确定”按钮后，按照如下命令行提示进行操作，如图 10-5 所示。

请给出楼板的插入点<退出>:	\\ 点取楼板插入点
再给出插入方向<退出>:	\\ 点取另一点给出插入方向后绘出所需预制楼板

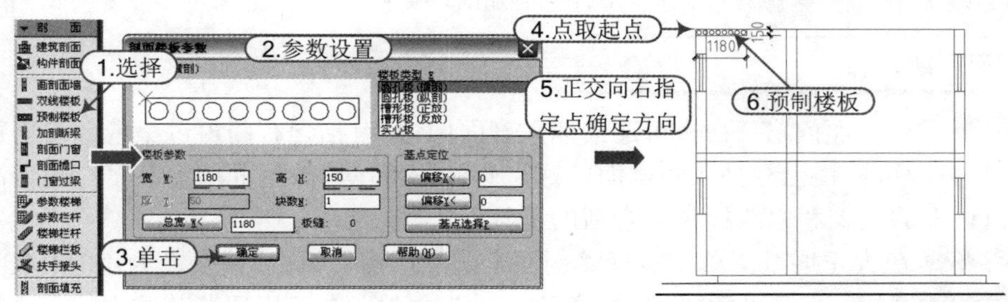

图 10-5 预制楼板

选项含义 在“剖面楼板参数”对话框中，各选项的含义如下：

- 楼板类型：选定当前预制楼板的形式：“圆孔板”(横剖和纵剖) “槽形板”(正放和反放) “实心板”。
- 楼板参数：确定当前楼板的尺寸和布置情况：楼板尺寸“宽 A”“高 B”和槽形板“厚 C”以及布置情况的“块数 N”，其中“总宽 W<”是全部预制板和板缝的总宽度，单击从图上获取，修改单块板宽和块数，可以获得合理的板缝宽度。
- 基点定位：确定楼板的基点与楼板角点的相对位置，包括“偏移 X<”“偏移 Y<”和“基点选择 P”。

10.1.6 加剖断梁

知识要点 “加剖断梁”命令在剖面楼板处按给出尺寸加梁剖面，剪裁双线楼板底线。

执行方法 在天正屏幕菜单中执行“剖面｜加剖断梁”命令(快捷键为“JPDL”)。

操作实例 在天正屏幕菜单中执行“剖面｜加剖断梁”命令（JPDL)，按照如下命令行提示进行操作，如图 10-6 所示。

请输入剖面梁的参照点 <退出>:	\\ 点取楼板顶面的定位参考点
梁左侧到参照点的距离 <100>:	\\ 键入新值或按回车键接受默认值
梁右侧到参照点的距离 <150>:	\\ 键入新值或按回车键接受默认值
梁底边到参照点的距离 <300>:	\\ 键入包括楼板厚在内的梁高,然后绘制剖断梁，剪裁楼板底线

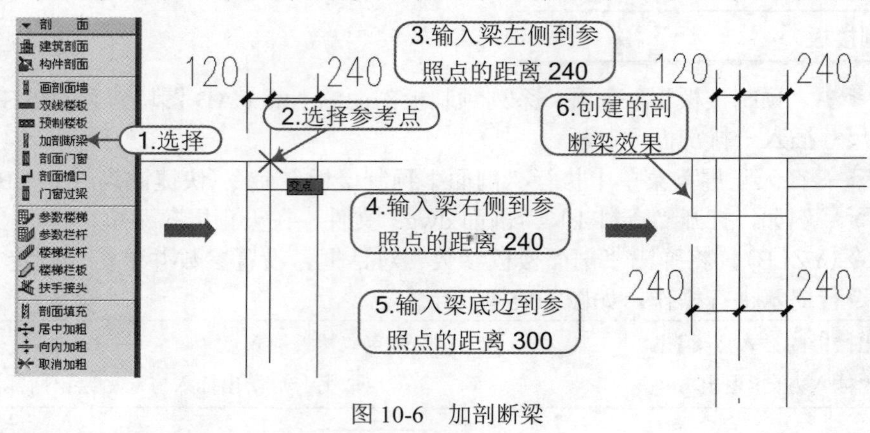

图 10-6 加剖断梁

10.1.7 剖面门窗

知识要点 “剖面门窗”命令可连续插入剖面门窗(包括含有门窗过梁或开启门窗扇的非标准剖面门窗)，可替换已经插入的剖面门窗，此外还可以修改剖面门窗高度与窗台高度值，对剖面门窗详图的绘制和修改提供了全新的工具。

执行方法 在天正屏幕菜单中执行“剖面｜剖面门窗”命令(快捷键为“PMMC”)。

操作实例 例如，打开“资料\10 章-剖面.dwg”文件，在天正屏幕菜单中执行“剖面｜剖面门窗”命令（PMMC），将弹出“剖面门窗”对话框，其中显示默认的剖面门窗样式，如果上次插入过剖面门窗，最后的门窗样式即为默认的剖面门窗样式被保留，同时命令行提示：“请点取要插入门窗的剖面墙线[选择剖面门窗样式(S)/替换剖面门窗(R)/改窗台高(E)/改窗高(H)]<退出>:”此时点取要插入门窗的剖面墙线，输入门窗下口到墙下的距离为 900，门窗的高度设为 1500，如图 10-7 所示。

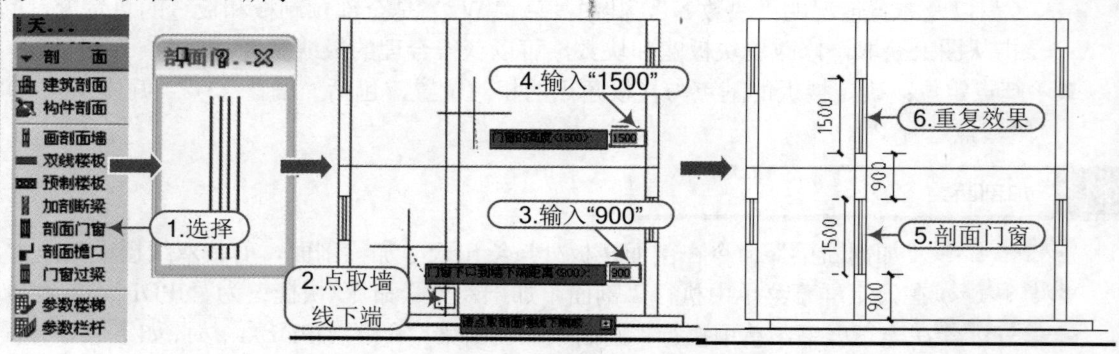

图 10-7 剖面门窗

技巧：命令行其他选项操作

1) 键入 S 选择剖面门窗：

键入 S 热键后，进入剖面门窗图库，如图 10-8 所示，在此剖面门窗图库中双击选择所需的剖面门窗作为当前门窗样式，可供替换或者插入使用。

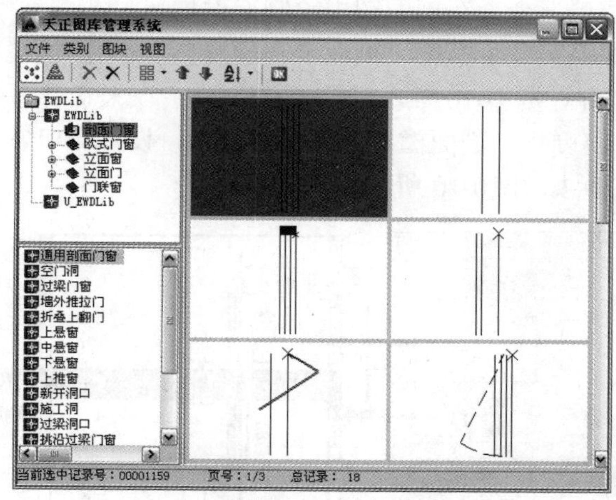

图 10-8 键入“S”

2）键入 R 替换剖面门窗：

键入 R，替换剖面门窗选项，命令行提示如下：

请选择所需替换的剖面门窗<退出>： \\ 在剖面图中选择多个要替换的剖面门窗，按回车键结束选择

3）键入 E 或者 H 修改剖面门窗：

键入 E，修改剖面窗台高选项，命令行提示如下：

请选择所需替换的剖面门窗<退出>： \\ 选择多个要替换的剖面门窗，按回车键结束选择
请选择剖面门窗<退出>： \\ 选择多个要修改窗台高的剖面门窗，按回车键确认
请输入窗台相对高度[点取窗台位置(S)]<退出>: \\ 输入相对高度，正值上移，负值下移

或者键入 S，给点定义窗台位置；键入 H，修改剖面门窗高度的选项，命令行提示如下：

请选择剖面门窗<退出>： \\ 用户此时可在剖面图中选择多个要统一修改门窗高的剖面门窗，按回车键确认

4）剖面门窗图块的定制：

剖面门窗与立面门窗图块定制方法类似。立剖面门窗图块的基点必须是窗洞的左下角，如果窗洞的右上角不与图块外框的右上角重合，图块中要加一个点(Point)来作为控制点，标明窗洞的右上角，门窗替换时门窗图块的基点和右上角控制点将与窗洞的左下角点和右上角点对齐。如果自定义立剖面门窗的窗洞右上角点与图块外框的右上角一致，则不必绘制控制点；如图10-9 所示中标识点是需要用点(Point)命令绘制的，而基点是在入库或重制图块时点取的插入基点，不需要特意绘制；入库使用“通用图库”命令中的“新图入库”，如果剖面图是在原图块基础上修改，请对插入后的图块执行两次分解(Explode)命令，把图块分解为线，然后才能进行入库操作。

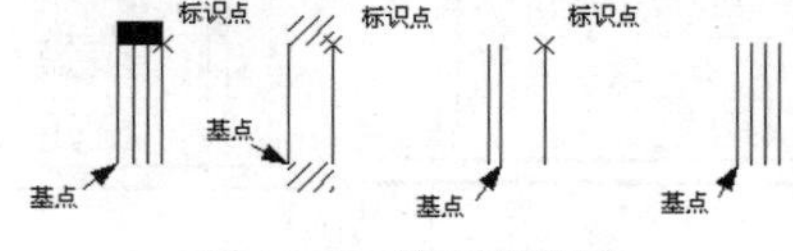

图 10-9 绘制控制点

10.1.8 剖面檐口

知识要点 “剖面檐口”命令在剖面图中绘制剖面檐口。

执行方法 在天正屏幕菜单中执行“剖面丨剖面檐口”命令(快捷键为“PMYK”)。

操作实例 例如，打开“资料\10 章-剖面.dwg”文件，在天正屏幕菜单中执行“剖面丨剖面檐口”命令(PMYK)，将弹出“剖面檐口参数”对话框，设置檐口参数并单击“确定”按钮后，指定檐口插入点即可，如图 10-10 所示。

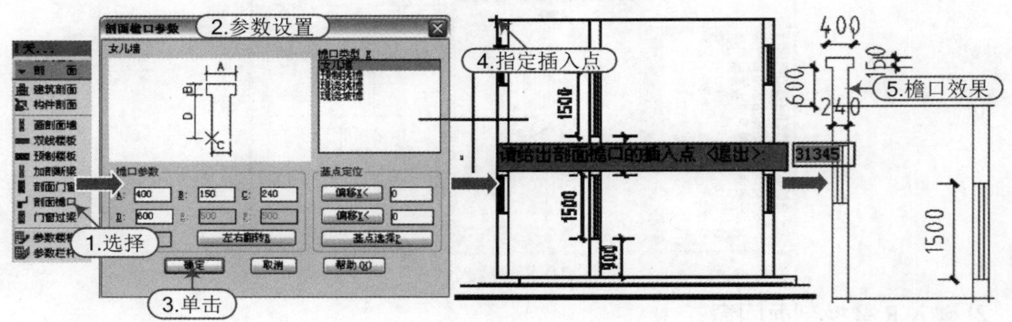

图 10-10 剖面檐口

选项含义 在“剖面檐口参数”对话框中，各选项的含义如下：

- 檐口类型：选择当前檐口的形式，有四个切换按钮：“女儿墙”“预制挑檐”“现浇挑檐”和“现浇坡檐”。
- 檐口参数：确定檐口的尺寸及相对位置。各参数的意义参见示意图，“左右翻转 R”可使檐口作整体翻转。
- 基点定位：用以选择屋顶的基点与屋顶的角点的相对位置包括：“偏移 X<”“偏移 Y<”和“基点选择 P”三个按钮。

10.1.9 门窗过梁

知识要点 “门窗过梁”命令可在剖面门窗上方画出给定梁高的矩形过梁剖面，带有灰度填充。

执行方法 在天正屏幕菜单中执行“剖面丨门窗过梁”命令(快捷键为“MCGL”)。

操作实例 例如，打开“资料\10 章-剖面.dwg”文件，在天正屏幕菜单中执行“剖面丨门窗过梁”命令(MCGL)，选择需要加过梁的门窗后设置过梁高度为 120，如图 10-11 所示。

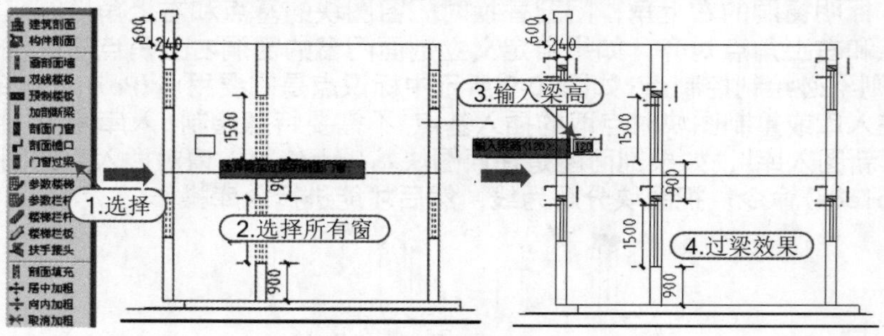

图 10-11 门窗过梁

10.2 剖面楼梯与栏杆

10.2.1 参数楼梯

知识要点 “参数楼梯”命令包括两种梁式楼梯和两种板式楼梯，并可从平面楼梯获取梯段参数，本命令一次可以绘制超过一跑的双跑U形楼梯，条件是各跑步数相同，而且之间对齐(没有错步)，此时参数中的梯段高是其中的分段高度而非总高度。

执行方法 在天正屏幕菜单中执行“剖面丨参数楼梯”命令(快捷键为“CSLT”)。

操作实例 例如，打开“资料\10 章-剖面.dwg”文件，点取“参数楼梯”命令进入对话框，单击“参数”按钮展开对话框设置参数，再单击“参数”按钮返回，设置当前为“自动转向”“左低右高”、绘制“栏杆”，第一梯段两端都有休息板，此时拖动光标到绘图区，按照如下命令提示进行操作，如图 10-12 所示。

请选择插入点<退出>:	\\ 此时在楼梯间的一端标高处取点，楼梯自动换向，同时切换为可见梯段，此时单击“选休息板”按钮 3 此选择右边无平台板
请选择插入点<退出>:	\\ 此时在休息平台右侧顶面处取点，楼梯自动换向，同时切换为剖切梯段以及左边无楼板(平台板)状态
请选择插入点<退出>:	\\ 此时在楼板(平台板)左侧顶面处取点，楼梯自动换向，同时切换为可见梯段以及右边无平台板状态
请选择插入点<退出>:	\\ 此时在休息平台右侧顶面处取点，按回车键结束 4 段楼梯的绘制

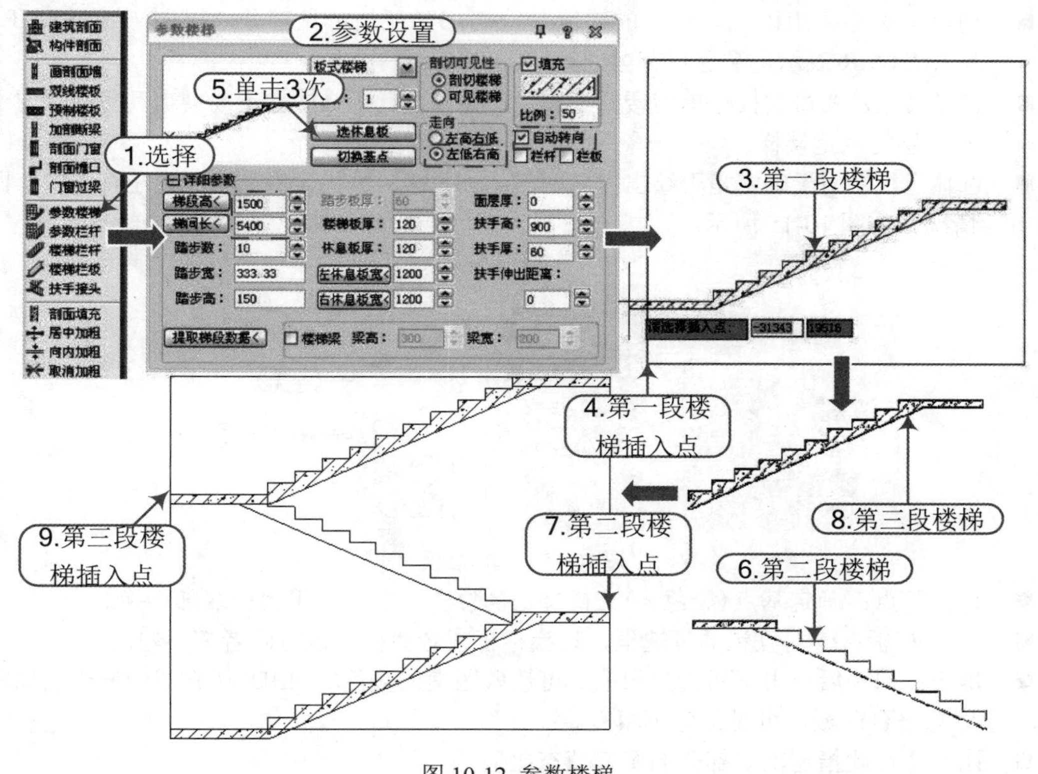

图 10-12 参数楼梯

选项含义 在“参数楼梯”对话框中，各参数如图 10-13 所示，各选项的含义如下：

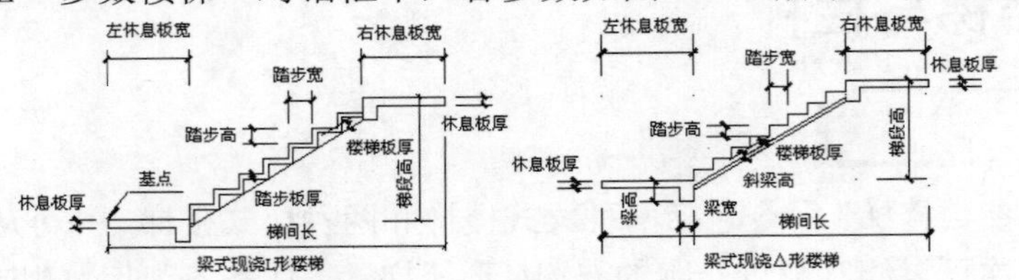

图 10-13 参数图示示意

- 梯段类型列表：选定当前梯段的形式，有四种可选：板式楼梯、梁式现浇 L 形、梁式现浇△形和梁式预制，如图 10-14 所示。

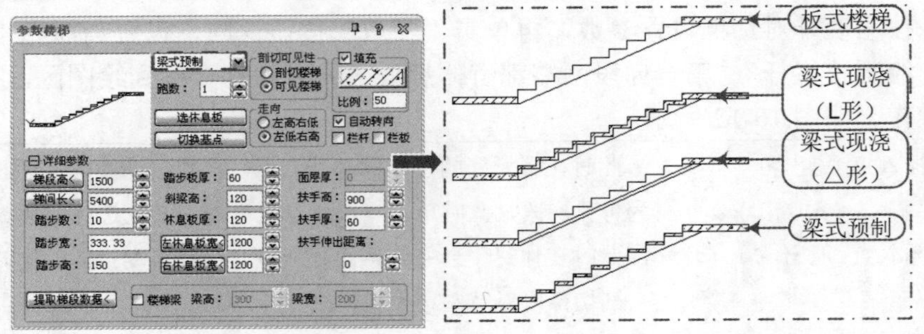

图 10-14 梯段类型

- 跑数：默认跑数为 1，在无模式对话框下可以连续绘制，此时各跑之间不能自动遮挡，跑数大于 2 时各跑间按剖切与可见关系自动遮挡。
- 剖切可见性：用以选择画出的梯段是剖切部分还是可见部分，以图层 S_STAIR 或 S_E_STAIR 表示，颜色也有区别。
- 自动转向：在每次执行单跑楼梯绘制后，如勾选此项，楼梯走向会自动更换，便于绘制多层的双跑楼梯。
- 选休息板：用于确定是否绘出左右两侧的休息板：分为全有、全无、左有和右有四种情况，如图 10-15 所示。

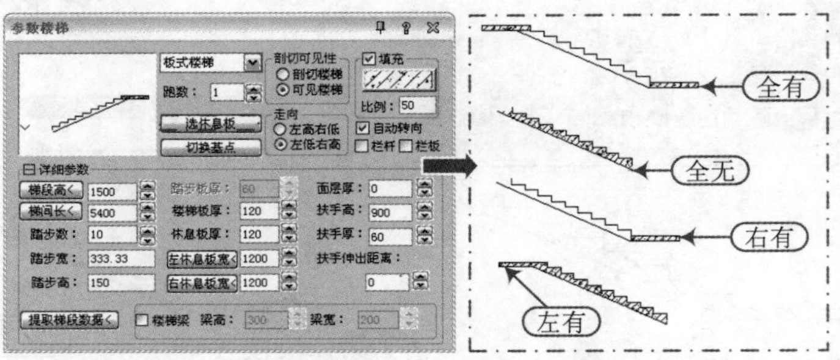

图 10-15 选休息板

- 切换基点：确定基点(绿色×)在楼梯上的位置，在左右平台板端部切换。
- 栏杆/栏板：一对互锁的复选框，切换栏杆或者栏板，也可两者都不勾选。
- 填充：勾选后单击下面的图像框，可选取图案或颜色(SOLID)填充剖切部分的梯段和休息平台区域，可见部分不填充。
- 比例：在此指定剖切部分的图案填充比例。
- 梯段高<：当前梯段左右平台面之间的高差。

- 梯间长<：当前楼梯间总长度，用户可以单击按钮从图上取两点获得，也可以直接键入，等于梯段长度加左右休息平台宽的常数。
- 踏步数：当前梯段的踏步数量，用户可以单击调整。
- 踏步宽：当前梯段的踏步宽度,由用户输入或修改，它的改变会同时影响左右休息平台宽，需要适当调整。
- 踏步高：当前梯段的踏步高，通过梯段高/踏步数算得。
- 踏步板厚：梁式预制楼梯和现浇 L 形楼梯时使用的踏步板厚度。
- 楼梯板厚：用于现浇楼梯板厚度。
- 左(右)休息板宽<：当前楼梯间的左右休息平台(楼板)宽度，用户键入、从图上取得或者由系统算出，均为 0 时梯间长等于梯段长，修改左休息板长后，相应右休息板长会自动改变，反之亦然。
- 面层厚：当前梯段的装饰面层厚度。
- 扶手(栏板)高：当前梯段的扶手/栏板高。
- 扶手厚：当前梯段的扶手厚度。
- 扶手伸出距离：从当前梯段起步和结束位置到扶手接头外边的距离(可以为 0)。
- 提取楼梯数据<：从天正 5 以上平面楼梯对象提取梯段数据，双跑楼梯时只提取第一跑数据。
- 楼梯梁：勾选后，分别在编辑框中输入楼梯梁剖面高度和宽度。
- 斜梁高：选梁式楼梯后出现此参数，应大于楼梯板厚。

注意：处理遮挡

> **直接创建的多跑剖面楼梯带有梯段遮挡特性，逐段叠加的楼梯梯段不能自动遮挡栏杆，请使用 AutoCAD 剪裁命令自行处理。**

10.2.2 参数栏杆

知识要点 “参数栏杆”命令按参数交互方式生成楼梯栏杆。

执行方法 在天正屏幕菜单中执行“剖面丨参数栏杆”命令(快捷键为“CSLG”)。

操作实例 例如，打开“资料\10 章-剖面.dwg”文件，在天正屏幕菜单中执行“剖面丨参数栏杆”命令(CSLG)，将弹出“参数栏杆”对话框，在对话框中输入合适的参数，单击“确定”按钮后，根据命令行提示，点取插入点后，插入剖面楼梯栏杆，如图10-16 所示。

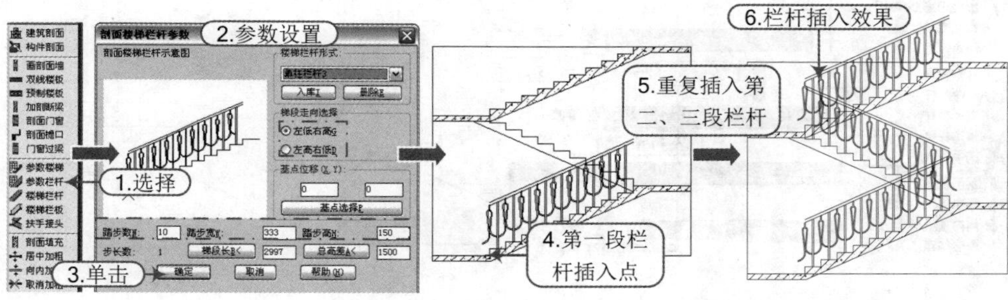

图 10-16 参数栏杆

选项含义 在绘制构造线的过程中，各选项的含义如下：

- 栏杆列表框：列出已有的栏杆形式。
- 入库：用来扩充栏杆库。
- 删除：用来删除栏杆库中由用户添加的某一栏杆形式。
- 步长数：是指栏杆基本单元所跨越楼梯的踏步数。
- 梯段长：是指梯段始末点的水平长度，通过给出梯段两个端点给出。
- 总高差：是指梯段始末点的垂直高度，通过给出梯段两个端点给出。
- 基点选择：从图形中按预定位置切换基点。

技巧：制作新栏杆

（1）在图中绘制一段楼梯，以此楼梯为参照物，绘制栏杆基本单元，从而确定了基本单元与楼梯的相对位置关系，如图 10-16 所示。注意栏杆高度由用户给定，一经确定，就不会随后续踏步参数的变化而变化。

（2）点取【参数栏杆】命令进入对话框，再点取“入库 I”按钮，命令行提示：

请选取要定义成栏杆的图元(LINE，ARC，CIRCLE)<退出>：此时可开窗选取图元，选中的图元亮显，选毕命令行显示：

```
栏杆图案的起始点<退出>:              \\ 点取基本单元的起始点
栏杆图案的结束点<退出>:              \\ 点取基本单元的结束点
栏杆图案的名称<退出>:                \\ 键入此栏杆图的名称
步长数<1>:                           \\ 键入基本单元跨越的踏步数
```

定义好栏杆的基本单元，并给定栏杆图案的名称后，此栏杆形式便装入楼梯栏杆库中，并在示意图中显示此栏杆。以后即可从栏杆库中调出此栏杆图案。

10.2.3 楼梯栏杆

知识要点 “楼梯栏杆”命令按参数交互方式生成楼梯栏杆。

执行方法 在天正屏幕菜单中执行“剖面 | 楼梯栏杆”命令(快捷键为“LTLG”)。

操作实例 例如，打开“资料\10 章-剖面.dwg”文件，在天正屏幕菜单中执行“剖面 | 楼梯栏杆”命令(LTLG)，输入扶手高度为 900，选择打断遮挡线，再根据命令行提示，点取楼梯栏杆起点和终点，绘制剖面楼梯栏杆，如图 10-17 所示。

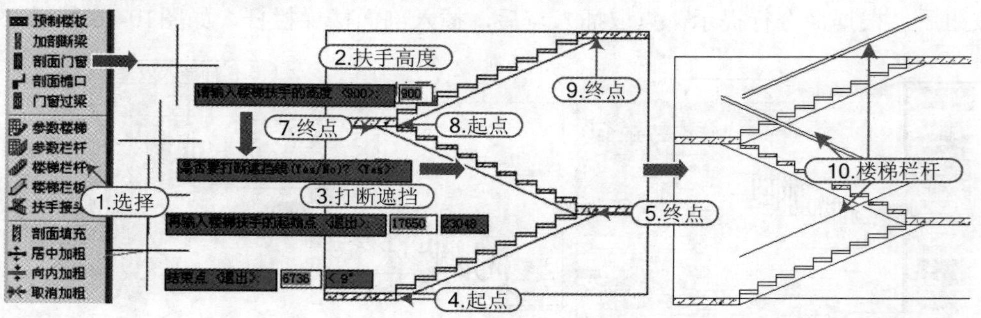

图 10-17　楼梯栏杆

10.2.4 楼梯栏板

知识要点 “楼梯栏板”命令根据实心栏板设计，可按图层自动处理栏板遮挡踏步：对可见梯段以虚线表示；对剖面梯段以实线表示。

执行方法 在天正屏幕菜单中执行“剖面丨楼梯栏板”命令(快捷键为“LTLB”)。

操作实例 例如，打开“资料\10 章-剖面.dwg”文件，在天正屏幕菜单中执行“剖面丨楼梯栏板”命令(LTLB)，操作步骤同“楼梯栏杆”，绘制剖面楼梯栏板，如图 10-18 所示。

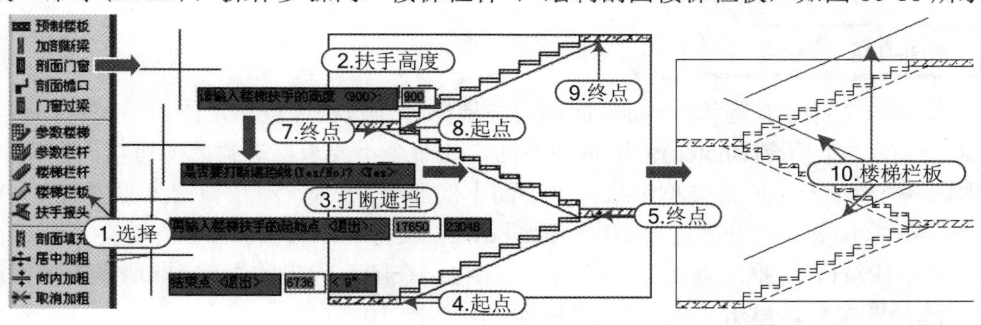

图 10-18 楼梯栏板

10.2.5 扶手接头

知识要点 “扶手接头”命令与剖面楼梯、参数栏杆、楼梯栏杆、楼梯栏板各命令均可配合使用，对楼梯扶手和楼梯栏板的接头作倒角与水平连接处理，水平伸出长度可以由用户输入。

执行方法 在天正屏幕菜单中执行“剖面丨扶手接头”命令(快捷键为“FSJT”)。

操作实例 例如，打开“资料\10 章-剖面.dwg”文件，在天正屏幕菜单中执行“剖面丨扶手接头”命令(FSJT)，操作步骤同“楼梯栏杆”，绘制剖面楼梯栏板，如图 10-19 所示。

```
请输入扶手伸出距离<0.00>:              \\ 输入 100 或按回车键以默认值操作
请选择是否增加栏杆[增加栏杆(Y)/不增加栏杆(N)]<增加栏杆(Y)>:
                                       \\ 默认是在接头处增加栏杆(对栏板两者效果相同)
请指定两点来确定需要连接的一对扶手!
选择第一个角点<取消>:                   \\ 给出第一点
另一个角点<取消>:                       \\ 给出第二点，开始处理第一对扶手(栏板)
请指定两点来确定需要连接的一对扶手!
选择第一个角点<取消>:                   \\ 给出第一点
另一个角点<取消>:                       \\ 给出第二点，最后按回车键退出命令
```

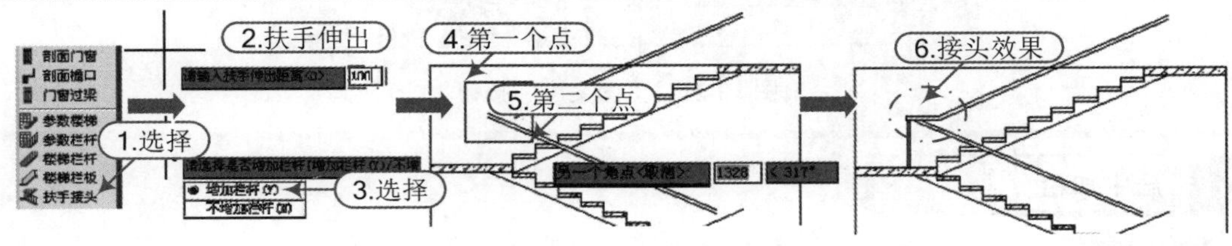

图 10-19 扶手接头

注意：接触编组

"扶手接头"命令与剖面楼梯配合使用时，需要先在状态行中单击"编组"按钮，解除剖面楼梯的编组，否则命令将执行失败，命令行提示：选择扶手不匹配。

10.3 剖面加粗与填充

生成后的剖面图(包括可见立面图)是纯二维图形，提供多种墙体加粗填充工具命令。

10.3.1 剖面填充

知识要点 "剖面填充"命令将剖面墙线与楼梯等建筑构件按指定的材料图例作图案填充，与 AutoCAD 的图案填充(Bhatch)使用条件不同，此命令不要求墙端封闭即可填充图案。

执行方法 在天正屏幕菜单中执行"剖面｜剖面填充"命令(快捷键为"PMTC")。

操作实例 例如，打开"资料\10 章-剖面.dwg"文件，在天正屏幕菜单中执行"剖面｜剖面填充"命令(PMTC)，框选需要填充的构件－楼板，在随后弹出的"请点取所需的填充图案"对话框中选择图案后，单击"确定" 按钮即可，如图 10-20 所示。

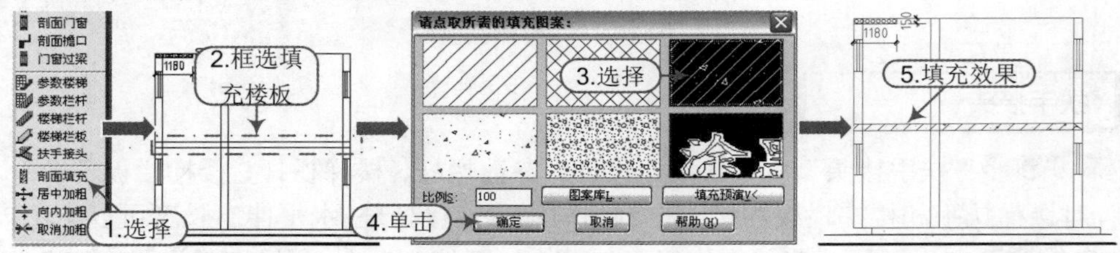

图 10-20 剖面填充

技巧：图案库

单击对话框中 图案库L... 按钮，可弹出"请点取所需的填充图案"对话框，获得更多的填充图案样式，如图 10-21 所示。

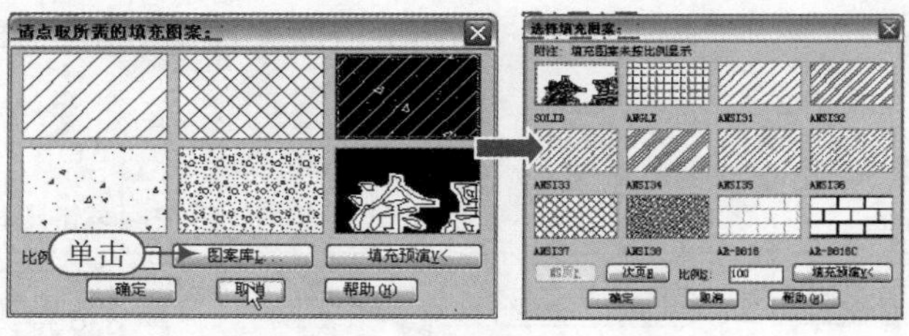

图 10-21 "图案库"按钮

10.3.2 居中加粗

知识要点 "居中加粗"命令将剖面图中的墙线向墙两侧加粗。

执行方法 在天正屏幕菜单中执行"剖面｜居中加粗"命令(快捷键为"JZJC")。

操作实例 例如，打开“资料\10 章-剖面.dwg”文件，在天正屏幕菜单中执行“剖面 | 居中加粗”命令(JZJC)，选择需要加粗的构件—墙体即可，如图 10-22 所示。

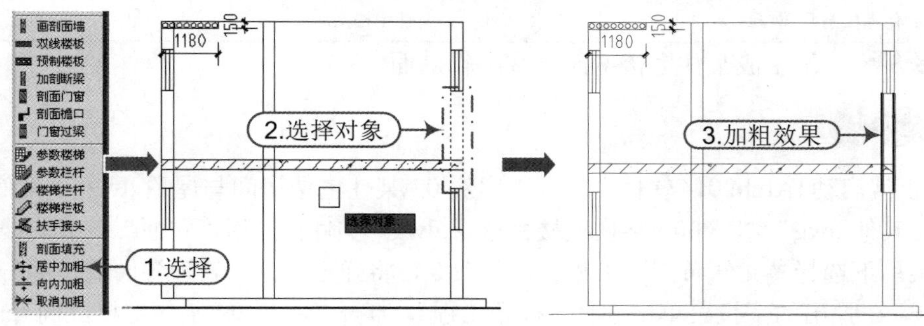

图 10-22 居中加粗

技巧：编辑墙线

> 这些加粗的墙线是绘制在 PUB_WALL 图层的多段线，如果需要对加粗后的墙线进行编辑，应该先执行“取消加粗”命令。

10.3.3 向内加粗

知识要点 “向内加粗”命令将剖面图中的墙线向墙内侧加粗。

执行方法 在天正屏幕菜单中执行“剖面 | 向内加粗”命令(快捷键为“XNJC”)。

操作实例 例如，打开“资料\10 章-剖面.dwg”文件，在天正屏幕菜单中执行“剖面 | 向内加粗”命令(XNJC)，选择需要加粗的墙体即可，如图 10-23 所示。

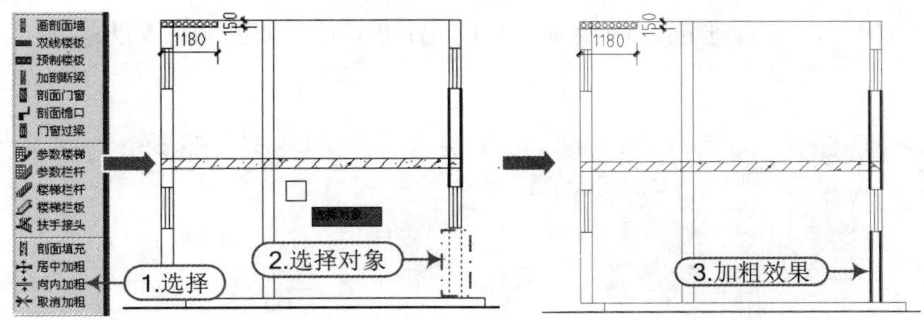

图 10-23 向内加粗

10.3.4 取消加粗

知识要点 “取消加粗”命令将已加粗的剖面墙线恢复原状，但不影响该墙线已有的剖面填充。

执行方法 在天正屏幕菜单中执行“剖面 | 取消加粗”命令(快捷键为“QXJC”)。

操作实例 例如，打开“资料\10 章-剖面.dwg”文件，在天正屏幕菜单中执行“剖面 | 取消加粗”命令(QXJC)，选择需要取消加粗的剖切线即可。

10.4 综合练习——某住宅楼剖面

案例	某住宅楼剖面.dwg	视频	某住宅楼剖面.avi

实战要点：①生成某住宅楼剖面；②编辑剖面

操作步骤

步骤 01 正常启动TArch2014软件，打开“案例\07\某住宅楼房间与屋顶.dwg”“案例\08\某住宅楼楼梯与其他.dwg”“案例\09\某住宅楼标准层.dwg”文件；沿用“立面”章节的楼层表，在天正屏幕菜单下选择“文件布图｜工程管理”命令，将弹出“工程管理”面板，单击“工程管理”文本框，在弹出的下拉菜单中选择“打开工程”，打开“案列\09\某住宅楼立面.tpr”工程，如图10-24 所示。

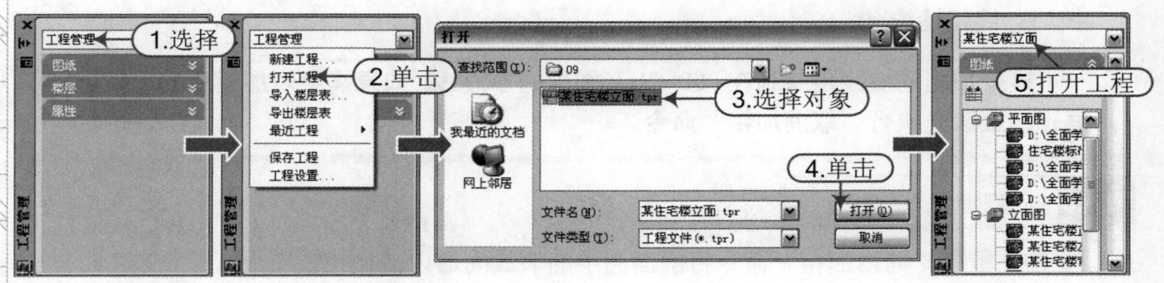

图 10-24　打开工程

步骤 02 “某住宅楼楼梯与其他.dwg”文档中，在天正屏幕菜单下，执行“符号标注｜剖面剖切”命令(PMPQ)，在此平面图中绘制“1-1”剖切符号，如图 10-25 所示。

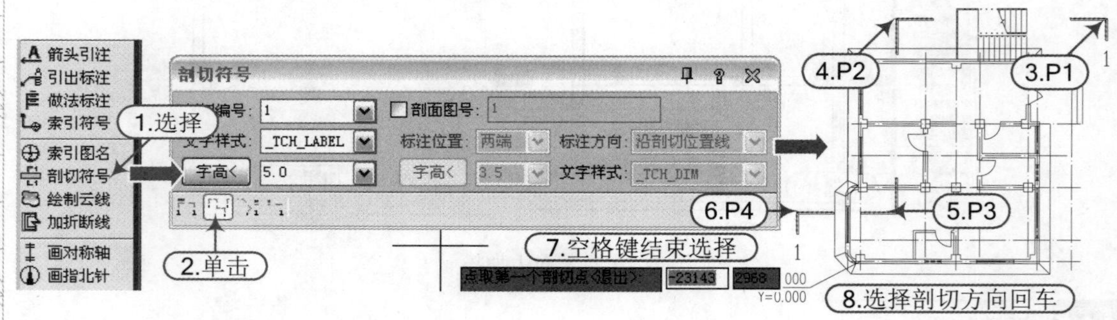

图 10-25　绘制“1-1”剖切符号

步骤 03 在天正屏幕菜单中，执行“剖面｜建筑剖面”命令(JZPM)，选择绘制的“1-1”剖切线，根据命令行提示，选择将出现在剖面上的轴线 1、2、4、7、8 后右键单击；在随后弹出的“剖面生成设置”对话框中设置参数并单击“生成剖面”按钮，将又弹出“输入要生成的文件”对话框。在对话框中，将文件保存为“案例\10\某住宅楼剖面.dwg”，单击“保存”按钮即可生成剖面图，如图 10-26 所示。

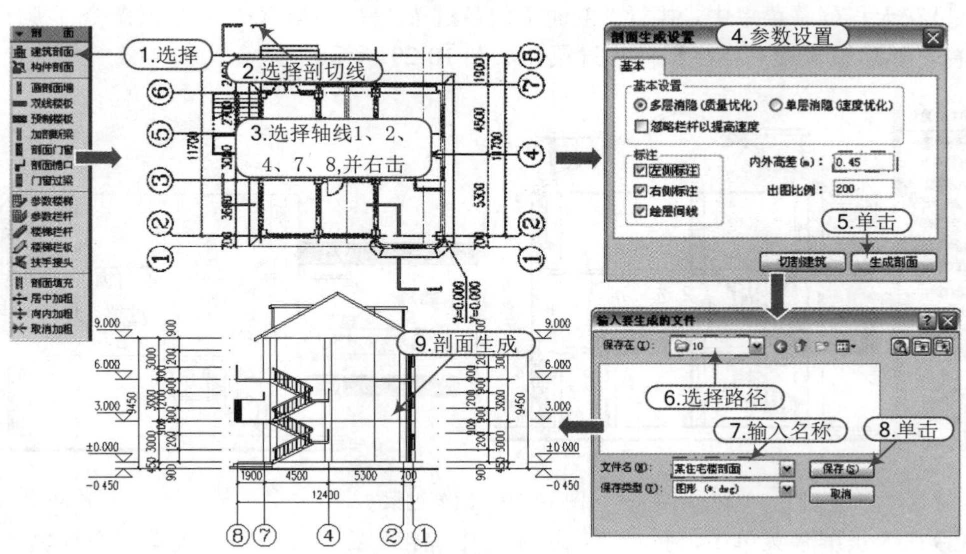

图 10-26 生成剖面

步骤 04 在天正屏幕菜单中，执行“剖面｜画剖面墙”命令(HPMQ)，绘制如图 10-27 所示的剖面墙，剖面墙左右厚度为“120”。

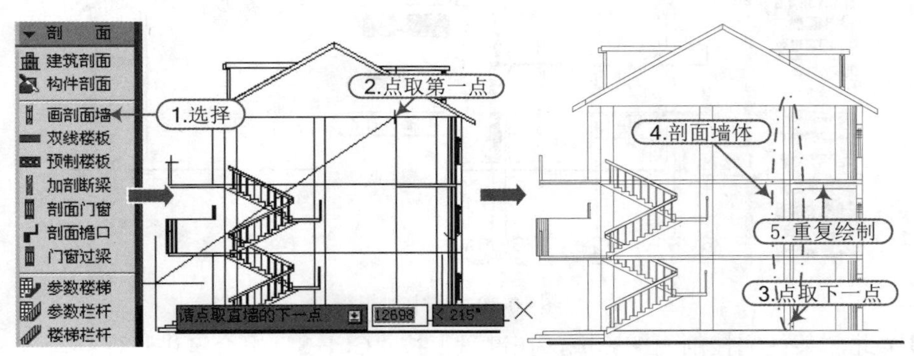

图 10-27 剖面墙

步骤 05 在天正屏幕菜单中，执行“剖面｜双线楼板”命令(SXLB)，根据命令行提示，选择楼板的起点和终点，然后设置楼板顶面标高和板厚，生成楼板，如图 10-28 所示。

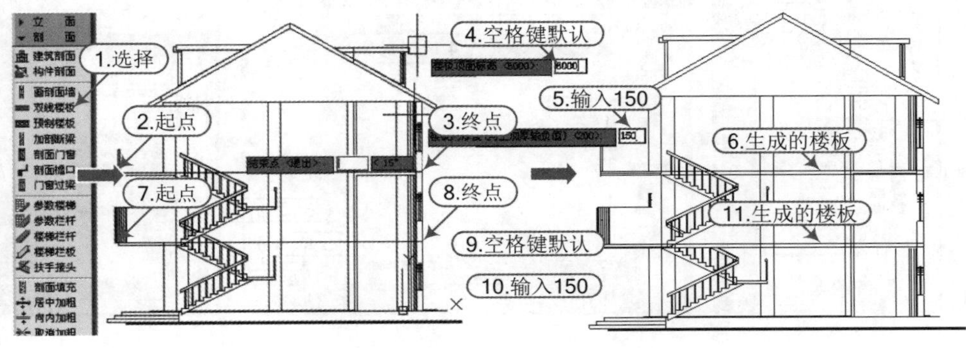

图 10-28 双线楼板绘制

步骤 06 在天正屏幕菜单中，执行“剖面丨门窗过梁”命令(MCGL)，根据命令行提示，选择剖面门窗，然后设置梁高，生成门窗过梁，如图 10-29 所示。

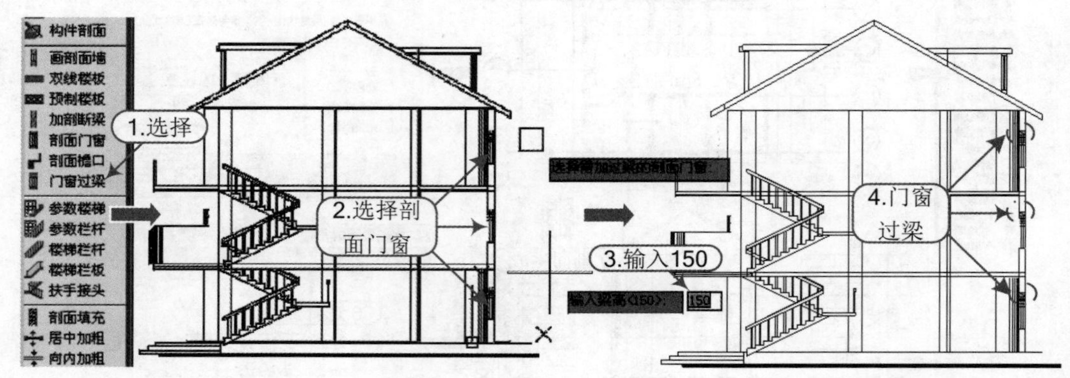

图 10-29　门窗过梁

步骤 07 在天正屏幕菜单中，执行“剖面丨居中加粗”命令(JZJC)，根据命令行提示，选择被剖切线剖切到的剖面墙体，然后设置线宽为 0.4，如图 10-30 所示。

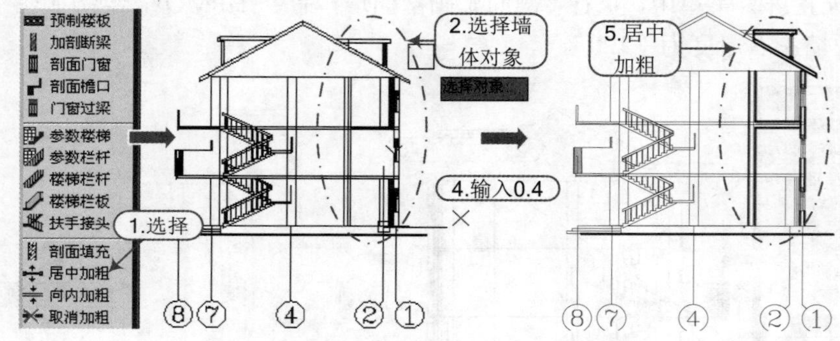

图 10-30　居中加粗

步骤 08 至此，某住宅楼剖面图完成，在键盘上按“Ctrl+S”组合键进行保存。

步骤 09 在“工程管理”面板中，展开“图纸”，在“剖面图”单击右键，从弹出的快捷菜单中执行“添加图纸”命令，将“案例\10\某住宅楼剖面.dwg”文件置入其中，如图 10-31 所示。

图 10-31　添加图纸

步骤 10 在“工程管理”面板中选择“某住宅楼立面.tpr”工程，执行“保存工程”命令，如图 10-32 所示。

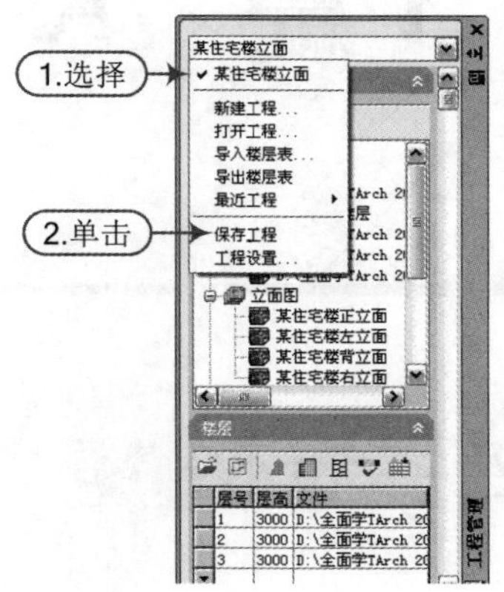

图 10-32 保存工程

第3篇 天正注释篇

11 文字表格

本章导读

天正在其系列软件中提供了自定义的文字对象，有效地改善了中西文字混合注写的效果，提供了上下标和工程字符的输入；天正在其系列软件中提供了自定义的表格对象，具有多层次结构，表格内的文字可以在位编辑。

本章内容

- 天正文字工具
- 天正表格工具
- 表格单元编辑
- 综合练习——建筑设计说明

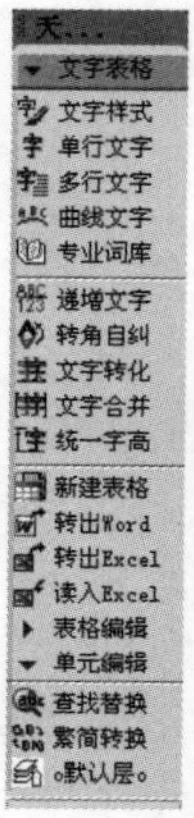

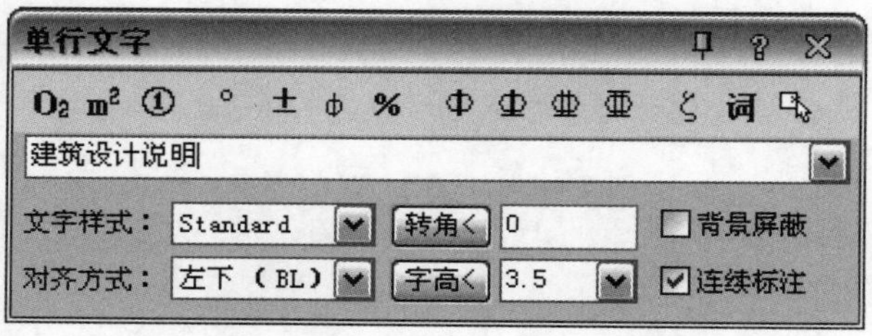

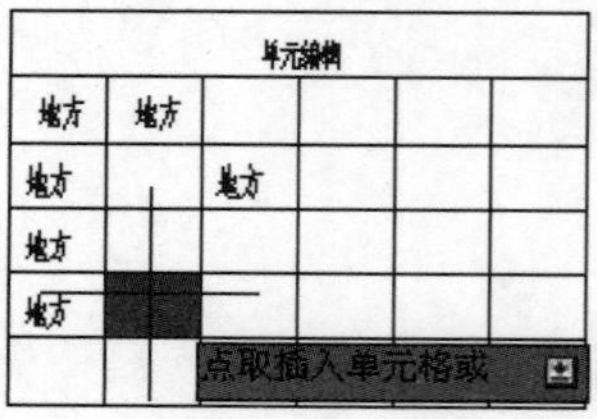

11.1 天正文字工具

文字表格的绘制在建筑制图中占有重要的地位，所有的符号标注和尺寸标注的注写离不开文字内容，而必不可少的设计说明整个图面主要是由文字和表格所组成。

AutoCAD 提供了一些文字书写的功能，但主要是针对西文的，对于中文文字，尤其是中西文混合文字的书写，编辑就显得很不方便。在 AutoCAD 简体中文版的文字样式里，尽管提供了支持输入汉字的大字体(bigfont)，但是 AutoCAD 却无法对组成大字体的中英文分别规定高宽比例，即使拥有简体中文版 AutoCAD，有了文字字高一致的配套中英文字体，但完成的图纸中的尺寸与文字说明里，依然存在中文与数字符号大小不一，排列参差不齐的问题，长期没有根本的解决方法。

11.1.1 文字样式

知识要点 此命令为天正自定义文字样式的组成，设定中西文字体各自的参数。

执行方法 在天正屏幕菜单中执行“文字表格 | 文字样式”命令(快捷键为“WZYS”)。

操作实例 例如，打开“资料\11 章.dwg”文件，在天正屏幕菜单中执行“文字表格 | 文字样式”命令(WZYS)，将弹出“文字样式”对话框，如图 11-1 所示，在对话框中可新建文字样式、重命名文字样式及删除文字样式。

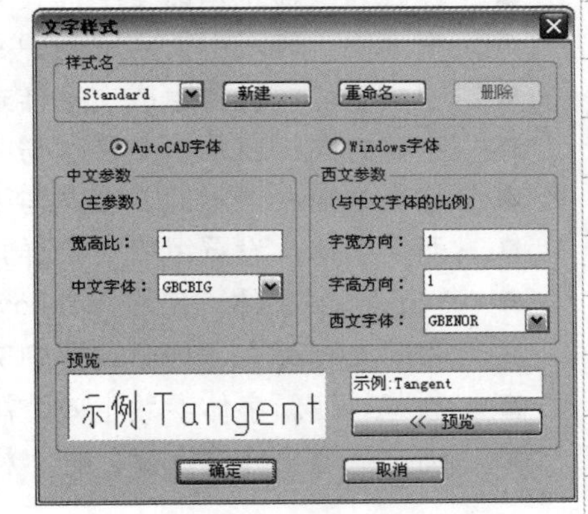

图 11-1 “文字样式”对话框

选项含义 在“文字样式”对话框中，各选项的功能与含义如下。

- 新建：新建文字样式，首先给新文字样式命名，然后选定中西文字体文件和高宽参数，如图 11-2 所示。

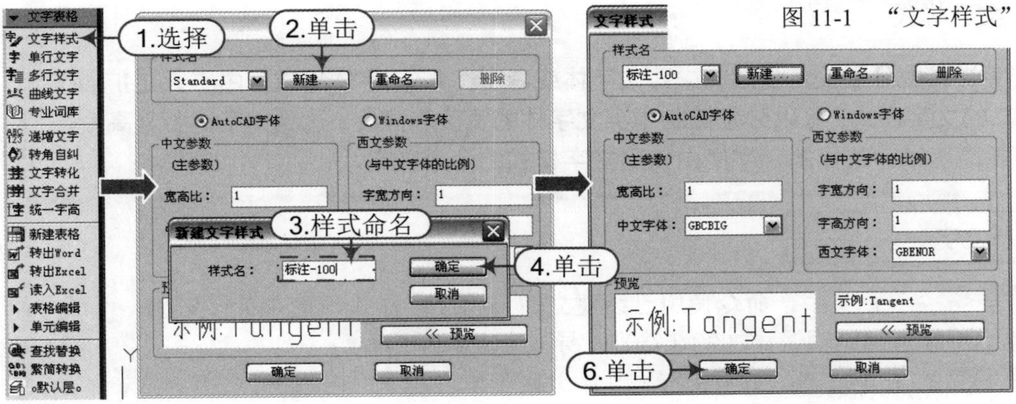

图 11-2 新建文字样式

- 重命名：给文件样式赋予新名称，如图 11-3 所示。

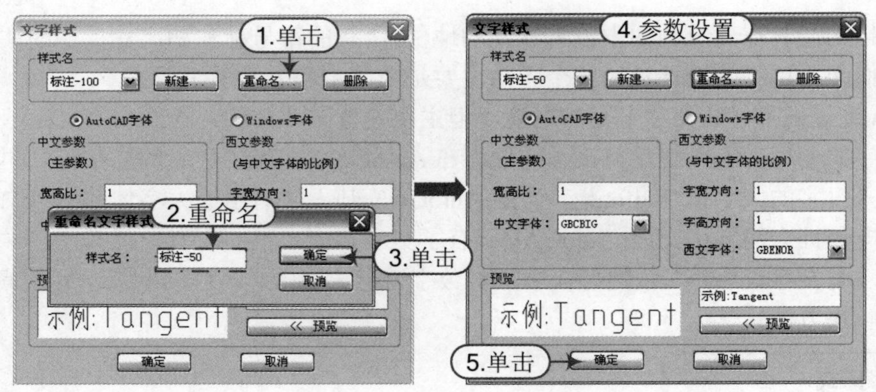

图 11-3 重命名文字样式

- 删除：删除图中没有使用的文字样式，已经使用的样式不能被删除。
- 样式名：显示当前文字样式名，可在下拉列表中切换其他已经定义的样式。
- 宽高比：表示中文字宽与中文字高之比。
- 中文字体：设置组成文字样式的中文字体。
- 字宽方向：表示西文字宽与中文字宽的比。
- 字高方向：表示西文字高与中文字高的比。
- 西文字体：设置组成文字样式的西文字体。
- Windows 字体：使用 Windows 的系统字体 TTF，这些系统字体(如“宋体”等)包含有中文和英文，只需设置中文参数即可。
- 预览：使新字体参数生效，浏览编辑框内文字以当前字体写出的效果。
- 确定：退出样式定义，把“样式名”内的文字样式作为当前文字样式。

技巧：文字样式

> 文字样式由分别设定参数的中西文字体或者 Windows 字体组成，由于天正扩展了 AutoCAD 的文字样式，可以分别控制中英文字体的宽度和高度，达到文字的名义高度与实际可量高度统一的目的，字高由使用文字样式的命令确定。

11.1.2 单行文字

知识要点 “单行文字”命令使用已经建立的天正文字样式，输入单行文字，可以方便为文字设置上下标、加圆圈、添加特殊符号，导入专业词库内容。

执行方法 在天正屏幕菜单中执行“文字表格 | 单行文字”命令。

操作实例 例如，打开“资料\11 章.dwg”文件，在天正屏幕菜单中执行“文字表格 | 单行文字”命令，在弹出的对话框中输入单行文字内容如“天正单行文字输入”，在天正屏幕空白处点取插入点插入即可，如图 11-4 所示。

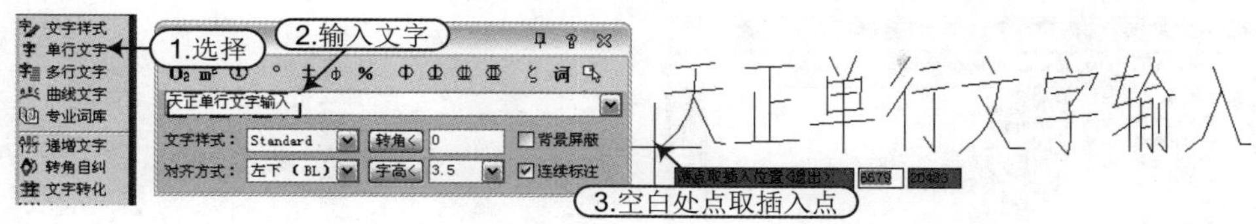

图 11-4 单行文字插入

选项含义在“单行文字”对话框中，各选项的功能与含义如下：

- 文字输入列表：可供键入文字符号；在列表中保存已输入的文字，方便重复输入同类内容，在下拉选择其中一行文字后，该行文字复制到首行。
- 文字样式：在下拉列表中选用已由 AutoCAD 或天正文字样式命令定义的文字样式。
- 对齐方式：选择文字与基点的对齐方式。
- 转 角<：输入文字的转角。
- 字 高<：表示最终图纸打印的字高，而非在屏幕上测量出的字高数值，两者有一个绘图比例值的倍数关系。
- 背景屏蔽：勾选后文字可以遮盖背景例如填充图案。本选项利用 AutoCAD 的 WipeOut 图像屏蔽特性，屏蔽作用随文字移动存在。
- 连续标注：勾选后单行文字可以连续标注。
- 上下标：鼠标选定需变为上下标的部分文字，然后点击上下标图标。
- 加圆圈：鼠标选定需加圆圈的部分文字，然后点击加圆圈的图标。
- 钢筋符号：在需要输入钢筋符号的位置，点击相应的钢筋符号（Φ-一级钢；Φ-二级钢；Φ-三级钢；Φ-四级钢）。
- 其他特殊符号：点击进入特殊字符集，在弹出的对话框中选择需要插入的符号，三角形标高符号需要 Windows 字体支持。
- 词库：单击此按钮，弹出“专业文字”对话框，如图 11-5 所示，可在其列出的专业文字中选择需要的词，单击“确定”按钮即可。
- 屏幕取词：单击此按钮，将回到绘图区域，选择已经创建好的词汇，再次回到“单行文字” 对话框。此时，文本框中生成选中的文字，即可在绘图区域创建当前文字。

技巧：修改单行文字

单行文字的在位编辑：双击图上的单行文字即可进入在位编辑状态，直接在图上显示编辑框，方向总是按从左到右的水平方向方便修改，如图 11-6 所示。

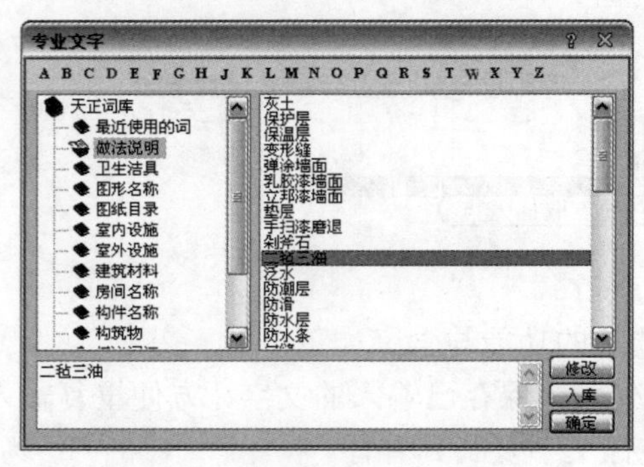

图 11-5　专业文字

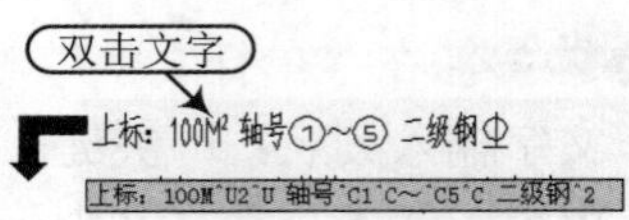

图 11-6　在位编辑

11.1.3　多行文字

知识要点“多行文字”命令使用已经建立的天正文字样式，按段落输入多行中文文字，可以方便设定页宽与硬回车位置，并随时拖动夹点改变页宽。

执行方法在天正屏幕菜单中执行“文字表格｜多行文字”命令(快捷键为“DHWZ”)。

操作实例例如，打开“资料\11 章.dwg”文件，在天正屏幕菜单中执行“文字表格｜多行文字”命令(DHWZ)，在弹出的对话框中输入多行文字内容，在天正屏幕空白处点取插入点插入即可，如图 11-7 所示。

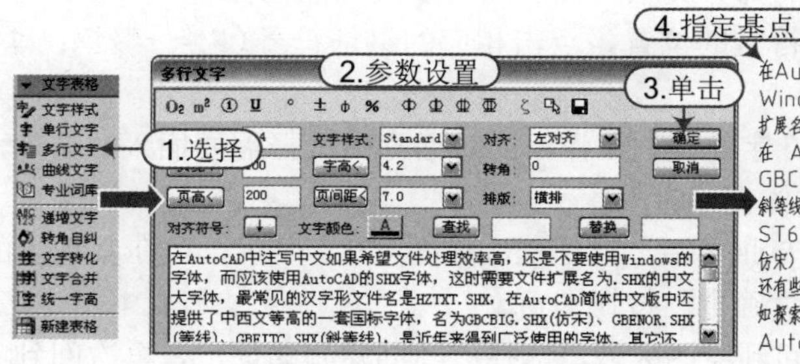

图 11-7　多行文字

选项含义在“多行文字”对话框中，大部分选项与“单行文字”对话框相同，现在仅将多行文字对话框中不同的各选项的功能与含义介绍如下：

- 文字输入列表：可供键入文字符号；在列表中保存已输入的文字，方便重复输入同类内容，在下拉选择其中一行文字后，该行文字复制到首行。
- 文字输入区：在其中输入多行文字，也可以接受来自剪裁板的其他文本编辑内容，如由 Word 编辑的文本可以通过<Ctrl+C>拷贝到剪裁板，再由<Ctrl+V>输入到文字编辑区，在其中随意修改其内容。可以由页宽控制段落的宽度。
- 行距系数：与 AutoCAD 的 MTEXT 中的行距有所不同，本系数表示的是行间的净距，单位是当前的文字高度，比如 1 为两行间相隔一空行，本参数决定整段文字的疏密程度。
- 字高：以毫米单位表示的打印出图后实际文字高度，已经考虑当前比例。
- 对齐：决定了文字段落的对齐方式，共有左对齐、右对齐、中心对齐、两端对齐四种对齐方式。

提示：多行文字编辑

多行文字对象设有两个夹点，左侧的夹点用于整体移动，而右侧的夹点用于拖动改变段落宽度，当宽度小于设定时，多行文字对象会自动换行，而最后一行的结束位置由该对象的对齐方式决定。

多行文字的编辑考虑到排版的因素，默认双击进入多行文字对话框，而不推荐使用在位编辑，但是可通过右键菜单进入在位编辑功能。

11.1.4 曲线文字

知识要点 “曲线文字”命令有两种功能：直接按弧线方向书写中英文字符串，或者在已有的多段线(POLYLINE)上布置中英文字符串，可将图中的文字改排成曲线。

执行方法 在天正屏幕菜单中执行“文字表格｜曲线文字”命令（快捷键为“QXWZ”）。

操作实例 例如，在天正屏幕菜单中执行“文字表格｜曲线文字”命令（QXWZ)，选择直接按弧线方向书写中英文字符串，输入 A，然后按照如下命令行提示进行操作，如图 11-8 所示。

请输入弧线文本圆心位置<退出>:	\\ 点取圆心点
请输入弧线文本中心位置<退出>:	\\ 点取字串中心插入的位置
输入文字:	\\ 这时可以在命令行中键入文字后回车
请输入字高<5>:	\\ 键入新值或回车接受默认值
文字面向圆心排列吗(Yes/No)<Yes>?	\\ 按回车键后即生成按圆弧排列的曲线文字；若在提示中以 N 回应，可使文字背向圆心方向生成

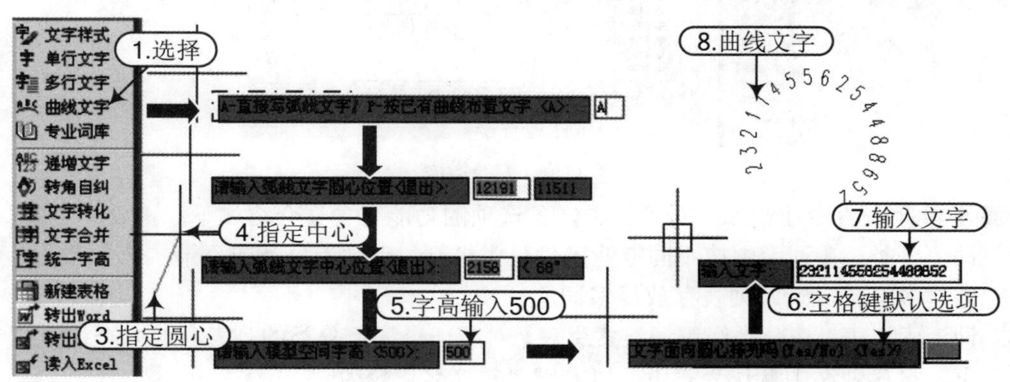

图 11-8 曲线文字

注意：按已有曲线布置文字

执行“曲线文字”命令后，命令行提示时，选择选项 P 可使文字按已有的曲线排列。在使用前，先用 AutoCAD 的 Pline(复线)命令绘制一条曲线，有效的文字基线包括 POLYLINE、ARC、CIRCLE 等图元，其中 POLYLINE 可以经过拟合或者样条化处理。其后提示:

请选取文字的基线<退出>:	\\ 用拾取框拾取作为基线的 POLYLINE 线
输入文字:	\\ 输入欲排在这条 POLYLINE 线上的文字，按回车键结束
请键入字高<5>:	\\ 键入新值或按回车键接受默认值，系统将按等间距将输入的文字沿曲线书写在图上

11.1.5 专业词库

知识要点“专业词库”命令组织一个可以由用户扩充的专业词库，提供一些常用的建筑专业词汇和多行文字段落随时插入图中，词库还可在各种符号标注命令中调用，其中做法标注命令可调用其中北方地区常用的 88J1-X12000 版工程做法的主要内容。

天正建筑提供了以 XML 格式保存的词库数据，并把界面类型显示由列表改为树显示，并可由 dbf，txt 数据源读取数据转化为词库的 xml 文件，或从别的词库 xml 数据文件转化为词库的 xml 文件，同时支持将当前词库中数据导出为 txt 和 xml 文件。

执行方法在天正屏幕菜单中执行“文字表格｜专业词库”命令（快捷键为“ZYCK”）。

操作实例例如，在天正屏幕菜单中执行“文字表格｜专业词库”命令(ZYCK)，将弹出“专业词库”对话框，如图 11-9 所示；可选择对话框中选项进行详细说明后，直接插入图中即可。

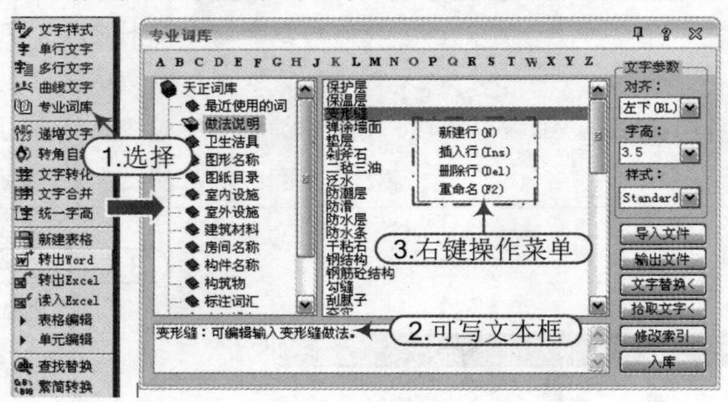

图 11-9 专业词库

选项含义在“专业词库”对话框中，各选项的功能与含义介绍如下：

- 词汇分类：在词库中按不同专业提供分类机制，也称为分类或目录，一个目录下可以创建多个子目录，列表存放很多词汇。
- 词汇索引表：按分类组织词汇索引表，对应一个词汇分类的列表存放多个词汇或者索引，材料做法中默认为索引，以右键“重命名”修改。
- 入库：把编辑框内的内容保存入库，索引区中单行文字全显示，多行文字默认显示第一行，可以通过右键“重命名”修改作为索引名。
- 导入文件：把文本文件中按行作为词汇，导入当前类别(目录)中，有效扩大了词汇量。
- 输出文件：在文件对话框中可选择把当前类别中所有的词汇输出为文本文档或 xml 文档，目前 txt 只支持词条。
- 文字替换<：在对话框中选择好目标文字，然后单击此按钮，按照命令行提示：请选择要替换的文字图元<文字插入>: 选取打算替换的文字对象。
- 拾取文字<：把图上的文字拾取到编辑框中进行修改或替换。

- 修改索引：在文字编辑区修改打算插入的文字(回车可增加行数)，单击此按钮后更新词汇列表中的词汇索引。
- 字母按钮：以汉语拼音的韵母排序检索，用于快速检索到词汇表中与之对应的第一个词汇。

11.1.6 转角自纠

知识要点 “转角自纠”命令用于翻转调整图中单行文字的方向，符合制图标准对文字方向的规定，可以一次选取多个文字一起纠正。

执行方法 在天正屏幕菜单中执行“文字表格｜转角自纠”命令(快捷键为“ZJZJ”)。

操作实例 例如，打开“资料\11 章.dwg”文件，在天正屏幕菜单中执行“文字表格｜转角自纠”命令(ZJZJ)，选择图中的天正文字即可，如图 11-10 所示。

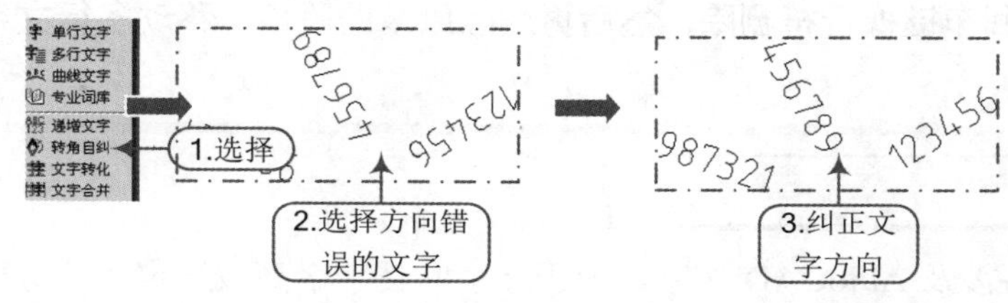

图 11-10　转角自纠

11.1.7 文字转化

知识要点 “文字转化”命令将天正旧版本生成的 AutoCAD 格式单行文字转化为天正文字，保持原来每一个文字对象的独立性，不对其进行合并处理。

执行方法 在天正屏幕菜单中执行“文字表格｜文字转化”命令(快捷键为“WZZH”)。

注意：适用于单行文字

> **“文字转化”命令对 AutoCAD 生成的单行文字起作用，但对多行文字不起作用。**

11.1.8 文字合并

知识要点 “文字合并”命令将天正旧版本生成的 AutoCAD 格式单行文字转化为天正多行文字或者单行文字，同时对其中多行排列的多个 text 文字对象进行合并处理，由用户决定生成一个天正多行文字对象或者一个单行文字对象。

执行方法 在天正屏幕菜单中执行“文字表格｜文字合并”命令(快捷键为“WZHB”)。

操作实例 例如，打开“资料\11 章.dwg”文件，在天正屏幕菜单中执行“文字表格｜文字合并”命令(WZHB)，然后按照如下命令行提示进行操作即可，如图 11-11 所示。

```
请选择要合并的文字段落:                    \\ 一次选择图上的多个文字串，按回车键结束
[合并为单行文字(D)]<合并为多行文字>:       \\ 回车表示默认合并为一个多行文字，键入 D 表示合并为单行文字
移动到目标位置<替换原文字>:                \\ 拖动合并后的文字段落，到目标位置取点定位
```

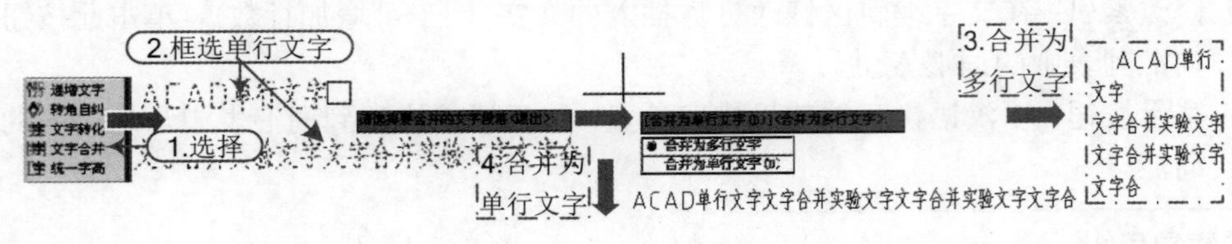

图 11-11　文字合并

技巧：长段落文字合并

如果要合并的文字是比较长的段落，则应该合并为多行文字，否则合并后的单行文字会非常长，在处理设计说明等比较复杂的说明文字的情况下，尽量把合并后的文字移动到空白处，然后使用对象编辑功能，检查文字和数字是否正确，还要把合并后遗留的多余按回车键换行符删除，然后再删除原来的段落，移动多行文字取代原来的文字段落。

11.1.9　统一字高

知识要点 将涉及 AutoCAD 文字，天正文字的文字字高按给定尺寸进行统一。

执行方法 在天正屏幕菜单中执行“文字表格｜统一字高”命令(快捷键为“TYZG”)。

操作实例 例如，打开“资料\11 章.dwg”文件，在天正屏幕菜单中执行“文字表格｜统一字高”命令(TYZG)，选择字高不同的文字后，输入需要的字高即可将所有选中的文字字高统一，如图 11-12 所示。

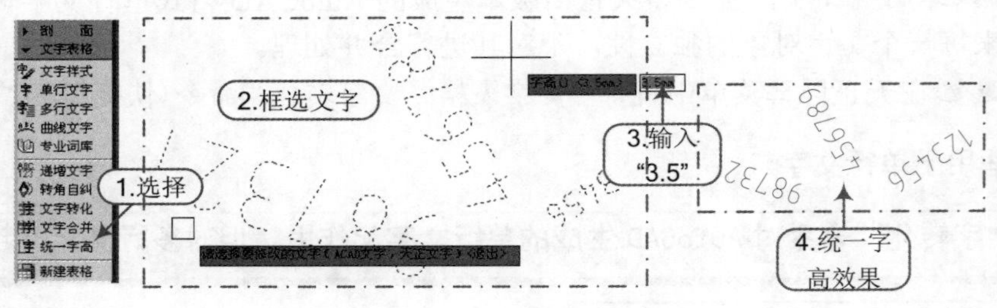

图 11-12　统一字高

11.1.10　查找替换

知识要点 “查找替换”命令查找替换当前图形中所有的文字，包括 AutoCAD 文字、天正文字和包含在其他对象中的文字，在天正建筑中可以查找替换轴号文字和索引图号、索引符号中的圈内文字，搜索范围含图块和外部参照、门窗编号、房间名称等，还提供了丰富的查找设置过滤选项，查找范围扩大到图纸空间布局，增加了加前后缀和增量替换功能。

执行方法 在天正屏幕菜单中执行“文字表格｜查找替换”命令(快捷键为“CZTH”)。

选项含义 例如，打开“资料\11 章.dwg”文件，在天正屏幕菜单中执行“文字表格｜查找替换”命令(CZTH)后弹出的“查找和替换”对话框如图 11-13 所示中，各选项的功能与含义介绍如下：

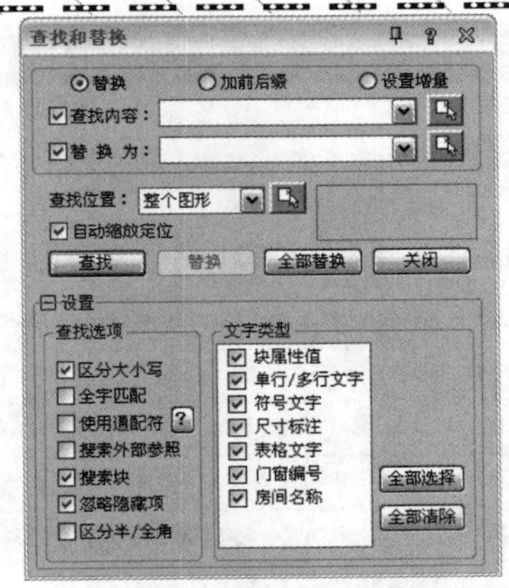

图 11-13 “查找和替换”对话框

■ 替换：对图中或选定范围的所有文字类信息进行查找，按要求进行逐一替换或者全体替换，在搜索过程中在图上找到该文字处显示红框，单击下一个时，红框转到下一个找到文字的位置，查找替换后在右边统计搜索结果，如果显示“共替换 0 个”或者“共找到 0 个”，表示没有找到需要替换的文字或者没有找到需要查找的文字，如图 11-14 所示。

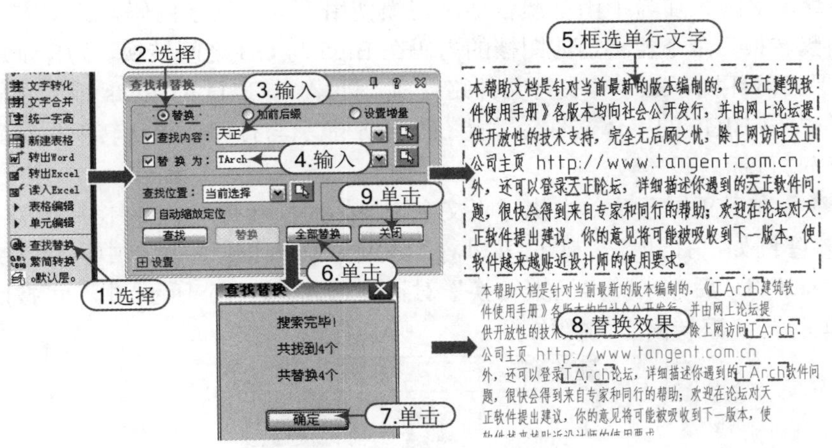

图 11-14 替换文字

■ 加前后缀：对图上的选定文字加前缀或者后缀，用于类似批量添加门窗编号前后缀等场合，前后缀可以同时使用。

■ 设置增量：对图上的选定数值设置增量，一次性把多个数值按增量进行替换，增量为正负整数或小数，但不能是文字、字符和其他符号，也不能为空。

■ 全字匹配：只有完整符合查找内容的字符串才能匹配，例如勾选了“全字匹配”，查找“编号”只能匹配到“编号”，不会查找到“门窗编号”。

■ 使用通配符：通配符是 AutoCAD 平台中程序匹配字符的规则，按同样的原则可以匹配英文字母和汉字字符，部分通配符仅用于数值或英文，在使用通配符时，注意应使用半角字符，不要使用全角字符，“通配符”和“全字匹配”选项不能同时使用，如图 11-15 所示。

字符	定义
#（井号）	匹配任意数字字符
@ (At)	匹配任意字母字符
.（句点）	匹配任意非字母数字字符
*（星号）	匹配任意字符串，可以在搜索字符串的任意位置使用
?（问号）	匹配任意单个字符，例如，?编号 匹配 门编号、窗编号、防火门编号等
~（波浪号）	匹配不包含自身的任意字符串，例如，~*标高* 匹配所有不包含 标高 的字符串
[ ]	匹配括号中包含的任意一个字符，例如，[门窗]编号 匹配 门编号 和 窗编号
[~]	匹配括号中未包含的任意字符，例如，[~ 门窗]编号 匹配 洞口编号 而不匹配 门编号
[-]	指定单个字符的范围，例如，[A-G]C 匹配 AC、BC 等，直到 GC，但不匹配 HC
`（单引号）	逐字读取其后的字符；例如，`~AB 匹配 ~AB

图 11-15　使用通配符

■ 自动缩放定位：此辅助功能，在大图中可以准确找到当前替换的目标位置，在相对合适的大小图面下，不希望缩放时请去除勾选。

11.1.11 简繁转换

知识要点 中国大陆与中国港澳台地区习惯使用不同的汉字内码，给双方的图纸交流带来困难，“简繁转换”命令能将当前图档的内码在 Big5 与 GB 之间转换，为保证此命令的执行成功，应确保当前环境下的字体支持文件路径内，即 AutoCAD 的 fonts 或天正软件安装文件夹 sys 下存在内码 BIG5 的字体文件，才能获得正常显示与打印效果。转换后重新设置文字样式中字体内码与目标内码一致。

执行方法 在天正屏幕菜单中执行“文字表格 | 简繁转换”命令(快捷键为“JFZH”)。

操作实例 例如，打开“资料\11 章.dwg”文件，在天正屏幕菜单中执行“文字表格 | 简繁转换”命令(JFZH)后弹出的“简繁转换”对话框(如图 11-16 所示)中，可按照命令行提示进行“简转繁”与“繁转简”的操作。

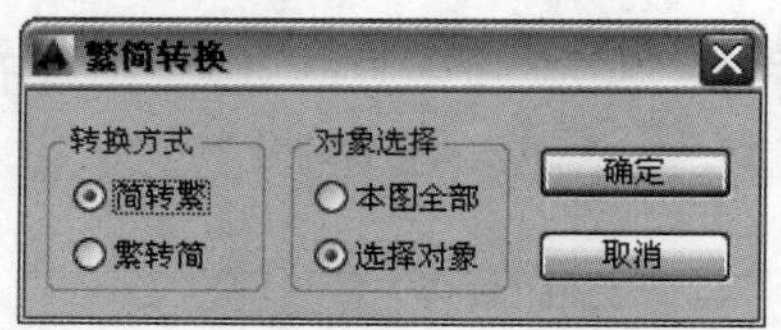

图 11-16　“简繁替换”对话框

11.2 天正表格工具

天正表格是一个具有层次结构的复杂对象，用户应该完整地掌握如何控制表格的外观表现，制作出美观的表格。天正表格对象除了独立绘制外，还在门窗表和图纸目录、窗日照表等处应用。

11.2.1 新建表格

知识要点 “新建表格”命令从已知行列参数通过对话框新建一个表格，提供以最终图纸尺寸值(毫米)为单位的行高与列宽的初始值，考虑了当前比例后自动设置表格尺寸大小。

执行方法 在天正屏幕菜单中执行“文字表格 | 新建表格”命令(快捷键为“XJBG”)。

操作实例 例如，打开“资料\11 章-表格编辑.dwg”文件，在天正屏幕菜单中执行“文字表格｜新建表格”命令(XJBG)，弹出“新建表格”对话框，在对话框中设置表格参数后，单击“确定”按钮，在屏幕空白处指定表格插入点即可，如图 11-17 所示。

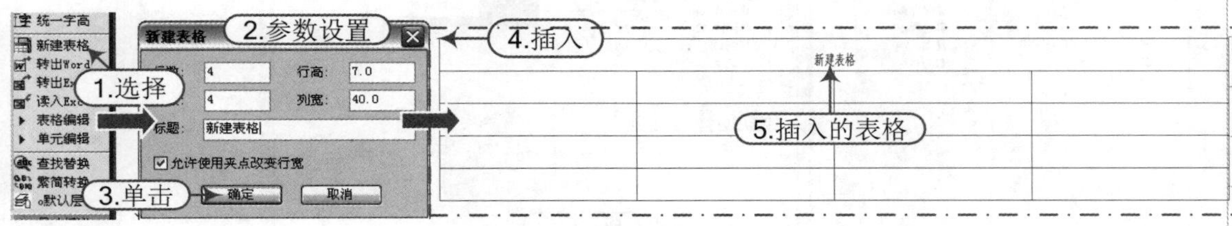

图 11-17 新建表格

提示：在位编辑

> 单击选中表格，双击需要输入的单元格，即可启动“在位编辑”功能，在编辑栏进行文字输入。

11.2.2 全屏编辑

知识要点 “全屏编辑”命令用于从图形中取得所选表格，在对话框中进行行列编辑以及单元编辑，单元编辑也可由在位编辑所取代。

执行方法 在天正屏幕菜单中执行“文字表格｜表格编辑｜全屏编辑”命令(快捷键为“QPBJ”)。

操作实例 例如，打开“资料\11 章-表格编辑.dwg”文件，在天正屏幕菜单中执行“文字表格｜表格编辑｜全屏编辑”命令(快捷键为“QPBJ”)，选择表格后将弹出“表格内容”对话框，在对话框中进行行列编辑以及单元编辑，如图 11-18 所示。

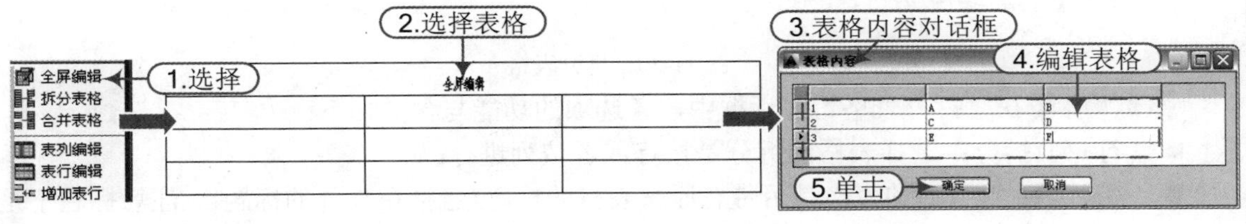

图 11-18 全屏编辑

提示：表格内容

> 在对话框的电子表格中，可以输入各单元格的文字，以及表行、表列的编辑：选择一到多个表行(表列)后右击行(列)首，显示快捷菜单(如图 11-19 所示)(实际行列不能同时选择)，还可以拖动多个表行(表列)实现移动、交换的功能，最后单击“确定”按钮完成全屏编辑操作，全屏编辑界面的最大化按钮适用于大型表格的编辑。

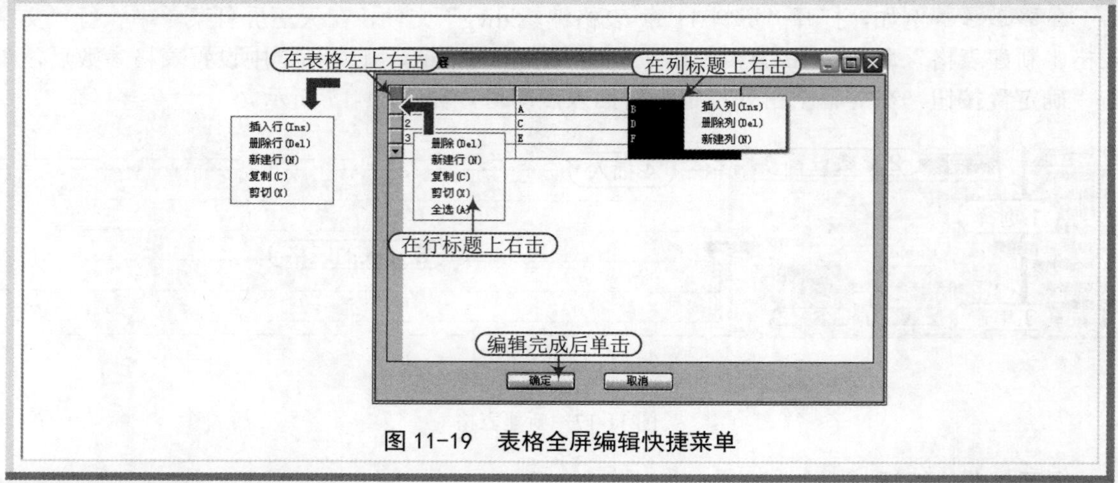

图 11-19　表格全屏编辑快捷菜单

11.2.3 拆分表格

知识要点 “拆分表格”命令把表格按行或者按列拆分为多个表格，也可以按用户设定的行列数自动拆分，有丰富的选项供用户选择，如保留标题、规定表头行数等。

执行方法 在天正屏幕菜单中执行“文字表格 | 表格编辑 | 拆分表格”命令（快捷键为“CFBG”）。

操作实例 例如，打开“资料\11 章-表格编辑.dwg”文件，在天正屏幕菜单中执行“文字表格 | 表格编辑 | 拆分表格”命令(快捷键为“CFBG”)，选择表格后将弹出“拆分表格”对话框，在对话框中设置参数后单击“确定”按钮，最后选择需要拆分的表格即可，如图 11-20 所示。

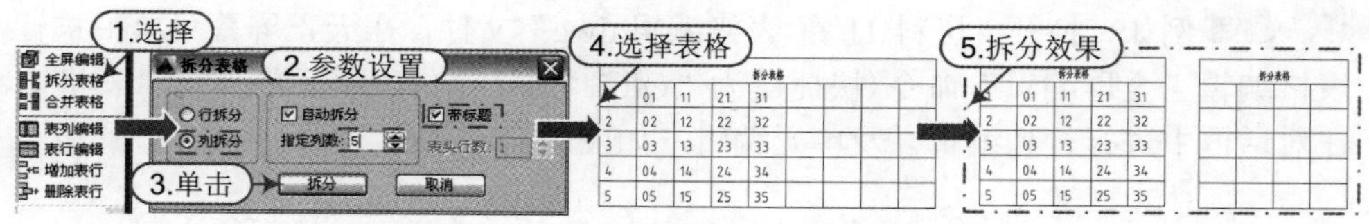

图 11-20　拆分表格

选项含义 在“拆分表格”对话框中，各选项的功能与含义如下：

- 行(列)拆分：选择表格的拆分是按行或者按列进行。
- 带标题：拆分后的表格是否带有原来表格的标题(包括在表外的标题)，注意标题不是表头。
- 表头行数：定义拆分后的表头行数，如果值大于 0，表示按行拆分后的每一个表格以该行数的表头为首，按照指定行数在原表格首行开始复制。
- 自动拆分：按指定行数自动拆分表格；如果不勾选“自动拆分”复选框，此时“指定行数”不可用，按照如下命令行提示进行操作，如图 11-21 所示。

```
请点取要拆分的起始行<退出>:        \\ 点取要拆分为新表格的起始行
请点取插入位置<返回>:              \\ 拖动插入的新表格位置
请点取要拆分的起始行<退出>:        \\ 在新表格中点取继续拆分的起始行
请点取插入位置<返回>:              \\ 拖动插入的新表格位置
```

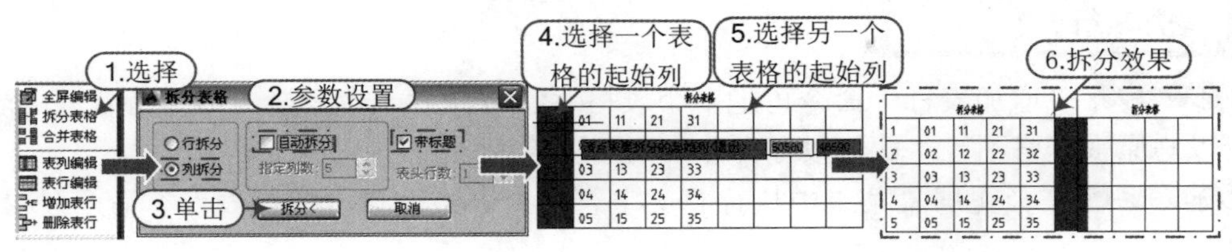

图 11-21 交互拆分表格

■ 指定行数：配合自动拆分输入拆分后，每个新表格不算表头的行数。

11.2.4 合并表格

知识要点 “合并表格”命令可把多个表格逐次合并为一个表格，这些待合并的表格行列数可以与原来表格不等，默认按行合并，也可以改为按列合并。

执行方法 在天正屏幕菜单中执行“文字表格 | 表格编辑 | 合并表格”命令(快捷键为“HBBG”)。

操作实例 例如，打开“资料\11 章-表格编辑.dwg”文件，在天正屏幕菜单中执行“文字表格 | 表格编辑 | 合并表格”命令(快捷键为“HBBG”)，然后按照命令行提示选择“列合并”项，输入“C”后，依次点取第一个表格和下一个表格即可，如图 11-22 所示。

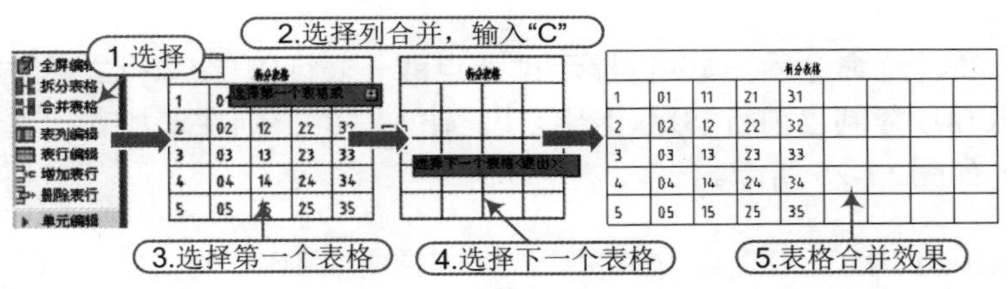

图 11-22 合并表格

注意：表格行数合并

完成后表格行数合并，最终表格行数等于所选择各个表格行数之和，标题保留第一个表格的标题，如图 11-23 所示。

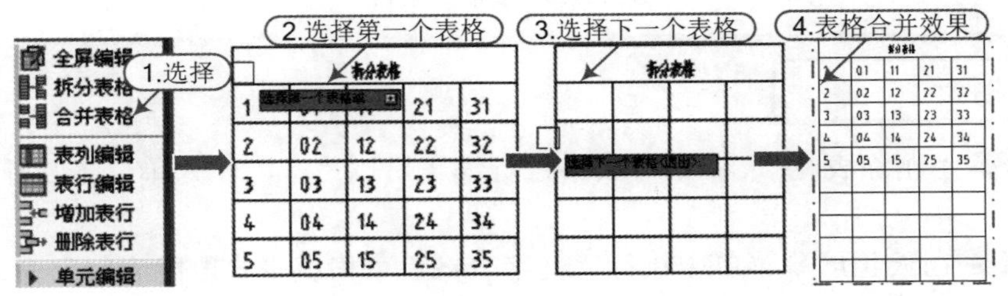

图 11-23 表格行数合并

如果被合并的表格有不同列数，最终表格的列数为最多的列数，各个表格的合并后多余的表头由用户自行删除。

11.2.5 增加表行

知识要点 “增加表行”命令可把多个表格逐次合并为一个表格，这些待合并的表格行列数可以与原来表格不等，默认按行合并，也可以改为按列合并。

执行方法 在天正屏幕菜单中执行“文字表格｜表格编辑｜增加表行”命令(快捷键为“ZJBH”)。

操作实例 例如，打开“资料\11 章-表格编辑.dwg”文件，在天正屏幕菜单中执行“文字表格｜表格编辑｜增加表行”命令(快捷键为“ZJBH”)，点选某一表行即可在其前插入新的表行，如图 11-24 所示。

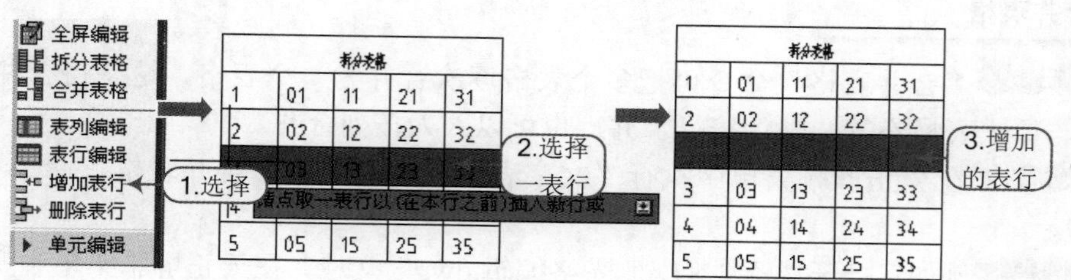

图 11-24 增加表行

注意：命令行提示

执行“增加表行”命令后，命令行提示：“请点取一表行以(在本行之前)插入新行[在本行之后插入(A)/复制当前行(S)]<退出>:”，输入“S”，则在增加表行时，顺带复制当前行内容，如图 11-25 所示。

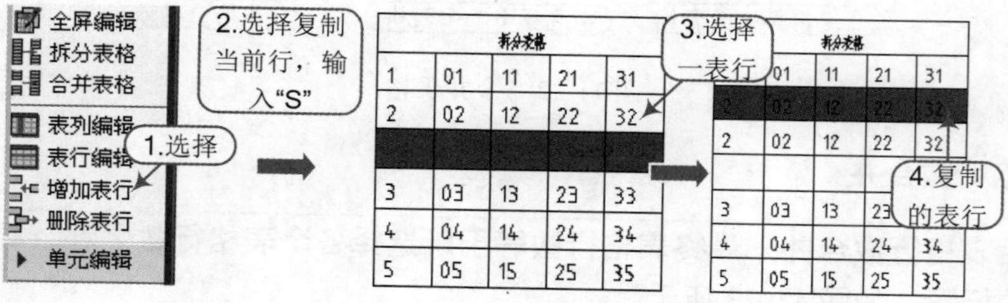

图 11-25 复制当前行

11.2.6 删除表行

知识要点 “删除表行” 命令对表格进行编辑，以“行”作为单位一次删除当前指定的行。

执行方法 在天正屏幕菜单中执行“文字表格｜表格编辑｜删除表行”命令(快捷键为“SCBH”)。

操作实例 例如，打开“资料\11 章-表格编辑.dwg”文件，在天正屏幕菜单中执行“文字表格｜表格编辑｜删除表行”命令(快捷键为“SCBH”)，点选某一表行即可删除该表行，如图 11-26 所示。

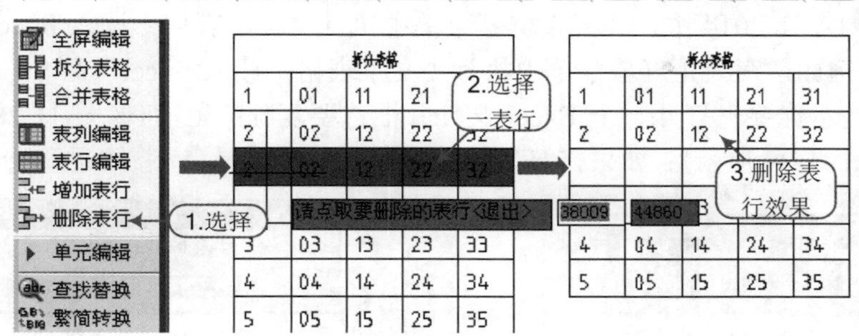

图 11-26 删除表行

11.2.7 转出 Word

知识要点 天正提供了与 Word 之间导出表格文件的接口，把表格对象的内容输出到 Word 文件中，供用户在其中制作报告文件。

执行方法 在天正屏幕菜单中执行“文字表格 | 转出 Word”命令。

操作实例 例如，打开“资料\11 章-表格编辑.dwg”文件，在天正屏幕菜单中执行“文字表格 | 转出 Word”命令，直接选择表格并按 Enter 键结束选择即可将天正表格转到 Word 文档，如图 11-27 所示。

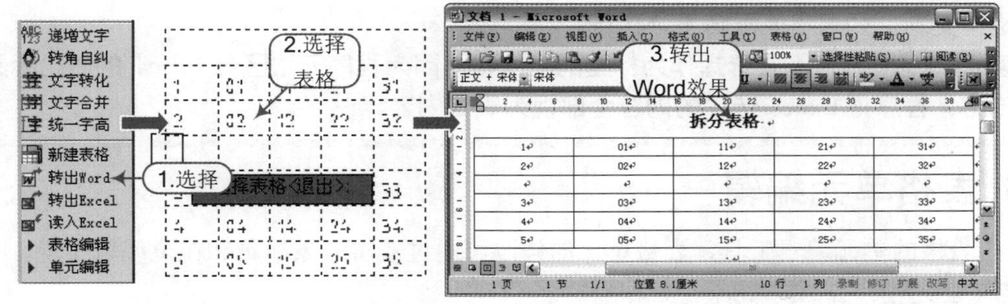

图 11-27 转出 Word

11.2.8 转出 Excel

知识要点 天正提供了天正建筑与 Excel 之间交换表格文件的接口，把表格对象的内容输出到 Excel 中，供用户在其中进行统计和打印，还可以根据 Excel 中的数据表更新原有的天正表格；当然也可以读入 Excel 中建立的数据表格，创建天正表格对象。

执行方法 在天正屏幕菜单中执行“文字表格 | 转出 Excel”命令。

操作实例 例如，“转出 Excel”与“转出 Word”操作一样。在天正屏幕菜单中执行“文字表格 | 转出 Excel”命令，直接选择表格并按 Enter 键结束选择即可将天正表格转到 Excel 文档。

11.2.9 读入 Excel

知识要点 把当前 Excel 表单中，选中的数据更新到指定的天正表格中，支持 Excel 中保留的小数位数。

执行方法 TArch 2014 中，在天正屏幕菜单中执行“文字表格 | 读入 Excel”命令。

操作实例 例如，在天正屏幕菜单中执行“文字表格 | 读入 Excel”命令，如果没有打开 Excel 文件，会提示你要先打开一个 Excel 文件并框选要复制的范围(如图 11-28 所示)，接着显示对话框(如图 11-29 所示)；如果打算“新建表格”，单击“是(Y)”按钮,命令行提示如下：

图 11-28　提示框

图 11-29　对话框

请点取表格位置或 [参考点(R)]<退出>:　　　　\\ 给出新建表格对象的位置

如果打算“更新表格”，命令行提示：

请点取表格对象<退出>:　　　　\\选择已有的一个表格对象

注意：读入 Excel

“读入 Excel”命令要求事先在 Excel 表单中选中一个区域，系统根据 Excel 表单中选中的内容，新建或更新天正的表格对象，在更新天正表格对象的同时，检验 Excel 选中的行列数目与所点取的天正表格对象的行列数目是否匹配，按照单元格一一对应地进行更新，如果不匹配将拒绝执行。

读入 Excel 时，不要选择作为标题的单元格，因为程序无法区分 Excel 的表格标题和内容。程序把 Excel 选中的内容全部视为表格内容。

11.3 表格单元编辑

介绍表格的单元编辑工具，表格单元的修改可通过双击对象编辑和在位编辑实现。

11.3.1 单元编辑

知识要点 “单元编辑”命令启动单元编辑对话框，可方便地编辑该单元内容或改变单元文字的显示属性,实际上可以使用在位编辑取代,双击要编辑的单元即可进入在位编辑状态,可直接对单元内容进行修改。

执行方法 在天正屏幕菜单中执行“文字表格 | 单元编辑”命令(快捷键为“DYBJ”)。

操作实例 例如，打开“资料\11 章-表格编辑.dwg”文件，在天正屏幕菜单中执行“文字表格 | 单元编辑”命令(DYBJ)，按照命令行提示选择一个单元格，将弹出“单元格编辑”对话框，在对话框中编辑好单元格内容及设置参数后，单击“确定”按钮即可，如图 11-30 所示。

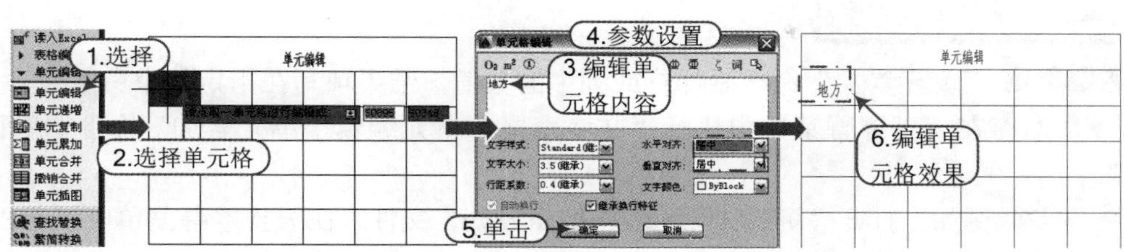

图 11-30 单元编辑

11.3.2 单元递增

知识要点 “单元递增”命令将含数字或字母的单元文字内容在同一行或一列复制，并同时将文字内的某一项递增或递减，同时按 Shift 为直接拷贝，按 Ctrl 为递减。

执行方法 在天正屏幕菜单中执行“文字表格 | 单元编辑 | 单元递增”命令（快捷键为“DYDZ”）。

操作实例 例如，打开“资料\11 章-表格编辑.dwg”文件，在天正屏幕菜单中执行“文字表格 | 单元编辑 | 单元递增”命令（DYDZ），根据命令行提示，首先选择第一个单元格“地方 1”，然后选取最后一个单元格即可，如图 11-31 所示。

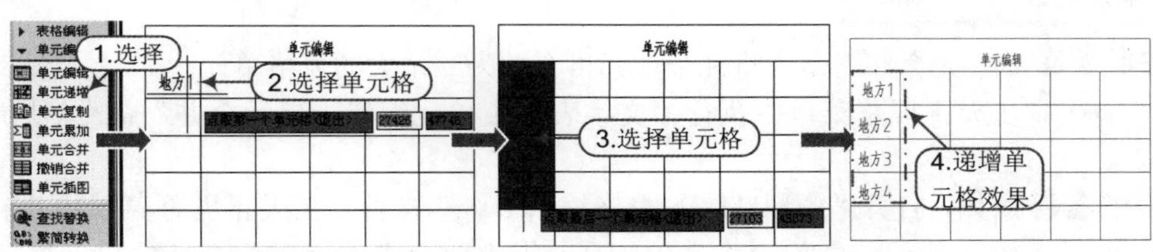

图 11-31 单元递增

11.3.3 单元复制

知识要点 “单元复制”命令复制表格中某一单元格内容或者图内的文字至目标单元格。

执行方法 在天正屏幕菜单中执行“文字表格 | 单元编辑 | 单元复制”命令（快捷键为“DYFZ”）。

操作实例 例如，打开“资料\11 章-表格编辑.dwg”文件，在天正屏幕菜单中执行“文字表格 | 单元编辑 | 单元复制”命令（DYFZ），按照命令行提示，选取源单元格后点取粘贴到的单元格即可，如图 11-32 所示。

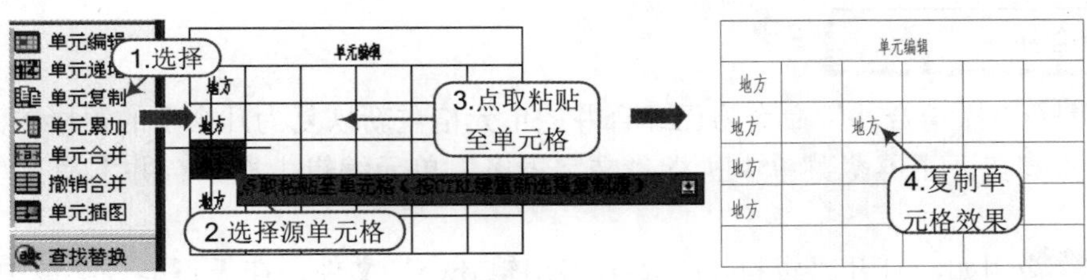

图 11-32 单元复制

11.3.4 单元累加

知识要点 “单元累加”命令累加行或列中的数值，结果填写在指定的空白单元格中。

执行方法 在天正屏幕菜单中执行“文字表格 | 单元编辑 | 单元累加”命令(快捷键为“DYLJ”)。

操作实例 例如，打开“资料\11 章-表格编辑.dwg”文件，在天正屏幕菜单中执行“文字表格 | 单元编辑 | 单元累加”命令(DYLJ)，按照命令行提示，首先点取第一个需累加的单元格，然后点取最后一个需累加的单元格，最后点取存放累加结果的单元格，如图 11-33 所示。

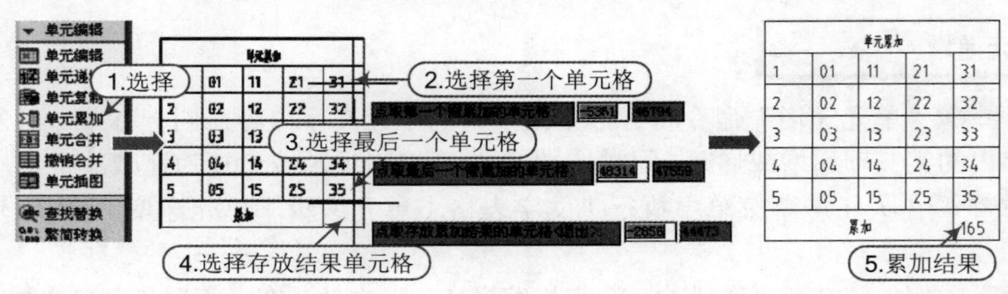

图 11-33　单元累加

11.3.5 单元合并

知识要点 “单元合并”命令将几个单元格合并为一个大的表格单元。

执行方法 在天正屏幕菜单中执行“文字表格 | 单元编辑 | 单元合并”命令(快捷键为“DYHB”)。

操作实例 例如，打开“资料\11 章-表格编辑.dwg”文件，在天正屏幕菜单中执行“文字表格 | 单元编辑 | 单元合并”命令(DYHB)，指定两角点选择需要合并的单元格即可，如图 11-34 所示。

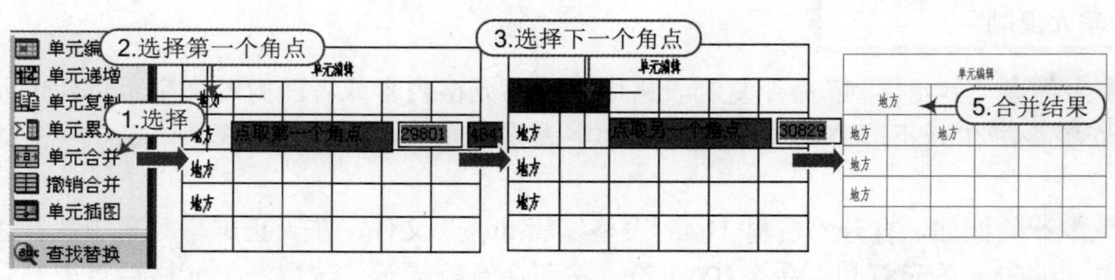

图 11-34　单元合并

11.3.6 撤销合并

知识要点 “撤销合并”命令将已经合并的单元格重新恢复为几个小的表格单元。

执行方法 在天正屏幕菜单中执行“文字表格 | 单元编辑 | 撤销合并”命令(快捷键为“CXHB”)。

操作实例 例如，打开“资料\11 章-表格编辑.dwg”文件，在天正屏幕菜单中执行“文字表格 | 单元编辑 | 撤销合并”命令(CXHB)，点取已经合并的单元格即可，如图 11-35 所示。

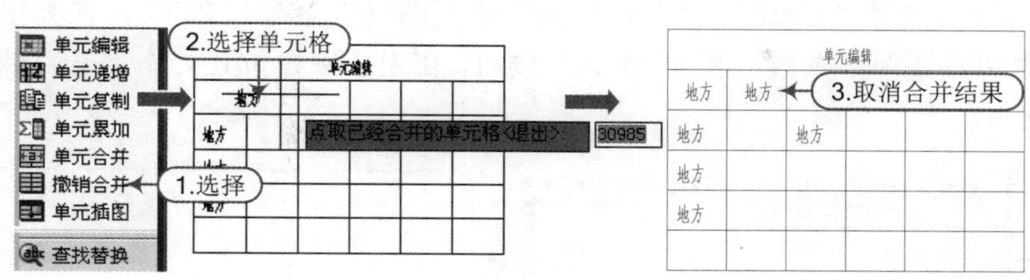

图 11-35　撤销合并

11.3.7 单元插图

知识要点“单元插图”命令将 AutoCAD 图块或者天正图块插入到天正表格中的指定一个或者多个单元格，配合“单元编辑”和“在位编辑”可对已经插入图块的表格单元进行修改。

执行方法在天正屏幕菜单中执行“文字表格 | 单元编辑 | 单元插图”命令(快捷键为“DYCT”)。

操作实例例如，打开“资料\11 章-表格编辑.dwg”文件，在天正屏幕菜单中执行“文字表格 | 单元编辑 | 单元插图”命令(DYCT)，在随后弹出的“单元插图”对话框中单击“从图库选…”按钮，接着显示“天正图库管理系统”对话框，双击选择的图案，返回到“单元插图”对话框，不必关闭对话框，直接点取插入单元格即可，如图 11-36 所示。

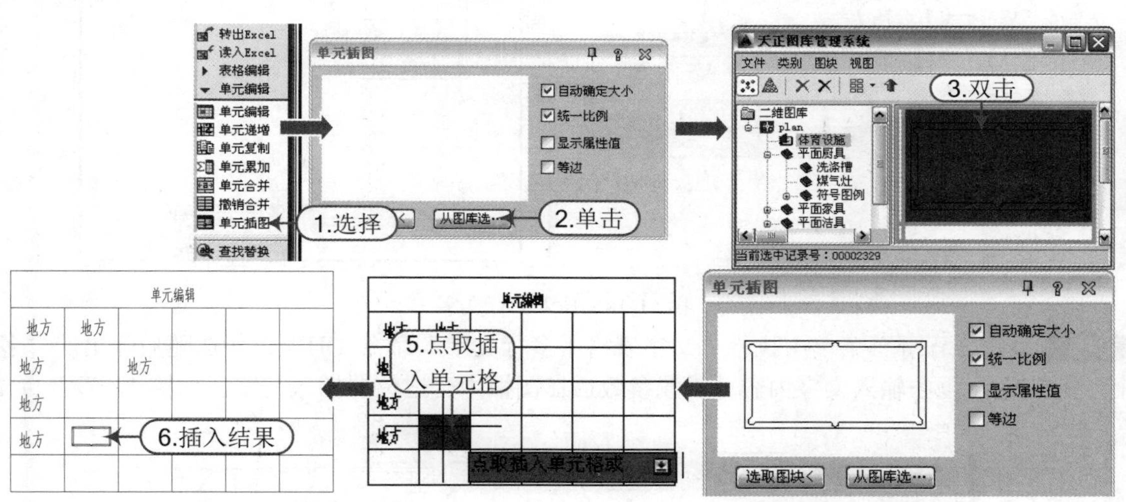

图 11-36　单元插图

11.4 综合练习——建筑设计说明

案例	建筑设计说明.dwg	视频	建筑设计说明.avi

实战要点：①创建文字；②创建表格；③插入图框；④编辑文字。

操作步骤

步骤 01 正常启动 TArch 2014 软件，系统自动创建一个空白文档，将文件保存为“案例\11\建筑设计说明.dwg”文件。

步骤 02 在天正屏幕菜单中执行“文件布图｜插入图框”命令(CRTK)，在弹出的“插入图框”对话框中设置图框参数，单击“插入”按钮，在天正空白位置处指定基点插入图框，如图 11-37 所示。

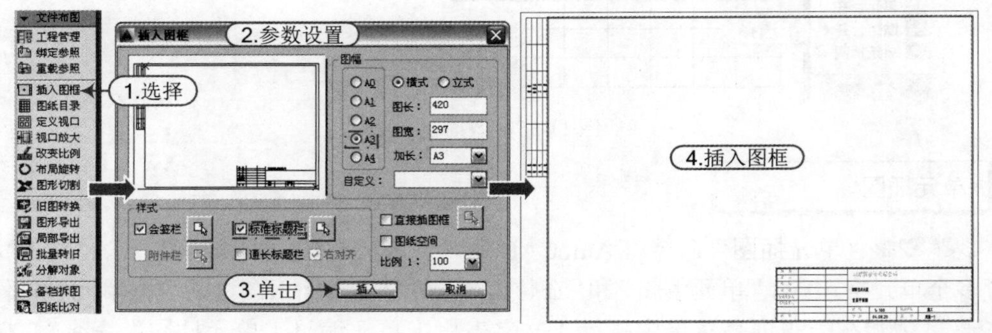

图 11-37 插入图框

步骤 03 在天正屏幕菜单中执行“文字表格｜单行文字”命令，在随后弹出的“单行文字”对话框中输入文字内容并设置参数后在图框中合适位置插入文字，如图 11-38 所示。

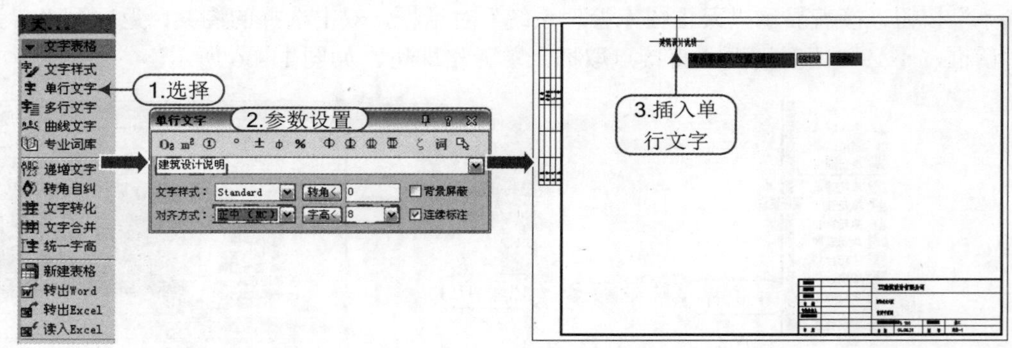

图 11-38 插入单行文字

步骤 04 在天正屏幕菜单中执行“文字表格｜多行文字”命令(DHWZ)，在随后弹出的“多行文字”对话框中输入文字内容并设置参数后在图框中合适位置插入文字，如图 11-39 所示。

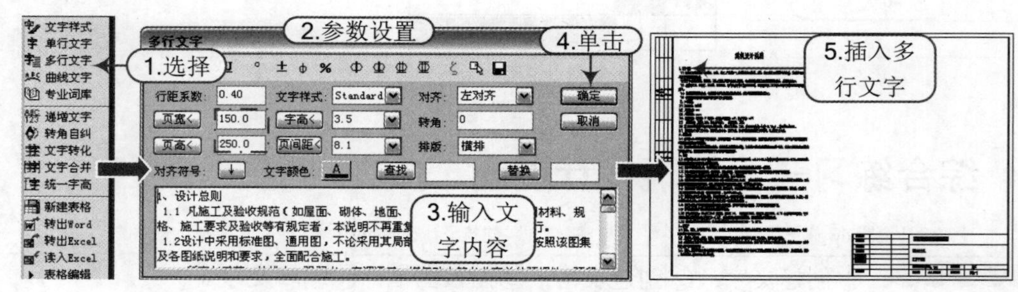

图 11-39 插入多行文字（一）

步骤 05 再次执行“文字表格｜多行文字”命令(DHWZ)，将余下的设计说明插入图框，如图 11-40 所示。

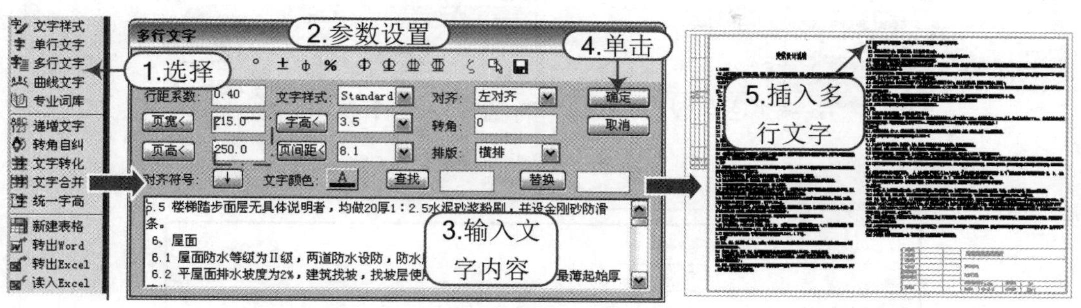

图 11-40 插入多行文字（二）

步骤 06 再次执行“文件布图｜插入图框”命令（CRTK），插入 A4 图框；执行 CAD“复制”命令（CO），将 A3 图框中单行文字复制到 A4 图框中，并修改为“建筑设计说明（二）”，同样，将 A3 图框中当行文字修改为“建筑设计说明（一）”；再次执行“文字表格｜多行文字”命令(DHWZ)，将余下的设计说明插入 A4 图框，如图 11-41 所示。

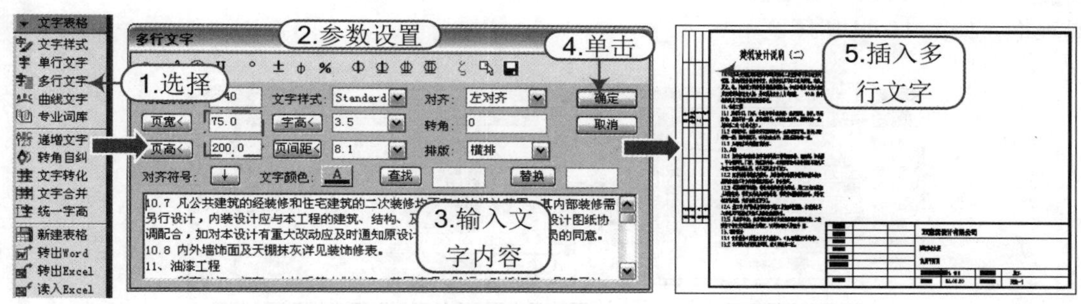

图 11-41 插入 A4 图框和复制多行文字

步骤 07 在天正屏幕菜单中执行“文字表格｜新建表格”命令(XJBG)，在随后弹出的“新建表格”对话框中输入文字内容并设置参数后在图框中合适位置插入表格，如图 11-42 所示。

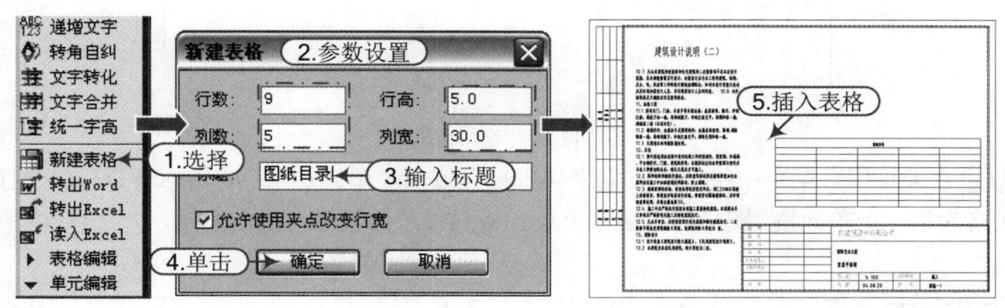

图 11-42 新建表格

步骤 08 双击“图纸目录”表格，在弹出的“表格设定”对话框中，设置表格边框线宽为“0.5（粗）”，标题文字高度为“5.0”，如图 11-43 所示。

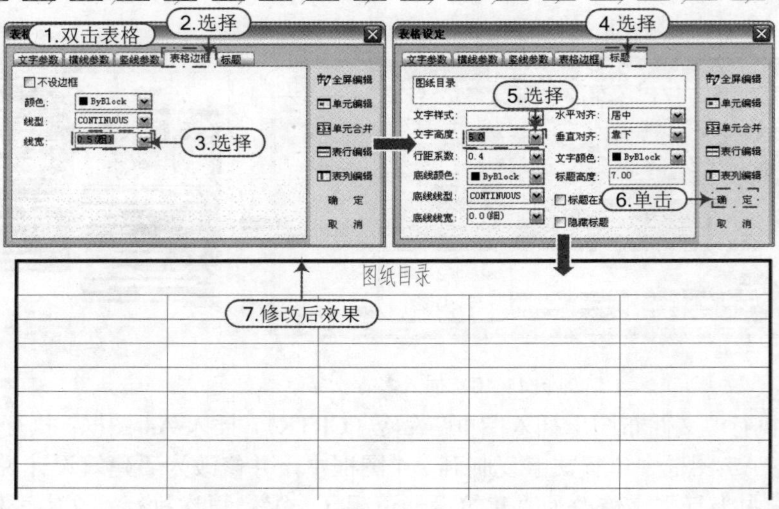

图 11-43　表格编辑

步骤 09 双击“图纸目录”表格，在弹出的“表格设定”对话框中，单击“全屏编辑”按钮，编辑表格，如图 11-44 所示。

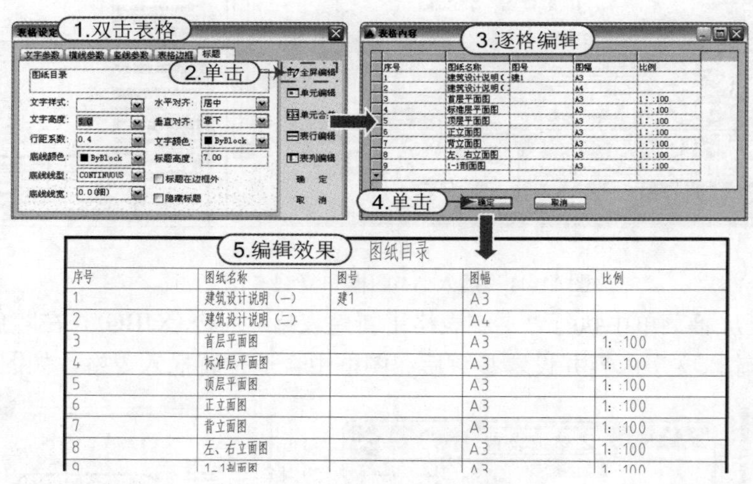

图 11-44　全屏编辑

步骤 10 在天正屏幕菜单中执行“文字表格 | 单元编辑 | 单元递增”命令(DYDZ)，选择“建1”单元格为第一个单元格，图号列最后一个单元格为目录的最后一个单元格，如图 11-45 所示。

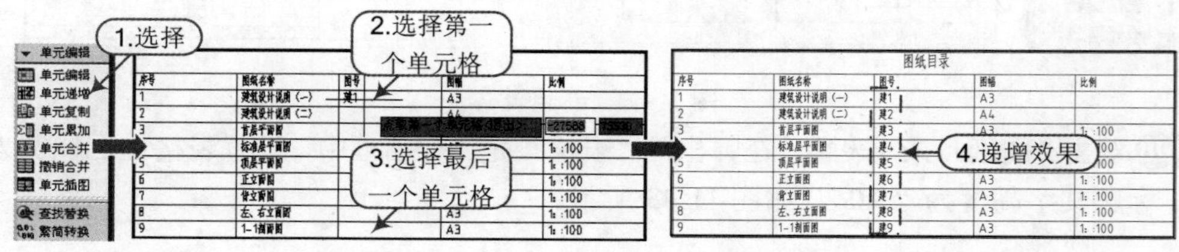

图 11-45　单元递增

步骤 11 在“工程管理”面板中，打开“某住宅楼立面.tpr”工程文件，展开“图纸”，在“图纸目录”上单击右键，从弹出的快捷菜单中执行“添加图纸”命令，将“案例\11\建筑设计说明.dwg”文件置入其中，如图 11-46 所示。

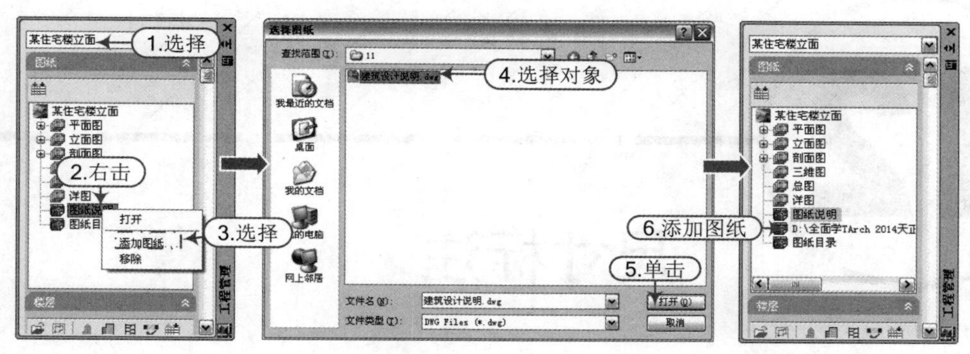

图 11-46 添加图纸

步骤 12 最后，在键盘上按“Ctrl+S”组合键进行保存。

尺寸标注

本章导读

尺寸标注是设计图纸中的重要组成部分，图纸中的尺寸标注在国家颁布的建筑制图标准中有严格的规定，直接沿用 AutoCAD 本身提供的尺寸标注命令不适合建筑制图的要求，特别是编辑尺寸尤其显得不便，为此天正提供了自定义的尺寸标注系统，取代了 AutoCAD 的尺寸标注功能。

本章内容

- 尺寸标注的创建
- 尺寸标注的编辑
- 综合练习——某住宅楼尺寸标注

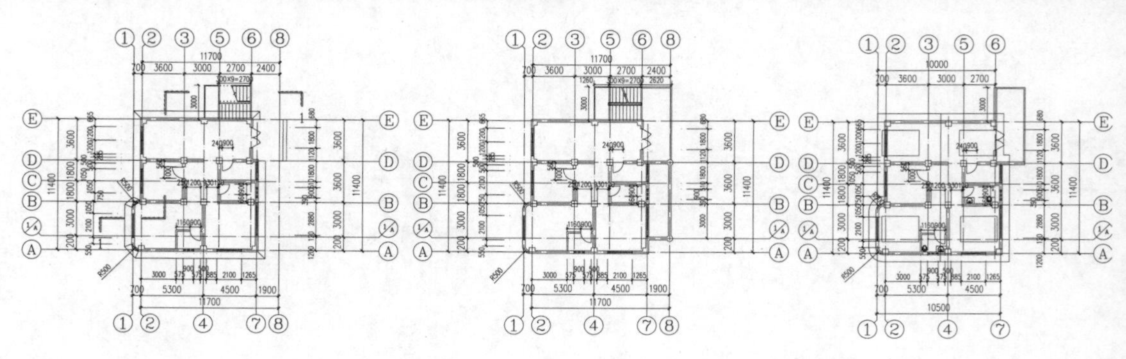

12.1 尺寸标注的创建

尺寸标注是设计图纸中的重要组成部分，图纸中的尺寸标注在国家颁布的建筑制图标准中有严格的规定，直接沿用 AutoCAD 本身提供的尺寸标注命令不适合建筑制图的要求，特别是编辑尺寸尤其显得不便，为此天正软件提供了自定义的尺寸标注系统，完全取代了 AutoCAD 的尺寸标注功能。

12.1.1 门窗标注

知识要点“门窗标注”命令适合标注建筑平面图的门窗尺寸，有两种使用方式：

1）在平面图中参照轴网标注的第一、二道尺寸线，自动标注直墙和圆弧墙上的门窗尺寸，生成第三道尺寸线。

2）在没有轴网标注的第一、二道尺寸线时，在用户选定的位置标注出门窗尺寸线。

执行方法在天正屏幕菜单中执行“尺寸标注丨门窗标注”命令（快捷键为“MCBZ”）。

操作实例例如，在“资料\门窗.dwg”文件中，在天正屏幕菜单中执行“尺寸标注丨门窗标注”命令(MCBZ)，根据如下命令行提示进行操作，如图 12-1 所示。

```
请用线选第一、二道尺寸线及墙体
起点<退出>:        \\ 在第一道尺寸线外面不远处取一个点 P1
终点<退出>:        \\ 在外墙内侧取一个点 P2，系统自动定位置绘制该段墙体的门窗标注
选择其他墙体:      \\ 添加被内墙断开的其他要标注墙体，回车结束命令
```

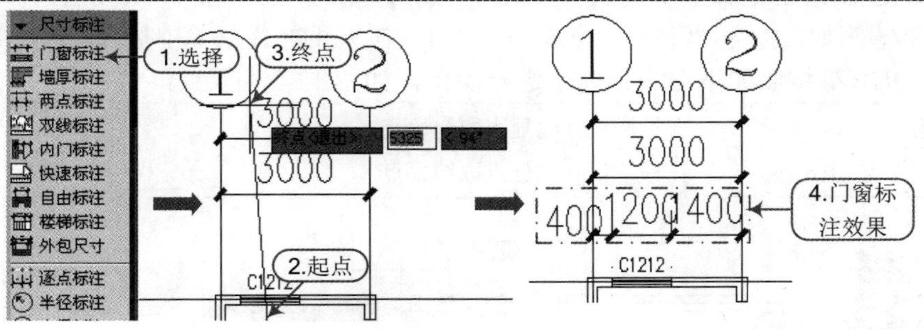

图 12-1 门窗标注

12.1.2 门窗标注的联动

知识要点“门窗标注”命令创建的尺寸对象与门窗宽度具有联动的特性，在发生包括门窗移动、夹点改宽、对象编辑、特性编辑(Ctrl+1)和格式刷特性匹配，使门窗宽度发生线性变化时，线性的尺寸标注将随门窗的改变联动更新；门窗的联动范围取决于尺寸对象的联动范围设定，即由起始尺寸界线、终止尺寸界线以及尺寸线和尺寸关联夹点所围合范围内的门窗才会联动，避免发生误操作。

沿着门窗尺寸标注对象的起点、中点和结束点共提供了三个尺寸关联夹点，其位置可以通过鼠标拖动改变，对于任何一个或多个尺寸对象可以在特性表中设置联动是否启用。

操作实例接上例，执行 CAD“移动”命令(M)将 C1212 向右移动 400，门窗联动效果如图 12-2 所示。

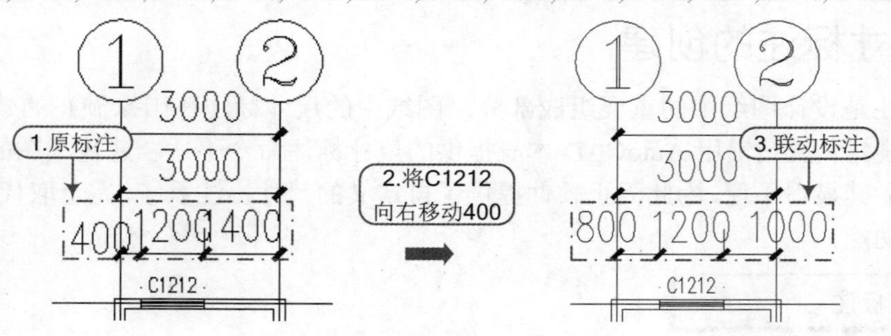

图 12-2　门窗联动效果

注意：其他窗

> 目前带形窗与角窗（角凸窗）、弧窗还不支持门窗标注的联动；通过镜像、复制创建新门窗不属于联动，不会自动增加新的门窗尺寸标注。

12.1.3　墙厚标注

知识要点“墙厚标注”命令在图中一次标注两点连线经过的一至多段天正墙体对象的墙厚尺寸，标注中可识别墙体的方向，标注出与墙体正交的墙厚尺寸，在墙体内有轴线存在时标注以轴线划分的左右墙宽，墙体内没有轴线存在时标注墙体的总宽。

执行方法在天正屏幕菜单中执行“尺寸标注｜墙厚标注”命令（快捷键为“QHBZ”）。

操作实例例如，打开“资料\门窗.dwg”文件，在天正屏幕菜单中执行“尺寸标注｜墙厚标注”命令（QHBZ）按照如下命令行提示进行操作，如图 12-3 所示。

```
直线第一点<退出>:      \\ 在标注尺寸线处点取起始点
直线第二点<退出>:      \\ 在标注尺寸线处点取结束点
```

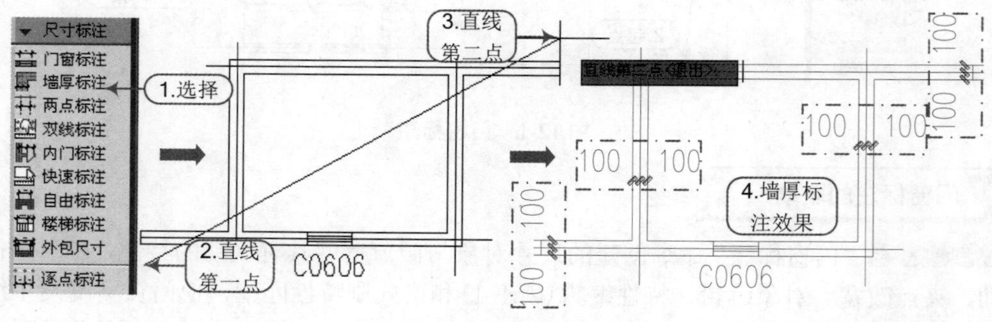

图 12-3　墙厚标注

12.1.4　两点标注

知识要点“两点标注”命令为两点连线附近有关系的轴线、墙线、门窗、柱子等构件标注尺寸，并可标注各墙中点或者添加其他标注点，热键 U 可撤销上一个标注点。

执行方法在天正屏幕菜单中执行“尺寸标注｜两点标注”命令（快捷键为“LDBZ”）。

操作实例例如，打开“资料\门窗.dwg”文件，在天正屏幕菜单中执行“尺寸标注｜两点标注”命令(LDBZ)，按照如下命令行提示进行操作，如图 12-4 所示。

```
选择起点(当前墙面标注)或 [墙中标注(C)]<退出>: \\ 在标注尺寸线一端点取起始点
选择终点<退出>: \\ 在标注尺寸线另一端点取结束点
选择标注位置点: \\ 通过光标移动的位置，程序自动搜索离尺寸段最
    近的墙体上的门窗和柱子对象，靠近哪侧的墙体，
    该侧墙上的门窗、柱子对象的尺寸线会被预览出来
选择终点或门窗柱子: \\ 可继续选择门窗柱子标注，按回车键结束选择
```

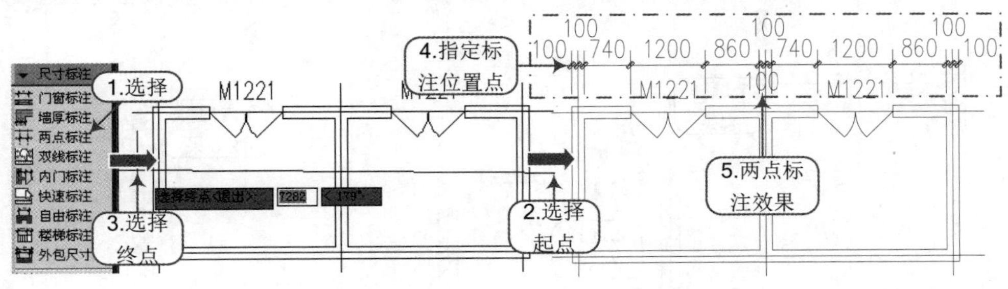

图 12-4 两点标注

技巧：对象捕捉取点

> **取点时可选用有对象捕捉(快捷键 F3 切换)的取点方式定点，天正将前后多次选定的对象与标注点一起完成标注。**

12.1.5 内门标注

知识要点“内门标注”命令为两点标注的衍生命令，可标注附近有关系的轴线、墙线、门窗、柱子等构件标注尺寸及外包尺寸，并可标注各墙中点或者添加其他标注点。

执行方法在天正屏幕菜单中执行“尺寸标注 | 内门标注”命令(快捷键为“NMBZ”)。

操作实例例如，打开“资料\门窗.dwg”文件，在天正屏幕菜单中执行“尺寸标注 | 内门标注”命令(NMBZ)，按照如图 12-5 所示进行操作。

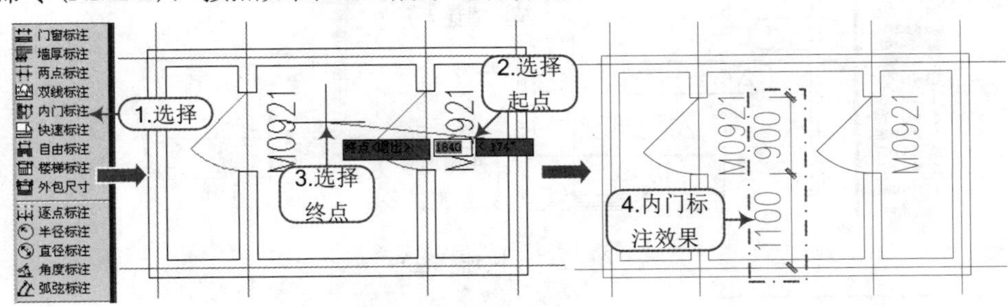

图 12-5 内门标注

注意：起、终点的选择

> **“内门标注”命令中选择内门时起点和终点选择不同效果不同，如图 12-6 所示。**

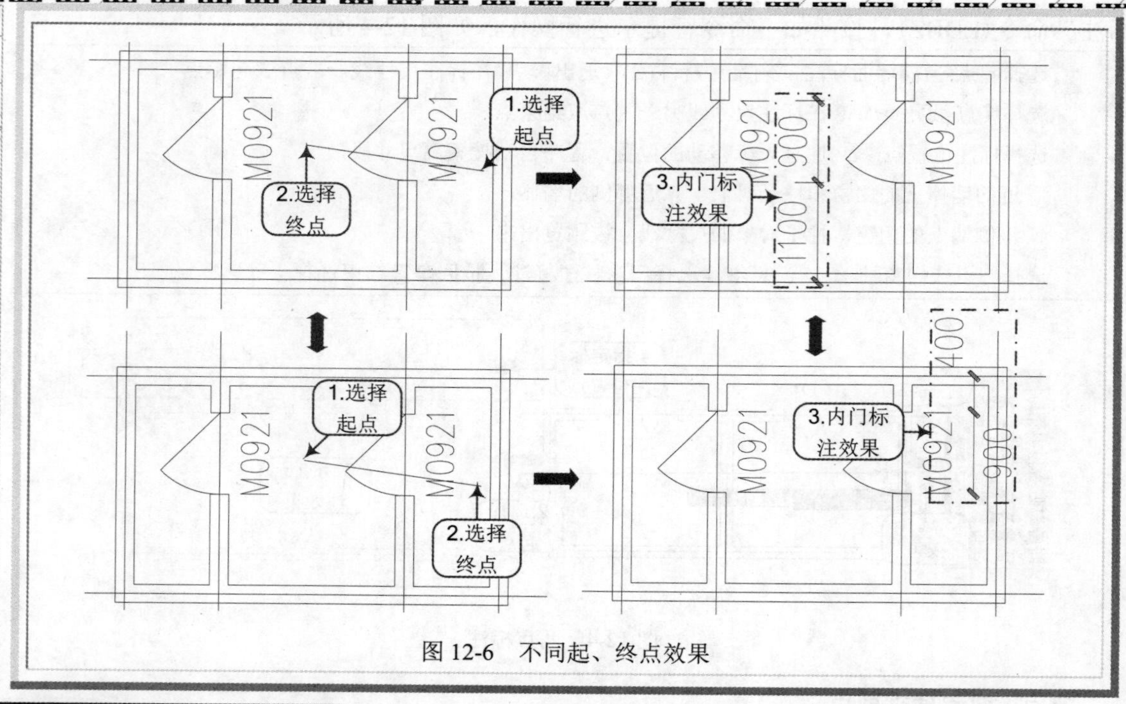

图 12-6　不同起、终点效果

12.1.6 快速标注

知识要点“快速标注”命令适用于天正实体对象，包括墙体、门窗、柱子对象，可以将所选范围内的天正实体对象进行快速批量标注。

执行方法在天正屏幕菜单中执行“尺寸标注｜快速标注”命令(快捷键为“KSBZ”)。

操作实例例如，打开“资料\门窗.dwg”文件，在天正屏幕菜单中执行“尺寸标注｜快速标注”命令(KSBZ)，按照命令行提示：“请选择需要尺寸标注的实体:”，此时框选平面图后按空格键结束选择即可，如图 12-7 所示。

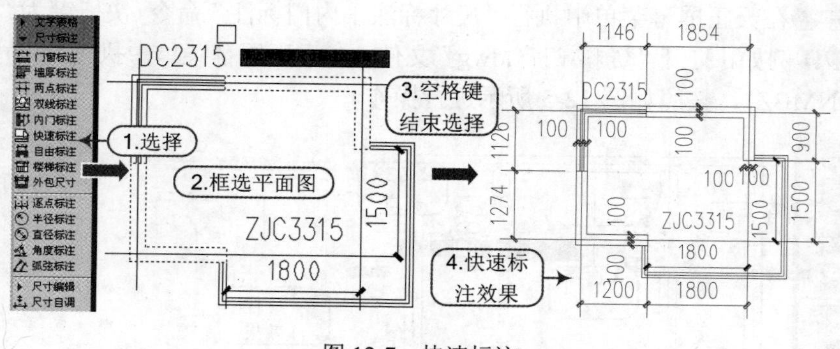

图 12-7　快速标注

12.1.7 逐点标注

知识要点“逐点标注”命令是一个通用的灵活标注工具，对选取的一串给定点沿指定方向和选定的位置标注尺寸。特别适用于没有指定天正对象特征，需要取点定位标注的情况，以及其他标注命令难以完成的尺寸标注。

执行方法 在天正屏幕菜单中执行“尺寸标注 | 逐点标注”命令(快捷键为“ZDBZ”)。

操作实例 例如，打开“资料\门窗.dwg”文件，在天正屏幕菜单中执行“尺寸标注 | 逐点标注”命令(ZDBZ)，按照如下命令行提示进行操作，如图 12-8 所示。

```
起点或 [参考点(R)]<退出>:          \\ 点取第一个标注点作为起始点
第二点<退出>:     \\ 点取第二个标注点
请点取尺寸线位置或 [更正尺寸线方向(D)]<退出>:       \\ 拖动尺寸线，点取尺寸线就位点，或键入
   D 选取线或墙对象用于确定尺寸线方向
请输入其他标注点或 [撤销上一标注点(U)]<结束>:       \\ 逐点给出标注点，并可以回退
   ......                                           \\......
请输入其他标注点或 [撤销上一标注点(U)]<结束>:       \\ 继续取点，以回车结束命令
```

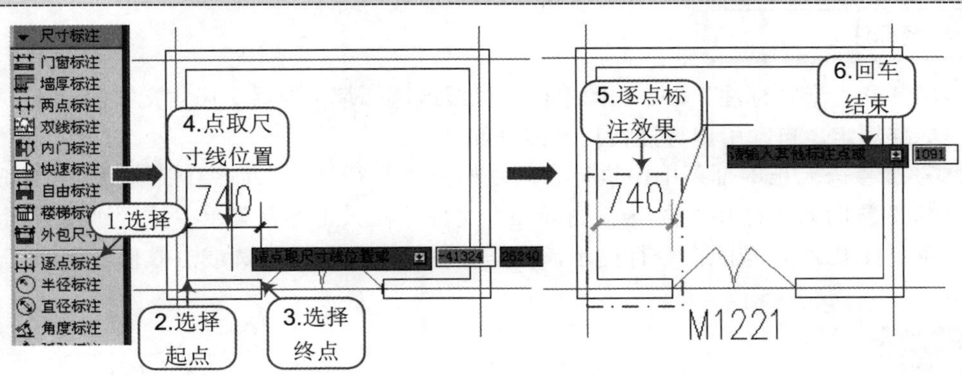

图 12-8 逐点标注

12.1.8 外包尺寸

知识要点 “外包尺寸”命令是一个简捷的尺寸标注修改工具，在大部分情况下，可以一次按规范要求完成四个方向的两道尺寸线共 16 处修改，期间不必输入任何墙厚尺寸。

执行方法 在天正屏幕菜单中执行“尺寸标注 | 外包尺寸”命令(快捷键为“WBCC”)。

操作实例 例如，打开“资料\门窗.dwg”文件，在天正屏幕菜单中执行“尺寸标注 | 外包尺寸”命令(WBCC)，按照如下命令行提示进行操作，如图 12-9 所示。

```
起点或 [参考点(R)]<退出>:          \\ 点取第一个标注点作为起始点
请选择建筑构件:  \\ 给出第一个点后
指定对角点: \\ 给出对角点后提示找到 XX 个对象
请选择建筑构件:  \\ 回车结束选择
请选择第一、二道尺寸线:    \\ 给出第一个点后提示
指定对角点: \\ 给出对角点后提示找到 8 个对象
请选择第一、二道尺寸线:    \\ 回车结束绘制或继续选择尺寸线
```

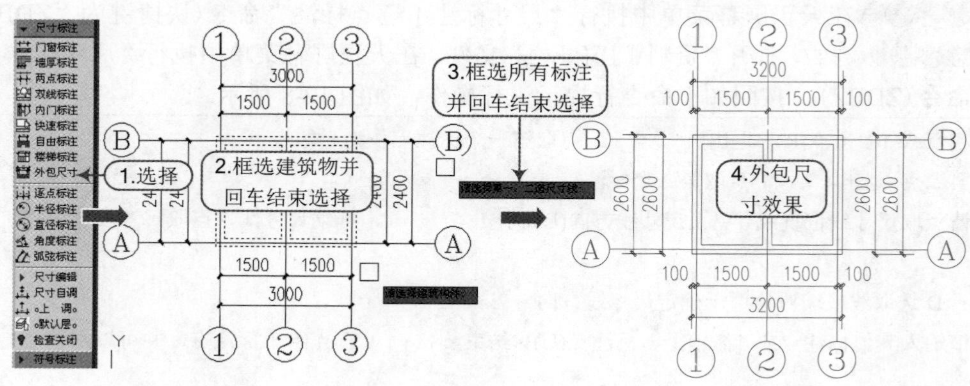

图 12-9　外包尺寸

12.1.9 半径标注

知识要点“半径标注”命令在图中标注弧线或圆弧墙的半径，尺寸文字容纳不下时，会按照制图标准规定，自动引出标注在尺寸线外侧。

执行方法在天正屏幕菜单中执行“尺寸标注｜半径标注”命令(快捷键为“BJBZ”)。

操作实例例如，打开“资料\门窗.dwg”文件，在天正屏幕菜单中执行“尺寸标注｜半径标注”命令(BJBZ)，按照命令行提示，在需要进行半径标注的圆或点取任一点即可，如图 12-10 所示。

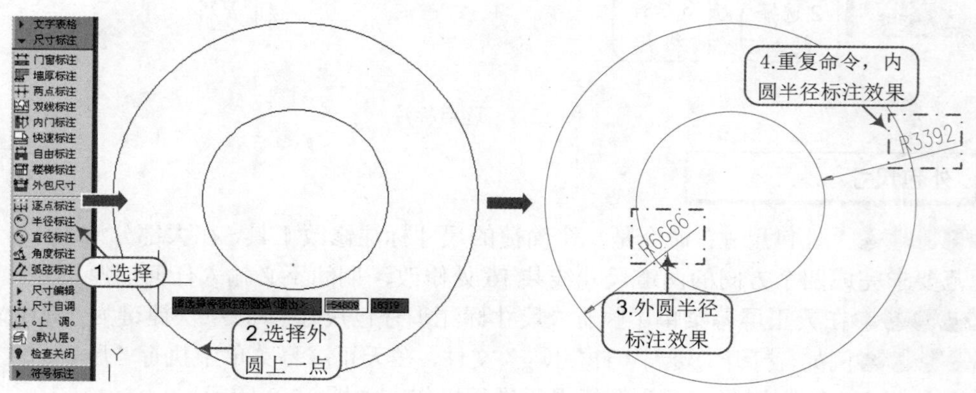

图 12-10　半径标注

12.1.10 直径标注

知识要点“直径标注”命令在图中标注弧线或圆弧墙的直径，尺寸文字容纳不下时，会按照制图标准规定，自动引出标注在尺寸线外侧。

执行方法在天正屏幕菜单中执行“尺寸标注｜直径标注”命令(快捷键为“ZJBZ”)。

操作实例例如，打开“资料\门窗.dwg”文件，在天正屏幕菜单中执行“尺寸标注｜直径标注”命令(ZJBZ)，同“半径标注”命令执行方法一样，如图 12-11 所示。

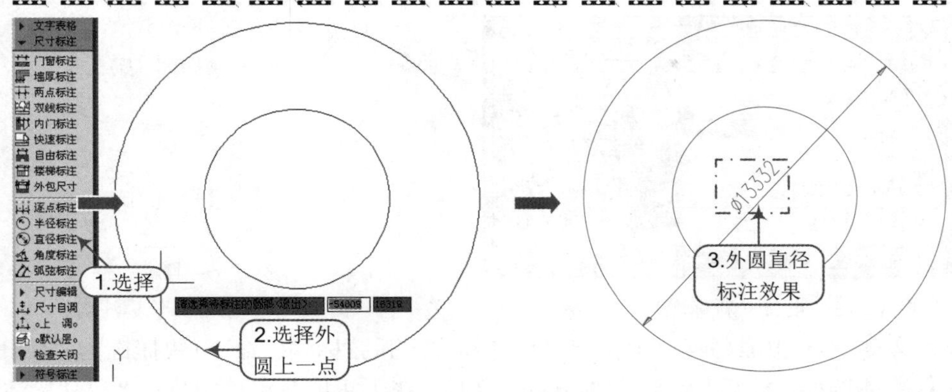

图 12-11 直径标注

12.1.11 角度标注

知识要点“角度标注”命令是标注两根直线之间的内角，从 2013 版本开始不需要考虑按逆时针方向点取两直线的顺序，自动在两线形成的任意交角标注角度。

执行方法在天正屏幕菜单中执行“尺寸标注｜角度标注”命令(快捷键为“JDBZ”)。

操作实例例如，打开“资料\门窗.dwg”文件，在天正屏幕菜单中执行“尺寸标注｜角度标注”命令(JDBZ)，按照如下命令行提示进行操作，如图 12-12 所示。

```
请选择第一条直线<退出>:    \\ 在任意位置点 P1 取第一根线
请选择第二条直线<退出>:    \\ 在任意位置点 P2 取第二根线
请确定尺寸线位置<退出>:    \\ 在两直线形成的内外角之间动态拖动尺寸选取
  标注的夹角，给点确定标注位置 P3
```

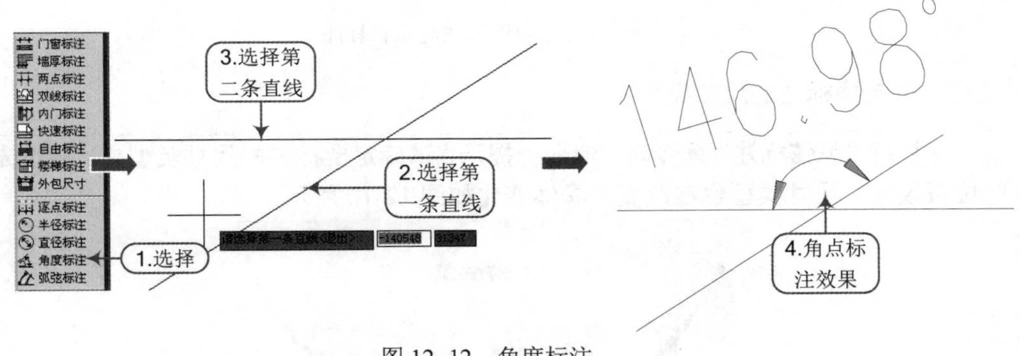

图 12-12 角度标注

12.1.12 弧长标注

知识要点“弧弦标注”命令以国家建筑制图标准规定的弧长标注画法分段标注弧长，保持整体的一个角度标注对象，可在弧长、角度和弦长三种状态相互转换；弧长标注的样式可在标注设置或高级选项中设为“新标准”(如图 12-13 所示)，即《房屋建筑制图统一标准》(GBT 50001—2010)条文 11.5.2 中要求的样式(如图 12-14 所示)，在“标注设置”中设置后是对本图所有弧长标注起作用，在“高级选项”中设置后是在新建图形起作用。

图 12-13　设置“新标准”

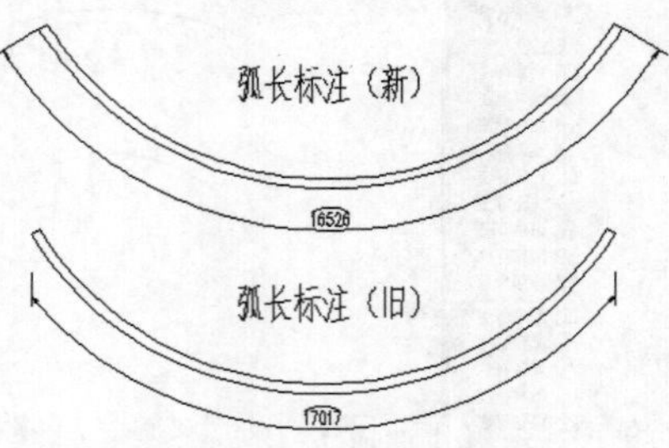

图 12-14　新旧弧长标注对比

执行方法 在天正屏幕菜单中执行“尺寸标注｜弧弦标注”命令(快捷键为“HXBZ”)。

操作实例 例如，打开“资料\门窗.dwg”文件，在天正屏幕菜单中执行“尺寸标注｜弧弦标注”命令(HXBZ)，按照如下命令行提示进行操作，如图 12-15 所示。

```
请选择要标注的弧段:            \\ 点取准备标注的弧墙、弧线
请确定要标注的尺寸类型:        \\ 通过光标的位置改变，尺寸类型也在改变，左键确认选择
请指定标注点<结束>:            \\ 类似逐点标注，拖动到标注的最终位置
......                        \\......
请输入其他标注点<结束>:        \\ 继续点取其他标注点或者按回车键结束
```

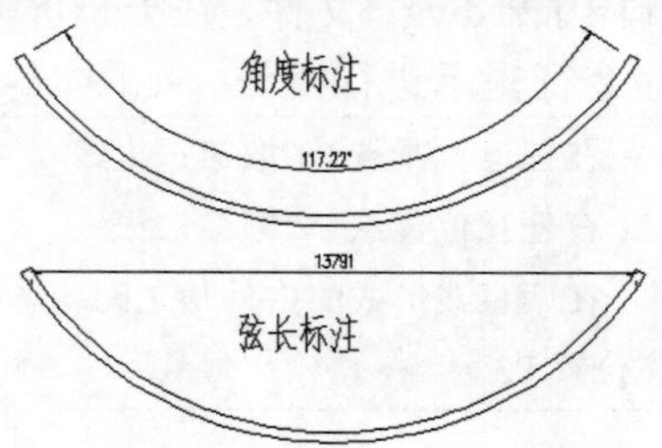

图 12-15　角度标注与弧长标注

技巧：确定要标注的尺寸类型

在执行“弧弦标注”命令时，命令行提示“请确定要标注的尺寸类型:”，通过光标的位置改变，尺寸类型也在改变，具体变化如图 12-16 所示。

圆弧延长线
角度标注区域
弦长标注区域
弧线或弧墙对象
弧长标注区域

图 12-16　不同起、终点效果

12.2 尺寸标注的编辑

尺寸标注对象是天正自定义对象，支持裁剪、延伸、打断等编辑命令，使用方法与 AutoCAD 尺寸对象相同。以下介绍的是本软件提供的专用尺寸编辑命令的详细使用方法，除了尺寸编辑

命令外，双击尺寸标注对象，即可进入对象编辑的增补尺寸功能，参见增补尺寸命令。

12.2.1 文字复位

知识要点“文字复位”命令将尺寸标注中被拖动夹点移动过的文字恢复回原来的初始位置，可解决夹点拖动不当时与其他夹点合并的问题，此命令用于符号标注中的“标高符号”“箭头引注”“剖面剖切”和“断面剖切”四个对象中的文字，特别是在“剖面剖切”和“断面剖切”对象改变比例时文字可以用此命令恢复到正确位置。

执行方法在天正屏幕菜单中执行“尺寸标注｜尺寸编辑｜文字复位”命令（快捷键为“WZFW”）。

操作实例例如，打开“资料\门窗.dwg”文件，要将混乱的文字对象恢复，在天正屏幕菜单中执行“尺寸标注｜尺寸编辑｜文字复位”命令（快捷键为“WZFW”）后，选择混乱文字，回车结束选择即可，如图 12-17 所示。

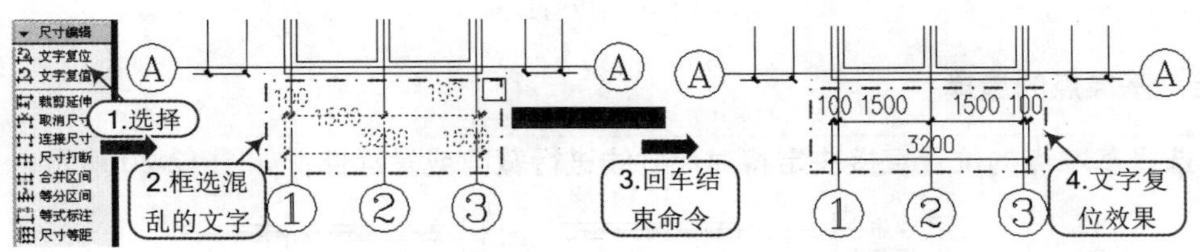

图 12-17　文字复位

12.2.2 文字复值

知识要点“文字复值”命令将尺寸标注中被有意修改的文字恢复回尺寸的初始数值。有时为了方便起见,会把其中一些标注尺寸文字加以改动。为了校核或提取工程量等需要尺寸和标注文字一致的场合，可以使用本命令按实测尺寸恢复文字的数值。

执行方法在天正屏幕菜单中执行“尺寸标注｜尺寸编辑｜文字复值”命令（快捷键为“WZFZ”）。

操作实例例如，打开“资料\门窗.dwg”文件，首先双击尺寸标注，将原标注数据修改为错误尺寸，然后在天正屏幕菜单中执行“尺寸标注｜尺寸编辑｜文字复值”命令（WZFZ），选择修改过的尺寸标注后回车即可，如图 12-18 所示。

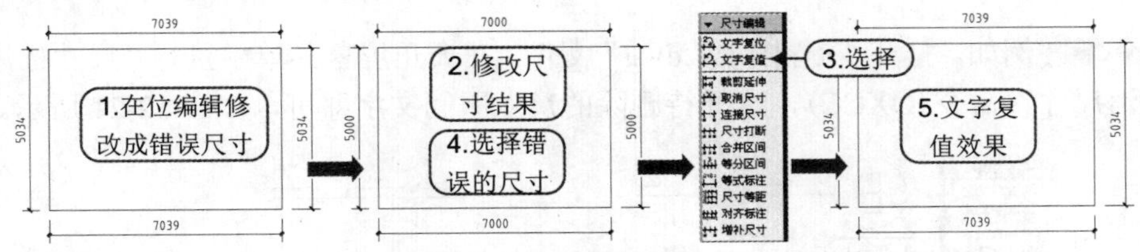

图 12-18　文字复值

12.2.3 裁剪延伸

知识要点“裁剪延伸”命令在尺寸线的某一端，按指定点裁剪或延伸该尺寸线。本命令综合了 Trim(修剪) 和 Extend（延伸）两个命令，自动判断对尺寸线的剪裁或延伸。

执行方法 在天正屏幕菜单中执行“尺寸标注｜尺寸编辑｜裁剪延伸”命令（快捷键为“CJYS”）。

操作实例 例如，打开“资料\门窗.dwg”文件，在天正屏幕菜单中执行“尺寸标注｜尺寸编辑｜裁剪延伸”命令（CJYS），选择需要裁剪延伸的尺寸线后再选择基准点即可，如图 12-19 所示。

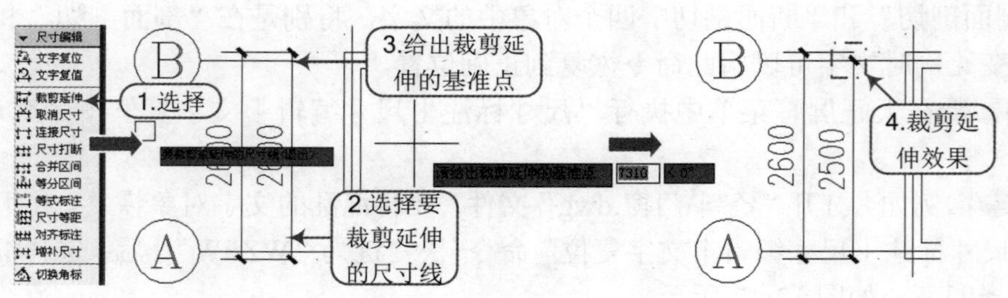

图 12-19　裁剪延伸

技巧：基准点的选择

选择基准点的位置直接决定将对尺寸线进行裁剪或是延伸，如图 12-20 所示。

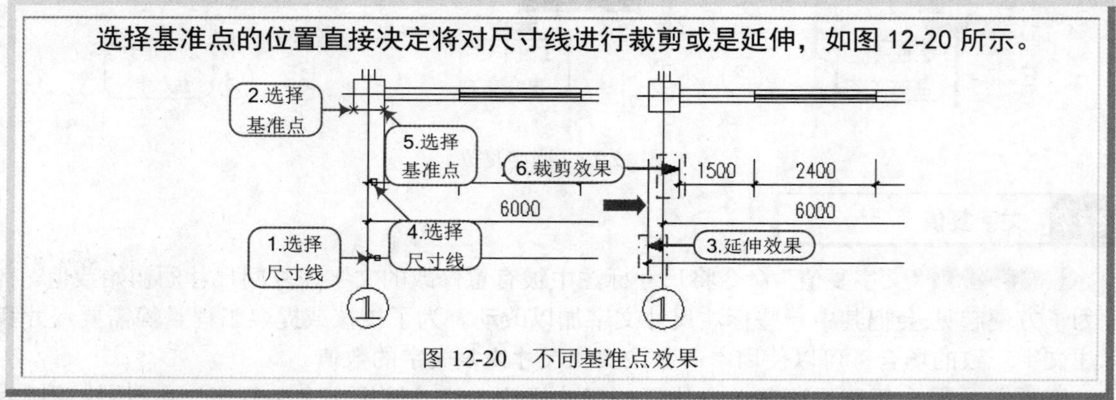

图 12-20　不同基准点效果

12.2.4 取消尺寸

知识要点 “取消尺寸”命令效果是删除某一条尺寸线。

执行方法 在天正屏幕菜单中执行“尺寸标注｜尺寸编辑｜取消尺寸”命令（快捷键为“QXCC”）。

操作实例 例如，打开“资料\门窗.dwg”文件，在天正屏幕菜单中执行“尺寸标注｜尺寸编辑｜取消尺寸”命令（QXCC），选择待删除的尺寸区间文字即可，如图 12-21 所示。

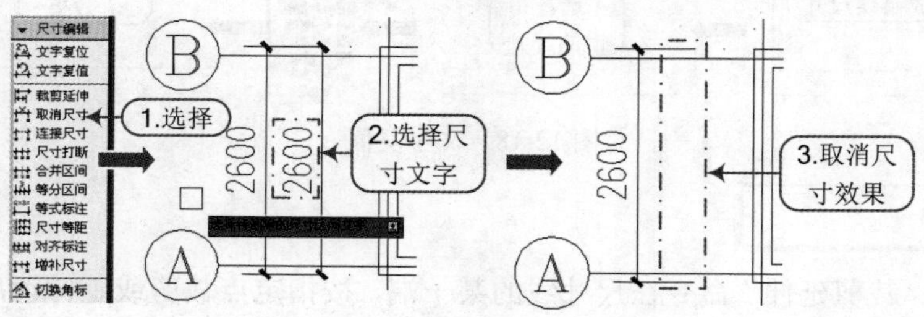

图 12-21　取消尺寸

12.2.5 连接尺寸

知识要点“连接尺寸”命令是连接两个独立的天正自定义直线或圆弧标注对象，将点取的两尺寸线区间段加以连接，原来的两个标注对象合并成为一个标注对象，如果准备连接的标注对象尺寸线之间不共线，连接后的标注对象以第一个点取的标注对象为主标注尺寸对齐，通常把 AutoCAD 的尺寸标注对象转为天正尺寸标注对象。

执行方法在天正屏幕菜单中执行“尺寸标注 | 尺寸编辑 | 连接尺寸”命令（快捷键为“LJCC”）。

操作实例例如，打开“资料\门窗.dwg”文件，在天正屏幕菜单中执行“尺寸标注 | 尺寸编辑 | 连接尺寸”命令(LJCC)，按照如下命令行提示进行操作，如图 12-22 所示。

```
选择需要连接尺寸标注<退出>:      \\ 点取准备连接的尺寸标注线并回车结束选择
请选择主尺寸标注<退出>:          \\ 点取要对齐的尺寸线作为主尺寸
```

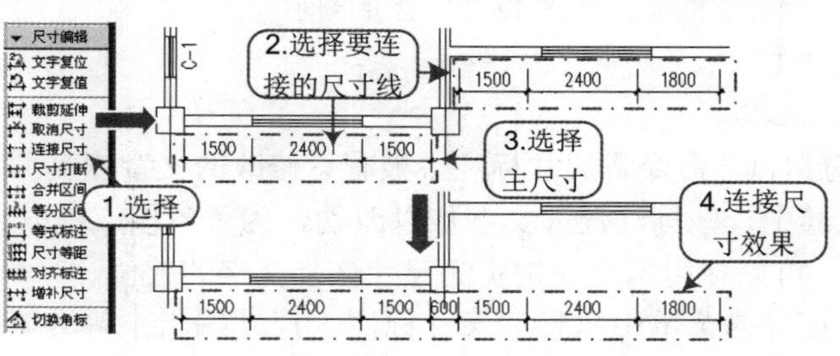

图 12-22　连接尺寸

12.2.6 尺寸打断

知识要点“尺寸打断”命令把整体的天正自定义尺寸标注对象在指定的尺寸界线上打断，成为两段互相独立的尺寸标注对象，可以各自拖动夹点、移动和复制。

执行方法在天正屏幕菜单中执行“尺寸标注 | 尺寸编辑 | 尺寸打断”命令(快捷键为“CCDD”)。

操作实例例如，打开“资料\门窗.dwg”文件，在天正屏幕菜单中执行“尺寸标注 | 尺寸编辑 | 尺寸打断”命令(CCDD)，需要打断处点取尺寸线即可，如图 12-23 所示。

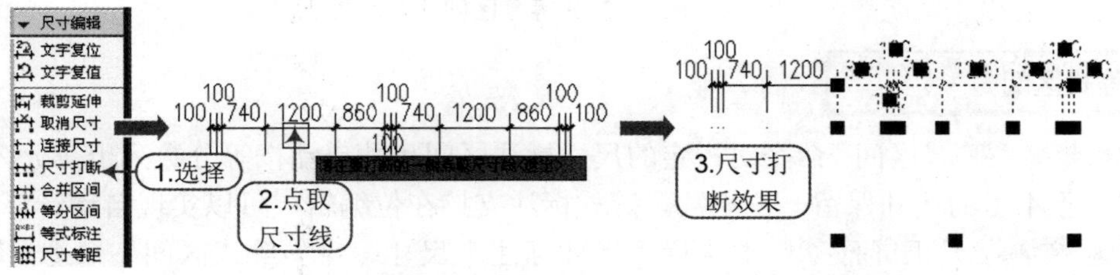

图 12-23　尺寸打断

12.2.7 合并区间

知识要点“合并区间”命令新增加了一次框选多个尺寸界线箭头的命令交互方式，大大提高合并多个区间时的效率，此命令可作为“增补尺寸”命令的逆命令使用。

执行方法 在天正屏幕菜单中执行“尺寸标注 | 尺寸编辑 | 合并区间”命令（快捷键为“HBQJ”）。

操作实例 例如，打开“资料\门窗.dwg”文件，在天正屏幕菜单中执行“尺寸标注 | 尺寸编辑 | 合并区间”命令(HBQJ)，依次选择待合并的区间尺寸即可，如图 12-24 所示。

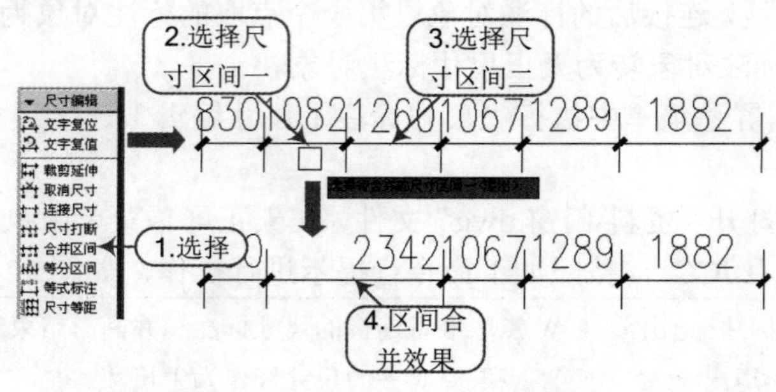

图 12-24　合并区间

12.2.8 等分区间

知识要点 “等分区间”命令将尺寸标注中被有意修改的文字恢复到尺寸的初始数值。有时为了方便起见,会把其中一些标注尺寸文字加以改动，为了校核或提取工程量等需要尺寸和标注文字一致的场合，可以使用本命令按实测尺寸恢复文字的数值。

执行方法 在天正屏幕菜单中执行“尺寸标注 | 尺寸编辑 | 等分区间”命令(快捷键为“DFQJ”)。

操作实例 例如，打开“资料\门窗.dwg”文件，在天正屏幕菜单中执行“尺寸标注 | 尺寸编辑 | 等分区间”命令(DFQJ)，选择一尺寸区间后，命令行提示“输入等分数”时，输入“3”后，按空格键确认输入即可，如图 12-25 所示，最后按回车键退出命令。

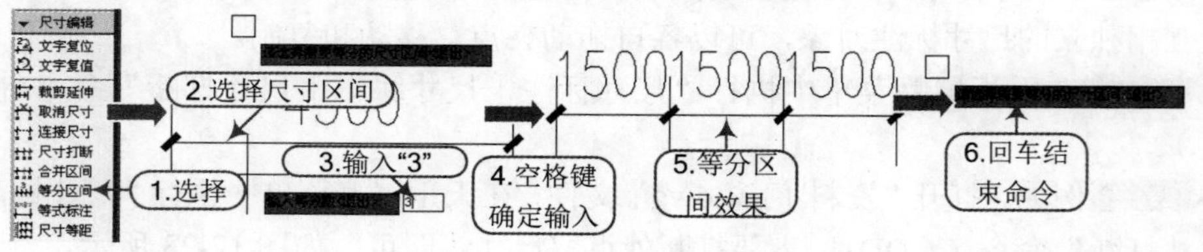

图 12-25　等分区间

12.2.9 等式区间

知识要点 “等式区间”命令对指定的尺寸标注区间尺寸自动按等分数列出等分公式作为标注文字，除不尽的尺寸保留一位小数。等式标注支持在位编辑，可以实现自动计算的功能。

执行方法 在天正屏幕菜单中执行“尺寸标注 | 尺寸编辑 | 等式区间”命令(快捷键为“DSQJ”)。

操作实例 例如，打开“资料\门窗.dwg”文件，在天正屏幕菜单中执行“尺寸标注 | 尺寸编辑 | 等式区间”命令(DSQJ)，选择一尺寸区间后，命令行提示“输入等分数”时，输入“20”后，按空格键确认输入即可，如图 12-26 所示。

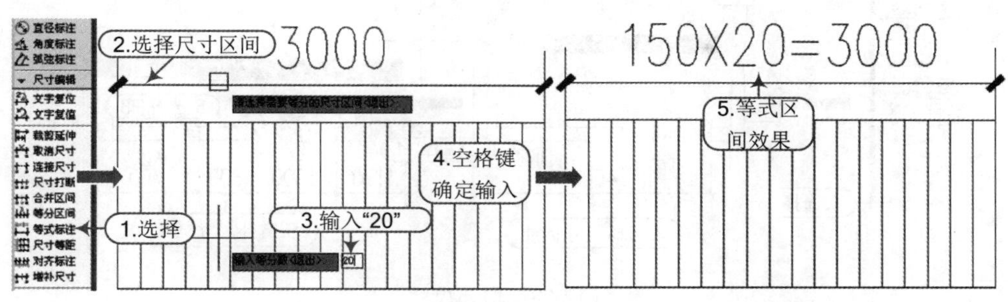

图 12-26 等式区间

12.2.10 对齐标注

知识要点“对齐标注”命令用于一次按 Y 向坐标对齐多个尺寸标注对象，对齐后各个尺寸标注对象按参考标注的高度对齐排列。

执行方法在天正屏幕菜单中执行“尺寸标注 | 尺寸编辑 | 对齐标注”命令（快捷键为“DQBZ”）。

操作实例例如，打开“资料\门窗.dwg”文件，在天正屏幕菜单中执行“尺寸标注 | 尺寸编辑 | 对齐标注”命令（DQBZ），首先选择参考标注，然后选择其他需要与参考标注对齐的标注即可，如图 12-27 所示。

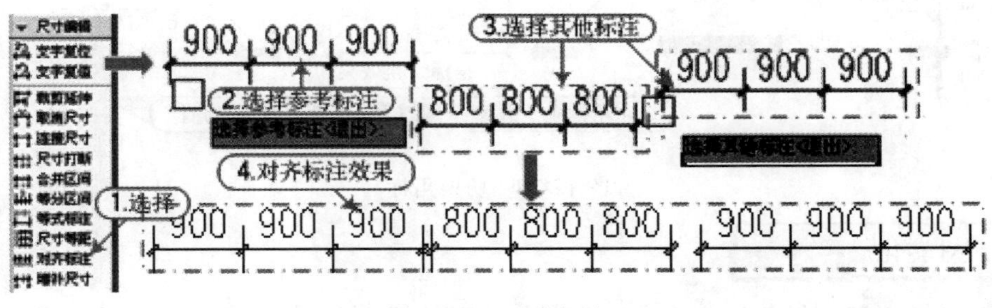

图 12-27 对齐标注

12.2.11 增补尺寸

知识要点“增补尺寸”命令在一个天正自定义直线标注对象中增加区间，增补新的尺寸界线断开原有区间，但不增加新标注对象，双击尺寸标注对象即可进入此命令。

执行方法在天正屏幕菜单中执行“尺寸标注 | 尺寸编辑 | 增补尺寸”命令（快捷键为“ZBCC”）。

操作实例例如，打开“资料\门窗.dwg”文件，在天正屏幕菜单中执行“尺寸标注 | 尺寸编辑 | 增补尺寸”命令（ZBCC），按照如下命令行提示进行操作，如图 12-28 所示。

```
请选择尺寸标注<退出>:        \\ 点取要在其中增补的尺寸线分段
点取待增补的标注点的位置或 [参考点(R)]<退出>:        \\ 捕捉点，点取增补点 P1
点取待增补的标注点的位置或[参考点(R)/撤销上一标注点(U)]<退出>:    \\ 捕捉点，点取增补点 P2
点取待增补的标注点的位置或[参考点(R)/撤销上一标注点(U)]<退出>:    \\ 连续点取其他增补点 P3
  ……                                                              \\……
点取待增补的标注点的位置或[参考点(R)/撤销上一标注点(U)]<退出>:    \\最后按回车键退出命令
```

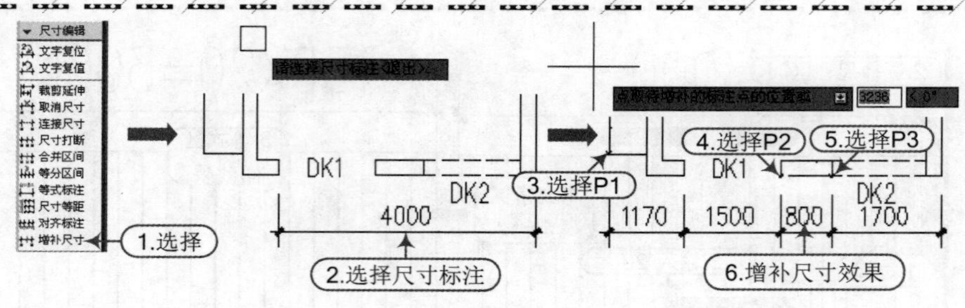

图 12-28 增补尺寸

12.2.12 切换角标

知识要点 “切换角标”命令把角度标注对象在角度标注、弦长标注与新标准或者旧标准的弧长标注三种模式之间切换。

执行方法 在天正屏幕菜单中执行“尺寸标注 | 尺寸编辑 | 切换角标”命令（快捷键为“QHJB”）。

操作实例 例如，打开“资料\门窗.dwg”文件，在天正屏幕菜单中执行“尺寸标注 | 尺寸编辑 | 切换角标”命令（QHJB），如图 12-29 所示。

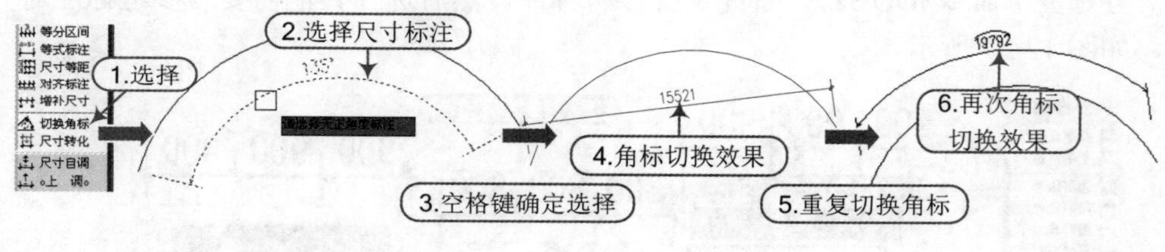

图 12-29 切换角标

12.2.13 尺寸转化

知识要点 “尺寸转化”命令将 AutoCAD 尺寸标注对象转化为天正标注对象。

执行方法 在天正屏幕菜单中执行“尺寸标注 | 尺寸编辑 | 尺寸转化”命令（快捷键为“CCZH”）。

操作实例 例如，打开“资料\门窗.dwg”文件，在天正屏幕菜单中执行“尺寸标注 | 尺寸编辑 | 尺寸转化”命令（CCZH），命令行提示“请选择 AutoCAD 尺寸标注：”，此时可一次选择多个尺寸标注，按回车键进行转化，提示命令显示区域提示“全部选中的 N 个对象成功地转化为天正尺寸标注!”。

12.3 综合练习——某住宅楼尺寸标注

案例	某住宅楼尺寸标注.dwg	视频	某住宅楼尺寸标注.avi

实战要点：①第三道尺寸线的标注；②内门窗的标注；③标注的对齐编辑。

操作步骤

步骤 01 正常启动 TArch 2014 软件，打开“案例\07\某住宅楼房间与屋顶.dwg”“案例\08\某住宅楼楼梯与其他.dwg”“案例\09\某住宅楼标准层.dwg”文件；将这三个平面图放在同一个“.dwg”文档下，并将此文档另存为“案例\12\某住宅楼尺寸标注.dwg”。

步骤 02 在菜单栏下“图层”面板中，将图层“AXTS”与“AXTS-TEXT”关闭，如图 12-30 所示。

步骤 03 在天正屏幕菜单中执行“尺寸标注｜门窗标注”命令(MCBZ)，通过绘制一条直线对标准层平面图进行门窗的标注，如图 12-31 所示；同样的对首层和顶层标注，这里就不再显示出来，请自行完成。

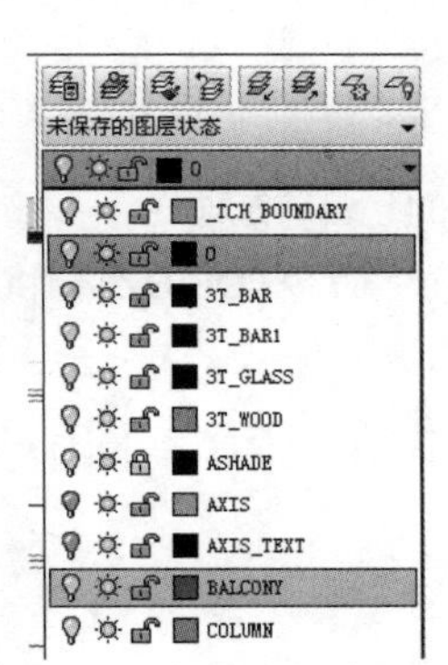

图 12-30　关闭图层

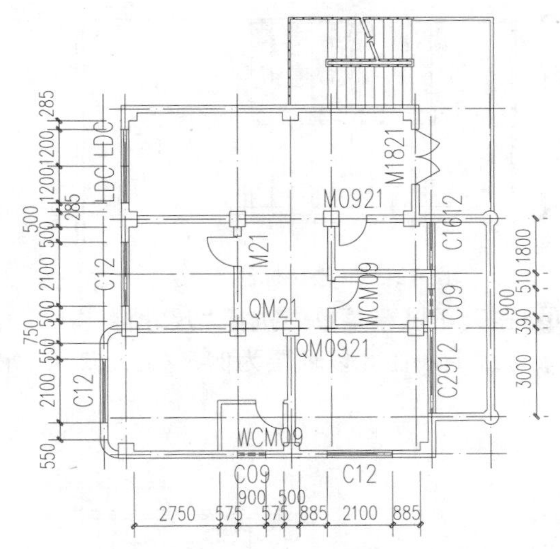

图 12-31　标准层门窗标注

步骤 04 在天正屏幕菜单中执行“尺寸标注｜半径标注”命令(BJBZ)，对左侧的 A 轴与 1/A 轴、1/A 轴与 B 轴之间弧墙进行半径标注，如图 12-32 所示。

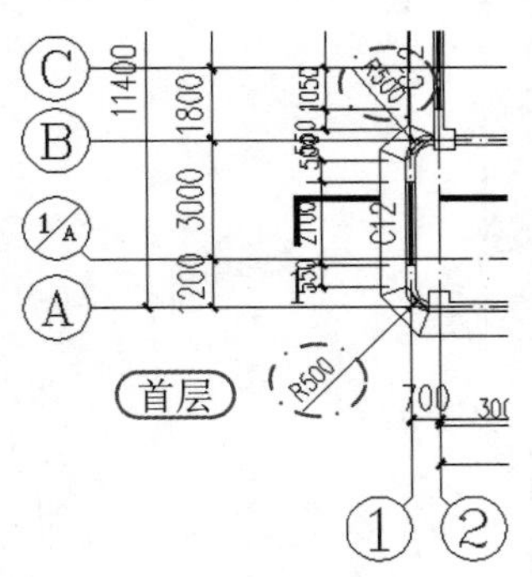

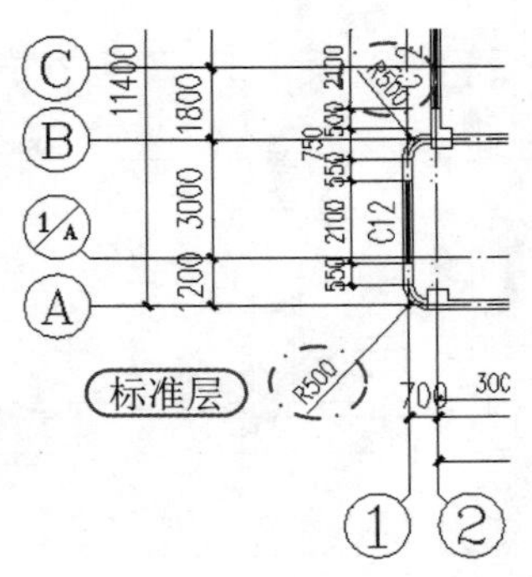

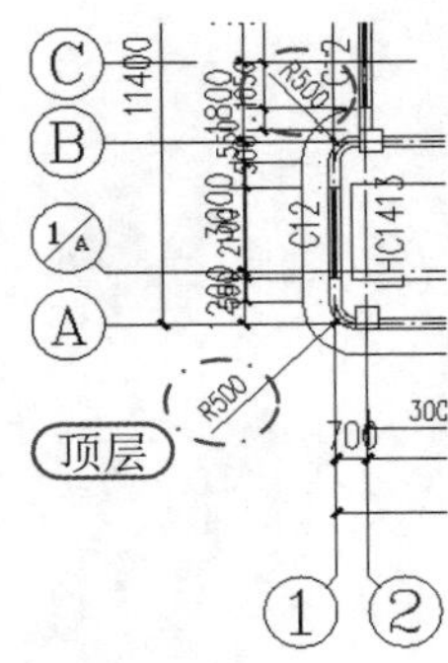

图 12-32　半径标注

步骤 05 在天正屏幕菜单中执行“尺寸标注｜楼梯标注”命令(LTBZ)，对平面图中楼梯进行标注，如图 12-33 所示。

步骤 06 在天正屏幕菜单中执行“尺寸标注｜尺寸编辑｜裁剪延伸”命令(CJYS)，适当编辑外墙墙角处尺寸标注，使之尺寸标注到轴线，仅将标准层裁剪延伸结果绘制，如图 12-34 所示，其他层不一一累述。

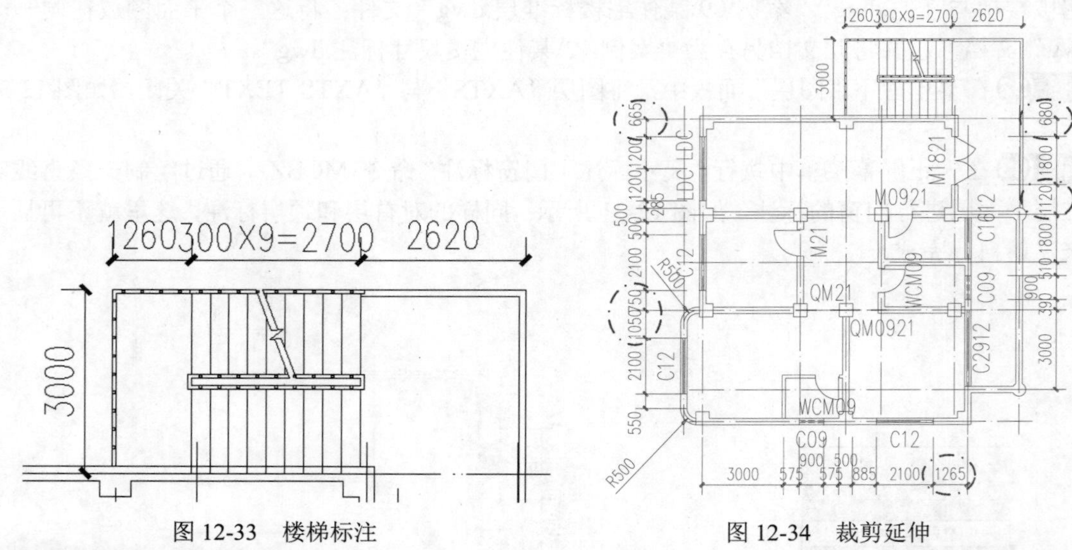

图 12-33 楼梯标注　　　　图 12-34 裁剪延伸

步骤 07 在天正屏幕菜单中执行“尺寸标注 | 尺寸编辑 | 对齐标注”命令(DQBZ)，将标注对齐在一条直线上，在此以顶层为例，如图 12-35 所示。

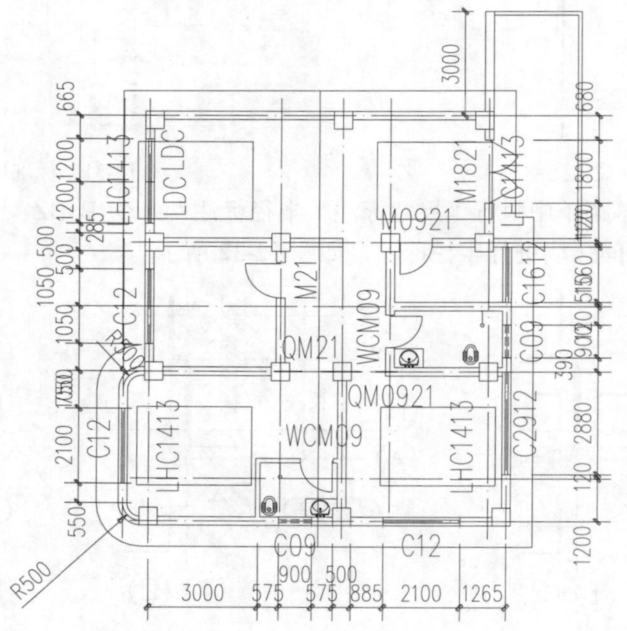

图 12-35 顶层 对齐标注

步骤 08 在天正屏幕菜单中执行“尺寸标注 | 内门标注”命令(NMBZ)，对标准层平面图进行内门的标注，如图 12-36 所示；同样的对首层和顶层标注，这里就不再表示出来，请自行完成。

步骤 09 此时内门标注显得很凌乱，对其进行夹点编辑以及移动、对齐标注等操作，对标准层平面图编辑内门尺寸标注，如图 12-37 所示；同样的对首层和顶层标注，这里就不再表示出来，请自行完成。

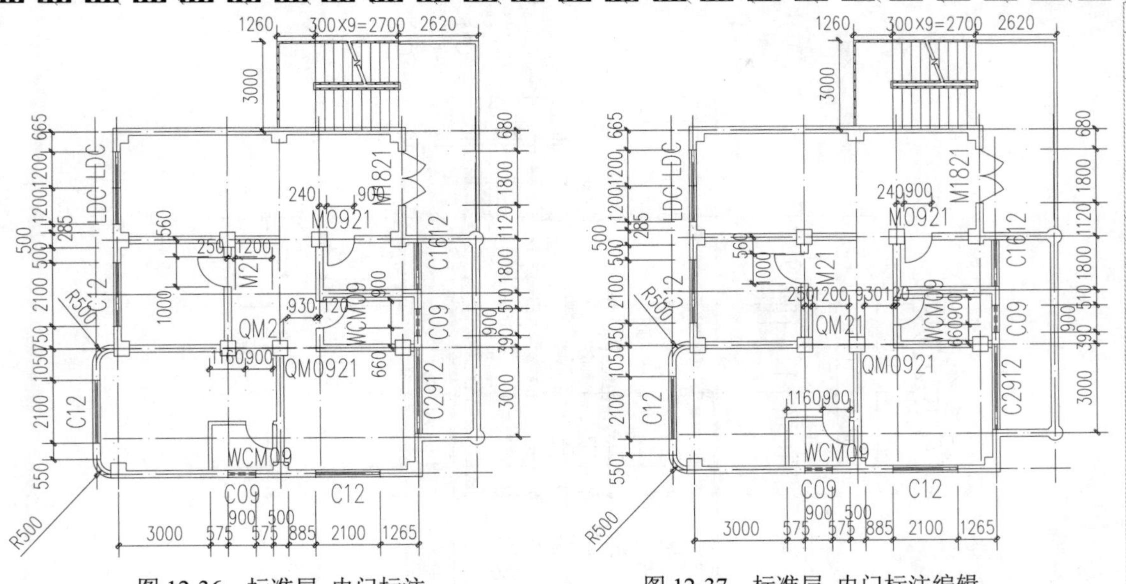

图 12-36 标准层 内门标注

图 12-37 标准层 内门标注编辑

步骤 10 在菜单栏下“图层”面板中，将图层“AXTS”与“AXTS-TEXT”打开，平面图效果如图 12-38~图 12-40 所示。

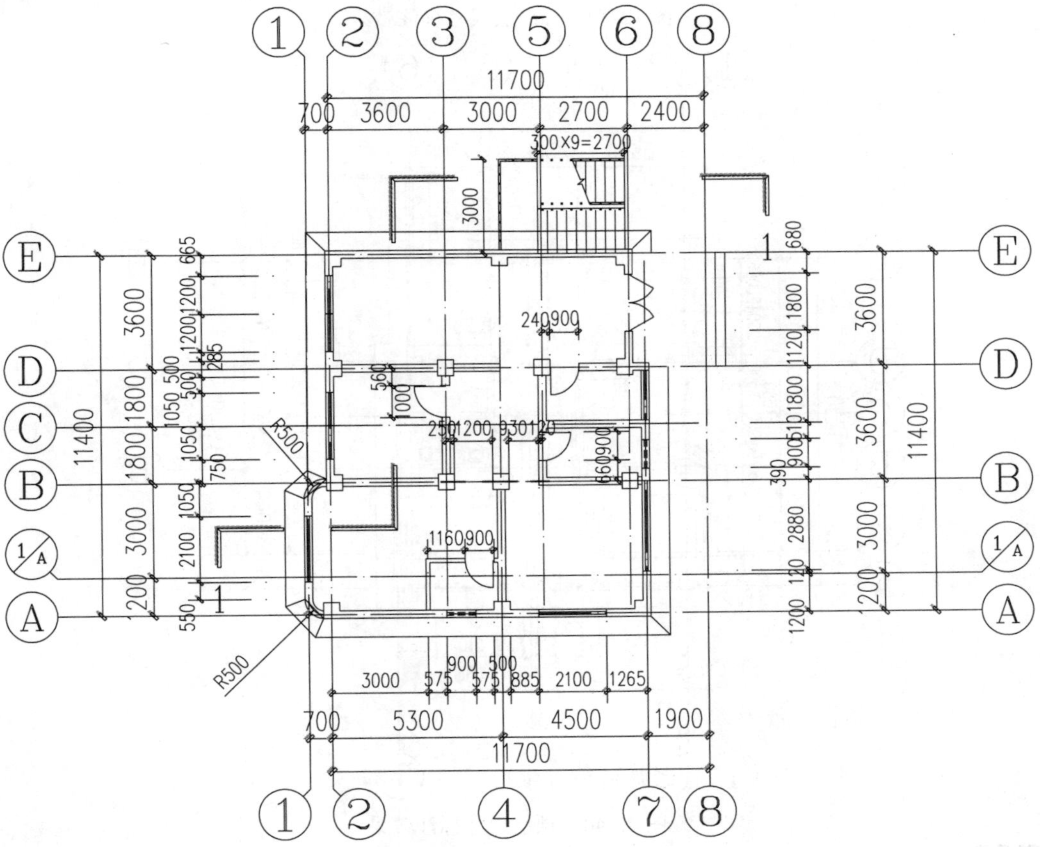

图 12-38 首层尺寸标注效果

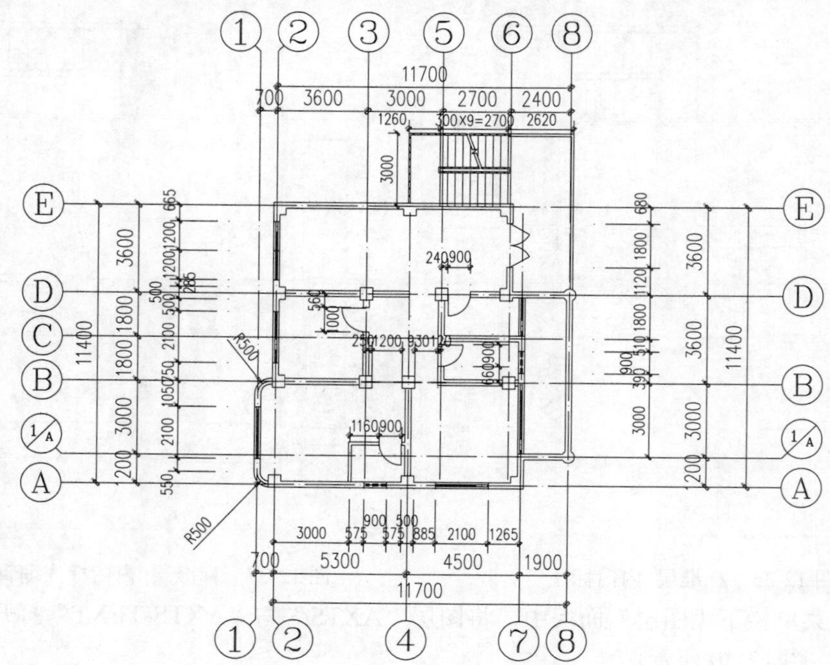

图 12-39　标准层尺寸标注效果

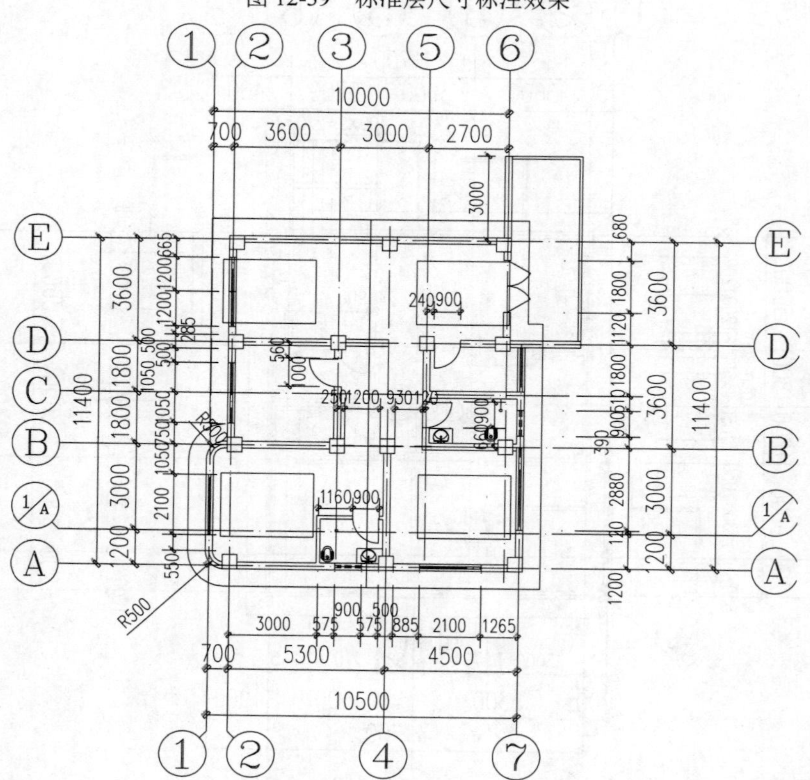

图 12-40　顶层尺寸标注效果

步骤 11 最后，在键盘上按“Ctrl+S”组合键进行保存。

13

符号标注

本章导读

绘制剖切号、指北针、引注箭头，绘制各种详图符号、引出标注符号。使用自定义工程符号对象，不是简单地插入符号图块，而是在图上添加了代表建筑工程专业含义的图形符号对象。

本章内容

- 坐标标高符号
- 工程符号标注
- 综合练习——某住宅楼符号标注

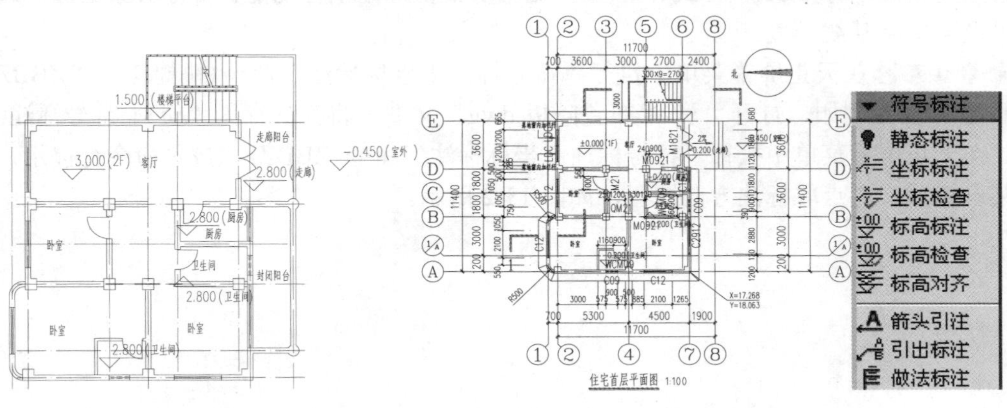

13.1 坐标标高符号

点的绘制相当于在图纸的指定位置放置一个特定的点符号，它起到辅助工具作用。绘制点命令可分为点“POINT”命令、定数等分“DIVIDE”命令和定距等分“MEASURE”命令三种。

13.1.1 标注状态设置

知识要点 标注的状态分为动态标注和静态标注两种，移动和复制后的坐标符号受状态开关菜单项(天正屏幕菜单：符号标注 | 静态标注或动态标注，如图 13-1 所示)的控制。

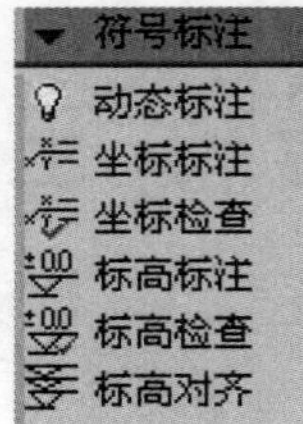

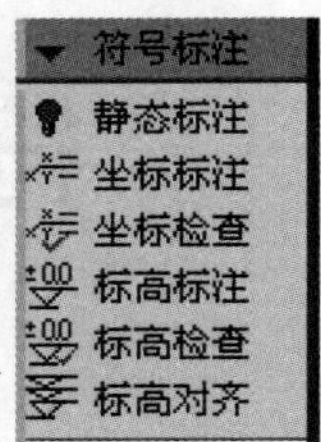

图 13-1 动、静态标注菜单命令

动态标注状态下，移动和复制后的坐标数据将自动与当前坐标系一致，适用于整个 DWG 文件布置一个总平面图的情况。

静态标注状态下，移动和复制后的坐标数据不改变原值，例如在一个 DWG 上复制同一总平面，绘制绿化、交通等不同类别图纸，此时只能使用静态标注。

提示：按钮开关

> 在 2004 以上 AutoCAD 平台，软件提供了状态行的按钮开关(动态标注：关；动态标注：开)，可单击切换坐标的动态和静态两种状态，新提供了固定角度的勾选，使插入坐标符号时方便决定坐标文字的标注方向。

13.1.2 坐标标注

知识要点 “坐标标注”命令在总平面图上标注测量坐标或者施工坐标，取值根据世界坐标或者当前用户坐标 UCS，从 2013 版本开始增加批量标注坐标功能，坐标对象增加了线端夹点，可调整文字基线长度。

执行方法 在天正屏幕菜单中执行“符号标注 | 坐标标注”命令(快捷键为“ZBBZ”)。

操作实例 例如，打开“资料\布置隔板.dwg”文件，将其另存为“资料\符号标注.dwg”文件。在天正屏幕菜单中执行“符号标注 | 坐标标注”命令(ZBBZ)，按照命令行提示，直接点取某一点后，再点取标注方向即可，如图 13-2 所示。

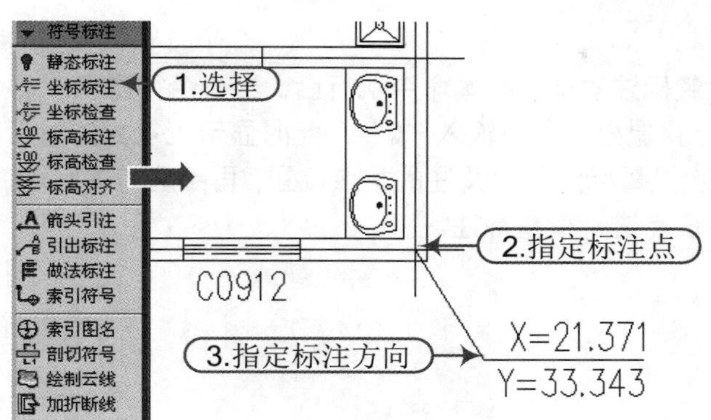

图 13-2 坐标标注

注意：设置

首先要了解当前图形中的绘图单位是否是毫米，如果图形中绘图单位是米，图形的当前坐标原点和方向是否与设计坐标系统一致。

如果有不一致之处，应在命令行提示“请点取标注点或[设置(S)\批量标注(Q)]<退出>:”时键入 S 设置绘图单位、设置坐标方向和坐标基准点，显示坐标标注对话框，如图 13-3 所示。

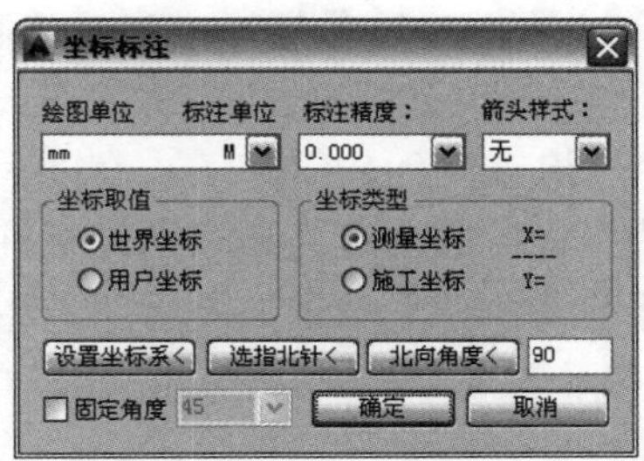

图 13-3 “坐标标注”对话框

在“坐标标注”对话框设置参数时，应注意：

坐标取值可以从世界坐标系或用户坐标系 UCS 中任意选择(默认取世界坐标系)。如选择以用户坐标系 UCS 取值，应该以 UCS 命令把当前图形设为要选择使用的 UCS(因为 UCS 可以有多个)，当前如果为世界坐标系时，坐标取值与世界坐标系一致。

按照《总图制图标准》2.4.1 条的规定，南北向的坐标为 X(A)，东西方向坐标为 Y（B)，与建筑绘图习惯使用的 XOY 坐标系是相反的。

如果图上插入了指北针符号，你在对话框中单击“选指北针<”，从图中选择了指北针，系统以它的指向为 X(A)方向标注新的坐标点。

默认图形中的建筑坐北朝南布置，“北向角度<”为 90(图纸上方)，如正北方向不是图纸上方，单击“北向角度<”给出正北方向。

使用 UCS 标注的坐标符号使用颜色为青色，区别于使用世界坐标标注的坐标符号，在同一 DWG 图中不得使用两种坐标系统进行坐标标注。

技巧：批量标注

如需要执行批量标注功能，在本命令执行后，当命令行提示“请点取标注点或[设置(S)\批量标注(Q)]<退出>:”时输入“Q”，此时显示批量标注对话框，如图 13-4 所示。在其中勾选本次批量标注需要关注的重点位置，再圈选有关区域的所有对象，即会按所选择的位置特征点进行批量标注。

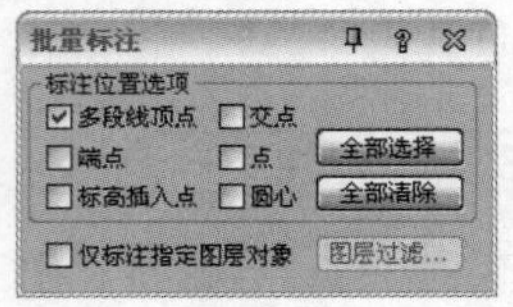

图 13-4　“批量标注”对话框

13.1.3 坐标检查

知识要点“坐标检查”命令用于在总平面图上检查测量坐标或者施工坐标，避免由于人为修改坐标标注值导致设计位置的错误，本命令可以检查世界坐标系 WCS 下的坐标标注和用户坐标系 UCS 下的坐标标注，但注意只能选择基于其中一个坐标系进行检查，而且应与绘制时的条件一致。

执行方法在天正屏幕菜单中执行“符号标注 | 坐标检查”命令(快捷键为“ZBJC”)。

操作实例例如，打开“资料\符号标注.dwg”文件，在天正屏幕菜单中执行“符号标注 | 坐标检查”命令(ZBJC)，在随后弹出的“坐标检查”对话框中确认坐标参数后直接选取已经标注的坐标即可，如图 13-5 所示。如果坐标标注正确时将提示“选中的坐标 xx 个，全部正确!”。

图 13-5　“坐标检查”对话框

技巧：坐标标注不对

如果坐标标注不对时提示如下：

选中的坐标 3 个，其中 1 个有错，程序会在错误的坐标位置显示一个红框进行提示：

第 1/1 个错误的坐标，正确标注(X=35.644,Y=114.961)[全部纠正(A)/纠正坐标(C)/纠正位置(D)/退出(X)] <下一个>:\\键入 C，纠正错误的坐标值，程序自动完成坐标纠正；键入 D，则不改坐标值，而是移动原坐标符号，在该坐标值的正确坐标位置进行坐标标注；键入 A，则全部错误的坐标值都进行纠正。

13.1.4 标高标注

知识要点“标高标注”命令在界面中分为两个页面，分别用于建筑专业的平面图标高标注、立剖面图楼面标高标注以及总图专业的地坪标高标注、绝对标高和相对标高的关联标注，地坪标高符合总图制图规范的三角形、圆形实心标高符号，提供可选的两种标注排列，标高数字右方或者下方可加注文字，说明标高的类型。标高文字新增了夹点，需要时可以拖动夹点移动标高文字，新版本支持《总图制图标准》(GB/T 50103—2010)新总图标高图例的画法，除总图与多层标高外的标高符号支持当前用户坐标系的动态标高标注。

执行方法 在天正屏幕菜单中执行“符号标注｜标高标注”命令(快捷键为“BGBZ”)。

操作实例 例如，打开“资料\符号标注.dwg”文件，在天正屏幕菜单中执行“符号标注｜标高标注”命令(BGBZ)，在弹出的“标高标注”对话框设置标高参数，然后在图中适合位置插入标高，如图 13-6 所示。

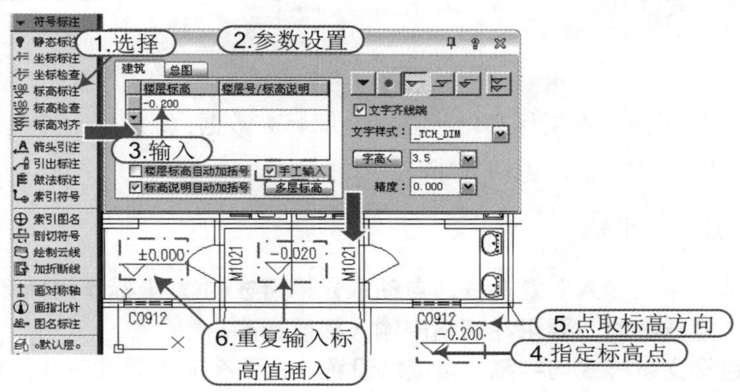

图 13-6 标高标注

选项含义 在“标高标注”对话框中，文字样式、字高、精度都易懂，在此仅对下列选项进行说明：

1)“建筑”选项卡

■ 文字齐线端：用于规定标高文字的取向，勾选后文字总是与文字基线端对齐；去除勾选表示文字与标高三角符号一端对齐，与符号左右无关，如图 13-7 所示。

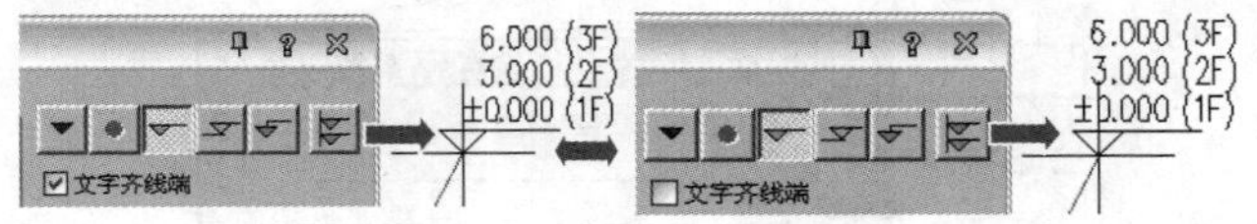

图 13-7 文字齐线端效果对比

■ 楼层标高自动加括号：用于按《房屋建筑制图统一标准》10.8.6 的规定绘制多层标高，勾选后除第一个楼层标高外，其他楼层的标高加括号。

■ 标高说明自动加括号：用于设置是否在说明文字两端添加括号，勾选后说明文字自动添加括号。

■ 多层标高：用于处理多层标高的电子表格自动输入和清理，如图 13-8 所示。

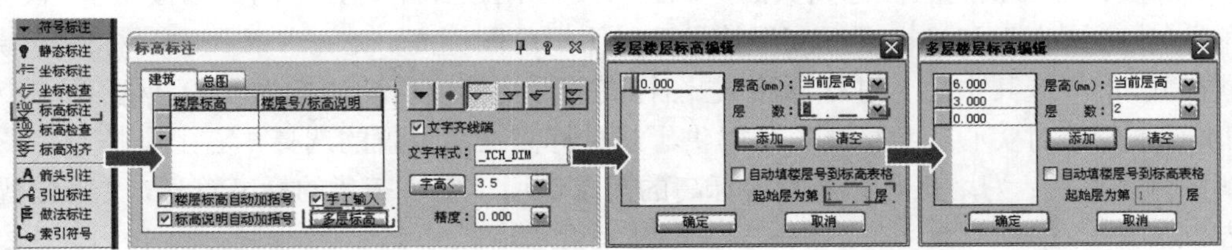

图 13-8 多层标高

■ 自动填楼层号到标高表格：勾选后，以 1F、2F、3F 顺序自动添加标高说明，如图 13-9 所示。

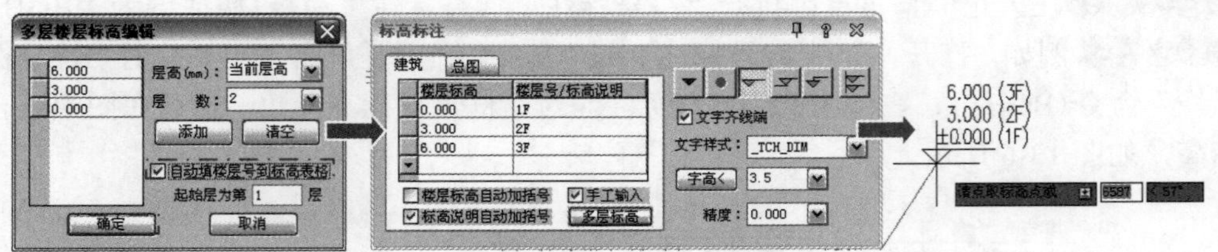

图 13-9 自动填楼层号到标高表格

■ 清空/添加：用于清除多层标高电子表格全部标高数据；添加用于按当前起始标高和层号自动计算各层标高填入电子表格。

注意："标高标注"对话框

默认不勾选"手工输入"复选框，自动取光标所在的 Y 坐标作为标高数值，当勾选"手工输入"复选框时，要求在表格内输入楼层标高。

其他参数包括文字样式与字高、精度的设置。上面有五个可按下的图标按钮："实心三角"除了用于总图也用于沉降点标高标注，其他几个按钮可以同时起作用，例如可注写带有"基线"和"引线"的标高符号。此时命令提示点取基线端点，也提示点取引线位置。

清空电子表格的内容，还可以标注用于测绘手工填写用的空白标高符号。

对带变量标高符号的说明：当需要标注带有变量 H 的标高时，如果勾选"手工输入"，在楼层标高栏中仅仅输入一个 H 字符，文字基线不会拉出足够长度，请在 H 前面加入若干空格，如图 13-10 所示。

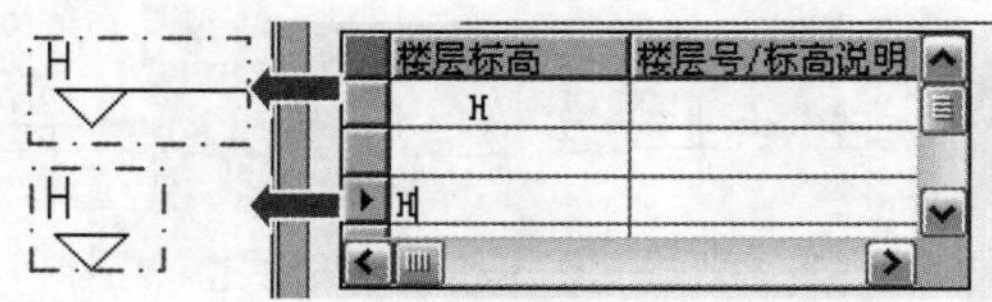

图 13-10 H 字符表示效果对比

"动态标注"状态对楼层地坪标高和其他手工输入的标高均不起作用，不至误改标高数值。

2）"总图"选项卡

单击总图标签切换到总图标高页面，如图 13-11 所示，四个可按下的图标按钮中，仅有"实心三角""实心圆点"和"标准标高"符号可以用于总图标高，这三个按钮表示标高符号的三种不同样式，仅可选其中之一进行标注。总图标高的标注精度自动切换为 0.00，保留两位小数。从 2013 版本开始对实心三角标高符号提供了三种标高文字位置的选择，右上是按新总图制图标准新图例补充的；为用户对标注室内标高的需求新增了空心三角的标高符号，文字位置固定在上方。

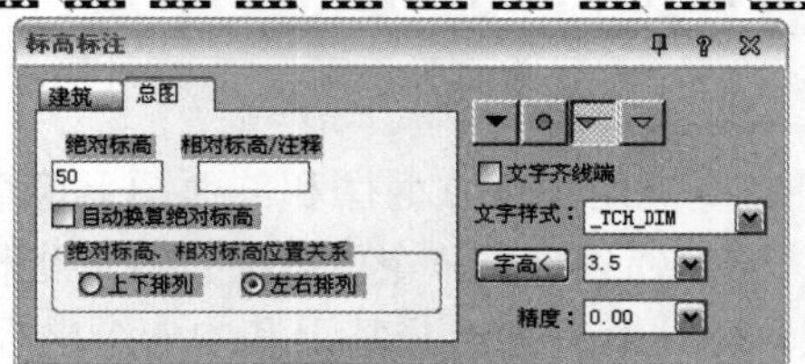

图 13-11　“总图”选项卡

■ 自动换算绝对标高：复选框勾选，在换算关系框输入标高关系，绝对标高自动算出并标注两者换算关系，如图 13-12 所示，当注释为文字时自动加括号作为注释；该复选框去除勾选时，不自动计算标高，在右边的编辑框可写入注释内容。

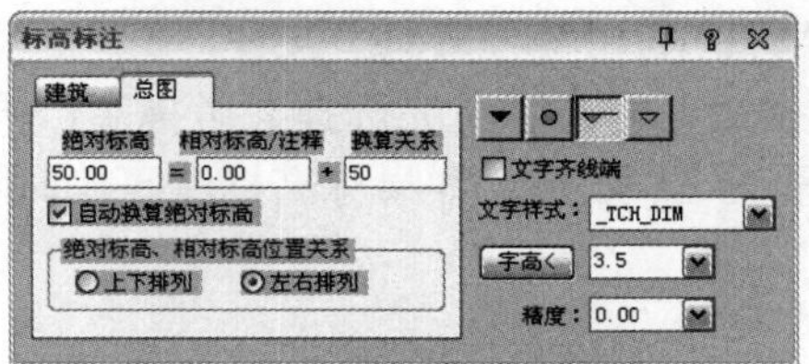

图 13-12　自动换算绝对标高

■ 上下排列/左右排列：排列文字位置；用于标注绝对标高和相对标高的关系以及标高文字与标高符号之间关系，有两种排列方式，如图 13-13 所示。

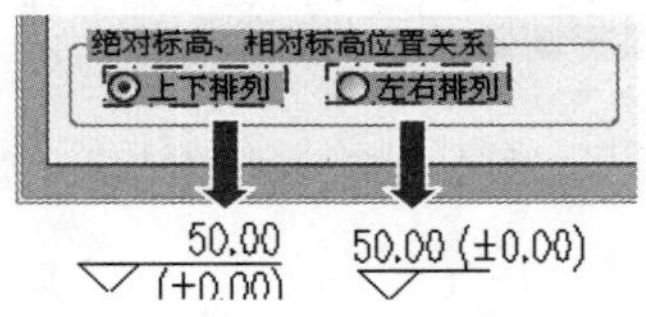

图 13-13　两种排列方式

技巧：标高符号

标高符号的圆点直径和三角高度尺寸可由用户定义，见“天正选项”对话框中“基本设定”选项中的“符号设置”，如图 13-14 所示。

图 13-14　符号设置

13.1.5 标高检查

知识要点 “标高检查”命令适用于在立面图和剖面图上检查天正标高符号，避免由于人为修改标高标注值导致设计位置的错误，本命令可以检查世界坐标系 WCS 下的标高标注和用户坐标系 UCS 下的标高标注，但注意只能选择基于其中一个坐标系进行检查，而且应与绘制时的条件一致；注意本命令不适用于检查平面图上的标高符号，查出不一致的标高对象后用户可以选择两种解决方法：一是认为标高位置是正确的，要求纠正标高数值，二是认为标高数值是正确的，要求移动标高位置。

执行方法 在天正屏幕菜单中执行“符号标注 | 标高检查”命令(快捷键为“BGJC”)。

操作实例 例如，打开“资料\符号标注.dwg”文件，在天正屏幕菜单中执行“符号标注 | 标高检查”命令(BGJC)，根据命令行提示，先选择参考标高，再选择其他待检查的标高后，按空格键确认选择即可，如图 13-15 所示。如果标高标注正确时将提示“选中的标高 xx 个，全部正确!”。

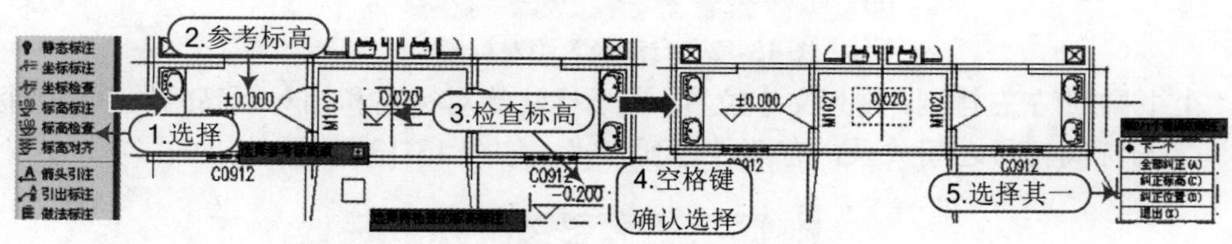

图 13-15 标高检查

13.2 工程符号标注

创建天正符号标注绝非是简单地插入符号图块，而是在图上添加了代表建筑工程专业含义的图形符号对象，如平面图的剖面符号可用于立面和剖面工程图生成。

13.2.1 箭头引注

知识要点 此命令绘制带有箭头的引出标注，文字可从线端标注也可从线上标注，引线可以多次转折，用于楼梯方向线、坡度等标注，提供了 5 种箭头样式和两行说明文字。

执行方法 在天正屏幕菜单中执行“符号标注 | 箭头引注”命令(快捷键为“JTYZ”)。

操作实例 例如，要引注一个 400×400 的正方形，在天正屏幕菜单中执行“符号标注 | 箭头引注”命令(JTYZ)，在随后弹出的对话框中设置好参数，按照如下命令行提示进行操作，如图 13-16 所示。

```
箭头起点或[点取图中曲线(P)/点取参考点(R)]<退出>:        \\ 点取箭头起始点
直段下一点[弧段(A)/回退(U)]<结束>:                      \\ 画出引线(直线或弧线)
……                                                      \\ ……
直段下一点[弧段(A)/回退(U)]<结束>:                      \\ 按回车键结束
```

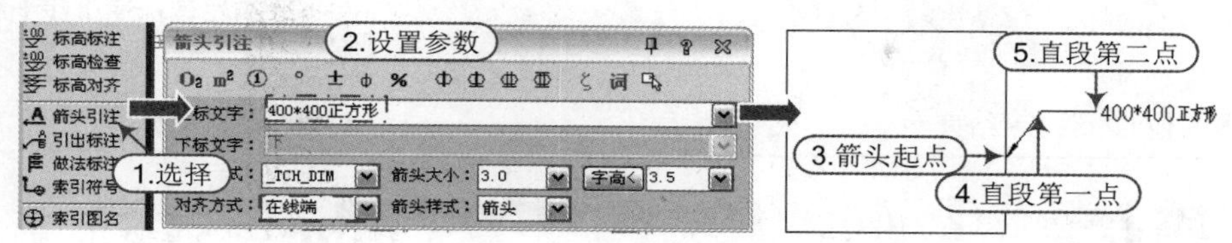

图 13-16 箭头引注正方形

选项含义 在“箭头引注”对话框中，因按钮选项与之前讲解过的“单行文字\多行文字”对话框中按钮一致，因此，仅对各文字选项的含义解释如下：

- 上标文字：标注在文字基线上的文字内容。
- 下标文字：标注在文字基线下的文字内容。
- 箭头样式：下拉列表中包括“箭头”“半箭头”“点”“十字”和“无”五项，用户可任选一项指定箭头的形式。
- 箭头大小：下拉列表中可选择箭头大小值，调节箭头的大小。
- 字高<：以最终出图的尺寸(毫米)，设定字的高度，也可从图上量取(系统自动换算)。
- 文字样式：设定用于引出标注的文字样式。
- 文字对齐：有齐线端、在线端和齐线中三种文字对齐方式，如图 13-17 所示。

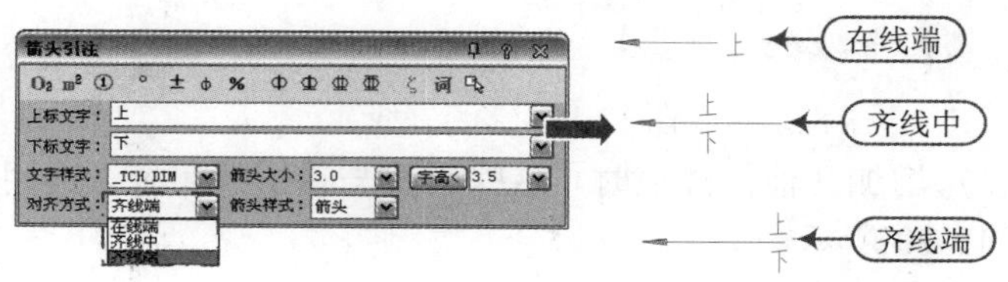

图 13-17 对齐方式

技巧：在位编辑

双击箭头引注中的文字，即可进入在位编辑框修改文字。

13.2.2 引出标注

知识要点 “引出标注”命令可用于对多个标注点进行说明性的文字标注，自动按端点对齐文字，具有拖动自动跟随的特性，新增“引线平行”功能，默认是单行文字，需要标注多行文字时在特性栏中切换，标注点的取点捕捉方式完全服从命令执行时的捕捉方式，以 F3 切换捕捉方式的开关。

执行方法 在天正屏幕菜单中执行“符号标注丨引出标注”命令(快捷键为“YCBZ”)。

操作实例 例如，打开“资料\符号标注.dwg”文件，在天正屏幕菜单中执行“符号标注丨引出标注”命令(YCBZ)，在随后弹出的对话框中设置好参数，按照如下命令行提示进行操作，如图 13-18 所示。

```
请给出标注第一点<退出>:                          \\ 点取标注引线上的第一点
输入引线位置或 [更改箭头形式(A)]<退出>:           \\ 点取文字基线上的第一点
点取文字基线位置<退出>:                          \\ 取文字基线上的结束点
```

输入其他的标注点<结束>:	\\ 点取第二条标注引线上端点
……	……
输入其他的标注点<结束>:	\\ 按回车键结束

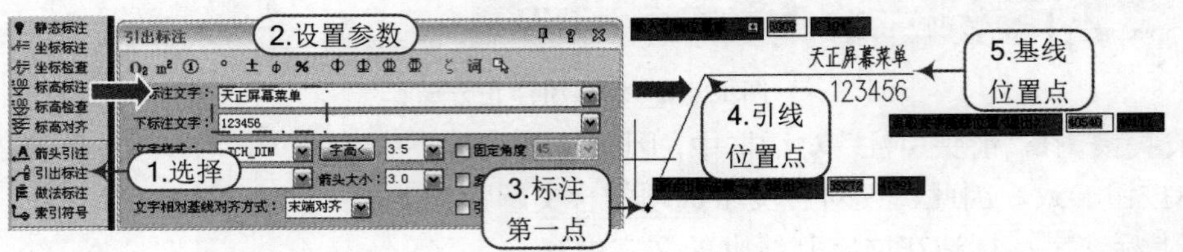

图 13-18　引出标注

选项含义 在“引出标注”对话框中，仅对前面未讲解过的文字选项的含义解释如下：

- 固定角度：设定用于引出线的固定角度，勾选后引线角度不随拖动光标改变，从 0°~90° 可选。
- 多点共线：设定增加其他标注点时，这些引线与首引线共线添加，适用于立面和剖面的材料标注，如图 13-19 所示。

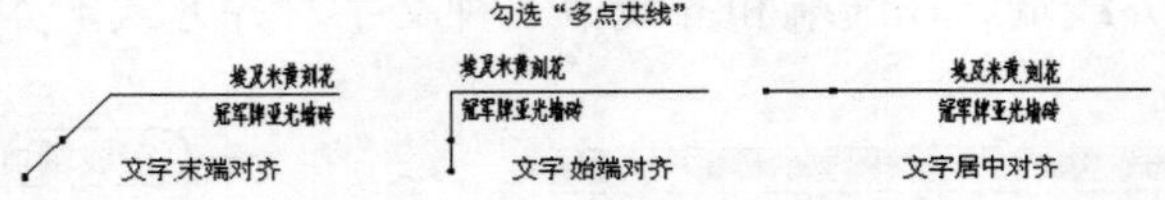

图 13-19　多点共线

- 引线平行：设定增加其他标注点时，这些引线与首引线平行，适用于类似钢筋标注等场合，如图 13-20 所示。

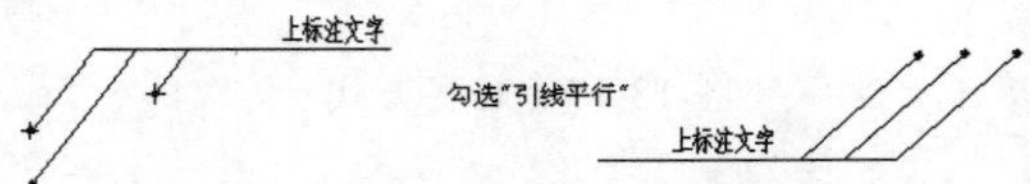

图 13-20　引线平行

- 文字相对基线对齐方式：增加了始端对齐、居中对齐和末端对齐三种文字对齐方式。

技巧：引出标注编辑

1）双击引出标注对象可进入编辑对话框，如图 13-21 所示；与引出标注对话框所不同的是下面多了“增加标注点<”按钮，单击该按钮可进入图形添加引出线与标注点，可以改变复选框修改引线引出方式。

2）引出标注对象还可实现方便的夹点编辑，如拖动标注点时箭头（圆点）自动跟随，拖动文字基线时文字自动跟随等特性。

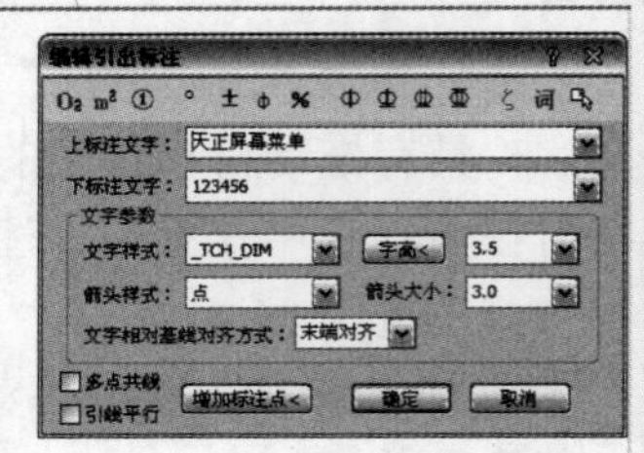

图 13-21　“编辑引出标注”对话框

3）引出标注对象的上下标注文字均可使用多行文字，文字先在一行内输入，通过切换特性栏文字类型改为多行文字，夹点拖动改变页宽，如图 13-22 所示。

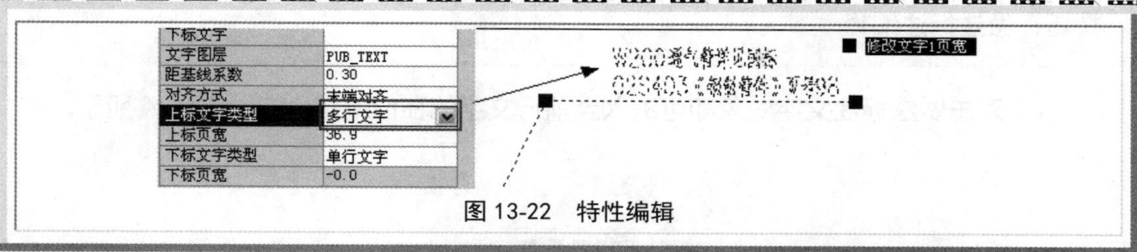

图 13-22 特性编辑

13.2.3 做法标注

知识要点“做法标注”命令用于在施工图纸上标注工程的材料做法，通过专业词库可调入北方地区常用的 88J1-X1(2000 版)的墙面、地面、楼面、顶棚和屋面标准做法，软件提供了多行文字的做法标注文字，每一条做法说明都可以按需要的宽度拖动为多行，还增加了多行文字位置和宽度的控制夹点，按新版国家制图规范要求提供了做法标注圆点的标注选项，在 2013 版本增加了做法标注的输入界面行数，输入更方便。

执行方法在天正屏幕菜单中执行“符号标注 | 做法标注”命令(快捷键为“ZFBZ”)。

操作实例例如，打开“资料\符号标注.dwg”文件，在天正屏幕菜单中执行“符号标注 | 做法标注”命令(ZFBZ)，在弹出的“做法标注”对话框中输入做法，按照如下命令行提示进行操作，如图 13-23 所示。

```
请给出标注第一点<退出>:                    \\ 点取标注引线端点位置作为第一点
请给出标注第二点<退出>:                    \\ 点取标注引线上的转折点
请给出文字线方向和长度<退出>:              \\ 拉伸文字基线的末端定点
请输入其他标注点<结束>:                    \\ 拖动在做法标注圆点位置上定点
请输入其他标注点<结束>:                    \\ 拖动在做法标注圆点位置上定点
请输入其他标注点<结束>:                    \\ 按回车键结束命令
```

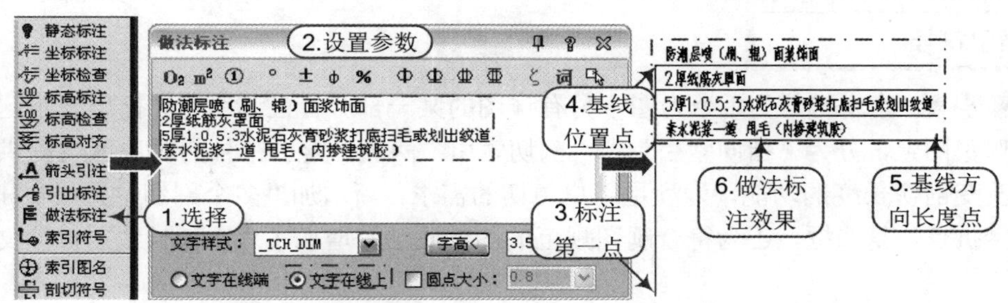

图 13-23 做法标注

选项含义在“做法标注”对话框中，前面未介绍过的选项的含义如下：

- 多行编辑框：供输入多行文字使用，按回车键结束的一段文字写入一条基线上，随宽度自动换行。
- 文字在线端：文字内容标注在文字基线线端为一行表示，多用于建筑图。
- 文字在线上：文字内容标注在文字基线线上，按基线长度自动换行，多用于装修图。
- 圆点大小：勾选圆点大小复选框，可以在引出线上增补分层标注圆点。

技巧：做法标注编辑

1）双击做法标注文字对象即可进入当前行文字的在位编辑，如图 13-24 所示。

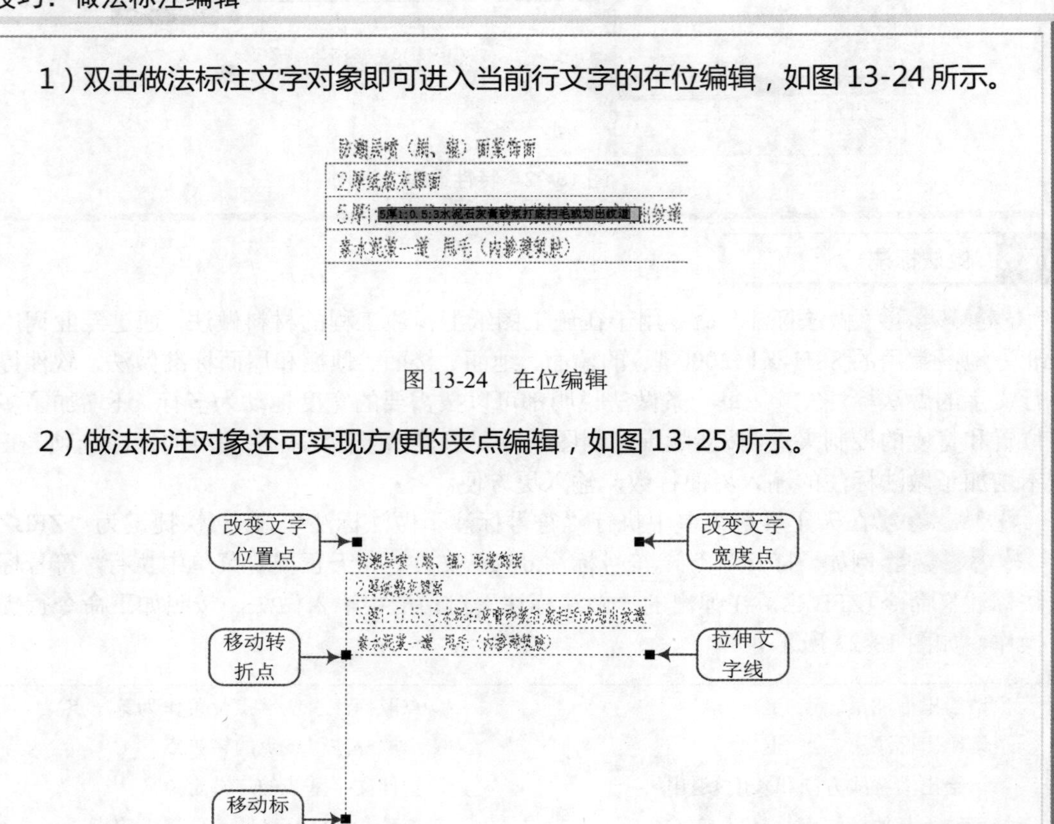

图 13-24　在位编辑

2）做法标注对象还可实现方便的夹点编辑，如图 13-25 所示。

图 13-25　夹点编辑

13.2.4 索引符号

知识要点 “索引符号”命令为图中另有详图的某一部分标注索引号，指出表示这些部分的详图在哪张图上，分为“指向索引”和“剖切索引”两类，索引符号的对象编辑提供了增加索引号与改变剖切长度的功能，为满足用户急切的需求，新增加“多个剖切位置线”和“引线增加一个转折点”复选框，还为符合制图规范的图例画法，增加了“在延长线上标注文字”复选框。

执行方法 在天正屏幕菜单中执行“符号标注 | 索引符号”命令(快捷键为“SYFH”)。

操作实例 例如，打开“资料\符号标注.dwg”文件，在天正屏幕菜单中执行“符号标注 | 索引符号”命令(SYFH)，在随后弹出的对话框中设置好参数，按照如下命令行提示进行操作，如图 13-26 所示。

```
请给出索引节点的位置<退出>:          \\ 点取需索引的部分
请给出索引节点的范围<0.0>:           \\ 拖动圆上一点，单击定义范围或回车不画出范围
请给出转折点位置<退出>:              \\ 拖动点取索引引出线的转折点
请给出文字索引号位置<退出>:          \\ 点取插入索引号圆圈的圆心
```

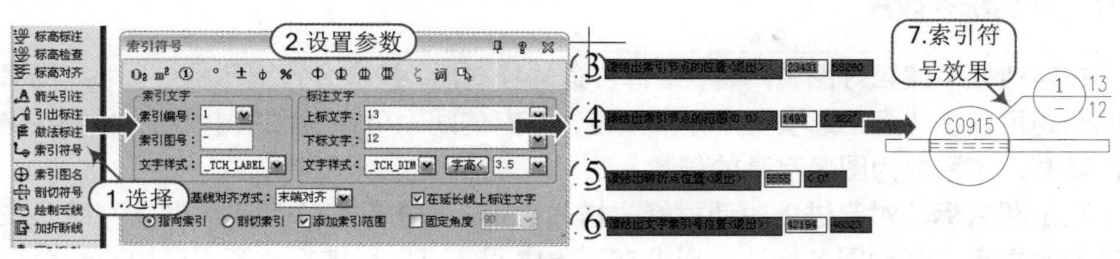

图 13-26　索引符号

注意：剖切索引

此命令分为“指向索引”和“剖切索引”两类，标注时按要求选择标注。

例如，打开“资料\符号标注.dwg”文件，在天正屏幕菜单中执行“符号标注｜索引符号”命令(SYFH)，在随后弹出的对话框中设置好参数，按照命令行提示进行操作，如图 13-27 所示。

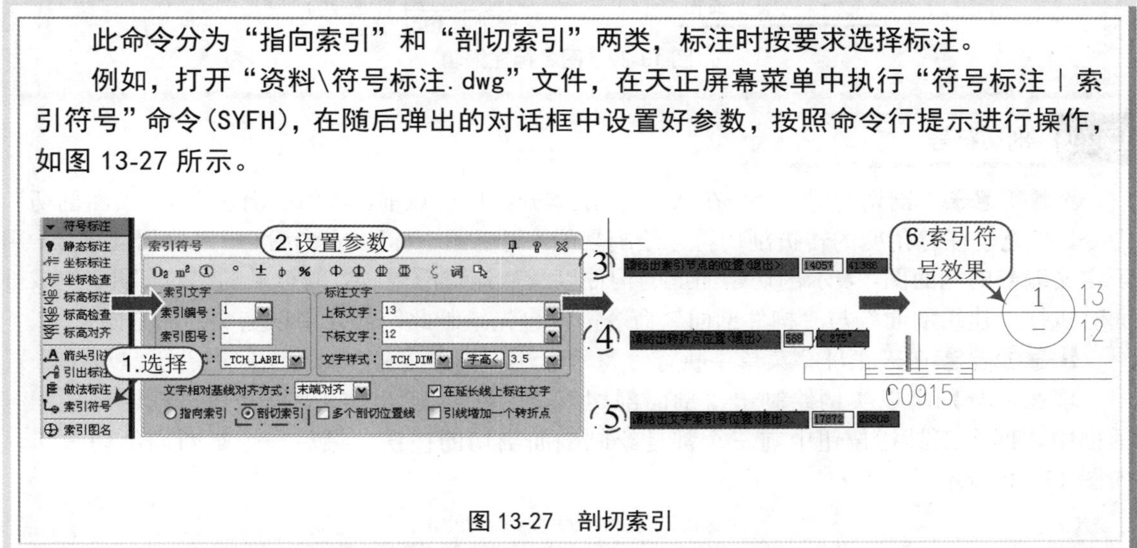

图 13-27　剖切索引

13.2.5 图名标注

知识要点 一个图形中绘有多个图形或详图时，需要在每个图形下方标出该图的图名，并且同时标注比例，比例变化时会自动调整其中文字的合理大小，新增特性栏“间距系数”项表示图名文字到比例文字间距的控制参数。

执行方法 在天正屏幕菜单中执行“符号标注｜图名标注”命令(快捷键为“TMBZ”)。

操作实例 例如，打开“资料\符号标注.dwg”文件，在天正屏幕菜单中执行“符号标注｜图名标注”命令(TMBZ)，在随后弹出的对话框中设置好参数，在天正屏幕绘图区指定点插入即可，如图 13-28 所示。

图 13-28　图名标注

注意：图名标注效果

在对话框中编辑好图名内容，选择合适的样式后，按命令行提示标注图名，图名和比例间距可以在“天正选项”命令中预设，已有的间距可在特性栏中修改“间距系数”进行调整，该系数为图名字高的倍数。

双击图名标注对象进入对话框修改样式设置，双击图名文字或比例文字进入在位编辑修改文字；移动图名标注夹点设在对象中间，可以用捕捉对齐图形中心线获得良好效果，如图 13-29 所示。

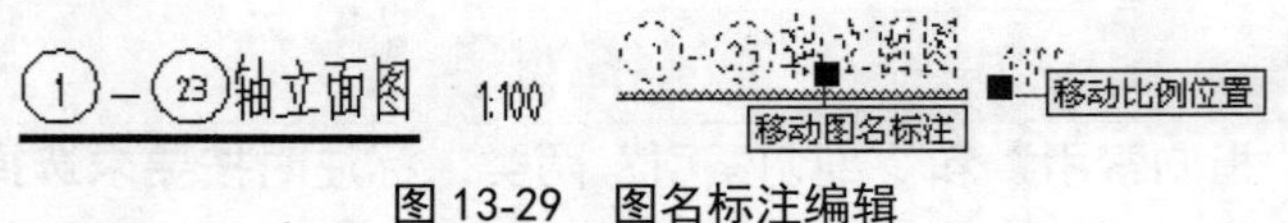

图 13-29 图名标注编辑

13.2.6 剖切符号

知识要点“剖切符号”命令在从 2013 版本开始取代以前的“剖面剖切”与“断面剖切”命令，扩充了任意角度的转折剖切符号绘制功能，用于图中标注制图标准规定的剖切符号，用于定义编号的剖面图，表示剖切断面上的构件以及从该处沿视线方向可见的建筑部件，生成剖面时执行“建筑剖面”与“构件剖面”命令需要事先绘制此符号，用以定义剖面方向。

执行方法在天正屏幕菜单中执行“符号标注 | 剖切符号”命令(快捷键为“PQFH”)；

现在，分别举以实例绘制出“剖面剖切”与“断面剖切”的效果（在“剖切符号”对话框中，四个工具栏按钮中前三个都是绘制剖面剖切的按钮，最后一个是断面剖切按钮，如图 13-30 所示）。

图 13-30 “剖切符号”对话框

1）“剖面剖切”实例：

操作实例例如，在天正屏幕菜单中执行“符号标注 | 剖切符号”命令(PQFH)，在随后弹出的对话框中设置好参数，单击工具栏中“正交剖切”按钮，按照命令行提示首先指定剖切符号的两个剖切点，再选择剖视方向即可，如图 13-31 所示。

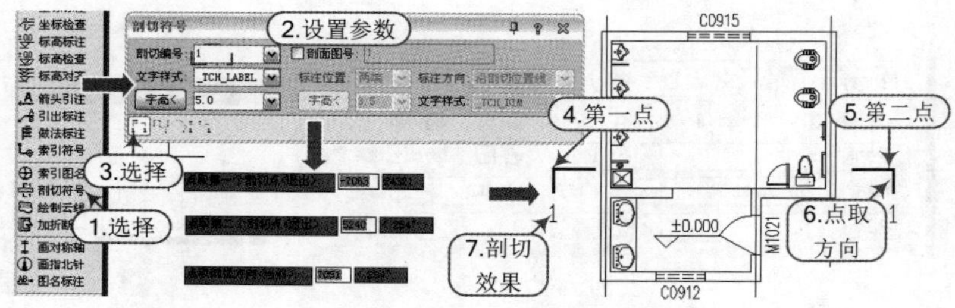

图 13-31 剖面剖切

提示：其他剖面剖切按钮

在“剖切符号”对话框中，剖面剖切的工具按钮“正交转折剖切”和“非正交转折剖切”执行效果如图 13-32 所示。

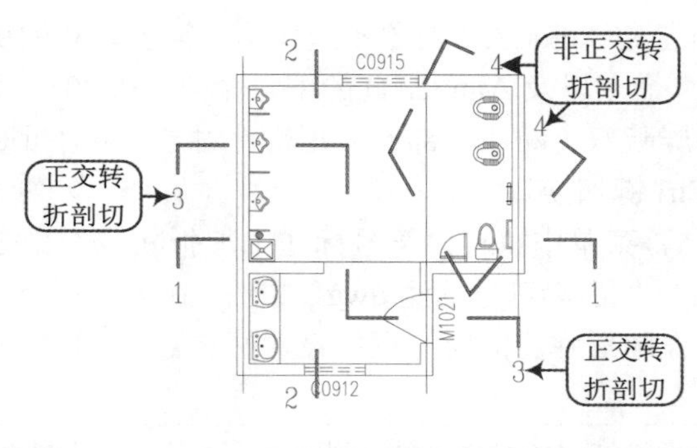

图 13-32 “正交转折剖切”和“非正交转折剖切”

2）“断面剖切”实例：

操作实例 例如，在天正屏幕菜单中执行“符号标注｜剖切符号”命令(PQFH)，在随后弹出的对话框中设置好参数，单击工具栏中“断面剖切”按钮，按照命令行提示首先指定剖切符号的两个剖切点，再选择剖视方向即可，如图 13-33 所示。

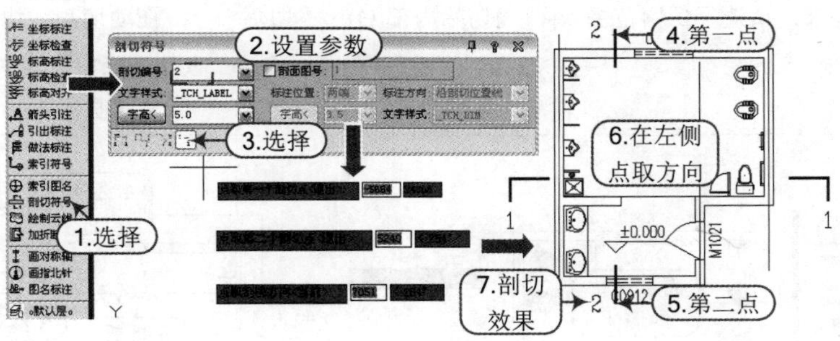

图 13-33 断面剖切

注意：剖面图号的标注方向

勾选“剖面图号”，可在剖面符号处标注索引的剖面图号，右边的标注位置、标注方向、字高、文字样式都是有关剖面图号的，剖面图号的标注方向有两个：剖切位置线与剖切方向线，两者的效果如图 13-34 所示。

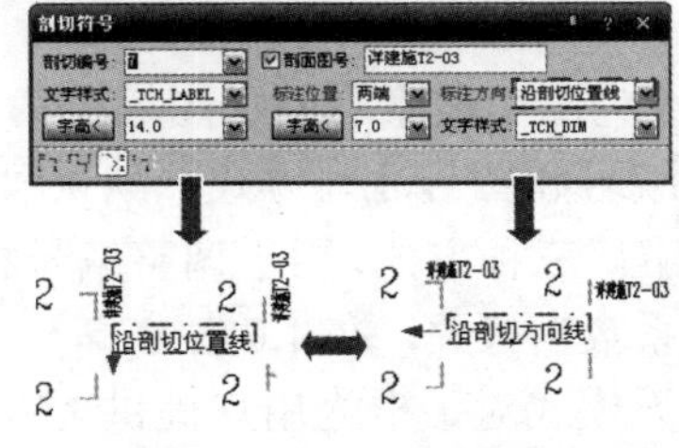

图 13-34 标注方向效果对比

13.2.7 加折断线

知识要点 “加折断线”命令绘制折断线，形式符合制图规范的要求，并可以依照当前比例更新其大小，在切割线一侧的天正建筑对象不予显示，用于解决天正对象无法从对象中间打断的问题，切割线功能对普通 AutoCAD 对象不起作用，需要切断图块时应配合使用“其他工具”菜单下的“图形裁剪”命令以及 AutoCAD 的编辑命令。从 2013 版本开始支持制图标准的双折断线功能，可以自动屏蔽双折断线内部的天正构件对象；还对折断线延长的夹点拖动增加了锁定方向的模式，以 Ctrl 键切换。

执行方法 在天正屏幕菜单中执行“符号标注 | 加折断线”命令(快捷键为“JZDX”)。

操作实例 例如，打开“资料\符号标注.dwg”文件，在天正屏幕菜单中执行“符号标注 | 加折断线”命令(JZDX)，在随后弹出的对话框中设置好参数，按照如下命令行提示进行操作，如图 13-35 所示。

```
箭头起点或[点取图中曲线(P)/点取参考点(R)]<退出>:    \\ 点取箭头起始点
点取折断线起点或[选多段线(S)\绘双折断线(Q)，当前：绘单折断线]<退出>:
                                        \\ 点取折断线起点，或者键入 S 选择已有的多段线
点取折断线终点或[改折断数目(N),当前=1]<退出>: \\ 点取折断线终点或者键入 N 修改折断数目
折断数目<1>:2                            \\ 折断数目为 0 时不显示折断线，可用于切割图形
点取折断线终点或[改折断数目(N),当前=2]<退出>:    \\ 拖动折断线给出终点
当前切除外部，请选择保留范围或[改为切除内部(Q)]<不切割>:  \\ 拖动切割线边框改变保留范围
                                        (外部被切割)给点完成命令，按
                                        回车键画出折断线
```

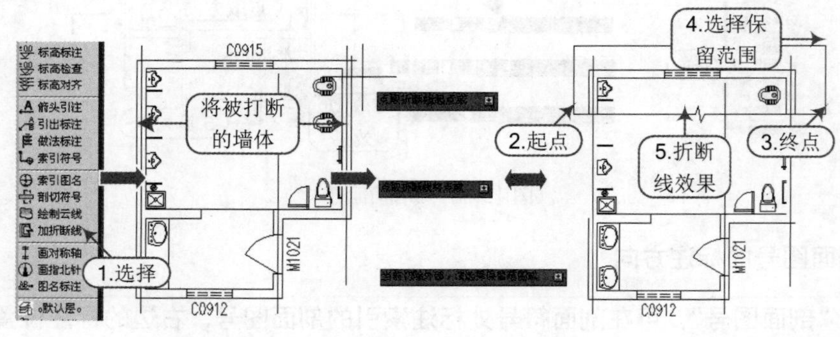

图 13-35 加折断线

13.2.8 索引图名

知识要点 “索引图名”命令为图中被索引的详图标注索引图名，在特性栏中提供“圆圈文字”项，用于选择圈内的索引编号和图号注写方式，默认“随基本设定”，还可选择“标注在圈内”“旧圆圈样式”“标注可出圈”三种方式，用于调整编号相对于索引圆圈的大小的关系，标注在圈内时字高与“文字字高系数”有关，在 1.0 时字高充满圆圈。新增比例夹点便于调整详图比例与索引圈的关系，新的无模式对话框为用户提供更方便的交互方法。

执行方法 在天正屏幕菜单中执行“符号标注 | 索引图名”命令(快捷键为“SYTM”)。

操作实例 例如，打开“资料\符号标注.dwg”文件，在天正屏幕菜单中执行“符号标注｜索引图名”命令(SYTM)，在随后弹出的对话框中设置好参数，在屏幕绘图区点取插入即可，如图13-36所示。

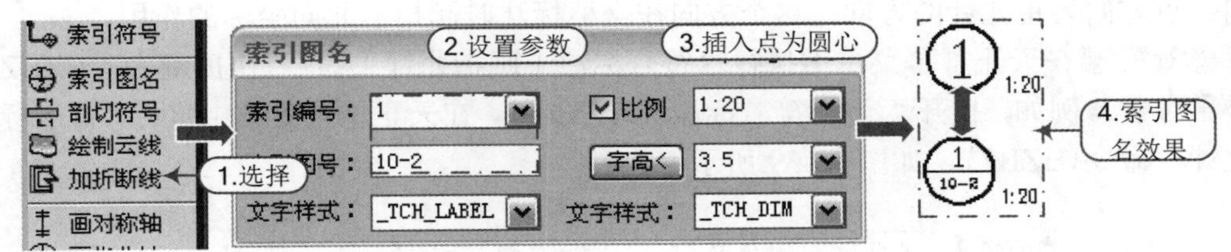

图13-36 索引图名

选项含义 在“索引图名”对话框中，仅对前面未讲解过的文字选项的含义解释如下：

- 索引编号：在本图中的索引图形编号。
- 索引图号：索引本图的编号，很多情况下这个编号被忽略不填。

13.2.9 画对称轴

知识要点 “画对称轴”命令用于在施工图纸上标注表示对称轴的自定义对象。

执行方法 在天正屏幕菜单中执行“符号标注｜画对称轴”命令(快捷键为“HDCZ”)。

操作实例 例如，打开“资料\符号标注.dwg”文件，在天正屏幕菜单中执行“符号标注｜画对称轴”命令(HDCZ)，指定起点及终点即可，如图13-37所示。

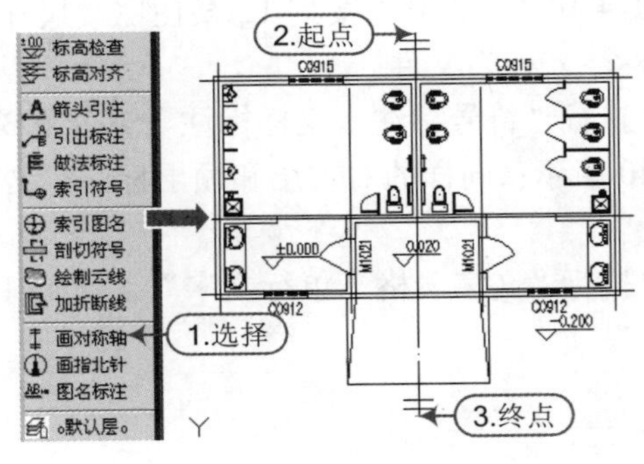

图13-37 画对称轴

注意：对称轴的编辑

拖动对称轴上的夹点，可修改对称轴的长度、端线长、内间距等几何参数，如图13-38所示。

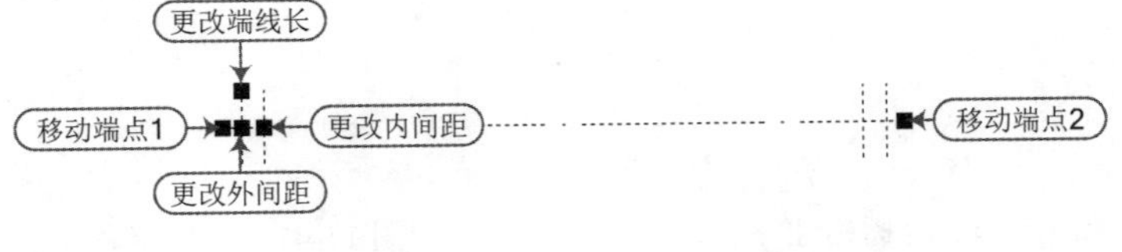

图13-38 对称轴夹点编辑

13.2.10 画指北针

知识要点 “画指北针”命令在图上绘制一个国标规定的指北针符号对象，从插入点到更改方向夹点方向为指北针的方向，这个方向在坐标标注时起指示北向坐标的作用。

执行方法 在天正屏幕菜单中执行“符号标注｜画指北针”命令(快捷键为“HZBZ”)。

操作实例 例如，打开“资料\符号标注.dwg”文件，在天正屏幕菜单中执行“符号标注｜画指北针”命令(HZBZ)，如图 13-39 所示。

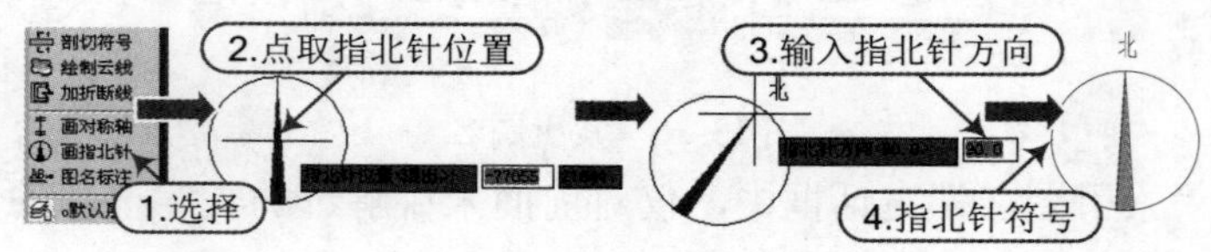

图 13-39 画指北针

13. 3 综合练习——某住宅楼符号标注

案例	某住宅楼符号标注.dwg	视频	某住宅楼符号标注.avi

实战要点：①标高标注；②图名标注；③画指北针。

操作步骤

步骤 01 正常启动 TArch 2014 软件，打开“案例\12\某住宅楼尺寸标注.dwg”文件，将其另存为“案例\13\某住宅楼符号标注.dwg”文件。

步骤 02 在天正屏幕菜单中执行“符号标注｜坐标标注”命令(ZBBZ)，捕捉 A 轴与 7 轴的交点进行坐标标注，如图 13-40 所示；同样的对首层和顶层标注，这里就不再显示出来，请自行完成。

步骤 03 在天正屏幕菜单中执行“文字表格｜单行文字”命令(DHWZ)，标注标准层各房间名称，如图 13-41 所示。

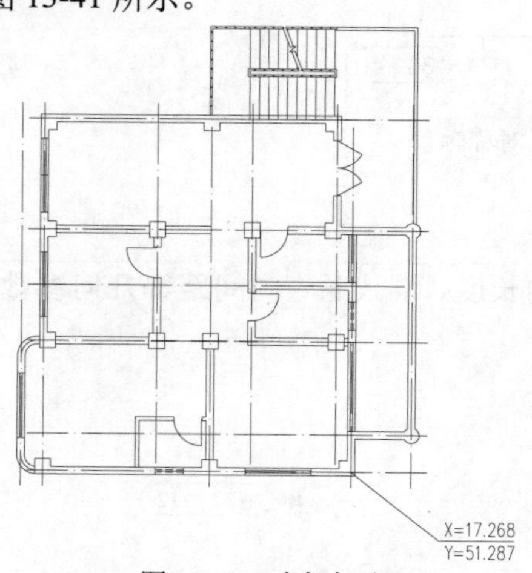

图 13-40 坐标标注

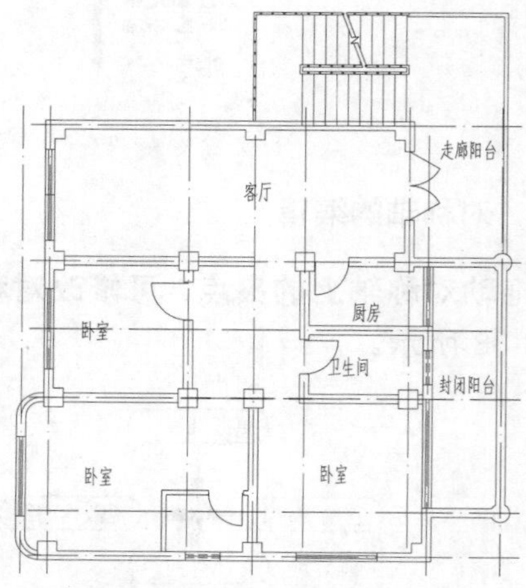

图 13-41 房间名称标注

步骤 04 在天正屏幕菜单中执行“符号标注｜标高标注”命令(BGBZ)，如图 13-42 所示；同样的对首层和顶层标注，这里就不再显示出来，请自行完成。

步骤 05 在天正屏幕菜单中执行“符号标注 | 箭头引注”命令(JTYZ)，对标准层客厅的窗户标注为“落地窗内加栏杆”，走廊阳台上标注“2%”的坡度，如图 13-43 所示；同样的对首层和顶层标注，这里就不再显示出来，请自行完成。

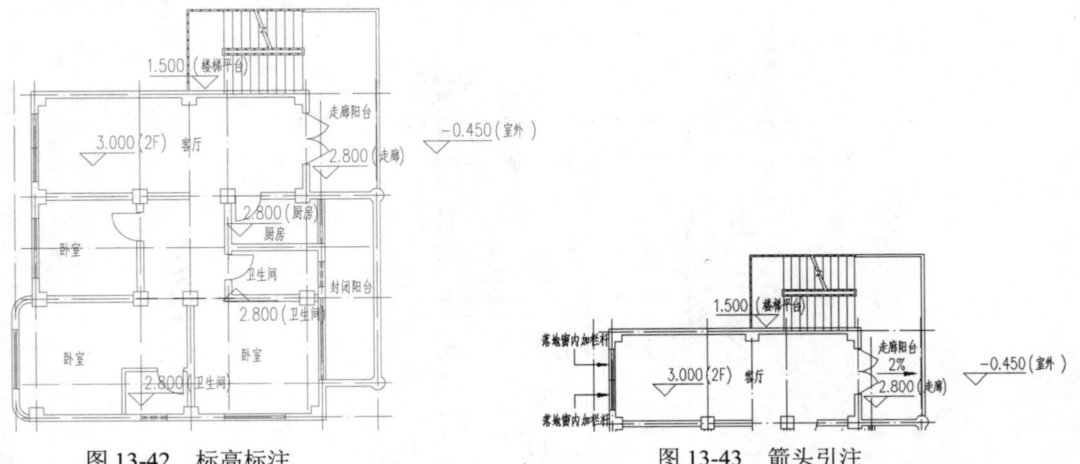

图 13-42 标高标注　　图 13-43 箭头引注

步骤 06 在天正屏幕菜单中执行“符号标注 | 画指北针”命令(HZBZ)，在首层平面图右上角绘制指北针，如图 13-44 所示。

步骤 07 在天正屏幕菜单中执行“符号标注 | 图名标注”命令(TMBZ)，标准层图名标注如图 13-45 所示；同样的对首层和顶层标注，这里就不再显示出来，请自行完成。

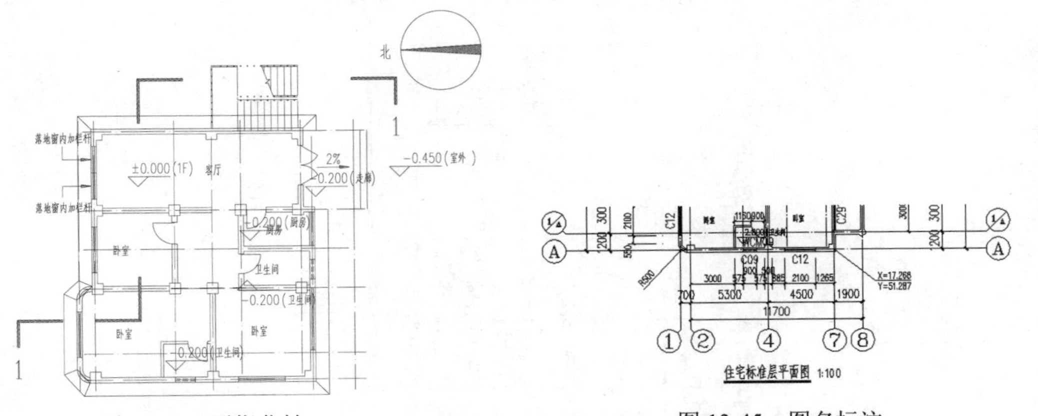

图 13-44 画指北针　　图 13-45 图名标注

步骤 08 某住宅楼的符号标注完全如图 13-46、图 13-47、图 13-48 所示，最后在键盘上按“Ctrl+S”组合键进行保存。

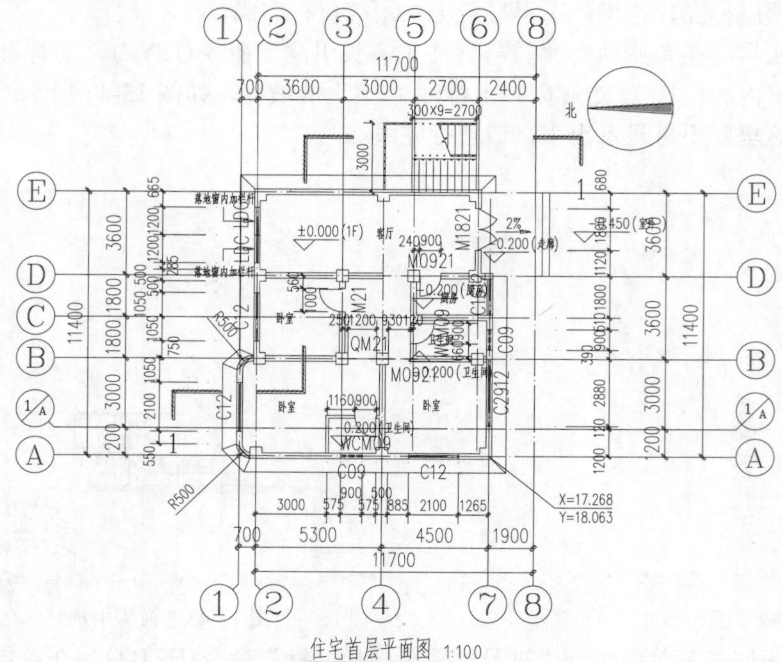

图 13-46 首层符号标注

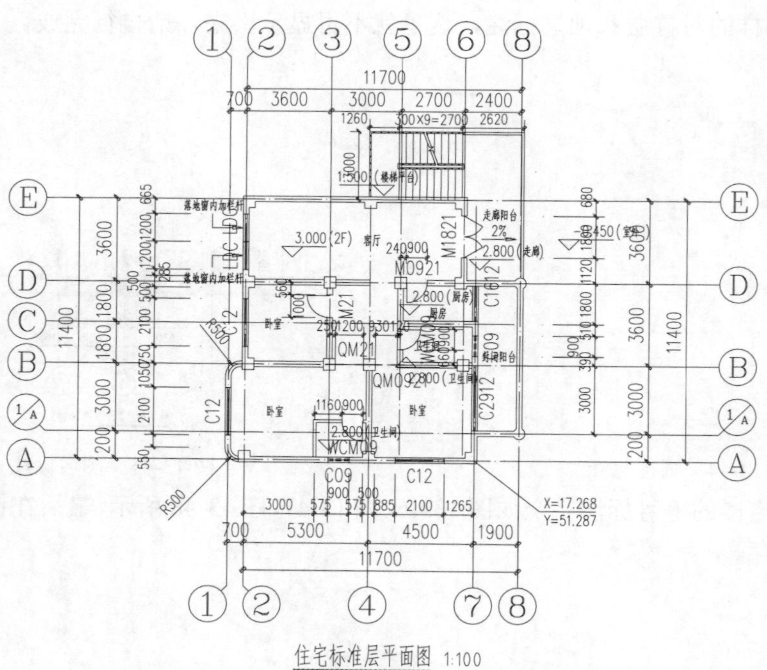

图 13-47 标准层符号标注

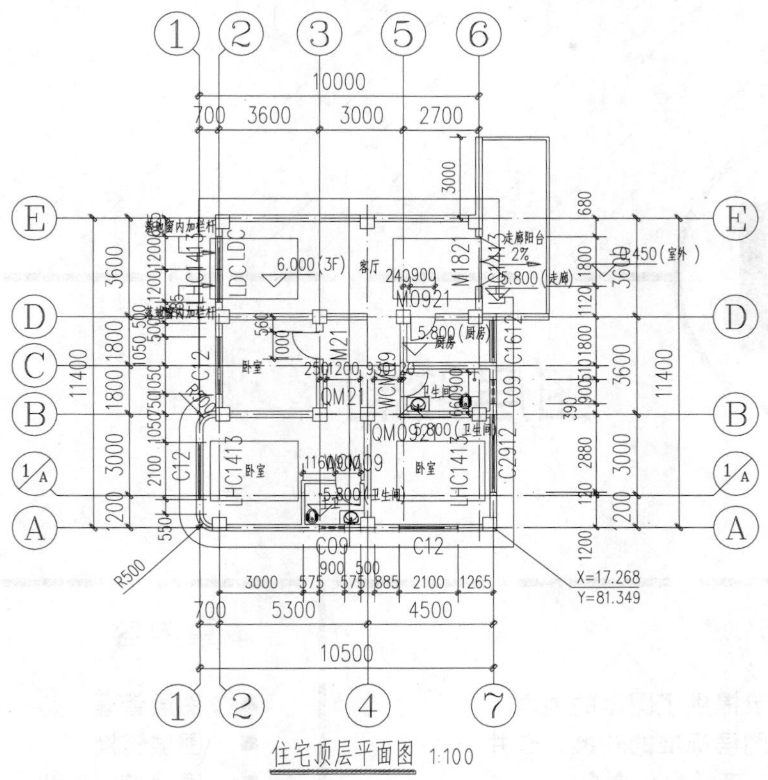

图 13-48　顶层符号标注

图层控制

本章导读

天正建筑提供了图层的创建、修改定制，图层标准的转换、合并等方便统一管理的操作命令。

可通过点取对象，管理对象所在图层或其他图层的开关、冻结、锁定以及与之相反的操作。

本章内容

- 图层管理
- 图层转换
- 图层控制详解
- 合并图层
- 图元改层

图层关键字	图层名	颜色	线型	备注
轴线	DOTE	[illegible]	CONTINUOUS	此图层的直线和弧认为是平面轴线
阳台	BALCONY	[illegible]	CONTINUOUS	存放阳台对象，利用阳台做的雨篷
柱子	COLUMN	[illegible]	CONTINUOUS	存放各种材质构成的柱子对象
石柱	COLUMN	9	CONTINUOUS	存放石材构成的柱子对象
砖柱	COLUMN	9	CONTINUOUS	存放砖砌筑成的柱子对象
钢柱	COLUMN	9	CONTINUOUS	存放钢材构成的柱子对象
砼柱	COLUMN	9	CONTINUOUS	存放砼材料构成的柱子对象
门	WINDOW	[illegible]	CONTINUOUS	存放插入的门图块
窗	WINDOW	[illegible]	CONTINUOUS	存放插入的窗图块
墙洞	WINDOW	4	CONTINUOUS	存放插入的墙洞图块
防火门	DOOR_FIRE	4	CONTINUOUS	防火门
防火窗	PUB_HATCH	4	CONTINUOUS	防火窗
防火卷帘	DOOR_FIRE	4	CONTINUOUS	防火卷帘
轴标	AXIS	[illegible]	CONTINUOUS	存放轴号对象，轴线尺寸标注
地面	GROUND	2	CONTINUOUS	地面与散水
道路	ROAD	2	CONTINUOUS	存放道路绘制命令所绘制的道路线
道路中线	ROAD_DOTE	[illegible]	CENTERX2	存放道路绘制命令所绘制的道路中心线
树木	TREE	[illegible]	CONTINUOUS	存放成片布树和任意布树命令生成的植物
停车位	PKNG-TSRP	[illegible]	CONTINUOUS	停车位及标注

14.1 图层管理

知识要点 “图层管理”命令提供灵活的图层名称、颜色和线型的管理，同时也支持创建新图层标准。

执行方法 在天正屏幕菜单中执行“图层控制 | 图层管理”命令(快捷键为“TCGL”)。

操作实例 在天正屏幕菜单中执行“图层控制 | 图层管理”命令(TCGL)后，将弹出“图层管理”对话框，如图 14-1 所示。

图层管理

图层标准: 当前标准(TArch)　置为当前标准　新建标准

图层关键字	图层名	颜色	线型	备注
轴线	DOTE	[illegible]	CONTINUOUS	此图层的直线和弧认为是平面轴线
阳台	BALCONY	6	CONTINUOUS	存放阳台对象，利用阳台做的雨篷
柱子	COLUMN	[illegible]	CONTINUOUS	存放各种材质构成的柱子对象
石柱	COLUMN	9	CONTINUOUS	存放石材构成的柱子对象
砖柱	COLUMN	9	CONTINUOUS	存放砖砌筑成的柱子对象
钢柱	COLUMN	9	CONTINUOUS	存放钢材构成的柱子对象
砼柱	COLUMN	9	CONTINUOUS	存放砼材料构成的柱子对象
门	WINDOW	6	CONTINUOUS	存放插入的门图块
窗	WINDOW	6	CONTINUOUS	存放插入的窗图块
墙洞	WINDOW	4	CONTINUOUS	存放插入的墙洞图块
防火门	DOOR_FIRE	4	CONTINUOUS	防火门
防火窗	PUB_HATCH	4	CONTINUOUS	防火窗
防火卷帘	DOOR_FIRE	4	CONTINUOUS	防火卷帘
轴标	AXIS		CONTINUOUS	存放轴号对象，轴线尺寸标注
地面	GROUND	2	CONTINUOUS	地面与散水
道路	ROAD	2	CONTINUOUS	存放道路绘制命令所绘制的道路线
道路中线	ROAD_DOTE	[illegible]	CENTERX2	存放道路绘制命令所绘制的道路中心线
树木	TREE		CONTINUOUS	存放成片布树和任意布树命令生成的植物
停车位	PKNG-TSRP		CONTINUOUS	停车位及标注

图层转换　颜色恢复　关 闭

图 14-1　“图层管理”对话框

选项含义 在“图层管理”对话框中，各选项的功能与含义如下：

- 图层标准：默认在此列表中保存有两个图层标准，一个是天正自己的图层标准，另一个是国标 GB/T 18112－2000 推荐的中文图层标准，下拉列表可以把其中的标准调出来，在界面下部的编辑区进行编辑。
- 置为当前标准：单击 置为当前标准 按钮后，新的图层标准开始生效，同时弹出对话框，如图 14-2 所示，单击“是”按钮，表示将当前使用中的天正建筑图层定义 LAYERDEF.DAT 数据覆盖到 TArch.lay 文件中，保存在天正建筑下做的新图层定义。如果没有做新的图层定义，单击“否”按钮，不保存当前标准，TArch.lay 文件没有被覆盖，把新图层标准 GB/T 18112—2000 改为当前图层定义 LAYERDEF.DAT 执行。如果没有修改图层定义，单击是和否的结果都是一样的。

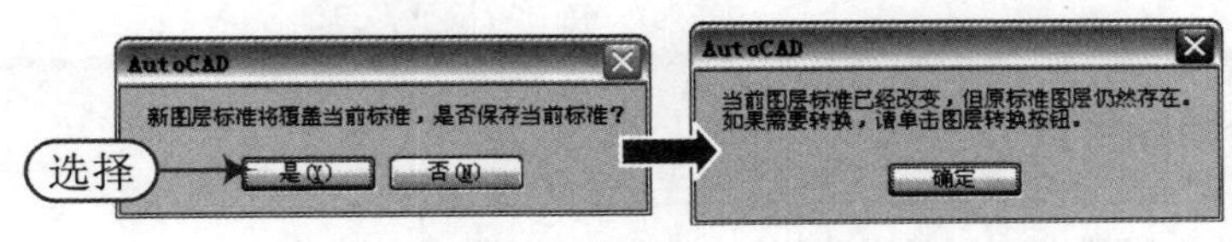

图 14-2　置为当前标准

- 新建标准：单击 新建标准 按钮后，如果该图层定义修改后没有保存，会显示对话框，提示是否保存当前修改，以“是”回应表示以旧标准名称保存当前定义，以“否”回应，对图层定义的修改不保存在旧图层标准中，而仅在新建标准中出现；接着会弹出如图 14-3 所示的对话框，用户在其中输入新的标准名称，这个名称代表下面的列表中的图层定义。

图 14-3 新建标准

- 图层转换：尽管单击 置为当前标准 按钮后，新对象将会按新图层标准绘制，但是已有的旧标准图层还在，已有的对象还是在旧标准图层中，单击 图层转换 按钮后，会显示图层转换对话框，把已有的旧标准图层转换为新标准图层，在天正建筑中提供了图层冲突的处理，详见“图层转换”命令。
- 颜色恢复：自动把当前打开的 DWG 中所有图层的颜色恢复为当前标准使用的图层颜色。
- 图层关键字：图层关键字是系统用于对图层进行识别用的，用户不能修改。
- 图层名：可以对提供的图层名称进行修改或者取当前图层名与图层关键字对应。
- 颜色：可以修改选择的图层颜色，单击此处可输入颜色号或单击按钮进入界面选取颜色。
- 线型：可以修改选择的图层线型，单击此处可输入线型名称或单击下拉列表选取当前图形已经加载的线型。
- 备注：可输入对本图层的描述。

技巧：创建图层标准的步骤

1）复制默认的图层标准文件作为自定义图层的模板，用英文标准的可以复制 TArch.lay 文件，用中文标准的可以复制 GB/T 18112—2000.lay 文件，例如把文件复制为 Mylayer.lay。

2）确认自定义的图层标准文件保存在天正安装文件夹下的 sys 文件夹中。

3）使用文本编辑程序例如“记事本”编辑自定义图层标准文件 Mylayer.lay，注意在改柱和墙图层时，要按材质修改各自图层，例如砖墙、混凝土墙等都要改，只改墙线图层不起作用的。

4）改好图层标准后，执行本命令，在“图层标准”列表里面就能看到 Mylayer 这个新标准了，选择它然后单击“置为当前标准”就可以用了。

技巧：命令功能特点

1）通过外部数据库文件设置多个不同图层的标准。

2）可恢复用户不规范设置的颜色和线型。

3）对当前图的图层标准进行转换。

系统不对新定义的标准图层数量进行限制，可以新建图层标准，在图层管理器中修改标准中各图层的名称和颜色、线型，对当前图档的图层按选定的标准进行转换。

14.2 图层转换

知识要点此命令可通过外部数据库文件设置多个不同图层的标准，本命令使当前整个DWG图形由原图层标准转换为目标图层标准，适宜用于需要大量转换文件图层时使用。

执行方法在天正屏幕菜单中执行“图层控制｜图层转换”命令(快捷键为“TCZH”)。

操作实例例如，在天正屏幕菜单中执行“图层控制｜图层转换”命令(TCZH)后，将弹出“图层管理”对话框，如图14-4所示；选择转换原图层标准，选择转换目标图层标准后，单击“转换”按钮完成图层转换。

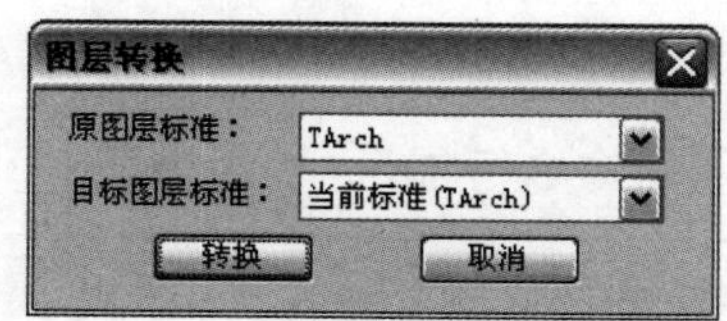

图14-4　“图层管理”对话框

注意：图层转换命令

> **与“图层管理”命令对话框中“图层转换”按钮不同，此命令仅用于对已有图形的图层进行转换，并不会自动设置当前图层标准为目标图层标准。**

注意：图层转换

> **“图层转换”命令的转换方法是图层全名匹配转换，图层标准中的组合用图层名(如3T_、S_、E_等前缀)是不进行转换的。**

14.3 图层控制详解

在天正系统中，可通过“关闭图层”“关闭其他”“打开图层”“图层全开”“冻结图层”“冻结其他”“锁定图层”“锁定其他”“解锁图层”以及“图层恢复”子菜单命令对图层进行控制，接下来，将对命令一一讲解。

14.3.1 关闭图层

知识要点“关闭图层”命令通过选取要关闭图层所在的一个对象，关闭该对象所在的图层。

执行方法在天正屏幕菜单中执行“图层控制｜关闭图层”命令(快捷键为“GBTC”)。

操作实例例如，打开“资料\14章-图层.dwg”文件，在天正屏幕菜单中执行“图层控制｜关闭图层”命令(GBTC)后，根据命令行提示选择对象后按空格键或回车键确认选择即可将对象所在图层关闭，如图14-5所示。

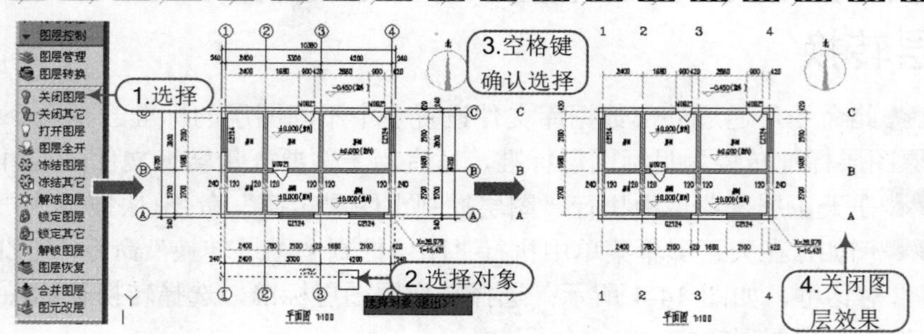

图 14-5　关闭图层

技巧：关闭块或内部参照图层命令行提示

选择对象[关闭块参照或外部参照内部图层(Q)]<退出>:Q	\\ 键入 Q 关闭块或内部参照图层
选择块参照或外部参照[关闭对象所在图层(Q)]<退出>:	\\ 光标改为十字线，此时选取块或者外部参照
继续选择参照中要关闭的对象(注：只支持点选)<退出>:	\\ 拾取要关闭的块或外部参照的图层所在对象
继续选择参照中要关闭的对象(注：只支持点选)<退出>:	\\ 按回车键结束选择，图层关闭后退出命令，保留当前状态为关闭块或内部参照图层

14.3.2 关闭其他

知识要点 “关闭其他”命令通过选取要保留图层所在的几个对象，关闭除了这些对象所在的图层外的其他图层。

执行方法 在天正屏幕菜单中执行“图层控制丨关闭其他”命令(快捷键为“GBQT”)。

操作实例 例如，打开“资料\14 章-图层.dwg”文件，在天正屏幕菜单中执行“图层控制丨关闭其他”命令(GBQT)后，根据命令行提示选择对象，如门、窗和墙后，按空格键或回车键确认选择即可将对象所在图层以外的图层关闭，如图 14-6 所示。

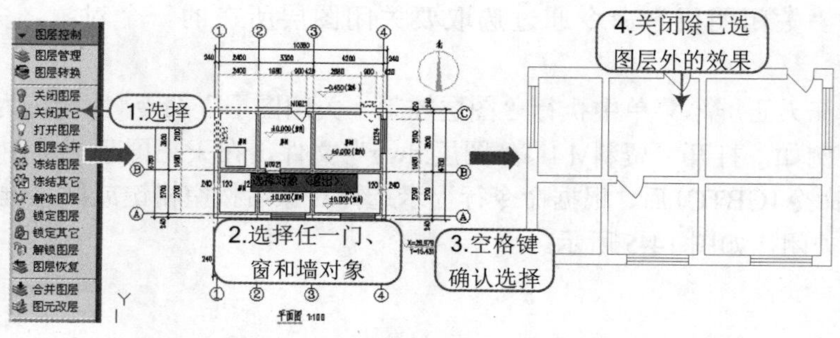

图 14-6　关闭其他

14.3.3 打开图层

知识要点 “打开图层”命令在对话框中分别对本图和外部参照列出被关闭的图层，由用户选择打开这些图层。不论是用天正图层相关命令，还是用 CAD 的图层相关命令关闭的图层均能起作用，对话框中描述一列为与天正建筑内部定义对应的对象关键字。

执行方法 在天正屏幕菜单中执行“图层控制 | 打开图层”命令(快捷键为“DKTC”)。

操作实例 例如，打开“资料\14 章-图层.dwg”文件，在天正屏幕菜单中执行“图层控制 | 打开图层”命令(DKTC)后，将弹出“打开图层”对话框，在对话框中列出了所有已关闭的图层，勾选图层后单击“确定”按钮即可打开相应图层，如图 14-7 所示为勾选全部图层的效果。

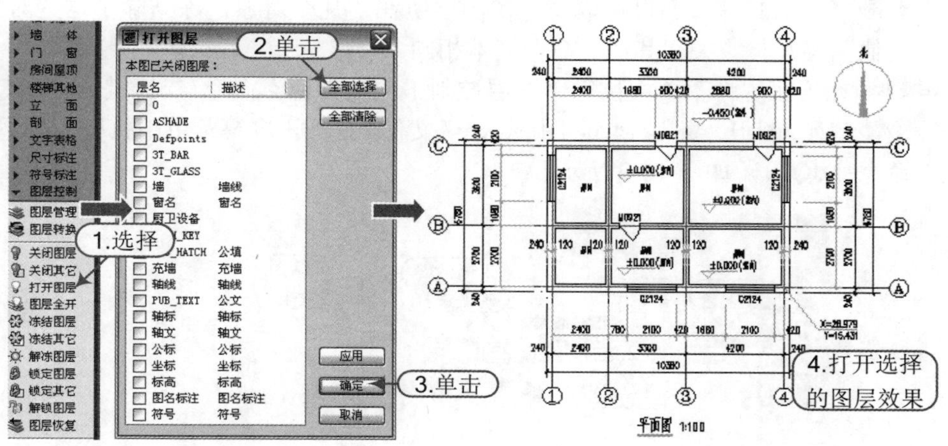

图 14-7　打开图层

14.3.4 图层全开

知识要点 “图层全开”命令打开被“关闭图层”命令关闭的图层，但不会对“冻结图层”和“锁定图层”进行解冻和解锁处理。

执行方法 在天正屏幕菜单中执行“图层控制 | 图层全开”命令(快捷键为“TCQK”)。

操作实例 例如，打开“资料\14 章-图层.dwg”文件，在天正屏幕菜单中执行“图层控制 | 图层全开”命令(TCQK)，系统直接执行命令，命令行不出现提示。

14.3.5 冻结图层

知识要点 “冻结图层”命令通过选取要冻结图层所在的一个对象，冻结该对象所在的图层，该图层的对象不能显示，也不参与操作，此命令可支持冻结在块或内部参照的图层。

执行方法 在天正屏幕菜单中执行“图层控制 | 冻结图层”命令(快捷键为“DJTC”)。

操作实例 例如，打开“资料\14 章-图层.dwg”文件，在天正屏幕菜单中执行“图层控制 | 冻结图层”命令(DJTC)，选择处于某一图层的对象后，按空格键或回车键确认选择即可，如图 14-8 所示；此时该图层的对象不能显示，也不参与操作。

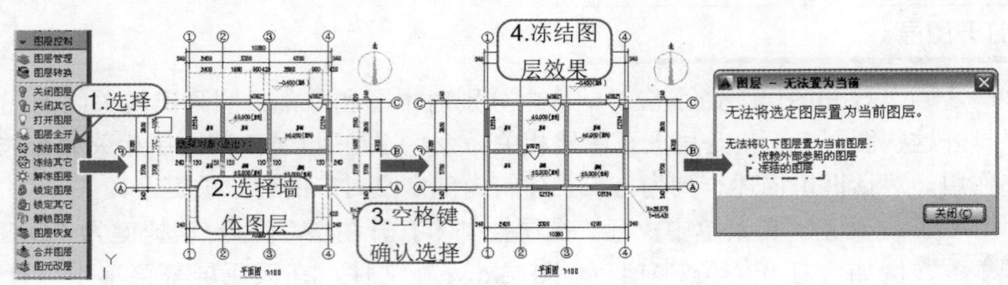

图 14-8　冻结图层

14.3.6 冻结其他

知识要点 “冻结其他”通过选取要保留图层所在的几个对象，冻结除了这些对象所在的图层外的其他图层，与“关闭其他”命令基本相同。

执行方法 在天正屏幕菜单中执行“图层控制｜冻结其他”命令(快捷键为“DJQT”)。

操作实例 例如，打开“资料\14 章-图层.dwg”文件，在天正屏幕菜单中执行“图层控制｜冻结其他”命令(DJQT)，如图 14-9 所示。

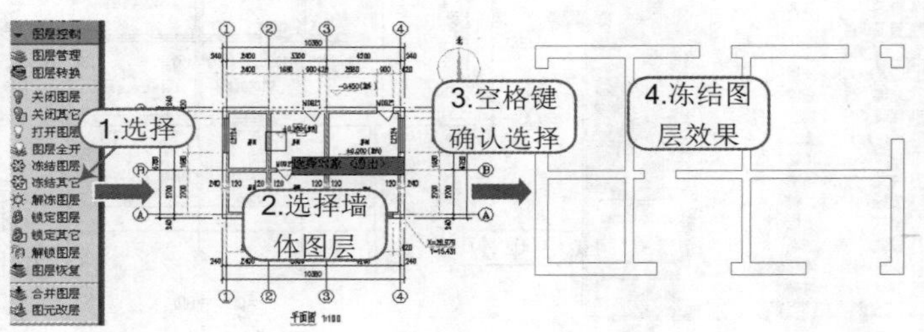

图 14-9　冻结其他

14.3.7 锁定图层

知识要点 “锁定图层”通过选取要锁定图层所在的一个对象，锁定该对象所在的图层。

执行方法 在天正屏幕菜单中执行“图层控制｜锁定图层”命令(快捷键为“SDTC”)。

14.3.8 锁定其他

知识要点 “锁定其他”通过选取要保留图层所在的几个对象，锁定除了这些对象所在的图层外的其他图层，与“关闭其他”命令大致相同。

执行方法 在天正屏幕菜单中执行“图层控制｜锁定其他”命令(快捷键为“SDQT”)。

14.3.9 解锁图层

知识要点 “解锁图层”用于解除选择对象所在图层的锁定状态，不论是用天正图层相关命令，还是用 CAD 的图层相关命令锁定的图层均能起作用。

执行方法 在天正屏幕菜单中执行“图层控制｜解锁图层”命令(快捷键为“JSTC”)。

操作实例 例如，打开“资料\14 章-图层.dwg”文件，在天正屏幕菜单中执行“图层控制｜解锁图层”命令(JSTC)，按照如下命令行提示来执行操作。

请选择要解锁图层上的对象(ESC 退出) <全部>: \\ 如果点鼠标右键或直接按回车键，则当前图中所有锁定图层（包括外部参照的图层）全部解除锁定状态，并退出命令；如果左键选择了要解锁图层上的对象，则命令行继续提示第二步，程序支持点选和框选操作

请选择要解锁图层上的对象<退出>: \\ 反复提示，直到右键结束选择退出命令，选中对象所在的图层全部解除锁定状态

14.3.10 图层恢复

知识要点 "图层恢复"命令可将之前对图层所做的所有关闭、冻结等操作全部解除，恢复到最初状态。

执行方法 在天正屏幕菜单中执行"图层控制丨图层恢复"命令(快捷键为"TCHF")。

14.4 合并图层

知识要点 "合并图层"选取当前图上若干个对象，提取对象所在图层，选择把其中一个或多个图层上的对象转换到一个指定图层。

执行方法 在天正屏幕菜单中执行"图层控制丨合并图层"命令(快捷键为"HBTC")。

操作实例 例如，打开"资料\14 章-图层.dwg"文件，在天正屏幕菜单中执行"图层控制丨合并图层"命令(HBTC)后，在弹出的"合并图层"对话框中列出了所有的图层，勾选图层(或在图中选取）后再选择一个指定图层(可在图中选取)，单击"确定"按钮，如图 14-10 所示。

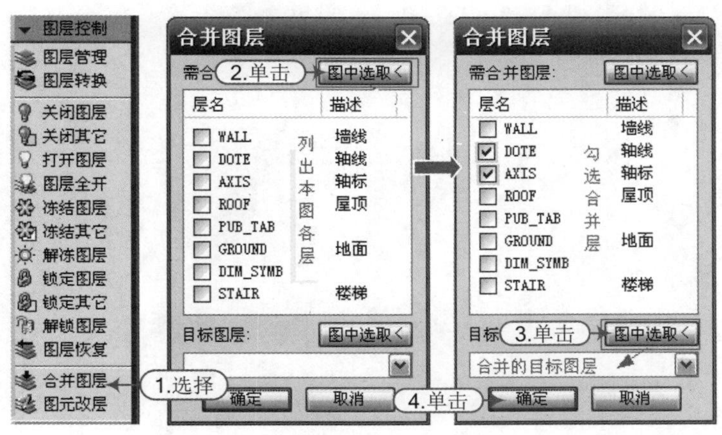

图 14-10 合并图层

提示："合并图层"效果

1）"合并图层"命令只修改对象的图层，该对象的其他特性，如颜色、线型等并不发生变化。

2）如果选中的要合并图层上的天正自定义对象中包含嵌套图层，则此操作只修改对象的图层，对于对象内部图层不做处理。

3）如果所选择的要合并图层全部或部分处于锁定状态，则命令行提示“锁定图层请解锁后再操作”。此时只对非锁定图层上的对象进行操作，然后退出命令。

4）操作完成后，原需合并图层保留。

14.5 图元改层

知识要点“图元改层”命令是选取图形中的对象，把所选择的对象转换到指定的图层上，会自动创建新目标图层。

执行方法在天正屏幕菜单中执行“图层控制｜图元改层”命令(快捷键为“TYGC”)。

操作实例例如，在天正屏幕菜单中执行“图层控制｜图元改层”命令(TYGC)，按照如下命令行提示进行操作。

请选择要改层的对象<退出>: \\ 支持框选和点选操作，右键直接退出命令
请选择要改层的对象<退出>: \\ 继续选择对象，右键结束选择
…… ……
请选择目标图层的对象或[输入图层名(N)]<退出>: \\ 点选目标图层上任一对象，右键直接退出命令或键入 N；XX 个对象被转换到 "YYYY"图层

技巧：图层控制面板

大部分的图层控制工具命令都可用菜单栏下的“默认”选项卡下“图层”面板里进行操作；比如关闭、冻结、锁定及相关解除等操作。

第4篇 天正工具篇

15 工具

本章导读

天正提供了对象的编辑选择工具与复制移动工具、隐藏显示工具；线与多段线的转换、连接加粗、清理和布尔运算工具；视图的管理与坐标设置，提供相机设置和用户实时控制的透视漫游观察功能；还提供了统一标高、剪裁以及矩形对象命令，道路绘制等命令。

本章内容

- 常用工具
- 曲线工具
- 观察工具
- 其他工具

工 具
对象查询
对象编辑
对象选择
在位编辑
自由复制
自由移动
移 位
自由粘贴
局部隐藏
局部可见
恢复可见
消重图元
编组开启
组 编 辑

编组开启
组 编 辑
曲线工具
线变复线
连接线段
交点打断
虚实变换
加粗曲线
消除重线
反 向
布尔运算
长度统计

编组开启
组 编 辑
曲线工具
观察工具
视口放大
视口恢复
视图满屏
视图存盘
设置立面
定位观察
其它工具

编组开启
组 编 辑
曲线工具
观察工具
其它工具
测量边界
统一标高
搜索轮廓
图形裁剪
图形切割
矩 形

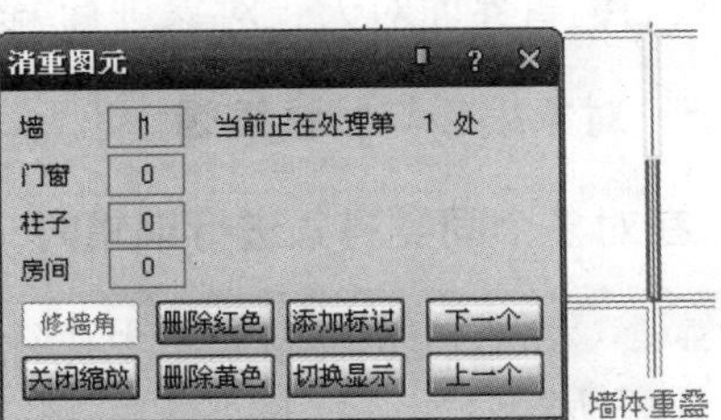

15.1 常用工具

天正常用工具包括“对象查询”“对象编辑”“对象选择”“在位编辑”“自由复制”“自由移动”“移位”“自由粘贴”“局部隐藏”“局部可见”“恢复可见”及“消重图元”。

15.1.1 对象查询

知识要点 “对象查询”命令功能比 List 更加方便，它不必选取，只要光标经过对象，即可出现文字窗口动态查看该对象的有关数据，如点取对象，则自动进入对象编辑进行修改，修改完毕继续本命令。

执行方法 在天正屏幕菜单中执行“工具｜对象查询”命令(快捷键为“DXCX”)。

操作实例 例如，打开“资料\15 章-工具.dwg”文件，在天正屏幕菜单中执行“工具｜对象查询”命令(快捷键为“DXCX”)，要查询墙体，只要光标经过对象，屏幕将出现墙体的详细信息，如图 15-1 所示；点取墙体则弹出“墙体编辑”对话框，如图 15-2 所示。

图 15-1　查询信息

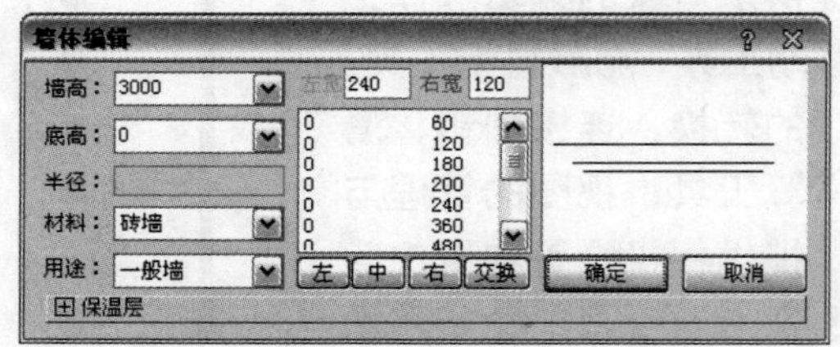

图 15-2　“墙体编辑”对话框

技巧：查询信息

> 执行“对象查询”命令后，查询结果中有几项关于面积的信息，特别需要注意的是“洞口粉刷面积”这一项。

15.1.2 对象编辑

知识要点 “对象编辑”命令提供了天正对象的专业编辑功能，系统自动识别对象类型，调用相应的编辑界面对天正对象进行编辑，默认双击对象启动命令。

提示：对象编辑与特性编辑

> 在对多个同类对象进行编辑时，对象编辑不如特性编辑(Ctrl+1)功能强大。

执行方法 在天正屏幕菜单中执行“工具｜对象编辑”命令(快捷键“DXBJ”或双击)。

操作实例 例如，打开“资料\15 章-工具.dwg”文件，在天正屏幕菜单中执行“工具｜

对象编辑”命令(DXBJ)后，选择需要编辑的对象，在弹出的对话框中进行编辑，最后单击“确定”按钮即可，如图 15-3 所示。

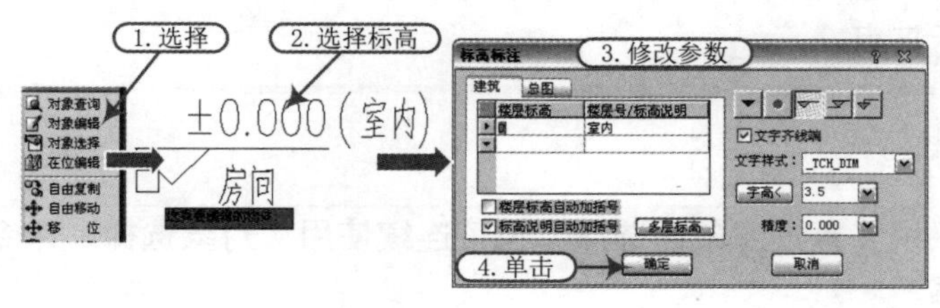

图 15-3 对象编辑

注意：命令执行后

在执行“对象编辑”命令并选择对象后，有的不会弹出对话框，而是需要根据出现的命令行提示进行操作。

15.1.3 对象选择

知识要点 “对象选择”命令提供过滤选择对象功能。首先选择作为过滤条件的对象，再选择其他符合过滤条件的对象，在复杂的图形中筛选同类对象，建立需要批量操作的选择集，新提供构件材料的过滤，柱子和墙体可按材料过滤进行选择，默认匹配的结果存在新选择集中，也可以选择从新选择集中排除匹配内容。

执行方法 在天正屏幕菜单中执行“工具 | 对象选择”命令(快捷键为“DXXZ”)。

操作实例 例如，打开“资料\15 章-工具.dwg”文件，在天正屏幕菜单中执行“工具 | 对象选择”命令(DXXZ)，在弹出的“匹配选项”对话框中选择选项，然后按照如下命令行提示进行操作，如图 15-4 所示。

```
请选择一个参考图元或[恢复上次选择(2)]<退出>:  \\ 选择要过滤的对象(如墙体)
提示：空选即为全选，中断用 ESC!
选择对象:                                  \\ 框选范围或者直接回车表示全选(DWG 整个范围)
```

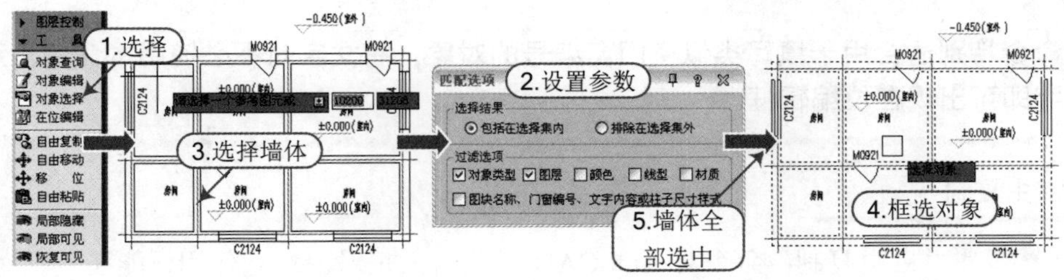

图 15-4 对象选择

技巧：对话框

“选择结果”是“包括在选择集内”，包含墙体的一个区域被框选，其中仅有墙体被选中并显示夹点。

"选择结果"是"排除在选择集外"，包含墙体的一个区域被框选，墙体被排除在选择集外不显示夹点。

提示：选择结果

其中可以采用多重过滤条件选择。也可连续使用"对象选择"命令，多次选择的结果为叠加关系。

对柱子的过滤是按照柱高、材料和面积(间接表示了尺寸)进行的，无法区别大小相同的镜像柱子。

"自定义"中默认已经设置"2"为本命令的快捷键。

15.1.4 在位编辑

知识要点 "在位编辑"命令适用于几乎所有天正注释对象(多行文字除外)的文字编辑，可不需要进入对话框即可直接在图形上以简洁的界面修改文字。

执行方法 在天正屏幕菜单中执行"工具 | 在位编辑"命令(快捷键为"ZWBJ")。

操作实例 例如，打开"资料\15 章-工具.dwg"文件，在天正屏幕菜单中执行"工具 | 在位编辑"命令(ZWBJ)后，选择符号标注或尺寸标注等注释对象，出现编辑框供编辑，可按方向键或者<Tab>键切换到其他注释文字，如图 15-5 所示。

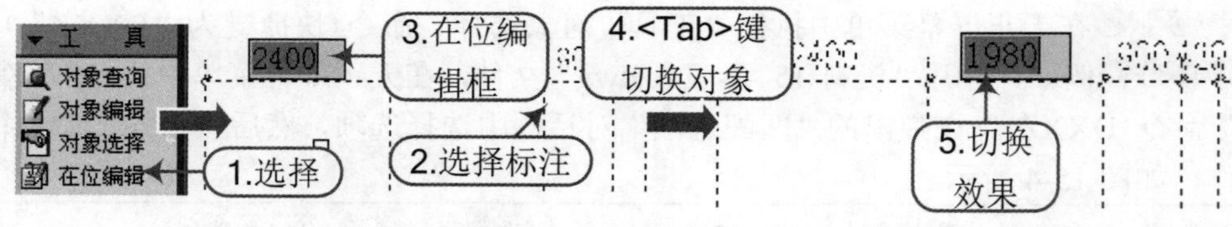

图 15-5 在位编辑

提示：双击操作

命令特别适合用于填写类似空门窗编号的对象，有文字时不必使用本命令，双击该文字即可出现在位编辑框。

15.1.5 自由复制

知识要点 "自由复制"命令对 AutoCAD 对象与天正对象均起作用，能在复制对象之前对其进行旋转、镜像、改插入点等灵活处理，而且默认为多重复制，十分方便。

执行方法 在天正屏幕菜单中执行"工具 | 自由复制"命令(快捷键为"ZYFZ")。

操作实例 例如，打开"资料\15 章-工具.dwg"文件，在天正屏幕菜单中执行"工具 | 自由复制"命令(ZYFZ)，按照如下命令行提示进行操作，如图 15-6 所示。

```
请选择要拷贝的对象:        \\ 用任意选择方法选取对象，比如标高
```

点取位置或[转 90 度(A)/左右翻(S)/上下翻(D)/对齐(F)/改转角(R)/改基点(T)]<退出>:

\\ 系统默认参考基点设在所选对象的左下角，拖动到目标位置给定点

…… ……

点取位置或 [转 90 度(A)/左右翻(S)/上下翻(D)/对齐(F)/改转角(R)/改基点(T)]<退出>:

\\ 回车键退出

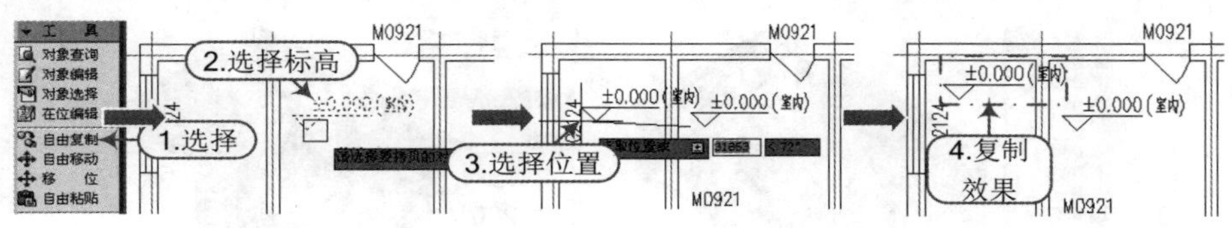

图 15-6 自由复制

技巧：多重复制

> **“自由复制”命令以多重复制方式工作，可以把源对象向多个目标位置复制。还可利用提示中的其他选项重新定制复制，特点是每一次复制结束后基点返回左下角。**

15.1.6 自由移动

知识要点 “自由移动”命令对 AutoCAD 对象与天正对象均起作用，能在移动对象就位前使用键盘先对其进行旋转、镜像、改插入点等灵活处理。

执行方法 在天正屏幕菜单中执行“工具 | 自由移动”命令(快捷键为“ZYYD”)。

操作实例 例如，打开“资料\15 章-工具.dwg”文件，在天正屏幕菜单中执行“工具 | 自由移动”命令(ZYYD)，按照如下命令行提示进行操作，如图 15-7 所示执行方法与“自由复制”相似，但是不生成新对象。

请选择要移动的对象: \\ 用任意选择方法选取对象

点取位置或 [转 90 度(A)/左右翻(S)/上下翻(D)/对齐(F)/改转角(R)/改基点(T)]<退出>:

\\ 拖动到目标位置给点或者键入选项热键

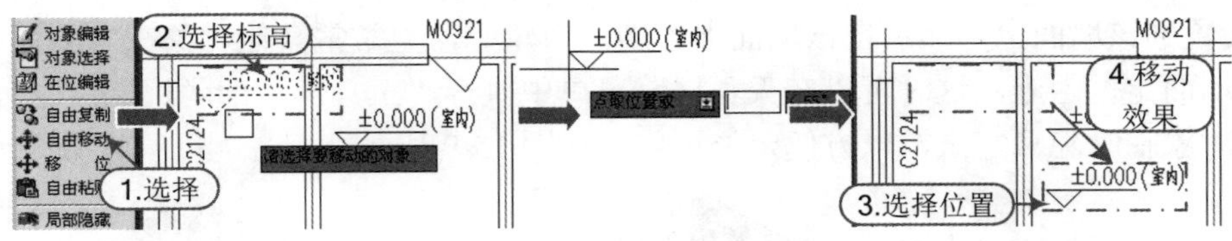

图 15-7 自由移动

15.1.7 移位

知识要点 “移位”命令按照指定方向精确移动图形对象的位置，可减少键入次数，提高效率。

执行方法 在天正屏幕菜单中执行“工具 | 移位”命令(快捷键为“YW”)。

操作实例 例如，打开“资料\15 章-工具.dwg”文件，在天正屏幕菜单中执行“工具 |

移位”命令(YW)，按照如下命令行提示进行操作，如图 15-8 所示。

请选择要移动的对象:	\\ 选择要移动的对象
请输入位移(x，y，z)或 [横移(X)/纵移(Y)/竖移(Z)]<退出>:	
	\\ 键入 x，y，z 或者选项关键字，在此键入 Z
竖移<0>:	\\ 在此输入移动长度 1200，正值表示上移，负值下移

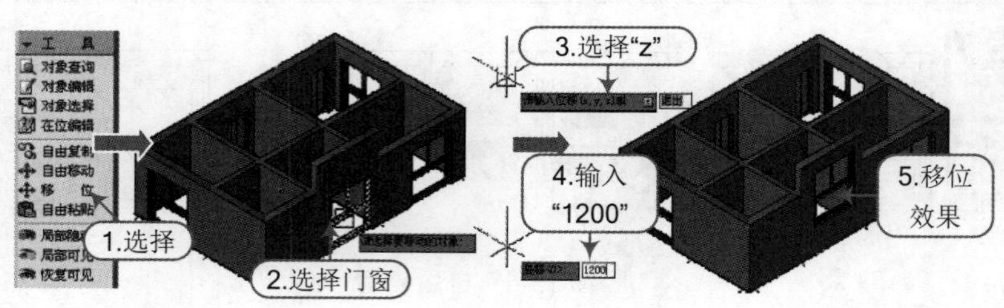

图 15-8　移位

15.1.8 自由粘贴

知识要点 “自由粘贴”命令能在粘贴对象之前对其进行旋转、镜像、改插入点等灵活处理，对 AutoCAD 对象与天正对象均起作用。

执行方法 在天正屏幕菜单中执行“工具 | 自由粘贴”命令(快捷键为“ZYNT”)。

操作实例 例如，打开“打开“资料\15 章-工具.dwg”文件，在天正屏幕菜单中执行“工具 | 自由粘贴”命令(ZYNT)，“点取位置或[转 90 度(A)/左右翻(S)/上下翻(D)/对齐(F)/改转角(R)/改基点(T)]<退出>: ”时，只需取点定位或者键入选项关键字后，再操作即可。

15.1.9 局部隐藏

知识要点 “局部隐藏”命令把妨碍观察和操作的对象临时隐藏起来。在三维操作中，经常会遇到前方的物体遮挡了想操作或观察的物体，这时可以把前方的物体临时隐藏起来，以方便观察或其他操作。

执行方法 在天正屏幕菜单中执行“工具 | 局部隐藏”命令(快捷键为“JBYC”)。

操作实例 例如，打开 “资料\15 章-工具.dwg”文件，在墙面上开不规则洞口，需要把 UCS 设置到该墙面上，然后在该墙面上绘制洞口轮廓，但常常其他对象在立面视图上的重叠会造成墙面定位困难，这时可以在天正屏幕菜单中执行“工具 | 局部隐藏”命令(JBYC)，把无关的对象临时隐藏起来，以方便定位操作，如图 15-9 所示。

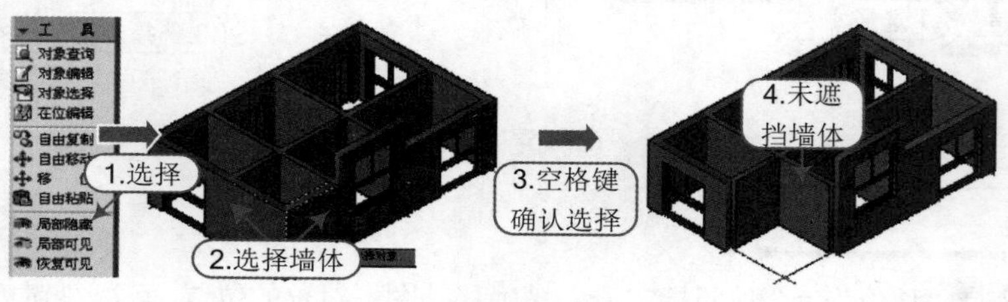

图 15-9　局部隐藏

15.1.10 局部可见

知识要点“局部可见”命令选取要关注的对象进行显示，而把其余对象临时隐藏起来。

执行方法在天正屏幕菜单中执行“工具 | 局部可见”命令(快捷键为“JBKJ”)。

操作实例例如，打开 “资料\15 章-工具.dwg”文件，在天正屏幕菜单中执行“工具 | 局部可见”命令(JBKJ)，按照如下命令行提示进行操作。

```
选择对象:                              \\ 选择非隐藏的对象 ，其余对象隐藏
选择对象:                              \\ 按回车键结束选择
```

注意：隐藏操作

可以连续多次执行“局部可见”命令进行隐藏操作，但对同一对象，不能先执行“局部隐藏”再执行“局部可见”，如果执行，结果是后面的命令无效，反过来是可以的，即允许先执行“局部可见”，如果看到的内容还嫌多，接着可以执行“局部隐藏”再临时隐去一部分。隐去的部分是以整个对象为单元，例如无法隐去半边墙、半个窗、切去部分楼梯等。

15.1.11 恢复可见

知识要点“恢复可见”命令对局部隐藏的图形对象重新恢复可见。

执行方法在天正屏幕菜单中执行“工具 | 恢复可见”命令(快捷键为“HFKJ”)。

操作实例例如，打开“资料\15 章-工具.dwg”文件，在天正屏幕菜单中执行“工具 | 恢复可见”命令(HFKJ)，之前被隐藏的物体立即恢复可见，没有命令提示。

注意：隐藏的物体

被临时隐藏的物体，放置在名为_TCH_HIDE_GROUP 的编组(GROUP)中，用户不可以对该编组擅自进行任何操作。

15.1.12 消重图元

知识要点“消重图元”命令消除重合的天正对象以及普通对象如线、圆和圆弧，消除的对象包括部分重合和完全重合的墙对象和线条，当多段墙对象共线部分重合时也会作出需要清理的提示。

执行方法在天正屏幕菜单中执行“工具 | 消重图元”命令(快捷键为“XCTY”)。

操作实例例如，打开“资料\15 章-工具.dwg”文件，在天正屏幕菜单中执行“工具 | 消重图元”命令(XCTY)，在弹出的对话框中，设置参数，单击“开始检查”按钮，如图 15-10 所示。命令行显示“没有发现重合的图块”等提示。

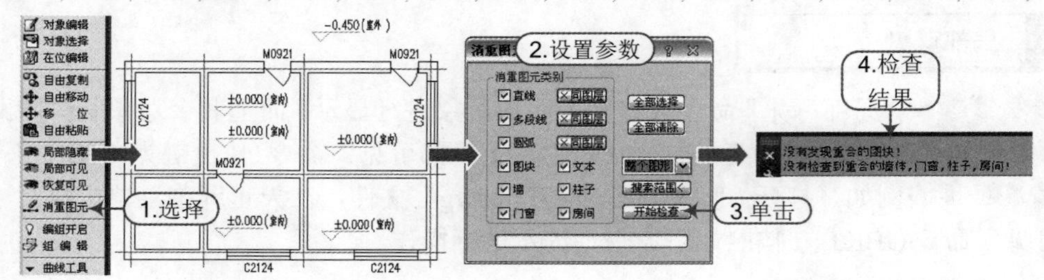

图 15-10 消重图元

技巧：消重图元

命令发现重合或者部分重合的对象时，会显示如图 15-11 所示界面，单击“删除红色”或者“删除黄色”按钮，即可把其中一道重合墙对象删除。

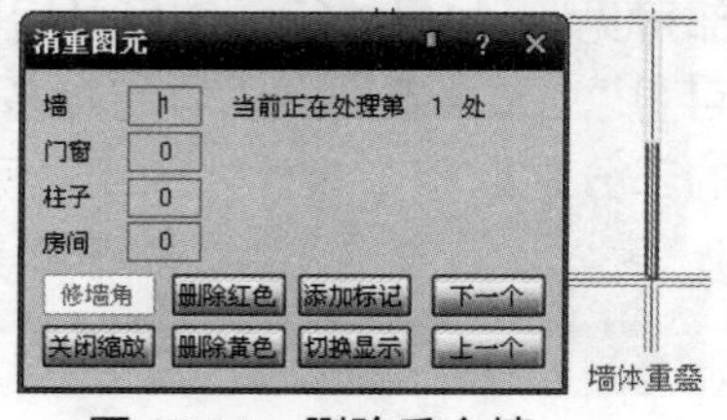

图 15-11 删除重合墙

注意：完全消重

对于墙、柱、房间(面积)对象，本命令提供了“完全消重(D)”选项，可以一次消除完全重合的这几类对象，不必依次逐个清理。

15.2 曲线工具

本节讲解线与多段线的转换、连接加粗、清理和布尔运算工具。

15.2.1 线变复线

知识要点 “线变复线”命令将若干段彼此衔接的线(Line)、弧(Arc)、多段线(Pline)连接成整段的多段线(Pline)即复线，如图 15-12 所示。

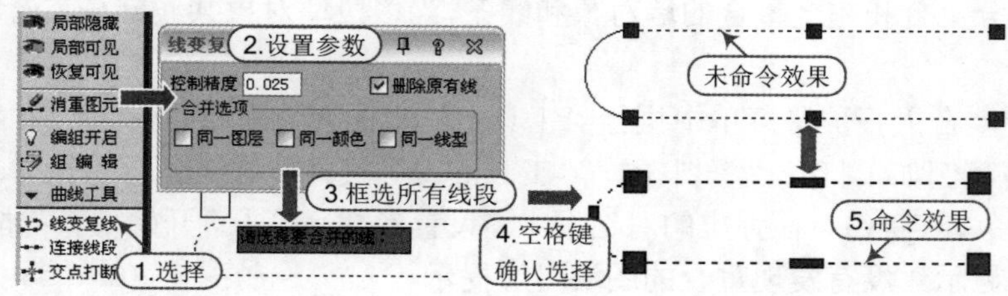

图 15-12 线变复线

执行方法 在天正屏幕菜单中执行“工具｜曲线工具｜线变复线”命令(快捷键为“XBFX”)。

选项含义 在“线变复线”对话框中，重要选项的含义如下：

- 控制精度：控制精度用于控制在两线线端距离比较接近，希望通过倒角合并为一根时的可合并距离，即倒角顶点到其中一个端点的距离，如图15-13所示。

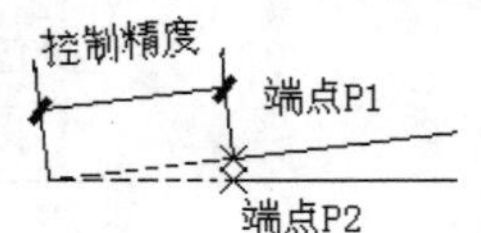

图15-13 控制精度

- 合并选项：默认“合并选项”不勾选，即执行条件默认不要求同一图层、同一颜色和同一线型，合并条件比以前版本适当宽松，可按需要勾选适当的合并选项，例如勾选“同一颜色”复选框，可把同颜色首尾衔接的线变为多段线，但注意线型、颜色的分类包括“ByLayer、ByBlock”等在内。

15.2.2 连接线段

知识要点 “连接线段”命令将共线的两条线段或两段弧、相切的直线段与弧相连接，如两线(LINE)位于同一直线上或两根弧线同圆心和半径或直线与圆弧有交点，便将它们连接起来。

执行方法 在天正屏幕菜单中执行“工具 | 曲线工具 | 连接线段”命令(快捷键为“LJXD”)。

操作实例 例如，打开“资料\15章-工具.dwg”文件，在天正屏幕菜单中执行“工具 | 曲线工具 | 连接线段”命令(LJXD)，如图15-14所示。

```
请拾取第一根线(LINE)或弧(ARC) <退出>:                \\ 点取第一根直线或弧
再拾取第二根线(LINE)或弧(ARC)进行连接 <退出>:         \\ 点取第二根直线或弧
```

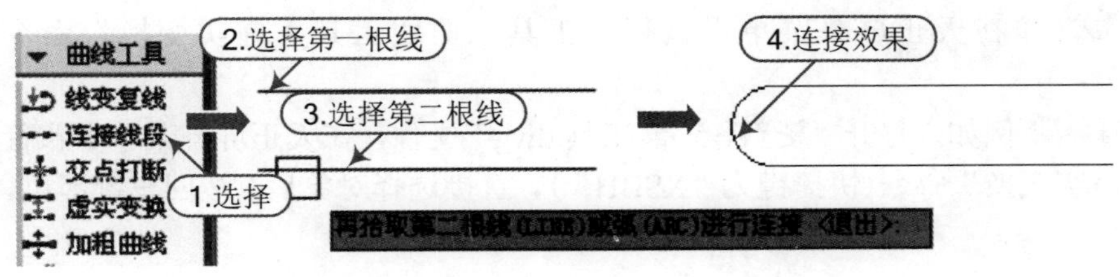

图15-14 连接线段

注意：选择对象

注意拾取对象时应取要连接的近端。

15.2.3 交点打断

知识要点 “交点打断”命令将通过交点并在同一平面上的线(包括线、多段线和圆、圆弧)打断，一次打断经过框选范围内交点的所有线段。

执行方法 在天正屏幕菜单中执行“工具 | 曲线工具 | 交点打断”命令(快捷键为“JDDD”)。

操作实例 例如，打开“资料\15章-工具.dwg”文件，图中是三个有交点的矩形，在天正屏幕菜单中执行“工具｜曲线工具｜交点打断”命令(JDDD)，按照如下命令行提示进行操作，如图 15-15 所示。

请框选需要打断交点的范围:	\\ 在需要打断线或弧的交点范围框选两点，至少包括一个交点
请框选需要打断交点的范围:	\\ 按回车键退出选择

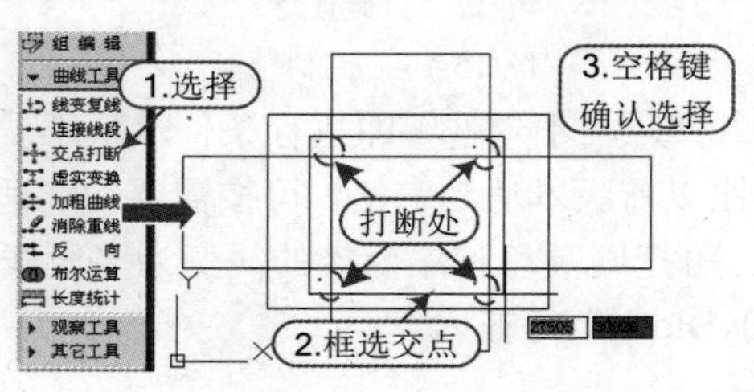

图 15-15 交点打断

注意：适用对象

通过交点的线段被打断，通过该点的线或弧变成为两段，有效被打断的相交线段是直线(line)、圆弧(arc)和多段线(Pline)，可以一次打断多根线段，包括多段线节点在内；椭圆和圆自身仅作为边界，本身不会被其他对象打断。

15.2.4 虚实变换

知识要点 “虚实变换”命令使图形对象(包括天正对象)中的线型在虚线与实线之间进行切换。

执行方法 在天正屏幕菜单中执行“工具｜曲线工具｜虚实变换”命令(快捷键为“XSBH”)。

操作实例 例如，打开“资料\15 章-工具.dwg”文件，在天正屏幕菜单中执行“工具｜曲线工具｜虚实变换”命令(快捷键为“XSBH”)，直接选择对象后，按回车键即可，如图 15-16 所示。

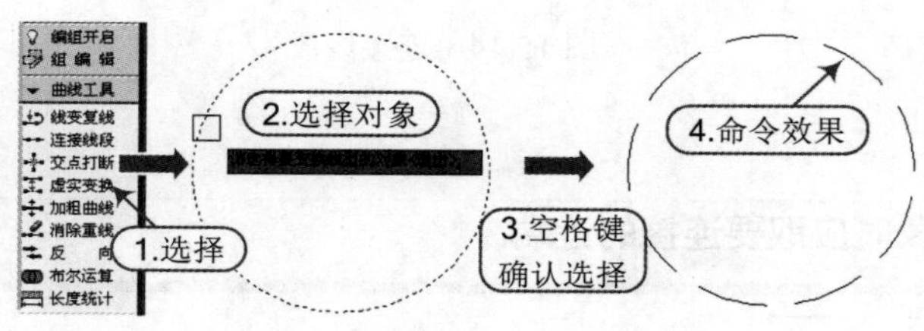

图 15-16 虚实变换

注意：适用对象

“虚实变换”命令不适用于天正图块，如需要变换天正图块的虚实线型，应先把天正图块分解为标准图块。

15.2.5 加粗曲线

知识要点 “加粗曲线”命令将 Line、Arc、Circle 转换为多段线，与原有多段线一起按指定宽度加粗，本命令支持直线、圆、弧、多段线和以多段线创建的椭圆。

执行方法 在天正屏幕菜单中执行“工具｜曲线工具｜加粗曲线”命令（快捷键为“JCQX”）。

操作实例 例如，打开“资料\15 章-工具.dwg”文件，在天正屏幕菜单中执行“工具｜曲线工具｜加粗曲线”命令（JCQX），按照如下命令行提示执行操作，如图 15-17 所示。

```
请指定加粗的线段<退出>:                    \\ 选择各要加粗的线和圆弧
请指定加粗的线段<退出>:                    \\ 以右击或按回车键结束选择
线段宽<50>:                                \\ 给出加粗宽度 50
```

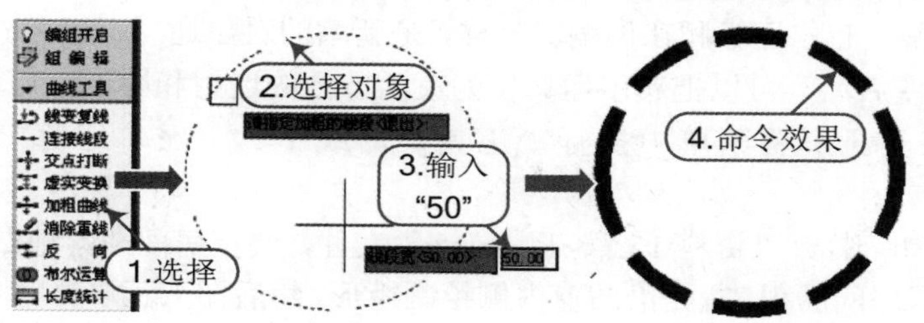

图 15-17 加粗曲线

15.2.6 消除重线

知识要点 “消除重线”命令用于消除多余的重叠对象，参与处理的重线包括搭接、部分重合和全部重合的 LINE、ARC、CIRCLE 对象，对于多段线（Pline），用户必须先将其 Explode（分解），才能参与处理。

执行方法 在天正屏幕菜单中执行“工具｜曲线工具｜消除重线”命令（快捷键为“XCCX”）。

15.2.7 反向

知识要点 “反向”命令用于改变多段线、墙体、线图案和路径曲面的方向，在遇到方向不正确时可进行纠正而不必重新绘制，适用于墙体解决镜像后两侧左右墙体相反的问题。

执行方法 在天正屏幕菜单中执行“工具｜曲线工具｜反向”命令（快捷键为“FX”）。

操作实例 例如，打开“资料\15 章-工具.dwg”文件，在天正屏幕菜单中执行“工具｜曲线工具｜反向”命令（FX），直接选取对象即可，如图 15-18 所示。

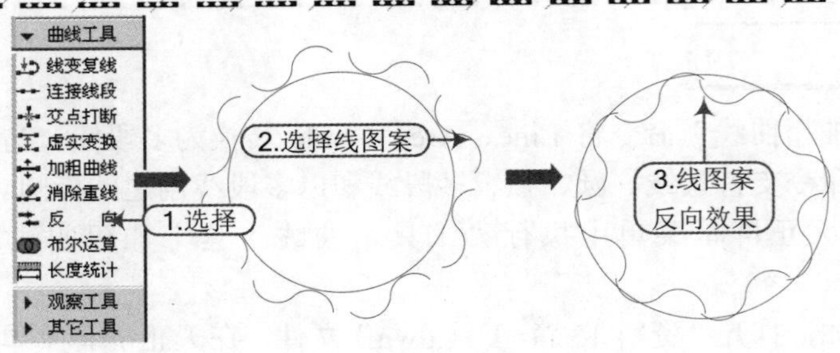

图 15-18 反向

15.2.8 布尔运算

知识要点 "布尔运算"命令除了 AutoCAD 的多段线外，已经全面支持天正对象包括墙体造型、柱子、平板、房间、屋顶、路径曲面等，不但多个对象可以同时运算，而且各类型对象之间可以交叉运算；布尔运算和在位编辑一样，是新增的对象通用编辑方式，通过对象的右键快捷菜单可以方便启动，可以把布尔运算作为灵活方便的造型和图形裁剪功能使用。

执行方法 在天正屏幕菜单中执行"工具 | 曲线工具 | 布尔运算"命令（快捷键为"BEYS"）。

操作实例 例如，打开"资料\15 章-工具.dwg"文件，要把房间和落地凸窗的边界线做并集的布尔运算，获得房间面积，首先沿凸窗内侧绘制矩形，然后在天正屏幕菜单中执行"工具 | 曲线工具 | 布尔运算"命令（BEYS），在"布尔运算"对话框中选择"并集"，按照如下命令行提示进行操作，如图 15-19 所示，布尔运算结果是房间面积由 58.54 变成 66.60。

```
选择第一个闭合轮廓对象(pline、圆、平板、柱子、墙体造型、房间、屋顶、散水等):
                                                    \\ 选择第一个运算对象
选择其他闭合轮廓对象(pline、圆、平板、柱子、墙体造型、房间、屋顶、散水等):
                                                    \\ 选择其他多个运算对象
```

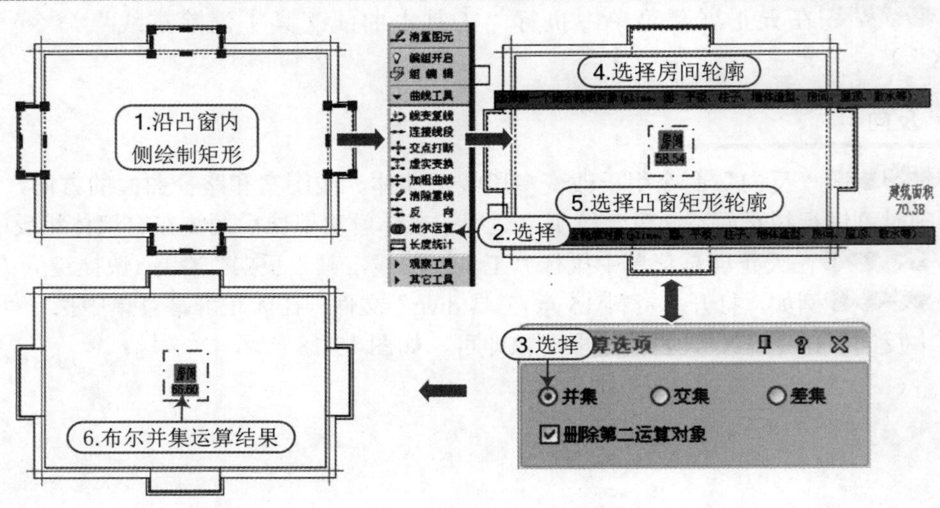

图 15-19 布尔运算

15.3 观察工具

视图的管理与坐标设置，提供相机设置和用户实时控制的透视漫游观察功能。

15.3.1 视口放大

知识要点 在 AutoCAD 中的视口有模型视口与布局视口两种；但是，在这里所说的视口是专指模型空间通过拖动边界，可以增减的模型视口。此命令在当前视口执行，使该视口充满整个 AutoCAD 图形显示区。

执行方法 在天正屏幕菜单中执行“工具｜观察工具｜视口放大”命令（快捷键为“SKFD”）。

操作实例 例如，打开“资料\15 章-工具.dwg”文件，拖动边界形成两个视口并将右侧的视口改为“西南等轴测”。在天正屏幕菜单中执行“工具｜观察工具｜视口放大”命令（SKFD），当前视口－西南等轴测立即放大到充满屏幕，如图 15-20 所示。

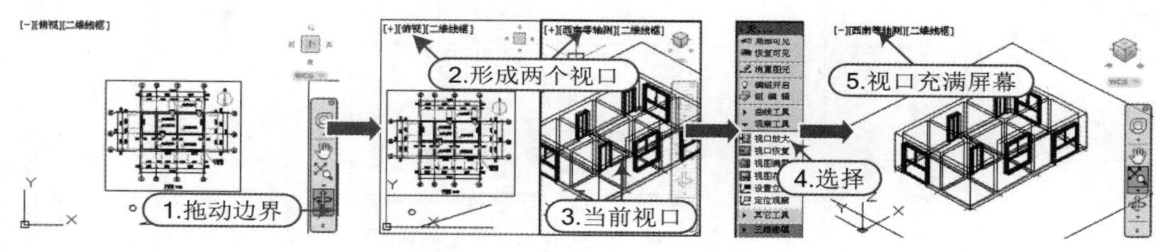

图 15-20 视口放大

15.3.2 视口恢复

知识要点 “视口恢复”命令在单视口下执行，恢复原设定的多视口状态，如果没有创建过视口，命令行会提示“找不到视口配置”。

执行方法 在天正屏幕菜单中执行“工具｜观察工具｜视口恢复”命令（快捷键为“SKHF”）。

操作实例 接上例，在天正屏幕菜单中执行“工具｜观察工具｜视口恢复”命令（SKHF），模型视口即刻恢复为“俯视”和“西南等轴测”视口。

15.3.3 视图满屏

知识要点 “视图满屏”命令临时将 AutoCAD 所有界面工具关闭，提供一个最大的显示视口，用于图形演示。

执行方法 在天正屏幕菜单中执行“工具｜观察工具｜视图满屏”命令（快捷键为“STMP”）。

注意：适用对象

> 点取菜单命令后，立刻放大当前视口，没有命令行提示，在满屏状态可以执行右键菜单中的各项设置，以 ESC 键退出满屏状态。

15.3.4 视图存盘

知识要点“视图存盘”命令把视图满屏命令的当前显示抓取保存为 BMP 或 JPG 格式图像文件。

执行方法在天正屏幕菜单中执行“工具｜观察工具｜视图存盘”命令（快捷键为“STCP”）。

操作实例例如，打开“资料\15 章-工具.dwg”文件，在天正屏幕菜单中执行“工具｜观察工具｜视图存盘”命令（STCP），将弹出对话框，如图 15-21 所示，单击“保存”按钮即可把当前的视图保存为 BMP 或 JPG 格式的图像文件。

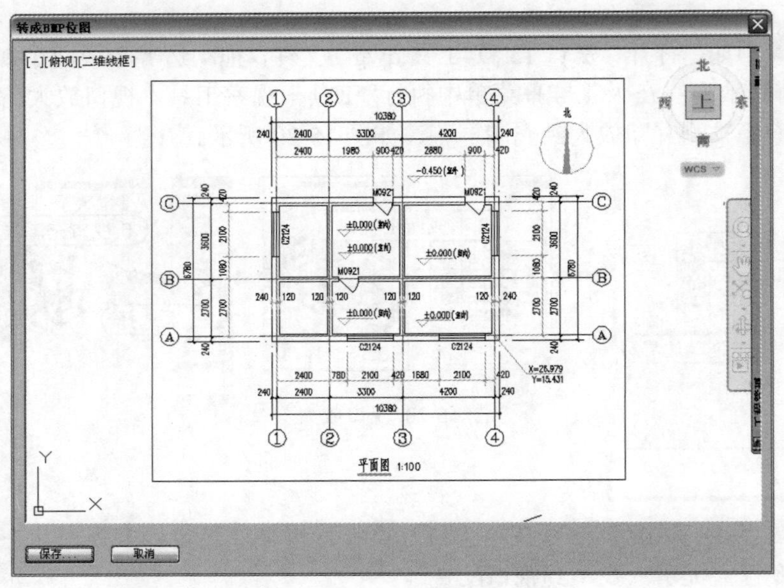

图 15-21 视图存盘

15.3.5 设置立面

知识要点“设置立面”命令将用户坐标系（UCS）和观察视图设置到平面两点（P_1、P_2）所确定的立面上。

执行方法在天正屏幕菜单中执行“工具｜观察工具｜设置立面”命令（快捷键为“SZLM”）。

操作实例例如，打开“资料\15 章-工具.dwg”文件，在天正屏幕菜单中执行“工具｜观察工具｜设置立面”命令（SZLM），按照如下命令行提示来执行命令，如图 15-22 所示。

```
立面坐标系原点或[参考点(R)]<退出>:          \\ 点取左墙角一点 P1
X 轴正方向或[参考点(R)]<退出>:              \\ 点取右墙角一点 P2
```

如果当前存在多于或等于两个视口，还会提示：

```
点取要设置坐标系的视口<当前>:               \\ 在另外的一个模型视口给一点
```

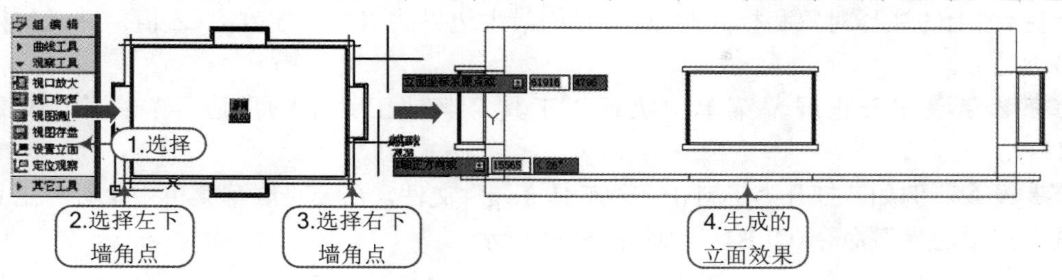

图 15-22 设置立面

15.3.6 定位观察

知识要点“定位观察”命令与“设置立面”类似，由两个点定义一个立面的视图。所不同的是每次执行本命令会新建一个相机，相机观察方向是平行投影，位置为立面视口的坐标原点。更改相机位置时，视图和坐标系可以联动，并且相机后面的物体自动从视图上裁剪掉，以便排除干扰。

执行方法在天正屏幕菜单中执行“工具 | 观察工具 | 定位观察”命令（快捷键为“DWGC”）。

操作实例例如，打开“资料\15 章-工具.dwg”文件，在天正屏幕菜单中执行“工具 | 观察工具 | 定位观察”命令(DWGC)，按照如下命令行提示进行操作，如图 15-23 所示。

```
左位置或 [参考点(R)]<退出>:          \\ 在平面图上取点表示将来立面图的左位置
右位置<退出>:                        \\ 在平面图上取点表示将来立面图的右位置
点取观察视口<当前视口>:              \\ 按回车键
```

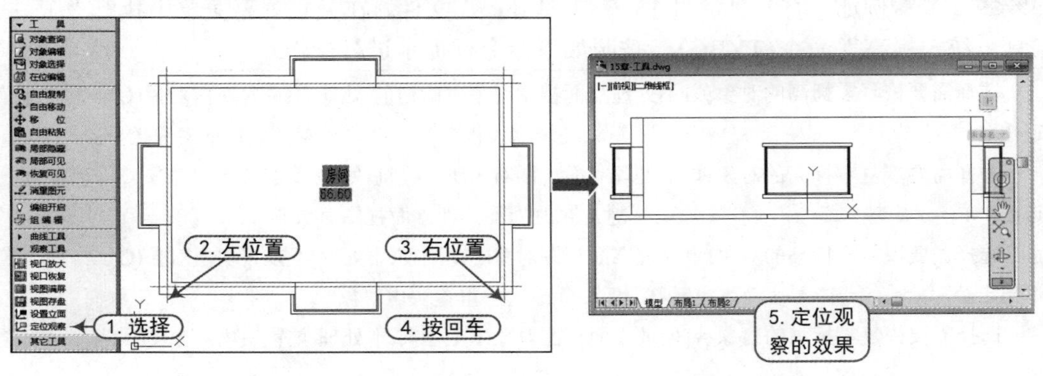

图 15-23 定位观察

15. 4 其他工具

天正还提供了统一标高、剪裁以及矩形对象等命令。

15.4.1 测量边界

知识要点“测量边界”命令测量选定对象的外边界,点击菜单选择目标后，显示所选择目标(包括图上的注释对象和标注对象在内)的最大边界的 X 值、Y 值和 Z 值，并以虚框表示对象最大边界。

执行方法 在天正屏幕菜单中执行“工具 | 其他工具 | 测量边界”命令(快捷键为“CLBJ”)。

操作实例 例如，打开“资料\15 章-工具.dwg”文件，在天正屏幕菜单中执行“工具 | 其他工具 | 测量边界”命令(CLBJ)，如图 15-24 所示。

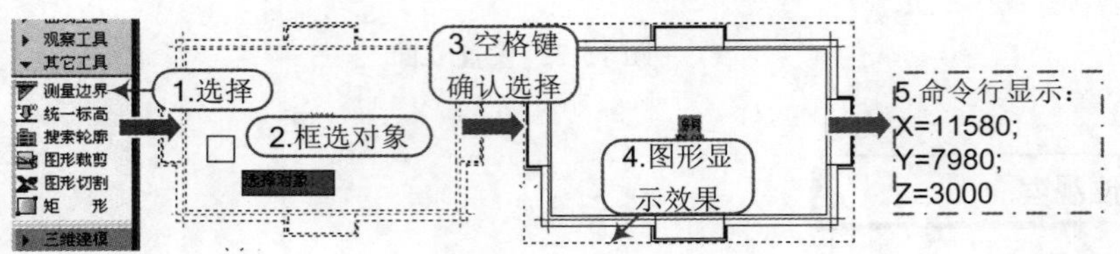

图 15-24 测量边界

15.4.2 统一标高

知识要点 “统一标高”命令用于整理二维图形，包括天正平面、立面、剖面图形，使绘图中避免出现因错误的取点捕捉，造成各图形对象 Z 坐标不一致的问题，命令能处理 AutoCAD 各种图形对象，包括点、线、弧与多段线，在对非 WCS 下的图形对象也能加以处理，将这些对象按世界坐标系 WCS 的 XOY 平面进行投影，Z 坐标统一为 0，三维多段线 3DPOLY 暂时不加以处理。

执行方法 在天正屏幕菜单中执行“工具 | 其他工具 | 统一标高”命令(快捷键为“TYBG”)。

操作实例 例如，打开“资料\15 章-工具.dwg”文件，在天正屏幕菜单中执行“工具 | 其他工具 | 统一标高”命令(TYBG)，按照如下命令行提示进行操作。

```
    选择需要恢复零标高的对象或[不处理立面视图对象(F),当前:处理/不重置块内对象(Q),当前:重置]
<退出>:                          \\ 默认处理立面视图对象并可重置图块内的对象的标高为 0
    选择需要恢复零标高的对象或[不处理立面视图对象(F),当前:处理/不重置块内对象(Q),当前:重置]
<退出>: F                        \\ 键入 F 改为不处理立面视图对象
    选择需要恢复零标高的对象或[处理立面视图对象(F),当前:不处理/不重置块内对象(Q),当前:重置]
<退出>: Q                        \\ 键入 Q 改为不重置块内对象
    选择需要恢复零标高的对象或[处理立面视图对象(F),当前:不处理/重置块内对象(Q),当前:不重置]
<退出>:                          \\ 按回车键退出命令
```

15.4.3 搜索轮廓

知识要点 “搜索轮廓”命令在建筑二维图中自动搜索出内外轮廓，在上面加一圈闭合的粗实线，如果在二维图内部取点，搜索出点所在闭合区内轮廓，如果在二维图外部取点，搜索出整个二维图外轮廓，用于自动绘制立面加粗线。

执行方法 在天正屏幕菜单中执行“工具 | 其他工具 | 搜索轮廓”命令(快捷键为“SSLK”)。

操作实例 例如，打开“资料\15 章-工具.dwg”文件，在天正屏幕菜单中执行“工具 | 其他工具 | 搜索轮廓”命令(SSLK)，按照如下命令行提示进行操作。

```
选择二维对象：                    \\ 选择 AutoCAD 的基本图形对象，如天正生成的立面图
```

此时用户移动十字光标在二维图中搜索闭合区域，同时反白预览所搜索到的范围。

```
点取要生成的轮廓(提示:点取外部生成外轮廓；PLINEWID 设置 pline 宽度)<退出>:
                                  \\ 点取建筑物边界外生成立面轮廓线
成功生成轮廓，接着点取生成其他轮廓!
点取要生成的轮廓(提示:点取外部生成外轮廓；PLINEWID 设置 pline 宽度)<退出>:
                                  \\ 按回车键退出命令
```

15.4.4 图形裁剪

知识要点 “图形裁剪”命令以选定的矩形窗口、封闭曲线或图块边界作参考，对平面图内的天正图块和 AutoCAD 二维图元进行剪裁删除。主要用于立面图中的构件的遮挡关系处理。

执行方法 在天正屏幕菜单中执行“工具 | 其他工具 | 图形裁剪”命令（快捷键为“TXCJ”）。

操作实例 例如，打开“资料\15 章-工具.dwg”文件，在天正屏幕菜单中执行“工具 | 其他工具 | 图形裁剪”命令(TXCJ)，选择对象后，框选需要裁剪掉的部分，如图 15-25 所示。

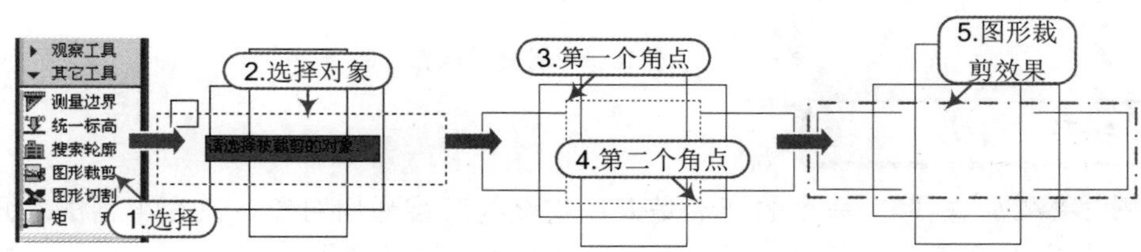

图 15-25 图形裁剪

15.4.5 图形切割

知识要点 “图形切割”命令以选定的矩形窗口、封闭曲线或图块边界在平面图内切割并提取带有轴号和填充的局部区域用于详图。

执行方法 在天正屏幕菜单中执行“工具 | 其他工具 | 图形切割”命令（快捷键为“TXQG”）。

操作实例 例如，打开“资料\15 章-工具.dwg”文件，在天正屏幕菜单中执行“工具 | 其他工具 | 图形切割”命令(TXQG)，按照如下命令行提示进行操作，如图 15-26 所示。

```
矩形的第一个角点或 [多边形裁剪(P)/多段线定边界(L)/图块定边界(B)]<退出>:
                                  \\ 图上点取一角点
另一个角点<退出>:                  \\ 输入第二角点定义裁剪矩形框
请点取插入位置：                   \\ 在图中给出该局部图形的插入位置
```

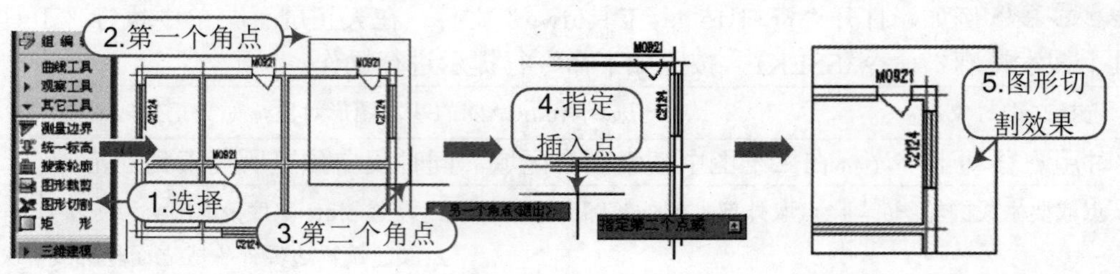

图 15-26 图形切割

技巧：切割线设置

命令使用了新定义的切割线对象，能在天正对象中间切割，遮挡范围随意调整，可把切割线设置为折断线或隐藏，如图 15-27 所示。

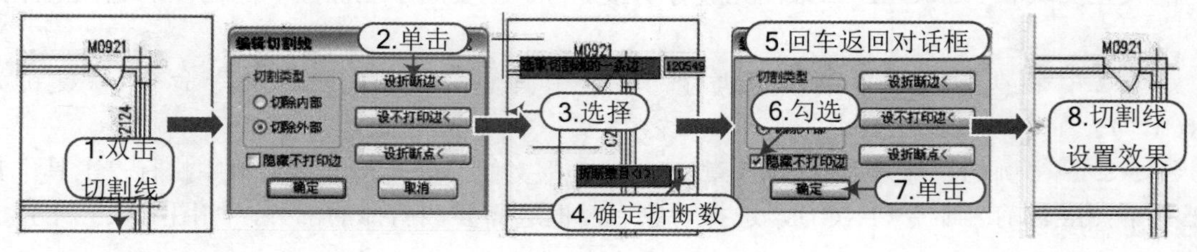

图 15-27 切割线设置

15.4.6 矩形

知识要点 “矩形”命令的矩形是天正定义的三维通用对象，具有丰富的对角线样式，可以拖动其夹点改变平面尺寸，可以代表各种设备、家具使用。

执行方法 在天正屏幕菜单中执行“工具 | 其他工具 | 矩形”命令(快捷键为“JX”)。

操作实例 例如，打开“资料\15 章-工具.dwg”文件，在天正屏幕菜单中执行“工具 | 其他工具 | 矩形”命令(JX)，将弹出“矩形”对话框，在对话框的图标工具栏中单击“拖动对角绘制”图标后按照命令行提示绘制矩形，如图 15-28 所示。

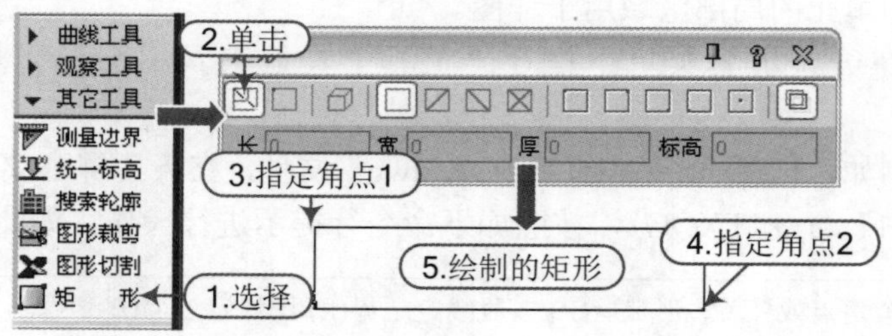

图 15-28 矩形

选项含义 在“矩形”对话框中，图标示意如图 15-29 所示，文字选项的含义如下：

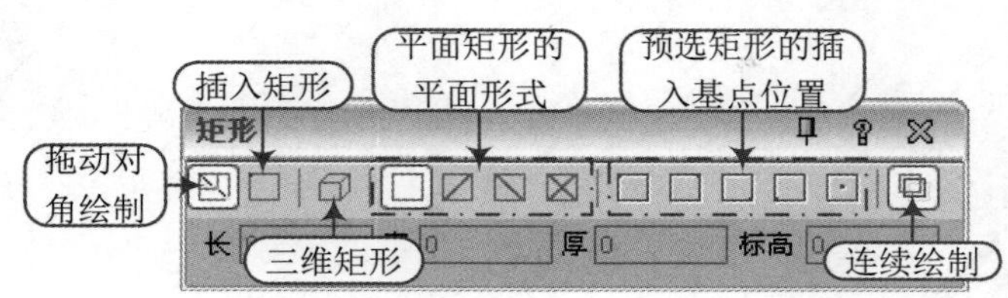

图 15-29 矩形对话框图标示意

- 长度/宽度：矩形的长度和宽度。
- 厚度：赋予三维矩形高度，使其成为长方体。
- 标高：矩形在图中的相对高度。

16

三维建模

本章导读

天正根据建筑设计中常见的三维特征，专门定义了一些三维建筑构件对象，以满足常用建筑构件的建模。提供了参数化的体量单元，通过对截面拉伸、沿路径放样或者截面绕固定轴旋转创建复杂实体，同时支持实体间的布尔运算；还提供了从旧版本保留的三维面编辑工具。

本章内容

- 三维造型对象
- 体量建模工具
- 三维编辑工具
- 综合练习——三维建模

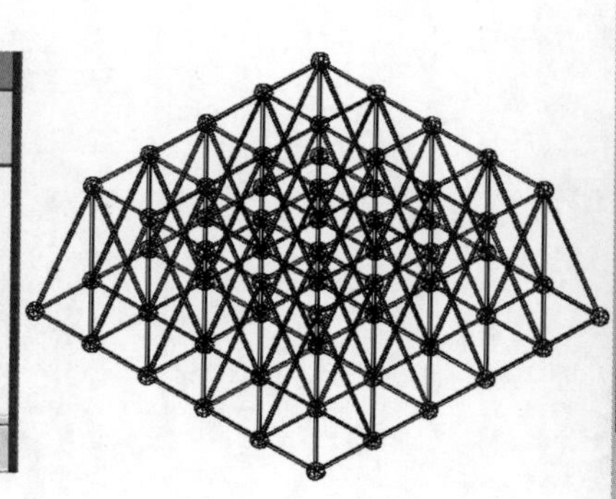

16.1 三维造型对象

天正根据建筑设计中常见的三维特征，专门定义了一些三维建筑构件对象，以满足常用建筑构件的建模。

16.1.1 平板

知识要点 “平板”命令用于构造广义的板式构件，例如实心和镂空的楼板、平屋顶、楼梯休息平台、装饰板和雨篷挑檐。

事实上任何平板状和柱状的物体都可以用它来构造。平板对象不只支持水平方向的板式构件，只要事先设置好 UCS，可以创建其他方向的斜向板式构件。

执行方法 在天正屏幕菜单中执行“三维建模 | 造型对象 | 平板”命令（快捷键为“PB”）。

操作实例 例如，打开“资料\16 章-三维建模.dwg”文件，要生成平板，需要事先用“多段线”命令（PL）绘制出平板的轮廓；在天正屏幕菜单中执行“三维建模 | 造型对象 | 平板”命令（PB）后，根据如下命令行提示进行操作，如图 16-1 所示。

选择一多段线<退出>:	\\ 选取一段多段线
请点取不可见的边<结束>或[参考点(R)]<退出>:	\\ 点取一边或多个不可见边
选择作为板内洞口的封闭的多段线或圆:	\\ 选取一段多段线，没有则按回车键
选取作为板内洞口的 PLINE 线或圆	\\ 同样请在执行本命令之前，先绘制要作为板内洞口的 PLINE 线，如果不存在，直接按回车键
板厚(负值表示向下生成)<200>:	\\ 输入板厚后生成平板。如果平板以顶面定位，则输入负数表示向下生成

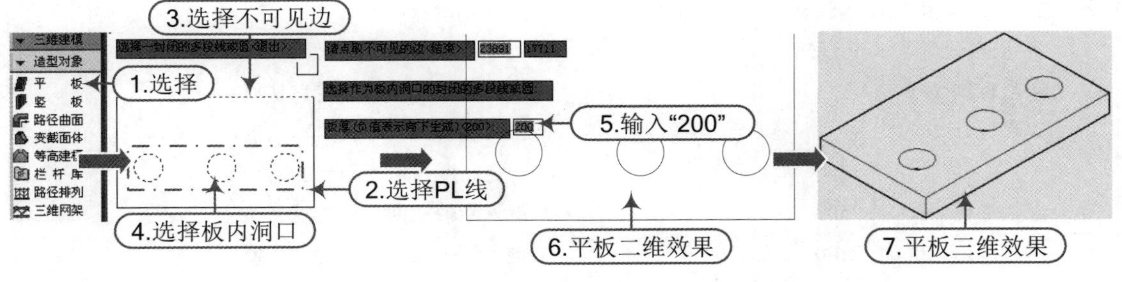

图 16-1 平板

技巧：对象编辑

> 如要修改平板参数，选取平板后右击选取“对象编辑”命令，命令行提示：
> [加洞(A)/减洞(D)/边可见性(E)/板厚(H)/标高(T)/参数列表(L)]/<退出>: 键入修改选项。

技巧：命令选项的功能说明

[加洞(A)/减洞(D)/边可见性(E)/板厚(H)/标高(T)/参数列表(L)]/<退出>:

- 加洞 A：在平板中添加通透的洞口，命令行提示：

选择封闭的多段线或圆：	\\ 选中平板中定义洞口的闭合多段线，平板上增加若干洞口

- 减洞 D：移除平板中的洞口，命令行提示：

选择要移除的洞：	\\ 选中平板中定义的洞口回车，从平板中移除该洞口

- 边可见性 E：控制哪些边在二维视图中不可见，洞口的边无法逐个控制可见性。命令行提示：

点取不可见的边或[全可见(Y)/全不可见(N)]<退出>:	\\点取要设置成不可见的边

- 板厚 H：平板的厚度。正数表示平板向上生成，负数向下生成。厚度可以为 0，表示一个薄片。
- 标高 T：更改平板基面的标高。
- 参数列表 L：相当于 LIST 命令，程序会提供该平板的一些基本参数属性，便于用户查看修改。

16.1.2 竖板

知识要点 “竖板”命令用于构造竖直方向的板式构件，常用于遮阳板、阳台隔断等。

执行方法 在天正屏幕菜单中执行“三维建模｜造型对象｜竖板”命令(快捷键为“SB”)。

操作实例 例如，打开“资料\16 章-三维建模.dwg”文件，在天正屏幕菜单中执行“三维建模｜造型对象｜竖板”命令(SB)后，按照如下命令行提示进行操作，如图 16-2 所示。

起点或[参考点(R)]<退出>:	\\ 点取起始点
终点或[参考点(R)]<退出>:	\\ 点取结束点
起点标高<0>:	\\ 键入新值或回车接受默认值
终点标高<0>:	\\ 键入新值或回车接受默认值，可将该竖板抬升至一定高度，作为阳台的隔断等
起边高度<1000>: 2500	\\ 键入新值后回车接受默认值
终边高度<1000>: 2100	\\ 键入新值后回车接受默认值
板厚<200>:150	\\ 键入新值后回车接受默认值
是否显示二维竖板?(Y/N) [Y]:	\\ 键入 Y

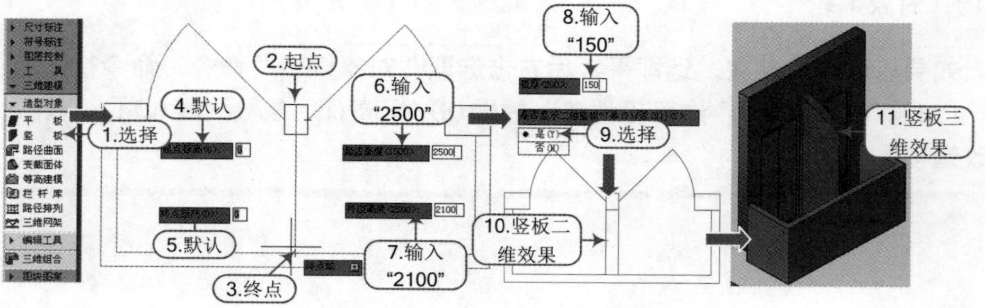

图 16-2 竖板

技巧：编辑竖板

> 如要修改竖板参数，可用“对象编辑”命令进行修改，选取竖板后单击鼠标右键，选取“对象编辑”命令，拖动夹点可改变竖板的长度。

16.1.3 路径曲面

知识要点“路径曲面”命令采用沿路径等截面放样创建三维，是最常用的造型方法之一，路径可以是三维 PLINE 或二维 PLINE 和圆，PLINE 不要求封闭。生成后的路径曲面对象可以编辑修改，路径曲面对象支持 Trim(裁剪)与 Extend(延伸)命令。

执行方法在天正屏幕菜单中执行“三维建模｜造型对象｜路径曲面”命令(快捷键为“LJQM”)。

操作实例例如，打开“资料\16 章-三维建模.dwg”文件，在天正屏幕菜单中执行“三维建模｜造型对象｜路径曲面”命令(LJQM)，将弹出“路径曲面”对话框，在对话框中选择路径及对象进行操作，如图 16-3 所示。

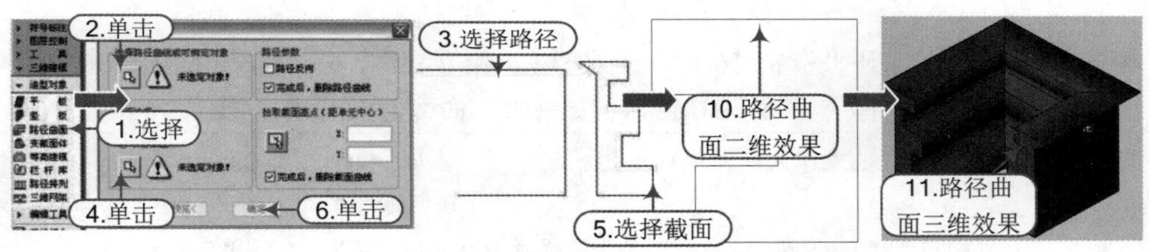

图 16-3 路径曲面

选项含义在“路径曲面”对话框中，各控件的含义如下：

- 路径选择：点击选择按钮进入图中选择路径，选取成功后出现 V 形手势，并有文字提示。路径可以是 LINE、ARC、CIRCLE、PLINE 或可绑定对象路径曲面、扶手和多坡屋顶边线，墙体不能作为路径。
- 截面选择：点取图中曲线或进入图库选择，选取成功后出现 V 形手势，并有文字提示。截面可以是 LINE、ARC、CIRCLE、PLINE 等对象。
- 路径反向：路径为有方向性的 PLINE 线，如预览发现三维结果反向了，选择该选项将使结果反转。
- 拾取截面基点：选定截面与路径的交点，缺省的截面基点为截面外包轮廓的形心，可点击按钮在截面图形中重新选取。

技巧：修改路径曲面参数

> 如要修改路径曲面参数，选取路径曲面后右击“对象编辑”命令，命令行提示：
>
> 请选择[加顶点(A)/减顶点(D)/设置顶点(S)/截面显示(W)/改截面(H)/关闭二维(G)]<退出>

提示：对象编辑命令选项的功能

- 加顶点 A：可以在完成的路径曲面对象上增加顶点，详见“添加扶手”一节。
- 减顶点 D：在完成的路径曲面对象上删除指定顶点。
- 设置顶点 S：设置顶点的标高和夹角，提示参照点是取该点的标高。
- 截面显示 W：重新显示用于放样的截面图形。
- 关闭二维 G：有时需要关闭路径曲面的二维表达，自行绘制合适的形式。
- 改截面 H：提示点取新的截面，可以新截面替换旧截面重建新的路径曲面。

16.1.4 变截面体

知识要点 “变截面体”命令用三个不同截面沿着路径曲线放样，第二个截面在路径上的位置可选择。变截面体由路径曲面造型发展而来，路径曲面依据单个截面造型，而变截面体采用三个或两个不同形状截面，不同截面之间平滑过渡，可用于建筑装饰造型等。

执行方法 在天正屏幕菜单中执行“三维建模｜造型对象｜变截面体”命令（快捷键为“BJMT”）。

操作实例 例如，打开“资料\16 章-三维建模.dwg”文件，在天正屏幕菜单中执行“三维建模｜造型对象｜变截面体”命令（BJMT），按照如下命令行提示进行操作，如图 16-4 所示。

```
请选取路径曲线(点取位置作为起始端)<退出>:          \\ 点取 pline(如非 pline 要先转换)一端作
                                                      第一截面端
请选择第 1 个封闭曲线<退出>:                     \\ 选取闭合 pline 定义为第一截面
请指定第 1 个截面基点或[重心(W)/形心(C)]<形心>:  \\ 点取截面对齐用的基点
......                                           \\ 顺序点取三个截面封闭曲线和基点
指定第 2 个截面在路径曲线的位置:                 \\ 最后点取中间截面的位置，完成变截面体的制作
```

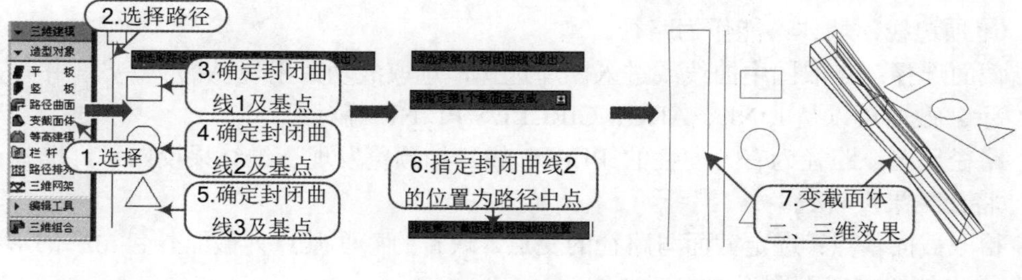

图 16-4　变截面体

16.1.5 等高建模

知识要点 “等高建模”命令将一组封闭的 PLINE 绘制的等高线生成自定义对象的三维地面模型，用于创建规划设计的地面模型。

执行方法 在天正屏幕菜单中执行“三维建模｜造型对象｜等高建模”命令（快捷键为“DGJM”）。

操作实例 例如，打开“资料\16 章-三维建模.dwg”文件，在天正屏幕菜单中执行“三维建模｜造型对象｜等高建模”命令（DGJM），框选事先绘制好的封闭等高线即可，如图 16-5 所示。

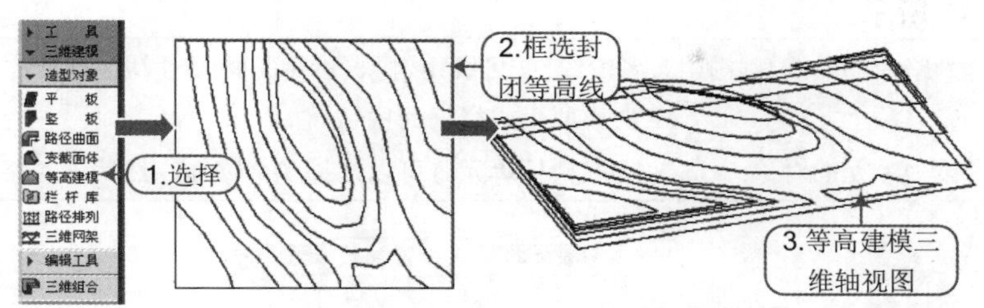

图 16-5　等高建模

16.1.6 栏杆库

知识要点“栏杆库”命令从通用图库的栏杆单元库中调出栏杆单元，以便编辑后进行排列生成栏杆。

执行方法在天正屏幕菜单中执行“三维建模｜造型对象｜栏杆库”命令（快捷键为“LGK”）。

操作实例例如，打开“资料\16 章-三维建模.dwg”文件，在天正屏幕菜单中执行“三维建模｜造型对象｜栏杆库”命令（LGK），弹出对话框，如图 16-6 所示，选择栏杆，双击插入栏杆即可。

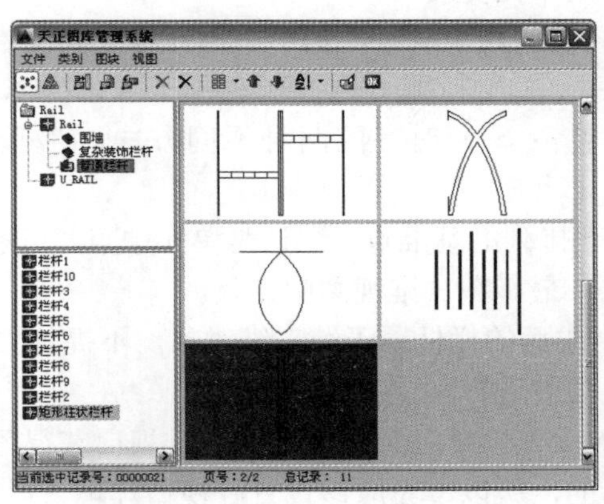

图 16-6 “天正图库管理系统”对话框

注意：栏杆库

插入的栏杆单元是平面视图，而图库中显示的侧视图是为增强识别性重制的。

16.1.7 路径排列

知识要点“路径排列”命令沿着路径排列生成指定间距的图块对象，本命令常用于生成楼梯栏杆，但是功能不仅仅限于此，故没有命名为栏杆命令。

执行方法在天正屏幕菜单中执行“三维建模｜造型对象｜路径排列”命令（快捷键为“LJPL”）。

操作实例例如，打开“资料\16 章-三维建模.dwg”文件，在天正屏幕菜单中执行“三维建模｜造型对象｜路径排列”命令（LJPL），按照如下命令行提示进行操作后，进入对话框继续操作，如图 16-7 所示。

> 请选择作为路径的曲线(线/弧/圆/多段线)或可绑定对象(路径曲面/扶手/坡屋顶):
> \\ 选取要生成栏杆的扶手
> 选择作为排列单元的对象: \\ 选取栏杆单元时可以选择多个物体，然后进入路径排列对话框

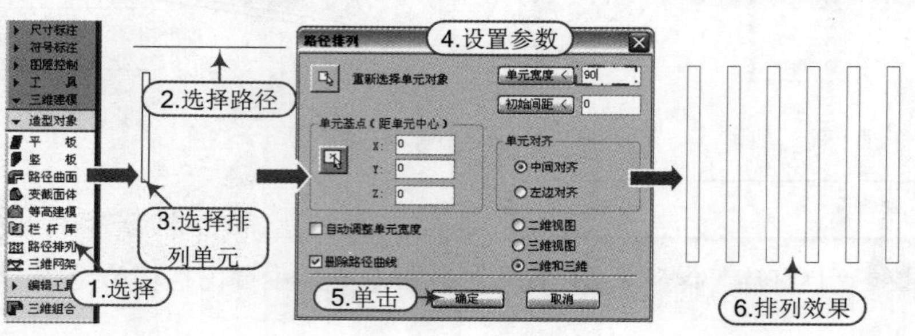

图 16-7 路径排列

选项含义 在“路径排列”对话框中，各选项的含义如下：

- 单元宽度<：排列物体时的单元宽度，由之前选中的单元物体获得单元宽度的初值，但有时单元宽与单元物体的宽度是不一致的，例如栏杆立柱之间有间隔，单元物体宽加上这个间隔才是单元宽度。
- 初始间距<：栏杆沿路径生成时，第一个单元与起始端点的水平间距，初始间距与单元对齐方式有关。
- 中间对齐/左边对齐：单元对齐的两种不同方式，栏杆单元从路径生成方向起始端起排列。
- 单元基点：是用于排列的基准点，默认是单元中点，可取点重新确定，重新定义基点时，为准确捕捉，最好在二维视图中点取。
- 需要 2D：通常生成后的栏杆属于纯三维对象，不提供二维视图，如果需要在二维视图，则使得本选项被选择。
- 预览<：参数输入后可以单击预览键，在三维视口获得预览效果，这时注意在二维视口中是没有显示的，所以事先应该设置好视口环境，以确认键执行。

技巧：排列单元(栏杆)的“对象编辑”修改

选取栏杆后单击鼠标右键，选取“对象编辑”命令，命令行提示有两种情况：

1）当栏杆绑定在其他提供路径对象上时：

> 单元宽[W]/单元对齐[R]/单元自调[F]/初始间距[H]/上下移动[M]/二维视图[V]/<退出>:

2）当栏杆拥有独立的路径时：

> 加顶点[A]/减顶点[D]/设顶点[S]/单元宽[W]/单元对齐[R]/单元自调[F]/初始间距[H]/上下移动[M]/二维视图[V]/<退出>:

键入关键字即执行相应的命令，通过上下移动可以使栏杆单元改变标高，以便其与扶手更好地衔接。

16.1.8 三维网架

知识要点 "三维网架"命令把沿着网架杆件中心绘制的一组空间关联直线转换为有球节点的等直径空间钢管网架三维模型，在平面图上只能看到杆件中心线。

执行方法 在天正屏幕菜单中执行"三维建模 | 造型对象 | 三维网架"命令(快捷键为"SWWJ")。

操作实例 例如，打开"资料\16 章-三维建模.dwg"文件，在天正屏幕菜单中执行"三维建模 | 造型对象 | 三维网架"命令(SWWJ)，选取对象即可，如图 16-8 所示。

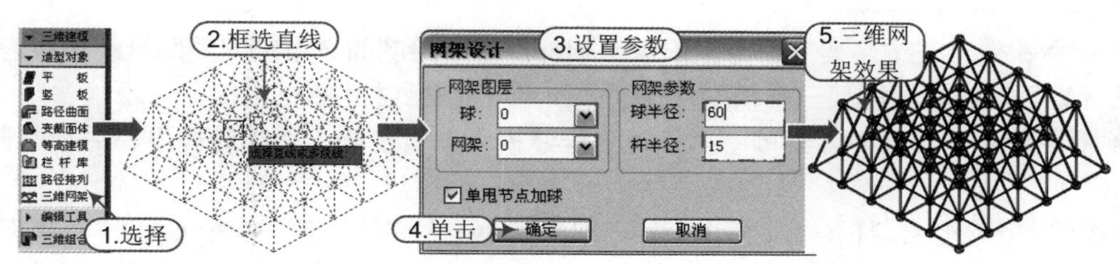

图 16-8 三维网架

技巧：二维网架

在平面二维下创造出具有三维效果的网架，最重要的一个命令是"移位"(YW)。

注意：三维网架

"三维网架"命令生成的空间网架模型不能指定逐个杆件与球节点的直径和厚度。

16.2 体量建模工具

"体量建模工具"内容适用于 AutoCAD2000－2006 平台，由于 AutoCAD2007 以上版本提供了更先进的参数化三维建模工具，在该平台下直接使用 AutoCAD 建模功能，取消以下的体量建模子菜单；AutoCAD 的实体对象 3dsolid 在日照分析中可以直接作为遮挡物使用。

16.3 三维编辑工具

本节多数是从旧版本保留的三维面编辑工具，可以对三维面模型进行灵活的编辑修改，"三维切割"命令可创建剖透视图。

16.3.1 线转面

知识要点 "线转面"命令根据由线构成的二维视图生成三维网格面(Pface)。

执行方法 在天正屏幕菜单中执行"三维建模 | 编辑工具 | 线转面"命令（快捷键为"XZM"）。

操作实例 例如，打开"资料\16 章-三维建模.dwg"文件，在天正屏幕菜单中执行"三维建模 | 编辑工具 | 线转面"命令(XZM)，选取对象即可，如图 16-9 所示。

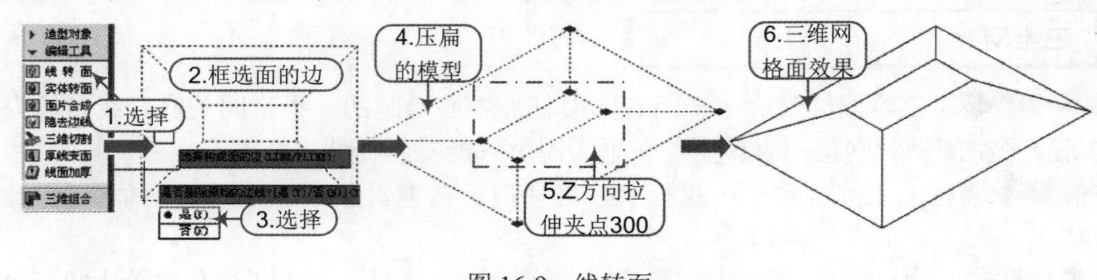

图 16-9 线转面

16.3.2 实体转面

知识要点“三维网架”命令把沿着网架杆件中心绘制的一组空间关联直线转换为有球节点的等直径空间钢管网架三维模型，在平面图上只能看到杆件中心线。

执行方法在天正屏幕菜单中执行“三维建模 | 编辑工具 | 实体转面”命令(快捷键为“STZM”)。

操作实例例如，打开“资料\16 章-三维建模.dwg”文件，首先执行 CAD“建模”工具栏下“长方体”命令，绘制实体对象。然后，在天正屏幕菜单中执行“三维建模 | 编辑工具 | 实体转面”命令(STZM)，选取实体对象按空格键或回车键即可，如图 16-10 所示。

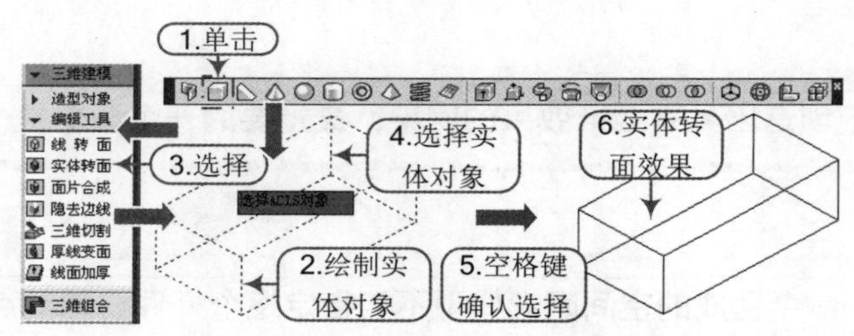

图 16-10 实体转面

注意：实体转面效果

> “实体转面”命令生成的面片模型与原来的实体模型没有外表上的区别，此命令的作用仅是将原来的实体模型转变为只有面的空心模型。

16.3.3 面片合成

知识要点“面片合成”命令用于将 3Dface 三维面对象转化为网格面对象(Pface)。

执行方法在天正屏幕菜单中执行“三维建模 | 编辑工具 | 面片合成”命令(快捷键为“MPHC”)。

操作实例例如，打开“资料\16 章-三维建模.dwg”文件，首先执行“3Dface”命令绘制三维面。在天正屏幕菜单中执行“三维建模 | 编辑工具 | 面片合成”命令(MPHC)，选取三维面对象即可，如图 16-11 所示。

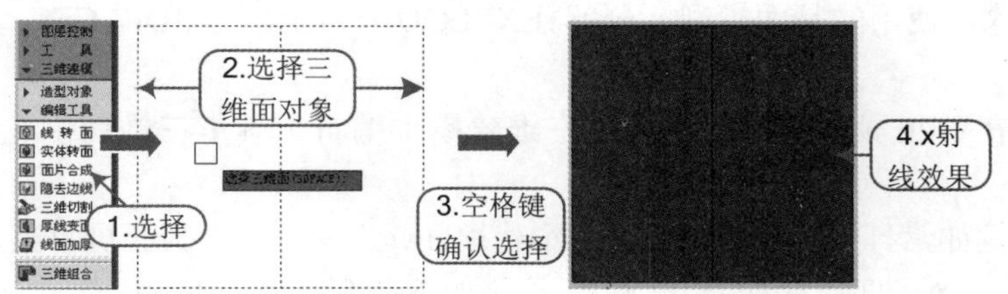

图 16-11　面片合成

技巧：选择对象

如果选择集中包括了邻接的三维面，命令可以将它们合成一个更大的三维网格面，但仍保持原三维面边的可见性，不会自动隐藏内部边界线。此命令主要用于把零散的三维面组合成为一个网格面对象，以方便操作。

注意：适用对象

“面片合成”命令只识别三维面，无法将三维面与网格面进行合并。

16.3.4 隐去边线

知识要点 “隐去边线”命令用于将三维面对象(3DFace)与网格面对象(Pface)的指定边线变为不可见。

执行方法 在天正屏幕菜单中执行“三维建模｜编辑工具｜隐去边线”命令(快捷键为“YQBX”)。

操作实例 接上例，在天正屏幕菜单中执行“三维建模｜编辑工具｜隐去边线”命令(YQBX)，选取对象即可，如图 16-12 所示。

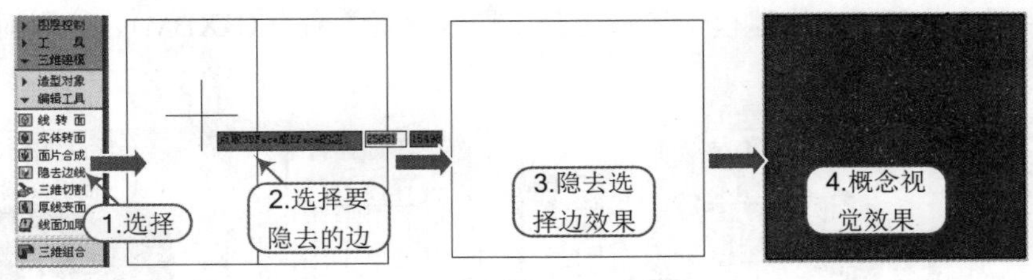

图 16-12　隐去边线

注意：共线边界

在稍为复杂的图形中，几个三维面的边界常常是共线的，这时相邻的两个对象要都选上，它们的边界才能隐去。

16.3.5 三维切割

知识要点 “三维切割”命令可切割任何三维模型，而不是仅仅切割 SOLID 实体模型，可以在任意 UCS 下切割(如立面 UCS 下)，便于生成剖透视模型。切割后生成两个结果图块方便用户移动或删除，使用的是面模型，分解(EXPLODE)后全部是3DFACE。切割处自动加封闭的红色面。

执行方法 在天正屏幕菜单中执行“三维建模 | 编辑工具 | 三维切割”命令(快捷键为“SWQG”)。

操作实例 例如，打开“资料\16章-三维建模.dwg”文件，在天正屏幕菜单中执行“三维建模 | 编辑工具 | 三维切割”命令(SWQG)，按照如下命令行提示进行操作，如图16-13所示。

```
请选择需要剖切的三维对象:                              \\ 给出第一点
请选择需要剖切的三维对象:                              \\ 给出对角点指定图形范围
选择切割直线起点或[多段线切割(D)]<退出>:               \\ 给出起点
选择切割直线终点<退出>:    \\ 给出终点，两点连线为剖切线或者键入D选择已有多段线
```

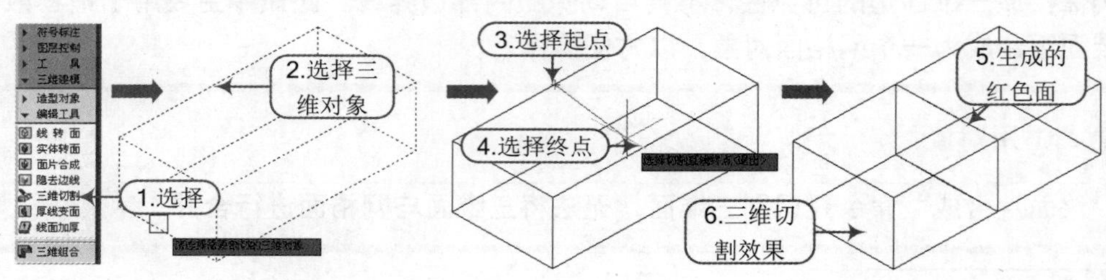

图16-13　三维切割

16.3.6 厚线变面

知识要点 此命令将有厚度的线、弧、多段线对象按照厚度转化为网格面(PFace)。

执行方法 在天正屏幕菜单中执行“三维建模 | 编辑工具 | 厚线变面”命令(快捷键为“HXBM”)。

操作实例 例如，打开“资料\16章-三维建模.dwg”文件，执行对象为一个250厚的圆，在天正屏幕菜单中执行“三维建模 | 编辑工具 | 厚线变面”命令(HXBM)，选取对象即可，如图16-14所示。

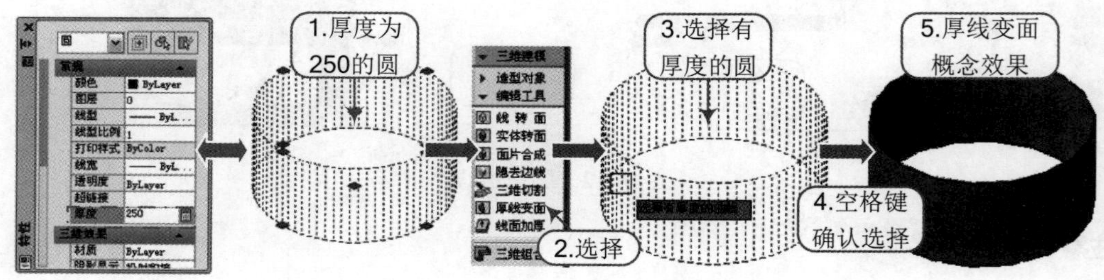

图16-14　厚线变面

技巧：分弧精度

> 在转换圆弧或者圆时，转换网格面的分弧精度由本软件的系统变量控制。进入“天正基本设定”页面，可以进行分弧精度的设置。

16.3.7 线面加厚

知识要点 “线面加厚”为选中的闭合线和三维面沿当前坐标系的 Z 轴方向赋予厚度，生成网格面对象，用于将线段加厚为平面，三维面加厚为有顶面的多面体。

执行方法 在天正屏幕菜单中执行“三维建模 | 编辑工具 | 线面加厚”命令(快捷键为“XMJH”)。

操作实例 例如，打开“资料\16 章-三维建模.dwg”文件，在天正屏幕菜单中执行“三维建模 | 编辑工具 | 线面加厚”命令(XMJH)，选取对象后在随后弹出的“线面加厚参数”对话框中，设置“拉伸厚度”为“300”，如图 16-15 所示。

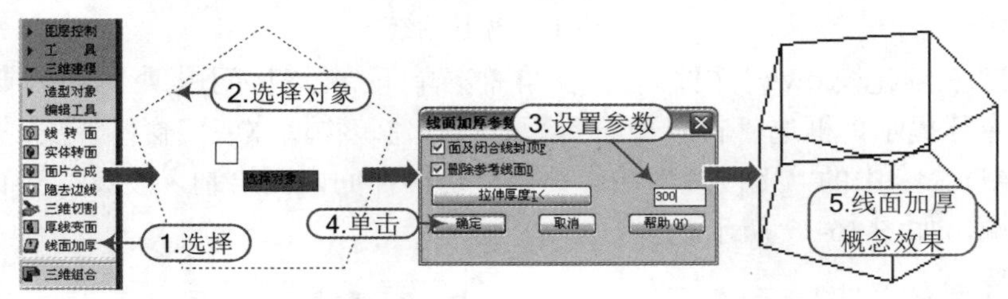

图 16-15 线面加厚

选项含义 在“线面加厚参数”对话框中，各控件的含义如下：

- 面及闭合线封顶 F：对封闭的线对象或平面对象起作用，确定在拉伸厚度后顶部加封平面。
- 删除参考线面 D：指定在拉伸加厚之后，将已有对象删除。
- 拉伸厚度<：键入厚度值，或从图上点取厚度值。当厚度值为负值时，可以生成凹入的图形。

16. 4 综合练习——三维建模

案例	三维建模.dwg	视频	三维建模.avi

实战要点：①“平板”命令绘制楼板；②三维组合。

操作步骤

步骤 01 正常启动 TArch 2014 软件，执行“文件布图 | 工程管理”命令，新建文件为“案例\16\三维建模.tpr”文件。

步骤 02 在“工程管理”面板中，展开“图纸 | 平面图”并右击，在弹出的快捷菜单中，选择“添加图纸…”命令，将“案例\16\三维建模.dwg”文件添加到工程中，如图 16-16 所示。

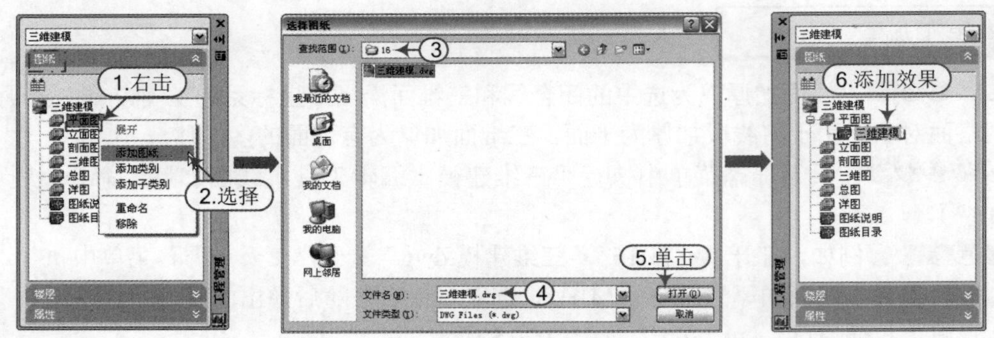

图 16-16　添加图纸

步骤 03 打开“三维建模.dwg”文件，在天正屏幕菜单下执行“房间屋顶｜搜屋顶线”(SWDX)命令，工具命令行提示，框选“首层平面图”的所有建筑物墙体或门窗，外皮距离设为“0”；然后，执行 CAD 命令中的“多段线”(PL)命令，沿楼梯间内侧绘制多段线；从而绘制出平板轮廓及洞口轮廓，如图 16-17 所示。

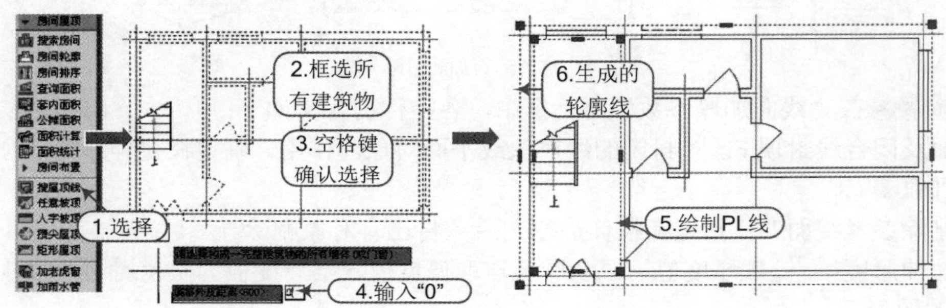

图 16-17　平板轮廓及洞口轮廓

步骤 04 在天正屏幕菜单下执行“三维建模｜造型对象|平板”命令(PB)，选择屋顶线，按空格键确定选择后，按回车键结束选择。命令行提示输入平板厚时，输入“200”，生成一楼地板，如图 16-18 所示。

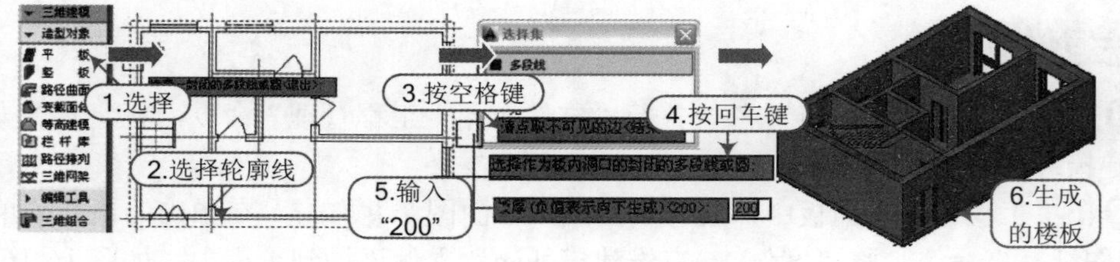

图 16-18　生成一楼地板

步骤 05 执行 CAD“复制”命令(CO)，将地板在 Z 正方向复制 3000，作为一层楼板，如图 16-19 所示。

图 16-19 Z 方向复制楼板

步骤 06 拖动绘图区边界形成两个视口，将左视口设置为西南轴测图，右视口设为俯视图；双击一层楼板，在弹出的快捷下拉菜单中选择“加洞”命令，工具命令行提示，再选择之前绘制的楼梯间处的多段线，如图 16-20 所示一层楼板就加好一个洞口。

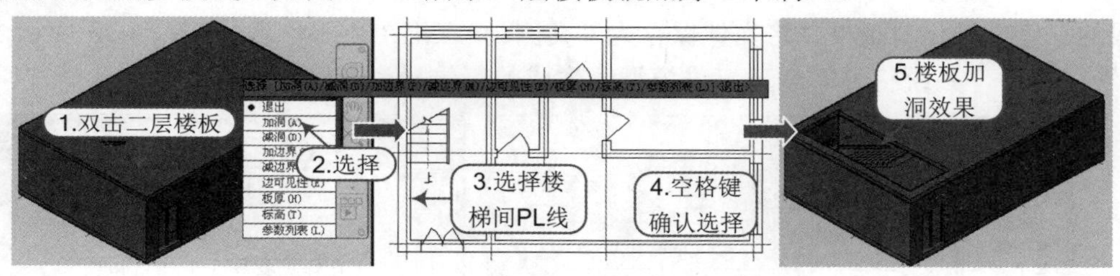

图 16-20 一层楼板加洞

步骤 07 执行 CAD“复制”命令(CO)，将一层加洞楼板以 A 轴与 1 轴的交点为对齐点复制到二层及顶层；双击顶层楼板即屋顶，在弹出的下拉菜单中选择“减洞”选项，删除楼梯洞口，如图 16-21 所示。

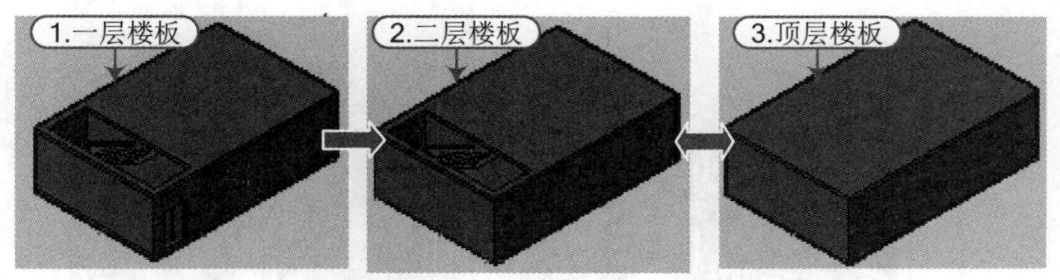

图 16-21 二、三层楼板

步骤 08 在“工程管理”面板中，展开“楼层”栏，输入层号及层高；然后，将光标置于“文件”列表下，单击按钮后，在平面视图中框选首层平面图，最后设置对齐点为 A 轴与 1 轴的交点。

步骤 09 重复操作，添加二、三层楼平面图以完成楼层表的生成，如图 16-22 所示。

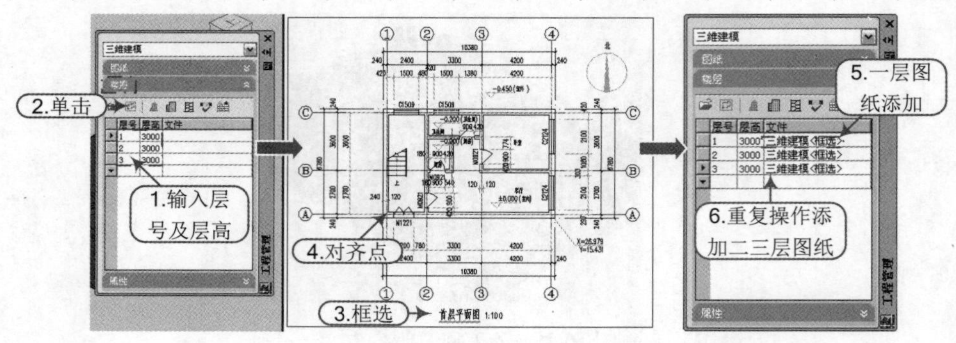

图 16-22　生成楼层表

步骤 10 在天正屏幕菜单下执行“三维建模｜三维组合”命令(SWZH)，在随后弹出的“楼层组合”对话框中选择“分解成实体模型”单选项，然后单击“确定”按钮；随即又弹出“输入要生成的三维文件”对话框，将文件保存为“案例\16\三维组合.dwg”，如图 16-23 所示，单击“保存”按钮后，系统将开始创建三维模型，生成的三维模型如图 16-24 所示。

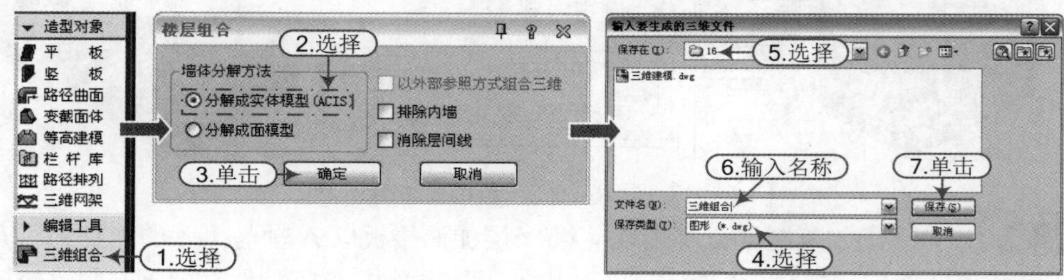

图 16-23　三维组合

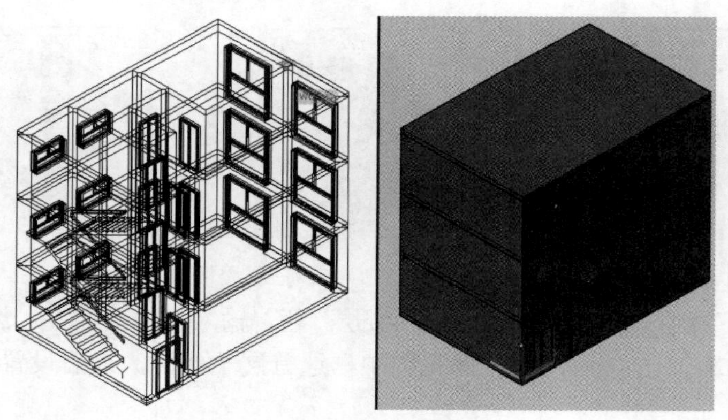

图 16-24　三维组合模型生成效果

步骤 11 在“工程管理”面板中，打开“某住宅楼立面.tpr”工程文件，展开“图纸”，在“三维图”上单击右键，从弹出的快捷菜单中执行“添加图纸...”命令，将“案例\16\三维组合.dwg”文件置入其中，如图 16-25 所示。

图 16-25 添加图纸

步骤 12 最后，在键盘上按“Ctrl+S”组合键进行保存。

17

图库与线图案

本章导读

天正图块是基于AutoCAD普通图块的自定义对象，普通天正图块的表现形式依然是块定义与块参照，“块定义”是插入到 DWG 图中，可以被多次使用的一个被“包装”过的图形组合，块定义可以有名字(有名块)，也可以没有名字(匿名块)。

本章内容

- 天正图块工具
- 天正图库管理
- 天正构件库
- 天正图案工具

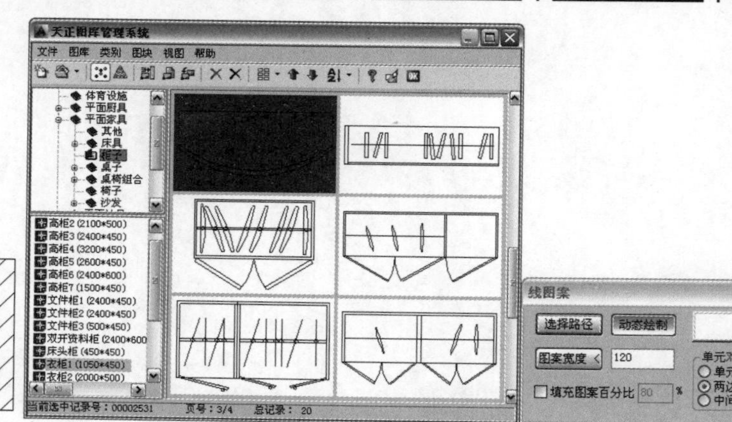

17.1 天正图块工具

天正提供了丰富的图块插入与修改工具，例如修改图块中的层名、替换已经插入的图块、改变图块对其他图形的遮挡关系、提取三维图块制作二维图块等功能。

17.1.1 图块改层

知识要点 图块内部往往包含不同的图层，在不分解图块的情况下无法更改这些图层，“图块改层”命令用于修改图块定义的内部图层，以便能够区分图块不同部位的性质。

执行方法 在天正屏幕菜单中执行“图块图案｜图块改层”命令(快捷键为“TKGC”)。

操作实例 例如，打开“资料\17 章-天正图块.dwg”文件，在天正屏幕菜单中执行“图块图案｜图块改层”命令(TKGC)，按照命令提示选择图块，随即将弹出“图块图层编辑”对话框，按照如下“对话框操作顺序”进行图块改层操作，如图 17-1 所示。

技巧：对话框操作顺序

1）选择左边列表中要修改的图层如 0，可在系统层名列表中选择已有系统层名或新建目标层名，选择 3T_BAR 这个新层名。

2）单击“<<更改”按钮，即可把图层由原层名 0 改为新层名 3T_BAR。

3）继续更改层名，完成后单击“关闭”按钮退出本命令。

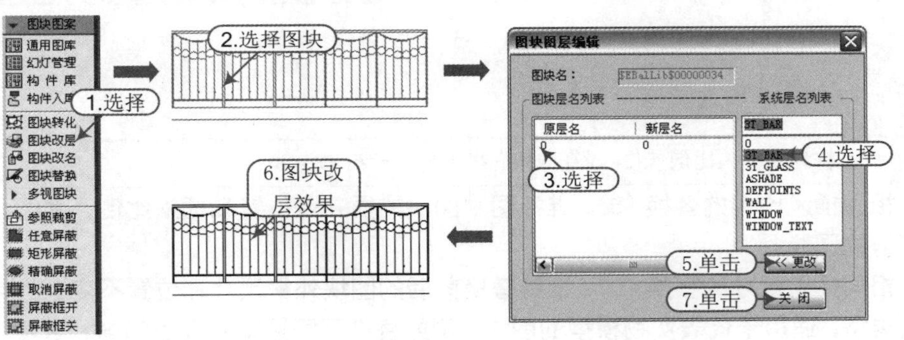

图 17-1 图块改层

技巧：不同的面料材质

只要使用“图块改层”命令，在对话框中修改该图块面料所在图层，即可使统一天正图块拥有不同的面料材质，如图 17-2 所示。

图 17-2 图块改层运用

17.1.2 图块替换

知识要点 "图块替换"命令作为菜单命令功能是选择已经插入图中的图块，进入图库选择其他图块，对该图块进行替换；在图块管理界面也有类似的图块替换功能。

执行方法 在天正屏幕菜单中执行"图块图案丨图块替换"命令(快捷键为"TKTH")。

操作实例 例如，打开"资料\17 章-天正图块"文件，在天正屏幕菜单中执行"图块图案丨图块替换"命令(TKTH)后，按照如下命令行提示进行操作，如图 17-3 所示。

```
选择插入的图块<退出>:                    \\选择图形中要替换的图块，进入图库进行图块选择
[维持相同插入比例替换(S)/维持相同插入尺寸替换(D)]<退出>:S
                                          \\键入 S 按以前图块插入的相同比例替换图块
```

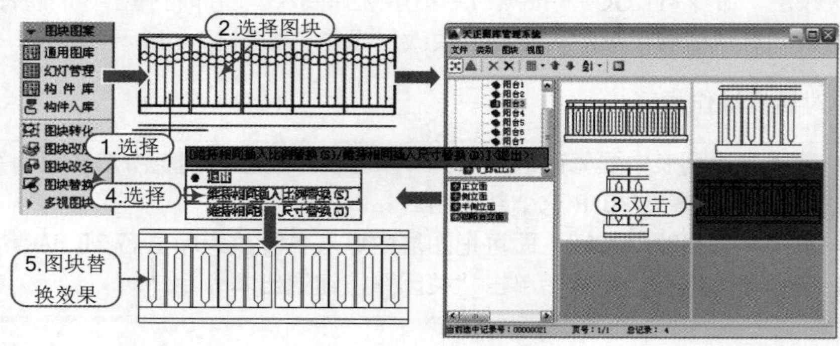

图 17-3 图块替换

提示：命令行选项含义

[维持相同插入比例替换(S)/维持相同插入尺寸替换(D)]<退出>:

相同插入比例的替换（S）：维持图中图块的插入点位置和插入比例，适合于代表标注符号的图块。

相同插入尺寸的替换（D）：维持替换前后的图块外框尺寸和位置不变，更换的是图块的类型，适用于代表实物模型的图块，例如替换不同造型的立面门窗、洁具、家具等图块需要这种替换类型。

17.1.3 图块转化

知识要点 "图块转化"命令可将 AutoCAD 块参照转化为天正图块，而 Explode(分解)命令可以将天正图块转化为 AutoCAD 块参照。它们在外观上完全相同，天正图块的突出特征是具有五个夹点，选中图块即可看到夹点数目，判断其是否是天正图块。

执行方法 在天正屏幕菜单中执行"图块图案丨图块转化"命令(快捷键为"TKZH")。

操作实例 例如，打开"资料\17 章-天正图块.dwg"文件，首先执行 CAD"插入"命令(I)，插入 CAD 图块；在天正屏幕菜单中执行"图库图案丨图块转化"命令(TKZH)，点取需要转化的 CAD 图块对象即可，如图 17-4 所示。

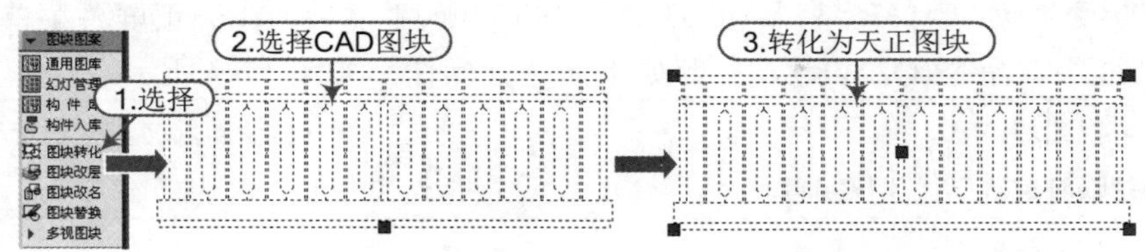

图 17-4　图块转化

提示：夹点编辑对比

与 CAD 图块的区别是天正图块具有五个夹点，而 CAD 图块仅一个供图块移动的夹点。天正图块夹点功能如图 17-5 所示。

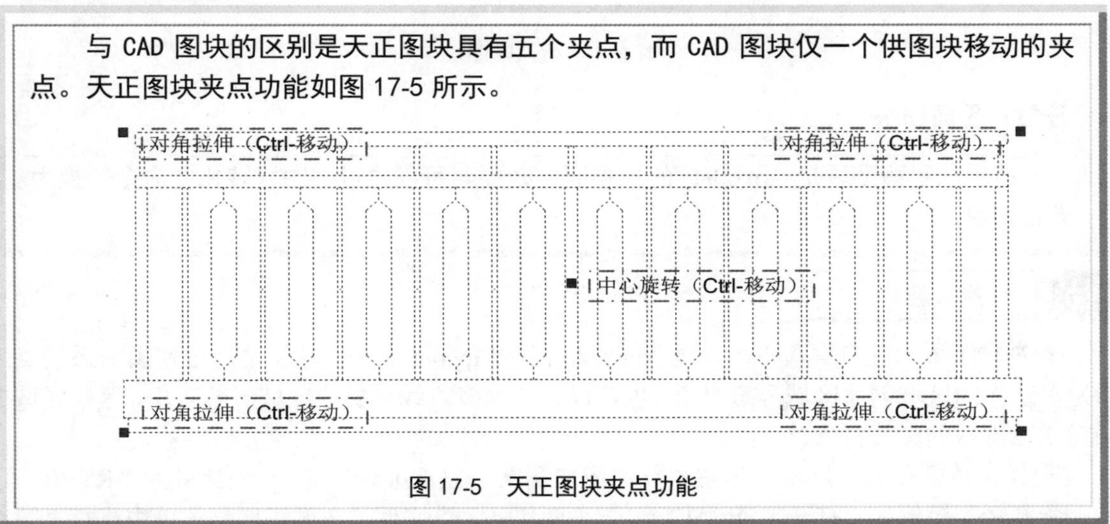

图 17-5　天正图块夹点功能

17.1.4　生二维块

知识要点“生二维块”命令利用天正建筑图中已插入的普通三维图块，生成含有二维图块的同名多视图图块，以便用于室内设计等领域。

执行方法在天正屏幕菜单中执行“图块图案 | 多视图块 | 生二维块”命令(快捷键为“SEWK”)。

操作实例例如，打开“资料\17 章-天正图块.dwg”文件，在天正屏幕菜单中执行“图库图案 | 生二维块”命令(SEWK)，选择天正三维对象即可，如图 17-6 所示一个三维书柜，插入图形后，书柜中的书在平面图中可见，执行命令后被消隐，而三维视图中没有影响。

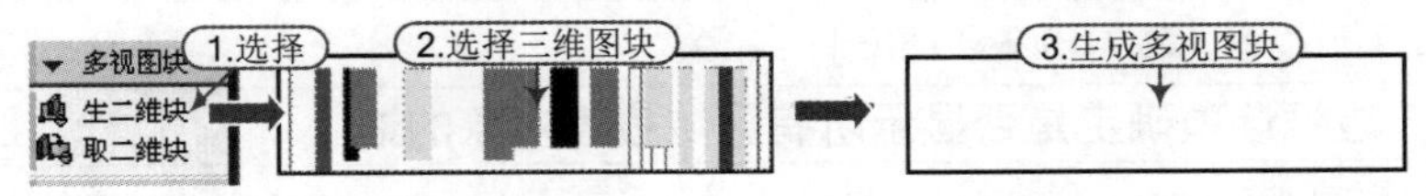

图 17-6　生二维图块

17.1.5　取二维块

知识要点“生二维块”命令利用天正建筑图中已插入的普通三维图块，生成含有二维图块的同名多视图图块，以便用于室内设计等领域。

执行方法在天正屏幕菜单中执行“图块图案 | 多视图块 | 取二维块”命令(快捷键为“QEWK”)。

操作实例 例如，打开“资料\17 章-天正图块.dwg”文件，在天正屏幕菜单中执行“图库图案 | 取二维块”命令(QEWK)，按照如下命令行操作，如图 17-7 所示。

选择多视图块:	\\ 选择图中已经插入的多视图块
移动到临时位置以便在位编辑:	\\ 拖动平面图块到空白位置

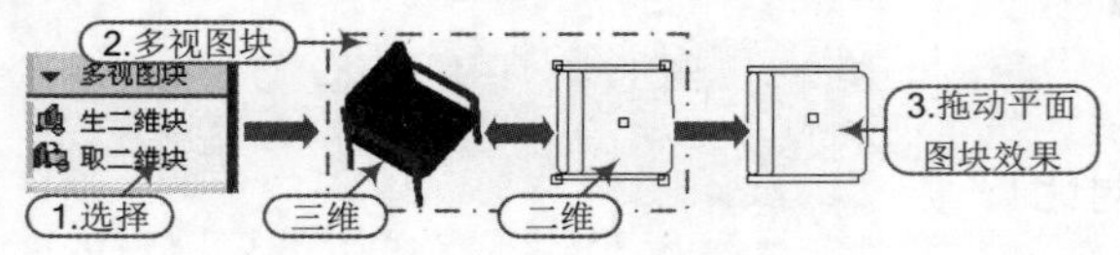

图 17-7　生二维图块

注意：平面图块

取出的平面图块是 AutoCAD 的块参照，必要时可以通过“图块转化”命令转换为天正图块。

17.1.6 任意屏蔽

知识要点 “任意屏蔽”命令是 AutoCAD 的 Wipeout 命令，功能是通过使用一系列点来指定多边形的区域创建区域屏蔽对象，也可以将闭合多段线转换成区域屏蔽对象，遮挡区域屏蔽对象范围内的图形背景。

执行方法 在天正屏幕菜单中执行“图块图案 | 任意屏蔽”命令(快捷键为“RYPB”)。

操作实例 例如，打开“资料\17 章-天正图块.dwg”文件，在天正屏幕菜单中执行“图块图案 | 任意屏蔽”命令(RYPB)，指定点形成一个封闭的区域即可，如图 17-8 所示。

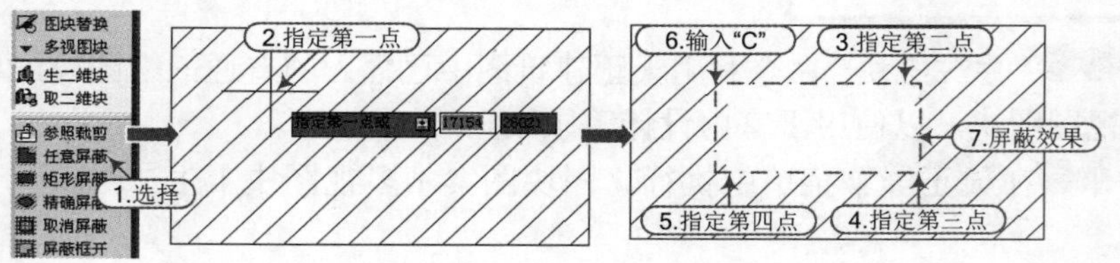

图 17-8　任意屏蔽

注意：命令行选项

指定第一点或 [边框(F)/多段线(P)] <多段线>:

键入 F 边框选项确定是否显示所有区域覆盖对象的边。

输入模式[开(ON)/关(OFF)]<ON>:	\\ 输入 ON 或 OFF，输入 ON 将显示屏蔽边框，输入 OFF 将禁止显示屏蔽边框

键入 P 根据选定的多段线确定作为屏蔽的多边形边界。

选择闭合多段线:	\\ 使用对象选择方法选择闭合的多段线
是否要删除多段线? [是(Y)/否(N)] <否>:	\\ 输入 Y 或 N，输入 Y 将删除用于创建区域屏蔽的多段线。输入 N 将保留多段线

17.1.7 矩形屏蔽

知识要点 “矩形屏蔽”命令将图块增加矩形屏蔽特性，以图块包围的长度 X 和宽度 Y 为矩形边界，对背景进行屏蔽。

执行方法 在天正屏幕菜单中执行“图块图案丨矩形屏蔽”命令(快捷键为“JXPB”)。

操作实例 例如，打开“资料\17 章-天正图块.dwg”文件，在天正屏幕菜单中执行“图库图案丨取二维块”命令(QEWK)，直接点取图块即可，如图 17-9 所示。

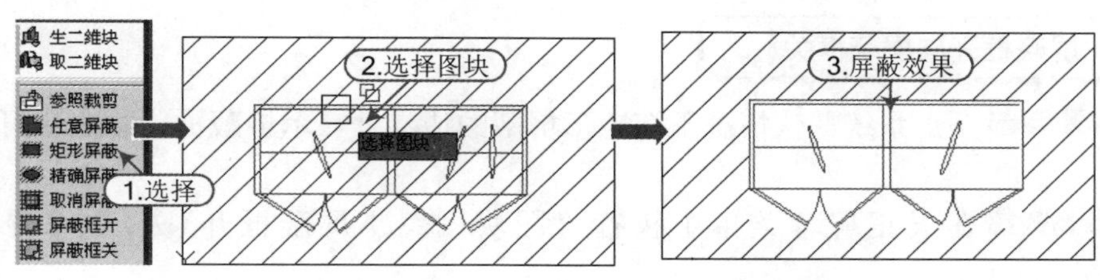

图 17-9 矩形屏蔽

17.1.8 精确屏蔽

知识要点 “精确屏蔽”命令以图块的轮廓为边界，对背景进行精确屏蔽，只对二维图块有效。对于某些外形轮廓过于复杂或者制作不精细的图块而言，图块轮廓可能无法搜索出来。

执行方法 在天正屏幕菜单中执行“图块图案丨精确屏蔽”命令(快捷键为“JQPB”)。

操作实例 例如，打开“资料\17 章-天正图块.dwg”文件，在天正屏幕菜单中执行“图库图案丨精确屏蔽”命令(JQPB)，直接点取图块即可，如图 17-10 所示。

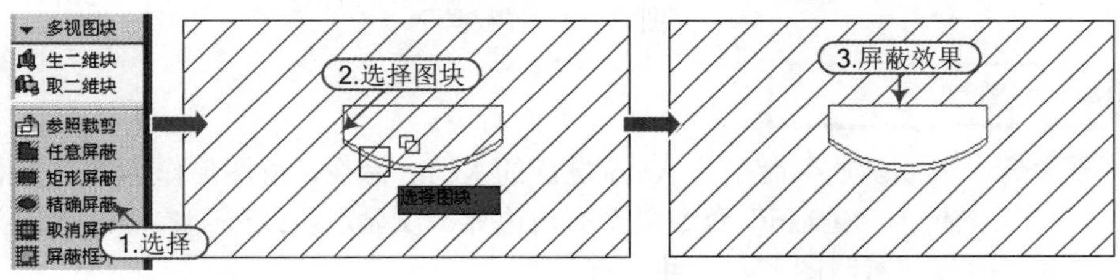

图 17-10 精确屏蔽

17.1.9 取消屏蔽

知识要点 “取消屏蔽”命令取消设置了屏蔽的图块对背景的屏蔽功能，透过图块显示出背景。

执行方法 在天正屏幕菜单中执行“图块图案丨取消屏蔽”命令(快捷键为“QXPB”)。

操作实例 例如，打开“资料\17 章-天正图块.dwg”文件，在天正屏幕菜单中执行“图块图案丨取消屏蔽”命令(QXPB)，直接点取图块即可，如图 17-11 所示。

```
选择多视图块:                      \\ 选择图中已经插入的多视图块
移动到临时位置以便在位编辑:          \\ 拖动平面图块到空白位置
```

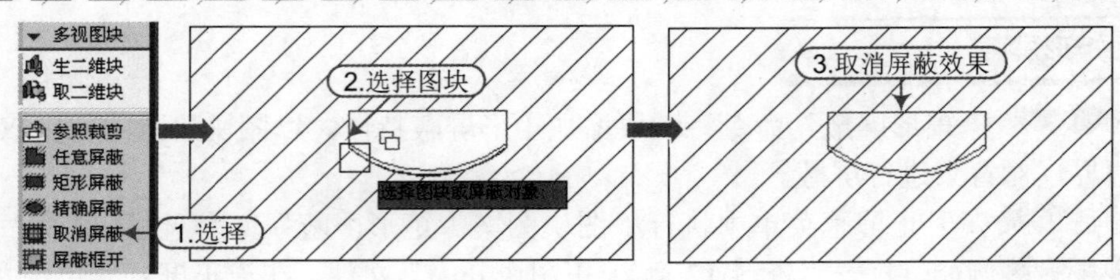

图 17-11　取消屏蔽

17.1.10 屏蔽框开与屏蔽框关

知识要点 天正系统默认情况下在矩形屏蔽的边界处显示屏蔽框，此命令可控制屏蔽框的显示。

执行方法 在天正屏幕菜单中执行“图块图案｜屏蔽框开（关）”命令［快捷键为“PBKK（G）”］。

操作实例 例如，打开“资料\17 章-天正图块.dwg”文件，在天正屏幕菜单中执行“图库图案｜屏蔽框开（关）”命令［“PBKK（G）”］，即可将屏蔽框打开或关闭，如图 17-12 所示。

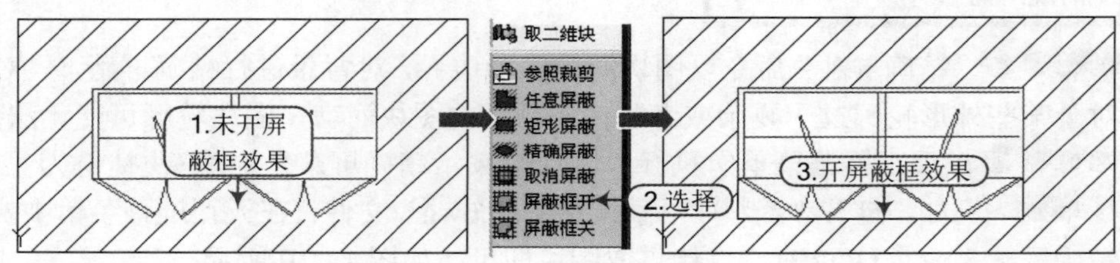

图 17-12　屏蔽框开

17.1.11 参照裁剪

知识要点 “参照裁剪”命令是 AutoCAD 的 XClip 命令，将图形作为外部参照进行附着或插入块后，可以使用“XCLip”命令定义剪裁边界，仅显示块或外部参照的界内部分，而不显示界外部分，但外部参照图形本身并没有改变。

执行方法 在天正屏幕菜单中执行“图块图案｜参照裁剪”命令（快捷键为“CZCJ”）。

操作实例 例如，打开“资料\17 章-天正图块.dwg”文件，在天正屏幕菜单中执行“图库图案｜参照裁剪”命令（CZCJ），按照如下命令行执行操作即可将天正图块对象进行裁剪，如图 17-13 所示。

```
选择对象:                        \\ 选择要裁剪的外部参照图形，按空格键结束选择
输入剪裁选项[开(ON)/关(OFF)/剪裁深度(C)/删除(D)/生成多段线(P)/新建边界(N)] <新建>:
                                 \\ 键入“N”，定义一个矩形生成一个多边形剪裁边界
指定剪裁边界:
[选择多段线(S)/多边形(P)/矩形(R)] <矩形>:  \\ 这里键入 R 选择绘制矩形进行裁剪
指定第一个角点:                  \\ 指定矩形的第一个角点
指定对角点:                      \\ 指定矩形的对角点
```

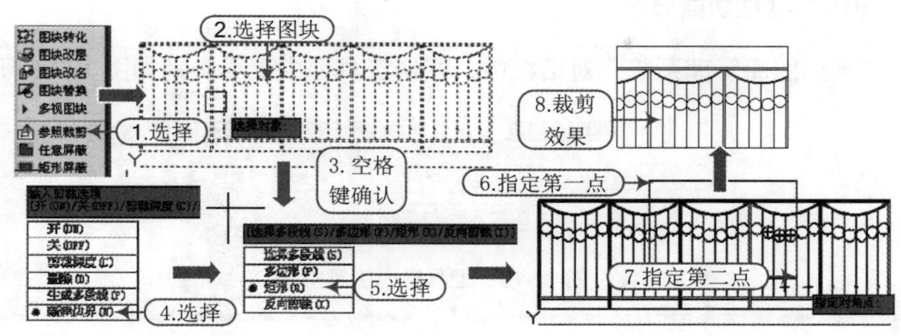

图 17-13　参照裁剪

17.2 天正图库管理

天正软件提供了开放的图库管理体系结构，图库管理系统可以同时包含由天正软件维护的系统图库和可扩展的用户图库，用户可以自行收集扩充自己的图块资源。

17.2.1 通用图库

知识要点“通用图库”命令是调用图库管理系统的菜单命令，除了此命令外，其他很多命令也在其中调用图库中的有关部分进行工作，如插入图框时就调用了其中的图框库内容。图块名称表提供了人工拖动排序操作和保存当前排序功能，方便了对大量图块的管理，图库的内容既可以选择按天正图块插入，也可以按 AutoCAD 图块插入，满足了插入 AutoCAD 属性块和动态块的需求。

执行方法在天正屏幕菜单中执行“图块图案｜通用图库”命令(快捷键为“TYTK”)。

操作实例例如，在天正屏幕菜单中执行“图块图案｜通用图库”命令(“TYTK”)，弹出对话框，如图 17-14 所示；天正图库界面包括六大部分：工具栏、菜单栏、类别区、图块名称栏、图块预览区、状态栏。对话框大小可随意调整并记录最后一次关闭时的尺寸。类别区、图块名称栏和图块预览区之间也可随意调整最佳可视大小及相对位置。

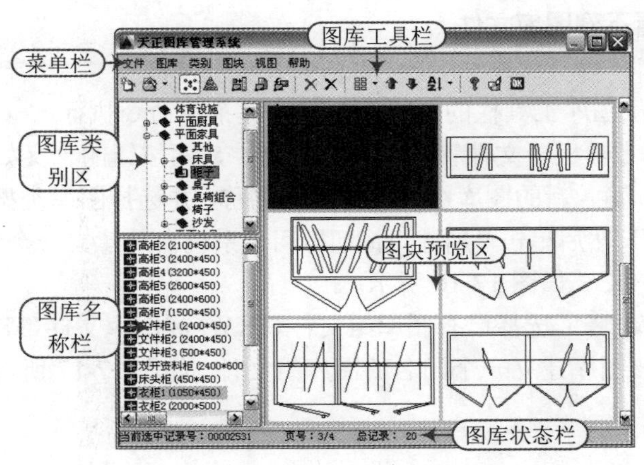

图 17-14　“天正图块管理系统”对话框

提示：图块工具栏功能分区

在“天正图库管理系统”对话框中，图块工具栏中工具类别如图 17-15 所示。

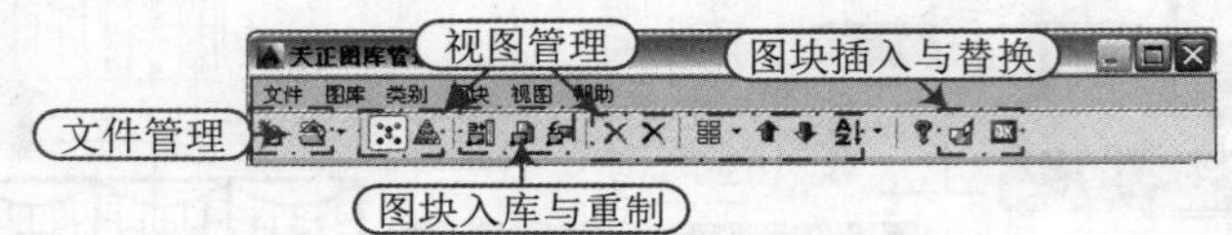

图 17-15　工具栏中工具类别

技巧：图库操作技巧

天正图库支持鼠标拖放的操作方式，只要在当前类别中点取某个图块或某个页面(类型)，按住鼠标左键拖动图块到目标类别，然后释放左键，即可实现在不同类别、不同图库之间成批移动、复制图块。图库页面拖放操作规则与 Windows 的资源管理器类似，具体说就是：

从本图库(TK)中，不同类别之间的拖动是移动图块，从一个图库拖动到另一个图库的拖动是复制图块。如果拖放的同时按住 Shift 键，则为移动。

17.2.2 文件管理

知识要点 文件管理功能，可用图库工具栏的图标命令与“文件”菜单命令执行。

技巧：“合并”功能

在“图库类别区”单击右键菜单执行：“新建类别”，可往当前图库组中添加新图库或加入已有的图库。

而“文件”下拉菜单命令“移出 TK 组”则可以把图库从图库组中移出(文件不会从磁盘删除)。

进行文件操作的时候，注意工具栏的“合并”功能不要启用，否则无法启动右键菜单，类别区也看不到图库文件。

操作实例 可从图库工具栏的图标命令与右键菜单命令执行。

1）在对话框中工具栏“文件管理”功能分区中，两按钮的含义如下：

- 新建库：输入新的图库组文件位置和名称，并选择图库类型是“普通图库”还是“多视图图库”，然后单击“新建”按钮即可。系统自动建立一个空白的 TKW 文件，准备加入图库(TK)，如图 17-16 所示。
- 打开一图库：选择已有图库组文件(TKW)或图库文件(TK)。如果选择图库文件，会自动为该图库建立一个同名的图库组文件，如图 17-17 所示。

图 17-16 新建库

图 17-17 打开一图库

2）“文件”菜单命令：

- 新建：在菜单栏选择“文件 | 新建”，此菜单命令类似新建库命令，只是新建的不是空白图库组而是空白图库。
- 加入 TK：在菜单栏选择“文件 | 加入 TK”，选择一个已经存在的图库(TK 文件)，加入到当前图库组中。

17.2.3 视图管理

知识要点 管理图库界面视图的排列，由于图库可以分很多批次下载，“合并”与“还原”命令使图库内查看和选择不同批次的图块变得更加容易，而通过还原命令可以保留管理具体图库文件的方便性。

操作实例 在“天正图库管理系统”对话框中，可通过以下方法达到视图管理的目的：

- 合并：在合并模式下，图库集下的各个图库按类别合并，这样更加方便用户检索，即用户不需要对各个图库都分别找一遍，而是只要顺着分类目录查找即可，不必在乎图块是在哪个图库里。
- 还原：如果要添加修改图块，那么就要取消合并模式，才可以知道修改的是不同时期获得的某个图库里的内容。
- 临时排序/保存当前排序：新增图块名称表的“临时排序”和“保存当前排序”功能，先使用“临时排序”将当前类别下的图块按图块描述名称的拼音字母排序(如图中 L-W-Y 等)，以方便用户检索。但“临时排序”仅在本次操作有效，退出图库管理命令后即恢复默认顺序，如果需要保留当前的图块顺序，单击“保存当前排序”后在确认对话框单击“确认”，把当前的排序保存下来，如图 17-18 所示。
- 人工排序：新增图块名称表的“人工排序”操作，可以通过上下拖动图块名称改变它们相对顺序，“保存当前排序”功能保存。

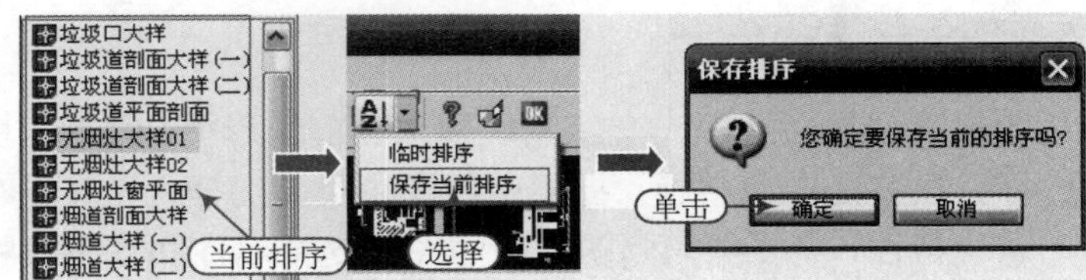

图 17-18 保存当前排序

- 布局：设置预览区内的图块幻灯片的显示行列数，以利于用户观察。
- 上下翻页：可以单击工具栏上下翻页按钮，也可以使用光标键和翻页键(PageUp/PageDown)来切换右边图块预览区的页面。
- 删除类别/删除：单击删除类别按钮可删除当前一个类别的图块，而单击删除按钮仅可以删除某一图块。

17.2.4 新图入库与重制

知识要点“新图入库”命令可以把当前图中的局部图形转为外部图块并加入到图库，“批量入库”命令可以把磁盘上已有外部图块按文件夹批量加入图库，“重制”命令利用新图替换图库中的已有图块或仅修改当前图块的幻灯片或图片，而不修改图库内容，也可以仅更新构件库内容而不修改幻灯片或图片。

操作实例在“天正图库管理系统”对话框中，可通过以下方法使新图入库：

- 新图入库：

（1）从工具栏执行“新图入库”命令，根据命令行提示选择构成图块的图元。

（2）根据命令行提示输入图块基点(默认为选择集中心点)。

（3）命令行提示制作幻灯片，三维对象最好键入 H 先进行消隐：

```
制作幻灯片(请用 zoom 调整合适)或[消隐(H)/不制作返回(X)]<制作>: \\ 调整视图回车完成幻灯片制作；键入 X 表示取消入库
```

（4）新建图块被自动命名为“长度×宽度”，长度和宽度由命令实测入库图块得到，用户可以右击“重命名”修改为自己需要的图块名。

- 批量入库：

（1）从工具栏执行“批量入库”命令。

（2）确定是否自动消隐制作幻灯片，为了视觉效果良好，应当对三维图块进行消隐。

（3）在文件选择对话框中用 Ctrl 和 Shift 键进行多选，单击打开按钮完成批量入库。

- 重制：

（1）单击图库中要重制的图块， 从工具栏执行“重制”命令，命令行提示：

```
选择构成图块的图元<只重制幻灯片>:
```

（2）按命令提示取图中的图元，重新制作一个图块，代替选中的图块，接着提示：

```
制作幻灯片(请用 zoom 调整合适)或[消隐(H)/不制作(N)/返回(X)]<制作>: \\ 按回车键为制作新幻灯片，键入N 只入库不制作幻灯片；键入X 表示取消重制
```

（3）命令提示时按回车键(不选取图元)，则只按当前视图显示的图形制作新幻灯片代替旧幻灯片，不更新图块定义。

17.2.5 图块插入与替换

知识要点从图库管理界面选择一个新图块插入当前图形中，就是图块插入；对当前图形中所选择的图块进行替换就是图块替换，提供两种图块类型的插入，其中“天正图块”插入不支持图块属性和动态块特性，需要插入到图形中的图块支持属性和动态块特性时，请选择使用“AutoCAD 图块”插入。

操作实例 例如，在“天正图库管理系统”对话框中，以下方法可达到图块插入与替换的目的：

1）图块插入。双击预览区内的图块或选中某个图块后单击按钮，系统返回到图形操作区，从命令行进行图块的定位，图块编辑对话框可以设置图块的大小，如图 17-19 所示。

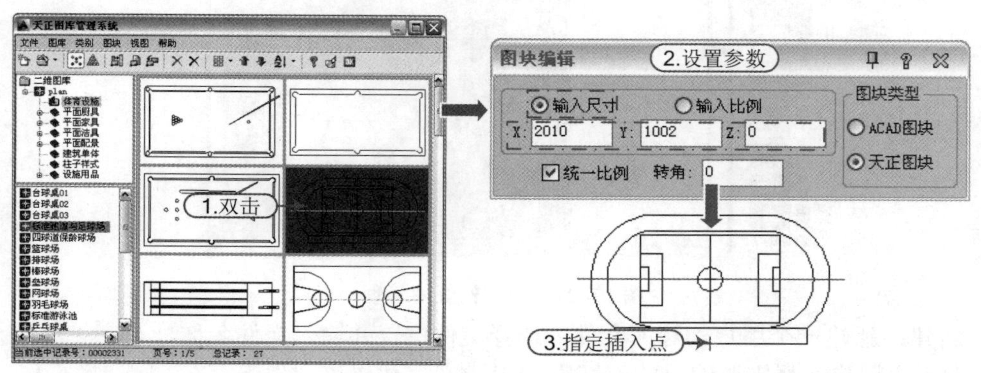

图 17-19 插入图块

注意：插入动态图块

> 插入动态图块时要选择“AutoCAD 图块”，而且不要去掉“统一比例”复选框的勾选，否则插入的就不是动态图块了。

2）图块替换。用选中的图块替换当前图中已经存在的块参照，可以选中保持插入比例不变或保持块参照尺寸不变，如图 17-20 所示。

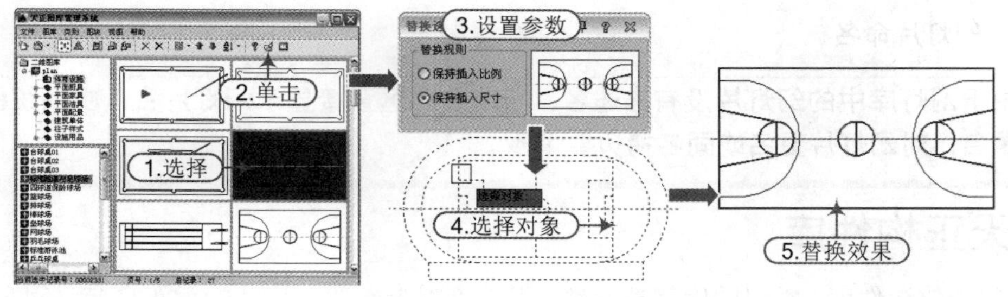

图 17-20 替换图块

17.2.6 幻灯管理

知识要点 此命令以可视的方式管理幻灯库 SLB 文件，用于图库的辅助管理；幻灯管理的内容包括：增加、删除、复制、移动、改名等，与图库管理界面类似，增加了下拉菜单。

执行方法 在天正屏幕菜单中执行“图块图案 | 幻灯管理”命令(快捷键为“HDGL”)。

选项含义 在“天正幻灯库管理”对话框(如图 17-21 所示)中，各选项含义如下：

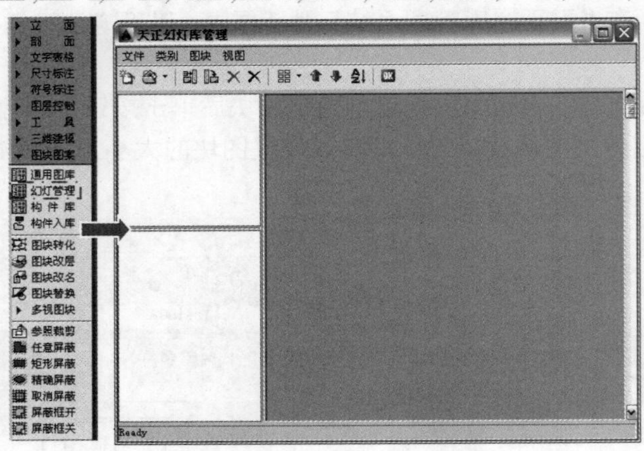

图 17-21　天正幻灯库管理

- 新建：新建一个用户幻灯库文件，选择文件位置并输入文件名称。
- 打开：用户选择需要编辑的幻灯库 SLB 文件。如果该文件不存在，则取消操作。本系统支持多库操作，即不关闭当前库的条件下打开目标幻灯片文件，并将此文件设为当前库。
- 批量入库：可将所选定的幻灯片 SLD 文件添加到当前幻灯库中。
- 拷贝到：将幻灯库中的幻灯片文件提取出来，另存到指定的目录中，形成单独的幻灯片文件。要将幻灯库中的幻灯片文件复制到指定的 SLB 文件中，可以将目标 SLB 幻灯库加入管理系统，然后才用鼠标拖拽此幻灯片文件至 SLB 即可。
- 删除类别：将选中的幻灯库从系统面板中删除。
- 删除：将选中的幻灯片从幻灯库中删除，不可恢复。

注意：幻灯片命名

由于幻灯库中的幻灯片没有描述名，所以名称区直接显示幻灯片名，由系统保证不会重名，对幻灯片更名或同名拷贝要慎重。

17.3 天正构件库

新增的开放构件库，类似图库管理系统，用于管理带参数和尺寸的天正自定义对象建筑构件组成的构件库，提供插入构件与构件入库、构件重制等功能。

17.3.1 构件库的概念

知识要点 天正构件是基于天正对象的图形单元，一个构件代表一个参数，定义完整的天正对象。将天正构件以外部库文件方式组织起来便形成了天正构件库。天正构件库包括若干个独立构件库，每个构件库内保存一种类型的天正构件对象。

可以将定义好参数的常用构件对象作为标准构件命名入库，通过构件库的支持，这些构件对象在多项工程的图纸中可以很方便地重复使用。构件库内的构件对象可以直接插入到当前图；在一些构件创建的命令过程中(如插门窗、插柱子)，也可以直接从对应构件库选取库中已有的标准构件。

提示：天正构件库与图库的比较

构件库的目的是天正构件对象的重用，而非一般意义的图形重用，构件库与图库的界面和操作都比较相似，构件库可以看作是一种特殊的图库，但二者有明显区：

- 构件库内每个构件保存的是一个完整的可重用天正对象，而图库中每一项保存的是一个任意可重用图块。
- 构件库内构件插入图中后是一个与入库时完全相同的天正对象，而不是一个图块。
- 构件库有类型匹配机制，一个构件库内保存的必然是同一种类型的天正对象，一个构件只对应一个对象，而图库没有这些要求。

17.3.2 构件库

知识要点“构件库”命令是调用图库管理系统的菜单命令，操作与普通图库类似，其中一些功能以工具栏图标的形式执行。

执行方法在天正屏幕菜单中执行“图块图案 | 构件库”命令(快捷键为“GJK”)。

操作实例例如，在天正屏幕菜单中执行“图块图案 | 构件库”命令(GJK)，弹出的“天正构件库”对话框包括六大部分，如图 17-22 所示。

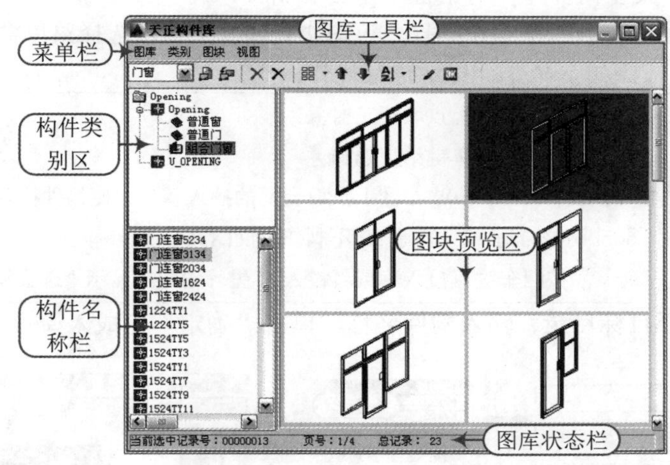

图 17-22 “天正构件库”对话框

选项含义在“天正构件库”对话框中，各选项的功能与含义如下：

- 工具栏：提供部分常用图库操作的命令按钮，左边预定义了常用的构件库列表。
- 类别区：显示当前加载的构件库文件的树形分类目录。
- 名称栏：构件的描述名称与构件预览区的图片一一对应。选中某构件名称，然后单击该构件可重新命名。
- 预览区：显示类别区被选中类别下的图块幻灯片或彩色图片，被选中的图块会被加亮显示，可以使用滚动条或鼠标滚轮选择浏览。
- 状态栏：根据状态的不同显示图块信息或操作提示。

提示：构件库工具栏功能分区

在“天正构件库”对话框中，图块工具栏中工具类别如图 17-23 所示。

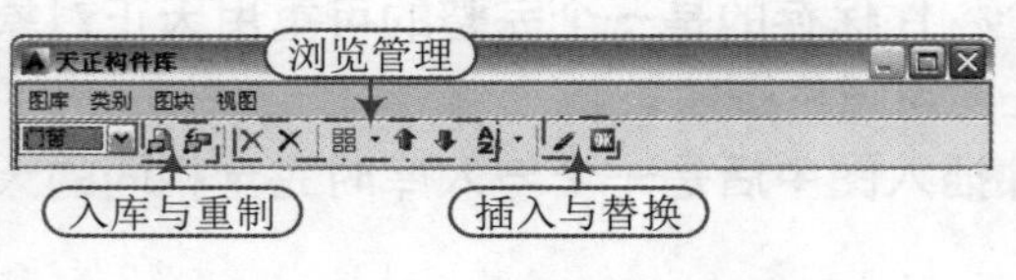

图 17-23 工具栏中工具类别

17.3.3 构件入库与重制

知识要点“构件入库”命令可以是从“构件入库”菜单命令执行，也可以从“天正构件库”对话框中工具栏图标执行，功能是把当前图中的天正对象加入到构件库；“重制”命令利用新构件替换库中的已有构件，也可以仅修改当前库内构件的幻灯片，而不修改图库内容，也可以仅更新构件库内容而不修改幻灯片。

执行方法用户可以通过以下两种方式来执行构件入库的操作：

- 天正屏幕菜单：执行“图块图案 | 构件入库”命令(快捷键为“GJRK”)。
- 图标：在“天正构件库”对话框中单击“新图入库”按钮。

操作实例例如，打开“资料\17 章-天正图块.dwg”文件，选择菜单命令“图块图案 | 构件入库”(GJRK)，按照如下命令行提示进行操作：

```
选择对象:                    \\ 在图上点取天正对象
请选择对象:                  \\ 按回车键结束选择
图块基点<(6212.18，28259.8，0)>: \\ 在图上点取合适的插入基点方便构件插入
制作幻灯片(请用 zoom 调整合适)或 [消隐(H)/不制作返回(X)]<制作>:
                             \\ 按回车键直接入库或者键入 H 先行消隐，显示“选择构件库目录”对话框
```

在对话框中选择目标目录、输入构件名称，单击“确定”完成入库，如图 17-24 所示。

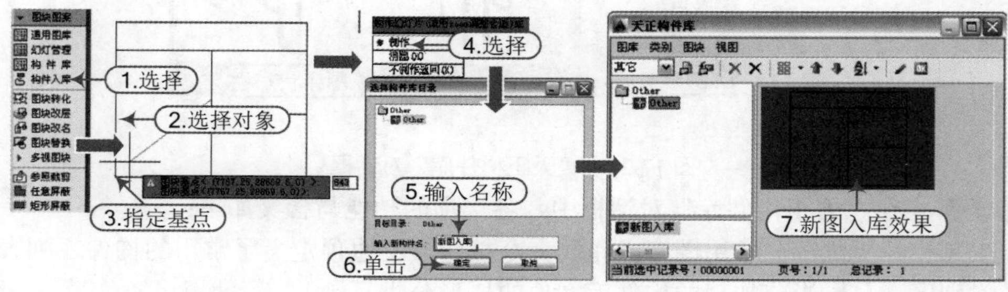

图 17-24 新图入库

注意：构件库入库

系统将根据当前入库对象的类型自动选择相应的构件库入库。每一种类型的构件库都包括系统构件库和用户自定义构件库（U_开头）。在构件入库时一般应选择用户自

定义构件库，这样保证重新安装软件时，自定义构件不会丢失。

技巧：构件重制

执行“天正构件库”对话框中工具栏的重制图标，首先要从图块中选择一个需重制的构件，再重新制作一个图块，代替选中的图块，接着命令行提示“制作幻灯片(请用 zoom 调整合适)或[消隐(H)/不制作(N)/返回(X)]<制作>:”，若按回车键表示制作新幻灯片；若选择“N”表示仅入库不制作幻灯片；若选择“X”表示取消重制；若直接按回车键(不选择图元)，则按当前视图显示的图形制作新幻灯片，代替旧幻灯片，不更新图块定义。

17.3.4 构件插入与替换

知识要点“构件插入与替换”是从构件库选择一个新构件可以插入到当前图形中，与图库不同，构件库插入的是构件对象本身，而不是图块。

执行方法双击构件库中的某一构件即可执行插入操作。

操作实例例如，在此仅对“构件替换”举例说明；单击工具栏上的替换图标，显示一个图形对话框，此时仍可单击构件替换对话框图标，回到构件库更换构件，再双击返回命令行提示：“选择图中将要被替换的构件，选择对象:”，选择要替换的天正对象后，按回车键结束替换，如图 17-25 所示。

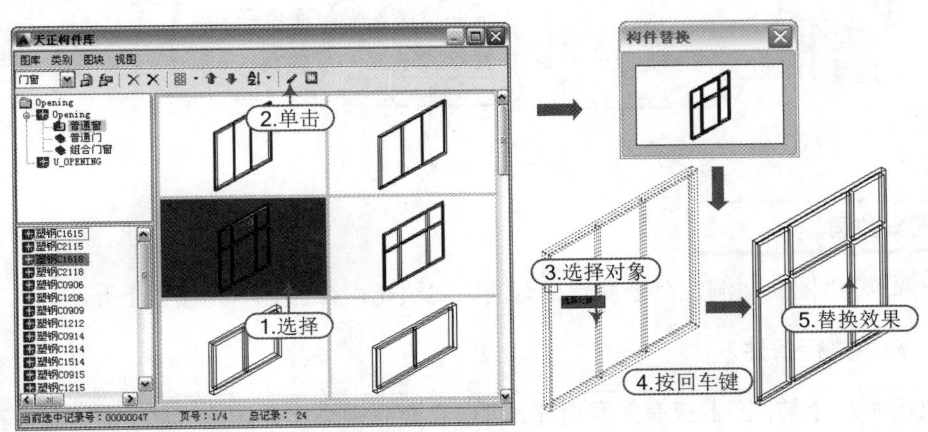

图 17-25 构件替换

17.4 天正图案工具

可自己绘制图案并保存入库进行填充，还提供了独特的线图案填充工具，天正图案库提供了涵盖建筑制图常用的各种图案样式，并且图案比例与国标的毫米单位相匹配。

17.4.1 木纹填充

知识要点天正构件是基于天正对象的图形单元，一个构件代表一个参数定义完整的天正对象。将天正构件以外部库文件方式组织起来便形成了天正构件库。天正构件库包括若干个独立构件库，每个构件库内保存一种类型的天正构件对象。

执行方法 在天正屏幕菜单中执行“图块图案丨木纹填充”命令(快捷键为“MWTC”)。

操作实例 例如，打开“资料\17 章-天正图块.dwg”文件，在天正屏幕菜单中执行“图块图案丨木纹填充”命令(MWTC)，按照如下命令行提示进行操作，如图 17-26 所示。

```
输入矩形边界的第一个角点<选择边界>:          \\ 如果填充区域是闭合的多段线,可以按回车键选择
                                                边界，否则直接给出矩形边界的第一对角点
输入矩形边界的第二个角点<退出>:                \\ 给出矩形边界的第二个对角点
选择木纹[横纹(H)/竖纹(S)/断纹(D)/自定义(A)]<退出>：S    \\ 键入 S 选择竖向木纹或键入其他
                                                木纹选项，这时可以看到预览的
                                                木纹大小，如果尺寸或角度不合
                                                适键入选项修改
点取位置或[改变基点(B)/旋转(R)/缩放(S)]<退出>：S    \\ 键入 S 进行放大
输入缩放比例<退出>：2                          \\ 键入缩放倍数放大木纹 2 倍
点取位置或[改变基点(B)/旋转(R)/缩放(S)]<退出>:     \\ 拖动木纹图案使图案在填充区域内取点
                                                定位，按回车键退出
```

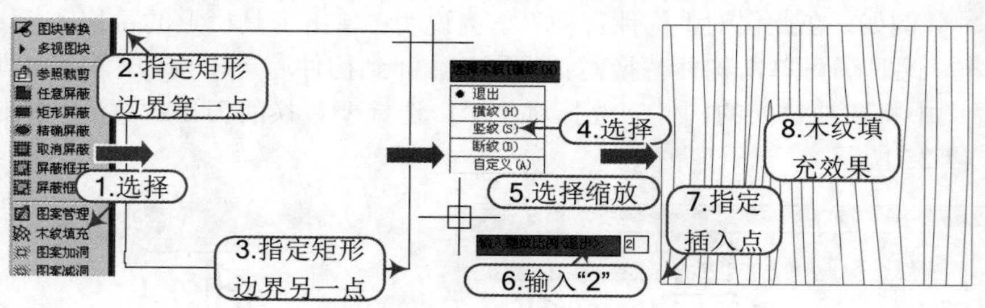

图 17-26　木纹填充

17.4.2 图案加洞

知识要点 “图案加洞”命令编辑已有的图案填充，在已有填充图案上开洞口。

注意：命令执行条件

> **执行本命令前，图上应有图案填充，可以在命令中画出开洞边界线，也可以用已有的多段线或图块作为边界。**

执行方法 在天正屏幕菜单中执行“图块图案丨图案加洞”命令(快捷键为“TAJD”)。

操作实例 例如，打开“资料\17 章-天正图块.dwg”文件，在天正屏幕菜单中执行“图块图案丨图案加洞”命令(TAJD)，根据如下命令行提示进行操作，如图 17-27 所示。

```
请选择图案填充<退出>:          \\ 选择要开洞的图案填充对象
矩形的第一个角点或[圆形裁剪(C)/多边形裁剪(P)/多段线定边界(L)/图块定边界(B)]<退出>:
                               \\ 键入关键字使用命令选项 L，采用已经画出的闭合多段线作边界
请选择封闭的多段线作为裁剪边界<退出>:    \\ 选择已经定义的多段线
```

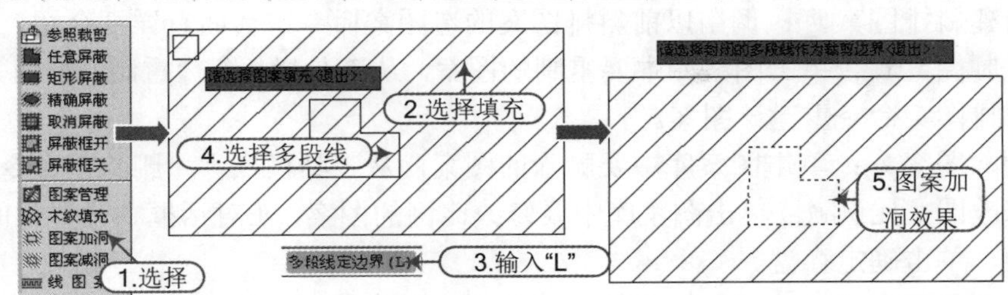

图 17-27　图案加洞

17.4.3 图案减洞

知识要点 “图案减洞”命令编辑已有的图案填充，在图案上删除被天正“图案加洞”命令裁剪的洞口，恢复填充图案的完整性。

执行方法 在天正屏幕菜单中执行“图块图案｜图案减洞”命令（快捷键为“TAJD”）。

操作实例 例如，接上例，在天正屏幕菜单中执行“图块图案｜图案减洞”命令（TAJD），根据如下命令行提示进行操作即可。

```
请选择图案填充<退出>:                    \\ 选择要减洞的图案填充对象
选取边界区域内的点<退出>:                \\ 在洞口内点取一点
```

17.4.4 图案管理

知识要点 “图案管理”命令包括以前版本的直排图案、横排图案、删除图案多项图案制作功能，可以利用 AutoCAD 绘图命令制作图案，此命令将其作为图案单元装入天正建筑软件提供的 AutoCAD 图案库，大大简化了填充图案的定制难度，图案库保存在安装文件夹下的 sys 文件夹，文件名是 acad.pat 以及 acadiso.pat。

执行方法 在天正屏幕菜单中执行“图块图案｜图案管理”命令（快捷键为“TAGL”）。

操作实例 例如，在天正屏幕菜单中执行“图块图案｜图案管理”命令（TAGL），弹出“图案管理”对话框，此对话框有四个分区，如图 17-28 所示。

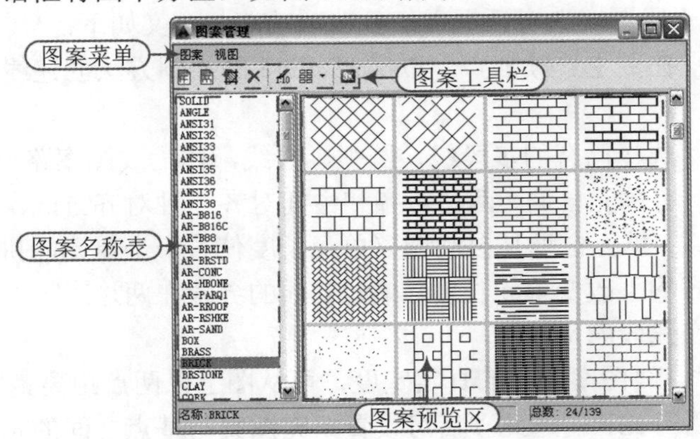

图 17-28　图案管理功能分区

选项含义 在“图案管理”对话框下图库工具栏中七个按钮功能与含义如下：

- 新建直排图案：调用以前直排图案的造图案命令，后面有详细介绍。

- 新建斜排图案：调用以前斜排图案的造图案命令，后面有详细介绍。
- 重制图案：单击图案库中要重制的图案，从工具栏执行“重制”按钮，用直排或者斜排图案命令重建该图案。
- 删除图案：单击图案库中要删除的图案，从工具栏执行“删除”命令。
- 修改图案比例：单击图案库中要修改比例的图案，在对话框中设置新的图案比例系数，单击确定存盘。
- 改变页面布局：设置预览区内的图案幻灯片的显示行列数，以利于用户观察。
- OK：关闭对话框。

17.4.5 线图案

知识要点 线图案是用于生成连续的图案填充的新增对象，它支持夹点拉伸与宽度参数修改，与 AutoCAD 的 Hatch（图案）填充不同，天正线图案允许用户先定义一条开口的线图案填充轨迹线，图案以该线为基准沿线生成，可调整图案宽度、设置对齐方式、方向与填充比例，也可以被 AutoCAD 命令裁剪、延伸、打断，闭合的线图案还可以参与布尔运算。

执行方法 在天正屏幕菜单中执行“图块图案｜线图案”命令（快捷键为“XTA”）。

操作实例 例如，打开“资料\17 章-天正图块.dwg”文件，在天正屏幕菜单中执行“图块图案｜线图案”命令（XTA），在随后弹出的“线图案”对话框中设置好各项参数后，再绘图区定义线图案的第一个起点，指定下一个点，按回车键继续绘制即可，如图 17-29 所示。

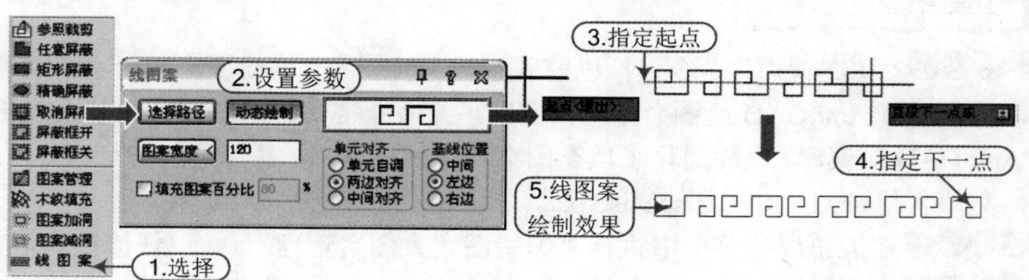

图 17-29 线图案

选项含义 在“线图案”对话框中，各选项功能与含义如下：

- 动态绘制：在图上连续取点，以类似 pline 的绘制方法创建线图案路径，同时显示图案效果。
- 选择路径：选择已有的多段线、圆弧、直线，作为线图案路径。
- 单元对齐：有单元自调、两边对齐和中间对齐三种对齐方式，用于调整图案单元之间的连接关系；单元自调是自动调整单元长度使若干个单元能拼接成总长度，两边对齐和中间对齐均不改变单元长度，单元之间的缝隙在两边对齐中为均布，而中间对齐则把缝隙留在线段的两边。
- 图案宽度<：线图案填充的真实宽度，可从图上以两点距离量度获得（不含比例）。
- 填充图案百分比：勾选此项后可设置填充图案与基点之间的宽度，用于调整保温层等内填充图案与基线的关系，不勾选则为 100%。
- 基线位置：有中间、左边和右边三种选择，用于调整图案与基线之间的横向关系，动态绘制确认。

■ 图案选择：单击图像框进入图库管理系统选择预定义的线图案。

技巧：对象编辑

双击已经绘制的线图案线可以对其进行对象编辑，命令行提示如下：

选择[加顶点(A)/减顶点(D)/设顶点(S)/宽度(W)/填充比例(G)/图案翻转(F)/单元对齐(R)/基线位置(B)]<退出>:

键入选项热键可进行参数的修改，切换对齐方式、图案方向与基线位置。

注意：线图案的镜像

线图案镜像后的默认规则是严格镜像，在用于规范要求方向一致的图例时，请使用对象编辑的“图案翻转”属性纠正，如图 17-30 所示，如果要求沿线图案的生成方向翻转整个线图案，请使用右键菜单中的“反向”命令。

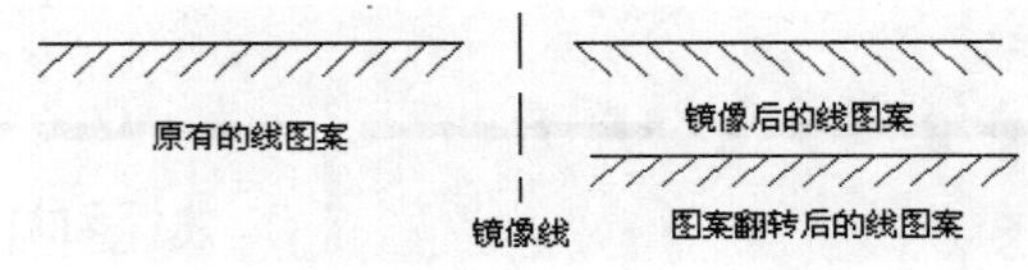

图 17-30 线图案的镜像与图案翻转

18 文件与布图

本章导读

介绍了图纸布局的两种基本方法：适合单比例的模型空间布图与适合多比例的图纸空间布图；按照图纸布局的不同方法，天正提供了各种布图命令和图框库，是解决图纸布局和图框用户方便、灵活的解决方案；还提供了图层格式转换与图形颜色转换的命令，把三维模型投影为二维图形的工具。

本章内容

- 图纸布局的概念
- 图纸布局命令
- 格式转换导出
- 图形转换工具
- 图框的用户定制

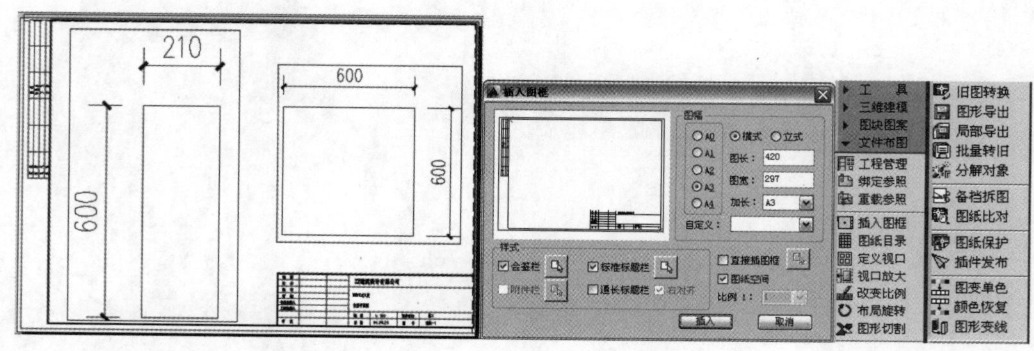

18.1 图纸布局的概念

图纸布局的两种基本方法：适合单比例的模型空间布图与适合多比例的图纸空间布图。

18.1.1 多比例布图的概念

知识要点 在软件中建筑对象在模型空间设计时都是按 1:1 的实际尺寸创建的，布图后在图纸空间中这些构件对象相应缩小了出图比例的倍数(1:3 就是 ZOOM 0.333XP)，换言之，建筑构件无论当前比例多少都是按 1:1 创建，当前比例和改变比例并不改变构件对象的大小，而对于图中的文字、工程符号和尺寸标注，以及断面充填和带有宽度的线段等注释对象，则情况有所不同，在创建时的尺寸大小相当于输出图纸中的大小乘以当前比例，可见它们与比例参数密切相关，因此在执行“当前比例”和“改变比例”命令时实际上改变的就是这些注释对象。

所谓布图就是把多个选定的模型空间的图形分别按各自画图使用的“当前比例”为倍数，缩小放置到图纸空间中的视口，调整成合理的版面，其中比例计算比较麻烦，天正设计了“定义视口”命令，而且插入后还可以执行“改变比例”修改视口图形，系统能把注释对象自动调整到符合规范。

简而言之，布图后系统自动把图形中的构件和注释等所有选定的对象，“缩小”一个出图比例的倍数，放置到给定的一张图纸上。对图上的每个视口内的不同比例图形重复“定义视口”操作，最后拖动视口调整好出图的最终版面，就是“多比例布图”。

执行方法 可按照如下的操作步骤进行“多比例布图”：

1）使用“当前比例”命令设定图形的比例，后绘制 1:5 的图形部分，如图 18-1 所示。

2）按设计要求绘图，对图形进行编辑修改，直到符合出图要求。

3）在 DWG 不同区域重复执行 1)、2)的步骤，改为按 1:3 的比例绘制其他部分，如图 18-2 所示。

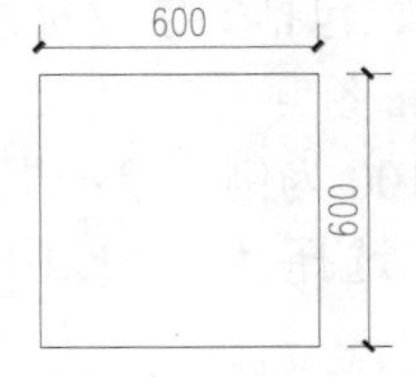

图 18-1　1:5 的图形部分

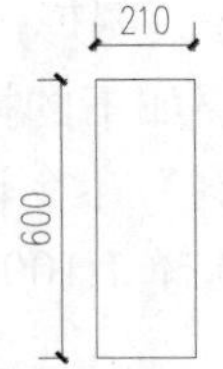

图 18-2　1:3 的图形部分

4）设置输出页面大小：在 CAD 菜单栏中执行“插入 | 布局 | 创建布局向导”命令，再根据对话框中选项提示选择打印机或绘图仪，然后选择页面大小。

5）单击图形下面的“布局 2”标签，进入图纸空间。

6）在图纸空间单击“文件布图 | 插入图框”，设置图框比例参数 1:1，单击“确定”按钮以原点插入图框。

7）单击天正菜单“文件布图 | 定义视口”，设置图纸空间中的视口，重复执行 7)定义 1:5、1:3 等多个视口，如图 18-3 所示。

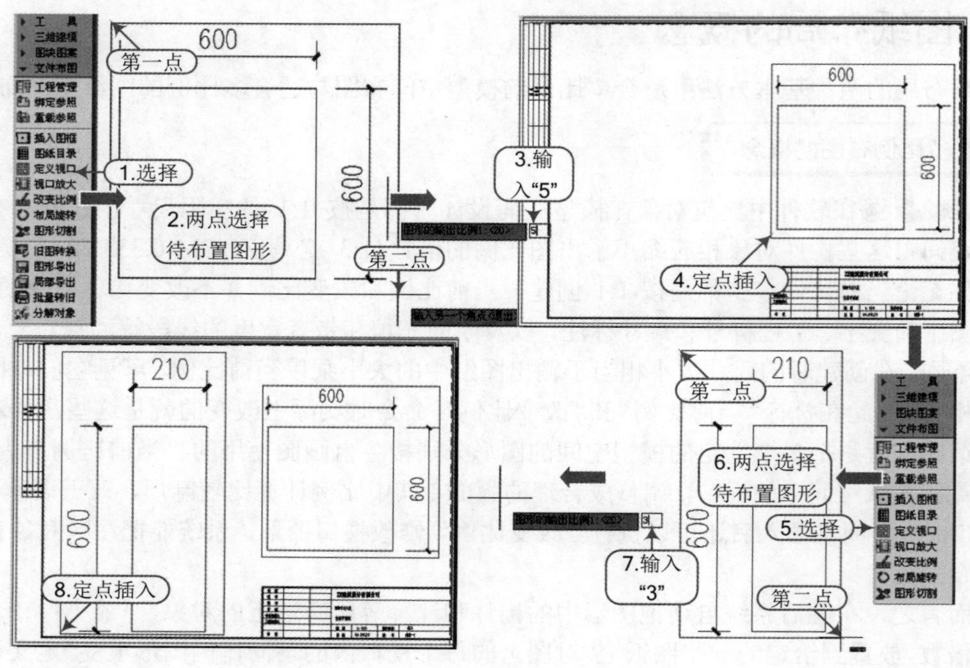

图 18-3　定义视口

18.1.2 单比例布图的概念

知识要点 在软件中建筑对象在模型空间设计时都是按 1:1 的实际尺寸创建的，当全图只使用一个比例时，不必使用复杂的图纸空间布图，直接在模型空间就可以插入图框出图了。

出图比例就是画图前设置的“当前比例”，如果出图比例与画图前的“当前比例”不符，就要用“改变比例”修改图形，要选择图形的注释对象(包括文字、标注、符号等)进行更新。

执行方法 可按照如下的操作步骤进行“单比例布图”：

1）使用“当前比例”命令设定图形的比例，以 1:100 为例：单击屏幕左下角的 比例 1:1 按钮，在弹出的列表中选择 1:100 为当前比例值，也可以选择“其他比例”后输入比例 1:100，如图 18-4 所示。

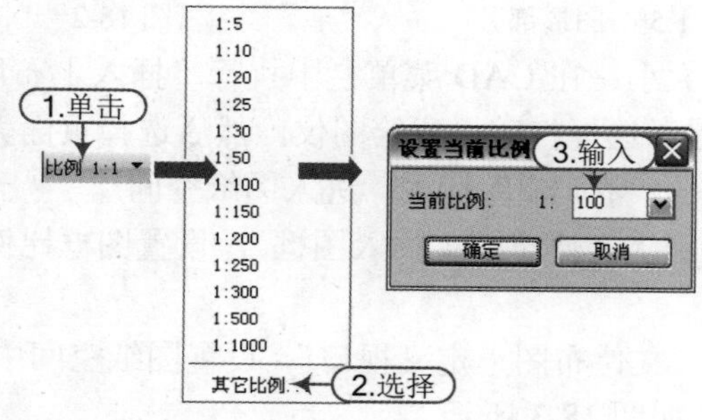

图 18-4　设置当前比例

2）按设计要求绘图，对图形进行编辑修改，直到符合出图要求。

3）出图比例设置好后，对输出页面大小进行设置：在 CAD 菜单栏中执行“插入｜布局｜

创建布局向导”命令，再根据对话框中选项提示选择打印机或绘图仪，然后选择页面大小，如图 18-5 所示。

4）单击“文件布图丨插入图框”，按图形比例(如 1:100)设置图框比例参数，单击“确定”按钮插入图框(可插入布局图纸空间或模型空间)，如图 18-6 所示。

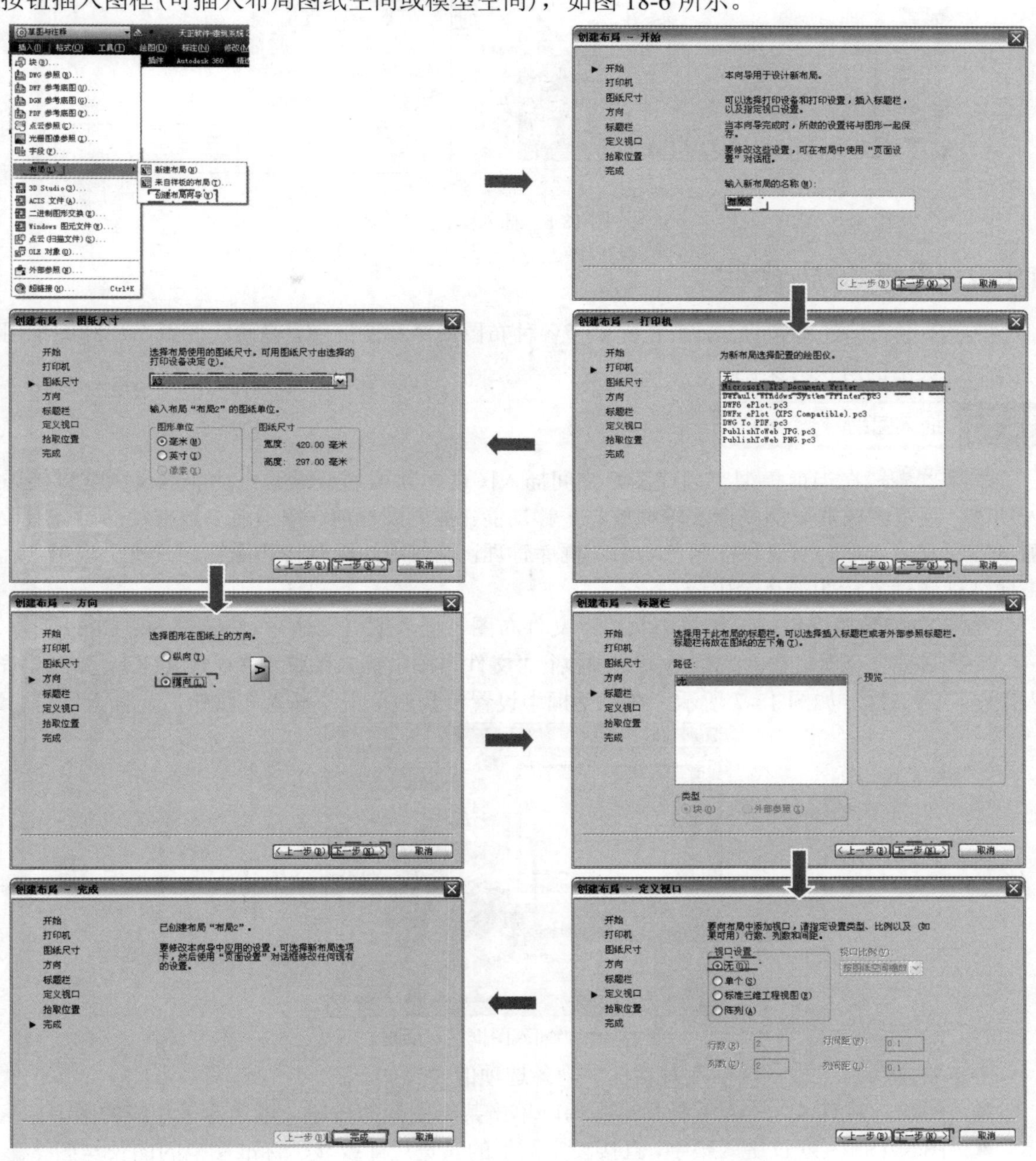

图 18-5 打印输出页面设置

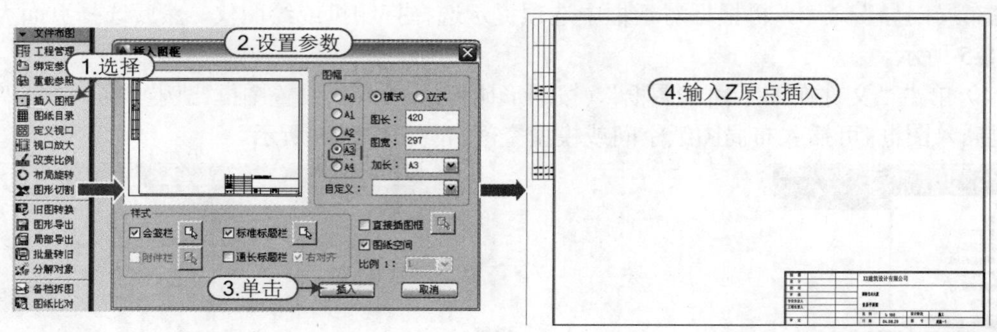

图 18-6 插入图框

18.2 图纸布局命令

按照图纸布局的不同方法，天正提供了各种布图命令和图框库，是解决图纸布局和图框用户方便、灵活的解决方案。

18.2.1 插入图框

知识要点 在当前模型空间或图纸空间插入图框，新增通长标题栏功能以及图框直接插入功能，预览图像框提供鼠标滚轮缩放与平移功能。插入图框前，按当前参数拖动图框，用于测试图幅是否合适。图框和标题栏均由图框库管理，能使用的标题栏和图框样式不受限制，新带属性标题栏支持图纸目录生成。

执行方法 在天正屏幕菜单中执行“文件布图｜插入图框”命令(快捷键为“CRTK”)。

操作实例 例如，在天正屏幕菜单中执行“文件布图｜插入图框”命令(CRTK)，弹出“插入图框”对话框，如图 18-7 所示。在对话框中设置参数后单击“插入”按钮后，插入即可。

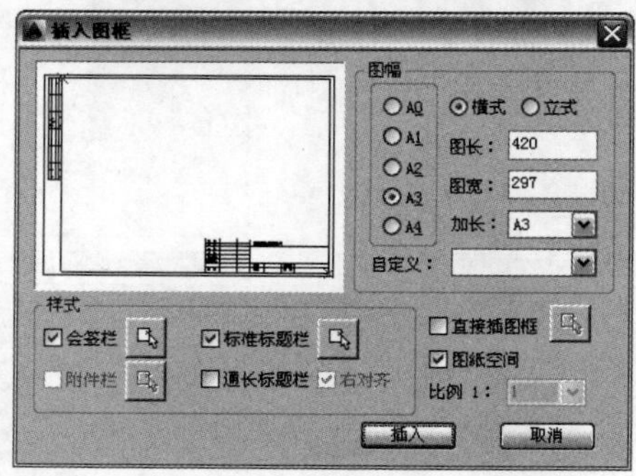

图 18-7 “插入图框”对话框

选项含义 在“插入图框”对话框中，各选项的含义如下：

- 图幅：共有 A0—A4 五种标准图幅，单击某一图幅的按钮，就选定了相应的图幅。
- 图长/图宽：通过键入数字，直接设定图纸的长宽尺寸或显示标准图幅的图长与图宽。
- 横式/立式：选定图纸格式为立式或横式。
- 加长：选定加长型的标准图幅，单击右边的箭头，出现国标加长图幅供选择。
- 自定义：如果使用过在图长和图宽栏中输入的非标准图框尺寸，命令会把此尺寸作为自定义尺寸保存在此下拉列表中，单击右边的箭头可以从中选择已保存的 20 个自定义尺寸。

- 比例：设定图框的出图比例，此数字应与“打印”对话框的“出图比例”一致。此比例也可从列表中选取，如果列表没有，也可直接输入。勾选“图纸空间”后，此控件暗显，比例自动设为1:1。
- 图纸空间：勾选此项后，当前视图切换为图纸空间(布局)，比例自动设置为1:1。
- 会签栏：勾选此项，允许在图框左上角加入会签栏 ，单击右边的按钮，从图框库中可选取预先入库的会签栏。
- 标准标题栏：勾选此项，允许在图框 右下角加入国标样式的标题栏，单击右边的按钮，从图框库中可选取预先入库的标题栏。
- 通长标题栏：勾选此项，允许在图框右方或者下方加入用户自定义样式的标题栏，单击右边的按钮，从图框库中可选取预先入库的标题栏，命令自动从用户所选中的标题栏尺寸判断插入的是竖向或是横向的标题栏，采取合理的插入方式并添加通栏线。
- 右对齐：图框在下方插入横向通长标题栏时，勾选“右对齐”时可使得标题栏右对齐，左边插入附件。
- 附件栏：勾选“通长标题栏”后，“附件栏”可选，勾选“附件栏”后，允许图框一端加入附件栏，单击右边的按钮，从图框库中可选取预先入库的附件栏，可以是设计单位徽标或者是会签栏。
- 直接插图框：勾选此项，允许在当前图形中直接插入带有标题栏与会签栏的完整图框，而不必选择图幅尺寸和图纸格式，单击右边的按钮，从图框库中可选取预先入库的完整图框。

技巧：“插入图框”对话框用法

1）可在图幅栏中先选定所需的图幅格式是横式还是立式，然后选择图幅尺寸是A0—A4中的某个尺寸，需加长时从加长中选取相应的加长型图幅，如果是非标准尺寸，在图长和图宽栏内键入。

2）图纸空间下插入时勾选该项，模型空间下插入则选择出图比例，再确定是否需要标题栏、会签栏，是标准标题栏还是使用通长标题栏。

3）如果选择了通长标题栏，单击选择按钮后，进入图框库选择按水平图签还是竖直图签格式布置。

4）如果还有附件栏要求插入，单击“选择”按钮后，进入图框库选择合适的附件，是插入院徽还是插入其他附件。

5）确定所有选项后，单击“插入”，屏幕上出现一个可拖动的蓝色图框，移动光标拖动图框，看尺寸和位置是否合适，在合适位置取点，插入图框，如果图幅尺寸或者方向不合适，按回车键返回对话框，重新选择参数。

18.2.2 图纸目录

知识要点 图纸目录自动生成功能按照国标图集04J801《民用建筑工程建筑施工图设计深度图样》4.3.2条文的要求，参考图纸目录实例和一些甲级设计院的图框编制。

执行方法 在天正屏幕菜单中执行“文件布图 | 图纸目录”命令(快捷键为“TZML”)。

操作实例 例如，在天正屏幕菜单中执行“文件布图 | 图纸目录”命令(TZML)，将弹出

"图纸文件选择"对话框，在此对话框中设置目录内容后，单击生成目录>>按钮后，在合适位置插入目录即可，如图 18-8 所示。

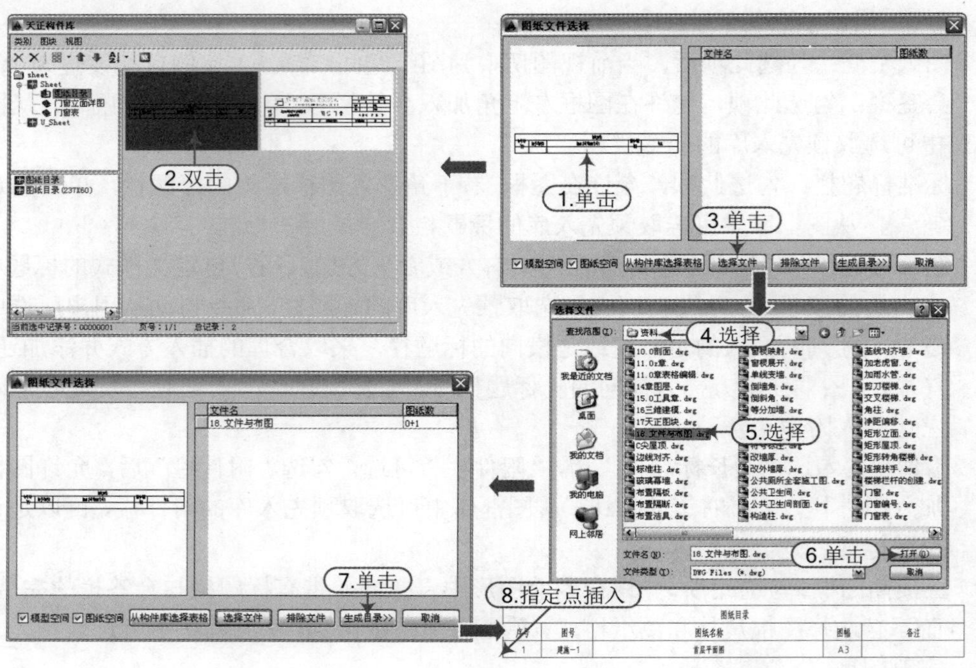

图 18-8　图纸目录

选项含义 在"图纸文件选择"对话框中，各选项的含义如下。

- 模型空间：默认勾选表示在已经选择的图形文件中包括模型空间里插入的图框，除选择只保留图纸空间图框。
- 图纸空间：默认勾选表示在已经选择的图形文件中包括图纸空间里插入的图框，除选择只保留模型空间图框。
- 从构件库选择表格：单击从构件库选择表格按钮，可打开表格库，在其中选择并双击预先入库的图纸目录表格样板，所选的表格显示在左边图像框。
- 选择文件：进入标准文件对话框，选择要添加到图纸目录列表的图形文件，按<Shift>键可以一次选多个文件。
- 排除文件：选择要从图纸目录列表中打算排除的文件，按<Shift>键可以一次选多个文件，单击排除文件按钮把这些文件从列表中去除。
- 生成目录》：完成图纸目录命令，单击生成目录>>按钮结束对话框，在图上插入图纸目录即可。
- 取消：单击取消按钮，执行此命令并关闭对话框。

技巧：表格拆分

实际工程中，一个项目的一个专业图纸有几十张以上，生成的图纸目录会很长，为了便于布图，可以使用"表格拆分"命令把图纸目录拆分成多个表格；由于有些图纸目录表格样式会采用单元格合并，使得一列的内容在对象编辑返回电子表格后显示为多

列，此时只有其中右边的一列有效。

18.2.3 定义视口

知识要点 通过“定数等分”命令，可在选定的直线或样条曲线上进行等分操作，在等分位置插入点对象。

执行方法 在天正屏幕菜单中执行“文件布局｜定义视口”命令(快捷键为“DYSK”)。

操作实例 例如，在天正屏幕菜单中执行“文件布局｜定义视口”命令(DYSK)，如果当前空间为图纸空间，会切换到模型空间，然后按照如下命令行提示进行操作即可。

```
请给出图形视口的第一点<退出>:          \\ 点取视口的第一点
第二点<退出>:                          \\ 点取外包矩形对角点作为第二点把图形套入
该视口的比例 1:<100>:                  \\ 键入视口的比例，系统切换到图纸空间
请点取该视口要放的位置<退出>:          \\ 点取视口的位置，将其布置到图纸空间中
```

18.2.4 视口放大

知识要点 “视口放大”命令把当前工作区从图纸空间切换到模型空间，并提示选择视口按中心位置放大到全屏，如果原来某一视口已被激活，则不出现提示，直接放大该视口到全屏。

执行方法 在天正屏幕菜单中执行“文件布局｜视口放大”命令(快捷键为“SKFD”)。

操作实例 例如，在天正屏幕菜单中执行“文件布局｜视口放大”命令(SKFD)，按照命令行点取要放大视口的边框线即可，此时工作区回到模型空间，并将此视口内的模型放大到全屏，同时“当前比例”自动改为该视口已定义的比例。

18.2.5 改变比例

知识要点 “改变比例”命令改变模型空间中指定范围内图形的出图比例，包括视口本身的比例，如果修改成功，会自动作为新的当前比例；“改变比例”可以在模型空间使用，也可以在图纸空间使用，执行后建筑对象大小不会变化，但包括工程符号的大小、尺寸和文字的字高等注释相关对象的大小会发生变化。

执行方法 在天正屏幕菜单中执行“文件布局｜改变比例”命令(快捷键为“GBBL”)。

操作实例 例如，打开“资料\18 章-文件与布图.dwg”文件，在天正屏幕菜单中执行“文件布局｜改变比例”命令(GBBL)，按照如下命令行提示进行操作，如图 18-9 所示。

```
请输入新的出图比例<100>:50             \\ 键入 50 后回车
请选择要改变比例的图元:                \\ 选择图元后，按回车键
请提供原有的出图比例<20>:              \\ 按回车键后，各注释相关对象改变大小
```

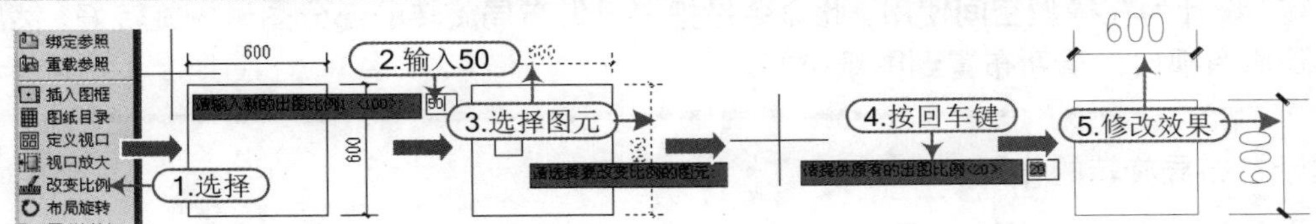

图 18-9 改变比例

技巧：改变比例

"改变比例"命令除了在菜单执行外，还可单击状态栏左下角的比例 1:100 按钮执行，此时请先选择要改变比例的对象，再单击该按钮，设置要改变的比例。

如果在模型空间使用此命令，可更改某一部分图形的出图比例；如果图形已经布置到图纸空间，但需要改变布图比例，可在图纸空间执行"改变比例"，由于视口比例发生了变化，最后的布局视口大小是不同的。

18.2.6 布局旋转

知识要点 "布局旋转"命令把要旋转布置的图形进行特殊旋转，以方便布置竖向的图框。

执行方法 在天正屏幕菜单中执行"文件布局 | 布局旋转"命令(快捷键为"BJXZ")。

操作实例 例如，打开"资料\18 章-文件与布图.dwg"文件，在天正屏幕菜单中执行"文件布局 | 布局旋转"命令(BJXZ)，按照如下命令行提示进行操作，如图 18-10 所示。

```
选择对象:                                                  \\ 选择要布局旋转的天正对象
请选择布局旋转方式[基于基点(B)/旋转角度(A)]<基于基点>:A      \\ 键入 A 设置转角参数
设置旋转角度<0.0>:90                                        \\ 键入要设定的布局转角数值
```

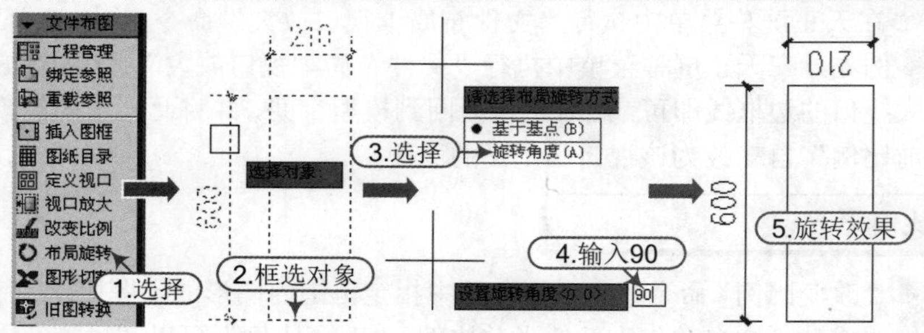

图 18-10 布局旋转

提示：布局旋转的作用

为了出图方便，可以在一个大幅面的图纸上布置多个图框，这时就可能要求把一些图框旋转 90°，以便更好地利用纸张。这时把图纸空间的图框、视口以及相应的模型空间内的图形都旋转 90°。

然而用一个命令一下子完成视口的旋转是有潜在问题的，由于在图纸空间旋转某个视口的内容，无法预知其结果是否将导致与其他视口内的内容发生碰撞，因此"布局旋转"设计为在模型空间使用。此命令是把要求做布局旋转的部分图形先旋转好，然后删除原有视口，重新布置到图纸空间。

提示：布局旋转的作用

本命令与 AutoCAD 的 Rotate(旋转)命令区别在于注释相关对象的处理，默认这些对象都是按水平视向显示的，如使用 AutoCAD 的旋转命令，这些对象依然维持默认水平视向，但使用“布局旋转”后除了旋转图形外，还专门设置了新的图纸观察方向，强制旋转注释相关对象，获得预期的效果。两种旋转命令的对比如图 18-11 所示。

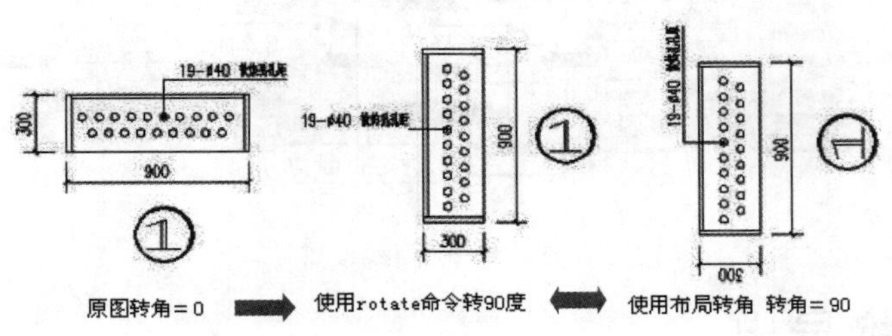

图 18-11 旋转命令的对比

注意：旋转角度

旋转角度总是从 0 起算的角度参数，如果已有一个 45° 的布局转角，此时再输入 45 是不发生任何变化的。

18.2.7 图形切割

知识要点“图形切割”命令以选定的矩形窗口、封闭曲线或图块边界在平面图内切割，并提取带有轴号和填充的局部区域用于详图。

执行方法在天正屏幕菜单中执行“文件布局 | 图形切割”命令(快捷键为“TXQG”)或在天正屏幕菜单中执行“工具 | 其他工具 | 图形切割”命令(快捷键为“TXQG”)。

操作实例例如，打开“资料\18 章-文件与布图.dwg”文件，在天正屏幕菜单中执行“文件布局 | 图形切割”命令(TXQG)，按照如下命令行提示进行操作，如图 18-12 所示。

```
矩形的第一个角点或[多边形裁剪(P)/多段线定边界(L)/图块定边界(B)]<退出>:
                                        \\ 图上点取一角点
另一个角点<退出>:                        \\ 输入第二角点定义裁剪矩形框
请点取插入位置:                          \\ 在图中给出该局部图形的插入位置
```

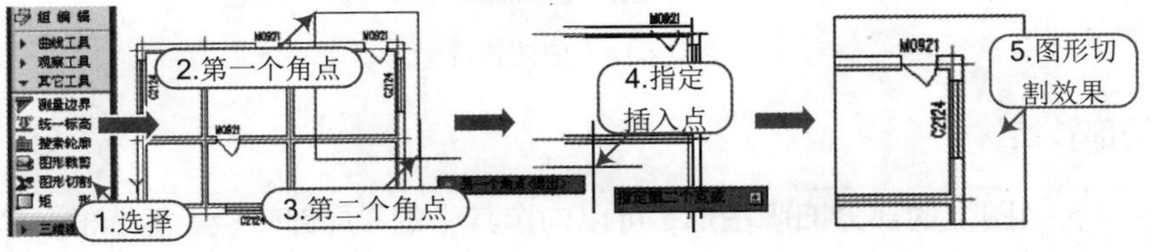

图 18-12 图形切割

技巧：切割线设置

命令使用了新定义的切割线对象，能在天正对象中间切割，遮挡范围随意调整，可把切割线设置为折断线或隐藏，如图 18-13 所示。

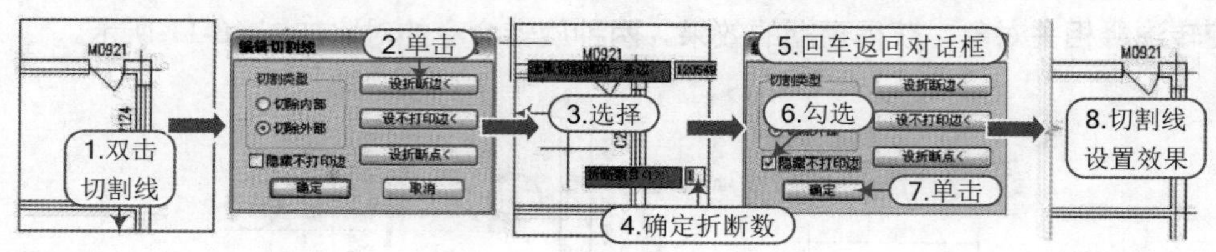

图 18-13　切割线设置

18.3 格式转换导出

使用带有专业对象技术的建筑软件不可避免带来了建筑对象兼容问题，非对象技术的天正低版本是不能打开天正高版本软件，低版本天正软件也不能打开高版本的天正对象，没有安装天正插件的纯粹 AutoCAD 不能打开天正 5 以上使用专业对象的图形文件，以本节所介绍的多种文件导出转换工具以及天正插件，可以解决这些用户之间的文件交流问题。

18.3.1 旧图转换

知识要点 由于天正升版后图形格式变化较大，为了用户升级时可以重复利用旧图资源继续设计，本命令用于对天正建筑 3 格式的平面图进行转换，将原来用 AutoCAD 图形对象表示的内容升级为新版的自定义专业对象格式。

执行方法 在天正屏幕菜单中执行“文件布局｜旧图转换”命令(快捷键为“JTZH”)。

操作实例 例如，在天正屏幕菜单中执行“文件布局｜旧图转换”命令(JTZH)，可在随后弹出的对话框中设置统一的三维参数后，单击“确定”按钮即可，如图 18-14 所示，在转换完成后，对不同的情况再进行对象编辑。

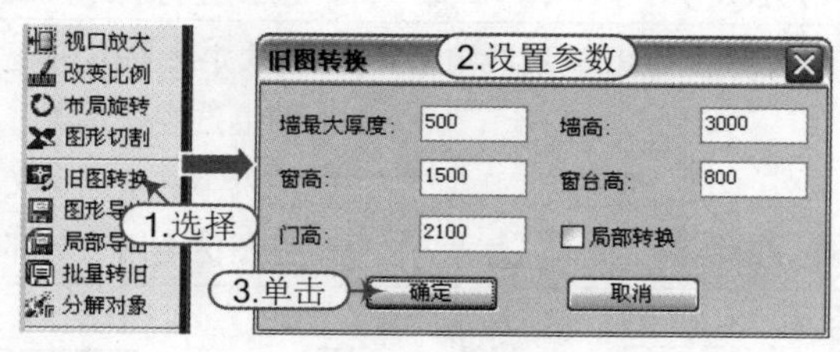

图 18-14　旧图转换

技巧：局部转换

如果仅转换图上的部分旧版图形，可以勾选其中的“局部转换”复选框，单击“确定”后，只对指定的范围进行转换，适用于转换插入的旧版本图形。

勾选“局部转换”，单击“确定”后，选择局部需要转化的图形后回车即可。

注意：尺寸标注

完成后还应该对连续的尺寸标注运用“连接尺寸”命令加以连接，否则尽管是天正标注对象，依然是分段的。

18.3.2　图形导出

知识要点 “图形导出”命令将最新的天正格式 DWG 图形导出为天正各版本的 DWG 图或者各专业条件图，如果下行专业使用天正给水排水、电气的同版本号时，不必进行版本转换，否则应选择导出低版本号，达到与低版本兼容的目的，此命令支持图纸空间布局的导出。从天正 2013 开始，天正对象的导出格式不再与 AutoCAD 图形版本关联，解决以前导出 T3 格式的同时图形版本必须转为 R14 的问题，用户可以根据需要单独选择转换后的 AutoCAD 图形版本。

执行方法 在天正屏幕菜单中执行“文件布局 | 图形导出”命令(快捷键为“TXDC”)。

操作实例 例如，在天正屏幕菜单中执行“文件布局 | 图形导出”命令(TXDC)，将弹出“图形导出”对话框，如图 18-15 所示，在其中选择天正对象的保存类型、导出的 AutoCAD 文件版本、图形的导出内容、文件名称，选择文件保存路径，选定后单击“保存”按钮，保存导出图形文件即可，完成后命令行会显示生成文件的结果。

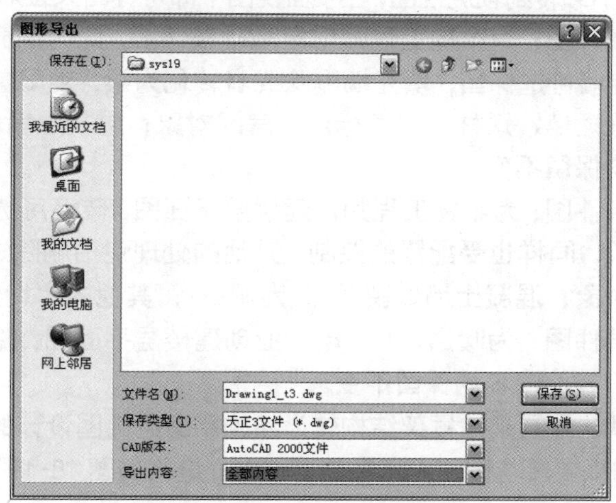

图 18-15　图形导出

选项含义 在“图形导出”对话框中，各选项的含义如下：

- 保存类型：提供天正 3、天正 5、6、7、8、9 版本对象格式转换类型的选择，如图 18-16 所示，其中天正 9 版本表示格式不作转换，选择后自动在文件名加_tx 的后缀(x=3、5、6、7、8、9)。

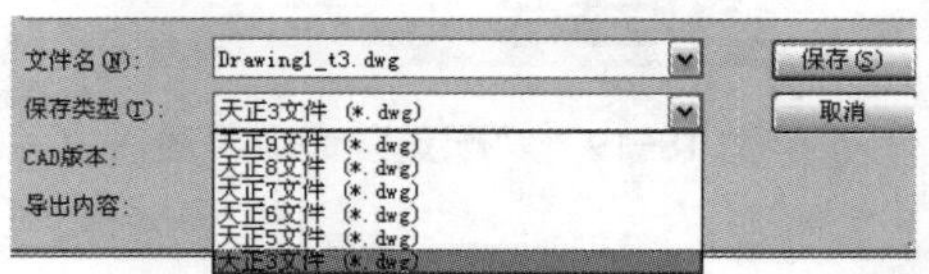

图 18-16　保存类型选择

- CAD 版本：从 2013 开始独立提供 AutoCAD 图形版本转换，可以选择从 R14、2000-2002、2004－2006、2007－2009、2010-2012、2013 的各版本格式，如图 18-17 所示，

与天正对象格式独立分开。

■ 导出内容：在下拉列表中选择多个选项，系统按各公用专业要求导出图中的不同内容，如图 18-18 所示。

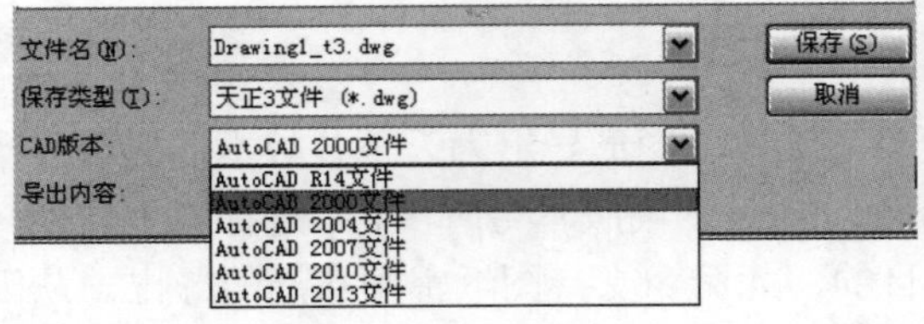

图 18-17 CAD 版本选择

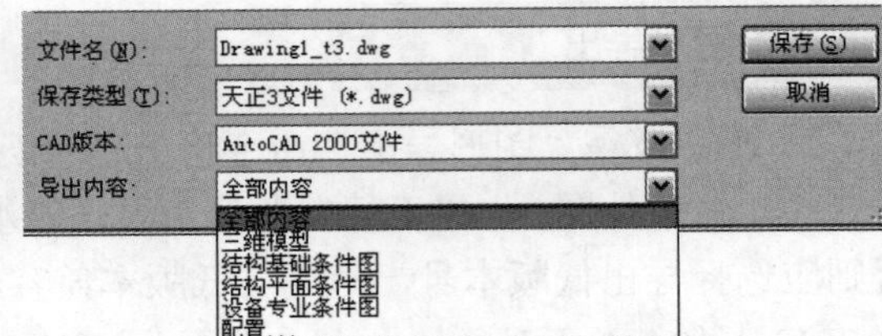

图 18-18 导出内容选择

提示：导出内容选择项

在"导出内容"的下拉列表中各选项含义如下：

■ 全部内容：一般用于与其他使用天正低版本的建筑师，解决图档交流的兼容问题。

■ 三维模型：不必转到轴测视图，在平面视图下即可导出天正对象构造的三维模型。

■ 结构基础条件图：为结构工程师创建基础条件图，此时门窗洞口被删除，使墙体连续，砖墙可选保留，填充墙删除或者转化为梁，受配置的控制，其他的处理包括删除矮墙、矮柱、尺寸标注、房间对象；混凝土墙保留(门改为洞口)，其他内容均保留不变。

■ 结构平面条件图：为结构工程师创建楼层平面图，砖墙可选保留(门改为洞口)或转化为梁，同样也受配置的控制，其他的处理包括删除矮墙、矮柱、尺寸标注、房间对象；混凝土墙保留(门改为洞口)，其他内容均保留不变。

■ 设备专业条件图：为暖通、水、电专业创建楼层平面图，隐藏门窗编号，删除门窗标注；其他内容均保留不变。

■ 配置…：默认配置是按框架结构转为结构平面条件图设计的，砖墙保留，填充墙删除，如果要转基础图，请单击"配置"，进入如图 18-19 所示界面进行修改。

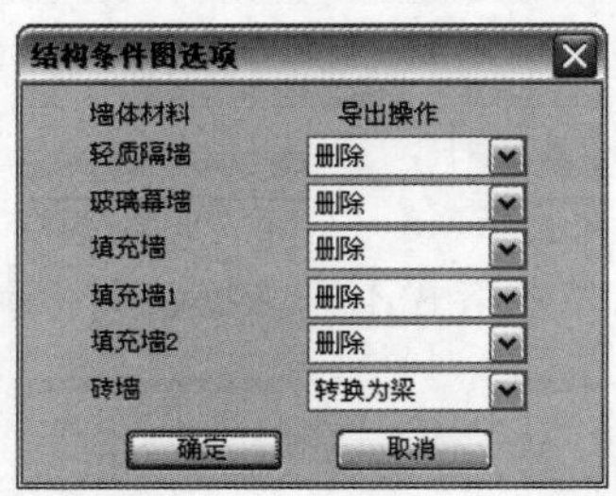

图 18-19 "配置"命令界面

注意：图形导出失败

当图形设置为图纸保护后的图形时，“图形导出”命令无效。

符号标注在高级选项中可预先定义文字导出的图层是随公共文字图层还是随符号本身图层。

提示：“文件布图 | 局部导出”

“局部导出”命令类似“图形导出”命令，也是将最新的天正格式 DWG 图档导出为天正各版本的 DWG 图或者各专业条件图，不同之处是“图形导出”是将当前图形全部内容导出，而“局部导出”命令是提供选择当前图形中的任意部分导出。

18.3.3 批量转旧

知识要点 “批量转旧”命令将当前版本的图档批量转化为天正旧版 DWG 格式，同样支持图纸空间布局的转换，在转换 R14 版本时只转换第一个图纸空间布局，用户可以自定义文件的后缀；从 CAD 2013 版本开始，天正对象的导出格式不再与 AutoCAD 图形版本关联。

执行方法 在天正屏幕菜单中执行“文件布局 | 批量转旧”命令（快捷键为“PLZJ”）。

操作实例 例如，在天正屏幕菜单中执行“文件布局 | 批量转旧”命令（PLZJ），显示对话框，如图 18-20 所示，在对话框中完成设置后，单击“打开”按钮后开始转换，在转换完成后，命令行会提示转换后的结果。

图 18-20 批量转旧

技巧：“批量转旧”对话框

在对话框中允许多选文件，从 2013 开始，在对话框下面独立提供了天正对象的保存类型选择，不再与 AutoCAD 图形版本有关；还可以独立选择转换后的文件所属的 CAD 版本，与“图形导出”命令相同；还可以选择勾选导出后的文件末尾是否添加 t3/t7 等文件名后缀；在对话框中选择转换后的文件夹等。

18.3.4 分解对象

知识要点"分解对象"命令提供了一种将专业对象分解为 AutoCAD 普通图形对象的方法。

执行方法在天正屏幕菜单中执行"文件布局 | 分解对象"命令(快捷键为"FJDX")。

操作实例例如，打开"资料\18 章-文件与布图.dwg"文件，在天正屏幕菜单中执行"文件布局 | 分解对象"命令(FJDX)，选择需要分解的对象后，按回车键即可。

注意：选择对象

> 墙和门窗对象是关联的，分解墙的时候注意要把上面的门窗一起选中，如图 18-21 所示为有无选择门窗的效果对比。

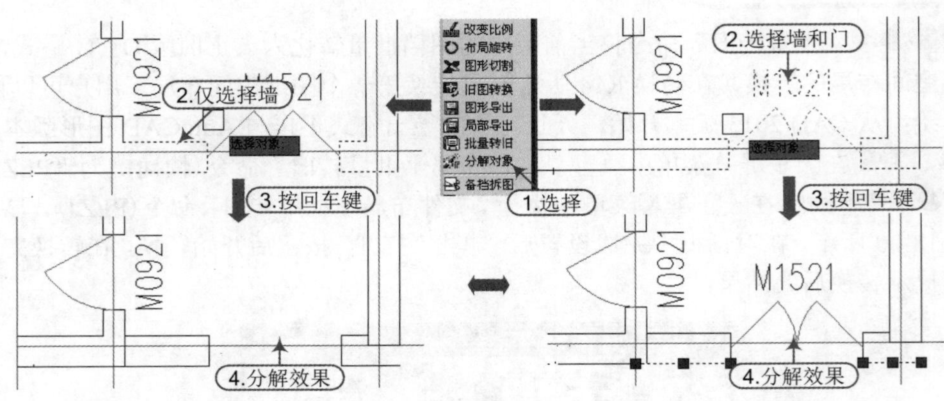

图 18-21　对象选择对比

提示：命令的意义

> 分解自定义专业对象可以达到以下目的：
>
> 1）使得施工图可以脱离天正建筑环境，在 AutoCAD 下进行浏览和出图。
>
> 2）准备渲染用的三维模型。因为很多渲染软件(包括 AutoCAD 本身的渲染器在内)并不支持自定义对象，尤其是其中图块内的材质。特别是要转 3D MAX 渲染时，必须分解为 AutoCAD 的标准图形对象。

技巧：命令的执行技巧

> 1）由于自定义对象分解后丧失智能化的专业特征，因此建议保留分解前的模型，把分解后的图"另存为"新的文件，便于今后可能的修改。
>
> 2）分解的结果与当前视图有关，如果要获得三维图形(墙体分解成三维网面或实体)，必须先把视口设为轴测视图，在平面视图只能得到二维对象。
>
> 3）不能使用 AutoCAD 的 Explode(分解)命令分解对象，该命令只能进行分解一层的操作，而天正对象是多层结构，只有使用"分解对象"命令才能彻底分解。

18.3.5 图纸保护

知识要点“图纸保护”命令通过对用户指定的天正对象和 AutoCAD 基本对象的合并处理，创建不能修改的只读对象，使得用户发布的图形文件保留原有的显示特性，只可以被观察、既可以被观察也可以打印，但不能修改，也不能导出，通过“图纸保护”命令对编辑与导出功能的控制，达到保护设计成果的目的。

执行方法在天正屏幕菜单中执行“文件布局丨图纸保护”命令(快捷键为“TZBH”)。

操作实例例如，在天正屏幕菜单中执行“文件布局丨图纸保护”命令(TZBH)，再选择需要保护的图元并按回车键后，弹出“图纸保护设置”对话框，如图 18-22 所示，在对话框中设置密码即可。

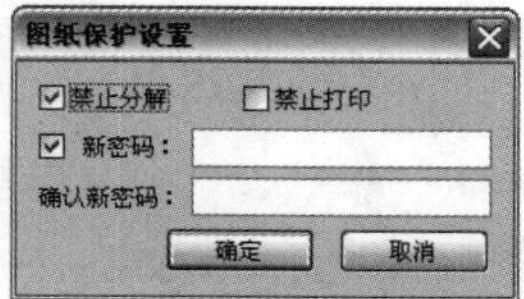

图 18-22 图纸保护

选项含义在“图纸保护设置”对话框中，各选项的含义如下：

- 禁止分解：勾选此复选框，使当前图形不能被 Explode 命令分解。
- 禁止打印：勾选此复选框，使当前图形不能被 Plot、Print 命令打印。
- 新密码：首次执行图纸保护，而且勾选禁止分解时，应输入一个新密码，以备将来以该密码解除保护。密码可以是字符和数字，最长为 255 个英文字符，区分大小写。
- 确认新密码：输入新密码后，必须再次键入一遍新密码确认，避免密码输入发生错误。

注意：命令的禁止

> 被保护后的图形不能嵌套执行多次保护；更严禁通过 block 命令建块，插入外部文件除外。

技巧：命令的执行技巧

> 1）为防止误操作或密码忘记，执行图纸保护前请先备份原文件。
>
> 2）用户不能通过另存为 DXF 等格式导出保护后的图形后再导入恢复原图，会发现导入 DXF 后，受保护的图形无法显示。
>
> 3）生成只读对象后另存盘，即可完成图纸保护的操作过程。在没有天正对象解释插件安装的 AutoCAD 下，或者天正建筑软件没有升级到天正建筑当前版本，都无法看到只读对象，要看到只读对象必须升级天正建筑到 2014、安装天正建筑 2014 或者天正插件 2014。
>
> 4）设有分解密码的只读对象初始执行 Explode(分解)命令后，命令行报告：无法分解 TCH_PROTECT_ENTITY。如果用户要把它分解，双击只读对象，在命令行提示“输入密码<退出>:”时键入密码回应，只要密码正确，只读对象改变为可分解状态。在这种状态下，可通过 EXPLODE 命令分解为非保护的天正对象，只读对象的可分解状态信息

是临时的，存盘时不会保存。在可分解状态下，双击只读对象进行对象编辑，显示之前介绍的对话框，可在其中重新设置密码，可以达到更改密码的目的，当然前提是知道原密码。

18.3.6 插件发布

知识要点 “插件发布”命令把随天正软件附带的天正对象解释插件发布到指定路径下，帮助观察和打印带有天正对象的文件，特别是带有保护对象的新文件，在天正软件中发布的天正插件总是与天正软件版本保持同步。

执行方法 在天正屏幕菜单中执行“文件布局 | 插件发布”命令(快捷键为“CJFB”)。

操作实例 例如，在天正屏幕菜单中执行“文件布局 | 插件发布”命令(CJFB)，可在随后弹出的对话框中选择文件发布路径和名称，单击“保存”按钮即可，如图 18-23 所示。

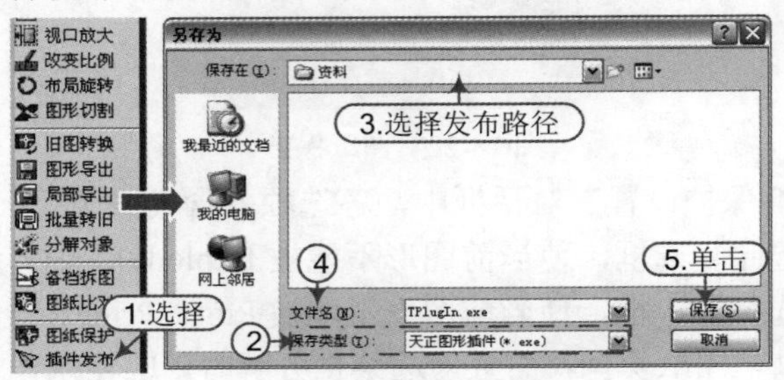

图 18-23 插件发布

18.4 图形转换工具

提供了图层格式转换与图形颜色转换的命令，图形变线是把三维模型投影为二维图形的有用工具。

18.4.1 图变单色与颜色恢复

知识要点 “图变单色”命令提供把按图层定义绘制的彩色线框图形临时变为黑白线框图形的功能，适用于为编制印刷文档前，对图形进行前处理，由于彩色的线框图形在黑白输出的照排系统中输出时色调偏淡，“图变单色”命令将不同的图层颜色临时统一改为指定的单一颜色，为截图作好准备。下次执行此命令时会记忆上次用户使用的颜色作为默认颜色。

执行方法 在天正屏幕菜单中执行“文件布局 | 图变单色”命令(快捷键为“TBDS”)。

操作实例 例如，打开“资料\18 章-文件与布图.dwg”文件，在天正屏幕菜单中执行“文件布局 | 图变单色”命令(TBDS)，当命令行提示“请输入平面图要变成的颜色/1-红/2-黄/3-绿/4-青/5-蓝/6-粉/7-白/ <7>:”时选择输入某一个数，如 7，如图 18-24 所示。

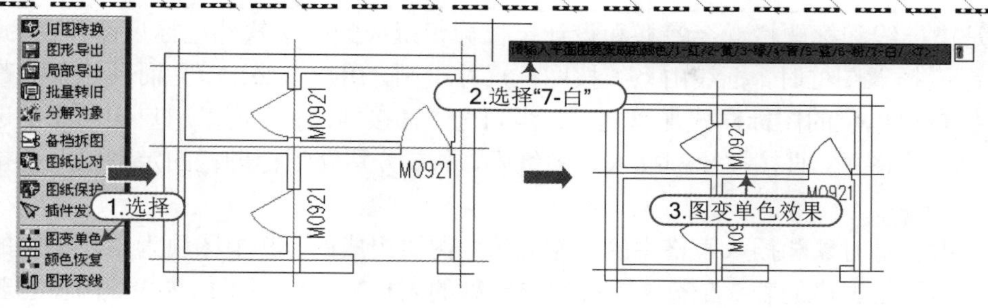

图 18-24　图变单色

技巧：颜色恢复

在天正屏幕菜单中执行“文件布局 | 颜色恢复”命令(快捷键为“YSHF”)，即可恢复图形原来的颜色。

18.4.2 图形变线

知识要点 “图形变线”命令把三维的模型投影为二维图形，并另存新图。常用于生成有三维消隐效果的二维线框图，此时应事先在三维视图下并运行 Hide(消隐)命令。

执行方法 在天正屏幕菜单中执行“文件布局 | 图形变线”命令(快捷键为“TXBX”)。

操作实例 例如，在“资料\18 章-文件与布图.dwg”文件中，将视图切换到三维模式后执行“消隐”(Hide) 命令，然后在天正屏幕菜单中执行“文件布局 | 图形变线”命令(TXBX)，可在随后弹出的“输入新生成的文件名”对话框中输入文件名称，单击“保存”按钮即可，如图 18-25 所示。

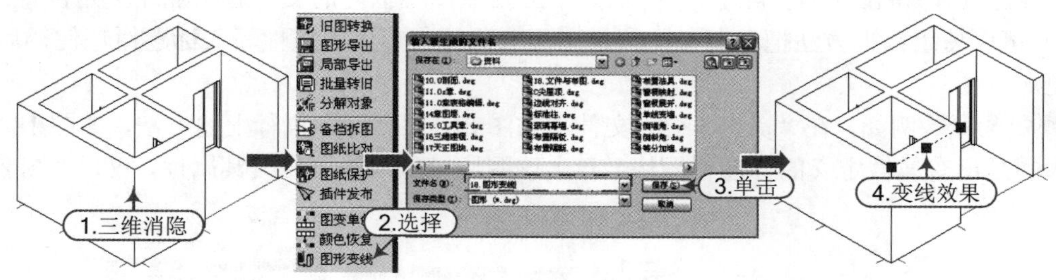

图 18-25　图形变线

提示：效果说明

1）转换后绘图精度将稍有损失，并且弧线在二维中由连接的多个 LINE 线段组成。

2）转换三维消隐图前，请使用右键菜单设置着色模式为“二维线框”，坐标符号如图 18-25 左部，否则不能消隐三维模型。

18.5 图框的用户定制

天正通过通用图库管理标题栏和会签栏，这样用户可使用的标题栏得到极大扩充，从此建筑师可以不受系统的限制而能插入多家设计单位的图框，自由地为多家单位设计。

图框是由框线和标题栏、会签栏和设计单位标识组成的，本软件把标识部分称为附件栏，当采用标题栏插入图框时，框线由系统按图框尺寸绘制，用户不必定义，而其他部分都是可以由用户根据自己单位的图标样式加以定制；当勾选“直接插图框”时，用户在图库中选择的是预先入库的整个图框，直接按比例插入到图纸中，本节分别介绍标题栏的定制以及直接插入用户图框的定制。

表格是由表格对象和插入表格中的文字内容、图块组成的，其中图块为用户单位的标识图形，需要定制的是表格的表头部分，支持用户定制的表格目前适用于门窗表、门窗总表和图纸目录。

18.5.1 用户定制标题栏的准备

知识要点 为了使用“图纸目录”功能，必须使用 AutoCAD 的属性定义命令(Attdef)把图号和图纸名称属性写入图框中的标题栏，把带有属性的标题栏加入图框库(图框库里面提供了类似的实例)，并且在插入图框后把属性值改写为实际内容，才能实现图纸目录的完整生成。

执行方法 要制作标题栏，执行方法如下：

1）使用“当前比例”按钮设置当前比例为 1:1，能保证文字高度的正确，十分重要。

2）使用“插入图框”命令中的“直接插图框”选项，用 1:1 比例插入图框，然后插入图框库中需要修改或添加属性定义的标题栏图块。

3）使用 Explode(分解)命令分解该图块，使得图框标题栏的分隔线为单根线，这时就可以进行属性定义了(如果插入的是已有属性定义的标题栏图块，双击该图块即可修改属性)。

4）在标题栏中，使用 Attdef 命令，在弹出的“属性定义”对话框中设置数值参数。

5）同样的方法，使用 Attdef 命令输入图号属性，“标记”“提示”均为“图号”，“值”默认是“建施-1”，待修改为实际值，“拾取点”应拾取图号框内的文字起始点左下角位置。

6）可以使用以上方法把日期、比例、工程名称等内容作为属性写入标题栏，使得后面的编辑更加方便。

操作实例 例如，在“资料\18 章-文件与布图.dwg”文件中执行上述方法，如图 18-26 所示插入的是已有属性定义的标题栏图块，双击该图块对应项即可修改其属性，仅以“图名”和“日期”为例。

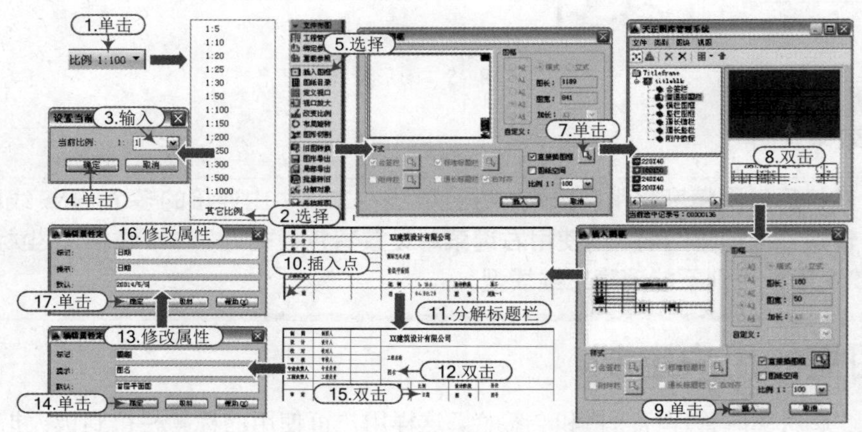

图 18-26 定制标题栏的准备操作

提示：制作要求

标题栏的制作有下列要求：

属性块必须有以图号和图名为属性标记的属性，图名也可用图纸名称代替，其中图号和图名字符串中不允许有空格，例如不接受“图名”这样的写法。

18.5.2 用户定制标题栏的入库

知识要点 图框库 titleblk 提供了部分设计院的标题栏仅供用户作为样板参考，实际要根据自己所服务的各设计单位标题栏进行修改，重新入库。

执行方法 要将标题栏入库，可在天正屏幕菜单中执行“图块图案 | 通用图库”命令，在弹出的对话框中，按“新图入库”按钮，执行入库操作。

操作实例 例如，打开“资料\18 章-文件与布图.dwg”文件，在“天正图库管理系统”对话框中，选择菜单“图库 | 图框库”后，单击“新图入库”按钮，然后按照命令行提示进行操作，如图 18-27 所示。

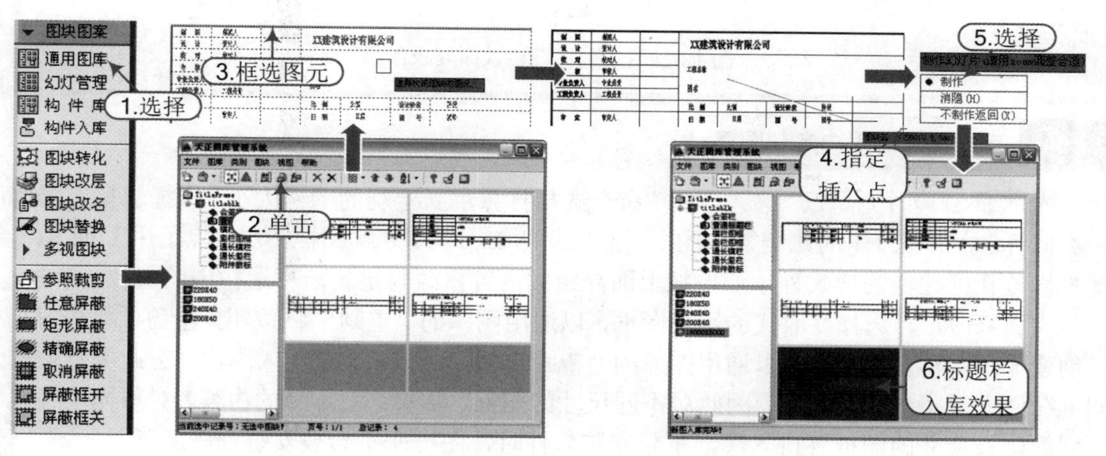

图 18-27 定制标题栏入库

提示：入库要求

在此对修改入库的内容有以下要求，如图 18-28 所示。

1）所有标题栏和附件图块的基点均为右下角点，为了准确计算通长标题栏的宽度，要求用户定义的矩形标题栏外部不能注写其他内容，类似“本图没有盖章无效”等文字说明要写入标题栏或附件栏内部，或者定义为属性(旋转 90°)，在插入图框后将其拖到标题栏外。

2）作为附件的徽标要求四周留有空白，要使用 point 命令在左上角和右下角画出两对角控制点，用于准确标识徽标范围，点样式为小圆点，入库时要包括徽标和两点在内，插入点为右下角点。

3）作为附件排在竖排标题栏顶端的会签栏或修改表，宽度要求与标题栏宽度一致，由于不留空白，因此不必画出对角点。

4）作为通栏横排标题栏的徽标，包括对角点在内的高度要求与标题栏高度一致。

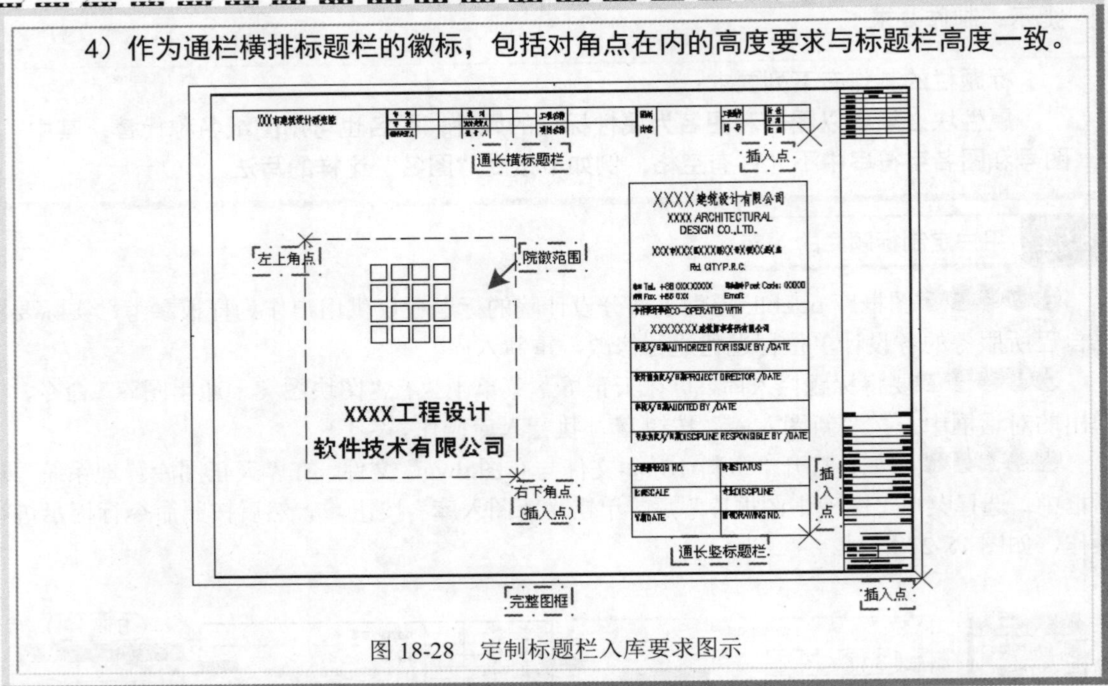

图 18-28 定制标题栏入库要求图示

18.5.3 直接插入的用户定制图框

知识要点 首先是以“插入图框”命令选择打算重新定制的图框大小，选择包括打算修改的类似标题栏，以 1:1 的比例插入图中，然后执行 Explode 分解图框图块，除了用 Line 命令绘制与修改新标题栏的样式外，还要按上面介绍的内容修改与定制新标题栏中的属性。

完成修改后，选择要取代的用户图框，以通用图库的“重制”按钮，覆盖原有内容，或者创建一个图框页面类型，以通用图库的“新图入库”按钮，重新入库，注意此类直接插入图框在插入时不能修改尺寸，因此对不同尺寸的图框，要求重复本节的内容，对不同尺寸包括不同的延长尺寸的图框各自入库，重新安装软件时，图框库不会被安装程序所覆盖。

18.5.4 定制门窗表与图纸目录表

知识要点 天正建筑提供了用户可定制表头的门窗表和门窗总表，两者区别在于门窗表仅考虑本层门窗，而门窗总表考虑了整座建筑各楼层的门窗，有分层统计和汇总的部分。以往的门窗表和总表都是固定格式的，只能使用天正建筑软件内部附带的一种表格，但目前设计院大都有自己设计的门窗表格，从表格的形式，项目内容与天正自己根据国标图集编制的门窗表或多或少是不完全一致的，如果没有用户定制功能，用户或者无法使用天正建筑其中的这些命令，或者用户只能使用天正完成一部分表格生成工作，然后花很多时间和人工对结果表格再加工，这两种都不是天正建筑软件设计的初衷，我们的目的还是希望用户能用最少的人工，完成这些繁琐的表格生成工作，结果又能达到设计单位的个性化要求。

18.5.5 定制门窗表（总表）的准备

知识要点 为了使用“门窗表”命令插入规定的门窗表，需要准备一个包括单位门窗表表头和一个空白表行的表格，这个表格可以从天正提供的一种门窗表修改获得。

执行方法 要制作门窗表，执行方法如下：

1）打开一个空白图形，使用“当前比例”命令设置当前比例 1:1，此比例能保证文字高度的正确。

2）使用“图块图案 | 构件库”命令，从下拉列表单击“表格”，用 1:1 比例插入其中最接近单位需要的门窗表头，插入时不要改变比例。

3）插入作为门窗表头的天正表格后，只需要修改即可。

操作实例 例如，在一个空白的“*.dwg”文件中，执行上述方法步骤，如图 18-29 所示。

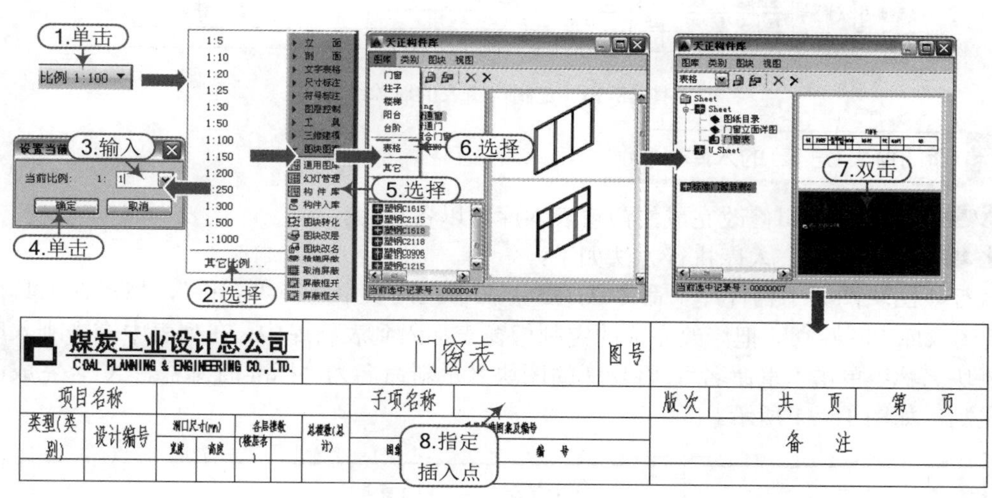

图 18-29 定制门窗表的准备操作

18.5.6 定制门窗表（总表）的表格编辑

知识要点 修改插入的门窗表，获得符合要求的门窗表。

执行方法 在 TArch 2014 中，要对门窗表进行表格编辑，执行方法如下：

1）按要求修改门窗表（总表）中的标题文字，关键词写在新的标题文字后面的半角括号中，这些关键词包括“类别”“设计编号”“洞口尺寸”“宽度”“高度”“楼层名”“总计”，如果标题和关键词一致，括号可以不用，例如标题“总樘数（总计）”在输出的门窗表中单元格会显示“总樘数”，用户可以改变标题所在的位置，但需要保证“楼层名”“空白列”“总计”三个关键表列的左右关系不能改变，标题的修改建议单击文字，进入天正的在位编辑修改最为快捷。

2）在表格中按天正表格的编辑方法进行修改，使得符合要求，可以进行的修改包括增加行数和列数，在竖向和横向合并表格单元等，还包括在表格单元内插入徽标图块。

3）选中表格右击进入天正表格右键菜单，常用的编辑命令有“撤销合并”“单元合并”“增加表行”“删除表行”，需要增加表列时采用“表列编辑”，在右侧备注区增加表列，对新增的行按需要进行单元合并。

4）选中表格右击进入天正表格右键菜单，对表格进行“表行编辑”和“单元编辑”，为表格新行和新单元格指定行高和文字字体与字高，输入必要的标题文字。

操作实例 例如，使用右键菜单命令对已经插入的标题栏进行编辑，如图 18-30 所示。

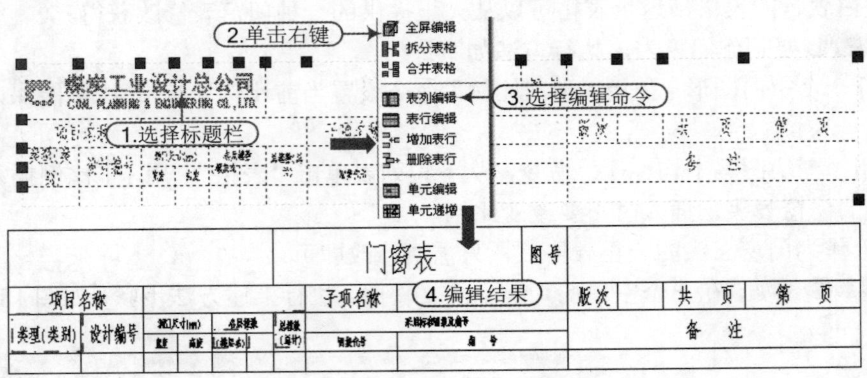

图 18-30 定制门窗表的对象编辑

18.5.7 新门窗表(总表)的入库

知识要点 将编辑修改完成的门窗表入库，以备后用。

执行方法 门窗表入库执行方法如下：

执行“图块图案 | 构件库”命令(GJK)，在下拉列表中选择“表格”，然后在工具栏中单击“新图入库”图标，把修改完成的定制门窗表加入到表格库中，在列表中右击刚入库的门窗表图块名称，单击“重命名”，将默认的图块名重新命名为“标准门窗总表 X”，完成门窗总表的定制，如图 18-31 所示。

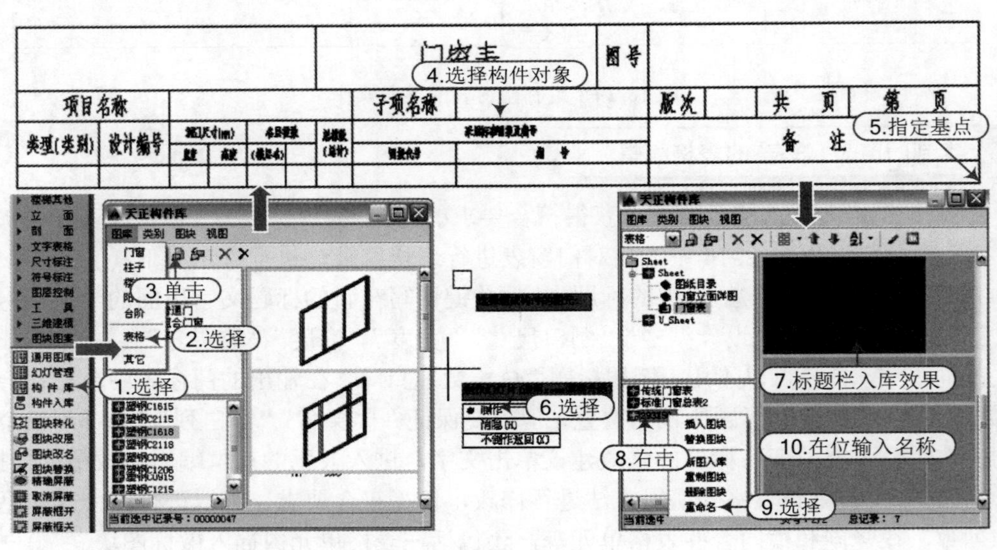

图 18-31 定制标题栏的入库

18.5.8 定制图纸目录表

知识要点 定制图纸目录表和定制门窗表十分类似，不同点只是在于关键词有所不同，在图纸目录表中，关键词包括“序号”“图号”“图纸名称”“图幅”，其他完全一致。如果表格标题文字与关键词相同，即使标题文字由于排版要求，文字中要加入空格，也不必写出关键词，程序会自动识别空格。

执行方法 在 TArch 2014 中，要制作图纸目录表，执行方法如下：

1）打开一个空白图形，使用“当前比例”命令设置当前比例 1:1，此比例能保证文字高度的正确。

2）使用“图块图案 | 构件库”命令(GJK)，在“图库”下拉列表中选择“表格”，用 1:1 比例插入其中最接近需要的图纸目录表格图块，插入时不要改变比例。

3）参见门窗表格的定制，使用天正表格编辑命令，完成图纸目录的表格样式修改，在表格旁边按 1:1 插入图标图块，注意分解为 AutoCAD 图块，单击“单元插图”命令，将此图块插入到图纸目录表格图块左上角的单元格中。

4）参照上述门窗表的入库，把图纸目录表格加入到表格库中。

其他

本章导读

总图工具：布置小区道路和树木平面图例的命令。

其他工具：不属于建筑分类的跨专业通用工具命令。

本章内容

- 总图
- 日照分析
- 渲染
- 构件导出
- 绘制梁
- 碰撞检查

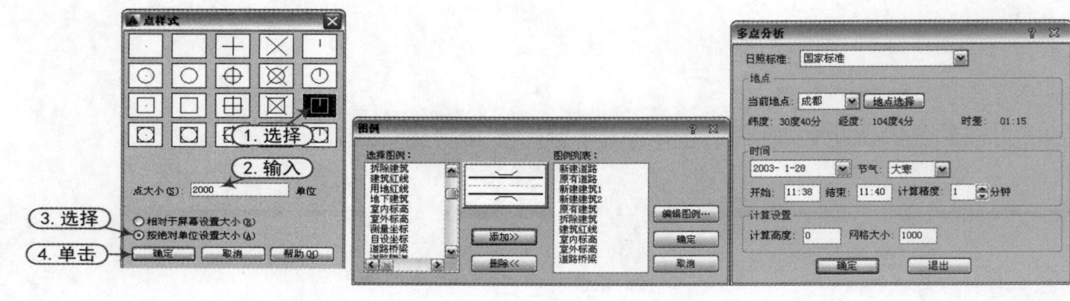

19.1 总图

本小节讲解的总图工具是用于布置小区道路和树木平面图例的命令。

19.1.1 总平图例

知识要点 此命令用于绘制可自定义的一系列总平面图的图例块，插入在总平面图中。

执行方法 在天正屏幕菜单中执行“其他 | 总图 | 总平图例”命令(快捷键为“ZPTL”)。

操作实例 例如，打开“资料\19 章-其他.dwg”文件，在天正屏幕菜单中执行“其他 | 总图 | 总平图例”命令(ZPTL)，将弹出“图例”对话框，从左侧选择图中用到的图例添加到右侧，单击“确定”按钮后插入即可，如图 19-1 所示。

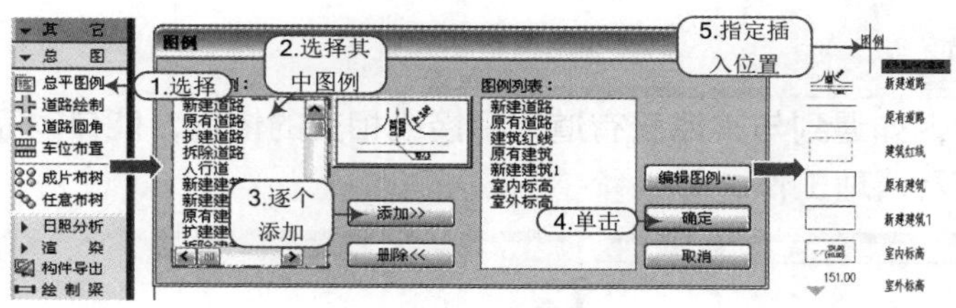

图 19-1 总平图例

选项含义 在“图例”对话框中，各选项的功能与含义如下：

- 选择图例：在图例对话框左边列表中的是已经建立的总平图例块。
- 图例列表：是从左边列表中已经添加的图例列表。
- 添加>>：在选中左边某一个图例的前提下，单击 添加>> 按钮，可将此图例块添加到右边即将在本图插入的图例列表中。

  “删除<<：选择右边图例列表的某项，单击 删除<< 按钮，可将该项从列表中删除。
- 编辑图例…：单击 编辑图例… 按钮，调出天正总图图例图库，删除和新建总图图例，关闭图库后，图库的总图图例列表自动更新为总平图例对话框左边的可选图例列表。
- 确定/取消：图例选择结束后，点击“确定”或者“取消”，对话框关闭。

19.1.2 道路绘制

知识要点 新提供了既能用于绘制毫米单位也能用于米单位的总平面道路命令，米单位绘制道路时建议使用米单位模板图，可自动为用户进行米单位的设置。新改进的命令可以一次绘制出带有道路中心线和指定倒圆角半径的小区道路。

执行方法 在天正屏幕菜单中执行“其他 | 总图 | 道路绘制”命令(快捷键为“DLHZ”)。

操作实例 例如，打开“资料\19 章-其他.dwg”文件，在天正屏幕菜单中执行“其他 | 总图 | 道路绘制”命令(DLHZ)，根据如下命令行提示进行操作，如图 19-2 所示。

```
请点取道路起点<退出>:                              \\ 给出道路基线上的第一点
请点取道路的下一点或[弧道路(A)] <退出>: \\ 给出道路基线下一点或键入选项关键字并按回车键
请点取道路的下一点或[弧道路(A) /回退(U) /闭合(C)] <退出>:   \\ 继续给点或者按回车键退出
......                                                          ......
请点取道路的下一点或[弧道路(A) /回退(U) /闭合(C)] <退出>:C \\ 键入 C 闭合道路
```

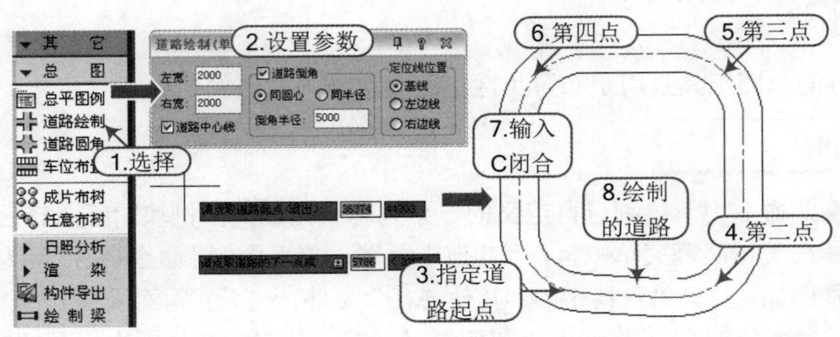

图 19-2 道路绘制

提示：绘制道路

绘制道路时，如遇到与其他已有道路相接或相交的情况，能自动完成类似墙线绘制的打断、连接及清理工作。

19.1.3 道路圆角

知识要点 “道路圆角”命令对道路弯道和交叉道口的边线进行圆角处理，提供了可以一次选择多个倒角交叉口的功能，默认是同圆心倒角。

执行方法 在天正屏幕菜单中执行“其他｜总图｜道路圆角”命令（快捷键为“DLYJ”）。

操作实例 例如，打开“资料\19 章-其他.dwg”文件，在天正屏幕菜单中执行“其他｜总图｜道路圆角”命令（DLYJ），按照如下命令行提示进行操作，如图 19-3 所示。

```
请框选要倒角的道路线或[同半径倒角(Q)，当前：同圆心/倒角半径(R)，当前：5000]<退出>:
                                        \\ 给出框选多个同圆心倒角交叉口的两点
请框选要倒角的道路线或[同圆心倒角(Q)，当前：同半径/倒角半径(R)，当前：5000]<退出>:
                                        \\ 按回车键退出命令
```

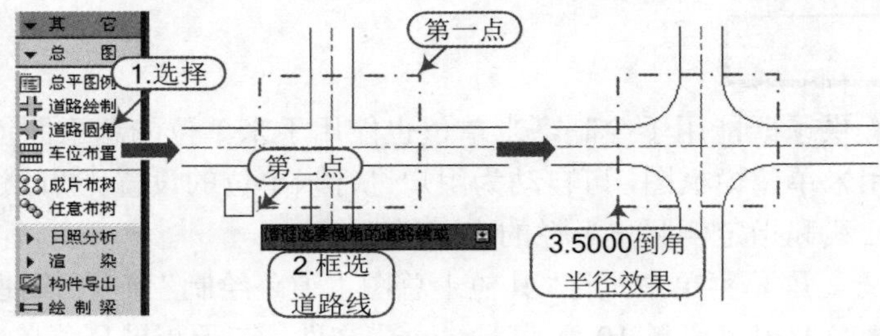

图 19-3 道路圆角

注意：框选对象

取点时从右上角开始取，否则选不中道路对象；在道路转弯处，系统会从内侧半径计算外侧的转弯半径进行相应的圆角处理，当输入的倒角半径不合适，无法正确完成倒角操作时，命令行会出现提示：“半径过大，无法正确倒角”。

技巧：绘制道路

在“绘制道路”对话框中，如果勾选了“道路倒角”选项，则绘制道路时将对道路弯道和交叉道口的边线自行进行圆角处理。

19.1.4 车位布置

知识要点“车位布置”命令可按《停车场规划设计规则》的规定布置直线与弧形排列的车位，车位之间可正交与斜向布置，有多种排数和样式设置。

执行方法在天正屏幕菜单中执行“其他｜总图｜车位布置”命令（快捷键为“CWBZ”）。

操作实例例如，打开“资料\19 章-其他.dwg”文件，在天正屏幕菜单中执行“其他｜总图｜车位布置”命令（CWBZ），在随后弹出的对话框中设置参数后，按照如下命令行提示进行操作，如图 19-4 所示。

```
请点取车位起点或[沿曲线布置(A)]<退出>:                \\ 点取车位起点
请点取车位终点或[切换车位布置方向(Q)]<退出>:          \\ 点取车位终点
请点取标注位置<退出>:                                  \\ 左键单击点取车位数的标注位置
```

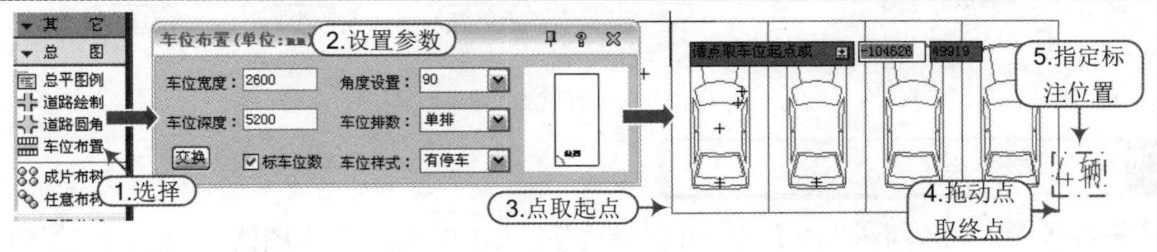

图 19-4　车位布置

选项含义在“车位布置”对话框中，各选项的含义如下：

- 车位宽度\车位深度：车位的尺寸大小，含义同楼梯间的开间及进深。
- 交换：单击交换按钮，将车位宽度与深度值互换。
- 角度设置：可在文本框中输入角度或通过单击按钮选择下拉列表中的值，对车位的角度进行设置，如图 19-5 所示为不同角度的车位布置效果对比。

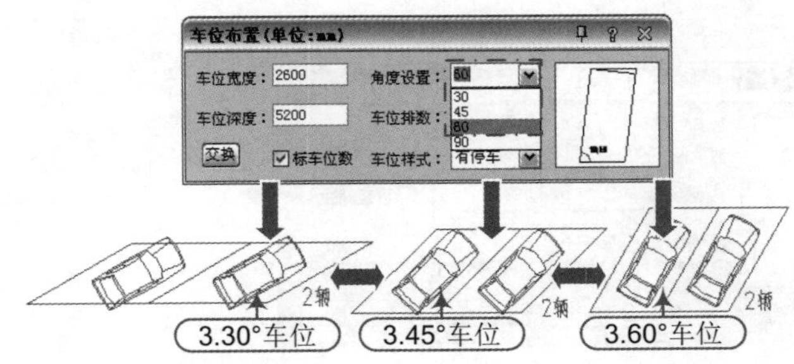

图 19-5　不同角度的车位布置效果对比

- 车位排数：分为“单排”和“双排”两种布置方式，如图 19-6 所示。

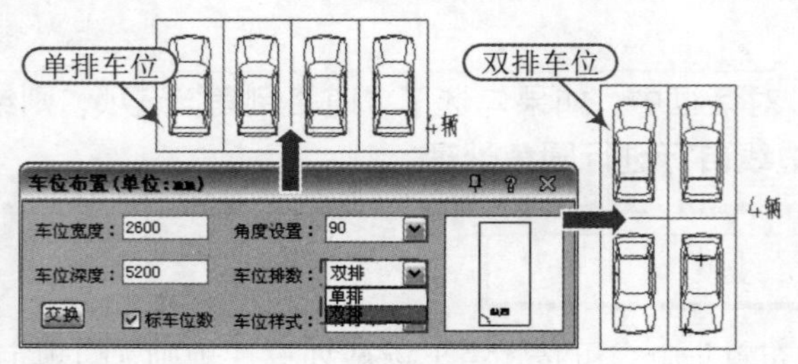

图 19-6　车位排数效果对比

- 标车位数：勾选此选项，可在指定文字标注上布置的车位数量。
- 车位样式：是车位的画法表示，包括"无斜线""单斜线""双斜线""有停车"四种表示法，如图 19-7 所示。

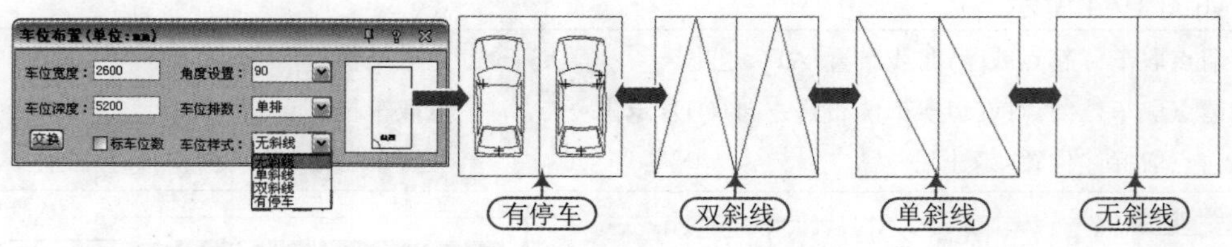

图 19-7　车位样式效果对比

19.1.5 成片布树

知识要点"成片布树"命令用于在区域内按一定间距插入树木图例。拖动光标绘图可使树木连片布置，树之间部分重叠并清理，也可单点绘制独立的树木例图。

执行方法在天正屏幕菜单中执行"其他｜总图｜成片布树"命令(快捷键为"CPBS")。

操作实例例如，在"资料\19 章-其他.dwg"文件中，在天正屏幕菜单中执行"其他｜总图｜成片布树"命令(CPBS)，在随后弹出的对话框中选择树形和其他参数，按照如下命令行提示进行操作，如图 19-8 所示。

```
请点击鼠标左键开始绘制[单点绘制(S)]<退出>:  \\ 点击鼠标左键，移动鼠标路线绘制后点取结束点
```

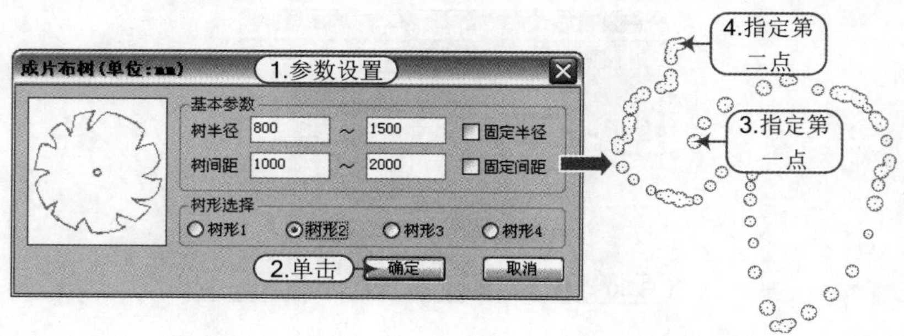

图 19-8　成片布树

选项含义在"成片布树"对话框中，各选项的含义如下：

- 基本参数：可在相应的文本框中输入数值确定树的半径和间距。
- 固定半径：勾选"固定半径"时，仅布树间距在给定数字之间变化，半径不变。

■　固定间距：勾选“固定间距”时，仅树半径在给定数字之间变化，间距不变。

■　树形选择：提供四种树形，勾选一种，可在左侧的预览框中进行预览。

技巧：命令行提示

请点击鼠标左键开始绘制[单点绘制(S)]<退出>:

键入 S 后可改为单点绘制，也就是逐棵树布置，重叠处自动清理，每单击一次布置一棵树。

19.1.6 任意布树

知识要点“任意布树”命令在任意点或当前绘制的基线或已有基线上，按一定间距插入树图块，用于规则的行道树或非成片树木的布置。

执行方法在天正屏幕菜单中执行“其他 | 总图 | 任意布树”命令(快捷键为“RYBS”)。

操作实例例如，打开“资料\19 章-其他.dwg”文件，在天正屏幕菜单中执行“其他 | 总图 | 任意布树”命令(RYBS)，在随后弹出的对话框中设置参数后，点取插入点即可，如图 19-9 所示。

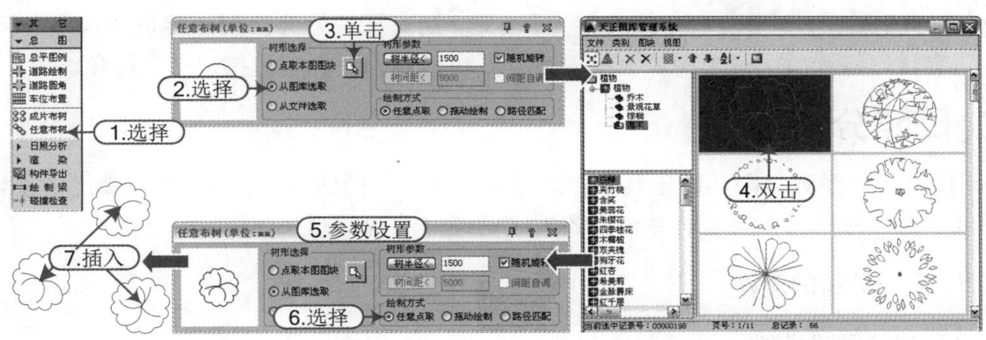

图 19-9　任意布树

选项含义在“任意布树”对话框中，各选项的含义如下：

■　树半径\树间距：可在相应的文本框中输入数值确定树的半径和间距。

■　点取本图图块：当选择“点取本图图块”时，单击右边按钮后在绘图区中选择要作为树图例的已有 AutoCAD 图块或者天正图块。

■　从图库选取：当选择“从图库选择”时，单击按钮后调出天正的平面配景植物图库，从中选择图块双击后返回“任意布树”对话框。

■　从文件选取：选择“从文件选取”，单击按钮后弹出标准“打开文件”对话框，在其中选取树图例，单击“打开”按钮，返回“任意布树”对话框。

■　任意点取：当选择“任意点取”时，“树间距”和“间距自调”两项不能选择，在给定点处逐棵插入，直到按回车键结束。

■　拖动绘制：当选择“拖动绘制”时，“间距自调”项不能选择，给出布置路径第一点和下一点绘制，按回车键结束，如图 19-10 所示。

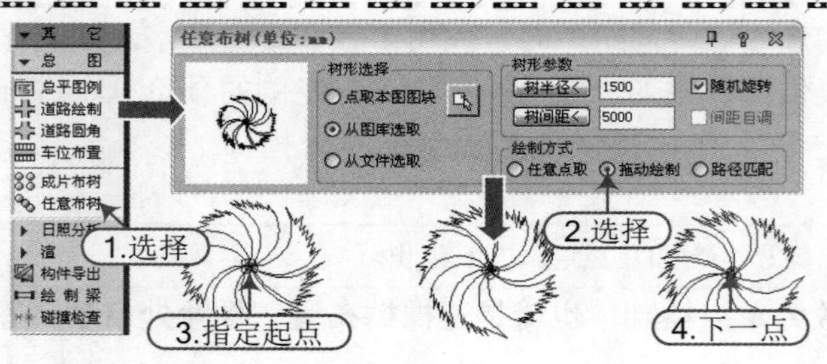

图 19-10 拖动绘制

- 路径匹配：当选择“路径匹配”时，可选择是否勾选“间距自调”项，然后进入图形区布树。
- 间距自调：不勾选“间距自调”时，从路径的一端开始先在端头布置一个图块，然后以给定间距沿路径布置图块，该块插入点在圆周上；勾选“间距自调”，程序在布置时先在两端头布置两个图块，然后用“路径长度/对话框中输入的间距值”，结果取整得出可以布置的图块个数，再用“路径长度/图块个数”，得出图块的实际间距并按此间距在图中沿路径插入图块。
- 随机旋转：对话框中“随机旋转”不勾选，所有图块始终按同一转角插入图中；“随机旋转”勾选后，每个图块在插入时以图块基点为中心随机指定一个转角。

19.2 日照分析

天正提供了一系列日照辅助工具来帮助规划师进行日照的分析验算，从而满足国家当前的日照规范，设计人自己也要了解并遵守各地区的地方法规。

技巧：日照分析的流程

1）创建日照模型

- 使用以下两种方法之一，可以新建或者导入日照模型。

利用多段线(PLINE)命令绘制封闭的建筑物外轮廓线，执行“建筑高度”命令赋予建筑物外轮廓线高度，生成建筑物模型，日照分析所用的建筑模型和建筑渲染使用的模型不同，前者不要求细节，但平面轮廓以及阳台、屋顶、遮阳板等构件要求比较准确。

利用“导入建筑”命令，把在天正 5 以上版本生成的组合三维模型导入，并转化为日照模型，以便减少建立日照模型的时间。其中的窗已经由建筑门窗自动转换为日照窗的模型，并按照日照窗要求加以编号。

- 在建筑模型上采用“顺序插窗”命令插入需计算日照的窗户。

2）获取分析结果

- 进行“多点分析”算出一个区域内各点的日照时间。采用“等日照线”命令，绘制出指定日照时间长度区域的轮廓线。多点分析的结果可以指导拟建的平面最佳位置。也可以大致用于验算新规划设计的建筑物对原有建筑的日照影响，判断结果是否符合当前法规要求。
- 执行“窗日照表”命令，获得指定建筑物窗户的窗日照数据，计算结果输出表格。

3）校核分析结果

进行“单点分析”算出要关心的日照测试点的日照时间，或者执行“日照仿真”命令进行实时分析，通过以上命令检验“窗日照表”命令的结果，不同的分析工具结果应当一致。

注意：日照分析

如果日照分析结果用于规划报批，请使用专业的天正日照分析软件。天正建筑中的日照分析功能有限，只提供分析参考。

19.2.1 建筑高度

知识要点 “建筑高度”命令功能是把闭合多段线 PLINE 转化为具有高度和底标高的建筑轮廓模型，修改已有建筑日照轮廓模型的高度和标高，也可以建立其他的板式、柱状的遮挡物，甚至是悬空的遮挡物，尽管它们不一定是真正意义上的建筑轮廓。

执行方法 在天正屏幕菜单中执行“其他｜日照分析｜建筑高度”命令（快捷键为“JZGD”）。

操作实例 例如，打开“资料\19 章-建筑高度.dwg”文件，在天正屏幕菜单中执行“其他｜日照分析｜建筑高度”命令（JZGD），按照如下命令行提示进行操作，如图 19-11 所示。

```
选择闭合的 pline、圆或建筑轮廓:                \\ 选取建筑物轮廓线
选择闭合的 pline、圆或建筑轮廓:                \\ 以按回车键结束选择
建筑高度<24000>:                               \\ 键入该建筑轮廓线的高度或按回车键
建筑底标高<0>:                                 \\ 键入该建筑轮廓线的底部标高或按回车键
```

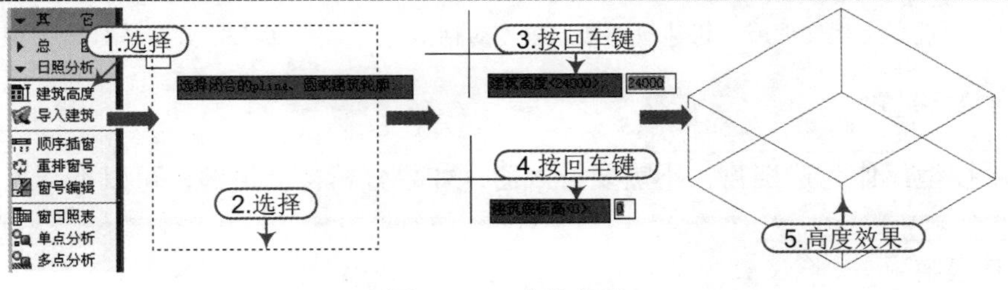

图 19-11 建筑高度

注意：建筑高度

建筑物的外轮廓线必须用封闭的 PLINE 来绘制。对于不同高度的建筑物，应当分多次点取本命令。

建筑高度表示的是竖向不变的拉伸体，如果一个建筑物沿着高度方向有多次平面变化，每一次变化都要进行建筑高度定义。

完成后图层为 TG_SUNBUILD，颜色随图层（颜色号 41）。

提示：标高和高度

用户可以自己设置PLINE的标高(ELEVATION)和高度(THICKNESS)，并放置到TG_SUNBUILD图层上作为建筑轮廓，不过这样视觉效果上缺顶面，不美观，但计算时系统自动加顶面，因而不影响分析结果。

19.2.2 导入建筑

知识要点 “导入建筑”命令功能是把已在天正5.0以上版本生成的组合三维模型导入为日照模型，不必重新创建。其中的窗已经由建筑门窗自动转换为日照窗的模型，并按照日照窗要求加以编号。

执行方法 在天正屏幕菜单中执行“其他 | 日照分析 | 导入建筑”命令（快捷键为“DRJZ”）。

操作实例 例如，在天正屏幕菜单中执行“其他 | 日照分析 | 导入建筑”命令(DRJZ)，显示“选择工程文件或天正建筑6楼层表”对话框，如图19-12所示，选择三维组合的工程文件*.tpr 或者楼层表*.dbf，获得三维数据，单击“打开”，随后显示“导入建筑模型”对话框，如图19-13所示，在其中选择要导入的建筑构件，然后单击“确定”按钮，开始导入模型。

图19-12 “选择工程文件或天正建筑6楼层表”对话框

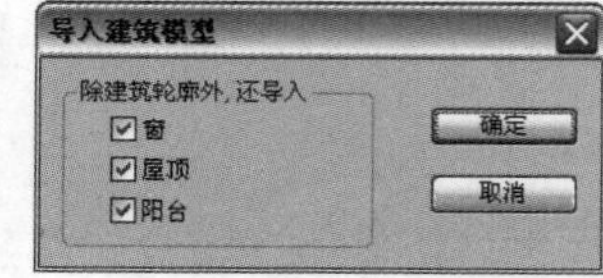

图19-13 “导入建筑模型”对话框

技巧：参数设置

如果模型仅作为遮挡物，不需要导入窗；如果分析精度足够，可以不导入阳台。

19.2.3 顺序插窗

知识要点 “顺序插窗”命令用于在建筑物轮廓模型上按自左向右的顺序插入需要计算日照的日照窗图块，对日照窗进行编号。

执行方法 在天正屏幕菜单中执行“其他 | 日照分析 | 顺序插窗”命令（快捷键为“SXCC”）。

操作实例 例如，打开“资料\19章-建筑高度.dwg”文件，在天正屏幕菜单中执行“其他 | 日照分析 | 顺序插窗”命令(SXCC)，根据命令行提示选取建筑物外轮廓线后，显示“顺序插窗”对话框，在对话框中设置参数后，按照如下命令行提示进行操作，如图19-14所示。

```
窗间距或 [点取窗宽(W)/取前一间距(L)]<退出>: 1500   \\ 键入1500
窗间距或 [点取窗宽(W)/取前一间距(L)]<退出>:   \\ 按回车键退出
```

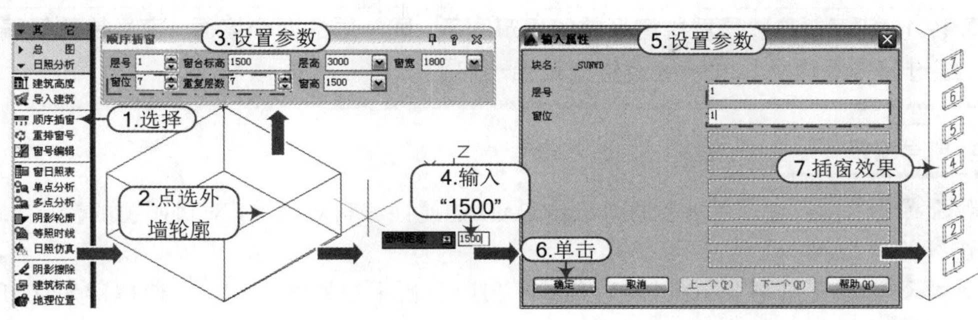

图 19-14　顺序插窗

技巧：顺序插窗

> 1）在本命令中，系统只能插入矩形窗，不能插入异形窗和圆弧窗，但并不影响日照计算的结果。
>
> 2）如果要对不同朝向的窗进行分析时，要求用户在插入不同朝向的日照窗后，进行重排窗号操作。

19.2.4　重排窗号

知识要点“重排窗号”命令用于重新为参与日照窗计算的窗编排序号。

执行方法在天正屏幕菜单中执行“其他｜日照分析｜重排窗号”命令（快捷键为“CPCH”）。

操作实例接上例，在天正屏幕菜单中执行“其他｜日照分析｜重排窗号”命令（CPCH），按照如下命令行提示进行操作即可，如图 19-15 所示。

```
选择待分析的日照窗:                    \\ 框选所有日照窗
输入起始窗号<1>:                       \\ 按回车键后本命令将所有窗户重新排序编号
```

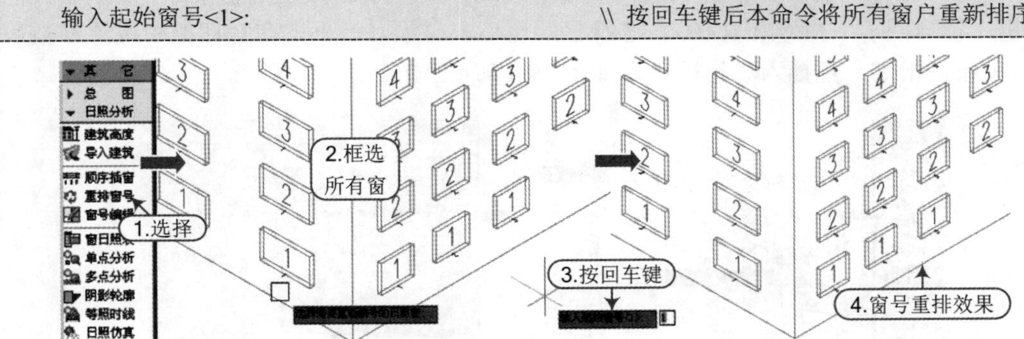

图 19-15　重排窗号

技巧：重排窗号

> 如果要对不同朝向的窗进行分析时，希望用户在插入不同朝向的日照窗后，进行本命令的操作，以便在进行日照窗计算时生成的表格中，不会因为编号相同产生混淆。

如图 19-15 所示，左边是重排窗号前的建筑图示，同一层的两个墙面，窗号是重复编号的，经过窗号重排后，同一层窗号就是唯一的了。

19.2.5 窗号编辑

知识要点 “窗号编辑”命令调用 AutoCAD 的属性编辑对话框，对日照窗的楼层、编号、住户号进行修改。

执行方法 天正屏幕菜单中执行“其他 | 日照分析 | 窗号编辑”命令(快捷键为“CHBJ”)。

操作实例 接上例，在天正屏幕菜单中执行“其他 | 日照分析 | 窗号编辑”命令(CHBJ)，选择打算编辑的日照窗，显示“编辑属性”对话框，如图 19-16 所示，可以在对话框中随意修改参数，单击“确定”退出。

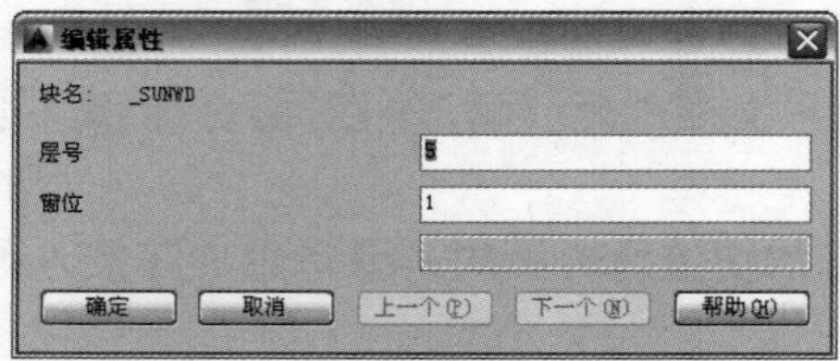

图 19-16 “编辑属性”对话框

19.2.6 窗日照表

知识要点 “窗日照表”命令是根据有关规定对居室窗户进行日照分析计算，计算每个建筑窗的实际连续日照时间，产生规范要求的窗日照表格，审查这些表格，进行最后的调整，使得所有的部位满足规范要求，写出正规的日照成果报表提交规划部门。

执行方法 在天正屏幕菜单中执行“其他 | 日照分析 | 窗日照表”命令(快捷键为“CRZB”)。

操作实例 例如，打开“资料\19 章-建筑高度.dwg”文件，在天正屏幕菜单中执行“其他 | 日照分析 | 窗日照表”命令(CRZB)，选择日照窗后，显示对话框，在对话框中设置参数后按“确定”按钮，指定一点插入表格即可，如图 19-17 所示。

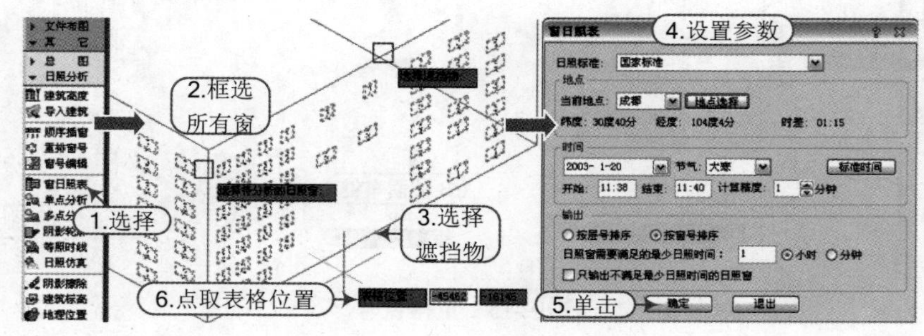

图 19-17 “窗日照表”操作

提示：参数设置

在对话框中“当前地点”栏，选取用户需要计算的地区，程序自动给定经纬度；选取节气，程序自动给定日期及时差（这里时差是指季节时差，即真太阳日与平太阳日在一天中的时间差）；在“时间”栏中，输入起始、结束时间和间隔时间。

19.2.7　单点分析

知识要点“单点分析”命令是给定测试间隔时间后，选取测试日照时间的特定测试点及其高度值，计算详细日照情况。

执行方法在天正屏幕菜单中执行“其他 | 日照分析 | 单点分析”命令（快捷键为“DDFX”）。

操作实例例如，打开“资料\19 章-建筑高度.dwg”文件，在天正屏幕菜单中执行“其他 | 日照分析 | 单点分析”命令（DDFX），用两点围框选择对要分析的点可能产生阴影的多个建筑物后，弹出对话框，选取地区、节气和起始时间后，点取“确定”后，按照如下命令行提示进行操作。

```
选取测试点：                                    \\ 点取要测试的地点
输入测试高度：<0>：900                          \\ 键入测试点高度值
```

点取测试点后，程序即自动算出该点的日照时间，并在屏幕上显示数据对话框，命令行继续提示，如图 19-18 所示。

```
选取测试点：                                    \\ 按回车键即可结束命令
```

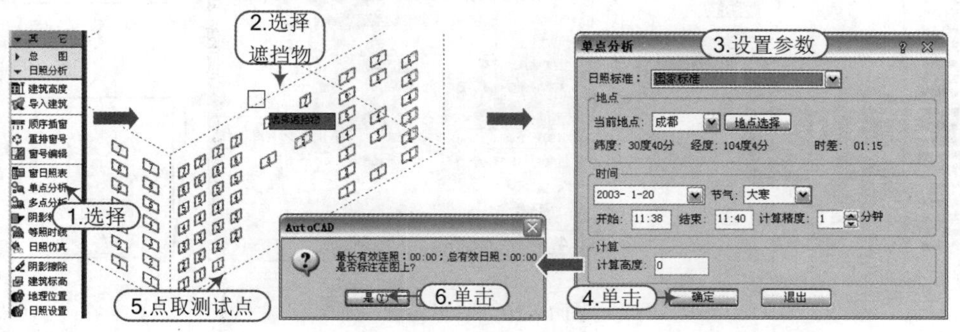

图 19-18　单点分析

19.2.8　多点分析

知识要点此命令用于分析某一平面区域内的日照，按给定的网格间距进行标注。

执行方法在天正屏幕菜单中执行“其他 | 日照分析 | 多点分析”命令（快捷键为“DUFX”）。

操作实例例如，在天正屏幕菜单中执行“其他 | 日照分析 | 多点分析”命令（DUFX），选取产生遮挡的多个建筑物并按回车键结束选择，显示对话框，如图 19- 19 所示，在对话框中设置参数后，单击“确定“按钮后退出对话框，按照命令行提示在图中点取计算范围矩形窗口的两个对角点即可。

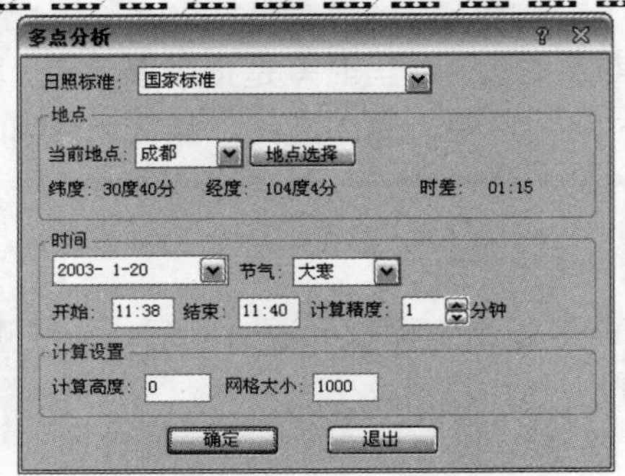

图 19-19 多点分析

19.2.9 阴影轮廓

知识要点 此命令用于绘制出各遮挡物在给定平面上所产生的各个时刻的阴影轮廓线。

执行方法 在天正屏幕菜单中执行“其他 | 日照分析 | 阴影轮廓”命令（快捷键为“YYLK”）。

操作实例 例如，打开“资料\19 章-建筑高度.dwg”文件，在天正屏幕菜单中执行“其他 | 日照分析 | 阴影轮廓”命令（YYLK），选取要绘制阴影的建筑物，在随后弹出的对话框中设置参数后，单击“确定”按钮即可，如图 19-20 所示。

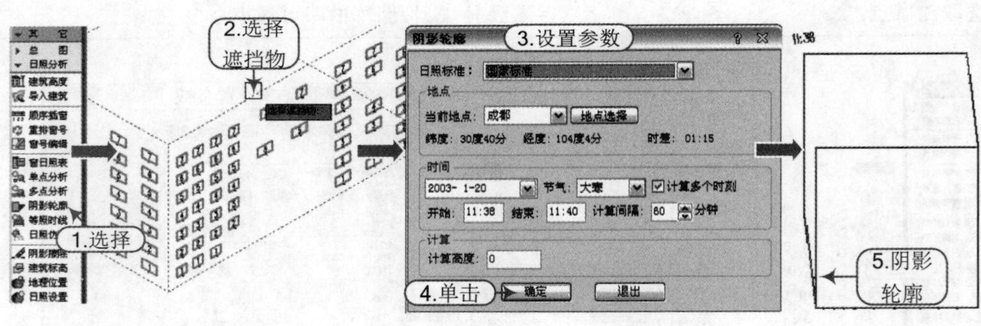

图 19-20 阴影轮廓

19.2.10 等照时线

知识要点 在给定的建筑用地平面或建筑立面上绘制出日照时间满足和不满足给定时数的区域分界线，计算方法可选用微区法或拟合法，并提供平面和立面两个面的等照时线计算。本命令是用于划分少于和多于用户指定的日照时间区域的曲线，*n* 小时的等照时线内部为少于 *n* 小时日照的区域，外部为大于或等于 *n* 小时日照的区域。

19.2.11 日照仿真

知识要点 采用先进的三维渲染技术，在指定地点和特定节气下，真实模拟建筑场景中各建筑物在一天之中日照阴影投影范围，帮助设计师直观判断分析结果的正误，提供这样的可视化演示有助于规划设计的深化。

执行方法 在天正屏幕菜单中执行“其他 | 日照分析 | 日照仿真”命令（快捷键为“RZFZ”）。

操作实例 例如，打开“资料\19 章-建筑高度.dwg”文件，在天正屏幕菜单中执行“其他 | 日照分析 | 日照仿真”命令（RZFZ），按照如下命令行提示执行操作后，弹出“日照仿真”对话框，如图 19-21 所示。

```
初始观察位置:                      \\ 图上给第一点，确定视点位置
初始观察方向:                      \\ 图上给第二点，朝向建筑群指出观察方向
```

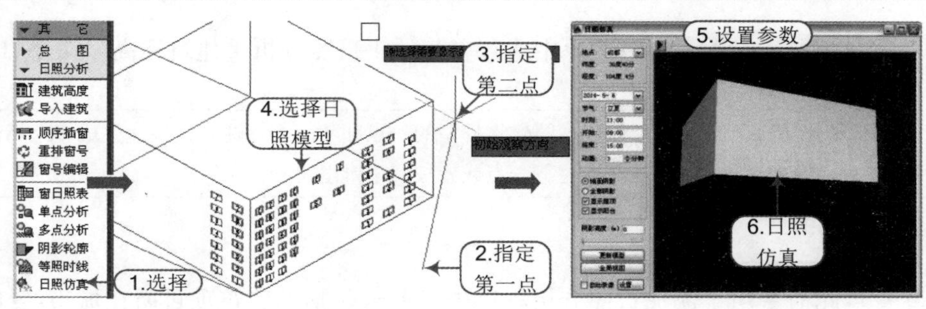

图 19-21 日照仿真

19.2.12 阴影擦除

知识要点 “阴影擦除”命令功能是擦除建筑物的阴影轮廓线和多点分析生成的网格点、以及其他命令在图上标注的日照时间等参数，不会误删除建筑物和日照窗对象。

执行方法 在天正屏幕菜单中执行“其他 | 日照分析 | 阴影擦除”命令（快捷键为“YYCC”）。

操作实例 例如，打开“资料\19 章-建筑高度.dwg”文件，在天正屏幕菜单中执行“其他 | 日照分析 | 阴影擦除”命令（YYCC），按照如下命令行提示执行操作即可。

```
选择日照分析生成的图线或数字:  \\ 通过 CAD 的各种选择方式选择区域或直接选择要删除对象
选择日照分析生成的图线或数字:  \\ 按回车键结束选择，退出命令
```

提示：对象选择

> **如果用户要擦除全部阴影轮廓线和网格点，点取本命令后，键入 ALL,按回车键即将图中所有阴影轮廓线和网格点擦除；如不需要全部擦除，在点取本命令后，可一一点选要擦除阴影轮廓线和网格点，按回车键即擦除；如果要局部删除，可以给出两个点围合成区域，把在区域内的默认图线、数字对象删除。**

19.2.13 建筑标高

知识要点 “建筑标高”是专用于标注三维日照建筑模型标高，但不能用于体量模型和平面图的标高标注，默认是标注顶标高，可通过选项“设置”启动对话框，如图 19-22 所示。

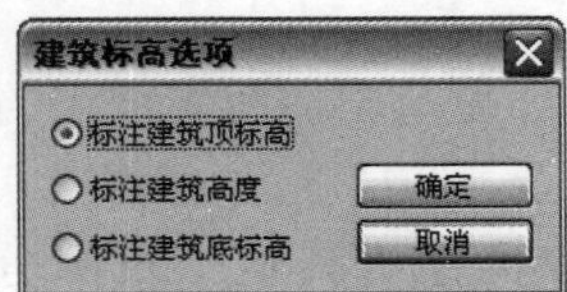

图 19-22 命令行“设置”选项

提示：体量模型

在使用体量模型建立遮挡物的情况下，该遮挡物的标高标注请使用“单注标高”命令。

执行方法 在天正屏幕菜单中执行“其他｜日照分析｜建筑标高”命令（快捷键为“JZBG”）。

操作实例 例如，在天正屏幕菜单中执行“其他｜日照分析｜建筑标高”命令（JZBG），按照如下命令行提示执行操作即可。

```
点取位置[设置(S)]<退出>: \\ 点取日照建筑模型的一点和下一个标注点，快速生成多个标注
点取位置[设置(S)]<退出>: \\ 再标注下一点或者按回车键退出
```

19.2.14 地理位置

知识要点 此命令用于添加日照分析程序中当前未包括的建筑项目所在城市经纬度数据。

执行方法 在天正屏幕菜单中执行“其他｜日照分析｜地理位置”命令（快捷键为“DLWZ”）。

操作实例 例如，在天正屏幕菜单中执行“其他｜日照分析｜地理位置”命令（DLWZ），即可弹出对话框，如图 19-23 所示。

地区数据库

省份	城市	经度	纬度	附注
北京	北京	116度19分	39度57分	
天津	天津	117度10分	39度 8分	
上海	上海	121度26分	31度12分	
重庆	重庆	106度33分	29度36分	
广东	广州	113度13分	23度 0分	
河北	石家庄	114度30分	38度 2分	
河北	承德	117度56分	40度58分	
河北	唐山	118度12分	39度36分	
河北	邢台	114度30分	37度 4分	
河北	保定	115度30分	38度51分	
河北	张家口	114度47分	40度47分	
河北	秦皇岛	119度36分	39度56分	
山西	太原	112度34分	37度51分	
山西	大同	113度17分	40度 6分	
内蒙古	呼和浩特	111度41分	40度49分	
内蒙古	包头	110度 2分	40度36分	
辽宁	沈阳	123度26分	41度46分	
辽宁	大连	121度35分	38度54分	
辽宁	鞍山	122度57分	41度 7分	

确定 取消 导入数据

图 19-23 “地区数据库”对话框

技巧：对话框

在对话框中可直接选择城市名称、纬度和经度数据，单击“确定”按钮，将数据添加到日照数据库中（单击“取消”放弃输入内容），数据即可应用在以后的日照分析中生成该城市的日照时数。

19.2.15 日照设置

知识要点 “日照设置”命令用于定义日照分析使用的计算精度、国家标准和地方法规规定的标准参数。

执行方法 在天正屏幕菜单中执行“其他｜日照分析｜日照设置”命令（快捷键为“RZSZ”）。

操作实例 例如，在天正屏幕菜单中执行“其他｜日照分析｜日照设置”命令(RZSZ)，即可弹出对话框，如图 19-24 所示。

图 19-24 “日照设置”对话框

选项含义 在“日照设置”对话框中，各选项的含义如下：

- 绘图单位：默认单位为“毫米(mm)”，一般情况不允许修改。
- 计算精度：下面的数据由程序按照日照标准给出，一般情况不必修改。可选择多项日照分析标准，默认只有“国家标准”，还可以选择“配置管理器”，进入“日照分析标准”配置对话框，在其中提供了有效日照的参数设置，如图 19-25 所示。

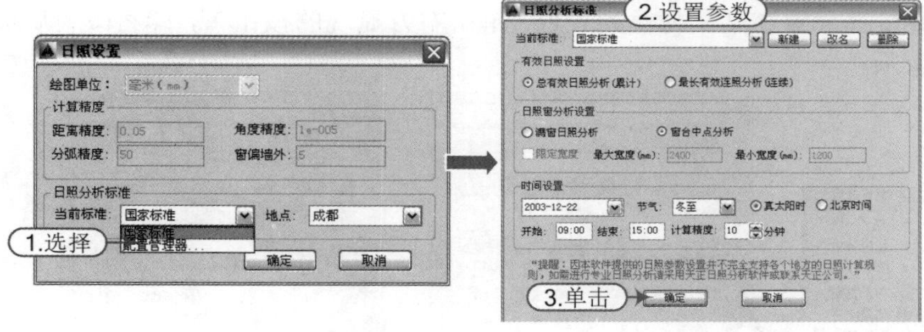

图 19-25 “配置管理器”选项

提示：日照分析标准控件含义

当前标准：用户新建的日照标准包含了本对话框的参数，命名后添加到当前标准下拉列表中。

总有效日照分析(累计)：受遮挡使日照时间不连续，对一采样点或一个窗户进行日照分析时，以一天中所有日照时间段的时间累积为分析依据。

最长有效连照分析(连续)：受遮挡使日照时间不连续，对一采样点或一个窗户进行日照分析时，以一天中最长的一段日照时间的长度作为分析依据。

满窗日照分析：上海等地规定以满窗日照为判断依据，即以窗台的 2 个角点同时有日照作为判断满窗日照的条件，最大最小宽度可以设定。

窗台中点分析：其他地区如北京的日照标准，以窗台中心点作为窗日照的判断依据。

真太阳时\北京时间：在本文档中所提及的日照有效时间、开始时间与结束时间默认为真太阳时，可在“日照分析标准”对话框的“时间设置”区中选择为真太阳时或者北京时间(时差＝分析点北京时间－真太阳时)。

19.3 渲染

天正建筑提供了与 AutoCAD 内部渲染模块兼容的材质附着命令，以及材质编辑命令，可以对构件和图层进行材质附着，还可以对材质进行修改，天正还提供了一个内容丰富的材质库，以中文分类命名材质，使用十分方便。

介绍了 AutoCAD 渲染模块中的配景命令的特点和使用方法。

介绍了 AutoCAD 渲染模块中的渲染命令的使用，配合天正开发的材质贴图命令，特别是天正提供的简单渲染命令，为原来 AutoCAD 很难使用的内部渲染功能提供了一条方便应用的捷径。

19.3.1 材质管理

知识要点 “材质管理”功能是维护管理天正提供的材质库,也就是对安装时用户选择安装在磁盘上的材质库文件中的材质数据进行管理。

执行方法 在天正屏幕菜单中执行“其他｜渲染｜材质管理”命令(快捷键为“CZGL”)。

操作实例 例如，在天正屏幕菜单中执行“其他｜渲染｜材质管理”命令(CZGL)，随后弹出面板，将鼠标静置在某一材质列表处，单击右方显现的按钮，即将改材质添加到文档，如图 19-26 所示。

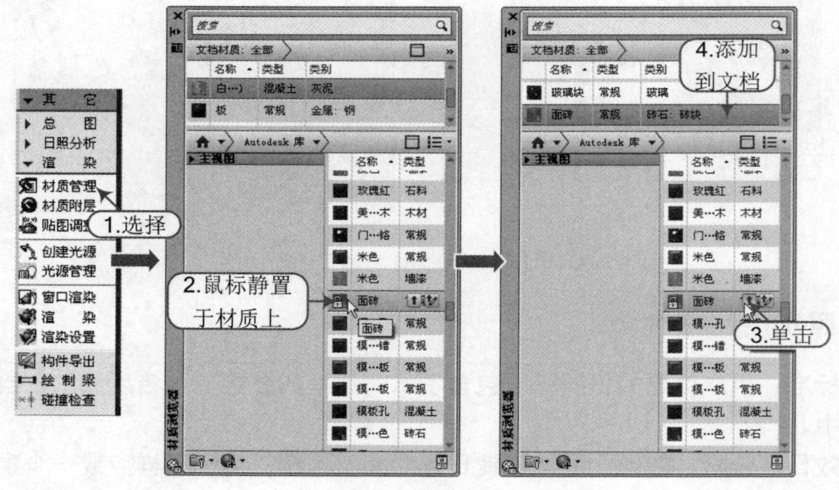

图 19-26 材质管理

19.3.2 材质附层

知识要点 “材质附层”命令是 AutoCAD 2007 以上平台的 MaterialAttach 命令，功能是通过图层给对象贴附材质，它支持天正自定义对象，对象的材质特性中设为 bylayer 时，可在对象的多个图层中分别贴附不同材质，如门窗对象的门窗框与玻璃。

执行方法 在天正屏幕菜单中执行“其他｜日照分析｜材质附层”命令(快捷键为“CZFC”)。

操作实例 例如，在天正屏幕菜单中执行“其他｜日照分析｜材质附层”命令(CZFC)，弹出对话框，在此对话框中，将左边的候选材质拖动到右边的对应图层上即可(左边的材质是从2007以上平台材质库选项板拖入图形中获得的)，如图19-27所示。

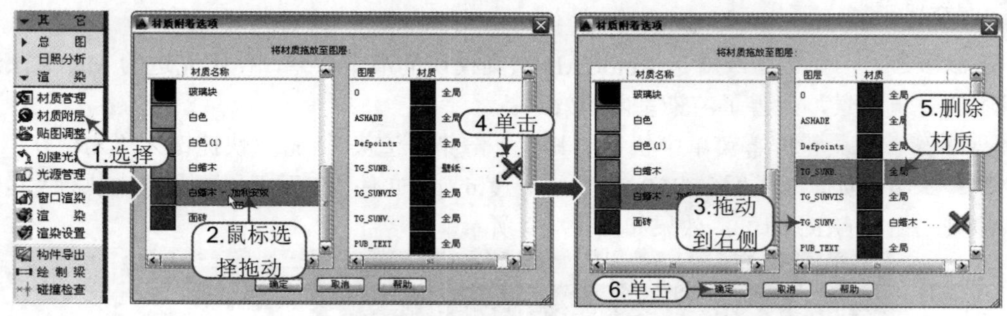

图19-27 材质附层

提示：对话框操作

> 左侧材质名称列表中列出图形中所有已使用和未使用的材质；将材质拖动到图层列表中的图层上以将材质附着到该图层。
>
> 右侧列出图形中以及附着到图形的所有外部参照中的所有图层；将材质附着到图层后，该材质将显示在该图层旁边。单击“删除”按钮，可将材质从图层拆离。

19.3.3 贴图调整

执行方法 在天正屏幕菜单中执行“其他｜渲染｜贴图调整”命令(快捷键为“TTTZ”)。

操作实例 例如，在天正屏幕菜单中执行“其他｜渲染｜贴图调整”命令(TTTZ)，按照如下命令行提示进行绘制，如图19-28所示。

```
选择选项[长方体(B)/平面(P)/球面(S)/柱面(C)/复制贴图至(Y)/重置贴图(R)]<长方体>:
                                                    \\ 按回车键选择系统默认项
选择面或对象:                                        \\ 选择建筑物
选择面或对象:                                        \\按回车键结束选择
接受贴图或[移动(M)/旋转(R)/重置(T)/切换贴图模式(W)]:W    \\ 输入“W”，切换贴图
选择选项[长方体(B)/平面(P)/球面(S)/柱面(C)/复制贴图至(Y)/重置贴图(R)]<长方体>: S
                                                    \\ 选择球面“S”项
接受贴图或[移动(M)/旋转(R)/重置(T)/切换贴图模式(W)]:      \\ 按回车键结束命令
```

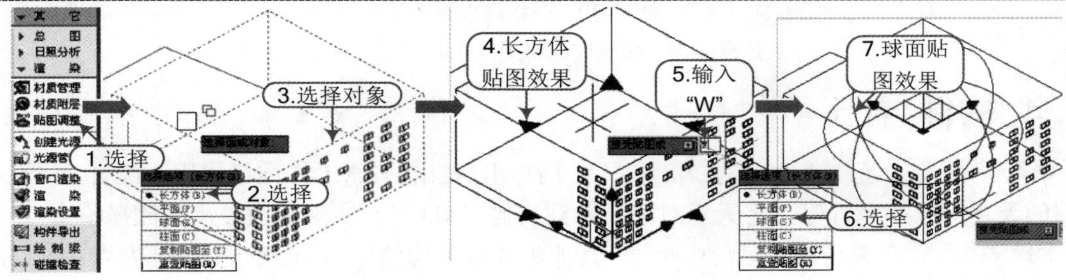

图19-28 贴图调整

19.3.4 渲染命令

知识要点 “渲染”命令就是 AutoCAD 渲染模块的渲染命令，使用先进的 MR 算法渲染贴附材质的建筑场景，改善了渲染室内的效果。

执行方法 在天正屏幕菜单中执行“其他 | 渲染 | 渲染”命令(快捷键为“XR”)。

操作实例 例如，打开“资料\19 章-建筑高度.dwg”文件，在天正屏幕菜单中执行“其他 | 渲染 | 渲染”命令(XR)即可，效果如图 19-29 所示。

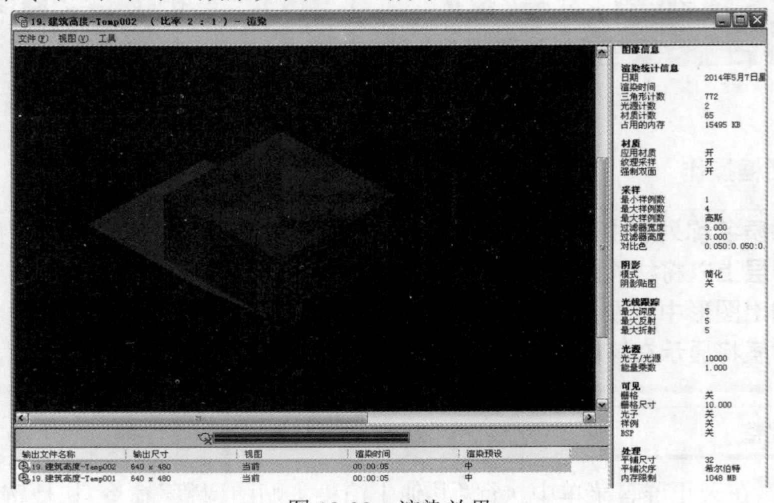

图 19-29 渲染效果

提示：高级渲染设置

在天正屏幕菜单中执行“其他 | 渲染 | 渲染设置”命令(XRSZ)，可对渲染进行设置，如图 19-30 所示。

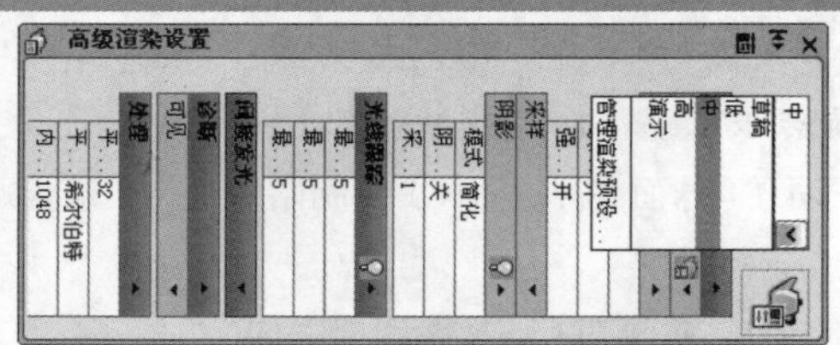

图 19-30 高级渲染设置

（注意：因版幅原因，将图片向右转了 90°。）

19.4 构件导出

知识要点 天正构件对象的XML格式文档导出，导出的XML标准格式用于配合 AutoCAD 外部的天正对象解释程序，将天正对象导入到其他 CAD 平台实现模型显示和碰撞检查。

执行方法 在天正屏幕菜单中执行“其他 | 其他 | 构件导出”命令(快捷键为“GJDC”)。

操作实例 例如，打开“资料\19 章-建筑高度.dwg”文件，在天正屏幕菜单中执行“其他 | 其他 | 构件导出”命令(GJDC)，然后直接在本图选择要导出的构件或输入“A”将图中全部构件都导出，按回车键结束选择后会弹出对话框。在对话框中修改 XML 文件的名称和保存路径

后，单击“保存”按钮，继而在弹出的对话框中选择按钮选项即可，如图 19-31 所示。

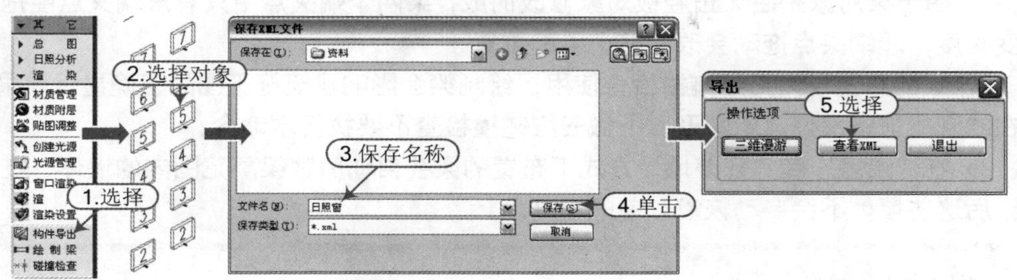

图 19-31　构件导出

技巧：“导出”对话框选项

三维漫游：调用三维漫游插件(目前暂时不提供)，在建筑物中进行三维虚拟漫游。

查看 XML：调用相应程序，如 IE 浏览器直接打开生成的 XML 文件查看内容。

提示：命令行提示

如果在命令行第一步提示(请选择实体[全图(A)]<选择工程>:)时直接右键回车，弹出对话框，在对话框中选择需要导出的*.tpr 格式的工程文件，在“数据检查”无误后，点击“导出 XML”按钮也可以导出 XML 文件。

最后生成的 XML 文件通过记事本、浏览器等程序均可打开。

19.5 绘制梁

知识要点 此命令用于创建结构梁模型，用于配合下面的碰撞检查命令，实现多专业构件和设备的空间位置干涉分析，在众多框架建筑中，建筑图表示了本层填充墙的位置，为建模方便起见，在本层墙顶创建属于上一楼层的框架梁，自动将原来到上层楼面的墙高减去梁高。

执行方法 在天正屏幕菜单中执行“其他 | 其他 | 绘制梁”命令(快捷键为“HZL”)。

操作实例 例如，打开“资料\19 章-其他.dwg”文件，在天正屏幕菜单中执行“其他 | 其他 | 绘制梁”命令(HZL)，选取图上要在上面绘制梁的轴线，不需要按回车键，随即按轴线位置绘制出一段梁，如图 19-32 所示。

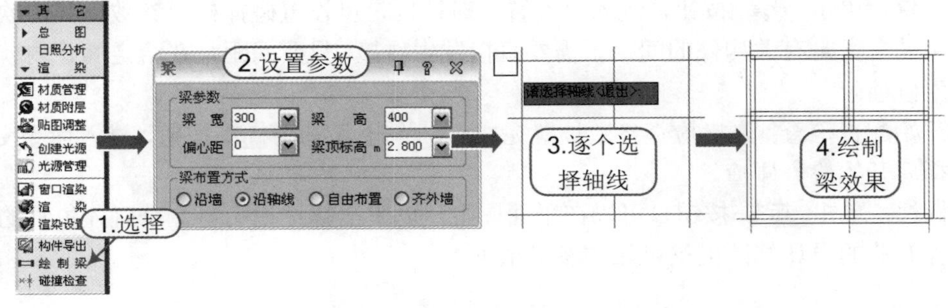

图 19-32　绘制梁

注意：梁对象

1）由于梁对象是由天正竖板对象修改而成，梁两个端夹点中只有末端夹点能拖动改变长度，起端夹点拖动会改变整个梁的位置。

2）梁的布置仅为三维碰撞检查使用，绘制梁会影响建筑施工图的正确显示效果，请在绘制梁前备份好建筑图形，不做三维碰撞检查不要执行本命令。

3）在“沿墙”和“齐外墙”方式下布置的梁会自动剪裁梁高范围内的墙体，在删除梁后这些墙体不会自动恢复以前的墙高。

19.6 碰撞检查

知识要点“碰撞检查”命令利用天正对象的三维建模特性，检查天正构件和设备等对象在空间是否发生干涉，实现多专业构件和设备的空间位置干涉分析。

执行方法在天正屏幕菜单中执行“其他｜其他｜碰撞检查”命令(快捷键为“PZJC”)。

操作实例例如，在天正屏幕菜单中执行“其他｜其他｜碰撞检查”命令(PZJC)，在弹出的如图 19-33 所示对话框中设置选项后单击“开始碰撞检查”按钮，然后依照如下命令行提示进行操作即可。

请选择碰撞检查的对象(对象类型:土建 桥架 风管 水管)<退出>:

\\ 选两个对角点框选范围，提示找到 XX 个

请选择碰撞检查的对象(对象类型:土建 桥架 风管 水管)<退出>:

\\ 按回车键结束选择后显示对话框

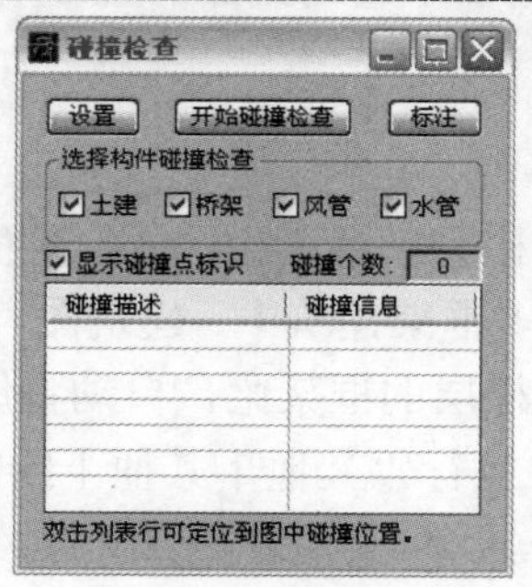

图 19-33 碰撞检查

选项含义在“碰撞检查”对话框中，各按钮选项的含义如下：

- 设置：单击 设置 按钮，进入“设置”对话框，可设置碰撞检查参数，其中软碰撞间距的含义是有关构件的间距不需要直接发生碰撞，只要间距是在给定间距内就算为发生碰撞。
- 开始配置检查：碰撞检查参数设置完成后，单击 开始碰撞检查 按钮，进入命令交互，选择后开始检查碰撞。
- 标注：单击 标注 按钮，可以在平面图上，以引出标注说明每一个碰撞位置的信息为各专业的设计修改提供可靠的参考依据。

第5篇 案例实战篇

20 城镇住宅施工图的创建

本章导读

通过一个城镇住宅楼的绘制实例，执行天正命令，熟悉命令的使用。

本章内容

- 综合练习——绘制首层平面图
- 综合练习——绘制地下室平面图
- 综合练习——绘制二～三平面图
- 综合练习——绘制屋顶平面图
- 综合练习——城镇住宅工程文件的创建
- 综合练习——城镇住宅立面图的创建
- 综合练习——城镇住宅剖面图的创建
- 综合练习——城镇住宅三维模型创建与渲染
- 综合练习——施工图的布局与输出

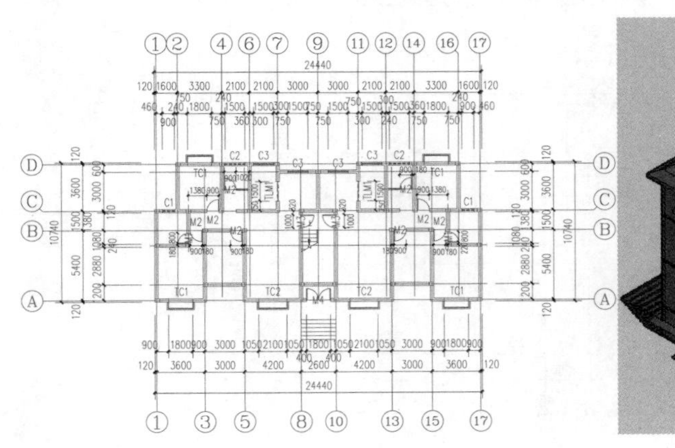

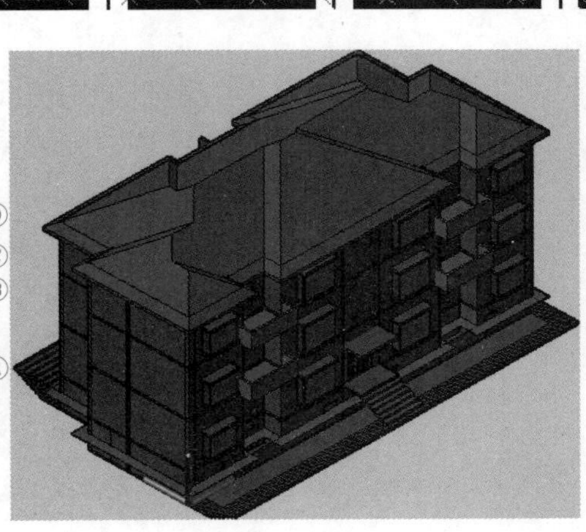

20.1 综合练习——绘制首层平面图

案例 城镇住宅施工图.dwg 视频 绘制首层平面图.avi

实战要点：①绘制轴线及其标注；②门窗、柱子；③阳台对象绘制；④散水绘制；⑤尺寸及标高标注。

操作步骤

步骤 01 启动 TArch 2014 软件，将空白文档保存为“案例\20\城镇住宅施工图.dwg”文件。

步骤 02 在天正屏幕菜单中执行“轴网柱子 | 绘制轴网”命令（HZZW），在弹出的“绘制轴网”对话框中按照表 20-1 所示的参数绘制建筑轴网，如图 20-1 所示。

表 20-1 轴网数据

直线轴网	上开间	1600，3300，2×2100，2×3000，2×2100，3300，1600
	下开间	3600，3000，4200，2600，4200，3000，3600
	左进深	1200，3000，1200，1500，3000，600

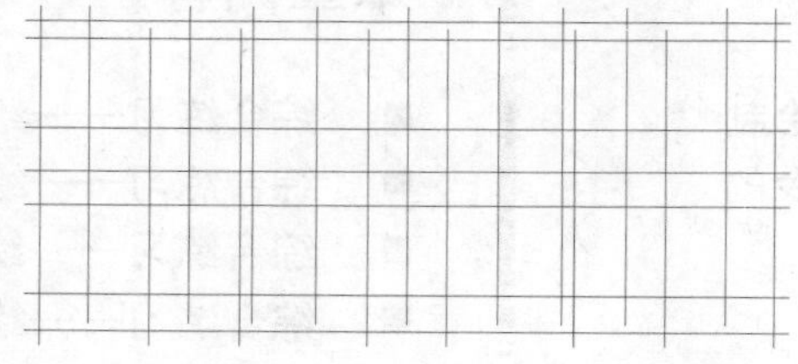

图 20-1 绘制轴网

步骤 03 在天正屏幕菜单中执行“轴网柱子 | 轴网标注”命令（ZWBZ），在弹出的“轴网标注”对话框中选择“双侧标注”，先使用鼠标分别选择最左侧和最右侧的轴线后按回车键，标注出上、下侧的尺寸及轴号对象；再分别单击最下侧与最上侧的轴线后，按回车键，标注出左、右侧的轴线及轴号，如图 20-2 所示。

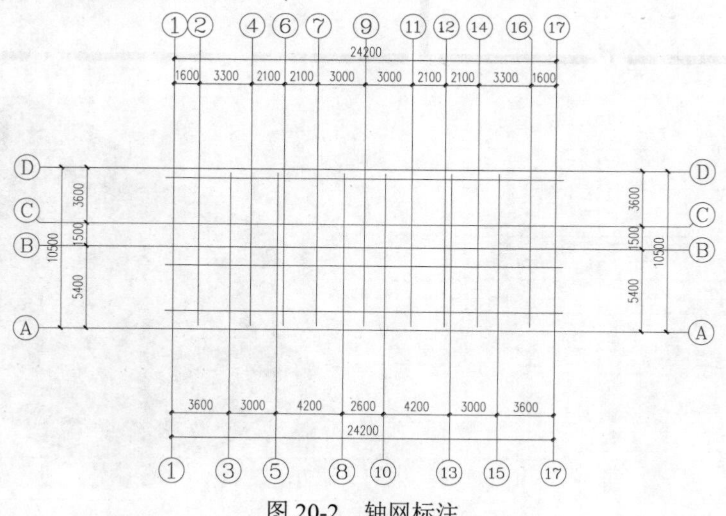

图 20-2 轴网标注

步骤 04 在天正屏幕菜单中执行“墙体｜绘制墙体”命令(HZQT)，在弹出的“绘制墙体”对话框中按照表 20-2 所示的参数绘制建筑墙体，如图 20-3 所示。

表 20-2 墙体参数

高度	底高	材料	用途	外墙宽	内墙宽
3300	0	砖墙	一般墙	240	240

步骤 05 在天正屏幕菜单中执行“轴网柱子｜标准柱”命令(BZZ)，在弹出的“标准柱”对话框中按照表 20-3 所示的参数绘制建筑柱子，如图 20-4 所示。

表 20-3 标准柱参数

形状	材料	柱高	横向	纵向
矩形	钢筋混凝土	3300	350	240

图 20-3 绘制的墙体

图 20-4 绘制的标准柱

步骤 06 在天正屏幕菜单中执行“轴网柱子｜柱齐墙边”命令(ZQQB)，将柱边与墙边对齐，如图 20-5 所示。

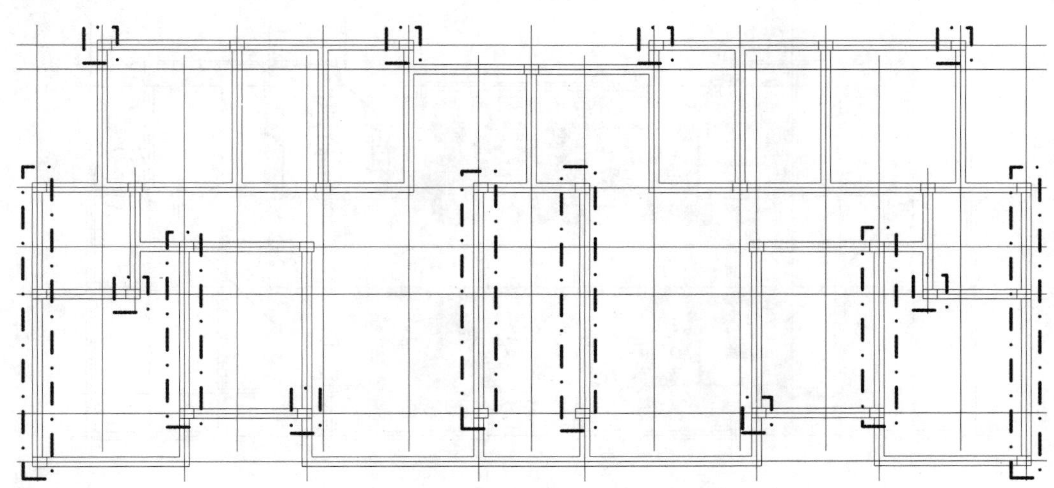

图 20-5 柱齐墙边

步骤 07 在天正屏幕菜单中执行“墙体｜绘制墙体”命令(HZQT)，在弹出的“绘制墙体”对话框中设置如表 20-4 所示参数，补充绘制卫生隔断墙，如图 20-6 所示。

表 20-4 补充墙体参数

高度	底高	材料	用途	左宽	右宽
3300	0	砖墙	卫生隔断墙	60	60

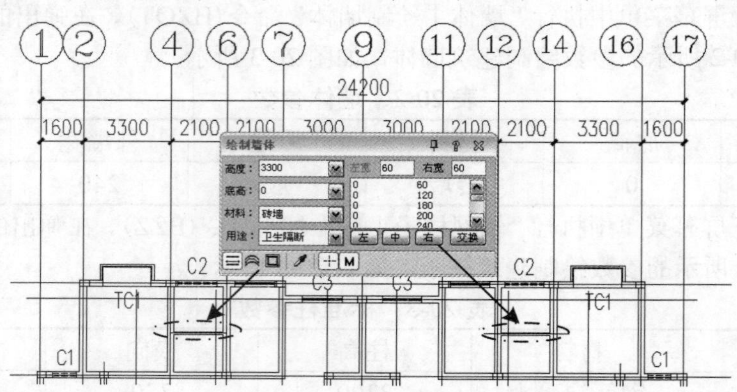

图 20-6　补充绘制墙体

步骤 08 在天正屏幕菜单中执行"门窗｜门窗"命令(MC)，在弹出的"门窗"对话框中择"插窗"，设置参数见表 20-5、表 20-6，按照"轴线定距插入"方式插入卫生间高窗 C1 与 C2，如图 20-7 所示。

表 20-5　C1 参数

编号	类型	高窗	窗宽	窗高	窗台高	距离
C1	普通窗	勾选	900	1800	900	240

表 20-6　C2 参数

编号	类型	高窗	窗宽	窗高	窗台高	距离
C2	普通窗	勾选	1500	1800	900	240

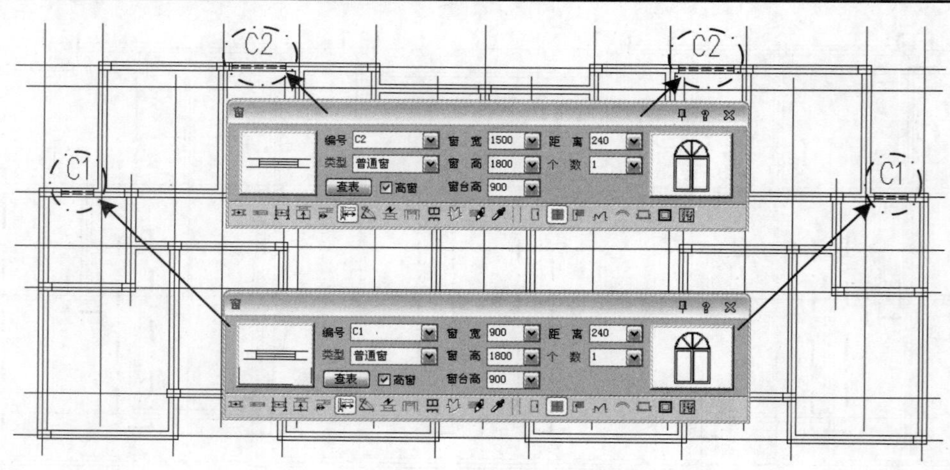

图 20-7　插入窗 C1 与窗 C2

步骤 09 在天正屏幕菜单中执行"门窗｜门窗"命令(MC)，在弹出的"门窗"对话框中选择"插窗"，设置参数见表 20-7，按照"依据点取位置两侧轴线进行等分插入"方式插入 C3，如图 20-8 所示。

表 20-7　C3 参数

编号	类型	窗宽	窗高	窗台高	距离
C3	普通窗	1500	1800	900	0

步骤 10 在天正屏幕菜单中执行“门窗 | 门窗”命令(MC)，在弹出的“门窗”对话框中选择“插凸窗”，然后设置参数见表 20-8，按照“依据点取位置两侧轴线进行等分插入”方式插入 TC1，如图 20-9 所示。

表 20-8　TC1 参数

编号	类型	窗宽	窗高	窗台高	出挑长
TC1	矩形凸窗	1800	1500	600	600

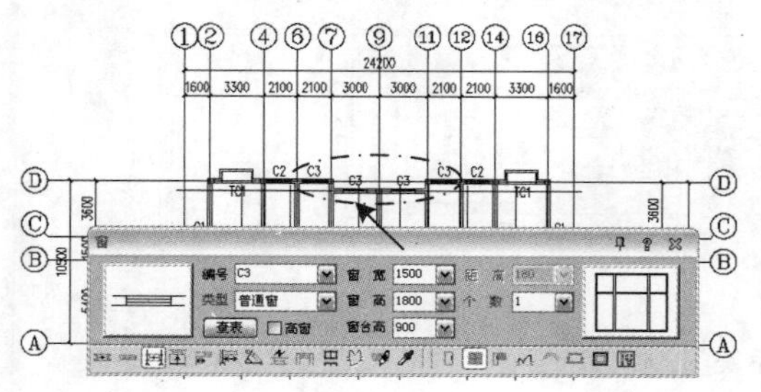

图 20-8　插入窗 C3

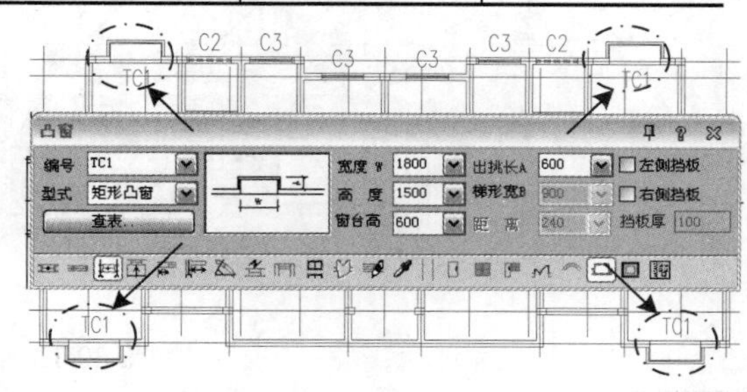

图 20-9　插入窗 TC1

步骤 11 在天正屏幕菜单中执行“门窗 | 门窗”命令(MC)，在弹出的“门窗”对话框中选择“插凸窗”，设置参数见表 20-9，然后按照“依据点取位置两侧轴线进行等分插入”方式插入 TC2，如图 20-10 所示。

表 20-9　TC2 参数

编号	类型	窗宽	窗高	窗台高	出挑长
TC2	矩形凸窗	2100	1800	600	600

步骤 12 在天正屏幕菜单中执行“门窗 | 门窗”命令(MC)，在弹出的“门窗”对话框中选择“插门”，设置参数见表 20-10，然后按照“轴线定距插入”方式插入 M1，如图 20-11 所示。

表 20-10　M1 参数

编号	类型	门宽	门高	门槛高	距离
M1	普通门	800	2100	0	180

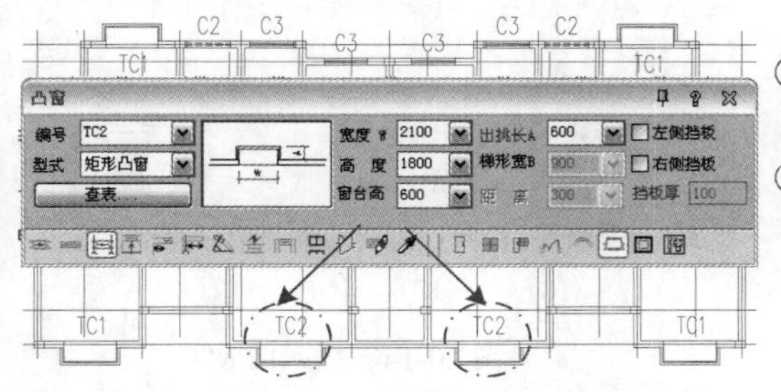

图 20-10　插入窗 TC2

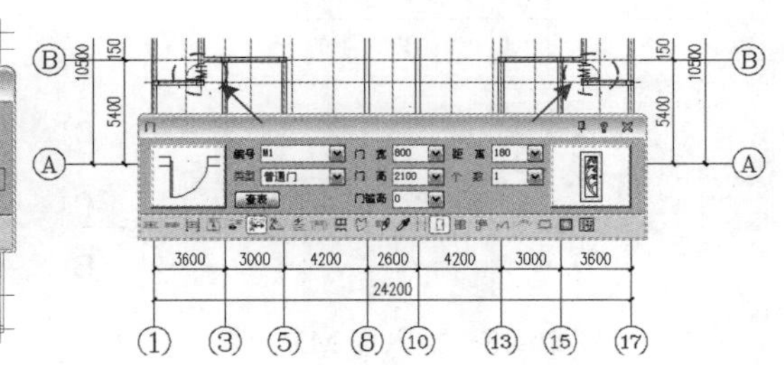

图 20-11　插入门 M1

步骤 13 在天正屏幕菜单中执行“门窗 | 门窗”命令(MC)，在弹出的“门窗”对话框中选择“插门”，设置参数见表 20-11，然后按照“轴线定距插入”方式插入 M2，如图 20-12 所示。

表 20-11　M2 参数

编号	类型	门宽	门高	门槛高	距离
M2	普通门	900	2100	0	180

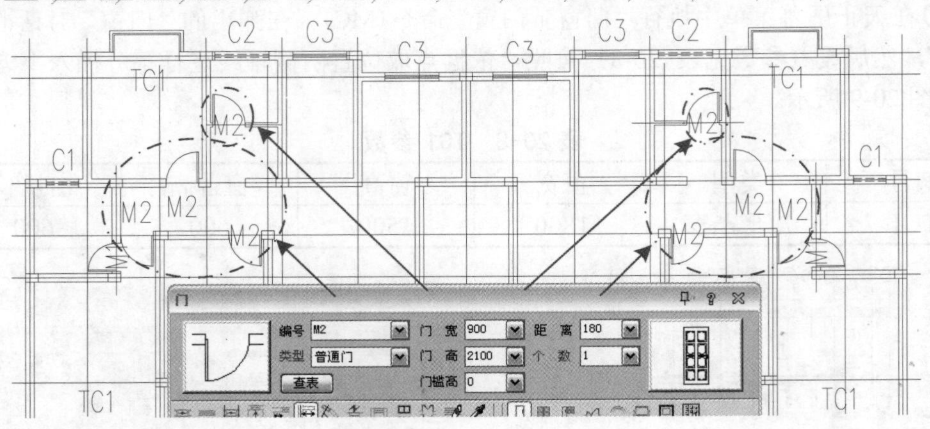

图 20-12　插入门 M2

步骤 14 在天正屏幕菜单中执行“门窗｜门窗”命令(MC)，在弹出的“门窗”对话框中选择“插门”，设置参数见表 20-12，然后按照“轴线定距插入”方式插入 M3，如图 20-13 所示。

表 20-12　M3 参数

编号	类型	门宽	门高	门槛高	距离
M3	普通门	1000	2100	0	240

步骤 15 在天正屏幕菜单中执行“门窗｜门窗”命令(MC)，在弹出的“门窗”对话框中设置参数见表 20-13，按照“依据点取位置两侧轴线进行等分插入”方式插入 M4，如图 20-14 所示。

表 20-13　M4 参数

编号	类型	门高	门宽	门槛高	距离
M4	普通门	2100	1800	0	无

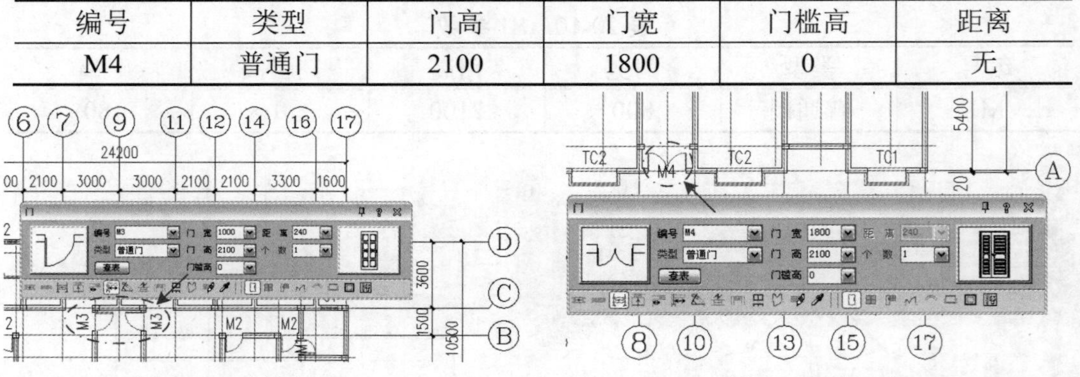

图 20-13　插入门 M3　　图 20-14　插入门 M4

步骤 16 在天正屏幕菜单中执行“门窗｜门窗”命令(MC)，在弹出的“门窗”对话框中设置参数见表 20-14，按照“依据点取位置两侧轴线进行等分插入”方式插入 TLM1，如图 20-15 所示。

表 20-14　TLM1 参数

编号	类型	门高	门宽	门槛高	距离
TLM1	普通门	2100	1500	0	无

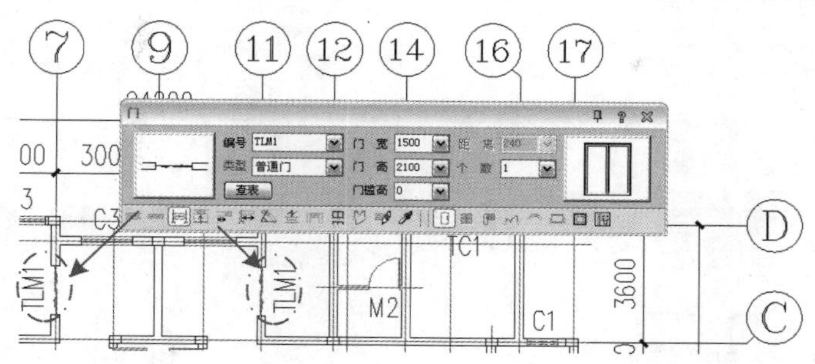

图 20-15　插入门 TLM1

步骤 17 执行 CAD “偏移”“修剪” 等命令，在 C 轴与 4、6 轴之间，与 12、14 轴之间绘制出门洞口效果，如图 20-16 所示。

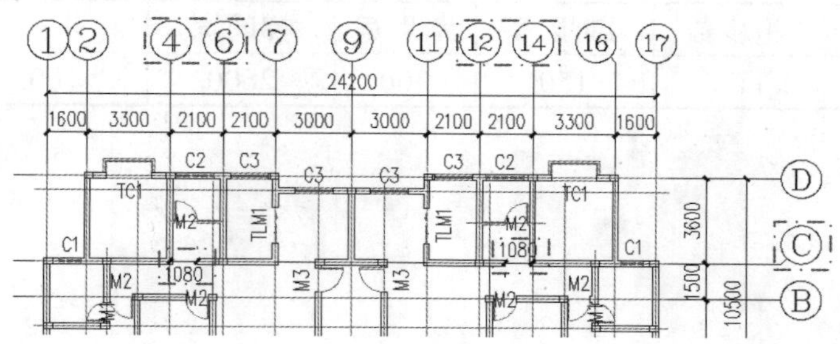

图 20-16　绘制门洞

步骤 18 在天正屏幕菜单中执行“墙体 | 绘制墙体”命令（HZQT），在弹出的“绘制墙体”对话框中，设置墙体的用途为“虚墙”，在如图 20-17 所示位置绘制虚墙，在对称位置也绘制上虚墙。

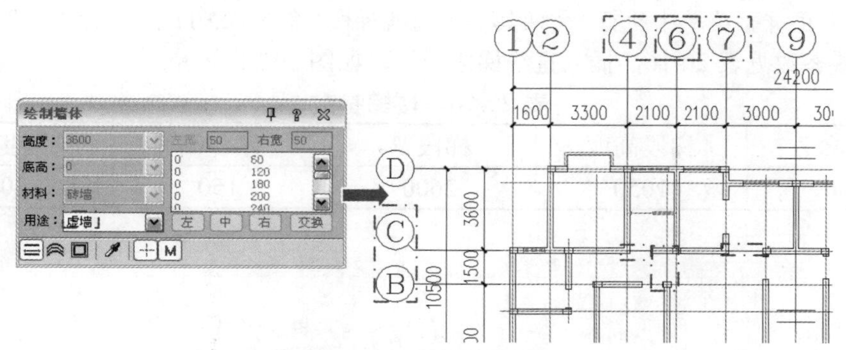

图 20-17　绘制虚墙

步骤 19 在天正屏幕菜单中执行“房间屋顶 | 搜索房间”命令（SSFJ），在弹出的“搜索房间”对话框中，勾选“显示房间名称”“屏蔽背景”和“识别内外”，然后框选一套完整建筑物的墙体并按回车键即可，如图 20-18 所示。

步骤 20 逐个双击房间名称进入在位编辑，按照房间功能修改各房间名称，如图 20-19 所示。

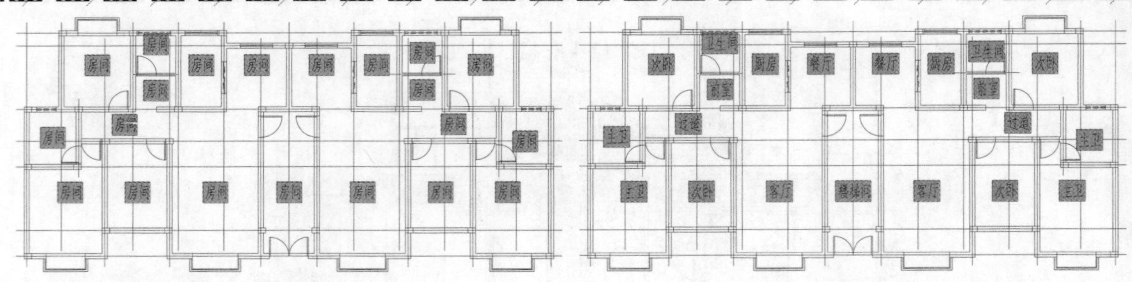

图 20-18　搜索房间　　　　图 20-19　在位编辑

步骤 21 在天正屏幕菜单中执行“楼梯其他｜双跑楼梯”命令(SPLT)，在弹出的“双跑楼梯”对话框中按照表 20-15 所示的参数在标有“楼梯间”的房间位置插入首层楼梯，如图 20-20 所示。

表 20-15　楼梯参数

楼梯高度	一/二跑步数	踏步高	踏步宽	梯间宽	井宽	平台宽
3300	11/11	150	300	2600	100	1200

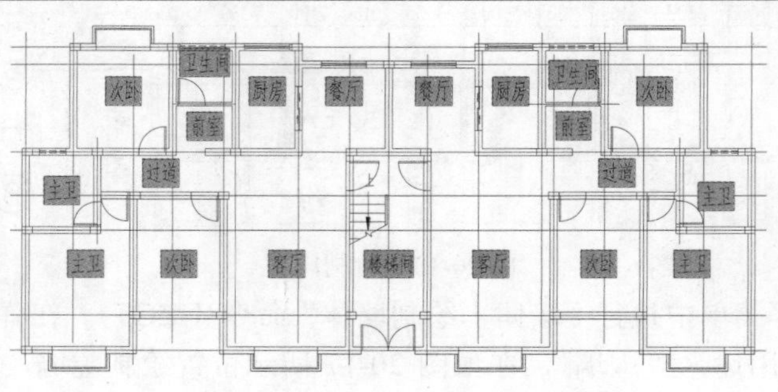

图 20-20　绘制首层双跑楼梯

步骤 22 在天正屏幕菜单中执行“楼梯其他｜直线梯段”命令(ZXTD)，在弹出的“直线楼梯”对话框中设置参数见表 20-16，插入直线梯段楼梯，如图 20-21 所示。

表 20-16　楼梯参数

梯段长度	梯段高度	梯段宽	踏步高	踏步宽
2100	1050	2600	150	300

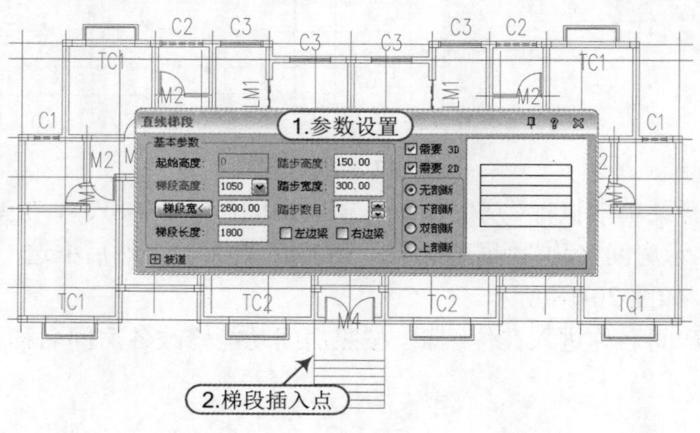

图 20-21　直线楼梯绘制

步骤 23 首先，执行CAD“矩形”命令(REC)，在8、9轴之间绘制矩形(2600，1500)，然后在天正屏幕菜单中执行“三维建模｜造型对象｜平板”命令(PB)，按照如下命令行提示，绘制楼梯平台板；然后执行CAD移动命令，移动直线楼梯直至与平台平齐，如图20-22所示。

```
选择一封闭的多段线或圆<退出>:                    \\ 选择矩形
请点取不可见的边<结束>:                          \\ 点取靠墙边为不可见边
请点取不可见的边<结束>:                          \\ 按回车键结束选择
选择作为板内洞口的封闭的多段线或圆:              \\ 按回车键结束选择
板厚(负值表示向下生成)<150>:                     \\ 输入板厚 100
```

步骤 24 在天正屏幕菜单中执行“楼梯其他｜散水”命令(SS)，按照表20-17所示的参数绘制散水，如图20-23所示。

表 20-17 散水参数

散水宽	偏移距离	高差	创建平台	绕柱子	绕阳台	绕造型
600	0	1050	勾选	勾选	勾选	勾选

图 20-22 直线梯段移动效果

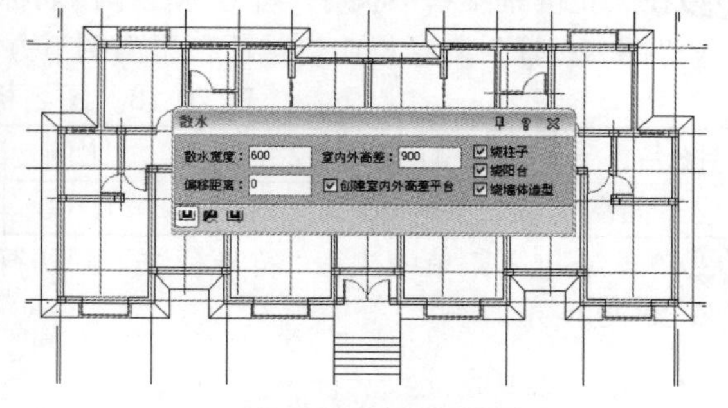

图 20-23 绘制散水

步骤 25 在天正屏幕菜单中执行“尺寸标注｜门窗标注”命令(MCBZ)和“内门标注”命令(NMBZ)，根据命令行提示，通过两点绘制一条贯穿标注窗的直线，并利用“裁剪延伸”(CJYS)“外包尺寸”(WBCC)等尺寸标注的编辑命令调整标注，如图20-24所示。

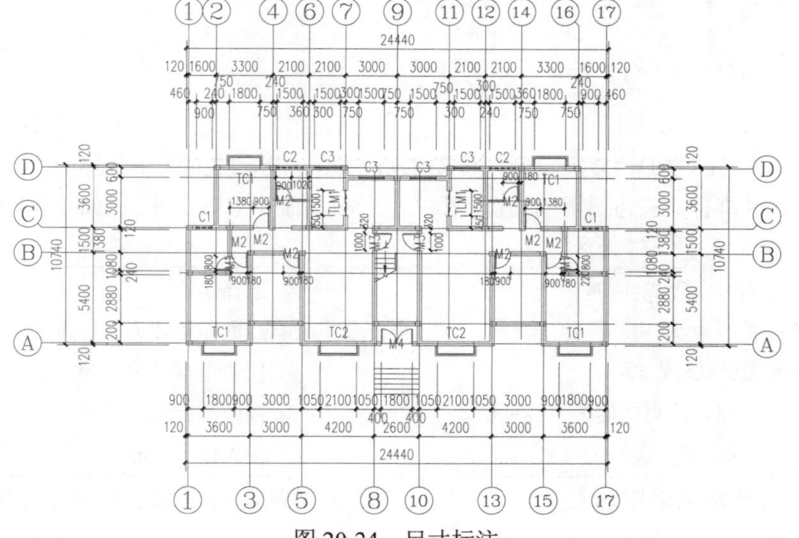

图 20-24 尺寸标注

步骤 26 在天正屏幕菜单中执行“符号标注丨标高标注”命令(BGBZ)，对平面图标高进行标注，室外标高为“－1.050”，室内卫生间标高为“－0.200”，室内其他房间标高为“0.000”，如图 20-25 所示。

步骤 27 在天正屏幕菜单中执行“符号标注丨画指北针”命令(HZBZ)，在平面图右上角画指北针，如图 20-26 所示。

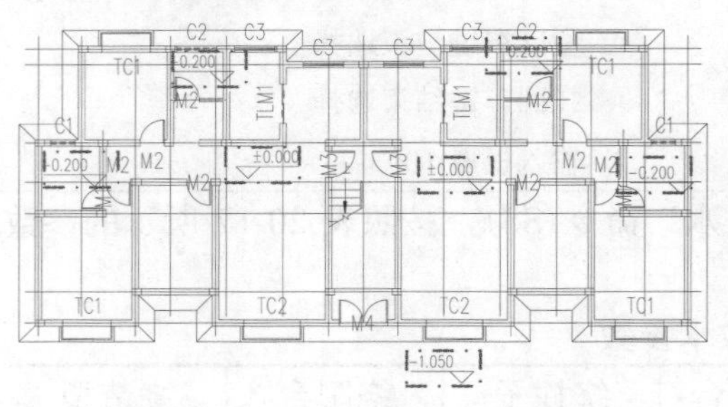

图 20-25 标高标注

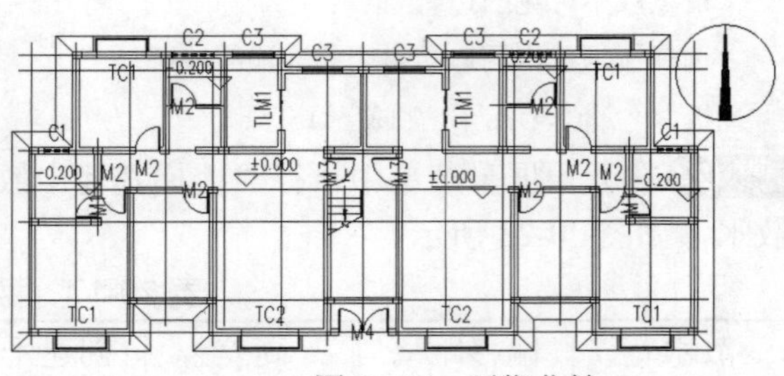

图 20-26 画指北针

步骤 28 在天正屏幕菜单中执行“符号标注丨图名标注”命令(TMBZ)，按照表 20-18 所示内容：输入“图名标注”对话框中，然后在平面图下方中间插入图名，如图 20-27 所示。

表 20-18 图名标注

图名	文字样式	文字高度	比例	文字样式	文字高度	国标
首层平面图	宋体	7.0	1:100	宋体	5.0	勾选

步骤 29 在天正屏幕菜单中执行“符号标注丨剖切符号”命令(PQFH)，在楼梯处绘制剖切符号，如图 20-28 所示。

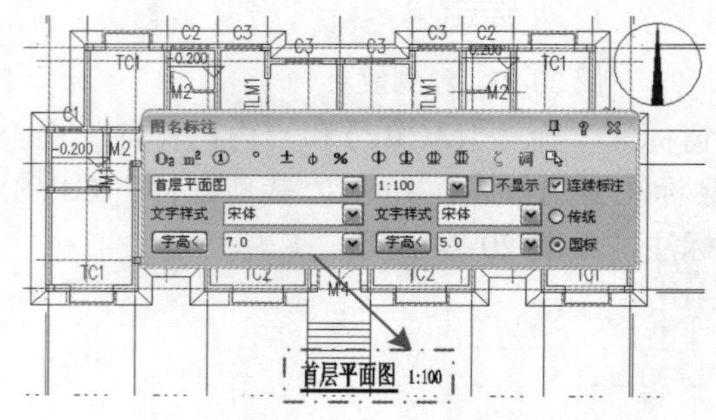

图 20-27 图名标注

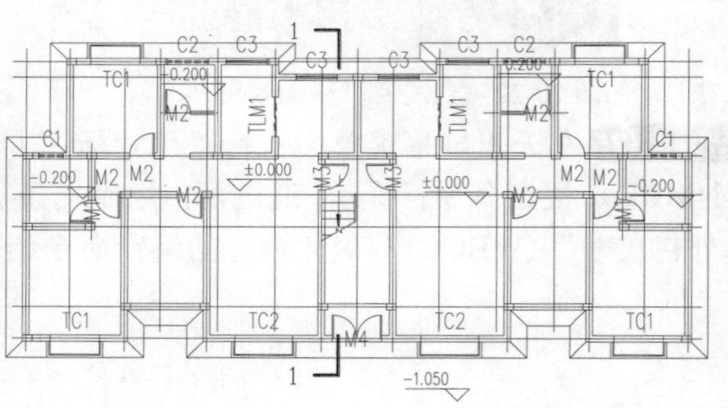

图 20-28 剖切符号

步骤 30 首先，执行 CAD“矩形”命令(REC)，在 8、9 轴之间绘制矩形(2600,1500)，然后在天正屏幕菜单中执行“三维建模丨造型对象丨平板”命令(PB)，按照如下命令行提示，绘制雨水板。

选择一封闭的多段线或圆<退出>:	\\ 选择矩形
请点取不可见的边<结束>:	\\ 点取靠墙边为不可见边
请点取不可见的边<结束>:	\\ 按回车键结束选择
选择作为板内洞口的封闭的多段线或圆:	\\ 按回车键结束选择
板厚(负值表示向下生成)<150>:	\\ 输入板厚 150

步骤 31 在天正屏幕菜单中执行“工具丨移位”命令(YW)，将雨水板在 Z 正方向移动 2400，如图 20-29 所示。

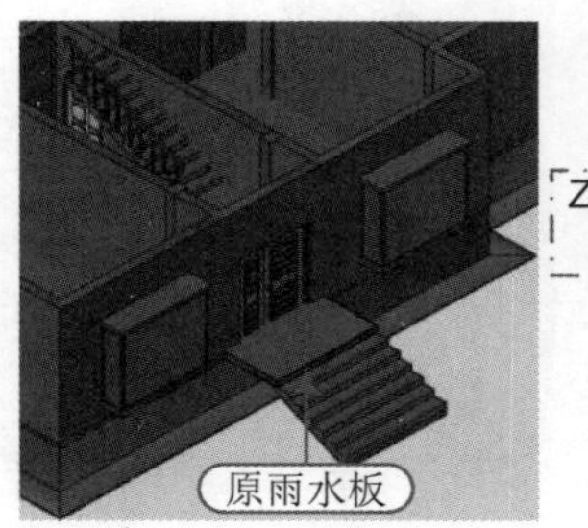

图 20-29　雨水板效果

步骤 32 首先，执行 CAD“矩形”命令(REC)，沿建筑物外墙边线和楼梯间梯段外轮廓线分别绘制矩形，然后在天正屏幕菜单中执行“三维建模｜造型对象｜平板”命令(PB)，按照如下命令行提示，绘制地板，如图 20-30 所示。

```
选择一封闭的多段线或圆<退出>:                \\ 选择建筑物外墙边线绘制矩形
请点取不可见的边<结束>:                      \\ 按回车键结束选择
选择作为板内洞口的封闭的多段线或圆:          \\ 选择楼梯间矩形
选择作为板内洞口的封闭的多段线或圆:          \\ 选择另一个楼梯间矩形
选择作为板内洞口的封闭的多段线或圆:          \\ 按回车键结束选择
板厚(负值表示向下生成)<150>:                 \\ 输入板厚 100
```

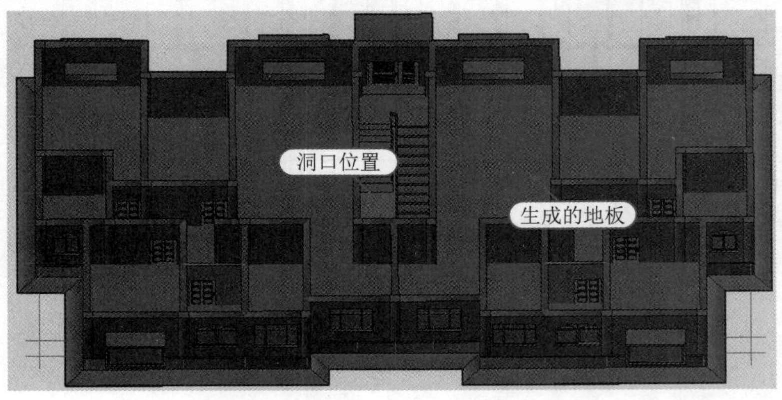

图 20-30　楼梯间处开洞地板

步骤 33 至此，该教学楼首层平面图已经绘制完成，按“Ctrl+S”组合键保存。

20.2 综合练习——绘制地下室平面图

案例	城镇住宅施工图.dwg	视频	绘制地下室平面图.avi

实战要点：①绘制直线楼梯；②对象选择命令的运用；③复制首层平面图加以修改绘制地下室平面图；④住宅楼地下室是各居民用户的半地下仓库。

操作步骤

步骤 01 打开“案例\20\城镇住宅施工图.dwg”文件，复制已经绘制好的“首层平面图”到当前文件，如图 20-31 所示。

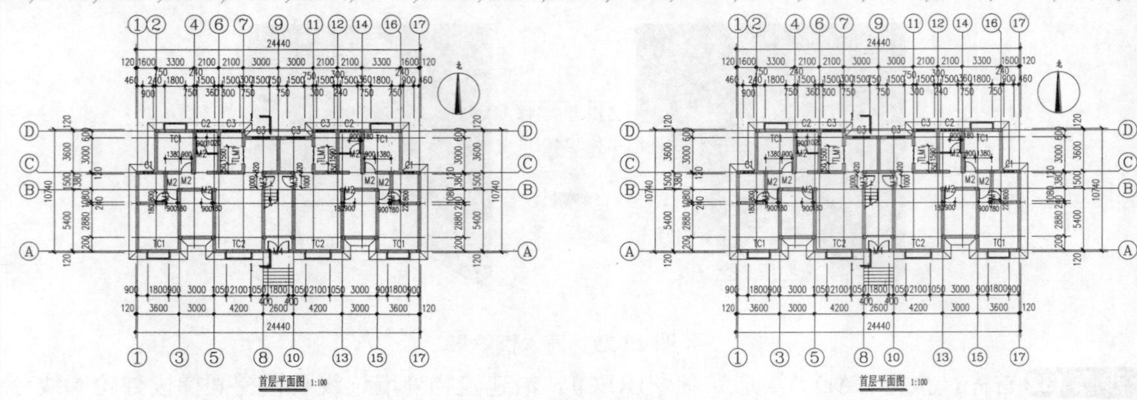

图 20-31　复制首层平面图

步骤 02 在天正屏幕菜单中执行“图层控制 | 锁定图层”命令(SDTC)，将“地板”“图名标注”“轴线”“轴文”“轴标”“砖墙”以及“混凝土柱”所在图层锁定，然后执行 CAD 删除命令(E)，将其余图层图元全部删除，如图 20-32 所示。

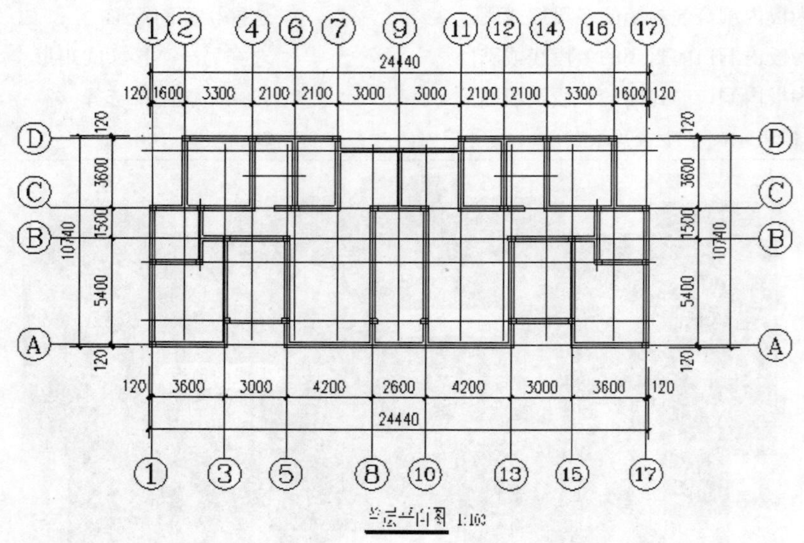

图 20-32　删除效果

步骤 03 双击图名标注“首层平面图 1:100”，进入在位编辑，修改图名为“地下室平面图 1:100”，如图 20-33 所示。

1.双击 首层平面图 1:100 地下室平面图 1:10 2.输入新图名

图 20-33　修改图名

步骤 04 在天正屏幕菜单中执行“工具 | 对象选择”命令(DXXZ)，选择墙体为参考图元，然后用天正屏幕菜单中“墙体 | 墙体工具 | 改高度”命令(GGD)修改高度为 2100，同样的方法将各柱也改为 2100 高。

步骤 05 双击平面地板，按照如下命令行提示，将地板上的楼梯间处洞口删除，如图 20-34 所示。

选择[加洞(A)/减洞(D)/加边界(P)/减边界(M)/边可见性(E)/板厚(H)/标高(T)/参数列表(L)]<退出>:D

\\ 输入 D，即选择减洞选项

请要移除的洞: \\ 点取楼梯洞口

选择[加洞(A)/减洞(D)/加边界(P)/减边界(M)/边可见性(E)/板厚(H)/标高(T)/参数列表(L)]<退出>:

\\ 按回车键退出

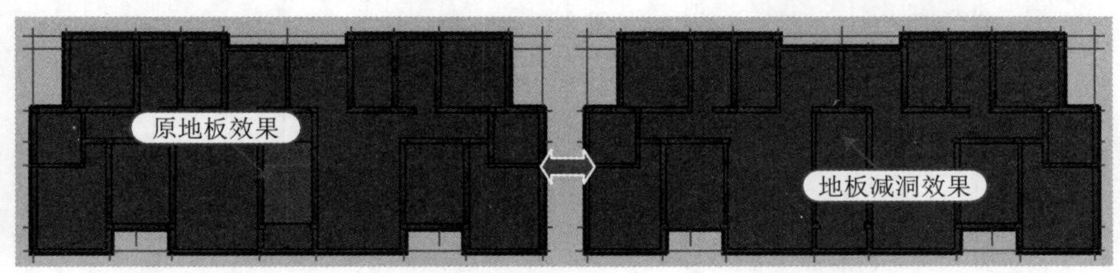

图 20-34 地板减洞

步骤 06 执行墙体夹点编辑功能，修改平面图墙体，如图 20-35 所示。

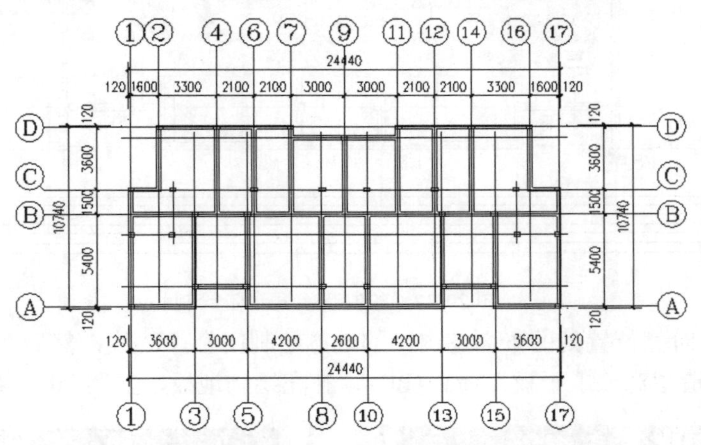

图 20-35 夹点编辑墙体效果

步骤 07 在天正屏幕菜单中执行“门窗｜门窗”命令(MC)，在弹出的“门窗”对话框中设置参数见表 20-19，按照“垛宽定距插入”方式插入 M5，如图 20-36 所示。

表 20-19 M5 参数

编号	类型	门高	门宽	门槛高	距离
M5	普通门	1500	900	0	300

图 20-36 插入地下室门 M5

步骤 08 在天正屏幕菜单中执行“楼梯其他 | 台阶”命令(TJ)，选择“下沉式台阶”，按照表 20-20 所示的参数指定台阶第一点和第二点绘制台阶，如图 20-37 所示。

表 20-20　台阶参数

台阶总高	踏步数	踏步高	踏步宽	基面标高	平台宽度
1050	7	150	300	0	1500

图 20-37　绘制下沉式台阶绘制

步骤 09 在有台阶宽位置处的平面图内凹的地方绘制闭合 PL 线，然后在天正屏幕菜单中执行“三维建模 | 造型对象 | 平板”命令(PB)，补充绘制地板，如图 20-38 所示。

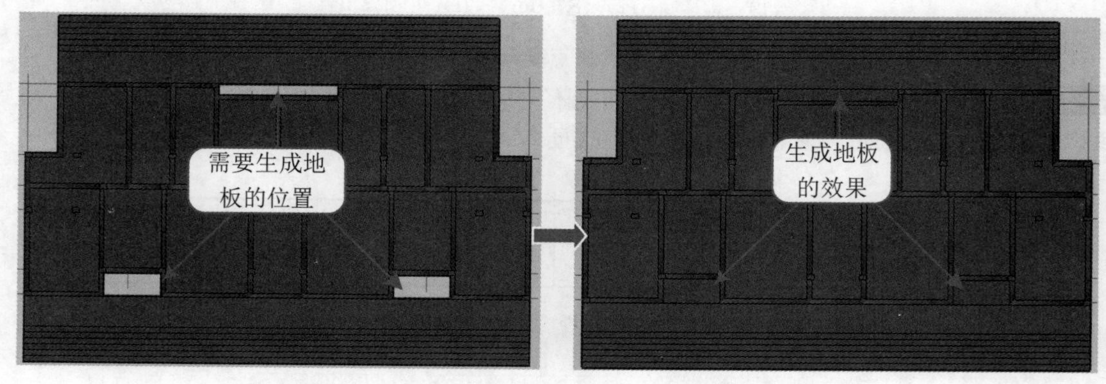

图 20-38　补充生成地板

步骤 10 在天正屏幕菜单中执行“符号标注 | 标高标注”命令(BGBZ)，对地下室进行标注，如图 20-39 所示，地下室室内标高为“－2.100”，台阶外标高为“－1.050”。

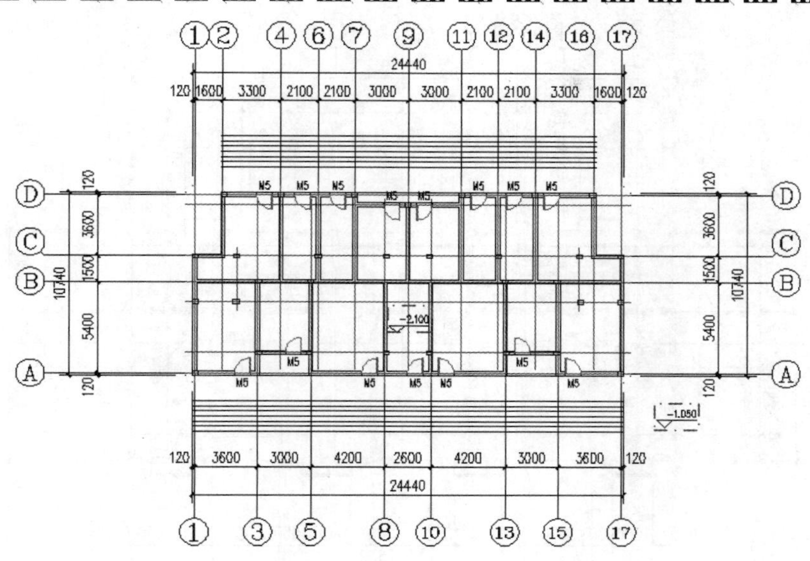

图 20-39　标高标注

步骤 11 至此，该地下室平面图已经绘制完成，按“Ctrl+S”组合键保存。

20.3 综合练习——绘制二～三层平面图

案例　城镇住宅施工图.dwg　　视频　绘制二~三层平面图.avi

实战要点：通过“首层平面图”修改得到“二层平面图”；通过“二层平面图”修改楼梯参数得到三层平面图。

步骤 01 打开“案例\20\城镇住宅施工图.dwg”文件，复制已经绘制好的“首层平面图”到当前文件，如图 20-40 所示。

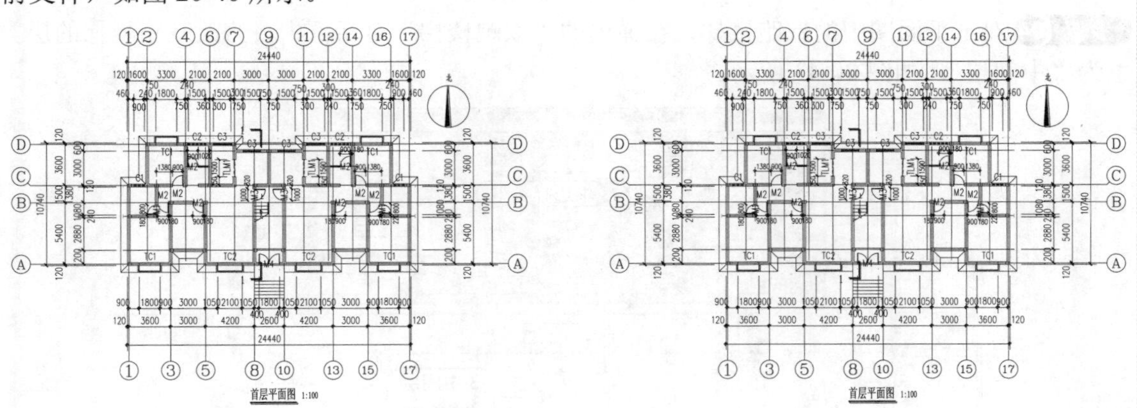

图 20-40　复制首层平面图

步骤 02 执行 CAD 删除命令(E)，删除指北针、剖切符号、散水、楼梯、平台板、雨水板、标高标注以及外墙上的门 M4，如图 20-41 所示。

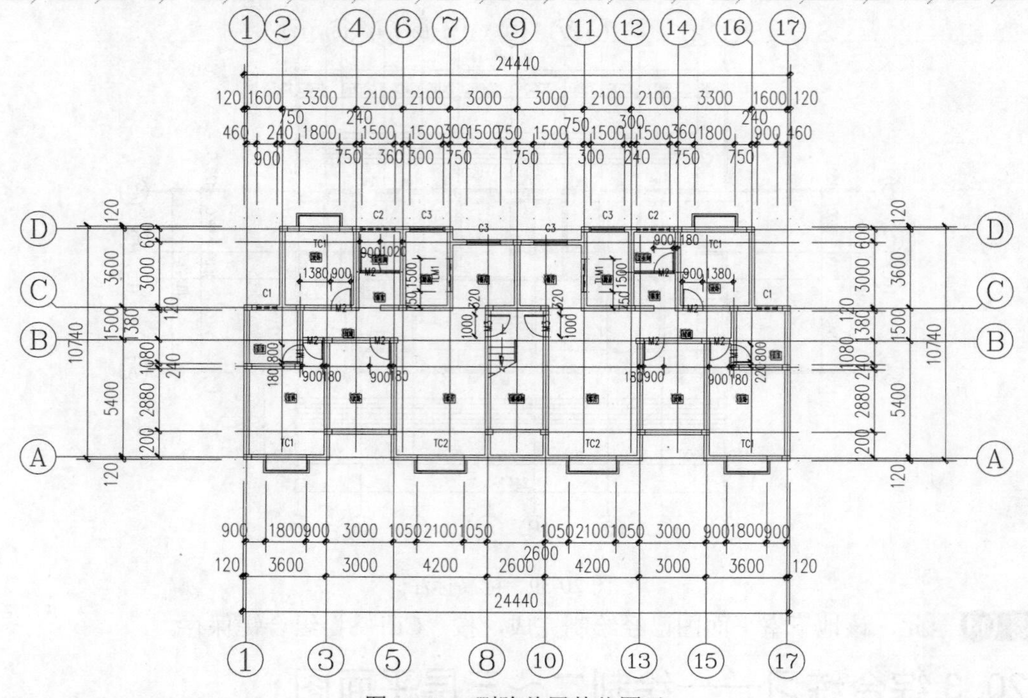

图 20-41　删除首层某些图元

步骤 03 双击图名标注“首层平面图 1:100”，进入在位编辑，修改图名为“二层平面图 1:100”，如图 20-42 所示。

1.双击　首层平面图 1:100 → 二层平面图 1:100　2.输入新图名

图 20-42　修改图名

步骤 04 双击平面图中的双跑楼梯，在弹出的“双跑楼梯”对话框中，修改双跑楼梯的层类型为“中间层”，如图 20-43 所示。

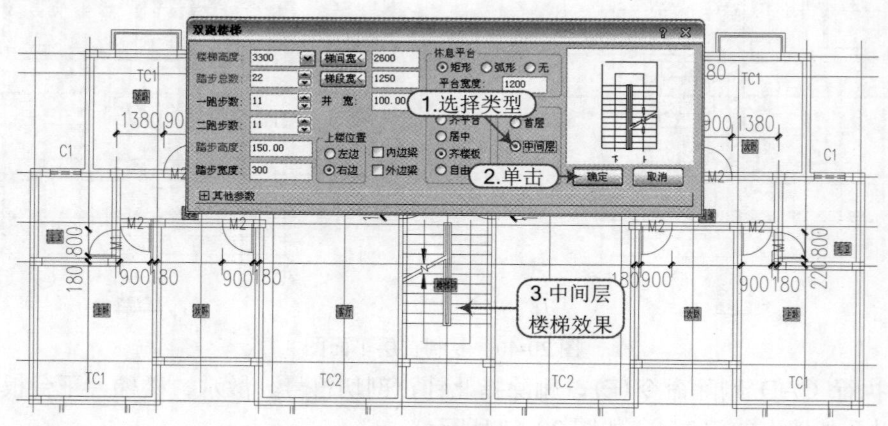

图 20-43　修改楼梯

步骤 05 在天正屏幕菜单中执行“楼梯其他｜阳台”命令（YT），按照表 20-21 所列参数设置阳台，在如图 20-44 所示位置绘制阳台 1。

表 20-21　阳台 1 参数

栏板宽度	栏板高度	伸出距离	地面标高	阳台板厚	阳台形式
120	1000	2220	－100	100	三面阳台

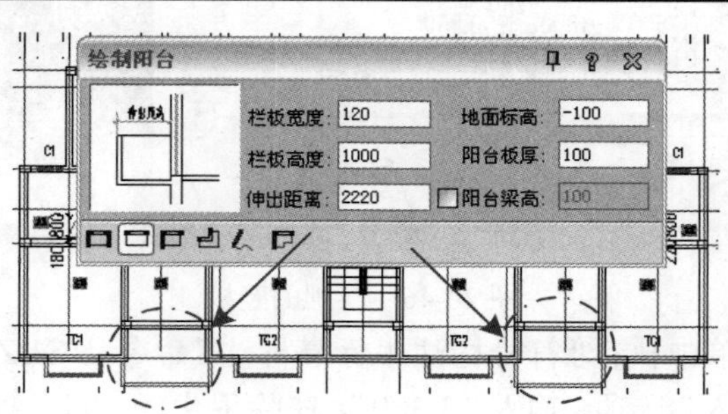

图 20-44　绘制阳台 1

步骤 06 在天正屏幕菜单中执行“楼梯其他｜阳台”命令(YT)，按照表 20-22 所列参数设置阳台，在如图 20-45 所示位置绘制阳台 2。

表 20-22　阳台 2 参数

栏板宽度	栏板高度	伸出距离	地面标高	阳台板厚	阳台形式
120	1000	1200	－100	100	三面阳台

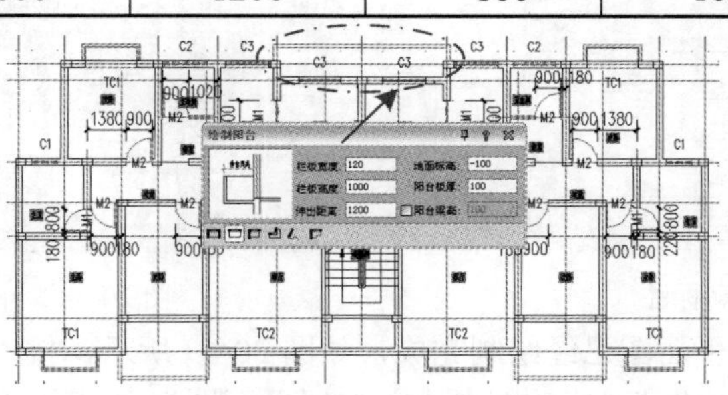

图 20-45　绘制阳台 2

步骤 07 在天正屏幕菜单中执行“三维建模｜造型工具｜竖板”命令(SB)，按照如下命令行提示进行操作，如图 20-46 所示。

```
起点或[参考点(R)]<退出>:                \\ 点取 9 轴与阳台 2 外轮廓的交点为起点
终点或[参考点(R)]<退出>:                \\ 点取 9 轴与 D 轴线下侧的第一条轴线的交点为终点
起点标高<0>:                            \\ 按回车键默认数值
终点标高<0>:                            \\ 按回车键默认数值
起边高度<1000>:3000                     \\ 输入 3000
终边高度<3000>:3000                     \\ 输入 3000
板厚<200>:100                           \\ 输入 100
是否显示二维竖板?[是(Y)/否(N)]<Y>:      \\ 按回车键默认选项
```

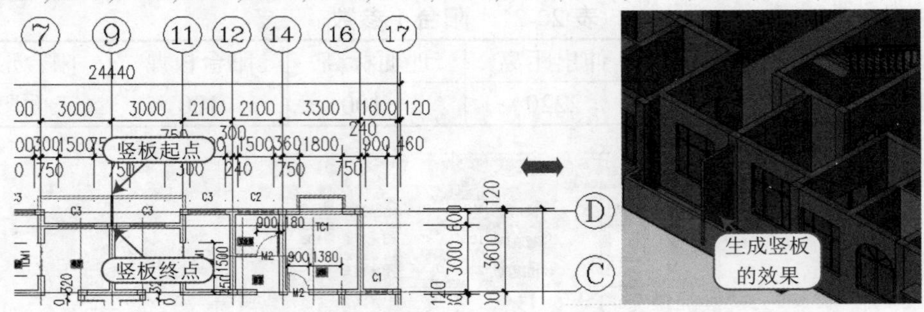

图 20-46　绘制的竖板

步骤 08 在天正屏幕菜单中执行“符号标注｜标高标注”命令（BGBZ），在弹出的“标高标注”对话框中，勾选“手工输入”选项，输入“3.300”，在除卫生间、阳台处插入标高符号“3.300”；同样的在卫生间处插入标高符号“3.100”；在阳台处插入标高符号“3.100”；在楼梯间中间休息平台处插入标高符号“1.650”，如图 20-47 所示。

步骤 09 执行 CAD 删除命令（E），删除阳台 2 包围的窗 C3，然后插入推拉门 TLM1，如图 20-48 所示。

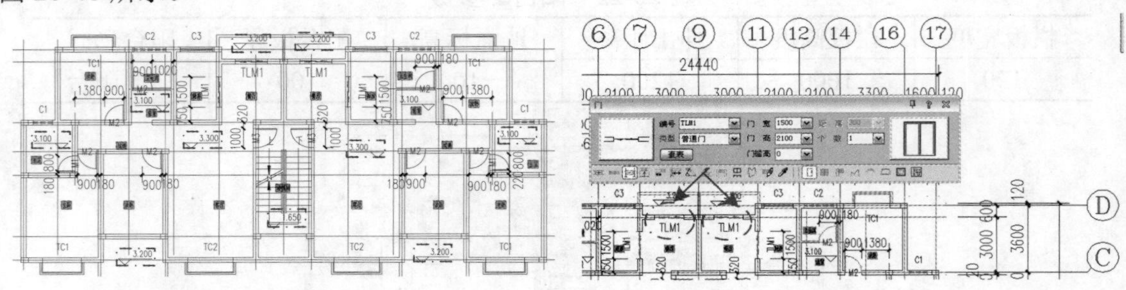

图 20-47　标高标注　　　图 20-48　补充插入 TLM1

步骤 10 至此，标准层平面图已经绘制完成，如图 20-49 所示，按“Ctrl+S”组合键保存。

步骤 11 复制“二层平面图”，修改图名为“三层平面图”，将楼梯的“层类型”修改为“顶层”，修改标高标注即可，如图 20-50 所示。

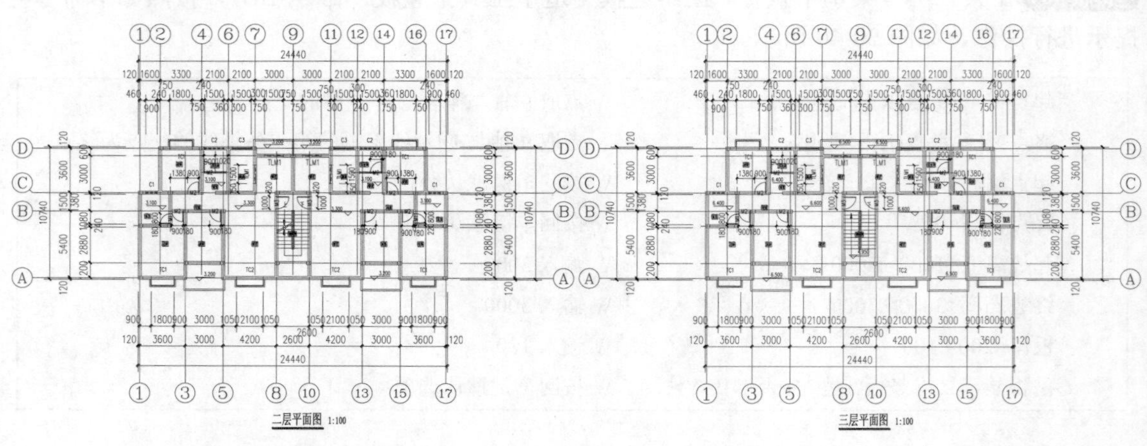

图 20-49　二层平面图　　　图 20-50　三层平面图

20.4 综合练习——绘制屋顶平面图

案例	城镇住宅施工图.dwg	视频	绘制屋顶平面图.avi

实战要点：通过“地下室平面图”修改得到屋顶层平面图。

步骤 01 打开“案例\20\城镇住宅施工图.dwg”文件，复制已经绘制好的“地下室平面图”到当前文件，如图 20-51 所示。

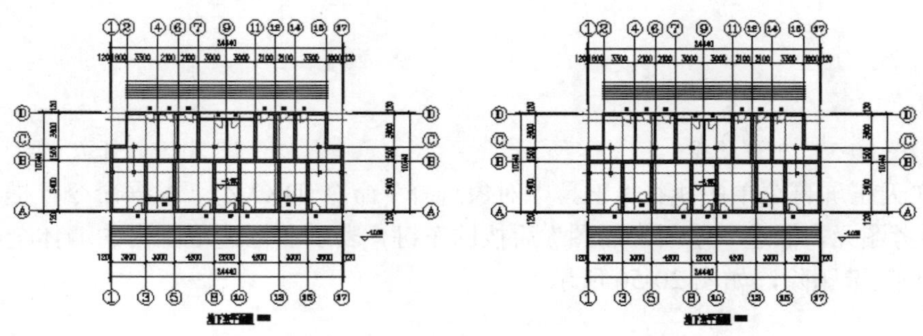

图 20-51 复制地下室平面图

步骤 02 执行 CAD 删除命令(E)，将除图名标注、外墙轮廓、外墙内的轴线与尺寸标注外的所有图元删除，如图 20-52 所示。

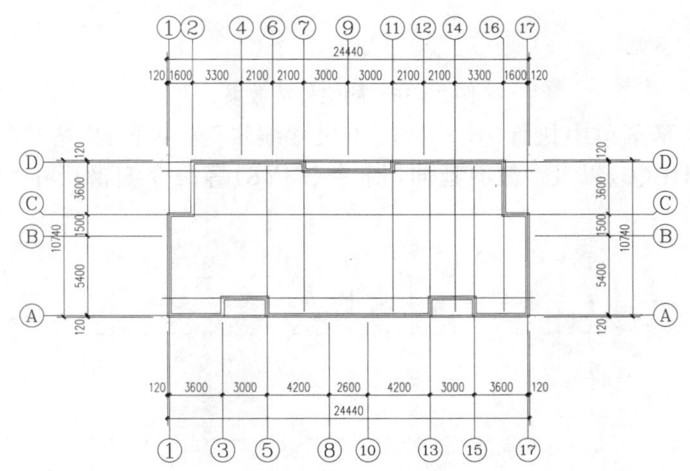

图 20-52 删除效果

步骤 03 双击图名标注“地下室平面图 1:100”，进入在位编辑，修改图名为“屋顶平面图 1:100”，如图 20-53 所示。

图 20-53 修改图名

步骤 04 在天正屏幕菜单中执行“房间屋顶 | 搜屋顶线”命令(SWDX)，按照命令行提示框选“屋顶平面图”中外墙图元，设置偏移外皮距离为 600，然后按回车键即可绘制出屋顶线轮廓，如图 20-54 所示。

步骤 05 在天正屏幕菜单中执行“房间屋顶 | 任意坡顶”命令(RYPD)，根据命令行提示，选择闭合多段线－屋顶线，然后输入坡度角为 30，出檐长为 600，即可生成屋顶，如图 20-55 所示。

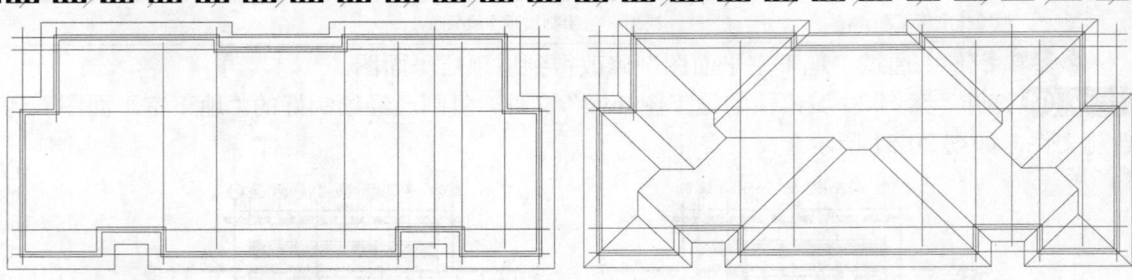

图 20-54　搜屋顶线　　　　图 20-55　任意坡顶

步骤 06 在天正屏幕菜单中执行“工具 | 对象选择”命令(DXXZ)，根据命令行提示，选择外墙图元为参考图元，框选“屋顶平面图”后按回车键，表示在框选范围内的墙体全部选中，最后按“Delete”键删除，如图 20-56 所示。

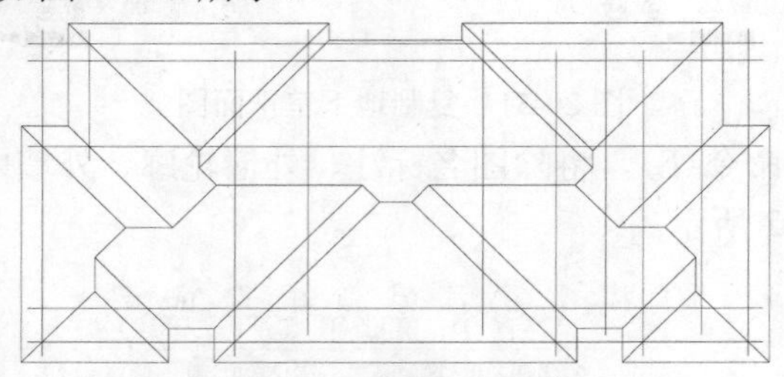

图 20-56　删除外墙效果

步骤 07 在天正屏幕菜单中执行“尺寸标注 | 尺寸编辑”菜单下的“增补尺寸”命令(ZBCC)“合并区间”命令(HBQJ)以及“裁剪延伸”命令(CJYS)等命令编辑尺寸标注，结果如图 20-57 所示。

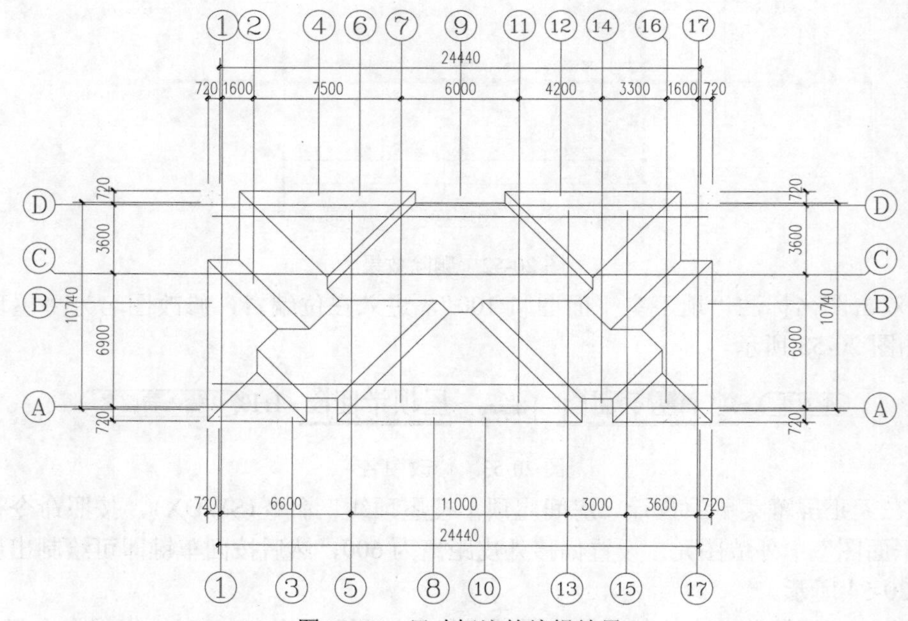

图 20-57　尺寸标注的编辑结果

步骤 08 至此，屋顶平面图已经绘制完成，按“Ctrl+S”组合键保存。

20.5 综合练习——城镇住宅工程文件的创建

案例 城镇住宅施工图.dwg 视频 城镇住宅工程文件的创建.avi

实战要点：执行“工程管理”命令创建工程文件，为之后的立面图以及三维图做准备。

步骤 01 打开“案例\20\城镇住宅施工图.dwg”文件，在天正屏幕菜单中执行“文件布局｜工程管理”命令(GCGL)，在弹出的“工程管理”面板中单击最上方的“工程管理”文本框，选择其下拉菜单中的“新建工程”选项，随后弹出“另存为”对话框，选择保存路径后输入工程名称为“城镇住宅施工图.tpr”，最后单击“保存”按钮保存即可，如图 20-58 所示。

图 20-58 新建工程

步骤 02 在“工程管理”面板中，展开“楼层”，在面板中按照表 20-23 所示输入教学楼相关层号、层高后，将光标置于“文件”栏，然后单击按钮，一一对应框选平面图，并指定 1 轴与 A 轴的交点为对齐点即可，如图 20-59 所示。

表 20-23 楼层表参数

层号	1	2	3	4	5
层高	2100	3300	3300	3300	0
文件	地下室平面	首层平面	二层平面	三层平面	屋顶平面

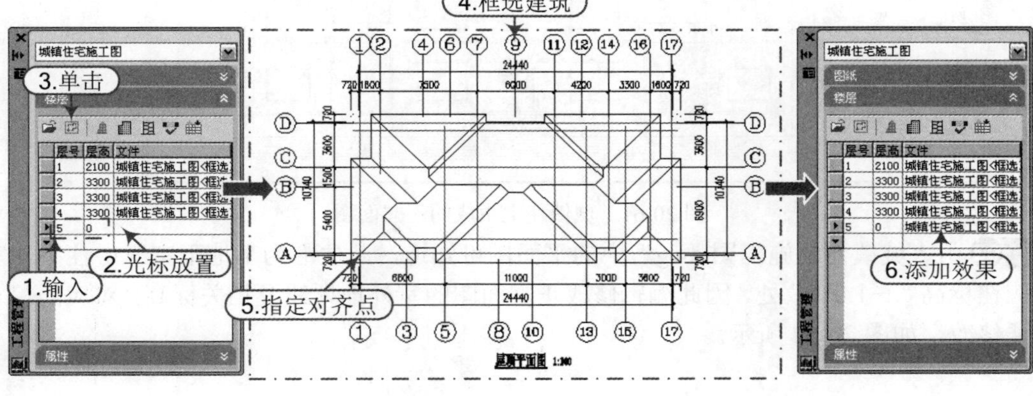

图 20-59 创建楼层表

20.6 综合练习——城镇住宅立面图的创建

案例　城镇住宅施工图.dwg　　视频　城镇住宅立面图的创建.avi

实战要点：楼层表创建好了之后，现在可以很容易地生成立面图，只要执行“立面｜建筑立面”命令(JZLM)即可。

步骤 01 打开“案例\20\城镇住宅施工图.dwg”文件，在天正屏幕菜单中执行“文件布局｜工程管理”命令(GCGL)，在弹出的“工程管理”面板中单击最上方的“工程管理”文本框，选择其下拉菜单中的“打开工程”选项，选择“案例\20\城镇住宅施工图.tpr”工程。

步骤 02 在天正屏幕菜单中执行“立面｜建筑立面”命令(JZLM)或是在“工程管理”面板中单击按钮，然后根据命令行提示，选择生成正立面，在随后弹出的“立面生成设置”对话框中单击“生成立面”按钮，弹出“输入要生成的文件”对话框，将其保存为“案例\20\城镇住宅正立面图.dwg”，操作如图20-60所示，生成的正立面图如图20-61所示。

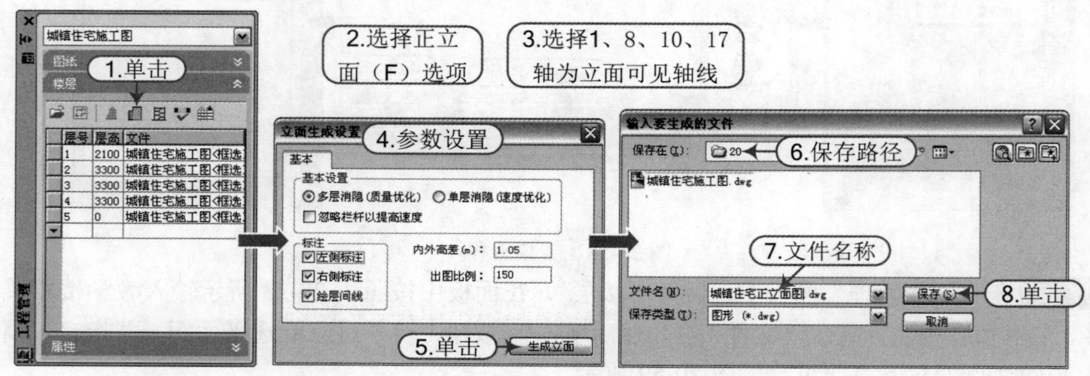

图20-60　正立面图生成操作

图20-61　城镇住宅生成的正立面图

步骤 03 由“城镇住宅施工图.dwg”中的平面图可知道，此住宅为半地下室三层住宅，室外地坪应在标高“−1.050”处，因此编辑修改正立面图的室外地坪线及相关标高，对应的尺寸标注也要修改，如图20-62所示。

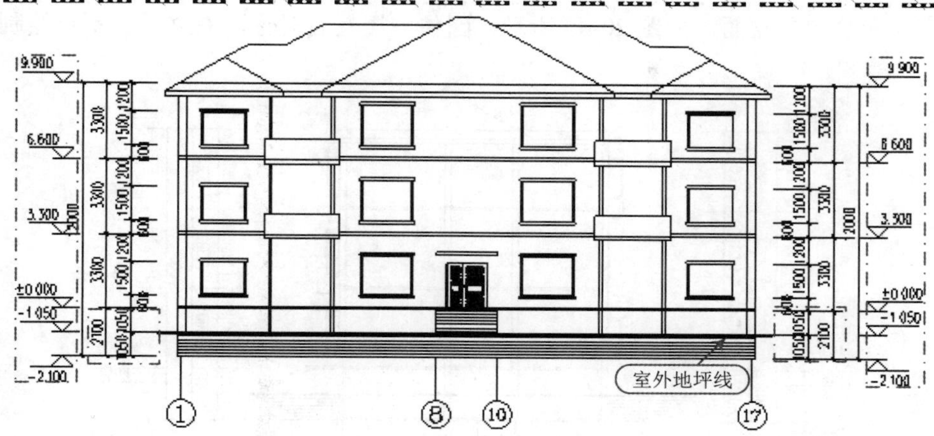

图 20-62 城镇住宅正立面图修改编辑

步骤 04 在天正屏幕菜单中执行“符号标注｜图名标注”命令(TMBZ)，将“城镇住宅正立面图”标注在图的下侧中间位置，如图 20-63 所示。

图 20-63 图名标注

步骤 05 同样的方法生成及编辑修改背立面并标注图名，如图 20-64 所示。

图 20-64 城镇住宅背立面图

步骤 06 同样绘制左立面，如图 20-65 所示，因住宅楼左右对称，右立面就不再绘制。

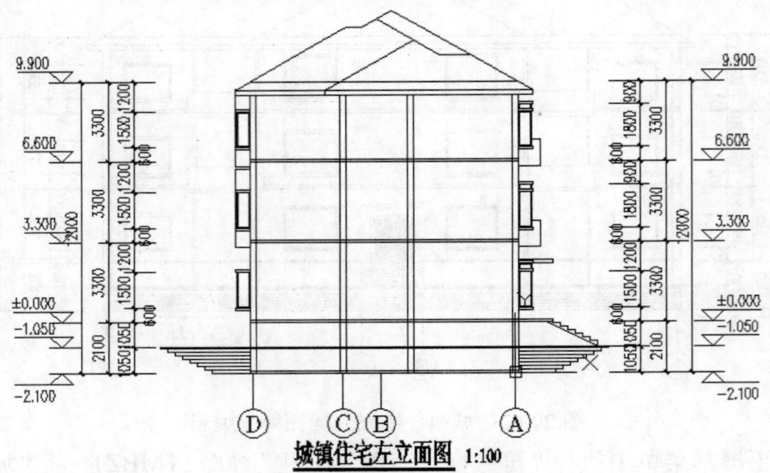

图 20-65 城镇住宅左立面图

步骤 07 在“工程管理”面板中，展开“图纸”，将鼠标放置在“立面图”处单击右键，在弹出的下拉列表中选择“添加图纸”，将“城镇住宅正立面图”“ 城镇住宅背立面图”“城镇住宅左立面图”添加到“立面图”下，如图 20-66 所示。

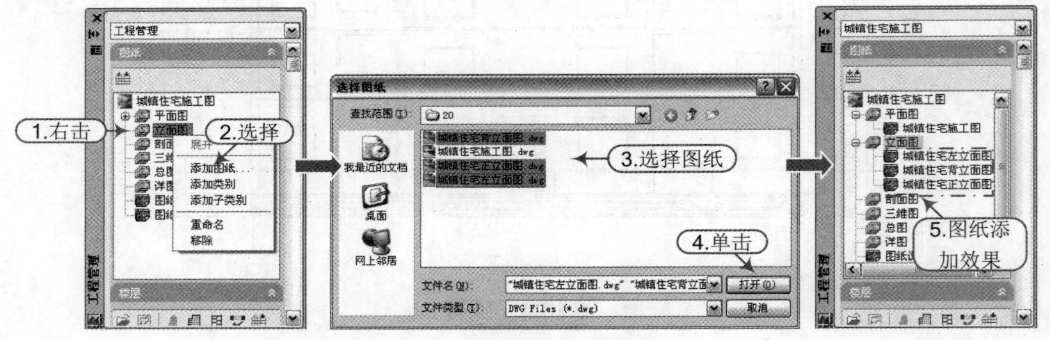

图 20-66 添加立面图纸

步骤 08 至此，该城镇住宅楼的有关立面绘制完毕，按“Ctrl+S”组合键保存。

20.7 综合练习——城镇住宅剖面图的创建

案例	城镇住宅施工图.dwg	视频	城镇住宅剖面图的创建.avi

实战要点：和生成立面图一样，只要执行“剖面｜建筑剖面”命令(JZPM)，然后利用天正屏幕菜单中的“剖面”菜单下的命令对平面图进行编辑即可。

步骤 01 打开“案例\20\城镇住宅施工图.dwg”文件，在天正屏幕菜单中执行“文件布局｜工程管理”命令(GCGL)，在弹出的“工程管理”面板中单击最上方的“工程管理”文本框，选择其下拉菜单中的“打开工程”选项，选择“案例\20\城镇住宅施工图.tpr”打开。

步骤 02 在天正屏幕菜单中执行“剖面｜建筑剖面”命令(JZPM)或是在“工程管理”面板中单击按钮，然后根据命令行提示，选择 1-1 剖切符号后，点选 A~D 轴为剖面可见轴，在随后弹出的“剖面生成设置”对话框中单击按钮 生成剖面 ，弹出“输入要生成的文件”对话框，将其保存为“案例\20\城镇住宅 1-1 剖面图.dwg”，如图 20-67 所示。

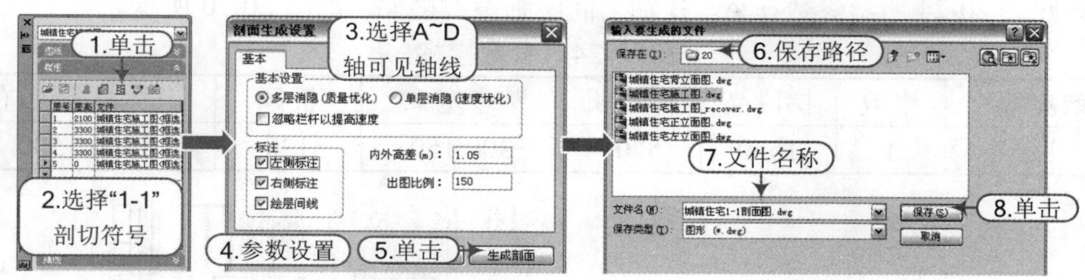

图 20-67　生成剖面图

步骤 03 首先移动地坪线的标识到正确位置，然后以“城镇住宅施工图.dwg”的标高为依据修改平面图的标高标注，并编辑相关尺寸标注，标注图名“1-1 剖面图”在图的下侧中间位置，如图 20-68 所示。

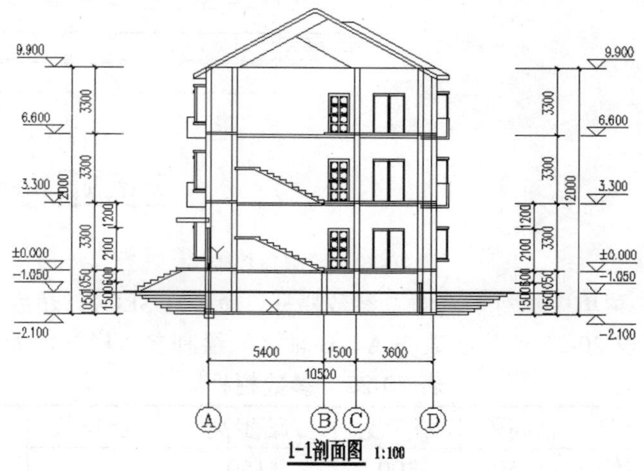

图 20-68　剖面图编辑修改

步骤 04 在天正屏幕菜单中执行“尺寸标注｜逐点标注”命令（ZDBZ），标注出剖面图上阳台及凸窗尺寸，如图 20-69 所示。

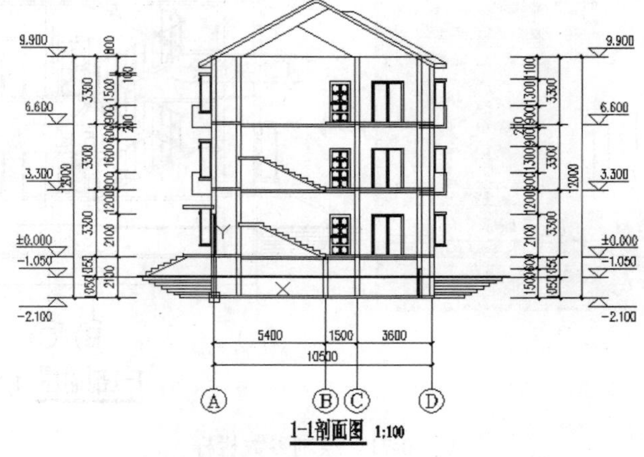

图 20-69　剖面图阳台及凸窗尺寸标注

步骤 05 在天正屏幕菜单中执行“剖面｜参数楼梯”命令(CSLT)，随后弹出“参数楼梯”对话框，按照表 20-24 所给参数在 A、B 轴之间绘制参数楼梯，如图 20-70 所示。

表 20-24　参数楼梯

踏步数	跑数	梯段高	梯间长	踏步宽/高	板厚	左休息平台/右
11	1	1650	5700	300/150	120	1200/1500

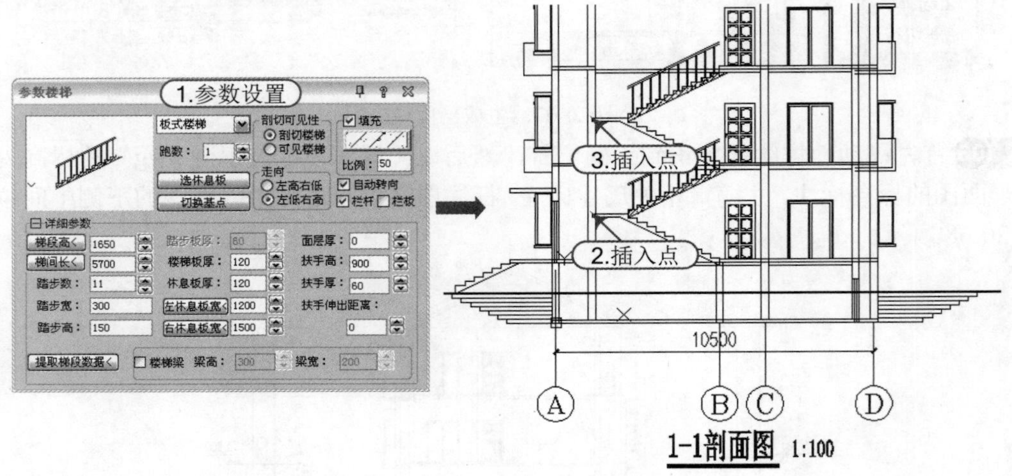

图 20-70　绘制参数楼梯

步骤 06 在天正屏幕菜单中执行“剖面｜参数栏杆”命令(CSLG)，随后弹出“剖面楼梯栏杆参数”对话框，按照表 20-25 所给参数在 A、B 轴之间绘制参数栏杆，如图 20-71 所示。

表 20-25　参数栏杆

踏步数	楼梯走向	总高差	踏步宽	踏步高	步长数	梯段长
11	左高右低	1650	300	150	1	3000

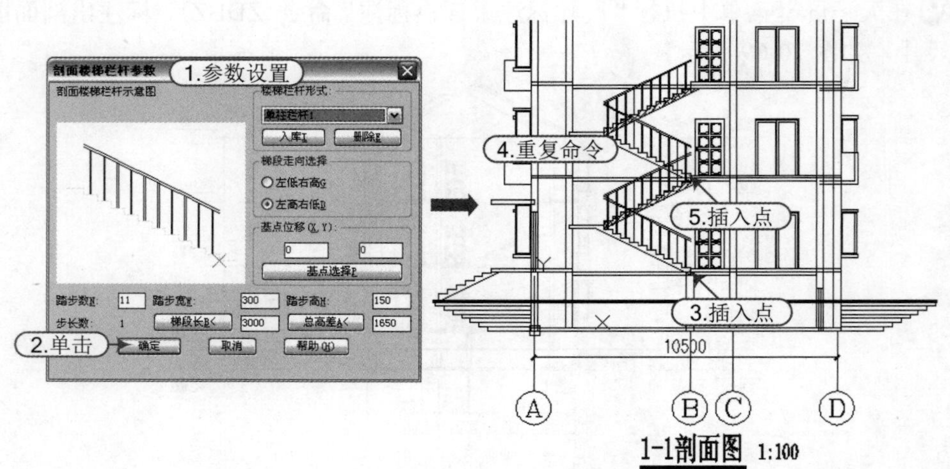

图 20-71　绘制参数栏杆

步骤 07 执行 CAD“解组”命令(UNG)，将楼梯参数中的栏杆解组；然后在天正屏幕菜单中执行“剖面｜扶手接头”命令(FSJT)，确定扶手输出距离为“0”，选择“不增加栏杆”选项后，根据命令行提示框选需要接头的扶手即可，如图 20-72 所示。

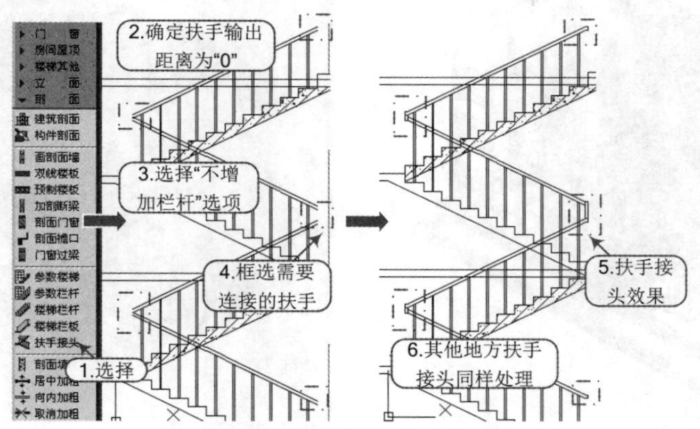

图 20-72　扶手接头

步骤 08 在“工程管理”面板中，展开“图纸”，将鼠标放置在“剖面图”处单击右键，在弹出的下拉列表中选择“添加图纸”，将“1-1 剖面图”添加到“剖面图”下，如图 20-73 所示。

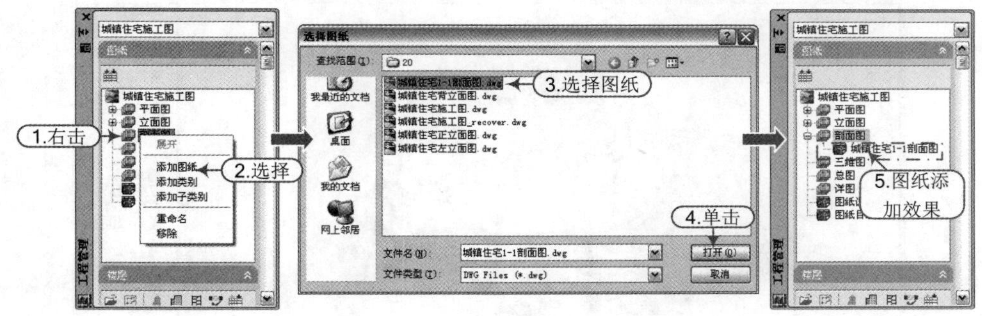

图 20-73　添加图纸

步骤 09 至此，1-1 剖面图已经绘制完成，按“Ctrl+S”组合键保存。

20.8 综合练习——城镇住宅三维模型创建与渲染

案例	教学楼施工图.dwg	视频	城镇住宅三维模型创建与渲染.avi

实战要点：和生成立面图一样，只要执行“剖面｜三维建模”命令(SWJM)，或者在“工程管理”面板中单击按钮执行操作。

步骤 01 打开“案例\20\城镇住宅施工图.dwg”文件，在天正屏幕菜单中执行“文件布局｜工程管理”命令(GCGL)，在弹出的“工程管理”面板中单击最上方的“工程管理”文本框，选择其下拉菜单中的“打开工程”选项，选择“案例\20\城镇住宅施工图.tpr”打开。

步骤 02 在天正屏幕菜单中执行“剖面｜三维建模”命令(SWJM)(或者在“工程管理”面板中单击按钮)，在随后弹出的“楼层组合”对话框设置参数后，单击“确定”按钮，弹出“输入要生成的三维文件”对话框，在其中选择文件的保存路径并输入文件名称为“城镇住宅三维模型”后，单击“确定”按钮，系统将自动生成三维模型，如图 20-74 所示。

步骤 03 在天正屏幕菜单中执行“其他｜渲染｜渲染”命令(XR)，对三维模型进行简单渲染，如图 20-75 所示。

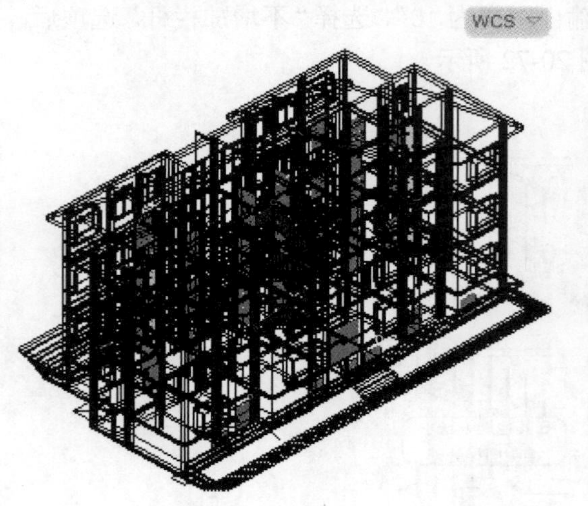
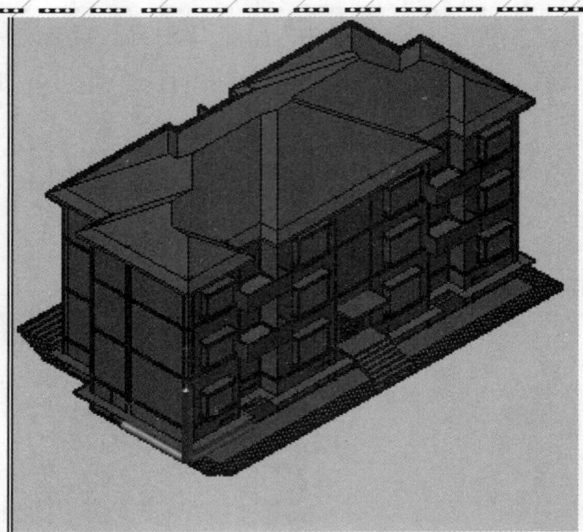

图 20-74　三维模型

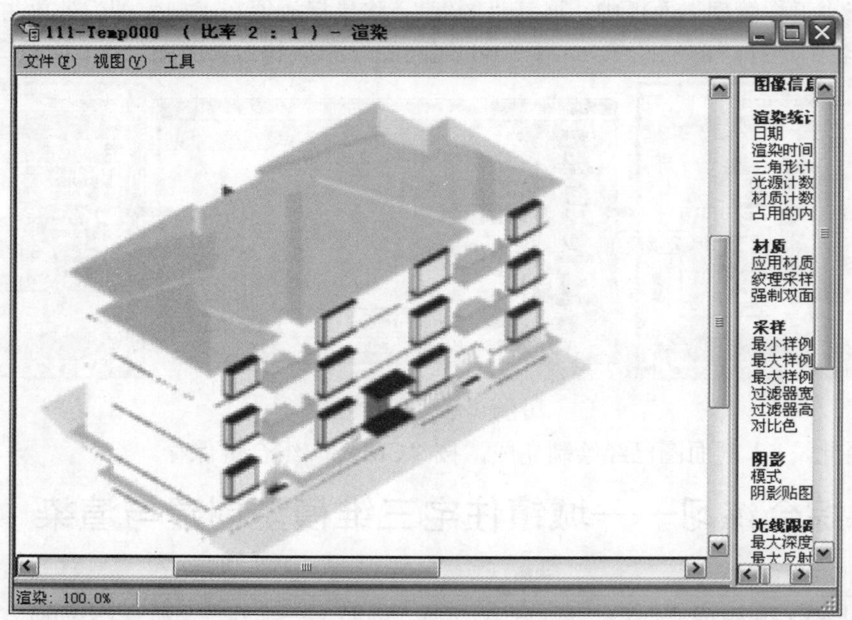

图 20-75　三维渲染

20.9 综合练习——施工图的布局与输出

案例	城镇住宅施工图.dwg	视频	施工图的布局与输出.avi

实战要点：在空白“布局”图纸空间布置多张图纸。

步骤 01 打开“案例\20\城镇住宅施工图.dwg”“案例\20\1-1 剖面图.dwg”以及其他立面图文件。

步骤 02 切换到“城镇住宅施工图.dwg”选项卡，在菜单栏中执行“插入 | 布局 | 创建布局向导”命令，根据对话框提示新建空白的图纸空间，如图 20-76 所示。

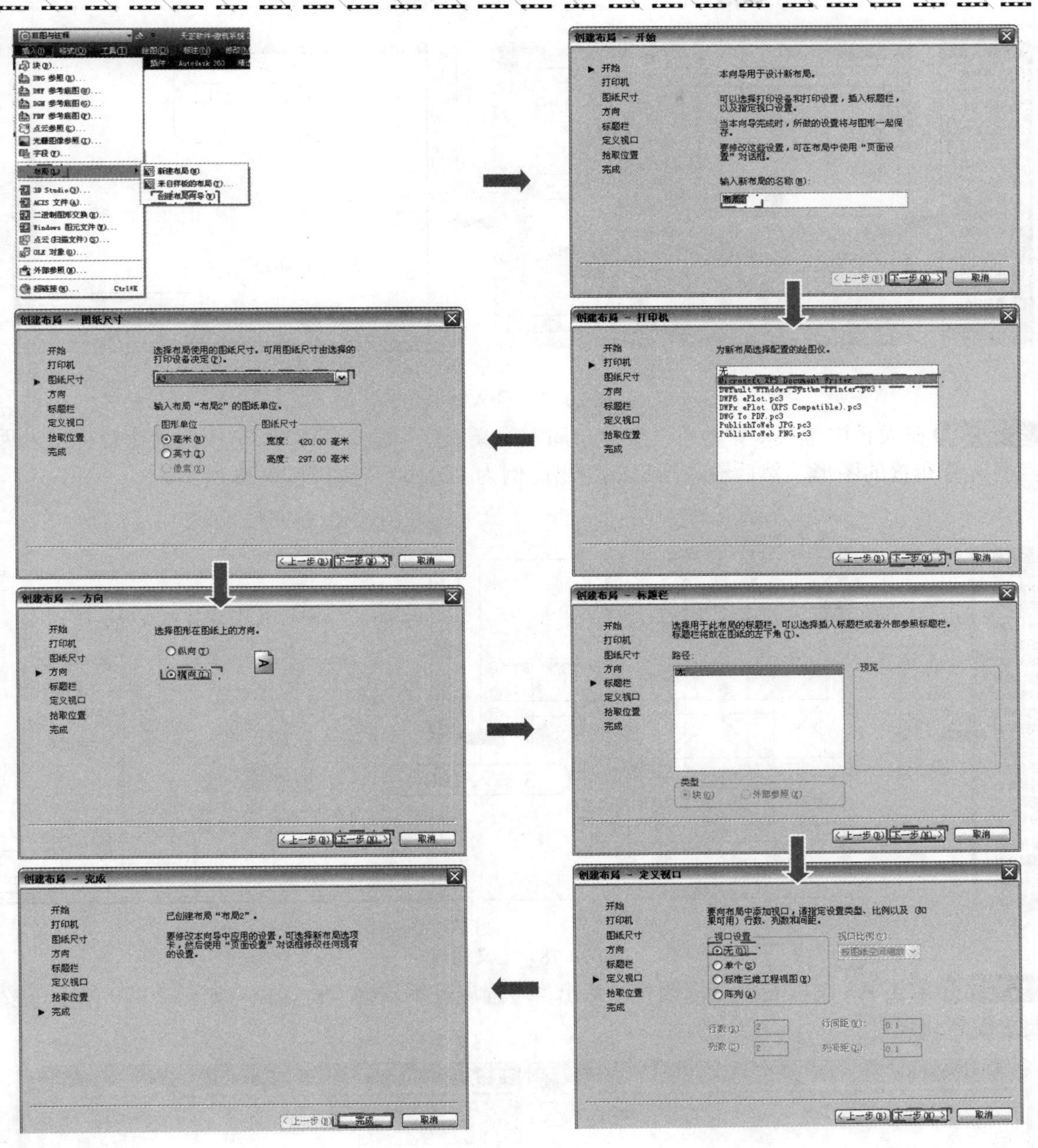

图 20-76　创建布局

步骤 03 在天正屏幕菜单中执行“文件布局 | 插入图框”命令(CRTK)，插入 A3 图框到刚创建好的布局空间“布局 1”“布局 2”“布局 3”“布局 4”和“布局 5”，如图 20-77 所示。

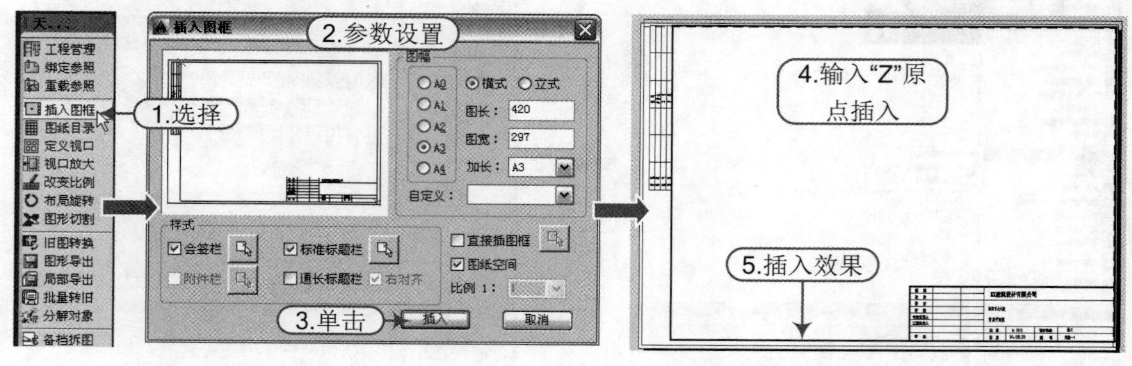

图 20-77　插入图框

步骤 04 在天正屏幕菜单中执行“文件布局 | 定义视口”命令(DYSK)，按照命令行提示，两点框选待布置的图形，然后输入图形的输出比例为“1:100”，如图 20-78 所示。

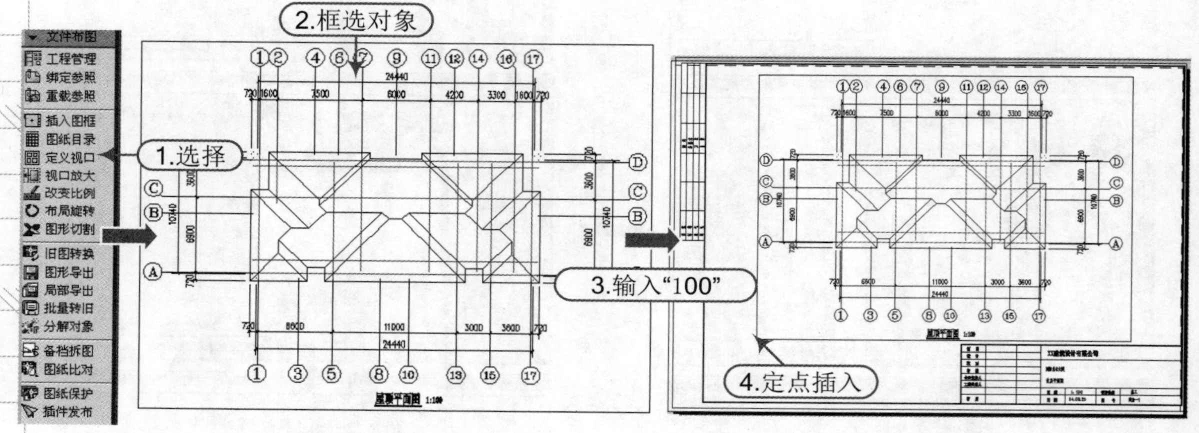

图 20-78　定义视口

步骤 05 双击 A3 图框右下角标题栏，弹出“增强属性编辑器”对话框，如图 20-79 所示，按要求编辑块属性。

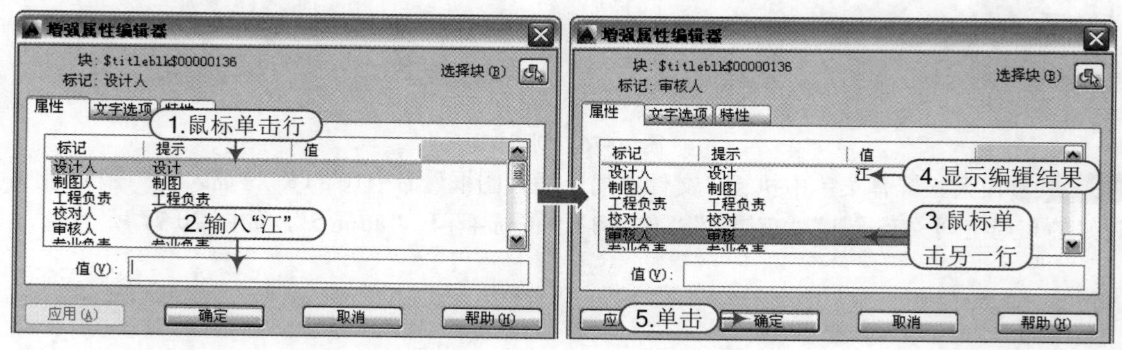

图 20-79　块编辑对话框

步骤 06 按照同样的方法，布局其他图形对象；要输出图形，即可选择该图形的布局，单击“打印” 按钮，在随后弹出的如图 20-80 所示“打印”对话框中设置参数，然后单击“确定”按钮即可定义出图纸。

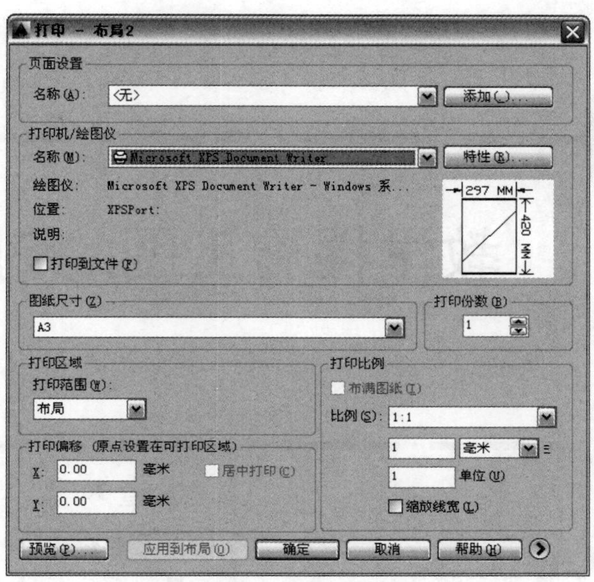

图 20-80　输出图纸

21 教学楼施工图的创建

本章导读

通过一个教学楼的绘制实例，执行天正命令，熟悉命令的使用。

本章内容

- 综合练习——绘制首层平面图
- 综合练习——绘制地下室平面图
- 综合练习——绘制二～六层平面图
- 综合练习——绘制屋顶平面图
- 综合练习——教学楼工程文件的创建
- 综合练习——教学楼立面图的创建
- 综合练习——教学楼剖面图的创建
- 综合练习——教学楼三维模型的创建与渲染
- 综合练习——施工图的布局与输出

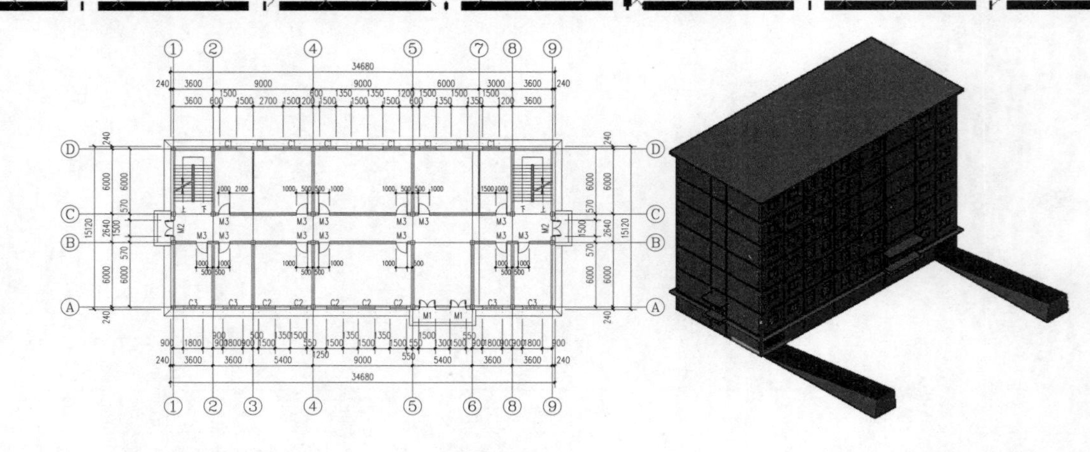

21.1 综合练习——绘制首层平面图

案例 教学楼施工图.dwg　　视频 绘制首层平面图.avi

实战要点：①绘制轴线及其标注；②绘制门窗、柱子；③阳台对象绘制；④散水绘制；⑤尺寸及标高标注。

步骤 01 正常启动 TArch 2014 软件，将空白文档保存为“案例\21\教学楼施工图.dwg”文件。

步骤 02 在天正屏幕菜单中执行“轴网柱子丨绘制轴网”命令(HZZW)，在弹出的“绘制轴网”对话框中按照表 21-1 所示的参数绘制建筑轴网，如图 21-1 所示。

表 21-1　轴网数据

直线轴网	上开间	3600，9000，9000，6000，3000，3600
	下开间	3600，3600，5400，9000，5400，3600，3600
	左进深	6000，2640，6000

步骤 03 在天正屏幕菜单中执行“轴网柱子丨轴网标注”命令(ZWBZ)，在弹出的“轴网标注”对话框中选择“双侧标注”，先使用鼠标分别选择最左侧和最右侧的轴线后按回车键，标注出上、下侧的尺寸及轴号对象；再分别单击最下侧与最上侧的轴线后按回车键，标注出左、右侧的轴线及轴号，如图 21-2 所示。

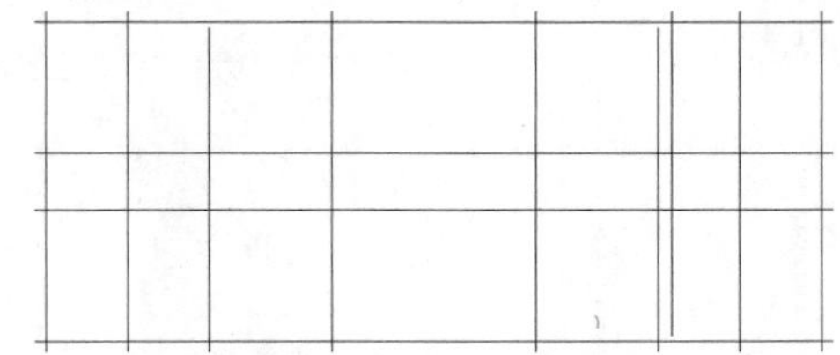

图 21-1　绘制轴网

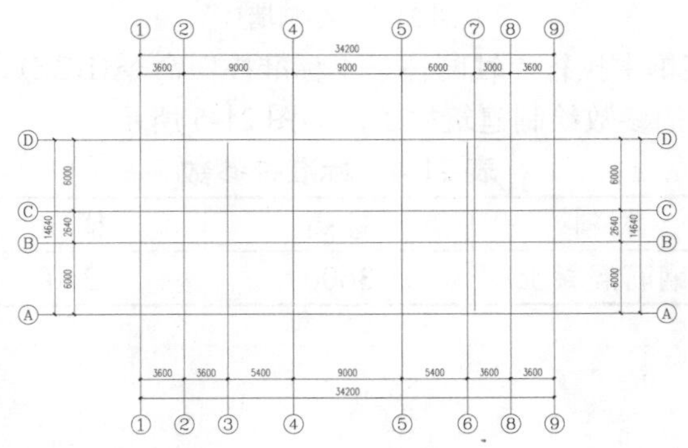

图 21-2　轴网标注

步骤 04 在天正屏幕菜单中执行“墙体丨绘制墙体”命令(HZQT)，在弹出的“绘制墙体”对话框中按照表 21-2 所示的参数绘制建筑墙体，如图 21-3 所示。

表 21-2　墙体参数

高度	底高	材料	用途	外墙宽	内墙宽
3600	0	砖墙	一般墙	370	240

图 21-3 绘制墙体

步骤 05 在天正屏幕菜单中执行“墙体 | 绘制墙体”命令(HZQT)，在弹出的“绘制墙体”对话框中按照表 21-3 所示的参数绘制建筑墙体，如图 21-4 所示。

表 21-3 墙体参数

高度	底高	材料	用途	左宽	右宽
3600	0	砖墙	卫生隔断	50	50

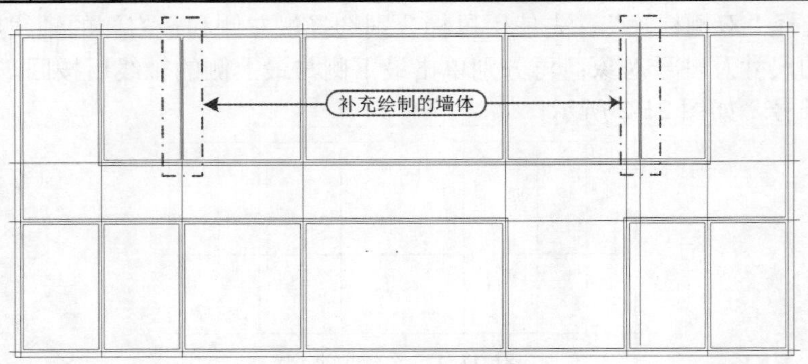

图 21-4 绘制墙体

步骤 06 在天正屏幕菜单中执行“轴网柱子 | 标准柱”命令(BZZ)，在弹出的“标准柱”对话框中按照表 21-4 所示的参数绘制建筑柱子，如图 21-5 所示。

表 21-4 标准柱参数

形状	材料	柱高	横向	纵向
矩形	钢筋混凝土	3600	240	360

图 21-5 绘制标准柱

步骤 07 在天正屏幕菜单中执行“轴网柱子｜标准柱”命令(BZZ)，在弹出的“标准柱”对话框中按照表21-5所示的参数绘制建筑柱子，如图21-6所示。

表21-5　标准柱参数

形状	材料	柱高	横向	纵向
矩形	钢筋混凝土	3600	360	360

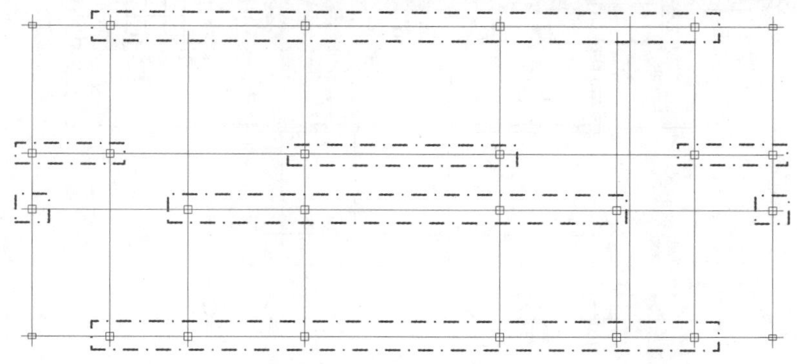

图21-6　绘制标准柱

步骤 08 在天正屏幕菜单中执行“门窗｜门窗”命令(MC)，在弹出的“门窗”对话框中设置参数见表21-6，按照“轴线定距插入”方式插入C1，如图21-7所示。

表21-6　C1参数

编号	类型	窗宽	窗高	窗台高	距离
C1	普通窗	1500	2100	900	600

步骤 09 在天正屏幕菜单中执行“门窗｜门窗”命令(MC)，在弹出的“门窗”对话框中设置参数见表21-7，按照“轴线定距插入”方式插入C2，如图21-8所示。

表21-7　C2参数

编号	类型	窗宽	窗高	窗台高	距离
C2	普通窗	1500	2100	900	550

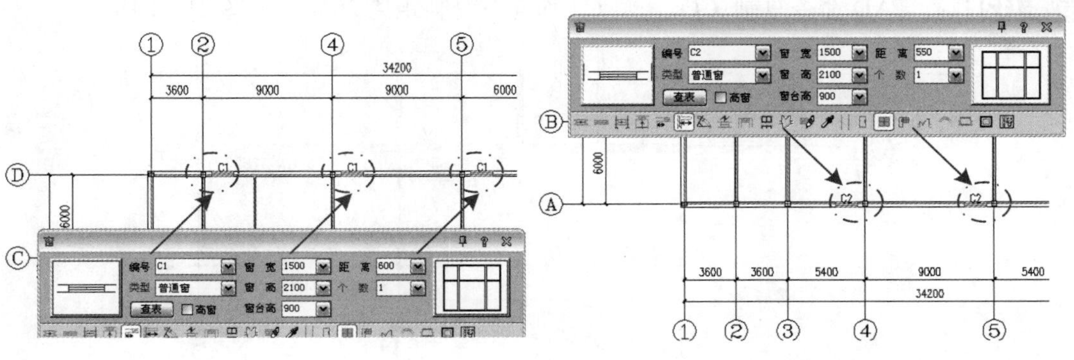

图21-7　绘制窗C1　　图21-8　绘制窗C2

步骤 10 在天正屏幕菜单中执行“门窗｜门窗”命令(MC)，在弹出的“门窗”对话框中设置参数见表21-8，按照“依据点取位置两侧轴线进行等分插入”方式插入GC，如图21-9所示。

表 21-8 GC 参数

编号	类型	窗宽	窗高	窗台高	高窗
GC	普通窗	1800	1500	1200	勾选

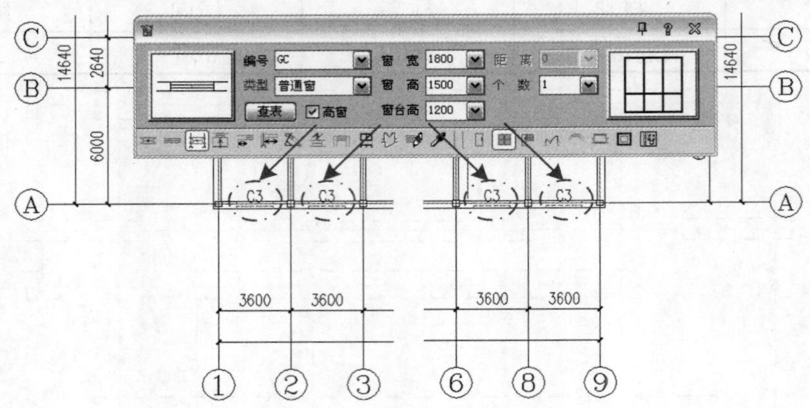

图 21-9 绘制窗 GC

步骤 11 执行 CAD 命令复制(CO)，将 C1 均向右复制距离 2850，5700，如图 21-10 所示。

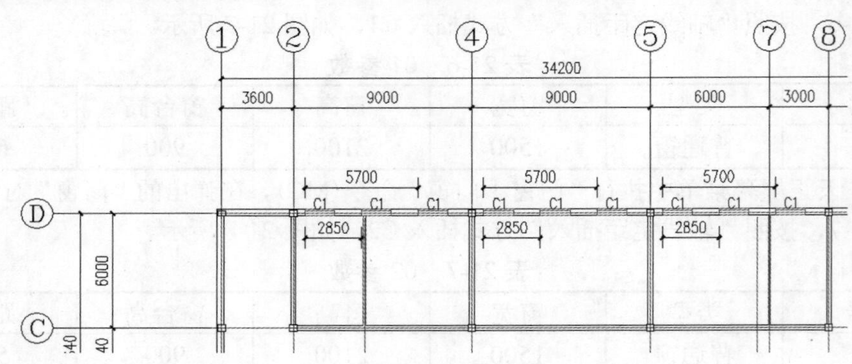

图 21-10 复制窗 C1

步骤 12 执行 CAD 命令复制(CO)，将 C2 均向左复制距离 2850，如图 21-11 所示。

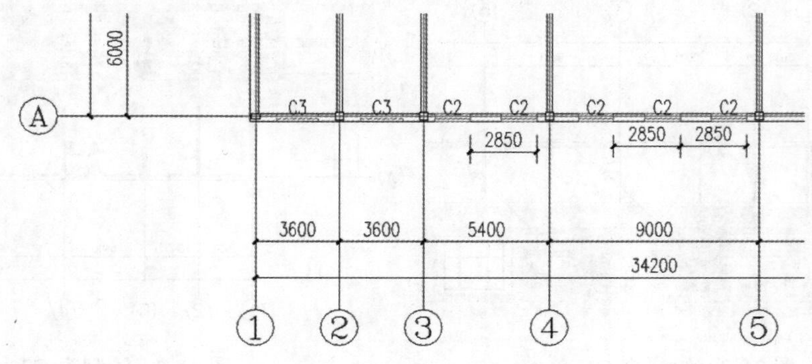

图 21-11 复制窗 C2

步骤 13 在天正屏幕菜单中执行“门窗｜门窗”命令(MC)，在弹出的“门窗”对话框中设置参数见表 21-9，按照“轴线定距插入”方式插入 M1，如图 21-12 所示。

表 21-9　M1 参数

编号	类型	门高	门宽	门槛高	距离
M1	普通门	2100	1500	0	550

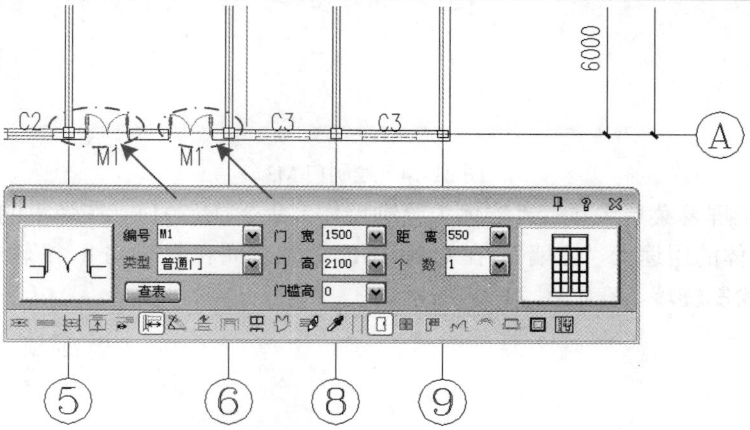

图 21-12　绘制门 M1

步骤 14 在天正屏幕菜单中执行“门窗 | 门窗”命令(MC)，在弹出的“门窗”对话框中设置参数见表 21-10，按照“轴线定距插入”方式在 B、C 轴与 1、9 轴之间墙段插入 M2，如图 21-13 所示。

表 21-10　M2 参数

编号	类型	门高	门宽	门槛高	距离
M2	普通门	2100	1500	0	570

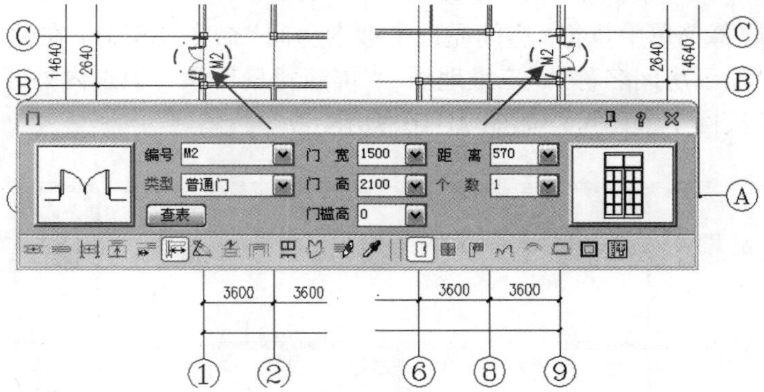

图 21-13　绘制门 M2

步骤 15 在天正屏幕菜单中执行“门窗 | 门窗”命令(MC)，在弹出的“门窗”对话框中设置参数见表 21-11，按照“轴线定距插入”方式插入 M3，如图 21-14 所示。

表 21-11　M3 参数

编号	类型	门高	门宽	门槛高	距离
M3	普通门	2700	1000	0	500

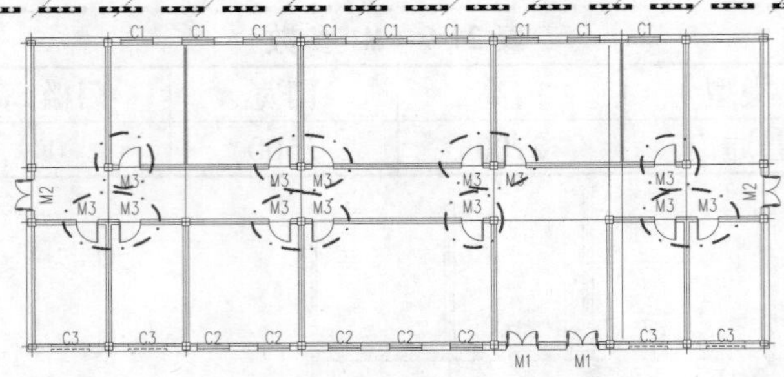

图 21-14　绘制门 M3

步骤 16 在天正屏幕菜单中执行“墙体｜绘制墙体”命令(HZQT)，在弹出的“绘制墙体”对话框中，设置墙体的用途为“虚墙”，在 C 轴与 1、2 轴之间和 C 轴与 8、9 轴之间，以及 B 轴与 5、6 轴之间绘制虚墙，在如图 21-15 所示。

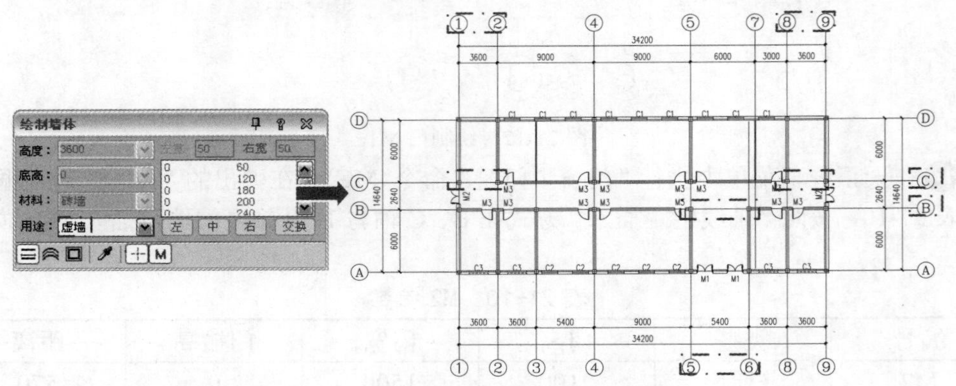

图 21-15　绘制虚墙

步骤 17 在天正屏幕菜单中执行“房间屋顶｜搜索房间”命令(SSFJ)，在弹出的“搜索房间”对话框中，勾选“显示房间名称”“三维地面”“屏蔽背景”和“识别内外”，然后框选一套完整建筑物的墙体并按回车键即可，如图 21-16 所示。

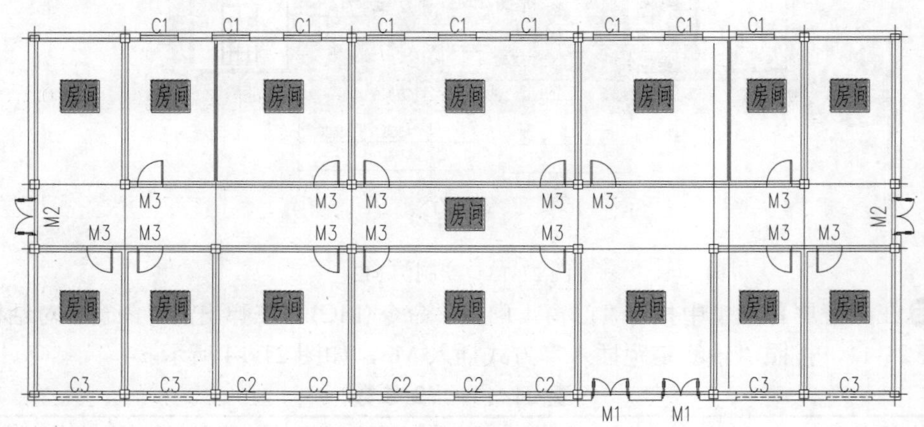

图 21-16　搜索房间

步骤 18 逐个双击房间名称进入在位编辑，按照房间功能修改各房间名称，如图 21-17 所示。

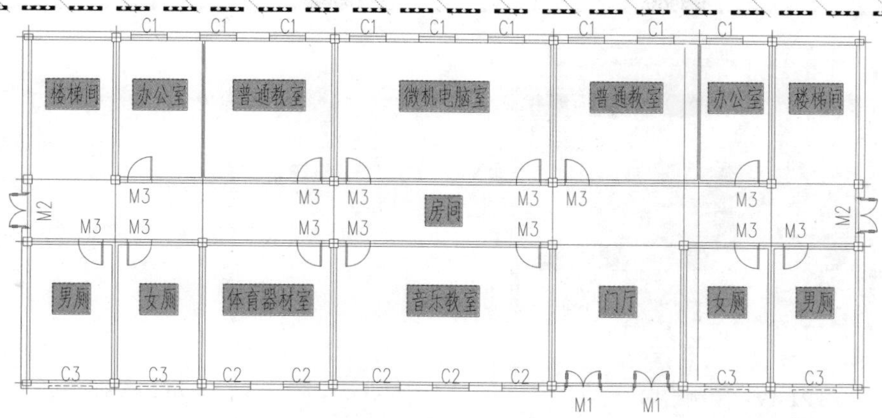

图 21-17　在位编辑

步骤 19 在天正屏幕菜单中执行“楼梯其他｜双跑楼梯”命令(SPLT)，在弹出的“双跑楼梯”对话框中按照表 21-12 所示的参数在标有“楼梯间”的房间位置插入楼梯；因教学楼有地下室，首层楼梯绘制效果如图 21-18 所示。

表 21-12　楼梯参数

楼梯高度	一/二跑步数	踏步高	踏步宽	梯间宽	井宽	平台宽
3600	12/12	150	300	3600	100	1500

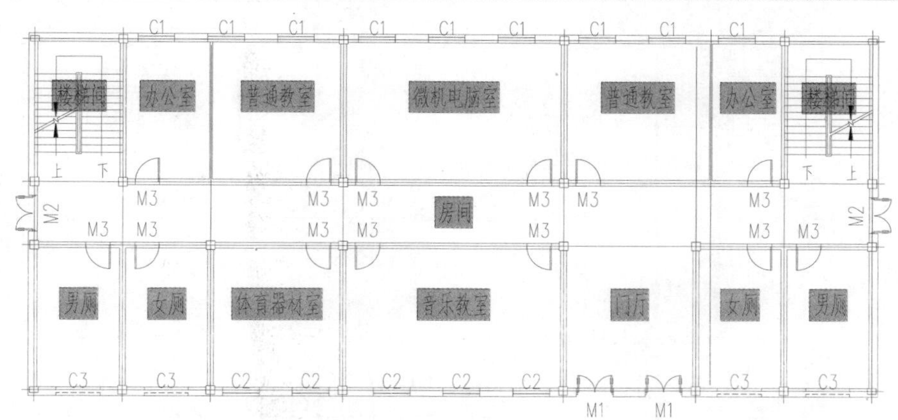

图 21-18　绘制首层双跑楼梯

步骤 20 在天正屏幕菜单中执行“楼梯其他｜台阶”命令(TJ)，按照表 21-13 所示的参数指定台阶第一点和第二点绘制台阶，如图 21-19 所示。

表 21-13　台阶参数

台阶总高	跑步数	踏步高	踏步宽	基面标高	平台宽度
300	2	150	300	0	1200

步骤 21 在天正屏幕菜单中执行“楼梯其他｜散水”命令(SS)，按照表 21-14 所示的参数绘制散水，如图 21-20 所示。

表 21-14　散水参数

散水宽	偏移距离	高差	创建平台	绕柱子	绕阳台	绕造型
600	0	300	勾选	勾选	勾选	勾选

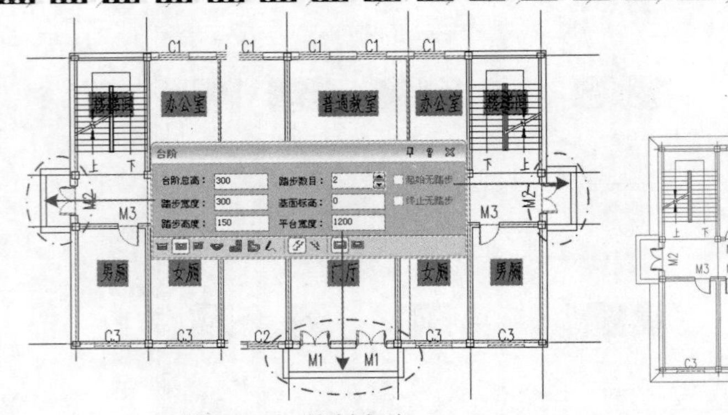

图 21-19　绘制台阶

图 21-20　绘制散水

步骤 22 在天正屏幕菜单中执行“尺寸标注｜门窗标注”命令(MCBZ)和“内门标注”命令(NMBZ)，根据命令行提示，通过两点绘制一条贯穿标注窗的直线，并利用“裁剪延伸”(CJYS)“外包尺寸”(WBCC)等尺寸标注的编辑命令调整标注，如图 21-21 所示。

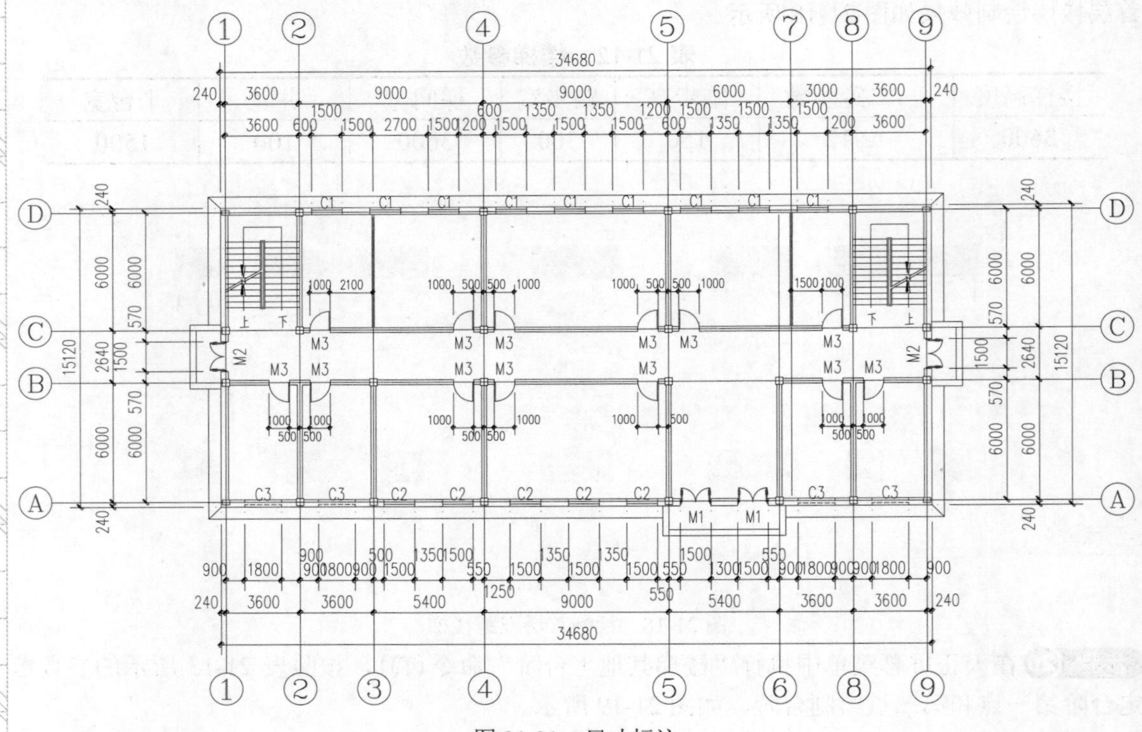

图 21-21　尺寸标注

步骤 23 在天正屏幕菜单中执行“符号标注｜标高标注”命令(BGBZ)，对平面图标高进行标注，如图 21-22 所示。

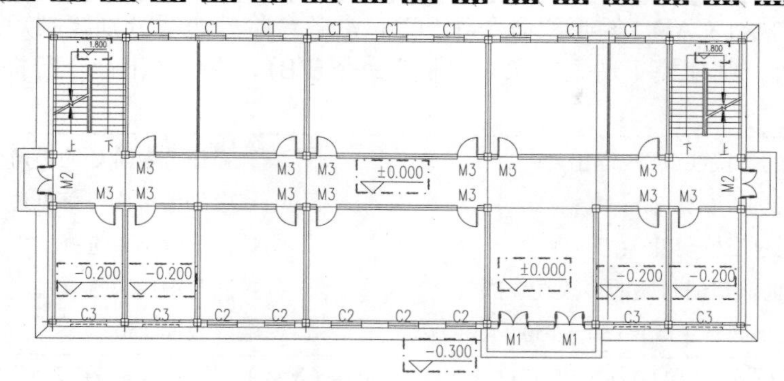

图 21-22　标高标注

步骤 24 在天正屏幕菜单中执行“符号标注｜画指北针”命令(HZBZ)，在平面图右上角画指北针，如图 21-23 所示。

步骤 25 在天正屏幕菜单中执行“符号标注｜图名标注”命令(TMBZ)，按照表 21-15 所示内容输入“图名标注”对话框中，然后在平面图下方中间插入图名，如图 21-24 所示。

表 21-15　图名标注

图名	文字样式	文字高度	比例	文字样式	文字高度	国标
首层平面图	宋体	7.0	1:100	宋体	5.0	勾选

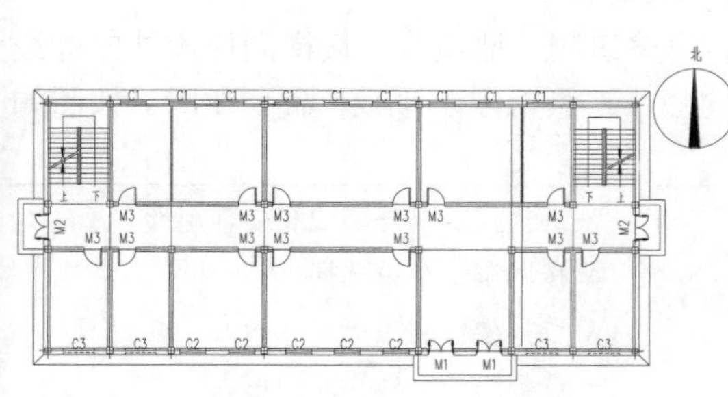

图 21-23　画指北针

图 21-24　图名标注

步骤 26 在天正屏幕菜单中执行“符号标注｜剖切符号”命令(PQFH)，在任一楼梯处绘制剖切符号，如图 21-25 所示。

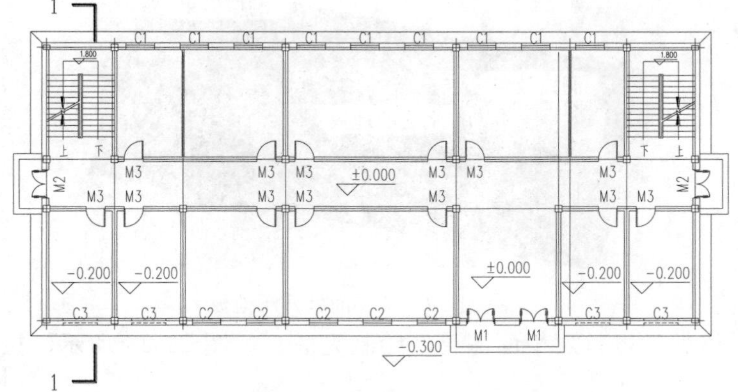

图 21-25　剖切符号

步骤 27 首先，执行 CAD“矩形”命令(REC)，沿各台阶外边线分别绘制矩形，然后在天正屏幕菜单中执行“三维建模 | 造型对象 | 平板”命令(PB)，按照如下命令行提示，依次在台阶处绘制雨水板。

```
选择一封闭的多段线或圆<退出>:                \\ 选择任一台阶处的矩形
请点取不可见的边<结束>:                      \\ 点取靠墙边为不可见边
请点取不可见的边<结束>:                      \\ 按回车键结束选择
选择作为板内洞口的封闭的多段线或圆:          \\ 按回车键结束选择
板厚(负值表示向下生成)<150>: 150             \\ 输入板厚 150
```

步骤 28 在天正屏幕菜单中执行“工具 | 移位”命令（YW），将雨水板在 Z 正方向移动 2400，如图 21-26 所示。

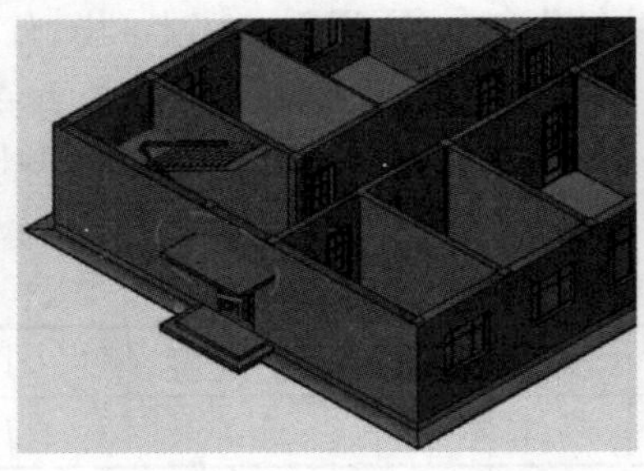

图 21-26　雨水板效果

步骤 29 首先，执行 CAD“矩形”命令(REC)，沿建筑物外墙边线和楼梯间梯段外轮廓线分别绘制矩形，然后在天正屏幕菜单中执行“三维建模 | 造型对象 | 平板”命令(PB)，按照如下命令行提示，绘制地板，如图 21-27 所示。

```
选择一封闭的多段线或圆<退出>:                \\ 选择建筑物外墙边线绘制矩形
请点取不可见的边<结束>:                      \\ 按回车键结束选择
选择作为板内洞口的封闭的多段线或圆:          \\ 选择楼梯间矩形
选择作为板内洞口的封闭的多段线或圆:          \\ 选择另一个楼梯间矩形
选择作为板内洞口的封闭的多段线或圆:          \\ 按回车键结束选择
板厚(负值表示向下生成)<150>: 100             \\ 输入板厚 100
```

图 21-27　楼梯间处开洞地板

步骤 30 至此，该教学楼首层平面图已经绘制完成，如图 21-28 所示，按“Ctrl+S”组合键保存。

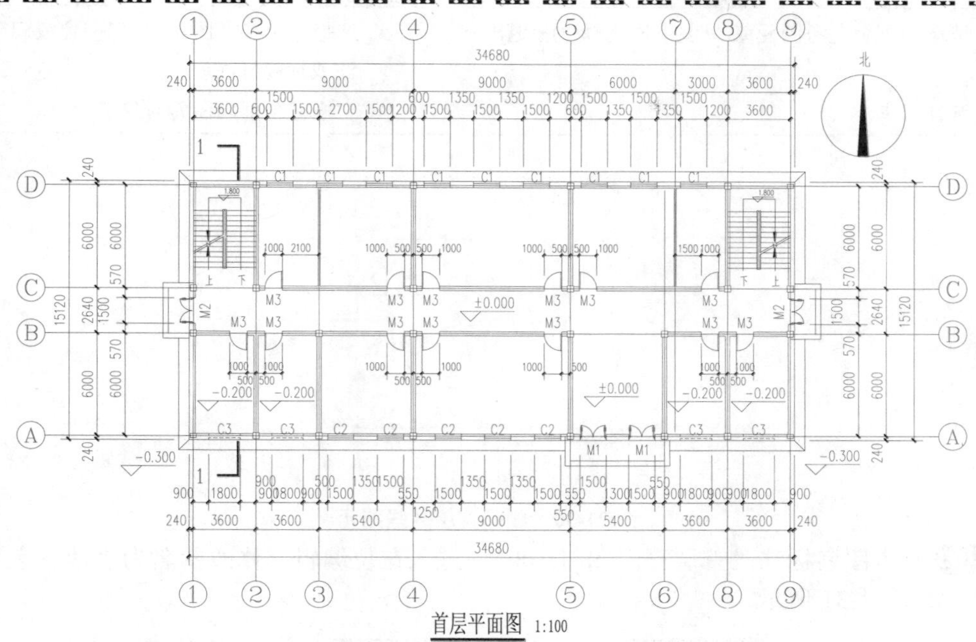

图 21-28　首层平面图

21.2 综合练习——绘制地下室平面图

案例	教学楼施工图.dwg	视频	绘制地下室平面图.avi

实战要点：①绘制坡道；②对象选择命令的运用。

操作步骤

步骤 01 打开“案例\21\教学楼施工图.dwg”文件，复制已经绘制好的“首层平面图”到当前文件，如图 21-29 所示。

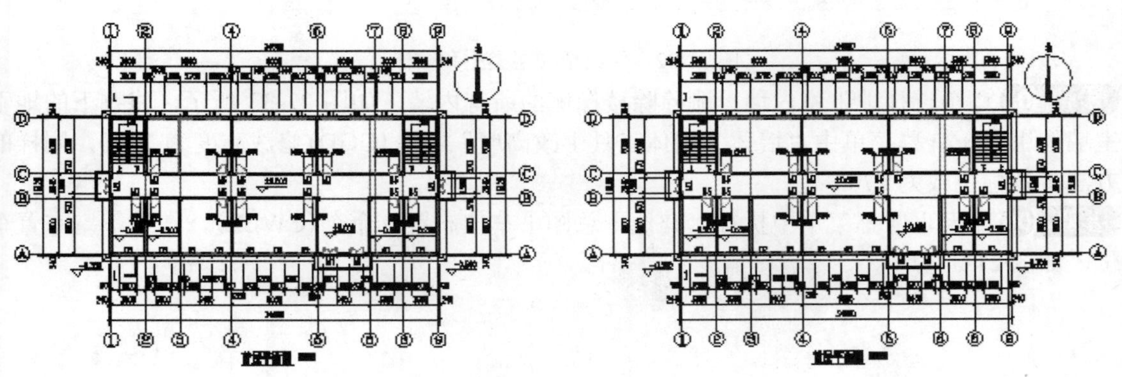

图 21-29　复制首层平面图

步骤 02 执行 CAD 删除命令(E)，删除指北针、剖切符号、散水、台阶、雨水板；在天正屏幕菜单中执行“工具 | 对象选择”命令(DXXZ)，按照如下命令行提示，分别选择外墙门窗和门窗标注以及标高标注，然后将其删除，如图 21-30 所示。

请选择一个参考图元或[恢复上次选择(2)]<退出>:	\\ 选择一个参考图元(外墙门窗或门窗标注或标高标注)
选择对象:	\\ 空格键全部同图元对象选中

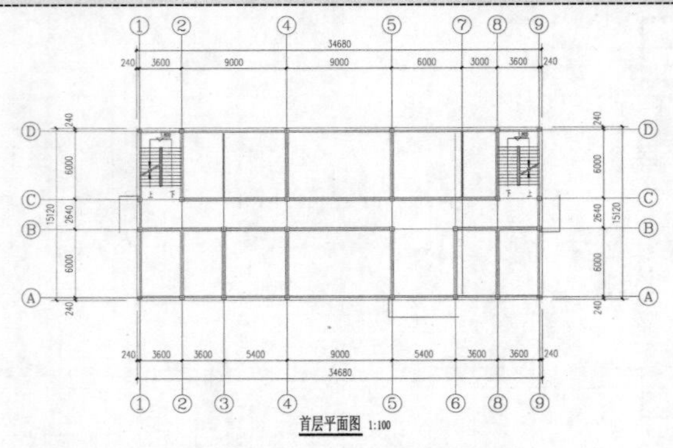

图 21-30　删除首层某些图元

步骤 03 双击图名标注“首层平面图 1:100”，进入在位编辑，修改图名为“地下室平面图 1:100”，如图 21-31 所示。

1.双击 首层平面图 1:100 ➡ 地下室平面图 1:100 2.输入新图名

图 21-31　修改图名

步骤 04 双击双跑楼梯对象，进入“双跑楼梯”对话框，修改“层类型”为“首层”，“楼梯高度”为 3000，如图 21-32 所示。

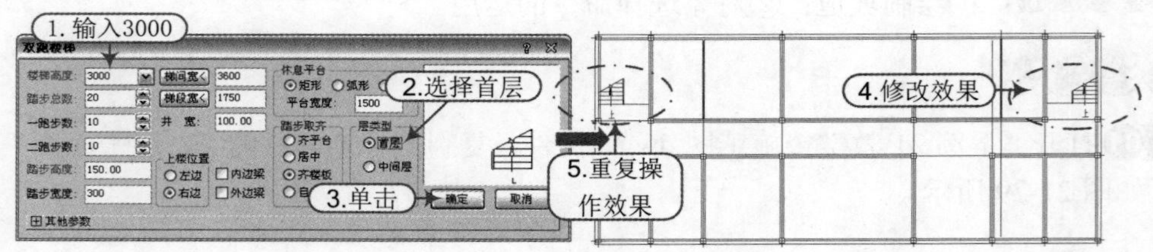

图 21-32　修改楼梯层类型和楼梯高

步骤 05 逐个选择地下室内墙，删除除楼梯侧的所有内墙，如图 21-33 所示，将剩下的地下室墙体用天正屏幕菜单中“墙体 | 墙体工具 | 改高度”命令(GGD)修改高度为 2700，同样的方法将各柱也改为 2700 高。

步骤 06 在天正屏幕菜单中执行“其他 | 总图 | 车位布置”命令(CWBZ)，在地下室布置车位，如图 21-34 所示。

图 21-33　删除部分内墙

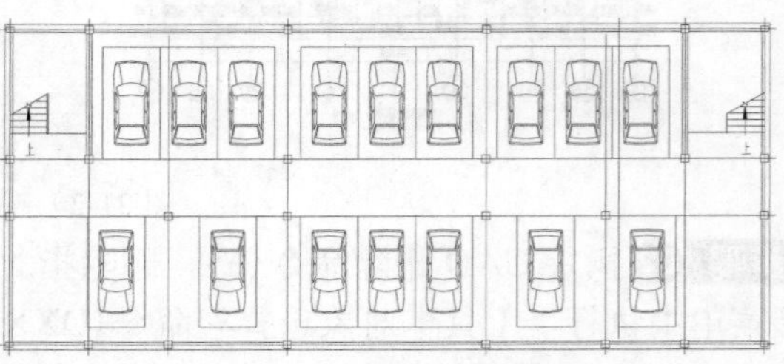

图 21-34　车位布置

步骤 07 在天正屏幕菜单中执行“门窗丨门窗”命令(MC)，在弹出的“门窗”对话框中设置参数见表 21-16，按照“充满整个墙段插入”方式插入 JLM，如图 21-35 所示。

表 21-16　JLM 参数

编号	类型	门高	门槛高
JLM	防火卷帘	2400	0

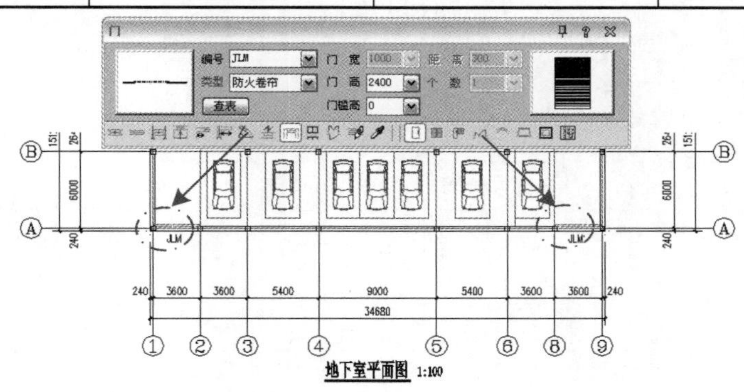

图 21-35　插入防火卷帘门

步骤 08 在天正屏幕菜单中执行“楼梯其他丨坡道”命令(PD)，在弹出的“坡道”对话框中设置参数见表 21-17，插入坡道，如图 21-36 所示。

表 21-17　坡道参数

坡道长度	坡道高度	坡道宽度	坡顶标高	加防滑条
20000	2700	3600	2700	勾选

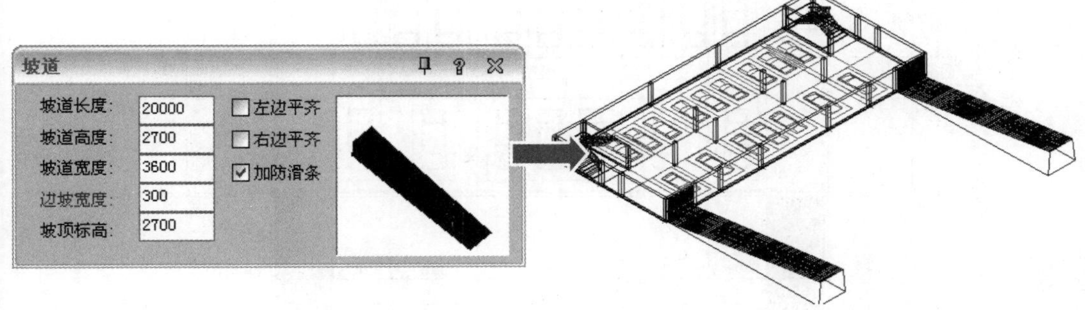

图 21-36　地下室坡道图

步骤 09 双击平面地板，按照如下命令行提示，将地板上的楼梯洞口删除。

```
选择[加洞(A)/减洞(D)/加边界(P)/减边界(M)/边可见性(E)/板厚(H)/标高(T)/参数列表(L)]<退出>:D
                                        \\ 输入 D，即选择减洞选项
请要移除的洞:                            \\ 点取左侧楼梯洞口
选择[加洞(A)/减洞(D)/加边界(P)/减边界(M)/边可见性(E)/板厚(H)/标高(T)/参数列表(L)]<退出>:
                                        \\ 输入 D，即选择减洞选项
请要移除的洞:                            \\ 点取右侧楼梯洞口
选择[加洞(A)/减洞(D)/加边界(P)/减边界(M)/边可见性(E)/板厚(H)/标高(T)/参数列表(L)]<退出>:
                                        \\ 按回车键退出
```

步骤 10 在天正屏幕菜单中执行“符号标注 | 标高标注”命令(BGBZ)，对平面图标高进行标注，如图 21-37 所示。

图 21-37　标高标注

步骤 11 至此，该地下室平面图已经绘制完成，如图 21-38 所示，按“Ctrl+S”组合键保存。

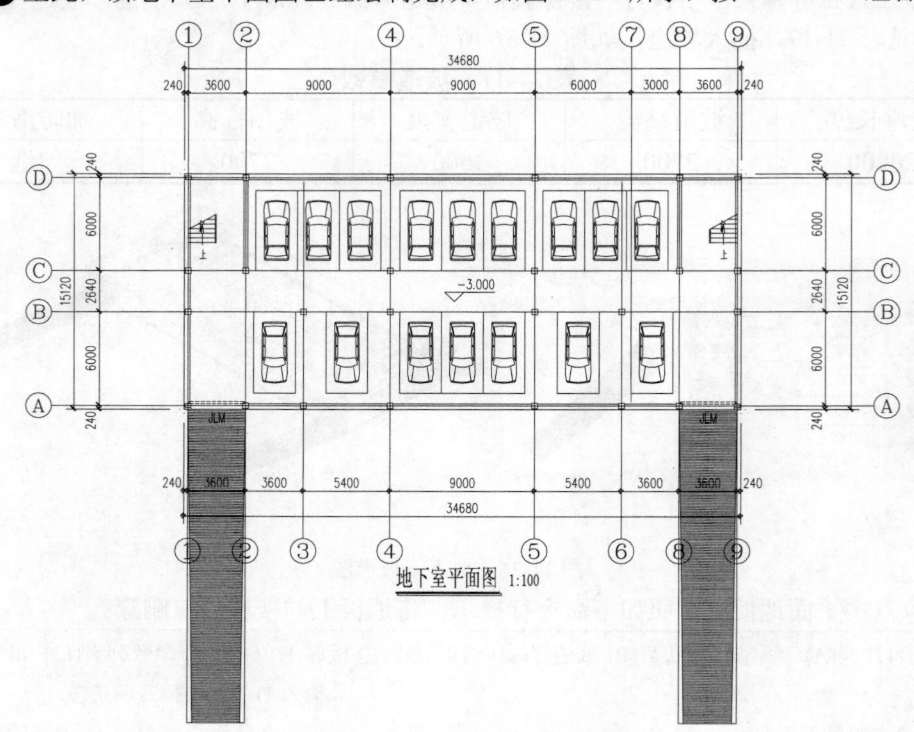

图 21-38　地下室平面图

21.3 综合练习——绘制二～六层平面图

案例　教学楼施工图.dwg　　视频　绘制二~六层平面图.avi

实战要点：①通过“首层平面图”修改得到“标准层平面图”；②通过“标准层平面图”

修改楼梯参数得到六层平面图。

步骤 01 打开“案例\21\教学楼施工图.dwg”文件，复制已经绘制好的“首层平面图”到当前文件，如图 21-39 所示。

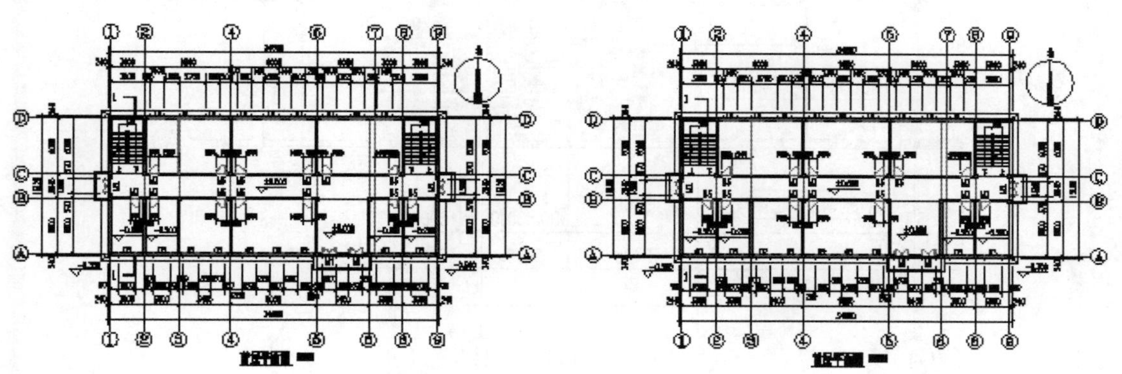

图 21-39　复制首层平面图

步骤 02 执行 CAD 删除命令（E），删除指北针、剖切符号、散水、台阶、雨水板、标高标注以及外墙上的门，如图 21-40 所示。

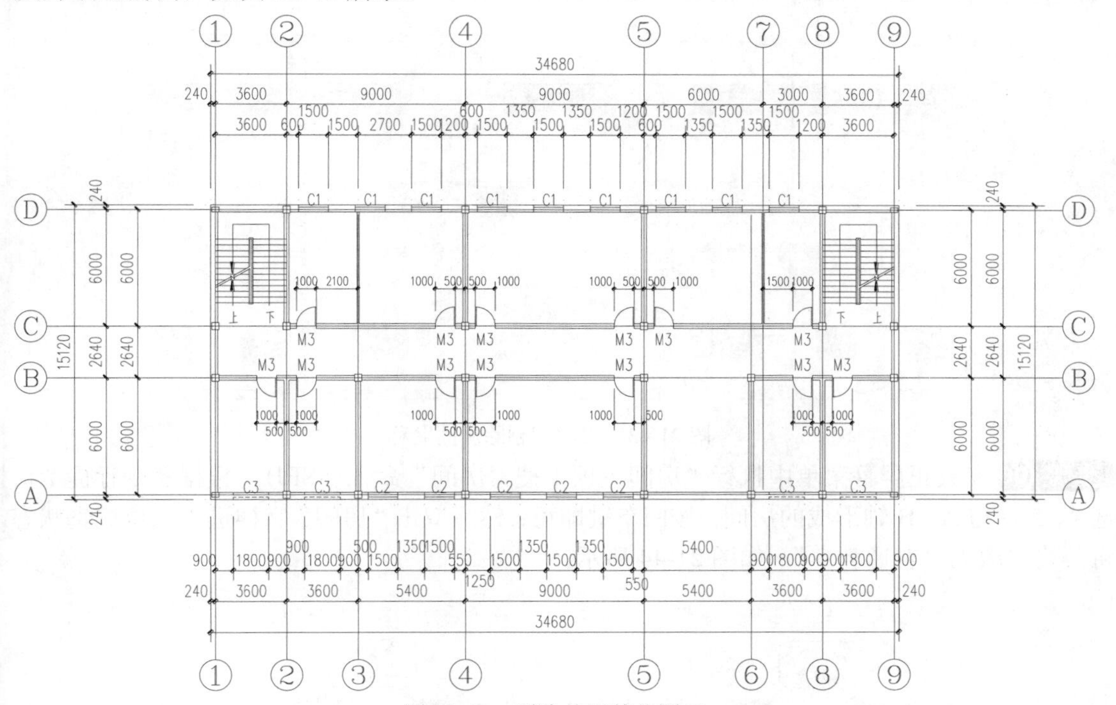

图 21-40　删除首层某些图元

步骤 03 双击图名标注“首层平面图 1:100”，进入在位编辑，修改图名为“标准层平面图 1:100”，如图 21-41 所示。

1.双击 首层平面图 1:100 标准层平面图 1:10 2.输入新图名

图 21-41　修改图名

步骤 04 首先删除 4、5 轴与 A、B 轴形成的房间外墙上的中间窗户 C2，然后在天正屏幕菜单中执行“墙体 | 绘制墙体”命令 (HZQT)，绘制垂直的卫生隔断墙体，如图 21-42 所示。

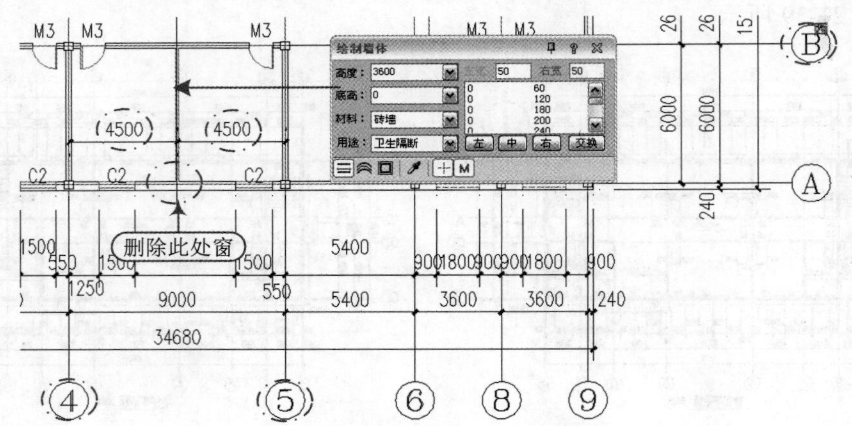

图 21-42　绘制垂直的卫生隔断墙体

步骤 05 双击房间名称，修改名称：“体育器材室”和“门厅”改为“普通教室”，选中“音乐教室”字样，按“Delete”键删除，如图 21-43 所示。

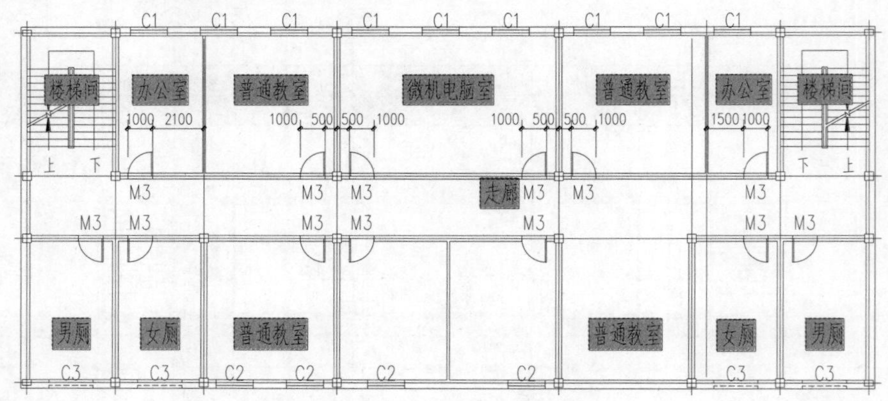

图 21-43　修改和删除房间名称

步骤 06 在天正屏幕菜单中执行“房间屋顶 | 搜索房间”命令 (SSFJ)，根据命令行提示，框选 4、5 轴与 A、B 轴形成的房间，按回车键即可；然后双击“房间”字样进入在位编辑状态，将其均修改为“普通教室”，如图 21-44 所示。

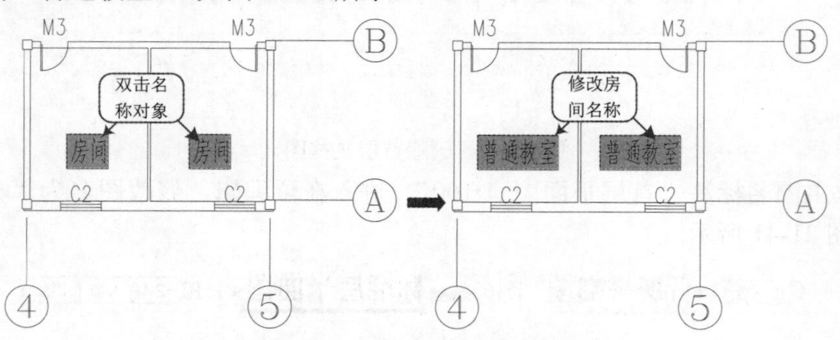

图 21-44　搜索房间及房间名称修改

步骤 07 标准层包括二~五层，六楼为顶层；因此，在对4、5轴与C、D轴形成的房间名称进行在位编辑之前，应先对房间名称进行复制，然后分别双击“计算机室”字样进入在位编辑状态，将其按照表21-18所示修改房间名称，如图21-45所示。

表21-18 各楼层此房间名称

2楼	3楼	4楼	5楼	6楼
阅览室	卫生室	会议室	教导处	广播室

图21-45 复制房间名称及在位编辑

步骤 08 在天正屏幕菜单中执行“符号标注丨标高标注”命令(BGBZ)，在弹出的“标高标注”对话框中，勾选“手工输入”选项，然后单击按钮 多层标高 ，进入“多层楼层标高编辑”对话框中，在其中按照表21-19所示设置参数，对标准层平面图标高进行标注，如图21-46所示。

表21-19 标准层标高名称

层高	层数	自动填楼层号	起始层	一般房间2层标高	卫生间2层标高	楼梯间2层标高
3600	3	勾选	2	3.6	3.4	5.4

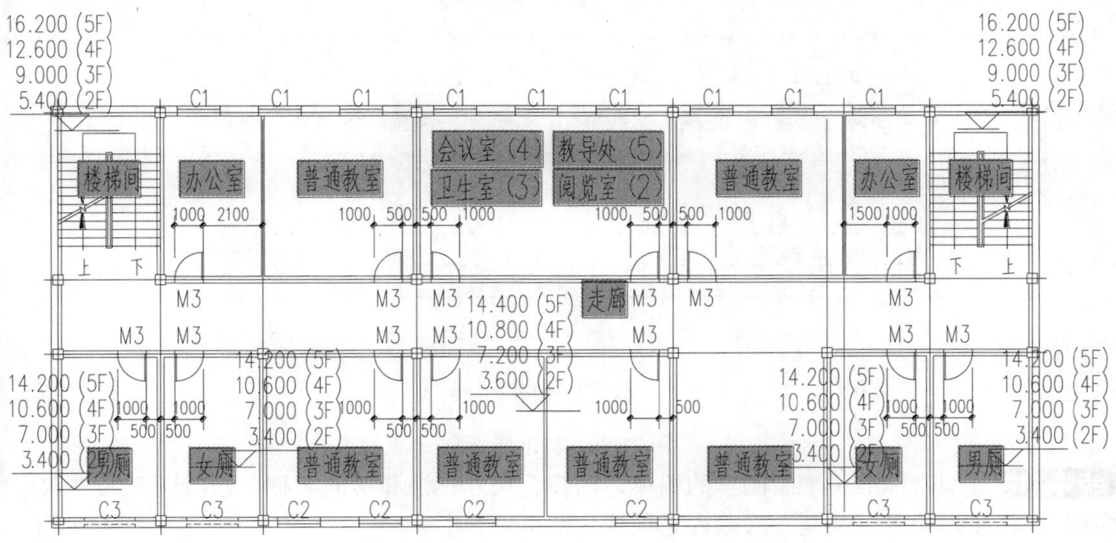

图21-46 标高标注

步骤 09 执行 CAD“删除”命令(E)，删除 B 轴与 5、6 轴之间的虚墙；在天正屏幕菜单中执行“墙体 | 绘制墙体”命令(HZQT)，在弹出的“绘制墙体”对话框中按照表 21-20 所示的参数绘制 B 轴与 5、6 轴之间的墙体，如图 21-47 所示。

表 21-20 墙体参数

高度	底高	材料	用途	左宽	右宽
3600	0	砖墙	一般墙	120	120

步骤 10 在天正屏幕菜单中执行“门窗 | 门窗”命令(MC)，补充插入 M3，如图 21-48 所示。

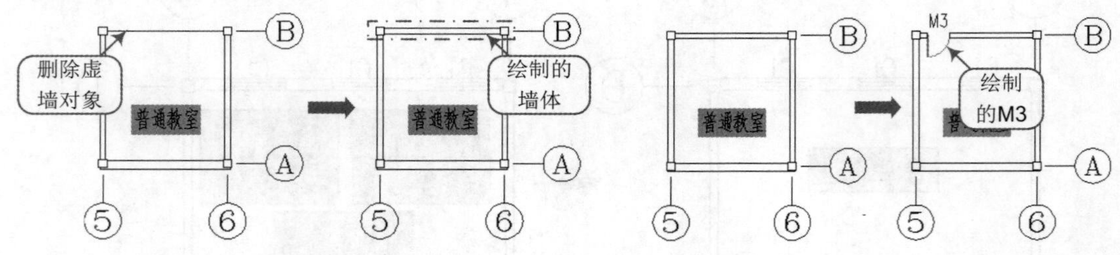

图 21-47 补充绘制的墙体　　图 21-48 补充绘制门 M3

步骤 11 至此，标准层平面图已经绘制完成，如图 21-49 所示，按“Ctrl+S”组合键保存。

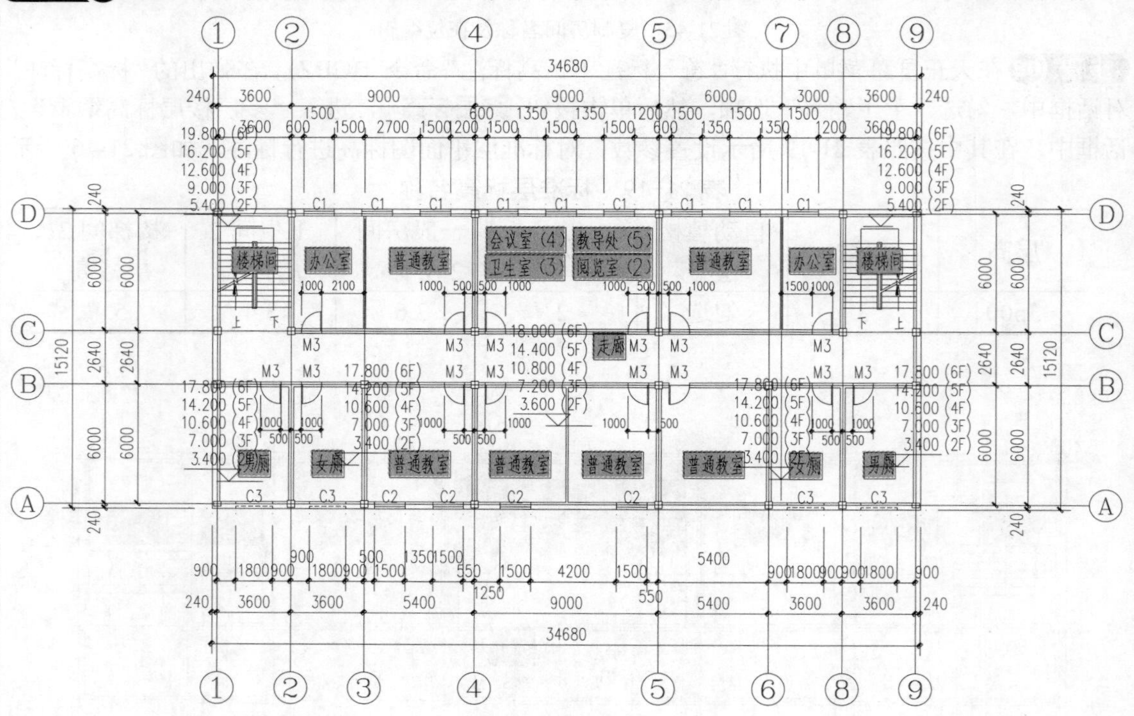

图 21-49 标准层平面图

步骤 12 复制“标准层平面图”的墙体、门窗、尺寸标注和房间名称，修改图名为“六层平面图”，将楼梯的“层类型”修改为“顶层”即可。

21.4 综合练习——绘制屋顶平面图

案例	教学楼施工图.dwg	视频	绘制屋顶平面图.avi

实战要点：通过“地下室平面图”修改得到屋顶平面图。

步骤 01 打开“案例\21\教学楼施工图.dwg”文件，复制已经绘制好的“地下室平面图”到当前文件，如图 21-50 所示。

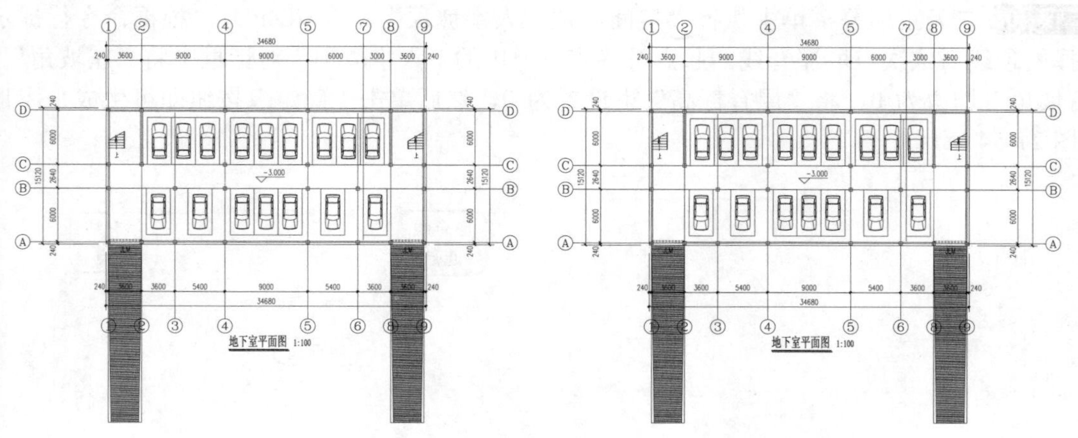

图 21-50　复制地下室平面图

步骤 02 执行 CAD 删除命令(E)，将除图名标注、外墙轮廓、外墙内的轴线与尺寸标注外的所有图元删除，如图 21-51 所示。

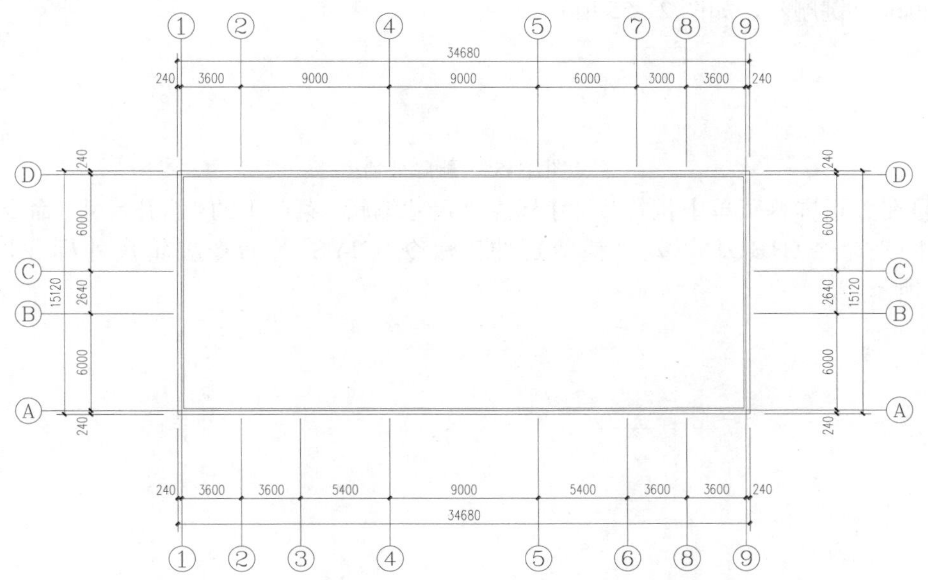

图 21-51　删除效果

步骤 03 双击图名标注“地下室平面图 1:100”，进入在位编辑，修改图名为“屋顶平面图 1:100”，如图 21-52 所示。

1.双击 地下室平面图 1:100 → 屋顶平面图 1:100 2.输入新图名

图 21-52 修改图名

步骤 04 在天正屏幕菜单中执行“房间屋顶 | 搜屋顶线”命令(SWDX)，按照命令行提示框选“屋顶平面图”中外墙图元，设置偏移外皮距离为 600，然后按回车键即可绘制出屋顶轮廓，如图 21-53 所示。

步骤 05 在天正屏幕菜单中执行“房间屋顶 | 人字坡顶”命令(RZPD)，根据命令行提示，选择屋顶线后依次点取屋脊线的起点及终点，弹出的“人字坡顶”对话框中将“左坡角”和“右坡角”均改为 0，将“屋脊标高”也设置为 0，然后单击“确定”按钮即可生成平屋顶，如图 21-54 所示。

图 21-53 搜屋顶线

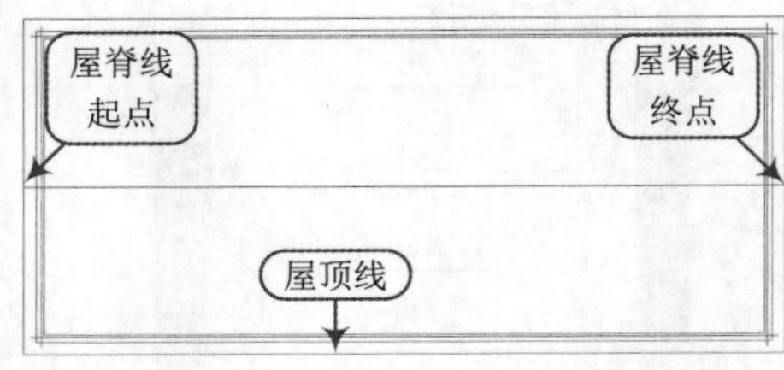

图 21-54 人字坡顶

步骤 06 在天正屏幕菜单中执行“工具 | 对象选择”命令(DXXZ)，根据命令行提示，选择外墙图元为参考图元，框选“屋顶平面图”后按回车键，表示在框选范围内的墙体全部选中，最后按“Delete”键删除，如图 21-55 所示。

图 21-55 删除外墙

步骤 07 在天正屏幕菜单中执行“尺寸标注 | 尺寸编辑”菜单下的“增补尺寸”命令(ZBCC)“合并区间”命令(HBQJ)以及“裁剪延伸”命令(CJYS)等命令编辑尺寸标注，结果如图 21-56 所示。

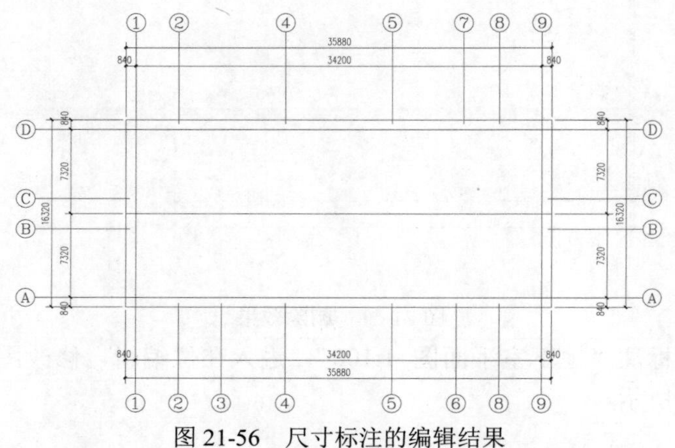

图 21-56 尺寸标注的编辑结果

步骤 08 执行 CAD“分解”命令(X)，将轴号标注分解，然后删除多余的轴号，如图 21-57 所示。

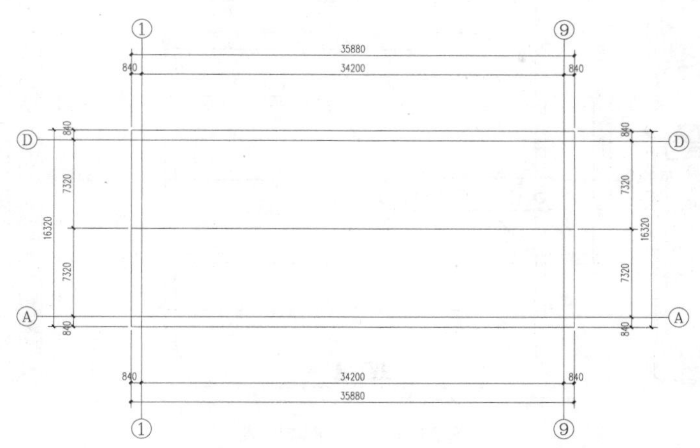

图 21-57　删除多余轴号结果

步骤 09 至此，屋顶层平面图已经绘制完成，按“Ctrl+S”组合键保存。

21.5 综合练习——教学楼工程文件的创建

案例	教学楼施工图.dwg	视频	教学楼工程文件的创建.avi

实战要点：执行“工程管理”命令创建工程文件，为之后的立面图以及三维图做准备。

步骤 01 打开“案例\21\教学楼施工图.dwg”文件，在天正屏幕菜单中执行“文件布局 | 工程管理”命令(GCGL)，在弹出的“工程管理”面板中单击最上方的“工程管理”文本框，选择其下拉菜单中的“新建工程”选项，弹出“另存为”对话框，选择保存路径后输入工程名称为“教学楼施工图.tpr”，最后单击“保存”按钮，保存即可，如图 21-58 所示。

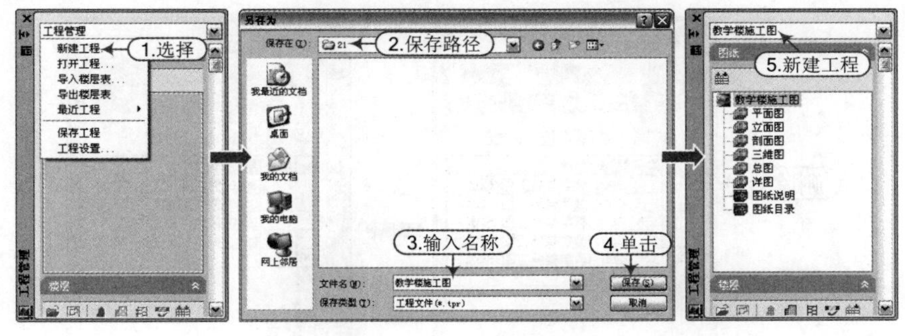

图 21-58　新建工程

步骤 02 在“工程管理”面板中，展开“楼层”，在面板中按照表 21-21 所示输入教学楼相关层号、层高后，将光标置于“文件”栏，然后单击按钮，一一对应框选平面图，并指定 1 轴与 A 轴的交点为对齐点即可，如图 21-59 所示。

表 21-21　楼层表参数

层号	1	2	3~6	7	8
层高	3000	3600	3600	3600	200
文件	地下室平面	首层平面	标准层平面	顶层平面	屋顶平面

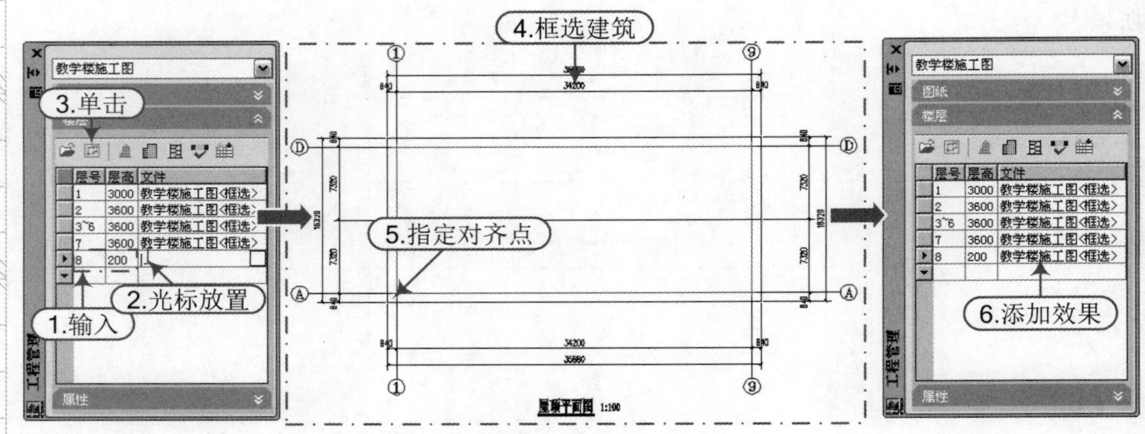

图 21-59 创建楼层表

21.6 综合练习——教学楼立面图的创建

案例	教学楼施工图.dwg	视频	教学楼立面图的创建.avi

实战要点：楼层表创建好了之后，现在可以很容易地生成立面图，只要执行"立面 | 建筑立面"命令(JZLM)即可。

步骤 01 打开"案例\21\教学楼施工图.dwg"文件，在天正屏幕菜单中执行"文件布局 | 工程管理"命令(GCGL)，在弹出的"工程管理"面板中单击最上方的"工程管理"文本框，选择其下拉菜单中的"打开工程"选项，选择"案例\21\教学楼施工图.tpr"。

步骤 02 由于层号为 1 的建筑层是地下室，标高在地平线以下，理应在立面图上不可见。所以在生成立面图之前应修改楼层表，如图 21-60 所示。

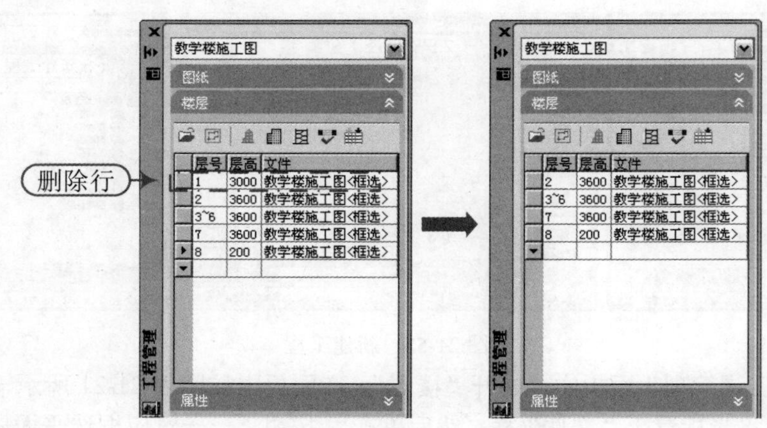

图 21-60 修改楼层表

步骤 03 在天正屏幕菜单中执行"立面 | 建筑立面"命令(JZLM)或是在"工程管理"面板中单击按钮，然后根据命令行提示，选择生成正立面，弹出的"立面生成设置"对话框中单击"生成立面"按钮，弹出"输入要生成的文件"对话框，将其保存为"案例\21\教学楼正立面.dwg"，操作如图 21-61 所示，生成正立面图如图 21-62 所示。

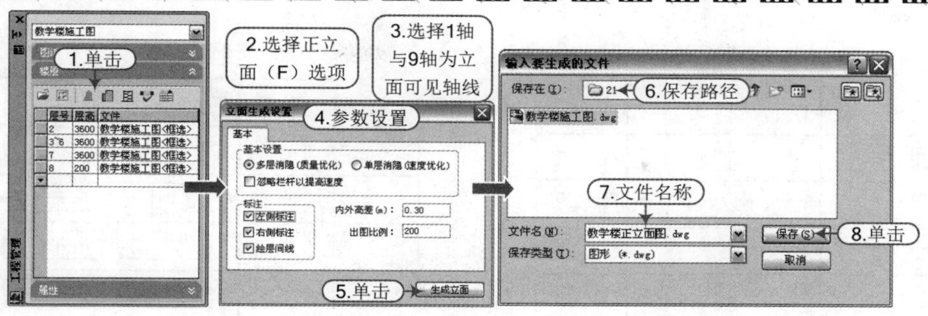

图 21-61　正立面图操作

图 21-62　教学楼正立面图

步骤 04 同样的方法生成背立面，如图 21-63 所示。

步骤 05 同样的方法生成左立面，如图 21-64 所示，因教学楼左右立面没变化，右立面就不再绘制。

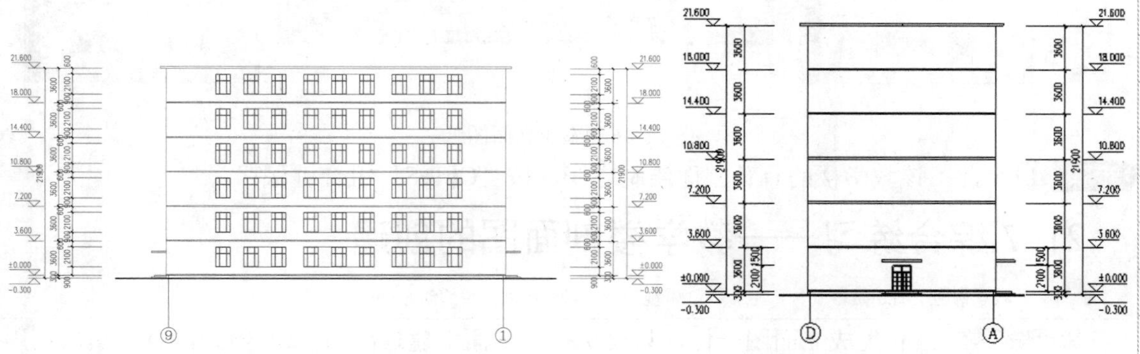

图 21-63　教学楼背立面图　　图 21-64　教学楼左立面图

步骤 06 在天正屏幕菜单中执行“符号标注丨图名标注”命令(TMBZ)，将各立面图的图名标注在图的下侧中间位置。

步骤 07 在天正屏幕菜单中执行“符号标注丨标高标注”命令(BGBZ)，各立面图上房屋顶上标注标高“21.800”。

步骤 08 在天正屏幕菜单中执行“立面丨雨水管线”命令(YSGX)，在正立面图和背立面图上绘制雨水管线，如图 21-65 所示。

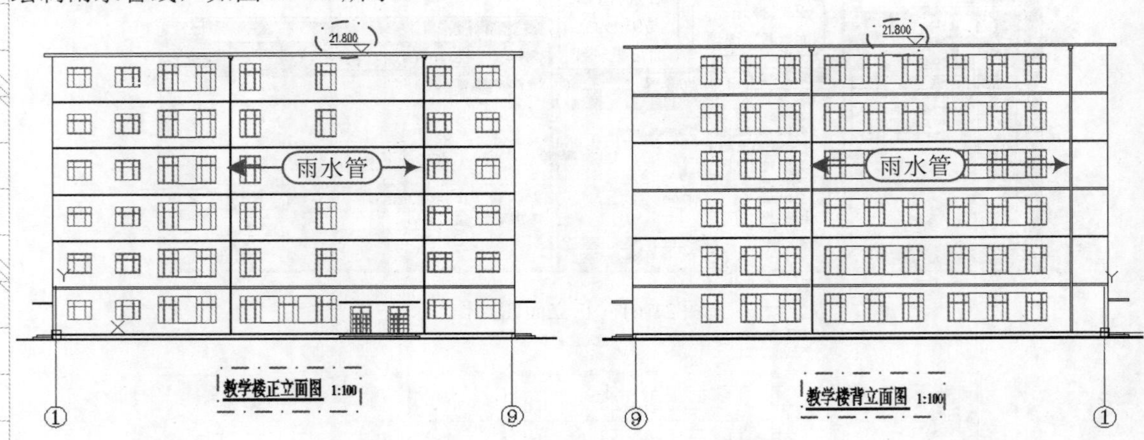

图 21-65　雨水管线

步骤 09 在“工程管理”面板中，展开“图纸”，将鼠标放置在“立面图”处单击右键，在弹出的下拉列表中选择“添加图纸”，将“教学楼正立面图”“教学楼背立面图”“教学楼左立面图”添加到“立面图”下，如图 21-66 所示。

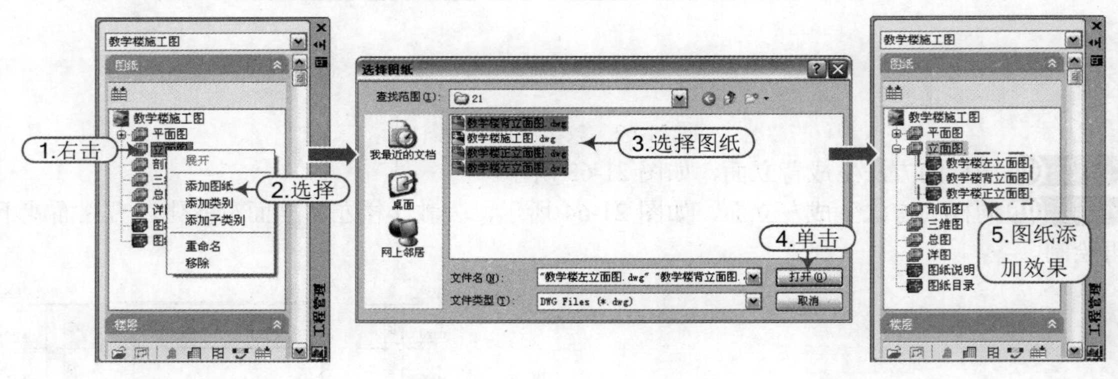

图 21-66　添加立面图纸

步骤 10 至此，该教学楼的有关立面绘制完毕，按“Ctrl+S”组合键保存。

21.7 综合练习——教学楼剖面图的创建

案例	教学楼施工图.dwg	视频	教学楼剖面图的创建.avi

实战要点：和生成立面图一样，只要执行“剖面 | 建筑剖面”命令(JZPM)，然后利用天正屏幕菜单中的“剖面”菜单下的命令对平面图进行编辑即可。

步骤 01 打开“案例\21\教学楼施工图.dwg”文件，在天正屏幕菜单中执行“文件布局 | 工程管理”命令(GCGL)，在弹出的“工程管理”面板中单击最上方的“工程管理”文本框，选择其下拉菜单中的“打开工程”选项，选择“案例\21\教学楼施工图.tpr”打开。

步骤 02 由于剖面图中地坪面以下的部分也参与剖切，这时再将楼层表修改回来，如图 21-67 所示。

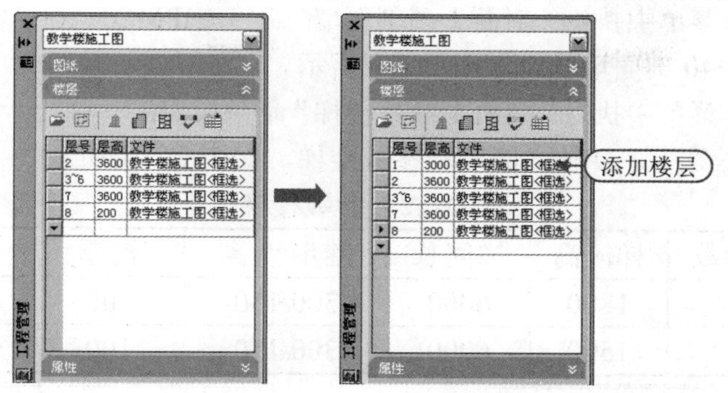

图 21-67　修改楼层表

步骤 03 在天正屏幕菜单中执行“剖面｜建筑剖面”命令(JZPM)或是在“工程管理”面板中单击按钮，然后根据命令行提示，选择 1-1 剖切符号后，点选 A~D 轴为剖面可见轴，在随后弹出的“剖面生成设置”对话框中单击按钮 生成剖面 ，弹出“输入要生成的文件”对话框，将其保存为“案例\21\教学楼 1-1 剖面图.dwg”，如图 21-68 所示。

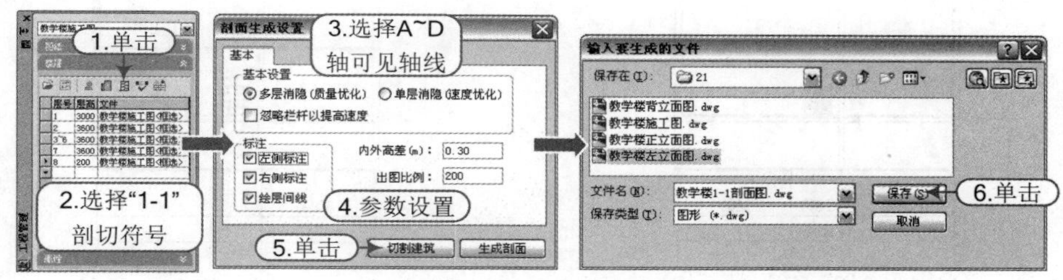

图 21-68　生成剖面图操作

步骤 04 首先移动地坪线的标识到正确位置，然后以“教学楼施工图”的标高为依据修改平面图的标高标注，并编辑尺寸标注，如图 21-69 所示。

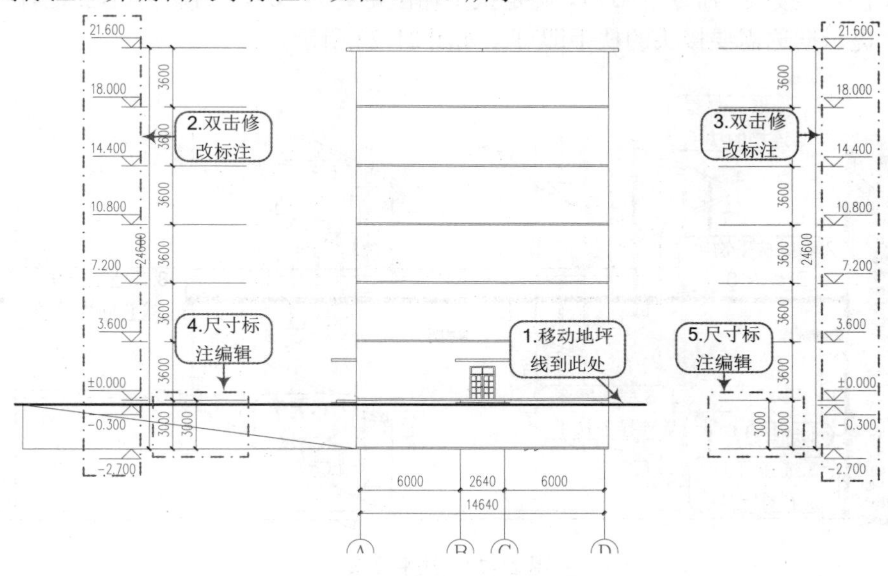

图 21-69　编辑标注

步骤 05 在天正屏幕菜单中执行“剖面 | 画剖面墙”命令(HPMQ)，在 A、D 轴处绘制 370 剖面墙体，B 轴处绘制 240 剖面墙体，如图 21-70 所示。

步骤 06 在天正屏幕菜单中执行“剖面 | 参数楼梯”命令(CSLT)，弹出“参数楼梯”对话框，按照表 21-22 所给参数在 C、D 轴之间绘制参数楼梯，如图 21-71 所示。

表 21-22　参数楼梯

楼梯分类	跑数	梯段高	梯间长	踏步宽/高	板厚	左休息平台/右
地面上楼梯	2	1800	6000	300/150	100	1200/1500
地下室楼梯	2	1500	6000	300/150	100	1200/2100

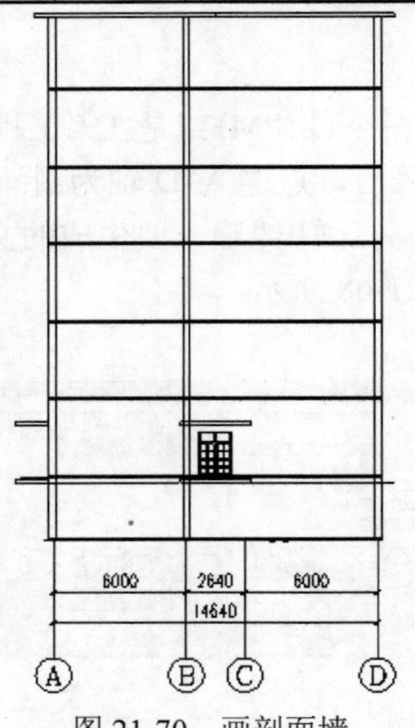

图 21-70　画剖面墙

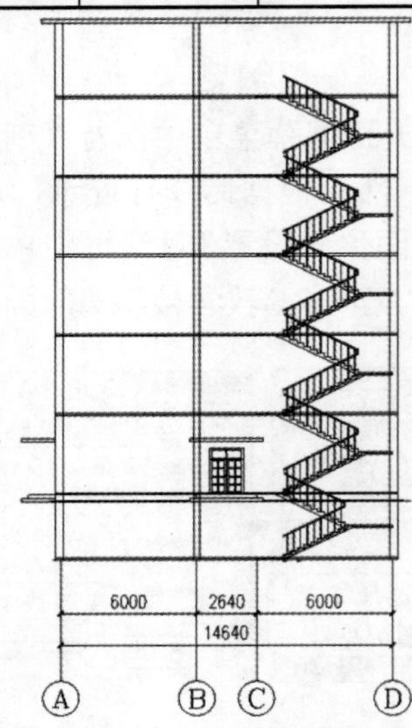

图 21-71　绘制参数楼梯

步骤 07 执行 CAD“解组”命令(UNG)，将楼梯参数中的栏杆解组；然后在天正屏幕菜单中执行“剖面 | 扶手接头”命令(FSJT)，确定扶手输出距离为“0”，选择“不增加栏杆”选项后，根据命令行提示框选需要接头的扶手即可，如图 21-72 所示。

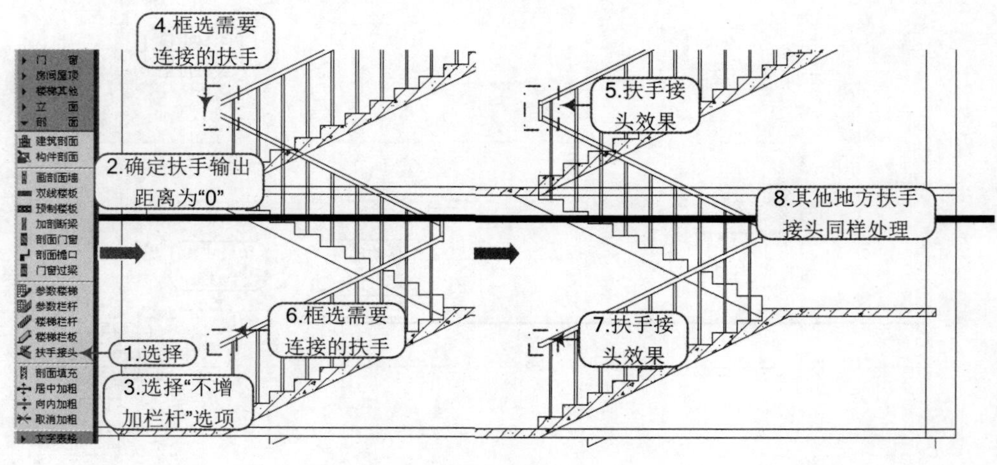

图 21-72　扶手接头

步骤 08 在天正屏幕菜单中执行“符号标注 | 标高标注”命令(BGBZ)和“符号标注 | 图名

标注”命令(TMBZ)，标注出楼梯中间休息平台处的标高以及“1-1 剖面图”的图名标注，如图 21-73 所示。

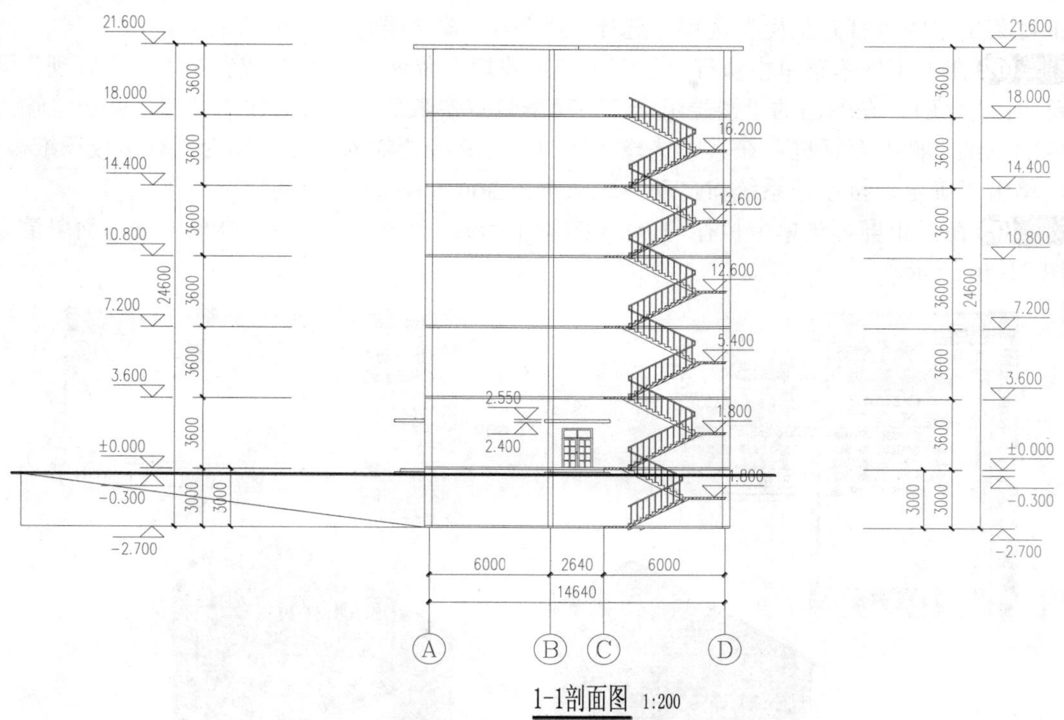

图 21-73　标高及图名标注

步骤 09 在“工程管理”面板中，展开“图纸”，将鼠标放置在“剖面图”处单击右键，在弹出的下拉列表中选择“添加图纸”，将“1-1 剖面图”添加到“剖面图”下，如图 21-74 所示。

图 21-74　添加图纸

步骤 10 至此，1-1 剖面图已经绘制完成，按“Ctrl+S”组合键保存。

21.8 综合练习——教学楼三维模型的创建与渲染

案例	教学楼施工图.dwg	视频	教学楼三维模型的创建与渲染.avi

实战要点：和生成立面图一样，只要执行“剖面｜三维建模”命令(SWJM)，或者在“工程管理”面板中单击按钮执行操作。

步骤 01 打开“案例\21\教学楼施工图.dwg”文件，在天正屏幕菜单中执行“文件布局 | 工程管理”命令(GCGL)，在弹出的“工程管理”面板中单击最上方的“工程管理”文本框，选择其下拉菜单中的“打开工程”选项，选择“案例\21\教学楼施工图.tpr”打开。

步骤 02 在天正屏幕菜单中执行“剖面 | 三维建模”命令(SWJM)(或者在“工程管理”面板中单击按钮)，在弹出的“楼层组合”对话框设置参数后单击“确定”按钮，弹出“输入要生成的三维文件”对话框，在其中选择文件的保存路径并输入文件名称为“教学楼三维模型”后，单击“确定”按钮，系统将自动生成三维模型，如图 21-75 所示。

步骤 03 在天正屏幕菜单中执行“其他 | 渲染 | 渲染”命令(XR)，对三维模型进行简单渲染，如图 21-76 所示。

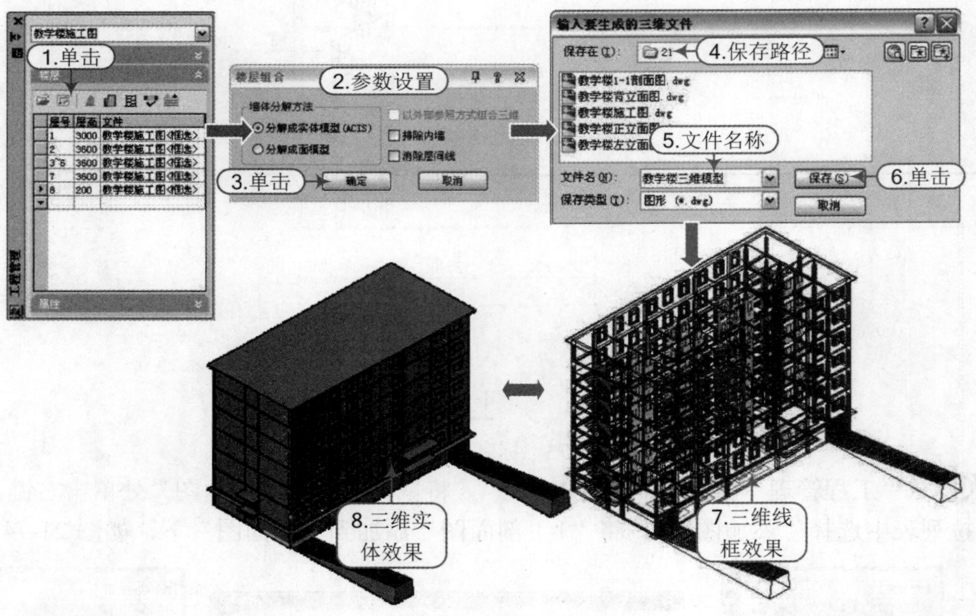

图 21-75　三维模型

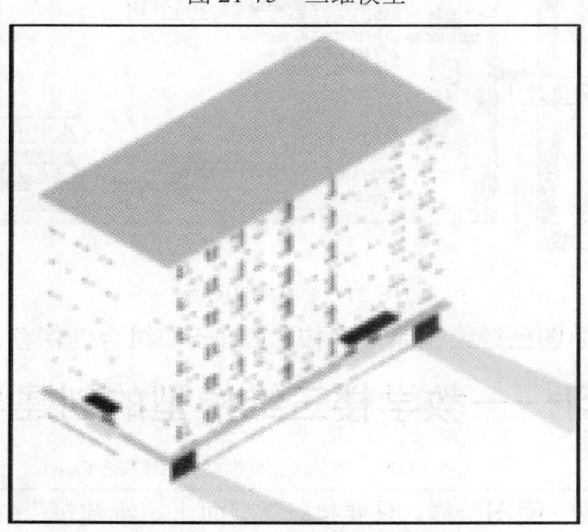

图 21-76　三维渲染

21.9 综合练习——施工图的布局与输出

案例	教学楼施工图.dwg	视频	施工图的布局与输出.avi

实战要点：在空白“布局”图纸空间布置多张图纸。

步骤 01 打开“案例\21\教学楼施工图.dwg”“案例\21\教学楼 1-1 剖面图.dwg”以及其他立面图文件。

步骤 02 切换到“教学楼施工图.dwg”选项卡，在菜单栏中执行“插入 | 布局 | 创建布局向导”命令，根据对话框提示新建空白的图纸空间，如图 21-77 所示。

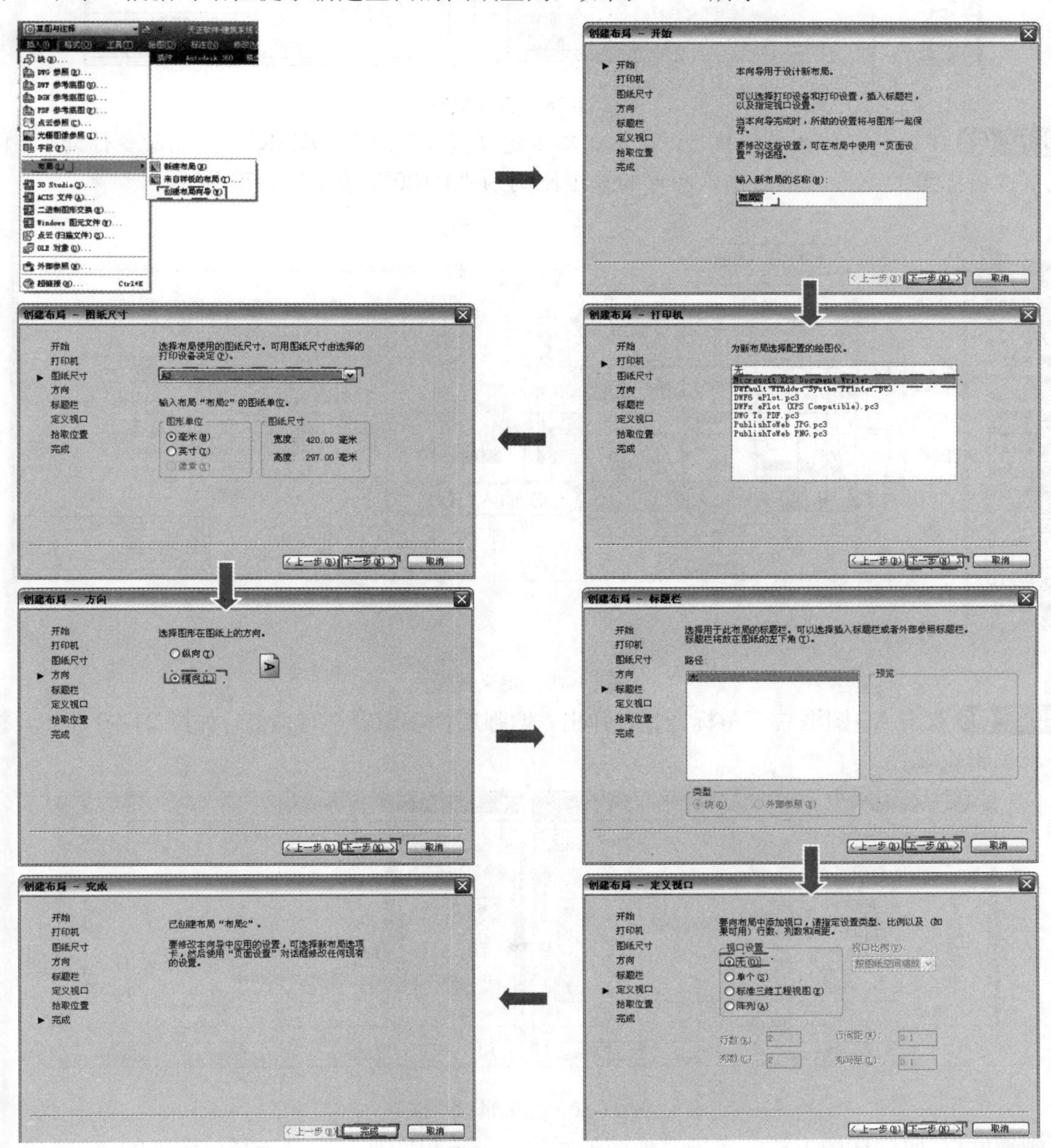

图 21-77 创建布局

步骤 03 在天正屏幕菜单中执行"文件布局 | 插入图框"命令(CRTK)，插入 A3 图框到刚创建好的布局空间"布局 1""布局 2""布局 3""布局 4"和"布局 5"，如图 21-78 所示。

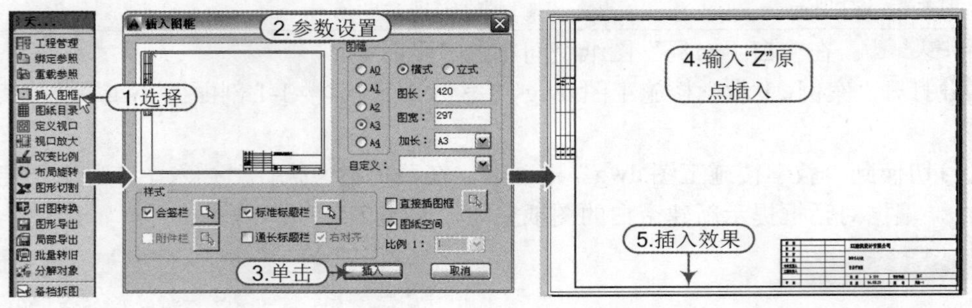

图 21-78 插入图框

步骤 04 在天正屏幕菜单中执行"文件布局 | 定义视口"命令(DYSK)，按照命令行提示，两点框选待布置的图形，然后输入图形的输出比例为"1:100"，如图 21-79 所示。

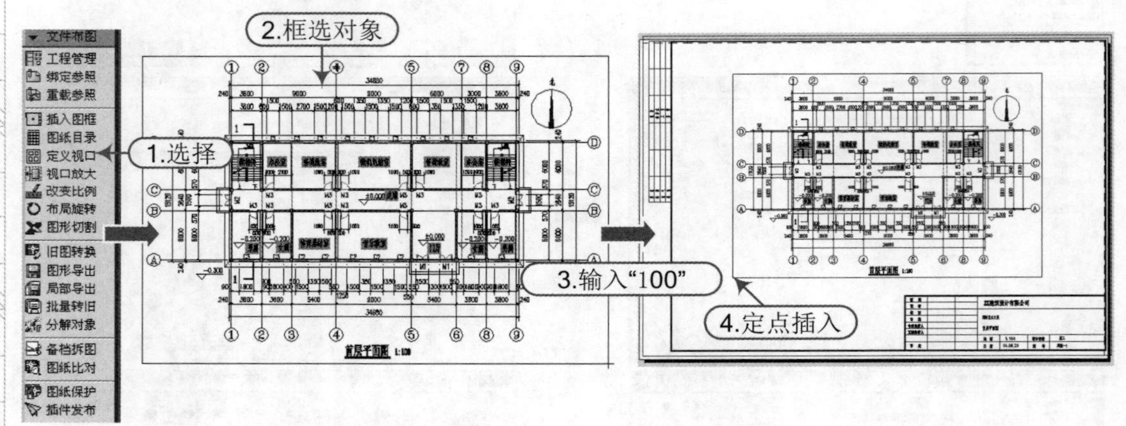

图 21-79 定义视口

步骤 05 双击 A3 图框右下角标题栏，弹出"增强属性编辑器"对话框，如图 21-80 所示，按要求编辑块属性。

图 21-80 块编辑对话框

步骤 06 按照同样的方法，布局其他图形对象；要输出图形，即可选择该图形的布局，单击"打印" 按钮，在弹出的如图 21-81 所示"打印"对话框中设置参数，然后单击"确定"按钮即可打印出图纸。

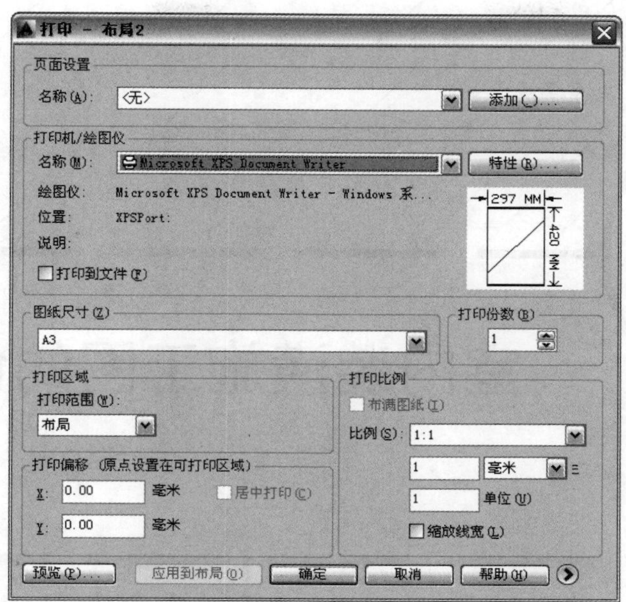

图 21-81　输出图纸

室内装潢施工图的创建

本章导读

绘制室内装潢施工图，包括平面图，立面图，三维效果图，最后将绘制完成的施工图打印输出。

本章内容

- 综合练习——绘制室内建筑平面图
- 综合练习——家具平面布置图的创建
- 综合练习——室内地板材质图的创建
- 综合练习——室内顶棚吊顶图的创建
- 综合练习——各主要立面图的创建
- 综合练习——客厅效果图
- 综合练习——施工图的布局与输出

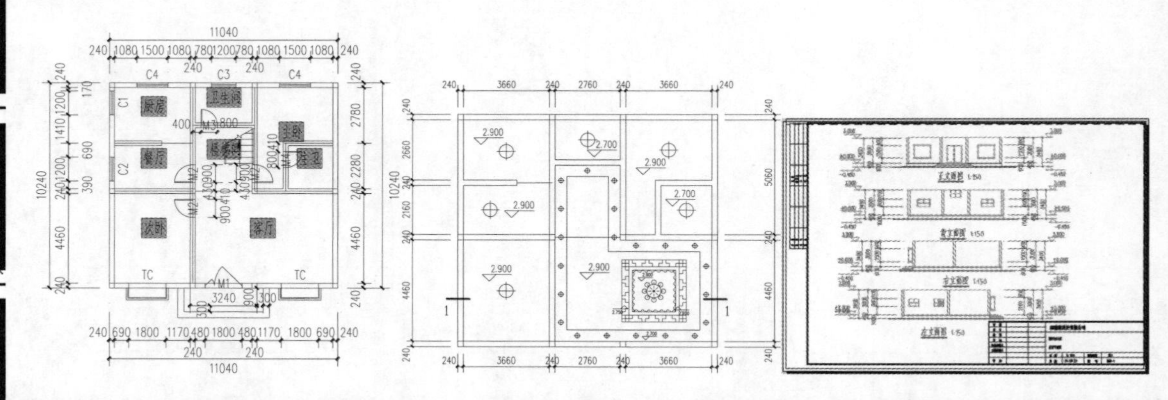

22.1 综合练习——绘制室内建筑平面图

案例	家装室内平面图.dwg	视频	绘制家装室内平面图.avi

实战要点：①绘制墙体轮廓；②绘制门窗、柱子；③阳台对象绘制；④房间布置与地板；⑤尺寸及标高标注。

操作步骤

步骤 01 正常启动 TArch 2014 软件，将空白文档保存为“案例\22\家装室内平面图.dwg”文件；打开该房屋的建筑平面设计图为参照，如图 22-1 所示。

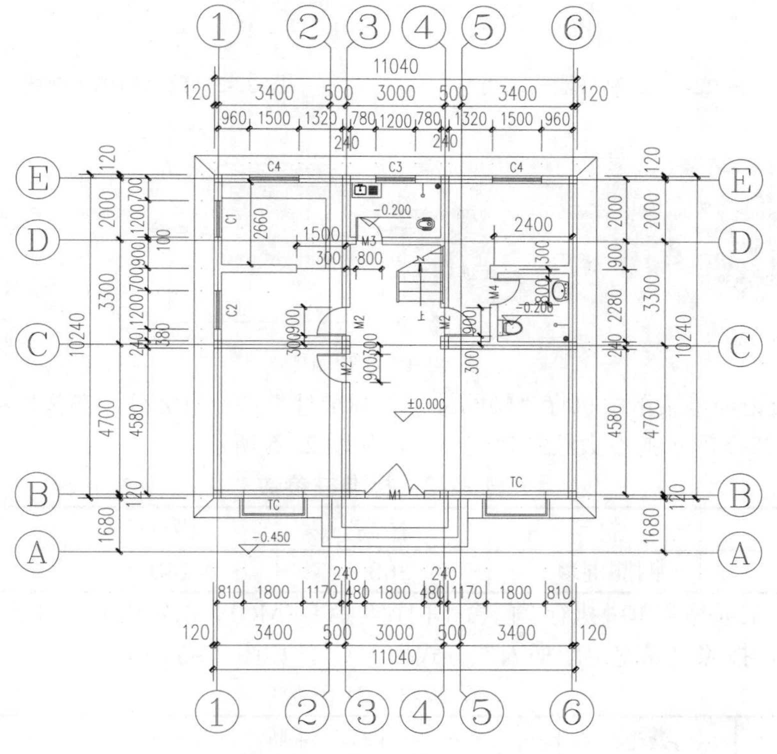

图 22-1　家装建筑平面设计图

步骤 02 执行 CAD 的多段线命令（PL），在“轴线”图层下，绘制家装平面图外墙内轮廓线，如图 22-2 所示。

步骤 03 重复执行 CAD 的多段线命令（PL），在“轴线”图层下，绘制家装平面图内墙中基线，如图 22-3 所示。

步骤 04 在天正屏幕菜单中执行“墙体 | 单线变墙”命令（DXBQ），在弹出的“单线变墙”对话框中按照表 22-1 所示的参数生成建筑墙体，如图 22-4 所示。

表 22-1　墙体参数

高度	底高	材料	用途	外墙宽	内墙宽
3000	0	砖墙	一般墙	240	240

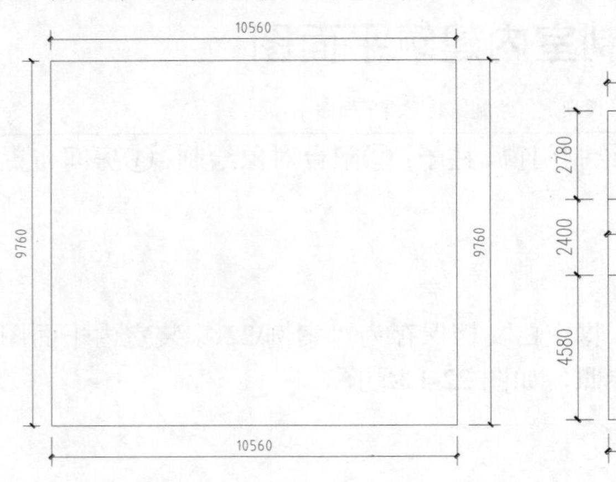

图 22-2　绘制外墙轮廓线

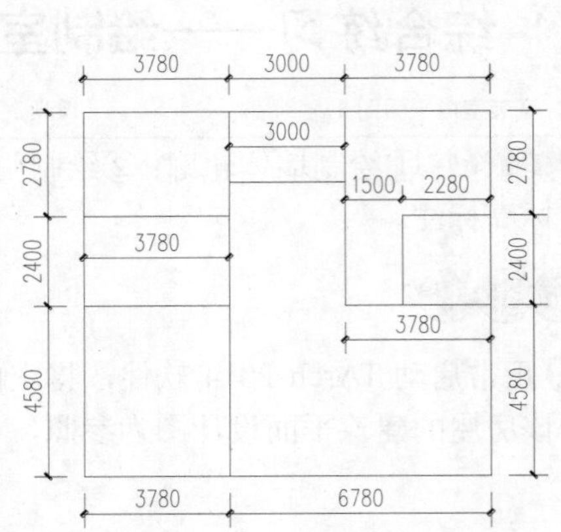

图 22-3　绘制内墙轮廓线

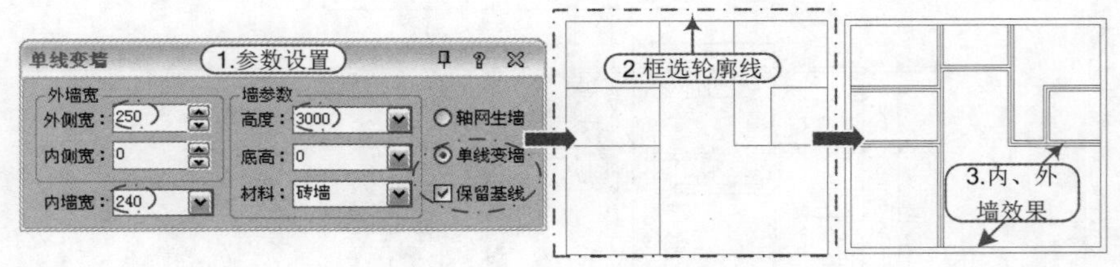

图 22-4　绘制墙体

步骤 05 在天正屏幕菜单中执行“轴网柱子 | 标准柱”命令(BZZ)，在弹出的“标准柱”对话框中按照表 22-2 所示的参数绘制建筑柱子，如图 22-5 所示。

表 22-2　标准柱参数

形状	材料	柱高	横向	纵向
矩形	钢筋混凝土	3000	240	240

步骤 06 在天正屏幕菜单中执行“门窗 | 门窗”命令(MC)，在弹出的“门窗”对话框中设置参数见表 22-3，按照“垛宽定距插入”方式插入 C1，如图 22-6 所示。

表 22-3　C1 参数

编号	类型	窗宽	窗高	窗台高	距离
C1	普通窗	1200	900	1000	700

步骤 07 在天正屏幕菜单中执行“门窗 | 门窗”命令(MC)，在弹出的“门窗”对话框中设置参数见表 22-4，按照“垛宽定距插入”方式插入 C2，如图 22-7 所示。

表 22-4　C2 参数

编号	类型	窗宽	窗高	窗台高	距离
C2	普通窗	1200	900	1000	500

步骤 08 在天正屏幕菜单中执行“门窗 | 门窗”命令(MC)，在弹出的“门窗”对话框中设置参数见表 22-5，按照“在点取的墙段上等分插入”方式插入 C3，如图 22-8 所示。

表 22-5　C3 参数

编号	类型	窗宽	窗高	窗台高	距离
C3	普通窗	1200	900	2100	无

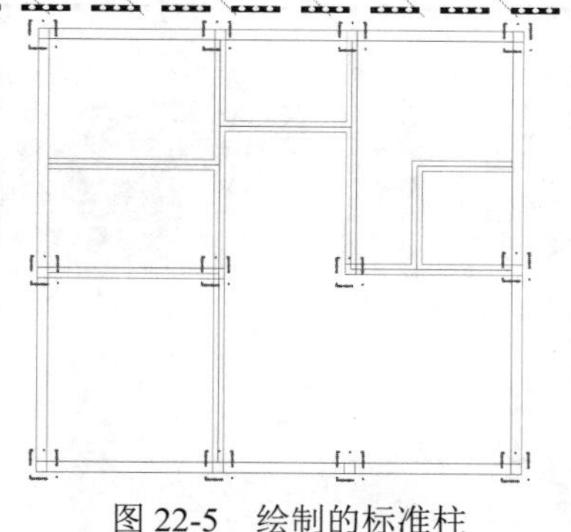

图 22-5　绘制的标准柱

图 22-6　绘制窗 C1

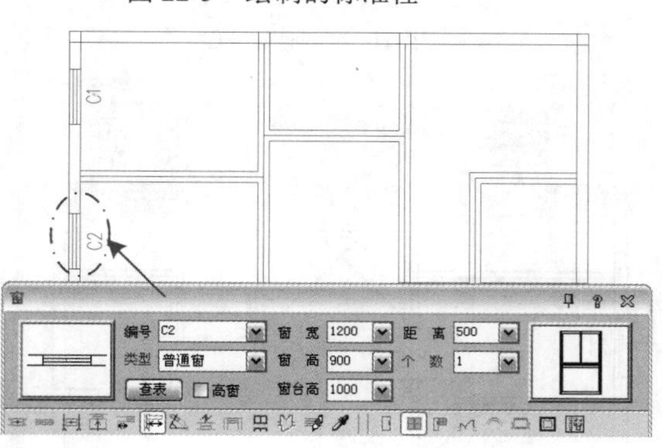

图 22-7　绘制窗 C2

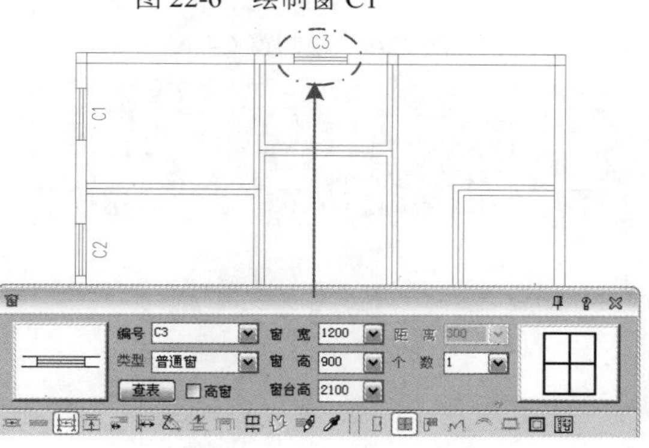

图 22-8　绘制窗 C3

步骤 09 在天正屏幕菜单中执行“门窗｜门窗”命令(MC)，在弹出的“门窗”对话框中设置参数见表 22-6，按照“在点取的墙段上等分插入”方式插入 C4，如图 22-9 所示。

表 22-6　C4 参数

编号	类型	窗宽	窗高	窗台高	距离
C4	普通窗	1500	900	1000	无

步骤 10 在天正屏幕菜单中执行“门窗｜门窗”命令(MC)，在弹出的“门窗”对话框中设置参数见表 22-7，按照“垛宽定距插入”方式插入 TC，如图 22-10 所示。

表 22-7　TC 参数

编号	形式	宽度	高度	窗台高	出挑长	距离
TC	矩形凸窗	1800	1500	600	600	810

步骤 11 在天正屏幕菜单中执行“门窗｜门窗”命令(MC)，在弹出的“门窗”对话框中设置参数见表 22-8，按照“在点取的墙段上等分插入”方式插入 M1，如图 22-11 所示。

表 22-8　M1 参数

编号	门宽	门高	门槛高
M1	1800	2100	0

步骤 12 在天正屏幕菜单中执行“门窗｜门窗”命令(MC)，在弹出的“门窗”对话框中设置参数见表 22-9，按照“垛宽定距插入”方式插入 M2，如图 22-12 所示。

表 22-9　M2 参数

编号	类型	门高	门宽	门槛高	距离
M2	普通门	2100	900	0	300

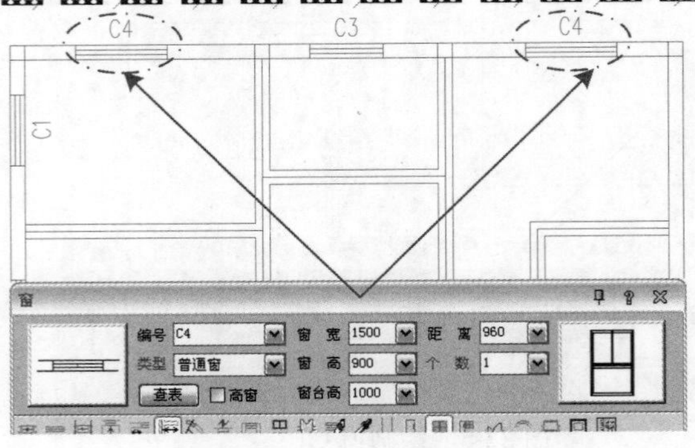

图 22-9　绘制窗 C4

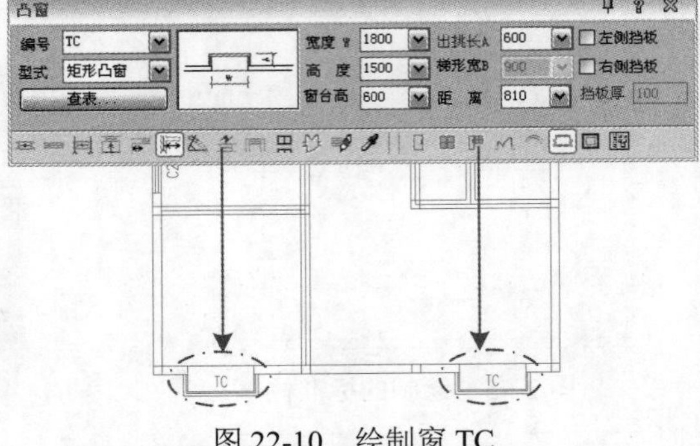

图 22-10　绘制窗 TC

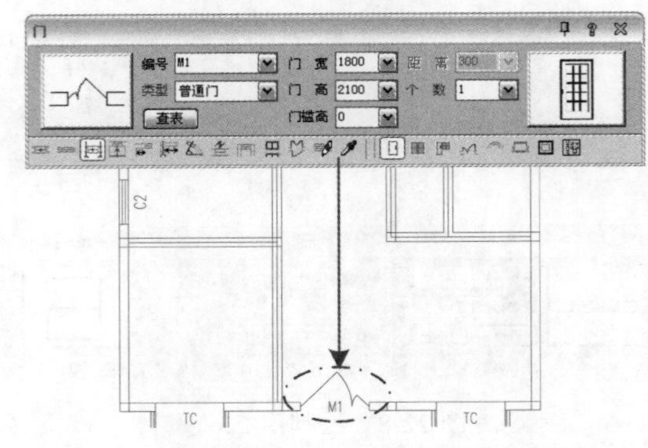

图 22-11　绘制门 M1

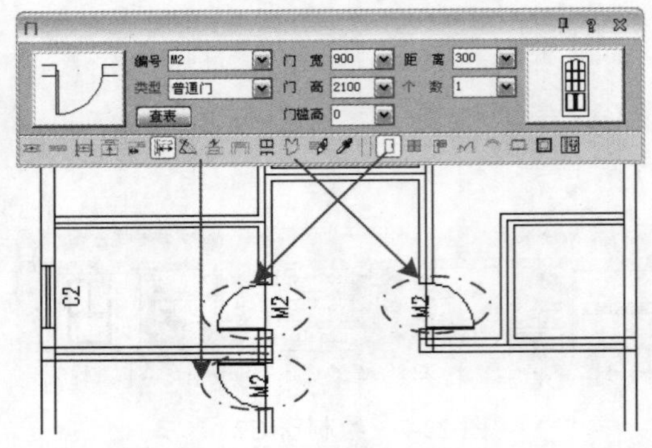

图 22-12　绘制门 M2

步骤 13 在天正屏幕菜单中执行“门窗丨门窗”命令(MC)，在弹出的“门窗”对话框中设置参数见表 22-10，按照“垛宽定距插入”方式插入 M3，如图 22-13 所示。

表 22-10　M3 参数

编号	类型	门高	门宽	门槛高	距离
M3	普通门	1800	800	0	300

步骤 14 在天正屏幕菜单中执行“门窗丨门窗”命令(MC)，在弹出的“门窗”对话框中设置参数见表 22-11，按照“垛宽定距插入”方式插入 M4，如图 22-14 所示。

表 22-11　M4 参数

编号	类型	门高	门宽	门槛高	距离
M4	普通门	2100	800	0	300

步骤 15 在天正屏幕菜单中执行“墙体丨净距偏移”命令(JJPY)，将如图 22-15 所示线段偏移 1500。

步骤 16 执行 CAD“修剪”命令(TR)，将上一步中偏移得到的图元按照如图 22-16 所示修剪出门洞效果，并删除偏移出的辅助线。

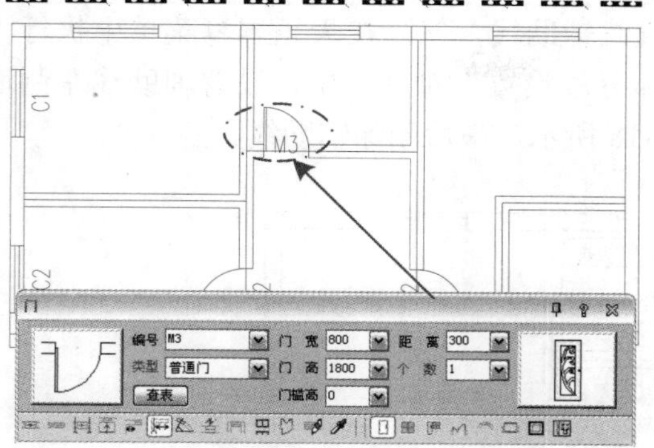

图 22-13　插入门 M3

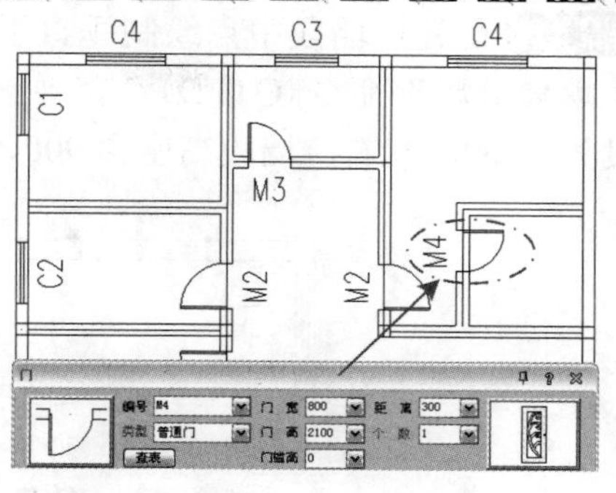

图 22-14　门 M4

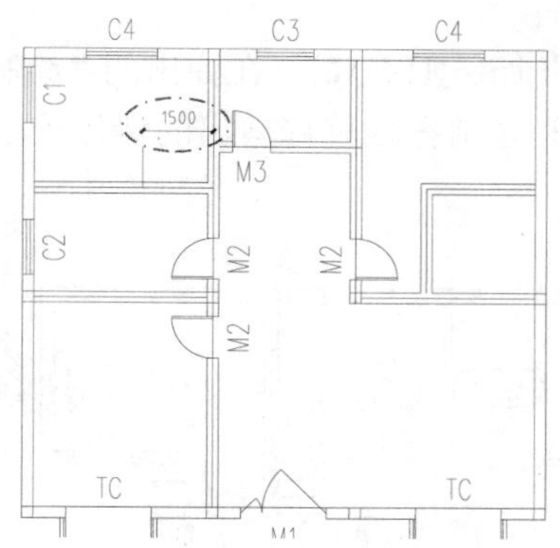

图 22-15　偏移线段

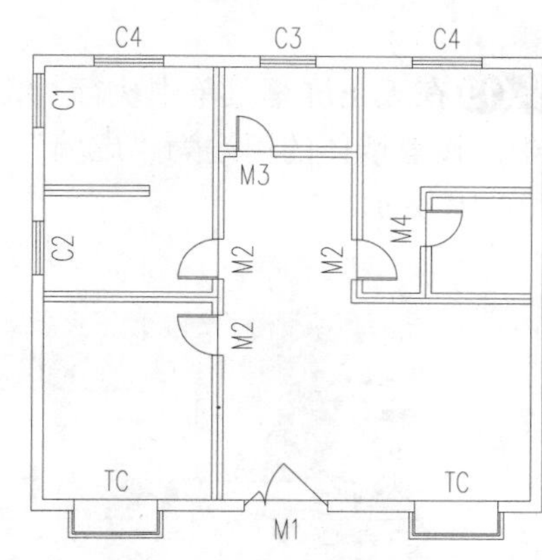

图 22-16　修剪和删除

步骤 17 在天正屏幕菜单中执行“楼梯其他 | 双跑楼梯”命令(SPLT)，在弹出的“双跑楼梯”对话框中按照表 22-12 所示的参数绘制首层楼梯，如图 22-17 所示。

表 22-12　楼梯参数

楼梯高度	一/二跑步数	踏步高	踏步宽	梯间宽	井宽	平台宽
3000	10/10	150	300	3000	100	1200

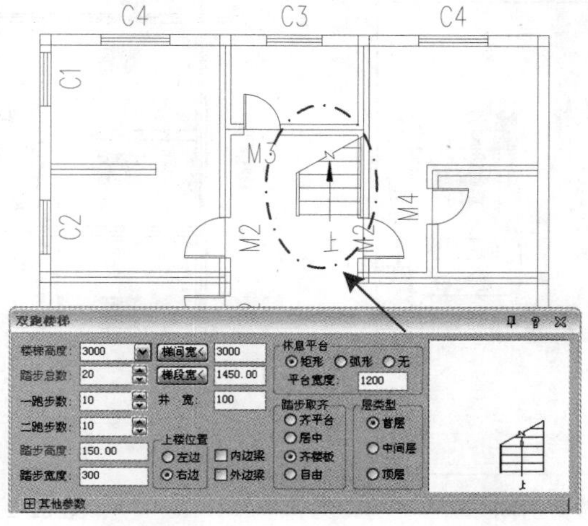

图 22-17　绘制首层双跑楼梯

步骤 18 首先在墙段中点绘制垂直于墙段的直线辅助线，然后在天正屏幕菜单中执行“墙体 | 墙体分段”命令(QTFD)，在弹出的“墙体分段设置”对话框中，设置辅助线左侧墙段高度为 1900，其右侧墙段高度为 900，如图 22-18 所示，最后删除辅助线。

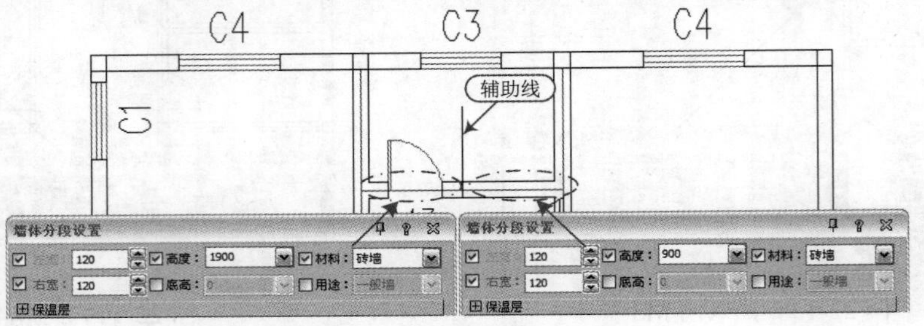

图 22-18　墙体分段

步骤 19 在天正屏幕菜单中执行“墙体 | 绘制墙体”命令(HZQT)，在弹出的“绘制墙体”对话框中，设置墙体的用途为“虚墙”，在楼梯间位置和之前在偏移修剪出的墙体处绘制虚墙，如图 22-19 所示。

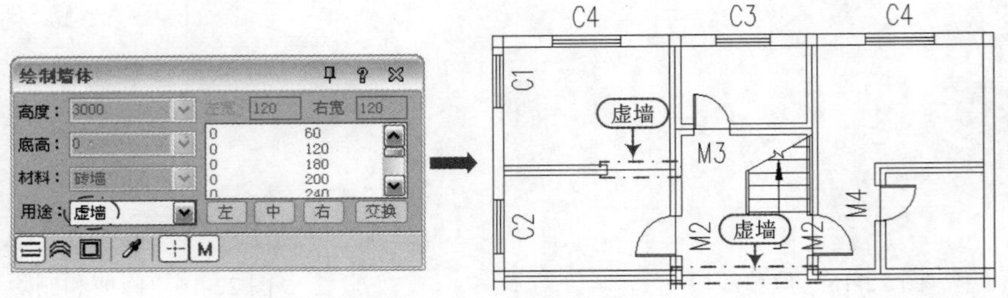

图 22-19　绘制虚墙

步骤 20 在天正屏幕菜单中执行“房间屋顶 | 搜索房间”命令(SSFJ)，在弹出的“搜索房间”对话框中，勾选“显示房间名称”“屏蔽背景”和“识别内外”，然后框选一套完整建筑物的墙体并按回车键即可，如图 22-20 所示。

步骤 21 逐个双击房间名称进入在位编辑，按照房间功能修改各房间名称，如图 22-21 所示。

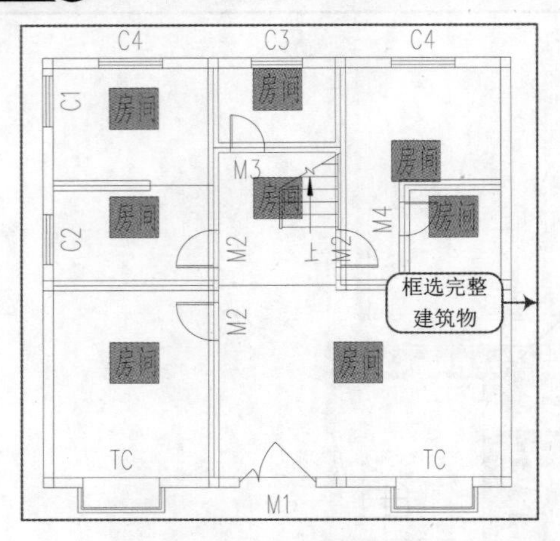

图 22-20　搜索房间

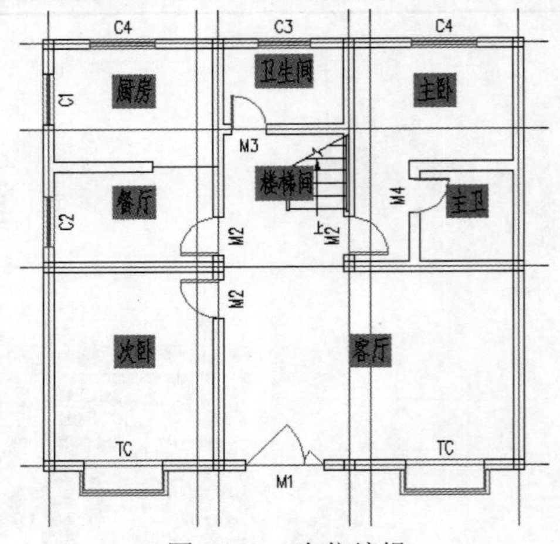

图 22-21　在位编辑

步骤 22 首先，执行 CAD 的多段线命令(PL)，沿外墙外轮廓绘制封闭的区域地下；然后在天正屏幕菜单中执行“房间屋顶｜查询面积”命令(CXMJ)，在弹出的“查询面积”对话窗中勾选三维地面并设置三维地面板厚为120，根据命令行提示在绘制的封闭多段线后依次按回车键，创建好地板对象，如图22-22所示。

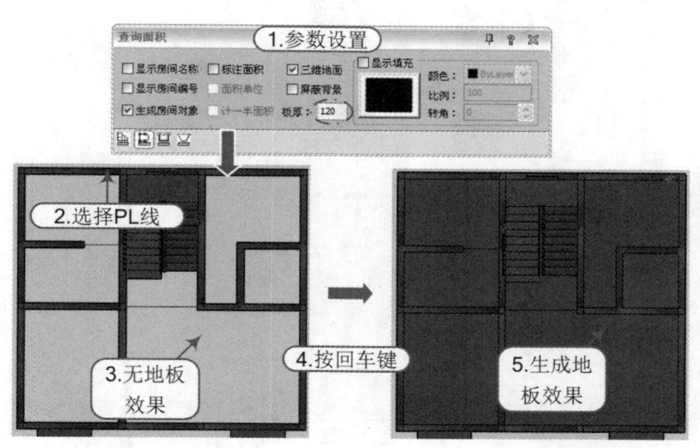

图22-22 生成地板

步骤 23 在天正屏幕菜单中执行“楼梯其他｜台阶”命令(TJ)，按照表22-13所示的参数指定台阶第一点和第二点绘制台阶，如图22-23所示。

表22-13 台阶参数

台阶总高	踏步数	踏步高	踏步宽	基面标高	平台宽度
450	3	150	300	0	900

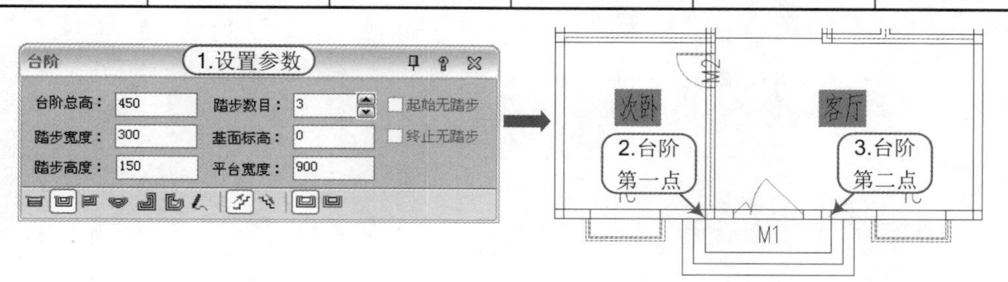

图22-23 绘制台阶

步骤 24 在天正屏幕菜单中执行“尺寸标注｜门窗标注”命令(MCBZ)和“内门标注”命令(NMBZ)，根据命令行提示，通过两点绘制一条贯穿标注窗的直线，并利用“裁剪延伸”(CJYS)“增补尺寸”(ZBCC)等尺寸标注的编辑命令调整标注，如图22-24所示。

步骤 25 在天正屏幕菜单中执行“楼梯其他｜散水”命令(SS)，按照表22-14所示的参数绘制散水，如图22-25所示。

表22-14 散水参数

散水宽	偏移距离	高差	创建平台	绕柱子	绕阳台	绕造型
600	0	450	勾选	勾选	勾选	勾选

步骤 26 在天正屏幕菜单中执行“符号标注｜标高标注”命令(BGBZ)，对平面图标高进行标注，如图22-26所示。

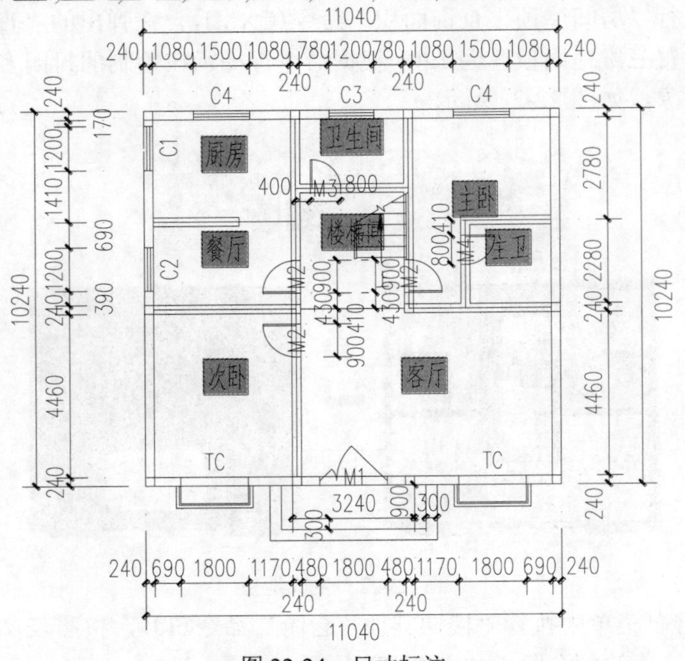

图 22-24　尺寸标注

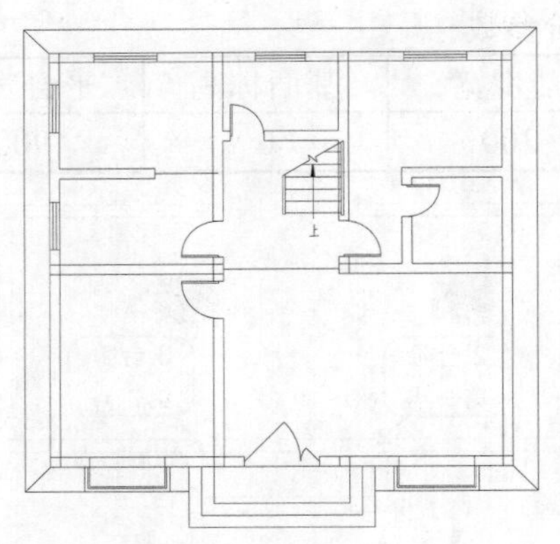

图 22-25　绘制散水

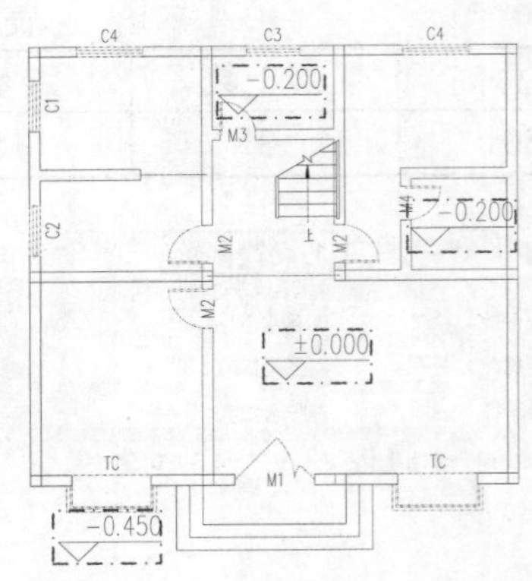

图 22-26　标高标注

步骤 27 至此，该家装室内平面图已经绘制完成，按“Ctrl+S”组合键保存。

22. 2 综合练习——家具平面布置图的创建

案例	家装室内平面图.dwg	视频	家具平面布置图的创建.avi

实战要点：①布置家具；②布置洁具。

操作步骤

步骤 01 打开“案例\22\家装室内平面图.dwg”文件，在天正屏幕菜单中执行“图块图案｜通用图库”命令(TYTK)，在弹出的“天正图库管理系统”对话框中选择“图库”菜单下的“多视图库”选项，在左侧列表中选择相应卫生间洁具包括大便器、洗脸盆、淋浴喷头、拖把池以及地漏，如图 22-27 所示。

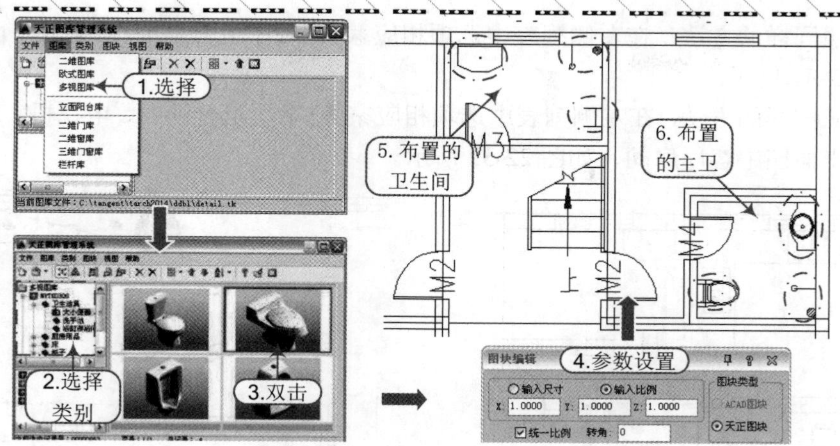

图 22-27　布置卫生间洁具

步骤 02 在天正屏幕菜单中执行“图块图案 | 通用图库”命令(TYTK)，在弹出的“天正图库管理系统”对话框中选择“图库”菜单下的“多视图库”选项，在左侧列表中选择相应厨具(洗涤槽、燃气灶、电冰箱)，插入厨房平面图中，如图 22-28 所示。

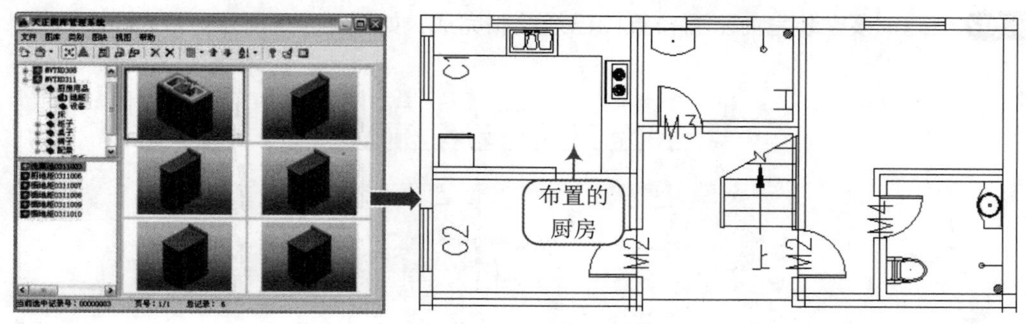

图 22-28　布置厨房

步骤 03 按照同样的方法，在左侧列表中选择相应家具(床、办公桌、椅子、衣柜)，插入平面图中主卧房间，如图 22-29 所示。

步骤 04 按照同样的方法，在左侧列表中选择相应家具(床、办公桌、椅子、衣柜)，插入平面图中次卧房间，如图 22-30 所示。

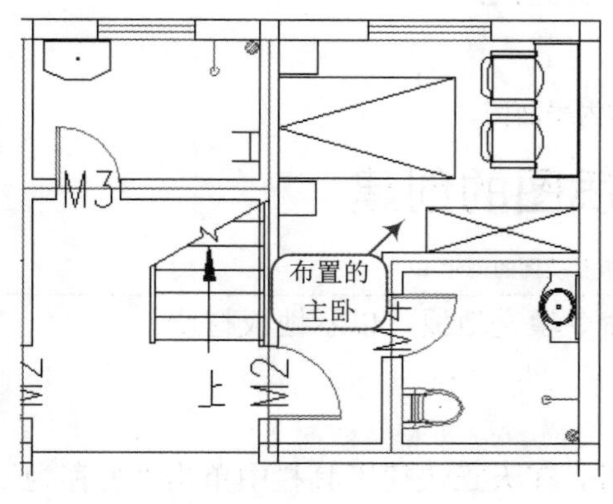

图 22-29　布置主卧家具

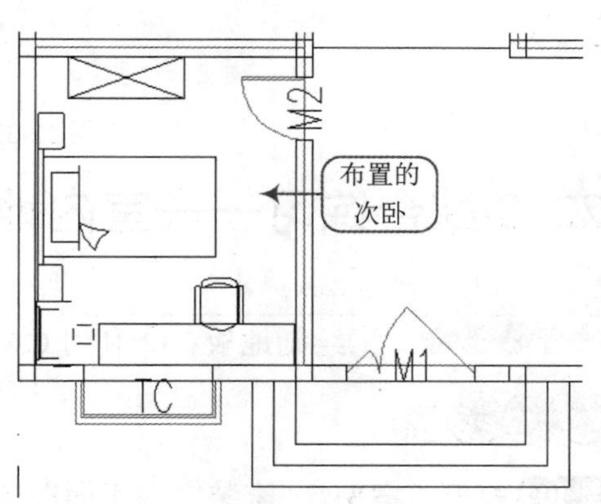

图 22-30　布置次卧家具

步骤 05 按照同样的方法，在左侧列表中选项相应家具(餐厅组合桌椅)，插入平面图中餐厅房间，如图 22-31 所示。

步骤 06 按照同样的方法，在左侧列表中选项相应家具(客厅组合沙发、电视机、地柜、其他配景)，插入平面图中客厅房间，如图 22-32 所示。

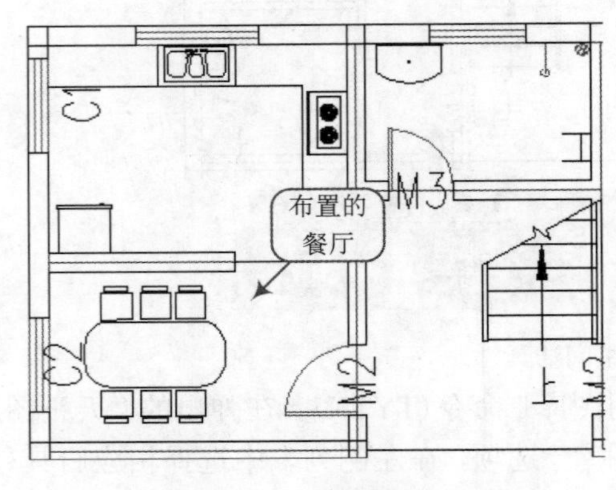

图 22-31　布置餐厅家具

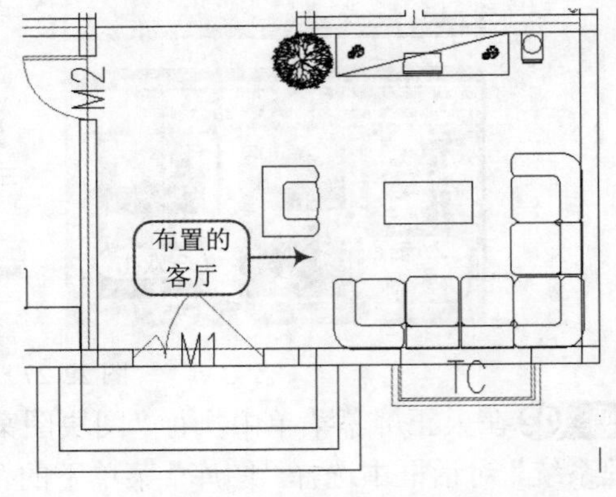

图 22-32　布置客厅家具

步骤 07 至此，该家装室内平面布置图已经绘制完成，如图 22-33 所示，按“Ctrl+S”组合键保存。

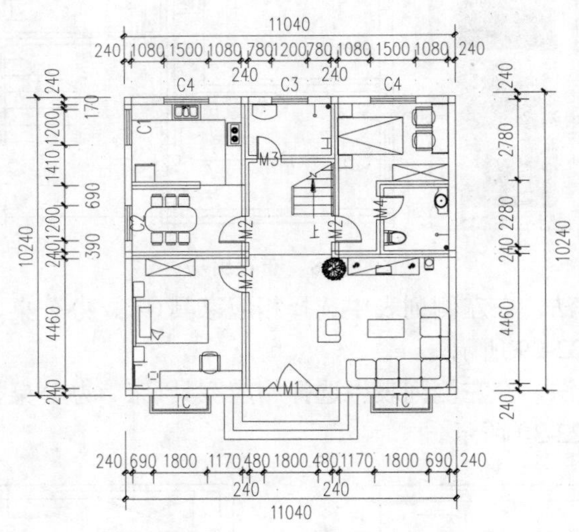

图 22-33　家装室内平面图

22. 3 综合练习——室内地板材质图的创建

案例	家装室内平面图.dwg	视频	室内地板材质图的创建.avi

实战要点：①绘制地板；②利用 CAD 填充命令填充地板，以示地板材质。

操作步骤

步骤 01 打开“案例\22\家装室内平面图.dwg”文件，在天正快捷工具栏中单击“另存为”按钮，将文件另存为“地板材质图.dwg”文件。

步骤 02 执行 CAD 删除命令(E)，删除除墙体、柱子及地板外的所有图元，如图 22-34 所示。

步骤 03 执行 CAD 多段线命令(PL)，绘制出不同地板材质的分界边线，如图 22-35 所示。

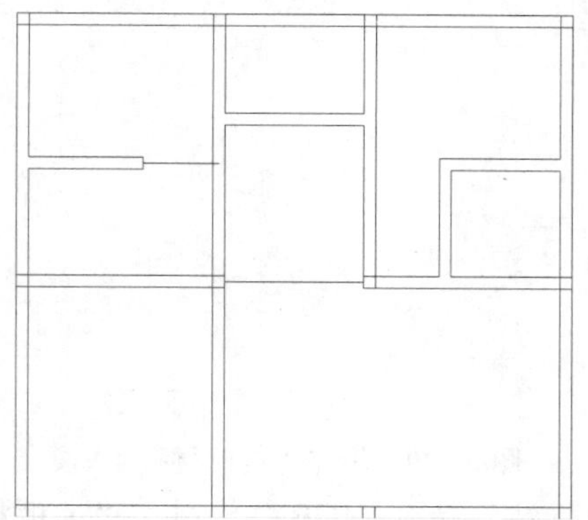

图 22-34 删除效果

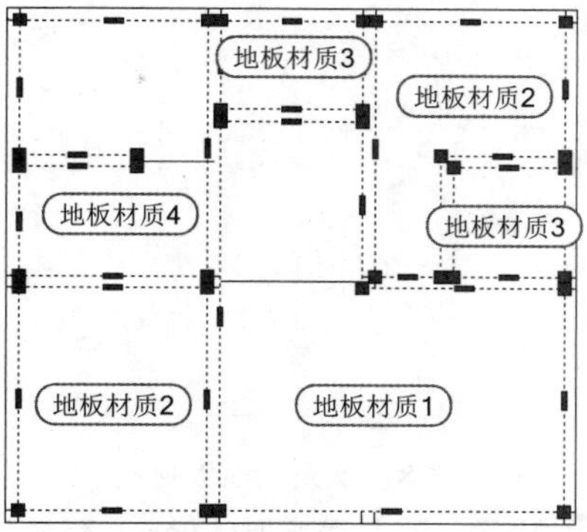

图 22-35 绘制地板分界线

步骤 04 执行 CAD 填充命令(H)，在“地板材质 1”区域填充图案“AR-SAND”，填充的比例为 250，如图 22-36 所示。

步骤 05 重复执行 CAD 填充命令(H)，在“地板材质 2”区域填充图案“拼花地砖 01”，填充的比例为 250，如图 22-37 所示。

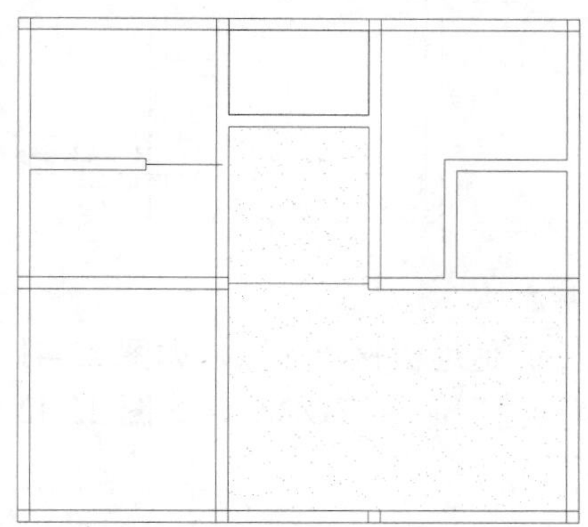

图 22-36 填充“地板材质 1”

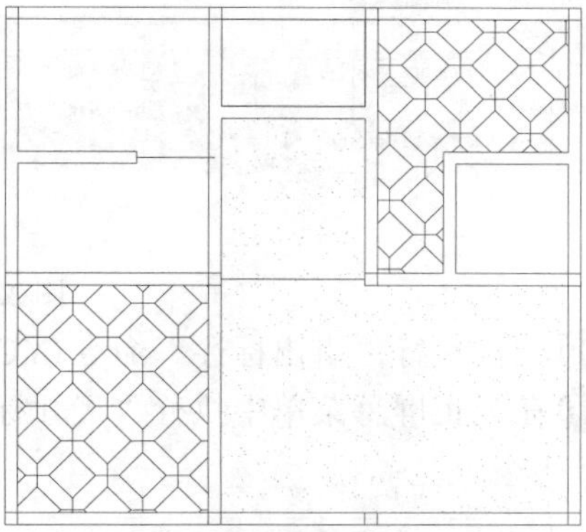

图 22-37 填充“地板材质 2”

步骤 06 重复执行 CAD 填充命令(H)，在“地板材质 3”区域填充图案“大理石”，填充的比例为 250，如图 22-38 所示。

步骤 07 执行天正屏幕菜单中“奇数分格”命令(JSFG)，按照如下命令行提示对“地板材质 4”区域进行分格，如图 22-39 所示。

```
请用三点定一个要奇数分格的四边形，第一点 <退出>: \\ 点取左上角点为第一点
第二点 <退出>:                                   \\ 点取右上角点为第二点
第三点 <退出>:                                   \\点取右下角点为第三点
第一、二点方向上的分格宽度(小于 100 为格数) <250>: \\ 输入 250 后按回车键
第二、三点方向上的分格宽度(小于 100 为格数) <250>: \\ 输入 250 后按回车键
```

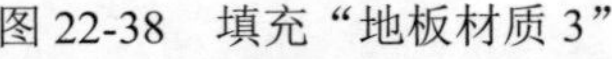

图 22-38　填充“地板材质 3”

图 22-39　填充“地板材质 4”

步骤 08 在天正屏幕菜单中执行“符号标注｜引出标注”命令(YCBZ)，引注“地板材质 4”区域为“卫生间防滑瓷砖”，如图 22-40 所示。

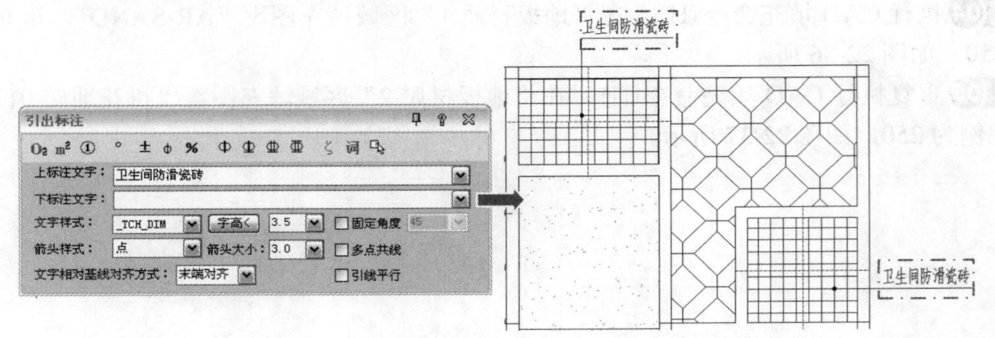

图 22-40　引出标注

步骤 09 同样执行“引出标注”命令(YCBZ)，引注其他地板材质区域，如图 22-41 所示。

步骤 10 在天正屏幕菜单中执行“尺寸标注｜逐点标注”命令(ZDBZ)，如图 22-42 所示。

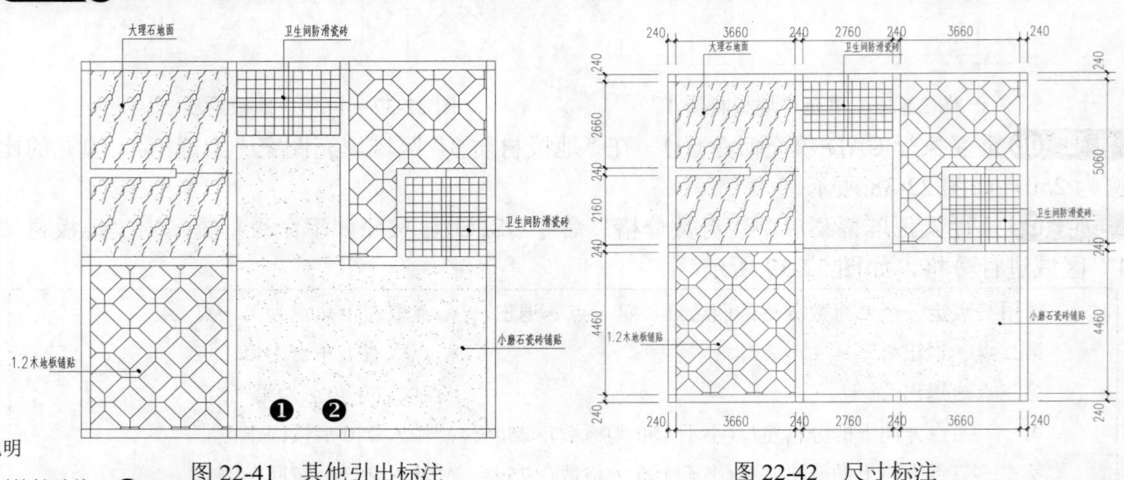

图 22-41　其他引出标注

图 22-42　尺寸标注

细节说明

❶ 绘制的辅助线　❶ 单击

步骤 11 在天正屏幕菜单中执行“改高度”命令(GGD)，选中所有墙体，将高度改为 100，标高为－100；再选择所有的柱子，也将高度改为 100，标高为－100，如图 22-43 所示。

步骤 12 在天正屏幕菜单中执行“图名标注”命令(TMBZ)，将“地板材质图 1:50”，标注在平面图的下侧中间位置，如图 22-44 所示。

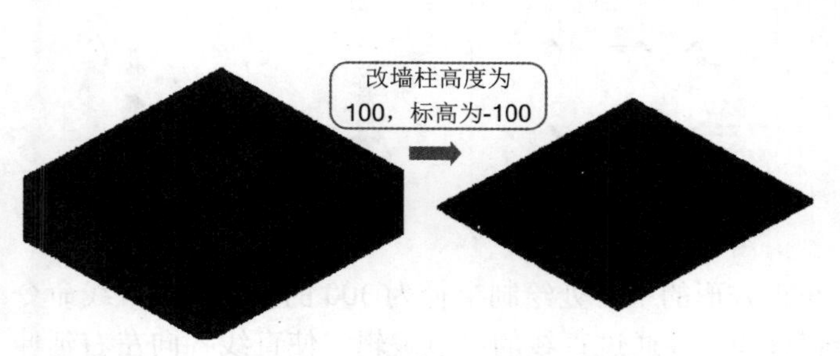

图 22-43 改墙柱高度效果对比

图 22-44 图名标注

步骤 13 至此，该家装室内地板材质图已经绘制完成，按“Ctrl+S”组合键保存。

22.4 综合练习——室内顶棚吊顶图的创建

案例	家装室内平面图.dwg	视频	室内天棚吊顶图的创建.avi

实战要点：①绘制顶棚吊顶平面图；②部分平面图。

操作步骤

步骤 01 打开“案例\22\地板材质图.dwg”文件，在天正快捷工具栏中单击“另存为”按钮，将文件另存为“顶棚吊顶图.dwg”文件。

步骤 02 删除地板材质表示图案及有关引出标注，如图 22-45 所示。

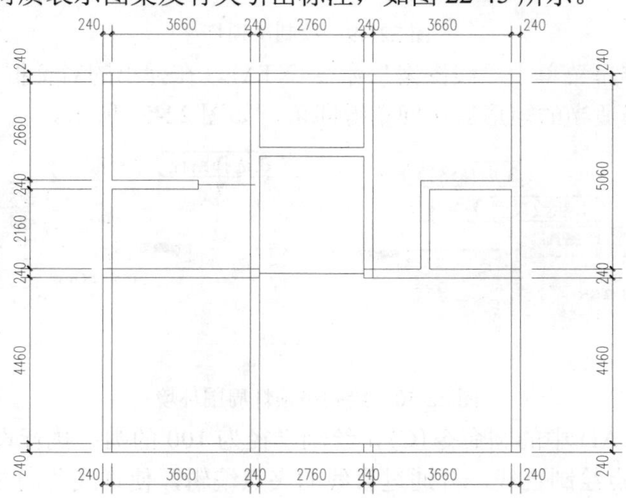

图 22-45 删除图元

步骤 03 执行偏移命令(O)，选择客厅内轮廓多段线，向内偏移 500，如图 22-46 所示。

步骤 04 执行矩形命令(REC)，绘制(1850×1850)的矩形，具体位置如图 22-47 所示。

步骤 05 重复执行偏移命令(O)，选择矩形对象，向外偏移 150，300，如图 22-48 所示。

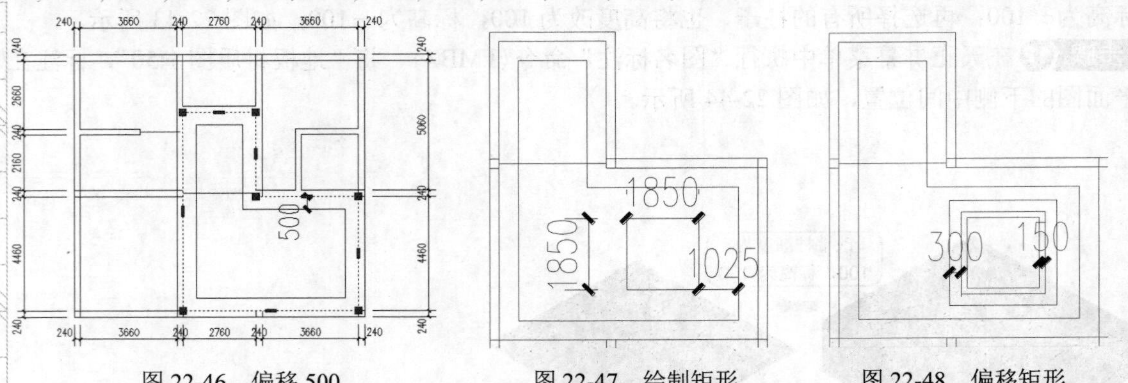

图 22-46　偏移 500　　图 22-47　绘制矩形　　图 22-48　偏移矩形

步骤 06 执行 CAD 中的圆命令(C)，在正方形的中心处绘制半径为 300 的圆；执行直线命令(L)，过圆左右象限点和上下象限点绘制直线，并通过直线的夹点编辑，使直线各向左右延伸 100；执行旋转命令(RO)，指定旋转角度为 45°；再执行圆命令(C)，以直线的端点为圆心，100 为半径，绘制 6 个圆，得到吊顶灯，如图 22-49 所示。

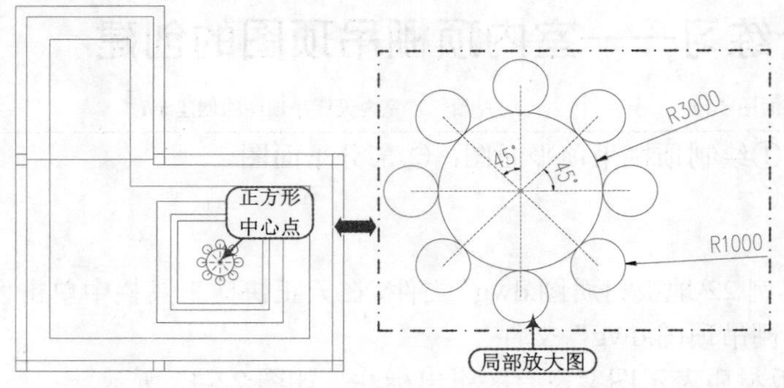

图 22-49　绘制吊顶灯

步骤 07 执行天正屏幕菜单中“线图案”命令(XTA)，在弹出的对话框中设置填充参数，单击按钮 选择路径 ，选择适当的矩形后按回车键即可，如图 22-50 所示。

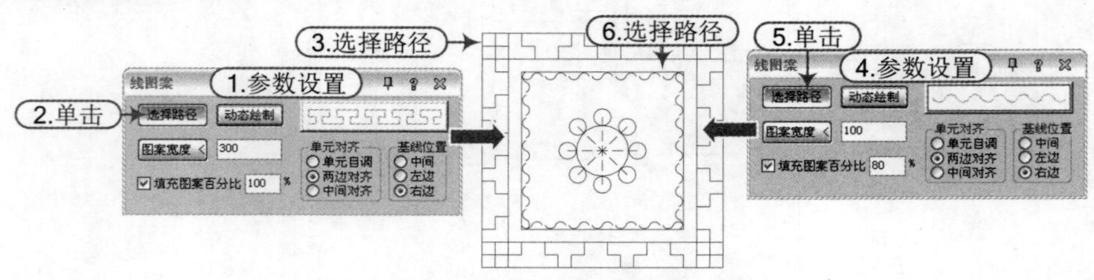

图 22-50　绘制吊顶灯周围环境

步骤 08 再次执行 CAD 中的圆命令(C)，绘制半径为 100 的圆；执行直线命令(L)，过圆左右象限点和上下象限点绘制直线，并通过直线的夹点编辑，使直线各向左右延伸 40；执行阵列命令(ARR)，排列所绘制的图形，得到客厅走道处的小灯，如图 22-51 所示。

步骤 09 执行 CAD 中的直线命令(L)，两点绘制直线辅助线，如图 22-52 所示。

步骤 10 执行 CAD 中的圆命令(C)，在绘制直线辅助线终点处绘制半径为 300 的圆；执行直线命令(L)，过圆左右象限点和上下象限点绘制直线，并通过直线的夹点编辑，使直线各向左右延伸 100；作为房间吸顶灯，最后删除辅助线，如图 22-53 所示。

步骤 11 在天正屏幕菜单中执行“标高标注”命令(BGBZ)，如图 22-54 所示。

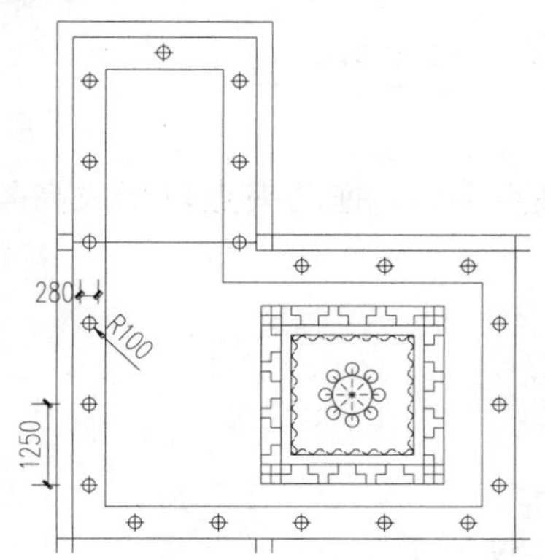

图 22-51 绘制吊顶灯周围的小灯

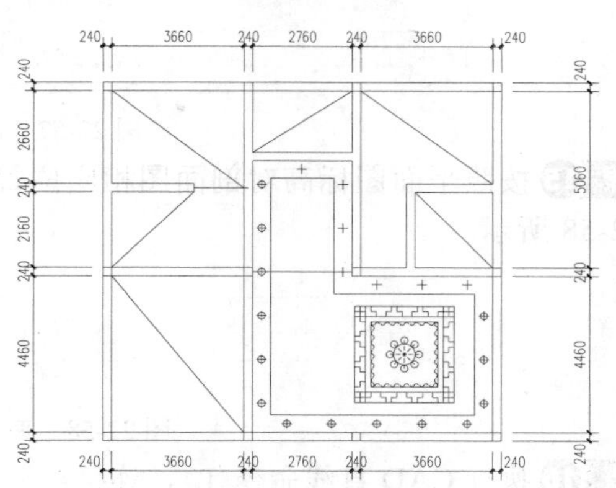

图 22-52 绘制辅助线

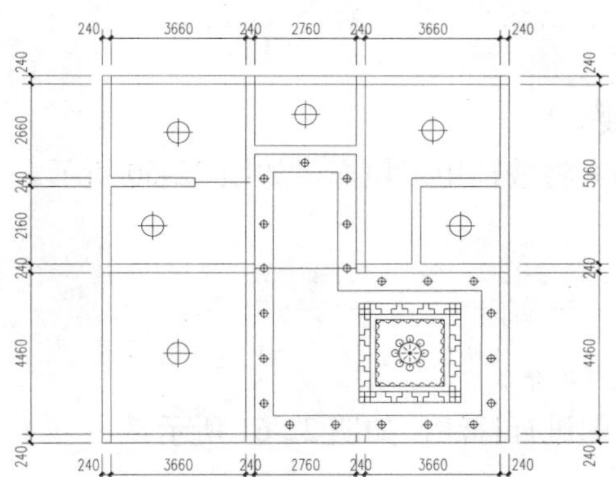

图 22-53 绘制其他房间吸顶灯

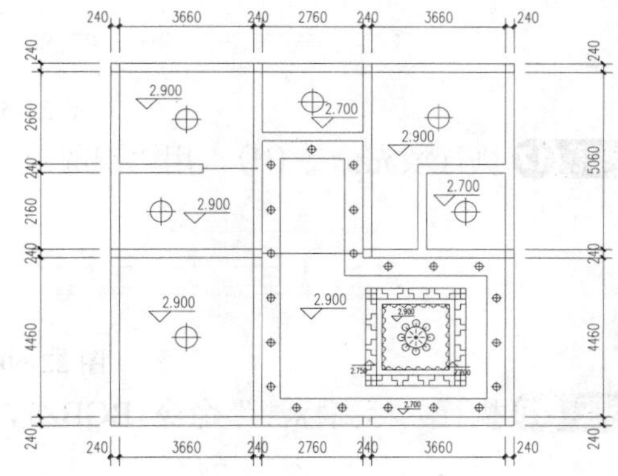

图 22-54 标高标注

步骤 12 在天正屏幕菜单中执行“剖切符号”命令(PQFH)，在客厅处绘制 1-1 剖切符号，如图 22-55 所示。

步骤 13 在天正屏幕菜单中执行“图名标注”命令(TMBZ)，将“顶棚吊顶图 1:50”，标注在平面图的下侧中间位置，如图 22-56 所示。

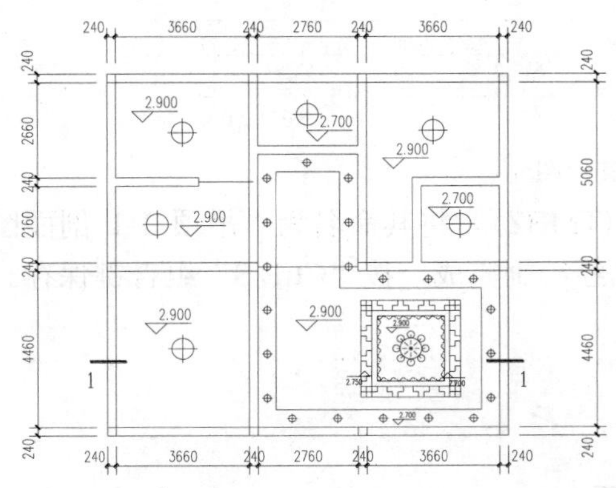

图 22-55 1-1 剖切符号

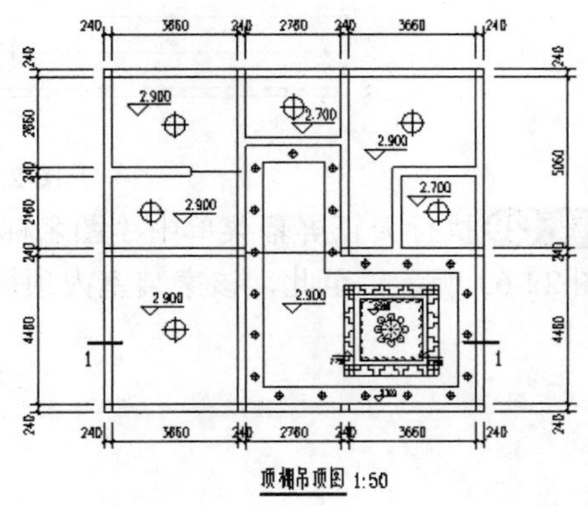

图 22-56 图名标注

步骤 14 执行 CAD 矩形命令(REC)，绘制矩形尺寸为(11040，100)；执行分解命令(X)，分解矩形；执行偏移命令(O)，偏移左侧垂直线段，依次向右偏移，如图 22-57 所示。

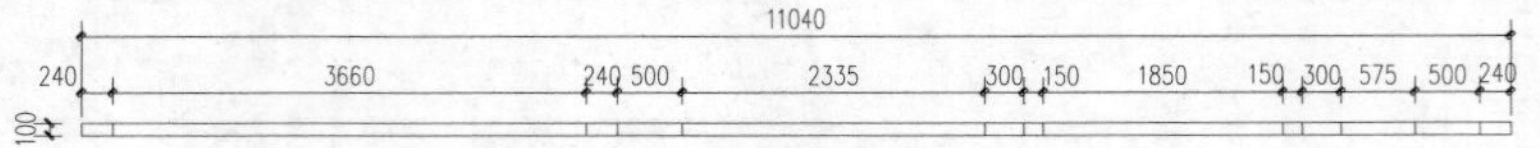

图 22-57　吊顶剖面轮廓

步骤 15 按照平面图标高对剖面图相应位置线段进行夹点编辑，拖动夹点以形成高差，如图 22-58 所示。

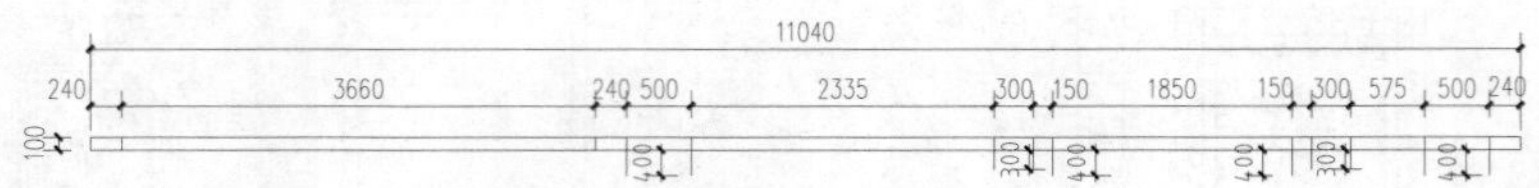

图 22-58　夹点编辑形成高差

步骤 16 执行 CAD 直线命令(L)，连接线端点，如图 22-59 所示。

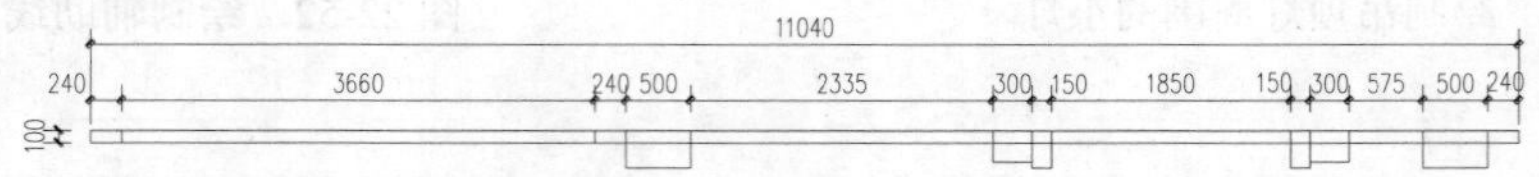

图 22-59　连接线端点

步骤 17 执行填充命令(H)，用“混凝土”填充图案将墙柱矩形填充，如图 22-60 所示。

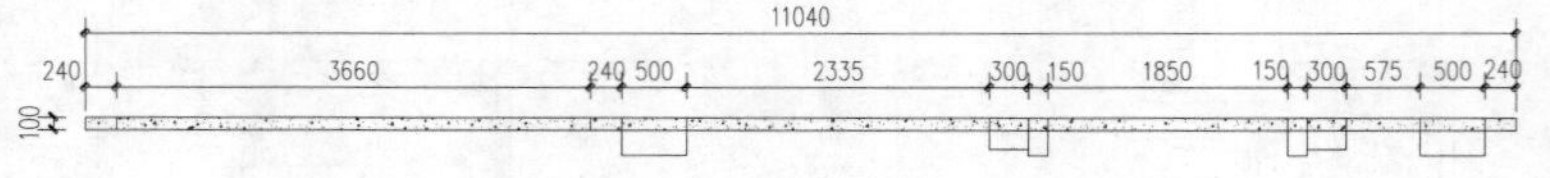

图 22-60　墙柱矩形填充

步骤 18 执行“标高标注”命令(BGBZ)，对剖面图进行标注，如图 22-61 所示。

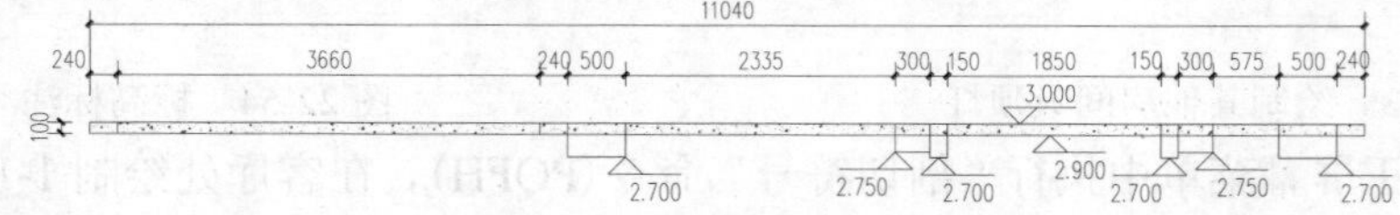

图 22-61　标高标注

步骤 19 运用 CAD 的直线、矩形等命令，绘制平面图上其他图元，并执行天正屏幕菜单中的“引出标注”命令(YCBZ)，给所绘图元以注释，如图 22-62 所示。

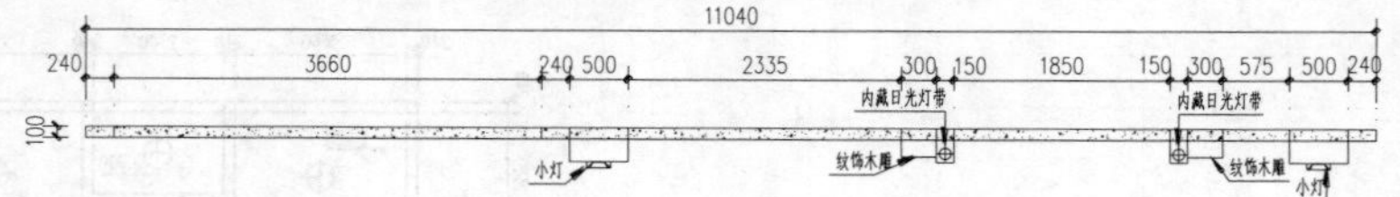

图 22-62　绘制其他图元

步骤 20 执行天正屏幕菜单中“图名标注”命令(TMBZ)，将其命名为“吊顶 1-1 剖面图”，如图 22-63 所示。至此，该家装室内顶棚吊顶图已经绘制完成，按“Ctrl+S”组合键保存。

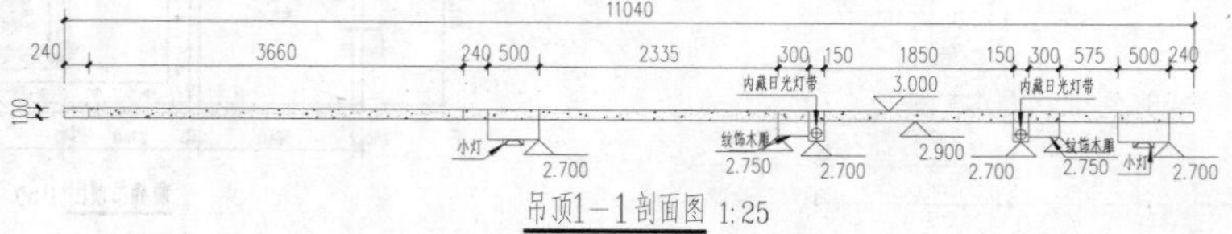

图 22-63　图名标注

22.5 综合练习——各主要立面图的创建

案例	家装室内平面图.dwg	视频	各主要立面图的创建.avi

实战要点：①工程文件的创建；②立面的创建。

操作步骤

步骤 01 打开“案例\22\家装室内平面图.dwg”文件，在天正屏幕菜单中执行“文件布局｜工程管理”命令(GCGL)，在弹出的“工程管理”面板中单击最上方的“工程管理”文本框，选择其下拉菜单中的“新建工程”选项，弹出“另存为”对话框，选择保存路径后输入工程名称为“室内装潢.tpr”，最后单击“保存”按钮保存即可，如图 22-64 所示。

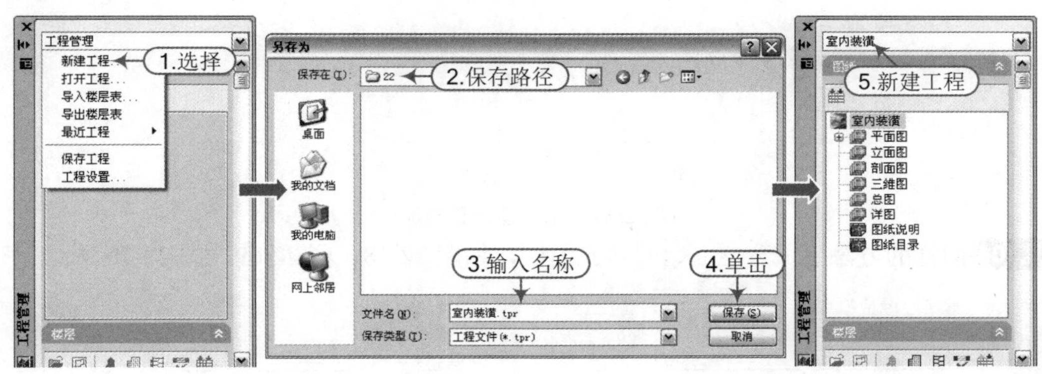

图 22-64 新建工程

步骤 02 在“工程管理”面板中，展开“楼层”，输入层号、层高后，将光标置于“文件”栏，单击此框右侧显现的方形按钮，选择目标图形所在的文件，单击“打开”按钮即可，如图 22-65 所示。

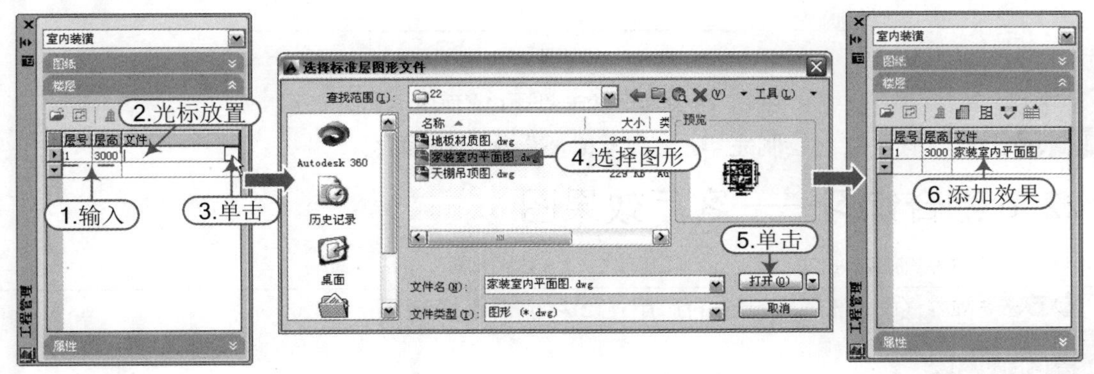

图 22-65 创建楼层表

步骤 03 在天正屏幕菜单中执行“立面｜建筑立面”命令(JZLM)或是在“工程管理”面板中单击按钮，根据命令行提示，选择生成正立面，在随后弹出的“立面生成设置”对话框中单击“生成立面”按钮，弹出“输入要生成的文件”对话框，将其保存为“案例\22\家装设计正立面.dwg”，操作如图 22-66 所示，生成正立面图如图 22-67 所示。

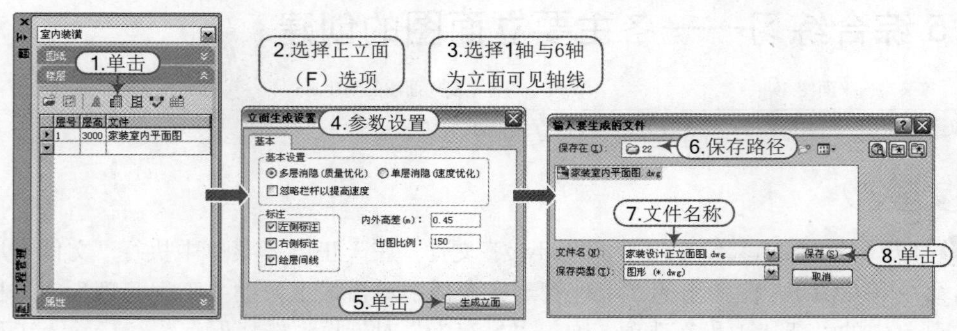

图 22-66　正立面图操作

图 22-67　家装设计正立面图

步骤 04 同样的方法生成背立面、左右立面图，如图 22-68、图 22-69、图 22-70 所示。

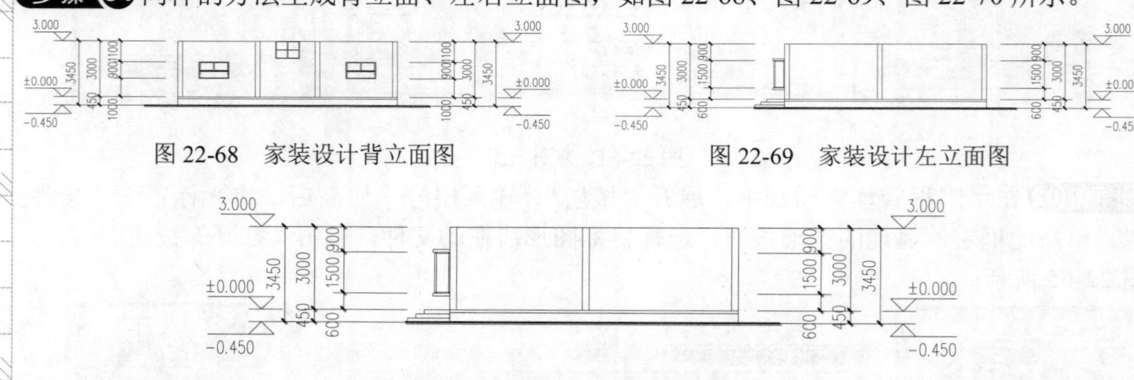

图 22-68　家装设计背立面图

图 22-69　家装设计左立面图

图 22-70　家装设计右立面图

步骤 05 至此，有关立面绘制完毕，按“Ctrl+S”组合键保存。

22.6 综合练习——客厅效果图

案例	家装室内平面图.dwg	视频	客厅效果图.avi

实战要点：①局部隐藏命令的运用；②移位命令的运用

操作步骤

步骤 01 在天正屏幕菜单中执行“工具｜观察工具｜局部隐藏”命令（JBYC），隐藏客厅内部附近部分墙柱，使客厅显现出来，如图 22-71 所示。

步骤 02 在天正屏幕菜单中执行“工具｜移位”命令（YW），将电视机与小盆栽移动到地柜面上，如图 22-72 所示。

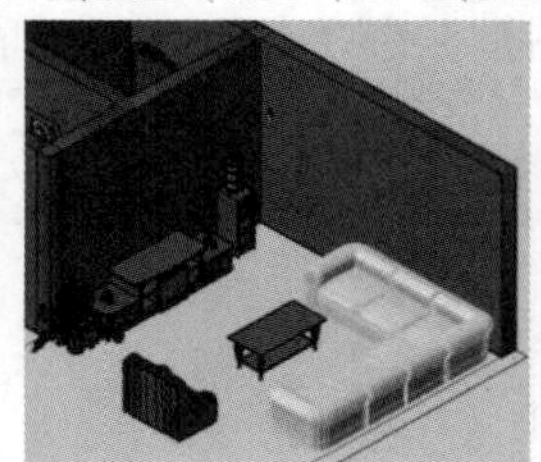

图 22-71 显现客厅

图 22-72 移位效果

22.7 综合练习——施工图的布局与输出

案例	家装室内平面图.dwg	视频	施工图的布局与输出.avi

实战要点：①创建新布局；②插入图框；③定义视口。

操作步骤

步骤 01 打开“案例\22\家装室内平面图.dwg”“案例\22\家装设计正立面图.dwg”以及其他立面图文件。

步骤 02 切换到“家装室内平面图.dwg”选项卡，在菜单栏中执行“插入 | 布局 | 创建布局向导”命令，根据对话框提示新建空白的图纸空间，如图 22-73 所示。

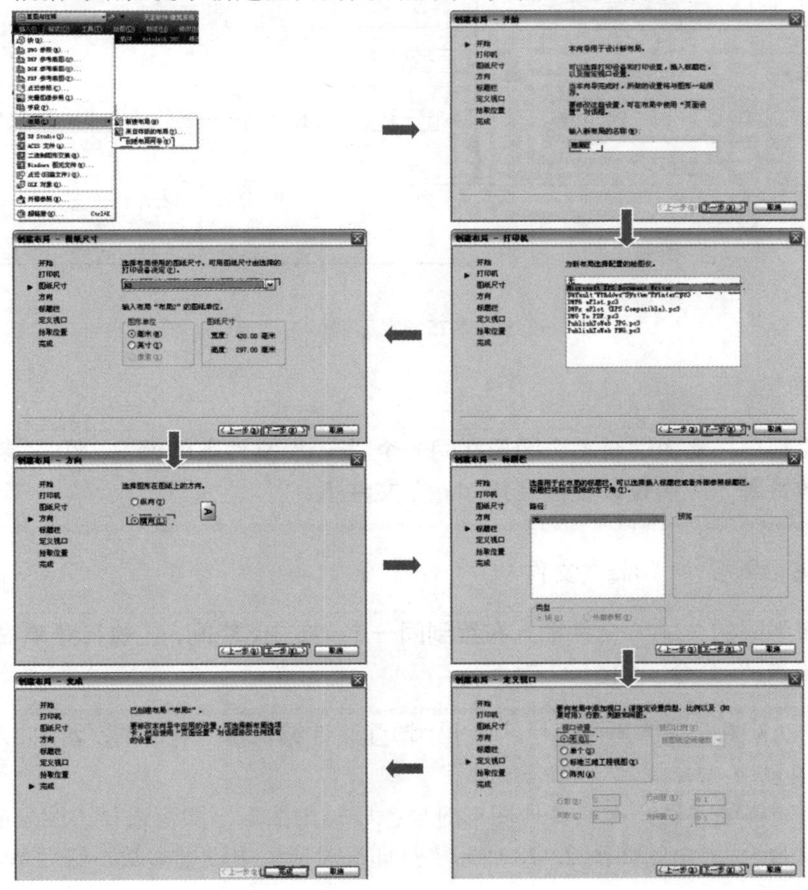

图 22-73 创建布局

步骤 03 在天正屏幕菜单中执行“文件布局丨插入图框”命令（CRTK），插入 A3 图框到刚创建好的布局空间“布局 2”，如图 22-74 所示。

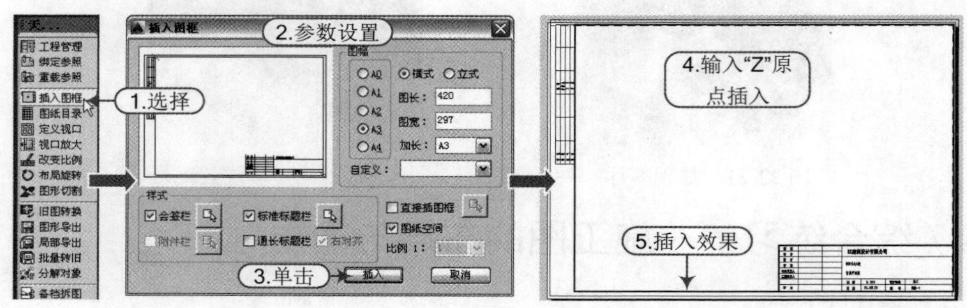

图 22-74　插入图框

步骤 04 在天正屏幕菜单中执行“文件布局丨定义视口”命令（DYSK），按照命令行提示，两点框选待布置的图形，然后按回车键确认图形的输出比例，如图 22-75 所示。

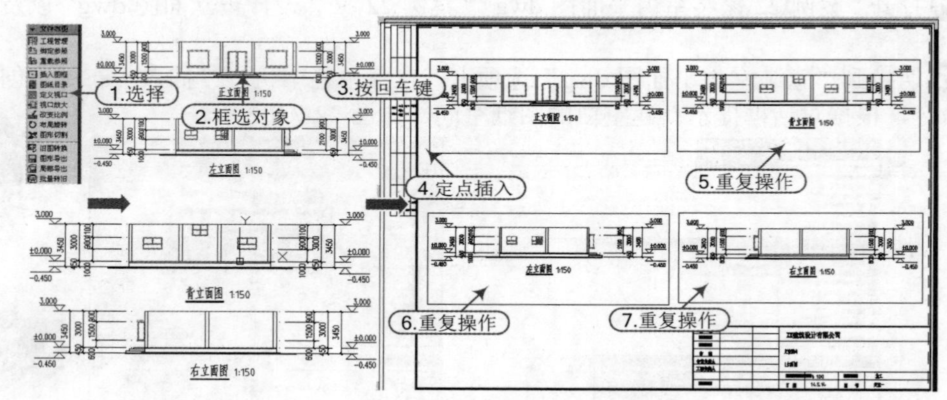

图 22-75　定义视口

注意：定义视口

“定义视口”命令适合多个图形在同一个“dwg”文件下的情况，因此特意将各立面图集中放置到“家装设计立面合集.dwg”文件下。

技巧：布置插入多个“dwg”文件

想要将不同的“dwg”文件插入布置到同一个“布局”空间，应执行菜单栏“插入丨DWG参照(R)”命令，如图 22-76 所示。

步骤 05 双击 A3 图框右下角标题栏，弹出“增强属性编辑器”对话框，如图 22-77 所示，按要求编辑块属性。

步骤 06 按照同样的方法，布局其他图形对象；要输出图形，即可选择该图形的布局，单击“打印” 按钮，在弹出的如图 22-78 所示“打印”对话框中设置参数，然后单击“确定”按钮即可打印出图纸。

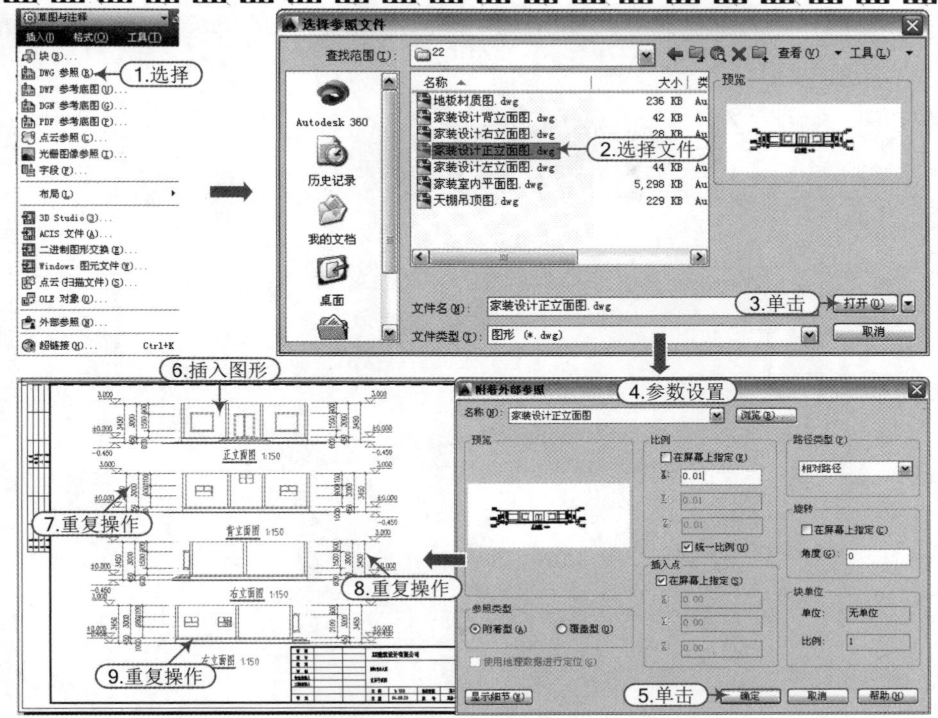

图 22-76 “DWG 参照”命令布置图形

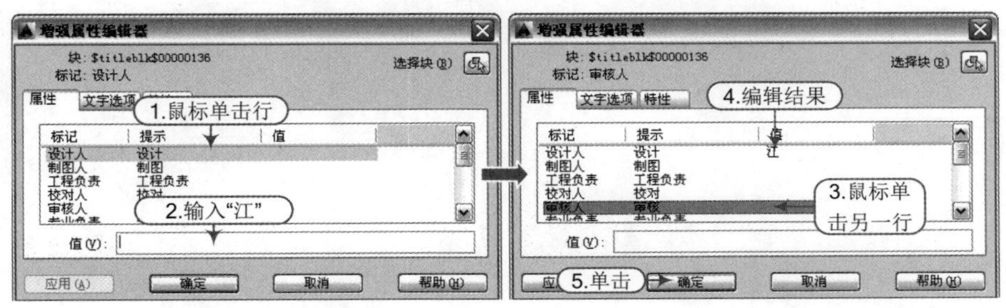

图 22-77 块编辑对话框

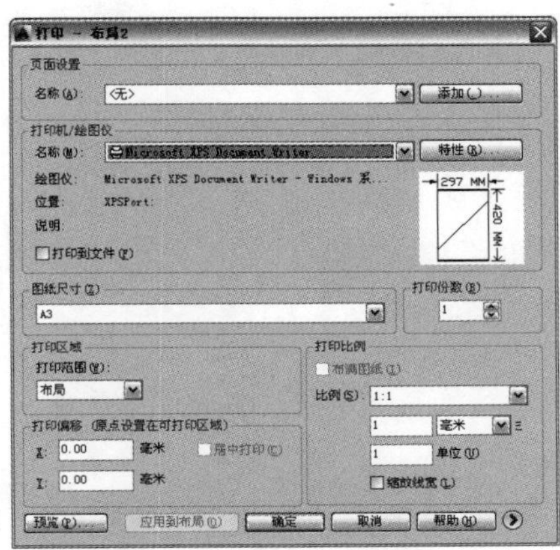

图 22-78 输出图纸